CONSTRUÇÃO VERDE

Dados Internacionais de Catalogação na Publicação (CIP)
(Câmara Brasileira do Livro, SP, Brasil)

Kruger, Abe Construção verde : princípios e práticas em
construção residencial / Abe Kruger, Carl Seville
; adaptação Sasquia Hizuru Obata ; revisão técnica
Isamar Marchini Magalhães ; [tradução Noveritis do
Brasil]. -- São Paulo : Cengage Learning, 2016.

Título original: Green building : principles &
practices in residential construction.
ISBN 978-85-221-2098-7

1. Arquitetura - Aspectos ambientais 2. Arquitetura
sustentável 3. Edifícios - Aspectos ambientais I.
Seville, Carl. II. Obata, Sasquia
Hizuru. III. Título.

16-01697   CDD-720.47

Índice para catálogo sistemático:

1. Arquitetura sustentável 720.47

CONSTRUÇÃO VERDE

Princípios e práticas em construção residencial

ABE KRUGER
CEM, Leed AP Homes + ND
Presidente da Kruger Sustainability Group

CARL SEVILLE
Leed AP Homes
Presidente da Seville Consulting, LLC
Editor colaborador da Green Building Advisor
Green Building Curmudgeon

Adaptação
SASQUIA HIZURU OBATA
Professora da Fundação Armando Alvares Penteado (FAAP) e da Faculdade de Tecnologia de São Paulo

Revisão técnica
ISAMAR MARCHINI MAGALHÃES
Engenheira Civil graduada pela FAAP, especialista em Construções Sustentáveis pela FAAP, diretora-projetista de instalações elétricas e hidráulicas na Magtech Engenharia

Austrália • Brasil • Japão • Coreia • México • Cingapura • Espanha • Reino Unido • Estados Unidos

Construção verde: princípios e práticas em construção residencial
1ª edição brasileira
Abe Kruger e Carl Seville

Adaptação de Sasquia Hizuru Obata

Gerente editorial: Noelma Brocanelli

Editora de desenvolvimento: Viviane Akemi Uemura

Supervisora de produção gráfica: Fabiana Alencar Albuquerque

Título original: Green building: principles & practices in residential construction – 1st edition

ISBN-10: 1-111-30819-5
ISBN-13: 978-1-111-30819-3;

Tradução: Noveritis do Brasil

Revisão técnica: Isamar Marchini Magalhães

Copidesque: Carlos Villarruel

Revisão: Mayra Clara Albuquerque Venâncio dos Santos, Bel Ribeiro, Daniela Paula Bertolino Pita, Áurea Faria e Maria Dolores D. Sierra Mata

Diagramação: Cia. Editorial

Indexação: Casa Editorial Maluhy

Capa: BuonoDisegno

Imagem da capa: jocic/Shutterstock e Ilya Bolotov/shutterstock

Especialista em direitos autorais: Jenis Oh

Pesquisa iconográfica: ABMM

Editora de aquisições: Guacira Simonelli

Assistente editorial: Joelma Andrade

© 2013 Cengage Learning

© 2017 Cengage Learning Edições Ltda.

Todos os direitos reservados. Nenhuma parte deste livro poderá ser reproduzida, sejam quais forem os meios empregados, sem a permissão, por escrito, da Editora. Aos infratores aplicam-se as sanções previstas nos artigos 102, 104, 106 e 107 da Lei nº 9.610, de 19 de fevereiro de 1998.

Esta editora empenhou-se em contatar os responsáveis pelos direitos autorais de todas as imagens e de outros materiais utilizados neste livro. Se porventura for constatada a omissão involuntária na identificação de algum deles, dispomo-nos a efetuar, futuramente, os possíveis acertos.

A Editora não se responsabiliza pelo funcionamento dos links contidos neste livro que possam estar suspensos.

Para informações sobre nossos produtos, entre em contato pelo telefone **0800 11 19 39**

Para permissão de uso de material desta obra, envie seu pedido para **direitosautorais@cengage.com**

© 2017 Cengage Learning. Todos os direitos reservados.

ISBN 13: 978-85-221-2098-7

ISBN 10: 85-221-2098-6

Cengage Learning
Condomínio E-Business Park
Rua Werner Siemens, 111 – Prédio 11 – Torre A – Conjunto 12
Lapa de Baixo – CEP 05069-900 – São Paulo – SP
Tel.: (11) 3665-9900 – Fax: (11) 3665-9901
SAC: 0800 11 19 39

Para suas soluções de curso e aprendizado, visite
www.cengage.com.br

Impresso no Brasil
Printed in Brazil
1 2 3   16 15 14

Sumário

SEÇÃO 1 – O QUE É CONSTRUÇÃO VERDE E POR QUE ELA FAZ SENTIDO? 1

CAPÍTULO 1: Construção verde: visão geral 3

Definição de construção verde 3
Uma breve história da construção verde 16
Certificações de casas verdes 20
O caso para casas verdes 31
Resumo 34
Questões de revisão 35
Questões para o pensamento crítico 35
Palavras-chave 35
Glossário 36
Recursos adicionais 37

CAPÍTULO 2: A casa como um sistema 38

Ciência da construção 38
Envelope/fechamento da construção 60
Conforto interior 68
Resumo 71
Questões de revisão 71
Questões para o pensamento crítico 71
Palavras-chave 71
Glossário 72
Recursos adicionais 72

CAPÍTULO 3: Planejamento verde desde o começo 73

Projeto integrado 74
Escolha do local 79
Desenvolvimento do local 82
Projeto da casa 88
Durabilidade 101
Planejamento da construção 102
Resíduos da construção 102
Reformas 104
Resumo 108
Questões de revisão 108
Questões para o pensamento crítico 108
Palavras-chave 109
Glossário 109
Recursos adicionais 109

CAPÍTULO 4: Isolamento e estanqueidade de ar 110

História do isolamento 110
Escolha do isolamento 111
Escolha de uma barreira de ar 121
Posicionamento do envelope térmico 122
Materiais e métodos 123
Como completar o envelopamento térmico 141
Verificação de infiltrações no envelope 143
Considerações sobre reformas 147
Resumo 150
Questões de revisão 150
Questões para o pensamento crítico 150
Palavras-chave 150
Glossário 151
Recursos adicionais 152
Apêndice 4A: Comparação de tipos comuns de isolamento 153

SEÇÃO 2 – SISTEMAS ESTRUTURAIS 155

CAPÍTULO 5: Fundações 157

Tipos de fundação 157
Escolha da fundação 159
Materiais e métodos 161
Sistemas alternativos para paredes de fundações 168
Controle de umidade 171
Fundações e o fechamento da construção 173
Gás do solo 176
Proteção de árvores 176
Controle de pragas 176
Considerações sobre reformas verdes 180
Resumo 181
Questões de revisão 181
Questões para o pensamento crítico 182
Palavras-chave 182
Glossário 182
Recursos adicionais 183

CAPÍTULO 6: Pisos e paredes externas 184

Pisos e paredes: introdução 184
Madeira 189
Estruturas de madeira 199
Revestimento de parede 205
Piso do pavimento 209

Componentes manufaturados 210
Estruturação com madeira 214
Casas feitas de toras de madeira 217
Alvenaria 217
ICFs 218
Pisos de lajes de concreto 219
Métodos de construção de paredes naturais e alternativas 220
Considerações da remodelação verde 222
Resumo 227
Questões de revisão 228
Questões para o pensamento crítico 228
Palavras-chave 228
Glossário 229
Recursos adicionais 230

CAPÍTULO 7: Telhados e sótãos 231

O papel dos telhados e sótãos nas casas verdes 231
Tipos de telhado e sótão 233
Os efeitos dos telhados e sótãos nas casas verdes 234
Noções básicas sobre telhados 236
Propriedades de materiais de cobertura 250
Materiais para telhados íngremes 253
Materiais para telhados de baixa inclinação 259
Calhas e dutos 263
Considerações para reformas 264
Resumo 265
Questões de revisão 265
Questões para o pensamento crítico 265
Palavras-chave 266
Glossário 266
Recursos adicionais 267

SEÇÃO 3 – ACABAMENTOS EXTERIORES 269
CAPÍTULO 8: Esquadrias 271

Tipos de esquadrias 271
National Fenestration Research Council 277
Classificações de esquadrias, códigos de energia e programas de construção verde 278
Como usar as classificações do NFRC 284
Tamanho, localização e sombreamento de esquadrias 285
Envidraçamento 287
Esquadrias de janelas, painéis para portas e molduras 291
Esquadrias fixas e operáveis 293

Ferragens e vedações 296
Grades 296
Instalação de janelas, portas e claraboias 297
Manejo das esquadrias 299
Utilização de material sustentável 306
Considerações sobre reformas 307
Resumo 310
Questões de revisão 310
Questões para o pensamento crítico 310
Palavras-chave 311
Glossário 311
Recursos adicionais 312

CAPÍTULO 9: Acabamentos externos de paredes 313

Introdução aos acabamentos externos 313
Materiais e métodos 317
Sistemas de controle de umidade 328
Detalhes da instalação dos acabamentos 334
Considerações sobre reformas 337
Resumo 338
Questões de revisão 339
Questões para o pensamento crítico 339
Palavras-chave 339
Glossário 339
Recursos adicionais 340
Apêndice A: Impactos ambientais dos materiais de revestimento 340

CAPÍTULO 10: Espaços externos de convívio 341

Espaços externos de convívio 341
Materiais e métodos 346
Cozinhas externas e lareiras 360
Considerações sobre reformas 361
Resumo 361
Questões de revisão 361
Questões para o pensamento crítico 362
Palavras-chave 362
Glossário 362
Recursos adicionais 362

CAPÍTULO 11: Paisagismo 363

Planejamento do paisagismo 363
Componentes do paisagismo 367
Usos especiais 380
Reestruturação ou reforma 380
Resumo 382
Questões de revisão 382

Questões para o pensamento crítico 383
Palavras-chave 383
Glossário 383
Recursos adicionais 384

SEÇÃO 4 – SISTEMAS INTERNOS 385
CAPÍTULO 12: Acabamentos internos 387
Tipos de acabamento interno 387
Como selecionar acabamentos internos 388
Materiais e métodos 392
Considerações sobre reformas 412
Resumo 413
Questões de revisão 413
Questões para o pensamento crítico 414
Palavras-chave 414
Glossário 414
Recursos adicionais 415

SEÇÃO 5 – SISTEMAS MECÂNICOS 417
CAPÍTULO 13: Aquecimento, ventilação e ar-condicionado 419
Envelope da construção 419
Sistemas de aquecimento e refrigeração 420
Equipamento 420
Distribuição 429
Sistemas de ventilação 433
Desumidificação e umidificação 433
Sistemas de dutos 435
Projeto do sistema de HVAC 447
Seleção de equipamentos de aquecimento e refrigeração 455
Manutenção 489
Resumo 491
Questões de revisão 491
Questões para o pensamento crítico 491
Palavras-chave 491
Glossário 492
Recursos adicionais 494

CAPÍTULO 14: Instalações e sistemas elétricos 495
Uso da eletricidade em residências 495
Sistemas elétricos residenciais 498
Sistemas elétricos e construção verde 503
Iluminação 505
Ventiladores 516

Eletrodomésticos 517
Eletrônicos 520
Equipamentos especiais 521
Educação do morador 521
Considerações sobre reformas 521
Resumo 523
Questões de revisão 523
Questões para o pensamento crítico 524
Palavras-chave 524
Glossário 524
Recursos adicionais 526

CAPÍTULO 15: Instalações hidráulicas 527
Recursos hídricos mundiais 527
Conservação da água 528
Suprimento de água potável 529
Fornecimento de água quente 532
Aquecedores de água 538
Remoção de águas residuais ou esgotos 546
Louças e metais sanitários 555
Válvulas de lavadoras e coletores de drenagem 565
Gestão de resíduos alimentares na cozinha 565
Considerações sobre reformas 566
Resumo 568
Questões de revisão 568
Questões para o pensamento crítico 569
Palavras-chave 569
Glossário 570
Recursos adicionais 572

CAPÍTULO 16: Energia renovável 573
Fontes renováveis de energia 573
Prós e contras da energia renovável 578
Como selecionar sistemas de energia renovável 579
Certificações 581
Como projetar uma casa para energia renovável 582
Sistema solares térmicos 583
Eletricidade gerada no local 590
Como dimensionar sistemas renováveis 592
Sistemas fotovoltaicos de energia solar 592
Sistemas de energia eólica 595
Sistemas micro-hídricos 596
Sistemas de células de combustível 596
Projeto de energia solar passiva para uma casa 597
As energias renováveis em projetos de reforma 597
As energias renováveis em projetos de edificações no Brasil 599

Análise de edificações em túnel de vento como recurso em projetos 600

Resumo 603

Questões de revisão 603

Questões para o pensamento crítico 604

Palavras-chave 604

Glossário 604

Recursos adicionais 605

Epílogo 606

O todo 606

O futuro da construção verde 609

Construção verde: como assimilar os principais conceitos 612

Avaliações e perícias em edifícios 612

Apêndice 617

Glossário 620

Índice remissivo 632

Prefácio

Introdução

Em um processo evolutivo de muitas décadas, a construção verde residencial atingiu o primeiro nível de maturidade com o desenvolvimento de programas de certificação da construção. Como esses programas se encontram em suas segundas ou terceiras gerações de desenvolvimento, acreditamos que seja a hora de se produzir um livro abrangente direcionado especificamente aos princípios da construção verde aplicados a casas unifamiliares. No mercado, a construção verde tem experimentado crescimento estável, com maior aceitação em alguns mercados do que em outros. Em 2005, nos Estados Unidos, a construção verde contava com um pequeno mercado florescente, que compreendia aproximadamente 2% das construções comerciais e residenciais.[1] Esta porcentagem representava um valor total de US$ 10 bilhões (US$ 3 bilhões para residencial e US$ 7 bilhões para comercial). Por volta de 2013, a McGraw-Hill Construction calculou que o mercado geral da construção verde americana poderia atingir entre US$ 96 e US$ 140 bilhões para construções residenciais e comerciais. A recente crise financeira enfrentada pelos Estados Unidos reduziu de maneira significativa o espaço para novas construções, cenário que está sendo vivenciado no período que se iniciou no ano de 2014, que, no Brasil, se prolongou por 2015, acrescida de uma crise política, mas a construção verde continua a aumentar sua fatia de mercado.

A atual condição da construção verde residencial como disciplina distinta está, a princípio, limitada a treinamentos e cursos oferecidos por organizações profissionais e certificação de construções individuais. Atualmente, alguns cursos de graduação e treinamento no nível de pós-graduação estão disponíveis para a formação em construção residencial sustentável. Esperamos que *Construção verde*: princípios e práticas em construção residencial ofereça um alicerce para futuros programas e evolução das disciplinas nesta área.

Enfoque

Usamos nossa vasta experiência em construção, reforma, ciência da construção, ensino e avaliação da casa verde para criar esta introdução abrangente do livro sobre casas verdes. Nossa perspectiva é fornecer uma visão geral dos conceitos para construção verde, seguidos por métodos detalhados para incorporar materiais e técnicas em projetos específicos, bem como exemplos reais de sua implementação. Construção verde residencial como disciplina foi desenvolvida na prática com pouco treinamento disponível em nível

---

[1] McGraw-Hill Construction (2009). 2009 Green Outlook: Trends Driving Change Report.

universitário. À medida que os estudantes buscam oportunidades de carreira na construção residencial verde, são necessários programas educacionais para prepará-los para o mercado. A maioria dos livros disponíveis sobre este assunto concentra-se na construção comercial ou no consumidor. *Construção verde: princípios e práticas em construção residencial* é direcionado para atender aos alunos que pretedem seguir carreira no mercado da construção residencial, bem como aos profissionais do setor.

O propósito deste livro é fornecer a todos os interessados em construção residencial e reforma um guia para compreensão dos princípios e da implantação da construção verde. Ele proporciona aos estudantes iniciantes e avançados, bem como aos profissionais experientes, informações úteis que podem ser incorporadas em seus estudos e práticas.

ORGANIZAÇÃO

Construção verde: princípios e práticas em construção residencial está dividido em cinco seções, iniciando com a introdução de conceitos, seguida por seções que traçam a sequência da construção residencial.

- Seção 1 – O que é construção verde e por que ela faz sentido?
- Seção 2 – Sistemas estruturais
- Seção 3 – Acabamentos externos
- Seção 4 – Sistemas internos
- Seção 5 – Sistemas mecânicos

O conteúdo pode ser utilizado conforme apresentado ou os leitores podem reorganizar capítulos a fim de acomodar formatos alternativos para abordagens mais tradicionais e individualizadas.

Cada capítulo começa com um destaque dos elementos verdes abordados no texto. Em seguida, apresentam-se o efeito desses elementos sobre o sistema da casa e uma visão geral dos materiais e métodos. Por fim, há uma seção específica sobre reformas. Como o principal objetivo da construção verde é projetar a estrutura para cada tipo de clima, são destacadas, em todos os capítulos, as características regionais que devem ser consideradas. Em alguns capítulos há uma variação desta estrutura, particularmente aqueles que tratam de sistemas mecânicos, em que materiais e métodos podem estar mais interligados ou mesmo integrados do que outras áreas.

PRINCIPAIS RECURSOS

Este livro inclui muitos recursos para ajudar os estudantes à medida que avançam nos capítulos:

"Objetivos do aprendizado": um conjunto claro dos objetivos do aprendizado oferece uma visão geral do material do capítulo e pode ser usado pelos estudantes para verificar se entenderam e assimilaram os pontos importantes.

Ícones de "Princípios da construção verde": um recurso exclusivo deste livro são os ícones dos "oito princípios" que ajudam na descrição dos princípios mais importantes da construção verde. Localizados no início de cada capítulo, eles servem como um lembrete e apresentam uma maneira eficiente de observar as práticas verdes abordadas em determinado capítulo.

Recursos "Palavra do especialista": Nesses boxes de textos destacam-se especialistas no assunto ou do mercado que abordam uma variedade de questões importantes, além de profissionais que atuam diretamente em obras, que compartilham seu conhecimento de mercado e seu sucesso na aplicação de técnicas específicas em seus projetos.

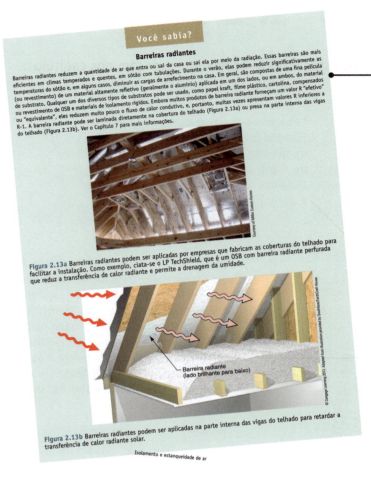

Recursos "Você sabia?": localizados por todo o livro, esses boxes enfatizam questões exclusivas ou críticas que merecem atenção especial, assim como tabelas que fornecem comparações entre materiais e tecnologias para referência rápida.

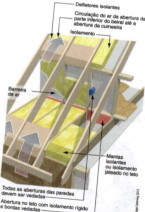

Glossário: definições dos principais conceitos são fornecidas no final de cada capítulo. O Glossário no final do livro contém uma lista completa das palavras-chave e suas definições.

Prefácio

XIII

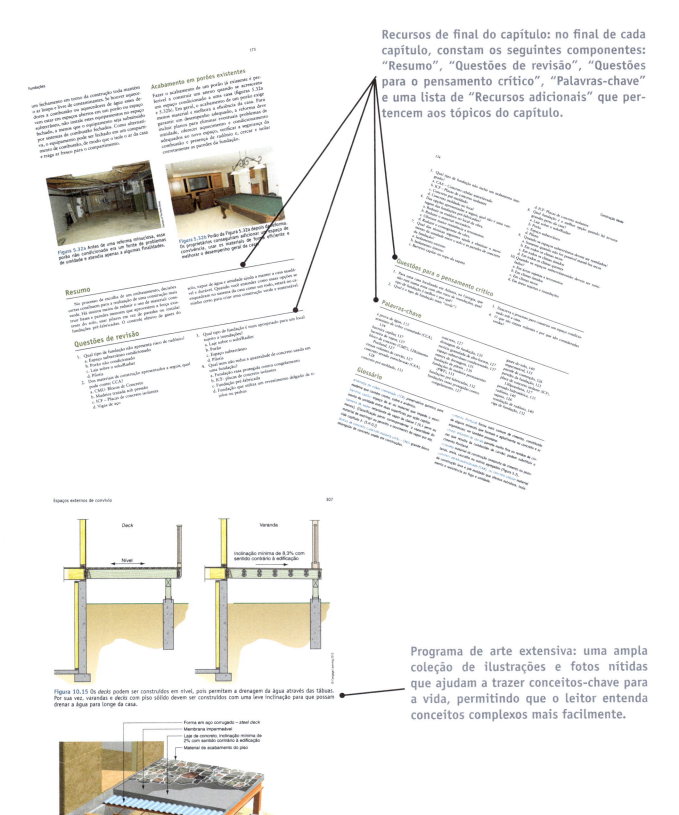

Recursos de final do capítulo: no final de cada capítulo, constam os seguintes componentes: "Resumo", "Questões de revisão", "Questões para o pensamento crítico", "Palavras-chave" e uma lista de "Recursos adicionais" que pertencem aos tópicos do capítulo.

Programa de arte extensiva: uma ampla coleção de ilustrações e fotos nítidas que ajudam a trazer conceitos-chave para a vida, permitindo que o leitor entenda conceitos complexos mais facilmente.

Sobre os autores

Abe Kruger

Abe Kruger é profissional da construção certificado pelo Instituto de Desempenho da Construção (Building Performance Institute – BPI), gerente de energia certificado (Certified Energy Manager – CEM), instrutor avaliador do Sistema de Avaliação de Energia de Casas (Home Energy Rating System – HERSs) e membro ativo do comitê técnico nacional da Rede de Serviços de Energia Residencial (Residential Energy Services Network – Resnet). Kruger é profissional acreditado (Accredited Professional – AP) pelo Leed para novas residências e Desenvolvimento de Vizinhanças (*neighborhood development*). Conduziu treinamento em eficiência de energia e conservação para construtores, profissionais especialistas em reformas e inspetores residenciais, empreiteiros e proprietários em todo os Estados Unidos. O autor presta serviços de treinamento a profissionais da construção e participa de conferências regionais e nacionais promovidas pela Resnet, Affordable Comfort Inc. (ACI), GreenPrints e Greenbuild. É reconhecido por aplicar certificações de EarthCraft House, Leed for Homes e Energy Star. Também colabora em projetos, gerenciamento e avaliação de programas de eficiência de energia em setores de utilidade pública. Em 2009, fundou o Grupo de Sustentabilidade Kruger para fornecer treinamento e consultoria em construção verde, além de desenvolver currículo para faculdades, empresas, utilitários e organizações sem fins lucrativos.
http://www.KrugerSustainabilityGroup.com
abe@KrugerSustainabilityGroup.com

Carl Seville

Carl Seville aperfeiçoou sua experiência em construção verde por 30 anos como empreiteiro, educador e consultor na indústria da construção residencial. Treina profissionais do mercado e parceiros em todo o país sobre práticas de construção sustentáveis e certifica construções uni ou plurifamiliares pelo Leed for Homes, EarthCraft House e Programas Nacionais de Construção Verde. Seu trabalho pioneiro foi reconhecido com vários prêmios, como Energy Value Housing Award (2009), dois Green Advocate of the Year Awards (2005, 2007), dois National Green Building Awards (2004, 2006) e o EarthCraft House Leadership Award (2006). Seville é analista da construção do BPI e avaliador do HERS. É profissional acreditado pelo Leed (LEEDA) para Residências e Green Rater.
http://www.greencurmudgeon.com
http://www.sevilleconsulting.com

Sobre a adaptadora

Sasquia Hizuru Obata

Sasquia Hizuru Obata atua como docente na formação de tecnólogos, engenheiros e arquitetos em cursos de graduações e de especialistas em Construções Sustentáveis, Negócios Imobiliários, Perícias e avaliações em engenharia e em Certificações Sustentáveis. Foi precursora na implantação de disciplinas de construções sustentáveis no Brasil no curso de engenharia da FAAP. Abordando o empreendedorismo e inovações sustentáveis, atua orientando projetos no curso de Arquitetura e Urbanismo da Fundação Armando Alvares Penteado (Faap) e coordenou projetos no Inova Paula Souza e na Faculdade de Tecnologia de São Paulo (Fatec) unidade Tatuapé; também desenvolve e aplica os conceitos e as especificações verdes na disciplina de Projeto Integrador. Atualmente, é professora da Fundação Armando Alvares Penteado – FAAP e na Fatec Tatuapé – Victor Civita. Associada do Conselho Brasileiro de Construção Sustentável (CBCS) e articulista da revista aU Pini na seção Aulas de projeto, na qual são apresentadas análises e explicações de projetos e detalhamentos executivos. É pós-doutoranda em Sustentabilidade de Processos Produtivos como pesquisadora no LaProMa – Unip (Laboratório de Produção e Meio Ambiente da Universidade Paulista).
http://lattes.cnpq.br/0632618039418340

Agradecimentos

Gostaríamos de agradecer e reconhecer a contribuição de muitos profissionais que revisaram o manuscrito deste livro e/ou colaboraram para sua concretização:
Michael Anschel – CEO da Verified Green, Inc.
Lee Ball – Appalachian State University
Richard Bruce – Missouri State University
Christina Corley – Southface Energy Institute
Joe Dusek – Triton College
George Ford – West Carolina University
Tim Gibson – John A. Logan College
Eric A. Holt – Perdue University
Gary Klein – Affiliated International Management
　Carlos Martin
Stephen McCormick – Santa Fe Community College
Luke Morton
Ed Moore – York Technical College
Amy Musser – Vandemusser Design, PLLC
Norma Nusz Chandler – South Dakota State
　University
Cindy Ojczyk – Verified Green, Inc.
Ashley B. Richards Jr. – Richards & Company, Inc.
Lingguang Song, Ph.D – University of Houston
Alex Wilson – Building Green, Inc.
Robert A. Wozniak – Pennsylvania College of
　Technology
Peter Yost – Building Green, Inc.

Colaboradores especiais

Conselheiros da Green Building: Martin Holliday,
　Dan Morrison
Building Green: Alex Wilson, Peter Yost
Southface Energy Institute

Agradecimentos especiais

Além dos revisores e colaboradores, desejamos registrar um agradecimento especial ao Southface Energy Institute e à nossa formidável equipe. De maneiras muito diferentes, descobrimos a verdade verde neste instituto. Abe iniciou a carreira profissional no Southface Energy Institute e o usou como um trampolim para empreendimentos futuros. Durante muitos anos, Carl foi aluno e professor do instituto e ajudou a construir o Centro de Recursos do Southface. Ele também se envolveu intimamente no desenvolvimento do programa EarthCraft House Renovation.

Na Cengage, gostaríamos de agradecer a James Devoe e Cristopher Savino. Na Ohlinger Publishing Services, agradecemos a Erin Curtis, Monica Ohlinger e Brooke Wilson. Durante todo o processo, Erin foi uma colaboradora muito importante, não temos com agradecer-lhe suficientemente toda paciência e o constante otimismo a nós dedicados. Agradecimentos também à equipe de produção e arte.

Abe Kruger

Este livro não seria possível sem o suporte e a assistência de amigos, familiares e numerosos profissionais do setor. Estou sinceramente agradecido e orgulhoso das pessoas igualmente entusiastas que compõem a indústria da construção verde.

Serei sempre grato pelo encorajamento e pela extrema paciência de Anne Rogers. Da forma como gerenciou os três anos de discussões intermináveis sobre o livro, nunca poderei me esquecer!

Ed Moore, da York Technical College, em Rock Hill, na Carolina do Sul, que inicialmente apoiou este projeto sob meus cuidados. Estou igualmente grato pela confiança e apoio de seu colega Rodney H. Trump.

Carl Seville

Agradeço ainda aos inúmeros colegas e parceiros da área pela ajuda e apoio recebidos durante anos. Um agradecimento especial aos meus filhos, Paula Seville e Alex Cullen, que, por muitas horas, me ouviram falar de construção verde. Sou grato por seus comentários depois de viverem anos em algumas casas experimentais reformadas pelos princípios da construção verde.

Sasquia Hizuru Obata

Colaborar, promover, atuar e escrever sobre a sustentabilidade das construções e torná-las mais verde é um desafio que só se faz com integração e como uma atividade holística, com parcerias na evolução dos conhecimentos e soluções de problemas.

O que justifica tudo isto como possível é a grande rede de relacionamento que me nutre e tudo que me suporta e apoia; docentes, alunos, profissionais de mercado, parceiros, amigos, família, cachorro e marido; sem isto não haveria como me envolver na revisão e adaptação de um livro.

Agradeço à engenheira Vanessa Montoro Taborianski Bessa por ter me colocado à prova diante das análises críticas do livro e pelos seus conceitos e experiências compartilhadas em capítulos deste livro; à engenheira Isamar Marchini Magalhães, por termos criado um companheirismo ímpar de trabalho e nos envolvido profundamente com os conteúdos abordados, sem esmorecer diante de assuntos muito rígidos. Ao meu marido Rogério Teixeira, por poder sempre me apropriar de seus conceitos e estudos, principalmente no que se refere às energias renováveis e educação como um todo. A todos os docentes e profissionais que aceitaram e viram como necessária a colaboração para uma abordagem apropriada dos conceitos e experiências no Brasil.

Agradeço aos autores, por terem conseguido dar ao livro a função de oferecer conceitos simplificados e claros e que proporcionaram incorporação de conteúdos, acúmulo de informações, opiniões e principalmente de experiências profissionais e de vida.

Sou grata a tudo, a todas e a todos!

Introdução à Construção verde: princípios e práticas em construção residencial

Visão geral da construção verde

Construção verde é um conjunto de técnicas e práticas de projeto, construção e manutenção que minimizam o impacto ambiental total de uma edificação. As decisões tomadas durante as fases de planejamento, construção, reforma e manutenção das casas têm efeitos de longo prazo diretos sobre muitos aspectos do meio ambiente – qualidade do ar, saúde, recursos naturais, uso da terra, qualidade da água e uso da energia. Ao mesmo tempo, as decisões de construção apresentam maiores implicações no custo da terra e de materiais, na mão de obra e nos financiamentos necessários para construir.

As construções representam um ponto principal de consumo de energia, água e matéria-prima. A construção residencial representa aproximadamente 21% de toda energia utilizada nos Estados Unidos, enquanto a comercial representa outros 19%.[1] Internacionalmente, as construções residenciais usam aproximadamente 15% da energia principal.[2] As construções também são responsáveis por uma parte significativa da poluição do ar e da água.

Os oito princípios da construção verde

Embora não haja definição universal de construção verde, identificamos oito princípios que sempre devem ser considerados em projetos, na construção ou manutenção de casas. Esses princípios são semelhantes à abordagem definida pelo sistema de classificação do Conselho de Construção Verde dos Estados Unidos (U. S. Green Building Council – USGBC), que criou o programa Liderança em Energia e Projeto Ambiental (Leadership in Energy and Environmental Design – Leed) e por outros programas de classificação de casa verde.

- **Eficiência energética**: reduzir a energia necessária para viver em uma casa através do projeto focado desde o início na redução do consumo e aumento da eficiência da residência, especificando-se equipamentos apropriados e métodos de construção de alta qualidade.

- **Eficiência de recursos**: reduzir a quantidade total de materiais necessários para construir ou reformar uma casa, incluindo a seleção de materiais que são extraídos, processados e entregues no local da obra, com o mínimo de impacto ambiental e uso de energia; reutilizar materiais já usados e reciclar os resíduos da construção.

- **Durabilidade**: utilizar materiais e métodos que requerem menos manutenção e aumentam a vida útil da estrutura e reduzir a frequência de consertos e substituição. Desta forma, é possível gerar menos resíduos e usar menos materiais em toda a vida útil da casa.

- **Uso eficiente da água**: reduzir a quantidade de água usada dentro e fora da casa por meio de maior eficiência e minimização de situações de maior consumo.

- **Qualidade do ambiente interno**: melhorar a saúde dos moradores por meio do controle de umidade, materiais tóxicos e poluentes dentro da casa.

- **Impacto reduzido na comunidade**: limitar os efeitos econômicos negativos na comunidade local por meio de desenvolvimento responsável e práticas de construção, considerando como a seleção de materiais pode influenciar a saúde e as condições econômicas da comunidade global – trabalhadores e moradores locais – onde os produtos são extraídos e fabricados para uso nas casas.

- **Educação e manutenção para o proprietário**: educar os proprietários e moradores para que cuidem de suas casas de forma a manter a eficiência, saúde e durabilidade por muito tempo.

- **Desenvolvimento local sustentável**: evitar o desenvolvimento de áreas destinadas à proteção ambiental; planejar os projetos destinados a terrenos e casas de modo que estes possam obter a luz do sol; promover a construção próxima de áreas com infraestrutura de transporte e de serviços diversos para reduzir a necessidade de uso do carro; gerenciar cuidadosamente o local durante a construção, com o objetivo de reduzir o escoamento de sedimentos e manter a vegetação nativa e fornecer o gerenciamento da água pluvial a fim de reduzir o escoamento

---

[1] Departamento de Energia dos EUA, 2008 Buildings Energy Data Book, Seção 1.1.1, 2008. Disponível em: <http://buildingsdatabook.eren.doe.gov>.
[2] http://www.eia.doe.gov/oiaf/ieo/world.html.

de contaminantes do local da obra para aquíferos públicos.

Como todos os conceitos não serão enfatizados em todos os capítulos, desenvolvemos esta série de ícones para representar os diversos princípios. No início de cada capítulo, há ícones que correspondem aos princípios abordados, e apontam os princípios que descrevem e apresentam uma maneira eficiente de observar as práticas verdes nele tratadas.

Abordagem da construção verde neste livro

Neste livro, construção verde é descrita em uma abordagem de "melhores práticas" para uma construção residencial de baixo custo. Examinamos as considerações relacionadas ao projeto, ao desenvolvimento do local e às fases da construção. Foram apresentadas ainda opções sobre a utilização de material, sempre com objetivo de construir uma casa verdadeiramente verde.

Muitas técnicas de construção verde têm como propósito conscientizar todos os envolvidos no projeto de modo a obter a melhor qualidade. Em todo o livro, são descritos os detalhes para a construção de casas capazes de fornecer um ambiente para o convívio confortável, seguro, durável e eficiente. Os leitores certamente ficarão surpresos ao constatar que o termo *verde* aparece de modo esparso e raro nos capítulos.

O livro é dividido em cinco seções que seguem brevemente o cronograma da construção. A Seção 1 define construção verde, explica por que ela é desejada e aponta a ciência existente neste contexto. Na fundamentação para construção verde, aplica-se a ciência da construção. Para uma casa funcionar de maneira eficiente e eficaz, a umidade, o calor e o fluxo de ar devem ser controlados (ver Capítulo 2). A Seção 2 apresenta os sistemas estruturais de uma casa. São explorados os aspectos relacionados às fundações, pisos, paredes, tetos e telhados. A Seção 3 destaca os acabamentos externos, como janelas e portas, revestimentos, espaços externos e paisagismo. A Seção 4 trata dos acabamentos internos, e a Seção 5 explora os sistemas mecânicos, como aquecimento, ventilação e condicionamento de ar, além dos sistemas elétrico e hidráulico e energia renovável.

Nota final

Independentemente do ramo profissional do leitor, esperamos que este livro seja apreciado em toda sua complexidade de assuntos e entendimento profundo do que quer dizer como verdadeiramente verde – além disso, a expectativa é que se reconheça que não se trata simplesmente de um jargão. Agora é o momento certo para a indústria da construção, pois os produtos estão mudando rapidamente e técnicas sendo desenvolvidas para que se possam construir casas melhores, mais verdes.

Nota à edição brasileira

Nesta edição, contamos com a adaptação da professora Sasquia Hizuru Obata, que realizou intenso trabalho para que o texto pudesse estar o mais adequado possível à realidade brasileira, inserindo novos conteúdos e notas de rodapé. (As notas assinadas pela professora estão identificadas pelas iniciais S.H.O.) As medidas foram convertidas, na maioria das vezes, para que se adequassem ao padrão brasileiro. Foram criados os boxes "Palavra do especialista – Brasil", para os quais foram convidados colaboradores que gentilmente enriqueceram a adaptação da obra.

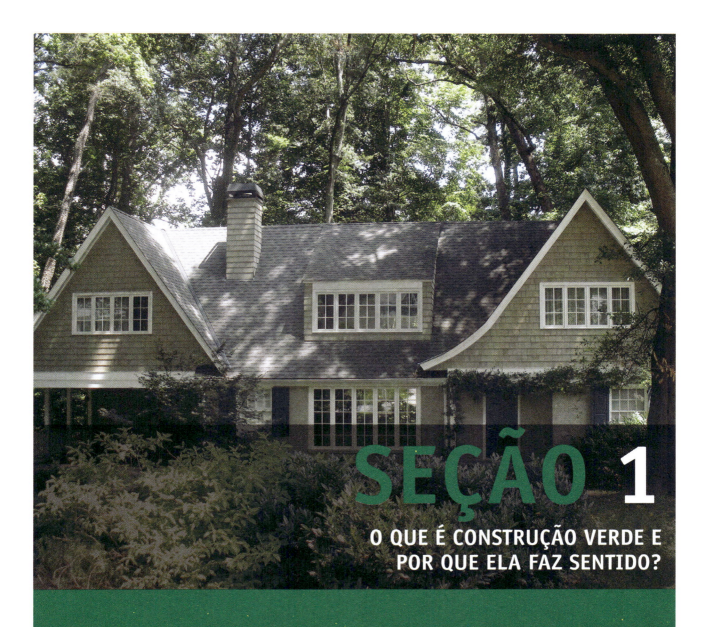

SEÇÃO 1
O QUE É CONSTRUÇÃO VERDE E POR QUE ELA FAZ SENTIDO?

CAPÍTULO 1: Construção verde: visão geral
CAPÍTULO 2: A casa como um sistema
CAPÍTULO 3: Planejamento verde desde o começo
CAPÍTULO 4: Isolamento e estanqueidade de ar

Construção verde: visão geral

Este capítulo explora as definições de construção verde, sua importância do ponto de vista ambiental e no contexto dos projetos e na indústria da construção civil. Apresentamos uma breve história da construção verde e as organizações que têm ajudado a criar diretrizes e padrões para a indústria. As versões atuais dos programas específicos de construção verde são apresentadas, segundo as tendências nos Estados Unidos, em nível nacional.

OBJETIVOS DO APRENDIZADO

Após a leitura deste capítulo, o aluno será capaz de:
- Definir construção verde.
- Explicar os impactos ambientais da indústria de construções residenciais como um todo.
- Descrever os benefícios da construção verde para construtores, proprietários de casas e empreiteiros.
- Descrever as relações entre os programas de construção verde e os códigos de construção.
- Definir o programa ENERGY STAR for Homes.
- Descrever o Sistema de Avaliação de Energia de Casas (*HERS*) e a relação dele com os programas de construção verde.
- Explicar os testes de estanqueidade de portas e dutos de ar.
- Realizar cálculos simples de retorno de investimento e análise de fluxo de caixa para melhorias na construção verde.

Princípios da construção verde

 Eficiência energética

 Eficiência dos recursos

 Durabilidade

 Uso eficiente da água

 Qualidade ambiental interna

 Impacto reduzido na comunidade

 Educação e manutenção para o proprietário

 Desenvolvimento de local sustentável

Definição de construção verde

Definimos construção verde como um conjunto de técnicas e práticas de projeto, construção e manutenção que minimizam o impacto ambiental total de uma edificação. As decisões tomadas durante as fases de planejamento, construção, reforma e manutenção das casas têm efeitos diretos de longo prazo sobre muitos aspectos do nosso meio ambiente – qualidade do ar, saúde, recursos naturais, uso da terra, qualidade da água e uso da energia. Essas decisões também podem produzir efeitos indiretos sobre outros aspectos do nosso meio ambiente, tais como os fatores que contribuem para o aquecimento global.

Os materiais usados para construir, reformar e manter uma casa também causam impacto no meio ambiente, assim como a energia usada para aquecimento, resfriamento, iluminação e funcionamento de equipamentos e a quantidade de água usada durante toda a vida útil da casa (Figura 1.1). O projeto de implantação tem efeito sobre a quantidade de movimento de terra, os deslocamentos das pessoas por

Figura 1.1 A construção de casas produz inúmeros efeitos ambientais.

automóveis e a poluição das águas causada por escoamento sobre os pavimentos, rodovias, de telhados e devido à irrigação de jardins. A construção verde busca reduzir esses impactos negativos.

Geração e uso de energia

As edificações residenciais consomem aproximadamente 22% da energia produzida nos Estados Unidos para aquecer, resfriar, cozinhar, esquentar água e operar equipamentos elétricos.[1] Este volume de demanda e suprimento de energia apresenta diversos problemas. A geração de energia elétrica implica significativas consequências ambientais, como poluição do ar e emissão de gases do efeito estufa, além do consumo de recursos naturais usados na construção de novas instalações de geração de energia. A poluição direta do ar inclui **compostos orgânicos voláteis (COVs)** e pequenas partículas de poeira (aerossóis) que podem ter impacto imediato na saúde e na degradação ambiental. Os **gases do efeito estufa (GEE)** são gases atmosféricos, como dióxido de carbono (CO_2), óxidos sulfúricos (SO_x) e óxidos nitrosos (NO_x) que são emitidos diretamente, mas não causam aumento nas temperaturas globais – isto é, o "efeito estufa". As usinas movidas a carvão lançam poluentes na atmosfera; a mineração pode causar danos permanentes no solo; e as cinzas em suspensão, um subproduto da geração de energia, podem causar danos a rios e córregos se não forem armazenadas e manuseadas adequadamente. A operação de usinas hidrelétricas não polui o ar, mas reduz a disponibilidade e a quantidade de água para as comunidades a jusante, abaixo da usina e ribeirinhas. A energia nuclear, ainda que não emita poluentes, é produzida em usinas que possuem uma construção e operação onerosas, e o problema do descarte das águas da operação ainda não foi resolvido. Para que possam ser operadas, as usinas nucleares e aquelas movidas a carvão utilizam quantidades significativas de água, e as usinas hidrelétricas perdem água através da evaporação do reservatório, o que reduz ainda mais os suprimentos de água potável e para irrigação. De acordo com o **Departamento de Energia dos Estados Unidos (U. S. Department of Energy – DOE)**, a média ponderada nacional para uso de água em usinas termelétricas e hidrelétricas é de 2,0 galões (7,6 litros) de água evaporada por quilowatt-hora (kWh) de eletricidade.[2] Quilowatt-hora é uma unidade de energia elétrica equivalente a mil watts operando por uma hora; em consequência, um kWh manteria acesa uma lâmpada de 100 watts por dez horas.

Além da eletricidade, muitas casas usam óleo e gás natural para o aquecimento do ambiente e da água (ver o Capítulo 13, que trata do uso de combustíveis). Ainda que o gás natural seja uma fonte energética eficiente e produza menos poluentes do que o óleo ou o carvão, todos os três são recursos não renováveis, sujeitos à escassez, aumentos nos custos de extração, flutuação de preços e, potencialmente, desaparecimento de todos os suprimentos.

Fontes de **energia renovável**, como energias solar, geotérmica e eólica, fornecem alternativas com menos impactos ambientais quando comparadas às opções não renováveis. A produção de energia renovável não cria poluição do ar e usa fontes de geração (isto é, o sol, a terra e o vento) que nunca são reduzidas. Ainda que as fontes tradicionais de energia continuem domi-

---

[1] U. S. Energy Information Administration, Annual Energy Review, 2009.

[2] P. Torcellini, N. Long e R. Judkoff. Consumptive Water Use for U.S. Power Production. *NREL/TP-550-33905*, dez. 2003.

Você sabia?

Nos Estados Unidos, a produção e a distribuição de eletricidade são muito ineficientes. As usinas movidas a carvão têm uma eficiência aproximada de 30% a 35%, e as perdas durante a distribuição variam de 7% a 10%. Em consequência, de cada dez unidades de energia que entram em uma usina movida a carvão, somente de três a quatro são realmente distribuídas para as casas. É necessária ainda mais energia para extrair e transportar o carvão para as usinas. Economizar energia no ponto de uso aumenta significativamente o impacto em termos de eficiência e redução da poluição (ver Figura 1.2). Nesta figura, você pode observar a eficiência geral da conversão do carvão (energia química) em energia luminosa em uma residência. A eficiência total do sistema é o percentual de eficiência de cada componente multiplicado um a um.

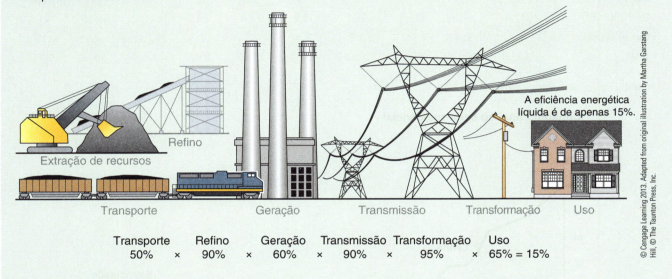

Figura 1.2 Os sistemas atuais de geração e distribuição de eletricidade são bastante ineficientes.

nando o mercado, a energia renovável é uma opção cada vez mais comum, cujas fontes incluem painéis solares e turbinas eólicas em casas individuais; instalações de médio porte que atendem a uma vizinhança ou uma instalação individual; e grandes projetos privados, governamentais ou utilitários que suplementam ou substituem as usinas de energia tradicionais.

A realidade brasileira

No Brasil, no ano de 2009, o consumo com base nas edificações dos setores residencial, comercial e público correspondeu aproximadamente a 45% do consumo de energia elétrica no país, principalmente na forma de iluminação artificial e climatização de ambientes, segundo a Eletrobras[*1].

A participação residencial com base no *Balanço Energético Nacional*[*2], ano base 2013, corresponde a 9,72% do total do consumo energético final por setor, e, desta porcentagem, cerca de 0,62% corresponde ao total de consumo para a forma que não é a energia.

No Brasil, a matriz elétrica é de origem predominantemente renovável, sendo a geração hidráulica correspondente a 64,9% da oferta interna. As fontes renováveis representam 79,3% da oferta interna total de eletricidade. Desta matriz, o fornecimento principal de eletricidade para residências é de 45,3%, sendo complementada por 24,2% por lenha e 27,5% por gás liquefeito de petróleo; os demais valores são provenientes do gás natural, com 1,4%, e o carvão vegetal, com 1,7%. Esses dados são apresentados a seguir na Tabela 1.1 e Gráfico 1.1.

[*1] ELETROBRAS. Eletrobrás e Inmetro entregam Etiqueta de Eficiência Energética a cinco edificações no País. Brasil, 2 jul. 2009. Disponível em: <http://www.inmetro.gov.br/imprensa/releases/EtiquetaEficiencia.pdf>. Acesso em: 25 mar. 2015. (S.H.O.)

[*2] Ministério de Minas e Energia – MME: Balanço Energético Nacional 2014: Ano base 2013 / Empresa de Pesquisa Energética. – Rio de Janeiro: EPE, 2014. Disponível em: <https://ben.epe.gov.br/downloads/Relatorio_Final_BEN_2014.pdf>. Acesso em: 25 mar. 2015. (S.H.O.)

Tabela 1.1 Consumo do Setor Residencial no Brasil

Fonte	2004	2005	2006	2007	2008	2009	2010	2011	2012	2013
Gás natural	0,8	0,9	0,9	1,0	1,0	1,0	1,1	1,2	1,2	1,4
Lenha	37,8	37,7	37,5	35,1	33,9	32,6	30,9	28,0	27,2	24,2
Gás liquefeito de petróleo	27,3	26,2	25,8	26,5	26,6	26,4	26,7	27,4	26,9	27,5
Querosene	0,1	0,1	0,1	0,0	0,0	0,0	0,0	0,0	0,0	0,0
Gás canalizado	0,0	0,0	0,0	0,0	0,0	0,0	0,0	0,0	0,0	0,0
Eletricidade	31,6	32,8	33,4	35,1	36,2	37,4	39,1	41,4	42,6	45,3
Carvão vegetal	2,4	2,4	2,3	2,3	2,3	2,5	2,2	2,1	2,0	1,7
Total	100,0	100,0	100,0	100,0	100,0	100,0	100,0	100,0	100,0	100,0

Fonte: *Balanço Energético Nacional,* 2014, ano base 2013.

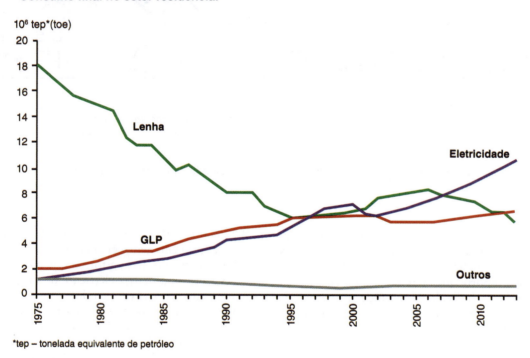

Gráfico 1.1 Fontes do Consumo Residencial no Brasil.

Fonte: *Balanço Energético Nacional,* 2014, ano base 2013.

Energia incorporada na produção de materiais

Avaliação do ciclo de vida (ACV) é a expressão genérica usada para descrever uma análise de toda a energia consumida para produzir, vender, instalar, usar e descartar qualquer produto durante toda sua existência física (isto é, a soma da energia do *berço ao túmulo*). A ACV começa com a quantificação da energia utilizada na extração do material bruto do solo para criar um produto e termina quando esses materiais retornam ao solo (ver Figura 1.4). Ao incluir o impacto em toda vida útil do produto, a ACV fornece uma visão abrangente dos aspectos ambientais do produto ou do processo e uma imagem mais precisa dos reais danos ambientais da seleção de ambos. Os fatores ambientais geralmente incluem o consumo de água e energia, gases do efeito estufa (por exemplo, CO_2, SO_x e NO_x), contaminantes da água e o uso de materiais brutos.

A energia total necessária para produção ou extração, embalagem e transporte de um material até o local de aplicação é chamada **energia incorporada**. A seleção de produtos que são produzidos localmente ajuda a reduzir a energia de transporte e a poluição

Construção verde: visão geral

Figura 1.3 Ciclo de vida de uma residência.

do ar associada, e também pode reduzir os custos. Especificar produtos que consomem menos energia em sua produção é uma consideração da construção verde (Tabela 1.2). A produção de alguns materiais,

Tabela 1.2 Energia incorporada de materiais comuns da construção

Material	Unidade	Coeficiente de energia MJ por unidade
Madeira bruta	m³	848
Madeira seca ao ar tratada	m³	1.200
Madeira para compensado	m³	4.500
Madeira seca em estufa tratada	m³	4.692
Madeira trabalhada em formas	m³	283
Compensado	m³	9.440
Papel de construção	m²	75
Painel de gesso	m³	5.000
Vidro	kg	31,5
Aço estrutural	kg	59
Alumínio	kg	145
Reforços de fibra de vidro	kg	150
Asfalto, manta asfáltica	m²	280

Fonte: Buchanan, Andrew H.; Honey, Brian G. *Energy and Carbon Dioxide Implications of Building Construction. Energy and Buildings*, 1994, 20, p. 205-17. Reimpresso com permissão da Elsevier.

como cimento, *drywall* (placas de gesso), vidro, alumínio e aço, exige grandes quantidades de energia, em geral na forma de calor em fornos ou fornalhas. A maioria desses materiais é muito durável e reciclável; portanto, o impacto da energia incorporada está presente ao longo de muitos anos. A madeira e outros produtos similares podem não ter tanta energia incorporada, mas, dependendo de como são usados, podem requerer substituições mais frequentes – requerendo o uso da energia ao longo de alguns anos. Ainda que os plásticos sejam de longa duração, normalmente utilizam muita energia. Comparados a outros materiais, uma baixa porcentagem dos plásticos é reciclada; grandes volumes terminam em aterros sanitários ou rios, onde não se decompõem e podem colocar a vida selvagem em risco.

ACV no Brasil

No Brasil, a ACV tem como atendimento a série de normas ISO 14040 – Gestão ambiental, desenvolvida como uma sistemática de gestão focada no planejamento, condução e relato de estudos de ACV que contempla princípios e requisitos, sem fazer especificações em relação ao produto que será analisado. Assim, os estudos de ACV devem incorporar as especificidades de cada produto avaliado.

Para as edificações, as especificações podem se referir ao seu ciclo de vida, que incorpora as etapas de projeto (idealização e concepção), como representado na Figura 1.5, e ao tempo de vida útil, tanto da edificação quanto dos sistemas prediais. A vida útil pode ser estimada por valores disponíveis na NBR 15575

Figura 1.4 Etapas que envolvem a avaliação do Ciclo de Vida da Edificação.
Fonte: NBR 15575: Edificações habitacionais – Desempenho da ABNT 2013[*3]

da ABNT – Associação Brasileira de Normas Técnicas.

A ACV também é referenciada nas regras de rotulagem ambiental, representadas pelas normas ISO 14020, 14021, 14024 e 14025, orientando todas as declarações ambientais ou símbolos apostos nos produtos, incluindo ainda orientações para os programas de Selo Verde.

Como panorama de correspondência, indica-se que a energia incorporada no Brasil para os materiais de construção civil, nos estudos de Tavares,[*4] tem valores próximos aos de países como Austrália e Suécia, assim como o CO_2 embutido, mas sem a inclusão da energia consumida por equipamentos e mobiliários, que é contabilizada nessas pesquisas internacionais.

Sob estas mesmas bases, o consumo de energia no ciclo de vida das edificações residenciais brasileiras é menor, no qual a energia embutida por materiais de construção e processos correlatos, como transportes, nas edificações estudadas foi de 29% a 49% do ciclo de vida[*4].

Um paralelo importante a se destacar refere-se à lista de materiais comuns, que no Brasil são: cimento, aço e as cerâmicas, como indicam os resultados de Tavares:

- Cerâmica vermelha: de 2,9 MJ/kg com variação de ± 0,8 MJ/kg
- Cerâmica de revestimento: de 5,1 MJ/kg com variação de ± 1,3 MJ/kg
- Cimento: 4,2 MJ/kg com variação de ± 0,4 MJ/kg
- Aço: 30,00 MJ/kg com variação de ± 1,0 MJ/kg

Outros materiais da construção brasileira foram cadastrados e encontram-se disponíveis no estudo de Tavares e, como um paralelo à Tabela 1.2, citamos:

drywall tem 4,5 MJ para 5 MJ, nos EUA, vidro plano, 18,5 MJ, para 31,5 MJ; madeira seca ao ar 0,5 MJ, para 1,2 MJ, alumínio se anodizado 210 MJ, reciclado e extrudado com 17,3 MJ e em ligote de 98,20 MJ para o valor citado de 145 MJ.

A energia incorporada é calculada em megajoules (MJ) de energia (1 MJ equivale a quase 948 unidades térmicas – Btu). Parte do desafio de avaliar e tomar decisões com base na energia incorporada é a falta de dados atualizados. Conforme as construções se tornam mais eficientes em termos energéticos, suas energias incorporadas ocupam uma porcentagem significativamente maior da energia total consumida.

Justifica-se, portanto, que, quanto mais eficientes se tornam as construções durante sua vida em operação e uso, menos energia consomem; desta forma, a energia incorporada de cada material posto na construção terá um percentual maior no total de energia avaliado em seu ciclo de vida.

Outra ponderação importante seria não somente a falta de dados sobre os valores das energias incorporadas, mas também o claro entendimento de quais bases de dados foram utilizadas em números, ou seja, por ser uma fronteira de novos conhecimentos acerca dos materiais de construção e base de muitas pesquisas, há diversos valores que precisam ser muito bem analisados sob quais referenciais foram tomados, como, por exemplo, somente a energia do material ou se à energia deste material posto na obra está somada a energia das atividades da construção. Isto sem contar a complexidade das atividades e processos construtivos diversos. Como as abordagens de análise de energia incorporada, também chamada energia embutida, podem ter diferentes formas, apresenta-se na Figura 1.5 uma divisão básica e sintética.

[*3] *Associação Brasileira de Normas Técnicas*. NBR 15575: Edificações habitacionais – Desempenho. Rio de Janeiro: ABNT, 2013. 42 p. (S.H.O.)
[*4] TAVARES, S. F. *Metodologia de análise do ciclo de vida energético de edificações residenciais brasileiras*. Tese de doutorado. Universidade Federal de Santa Catarina, abr. 2006. Disponível em: <https://repositorio.ufsc.br/bitstream/handle/123456789/89528/236520.pdf?sequence=1>. Acesso em: 18 mar. 2015. (S.H.O.)

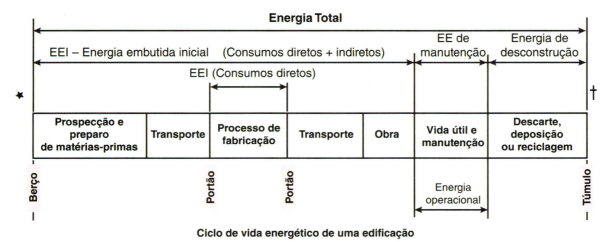

Figura 1.5 Divisões de energias em relação ao ciclo de vida de uma edificação.

Fonte: TAVARES, S. F. Metodologia de análise do ciclo de vida energético de edificações residenciais brasileiras. Tese de doutorado. Universidade Federal de Santa Catarina, abril de 2006. Disponível em: <https://repositorio.ufsc.br/bitstream/handle/123456789/89528/236520.pdf?sequence=1>. Acesso em: 18 mar. 2015.

Cada edificação é uma combinação complexa de vários materiais processados, cada um deles contribuindo para a energia incorporada total do edifício. Ao especificar os materiais da construção, os arquitetos deveriam considerar a energia incorporada não apenas de materiais individuais, mas também das montagens necessárias. Por exemplo, o isolamento com *spray* de espuma de poliuretano deve ser comparado à equivalência com o sistema de isolamento em fibra de vidro, contando com os materiais associados para estancar a permeabilidade do ar, que são necessários para obter uma estanqueidade equivalente da edificação. Da mesma forma, o revestimento externo com barreiras à prova de água deve ser comparado com a utilização de painéis de OSB (*oriented-strand board* – tiras de madeira orientadas) e o conforto térmico ou acondicionamento da casa.

Uso de recursos

A construção e a manutenção de uma casa requerem grandes quantidades de materiais. A Associação Nacional de Construtores de Casas (National Association of Home Builders – NAHB) e o Departamento de Energia dos Estados Unidos (U.S. Department of Energy – DOE) estimam que a construção de uma casa média utilize algumas toneladas de materiais e produza **3.628,74 quilos** de resíduos de construção (ver Tabelas 1.3 e 1.4).

Tabela 1.3 Materiais usados na construção de uma residência familiar de 211 m²

4.217,52 metros de placas de madeira	12 portas internas
1.218,7 m² de revestimento	6 portas de armários
19 toneladas de concreto	2 portas de garagem
297,85 m² de materiais de acabamento externo	1 lareira
288,28 m² de isolamento	1 sistema de aquecimento e arrefecimento
284,38 m² de material para o telhado	3 vasos sanitários, 3 pias de banheiro, 2 banheiras e 1 chuveiro
562,06 m² de materiais para acabamento internos de paredes	1 lavadora e 1 secadora
216,93 m² de materiais de acabamento interno do teto	15 gabinetes de cozinha e 5 outros gabinetes
68,88 m de tubos	1 pia de cozinha
19 janelas	
4 portas externas (3 basculantes e 1 deslizante)	1 despensa, 1 geladeira, 1 máquina de lavar, 1 reservatório de lixo e 1 cobertura para despensa
210,8 m² de materiais de vedação	

Fontes: NAHB. *2004 Housing Facts*, Figures and Trends, fev. 2004, p. 7. Cortesia da NAHB Research Center's Annual Builder Practices Survey. Dados para equipamentos e aquecimento, ventilação e ar-condicionado, cortesia da D&R International.

Para tornar compatível com a similaridade de área e a composição de uma edificação unifamiliar no Brasil, esta seria voltada à classe de renda média-alta, correspondente a consumo elevado de energia dados os sistemas de arrefecimento e aquecimento, o que nos EUA representa a construção da classe média e consumo médio.

Uma edificação unifamiliar brasileira de renda média caracteriza-se pela possibilidade de ter, ou não, maior consumo de energia pela carga de climatizadores. A fim de comparação, apresentamos a Tabela 1.4, com dados do modelo de edificação unifamiliar do Brasil, tendo como referência o trabalho de Tavares, e a Tabela 1.3, com dados dos EUA.

Tabela 1.4 Características de uma edificação unifamiliar de renda média no Brasil

Características físicas e ocupacionais	
Ocupacionais	
Nº moradores	4
Renda familiar	25 salários-mínimos
Consumo energia elétrica	420,00 kWh/mês
Consumo Energia p/ cocção	420,00 kWh/mês
Equipamentos básicos	Aparelho de som, ar-condicionado, aspirador de pó, batedeira, bomba d'água, cafeteira elétrica, chuveiro elétrico, computador, enceradeira, exaustor, ferro de passar, fogão, forno de micro-ondas, forno elétrico, freezer, geladeira, impressora, lava-louças, lavadora de roupa, liquidificador, máquina de costura elétrica, microcomputador, secadora de roupa, televisão, torneira elétrica, ventilador/circulador de ar, videocassete, videogame
Físicas	
Área da unidade	145 m²
Dimensões totais	área do terreno 250 m²
	Externa 10,0 × 14,5 m
Divisões internas por unidade	pé-direito 3,0 m
	Salas 50 m²
	3 Quartos 47,5 m²
	Cozinha 14,0 m²
	2 Banheiros 5,5 m²
	Quarto de empregada 5,0 m²
	Banheiro de empregada 1,5 m²
	Área de serviço 10,5 m²
	Circulação 11,0 m²
Estrutura	concreto armado
Paredes	blocos de cerâmica (9 × 19 × 19). Dimensões totais = 14 cm (9 blocos, 2,5 reboco interno, 2,5 reboco externo)
Acabamento das paredes	Reboco interno e externo, pintura em branco. Azulejos até o teto na cozinha e no banheiro
Cobertura	Laje armada em blocos cerâmicos, vigotas em concreto armado. Espessura total 12 cm, rebocada. Recoberta com telhas de cerâmica sobre estrutura de madeira.
Janelas	Esquadrias de madeira, vidros planos simples esp. 4 mm. Áreas de esquadrias = 1/6 da área do piso
Portas	Portas em madeira: externa Sala 1,7 × 2,15 e 0,9 × 2,10; interna 0,7 × 2,10
Pisos	Cerâmica esmaltada em todos os cômodos

Fonte: TAVARES, S. F. Metodologia de análise do ciclo de vida energético de edificações residenciais brasileiras. Tese de doutorado. Universidade Federal de Santa Catarina, abril de 2006. Disponível em: <https://repositorio.ufsc.br/bitstream/handle/123456789/89528/236520.pdf?sequence=1>. Acesso em: 18 mar. 2015.

Tabela 1.5 Desperdício típico em construções para uma casa de 185,8 metros quadrados

Material	Peso, quilos	Volume, metros³*	Porcentagem dos resíduos totais
Madeira, serragem sólida	725,75	4.59	20%
Madeira trabalhada	635,03	3.82	18%
Gesso acartonado	907,19	4.59	25%
Papelão, antigo corrugado	272,16	15.29	8%
Metais	68,04	0.76	2%
Vinil (cloreto de polivinilo)†	68,04	0.76	2%
Alvenaria‡	453,59	0.76	13%
Materiais nocivos	22,68	–	1%
Outros	476,27	8.41	13%
Total	**3628,75**	**38.98**	**100%**

*Volumes com grandes variações devido à compressibilidade e ao ar preso nos espaços vazios nos materiais descartados. Por causa do arredondamento, a soma não é acrescentada ao total.

†Presumindo três laterais externas com revestimento vinílico.

‡Presumindo uma fachada de tijolos na parte frontal da casa.

Fonte: *Nahb, Residential Construction Waste:* From Disposal to Management, out. 1996. Disponível em: <http://www.nahb.org>. Cortesia do Nahb Research Center, Annual Builder Practices Survey.

Os resíduos da construção civil no Brasil

Os resíduos da construção civil no Brasil, identificados pela sigla RCC, são ainda considerados um grande problema de infraestrutura, indicado na própria página eletrônica do Ministério do Meio Ambiente como: A problemática Resíduos Sólidos.[*5]

A conjuntura atual é termos, de um lado, a Lei n. 12.305, de 2 de agosto de 2010, que instituiu a Política Nacional de Resíduos Sólidos, somada às normas e Resoluções do Conselho Nacional de Meio Ambiente – CONAMA, mas, por outro lado, não existe no país um instrumento legal que estabeleça diretrizes gerais aplicáveis aos resíduos sólidos para orientar os Estados e os Municípios na sua adequada gestão.

As principais normas brasileiras relativas ao assunto, todas publicadas pela ABNT – Associação Brasileira de Normas Técnicas –, são:

- NBR 15112. Resíduos sólidos da construção civil e resíduos inertes: Áreas de Transbordo e Triagem de RCD. Junho 2004.
- NBR 15113. Resíduos sólidos da construção civil e resíduos inertes: Aterros – Diretrizes para projeto, implantação e operação. Junho 2004.
- NBR 15114. Resíduos sólidos da construção civil: Área de Reciclagem – Diretrizes para projeto, implantação e operação. Junho 2004.
- NBR 15115. Agregados reciclados de resíduos sólidos da construção civil: Execução de camadas de pavimentação – Procedimentos. Junho 2004.
- NBR 15116. Agregados reciclados de resíduos sólidos da construção civil: Utilização em pavimentação e preparo de concreto sem função estrutural. Junho 2004.

Além dessas normas, pondera-se que há todo um arcabouço de conceitos modernos na gestão de resíduos sólidos e condições de atendimentos dentro da Lei n. 12.305, a saber:[*6]

- **Acordo Setorial:** ato de natureza contratual firmado entre o poder público e fabricantes, importadores, distribuidores ou comerciantes, tendo em vista a implantação da responsabilidade compartilhada pelo ciclo de vida do produto;
- **Responsabilidade compartilhada pelo ciclo de vida dos produtos:** conjunto de atribuições dos fabricantes, importadores, distribuidores e comerciantes, dos consumidores e dos titulares dos serviços públicos de limpeza urbana e manejo dos resíduos sólidos pela minimização do volume de resíduos sólidos e rejeitos gerados, bem como pela redução dos impactos causados à saúde humana e à qualidade ambiental decorrentes do ciclo de vida dos produtos;
- **Logística Reversa:** instrumento de desenvolvimento econômico e social, caracterizado por um conjunto de ações, procedimentos e meios destinados a viabilizar a coleta e a restituição dos resíduos sólidos ao setor empresarial para reaproveitamento, em seu ciclo ou em outros ciclos produtivos, ou outra destinação final ambientalmente adequada;
- **Coleta seletiva:** coleta de resíduos sólidos previamente segregados conforme sua constituição ou composição;
- **Ciclo de Vida do Produto:** série de etapas que envolvem o desenvolvimento do produto, obtenção de matérias-primas e insumos, processo produtivo, consumo e disposição final;

[*5] Ministério do Meio Ambiente. Política Nacional de Resíduos Sólidos – Contexto e Principais Aspectos. Disponível em: <http://www.mma.gov.br/cidades-sustentaveis/residuos-solidos/politica-nacional-de-residuos-solidos/contextos-e-principais-aspectos>. Acesso em: 30 mar. 2015.

- **Sistema de Informações sobre a Gestão dos Resíduos Sólidos – Sinir:** tem como objetivo armazenar, tratar e fornecer informações que apoiem as funções ou processos de uma organização. Essencialmente composto de dois subsistemas, um formado por pessoas, processos, informações e documentos, e outro, por equipamentos e seus meios de comunicação;
- **Catadores de materiais recicláveis:** diversos artigos abordam o tema, com o incentivo a mecanismos que fortaleçam a atuação de associações ou cooperativas, o que é fundamental para a gestão dos resíduos sólidos.

Diante de uma proposta consistente, na forma de lei, para gestão de resíduos sólidos, conclui-se, portanto, que somente a união e o envolvimento dos governos locais/regionais, com a interação de profissionais de projetos/obras e a sociedade, se pode alterar a realidade desse panorama atual.

Para um comparativo de dados numéricos entre os valores americanos e brasileiros, tomam-se os valores da proposta do Plano Nacional de Resíduos Sólidos[*6] aqui evidenciadas como referenciais:

- A participação da quantidade e volume dos RCC gerados representam cerca de 50% a 70% da massa de resíduos sólidos urbanos, sendo sua maior parte materiais semelhantes aos agregados naturais e solos, de baixa periculosidade, tendo o impacto causado pelo grande volume gerado.
- Os RCC não se isentam da presença de material orgânico, produtos químicos, tóxicos e de embalagens diversas, que podem acumular água e favorecer a proliferação de insetos e de outros vetores de doenças.
- No Brasil, do total de 5.564 municípios, 72,44% dos avaliados pelo Plano Nacional de Saneamento Básico, com base no ano de 2008, possuíam serviço de manejo de RCC, sendo que 2.937 (52,79%) exercem o controle sobre os serviços de terceiros para os resíduos especiais. A maioria dos municípios (55,26%) exerce o controle sobre o manejo de resíduos especiais executados por terceiros.

Quanto a valores gravimétricos, ou seja, peso, ou mesmo volumes de materiais específicos e por tipologias de unidades residenciais, há que se dizer que não existem pesquisas em quantidades que tragam à luz estes referenciais, mas pode-se atestar que a maior participação em massa é devida às reformas, ampliações e demolições, com 59%, seguido pelas novas construções, sendo as novas residenciais com 20%, e prédios/edificações novos acima de 300m^2 com 21%, segundo dados da Parceria do Ministério das Cidades, Ministério do Meio Ambiente e a Caixa Econômica Federal, referencial este que promove as ações de gestão e as respectivas ferramentas, na versão de um manual: *Manejo e gestão de resíduos da construção civil*.[*7]

Enseja-se assim trazer à luz que, se as reformas, ampliações e demolições são as que mais impactam nos maiores volumes de RCC, há no dado em si a motivação de se realizar melhor, aprendermos inclusive com os erros e, se a concepção, os projetos, a construção e seu ciclo de vida forem sustentavelmente impactados; portanto, quanto das residências e prédios novos podem ser classificados como verdes, e quanto e como podemos fazer melhor com o conhecimento de práticas e princípios de construções verdes.

Impacto das construções e do uso de materiais na qualidade do ar

A consideração das escolhas dos materiais é muito ampla, não se limita apenas à seleção e à energia incorporada na produção, por exemplo, da madeira a ser cortada, da pavimentação do solo e dos materiais do telhado, mas também como esses materiais afetam a qualidade do ar. A extração das madeiras através de remoções em larga escala gera a destruição total de florestas e conduz à perda de habitat para a vida selvagem, à redução da umidade e resfriamento natural ambiental, com a correspondente elevação da temperatura do ar e diminuição do volumes das chuvas. Os pavimentos com cores escuras e telhados que absorvem calor contribuem para o efeito de ilha de calor. *Efeito de ilha de calor* é um fenômeno que ocorre em áreas urbanas que são mais quentes do que as rurais; é devido principalmente ao crescente uso de materiais que absorvem o calor durante o dia e o liberam após o pôr do sol, o que aumenta as temperaturas do ar em dias quentes e, como resultado, eleva a demanda por energia com o maior uso do ar-condicionado.

Uso da água

O Programa de Desenvolvimento das Nações Unidas estima que o norte-americano médio utilize 575,38 litros de água por dia. Para efeitos de comparação, o consumo médio diário na Itália é de 386,11 litros, e no Reino Unido, de 147,63 litros (ver Figura 1.6). O crescimento da população, o aumento do uso e as alterações nos padrões climáticos têm contribuído

---

[*6] Ministério do Meio Ambiente. Plano Nacional de Resíduos Sólidos – Versão Preliminar para Consulta Pública. Disponível em: <http://www.mma.gov.br/estruturas/253/_publicacao/253_publicacao02022012041757.pdf>. Acesso em: 30 mar. 2015.

[*7] Parceria do Ministério das Cidades, Ministério do Meio Ambiente e a Caixa Econômica Federal. *Manejo e gestão de resíduos da construção civil*. Coords.: PINTO, T. P. e GONZÁLES, J. L. R. Brasília: Caixa, 2005. 196 p.

PALAVRA DO ESPECIALISTA – BRASIL

Aspectos relevantes dos resíduos na construção civil: deveres e oportunidades

Atualmente, no Brasil não faltam leis e normas para o correto manejo de resíduos, buscando minimizar os impactos negativos ambientais, sociais e econômicos decorrentes de todas as atividades humanas.

A construção civil, atividade permanente que impulsiona fortemente a economia no país, neste contexto, deve ser duplamente responsável: pelo fluxo adequado dos seus resíduos durante as construções e pela responsabilidade de implantar para os futuros usuários os mesmos preceitos que foram aplicados durante as obras, pela ênfase na não geração de resíduos, minimização, reutilização, reciclagem, tratamento e destinação adequada dos rejeitos.[8]

Os resíduos da construção civil são classificados como os gerados nas construções, reformas, reparos e demolições de obras de construção civil, e os resultantes da preparação e escavação de terrenos para obras civis podem resultar em grandes ganhos sociais, ambientais e econômicos (PNRS). Para obter esses resultados, deve haver profissionais capacitados visando à elaboração de um bom Plano de Gerenciamento de Resíduos nas obras ou reformas, desde o início do processo, nos planos de viabilidade técnica, no planejamento, anteprojeto e demais etapas. Obras bem planejadas e executadas evitam retrabalho e possibilitam boa economia de recursos financeiros e materiais, e todos os procedimentos relacionados aos fluxos dos resíduos da Construção Civil devem seguir o estabelecido nas leis e nas diversas Normas Técnicas de Projetos, de Gestão e Execução (NBR e ISO) e Resoluções, como a Conama 307/02.[9]

Os Planos Municipais de Gestão Integrada de Resíduos Sólidos definem regras para os transportes, as áreas para destinação de pequenos volumes, como Ecopontos, os grandes resíduos das obras, as áreas de ATT (Áreas de Transbordo e Triagem de Resíduos da Construção Civil e Volumosos)[10] e os aterros de destinação final, visando priorizar as áreas de reservação para futura utilização. Os municípios que ainda não elaboraram seus Planos de acordo com a PNRS certamente possuem normas de gestão que devem ser consultadas e seguidas. Projetistas, construtoras e profissionais podem buscar influenciar as políticas públicas locais propondo aprimoramento do sistema de gestão de resíduos e trazer experiências inspiradoras de outras localidades. Colaborar, apoiar e melhorar a gestão municipal através da participação em Conselhos, Conferências e Grupos de Trabalho permitem a troca de informações e maior conscientização dos gestores públicos, fornecedores, profissionais e comunidade.

Nina Orlow é Arquiteta e Urbanista; Especialista em Construções Sustentáveis, pós-graduada pela FAAP. Consultora na área de Resíduos Sólidos e Educação Ambiental. Integra a Aliança Resíduo Zero Brasil, a Aliança pela Água e a Rede Nossa São Paulo - Meio Ambiente. É Secretária Executiva Estadual do Movimento pelos Objetivos de Desenvolvimento do Milênio – ODM SP.

Elaborar os planos de Gerenciamento de Resíduos da Construção das obras ou reformas, baseando-se na sustentabilidade, traz benefícios de economia na extração de matérias-primas, economia de água e energia, redução dos impactos ambientais na água, no solo, na drenagem, nos espaços públicos. Diminui-se o volume de resíduos descartados em aterros e valoriza-se a correta triagem para o reaproveitamento, beneficiamento, reciclagem dos resíduos e efetivação e ampliação da logística reversa, principalmente das embalagens, resíduos muito comuns nas obras. A reciclagem dos resíduos classe A,[11] que exige critérios bem definidos e triagem organizada, possibilita ampliação de mercados, trabalhos em redes e o desenvolvimento de novas tecnologias.

Organizar sistemas de coleta de Resíduos da Construção Civil, RCC, propicia geração de trabalho e renda e conscientiza as pessoas envolvidas, trabalhadores e fornecedores, não só durante as obras, como também os usuários, com instruções no uso e pós-uso das construções e exige permanente Educação Ambiental, conforme previsto na PNRS e no decreto regulamentador.[12]

A tendência internacional de buscar a implantação do conceito Resíduo Zero (*Zero Waste*) em todas as atividades que geram resíduos, inclusive na construção civil, permite estabelecer metas e indicadores que visam ao cumprimento das prioridades da PNRS, ao apoio à geração de trabalho e renda para catadores, à valorização e correto manejo de todos os resíduos, como a compostagem, e ao incentivo à produção e consumo de bens duráveis, desenvolvimento de novos produtos e rotulagem. Canteiros de obras que visam à não geração e à minimização de resíduos, ao reaproveitamento de materiais, à compostagem nos refeitórios, geram um alcance muito maior de seus objetivos, como a sustentabilidade em toda a cadeia. Definir áreas para compostagem nos projetos de paisagismo, estimulando canteiros de hortas, definir áreas para facilitar o descarte organizado no pós-uso e orientar os procedimentos trará valorização dos empreendimentos, mudança de hábitos dos cidadãos e implicará melhoria da qualidade de vida.

---

[8] Hierarquia estabelecida na Lei n. 12.305/2010, Política Nacional de Resíduos Sólidos (PNRS) e no Decreto Regulamentador n. 7.404/2010.
[9] Disponível em: <http://www.mma.gov.br/port/conama/legiabre.cfm?codlegi= 307>. Acesso em: 26 maio 2015.
[10] Disponível em: <www.sindusconsp.com.br/envios/2012/eventos/residuos/folheto_sindusconn_2012_6.pdf>. Acesso em: 26 maio 2015.
[11] Classe A – são os resíduos reutilizáveis ou recicláveis como agregados, tais como: a) de construção, demolição, reformas e reparos de pavimentação e de outras obras de infraestrutura, inclusive solos provenientes de terraplanagem; b) de construção, demolição, reformas e reparos de edificações: componentes cerâmicos (tijolos, blocos, telhas, placas de revestimento etc.), argamassa e concreto; c) de processo de fabricação e/ou demolição de peças pré-moldadas em concreto (blocos, tubos, meio-fios etc.) produzidos nos canteiros de obras. (Ver Resolução CONAMA n. 307/02).
[12] Art. 77 do Decreto n. 7.404/2010. A educação ambiental na gestão dos resíduos sólidos é parte integrante da Política Nacional de Resíduos Sólidos e tem como objetivo o aprimoramento do conhecimento, dos valores, dos comportamentos e do estilo de vida relacionados com a gestão e o gerenciamento ambientalmente adequado dos resíduos sólidos.

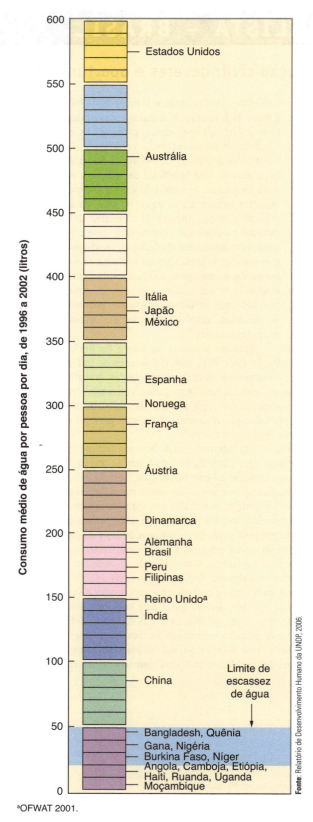

Figura 1.6 Uso de água no mundo.

para a falta de água em muitas regiões. A irrigação de jardins, descargas dos sanitários, chuveiros, geração de eletricidade e vazamentos na tubulação são fatores que se combinam e tornam os Estados Unidos o principal consumidor de água do mundo. Técnicas para combater esses problemas incluem o paisagismo com a seleção de plantas tolerantes à seca e dispositivos para conservação de água, projetos de sistemas de tubulações eficientes, incorporação de métodos de recuperação e reúso da água e até mesmo conservação da eletricidade. Todas essas estratégias ajudam a economizar água e aumentam a disponibilidade do suprimento para todos.

Desenvolvimento sustentável

Desde a Segunda Guerra Mundial, a maior parte das novas construções residenciais tem se concentrado nas áreas suburbanas, em terras que eram consideradas não desenvolvidas e chamadas **desenvolvimento de campos verdes**. Comparado com as áreas urbanas mais densas, o desenvolvimento suburbano requer mais rodovias, vagas de estacionamento e garagens para acomodar esse estilo de vida baseado em automóveis. Como as regulamentações de zoneamento geralmente demandam grandes distâncias entre as áreas comerciais e residenciais, os moradores normalmente utilizam carros para cobrir essas distâncias. Como resultado, a poluição do ar aumenta, enquanto as atividades saudáveis, como passeios de bicicleta e caminhadas, nem sempre são maneiras viáveis de locomoção. Casas suburbanas unifamiliares são geralmente maiores do que as casas ou os apartamentos localizados nas áreas urbanas, o que representa mais materiais na construção e maior consumo de energia por pessoa. Muitas casas também têm grandes jardins que utilizam quantidades substanciais de água para

Figura 1.7 O desenvolvimento tradicional de bairros promove caminhadas por meio de projetos compactos para uso misto.

Construção verde: visão geral

Figura 1.8 O desenvolvimento urbano encoraja o uso de carros, o que causa um impacto negativo nas pessoas e no meio ambiente.

irrigação. As práticas de desenvolvimento sustentável, como o desenvolvimento tradicional de bairro (DTB), também conhecido como novo urbanismo, trabalham para combinar os usos residenciais, comerciais e de escritórios de forma mais próxima para reduzir as distâncias percorridas por carros e encorajar a caminhada. Os DTBs caracterizam-se por casas e jardins menores do que os encontrados nos subúrbios, resultando em economia de materiais, energia e água. Desenvolvimento orientado pelo trânsito (DOT) é o projeto de comunidades e bairros que incentiva a utilização de transporte público com o propósito de reduzir ainda mais o uso de carros e promover estilos de vida mais saudáveis. As figuras 1.7 e 1.8 ilustram as principais diferenças entre DTB e desenvolvimento urbano.

PALAVRA DO ESPECIALISTA – EUA

Construção verde: um conceito antigo

Ron Jones, cofundador e presidente da Green Builder® Media. Desde que as pessoas começaram a construir – a maior parte da história moderna da humanidade –, as relações entre o ambiente construído e o ambiente natural geralmente são observadas pelo ponto de vista de quais serão os efeitos da natureza sobre nossas edificações. Em uma visão e relação unilaterais, as edificações são projetadas e construídas para servir o homem em suas finalidades, evitando sofrer com o impacto de terremotos, incêndios naturais, inundações, condições atmosféricas (especialmente tormentas), vendavais, condições climáticas gerais (...) até mesmo a luz solar (...) sobre os edifícios têm sido, como haveria de ser, condições preocupantes para nós.

Mas, na ordem natural da evolução das coisas, não é surpresa que tenhamos começado recentemente a priorizar uma relação mútua entre ambiente natural e construído. Hoje, já somos capazes, pelo menos parcialmente, de compreender os efeitos que o ambiente construído tem sobre o planeta – conhecemos não apenas os recursos naturais dos quais obtemos nossa energia e os materiais para construção, mas também os sistemas naturais que nos rodeiam.

Começamos a entender que as reais atividades do desenvolvimento e do processo de construção – com certeza a empreitada mais visível do consumo da humanidade – não são os únicos fatores que criam efeitos de longo prazo no mundo natural. Além disso, devemos considerar

Ron Jones é fundador e diretor editorial da Green Builder® Media. Construtor e vencedor de vários prêmios, arquiteto projetista, defensor político e especialista em construção verde com reconhecimento internacional.

os usos e as operações, manutenções e eventuais demolições de nossos edifícios, e determinar de forma justa e precisa o custo total de uma edificação – não apenas nossos custos pessoais, mas também o custo para todo o sistema global.

O que comumente chamamos de "construção verde" não é, em hipótese alguma, um conceito novo; pois, desde que existem projetistas, construtores, profissionais e trabalhadores da indústria da construção têm-se considerado as maiores implicações do ato de construir e como os resultados que suas atividades impactam além das fronteiras de suas ações. São indivíduos que não ignoram as implicações para o ar, a água, a terra e todas as outras espécies que dependem desses elementos para viver, exatamente como nós. As decisões relacionadas a pensar, planejar e agir de forma responsável são expressões da sustentabilidade.

No final, tudo tem a ver com o equilíbrio, o respeito aos recursos disponíveis para nós e o uso deles, de modo a assegurar a continuidade desses recursos para as futuras gerações de nossa espécie e de todas as outras. Isso é algo que já sabíamos; mas simplesmente algumas vezes nos esquecemos desses aspectos. Existe uma história dos primeiros norte-americanos sobre as relações entre os homens e seus recursos (incluindo seus próprios tempos e energia) que diz:

O homem tolo constrói uma grande fogueira e depois se afasta do calor, ao passo que o homem inteligente constrói uma pequena fogueira e se senta perto dela para se aquecer.

A atual indústria de construção verde tem um grande patrimônio vindo de pioneiros, como:

Advanced Energy Corporation, Raleigh, Carolina do Norte
http://www.advancedenergy.org

Building Science Corporation, Westford, Massachusetts
http://www.buildingscience.com

Canada Mortgage and Housing Corporation, Ottawa, Ontário
http://www.cmhc-schl.gc.ca/

Florida Solar Energy Center, Cocoa, Flórida
http://www.fsec.ucf.edu/en/

Rocky Mountain Institute, Snowmass, Colorado
http://www.rmi.org

Solar Living Institute, Hopland, Califórnia
http://www.solarliving.org

Southface Energy Institute, Atlanta, Geórgia
http://www.southface.org

Uma breve história da construção verde

A construção verde tem suas raízes nos primeiros construtores que aderiram à utilização da energia solar, muitos dos quais começaram a trabalhar durante a primeira crise do petróleo, no final dos anos 1970. Apesar da reduzida adesão ao movimento solar e este ter se limitado durante os anos de 1980 e início da década de 1990, muitos líderes da indústria trabalharam em projetos e pesquisas de edifícios de alto desempenho que ajudaram a estabelecer conceitos científicos básicos da construção e, portanto, os fundamentos da construção verde.

Um dos primeiros programas organizados de casas verdes foi o da cidade de Austin, no Texas, no qual a Austin Energy, provedora municipal de eletricidade, reconheceu a necessidade de reduzir a demanda por eletricidade para evitar a construção de outra usina de energia. O programa de eficiência energética residencial da Austin Energy foi criado em 1985 e, em 1991, estabeleceu a Austin Energy Green Building®. Na década de 1990, criaram-se diversos programas locais, como Built Green® Colorado, Built Green® Washington e EarthCraft House™.

Em 1995, a Agência de Proteção Ambiental dos Estados Unidos (U. S. Environmental Protection Agency – EPA) lançou o programa ENERGY STAR for Homes. Essa certificação fornece aos proprietários a garantia de que suas casas são mais eficientes do que as construções padrões, ditas como convencionais ou comuns nas quais não foram realizadas análises de eficiência energética. O **ENERGY STAR** avalia estritamente a eficiência energética de uma casa que não foi projetada com aplicação de um programa de construção verde. A EPA originalmente desenvolveu este programa para certificar aparelhos e dispositivos eletrônicos energeticamente eficientes. Atualmente, mais de 50 tipos diferentes de produto podem obter a certificação do ENERGY STAR, cujo logo é uma das marcas mais reconhecidas nos Estados Unidos (Tabela 1.6).

PROCEL EDIFICA

No Brasil, a Eletrobras/Procel lançou no ano de 2003 o programa PROCEL EDIFICA – Programa Nacional de Eficiência Energética em Edificações, que atua para o uso racional da energia elétrica em edificações desde sua fundação, com o objetivo de incentivar a conservação e o uso eficiente dos recursos naturais (água, luz, ventilação etc.), bem como reduzir os desperdícios e os impactos sobre o meio ambiente.

A Eletrobras/Procel estima que o consumo de energia elétrica nas edificações corresponde a cerca de 45% do consumo faturado no país, e que há um potencial de redução deste consumo em 50% para novas edificações e de 30% para aquelas que promoverem reformas que contemplem os conceitos de eficiência energética em edificações. Mais detalhes podem ser obtidos através do site eletrônico da própria Eletrobras/Procel.

Construção verde: visão geral

PALAVRA DO ESPECIALISTA – EUA

Verde começa com azul: ENERGY STAR Azul

Sam Rashkin, R. A., diretor nacional do ENERGY STAR for Homes. *Optar por uma casa sustentável pode ser algo bem desencorajador, pois existem aproximadamente 100 programas de construção verde que empregam uma variedade de sistemas de avaliação, categorias de pontuação, requisitos mínimos e ponderações (p. ex., níveis ou rigor). A seguir, apresentamos algumas dicas para mantê-lo no caminho correto: a eficiência energética é o primeiro e principal passo. Por que a eficiência energética é tão importante?*

Em primeiro lugar, a medição do ar circulante, o controle térmico e a umidade, associados à eficiência energética, fornecem relevantes vantagens de desempenho. Construções estanques, tubulações vedadas e redução da permeabilidade de ar também ajudam a minimizar reformas, controlar a temperatura da superfície, reduzir o barulho externo, bloquear a umidade, a poeira e o pólen, e impedir que pragas penetrem na casa. Janelas de alto desempenho reduzem ruídos, minimizam os indesejáveis ganhos e/ou perdas de calor solar e a exposição aos nocivos raios ultravioleta (UV). Da mesma forma, a melhor tecnologia de instalações de isolamentos com mínima transferência térmica previne a indesejável perda de calor. Sistemas de resfriamento e aquecimento adequadamente dimensionados distribuem calor e frio efetivamente em todos os ambientes, operam com máxima eficiência e aumentam o controle da umidade. Como resultado, uma construção com ótima eficiência energética produz maior conforto em todos os cômodos, tem menos ruídos, está menos exposta a problemas decorrentes da umidade, apresenta qualidade superior do ar interno e maior durabilidade dos acabamentos e das mobílias. A redução substancial dos equipamentos de aquecimento e resfriamento, bem como de suas instalações e estruturas, também podem contribuir para a eficiência dos recursos.

Em segundo lugar, todas essas vantagens de desempenho também podem ser obtidas por um custo menor pelo proprietário, uma vez que um pequeno aumento nos gastos mensais atribuídos às medidas de eficiência energética é facilmente compensado pelas economias mensais que estas intervenções oferecem. Essas economias provavelmente aumentam ao longo do tempo, considerando-se que os custos dos equipamentos se pagam em prazo curto, ficando após este prazo os ganhos econômicos. A situação de encontro do melhor desempenho com menor custo é a melhor, e é por isso que a eficiência energética deve ser a primeira consideração em qualquer edificação verde.

A maneira mais fácil de atender a esta diretriz é a adoção do programa ENERGY STAR da EPA. Essa agência introduziu o programa ENERGY STAR como referência de eficiência energética em 1992 para equipamentos e aparelhos eletrônicos, e atualmente está disponível em mais de 60 categorias de produtos. O referencial para as casas com qualificação ENERGY STAR tornaram-se disponíveis em 1996, e mais de um milhão de residências já foram certificadas. Segundo a EPA, os compradores que adquiriram casas certificadas já economizaram mais de um bilhão de dólares em contas de luz, ao mesmo tempo que reduziram as emissões de gases do efeito estufa em quase 22 bilhões de libras. Conforme a certificação ENERGY STAR para as casas continua a se tornar mais rigorosa, contando o lançamento das especificações da terceira geração, os compradores podem ter a tranquilidade de buscar a logomarca azul amplamente reconhecida para garantir que seus imóveis contenham um pacote abrangente de medidas racionais de construção, além de contar com inspeção terceirizada. Mais que isso, eles também podem procurar o crescente número de programas de casas verdes que utilizam os padrões de casas com qualificação ENERGY STAR como requisito mínimo (por exemplo LEED® for Homes, EarthCraft). Portanto, dizer que "verde" começa com "azul" significa o azul da logomarca do programa ENERGY STAR.

Sam Rashkin foi gerente do programa ENERGY STAR for Homes desde seu começo, em 1996, até 2011. Ele agora é arquiteto chefe do Programa de Tecnologias da Construção do DOE – United States Department of Energy. Durante seus mais de 20 anos como arquiteto, especializou-se em projetos de eficiência energética e projetou mais de 100 residências.

Tabela 1.6 Categorias de produtos do programa ENERGY STAR for Homes

Eletrodomésticos
Lavadora de roupas
Desumidificador
Lavadora de louças
Freezers
Geladeiras
Purificadores de ar
Resfriadores de água
Produtos de construção
Produtos para telhado
Janelas
Portas
Claraboias
Computadores e eletrônicos
Equipamentos de áudio/vídeo
Carregadores de pilhas
Unidades combinadas (TV/DVD ou VCR/DVD)
Computadores
Telefone sem fio
Conversores de sinal digital em analógico
Telas
Adaptadores externos de energia
Equipamentos de imagem
Receptores de TV a cabo e caixas de cabo
Televisores
Ar-condicionado e aquecedores
Ar-condicionado central
Ar-condicionado dos quartos
Boilers
Ventiladores, ventilação
Fornos (furnaces)
Bombas de aquecimento, fontes de ar
Bombas de aquecimento, geotérmica
Luzes
Luzes decorativas
Ventiladores de teto
Abajures (luz compacta fluorescente)
Instalações de iluminação
Luzes residenciais de diodos emissores de luz (LED)
Bombeamento
Aquecedor de água, condensador de gás
Aquecedor de água, bomba do aquecedor
Aquecedor de água, reservatório de gás de alta eficiência
Aquecedor de água, solar
Aquecedor de água, gás doméstico, sem reservatório

Fonte: http://www.energystar.gov

Tabela 1.7 Programas norte-americanos de construção verde

Alabama	**Mississippi**
EarthCraft House™	energy right®
energy right®	**Missouri**
Arizona	Build Green Program of Kansas City
Scottsdale Green Building Program	**Nova Jersey**
TEP Guarantee Home	New Jersey Affordable Green
Califórnia	New Jersey ENERGY STAR Homes
California Green Builder	**Carolina do Norte**
Earth Advantage®	energy right®
GreenPoint Rated Homes/ Green Building in Alameda County	NC HealthyBuilt Homes
	Oregon
Santa Monica Green Building Program	Earth Advantage®
	Carolina do Sul
San Jose Green Building Program (em implantação)	EarthCraft House™
	Tenesse
Colorado	EarthCraft House™
Built Green Colorado®	EcoBUILD
City of Aspen/Pitkin County Efficient Building Program	energy right®
	Texas
City of Boulder Green Points Program	Austin Green Building Program
Flórida	Build San Antonio Green®
EarthCraft House™	Frisco Green Building Program
Florida Green Building Coalition	Good Cents
Good Cents	San Bernard Electric Coop New Home Program
Geórgia	**Vermont**
EarthCraft House™	Burlington Electric Department's Residential New Construction Program
energy right®	
Good Cents	
Right Choice	Vermont Builds Greener
Havaí	**Virgínia**
Hawaii BuiltGreen™	Arlington County Green Home
Kansas	Choice Program
Build Green Program of Kansas City	EarthCraft House™
Kentucky	Energy Saver Home
energy right®	**Washington**
Louisiana	Built Green® Washington
Power Miser Homes	BUILT SMART
Michigan	Earth Advantage®
Green Built™ Michigan	**Wisconsin**
Minnesota	Green Built™ Home
Minnesota GreenStar	Wisconsin ENERGY STAR Homes Program

No final dos anos 1990 e início dos 2000, os programas locais de certificação de casas verdes começaram a aparecer em todo os Estados Unidos. Cerca de 100 diferentes programas regionais e locais estão disponíveis atualmente em todo o país (Tabela 1.7). Esses programas de construção verde preenchem um vazio que havia no mercado e tornaram-se fundamentais para a definição e a identidade da construção verde nacional.

O Conselho de Construção Verde dos Estados Unidos (U. S. Green Building Council – USGBC) foi criado em 1993 e lançou o programa Liderança em Energia e Projeto Ambiental (Leadership in Energy and Environmental Design – LEED) em 1998. Este programa de certificação verde nacional lançou um sistema de avaliação que considera os oito princípios da construção verde (como abordado anteriormente, mas com diferentes nomes e agrupamentos por categoria) englobando todos os tipos de edificações comerciais. Atualmente, o USGBC é composto por 78 afiliados locais, mais de 20 mil empresas e organizações afiliadas e mais de 100 mil profissionais com certificação LEED. O USGBC introduziu a versão piloto do programa LEED for Homes em 2004, que foi oficialmente lançado, em âmbito nacional, em 2008. Projetado para ser um dos programas de casas verdes mais rigorosos, o LEED for Homes almeja conquistar a adesão dos 25% principais construtores dos Estados Unidos.

Selo Procel no Brasil

No Brasil, os equipamentos e eletrodomésticos mais eficientes são certificados com Selo Procel (ver a seguir) e encontram-se listados no site do Procel: <http://www.procelinfo.com.br/main.asp?View={B70B5A3C-19EF-499D-B7BC-D6FF3BABE5FA}>. Acesso em: 16 mar. 2016

Procel/Eletrobras

Em 2005, a Associação Nacional de Construtores Residenciais (National Association of Homes Builders – NAHB) lançou o *Guia de construção de modelos de casas verdes NAHB*, um livro planejado para fornecer orientações aos construtores sobre como transformar seus projetos em verdes. Em 2007, a NAHB e o Conselho do Código Internacional (International Code Council – ICC) estabeleceram uma parceria para desenvolver os Padrões Nacionais de Construção Verde. Em 2008, o Centro de Pesquisa da NAHB começou a emitir certificados para residências que seguiam as orientações com base no programa NAHB Green. O Instituto Nacional Americano de Padrões (American National Standards Institute – Ansi) aprovou o Padrão Nacional de Construção Verde, ICC 700-2008, que define construção verde para domicílios uni e multifamiliares, projetos de reforma residencial e de desenvolvimento de terreno. O Centro de Pesquisa da NAHB iniciou a certificação de casas uni e multifamiliares e também reformas que seguiam os novos padrões de 2009. A certificação de acordo com as Orientações para Casas Verdes de 2005 foi encerrada em 2010.

Certificações brasileiras

No Brasil, para habitações residenciais, as certificações são definidas em nível de aplicação nacional e não regional ou mesmo por estados, o que preveem nos projetos e certificações são as considerações sobre o posicionamento bioclimático; portanto, diferente dos EUA, não há uma certificação por estado.

No PROCEL-EDIFICA a certificação é específica para a eficiência energética; as outras certificações englobam atributos relativos à construção e também contemplam o atendimento de energia sustentável e bases do Procel.

As principais formas de certificações para edificações residenciais no Brasil são:

- LEED – Referencial GBC Brasil Casa®: GUIA PRÁTICO: POR QUE E COMO CERTIFICAR SEU PROJETO, publicado em agosto de 2014. O referencial encontra-se disponível em: <http://www.gbcbrasil.org.br/sistema/download/GuiaPratico-PorqueeComoCertificarseuProjeto-Versao.pdf>. Acesso em: 25 mar. 2015.
- AQUA – O referencial de certificação AQUA-HQE™ para edifícios em construção compõe-se

dos seguintes documentos no caso de edifícios residenciais: Regras de Certificação Certificadas pela Fundação Vanzolini e pelo Cerway para edifícios em construção; o referencial de exigências do Sistema de Gestão do Empreendimento (SGE) para edifícios em construção; o referencial de avaliação da Qualidade Ambiental de Edifícios Residenciais em construção; e o Guia de Auditorias para o empreendedor, que especifica as etapas e regras para o agendamento e desenvolvimento das missões de auditoria. O referencial encontra-se disponível em: <http://www.gbcbrasil.org.br/referencial-casa.php>. Acesso em: 25 mar. 2015.

- SELO CAIXA AZUL – O referencial é uma forma de certificação vinculada à obtenção de financiamento para a construção. Como os valores tanto de materiais, mão de obra e sistemas construtivos variam em cada região do Brasil, assim como o custo de vida também impacta no valor da construção, o valor de avaliação da unidade habitacional configura limites a ser avaliados e certificados conforme o estado. Assim, há, além de condições bioclimáticas, uma diferenciação do custo da construção e do estado onde serão realizadas as obras e se é possível serem certificadas no caso deste selo. O referencial encontra-se disponível em: <http://www.sindusconsp.com.br/img/meioambiente/01.pdf>. Acesso em: 25 mar. 2015.

Como parâmetro referencial, independente da certificação, a etapa inicial de projetos de edificações no Brasil deve atender às características bioclimáticas locais com as tecnologias construtivas.

Cita-se que a Norma de desempenho NBR 15575: 2013 faz referência ao atendimento das zonas bioclimáticas e diretrizes construtivas, tendo como pressupostos os dados da Norma NBR 15220-3: 2005 – Desempenho térmico de edificações. Parte 3: Zoneamento bioclimático brasileiro e diretrizes construtivas para habitações unifamiliares de interesse social, na qual está estabelecido um zoneamento bioclimático brasileiro abrangendo um conjunto de recomendações e estratégias construtivas destinadas às habitações unifamiliares de interesse social.

Deve-se atentar que a caracterização do local para a implantação de uma construção e o atendimento aos conceitos básicos bioclimáticos são de extrema relevância, assim como o entendimento e as aplicações das diretrizes tornam-se, portanto, premissas básicas de todo projeto de uma edificação sustentável para que conduza à maior eficiência energética e de conforto ambiental, mas isto não deve ser algo restritivo, e, sim, balizas de decisões.

Mesmo tendo as normalizações como guias e referenciais de boas práticas, há que se deixar claro que as condições de atualizações das normas são dependentes de pesquisas, modelamentos, modelos, protótipos, ou tipologias, que são recortes de um todo, a que estão condicionados os estudos-base das construções, se depende de uma série de dados e de análises, o que significa um grande volume visando ter valor. Para tanto, há que se ter olhos e a vivência das construções em uso, as condições de pós-ocupação, razões das atualizações e revisões cíclicas necessárias das normas e, inclusive, códigos de obras.

Isto significa que há, sim, passos e diretrizes, mas a resolução ótima é algo de tangibilidade total questionável, e, assim, a experiência e a maior integração dos profissionais e de todos os atores envolvidos que possam fornecer a base de reconhecimento máximo do local acenam para o maior atendimento e maior cobertura das condições que possam ocorrer (destacam-se aqui os recentes terremotos no Nepal, que eram conhecidos por idosos e cuja recorrência era cíclica, ou mesmo enchentes em regiões ribeirinhas e de pântano no Brasil).

Há ainda que se destacar que as análises pairam sobre condições mais complexas, que são a durabilidade das construções e a forma como se observam tanto as mudanças climáticas como as mudanças na forma de ocupação e uso dos ambientes. Portanto, as concepções e as diretrizes construtivas devem ser carregadas de ponderações, e a maior incorporação de características de melhor desempenho passivo, como ventilação e circulação do ar de modo passivo, proteções solares, uso de aquecimento solar quando e em locais que há necessidade; flexibilidades de espaços, como mudança de ambientes conforme as estações (por exemplo, mudar uma sala para quarto); e resiliências, como projetar e antecipar para maiores mudanças climáticas de usos e cargas que são características e bandeiras verdes para edificações sustentáveis.

O futuro

Conforme os códigos de energia ficam mais exigentes, as casas com maior desempenho passam a ser o padrão. Alguns Estados, particularmente a Califórnia, possuem códigos de energia e limites de emissões rigorosos para materiais de construção que sejam projetados para aumentar a qualidade ambiental interna. À medida que as pessoas se tornam mais conscientes dos benefícios obtidos com as casas verdes, a demanda por este tipo de construção continuará crescendo. Muitos líderes industriais acreditam que a construção verde básica se tornará o padrão mínimo, e a designação "verde" como um diferenciador começará a desaparecer. Porém, essa transição ocorrerá de forma lenta ao longo de muitos anos.

Certificações de casas verdes

As certificações são separadas mais facilmente em três categorias: a *construção* em si; as *pessoas* que avaliam

PALAVRA DO ESPECIALISTA – BRASIL

Construções sustentáveis no Brasil: o setor residencial

O Brasil, tal como os EUA, é um país com dimensões continentais, e seu território, no sentido Norte-Sul, alcança latitudes desde 32° S até 04° N, gerando com isso grande diversidade climática e possibilidades distintas para o uso das energias renováveis em seu território. O setor residencial é responsável por 9,1% do total de toda a energia consumida no Brasil, e, em termos comparativos, este valor equivale, por exemplo, ao dobro do setor de Comércio e Serviços, que contribui com uma parcela de 4,6% do total. Entre 2012 e 2013, ocorreu um fato curioso, pois o consumo do setor residencial caiu 0,1%, não obstante outros indicadores tenham subido, como a massa edificada residencial nacional, o consumo do setor de transportes, do setor de comércio e serviços e do setor agropecuário. A boa notícia é que o recuo verificado no setor residencial demonstrou um aumento da eficiência do uso da energia de uma forma global, e a má notícia é que as residências brasileiras não estão preparadas para as condicionantes climáticas exteriores, nem para as condições de inverno ou para as de verão. O brasileiro, em regra, passa frio no inverno e frequentemente é solicitado a elevar o nível de isolamento de suas vestimentas dentro de casa, sobretudo no período noturno, e passa calor no verão durante os períodos diurnos e noturnos.

Nossas residências não estão preparadas para as condições de isolamento térmico e/ou o uso da massa térmica (inércia) nos climas com elevada amplitude térmica. Não possuímos, como nação, uma regulamentação de uso obrigatório que nos force a utilizar e a incorporar o uso de tecnologias passivas e ativas eficientes por parte dos arquitetos. Entende-se por tecnologias passivas aquelas que não demandam consumo de energia elétrica para seu funcionamento, como paredes, coberturas, envidraçados ou proteções solares, e tecnologias ativas aquelas que demandam energia para seu funcionamento, como lâmpadas, equipamentos de uso geral e sistemas de climatização. A Regulamentação PROCEL EDIFICA, em vigor no país, é de uso voluntário e não trará benefícios na escala desejada enquanto permanecer desta forma. Ao contrário dos países desenvolvidos, que implantaram suas regulamentações com força de lei há 40 anos, insistimos, como nação, em traçar outro caminho, diferente do mundo, e, mais, permanecemos nele, como se estivéssemos obtendo excelentes resultados com a nossa fracassada escolha.

Uma alternativa que se apresentou para atenuar esta questão e resolver parcialmente esta condição que nos encontramos foi a entrada no país, há cerca de 15 anos, de ferramentas de certificação ambiental, entre elas o LEED, AQUA, Selo Azul CAIXA, e mais recentemente, o DGNB, que estão disponíveis e sendo utilizadas por arquitetos e outros profissionais do setor da construção civil, com ênfase no setor de comércio e serviços, mas com pouquíssima penetração no setor residencial. Possuímos técnicas, tecnologias passivas, materiais adequados para cada clima, tecnologias ativas eficientes e profissionais qualificados; entretanto, a experiência internacional demonstrou que estes pressupostos não são suficientes para promover uma guinada em direção à eficiência energética e à sustentabilidade; é preciso mais. É preciso a criação de políticas públicas ou que incentivem a utilização de práticas de sustentabilidade ou que impeçam a prática de uma arquitetura desvinculada das condições climáticas nas quais está inserida.

Este livro, embora dirigido a uma tipologia arquitetônica praticada nos Estados Unidos, fornece um panorama da aplicação de técnicas e tecnologias voltadas especificamente para o setor residencial e demonstra como a arquitetura pode criar ambientes internos mais agradáveis que os rigorosos ambientes externos e, também, a aplicação de uma gama considerável de possibilidades e alternativas para a geração autônoma de energia.

Marcelo de Andrade Romero é professor titular pela Faculdade de Arquitetura e Urbanismo da Universidade de São Paulo (FAU-USP) (2001); livre-docente pela FAU-USP (1997); doutor em Arquitetura pela FAU-USP com estágio no INETI – Instituto Nacional de Engenharia e Tecnologia Industrial, Lisboa, Portugal (1994); mestre em Arquitetura pela FAU-USP (1990); arquiteto e urbanista pela Faculdade de Arquitetura e Urbanismo da Universidade Braz-Cubas (1981). Membro da UIA-União Internacional dos Arquitetos – Grupo WP Architecture for a Sustainable Future (2009-presente); superintendente da Superintendência de Gestão Ambiental da USP (2014-2017); Leader of the Climate Reality Project – USA (2014-presente).

---

a construção e reforma dessas edificações; e os *produtos* usados nesses processos. Nesta seção, trataremos dos processos de certificação e dos vários programas de certificação que existem atualmente nos EUA.

Certificação da construção

A maioria dos programas de construção verde exige uma verificação realizada por terceiros, por meio de profissionais independentes que sejam treinados e autorizados para inspecionar e certificar as casas. As inspeções do local feitas por inspetores independentes ajudam a assegurar práticas de construção de alta qualidade, levando a construções mais eficientes, mais saudáveis e mais duráveis. As inspeções podem incluir a verificação da instalação correta do isolamento, medidas completas e corretas de vedação de ar, barreiras apropriadas contra intempéries, instalação de equipamentos de aquecimento, ventilação e condicionador de ar (*heating, ventilation and air conditioning* – HVAC)* e métodos de construção e recursos eficientes. Os programas mais rígidos requerem teste de campo da casa e inspeções visuais, que fornecem aos construtores e proprietários a garantia de que a casa será tão eficiente e saudável quanto o projeto

---

* HVAC – referente ao inglês heating, ventilating, and air conditioning, ou seja, referente e aplicado de modo genérico ao sistema de aquecimento, ventilação e ar-condicionado. (S.H.O.)

PALAVRA DO ESPECIALISTA – BRASIL

A influência do clima na energia das edificações

Meio ambiente, energia, clima e necessidades de conforto ambiental estão intimamente ligados e devem ser entendidos como elementos que, em última análise, moldam as características arquitetônicas, construtivas e urbanísticas dos espaços ocupados que, por sua vez, condicionam os usos finais de energia nas edificações.

A experiência histórica comprova que a correta adequação do projeto ao clima é um elemento fundamental, o ponto de partida para a produção de edifícios que, sem abrir mão do conforto de seus usuários, apresentam reduzido consumo de energia, com repercussões ambientais e sociais benéficas para toda a sociedade.

A concepção do projeto baseada na ideia equivocada de disponibilidade ilimitada de energia já não pode ser mais sustentada. Realmente, o homem, ofuscado pelas maravilhas tecnológicas, esqueceu-se dos recursos que a natureza pôs à sua disposição para solucionar o principal problema das edificações: o conforto térmico. Assim, em termos de:

- proteção adequada contra a insolação no verão;
- amortecimento das variações de temperatura por meio de materiais de grande inércia térmica;
- ventilação com ar tomado em microclimas favoráveis;
- aproveitamento racional de superfícies externas para proteger os ambientes habitados contra trocas indesejáveis de calor e condensação. Pode-se afirmar que, na maior parte do Brasil, o condicionamento térmico das habitações por meios puramente naturais (ao menos no que diz respeito à temperatura) é perfeitamente possível.

O clima pode ser entendido como a feição característica e permanente do tempo, num lugar, em um meio e em suas infinitas variações. Composto por fatores "Estáticos" (posição geográfica e relevo) e "Dinâmicos" (temperatura, umidade, movimento do ar e radiação), o clima tem-se mostrado como um dos elementos-chave no projeto e construção das habitações.

Os quatro fatores dinâmicos do clima afetam diretamente o desempenho térmico do edifício, fazendo que a taxa de ganhos e perdas de calor dependa de um conjunto de fatores, tais como:

- diferença entre temperatura interior e exterior. O ganho (ou perda) de calor radiante está intimamente vinculado às características do material e da cor das superfícies que constituem o envolvente do edifício;
- localização, orientação ao sol e aos ventos, forma e altura do edifício;
- características do entorno;
- ação da radiação solar e térmica, e, consequentemente, das características isolantes térmicas do envolvente do edifício;
- ação do vento sobre as superfícies interiores, fachadas e em outros locais do edifício;
- desenho e proteção das aberturas para iluminação e ventilação, assim como sua adequada proteção;
- localização estratégica aos equipamentos de climatização artificiais, tanto dentro como fora do edifício, assim como dos principais aparelhos de eletrodomésticos.

Da correta resolução do conjunto destes fatores dependerá a otimização dos consumos de energia na edificação. Os profissionais, ao elaborar seus projetos, devem estar conscientes das repercussões energéticas e ambientais das soluções propostas. Cada decisão construtiva ou arquitetônica adotada acarretará um consumo maior ou menor de energia e de recursos naturais.

Ocorre que os padrões construtivos e arquitetônicos são largamente influenciados por conceitos naturais, em regra importados, com precária vinculação à realidade cultural e econômica onde se busca instalar. Basta observar os edifícios "Espigões de Concreto", tão comuns nas cidades brasileiras:

- sem proteção contra insolação;
- sem inércia térmica (materiais leves);
- afastados dos recursos naturais (da terra, da vegetação etc.);
- com ar-condicionado, fruto de uma era de exploração imobiliária e desperdício duradouro, pois a infraestrutura urbana e o patrimônio edificado nessas bases não podem ser remodelados senão no decorrer de décadas.

Recuperar a antiga ciência de projetar e construir em função das condições climáticas locais tem repercussões econômicas, sociais e ambientais importantes diante das restrições energéticas e dos impactos decorrentes de sua produção, e deveria estar no topo das prioridades de arquitetos, urbanistas, engenheiros e especialmente dos legisladores e administradores urbanos.

Thelma Lopes da Silva Lascala Engenheira civil pela FAAP, com licenciatura e bacharelado em Física pela Universidade Presbiteriana Mackenzie, Especialista em MTE-Master em Tecnologia da Educação pela FAAP, mestre em Arquitetura e Urbanismo pela Universidade Presbiteriana Mackenzie e doutora em Energia pela Universidade de São Paulo. Coordenadora do Curso de Engenharia Civil e professora titular em graduações da FAAP, na qual também atua no curso de pós-graduação em Curso de Construções Sustentáveis.

original. Esses testes podem ajudar a identificar defeitos que, se não forem corrigidos, poderão reduzir significativamente o desempenho da casa.

Níveis de certificação

Alguns programas têm um único nível de certificação, enquanto outros, múltiplos níveis. O LEED for Homes começa com o nível Certificação e qualifica como Prata, Ouro e Platina projetos que atendam a requisitos cada vez mais exigentes. Os níveis do Padrão Nacional para Construção Verde, certificação utilizada nos Estados Unidos, são o Bronze, Prata, Ouro e Esmeralda. O ENERGY STAR não tem níveis diferentes; em vez disso, cada casa deve atender aos requisitos mínimos de certificação para receber esta classificação.

O que pode ser certificado?

Todos os programas de construção verde fornecem certificados a novas residências unifamiliares. Muitos certificam edifícios multifamiliares e alguns também reformas e ampliações. O LEED for Homes certifica somente residências já existentes que estejam completamente revestidas interna e externamente, de forma que o isolamento e a vedação de ar possam ser verificados visualmente. O Padrão Nacional para Construção Verde emite certificado para reformas e ampliações. Vários programas locais, utilizados nos Estados Unidos, como EarthCraft House, Minnesota GreenStar, Build It Green da Califórnia, entre outros, certificam projetos de reforma. Para casas já existentes e que não tenham sofrido grandes reformas, está disponível o programa Home Performance, com o ENERGY STAR, que fornece orientações aos proprietários e empreiteiros para que possam fazer reparos que melhorem o desempenho, a durabilidade e a qualidade ambiental interna da casa.

Programas de certificação

A maior parte dos programas de certificação utiliza check-lists ou planilhas com os requisitos mínimos ou pré-requisitos, atribuindo pontos aos critérios individuais ou produtos usados no projeto. O nível de certificação é determinado pela pontuação, depois da certificação de todos os itens e do desempenho da edificação. Alguns programas locais permitem a certificação feita pelo próprio construtor, mas a maioria exige uma certificação de parte terceira para confirmar se o trabalho está completo e correto.

Para a obtenção da certificação, muitos programas exigem teste de desempenho de todas as casas em um novo loteamento ou, no mínimo, uma amostragem com um grupo de casas. O teste de desempenho geralmente inclui um teste de penetração de ar no ambiente interno e um de vazamento em dutos de

Figura 1.9 O teste de penetração do ar calcula o vazamento do fechamento e vedação da construção e ajuda a identificar os pontos de vazamento de ar.

Figura 1.10 O teste de vazamento em dutos de ar ajuda a identificar os pontos de vazamento na edificação.

ar-condicionado (ver Capítulo 4 para obter mais informações sobre o teste de penetração de ar no ambiente interno e Capítulo 13 para obter informações adicionais sobre o teste de vazamento em dutos de ar). O **teste de penetração de ar** no ambiente interno é realizado com a instalação de um grande ventilador em uma porta, que pressuriza ou despressuriza toda a casa, fornecendo uma medição da quantidade de ar que entra ou sai (Figura 1.9). O **teste de vazamento em dutos de ar** utiliza um ventilador menor para pressurizar ou despressurizar os tubos e determinar, de forma similar, a quantidade de vazamento (Figura 1.10). A quantidade de vazamento em toda a casa e nos dutos é um dos principais fatores na determinação da eficiência de uma residência. Quanto menor for o vazamento, mais eficiente será a casa. Ambos os testes são valiosas ferramentas de diagnóstico que ajudam a identificar possíveis problemas, tanto em novas construções quanto nas já existentes.

ENERGY STAR

O ENERGY STAR já foi revisado várias vezes desde seu lançamento. A versão mais recente, ENERGY STAR versão 3, foi lançada em 2010 e implementada gradativamente até 2011; esta versão substitui a anterior para todas as casas classificadas no mercado e que receberam o habite-se depois de 1º de janeiro de 2012, e para todas as edificações aplicáveis que ficaram prontas a partir de 1º de janeiro de 2013. Uma versão provisória, o ENERGY STAR versão 2.5, foi usada em 2011 para implementar as atualizações mais significativas do programa. A EPA também criou certificações adicionais que vão além da eficiência energética, como WaterSense®, Indoor airPLUS e Advanced Lighting Package. As novas residências terão certificação ENERGY STAR por meio do Sistema de

Avaliação de Energia de Casas (Home Energy Rating System – HERS). Os indivíduos conhecidos como avaliadores HERS inspecionam, testam e certificam as residências que atendem aos padrões ENERGY STAR.

Processo de certificação ENERGY STAR As casas detentoras do ENERGY STAR podem ser certificadas por meio de duas avaliações: *desempenho* ou *prescritiva*. A avaliação pelo desempenho utiliza um *software* de simulação energética para calcular a eficiência da casa e estimar a quantidade de energia necessária para sua operação. Similar a uma estimativa da construção, a avaliação HERS será calculada depois que todos os detalhes da casa forem inseridos na aplicação. Essas variáveis devem incluir paredes, pisos, janelas, equipamentos e orientação do local, bem como os resultados dos testes de penetração de ar e de vazamento em dutos.

Diferente da avaliação pelo desempenho, a prescritiva não é obtida por meio de uma simulação computacional da casa. Para obter esta certificação, a casa deve conter itens específicos de uma lista de especificações para construção, como níveis de isolamento, eficiência dos equipamentos do sistema HVAC e tipos de janela. A avaliação prescritiva também requer que a casa atenda aos níveis específicos mínimos por meio dos testes de penetração de ar e de vazamento em dutos. Ambas as avaliações exigem que seja feita uma inspeção antes de o *drywall* ser instalado (ou de a parede ser finalizada, no caso do Brasil), e que os resultados sejam registrados em um documento chamado Formulário do Avaliador do Sistema de Isolamento Térmico. Essa inspeção é obrigatória para confirmar se o isolamento está instalado corretamente e que os vazamentos de ar e os sistemas de dutos estão selados adequadamente (figuras 1.10 e 1.11). Um bypass térmico acontece quando o calor é transmitido ao redor ou através ("bypass") do isolamento e ocorre, frequentemente, devido à falta de barreiras de ar ou de espaços entre as barreiras de ar e o isolamento.

Além do Formulário do Avaliador do Sistema de Isolamento Térmico, o avaliador também deverá preencher um check-list separado para o HVAC, e o instalador desses equipamentos também deverá preencher um formulário similar. O construtor ainda deverá preencher um Formulário do Sistema de Gestão da Água. Após o término do projeto, outra inspeção, que inclui testes de desempenho, completará o processo, fornecendo ao avaliador HERS as informações necessárias para certificar a residência que atenda aos padrões ENERGY STAR. A avaliação prescritiva oferece aos construtores uma forma mais barata para obter a certificação, mas com menos flexibilidade de escolha quanto aos métodos de eficiência energética que deverão ser incluídos na casa.

A certificação ENERGY STAR tem servido como base e modelo para o núcleo de muitos programas de construção verde, que podem requerer esta certificação ou uma avaliação equivalente do nível de desempenho em seus programas. Tanto o Padrão Nacional

Casas qualificadas com ENERGY STAR, versão 3 (rev. 3)
Formulário do Avaliador do Sistema de Isolamento Térmico

Endereço da residência: _____ Cidade: _____ Estado:_____				
Orientações para inspeção	Deve ser corrigido	Verificado pelo construtor	Verificado pelo avaliador	N/A
1. Aberturas de alto desempenho				
1.1 *Avaliação prescritiva*: as aberturas devem atender aos requisitos do ENERGY STAR ou excedê-los.	☐	☐	☐	☐
1.2 *Avaliação pelo desempenho*: as aberturas devem atender aos requisitos do IECC de 2009 ou excedê-los.	☐	☐	☐	☐
2. Qualidade do isolamento instalado				
2.1 Os níveis de isolamento de laje, pisos, paredes e tetos devem atender aos níveis do IECC de 2009 ou excedê-los.	☐	☐	☐	☐
2.2 Todo o isolamento de lajes, pisos, paredes e tetos deve obter grau I de instalação, como definido pela Rede de Serviços de Energia Residencial (Residential Energy Services Network – Resnet), ou grau II para superfícies com mantas isolantes(ver item 4.4.1 da lista de inspeção quanto aos níveis de isolamentos requeridos).	☐	☐	☐	☐
3. Barreiras de ar totalmente alinhadas				
Em cada local isolado mencionado a seguir, uma barreira completa de ar deve ser instalada de forma que esteja totalmente alinhada com o isolamento: Na superfície interna dos tetos em todas as zonas climáticas; além disso, na borda interna do ático em todas as zonas climáticas com barreiras de vento que se estendam até a altura total do isolamento. Incluir uma barreira em cada borda ou uma barreira com abas em cada borda com respiro dorsal que também irá impedir o vento de arrancar o isolamento nas bordas adjacentes. Na superfície externa das paredes em todas as zonas climáticas e também na superfície interna de paredes das zonas climáticas 4-8, no zoneamento climático americano. Na superfície interna de pisos em todas as zonas climáticas, incluindo os suportes para garantir um contato permanente e o bloqueio nas bordas expostas.				
3.1 Paredes	☐	☐	☐	☐
3.1.1 Paredes atrás de chuveiros e banheiras	☐	☐	☐	☐
3.1.2 Paredes atrás de lareiras	☐	☐	☐	☐
3.1.3 Paredes do beiral do sótão/ ático inclinados	☐	☐	☐	☐
3.1.4 Paredes do *shaft* de iluminação	☐	☐	☐	☐
3.1.5 Paredes de encontro em varanda	☐	☐	☐	☐
3.1.6 Paredes da escada	☐	☐	☐	☐
3.1.7 Paredes duplas	☐	☐	☐	☐
3.1.8 Batentes da garagem/viga de borda adjacente do espaço condicionado	☐	☐	☐	☐
3.1.9 Todas as outras paredes externas	☐	☐	☐	☐
3.2 Pisos	☐	☐	☐	☐
3.2.1 Pisos acima da garagem	☐	☐	☐	☐
3.2.2 Pisos em balanço	☐	☐	☐	☐
3.2.3 Pisos acima de porões não ventilados ou vãos ventilados	☐	☐	☐	☐
3.3 Tetos	☐	☐	☐	☐
3.3.1 Tetos inclinados/ suspensos sob sótãos não condicionados	☐	☐	☐	☐
3.3.2 Telhados inclinados	☐	☐	☐	☐
3.3.3 Todas as outras coberturas	☐	☐	☐	☐
4. Transferência térmica reduzida				
4.1 Para coberturas isoladas com espaço do sótão acima (isto é, coberturas sem domo), o isolamento não comprimido se estende para a face interna da parede externa abaixo, nos seguintes níveis: ZC de 1 a 5: ≥ R-21; ZC de 6 a 8: ≥ R-30.	☐	☐	☐	☐
4.2 Para lajes inclinadas em ZC 4 e maiores, 100% da borda da laje isolada até ≥ R-5 na profundidade especificada pelo IECC de 2009 e alinhada com a divisão térmica das paredes.	☐	☐	☐	☐
4.3 Isolamento abaixo da plataforma do sótão (por exemplo, plataformas do HVAC, passagens) ≥ R-21 na zona climática (ZC) de 1 a 5; ≥ R-30 na ZC de 6 a 8.	☐	☐	☐	☐
4.4 Transferência térmica reduzida nas paredes (batentes/vigas de borda são excluídas) usando uma das seguintes opções:	☐	☐	☐	☐

(continua)

Casas qualificadas com ENERGY STAR, versão 3 (rev. 3)
Formulário do Avaliador do Sistema de Isolamento Térmico

4.4.1 Isolamento rígido contínuo, revestimentos isolados ou a combinação dos dois; ≥ R-3 em zonas climáticas de 1 a 4; ≥ R-5 em zonas climáticas de 5 a 8; **OU**	☐	☐	☐	☐
4.4.2 Painéis estruturais isolados (*structural insulated panels* – SIPs); **OU**	☐	☐	☐	☐
4.4.3 Formas de concreto isoladas (*insulated concrete forms* – ICFs); **OU**	☐	☐	☐	☐
4.4.4 Estruturas de paredes duplas; **OU**	☐	☐	☐	☐
4.4.5 Estruturas avançadas, incluindo todos os itens abaixo:	☐	☐	☐	☐
4.4.5 a Todos os cantos isolados ≥ R-6 até a borda; **E**	☐	☐	☐	☐
4.4.5 b Todos os acabamentos acima das janelas e portas isoladas; **E**	☐	☐	☐	☐
4.4.5 c Estrutura limitada em todas as janelas e portas; **E**	☐	☐	☐	☐
4.4.5 d Todas as interseções isoladas das paredes internas e externas com o mesmo valor R das paredes externas restantes; **E**	☐	☐	☐	☐
4.4.5 e Espaçamento mínimo do vão de 16" c.o. para estruturas de 2 x 4 em todas as zonas climáticas e em zonas climáticas de 5 a 8, 24" c.o para estruturas de 2 x 6, a menos que os documentos de construção especifiquem outros espaçamentos estruturalmente requeridos.	☐	☐	☐	☐
5. Vedação de ar				
5.1 Infiltrações em espaços totalmente vedados e não condicionados com blocos sólidos ou reboco, conforme necessário, e trincas seladas com calafetagem ou espuma.	☐	☐	☐	☐
5.1.1 Tubo/*shaft* de caldeira	☐	☐	☐	☐
5.1.2 Encanamento/tubulação	☐	☐	☐	☐
5.1.3 Fiação elétrica	☐	☐	☐	☐
5.1.4 Exaustores de banheiro e cozinha	☐	☐	☐	☐
5.1.5 Instalações de iluminação embutida adjacente a espaços não condicionados com classificação ICAT e totalmente vedados. Além disso, se em um teto sem isolamento e sem que haja um sótão acima, a superfície externa do suporte isolado é de até ≥ R-10 em ZC 4 e maior para minimizar o potencial de condensação.	☐	☐	☐	☐
5.1.6 Lâmpadas tubulares adjacentes a espaços não condicionados incluindo refratores de separação não condicionadas e espaços condicionados e não totalmente vedados.	☐	☐	☐	☐
5.2 Trincas no envelopamento da edificação totalmente vedadas	☐	☐	☐	☐
5.2.1 Todos os peitoris adjacentes a espaços vedados até a fundação ou abaixo do piso com calafetagem. Juntas de espuma também serão instaladas abaixo do peitoril se estiverem apoiadas em concreto ou alvenaria e adjacentes ao espaço condicionado.	☐	☐	☐	☐
5.2.2 No topo das paredes de junção de espaços não condicionados, placas de forro contínuas ou blocos vedados, usando calafetagem, espuma ou material equivalente.	☐	☐	☐	☐
5.2.3 Mantas de rocha vedadas até a face superior e em todas as interfaces de paredes/ático usando calafetagem, espuma ou material equivalente. Ou por meio de aplicação direta entre a manta de rocha e a placa do forro ou até a junta acima entre áticos. Adesivos de construção não devem ser utilizados.	☐	☐	☐	☐
5.2.4 Aberturas irregulares ao redor das janelas e portas externas seladas com calafetação ou espuma.	☐	☐	☐	☐
5.2.5 Juntas unidas entre os módulos de casas modulares em todo o perímetro externo, em condições totalmente vedadas com juntas e espumas.	☐	☐	☐	☐
5.2.6 Todas as juntas entre SIPs com espuma e/ou fitas.	☐	☐	☐	☐
5.2.7 Em edificações multifamiliares, o espaço entre a parede do *shaft* acartonado (isto é, parede divisória) e a estrutura entre as unidades totalmente vedadas em todo perímetro externo.	☐	☐	☐	☐
5.3 Outras aberturas	☐	☐	☐	☐
5.3.1 Portas adjacentes a espaços não condicionados (por exemplo, sótãos, garagens, porões) ou ambientes vedados ou com isolamento de ar.	☐	☐	☐	☐
5.3.2 Painéis de acesso ao sótão e escadas embutidas equipadas com cobertura isolada ≥ R-10 e que esteja com juntas (isto é, não calafetada) para produzir uma vedação de ar contínua quando o morador não estiver acessando o sótão.	☐	☐	☐	☐
5.3.3 Exaustores centrais equipados com coberturas duráveis ≥ R-10, equipadas com junta e instaladas na lateral da casa ou operadas mecanicamente.	☐	☐	☐	☐

Nome do avaliador: _____   Data de inspeção anterior ao gesso acartonado pelo avaliador: _____   Iniciais do avaliador: ____
Nome do avaliador: _____   Data de inspeção final do avaliador: _____   Iniciais do avaliador: ____
Funcionário do construtor: _____   Data da inspeção do construtor: _____   Iniciais do construtor: ____

Figura 1.11 (continuação) avaliador HERS deve revisar todos os itens desse formulário. Caso qualquer item não esteja de acordo com o formulário, deverá ser corrigido antes de obter o ENERGY STAR.

para Construção Verde como o LEED for Homes permitem que os construtores escolham a avaliação prescritiva ou simulação computacional para obtenção da certificação. Ambos os programas aceitam a classificação HERS para a avaliação pelo desempenho e fornecem pontos extras para o nível básico excedente do ENERGY STAR. Eles também têm seus próprios requisitos para a avaliação prescritiva, associados com requisitos mínimos e pontos concedidos para os níveis que os excedem. Os projetos do LEED for Homes são gerenciados por "avaliadores verdes", que fazem inspeção, coletam dados e fornecem informações para o USGBC por meio de organizações conhecidas como provedoras do LEED for Homes. Quando a certificação está completa, o USGBC fornece os documentos de certificação para a equipe de projetos. Os projetos com o Padrão Nacional para Construção Verde são verificados por indivíduos autorizados pelo Centro de Pesquisa da NAHB para confirmar se atendem aos requisitos. Da mesma forma que os avaliadores e provedores do LEED for Homes, esses inspetores fazem inspeção, coletam dados e fornecem relatórios ao Centro de Pesquisa da NAHB, que emite os documentos de certificação para o construtor. Os avaliadores verdes e os inspetores da NAHB podem oferecer testes de desempenho ou utilizar avaliadores independentes do HERS para realizar este trabalho. Com a introdução do ENERGY STAR versão 3, a maioria dos programas locais e nacionais de construção verde tem revisado seus requisitos para determinar como serão incorporados os requisitos do ENERGY STAR em seus programas.

Desempenho da Casa com ENERGY STAR Desenvolvido pela EPA especificamente para casas já existentes, o Desempenho da Casa com ENERGY STAR (Home Performance with ENERGY STAR – HPwES) é mais bem descrito como um programa de "ajuste" da casa. Apesar de o HPwES ter sido projetado como um programa nacional, cada mercado local deve ter um patrocinador do programa (Figura 1.13). Concessionárias de gás e energia elétrica são os patrocinadores mais comuns dos programas, apesar de alguns escritórios estaduais de energia e organizações sem fins lucrativos também poderem ser. No HPwES, os auditores de energia e os empreiteiros locais são treinados para avaliar e aprimorar residências existentes em termos de eficiência energética, durabilidade, controle de umidade, sistemas HVAC e qualidade do ambiente interno. Esse programa inclui testes realizados

Figura 1.12 O Formulário do Avaliador do Sistema de Isolamento Térmico deve ser verificado por um avaliador HERS. Além deste formulário, a EPA produz um guia que inclui descrições de referências para realizar inspeções de campo.

Você sabia?

Programas de utilidades públicas e garantia de conforto

Além dos programas de construção verde e de eficiência energética, alguns construtores optam por fornecer garantias de conforto e utilidades para as residências. Os construtores podem desenvolver seus próprios programas ou trabalhar com programas nacionais, como Residências Confortáveis e Meio Ambiente para Moradia (Environments for Living – EFL) nos Estados Unidos. A Carolina do Norte tem um programa estadual exclusivamente para habitações de interesse social chamado SystemVision. Em geral, esses programas requerem que as residências excedam as especificações do ENERGY STAR como garantia para redução de algumas contas de serviços públicos e com determinado grau de conforto no interior da casa.

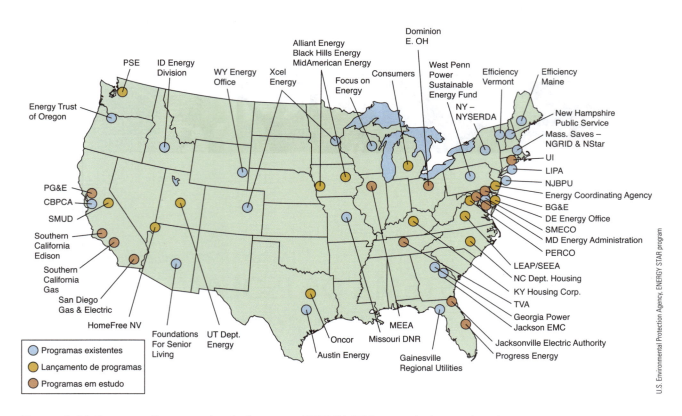

Figura 1.13 Programa Desempenho da Casa com ENERGY STAR a partir de outubro de 2010.

por empresas terceiras e fornece ao proprietário uma descrição das melhorias implementadas para garantir que a casa terá um desempenho melhor. Esse programa, atualmente, está disponível em aproximadamente 25 áreas diferentes e continua a se expandir para novos mercados.

Programas locais e regionais, a maioria dos quais anteriores ao LEED e ao NAHB, têm requisitos similares para certificação; porém, nem todos os programas exigem teste de desempenho, e alguns permitem que os construtores autocertifiquem seus projetos. Os programas mais rigorosos exigem verificações de parte terceira e também testes de desempenho.

Os programas de certificação de casas verdes continuarão mudando conforme os programas nacionais ganharem maior participação no mercado e novos códigos de energia forem introduzidos. Podemos observar o desaparecimento de alguns programas de certificação locais e regionais à medida que surgem novos códigos e programas nacionais.

Atribuições individuais

As atribuições individuais, diferentemente das certificações de construções, estão disponíveis para indivíduos certificados que tenham completado treinamento e foram avaliados por diversas organizações. Esses programas variam desde introdução básica à construção verde até um treinamento intensivo e teste de campo dos conceitos de desempenho de edificações.

As designações disponíveis para o mercado residencial verde incluem profissionais qualificados (*accredited professional* – AP) em LEED for Homes do USGBC, profissional com certificação verde (*certified green professional* – CGP) da NAHB e mestre pro-

Cortesia de National Association of the Remodeling Industry

Cortesia de Green Advantage®

fissional com certificação verde (*master* CGP), GCP da Associação Nacional da Indústria de Reformas (National Association of the Remodeling Industry – NARI) e Certificação de Vantagens Verdes.

Muitos programas verdes locais oferecem seus próprios programas de treinamento e certificação para construtores, empreiteiros e outros profissionais da indústria. O programa Build It Green, da Califórnia, oferece treinamento para o Certificado de Profissional da Construção Verde (Certified Green Building Prefessional – CGBP) para qualquer pessoa envolvida com a indústria, como empreiteiros, arquitetos, projetistas, fabricantes e fornecedores. Essas certificações fornecem uma introdução à construção verde, mas não é prova de que a pessoa seja um profissional qualificado. Elas representam o início da educação de um indivíduo e é um dos primeiros benefícios oferecidos para diferenciá-los no mercado de trabalho.

O treinamento e a certificação para empreiteiros experientes e profissionais afiliados envolvidos em testes e certificações de casas estão disponíveis na Rede de Serviços de Energia Residencial (Residential Energy Services Network – Resnet), no Instituto de Desempenho da Construção (Building Performance Institute – BPI) e no HPwES.

Resnet

Em abril de 1995, a Associação Nacional de Comissários Estaduais de Energia e a organização Casas com Avaliação Energética da América fundaram a Resnet – Rede de Serviços de Energia Residencial para desenvolver um mercado nacional americano de sistemas de avaliação da energia residencial e empréstimos para casas com eficiência energética. A Resnet desenvolveu e continua mantendo os padrões de avaliação e o exame nacional de avaliadores HERS. Como mencionado, os avaliadores Hers fornecem certificados para o ENERGY STAR e outros programas de construção verde. Os programas de treinamento da Resnet são mais abrangentes do que o exigido por muitos empreiteiros para construção de casas verdes e fornecem uma excelente compreensão de como uma casa funciona e beneficiam qualquer profissional da indústria. Os dois outros certificados da Resnet – Inspetor de Campo HERS e Profissional de Pesquisa de Energia Doméstica – são destinados a indivíduos que trabalham com avaliadores que inspecionam casas e executam testes de desempenho. As certificações da Resnet requerem vários dias de treinamento, aprovação em exames escritos e testes de campo e a continuidade do aprendizado.

Cortesia de RESNET

Instituto de Desempenho da Construção

O BPI (Building Performance Institute) fornece uma certificação similar à da Resnet, incluindo salas de estudo, treinamento de campo e testes. O BIP treina e certifica indivíduos como analistas de construção ou projetistas de fachadas, tetos e pisos; fabricação de casas; aquecimento, ar-condicionado e bombas de calor.

Cortesia de Building Performance Institute, Inc

Avaliadores verdes

O USGBC oferece o certificado de Avaliador Verde. Os avaliadores verdes fornecem inspeções de campo e coletam documentação especificamente para certificação LEED for Homes. Também podem ser avaliadores HERS, que fornecem avaliações de energia ou podem trabalhar como avaliadores independentes.

Empreiteiros e inspetores do desempenho de casas

Empreiteiros e inspetores HPwES são duas certificações disponíveis para pessoas que trabalham no programa para aprimorar as casas existentes. Como na Resnet e no BPI, esse treinamento envolve aulas, trabalhos de campo e aprendizado presencial para profissionais que realizam este trabalho. Alguns programas do HPwES requerem certificação BPI e também do seu próprio programa de treinamento.

Certificação de produtos verdes

A certificação de um produto como "verde" é menos desenvolvida e talvez a parte mais confusa da construção verde. A certificação verde de produtos de construção está continuamente em desenvolvimento e é bastante complicada. Ela lida diretamente com a avaliação do ciclo de vida (ACV), que é um campo de estudo ainda em desenvolvimento.

Nesse processo, é necessário saber quais organizações certificam um produto como verde e quais não o fazem. *USGBC e LEED não certificam produtos*. Se um fabricante afirmar que os materiais que produz têm "certificado Leed", não acredite. Alguns produtos, como linóleo, acabamentos com baixo teor de COV ou madeira certificada pelo Conselho de Administração Florestal (Forest Stewardship Council – FSC) são elegíveis para obtenção de pontos no programa Leed, mas produtos individuais jamais recebem a certificação.

A NAHB *realmente* certifica produtos. Os fabricantes podem submeter seus produtos para revisão, e, caso sejam aceitos, serão elegíveis para obtenção de pontos na ferramenta de avaliação *on-line* do Padrão Nacional para Construção Verde. Além disso, como no programa LEED, produtos não certificados podem receber pontos em diferentes categorias.

Milhares de produtos disponíveis no mercado alegam que são verdes. Classificações independentes de parte terceira, tais como GREENGUARD℠, Cradle to Cradle® e ENERGY STAR, geralmente são rigorosas e confiáveis. As classificações gerenciadas pela indústria, ainda que sejam úteis, nem sempre fornecem o mesmo rigor e os olhos críticos dos programas independentes. Os programas Good Housekeeping, Underwriters Laboratories (UL) e International Code Council (ICC ES SAFE) também classificam materiais como produtos preferíveis ambientalmente (*environmentally preferable products* – EPP). Os produtos de madeira são certificados como sendo de produção sustentável por organizações como o FSC e o Instituto de Floresta Sustentável (Sustainable Forestry Institute – SFI).

A maioria dos programas de construção verde tem especificações para EPP, incluindo os níveis toleráveis de COVs em tintas e acabamentos, a quantidade de

---

Recursos da internet para produtos de construção verde:

BuildingGreen

http://www.buildinggreen.com/

Conselheiro de Construção Verde

http://www.greenbuildingadvisor.com/

NAHBGreen

http://nahbgreen.org/

Guia de Referência do Leed

http://www.usgbc.org

ICC SAFE

http://www.iccsafe.org/

GREENGUARD

http://greenguard.org/

Cradle to Cradle

http://www.c2ccertified.com/

ENERGY STAR

http://www.energystar.gov/

formaldeído de ureia adicionada em produtos de madeira composta e a porcentagem do conteúdo reciclado anterior e posterior ao consumo. Os critérios para extração e manufatura locais, além de outras orientações específicas, também podem ajudar a determinar os produtos apropriados para o uso em um projeto verde.

O caso para casas verdes

A construção verde não é mais um movimento alternativo, e agora produz bons negócios. Existe uma considerável demanda dos consumidores por casas saudáveis e de alto desempenho. Os profissionais de construção que não prestam atenção a tais mudanças podem perder mercado para aqueles que sejam capazes de atender a esta demanda. Normalmente, os ocupantes de casas verdes são mais satisfeitos do que os proprietários de casas padrões. As pessoas que moram em casas verdes relatam redução nas contas de energia, menos problemas alérgicos resultantes dos reduzidos níveis de poeira, mofo e outros componentes irritantes, maior conforto e menor custo de manutenção. Além desses benefícios tangíveis, muitas pessoas ficam satisfeitas ao saber que suas casas causam menos impactos ao meio ambiente.

Construtores e empreiteiros podem obter benefícios ao adotar o verde. Clientes satisfeitos podem trazer mais negócios por meio de indicações e da reputação de construções de alta qualidade. Casas verdes geralmente têm menos reclamações em relação a problemas de conforto e de sistemas de condicionamento de HVAC, menos trincas no *drywall*, no caso de uso deste sistema, descascamento da pintura e outros problemas que podem ser melhorados pelas técnicas de construção verde. O número reduzido de reclamações aumenta o lucro do construtor e dos subempreiteiros. Incentivos fiscais, financiamentos baseados na eficiência energética e na melhoria energética podem ajudar a reduzir os custos de aprimoramentos na construção e na certificação. Um *software* de simulação energética pode mostrar as economias esperadas no uso de energia e ajudar a explicar aos clientes como os investimentos em eficiência podem fornecer um fluxo de caixa positivo imediato por meio da economia de energia.

Financiamentos para energia

Financiamento para energia é aquele tipo que fornece crédito à economia decorrente da eficiência energética de uma casa em relação ao custo total mensal. Isto permite que o comprador de uma casa nova com maior eficiência energética adquira um imóvel de maior qualidade graças aos menores custos operacionais. Os financiamentos de energia reconhecem que casas com maior eficiência energética geram menos custos mensais de operação para seus proprietários comparados às casas padrão, uma vez que utilizam menos energia. Os compradores de imóveis que escolhem casas com alta eficiência energética podem assumir financiamentos ligeiramente superiores, uma vez que os custos com energia serão reduzidos. Para as casas existentes nas quais a eficiência energética pode ser aprimorada, este conceito permite que o dinheiro economizado mensalmente com contas de energia financie melhorias energéticas. Apesar de alguns financiamentos energéticos oferecerem menores taxas de juros e nenhuma amortização adicional, este não é um benefício universal para todos os financiamentos energéticos.

Para se qualificar a um desses empréstimos, a avaliação HERS deve ser realizada para documentar a eficiência energética e a redução de custo de energia. Fannie Mae, Freddie Mac, o Departamento Americano de Moradia e Assuntos Urbanos, a Administração Federal de Moradias e Questões Urbanas (Federal Housing Administration – FHA) e a Administração

Tabela 1.8 Eficácia dos custos em casas com eficiência energética

Casa padrão		Casa com eficiência energética	
Preço de compra	$250.000	Preço de compra	$253.000
PITI mensal	$1.331	PITI mensal	$1.351
Amortização	$50.000	Amortização	$50.000
Melhorias energéticas	-0-	Melhorias energéticas	$3.000
Valor do financiamento	$200.000	Valor do financiamento	$203.000
Juros	7%	Juros	7%
Economia mensal com energia	–	Economia mensal com energia	$60
Média da conta de energia	$120	Média da conta de energia	$60
Despesas totais	**$1.451**	**Despesas totais**	**$1.411**

O custo total da propriedade é usado para calcular a relação custo-benefício das atualizações de eficiência energética. Aqui, uma casa de US$ 250 mil é usada como base, mas a mesma avaliação pode ser realizada em casas de qualquer preço.

dos Veteranos, nos Estados Unidos, oferecem programas de financiamento energético. Existem dois tipos de financiamento energético:

- Financiamentos de melhoria energética (*energy improvement mortgages* – EIMs) destinam-se às melhorias energéticas em casas existentes; trata-se de empréstimos com base nas economias mensais com os gastos em energia.
- Financiamentos de eficiência energética (*energy-efficient mortgages* – EEMs) utilizam as reduções nos custos de energia de uma casa com novo sistema de energia eficiente para aumentar o poder de compra dos consumidores, capitalizando as economias da energia na avaliação.

Impactos das melhorias em eficiência energética no Brasil

Como referência sobre os impactos das melhoria em eficiência energética em edificações unifamiliares no Brasil, indica-se primeiramente que há uma grande variação de região para região e em função das classes socioeconômicas.

Para exemplificar e ainda ser um fator decisivo para adoção de medidas eficientes de consumo energético, pode-se citar a seguir (ver Tabela 1.9) os resultados da "Casa Eficiente",[*11] um projeto em que a Eletrosul – Centrais Elétricas S.A. e a Eletrobras – Centrais Elétricas Brasileiras S.A., através do Procel – Programa Nacional de Conservação de Energia Elétrica, em busca de soluções inovadoras e eficientes no âmbito da construção civil, visando ao uso racional de energia, criaram, em parceria com a UFSC – Universidade Federal de Santa Catarina / Labeee – Laboratório de Eficiência Energética em Edificações, uma residência unifamiliar eficiente localizada em Florianópolis, Santa Catarina.

O estudo considerou estimativas de consumo para uma família de classe média com quatro pessoas, um casal e dois filhos, e os seguintes perfis e resultados de consumo:

A partir da Tabela 1.9 percebe-se que, se relacionarmos custos e economia na conta de energia, uma família consciente e com equipamentos eficientes pagaria somente 17% do valor, comparado ao de uma família que não tem atitudes conscientes de consumo e com uso de equipamento ineficientes. Estas porcentagens excluem fatores como as variações de faixas de consumos adotadas por concessionárias e períodos de maior consumo, considerando-se uma edificação com a mesma infraestrutura e com a adoção de sustentabilidade e eficiência energética já embarcadas desde a concepção projetual.

[*11] *Casa eficiente*: consumo e geração de energia. Roberto Lambert et al. (eds.). Florianópolis: UFSC/ LabEEE; 2010. v. 2.

Tabela 1.9 Relação de consumo e de eficiência para cada perfil.

PERFIL DE CONSUMO / MORADORES	Consumo Médio(*) kWh	%
Perfil 1 - Família "Sbanja" com equipamentos ineficientes	923,12	100%
Perfil 2 - Família "Sbanja" com equipamentos eficientes	549,59	60%
Perfil 3 - Família "Consciente" com equipamentos ineficientes	306,84	33%
Perfil 4 - Família "Consciente" com equipamentos eficientes	153,33	17%

(*) Dados compilados de *Casa eficiente*: consumo e geração de energia.

Portanto, a casa com melhorias de eficiência energética, como apresentado nos valores dos EUA, gera muito retorno financeiro, mas tanto lá como aqui, no Brasil, a casa é uma infraestrutura importante, que dura muitos anos, e, quanto mais se contribuir para a redução do consumo de energia de modo passivo durante seu ciclo de vida melhor, mais as atividades e o habitar dependem de atitudes diárias e conscientes em relação a esta infraestrutura que são nossas casas.

Análise do retorno simples *versus* fluxo de caixa

A Tabela 1.8 ilustra a relação custo-benefício de melhorias em eficiência energética e compara uma casa construída de acordo com os códigos já padronizados com outra que tem eficiência energética. Apesar de o custo de construção de uma casa com eficiência energética não ser necessariamente alto, geralmente há um pequeno aumento. Neste exemplo, assumimos que a casa com eficiência energética custa aproximadamente 1,5% a mais. Ambas são construções novas, mas apenas uma incorpora detalhes de conservação de energia durante todo o processo de construção. Com um adicional de US$ 3.000, um construtor pode oferecer vedação de ar, isolamento adequadamente instalado, dutos de ar-condicionado rigidamente selados e adequadamente projetados, isolamento adicional do ático e janela mais eficiente. Uma vez que a casa é mais cara, o valor mensal de financiamento é mais alto do que o de uma casa padrão, porém, a casa é mais eficiente e, por consequência, o custo real de propriedade – valor principal mensal, impostos e seguros (*principal, taxes and insurance* – PITI) mais as contas de água e energia – é reduzido.

A medição tradicional das despesas domésticas, PITI, é realmente apenas o começo. Serviços públicos, manutenção e reparos podem ter um custo adicional de milhares de dólares por ano. As construções verdes reduzem essas despesas operacionais e os custos de propriedade. Nesse exemplo, a casa com eficiência energética custa US$ 40 a menos por mês no cálculo de propriedade e operação. Para esta casa, qual é o tempo de retorno do investimento de US$ 3.000 usados nas melhorias de eficiência energética?

Retorno do investimento (*payback*)

O retorno das melhorias em eficiência energéticas tradicionalmente é calculado por meio do retorno simples. Retorno do investimento simples é o custo da melhoria dividido pela economia nos gastos com energia. Por exemplo, a Tabela 1.8 apresenta os custos de atualizações como sendo US$ 3.000 e a redução de custo na conta de energia como US$ 60 por mês. Assim, divida os custos das melhorias pela economia mensal com eletricidade, como mostrado, para determinar o retorno simples.

Custos da atualização: US$ 3.000
Economia mensal com energia: US$ 60
Retorno = US$ 3.000/60 = 50 meses ou 4,16 anos

O retorno simples do investimento funciona bem para compras à vista, não financiadas ao longo do tempo. O retorno simples geralmente é usado nas considerações de melhorias de eficiência energética menores. Essas atualizações podem incluir a instalação de luzes fluorescentes compactas (*compact fluorescent lamps* – CFLs) ou equipamentos com classificação ENERGY STAR, ou pela adição de isolamento e vedação de ar. Como a maioria dos proprietários não paga as casas à vista, o retorno simples não é um cálculo apropriado. Se a redução dos pagamentos permanecer inalterada (o que vai acontecer com muitos EEMs), a relação custo-benefício de residências com eficiência energética deve ser avaliada com base na análise de fluxo de caixa.

Análise de fluxo de caixa

Esta análise compara o valor reduzido da propriedade por conta das economias com serviços públicos (água, energia etc.) em relação ao aumento no PITI. No exemplo anterior, o custo da propriedade de uma casa padrão é de US$ 1.451 comparados com US$ 1.411 de uma casa com eficiência energética. Independentemente do custo ligeiramente superior de compra, a casa com eficiência energética é mais barata para compra e operação. Quando se realiza uma *análise de fluxo de caixa*, isto fica assim ilustrado:

Custo mensal total de uma casa padrão: US$ 1.451
Custo mensal total de uma casa com eficiência energética: US$ 1.411
US$ 1.451 – US$ 1.411 = US$ 40/economia mensal

Em outras palavras, o proprietário gasta US$ 20 (aumento no PITI mensal) para economizar US$ 60 (contas reduzidas de serviços). O investimento retorna ao proprietário desde o primeiro dia.

PALAVRA DO ESPECIALISTA – BRASIL

Custo adicional: o principal obstáculo a ser superado na produção de imóveis residenciais sustentáveis no Brasil

Atualmente, o Brasil ocupa a terceira colocação no ranking de 156 países, no que se refere à quantidade de processos de certificação LEED em andamento. Entretanto, apenas 7 % dos 1.373 projetos certificados e em processo de certificação LEED e AQUA são relativos a empreendimentos residenciais[1]. O primeiro projeto residencial certificado no país foi concluído em maio de 2013[2], e, desde então, outros sete foram entregues, totalizando 1.148 unidades habitacionais. Esta quantidade representa aproximadamente 0,046 % do total de novos domicílios construídos[3] nos últimos dois anos.

Qual é a razão desta produção residencial irrelevante e da disparidade em relação à oferta de empreendimentos corporativos sustentáveis?

Hamilton de França Leite Júnior Diretor comercial da Casoi Desenvolvimento Imobiliario Ltda. e diretor de Sustentabilidade e Habit. Popular do Sindicato das Empresas de Comp., Vd., Loc., Adm., de Im., Resd. e Com. SP. Administrador de empresas pela FAAP, especialização em Gerenciamento de empresas de Construção Civil pela Universidade de São Paulo e especialização em pós-graduação em Negócios Imobiliários pela FAAP.

De acordo com Kats (2010), o valor presente dos benefícios relacionados a melhorias à saúde e à produtividade de funcionários que trabalham durante 20 anos em "green buildings" variam

---

[1] Dados informados por meio de e-mail recebido pelo autor em 6/4/2015 do Green Building Council Brasil, relativo aos empreendimentos certificados e em certificação LEED e em 10/4/2015 da Fundação Vanzolini, relativo aos empreendimentos certificados e em certificação pelo Processo Aqua.
[2] True Chácara Klabin, da Even Construtora e Incorporadora, é o primeiro residencial do país a conquistar a Certificação AQUA na fase Realização. Informação disponível em: <http://ri.even.com.br/download_arquivos.asp?id_arquivo=5059974E-FD9A-4FC2-8833-31D4A88DA194>. Acesso em: 12 abr. 2015.
[3] Informação sobre a quantidade de novos domicílios construídos por ano no Brasil obtida em: LEITE JÚNIOR, Hamilton. Materiais consumidos e resíduos gerados pelos novos domicílios construídos no Brasil nos últimos 12 anos. S.d. Disponível em: <http://www.hamiltonleite.com.br/novos_domicilios.pdf>. Acesso em: 17 mar. 2016.

(continua)

entre US$ 107,00/m² a US$ 538,00/m², e há, em média, US$ 5,38 de economia com água, US$ 62,43 de economia de energia e US$ 91,49 com redução dos custos de manutenção e operação por metro quadrado de construção.

Profissionais de facilities e recursos humanos de empresas de grande porte, notadamente as multinacionais, conhecem muito bem tais benefícios. Por isso, buscam imóveis certificados para se instalar, e esta demanda é naturalmente atendida pelas empresas incorporadoras imobiliárias.

Já no segmento residencial, a maior parte dos usuários não possui informações suficientes em relação à melhor qualidade de vida e aos benefícios econômicos relacionados à fase de uso dos imóveis sustentáveis. Não as possuem porque as informações que existem não lhes são comunicadas de forma adequada e, também, porque ainda há muita pesquisa que carece ser desenvolvida nesta área, dentro da realidade socioambiental brasileira, especialmente sob a perspectiva econômica.

Por consequência da falta de informações, moradores não valorizam adequadamente este tipo de produto. Pesquisa de opinião realizada no Brasil e diversas outras realizadas no exterior (Leite Jr., 2013), com base em transações de compra e venda efetivadas, indicam que o valor de imóveis sustentáveis pode ser maior do que o de imóveis similares convencionais no mercado nacional.

Porém, ainda não existe pesquisa baseada em transações realizadas no país que comprove que os consumidores pagariam valor adicional na compra de imóveis sustentáveis, que custam entre 1,6 % e 8,6 % a mais para serem construídos (Leite Jr., 2013). O custo adicional de uma obra sustentável foi apontado como obstáculo para 82 % dos profissionais atuantes em incorporadoras imobiliárias, respondentes de pesquisa de opinião realizada com 813 pessoas entre os dias 15 de março e 6 de maio de 2013 (Leite Jr., 2013).

O empresário é capaz de calcular com precisão tais custos adicionais, mas, se há incerteza de que os imóveis sustentáveis podem ser comercializados com valor adicional, a maioria opta por não os desenvolver. Isto para que não haja risco de seus resultados econômicos diretos serem prejudicados, mesmo cientes da existência de outros possíveis benefícios, como valorização da marca, maior velocidade de vendas, entre outros.

Na incorporação imobiliária, regida pela Lei 4.591/64, o incorporador desenvolve, constrói, vende e entrega as unidades autônomas aos proprietários, que as utilizam ou locam aos usuários finais. Neste modelo, que é o mais adotado no país, o negócio do desenvolvimento imobiliário se encerra após a entrega do produto e o cumprimento do prazo de garantia. Os benefícios econômicos mais diretos das edificações sustentáveis são então usufruídos pelos proprietários e usuários, que, ao contrário dos incorporadores, têm uma perspectiva de longo prazo.

Como, então, reequilibrar a equação econômica do ponto de vista do incorporador, que é de quem nasce a iniciativa de desenvolver ou não habitações sustentáveis?

Existem três possíveis soluções: 1) concessão de incentivos tributários ou urbanísticos por parte do poder público para empreendimentos sustentáveis, com benefícios econômicos ou financeiros maiores ou iguais aos custos adicionais; 2) constatação de maior valor de venda dos imóveis sustentáveis, de modo que compensem os custos adicionais; ou 3) confecção de projetos que agreguem atributos sustentáveis, sem nenhum ou com pouco aumento de custos. Esta última solução é a única que está exclusivamente ao alcance do incorporador e que pode ser realizada por meio do estudo aprofundado das alternativas de projeto, com foco em redução de custos. Esta alternativa propicia, ainda, que o incorporador possa oferecer o produto sustentável pelo mesmo valor de venda de um convencional, reforçando, com isso, o aspecto social da sustentabilidade.

Um empreendimento residencial em processo de certificação foi detalhadamente estudado, para que todos os seus itens de orçamento fossem avaliados, em função do aumento ou não de custos em relação às exigências da norma da entidade certificadora (Leite Jr., 2013). Neste caso, dos 234 requisitos da certificação aplicáveis ao empreendimento, apenas 35 agregaram custos adicionais, que totalizam 3,5 % do custo total da obra. Apenas os três itens seguintes: aquecimento solar da água das casas; esquadrias com persiana horizontal de enrolar; e a instalação de geradores de energia, que representaram 71 % deste incremento. Outros 15 itens, como a instalação de detectores de presença; a instalação de medidores individuais do consumo de água nas unidades habitacionais; torneiras com acionamento automático nas áreas comuns; vasos sanitários com caixa acoplada do tipo dual flush; e a construção de sistema de aproveitamento de águas pluviais para irrigação de jardins, agregaram juntos, apenas 1 % ao custo total da obra. Se, neste empreendimento, forem consideradas as soluções sustentáveis que reduziram os custos de obra, como a adoção de vegetação nativa no projeto paisagístico, entre outras, e a eliminação dos três itens que agregaram a maior parcela dos custos adicionais deste projeto, seu custo poderia ter se situado muito próximo ao equilíbrio em relação a uma obra convencional similar.

Portanto, a solução para que sejam oferecidos produtos imobiliários sustentáveis em larga escala ao mercado brasileiro sem perda de rentabilidade é possível e está nas mãos dos desenvolvedores imobiliários, em parceria com os projetistas.

Referências
KATS, Gregory. Tornando nosso ambiente construído mais sustentável: custos, benefícios e estratégias. Washington DC: Island Press, 2010. 259 p.
LEITE JÚNIOR, Hamilton. Sustentabilidade em empreendimentos imobiliários residenciais: avaliação dos custos adicionais para o atendimento dos requisitos de certificação ambiental. Dissertação (Mestrado) – Escola Politécnica da Universidade de São Paulo. Departamento de Engenharia de Construção Civil. São Paulo, 2013. 193 p. Disponível em: <http://www.hamiltonleite.com.br/leite-jr2013.pdf>. Acesso em: 17 mar. 2016.

Resumo

Nosso objetivo, ao escrever este livro, é ajudá-lo a entender os benefícios da construção ou reforma de uma casa verde para proprietários, empreiteiros e o público em geral. Compreender os benefícios visivelmente tangíveis em curto prazo, bem como os não tão visíveis em longo prazo, irá ajudá-lo a tomar as decisões corretas, como profissional da indústria, à medida que busca tornar seu trabalho mais sustentável. Nesse processo, você pode ajudar a aprimorar seus negócios e elevar seus lucros, ampliar sua reputação como construtor de qualidade por meio de comentários dos clientes e contribuir para a redução do impacto negativo que nossas construções têm sobre o meio ambiente.

Questões de revisão

1. Quanto os edifícios residenciais consomem aproximadamente da energia produzida nos Estados Unidos?
   a. 15%
   b. 21%
   c. 25%
   d. 31%
2. Qual é a finalidade do teste de penetração de ar?
   a. Calcular o vazamento dos dutos.
   b. Garantir a integridade estrutural.
   c. Calcular o vazamento do fechamento e vedação.
   d. Medir o teor de COV da casa.
3. Qual dos itens apresentados a seguir é uma fonte de energia renovável?
   a. Carvão limpo
   b. Gás natural
   c. Incineração de lixo
   d. Célula solar fotovoltaica
4. O que é ENERGY STAR?
   a. Programa nacional de construção verde
   b. Classificação do USGBC para aparelhos com eficiência energética
   c. Programa de construção verde regional do sudeste
   d. Programa federal para aparelhos e residências
5. Um empreiteiro precisa ter quais credenciais para certificar uma casa como ENERGY STAR?
   a. Avaliador HERS
   b. Profissional verde certificado pela Nari
   c. Profissional certificado pelo programa LEED for Homes
   d. Profissional verde certificado pela NAHB
6. O que é retorno simples do investimento?
   a. O custo das melhorias dividido pela redução de custo na conta de energia.
   b. Redução de custo na conta de energia dividida pelo custo da melhoria.
   c. Quando o valor de um incentivo governamental se iguala aos custos das melhorias energéticas ou os excede.
   d. O custo das melhorias multiplicado pela redução de custo da conta de energia.
7. Qual dos itens apresentados a seguir é uma característica dos financiamentos baseados na eficiência energética?
   a. Economia nas contas de serviços públicos adicionada aos lucros do mutuário.
   b. Nenhuma redução no pagamento.
   c. Menor taxa de juros.
   d. Dinheiro adicional para casas maiores.
8. Qual dos itens apresentados a seguir é necessário para que uma casa receba o certificado verde?
   a. Paredes de palha
   b. Sistema solar fotovoltaico
   c. Eficiência energética
   d. Bomba de calor geotérmico
9. Qual das organizações apresentadas a seguir é um programa de construção verde nacional americano?
   a. ENERGY STAR
   b. EarthCraft House
   c. Built Green Colorado
   d. LEED for Homes
10. Qual dos materiais de construção apresentados a seguir tem a menor energia incorporada?
    a. Reforços de fibra de vidro
    b. Aço estrutural
    c. *Drywall*
    d. Madeira tratada, seca em fornalha

Questões para o pensamento crítico

1. O que é uma casa verde?
2. Por que as construções verdes são importantes?
3. As construções verdes são mais caras?
4. Quais são as características dos materiais de construções verdes?
5. O que é o processo de qualificação para uma casa ENERGY STAR?

Palavras-chave

Associação Nacional de Construtores Residenciais (NAHB)
avaliação do ciclo de vida (ACV)
avaliador HERS
compostos orgânicos voláteis (COVs)
Conselho de Construção Verde dos Estados Unidos (USGBC)
construção verde
Departamento de Energia dos Estados Unidos (DOE)
bypass térmico
Desempenho da Casa com ENERGY STAR (HPwES)
desenvolvimento orientado pelo trânsito (DOT)
desenvolvimento tradicional de bairro (DTB)
efeito de ilha de calor
energia incorporada
energia renovável
ENERGY STAR
financiamento de eficiência energética (EEM)
financiamento de melhoria energética (EIM)
Formulário do Avaliador do Sistema de Isolamento Térmico
gases do efeito estufa (GEE)
Instituto de Desempenho da Construção (BPI)
Liderança em Energia e Projeto Ambiental (LEED)

novo urbanismo
teste de penetração de ar
produtos preferíveis ambientalmente (EPP)
profissionais qualificados em LEED for Homes
Rede de Serviços de Energia Residencial (Resnet)
retorno do investimento simples
Sistema de Avaliação de Energia de Casas (HERS)
sustentável

Glossário

construção verde uma edificação ambientalmente sustentável, projetada, construída e operada de forma a minimizar os impactos ambientais totais.

compostos orgânicos voláteis (COVs) compostos químicos que apresentam alta pressão de vapor e baixa solubilidade em água; muitos COVs são produtos químicos fabricados pelo homem, usados e produzidos na manufatura de tintas, produtos farmacêuticos, refrigerantes e materiais de construção; os COVs são poluentes ambientais comuns e contaminantes dos solos e das águas.

gases do efeito estufa (GEE) qualquer gás atmosférico, como dióxido de carbono (CO_2), óxidos sulfúricos (SO_x) e óxidos nitrosos (NO_x), que contribui para o efeito estufa.

Departamento de Energia dos Estados Unidos (DOE) órgão responsável pela manutenção da política energética nacional. No caso do Brasil, no nível federal, há o Ministério de Minas e Energia, o Conselho Nacional de Política Energética (CNPE), a Agência Nacional do Petróleo, Gás Natural e Biocombustíveis (ANP), a Agência Nacional de Energia Elétrica (Aneel) e a Comissão Nacional de Energia Nuclear (CNEN). Há ainda empresas estatais, como a Petrobras e Eletrobras, que são os principais responsáveis no setor de energia do Brasil.

energia renovável eletricidade gerada por meio de recursos que são ilimitados, rapidamente substituíveis ou naturalmente renovados (por exemplo, vento, água, geotérmica [calor subterrâneo], ondas e resíduos) e não da combustão de combustíveis fósseis.

avaliação do ciclo de vida (ACV) processo de avaliação do custo ambiental total de uma construção ou produto, desde a extração do material bruto até o descarte final.

energia incorporada energia total necessária para produção ou extração, embalagem e transporte de um material até o local de aplicação; pode ser de uma casa ou de um material específico.

efeito de ilha de calor fenômeno de áreas urbanas que são mais quentes do que as rurais, devido principalmente ao aumento no uso de materiais que efetivamente retêm o calor.

sustentável padrão de uso de recursos que visa atender às necessidades humanas, ao mesmo tempo que preserva o meio ambiente, de forma que essas necessidades possam ser atendidas não apenas no presente, mas também no futuro.

desenvolvimento tradicional de bairro (DTB) projeto de um bairro ou um vilarejo completo que utiliza os princípios tradicionais de planejamento de bairros, com ênfase em caminhadas, espaço público e desenvolvimento de uso misto; ver também novo urbanismo.

novo urbanismo estratégia de projeto urbano que promove a construção de bairros nos quais seja possível fazer caminhadas e que contenham uma variedade de tipos de casas e serviços; altamente influenciado pelo desenvolvimento tradicional de bairros e desenvolvimento orientado pelo trânsito.

desenvolvimento orientado pelo trânsito (DOT) projeto de bairros e comunidades que se localizam dentro de distâncias que podem ser percorridas a pé para o trânsito público, combinando casas, lojas, escritórios, espaços abertos e espaços de uso público que tornam conveniente a caminhada, em vez do transporte por carros.

ENERGY STAR programa da EPA e do DOE que estabelece padrões de alta eficiência energética para produtos e edificações

Conselho de Construção Verde dos Estados Unidos (USGBC) organização sem fins lucrativos, baseada em Washington, que promove a construção verde e desenvolveu o sistema de avaliação LEED; ver também LEED.

Liderança em Energia e Projeto Ambiental (LEED) sistema que estabelece categorias de sustentabilidade ambiental da construção e certifica em níveis as edificações sustentáveis.

Associação Nacional de Construtores Residenciais (NAHB- National Association of Home Builders) associação nacional de negócios que representam os construtores de casas.

teste de penetração de ar ferramenta de diagnóstico projetada para medir o isolamento de ar de uma edificação e identificar pontos de vazamento.

teste de vazamento em dutos de ar ferramenta de diagnóstico projetada para medir a estanqueidade dos dutos dos sistemas de condicionamento de ar e identificar pontos de vazamento.

Sistema de Avaliação de Energia de Casas (HERS) medição reconhecida nacionalmente para a eficiência energética de uma residência.

avaliador HERS indivíduo reconhecido nacionalmente que realiza as avaliações HERS e quantifica a eficiência energética de residências; também chamado avaliador de energia de residências.

Formulário do Avaliador do Sistema de Isolamento Térmico inspeção dos detalhes construtivos das derivações térmicas; para que uma casa seja qualificada como ENERGY STAR, a TBC deverá ser completada por um avaliador HERS certificado.

Thermal Bypass Checklist (TBC) é um requisito para a qualificação de residências segundo a certificação ENERGY STAR. Trata-se de uma lista detalhada de pontos específicos do edifício que devem ser avaliados, nos quais podem ocorrer falta de barreiras térmicas ou lacunas de isolamento que podem gerar movimentos ou desvios de calor.

bypass térmico movimento do calor ao redor ou através do isolamento, frequentemente devido à falta de barreiras de ar ou espaços entre as barreiras e o isolamento.

Profissionais qualificados em LEED for Homes pessoa que foi aprovada em exames de conhecimento necessário para participar do processo de certificação e projetos do programa LEED.

Rede de Serviços de Energia Residencial (Resnet) organização sem fins lucrativos que luta para garantir o sucesso da indústria de certificação do desempenho energético das construções, estabelecer padrões de qualidade e aumentar a oportunidade para aquisição de residências de autodesempenho.

Instituto de Desempenho da Construção (BPI) instituição que fornece registro, certificação e treinamento reconhecidos nacionalmente e programas de garantia de qualidade para empreiteiros e construtoras.

produtos preferíveis ambientalmente (EPP) produtos que tenham um efeito reduzido sobre a saúde humana e o ambiente quando comparados com produtos tradicionais ou serviços que servem do mesmo propósito.

financiamento de melhoria energética (EIM) destina-se às melhorias energéticas em casas já existentes; trata-se de empréstimos com base nas economias mensais com os gastos em energia.

financiamento de eficiência energética (EEM) utiliza as reduções nos custos de energia de uma casa com novo sistema de energia eficiente para aumentar o poder de compra dos consumidores, capitalizando as economias da energia na avaliação.

retorno do investimento simples tempo necessário para recuperar o investimento inicial para melhorias na eficiência energéticas por meio da economia com energia, dividindo o custo inicial instalado pela economia anual com eletricidade.

Recursos adicionais

teste de vazamento em dutos de ar

Built Green Colorado: http://www.builtgreen.org/

Built Green® Washington: http://www.builtgreenwashington.org/

Earth Craft House: http://www.earthcrafthouse.com/

ENERGY STAR: http://www.energystar.com

Programa de construção verde da NAHB: http://www.nahbgreen.org/

Rashkin, Sam. *Retooling the U. S. Housing Industry*: How it Got Here, Why It's Broken, and How to Fix It. Delmar: Cengage Learning, 2010.

Resnet: http://www.resnet.us/

USGBC: http://www.usgbc.org/

A casa como um sistema

Casas são sistemas complexos com muitos componentes interconectados. Este capítulo trata da importância de "pensar os sistemas" e apresenta a ciência relacionada ao funcionamento das construções. A ciência da construção concentra-se na transferência de calor e umidade e nos efeitos destes sobre a eficiência da energia, o conforto e a durabilidade. São abordados também aspectos referentes à seleção de materiais para a ventilação e construção. Os últimos capítulos fornecem estratégias específicas e técnicas de construção para controle de umidade, calor e ventilação. O núcleo da construção verde centra-se na aplicação precisa da ciência da construção e no gerenciamento bem executado da obra como um sistema integrado. Profissionais da construção verde estão sempre atentos aos princípios da ciência da construção, às especificações e projetos desenvolvidos, com o objetivo de assegurar que as construções sejam eficientes, saudáveis e duráveis.

OBJETIVOS DO APRENDIZADO

Após a leitura deste capítulo, o aluno será capaz de:
- Descrever os principais componentes da ciência da construção.
- Definir o fechamento e vedações da construção.
- Explicar a diferença entre os valores R e U.
- Calcular a média do valor R para o conjunto construtivo.
- Descrever os métodos de transferência de calor.
- Calcular a transferência de calor condutiva por meio de um conjunto construtivo.
- Descrever os métodos de transferência de umidade.

Princípios da construção verde

 Eficiência energética

 Eficiência de recursos

 Durabilidade

 Qualidade ambiental interna

Ciência da construção

Ciência da construção é o estudo da interação de sistemas construtivos e os componentes, ocupantes e ambiente de entorno, focando os fluxos de calor, ar e umidade. É uma ampla área de estudo que também inclui sistemas estruturais, segurança de vida, iluminação e acústica. A aplicação desta ciência é um dos principais componentes da construção verde. As formas como o gerenciamento de calor, ar e umidade afetam a eficiência e a durabilidade das estruturas são de particular importância, assim como o conforto e a saúde dos ocupantes. Para criar uma casa verde, primeiro deve-se entender como o calor, o ar e a umidade

PALAVRA DO ESPECIALISTA – EUA

Casa como uma abordagem de sistema para construção e reforma

Laura Capps, diretora de Serviços de Construção Verde Residencial do Southface Energy Institute, em Atlanta, Geórgia. Você já se perguntou por que uma sala da sua casa sempre é muito quente ou muito fria? Ou por que manchas de água no teto continuam a aparecer todo verão, mesmo que você não consiga encontrar um vazamento? Será que você tem sapatos mofados no *closet*? Por que sua filha de 2 anos está com uma tosse persistente, apesar de o médico afirmar que ela não tem nada? Esses são sintomas comuns de uma casa defeituosa, mas, felizmente, tudo pode ser evitado por meio de uma abordagem da *casa como um sistema* da construção e reforma.

Como diretora dos Serviços de Construção Verde Residencial do Southface Energy Institute, Laura Capps trabalha no desenvolvimento e na entrega de programas de construção verde em âmbitos regional e nacional. Com foco em educação, Capps colabora com construtores, empreiteiros e fiscais na transformação do mercado residencial.

Semelhante a um aquário, sua casa funciona como um sistema. Cada um dos seus componentes está conectado e é influenciado por todos os outros. Quando você enche o aquário com água, também deve verificar o pH, a temperatura, o teor de sal, o sistema de filtragem e uma variedade de outros fatores para assegurar a longevidade e a saúde dos peixes que você escolheu. Se qualquer uma dessas variáveis for negligenciada, provavelmente você terá um peixe doente, haverá crescimento de algas e outros problemas. O mesmo ocorre com sua casa. À medida que você projeta e controla, é aconselhado considerar a localização da casa, o desenho, os materiais, os planos de construção e, o mais importante, o bem-estar dos ocupantes.

A abordagem da *casa como um sistema* para o projeto e a construção fornece aos construtores e futuros moradores uma ampla metodologia baseada em ciência da construção para criar casas duráveis, confortáveis e saudáveis. Enquanto os cientistas da construção se esforçam para otimizar um projeto e o desempenho de uma casa, as metodologias adotadas também fornecem as bases necessárias para a construção "verde". De fato, uma casa pode ser construída com todos os produtos verdes do mundo, mas, se esses produtos estiverem instalados ou forem usados incorretamente com objetivos cruzados, ou se a casa deixar escapar ar-condicionado ou desperdiçar água, os ocupantes pagarão o preço de um meio ambiente desconfortável, arcarão com altas contas do serviço público e, possivelmente, ficarão doentes por causa da péssima qualidade do ar no interior da casa.

Pensemos na abordagem de um cientista da construção em nossa casa com uma sala que está muito quente ou muito fria. Ele pode apresentar o seguinte diagnóstico: não há isolamento na casa, a instalação está incorreta ou, possivelmente, foi utilizado material estrutural em excesso durante a construção. Há ainda as causas alternativas: a sala apresenta equipamentos de aquecimento ou refrigeração inapropriados ou mal distribuídos.

Uma mancha de água durante o verão pode vir da condensação dos tubos de água fria que descem do sótão. Sótãos ventilados abrigam calor, e o ar úmido do verão pode causar condensação nos canos de água fria – condensação que, então, goteja pela parede seca. Manchas de umidade em *closets* podem ser causadas por pouca circulação de ar ou cantos com excesso de material que podem estar mal vedados e permitir que o ar úmido condense. Tosses crônicas podem surgir devido à baixa qualidade do ar interior e ser atribuídas a uma ampla variedade de problemas, como dispositivos de combustão pouco ventilados, altos níveis de umidade no interior, que são ótimos hospedeiros de ácaros e mofo, ou gás liberado dos materiais de construção que pode irritar os moradores sensíveis a produtos químicos.

Embora muitas pessoas acreditem que as casas verdes são construídas de forma dispendiosa e com elaboradas tecnologias, como painéis solares e telhados verdes, elas, na verdade, começam com a escolha do projeto! Um projeto eficiente em energia, água e recursos também leva em conta o local, a orientação da casa e a durabilidade dos materiais e da construção. A qualidade do ar interior também deve ser uma consideração importante. Independente do projeto, os futuros ocupantes da casa devem ser educados sobre como obter o máximo benefício da sua construção. A ciência da construção sustenta cada uma dessas decisões, estabelece o estágio para a construção verde e fornece uma sólida abordagem de *casa como um sistema* para construção e reforma.

interagem no interior e exterior de uma construção, seus subsistemas e seus ocupantes. Este capítulo concentra-se na termodinâmica (fluxo de calor) e hidrodinâmica (fluxo hídrico / fluxo de umidade).

Princípios da energia

As construções utilizam energia para aquecimento do ar e da água, resfriamento e desumidificação do ar, iluminação e dispositivos operacionais. Grande parte dessa energia é perdida ou gasta de forma ineficiente. **Energia** é a quantidade medida de calor, trabalho e luz. *Energia potencial* é aquela armazenada, como um galão de gasolina e uma tonelada de carvão. *Energia cinética* é aquela de transição, como uma chama.

A energia é medida em muitas unidades diferentes, que podem ser facilmente convertidas. Unidades comuns de medida são calorias, joules, Btu e kWh. Uma *caloria* é a quantidade de energia consumida para elevar a temperatura de 1 grama de água a 1 °C (1,8 °F), que foi largamente substituída por *joule*, que é uma unidade do *Sistema Internacional de Unidades* (*SI* ou *métrica*). Uma caloria é igual a 4,184 joules. Embora quase todo o mundo utilize unidades SI, os Estados Unidos ainda adotam o sistema de medida inglês habitual (também chamado sistema americano, ou, às vezes, "unidades inglesas").

O calor pode ser medido em **unidades térmicas britânicas** (*British thermal units* – Btu), que é a quantidade de calor necessária para elevar uma libra de água a 1 °F. Por exemplo, quando 1 libra de água (aproximadamente 1 quartilho, ou seja, aproximados 454 gramas) é aquecida de 20 °C a 20,56 °C (de 68 °F a 69 °F), o equivalente a 1 Btu de energia de calor absorvido na água (ver Figura 2.1). Isto é praticamente equivalente à quantidade de calor fornecida pelos equipamentos de uma cozinha. Nos Estados Unidos, a forma mais comum de medida de energia de calor é Btu, e, para eletricidade, kWh.

Leis da termodinâmica

De acordo com a *primeira lei* da termodinâmica, a energia não é criada nem destruída. A energia simplesmente muda de lugar e de forma. Segundo a *segunda lei* da termodinâmica, o calor muda de regiões de alta temperatura para regiões de baixa temperatura.

Temperatura

O termo *temperatura* descreve quanto algo é quente ou frio. Temperaturas externas mudam constantemente com o tempo e as estações. Regiões geográficas podem ser caracterizadas pela quantidade de aquecimento e refrigeração necessária para uma casa. A quantidade necessária de aquecimento ou refrigeração para qualquer região pode ser determinada pelo número de graus-dia de aquecimento ou graus-dia de refrigeração.

Graus-dia de aquecimento (*heating degree days* – HDD) são definidos com relação a uma temperatura-base – temperatura externa acima da qual uma construção não precisa de aquecimento. HDD pode ser visto como uma diferença média entre o interior e o exterior, em determinado curso de um dia. Essa temperatura também é conhecida como *ponto de equilíbrio de aquecimento,* que geralmente é de 65 °F, correspondente a 18,33 °C. Por exemplo, se a temperatura externa média for 15 °F, correspondente a 9,44 °C negativos, para 1º de janeiro, então o HDD será 18,33 °C − 9,44 °C = 27,77 graus-dia para este dia.

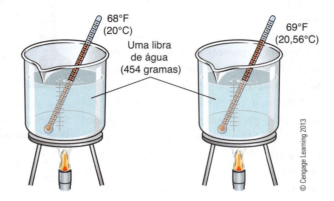

Figura 2.1 Uma unidade térmica britânica (Btu) de energia de calor é necessária para elevar a temperatura de 1 libra (454 gramas) de água de 68°F a 69°F (20 a 20,56°C).

Graus-dia de resfriamento (*cooling degree days* – CDD) são calculados da mesma forma para determinar a diferença em dias que estão mais quentes do que o *ponto de equilíbrio de resfriamento* de 18,33 °C, e, portanto, precisam de mais refrigeração dentro das construções. O HDD e o CDD fornecem uma maneira simples de determinar quanto de aquecimento uma casa precisa em determinada região durante um período específico (por exemplo, dia, mês ou ano). Usando HDD ou CDD em conjunto com a média de valores de isolamento, pode-se calcular uma estimativa da quantidade anual de energia necessária para aquecer e esfriar uma construção.

Fontes para dados de HDD e CDD locais podem ser encontradas em diversos sites, como:

Degree Days.net

http://www.degreedays.net/

National Weather Service Climate Prediction Center (Centro de Previsão Climática do Serviço Nacional de Tempo)

http://www.cpc.noaa.gov/products/analysis_monitoring/cdus/degree_days/

Fluxo de calor

O calor busca equilíbrio e sempre se move do quente para o frio (de acordo com a segunda lei da termodinâmica). No inverno, quando o ar está frio na parte de fora, o ar quente dentro de uma casa busca naturalmente vias para sair e ir se misturar com o ar frio. No verão, o ar quente de fora procura vias para se misturar ao ar interior, principalmente se o interior estiver resfriado por ar-condicionado. O calor se move de fora para dentro das casas por três rotas diferentes: *condução*, *convecção* e *radiação* (ver Figura 2.2). Esses processos podem acontecer de forma independente ou simultânea. Trataremos de cada uma dessas rotas nas próximas seções.

Figura 2.2 Os tipos diferentes de transferência de calor podem ocorrer de forma independente ou simultânea. Aqui, todas as três formas de transferência de calor estão ocorrendo.

Condução

Condução é o movimento de calor através de um sólido. Materiais conduzem calor em taxas diferentes. Por exemplo, metal é um ótimo condutor de calor. Vidro também é; madeira e plásticos são condutores fracos, e o isolamento é um condutor muito fraco. Se você segurar uma panela quente ao ponto de o metal derreter, ela queimará sua mão. Um vidro com água fervente é quente quando tocado. Uma concha de metal em uma caçarola de sopa quente ficará quente, mas uma colher de madeira ou de plástico permanecerá fria o bastante para servir a sopa. Por sua vez, um copo de isopor com café fervente permanece frio para ser tocado, porque ele é um péssimo condutor de calor (ver Figura 2.3).

Para medir a condução, utiliza-se a medida de resistência ao fluxo de calor de um material de construção, geralmente chamada de **valor R**. Talvez o produto mais comum a ser rotulado com um valor R seja o isolamento, que é taxado por ter um valor maior do que outros materiais condutivos. Praticamente tudo tem um valor R, como mostrado na Tabela 2.1. Este valor indica quanto de calor é transmitido por $1 ft^2$, um pé quadrado de uma superfície, ou seja $0,09 m^2$, (por exemplo, uma parede, piso ou teto) em uma hora, com uma diferença de 1 °F, isto é, 0,56 °C, entre as superfícies opostas. O valor R é medido em Btu por hora por grau Fahrenheit (°F) por pé quadrado, o que é representado como ft^2 °F h/Btu ou $Btu/h\ ft^2$ °F.

Os valores R são calculados para uma determinada espessura de material. Por exemplo, um reforço de fibra de vidro tem valor R de 3,5 por polegada, ou seja, R = 3,5 para uma espessura de 2,54 cm de fibra de vidro. Portanto, o dobro da espessura do isolamento dobrará seu valor R. O valor R associado em série ou o empilhamento de materiais na direção do fluxo de calor pode ser considerado uma adição, ou seja, o valor de R é um acréscimo em conjunto. Por exemplo, um sótão com reforço de fibra de vidro R-13 coberto com R-19 de celulose tem valor R nominal de R-32 (19 + 13 = 32) (Figura 2.4). Esse cálculo não leva em conta pilastras e apoios do teto e outras obstruções que causam deslocamento do isolamento, e também não inclui a qualidade da instalação.

Quando materiais são instalados em série dentro de uma construção, os valores R são acrescentados conjuntamente para determinar o valor R total de um componente de parede, piso ou teto. A Figura 2.5 mostra uma parede com armação de madeira de 5 cm × 10 cm que é isolada com reforços de fibra de vidro R-13 e revestimento de tijolos de 10 cm Usando a Tabela 2.1, podemos calcular o valor de R para a cavidade da

Figura 2.3 Copos de poliestireno expandido (isopor) são péssimos condutores de calor, por isso adequados para manter os líquidos quentes ou frios.

Tabela 2.1 Valores R de materiais comuns da construção

Material	R/polegada*	R/espessura*
Materiais de isolamento		
Fibra de vidro, reforçado	3,14–4,30	
Fibra de vidro, projetada (sótão)	2,20–4,30	
Celulose, projetada (sótão)	3,13	
Celulose, projetada (parede)	3,70	
Concreto celular autoclavado	1,05	
Poliestireno expandido (moldura/roda-teto)	4,00	
Poliestireno extrudado	5,00	
Espuma de Poliuretano célula aberta (projetado no lugar)	3,4–3,8	
Espuma de Poliuretano, célula fechada (projetado no lugar)	6,25	
Poli-isocianureto (placa de espuma)	7,20	
Materiais de construção		
Bloco de concreto, 10 cm		0,80
Bloco de concreto, 30,5 cm		1,28
Tijolo, comum de 10 cm		0,80
Concreto moldado	0,08	
Tábua, madeira macia		
5 x 10 cm (9 cm)	1,25	4,38
Materiais de revestimento		
Compensado	1,25	
0,6 cm		0,31
1,6 cm		0,77
Placa de fibra	2,64	
1,3 cm		1,32
2,0 cm		2,06
Madeira em tiras orientadas (*oriented strand board* – OSB)	1,6	
1, 10 cm		0,70
Materiais de revestimento		
Madeira compensada, 1,3 cm		0,34
Tijolo, 10 cm		0,44
Materiais de acabamento interno		
Drywall (1,3 cm)		0,45
Janelas		
Vidro em painel único		0,91
Vidro de isolamento em painel duplo (espaço de ar de 0,50 cm)		1,61
Vidro de isolamento em painel duplo (com filme laminado e baixa emissividade [baixa-E])		4,05
Portas		
Madeira, aparelhada com núcleo oco (4,5 cm)		2,17

Observação: *Ver Apêndice com uma lista mais completa.*

*Nesta tabela e nos cálculos seguintes deste capítulo procurou-se manter as unidades de medida em polegadas e pés para manter a facilidade da obtenção dos valores em Btu, que é uma unidade muito utilizada no Brasil, devido, inclusive, à entrada no país de equipamentos e materiais especializados em Btu.

parede e a ripa. A cavidade é R-0,44 + R-0,7 + R-13 + R-0,45 = R-14,59. O valor de R total para a ripa é R-0,44 + R-0,7 + R-4,4 + R-0,45 = R-5,99. Mais adiante, neste capítulo, mostraremos como calcular o valor geral de R para a superfície inteira dessa parede.

Diferente da maioria dos materiais de construção, janelas são rotuladas com um valor U, em vez de R. Valor U é a transmissão térmica ou condutividade, em vez de resistência de um material. Matematicamente, valor U é o inverso do valor R. Valores U normalmente são usados para compor as montagens, como janelas ou portas e paredes divisórias. Os valores U de janelas, por exemplo, levam em conta a montagem toda da janela (ou seja, quadro, vidraças, espaço de ar e películas ou pintura).

Por exemplo, um reforço de fibra de vidro de valor R-13 tem valor U de 1/13 ou 0,077.

$$\text{Valor U} = 1/\text{valor R}$$
$$\text{Valor R} = 1/\text{valor U}$$

Diferente dos valores R, os valores U não podem ser adicionados juntos. Para calcular o valor geral U de uma montagem, deve-se primeiro calcular os valores R de cada componente, e depois convertê-los em valores U. Depois que os valores U dos componentes estiverem calculados, pode-se calcular a média do valor U da montagem. A média do valor U é escrita como $U_{\text{média}}$.

Para calcular a $U_{\text{média}}$, adiciona-se o UA (valor U multiplicado pela área) de cada componente e divide-se o resultado pela área total:

$$U_{\text{média}} = [(U_1 A_1) + (U_2 A_2)]/A_{\text{total}}$$
$U_{\text{média}}$ = média do valor U ponderado pela área
U = 1/valor R
A = área em ft² (considere a proporção de cada ft² igual 0,09 cm², ou cada 1m² igual a 10,76ft²)

Esta equação é representada nas Tabelas 2.2a, 2.2b e 2.2c.

Para calcular a $U_{\text{média}}$ desta parte da parede, precisamos primeiro dividi-la em duas áreas (Figura 2.6). Para fins de cálculo, não importa qual componente é inserido primeiro ou depois na equação. As Tabelas 2.3a, 2.3b e 2.3c mostram um exemplo de como calcular as médias de valores R e U.

Cálculo do fluxo de calor condutivo Para calcular o fluxo de calor em termos de condução (ou seja, por meio de um objeto sólido), utiliza-se a seguinte equação:

$$Q = U \times A \times \Delta T$$

onde
 Q = fluxo de calor (Btu/h)
 U = 1/valor R
 A = área (ft² – pé quadrado)
 ΔT = diferença de temperatura entre os componentes (°F)

A casa como um sistema

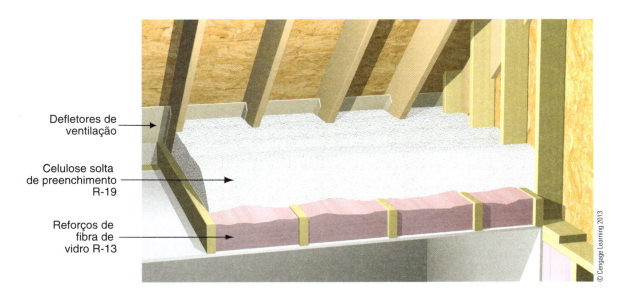

Figura 2.4 Combinações de tipos de isolamento normalmente encontradas em casas, especialmente em sótãos mais antigos. Aqui, o sótão contém um reforço de fibra de vidro R-13 coberto com celulose projetada R-19. O valor R nominal total é de R-32.

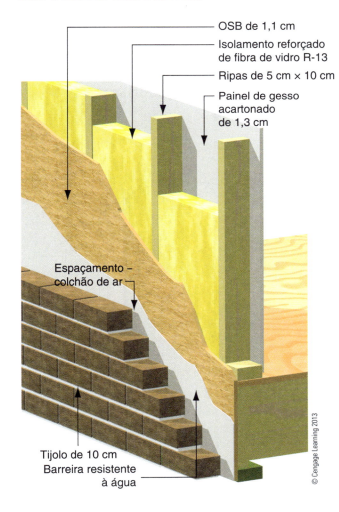

Figura 2.5 O valor R de materiais em série pode ser somado junto. Veja o valor R dos materiais individuais e o da parede total.

Tabela 2.2a Planilha de médias de valor R/valor U

Descrição do componente	Valor R	Valor U (1 ÷ valor R)	Área (ft²)	UA (valor U × área)
			ÁREA TOTAL =	UA TOTAL =

Tabela 2.2b Cálculo da média ponderada do valor R

Área total	÷	UA total	=	Média ponderada do valor R

Tabela 2.2c Cálculo da média ponderada do valor R

UA total	÷	Área total	=	Média ponderada do valor U

Tabela 2.3a Exemplo da planilha de médias de valor R/Valor U

Descrição do componente	Valor R	Valor U (1 ÷ valor R)	Área (ft²)	UA (valor U × área)
Parede	13	0,077	80,45	6,19
Janela	1,79	0,56	15,55	8,71
			ÁREA TOTAL = 96	UA TOTAL = 14,90

Tabela 2.3b Exemplo de cálculo do valor R da média ponderada

96 (8,9m²)	14,90	6,44
Área total ÷	UA total =	Média ponderada do valor R

Tabela 2.3c Exemplo de cálculo da média ponderada do valor R

14,90	96 (8,9m²)	0,155
UA total ÷	Área total =	Média ponderada do valor U

Agora, vamos tentar um exemplo. Calcule o fluxo de calor condutivo por meio das seguintes paredes.

Parede número 1

Consulte a Figura 2.7. A parede mede 8' × 12' (2,44 m × 3,66 m) e está isolada com R-13. Por ora, trate a parede como tendo isolamento contínuo (sem ripas). Dentro da casa, a temperatura é de 72 °F (22,2 °C); do lado de fora, 89 °F (31,7 °C).

$Q = U \times A \times \Delta T$
$U = 1/13 = 0,077$
$A = (8' \times 12') = 96 \text{ ft}^2 (8,9 \text{ m}^2)$
$\Delta T = 89 - 72 = 17$
$Q = 0,077 \times 96 \text{ ft}^2 \times 17 = 125,66 \text{ Btu/h}$

Parede número 2

Consulte a Figura 2.8. A parede é idêntica à anterior, exceto que agora contém uma janela. Por ora, trate a parede como tendo isolamento contínuo (sem ripas). Separe a janela em uma parte da parede e uma parte da janela. Calcule o fluxo de calor por meio de ambas e adicione para obter o total.

$Q_{Parede} = 0,077 \times 80,4 \text{ ft}^2 \times 17$
$\quad\quad\quad = \textbf{105,24 Btu/h}$
$U = 1/13 = 0,077$
$A = (8' \times 12') - (3,33' \times 4,67') =$
$\quad = 80,4 \text{ ft}^2 (7,5 \text{ m}^2)$
$\Delta T = 89 - 72 = 17$
$Q_{Janela} = 0,56 \times 15,6 \text{ ft}^2 \times 17$
$\quad\quad\quad = \textbf{148,5 Btu/h}$
$U = 0,56$
$A = (3,33' \times 4,67') = 15,6 \text{ ft}^2 (7,5 \text{ m}^2)$
$\Delta T = 89 - 72 = 17$
$Q_{Parede} = 0,077 \times 80,4 \text{ ft}^2 \times 17 =$
$\quad = 105,24 \text{ Btu/h}$
$Q_{Janela} = 0,56 \times 15,6 \text{ ft}^2 \times 17 =$
$\quad = 148,5 \text{ Btu/h}$
$Q_{Total} = 105,24 \text{ Btu/h} + 148,5 \text{ Btu/h} =$
$\quad = 254 \text{ Btu/h}$

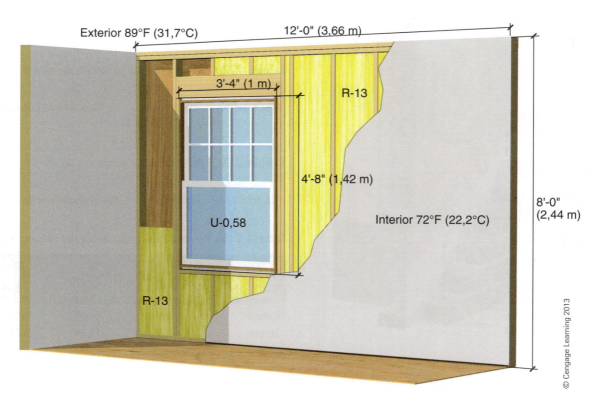

Figura 2.6 Parede isolada com janela.

A casa como um sistema

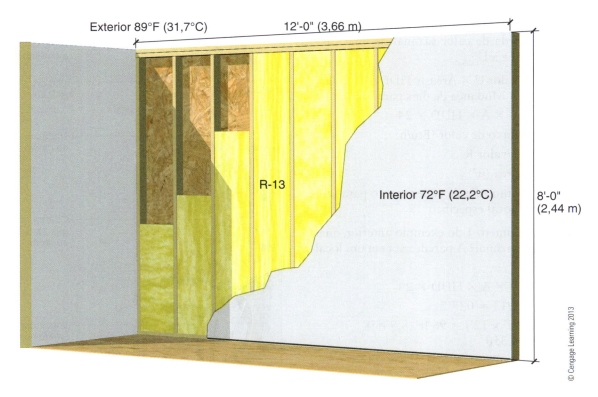

Figura 2.7 Parede isolada.

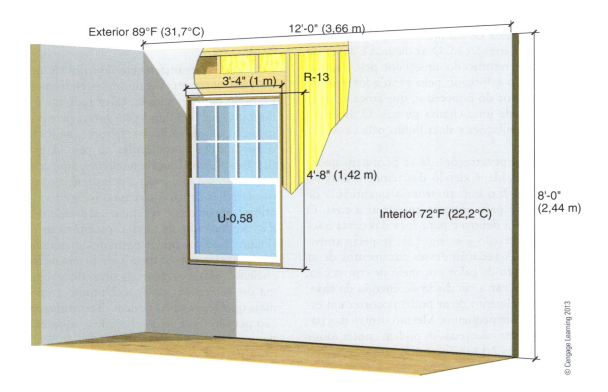

Figura 2.8 Parede isolada com janela.

Cálculo do fluxo de calor sazonal Conforme visto, para calcular a perda de calor sazonal de uma casa utilizam-se o HDD e a $U_{média}$.

Fluxo de calor = Valor U × Área × HDD × × Mudança de dias para horas

$Q = U \times A \times HDD \times 24$

Q = fluxo de calor (Btu/h)

U = 1/valor R

A = área (ft²)

HDD = graus-dia de aquecimento para um local específico

Usando a parede número 1 do exemplo anterior, qual é o fluxo de calor sazonal? A parede está em um local com 4.350 HDDs.

$Q = U \times A \times HDD \times 24$

$U = 1/13 = 0,077$

$A = (8' \times 12') = 96\ ft^2\ (8,9\ m^2)$

$HDD = 4.350$

$Q = 0,077 \times 96 \times 4.350 \times 24 =$
$= 771.724,80\ Btu/h$

Convecção

Convecção é a transferência de calor através de um fluido (líquido ou gás). Em construções, em geral convecção refere-se ao movimento do calor pelo ar. Assim como na condução, o calor no ar se move do quente para o frio em busca de equilíbrio. Um aquecedor a gás é exemplo de convecção. O ar da casa é aspirado no duto de ar de retorno do aquecedor pelo ventilador. Esse ar então é forçado pelo ventilador e sobre o trocador de calor do aquecedor, que troca o calor com o ar vindo de uma chama de gás. O ar então é forçado nas tubulações e distribuído pela casa (ver Figura 2.9).

Em uma casa, penetrações de ar permitem que o calor entre e saia (dependendo das temperaturas no interior e exterior), o que aumenta a quantidade de energia necessária para aquecer ou esfriar a casa. O ar que escapa para dentro e para fora das casas é referido como infiltração e exfiltração, respectivamente (Figura 2.10). A vedação desses vazamentos de ar reduz o movimento de calor por meio de convecção, ajudando a melhorar a eficiência de energia da casa. Convecção e movimento de ar podem ocorrer em espaços relativamente pequenos. Mesmo dentro das paredes, espaços de ar não vedados podem conter *loops* convectivos (Figura 2.11a). Tais *loops* também podem ocorrer em um isolamento permeável ao ar do sótão (Figura 2.11b). *Loops* convectivos ocorrem quando o ar (ou outro fluido) circula continuamente em torno de um espaço fechado à medida que o espaço fechado é aquecido e resfriado.

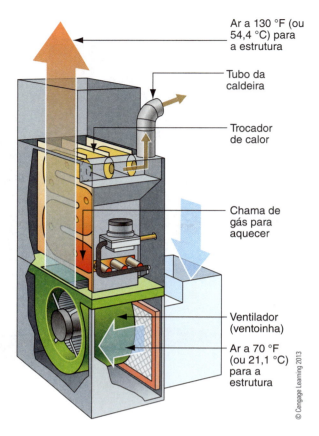

Figura 2.9 Ar que entra na sala pelo ventilador a 70°F = 21,1°C. O ventilador força o ar a atravessar o trocador de calor e sair pela estrutura a 130°F = 54,4°C.

Radiação

Radiação é a transferência de calor de uma superfície para outra através de ondas eletromagnéticas. O exemplo mais comum de calor radiante é a luz solar direta. O sol irradiando em nossa pele nos aquece à medida que sua radiação eletromagnética a atravessa, o que acelera as moléculas na pele. A energia solar (luz do sol), ao atingir um telhado, aquece a estrutura, e a luz do sol que irradia pelas janelas aquece o ar e os materiais dentro das casas. Toda energia solar que atinge um objeto é *refletida*, *absorvida* ou *transmitida*, dependendo de suas características particulares (Figura 2.12). A maior parte dos materiais absorve a energia solar, mas os metais a refletem de forma muito eficiente. Materiais mais escuros absorvem mais energia do que os mais claros. Durante a época do ano mais quente, as casas podem tirar vantagem da radiação permitindo que o sol ajude a aquecer os espaços de convívio nas regiões mais frias do planeta condição diferente em praticamente todo o Brasil, onde se deseja ambientes mais amenos e ventilados. No verão, o sombreamento das casas, que protege contra o excesso de radiação, ajuda a mantê-las mais frescas. Para criar o sombreamento exterior, podem-se plantar árvores ou incorporar toldos, beirais e outros ele-

A casa como um sistema

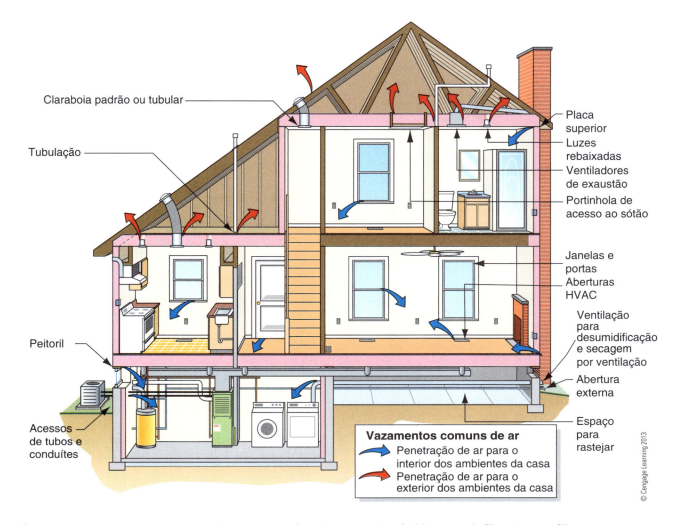

Figura 2.10 O ar que escapa para dentro e para fora das casas é referido como *infiltração* e *exfiltração*.

mentos no projeto. Avanços recentes nos materiais de construção, como revestimento de telhado com barreira radiante, ajudam a reduzir o calor indesejado da radiação nas superfícies que não podem ser cobertas por sombras. Outro produto relativamente novo, o revestimento de janela de baixa emissividade (baixa-E), restringe o nível de calor radiante que é transferido pelo vidro sem interferir na passagem de luz.

Tipos de combustível

Casas usam uma variedade de combustíveis para aquecimento dos ambientes e da água (Tabela 2.4). A seleção do combustível, em geral, é conduzida pela disponibilidade no local, mas os mais comuns são gás natural, óleo, eletricidade e gás propano. Os combustíveis são fornecidos em uma variedade de unidades, mas todos podem ser comparados por meio da análise do conteúdo energético em Btu.

Tabela 2.4 Comparação do conteúdo de energia dos combustíveis

Tipos de combustível	Unidade de combustível	Conteúdo de energia aproximado por unidade
Óleo combustível nº 2	Galão = 3,80 litros	139.000 Btu
Gás natural	Therm = 29,3 (kWh = 105,5 MJ)	100.000 Btu
Eletricidade	kWh	3.412 Btu
Propano	Galão = 3,80 litros	92.000 Btu

Fluxo de ar

Além de gerenciar condução, convecção e radiação, os profissionais da construção precisam entender e regular o movimento de ar e o fluxo de calor no interior e ao redor de uma casa.

Fluxo de ar é uma das forças mais importantes que podem afetar o desempenho da construção. Como o

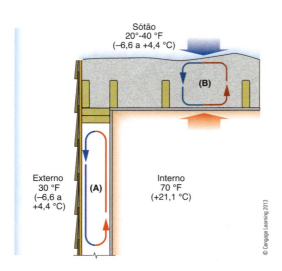

Figura 2.11 Espaços de ar não vedados dentro de paredes podem conter *loops* convectivos (A). A figura (B) mostra que esses *loops* também podem ocorrer dentro do isolamento de tetos.

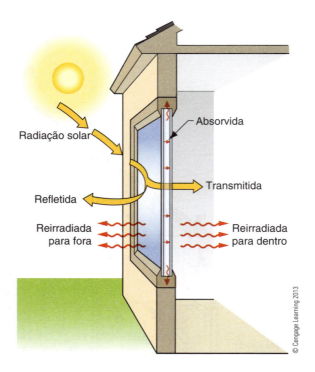

Figura 2.12 Os materiais absorvem, refletem ou transmitem radiação, dependendo do tipo de superfície receptora e do ângulo receptor de radiação.

calor sempre procura se dispersar em áreas mais frias, o ar sempre se move de áreas de alta pressão para aquelas de baixa pressão. O fluxo de ar descontrolado pode aumentar o consumo de energia e atrair umidade e outros poluentes para dentro da casa. O fluxo de ar descontrolado em uma estrutura ocorre quando há orifícios que permitem o movimento e a diferença de pressão como força condutora da movimentação do ar. As forças condutoras podem ser naturais (como vento) ou artificiais, produzidas pelo homem (Figuras 2.14a e 2.14b). As forças artificiais podem ser de sistemas de aquecimento e ar-condicionado (HVAC), ventiladores e mesmo lareiras. Pressões negativas são provenientes do ar exterior, como a partir de ventiladores, embora a pressão positiva possa forçar o ar-condicionado pelo lado de fora, desperdiçando energia no processo. Exaustores (ou seja, ventiladores que sugam o ar para fora da casa), particularmente aqueles grandes que são instalados em sótãos ou cozinhas, podem criar pressões negativas significativas. Essa pressão leva o ar para fora – com seus diversos poluentes, como mofo, pólen, poeira e monóxido de carbono das garagens anexas. Sistemas de tubulação HVAC podem criar pressões adicionais positivas e negativas na casa.

Uma causa comum do fluxo de ar em casas é chamada de efeito *chaminé*. Este efeito de convecção ocorre porque o ar frio é mais denso do que o ar quente, e, portanto o ar quente sobe. Casas que têm orifícios na parte superior permitem que o ar quente saia, e orifícios na parte inferior permitem que o ar frio entre, o que cria convecção natural (Figura 2.15a). No verão, o efeito *chaminé* pode se reverter, à medida que o ar do sótão quente entra na casa e força o ar do sistema de ar-condicionado, conduzindo o que está relativamente frio a sair pela parte inferior (Figura 2.15b). Toda construção tem um ponto em que as pressões interna e externa são iguais. Conhecido como plano de pressão neutra, esse fenômeno normalmente ocorre em torno do ponto médio da altura de uma casa.

Esse fluxo de ar reduz a eficiência, gerando o movimento descontrolado do ar quente e do ar frio para dentro e para fora da casa. Quando ocorre um gerenciamento de forma intencional, esse fluxo de ar pode fornecer ventilação natural, aumentando a eficiência da casa e reduzindo a necessidade de sistema de ar-condicionado.

Fluxo de umidade

Umidade é um elemento crítico na construção verde, e entender como gerenciar seu movimento dentro e fora das casas é peça fundamental do quebra-cabeça para este tipo de construção. Existem dois tipos de umidade: *umidade em massa* (água) e *vapor*. Ambos vêm de áreas de alta a baixa concentração e de clima úmido a seco (Figura 2.16).

Umidade em massa

Nas construções, a umidade em massa causa danos estruturais e aumento do mofo, o que pode levar a problemas de saúde e desconforto dos moradores.

Você sabia?

Barreiras radiantes

Barreiras radiantes reduzem a quantidade de ar que entra ou sai da casa por meio da radiação. Essas barreiras são mais eficientes em climas temperados e quentes em sótãos com tubulações. Durante o verão, elas podem reduzir significativamente as temperaturas do sótão e, em alguns casos, diminuir as cargas de arrefecimento na casa. Em geral, são compostas de uma fina película (ou revestimento) de um material altamente refletivo (geralmente o alumínio) aplicada em um dos lados, ou em ambos, do material de substrato. Qualquer um dos diversos tipos de substratos pode ser usado, como papel kraft, filme plástico, cartolina, compensados ou revestimento de OSB e materiais de isolamento rígidos. Embora muitos produtos de barreira radiante forneçam um valor R "efetivo" ou "equivalente", eles reduzem muito pouco o fluxo de calor condutivo, e, portanto, muitas vezes apresentam valores R inferiores a R-1. A barreira radiante pode ser laminada diretamente na cobertura do telhado (Figura 2.13a) ou presa na parte interna das vigas do telhado (Figura 2.13b). Ver o Capítulo 7 para mais informações.

Figura 2.13a Barreiras radiantes podem ser aplicadas por empresas que fabricam as coberturas do telhado para facilitar a instalação. Como exemplo, cita-se o LP TechShield, que é um OSB com barreira radiante perfurada que reduz a transferência de calor radiante e permite a drenagem da umidade.

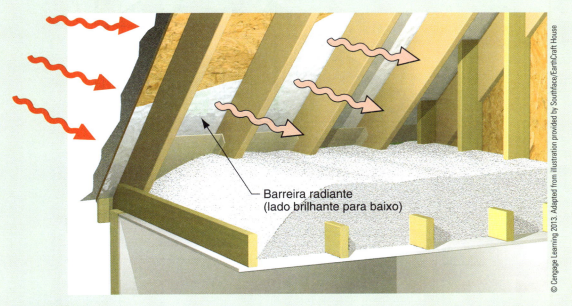

Figura 2.13b Barreiras radiantes podem ser aplicadas na parte interna das vigas do telhado para retardar a transferência de calor radiante solar.

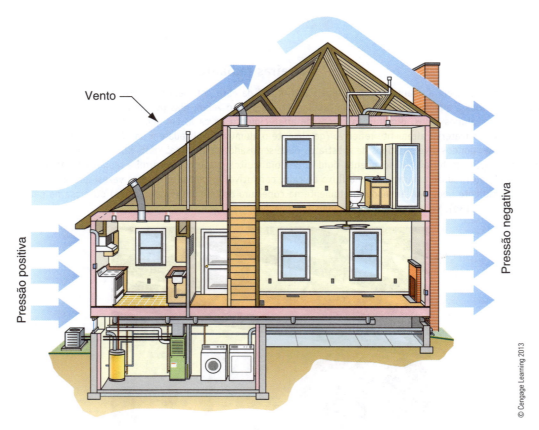

Figura 2.14a O ar é empurrado para a casa na direção do vento, criando uma pressão positiva. No lado do sotavento, a pressão negativa retira o ar da casa.

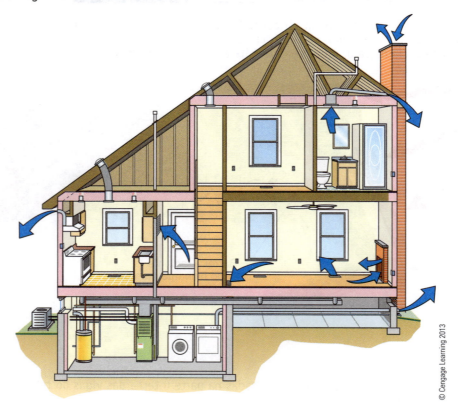

Figura 2.14b Pressões da casa são afetadas pela operação de sistemas mecânicos. O sistema HVAC, a secadora de roupa, exaustores e mesmo a lareira podem fazer a pressão das casas ficar positiva ou negativa.

A casa como um sistema

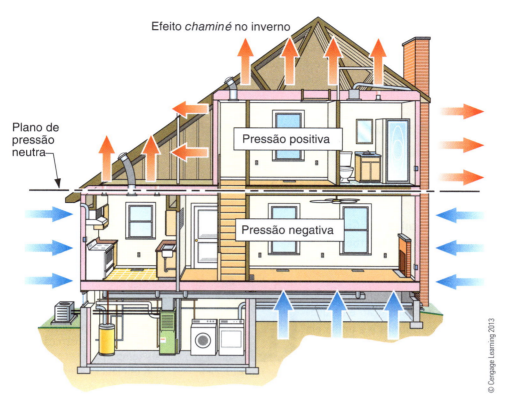

Figura 2.15a No inverno, o ar aquecido sai da construção pelas frestas no teto, enquanto o ar frio externo entra pelas frestas no nível inferior.

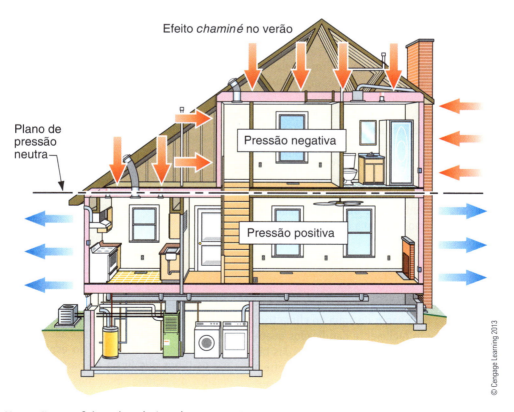

Figura 2.15b No verão, o efeito *chaminé* pode se reverter.

Eis alguns exemplos de fontes de umidade em massa: chuva e água subterrânea que entram pelas paredes do porão e pisos, calhas ou drenagens entupidas, vazamento em canos e telhados, revestimento de janelas executado incorretamente, obstáculos à evacuação de neve e vazamentos na tubulação. Detalhes corretos no projeto e na construção, assim como na execução em campo, são muito eficientes para eliminar a intrusão de umidade em massa.

PALAVRA DO ESPECIALISTA – EUA

Consequências não intencionais nas casas com eficiência de energia

Bruce Harley, diretor técnico do Grupo de Serviços de Conservação de Westboro, em Massachusetts. No mundo da construção, um assunto comum é a eficiência energética e suas consequências não intencionais: efeitos prejudiciais na durabilidade da construção e na qualidade do ar. Para os construtores e a mídia em geral, as casas que são "muito herméticas" ou têm "isolamento demais" causam mofo e danos estruturais. Entretanto, as relações entre energia, umidade, qualidade do ar e durabilidade da construção muitas vezes são mal interpretadas e até mesmo ignoradas. Uma forma de esclarecer alguns dos conceitos errôneos sobre eficiência energética e danos de umidade é comparar o desempenho da umidade de novas casas com energia eficiente com o das casas antigas.

Muitas casas anteriores aos anos de 1930 tinham pouco ou nenhum isolamento e muitos vazamentos. Essas casas "respiravam": calor, ar e vapor de água podiam se mover facilmente pelas paredes e pelos tetos, e as áreas úmidas podiam secar facilmente. Se um pouco de água percolasse ao redor de janelas ou chaminé com revestimento ruim, a perda de calor na cavidade da parede ou no sótão poderia secá-la rapidamente. Isto é realmente o que as pessoas querem dizer quando comentam que uma casa "precisa respirar" – desejamos que uma casa tenha um alto "potencial de secagem".

As práticas de construção mudaram rapidamente desde a Segunda Guerra Mundial. Os materiais de revestimento externo, como compensado e OSB, retardam o movimento do ar e atuam como uma superfície de condensação para vapor de água no clima frio. Esses materiais também são facilmente danificados quando ficam úmidos (especialmente o OSB); diferente das tábuas de madeira maciça usadas antigamente, eles sofrem delaminação, perdem a resistência de cisalhamento aos fixadores utilizados na construção e criam mofo.

Bruce Harley é uma autoridade reconhecida nacionalmente na construção residencial com energia eficiente e remontagem. Com mais de duas décadas de experiência em construção eficiente, pesquisa, política de programa e técnica, treinamento e modelagem da construção, escreveu dois livros práticos: Insulate and weatherize *(2002) e* Cut your energy bills now *(2008). Em 2007, recebeu o Prêmio Legado da Associação de Construção Ambiental e de Energia por seu trabalho pioneiro no campo da ciência da construção.*

Considere também as implicações da umidade com o uso do isolamento em um clima frio. Os revestimentos exteriores em uma casa sem isolamento são mais quentes, o que permite que eles sequem mais rapidamente. Quando uma quantidade moderada de isolamento é adicionada à cavidade, o revestimento permanece muito próximo da temperatura exterior, e, por isso, as cavidades da construção isolada levam muito mais tempo para secar quando ficam úmidas.

A eficiência energética não causa problemas de umidade, mas a vedação do ar e o isolamento mudam a dinâmica da umidade e tendem a tornar a construção menos permissível à umidade que já é gerada dentro da casa ou por vazamento fora dela. A decisão de tornar uma casa "muito eficiente" na esperança de que ela irá "respirar" é um desconhecimento, e esta concepção está fadada ao fracasso. O controle deliberado da umidade é a melhor maneira de minimizar o risco; um método é controlar as fontes de umidade e poluentes interiores com ventilação mecânica. Reduzir a entrada de água subterrânea também é fundamental ou, no mínimo, considerar que a água subterrânea deverá ser separada do interior da casa por membranas impermeabilizantes de fundação e as cavidades ser drenadas. Da mesma forma, a entrada de água pluvial deveria ser evitada com telhas e técnicas apropriadas de revestimento. Drenagem e secagem de cavidades da parede devem ser realizadas com revestimentos de teto falso ventilados, e as temperaturas de superfície em condensação podem ser controladas com o uso de *spray* aplicado com espuma de preenchimento de cavidades e isolamento da fundação ou isolamento exterior rígido e contínuo. Para controlar o fluxo indesejado de ar e umidade, pode-se vedar os locais de vazamento de ar no invólucro da construção, mover a tubulação e os alternadores de ar dentro do espaço condicionado e vedar os tubos que ficam na parte externa. Tão importante quanto os pontos anteriores, indica-se evitar o uso de cavidades de construção como dutos de retorno.

Figura 2.16 Transferência de umidade de áreas de concentrações relativamente altas para aquelas de concentrações mais baixas.

Se de um lado procuramos manter a umidade em massa fora de nossas casas, uma proporção adequada de umidade, correspondente ao de vapor de água, ajuda a manter uma casa confortável. Nas casas, o vapor vem de fontes internas (como cozinha, chuveiro e respiro) e externas, como a difusão por meio de materiais de construção e o ar de infiltrações (Figura 2.17). O vapor interno normalmente é controlado por condicionamento de ar, desumidificadores e ventilação nos banheiros e na cozinha. O vapor de difusão e infiltração é controlado por meio de técnicas de construção.

Vapor transportado por difusão

A maior parte dos materiais de construção permite a passagem de certa quantidade de vapor por meio da difusão, embora o volume de vapor difundido seja insignificante quando comparado à quantidade transportada por uma infiltração. A quantidade de vapor de água que difunde por um conjunto da construção é afetada pelos seguintes fatores:

- Composição química dos materiais de construção,
- Espessura dos materiais de construção,
- Umidade absoluta em cada lado do conjunto de construção.

Projetos de construção e especificações muitas vezes incluem uma barreira de vapor, mais corretamente descrita como **retardador de difusão de vapor (*vapor diffusion retarder* – VDR)**, para reduzir a quantidade de umidade que é difundida pelos materiais de construção na estrutura da parede. Todos os materiais podem ter sua taxa de transmissão de vapor mensurada através de ensaios padronizados e, assim, ser classificados como retardadores de vapor ou que possuem certo grau de permeabilidade que corresponde às **classificações perm**, que descrevem a capacidade de o material restringir ou permitir o movimento do vapor por ele (Tabela 2.5). Como exemplo, citam-se alguns valores tabelados de perm.

Trata-se de uma unidade americana de permeabilidade dos materiais em códigos de construção americanos. Os retardadores de vapor possuem no máximo 1 perm, devendo preferencialmente ser inferiores. Como correlação, diz-se que aproximadamente 57 perm convertidas para o Sistema Internacional de Unidades equivalem a 57 ng/s · m² · Pa – nanograma por segundo, metro quadrado pascal. Em geral, a permeabilidade do vapor de água de um material é inversamente proporcional à sua espessura. Portanto, caso se dobre a espessura de um material, sua permeabilidade será reduzida pela metade. Embora esta característica seja verdadeira para materiais de construção, como OSB e isolamento, a ciência é mais complexa para películas e pinturas.

Os materiais podem ser separados em quatro classes, com base em sua permeabilidade:[1]

- Vapor impermeável: 0,1 perm ou menos.
- Vapor semiimpermeável: maior que 0,1 perm e menor que 1,0 perm.
- Vapor semipermeável: maior que 1,0 perm e menor que 10,0 perm.
- Vapor permeável: maior que 10,0 perm.

Enquanto os VDRs geralmente são recomendados no exterior em clima quente e úmido, e no interior em clima frio, essas barreiras não são recomendadas para a maior parte dos climas mistos (Figura 2.18). Quando os VDRs impermeáveis são instalados em climas frios, onde é usado condicionamento de ar, qualquer vapor na estrutura da parede pode ser condensado no VDR para dentro da parede. Essa condensação pode causar danos estruturais e estimular o crescimento de mofo à medida que ela se transforma em água (Figura 2.19). A condensação nas paredes torna-se exagerada quando a infiltração de água permite que o ar carregado de umidade penetre na cavidade da parede. Quando um VDR é instalado na superfície interior ou exterior de uma parede, esta deve ser completamente vedada para evitar vazamento de ar, reduzindo, assim, a quantidade de umidade que pode ser condensada no seu interior.

Enquanto uma única película de *drywall* permite a passagem de somente um terço de uma medida de água durante uma estação inteira por difusão, um único orifício de 2,5 cm nesta mesma película de *drywall* permite 30 medidas de água pelo transporte do ar (Figura 2.23). O movimento imprevisível (e, portanto, incontrolado) de ar é o principal problema relacionado às entradas e saídas de vapor da construção. Em climas úmidos, esse transporte de vapor aumenta a umidade relativa no interior, o que requer um trabalho a mais dos sistemas de condicionamento de ar para manter a casa confortável. Em climas secos, o vapor que ocorre dentro da casa, proveniente da cozinha, chuveiro e respiração, pode ser transfe-

---

1 Lstiburek, J. W. Understanding Vapor Barriers. *ASHRAE Journal*, ago. 2004.

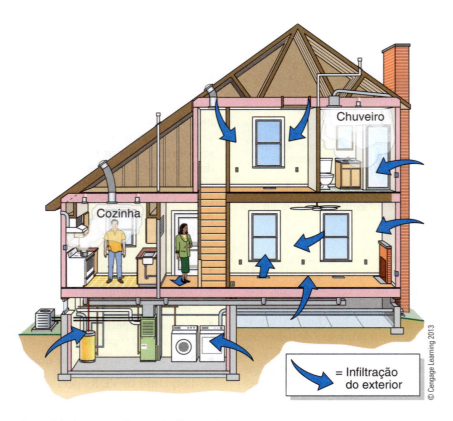

Figura 2.17 Vapor de umidade proveniente de fontes internas e externas.

Tabela 2.5 Valores de permeabilidade para materiais comuns da construção

Material	Classificação perm
Retardadores de vapor	
Revestimento para isolamento, kraft	1
Compensado, 0,64 cm (Douglas fir*, cola para parte externa)	0,7
Revestimento para isolamento, laminado de película kraft	0,5
Pintura, látex retardador de vapor 0,08 mm	0,45
Película de polietileno	
0,05 mm	0,16
0,1 mm	0,08
0,15 mm	0,06
Lâmina de alumínio, 0,01 mm	0,05
Espuma de poliuretano, *spray* de célula fechada (6,4 cm)	0,8
Retardadores de não vapor	
Drywall, liso 0,95 cm	50
Algodão mineral, revestimento de 10 cm	30
Pintura, látex normal, ~0,05 mm	5,5–8,6
Papel de revestimento, 2 kg de asfalto saturado (9,3 m²)	3,3
Compensado, 0,64 cm (Douglas fir, cola para parte interna)	1,9
Espuma de poliuretano, *spray* de célula aberta, 7,6 cm	16–17

Fonte: North American Insulation Manufacturers Association (NAIMA), *Insulation Facts #71: Use of Vapor Retarders*. NAIMA. Disponível em: <http://www.certainteed.com/resources/Use%20of%20Vapor%20Retarders.pdf> Acesso em: 7 jun. 2010.

*Espécie de conífera comum na América do Norte.

rido para fora por meio de exfiltração, tornando o interior seco e desconfortável. Uma casa bem vedada reduz a quantidade de transmissão de vapor entre seu interior e exterior, reduzindo os custos de condicionamento de ar e tornando a casa mais confortável durante o ano todo.

Umidade relativa (*relative humidity* – RH) é a porcentagem máxima de umidade na qual o ar se mantém a uma temperatura específica (ver Figura 2.24). A RH varia de 0% a 100%. Em 100%, o ar é saturado com umidade, e qualquer acréscimo de umidade numa mesma temperatura resultará em condensação em qualquer superfície fria. Se a umidade relativa for de 50%, o ar se mantém estável, representando metade da capacidade que o ar é capaz de absorver.

Os níveis de RH recomendados para a qualidade do ar interior e a saúde variam de 40% a 60% (Figura 2.25). Manter as casas entre esses níveis ajuda a evitar a condensação e problemas ambientais no interior. Quando a RH cai abaixo de 30%, o ar pode ficar seco, o que pode causar irritação nasal e eletricidade estática. Além disso, os acabamentos interiores e a madeira ficam mais secos e tendem a rachar. Em comparação, os níveis de RH que persistem acima de 60% num tempo prolongado podem promover o crescimento de mofo e ácaros e causar desconforto geral, pois os moradores sentem o corpo suado e colante no tempo quente.

Condensação e ponto de condensação

Todo ar apresenta um ponto de condensação, ou seja, a temperatura em que o vapor se condensa em gotículas de água. O ponto de condensação varia com a temperatura e a RH e pode ser calculado por meio de um gráfico psicrométrico. Em uma construção, deve-se evitar que o ar atinja o ponto de condensação, pois a umidade resultante pode causar danos estruturais, estimular o crescimento de mofo e causar problemas de saúde e desconforto aos moradores da casa. Quando o ponto de condensação é alcançado dentro das paredes externas, esses riscos aumentam muito e surgem problemas de umidade oculta. Vazamentos de ar permitem que o ar carregado de umidade entre nas paredes, onde pode ser condensado dentro do revestimento frio (no inverno) ou no interior do *drywall* resfriado pelo condicionamento de ar (no verão). Vedação de ar é o processo de reduzir a penetração de ar para dentro e fora de uma casa. Em geral, a vedação de ar é obtida por meio da aplicação de alguma combinação de calafetagem, *spray* de espuma, tiras vedantes e outros materiais impermeáveis. Uma vedação de ar cuidadosa e o uso limitado de materiais impermeáveis a vapor podem ajudar a evitar a condensação e os problemas associados a ela.

Gráfico psicrométrico

Gráfico psicrométrico é uma representação de propriedades físicas do ar úmido a uma pressão constante. Este gráfico é particularmente útil para diagnosticar problemas de umidade e mofo. Como exemplo, apresenta-se na Figura 2.20 a forma e as condições utilizadas no Brasil, que representa a carta bioclimática brasileira; cada região ou mesmo estado e cidade possuem um posicionamento neste gráfico.

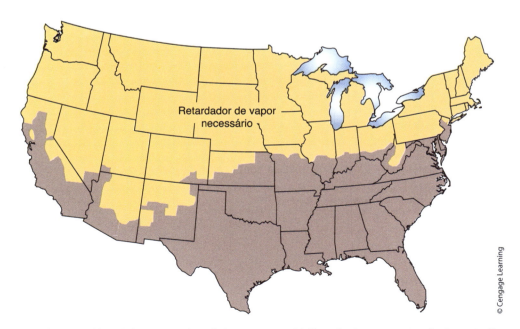

Figura 2.18 O Código Residencial Internacional de 2006 e o Código de Conservação de Energia Internacional de 2006 exigem retardadores de vapor somente para climas em nível 5 e acima deste.

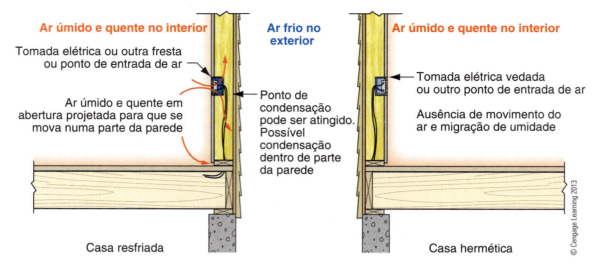

Figura 2.19 Em materiais de construção, a migração de umidade é causada, muitas vezes, por penetração de ar.

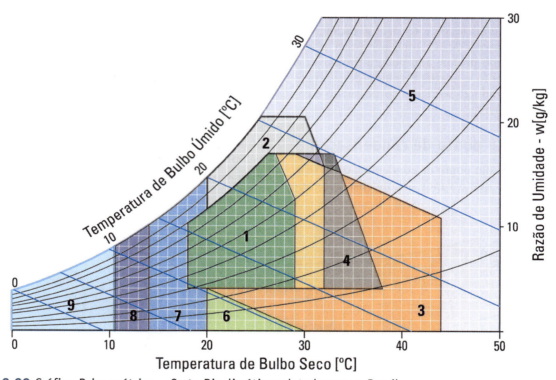

Figura 2.20 Gráfico Psicrométrico – Carta Bioclimática adotada para o Brasil.

Fonte: Weber Amendola com base em GOULART, Solange; LAMBERTS, Roberto; e FIRMINO, Samanta. *Dados climáticos para projeto e avaliação energética de edificações para 14 cidades brasileiras*. 2. ed. Florianópolis: Núcleo de Pesquisa em Construção/UFSC, 1998. 345 p. Disponível em: <http://www.labeee.ufsc.br/sites/default/files/publicacoes/livros/dados_climaticos_para_projetos_e_avaliacao_energetica_de_edificacoes_para_14_cidades_brasileiras.pdf>. Acesso em: 20 mar. 2015.

Na Figura 2.20 notam-se delimitadas regiões numeradas de 1 a 9, que representam zonas de conforto térmico, cujas estratégias indicadas pela carta podem ser naturais (sistemas passivos) ou artificiais (sistemas ativos). Neste caso, as zonas delimitadas são:

1. Zona de Conforto
2. Zona de Ventilação
3. Zona de Resfriamento Evaporativo
4. Zona de Massa Térmica para Resfriamento
5. Zona de Ar Condicionado

6. Zona de Umidificação
7. Zona de Massa Térmica e Aquecimento Solar Passivo
8. Zona de Aquecimento Solar Passivo
9. Zona de Aquecimento Artificial

Para maior entendimento sobre as zonas psicrométricas e as indicações explicativas sobre as estratégias para o conforto indica-se a leitura do livro Eficiência Energética na Arquitetura, 2. ed., dos autores Roberto Lamberts, Luciano Dutra, Fernando O. R. Pereira, disponível em: <http://www.labeee.ufsc.br/sites/default/files/apostilas/eficiencia_energetica_na_arquitetura.pdf>. Acesso em: 20 mar. 2015.

Exemplo de gráfico desenvolvido para uma cidade específica (São Paulo) encontra-se na Figura 2.21.

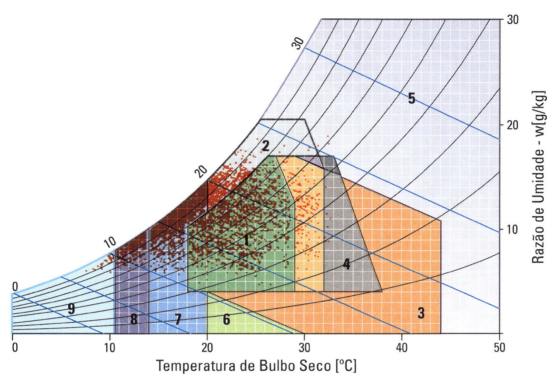

Figura 2.21 Gráfico Psicrométrico – Carta Bioclimática da cidade de São Paulo.

Fonte: Weber Amendola com base em GOULART, Solange; LAMBERTS, Roberto; e FIRMINO, Samanta. *Dados climáticos para projeto e avaliação energética de edificações para 14 cidades brasileiras.* 2. ed. Florianópolis: Núcleo de Pesquisa em Construção/UFSC, 1998. 345 p. Disponível em: <http://www.labeee.ufsc.br/sites/default/files/publicacoes/livros/dados_climaticos_para_projetos_e_avaliacao_energetica_de_edificacoes_para_14_cidades_brasileiras.pdf>. Acesso em: 20 mar. 2015.

A partir deste gráfico para a cidade de São Paulo, nota-se que os dados climáticos se concentram principalmente na zona 7, e que as estratégias para o conforto devem considerar, para edificações, a Massa Térmica e o Aquecimento Solar Passivo. Indica-se ainda que, entre as zonas de Ventilação (2), de Resfriamento Evaporativo (3) e Massa Térmica para Resfriamento (4), acontecem algumas intersecções, ou seja, nestes pontos podem-se adotar estas estratégias simultaneamente ou aplicar uma delas.[*1]

De modo que se tenha uma noção da variabilidade de gráficos para o Brasil, aponta-se a seguir, na Figura 2.22, a carta para a cidade de Belém.

Percebe-se que, para esta cidade, os pontos climatológicos são mais concetrados na zona 2 – Zona de Ventilação, para a qual as estratégias de Ventilação devem ser priorizadas para o conforto nas edificações, bem como que, entre as zonas de ventilação (2), de Resfriamento Evaporativo (3) e de Massa Térmica para Resfriamento (4) acontecem algumas intersecções, ou seja, nestes pontos pode-se adotar estas estratégias simultaneamente ou aplicar somente uma delas.[*2]

[*1] Goulart, Solange V. G. *Dados climáticos para projeto e avaliação energética de edificações para 14 cidades brasileiras.* (S.H.O.)

[*2] Goulart, Solange V. G. *Dados climáticos para projeto e avaliação energética de edificações para 14 cidades brasileiras.* (S.H.O.)

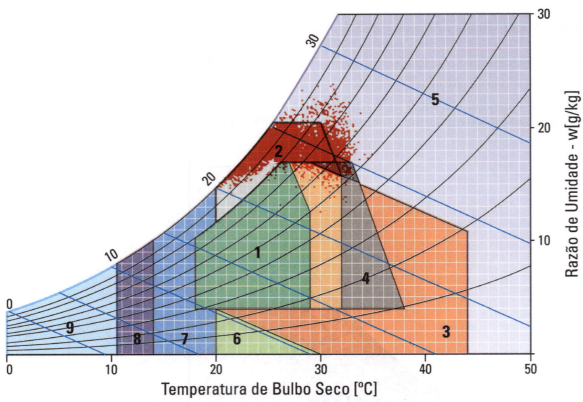

Figura 2.22 Gráfico Psicrométrico – Carta Bioclimática da cidade de Belém.

Fonte: Weber Amendola com base em Goulart, Solange V. G. *Dados climáticos para projeto e avaliação energética de edificações para 14 cidades brasileiras*. 2. ed. Florianópolis: Núcleo de Pesquisa em Construção/UFSC, 1998. 345 p. Disponível em: <http://www.labeee.ufsc.br/sites/default/files/publicacoes/livros/dados_climaticos_para_projetos_e_avaliacao_energetica_de_edificacoes_para_14_cidades_brasileiras.pdf>. Acesso em: 20 mar. 2015.

O gráfico psicrométrico também deve ser utilizado para avaliações dos componentes e sistemas da construção; com ele pode-se identificar o porquê de a condensação estar ocorrendo em janelas ou vigotas de sustentação do piso ou dentro de cavidades da parede. Por enquanto, focaremos o cálculo do ponto de condensação, RH e teor de umidade de uma massa de ar.

Os detalhes dos gráficos psicrométricos podem variar, mas geralmente contêm as temperaturas de bulbo seco e bulbo úmido, ponto de condensação, RH, taxa de umidade, volume específico e entalpia específica. **Temperatura de bulbo seco** é a temperatura do ar indicada em um termômetro comum, e não considera os efeitos da umidade. **Temperatura de bulbo úmido** é a temperatura registrada por um termômetro *sling* ou um psicrômetro aspirado, que pode medir a quantidade de vapor de água. Para a medição, ambos os instrumentos usam um termômetro, sendo o de bulbo úmido coberto com uma capa de tecido úmido. O ponto de condensação pode ser calculado com duas dessas três variáveis: temperatura de bulbo seco, temperatura de bulbo úmido ou RH. O teor de umidade é medido em grãos. **Grão** é uma unidade de peso pequena; uma libra contém sete mil grãos e corresponde a 453,6g. A taxa de umidade é a proporção da massa de vapor de água com relação à massa de ar seco em um volume de ar úmido. O volume específico refere-se ao volume por unidade de massa de ar seco, dado em m³ por quilo. Em psicrometria, a entalpia específica é aquela de ar úmido expressa por unidade de massa do ar seco em uma mistura de ar seco com vapor de água. Complementa-se, para melhor entendimento, que entalpia é a quantidade de energia contida no ar úmido por unidade de massa de ar seco, para temperaturas superiores a determinada temperatura de referência (0 °C).

O gráfico psicrométrico apresentado na Figura 2.26 tem a temperatura de bulbo seco ao longo de um eixo inferior, das abscissas, e no eixo vertical, das ordenadas, indica o teor de umidade (em grãos de água), a entalpia dada pela temperatura do ponto de condensação em linhas inclinadas à esquerda ao longo do eixo e as umidades relativas RH estão representadas como linhas curvas que são ascendentes no gráfico.

Utilize o gráfico da Figura 2.27a para calcular o teor de umidade do ar com uma temperatura de bulbo seco de 85 °F (29,4 °C) e RH de 60%. Comece desenhando uma linha subindo diretamente do ponto de 85 °F (29,4 °C – bulbo seco) no eixo inferior e pare quando ela interceptar a linha de umidade relativa de

A casa como um sistema

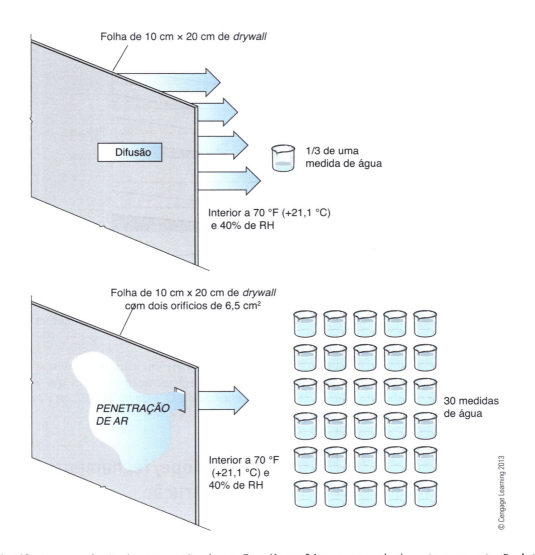

Figura 2.23 Difusão em relação à penetração de ar. Em climas frios, em geral, durante uma estação inteira de calefação, um terço de uma medida de água pode ser coletado por difusão através do *drywall* sem um retardador de vapor; 30 medidas de água podem ser coletadas em caso de permeabilidade de ar.

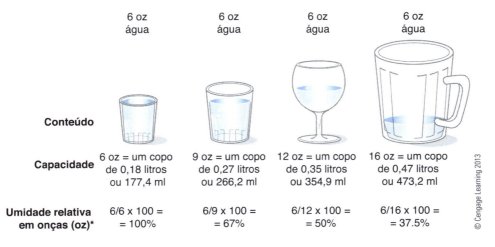

* Como se trata de uma relação entre volumes e é adimensional, o resultado em porcentagem é equivalente. (S.H.O.)

Figura 2.24 A capacidade do ar em estocar umidade está diretamente relacionada à temperatura. O ar frio é semelhante a um pequeno copo, com capacidade de estocagem relativamente pequena, ao passo que o ar mais quente é semelhante a um grande copo. Quando o volume de umidade permanece constante, as taxas de RH diminuem à medida que a temperatura do ar aumenta.

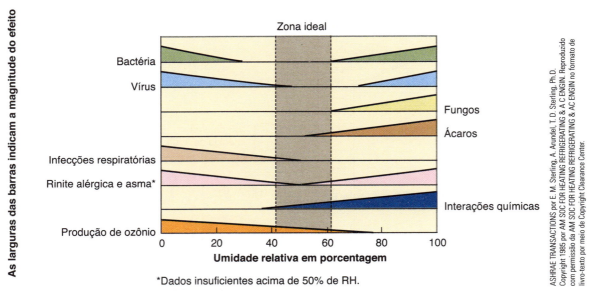

Figura 2.25 Para obter maior qualidade ambiental no interior, a taxa ideal de umidade relativa é de 40% a 60%.

RH 60%. Imediatamente à esquerda (Figura 2.27c) desse ponto, está o ponto de condensação (70 ° = 21,1 °C), e, à direita (Figura 2.27b), está o teor de umidade do ar (109 grãos ~7g).

O gráfico psicrométrico também pode ser usado para calcular quanto o aquecimento ou a refrigeração do ar afetará a RH. Utilize o gráfico da Figura 2.28 para calcular o que acontece com a umidade relativa do ar quando você eleva a temperatura de 45 °F (7,2 °C) para 75 °F (23,9 °C), presumindo que o teor de umidade permaneça o mesmo.

Como o teor de umidade real não importa, já que permanecerá o mesmo, qualquer teor de umidade funcionará neste exercício. Considere 20 grãos (~1,9g) fixos. Comece desenhando uma linha subindo diretamente do ponto de 45 °F (7,2 °C – temperatura de bulbo seco) no eixo inferior e pare quando ela interceptar os 20 grãos de umidade. Registre o valor da linha curva (45%). Em seguida, faça o mesmo para a temperatura de bulbo seco de 75 °F (23,9 °C) (15%). À medida que o ar é aquecido, a umidade relativa diminui de 45% para 15%, pois o ar aquecido pode conter mais umidade, portanto, os 20 grãos se tornam menos saturados. O inverso é verdadeiro quando o ar é resfriado.

Umidade relativa e condicionamento de ar

O condicionamento de ar (AC) pode resfriar e desumidificar uma casa. Casas em climas mistos e úmidos que apresentam altas taxas de infiltração e, consequentemente, RH mais alta no verão, requerem mais desumidificação e sistemas de AC maiores do que de casas herméticas. Casas herméticas resultam em menor umidade em seus ambientes, o que requer sistemas de refrigeração menores que operem com mais eficiência. (O sistema HVAC está mais detalhado no Capítulo 13.)

Envelope/fechamento da construção

O **envelope/fechamento da construção**, também referido como *envelope térmico*, é a linha divisória entre espaços condicionado e não condicionado em uma casa (Figura 2.29). Normalmente, esse envelope inclui paredes exteriores, tetos e pisos, entretanto, muitas casas são construídas com sótãos, porões e com porões não habitáveis,[*3] onde as paredes do teto e da fundação e o piso servem como um envelope da construção, constituído de dois componentes: **barreira térmica** (ou isolamento) e **barreira de ar**. Esta última pode ser feita de um ou mais itens, como: *drywall*, painéis de compensado, placas de espuma e *membrana impermeável*. Para a instalação desses itens, deve-se utilizar selantes apropriados, fita e calafetação das juntas e encontros entre os painéis ou folhas e ao redor dos espaços em janelas, portas e outras aberturas. O isolamento com *spray* de espuma fornece uma barreira térmica e uma de ar, conjugando os dois objetivos. As barreiras térmica e

---

[*3] Este tipo de edificação com porões não habitáveis, no Brasil, não é mais comum, remonta à era colonial e era denominado casas com porões altos, por terem seu pavimento térreo elevado em relação ao solo, permitindo ventilação através de óculos, grades de ferro e gerando afastamento da edificação de umidades indesejadas do terreno. (S.H.O.)

A casa como um sistema

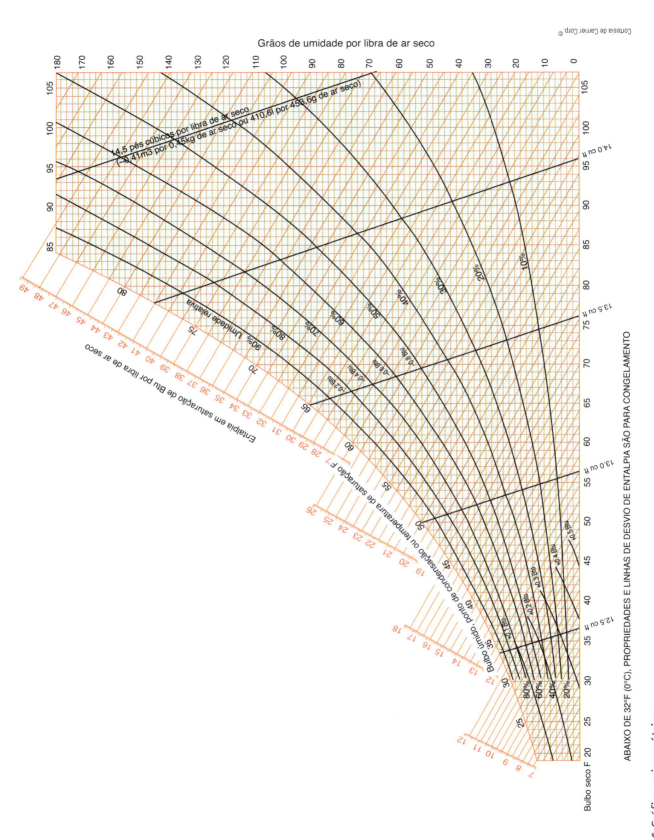

Figura 2.26 Gráfico psicrométrico.

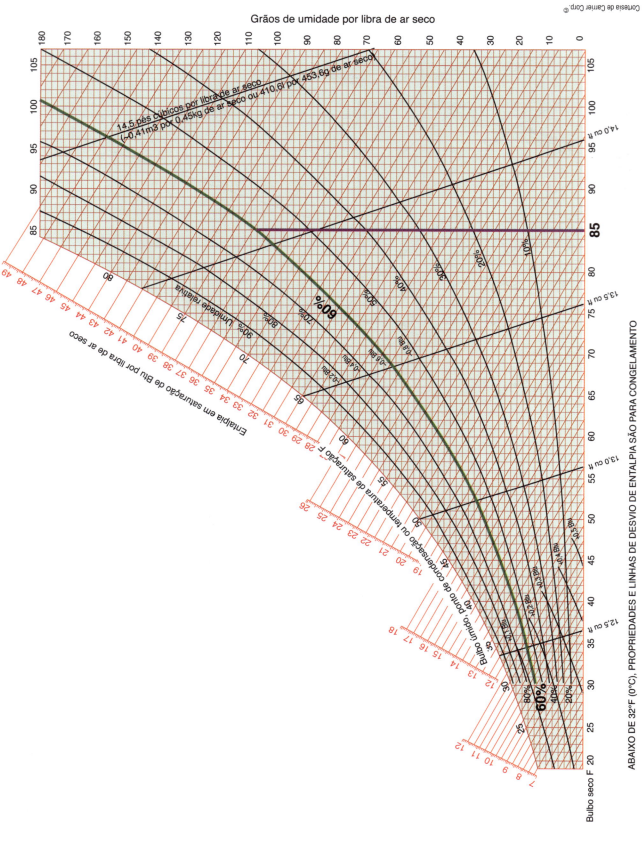

Figura 2.27a Primeiro, desenhe uma linha de 85°F (29,4°C) subindo até que ela se intercepte com a curva de umidade relativa de 60%.

A casa como um sistema

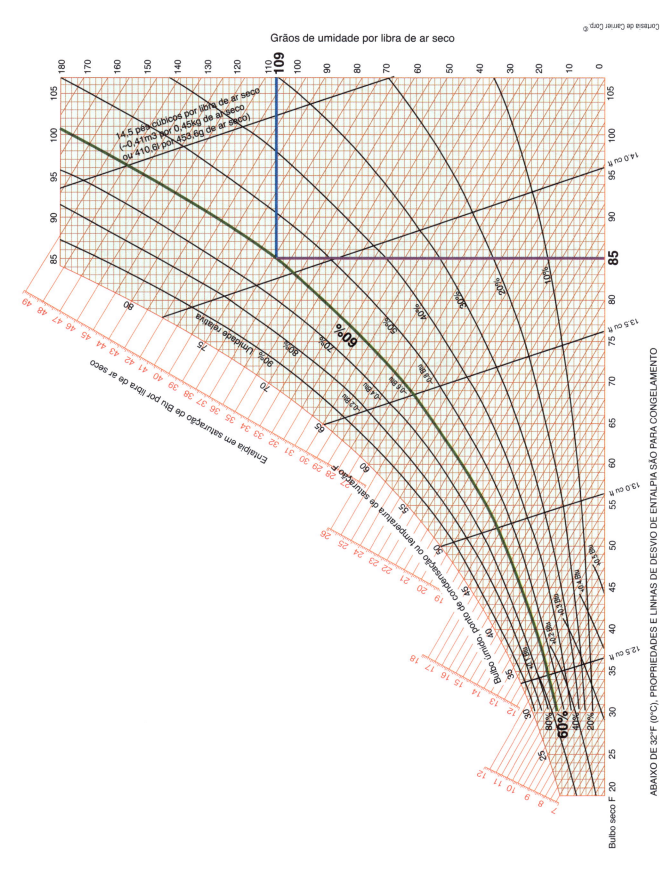

Figura 2.27b Segundo, desenhe a linha para direita. O ponto em que a linha intercepta o eixo vertical direito é o teor de umidade do ar.

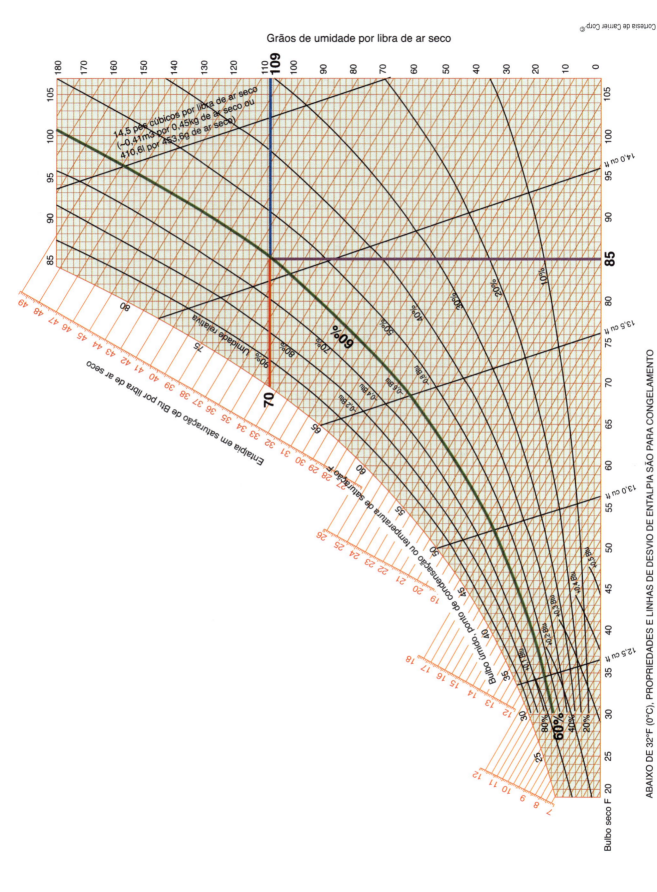

Figura 2.27c Terceiro, desenhe a linha para esquerda. O ponto em que a linha intercepta o eixo vertical direito é o teor de umidade do ar.

A casa como um sistema

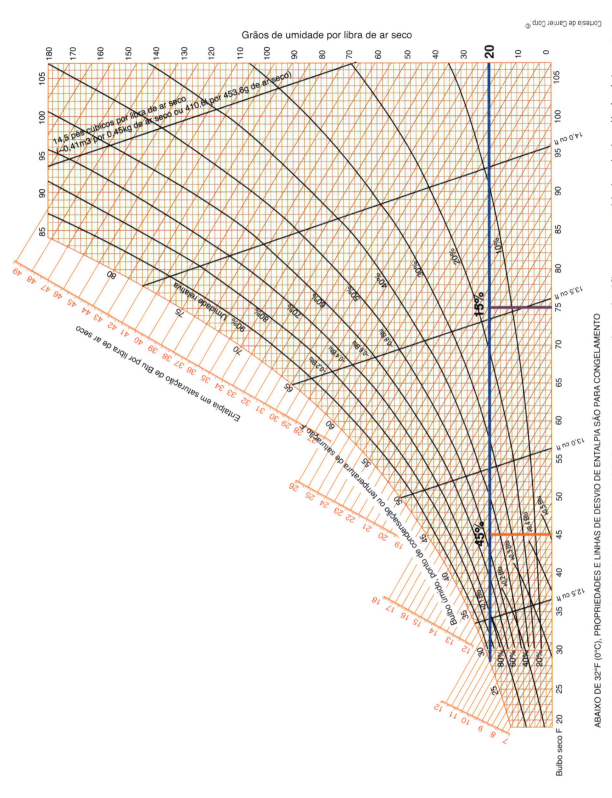

Figura 2.28 À medida que o ar é aquecido, sua capacidade de armazenar umidade aumenta. Isto também significa que a umidade relativa diminuirá se o teor de umidade permanecer inalterado. Para ilustrar este ponto, selecione um teor de umidade para o ar. A quantidade não importa, já que ela permanece constante no exercício. Considere fixos os 20 grãos (~1,9g). Primeiro, desenhe uma linha de 45°F (7,2°C) subindo até se interceptar com a linha de 20 grãos. Depois, desenhe uma linha a 75°F (23,9°C) até que se intercepte com a linha dos 20 grãos. À medida que o ar é aquecido, a umidade relativa diminui de 45% para 15%.

de ar devem ser completas e estar em contato entre si em todos os lados. Quando há um isolamento permeável ao ar, este corresponde a uma barreira de ar que não atinge o valor R fixado em todos os lados; tal condição reduz a eficiência da instalação (Figura 2.30).

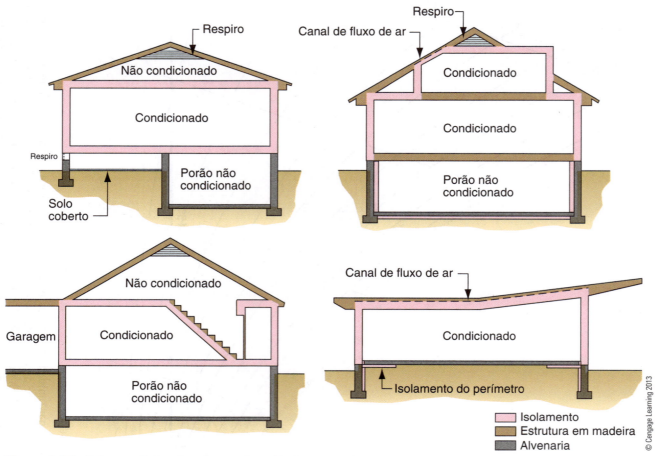

Figura 2.29 Várias configurações do envelope/fechamento da construção.

Para se ter uma casa confortável e eficiente, o envelope da construção deve ser contínuo e completo (Figuras 2.31a e 2.31b). Na maioria das casas (e em muitas casas novas) o envelope não existe. A criação de um envelope/fechamento da construção completo requer atenção cuidadosa na seleção e instalação do isolamento e materiais de vedação do ar.

Um envelope da construção completo poderia ser criado facilmente em uma casa sem janelas, portas ou telhados, e tetos com formas complicadas, mas esta não é a realidade e não representa a prática. Em grandes extensões de paredes, tetos e pisos, isolar e vedar corretamente o ar é muito simples. O desafio surge onde há transições entre materiais diferentes, como janelas, portas, respiros, luzes e fiação, áreas localizadas atrás da tubulação do banheiro, acima dos tetos suspensos e ao redor de outros detalhes arquitetônicos que também são mais difíceis de vedar. (Ver Capítulo 4 para obter detalhes sobre isolamento e vedação de ar.)

Ventilação da casa

Todas as casas requerem ventilação para remover o excesso de umidade, filtros para remoção de poluentes (por exemplo, poeira, sujeira e produtos químicos) e substituição do ar interior através de trocas por ar fresco do exterior. À medida que as casas se tornam mais eficientes por meio de melhor isolamento de ar, a necessidade de ventilação torna-se mais crítica. Quando se projetam casas de alto desempenho, o mais importante é lembrar que "o certo é construí-la de forma hermética e ventilada".

Tipos de ventilação

A *ventilação local*, como a fornecida por exaustores em banheiro e em cozinha, funciona para remover a umidade e os odores onde são instalados. Os exaustores podem ser instalados de modo individual, por banheiro ou ser somente um para atender através de

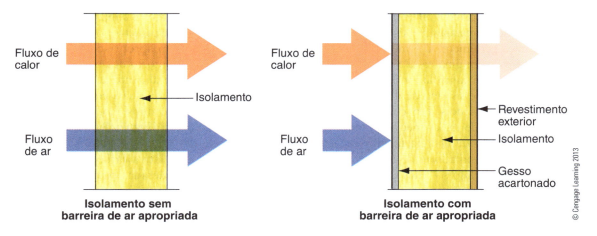

Figura 2.30 O isolamento vertical deve ser fechado nas seis faces para que possa obter o desempenho desejado.

Figura 2.31a Isolamento mal instalado com vários espaços, cavidades e barreira de ar desalinhada. Em muitos lugares, o isolamento não fica mais em contato com a barreira de ar (contrapiso), o que cria um desvio térmico.

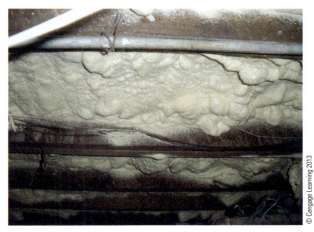

Figura 2.31b *Spray* de espuma de poliuretano aplicado na parte debaixo do piso do pavimento térreo, em um porão não habitável. O isolamento é aplicado diretamente na face inferior do piso, isolando e fornecendo duas barreiras: térmica e de ar do subsolo.

dutos uma série de pontos. Todos os respiros e saídas devem ir para o exterior da casa, e nunca terminar nos sótãos ou espaços de serviços. O término dos exaustores dentro da casa pode produzir problemas de umidade. Os exaustores de banheiro devem funcionar com temporizadores ou sensores de umidade e permanecer em funcionamento por tempo suficiente para que possam, após um banho, remover completamente a umidade extra.

Exaustores de cozinha devem ser os menores possíveis, desde que removam umidade e odores durante o cozimento. Eles devem ter dutos para o exterior, pois ventiladores de circulação não removem a umidade ou a maior parte dos poluentes. Ventiladores grandes funcionam melhor com vários controles e permitem a flexibilidade de uma operação em baixa velocidade. Em casas muito herméticas, ventiladores grandes podem exigir composição separada de sistemas de ar. Caso contrário, uma janela deve ficar aberta enquanto o ventilador está funcionando, para evitar a despressurização da casa, que pode causar a reversão de lareiras e dispositivos de combustão aberta (Figura 2.32).

Casas com oficinas e que usam muito a lavanderia, ou mesmo outras áreas que produzem poluentes e umidade, também devem ter exaustores.

Ventilação da casa toda

Além da ventilação local, todas as casas requerem ventilação geral. Embora uma casa possa ser ventilada apenas por meio da abertura de janelas e portas, este método está sujeito a significativas variações de temperatura, direção e velocidade do vento. Em consequência, a técnica não é uma forma confiável ou consistente de fornecer a quantidade mensurável de trocas de ar. A ventilação mecânica geralmente é o método preferido para fornecer ar fresco em uma casa. Sistemas de ventilação podem utilizar um controlador de ar ou sistema de dutos, um ventilador e sistema de dutos separados ou uma combinação dos dois. Em climas extremos, os trocadores de calor de ar, conhecidos como ventiladores de recuperação de energia (*energy recovery ventilators* – ERV) ou ventiladores de recuperação de calor (*heat recovery ventilators* – HRV), podem economizar energia ao tratar previamente os ares frio, quente e úmido antes que entrem na casa (Figuras 2.33a e 2.33b). (Sistemas de ventilação serão abordados com mais detalhes no Capítulo 13.)

Conforto interior

Embora o conforto possa ser muito subjetivo e diferir de pessoa para pessoa dentro da mesma casa, esta é uma função das temperaturas do ar e radiante, do movimento do ar e da umidade relativa da casa. Essas variáveis são todas muito subjetivas para serem controladas por meio de projeto e operação de uma casa; mas o gerenciamento apropriado desses fatores pode levar ao máximo conforto dos moradores.

Há variações, geralmente aceitas, de temperatura e umidade relativa que são consideradas confortáveis por muitos indivíduos. Conforme observado nos gráficos de conforto (Figura 2.34), temperaturas no inverno entre 65 °F e 77 °F (18,33 °C e 25 °C) com níveis de umidade relativa variando entre 22% e 70% são, em geral, consideradas confortáveis para muitas pessoas. Variações no verão entre 72 °F e 80 °F (22,2 °C e 26,7 °C) e umidade relativa de 20% a 70% são consideradas confortáveis. Quando a temperatura está mais alta, os níveis de umidade relativa são mais baixos para, em geral, manter as pessoas mais confortáveis. Entretanto, conforme mostrado na Figura 2.25, os níveis de umidade relativa abaixo de 40% e acima de 60% podem produzir problemas ambientais no interior da casa.

Outro fator de conforto é o movimento do ar. Ventos e ventiladores reduzem a percepção de temperatura e fornecem um resfriamento convectivo na pele das

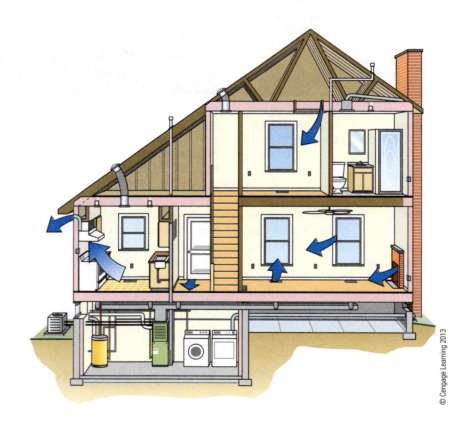

Figura 2.32 Embora possam parecer inofensivos, grandes exaustores do tipo comercial podem despressurizar a casa e causar reversão. Por isso, devem ser projetados com ar de composição integrada.

pessoas. Assim, há um aumento do conforto no clima quente e uma redução no clima frio.

Finalmente, o calor radiante afeta nosso nível de conforto. Em um dia quente, sentar-se à sombra ajudará você a se sentir mais confortável do que permanecer exposto ao sol; contudo, sentar-se ao sol em um dia frio é preferível a permanecer na sombra. Desta forma, e para que possamos ter uma casa confortável que usa menos energia, devemos manter a temperatura e umidade do ar apropriadas, com ventiladores adequados para resfriamento, e gerenciar o calor radiante.

Figura 2.33a Ventilador de recuperação de calor no inverno.

Figura 2.33b Ventilador de recuperação de energia no verão.

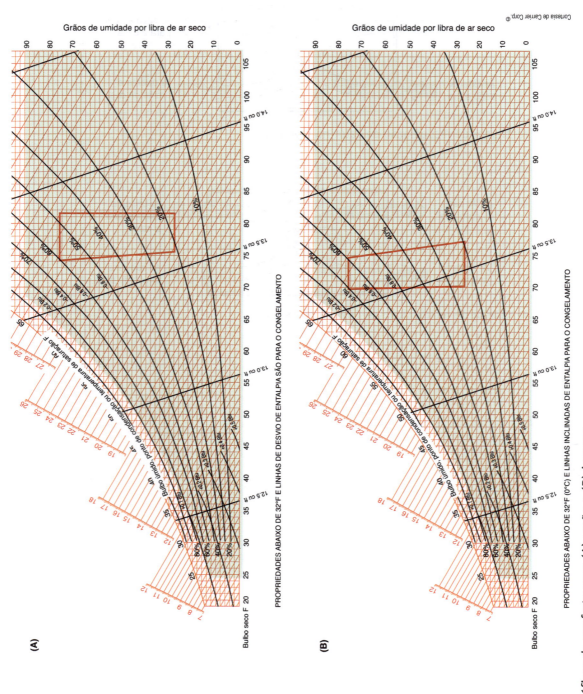

Figura 2.34 Gráficos de conforto para (A) verão e (B) inverno.

Resumo

A ciência da construção está no centro da construção verde. Com exceção de pouquíssimas regiões em que há pouca necessidade de aquecimento, resfriamento ou controle de umidade, todas as casas devem ser projetadas para gerenciar corretamente o calor, o ar e a umidade. Entender como esses componentes-chave da ciência da construção podem criar uma casa com energia eficiente, durável e saudável é o ponto mais importante da construção verde.

Questões de revisão

1. Em que direção o fluxo de calor segue?
   a. Para cima
   b. Da superfície fria para a superfície quente
   c. Para baixo
   d. Da superfície quente para a superfície fria

2. Onde ocorrerá a penetração de ar se o efeito *chaminé* for a única força condutora em uma casa?
   a. Acima do plano neutro
   b. No plano neutro
   c. Abaixo do plano neutro
   d. a e c

3. Qual é o principal modo de transferência de calor na montagem da parede exterior em uma casa completamente hermética?
   a. Convecção
   b. Evaporação
   c. Radiação
   d. Condução

4. Qual é o principal modo de transferência de calor em uma janela voltada para leste em um dia de verão nos Estados Unidos?
   a. Convecção
   b. Evaporação
   c. Radiação
   d. Condução

5. Uma parede de 100 ft² (9,30m²) com um valor R de 10, uma janela de 10 ft² (0,930m²) com valor U de 1,0. Qual é o UA aproximado para essa parede?
   a. 9   c. 18
   b. 10   d. 19

6. Qual é a média do valor R da área considerada para essa mesma janela?
   a. 0,19   c. 0,20
   b. 5,26   d. 5,0

7. Qual será a carga de resfriamento, expressa em Btu/h, através dessa parede se a janela estiver na sombra, com temperatura interior de 75 °F (23,9 °C) e exterior de 105 °F (40,6 °C)?
   a. 7.500   c. 2.200
   b. 570   d. 750

8. Se essa parede for construída em um clima de 2.250 CDD, quantos Btu de carga de resfriamento ocorrerão da condução durante um verão?
   a. 780.000
   b. 426.800
   c. 1.482.000
   d. 61.750

9. Qual é o valor R de uma janela com valor U de 0,37?
   a. 2,7   c. 0,19
   b. 0,37   d. 3,7

10. Qual é a temperatura do ponto de condensação para um corpo de ar com temperatura do ar de 80 °F (26,6 °C) e umidade relativa de 50%?
    a. 60 °F   c. 70 °F
    b. 40 °F   d. 50 °F

Questões para o pensamento crítico

1. Por que se tem a formação de condensação no interior de uma janela de painel único durante o inverno? Quais são as possíveis soluções?
2. Que fatores afetam o conforto do morador?
3. Que formas de transferência de calor ocorrem quando um porão aquece num dia de verão?
4. Defina o envelope/fechamento da construção e liste quatro "aberturas" comuns.

Palavras-chave

baixa emissividade (baixa-E)
barreira de ar
barreira térmica
ciência da construção
classificação perm
condução

convecção
efeito *chaminé*
energia
envelope/fechamento da construção
exfiltração
gráfico psicrométrico

grão
grau-dia de aquecimento (HDD)
grau-dia de resfriamento (CDD)
infiltração
loop convectivo
radiação

retardador de difusão de vapor (VDR)
temperatura de bulbo seco
temperatura de bulbo úmido
umidade relativa (RH)
unidades térmicas britânicas (Btu)
valor R
valor U
vedação de ar

Glossário

baixa emissividade (baixa-E) superfície que irradia ou emite baixos níveis de energia radiante.

barreira de ar material protetor resistente ao ar que controla a permeabilidade do envelope/fechamento da construção, eliminando o fluxo do ar para o interior e para o exterior.

barreira térmica limitação para o fluxo de calor (ou seja, isolamento).

ciência da construção estudo da interação dos sistemas construtivos e componentes, ocupantes e ambiente de entorno; foca os fluxos de calor, ar e umidade.

classificação perm taxa de passagem de vapor de água por um material sob condições fixas e padronizadas por normas.

condução transferência de calor de uma substância para outra por contato direto.

convecção transferência de calor através de um fluido (líquido ou gás).

efeito *chaminé* estabelecido em uma construção a partir de baixa infiltração a uma alta exfiltração do ar.

energia quantidade medida de calor, trabalho ou luz.

envelope/fechamento da construção separação entre os ambientes do interior e exterior de uma construção; consiste em uma barreira térmica e de ar que são contínuas e estão em contato.

exfiltração ar que flui através de uma parede, um fechamento ou vedação da construção, uma janela ou outro material.

gráfico psicrométrico mostra a relação entre um determinado valor de temperatura de condensação com a temperatura de bulbo seco e de bulbo úmido, teor de umidade e umidade relativa.

grão unidade de medida para o teor de umidade; uma libra contém 7.000 grãos e corresponde a 453,6g.

grau-dia de aquecimento (HDD) medida de quão frio um local é durante um período de tempo com relação a uma temperatura-base, mais comumente especificada como 65°F, correspondente a 18,33°C.

grau-dia de resfriamento (CDD) medida de quão quente um local é durante um período de tempo com relação a uma temperatura-base, mais comumente especificada como 65°F, correspondente a 18,33°C.

infiltração processo descontrolado por meio do qual o ar ou a água flui pelo fechamento e vedações da construção para dentro da casa.

loop convectivo circulação contínua de ar (ou de outro fluido) em torno de um espaço fechado à medida que o espaço fechado é aquecido e resfriado.

radiação energia de calor que é transferida pelo ar.

retardador de difusão de vapor (VDR) material que reduz a taxa em que o vapor de água pode se mover através do material.

temperatura de bulbo seco temperatura de ar indicada em um termômetro normal; não leva em conta os efeitos da umidade.

temperatura de bulbo úmido temperatura registrada por um termômetro cujo bulbo foi coberto com um tecido úmido e girado em um psicrômetro *sling*; usado para determinar a RH, o ponto de condensação e a entalpia.

umidade relativa (RH) taxa de quantidade de água no ar em determinada temperatura para a quantidade máxima em que ele pode ser mantido nessa temperatura; expressa em porcentagem.

unidades térmicas britânicas (Btu) quantidade de calor necessária para elevar uma libra de água a 1°F, ou seja, aproximadamente 1 quartilho, ou aproximados 454 gramas aquecido de 20°C a 20,56°C

valor R medida quantitativa da resistência ao fluxo de calor ou à condutividade; valor recíproco do indicador U.

valor U transmitância térmica do valor U ou condutividade térmica de um material; recíproco do valor R.

vedação de ar processo de confinar e vedar o envelope/fechamento da construção para reduzir a permeabilidade de ar para dentro e fora de uma casa.

Recursos adicionais

Bruce Harley. *Insulate and Weatherize Your Home:* Expert Advice from Start to Finish. Taunton Press, 2002.

Energy & Environmental Building Alliance (EEBA), http://www.eeba.org/

Home Energy Magazine, http://www.homeenergy.org/

Joseph Lstiburek. *Builder's Guide to Hot-Dry & Mixed-Dry Climates*. 6. ed. Energy & Environmental Building Association, 2004.

Joseph Lstiburek. *Builder's Guide to Hot-Humid Climates*. Building Science Press, 2005.

Joseph Lstiburek. *Builder's Guide to Mixed-Humid Climates*. Building Science Press, 2005.

Joseph Lstiburek. *Builder's Guide to Cold Climates:* Details for Design and Construction. Building Science Corporation, 2006.

R. Christopher Mathis. *Insulating Guide*. Building Science Press, 2007.

Planejamento verde desde o começo

A engenharia verde é mais efetiva quando aplicada desde os primeiros estágios de um projeto. É fundamental que esta filosofia geral seja adotada não apenas no projeto, mas também durante todo o ciclo de vida da construção, que inclui a gestão do uso/operação e manutenções. Com excessiva frequência, um proprietário ou construtor decide fazer uma obra verde depois que a construção começou. Ainda que haja muitas oportunidades para melhorias ao longo da construção, os maiores benefícios só podem ser obtidos durante a fase de planejamento.

Para muitos construtores e empreiteiros, a engenharia verde é um conceito novo e desafiador. Este capítulo aborda as importantes decisões de projeto e escolhas iniciais de construção que tornam a obra residencial verde. A construção verde é mais do que simplesmente a estrutura – a escolha do local e o desenvolvimento são fatores importantes no impacto ambiental geral da construção. As construções sustentáveis podem ser, e serão, o resultado de um processo de:

- Aculturamento.
- Novas posturas.
- Produção de profissionais.
- Olhar do *status quo* e olhar ao futuro.
- Atuações responsáveis com a inteligência e a gestão com sustentabilidade.

OBJETIVOS DO APRENDIZADO

Após a leitura deste capítulo, o aluno será capaz de:
- Descrever o processo de projeto integrado.
- Definir diferentes tipos de local de construção.
- Definir a orientação solar adequada.
- Descrever métodos para conservar o ambiente natural existente.
- Descrever estratégias de gerenciamento de resíduos durante a construção e demolição.
- Identificar estratégias flexíveis de projeto.

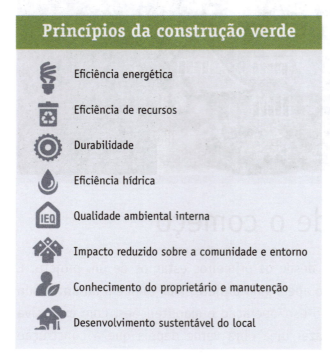

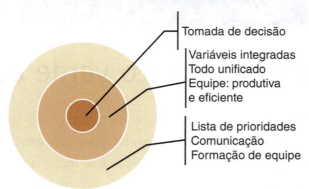

Fonte: OBATA, S.H. *Construções Sustentáveis*. Pós-graduação lato-sensu da FAAP. São Paulo, 2010.

Figura 3.1 Tomada de decisão em empreendimentos imobiliários considerando o projeto holístico.

parciais, que são as identificações de escopo, prioridades, formação da equipe e comunicações, obtendo-se assim reconhecimento das variáveis que se integram à visão do todo, com uma equipe produtiva e eficiente, dados os alinhamentos imprescindíveis e constantes.

Projeto integrado

A engenharia verde exige que os profissionais mudem a maneira de pensar as construções, começando com o processo de projeto integrado. Atualmente, grande parte da engenharia verde limita-se a aplicar materiais e métodos verdes a projetos padronizados de casas, os quais não são diferentes daqueles que vêm sendo construídos há muitos anos. Embora essas casas possam ser consideradas "mais verdes" que as do tipo padrão, elas poderiam ser muito melhores com pouco ou nenhum gasto extra se decisões diferentes tivessem sido tomadas desde o início. O conceito de **projeto integrado** baseia-se na colaboração, desde os estágios iniciais, de todos os envolvidos (arquiteto, construtor, proprietário e empreiteiros contratados).

Projeto integrado ou holístico implica "ter e desenvolver" a visão holística das construções, e as diretrizes para os profissionais são basicamente as seguintes:

- Conhecer etapas correntes e básicas de desenvolvimento das construções.
- Buscar o conhecimento do todo.
- Buscar identificar as variáveis e suas relações.
- Ser integrador e saber integrar-se e interagir para que as decisões sejam para a melhor construção e sustentabilidade.

A imagem de um empreendimento imobiliário com projeto holístico pode ser contemplada na Figura 3.1, a seguir, na qual a tomada de cada decisão é o ponto central, passando por camadas de decisões

Projeto tradicional *versus* projeto integrado

Para que possamos entender o projeto integrado, precisamos compará-lo com o processo padrão de projeto e construção. A maioria das construções passa por um conjunto preestabelecido de etapas, nesta ordem: projeto, orçamento, engenharia de valor, negociações de contrato e construção. A Figura 3.2a ilustra o processo do projeto tradicional. Neste sistema, um projetista ou arquiteto transmite as informações ao construtor, que então se baseia nelas para contratar empreiteiros, e, finalmente, ao proprietário. Como muitos projetos que usam este método acabam custando mais do que o orçado e não atendem às expectativas de desempenho, temos de presumir que esta abordagem de cima para baixo tem falhas. Os empreiteiros sempre reclamam das decisões e dos detalhes que arquitetos e projetistas incluem nos projetos apresentados para orçamento ou construção. Por sua vez, os projetistas se queixam de que os trabalhos desenvolvidos por eles não seguem as orientações originais. Os empreiteiros que cuidam dos sistemas e instalações, a parte mecânica da edificação, ficam frustrados porque os projetos não contemplam espaços para que possam instalar os equipamentos, as tubulações e os dutos. Cada um desses pontos é relevante, mas o que importa é que esses problemas podem ser evitados se todos estiverem envolvidos no projeto desde o início. A Figura 3.2b mostra as vantagens da comunicação na abordagem do projeto integrado.

Planejamento verde desde o começo

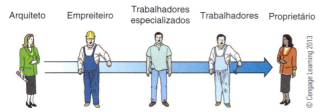

Figura 3.2a O processo de projeto tradicional não estimula a colaboração entre os profissionais e a equipe do projeto.

Figura 3.2b O processo de projeto integrado estimula a colaboração entre todas as partes envolvidas a fim de se obter os melhores resultados, o que o torna preferível.

De maneira resumida, o resultado das etapas de empreendimentos imobiliários sustentáveis é a obtenção da qualidade sustentada em todas as etapas do ciclo de vida da construção, garantindo uma edificação sustentável por ter se apropriado da visão projetual holística e da premissa de projeto como um processo integrado entre todos os envolvidos, desde a fase de concepção do projeto. A Figura 3.3, a seguir, resume isso.

Fonte: OBATA, S.H. *Construções Sustentáveis*.
Figura 3.3 Igualdade de ações nas etapas de empreendimentos imobiliários verdes.

Pensamento sistêmico e a fase do projeto

Cada decisão tomada durante o projeto afeta o resultado da construção, e as decisões tomadas sem a contribuição de toda a equipe geralmente terão um efeito negativo sobre o trabalho. Pense em como você planeja uma viagem de carro. Se o seu trajeto incluir dez desvios e você errar o primeiro, não chegará ao seu destino, não importa quanto dirija bem no restante da viagem. Projetos bem-sucedidos exigem que se tomem boas decisões desde o início, e a melhor maneira de fazer isso é trabalhar com a equipe toda. Como vimos no Capítulo 2, uma casa é um sistema complexo de componentes interligados. O modo como se constrói a casa afeta diretamente os locais em que os outros trabalhadores especializados instalarão o sistema HVAC e até que ponto o envelope/fechamento, também identificado como envoltória da edificação, pode ser vedado e isolado.

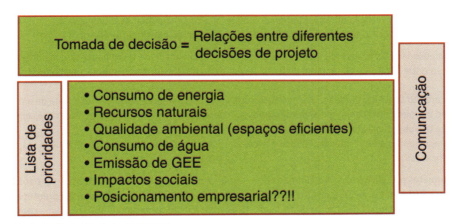

Fonte: OBATA, S.H. *Construções Sustentáveis*. São Paulo: FAAP, 2010.
Figura 3.4 Quadro com prioridades e comunicações de empreendimentos imobiliários verdes.

Nesse sentido, decidir-se pela implantação da edificação no terreno já contempla a comunicação e a integração entre os atores desde o início, já que aborda, por exemplo, a estimativa de consumo de energia, os recursos naturais e como serão utilizados, o movimento de terra e as adaptações aos níveis do terreno, como os espaços poderão ser mais confortáveis e, considerando tecnologias passivas, como as energias incorporadas e emissões de gases de efeito estufa pelas escolhas de materiais e tecnologias poderão contribuir socialmente, e qual é a postura da empresa e como ela está posicionada no mercado no que se refere à sustentabilidade e responsabilidade social, como ilustrado na Figura 3.4.

Do pensamento sistêmico e da visão holística resultam o entendimento de que a complexidade dos empreendimentos imobiliários é muito grande, com variáveis diversas, mas as reuniões de integração visam convergir os esforços e ainda servem de etapas para que se definam as prioridades em cada projeto, podendo gerar listas de atendimento para a tomada de decisão do grupo de atores, que de fato seriam decisões diferentes quando tomadas de modo isolado e certamente com atendimentos muito mais limitados e com a presença de riscos de incompatibilidade entre projetos maiores.

Você sabia?

As construções e suas complexidades

Profa. Dra. Sasquia Hizuru Obata

Da experiência em projetos na área da construção civil e da docência em disciplinas de elementos e produtos da engenharia civil, introdução à engenharia civil, projeto executivo e projeto integrador, procuramos realizar uma melhor identificação das construções e suas complexidades, razões para este recorte de definição.

Quanto à complexidade dos projetos das edificações, partimos do entendimento deste como um sistema composto por diversos subsistemas, a saber:

- Estruturas e fundações.
- Envoltórias externas sob e sobre o solo: contenções, arrimos, espaços de infraestrutura enterradas ou não, como os subsolos e sobressolos para garagens, depósitos e suprimentos.
- Envoltórias e fechamentos externos: coberturas, telhados, fachadas, caixilhos e peles de vidro, vedações externas e divisões entre os espaços interno e externo, como escadas, rampas e pisos localizados no exterior da edificação e que servem de acesso.
- Divisões de espaços internos: paredes, pisos, divisórias, escadas, rampas, ou seja, elementos de divisão vertical e horizontal do interior da edificação.
- Subsistemas de serviços: abastecimentos, climatização, comunicação, transposições, como suprimento de água, energia, gás, controle térmico e ventilação, telecomunicações, transporte mecânico, pneumático e de gravidade, segurança e proteção, entre ouros.

A partir da composição em subsistemas, fica claro que as edificações residenciais podem ter uma variedade de composições e ser mais ou menos abastecidas de serviços.

A forma de composição de cada edificação pode caracterizar se o projeto é simples, complexo ou muito complexo, e isto depende, em primeiro lugar, da quantidade de elementos e de qual a interdependência entre estes. Por exemplo:

- Projeto muito complexo: quando os subsistemas e a execução são complexos, isto é, têm um projeto em que a execução da obra é complexa e os subsistemas também são complexos e/ou em grande quantidade.
- Projeto complexo: pode ter a execução ou os subsistemas complexos e/ou em grande quantidade.
- Projeto simples: tanto a execução como os subsistemas são simples e sem grandes interferências.

Quanto maior a complexidade do projeto de uma edificação, maior a necessidade da visão holística e maiores as necessidades de integração e de comunicação entre os atores do empreendimento, assim como de que forma as integrações poderão impactar sua economia e sustentabilidade.

Vale lembrar que o projeto de uma edificação residencial com área reduzida não necessariamente se trata de um projeto e de uma execução simples, assim como o projeto de uma grande área construída não necessariamente é muito complexo; cabe sempre avaliar a quantidade e as interferências entre os subsistemas que o projeto terá.

De modo geral, para a tipologia de residências unifamiliares, não há o que se chama de megaconstrução. As construções residenciais podem ser assim classificadas:

- Áreas pequenas e projetos não complexos. A quantidade de materiais é menor e os projetos dos subsistemas possuem poucas interferências; assim, o volume de desenhos, detalhamentos e representações são reduzidos. Nesses projetos, a preocupação deve centrar-se nos materiais quanto à origem, energias incorporadas, resíduos, logística eficiente, resultando, portanto, uma construção mais sustentável
- Áreas grandes e projetos não complexos. O que amplia é a quantidade de materiais no local da obra, pois as interferências projetuais entre os subsistemas são poucas e o volume de desenhos e representações reduzidos. Projetos residenciais com grandes áreas precisam

(continua)

de muita atenção, devendo-se buscar a razão de suas dimensões elevadas, pois isto, além de causar impacto nas especificações dos materiais, pode redundar em subutilizações de áreas e maiores manutenções.
- Áreas pequenas e projetos complexos. Apesar de a quantidade de material aplicado na obra ser reduzida, as interferências entre os subsistemas são elevadas, exigindo mais detalhamentos e representações projetuais; portanto, combina atenção quanto à origem, energias incorporadas, resíduos, logística eficiente dos materiais e quantidade de detalhamentos projetuais.
- Áreas grandes e projetos complexos. Aqui, a quantidade de material e as interferências projetuais são importantes e preponderantes para a obtenção da sustentabilidade.

Economia de um bom projeto

Um exemplo do efeito que decisões iniciais podem ter sobre o custo e o desempenho de uma casa nova é a orientação solar do local. Em praticamente qualquer clima, construir uma casa com uma grande parede com janelas sem nenhum tipo de sombra voltada para o oeste, no caso dos Estados Unidos, aumentará significativamente os custos com resfriamento, exigindo um sistema HVAC maior do que se a casa tivesse sido projetada com menos janelas do lado oeste ou com algo que produzisse sombra. Uma casa idêntica voltada para outra direção poderia economizar até 30% dos custos de instalação de HVAC, além de beneficiar-se com as contas de energia mais baixas ao longo de toda a vida útil da casa (ver Figura 3.5). Uma decisão como esta pode poupar dinheiro e energia sem custos iniciais adicionais.

Brainstorm ou toró de ideias

Em geral, um projeto integrado é resultado de um *brainstorm* (cujo resultado é conhecido por *charrete*), uma reunião intensiva logo no início do projeto que inclui representantes de cada área envolvida no planejamento e na construção do projeto (ver Figuras 3.6 e 3.7), como arquitetos, *designers* de interiores, paisagistas e jardineiros, administrador da construção, especialista em consumo de energia, engenheiro ou empreiteiro de sistemas e instalações, das partes mecânicas, encarregado do projeto elétrico e hidráulico, carpinteiros, encanadores, eletricistas e os responsáveis pela drenagem e irrigação. Cada um desses profissionais contribuirá com informações e ideias importantes, o que resultará em um melhor projeto. Uma vantagem adicional de envolver a equipe inteira desde o início é desenvolver um senso de propriedade

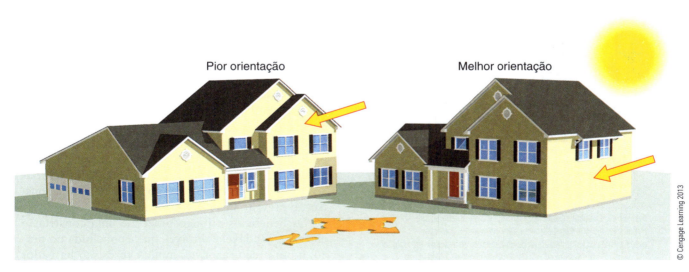

Figura 3.5 Avaliação HERS da submissão de uma casa padrão nova de 204 m² localizada no sudeste dos Estados Unidos. Nota-se primeiramente um modelo com a pior orientação (com base no consumo de energia) e depois rotacionado para a orientação mais efetiva. A escolha da orientação da casa adequada ao local pode resultar em economia de custos, de modo a reduzir o sistema de ar-condicionado de 3,5 para 3 toneladas. Essa decisão pode representar uma economia de aproximadamente US$ 50 por ano na conta de luz. O conforto geral também aumenta quando se limita a quantidade de sol que incide no final da tarde sobre janelas sem anteparos no lado oeste da casa.

> ## Você sabia?
>
> ### Realidade no Brasil e a economia de um bom projeto
>
> *Profa. Dra. Sasquia Hizuru Obata*
>
> O atendimento de um projeto integrado possui uma economia de não ser somente um bom projeto, que reduz os custos de instalações de HVAC, mas também por proporcionar delimitações mais claras de responsabilidades, garantias* e prazos dos serviços prestados pelos profissionais, que, no caso da construção, corresponde às propriedades esperadas, como sua solidez e segurança em razão dos materiais e do solo, segundo o Código Defesa do Consumidor.
>
> No Brasil, estando em vigor a norma de desempenho (ABNT NBR 15575), a solidez e a segurança ficam condicionadas à vida útil da edificação; portanto, além da qualidade no projeto e na construção, há que se considerar as manutenções e reformas que o usuário/proprietário realizará.
>
> Para as ações de manutenção existem as normas ABNT NBR 5674 – Manutenção de Edificações e a norma ABNT NBR 16280 – Reforma em Edificações: Sistema de Gestão de Reformas. Adicionam-se a essas duas normas a NBR 14037 – Diretrizes para a Elaboração de Manuais de Uso, Operação e Manutenção das Edificações: Requisitos para Elaboração e Apresentação dos Conteúdos, que representa a forma de se considerar a construção como um sistema, oferecendo ao usuário um manual, assim como é ofertado quando da aquisição de máquinas e equipamentos eletrônicos.
>
> * A garantia pode ser contratual, ou seja, um acordo voluntário entre as partes de um contrato, e a garantia legal corresponde ao estabelecido pelo Código do Consumidor. (S.H.O.)

em relação ao projeto. Quando os trabalhadores especializados são estimulados a apresentar ideias, eles passam a investir no sucesso do projeto e trabalharão com mais afinco para garantir que tudo seja feito corretamente.

Figura 3.6 Pessoas envolvidas em um *brainstorm* e definição de *brainstorm*, ou *charrette*.

brainstorm subst. masc. 1. Conjunto de ideias. Também identificado como *charrette*, em função de sua origem histórica. Durante o século XIX, os alunos da Escola de Belas-Artes de Paris utilizavam uma charrette, similar a uma carroça, para buscar seus projetos finais de arte e arquitetura. Enquanto estavam na carroça a caminho da escola, eles trabalhavam juntos freneticamente para concluir ou melhorar esses projetos. O significado da palavra evoluiu para definir um conjunto de ideias ou uma sessão de *brainstorming* intensiva. 2. Atividade intensamente concentrada com o propósito de obter consenso entre os participantes, desenvolver metas de projeto e soluções específicas para um projeto e motivar os participantes e interessados a se dedicar a fim de atingir esses objetivos. Os participantes representam todos aqueles que podem influenciar as decisões do projeto. [Fr. *charrette*.]

O projeto integrado desafia o *status quo*. Comentários como "Nunca fazemos desse jeito", "Isso é perda de tempo" e "Não posso separar um horário da minha agenda para uma reunião de dia inteiro" são comuns. Frequentemente, tanto o proprietário quanto os empreiteiros manifestam um senso de urgência para começar um projeto, seja para "acabar logo", seja para "entrar algum dinheiro". Não se leva muito em conta a importância do planejamento antecipado. Em geral, começar um projeto bem cedo resulta em um cronograma de construção mais longo, pois será preciso reavaliar e modificar decisões apressadas durante o processo. Essas decisões tardias, muitas vezes erradas, também levam a construções de baixa qualidade. Essa baixa qualidade permanece ao longo de toda vida útil da construção, com impacto prejudicial ao ocupante e ao ambiente. Ao tomar decisões bem fundamentadas antes de iniciar a construção, a equipe pode prever todas as necessidades e reduzir o cronograma, e ao mesmo tempo oferecer maiores garantias aos proprietários e como será o desempenho da construção previsto nos próximos anos.

Os benefícios a longo prazo de uma construção eficiente, saudável e durável, que é concluída no prazo, a um preço razoável, muitas vezes são baseados na mudança de padrões e abandono das experiências de atuações profissionais isoladas. A incorporação do projeto integrado permite que todos pensem sobre as implicações de longo prazo das decisões tomadas, de modo a conduzir a um processo e construções melhores.

Escolha do local

Cada local tem características únicas que criarão desafios e oportunidades para o projeto e a construção de uma casa verde. Essas características devem ser identificadas por meio de uma minuciosa análise do local, de modo que a construção integre adequadamente as características positivas do lugar ou minimize o impacto de suas qualidades negativas.

Edifícios, caminhos e áreas de estacionamento devem estar localizados em lugares que minimizem os impactos ambientais negativos. Deve-se evitar terrenos ecologicamente sensíveis (como brejos ou habitats raros), terras férteis, áreas culturais ou arqueologicamente importantes e locais vulneráveis a incêndios florestais ou inundações. São preferíveis lugares com fontes de energias renováveis (por exemplo, solar, eólica, geotérmica ou biomassa). Os locais devem permitir a orientação da casa de modo a ter insolação e sombreamento apropriados.

Alguns exemplos de locais ambientalmente sensíveis:

- Terrenos dentro de áreas de várzea com período de cem anos de recorrência de inundação, conforme define a Agência Federal de Gerenciamento de Emergências (Federal Emergency Management Agency – Fema) (Figura 3.7).
- Áreas especificamente identificadas como habitat de qualquer espécie relacionada numa lista federal ou estadual de espécies ameaçadas ou sob risco de extinção.
- Terrenos a menos de 30,5 metros de qualquer corpo d'água.
- Áreas identificadas como de atenção especial pela jurisdição estadual ou local.
- Terrenos que foram parques públicos.
- Terrenos que, de acordo com pesquisas de solo dos Serviços de Conservação de Recursos Naturais do Estado, contêm "solos nobres", "únicos" ou " de importância para o Estado" (Figura 3.8).

Antes de procurar locais para novas construções, sempre se deve avaliar a possibilidade de renovar as construções existentes. Se não for possível encontrar uma construção já existente adequada, o próximo passo será avaliar locais já desenvolvidos ou revitalizados. Todas essas estratégias preservam terras férteis e áreas naturais ecologicamente valiosas, e ao mesmo tempo limitam a expansão urbana. Essas opções também tendem a ter custos de infraestrutura mais baixos, porque em geral já há acesso para transporte e recursos, como esgoto, eletricidade e gás. Finalmente, construir perto de escolas, empresas, áreas de lazer e comércio planejados ou existentes é conveniente e pode reduzir o uso do automóvel pelos moradores.

A lista a seguir descreve os diferentes tipos de local:

- **Desenvolvimento *greenfield*:** locais que ainda não foram desenvolvidos, como áreas de floresta ou de cultivo; com o propósito de preservar os recursos naturais, esses locais, sempre que possível, devem ser evitados (Figura 3.9a).
- **Desenvolvimento *grayfield*:** imóveis ou terrenos já desenvolvidos e subutilizados; em geral, não exigem remediação antes do novo uso.
- **Desenvolvimento *brownfield*:** locais previamente desenvolvidos e contaminados por resíduos nocivos ou poluídos, que exigem remediação ambiental antes do reúso; terrenos mais contaminados e com altas concentrações de resíduos nocivos ou poluição. Nos Estados Unidos, não se enquadram na classificação *brownfield* terrenos e áreas altamente poluídas em que o *Superfund* – Fundo Fiduciário Norte-americano,[*1] estabelecido em 1980, implementa financiamentos para despoluição e descontaminação. (Figura 3.9b).
- **Desenvolvimento *infill* (de revitalização):** locais cercados ou os limites imediatamente adjacentes da propriedade possuem desenvolvimento existente ou planejado; podem ser *greenfield*, *grayfield* ou *brownfield*, conter infraestrutura no local ou fazer essas conexões com facilidade (Figuras 3.10a e 3.10b).
- **Desenvolvimento *edge* (de borda e periféricas):** locais com 25% da propriedade ou mais cujos limites adjacentes já possuem desenvolvimento.

Densidade

Uma forma de reduzir o impacto ambiental de uma construção é diminuir a pegada ambiental de todas as casas em qualquer novo empreendimento, o que pode ser feito pela ampliação do número de unidades habitacionais no local. Para obter essa densidade, deve-se implantar casas em lotes menores ou construir projetos *multifamiliares*. De modo geral, unidades multifamiliares são mais eficientes do ponto de vista energético do que casas individuais para uma única família. Unidades individuais germinadas têm cargas de aquecimento e resfriamento menores porque paredes, pisos e tetos geralmente estão ligados a outras unidades condicionadas. Projetos de *uso misto* são uma opção sustentável quando se constroem residências multifamiliares. Edifícios de uso misto contêm um componente comercial (escritório ou loja), usualmente no nível térreo. Quando se oferecem serviços residenciais e comerciais próximos à implantação habitacional, a probabilidade de os moradores caminharem é maior, em vez de se deslocarem de automóvel.

[*1] No Brasil, equivalente à Cetesb – Companhia Ambiental do Estado de São Paulo, por exemplo. (S.H.O.)

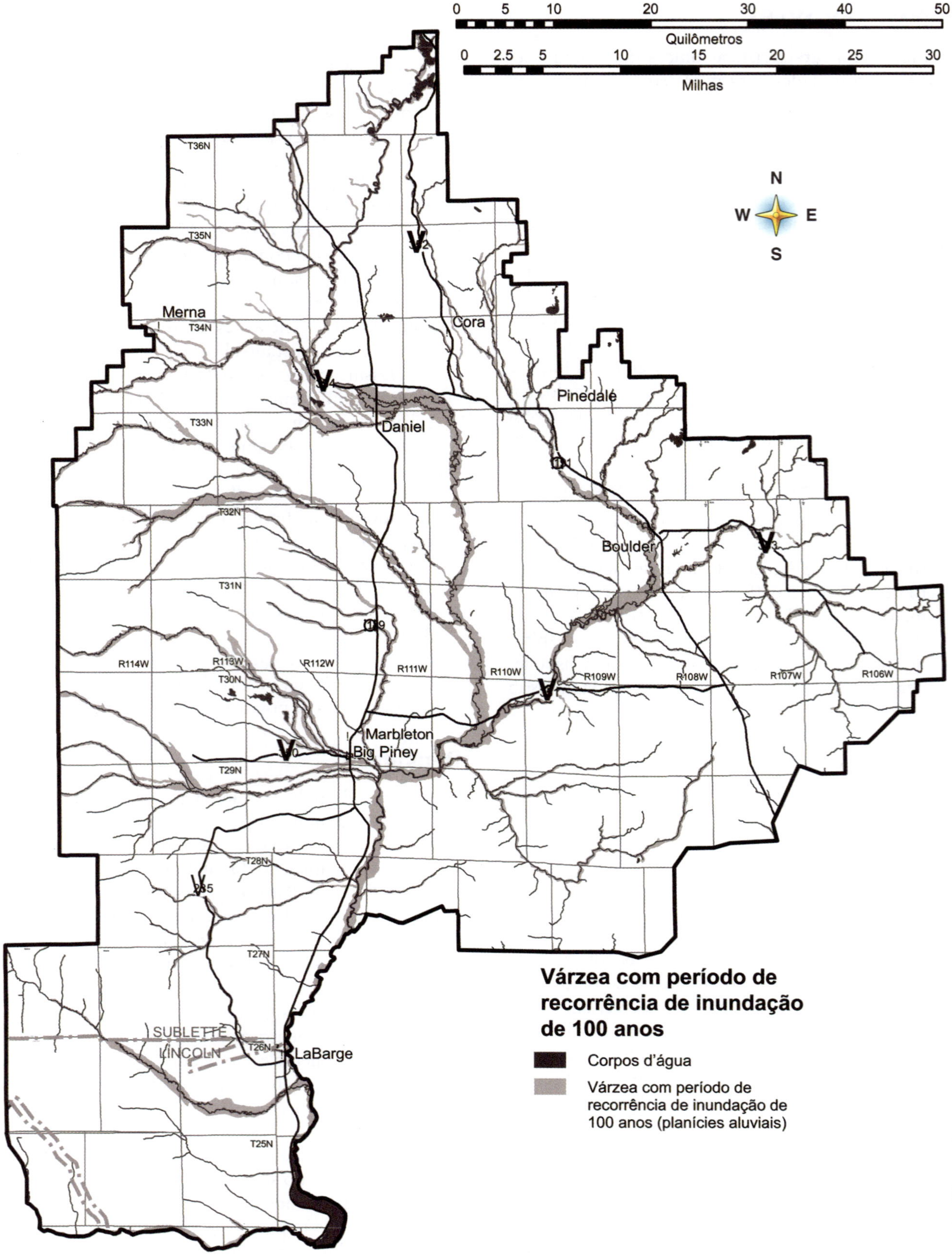

O Bureau of Land Management (Departamento de Gestão de Terras – BLM) NÃO OFERECE QUALQUER GARANTIA PARA O USO DOS DADOS PARA FINS NÃO PREVISTOS POR ELE. PLANO APROVADO DE GERENCIAMENTO DE RECURSOS DE PINEDALE.

Cortesia de Bureau of Land Management

Figura 3.7 Mapa das zonas de recorrência de 100 anos de inundação segundo a Fema.

Planejamento verde desde o começo

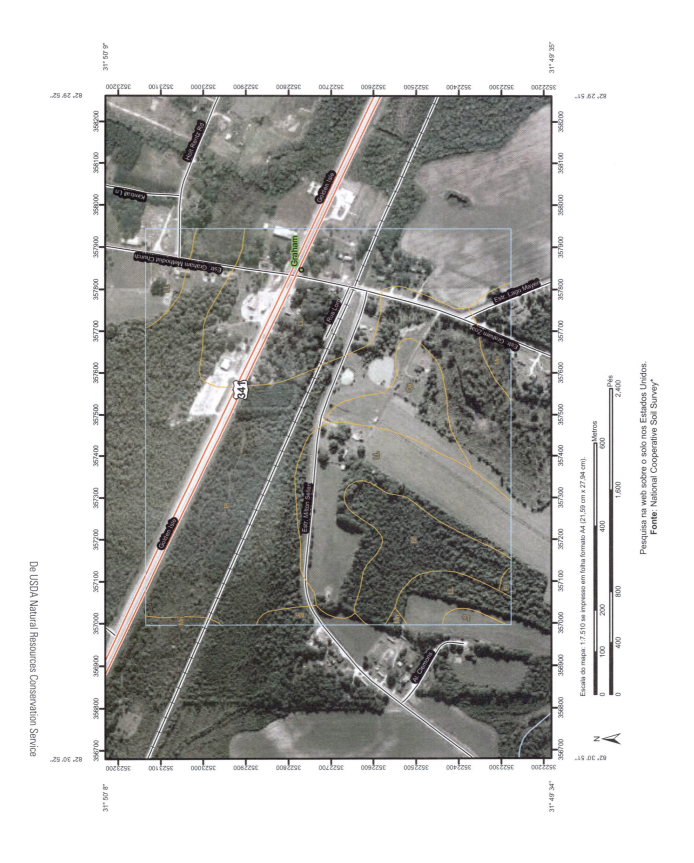

Figura 3.8a Mapa de solo para uma comunidade localizada na Geórgia.

* Trata-se de um banco de dados sobre o solo pelo qual cada estado nos Estados Unidos é responsável pela manutenção dos dados, disponível para consulta na página da USDA – Departamento de Agricultura dos Estados Unidos: <http://websoilsurvey.sc.egov.usda.gov/App/HomePage.htm>. (S.H.O.)

Legenda das unidades do mapa

Distritos de Appling e Jeff Davis, na Geórgia (GA601)			
Símbolo das unidades	Nome das unidades	Acres em AOI*	Percentual de AOI
Bf	Solo argiloarenoso de Bayboro	14,5	7,2%
LL	Solo argiloso	83,7	41,7%
Ls	Areia argilosa	0,9	0,5%
Mn	Areia Mascotte	6,9	3,4%
Oa	Areia Olustee	10,0	5,0%
Pl	Areia argilosa de Pelham	84,9	42,2%
Totais por área de interesse		**200,9**	**100,0%**

* AOI – Área de interesse (*Area of interest*). (S.H.O.)

Figura 3.8b Mapa do solo para comunidades localizadas nos distritos de Appling e Jeff Davis na Geórgia.

Figura 3.9a Locais *greenfield*, como fazendas, devem ser preservados sempre que possível.

Figura 3.9b Este armazém abandonado é um local preferencial, porque já foi afetado e delimitado por outros desenvolvimentos.

Desenvolvimento do local

Limpeza do local e movimentos de terra podem contribuir para o escoamento e a erosão. A construção de casas é uma das principais origens da poluição da água, por causa da erosão decorrente de alterações do solo, dos produtos químicos usados nas diversas fases da construção e do lixo deixado durante e depois da construção. Assim que o local adequado for definido, deve-se elaborar e implementar um plano de controle de erosão para proteger os ecossistemas naturais. O plano deve ser elaborado para todo o local, incluindo controle de erosão, zonas sob proibição de distúrbios e armazenamento de material de construção.

Você sabia?

Custos da opção verde

Em áreas de revitalização ou já desenvolvidas, os custos da construção são, muitas vezes, maiores do que aqueles despendidos em áreas virgens. Em geral, esses locais são mais dispendiosos em razão de sua proximidade com conveniências ou centros comunitários. Além disso, os preços de locais revitalizados podem ser maiores por causa das exigências regulatórias adicionais e dos custos de demolição, da remediação do solo e de outras exigências legais. Ainda que os locais possam ser mais caros, em geral as conveniências aumentam o preço de venda da casa, e pode haver subsídios estaduais ou regionais disponíveis para ajudar a reduzir os custos de construção.

Figura 3.10a Glewood Park é uma comunidade revitalizada em Atlanta, na Geórgia. Esta é a antiga área industrial antes da revitalização.

Figura 3.10b Glenwood Park em outubro de 2007.

PALAVRA DO ESPECIALISTA – EUA

Expansão e saúde

Howard Frumkin é doutor e Ph.D. em Medicina e decano da Escola de Saúde Pública da Universidade de Washington. Nos últimos anos, cada vez mais os profissionais de saúde têm reconhecido os efeitos da expansão urbana sobre a saúde. À medida que as áreas metropolitanas se estendem por grandes distâncias, surgem vários aspectos comuns. A terra se desenvolve com baixa densidade. Os diferentes usos da terra – residencial, comercial, recreativo etc. – estão separados entre si. A exigência de viagens é alta, e as distâncias dos trajetos, longas. A conectividade – facilidade de ir de um ponto a outro – é baixa quando estradas são sinuosas e não possuem articulações nem conexões com outras, e quando comparadas com estradas com implantação tradicional e disposição em forma de grades. Estradas são construídas sem calçadas, e os deslocamentos por automóvel são priorizados em relação às caminhadas, aos deslocamentos de bicicleta e o transporte coletivo.

Esse padrão tem vários efeitos diretos e indiretos sobre a saúde. Primeiro, com a perda do conceito de transporte vivo e dinâmico, "transporte ativo", a atividade física rotineira não tem espaço nas comunidades em expansão. Estilos de vida sedentários aumentam o risco de muitas enfermidades, como as doenças cardiovasculares, o câncer, a osteoporose e a depressão. Segundo, muitos deslocamentos com o uso de carro contribuem para a poluição local e regional do ar, o que agrava doenças do coração e pulmão. Terceiro, mais tempo num automóvel aumenta a probabilidade de estar envolvido numa colisão – e colisões de carros são a principal causa de morte entre jovens nos Estados Unidos. A expansão territorial urbana, referida como esparramento ou "urban spraw",* também ameaça a saúde de outras maneiras: a redução do "capital social" (as conexões sociais que unem as comunidades e produzem grandes vantagens para a saúde) põe em risco a saúde mental (basta pensar na raiva ao dirigir) e contribui para as emissões de GEE.

Por essas razões, os planejadores devem buscar estratégias de projeto que aumentem a densidade de ocupação territorial e estimulem o uso misto da terra, a conectividade, o pedestrianismo, a infra-estrutura, o transporte coletivo, os parques e as áreas verdes. Essas estratégias não apenas criam comunidades mais amigáveis para o meio ambiente e mais agradáveis para se viver, mas também promovem uma saúde melhor.

Mais informações estão disponíveis em Frumkin, H., Frank, L., Jackson, R. J. *Urban sprawl and public health*: designing, planning, and building for healthier communities. Washington, DC: Island Press, 2004.

Howard Frumkin é doutor e Ph.D. em Medicina e decano da Escola de Saúde Pública da Universidade de Washington. Antes, foi diretor do Centro Nacional de Saúde Ambiental e da Agência para Registro de Substâncias Tóxicas e Doenças nos Centros para Controle e Prevenção de Doenças dos Estados Unidos. É clínico geral, especialista em medicina ambiental e ocupacional e epidemiologista.

---

* Expansão territorial urbana dá-se pela maior ocupação horizontal, fenômeno denominado "urban spraw", que impacta no aumento das distâncias entre edificações e locais de serviços, gerando longos deslocamentos e períodos em trânsito. Portanto, as formas de espalhamento *das ocupações reduzem os contatos com as pessoas pelo consumo em deslocamentos e, por consequência, isolamento incorporado. (S.H.O.)*

PALAVRA DO ESPECIALISTA – BRASIL

O seu lugar na cidade

Cidade e infraestrutura

A maioria das pessoas vive hoje em cidades, e a tendência é de aumento. Atualmente, os países com processos de urbanização mais acelerada têm suas economias em situação de desenvolvimento, como o Brasil. São nesses núcleos urbanizados que a sociedade encontra os meios sociais, culturais e econômicos, bases da subsistência no mundo contemporâneo. É neles que se presume a provisão de uma infraestrutura elementar sem escassez, sustentáculo para alimentar as atividades humanas em seus aspectos mais básicos, tanto nas necessidades por água, energia, comunicações como na gestão destes recursos, desde o abastecimento, a coleta, tratamento, disposição até o descarte.

Planejamento e projeto

A importância de um planejamento urbano integrado, que considere parte indissociável do seu corpo as fontes que geram os recursos naturais que alimentam a cidade e as veias que distribuem esses recursos, tanto por vias aéreas, superficiais, como nas suas camadas mais subterrâneas, faz-se fundamental no sentido de apontar para o desenvolvimento de cidades mais democráticas e sustentáveis. Desta forma, cada ponto de uma malha urbana carece de recursos gerados em outro ponto e produz seu efeito em distintas outras localizações, provocando uma gama de ações e reações de causas e efeitos no território urbano.

Causa e efeito

Neste sentido, pensar em um ponto isoladamente, sem considerar seus efeitos em cadeia, seria uma forma circunscrita e insuficiente para se compreender a complexidade urbana, assim como pensar o todo sem considerar as variáveis específicas que produzem os problemas e as soluções seria, da mesma forma, inadequado e limitado. Por isso, pensar a cidade é pensar o edifício, assim como pensar o edifício é pensar a cidade.

Andrea Bazarian Vosgueritchian é doutora em Planejamento Urbano e Regional pela Faculdade de Arquitetura e Urbanismo da Universidade de São Paulo (FAU-USP), mestre em Tecnologia da Arquitetura (FAU-USP) e especialista em Conforto Ambiental e Conservação de Energia (Fundação para a Pesquisa Ambiental – FAU-USP), docente da Fundação Armando Alvares Penteado (Faap), Arquiteta e Urbanista, Consultora Ambiental para o Ambiente Construído, LEED AP.

Global e local

Neste contexto, o projeto de um edifício, no caso residencial, deve buscar soluções que tratem tanto das condicionantes locais quanto do seu efeito em seu entorno imediato. Objetivamente, isso implica uma etapa de pesquisa de dados variados para se conhecer as condições locais relacionadas; por exemplo, clima, relevo, existência de contaminação ambiental, topografia, regras de uso e ocupação do solo, sistema viário, influência das edificações vizinhas, assim como cobertura e qualidade da infraestrutura de transporte público do entorno, abastecimento de água, energia, telecomunicações, coleta de resíduos, isto é, uma gama extensa de informações que possam caracterizar o local do projeto.

Informação e geografia

Como forma de ir além da caracterização das condicionantes locais de projeto, procura-se avaliar as relações entre os dados coletados, buscando soluções integradas aos problemas identificados por meio da utilização de sistemas de informação georreferenciados (SIG). Esses sistemas permitem a visualização de correlações entre dados geográficos e qualitativos, facilitando a visualização das necessidades e dos efeitos de algumas ações de projeto. Por exemplo, provedores de serviços de infraestrutura já utilizam esta ferramenta para poder conhecer o perfil de seus clientes através de seus dados cadastrais, cruzando dados de consumo com dados socioeconômicos. Do ponto de vista do programa de projeto residencial, principalmente na escala do projeto habitacional, o conhecimento de dados climáticos, ambientais e infraestruturais é fundamental para prevenir as mais distintas patologias de projeto, assim como para propor as soluções mais adequadas.

Autonomia e integração

É costume pensar que um edifício residencial deva ser autossuficiente em relação à possibilidade de gerar recursos, como energia elétrica, por exemplo, para atender à demanda de seus usuários. Porém, na perspectiva do que se propõe neste texto, o edifício representa a parte de

(continua)

um todo, sendo as soluções mais adequadas aquelas que veem o uso dos recursos como um processo de integração na escala urbana. Hoje, no Brasil, já existe informação e tecnologia para permitir a integração infraestrutural de diversas estruturas, mesmo que limitadas e em processo de desenvolvimento. Na concepção de projetos residenciais, é importante possibilitar a capacidade de integração das soluções e tecnologias do edifício na rede urbana, sempre tendo em mente seu efeito na escala da cidade e, por consequência, na expansão da metrópole.

Dicas: Fontes de dados georreferenciados podem ser encontradas na Emplasa, no IBGE, na pesquisa OD: Origem e Destino do metrô, no Atlas ambiental do município de São Paulo, entre outras fontes.

Controle de erosão

Para limitar a extensão e a exposição dos solos à erosão em grandes áreas indica-se o uso de inclinação escalonada. Erosão é a remoção de sólidos (isto é, sedimentos, terra, pedras e outras partículas) por vento, água ou gelo no ambiente natural. Quando o local sofre alguma perturbação, muitas técnicas podem impedir infiltrações de esgotos e canais de água nos solos afetados. Barreiras de sedimentos impedem o acúmulo e o escoamento de sedimentos no local (Figura 3.11). Barreira de sedimentos é uma contenção temporária destes, feita de tecido permeável sintético preso a barras de madeira ou aço. A maioria das jurisdições exige barreiras de sedimentos como medida mínima para controle de erosão, que representa uma das melhores práticas de gerenciamento para controle de erosão em relação a outros métodos. Além disso, em caso de tempestades, fardos de palha, cercas e sacos de terra e filtros de pedra podem impedir que sedimentos sejam carreados para a rede de águas pluviais e de esgotos (Figura 3.12). Solos retirados e movidos devem ser empilhados e cobertos a fim de evitar a erosão e permitir um futuro reúso. Terraços, paredes de contenção e técnicas de estabilização previnem a erosão em longo prazo.

Você sabia?

Realidade no Brasil sobre a camada superficial do solo como recurso e ação de preservação

Profa. Dra. Sasquia Hizuru Obata

A camada superficial do solo, denominada topsoil, representa um recurso importantíssimo para o atendimento da sustentabilidade das construções, capaz de gerar economias para os empreendimentos.

Em geral, nas movimentações iniciais de terra para a implantação de uma edificação recorre-se ao corte da camada superficial do solo, representando uma atividade de limpeza do terreno. Porém, essa camada que é extraída, de cerca de 20 a 30cm, é descartada e transportada para aterros, exigindo a contratação de caçambas e implicando custos de locomoção e taxas; isto, de fato, é "jogar no aterro" material muito próprio para paisagismo e criação de jardins, em razão de seus nutrientes e por ser uma camada fértil. Esse material possui potencial e pode se tornar mais fértil se tratado e se, durante a obra, servir de absorvedor de componentes orgânicos de suas etapas, tornando-se excelente para o plantio.

O aproveitamento desse material exige maior planejamento e um estudo apurado do canteiro de obras para deposição temporária e o manejo em seu armazenamento e melhoria, a fim de que não seja contaminado ou se torne impróprio, mas ganha-se em menores emissões de carbono, em custos com a compra de terra adubada para o paisagismo, em redução da dispersão de sólidos, entre outros pontos, além de contar na obtenção de certificações verdes de empreendimentos por atender ao item de controle de erosão.

No Brasil, o atendimento de especificações e parâmetros para o uso do topsoil ainda não é consolidado como prática normalizada em nível nacional, mas há que se destacar e reconhecer que o Distrito Federal é o pioneiro e único estado com legislação específica (Ibram – Instituto Brasília Ambiental n. 174, de 7 de agosto de 2013) para a supressão de vegetação nativa autorizada, no sentido de dar a correta destinação do material e contribuir para a recuperação de áreas degradadas.

Águas pluviais

Água pluvial é o fluxo de água produzido por precipitação de chuva ou como resultado do derretimento da neve. Superfícies impermeáveis, como telhados, entradas de garagem, calçadas e ruas pavimentadas, impedem que as águas pluviais se infiltrem naturalmente no solo. Quando há uma enxurrada sobre o terreno ou superfícies impermeáveis, ela acumula detritos, produtos químicos, fluidos automotivos ou outros poluentes antes de escoar para os rios e cursos d'água próximos. Identificar fontes de poluição de águas pluviais e mantê-las longe das valas e vias percorridas pela água é a melhor forma e a mais econômica de manter essa água limpa.

De CAUFIELD. *Going Green with the International Residential Code*, 1E. © 2011 Delmar Learning, parte da Cengage Learning, Inc. Reproduzida com permissão. www.cengage.com/permissions

Figura 3.11 Barreira de sedimento instalada ao longo dos limites de uma propriedade para controle de erosão.

Figura 3.12 Filtro de tecido, gabião saco, impedindo que sedimentos caiam no sistema de águas pluviais.

O controle da poluição das águas pluviais nos Estados Unidos é regulado pelas emendas da Lei da Água Limpa (Clean Water Act) de 1987, que autorizaram a EPA a ampliar o programa do Sistema Nacional de Eliminação de Descargas Poluentes (National Pollutant Discharge Eliminated System – NPDES) para abranger também descargas de águas pluviais. Segundo este programa, os operadores de alguns projetos de construção podem ser obrigados a obter autorização para a descarga de águas pluviais, o que dependerá da quantidade de terra a ser movimentada e do risco potencial ao padrão de qualidade da água. O NPDES é um programa federal aplicado em nível estadual. A EPA permite que agências ambientais estaduais autorizadas administrem o programa em quase todos os Estados; as exceções são Massachusetts, Novo México, Alasca, Idaho e New Hampshire. Nesses cinco Estados e em algumas instalações federais e em terras de americanos nativos, a EPA supervisiona o programa. O método primário para controlar descargas de águas pluviais é o uso de **melhores práticas de gerenciamento (MPG)**.

Gerenciamento de águas pluviais

Sempre que possível, devem-se planejar e implantar sistemas permanentes capazes de colher e reutilizar águas pluviais. A água colhida pode ser usada para irrigação ou construção. Esta estratégia será explorada em mais detalhes no Capítulo 15.

Antes de eliminar as águas pluviais do local, devem-se examinar também métodos de baixo impacto para tratar sua qualidade e reduzir o índice de descarga.

Você sabia?

Efeitos da poluição

O excesso de sedimentos causado pela erosão pode turvar a água e impedir que a luz solar alcance plantas aquáticas. Plantas sem luz solar adequada não conseguem crescer. O excesso de nutrientes resultante do escoamento de fertilizantes pode causar a **proliferação de algas**, que ocorre quando a população de um sistema aquático cresce exponencialmente num curto período de tempo. À medida que as algas mortas se decompõem, o oxigênio necessário para a vida de outros organismos aquáticos é retirado da água. Algas também podem bloquear a luz do sol e liberar toxinas nocivas. Exemplos do efeitos dessa poluição:

- Bactérias e patógenos podem contaminar águas usadas para recreação, o que representa um risco à saúde humana.
- Lixos e detritos (como bitucas de cigarros, plásticos de fardos de bebidas, sacos plásticos) podem prejudicar ou matar organismos aquáticos e animais selvagens.
- Resíduos domésticos nocivos (inseticidas, pesticidas, tinta, solventes, óleo de motor usado etc.) podem envenenar a vida aquática.
- Animais terrestres e pessoas podem adoecer ou morrer ao comer peixes ou frutos do mar que morreram em razão de doenças.
- Águas pluviais poluídas põem em risco as fontes de água potável, ameaçando a saúde humana e aumentando o custo para tratamento de água potável.

Você sabia?

Realidade no Brasil sobre legislação e controle das águas

Profa. Dra. Sasquia Hizuru Obata

No Brasil, todo o conjunto de serviços, infraestruturas e instalações operacionais de abastecimento de água potável, esgotamento sanitário, limpeza urbana e manejo de resíduos sólidos, bem como drenagem e manejo de águas pluviais urbanas, definidos como saneamento básico, é, no âmbito federal, de responsabilidade da Secretaria Nacional de Saneamento Ambiental (SNSA),* uma das secretarias nacionais do Ministério das Cidades, dividida em três departamentos:**

- Departamento de Água e Esgotos (Dages): trata das ações de apoio com recursos de financiamento do FGTS, FAT e outros, bem como de organismos internacionais.
- Departamento de Articulação Institucional (Darin): trata do planejamento, dos estudos setoriais, da capacitação, bem como da articulação e do desenvolvimento institucional.
- Departamento de Cooperação Técnica (DDCOT): com recursos do Orçamento Geral da União, subsidia ações de saneamento e saneamento integrado, estudos, projetos e planejamento urbano.
- A Lei n. 11.445/2007 estabelece as diretrizes nacionais da política de Saneamento Básico e prevê a obrigatoriedade da elaboração dos planos municipais, regionais e nacional de Saneamento. Trata-se de uma lei que define, entre outros, os princípios da universalização do acesso ao saneamento básico e prevê o Plano Nacional de Saneamento Básico (Plansab).***

Dentro do Plansab, destacam-se:

- A universalização do Saneamento Básico – em abastecimento de água potável, esgotamento sanitário, manejo de resíduos sólidos e manejo de águas pluviais – deve garantir, independente de classe social e capacidade de pagamento, qualidade, continuidade e inclusão social e, ainda, contribuir para a superação das diferentes formas de desigualdades sociais e regionais, em especial as de gênero e étnico-raciais.
- Compromisso com os Objetivos de Desenvolvimento do Milênio: o Plansab deve buscar meios para que, até 2015, seja cumprida a meta de redução pela metade do número de pessoas que, em 1990, não tinham acesso a abastecimento de água e esgotamento sanitário.

Como referencial do *status* da infraestrutura, tem-se que, atualmente, apenas 45% da população brasileira possui coleta de esgoto, e apenas um terço daquilo que se coleta recebe tratamento. O Plansab prevê a necessidade de um investimento de R$ 270 bilhões até 2030 – R$ 15 bilhões por ano – somente para atender à população com água tratada e esgoto (coleta e tratamento).

---

* Secretaria Nacional de Saneamento Ambiental, referência do Ministério das Cidades. Disponível em: <http://www.cidades.gov.br/index.php/perguntas-frequentessaneamento.html>. Acesso em: 15 abr. 2015. (S.H.O.)
** A Lei n. 11.445/2007 estabelece as diretrizes nacionais para o saneamento básico. Disponível em: <http://www.planalto.gov.br/ccivil_03/_ato2007-2010/2007/lei/l11445.htm>. Acesso em: 15 abr. 2015. (S.H.O.)
*** O texto do Plansab está disponível em: <http://www.cidades.gov.br/images/stories/ArquivosSNSA/PlanSaB/plansab_texto_aprovado.pdf>. Acesso em: 15 abr. 2015. (S.H.O.)

Essas precauções impedirão a rápida passagem de poluentes de superfícies impermeáveis para os corpos d'água próximos. O Capítulo 11 examina técnicas de paisagismo que podem ser usadas para reduzir as superfícies impermeáveis e filtrar a poluição do escoamento de águas pluviais.

Como reduzir o impacto local

Durante a construção, os impactos no local devem ser minimizados, por exemplo, áreas para preservação de árvores ou plantas e escavações seletivas. As plantas das construções devem indicar claramente os limites da construção e as zonas de impacto. O local deve ser claramente assinalado a fim de evitar impactos desnecessários em outros solos. Materiais de construção e veículos podem compactar o solo e devem ser mantidos fora de áreas não impactadas.

Além disso, devem-se, sempre que possível, usar a vegetação e a topografia naturais do local. Quando se posiciona a casa, as entradas pavimentadas podem ser alinhadas à topografia natural a fim de minimizar a terraplanagem, os cortes e aterros. Se forem adequadamente protegidas durante a construção, as árvores existentes poderão oferecer sombra à casa, o que reduzirá a necessidade de energia no verão.

Preservar a vegetação existente pode não ser apropriado para locais previamente desenvolvidos, especialmente *brownfields*. Nesses casos, o foco deve ser reabilitar o local e restaurar as áreas naturais com espécies de plantas locais.

Como minimizar a alteração de encosta

Alteração de encosta é o processo de desestabilizar uma inclinação por terraplanagem ou movimentação do solo local. Definidas por uma inclinação de 25% ou mais, rampas íngremes apresentam sérios riscos de erosão e devem ser mantidas, sempre que possível, sem alterações. Estudos de estabilidade hidrológica do solo são ferramentas importantes para orientar as alterações formais do local. Quando as rampas são perturbadas durante a construção, devem-se usar pneus, coberturas para controle de erosão, coberturas de adubo, filtros têxteis, taludes de terra ou outras medidas para manter o solo estabilizado (figuras 3.13a e 3.13b).

Figura 3.13a Gabiões sacos/ Filtros têxteis recém-instalados permitem estabilizar a encosta.

Figura 3.13b O mesmo projeto de estabilização da encosta alguns meses mais tarde.

Armazenamento do material de construção

O plano de controle de erosão deve indicar a área em que ficarão armazenados os equipamentos e o material de construção. A área de armazenamento deve ser escolhida cuidadosamente a fim de evitar a alteração do solo e a compactação de áreas sensíveis.

Projeto da casa

Decisões de projeto, como a orientação da casa, localização das janelas, sombreamento e complexidade estrutural, contribuem para o consumo de energia e para o impacto ambiental geral de uma construção. Como o tamanho da casa afeta diretamente a quantidade de material usado e os resíduos gerados durante a construção, a área não deve ser maior do que o necessário para atingir a satisfação dos ocupantes.

Orientação da casa

A orientação solar de uma casa afeta substancialmente o uso da energia e o conforto dos ocupantes. Originalmente, as habitações humanas utilizavam o sol para aquecimento e iluminação. Os americanos nativos de Mesa Verde, no sudoeste do Colorado, projetavam as moradias em penhascos para receber os raios quentes do sol no inverno e aproveitar as sombras frescas da montanha durante o verão (Figura 3.14). A prática de projetar uma casa para utilizar a energia do sol para aquecimento e resfriamento é chamada de **aproveitamento solar passivo**.

O aproveitamento solar passivo usa os componentes de uma construção para coletar, armazenar e distribuir a energia do sol, a fim de reduzir a demanda por aquecimento. Esta prática utiliza métodos naturais de transmissão de calor (radiação, convecção e condução) e não emprega equipamentos mecânicos. Esses sistemas não têm um custo inicial elevado ou longo prazo para retorno. O ideal é que o aquecimento solar passivo seja incorporado ao plano inicial da construção. O projeto da casa pode ser simples, mas o conhecimento da geometria solar, da tecnologia de janelas e do clima local é necessário para obter o aproveitamento máximo. O Capítulo 16 aborda detalhadamente as estratégias de aproveitamento solar passivo.

Figura 3.14 Aproveitamento solar passivo em Cliff Palace, Mesa Verde.

Você sabia?

As recomendações para a implantação de obras no Brasil

Profa. Dra. Sasquia Hizuru Obata

No que se refere às recomendações para a implantação de obras no Brasil, toma-se aqui como referência as instruções disponíveis no guia da Câmara Brasileira da Indústria da Construção que tem como base a norma ABNT NBR 15575/2013: Desempenho de edificações habitacionais.

De acordo com este guia, é vital o conhecimento e a familiarização de empreendedores e técnicos com o local da obra, procurando identificar antecedentes relativos à presença de indústrias, aterros sanitários e outros. A ocorrência de número significativo de matacões no terreno, a necessidade de descontaminação do solo e a de extensas contenções, por exemplo, devem obrigatoriamente compor a engenharia financeira do empreendimento, podendo comprometer sua viabilidade caso não sejam convenientemente considerados. Consultas à prefeitura local, órgãos ambientais, Corpo de Bombeiros, Defesa Civil e construtores ou projetistas que atuam no local da obra sempre podem trazer informações importantes. Devem ser providos os levantamentos topográficos, geológicos e geotécnicos necessários, executando-se terraplenagem, taludes, contenções e outras obras, de acordo com as normas aplicáveis (NBR 8044, NBR 5629, NBR 11682, NBR 6122 etc.).

O guia apresenta, ainda, uma lista de verificação dos riscos passíveis de estar presentes no entorno da obra, conforme exemplo apresentado na Tabela 3.1, cujo atendimento é desejável.

Agentes de risco	Há risco? Sim	Não	Providência recomendada pelo analista
Enchentes/sistema de drenagem urbana			
Erosão			
Deslizamento			
Presença de solos colapsíveis			
Presença de solos expansíveis			
Dolinas/piping/subsidência do solo			
Crateras em camadas profundas			
Desconfinamento do solo			
Ocorrência significativa de matacões			
Argilas moles em camadas profundas			
Rebaixamento do lençol freático			
Sobreposições de bulbos de pressão			
Efeitos de grupo de estacas			
Vendavais			
Tremores de terra			
Vibrações decorrentes da terraplenagem			
Vibrações por vias férreas/autoestradas			
Proximidade de aeroportos			
Rota de aeronaves			
Antiga presença de aterro sanitário			
Antiga presença de indústria perigosa			
Atmosferas agressivas			
Chuvas ácidas			
Contaminação do lençol freático			
Pedreira nas proximidades			
Indústria de explosivos			
Posto de gasolina/depósito combustíveis			
Linhas de alta tensão aéreas ou enterradas			

(continua)

Agentes de risco	Há risco?		Providência recomendada pelo analista
	Sim	Não	
Redes públicas de gás, adutoras etc.			
Danos causados por obras próximas			
Danos causados por obras vizinhas			
Analista:			
Assinatura:			
Local e data:			

Fonte: Câmara Brasileira da Indústria da Construção. Desempenho de edificações habitacionais: Guia orientativo para atendimento à norma ABNT NBR 15575/2013. Câmara Brasileira da Indústria da Construção. Fortaleza: Gadioli Cipolla Comunicação, 2013. 308p. Disponível em: <http://www.cbic.org.br/arquivos/guia_livro/Guia_CBIC_Norma_Desempenho_2_edicao.pdf>. Acesso em: 20 mar. 2015. (S.H.O.)

Orientação das janelas

Para um clima específico, deve-se definir a orientação e o tamanho das janelas para otimizar, no inverno, o ganho de calor e minimizá-lo no verão (Figura 3.15). Envidraçamento é a parte transparente de uma parede ou porta, em geral feita de vidro ou, ocasionalmente, de plástico. No Hemisfério Norte, o sol se move pelo céu ao sul num ângulo mais baixo durante o inverno; em razão da inclinação do eixo da Terra há a alteração sazonal. Durante esse período, os raios solares também incidem sobre a Terra num ângulo mais fechado. Janelas voltadas para o sul permitem que a energia do sol no inverno tenha maior incidência na casa, o que beneficia o aquecimento e a iluminação. No Hemisfério Sul, mais austral, as estações são invertidas, de modo que a maioria dos envidraçamentos deve ocorrer na face norte da casa. A exposição da construção para o sul deve estar livre de grandes obstáculos (por exemplo, edifícios ou árvores altas) que bloqueiem a luz solar. Embora uma exposição total para o sul seja desejável, a fim de maximizar a contribuição solar, não é obrigatória nem viável em todos os casos. Se a construção estiver voltada para o sul num ângulo de 30°, o envidraçamento nesse lado receberá cerca de 90% do ganho de aquecimento solar ideal.

Para acomodar as janelas adicionais no lado sul da construção, casas com aproveitamento solar passivo geralmente utilizam plantas retangulares, com o eixo mais longo no sentido leste-oeste. Este tipo de planta também estimula um uso menor de envidraçamentos nos lados leste e oeste da casa (Figura 3.16).

Se for projetado de maneira inadequada, o envidraçamento poderá aumentar o consumo de energia da casa. O vidro permite naturalmente a passagem da luz solar e forma uma barreira à radiação de ondas longas de calor. Efeito estufa é o acúmulo de calor em um espaço interno causado pela entrada de energia através de uma membrana transparente (como vidro), e é a razão pela qual as casas ficam quentes em dias ensolarados (Figura 3.17). O efeito estufa também se refere ao processo pelo qual os planetas mantêm sua temperatura graças à presença de uma atmosfera que contém gás, que absorve e emite radiação infravermelha. Entretanto, como as janelas não são isolantes perfeitos, permitem que o calor escape. O desafio é dimensionar corretamente o envidraçamento voltado para o sul a fim de equilibrar as propriedades de ganho e perda de calor sem causar superaquecimento. Aumentar a área envidraçada pode aumentar a perda de energia de uma construção e levar a um ganho excessivo de calor.

No caso do Brasil, em razão da sua extensão territorial, esta análise deve ser referenciada para cada região, embora quase sempre paredes e janelas ou aberturas envidraçadas voltadas para a parte norte proporcionem ambientes muito aquecidos no verão, podendo gerar uma condição de aumento excessivo de temperatura e do efeito estufa, principalmente quando não se conta com a devida ventilação passiva e/ou o uso de vidros de alto desempenho.

Veja o Capítulo 8 para obter mais informações sobre janelas.

Arquitetura solar passiva

Arquitetura solar passiva é uma estratégia na qual a casa e a maior parte do envidraçamento são voltadas para o sul, em projetos localizados no Hemisfério Norte. Para o Brasil, situado no Hemisfério Sul, os envidraçamentos poderiam ser indicados voltados para o norte, mas cabe a precaução já descrita, bem como a dimensão dos envidraçamentos. A área envidraçada total deve limitar-se a aproximadamente 8% da área de piso, a menos que os ambientes contenham elementos como cerâmicas, pisos de alvenaria ou paredes que absorvam calor. Se forem instalados mais materiais que retêm calor, poderão ser incluídas outras janelas ou

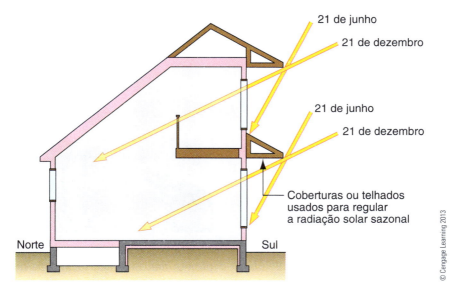

Figura 3.15 No hemisfério norte, o aproveitamento solar passivo utiliza janelas voltadas para o sul com coberturas adequadas, a fim de controlar o ganho de calor na estação de aquecimento (inverno) e evitar o ganho excessivo de calor na estação de resfriamento (verão).

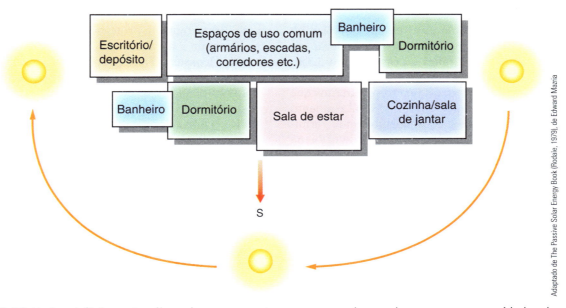

Figura 3.16 No hemisfério norte, disponha os aposentos numa casa de acordo com suas necessidades de aquecimento e iluminação. Aposentos com grande necessidade de aquecimento e iluminação devem ser voltados para o sudeste, sul e sudoeste. Ao longo da face norte da construção, disponha os espaços com necessidades mínimas de aquecimento e iluminação, como corredores, armários e garagens.

portas envidraçadas voltadas para o sul, no hemisfério norte (ver Capítulo 16 para obter mais detalhes). Esse simples deslocamento na posição das janelas é uma ótima estratégia para climas frios e não tem custo algum; entretanto, é fundamental um bom planejamento.

Brises

A sombra fornecida por elementos da paisagem, beirais, persianas e telas solares para janelas ajuda a diminuir o ganho de calor em janelas que recebem sol pleno. **Brise** é um recurso arquitetônico, como um painel, toldo ou sacada, que protege janela ou porta do sol (Figura 3.18). Brises voltados para o sul devem ser dimensionados de modo a oferecer som-

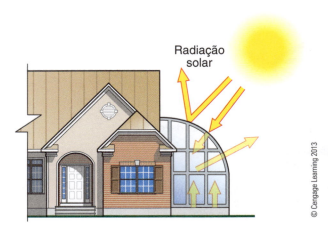

Figura 3.17 O efeito estufa na atmosfera terrestre é semelhante a uma estufa de vidro anexada a uma casa ou a um terraço com muito vidro. A radiação solar atravessa o vidro e aquece o piso. A energia infravermelha do calor do piso é refletida parcialmente pelo vidro e aprisionada dentro da estufa.

Figura 3.18 Brises podem ter diversas formas. Este projeto multifamiliar, localizado no hemisfério norte, utiliza brises vazados nas janelas da face sul. A sombra do sol no início da tarde é claramente visível.

bra no verão e permitir o aproveitamento solar no inverno. Para dimensionar brises, é preciso levar em conta a localização geográfica da casa (Figura 3.19). Podem-se usar elementos internos para oferecer sombra, mas não são tão efetivos quanto os externos que bloqueiam a radiação solar. Embora o sombreamento interno reduza em parte o aquecimento, ainda permite a entrada de uma grande quantidade de calor na casa. Brises também protegem a casa da chuva direta e aumentam a durabilidade.

No Hemisfério Norte, o sol atinge o ponto mais alto no céu em torno de 21 de junho e o ponto mais baixo por volta do dia 22 de dezembro. Esses dias são chamados de solstício de verão e inverno, respectivamente.

Já no Brasil, localizado no Hemisfério Sul, temos o solstício de verão no dia 22 de dezembro e o solstício de inverno em torno do dia 21 de junho.

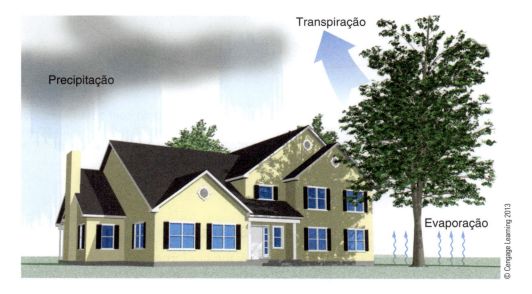

Figura 3.19 Evapotranspiração é a soma de evaporação na superfície do solo e transpiração das plantas.

PALAVRA DO ESPECIALISTA – BRASIL

Orientação em função da radiação solar

Radiação solar é a principal fonte de energia para o planeta, seja como fonte de luz, seja de calor. É uma energia eletromagnética de onda curta que atinge a Terra após ser parcialmente absorvida pela atmosfera. A maior influência da radiação solar é na distribuição da temperatura no globo. Essas quantidades de radiação variam de acordo com a época do ano e a latitude do local.

O sol libera uma quantidade de aproximadamente 6 bilhões de lumens para cada metro quadrado de sua superfície. Deste valor, cerca de 134 mil lux alcançam a atmosfera externa da Terra, onde perto de 20% desta luz é absorvida e 25% refletida de volta ao espaço. Os 55% restantes dessa luz chegam à superfície do planeta diretamente em forma de feixe de raios paralelos, recebendo o nome de luz direta, e outra fração é difundida pelas camadas da atmosfera, nuvens e outros elementos, compondo então a luz difusa. Pelo fato de a luz difusa ser emitida em todas as direções do céu, é caracterizada como uma iluminância homogênea da luz natural, o que explica a possibilidade de existência de luz sem a presença direta dos raios solares, ampliando as chances de se projetar sem riscos de se ter aquecimentos desvantajosos.

Tanto a luz direta como a difusa compõem a luz natural diurna. Por simplificação de conceitos e cálculos, o céu estabelecido para estudo da trajetória do sol é considerado como uma grande luminária em forma de meia esfera, chamada Abóbada Celeste.

Desse modo, a posição do sol na Abóbada Celeste pode ser definida pelos ângulos de altitude solar (γ) e de azimute solar (α), que variam de acordo com a hora do dia e o período do ano. De todos os elementos climáticos, a radiação solar é a de comportamento mais conhecido, bastando plotar a altitude (γ) e o azimute (α) do sol em uma carta solar (Figura 3.20) para saber onde está o sol em determinado período do ano.

A parcela que atinge a Terra é a radiação direta, e sua intensidade depende da altitude solar (γ) e do ângulo de incidência dos raios solares em relação à superfície receptora (θ), como mostra a Figura 3.21.

Thelma Lopes da Silva Lascala Engenheira civil pela FAAP, com licenciatura e bacharelado em Física pela Universidade Presbiteriana Mackenzie, Especialista em MTE-Master em Tecnologia da Educação pela FAAP, mestre em Arquitetura e Urbanismo pela Universidade Presbiteriana Mackenzie e doutora em Energia pela Universidade de São Paulo. Coordenadora do Curso de Engenharia Civil e professora titular em graduações da FAAP, na qual também atua no curso de pós-graduação em Curso de Construções Sustentáveis.

A quantidade de radiação solar que chega à superfície terrestre depende basicamente de três fatores: lei do cosseno, dissipação atmosférica e duração do dia. A lei do cosseno estabelece que a quantidade de radiação solar recebida por uma superfície é proporcional ao cosseno do ângulo que os raios solares fazem com o normal ao plano dessa superfície. Pode-se, então, afirmar que quanto maior a latitude de um local menor será a quantidade de radiação solar recebida, e, portanto, as temperaturas do ar tenderão a ser menos elevadas. Quanto menor a altitude solar, mais longe é o trajeto da radiação através da atmosfera, e, em consequência, chega menos radiação à superfície terrestre.

Assim sendo, é possível tirar partido ou evitar a luz e o calor em uma edificação, e o critério mais eficaz para definir o que fazer é ter como premissas o conforto térmico e visual dos ocupantes e a economia de energia.

A orientação do edifício influencia sensivelmente a quantidade de calor por ele recebida. Com suas fachadas maiores orientadas favoravelmente, o edifício recebe na latitude 30° Sul (correspondente a Porto Alegre) 1,8 milhões de quilocalorias por dia, ao passo que, se orientado desfavoravelmente, a carga térmica recebida é da ordem de 4,2 milhões de quilocalorias por dia. Ou seja, o aumento da carga térmica recebida por um edifício mal orientado é de quase 150%.

Mensalmente, um edifício bem orientado consome, em média, 1,2 KW/h de energia operante por metro quadrado de superfície por apartamento, ao passo que uma edificação mal orientada, com as fachadas principais expostas à maior carga térmica possível, consome 1,9 KW/h. O uso adequado da orientação implica, portanto, menor consumo de energia.

A orientação dos planos verticais das fachadas é de crucial importância no que se refere à disponibilidade de luz natural. Quando estão voltadas para as regiões do céu por onde o Sol faz sua trajetória, estão também as porções mais brilhantes do céu. Por isso tendem a receber intensidades luminosas maiores e por períodos mais longos do dia, mesmo em regiões de céu encoberto.

No Hemisfério Sul, essa situação corresponde a meia abóbada celeste voltada para o norte, ao mesmo tempo

(continua)

que no Hemisfério Norte essa condição vale para meia abóbada voltada para o sul. A orientação norte para o Hemisfério Sul e a orientação sul para o Hemisfério Norte oferecem maior disponibilidade de luz natural ao longo de todo ano, se comparadas às demais orientações. Esta afirmação é válida quanto mais se afasta do Equador (latitude 0°), uma vez que, para latitudes próximas a ele, as orientações norte e sul recebem praticamente as mesmas quantidades de luz e calor.

A partir do Trópico de Capricórnio, Hemisfério Sul (latitude 23° 30°, correspondente a São Paulo), a fachada sul recebe predominantemente luz difusa e quase nenhuma luz direta dos raios solares. Já a fachada norte tem incidência de radiação solar durante todo o dia, enquanto as fachadas leste e oeste recebem radiação durante metade do dia. O oposto acontece no Hemisfério Norte, a partir do Trópico de Câncer.

Praticamente, a primeira questão que se coloca para o desenvolvimento de um projeto, seja de um edifício, seja de um espaço urbano, é: como o Sol percorre o céu numa determinada localidade em função do dia e mês do ano, quanto ele fica acima do horizonte?

A resposta a tal questão é essencial para se aproveitar, no projeto, o calor quando houver interesse em se aquecer a edificação, ou evitar e proteger as construções e os espaços externos do clima e estações quentes, pois é muito diferente projetar para a Amazônia e projetar para uma montanha ou para latitudes próximas do Equador Terrestre, entre o Equador e os Trópicos, ou ao Sul do Trópico de Capricórnio e Norte do Trópico de Câncer.

Weber Amendola com base em adaptação de Analysis Sol-Ar, do Banco Internacional de Objetos Educacionais. Disponível em: <objetoseducacionais2.mec.gov.br/handle/mec/4738>. Acesso em: 4 jan. 2016.

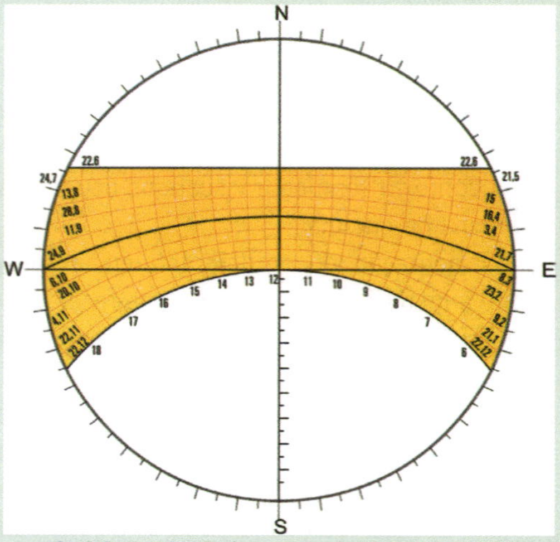

Figura 3.20 Carta Solar para latitude 24° Sul (São Paulo).

Weber Amendola com base em Thelma Lopes da Silva Lascala

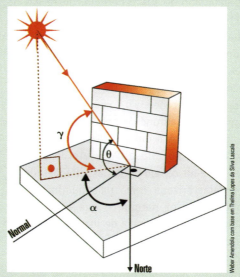

Figura 3.21 Ângulos de altitude solar (γ), azimute solar (α) e incidência (θ).

Paisagismo para oferecer sombra

O paisagismo também pode oferecer sombra para as janelas voltadas para o sul, leste e oeste, reduzindo o ganho de calor no verão. Árvores decíduas, que perdem suas folhas durante o outono, são ideais, pois oferecem o máximo de sombra exatamente quando a casa dela precisa, no verão. Árvores decíduas adultas permitem que a maior parte da luz solar no inverno (60% ou mais) chegue até a casa, enquanto oferecem sombra parcial durante o verão.

A copa da árvore traz sombra e refresca a temperatura superficial abaixo dela. Essas superfícies mais frescas transmitem menos calor para as construções e a atmosfera, economizando energia e reduzindo o efeito de ilhas de calor. Um estudo analisou este efeito em duas construções semelhantes e constatou que árvores frondosas ajudaram a reduzir a temperatura na superfície de paredes e telhados de 45°F para 20°F (de 25°C para 11°C).[1] O Capítulo 11 aborda o paisagismo com mais detalhes.

Evapotranspiração

Além de oferecer sombra, as plantas também esfriam o ar em razão da evapotranspiração.

---

[1] Akbari H., Kurn D., Bretz S., Hanford J. *Peak power and cooling energy savings of shade trees*. Energy and Buildings. 1997; 25, p. 139-48.

Evapotranspiração corresponde ao transporte de água das superfícies, incluindo o solo (evaporação do solo) e a vegetação (transpiração), para a atmosfera. Transpiração é a evaporação da água das partes aéreas das plantas, especialmente das folhas, mas também de caules, flores e raízes. A evapotranspiração ocorre quando as plantas secretam ou "transpiram" água pelos poros das folhas (Figura 3.19). À medida que a água evapora, ela retira calor e esfria o ar durante o processo. Com regas adequadas, uma única árvore madura com uma copa de 9 metros pode evapotranspirar até 150 L de água em um dia. Isto equivale a retirar todo o calor produzido em quatro horas por meio de um pequeno arrefecedor (resfriador) de ambientes. Com este processo, plantas podem reduzir significativamente a temperatura do ar em torno de uma casa.

Tamanho da casa

Construir uma casa que atenda às necessidades dos ocupantes é um dos princípios fundamentais da engenharia verde. Casas maiores exigem mais materiais para ser construídas e mais energia para funcionar. Ainda que casas grandes possam ser verdes, o conceito de uma casa verde muito grande é uma contradição inerente. De acordo com o Conselho de Engenharia Verde dos Estados Unidos, um aumento de 100% no tamanho de uma casa eleva o consumo anual de energia, algo em torno de 15% a 50%, o que dependerá do projeto, da localização e dos ocupantes. O mesmo aumento de tamanho leva a um aumento entre 40% e 90% no uso de material, o que dependerá do projeto e da localização. Mas a tendência é também construir casas maiores em lotes maiores, com mais espaço entre as casas, de modo a reduzir a facilidade de caminhar nos bairros e aumentar a dependência do automóvel.

Duas casas foram modeladas e simuladas pelo Instituto Athena de Materiais Sustentáveis e calculada a energia incorporada (Figura 3.22). Os resultados apresentados na Tabela 3.2 ilustram a relação direta entre o tamanho da casa e a energia incorporada em cada tipologia. A única diferença entre as duas casas é o tamanho e o uso de material correspondente. As técnicas de construção e a localização são as mesmas.

Tabela 3.2 Embodied Energy Home Comparison

Área da casa	Consumo primário de energia (MJ)	Potencial global de aquecimento (equivalente em kg de CO_2)
167,23 m²	587.226	33.161
276,71 m²	959.290	52.571

Fonte: *Luke Morton using the ATHENA® Impact Estimator for Buildings, 2010.*

Tamanho para satisfazer as necessidades

Casas menores não representam sacrifício. Com um projeto melhor, podem ser mais confortáveis e ter espaços mais agradáveis. Casas menores podem significar hipotecas menores, e com contas de água e luz mais baixas oferecem mais segurança financeira aos proprietários.

Ao planejar uma casa nova ou ampliar uma existente, examine as necessidades básicas dos moradores e defina as exigências mínimas para satisfazê-las. Evite construir espaços desnecessários que terão pouco ou nenhum uso, e reconsidere a noção generalizada de que toda casa precisa ter salas de estar e de jantar separadas. Em muitas casas, esses ambientes não são usados na maior parte do tempo. Pagar pela construção, por instalações elétricas, móveis e manutenção de ambientes que não são usados é um desperdício de recursos financeiros, materiais e energéticos.

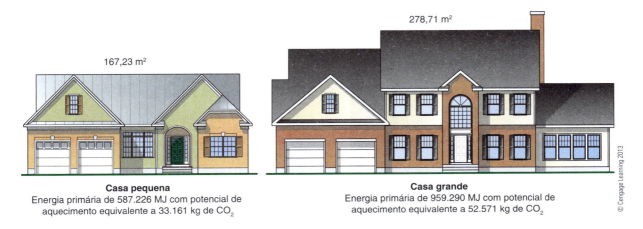

Figura 3.22 O tamanho de uma casa afeta substancialmente a quantidade de energia necessária para construí-la e operá-la.

Conforto

Outro aspecto frequentemente ignorado quando se define o tamanho de uma casa é o fator conforto. As pessoas tendem a se sentir mais confortáveis em espaços dimensionados de forma a acomodá-las adequadamente. Um grande salão de banquetes pode ser confortável com o número certo de pessoas, mas será vazio e desolado com pouca gente. Do mesmo modo, uma sala grande com um teto em abóbada será um local agradável com um grupo grande, mas é mais provável que uma ou duas pessoas passem mais tempo num ambiente menor ou em um cantinho aconchegante. Técnicas como alterar a altura do teto, introduzir luz natural, construir quartos e conceitos semelhantes (muitos deles descritos na série de livros *The not so big house* (*A casa não tão grande*), da arquiteta Sarah Susanka, podem fazer que uma casa pequena pareça maior e em geral muito mais confortável para viver do que uma grande (Figuras 3.23a e 3.23b). Ambientes com tetos altos podem ser atraentes, mas desperdiçam energia para aquecer e resfriar grandes volumes de espaço não utilizável em uma casa, e podem torná-la menos confortável para morar.

Espaços externos

Decks, pátios, varandas abertas ou fechadas são elementos importantes a ser considerados num projeto (Figura 3.24). Dependendo do clima, esses espaços podem ser usados entre 3 e 12 meses por ano, oferecendo área de convivência adicional que não exige energia para ser aquecido ou resfriado. Em climas quentes, varandas podem oferecer um bônus extra por fornecerem sombra às janelas, afastando o calor.

Figura 3.23b Esta casa apresenta várias alturas de teto e está dimensionada de forma apropriada para acomodar seus moradores.

Figura 3.24 Esta varanda fechada cria um espaço convidativo durante quase todo o ano.

Projetos para sistemas mecânicos

Sistemas mecânicos incluem aquecimento, ventilação e ar-condicionado (HVAC), tubulações, dutos e sistemas elétricos. O projeto, a instalação e a operação desses sistemas afetam o conforto, a eficiência da água e de energia e a durabilidade. Entender como cada um desses sistemas complexos está integrado à casa toda é essencial na hora de escolher os componentes certos dos sistemas e tomar as decisões mais apropriadas no projeto de modo a aumentar a eficiência da casa.

HVAC

Sistemas HVAC oferecem controle de aquecimento, resfriamento, ventilação, filtragem de ar e umidade; a extensão de cada um variará de acordo com o clima local. Projetar sistemas dimensionados apropriadamente de acordo com a casa reduzirá o uso de energia, estenderá a vida útil do equipamento e tornará a casa mais confortável e saudável. Uma casa deve ser pro-

Figura 3.23a Este cômodo amplo não é convidativo e parece desconfortável.

PALAVRA DO ESPECIALISTA – EUA

O que é uma casa não tão grande?

Sarah Susanka, Membro do Instituto Americano de Arquitetos, (FAIA – Fellows of American Institute of Architects). Cunhei a expressão "não tão grande" em meu livro de 1998, *The not so big house*, numa tentativa de ajudar a descrever uma alternativa às nossas casas cada vez maiores. Quis conscientizar as pessoas de que tamanho não tem praticamente nada a ver com as qualidades de uma casa que a maioria dos proprietários busca ao construir ou reformar.

O que eu sabia como arquiteta de residências é que muitos dos meus clientes queriam uma casa melhor do que a existente e achavam que melhor significa automaticamente maior. Não é bem assim. Na verdade, na grande maioria dos casos, maior significa apenas maior, e os novos proprietários acabavam desapontados porque sua casa nova não se parecia com aquela dos sonhos.

Mas Not So Big® (Não tão grande) não significa pequeno. Não se trata de determinar o tamanho específico de uma casa. As necessidades das famílias são diferentes, de modo que a avaliação de quanto espaço é necessário só pode ser feita pelas pessoas que viverão ali. Na verdade, trata-se de dar destaque à qualidade, e não à quantidade, e de adaptar a casa ao modo como realmente vivemos, e não projetá-la para um modo de vida mais formal que não reflete mais nossas necessidades do momento.

Digo às pessoas que uma boa regra geral para dimensionar corretamente uma casa de modo que ela seja "não tão grande" é projetar cerca de um terço de espaço a menos do que pensam que precisam, mas reservar a mesma quantia de dinheiro que seria necessário para sua visão de uma casa maior, retirando-o da área total e alocando-o para a qualidade e caráter do espaço interno e do revestimento.

Ao eliminarmos espaços que só são usados algumas vezes por ano, como a sala de estar e a sala de jantar formais, e projetarmos a casa de modo que todo o espaço esteja em uso todos os dias, teremos uma redução natural no tamanho da casa, sem ter a sensação de perder alguma coisa. Se não usamos esses espaços de alguma maneira, por que construí-los?

Susanka é membro do Instituto Americano de Arquitetos (FAIA – Fellows of American Institute of Architects) e professora do Design Futures Council. É autora de nove best-sellers, como The not so big House *(Taunton, 1998),* The not so big life *(Random House, 2007),* Not so big remodeling *(Taunton, 2009) e, mais recentemente,* More not so big solutions for your home *(Taunton, 2010).*

Além disso, paredes, janelas, teto e alicerces da casa são projetados para ser altamente eficientes do ponto de vista da energia e construídos com materiais e práticas de construção sustentáveis. A casa também deve ser projetada de modo a manter uma excelente qualidade do ar em seu interior, oferecendo uma plataforma saudável e confortável para a vida no dia a dia.

Mostro aos meus leitores que uma casa menor, mas bem projetada, tem, na verdade, uma vida útil mais longa do que outra significativamente maior, porque os espaços se complementam como um todo integrado, perfeitamente adequado à vida dos moradores. Esta é uma estratégia que não agradará apenas aos proprietários originais e atuais, mas também às futuras gerações, oferecendo um ambiente agradável e confortável por toda vida.

Finalmente, uma casa "não tão grande" é uma casa bonita e que inspira aqueles que nela vivem. A beleza realmente importa em termos de sustentabilidade, porque as pessoas tendem a cuidar melhor de lugares que consideram bonitos e agradáveis, de modo que fazer uma casa "não tão grande" deve ser realmente uma das primeiras etapas em um projeto visando uma construção sustentável.

Alguns dos aspectos fundamentais de uma casa ou reforma "não tão grande" são os seguintes:
- Projetada para o conforto e o modo de vida – de acordo com a maneira como realmente vivemos.
- Projetada para ser tão eficiente e sustentável quanto possível do ponto de vista da energia.
- Projetada para nossa escala humana (e não para gigantes).
- Projetada para durar séculos, e não apenas décadas.
- Projetada nas três dimensões, com grande variedade de alturas de teto para definir e articular as áreas de atividade.
- Projetada para ter o tamanho certo a fim de acomodar as necessidades do proprietário – nem tão grande, nem pequena demais.
- Projetada para ser bonita, além de funcional, e inspirar seus ocupantes todos os dias.

Obs.: Not So Big® é uma marca registrada de Susanka Studios.

jetada de modo a oferecer espaço para que os equipamentos HVAC sejam instalados internamente (ao contrário de sótãos ou porões não condicionados), a fim de maximizar a eficiência energética. Oferecer locais centrais para os equipamentos HVAC possibilita comprimentos menores de dutos e tubos, reduz o uso de material e aumenta a eficiência geral do sistema (Figura 3.25).

Tubulação

As tubulações fornecem água fria e quente e retiram os resíduos da casa. Os códigos e as normas de tubulações são excelentes ao oferecerem esses serviços, mas não levam em conta a eficiência da água ou da energia. Em casas verdes, as tubulações conservam a água com o uso de acessórios de alto desempenho, fazem a recuperação de água residuais, cinzas e negras, aproveitam a água da chuva e utilizam sistemas eficientes de aquecimento e ventilação. Sistemas interligados na mesma parede reduzem a quantidade de tubos necessários e economizam energia e água ao reduzirem a circulação de água quente nestes tubos (Figura 3.26). Ver Capítulo 15 para obter mais informações sobre estratégias para tubulações verdes.

Figura 3.25 Um duto torcido e espremido entre outros tubos reduziu muito o fluxo de ar. Este problema poderia ter sido evitado com um projeto cuidadoso e uma comunicação entre construtor, arquiteto e prestador de serviços de HVAC desde o início do projeto.

Eletricidade

Sistemas elétricos fornecem energia para lâmpadas, eletrodomésticos e equipamentos. O projeto e a instalação da infraestrutura elétrica afetam a quantidade de material usado, seu impacto sobre as paredes da casa e a capacidade de os ocupantes controlarem o equipamento com facilidade. Do mesmo modo, a escolha e a instalação do equipamento influenciam a demanda elétrica total de uma construção, a carga de resfriamento e o impacto sobre as paredes da construção.

Projetar para necessidades futuras

O tamanho de uma família e os padrões de uso de uma casa mudam com o tempo. A família norte-americana média está se tornando menor e passa menos tempo em salas de jantar formais. Os americanos nascidos após a segunda guerra mundial, conhecidos como *baby boomers*, também estão envelhecendo e enfrentam novos desafios de mobilidade em seus lares e comunidades. As casas devem ser capazes de se adaptar a essas novas necessidades. Em vez de passar por uma grande reforma de tempos em tempos, uma casa precisa ser suficientemente flexível para satisfazer às exigências de diversos proprietários.

Projeto flexível

As casas devem ser projetadas e construídas para durar centenas de anos. Para atingir esta meta, a estrutura precisa ser forte, durável e flexível. Como as gerações futuras podem ter necessidades e exigências completamente diferentes das dos ocupantes atuais, os arquitetos têm o desafio de criar casas com uma capacidade integrada de evoluir. Essas casas flexíveis reduzem os custos relacionados à aquisição de um imóvel próprio e o desperdício gerado com reformas e demolições.

Segundo a Associação Nacional de Construtores de Casas (National Association of Home Builders – NAHB), em 2007 os norte-americanos gastaram US$ 235 bilhões em reformas. Mesmo que parte dessas despesas tenha sido para manutenção e conservação de rotina, a maioria reflete gastos para acomodar novos desejos dos ocupantes. Com um planejamento minucioso e maior flexibilidade, os proprietários podem evitar a maioria das reformas dispendiosas. Os custos ambientais dessas reformas são igualmente elevados, na forma de desperdícios com aterros e consumo de recursos.

De modo geral, projetos flexíveis são chamados *open building* (construção aberta) ou *design for disassembly* (DfD – projeto para desmontagem). DfD é um projeto de construção que oferece facilidade na recuperação de peças, materiais e produtos quando uma casa é desmontada ou reformada. William McDonough, arquiteto norte-americano, e Michael Braungart, químico alemão, ajudaram a popularizar esta ideia no livro *Cradle to cradle*. O conceito do berço ao berço (Cradle to Cradle – C2C) promove um projeto industrial que elimina resíduos ao criar sistemas industriais de "círculo fechado". Em sistemas de círculo fechado, o "resíduo" de um processo de fabricação passa a ser o "combustível" ou a matéria-prima de outro. Embora McDonough e Braungart não abordem especificamente o C2C aplicado à construção de casas, a teoria pode ser facilmente adaptada a este fim. Tudo dentro de uma casa deveria ser facilmente reutilizável ou reciclável.

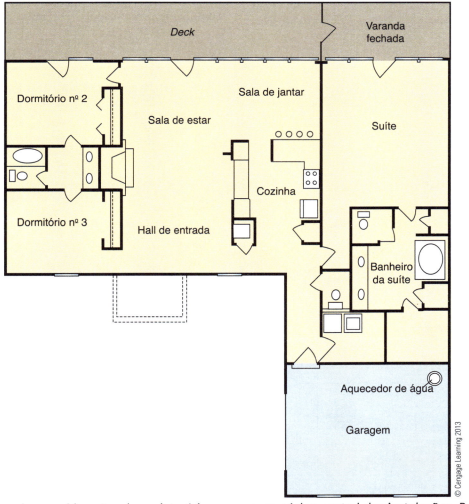

Figura 3.26 Uma das considerações do projeto é incorporar um núcleo central das instalações. Projetar áreas com tubulações (cozinha/banheiros/lavanderia) próximas entre si economizará custos ao reduzir o uso de material e consumo de água e aumentará a eficiência energética do sistema de aquecimento da água.

Por meio de algumas técnicas simples, é possível projetar uma casa de modo que as tomadas elétricas sejam facilmente acrescentadas ou retiradas e os sistemas HVAC possam ser acessados ou substituídos com facilidade. Técnicas mais vigorosas incluem a instalação de paredes que podem ser realocadas para alterar a disposição dos ambientes.

Projeto universal

O projeto universal oferece casas planejadas para todas as pessoas, independente de idade ou necessidades. O projeto universal, que tem um papel importante na construção de casas flexíveis, nasceu de um conceito surgido após a Segunda Guerra Mundial, denominado *viver sem barreiras*.

A população idosa dos Estados Unidos está aumentando mais rapidamente do que nunca. De acordo com as previsões do Escritório de Estatísticas do Trabalho à época da concepção original deste livro, entre 2002 e 2012, quase seis milhões de pessoas, na faixa etária entre 16 e 54 anos, se juntariam à população economicamente ativa. No mesmo período, o grupo de pessoas com 55 anos ou mais aumentaria em 18 milhões. Os americanos nascidos após a Segunda Guerra Mundial, identificados hoje como *boomers*, continuam vivendo e estão envelhecendo, mas ainda querem casas próximas a bairros, cidades e ao seu local natal, e sem frequentar centros de enfermagem ou de repouso. O desafio então é encontrar casas que acomodem as necessidades físicas de uma pessoa que envelhece.

O projeto universal promove a sustentabilidade social e ambiental. Projetos flexíveis permitem que os proprietários envelheçam em seu ambiente, o que reduz o uso de material e estimula o desenvolvimento sustentável.

O Decreto para Norte-Americanos com Deficiências (Americans with Disabilities Act – ADA) foi aprovado como lei em 1999 e proíbe, em algumas circunstâncias, a discriminação por deficiências. Embora a maioria das residências esteja fora do alcance da lei, os Padrões ADA para Projetos Acessíveis são um recurso valioso. A seguir, apresentam-se cinco aspectos comuns do projeto acessível (Figura 3.27):

Figura 3.27 Características do projeto universal.

- **Entrada sem degraus:** ninguém precisa usar escadas para entrar na casa ou nos principais ambientes.
- **Viver em um andar:** os locais para alimentação, usar o banheiro e dormir estão todos no mesmo pavimento.
- **Vãos de portas amplos:** os vãos das portas têm entre 81 e 91 cm, acomodando assim cadeiras de rodas e andadores.
- **Corredores largos:** os corredores têm entre 91 e 107 cm de largura, para facilitar o acesso entre os ambientes.
- **Espaço extra no piso:** pisos livres para facilitar o movimento.

O Conselho dos Remodeladores da Associação Nacional de Construtores de Casas (National Association of Home Builders – NAHB), em parceria com a Associação Americana de Aposentados (American Association of Retired Persons – AARP), o Centro de Pesquisas e o Conselho de Habitações para Sêniores, ambos da NAHB, desenvolveram a certificação Especialista em Envelhecimento na Própria Casa – Certified Aging-in Place Specialist (CAPS) oferecida a profissionais da área. A NAHB relata que modificações nas residências para a população que envelhece na própria casa representam o segmento que mais cresce no setor de reformas residenciais. O programa CAPS forma profissionais especialistas em reforma com o conhecimento e as capacidades para atuar neste mercado.

Pré-instalação para uso solar

Pré-tubulação é o processo de instalar sistemas de distribuição de tubos durante a construção para atender às futuras necessidades tecnológicas, e pré-fiação refere-se ao processo de instalar a fiação elétrica durante a construção para atender às futuras demandas tecnológicas. Casas projetadas para acomodar tecnologias solares muitas vezes são chamadas "casas prontas para uso solar". Por meio desses processos, é possível projetar casas de modo que mais tarde seja fácil acrescentar um sistema de aquecimento solar para a água ou um sistema fotovoltaico.

Durabilidade

Construções duráveis economizam recursos, pois há redução do trabalho e material exigidos para manutenção, reparos e substituição. Quantidade menor de materiais é removida e substituída, o que reduz a energia implícita em sua produção e a quantidade de resíduos que vão para aterros. Os métodos de construção duráveis diferem de acordo com o clima local. Chuva, vento, riscos de inundações, calor, frio e controle de pragas são alguns dos fatores que afetam as decisões referentes à durabilidade (figuras 3.28 e 3.29). Eis algumas técnicas e materiais que aumentam a durabilidade de uma estrutura: controle da umidade no sistema estrutural e do ar no ambiente deste siste-

---

Você sabia?

Parâmetros projetuais de acessibilidade ou desenho universal no Brasil

Profa. Dra. Sasquia Hizuru Obata

No Brasil, a referência projetual de acessibilidade e desenho universal é a ABNT-NBR 9050: Acessibilidade a edificações, mobiliário, espaços e equipamentos urbanos revisada em 2004.

Como exemplo de ampliação e aplicação de parâmetros de projeto universal cita-se o caso do Estado de São Paulo, que, por meio da Secretaria da Habitação, em parceria com a Secretaria dos Direitos da Pessoa com Deficiência, criou e publicou as "Diretrizes do Desenho Universal na Habitação de Interesse Social",* como resultado da adoção das diretrizes do Desenho Universal na área de projetos de unidades de habitações populares que até então não eram expressivamente aplicados, buscando, assim, promover uma política inclusiva de produção da moradia com "espaço para todos e por toda a vida".

A preocupação vai além da edificação em si, estendendo-se ao entorno e, portanto, expandindo a mobilidade que se tem da rua à casa, às calçadas e vias. Nesse sentido, cita-se o livro *Mobilidade Acessível na Cidade de São Paulo*,** uma publicação da Secretaria Municipal da Pessoa com Deficiência e Mobilidade Reduzida (SMPED), disponibilizado em duas partes no site da Prefeitura Municipal de São Paulo. Esse livro contempla diretrizes básicas sobre acessibilidade em edificações e vias públicas. Para identificação das legislações e normas brasileiras relacionadas indica-se sua organização e apresentação na Parte 2.

---

* Disponível em: <http://www.mpsp.mp.br/portal/page/portal/Cartilhas/manual-desenho-universal.pdf>. Acesso em: 19 abr. 2015. (S.H.O.)
**Parte 1 – Disponível em: <http://www.prefeitura.sp.gov.br/cidade/secretarias/upload/pessoa_com_deficiencia/parte1.pdf>. Acesso em: 19 abr. 2015. Parte 2 – Disponível em: <http://www.prefeitura.sp.gov.br/cidade/secretarias/upload/pessoa_com_deficiencia/parte1.pdf>. Acesso em: 19 abr. 2015. (S.H.O.)

ma por meio de uma cobertura adequada, proteção contra chuva e sol com toldos (Tabela 3.3), controle de cupins com barreiras físicas e químicas e extensão da durabilidade dos acabamentos com a ventilação correta e o controle de umidade. Os Capítulos 5, 6, 7, 8 e 10 abordarão essas técnicas com mais detalhes.

Planejamento da construção

Ao longo do processo de construção, os profissionais se deparam com várias oportunidades de minimizar os impactos ambientais negativos da construção. O ambiente local é protegido com o gerenciamento dos processos de construção para evitar o deslizamento e a compactação do solo. Os resíduos da construção podem ser reduzidos significativamente com um planejamento cuidadoso, e grande parte dos resíduos inevitáveis pode ser reciclado.

Figura 3.28 Os danos causados pela umidade no batente da janela são consequência de uma guarnição inadequada. A guarnição não se estende além do topo do batente; é aproximadamente 0,6 cm mais curta, de modo que a água conseguiu dar a volta na guarnição e passar por baixo do batente (que não recebeu nenhuma mão de *primer* ou tinta). Assim, a umidade atravessou a madeira e formou bolhas na pintura.

Realidade brasileira sobre a durabilidade da edificação habitacional e de suas partes

Segundo a publicação da Câmara Brasileira da Indústria da Construção (CBIC), *Desempenho de edificações habitacionais*: guia orientativo para atendimento à norma ABNT NBR 15575/2013,* para que a durabilidade prevista se consolide na prática é preciso verificar simultaneamente:

- Emprego de materiais e componentes em atendi-

---

*Disponível em: <http://www.cbic.org.br/arquivos/guia_livro/Guia_CBIC_Norma_Desempenho_2_edicao.pdf>. Acesso em: 19 abr. 2015. (S.H.O.)

Tabela 3.3 Larguras mínimas recomendadas para beirais de telhados de construções com estruturas de madeira de um e dois andares*

Índice climático	Projeção do beiral (cm)	Projeção da inclinação (cm)
Menor que 20	N/A**	N/A**
De 21 a 40	30,4	30,4
De 41 a 70	45,7	30,4
> 70	≥ 60,9	≥ 30,4

*Tabela baseada numa casa típica de dois andares com paredes externas revestidas por painéis de vinil ou similares. Devem-se considerar beirais maiores para construções mais altas ou sistemas de paredes suscetíveis à penetração de água e apodrecimento.
** Não Aplicável.
Fonte: *Durability by Design*: A Guide for Residential Builders and Designers. Preparado para o Departamento dos Estados Unidos para Moradias e Desenvolvimento Urbano, Washington, DC.

mento às normas técnicas brasileiras.
- Execução/montagem/controle da qualidade da execução da obra de acordo com as boas práticas de construção e em conformidade com as normas técnicas brasileiras correspondentes.
- Comprovação da durabilidade dos sistemas, elementos e componentes segundo critérios de desempenho estabelecidos na NBR 15575 e em diversas outras normas ABNT que preveem avaliação da durabilidade mediante ensaios acelerados de exposição a névoa salina, ozônio, atmosferas ácidas, SO_2, No_x, ação conjunta da umidade e da radiação ultravioleta (*Wheather-o-meter*), ciclos de umedecimento e secagem etc. Na inexistência de normas brasileiras específicas, a NBR 15575 prevê o atendimento a normas estrangeiras, tais como as ASTM G154-06, ASTM E424-71, ASTM D1413-07, entre outras.
- Utilização correta da obra, integral atendimento ao Manual de Uso, Operação e Manutenção (desenvolvido de acordo com a norma NBR 14037).

Armazenamento do material de construção

O plano de controle de erosão deve indicar a área em que ficarão armazenados os equipamentos e o material de construção. A área de armazenamento deve ser escolhida cuidadosamente a fim de evitar a perturbação do solo e a compactação de áreas sensíveis.

Resíduos da construção

Em geral, projetos de construção produzem grandes quantidades de entulho e resíduos. A Associação Nacional de Construtores de Casas (National Association of Home Builders – NAHB) estima que uma casa típica de 185 m² gerará quatro toneladas de entulho que irão para aterros. Mais de dois terços desse entulho, incluindo madeira, gesso, papelão e alvenaria, são totalmente recicláveis (ver Tabela 3.4). Com um planejamento cuidadoso, a quantidade de resíduos pode diminuir durante a construção, e grande parte do entulho que não é eliminado pode ser reciclada e ter novas finalidades. Ao reduzirem a quantidade total dos resíduos criados e reciclarem o máximo possível, os construtores podem minimizar o impacto sobre os

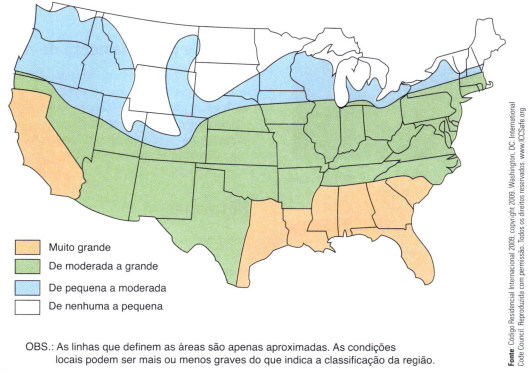

OBS.: As linhas que definem as áreas são apenas aproximadas. As condições locais podem ser mais ou menos graves do que indica a classificação da região.

Figura 3.29 Mapa de probabilidade de infestação por cupins. Código Residencial Internacional 2009.

Tabela 3.4 Resíduos de construções e seus mercados

Material	Como é reciclado?	Mercados da reciclagem
Concreto	O material é triturado, todas as barras metálicas de reforço removidas, e o material classificado por tamanho.	Base de estradas Aterros em geral Elementos de drenagem Material agregado para pavimentação Bases de lajes e entradas de garagens
Telhas asfálticas	Após a retirada de pregos, as telhas asfálticas são trituradas e recicladas em mistura asfáltica a quente.	Aglutinante asfáltico e agregado fino para mistura asfáltica a quente
Madeira	Madeira limpa e não tratada pode ser moída novamente, cortada em lascas ou transformada em pasta.	Matéria-prima para madeira aglomerada Combustível para aquecedores Madeira recuperada remoída para pisos Adubo e compostagem Serragem para animais
Drywall	Em geral, retalhos de gesso sem tinta são moídos ou fragmentados.	Paredes de gesso Manufatura de cimento Agricultura (correção do solo)
Metal	É derretido e remoldado.	Produtos metálicos
Papelão	É transformado em pasta e usado como matéria-prima para novas placas.	Produtos de papel
Latas de alumínio	Derretidas e remoldadas	Produtos de alumínio

Fonte: *Construction Business Owner*, jun. 2007. Disponível em: <http://www.constructionbusinessowner.com/topics/environment-and-compliance/recycling-construction-materials-an-important-part-of-the-construction-process.html>.

aterros abarrotados e economizar dinheiro baixando as taxas de descarte de resíduos (Figura 3.30).

Figura 3.30 Esta caçamba destina-se a aterros, apesar de estar cheia de recicláveis.

Realidade brasileira sobre as ações setorias para a gestão dos resíduos sólidos da construção

Visando a adesão à gestão dos resíduos sólidos da construção civil (RCC), citamos a seguir uma publicação referencial:

Gestão Ambiental de Resíduos da Construção Civil: a experiência do SindusCon-SP. São Paulo, 2005. (Disponível em: <http://www.sindusconsp.com.br/downloads/prodserv/publicacoes/manual_residuos_solidos.pdf>. Acesso em: 15 abr. 2015) Manual que fornece as etapas de gestão dos resíduos e contempla os seguintes temas:
- Impactos dos resíduos de construção e demolição no ambiente urbano
- Nova legislação, normas técnicas e responsabilidades
- Resolução Conama n. 307
- Programa Brasileiro da Qualidade e Produtividade do Habitat (PBQP-H)
- Normas técnicas
- Gestão ambiental de resíduos da construção civil
- Resultados do programa de gestão ambiental de resíduos em canteiros de obras

Estratégias para redução de resíduos

Para reduzir os resíduos, as construções podem ser projetadas sob uma coordenação modular de 60 cm para reduzir a quantidade de aparas de madeira, possibilitando orçamentos e pedidos de materiais mais precisos. Uma área de corte central ajuda a promover o uso de retalhos, e a utilização de componentes pré--montados (como armações, construção em painéis ou módulos) também minimiza o desperdício. Projetos de reforma e demolição podem ser desconstruídos, e muitos desses materiais ser reciclados, em vez de descartados. É possível vender produtos valiosos para obter algum lucro ou doá-los para organizações sem fins lucrativos, resultando em deduções de impostos para o proprietário.

Plano de gerenciamento de resíduos

Você pode reduzir os resíduos na obra ao elaborar um bom plano de gerenciamento deles, publicá-lo no local e implementá-lo com todos os funcionários envolvidos e com os trabalhadores terceirizados para garantir que seja seguido ao longo de todo processo de construção (Figuras 3.31a e 3.31b).

Reformas

Reformar é uma prática verde por natureza. As casas existentes são melhoradas e ampliadas, em vez de abandonadas ou demolidas. Cada metro quadrado de espaço útil que é recuperado e transformado em um espaço útil mais eficiente e saudável economiza milhares de dólares em custos de energia, toneladas de resíduos descartados e de material novo necessário para uma nova estrutura.

Grande mercado

De acordo com o Centro Conjunto para Estudos sobre Moradias da Universidade de Harvard, todo ano são construídos mais de 800 mil novos cômodos (Figuras 3.32a e 3.32b). Cada um desses projetos reformados segundo conceitos verdes oferecerá aos proprietários décadas de contas mais baixas de energia, maior conforto, ar mais saudável e menores custos de manutenção da casa. Reformas verdes oferecem benefícios de longo prazo aos proprietários e empreiteiros, às economias locais e ao ambiente. Todo projeto de reforma que não é verde é uma oportunidade perdida que terá consequências por gerações e privará os proprietários de economias na conta de energia e de uma qualidade melhor do ar no interior da casa.

Economia local

Reformas verdes são uma questão local e global; sempre haverá um número maior de casas antigas do que de novas. De modo geral, casas mais antigas são ineficientes e proporcionam um ar insalubre em seu interior. Casas ineficientes exigem gastos maiores com serviços públicos, energia e água, principalmente. Estes, por serem parte de um mercado global, tendem a retirar o dinheiro da economia local. Entretanto, se

Você sabia?

Madeiras em edificações e os estudos sobre infestações por cupins no Brasil

Profa. Dra. Sasquia Hizuru Obata

A relação entre as edificações brasileiras e os cupins sempre existiu e continua presente, mas não é algo que tenha sido mapeado ou inserido em um sistema de indicadores pelo Ministério do Meio Ambiente no Brasil.

Tal fato vem da própria condição resultante de as nossas construções serem preponderantemente de materiais cerâmicos, com tecnologias para alvenaria, concreto e aço, ou seja, busca-se evitar a rápida degradação e a condição necessária de proteção e tratamento das madeiras nas edificações, o que, de certa forma, não conduz a estudos que façam o cadastramento das espécies por regiões ou pelas localidades urbanas, rurais ou florestais, ou mesmo estudos concentrados sobre perdas e formas eficientes e mais sustentáveis para o uso da madeira.

O problema nas edificações configura-se no ataque constatado nas estruturas de madeira de telhados, madeiramentos, móveis, livros e obras de arte de madeira, para os quais o controle muitas vezes é ineficaz quando já se iniciou o ataque, indicando-se a prevenção com manutenção rigorosa.

Tal problema tem como fonte as infestações da arborização urbana, que, pela própria falta de controle, constitui reservatório do cupim e gera um ciclo de infestações de áreas tratadas, dificultando o controle em edificações próximas.

O ataque de cupins representa, de fato, prejuízo e custo altos; a título de referência, conforme um estudo em que se avaliou as infestações de térmitas em edifícios históricos e residências em cinco cidades do semiárido brasileiro,* esse prejuízo econômico foi estimado em R$ 1.345.563,00, para o qual não se constatou correlação entre a quantidade de infestação e a idade dos edifícios e entre a umidade e o número da infestação. O mesmo estudo indicou que, para as residências, há sim, uma correlação negativa com a umidade, bem como com a ausência de mecanismos preventivos de controle de infestação associados à perda de habitat natural desses insetos, associados com a expansão da urbanização, que explica os altos índices de infestação registrados.

Para facilitar a escolha do tipo de madeira em relação à resistência ao ataque de cupins e fungos, este estudo do Serviço Florestal Brasileiro tem, até o momento, amostras de 11 espécies que permanecem intactas, as quais integram o grupo das madeiras tropicais mais duráveis. São elas: preciosa, muirapixuna, jataipeba, cumaru, maparajuba, louro-canela, abiurana, pau-santo, muiracatiara-rajada, angelim-vermelho e maçaranduba.

Esse estudo é desenvolvido há 25 anos em uma área localizada na Floresta Nacional do Tapajós (PA), abrangendo 120 espécies, e só terminará quando todas tiverem apodrecido.

Tais resultados podem ajudar a valorizar o uso das espécies naturalmente duráveis e no atendimento ao mercado e às edificações sustentáveis que buscam a utilização de madeiras que sejam naturalmente duráveis, assim como ocorre nos Estados Unidos e na Europa, onde, por questões ambientais, é crescente a restrição ao uso de produtos químicos para preservação de madeira.

Por recomendação da Câmara Brasileira da Indústria da Construção (2013),** para a utilização de madeiras na construção deve-se dar especial atenção àquelas cuja origem possa ser comprovada mediante apresentação de certificação legal ou proveniente de plano de manejo aprovado pelos órgãos ambientais, e recorrer-se ao uso de espécies alternativas de madeiras, conforme diretrizes gerais do livro publicado do IPT.

---

* Estudo do Serviço Florestal revela madeiras mais resistentes. Ministério do Meio Ambiente. Disponível em <http://www.mma.gov.br/informma/item/6579-estudo-do-servico-florestal-revela-madeiras-mais-resistentes>. Acesso em: 19 abr. 2015.
** Câmara Brasileira da Indústria da Construção. *Desempenho de edificações habitacionais*: guia orientativo para atendimento à norma ABNT NBR 15575/2013./Câmara Brasileira da Indústria da Construção. Fortaleza: Gadioli Cipolla Comunicação, 2013. 308p. Disponível em: <http://www.cbic.org.br/arquivos/guia_livro/Guia_CBIC_Norma_Desempenho_2_edicao.pdf>. Acesso em: 20 mar. 2015. (S.H.O.)

---

investirmos em casas mais eficientes, este valor pode ser revertido localmente na prestação de serviços e materiais, o que reduzirá os gastos com as contas de serviços públicos.

Qualidade ambiental no interior das casas

Na maior parte das casas, o ar interno é menos saudável do que o da parte externa (Figura 3.33). A maioria das pessoas passa mais de 90% da vida num ambiente fechado. A incidência cada vez maior de alergias e asma é um resultado direto do ar insalubre em ambientes fechados. Estamos literalmente nos envenenando e também às nossas crianças com a maneira como construímos nossas casas. O conhecimento existe para tornar as casas mais saudáveis, e não é um bicho de sete cabeças. É a ciência da construção. Os ocupantes de casas verdes continuam relatando que são mais saudáveis e que suas alergias e asma diminuíram. Reformas verdes nos oferecem a possibilidade de transformar praticamente qualquer casa existente em um lugar mais saudável para viver.

Figura 3.31a Recipientes para resíduos de construção não precisam ser bonitos. O construtor usou um barril de sucata para latas de alumínio e garrafas de vidro.

Figura 3.31b Materiais descartados podem ser separados em diferentes recipientes ou misturados, dependendo da empresa de gerenciamento de resíduos. Essa empresa separa o material em um local central e depois processa todos os recicláveis.

Realidade brasileira sobre condições gerais de salubridade/atendimento ao código sanitário

No que se refere às condições gerais de salubridade/atendimento a códigos sanitários, toma-se aqui como referência as instruções disponíveis no guia da Câmara Brasileira da Indústria da Construção,* que tem como base a norma ABNT NBR 15575/2013: Desempenho de edificações habitacionais.

A construção habitacional deve prover condições adequadas de salubridade aos seus usuários, dificultando o acesso de insetos e roedores e propiciando níveis aceitáveis de material particulado em suspensão, micro-organismos, bactérias, gases tóxicos e outros. Gases de escapamento de veículos e equipamentos não podem invadir áreas internas da habitação. Para tanto, a NBR 15575 estabelece que deve ser atendida a legislação em vigor, incluindo-se normas da Anvisa, Códigos Sanitários e outros.

Na ausência de normas ou código sanitário estadual ou municipal no local da obra, ou sempre que o sistema construtivo inovador se destinar a localidades não definidas, sugere-se obedecer no projeto e na construção, dentre outros, ao Código Sanitário do Estado de São Paulo (Lei n. 10.083, de 23 de setembro de 1998. Disponível em: <http://www.mpsp.mp.br/portal/page/portal/cao_consumidor/legislacao/leg_constituicao_federal_leis/leg_cf_Codigos/leg_cf_c_codigo_sanitario/10083-98.doc>. Acesso em: 16 mar. 2016.

Planejamento de reformas

Ao elaborar um projeto de reforma verde, é essencial avaliar e corrigir defeitos estruturais, identificar problemas de controle de umidade e reconhecer todos os materiais perigosos que podem ser manuseados ou inalados durante reformas. Testes de desempenho da casa usando ferramentas, como um ventilador para verificar a estanqueidade, jateamento de dutos e câmaras de imagens por calor, fornecerão as informações sobre defeitos ocultos e apresentarão uma avaliação de desempenho das condições da casa, permitindo medir as melhorias propostas e realizadas. Um ponto que precisa ser sempre lembrado refere-se à condição geral e ao valor da estrutura. Em alguns casos, demolir e construir uma casa nova pode ser mais indicado do que reformar, quando os custos e o esforço não resultarão em um projeto saudável e eficiente.

---

* Câmara Brasileira da Indústria da Construção. Desempenho de edificações habitacionais: guia orientativo para atendimento à norma ABNT NBR 15575/2013./ (S.H.O.)

Planejamento verde desde o começo

Figura 3.32a Casa em Atlanta, na Geórgia, antes de uma grande reforma.

Figura 3.32b A mesma casa depois da reforma, que incorporou muitos elementos verdes, inclusive um projeto de ampliação de um pavimento superior a fim de minimizar o uso de recursos.

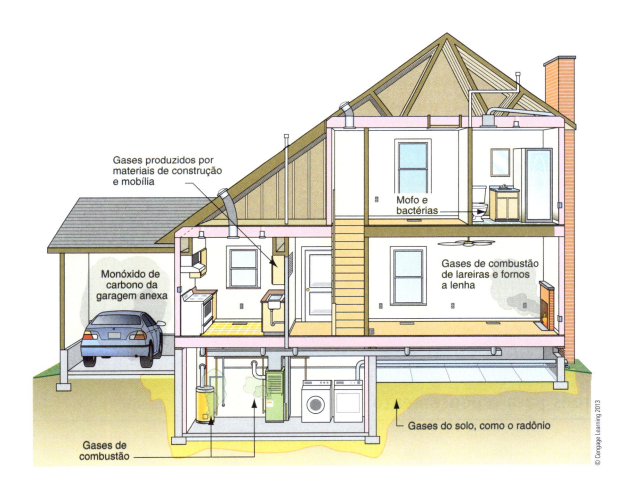

Figura 3.33 Os poluentes ambientais em ambientes fechados provêm de várias fontes.

Resumo

Para que uma casa nova ou uma reforma sejam mais verdes possíveis, é preciso levar em conta princípios sustentáveis desde o começo do projeto. Quando se tomam as primeiras decisões sem considerar seu efeito sobre a sustentabilidade do projeto, perdem-se muitas oportunidades. Quando isto acontece, muitas vezes as construções acabam sendo feitas em locais inadequados, são grandes demais, projetadas com dimensões que desperdiçam material, e a orientação de suas janelas não maximiza a energia do sol. Contudo, quando todos os envolvidos são incluídos desde o início em um processo de projeto integrado, decisões melhores são tomadas e o projeto consegue incorporar princípios "verdes" com sucesso. Se for executado corretamente, o processo de projeto integrado, que desde o início leva em conta os princípios verdes, é capaz de garantir que um projeto seja de fato verde a um custo muito baixo ou sem qualquer custo adicional.

Questões de revisão

1. Qual dos seguintes locais é preferível na construção de uma casa?
   a. Classificado como *greenfield*
   b. Classificado como *brownfield*
   c. Com adesão ao *superfund*
   d. Nova subdivisão
2. Uma entrada sem degraus, corredores largos e ambientes amplos são características de qual tipo de projeto?
   a. Eficiente do ponto de vista energético
   b. Flexível
   c. Verde
   d. Universal
3. No Hemisfério Norte, em que lado da casa deve ficar a maioria das áreas envidraçadas?
   a. Sul
   b. Norte
   c. Leste
   d. Oeste
4. Qual quantidade de sedimento as medidas de controle de erosão são capazes de conter no local?
   a. 25%
   b. 50%
   c. 75%
   d. 100%
5. Qual é o melhor método para proteger a camada superficial do solo para futuro reúso?
   a. Empilhar o solo no fundo do local.
   b. Empilhar o solo e cobri-lo com uma lona.
   c. Empilhar o solo e rodeá-lo com uma barreira de contenção de sedimentos como uma cerca contra escoamento de lodo.
   d. Empilhar o solo e cobri-lo com grãos e palha.
6. Durante a construção, qual das medidas apresentadas a seguir ajudará a minimizar a erosão?
   a. Planejar para que todas as alterações do solo ocorram ao mesmo tempo.
   b. Escalonar as movimentações do solo para que ocorram somente quando necessárias.
   c. Fazer terraplanagens somente no inverno.
   d. a e c
7. Casas menores que satisfazem às necessidades dos ocupantes resultarão em:
   a. Casas desconfortáveis
   b. Casas mais eficientes
   c. Hipotecas mais baratas
   d. Uma pegada de carbono menor
8. Quanto entulho gera uma casa típica de 180 m²?
   a. 1 tonelada
   b. 4 toneladas
   c. 8 toneladas
   d. 24 toneladas
9. Em geral, quanto entulho de construção é reciclável?
   a. Nenhum
   b. Um quarto
   c. Metade
   d. Dois terços
10. Quanto tempo um norte-americano médio passa em ambientes fechados?
    a. 25%
    b. 60%
    c. 75%
    d. 90%

Questões para o pensamento crítico

1. O que é projeto integrado e quais são suas vantagens?
2. Por que o projeto universal de casas é considerado "verde"?
3. Relacione e descreva as medidas que um construtor deve tomar para administrar a erosão e as águas pluviais no local de construção.
4. Descreva três decisões arquitetônicas que afetam o uso de energia numa casa.

Palavras-chave

águas pluviais
alteração de encosta
aproveitamento solar passivo
arquitetura solar passiva
brise
brainstorm
desenvolvimento *brownfield*

desenvolvimento *edge* (de borda)
desenvolvimento *grayfield*
desenvolvimento *greenfield*
desenvolvimento *infill*
efeito estufa
envidraçamento
erosão

melhores práticas de gerenciamento (MPG)
orientação solar
pré-tubulação
pré-fiação
projeto integrado
proliferação de algas

Glossário

água pluvial fluxo de água produzido por precipitação da chuva ou como resultado do derretimento da neve.

alteração de encosta processo de desestabilizar uma encosta por terraplanagem ou movimento do solo local.

aproveitamento solar passivo prática de projetar uma casa para utilizar a energia do sol para aquecimento e resfriamento.

arquitetura solar passiva estratégia de aproveitamento solar passivo em que a maioria do envidraçamento está no eixo norte-sul.

brainstorm reunião de projeto com todos os envolvidos com exposições de ideias para busca de soluções integradas do projeto.

brise recurso arquitetônico, como um painel, toldo ou sacada, que protege as áreas envidraçadas do sol e as paredes e portas da chuva.

desenvolvimento *brownfield* desenvolvimento de uma instalação industrial ou comercial abandonada ou subutilizada e com destino a reúso.

desenvolvimento *edge* (de borda ou periféricos) local com 25% ou mais da propriedade sob desenvolvimento já existente e do limite adjacente.

desenvolvimento *grayfield* imóveis ou terrenos já desenvolvidos e subutilizados.

desenvolvimento *greenfield* terreno ainda não desenvolvido, localizado numa área urbana ou rural com utilização para agricultura, projetos paisagísticos ou reduto selvagem.

desenvolvimento *infill* (de revitalização) inserção de unidades residenciais adicionais em uma subdivisão ou bairro já aprovados.

efeito estufa acúmulo de calor em um espaço interno causado pela sua entrada através de uma membrana transparente, como o vidro; refere-se também ao processo pelo qual os planetas mantêm sua temperatura graças à presença de uma atmosfera que contém gás, que absorve e emite radiação infravermelha.

envidraçamento parte transparente de uma parede ou porta, geralmente feita de vidro ou plástico.

erosão remoção de sólidos e/ou finos (isto é, sedimentos, terra, pedras e outras partículas) por vento, água ou gelo no ambiente natural.

melhores práticas de gerenciamento (MPG) estratégias para manter o solo e outros poluentes fora de cursos d'água e lagos; as MPG têm o propósito de proteger a qualidade da água e impedir uma nova contaminação.

orientação solar a direção para a qual estão voltadas a face principal da casa e as áreas envidraçadas.

pré-fiação processo de instalar a fiação elétrica durante a construção para atender às futuras demandas tecnológicas.

pré-tubulação processo de instalar sistemas de distribuição de tubos durante a construção para atender às futuras necessidades tecnológicas.

projeto integrado método cooperativo para criar edifícios que se destacam pelo desenvolvimento de um projeto holístico.

proliferação de algas crescimento rápido e excessivo da população de algas em um sistema aquático num breve período de tempo.

Recursos adicionais

AARP: http://www.aarp.org/
Lifecycle Building Challenge:
http://www.lifecyclebuilding.org/
Howard Frumkin. *Urban sprawl and public health: designing, planning, and building for healthier communities*. Island Press, 2004.

Edward Mazria. *The passive solar energy book*. Rodale Press, 1980.
Sarah Susanka. *The not so big house*. Taunton Press, 1998.
Sarah Susanka. *Not so big remodeling*. Taunton Press, 2009.

Isolamento e estanqueidade de ar

A menos que uma casa esteja no paraíso, onde o clima sempre é perfeito, ela provavelmente precisará de algum aquecimento ou resfriamento durante parte do ano. Sempre que uma casa é aquecida ou resfriada o isolamento é essencial para mantê-la confortável e eficiente do ponto de vista energético. Para que o isolamento funcione adequadamente, também é preciso vedar a casa a fim de eliminar o movimento do ar através dela, ou seja, deixá-la estanque. Escolher os materiais apropriados para isolamento e estanqueidade e seguir os métodos de instalação correspondentes é essencial para criar uma casa verde. As características específicas de diferentes materiais de isolamento e estanqueidade nos dão as informações de que precisamos para tomar as decisões corretas referentes a casas novas ou já existentes.

OBJETIVOS DO APRENDIZADO

Após a leitura deste capítulo, o aluno será capaz de:
- Descrever as diferenças entre uma barreira de ar e uma barreira térmica.
- Diferenciar os vários tipos de isolamentos.
- Identificar os desvios térmicos comuns em uma casa.
- Descrever métodos para isolar e vedar uma casa já existente.
- Descrever os materiais de isolamento e estanqueidade disponíveis e como funcionam juntos para criar um envelope térmico completo.

Princípios da construção verde

 Eficiência energética

 Eficiência de recursos

 Durabilidade

 Qualidade ambiental interna

História do isolamento

O fechamento e as vedações, que correspondem ao *envelope da construção*, conforme definido no Capítulo 2, é a linha divisória entre o espaço condicionado e o não condicionado constituída de uma barreira térmica (isolamento) e uma barreira de ar. Antes de meados do século XX, poucas casas foram isoladas intencionalmente quando construídas. Após a Primeira Guerra Mundial, surgiram produtos feitos de lã mineral, amianto e sílica para isolamento de cavidades e tetos.

Nos anos 1930, produtos de fibra de vidro, algodão e fibra de madeira foram introduzidos no mercado. Na década de 1970, uma combinação entre a elevação dos custos dos combustíveis e a introdução de códigos nacionais de modelos energéticos aumentou a demanda por produtos de isolamentos nas construções. Ao mesmo tempo que a demanda por isolamento começou a crescer, os perigos à saúde causados pelo amianto fizeram que fosse retirado da maioria dos produtos para construção. Os produtos dominantes para isolamento de construções disponíveis naquela época eram lã mineral, fibra de vidro e celulose.

Regulamentos federais introduzidos no final dos anos 1970 nos Estados Unidos exigiram que produtos para isolamento oferecessem maior resistência ao fogo; esses códigos favoreceram produtos não inflamáveis de vidro em detrimento dos de celulose e de papel, o que levou ao longo predomínio do isolamento com fibra de vidro.

Embora mais tarde os fabricantes de celulose tenham desenvolvido produtos adequados e resistentes ao fogo, somente agora estão começando a ganhar uma parcela significativa do mercado. Produtos de isolamento com espuma de poliuretano em *spray* entraram no mercado nos anos de 1970 e início da década de 1980, mas muitos deles continham um aglutinante potencialmente tóxico chamado ureia-formaldeído (UF). Por causa das preocupações com a saúde e a qualidade relacionadas à emissão de gás de formaldeído, esses produtos não tiveram grande aceitação e foram banidos em vários estados dos Estados Unidos e no Canadá. O isolamento com espuma de poliuretano em *spray* (*spray polyurethane foam* – SPF), uma espuma plástica que é aplicada em forma líquida e se expande várias vezes o seu tamanho original, agora está disponível sem nenhum teor de UF, embora ainda haja alguns isolamentos com fenol-formaldeído disponíveis. Ainda que o isolamento com fibra de vidro seja o produto dominante na construção, a celulose e a espuma em *spray* continuam ampliando sua participação no mercado. Cada um desses produtos para isolamento pode ser um componente efetivo numa casa verde. Fazer a escolha certa para um projeto exige que se compreenda o funcionamento de cada um desses produtos como parte de um sistema doméstico completo. Com base nisto, é possível selecionar o produto certo para um projeto e instalá-lo corretamente na casa toda.

Pesquisas na área de engenharia civil mostraram como isolar e vedar adequadamente uma casa, além de uma variedade quase ilimitada de produtos que podem ser usados para este fim. O clima, o orçamento, a disponibilidade de produtos e as habilidades apropriadas disponíveis para a instalação ajudam a definir os produtos e as quantidades usadas para criar o envelope térmico de uma casa, bem como as preferências do construtor, projetista ou arquiteto, e, no caso de projetos personalizados, o proprietário. Uma casa pode usar apenas um ou vários tipos de produtos para o isolamento e vedação em diversos locais para atingir o desempenho térmico desejado.

O futuro do isolamento

Recentemente, criou-se um isolamento em forma de aerogel para uso em claraboias e painéis de parede. Com valor R de até 8 por 2,54 cm, ou seja, 8 por polegada, os aerogéis translúcidos podem ser usados em painéis envidraçados, fornecendo uma elevada isolação e permitindo a entrada de luz natural nos espaços interiores. O material também está sendo desenvolvido em forma de finas mantas e como material de enchimento para isolamento. Entre outras novas tecnologias estão o isolamento feito de subprodutos agrícolas, como palha e palha de arroz. Talvez o material isolante mais interessante em desenvolvimento atualmente seja o Greensulate™, uma placa isolante rígida e biodegradável feita a partir da ação de um fungo natural, criada para substituir os produtos de poliestireno. A maioria desses materiais ainda é muito recente e não foi totalmente testada em aplicações de campo, mas há a expectativa de que esses produtos e outros semelhantes se tornem mais disponíveis no futuro.

Escolha do isolamento

Para esta escolha, devem-se considerar quatro fatores primários: *desempenho*, *método e qualidade de instalação*, *características do material* e *custos*. *Desempenho* inclui o valor de R (resistência térmica) por polegada, o que correspondente à resistência térmica em 2,54 cm de espessura, permeabilidade ao ar e ao vapor. *Métodos de instalação* incluem os materiais isolantes aplicados à estrutura, como mantas, produtos em *spray* ou jateados e placas contínuas. Mantas isolantes são materiais de isolamento térmico ou acústico feitos de fibra de vidro, lã mineral ou algodão, disponíveis em várias larguras e espessuras para adequar-se ao tamanho padrão de paredes, pisos e tetos. Outro método é usar isolamento integrado à estrutura, que é parte da própria estrutura. As *características do material* descrevem o conteúdo reciclado, capacidade de reciclagem, a energia incorporada, local de extração e produção, os componentes perigosos e conteúdo biológico. O isolamento biológico é desenvolvido a partir de plantas, animais ou outras fontes renováveis. O *custo* geralmente é o critério mais difícil de ser avaliado objetivamente. Ao ponderar-se as despesas, é preciso levar em conta não apenas os custos iniciais do material, mas também os de uma instalação cor-

> ### Você sabia?
>
> **Isolamento verde com base na degradação de compostos orgânicos por fungos**
>
> *Profa. Dra. Sasquia Hizuru Obata*
>
> As placas de isolamento são produzidas a partir do substrato para cultivo de cogumelos, são compostas por resíduos agrícolas de algodão, arroz, trigo sarraceno, trigo mourisco, entre outros, que são materiais orgânicos preparados para a semeadura de um tipo de cogumelo, isto é, de um fungo que degrada esses compostos como fonte de alimento, que é o carbono.
>
> Os fungos não realizam fotossíntese, são aclorofilados e não produzem seu alimento; portanto, absorvem os nutrientes de seres vivos ou mortos, neste caso absorvendo os compostos orgânicos de matérias mortas por filamentos denominados "hifas".
>
> Essa absorção ocorre pelo micélio, um conjunto de hifas, que deixa o esqueleto do material com uma forma porosa ou de esponja, leve, equivalente aos isolantes utilizados em nossas edificações; portanto, a razão de ser de uma nova fonte natural é obter isolantes.
>
> Uma melhor definição da formação das placas isolantes é que se trata de um processo de degradação do substrato formado pelos resíduos vegetais de fungos, que, em razão do seu crescimento vegetativo em ambiente escuro, gera um espalhamento de inúmeros fios finos denominados "micélio do fungo". Como as raízes vão criando conexões entre os elementos do substrato, estes se tornam menos rígidos e mais porosos, podendo ser moldados com facilidade e em vários formatos, como pranchas de surf e embalagens de proteção de produtos, em substituição ao isopor, entre outros.
>
> Após a moldagem, que no caso das placas divisórias de isolamento para construção é plana, faz-se um aquecimento para tornar o fungo inerte e estabilizar a forma.
>
> O objetivo dos criadores desse processo, que o patentearam, é a substituição de produtos à base de petróleo, que não são amigáveis ao ambiente. Portanto, o isolamento verde com base na degradação de compostos orgânicos por fungos é um novo material renovável e de bioprodução.
>
> A pegada verde da constituição desse material parte do uso de resíduos agrícolas e também utiliza a fitodegradação de compostos orgânicos por fungos. Do ponto de vista conceitual, essa abordagem vale até mesmo para derivados de petróleo, pesticidas e contaminantes do solo que têm o carbono como constituição, e servem de alimentos para os fungos, podendo esses compostos ser eliminados por biorremediação (complementa-se com o tema de fitorremediação, relativo a plantas, no Capítulo 11).

reta e eventuais trabalhos adicionais necessários para que alguns materiais correspondam ao desempenho térmico de outros.

Características de desempenho

Cada material isolante tem suas próprias características de desempenho, incluindo o valor da resistência térmica R e a resistência ao fluxo de ar e vapor, que, em conjunto, afetarão o desempenho de uma determinada instalação. Entender as características dos diferentes materiais é essencial na escolha do isolamento certo para uma casa verde.

Valor da Resistência Térmica R do Isolamento

A classificação do *valor R* por polegada no caso dos Estados Unidos, e comumente por espessura em unidades métricas no Brasil, para diferentes materiais isolantes baseia-se em testes de laboratório (ver Tabela 2.1, Capítulo 2); entretanto, o desempenho de um isolante específico em um componente de construção é afetado tanto pela qualidade da instalação e da barreira de ar quanto pelo valor de R nominal. O efeito do isolante é limitar a transmissão de calor por meio das propriedades do material isolante e da sua espessura. Quando o isolamento é comprimido, ele reduz o valor R nominal à medida que a espessura é reduzida, embora este valor por polegada possa, na verdade, aumentar ligeiramente em razão da convecção reduzida no material isolante. Esta característica é análoga ao isolamento de um casaco acolchoado – ele isola melhor quando é grosso e fofo do que quando está comprimido.

Um isolamento bem instalado com baixo valor de R limita a transferência de calor mais efetivamente do que materiais com valor R mais alto mas mal instalados. O Apêndice 4A relaciona os valores R de materiais isolantes típicos e onde costumam ser instalados.

Permeabilidade ao ar

Como visto no Capítulo 2, o fluxo de ar é um dos fatores mais importantes que afetam o desempenho de uma construção. **Permeabilidade** é a medida do fluxo de ar ou umidade através de um material ou estrutura. Para que o isolamento funcione bem, não pode haver nenhum movimento de ar através dele. Isolamento pode ser descrito como impermeável ao ar, o que significa que o próprio material não permite que o ar passe através dele, ou permeável ao ar, permitindo a passagem do ar. A Associação Americana para Barreiras de Ar (Air Barrier Association of America – AABAba) desenvolveu métodos e testes aprovados pela Sociedade Americana de Testes e Materiais (American Society of Testing and Materials – ASTM) para materiais e sistemas a serem aplicados como barreiras de

> ### Você sabia?
> #### Massa térmica: o que é e quando aumenta o conforto
>
> Objetos pesados ou maciços, como alvenaria, terra e água, podem reter muito calor. Por causa desta capacidade de atuar como fonte de calor (aquecendo o que estiver à sua volta) ou como dissipador de calor (retirando calor e esfriando o ambiente à sua volta), materiais com massa térmica afetam o conforto dentro e fora da casa.
>
> Construções em lugares com grandes amplitudes térmicas ao longo do dia (dia-noite), como o sudoeste montanhoso dos Estados Unidos, oferecem um exemplo clássico do efeito residual da massa térmica. Paredes de adobe e outros tipos de alvenaria absorvem o calor intenso durante o dia, mantendo as temperaturas confortáveis no interior. Durante a noite fria, as paredes extravasam o calor acumulado, porém continuam mantendo o interior da casa confortavelmente aquecido. Pela manhã, se tiverem sido projetadas corretamente, as paredes poderão absorver mais uma vez o calor do dia.
>
> Na maior parte da América do Norte, na maioria das condições, as temperaturas variam ao longo de 24 horas, mas se mantêm acima ou abaixo do nível de conforto. Assim, a maioria das construções exige aquecimento ou resfriamento, de modo que construir uma casa estanque com materiais que oferecem bom isolamento ou têm um valor de resistência térmica R elevado deve ser a principal prioridade.
>
> Será que materiais com massa térmica elevada também são bons isolantes? Alguns fabricantes induzem a este pensamento, exibindo um parâmetro chamado "valor R efetivo" como evidência. É verdade que o efeito residual da massa térmica economiza energia em determinadas condições climáticas, mas o efeito é muito circunstancial. Como regra mais geral, os materiais de armazenagem térmica, mais efetivos são bons condutores e, consequentemente, maus isolantes. Uma massa térmica como a do concreto moldado *in loco* oferece baixo isolamento, com valor da resistência térmica R de 0,08 por polegada (2,54 cm de espessura), comparado ao R de 3,7 para celulose.
>
> Mesmo em climas em que o isolamento é prioridade, as construções podem usar massa térmica. Por exemplo, a ventilação natural noturna e o aquecimento solar passivo podem ser estratégias viáveis no mesmo lugar durante estações diferentes. O uso de massa térmica no interior de uma construção estanque, ou seja, bem isolada, propicia as duas estratégias, porque a massa pode absorver o calor solar durante o dia e liberá-lo à noite.
>
> Muitos usos de massa térmica podem reduzir o consumo de energia e aumentar o conforto. Em construções que são ocupadas apenas esporadicamente, porém, em geral é mais eficiente minimizar a massa interna de modo que ela possa aquecer (ou esfriar) rapidamente quando necessário. Além disso, a massa térmica pode ser dispendiosa e exigir muito espaço, de modo que arquitetos e construtores tendem a usá-la quando também possa servir para outras funções, como estrutura, superfície interna durável, piso ou em um sistema de aquecimento como um forno de alvenaria.
>
> **Fonte:** Thermal Mass: What It Is and When It Improves Comfort, 2007. Disponível em: <http://www.buildinggreen.com/auth/article.cfm/2007/10/30/Thermal-Mass-What-It-Is--and-When-It-Improves-Comfort/>. Acesso em: 26 jun. 2015. Reimpresso com permissão de Environmental Building News.

ar. Ambas definem barreira de ar como um material ou sistema com permeabilidade ao ar inferior a 0,021 l/m²s a uma pressão de 1,57 Pa ou 0,15 kgf/m² (1,57 Pa). **Pascal** é uma unidade básica de medição da pressão, que corresponde à quantidade de força dividida por uma unidade de área.

Isolamento com espuma é o único produto comumente disponível que é **impermeável** ao ar. Todos os materiais de isolamento **permeáveis** ao ar precisam ser combinados com materiais impermeáveis num sistema completo de barreiras de ar para que possam atingir desempenho máximo.

Permeabilidade ao vapor

A permeabilidade ao vapor em materiais de construção, incluindo o isolamento, divide-se em quatro categorias: impermeável, semi-impermeável, **semipermeável** e permeável. Cada uma dessas categorias descreve quanto vapor de água pode passar através do material. No Capítulo 2, foram apresentados os retardadores de difusão de vapor e onde instalá-los nas partes da construção. Embora em geral se evitem barreiras ao vapor (materiais com permeabilidade de 0,1 ou menor, como placas de polietileno) em paredes, espumas de células fechadas ou outro tipo de isolamento impermeável ao vapor podem ser uma opção apropriada quando há risco de condensação de umidade em superfícies frias. O isolamento impermeável ao vapor é vantajoso quando aplicado nos pisos dos ambientes com ar-condicionado, espaços subterrâneos úmidos (Figuras 4.1.a e b) ou telhados e paredes em climas extremamente frios (ver Figura 4.2).

Resistência ao fogo

O isolamento deve ser resistente ao fogo ou revestido com uma barreira antichamas para continuar exposto em uma área habitável ou quando há aparelhos a combustão instalados próximo aos isolamentos. O isolamento com fibra de vidro sem revestimento pode ficar exposto. Espumas de isolamento, quer tenham sido aplicadas em *spray*, quer sejam placas rígidas, precisam ser cobertas com um revestimento antichamas para cumprir os códigos americanos contra incêndios. Os revestimentos podem ser de gesso

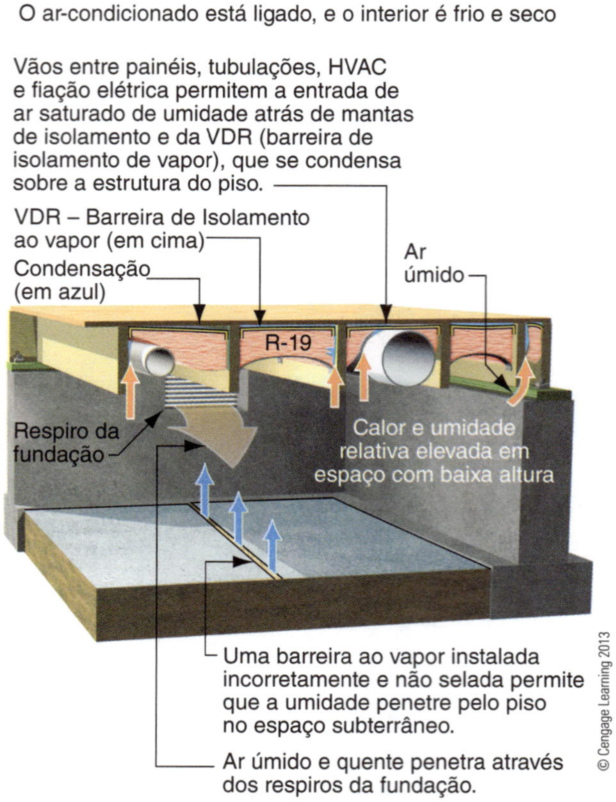

Figura 4.1a O ar saturado de umidade passa com facilidade através das mantas de fibra de vidro porque elas são permeáveis ao ar e ao vapor. Pode ocorrer condensação se esse ar relativamente quente e úmido entrar em contato com uma superfície abaixo do ponto de orvalho. Usando a tabela psicrométrica e tendo conhecimento sobre a capacidade de armazenamento de umidade do material, podemos identificar cenários em que pode ocorrer condensação na face inferior do contrapiso, nas juntas do piso e nos dutos. O risco de condensação aumenta quando as mantas de fibra de vidro são instaladas com espaços entre elas, a cobertura do piso de espaços subterrâneos não está totalmente selada e esses espaços são ventilados.

Figura 4.1b Em espaços subterrâneos fechados, um isolamento impermeável ao vapor e ao ar impede a condensação.

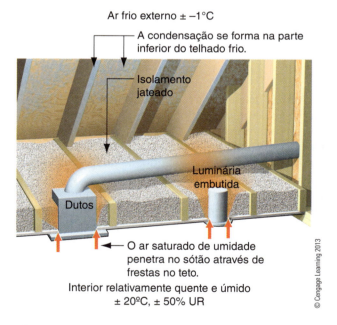

Figura 4.2 No inverno, o ar-condicionado relativamente quente e úmido escapa para o sótão e pode condensar-se no lado de baixo da cobertura do telhado.

acartonado, tinta intumescente ou, no caso de placas rígidas, chapas de revestimento. **Tintas intumescentes** retardam o fogo. Alguns códigos de construção americanos permitem que a espuma permaneça exposta em determinadas condições, como em sótãos e juntas de vigas. Se o projeto indicar que a espuma de isolamento deve ficar exposta, deve-se confirmar se cumpre todos os códigos de segurança ao fogo e é aplicável à construção.

Gerenciamento de pragas

Os produtos de isolamento devem ser escolhidos e aplicados de forma a impedir a entrada de pragas e os danos por elas causados. O isolamento com fibra de vidro não é uma fonte de alimento para pragas e representa baixo risco. Espuma de isolamento é outro material que também não é fonte de alimento, mas pode permitir que cupins, roedores e outras pragas entrem numa estrutura sem ser detectados. Alguns produtos de espuma rígida são tratados com boratos, que impedem pragas. Entre todos os materiais isolantes, o vidro celular rígido Foamglas® oferece a maior resistência a cupins e roedores. Este produto é amplamente usado na Europa, mas só recentemente passou a estar disponível na América do Norte como isolamento para construções. Como em geral a espuma em *spray* não é tratada contra pragas, as aplicações em fundações e pisos devem deixar uma abertura para inspeção, a fim de garantir que os cupins não tenham acesso à estrutura da construção.

Métodos e qualidade de instalação

O isolamento pode ser aplicado sobre a estrutura de uma casa ou dentro dela, ou integrado diretamente na própria estrutura. Isolamentos aplicados estão disponíveis em forma de mantas e placas rígidas, ou podem ser jateados no local. O isolamento integrado na estrutura pode ser incorporado a paredes externas de concreto, paredes externas de apoio ou painéis no piso. Ao entender os prós e os contras de cada método de instalação, a equipe do projeto pode tomar as decisões certas sobre quais produtos usará em uma casa. A instalação correta é essencial para obter o desempenho desejado do isolamento aplicado.

Isolamento com mantas

O método de instalação mais comum de isolamentos aplicados são mantas de fibra de vidro. Dimensionadas para se encaixar nos espaçamentos das estruturas padrão com 16", ou aproximadamente 40 cm e 24" ou 61 cm e disponíveis em espessuras de 3½", ou 8,9 cm a 12", ou 5,1 cm, as mantas de isolamento devem encaixar-se perfeitamente e sem qualquer compressão ou fresta para que possam funcionar efetivamente. Precisam ser cortadas e adaptadas cuidadosamente em torno de todas as obstruções, como fios e tubos, e não amontoadas em torno deles. Frestas e compressões menores que 5% da área de uma única manta podem reduzir seu desempenho térmico em até 50% (Figura 4.3). As mantas estão disponíveis em fibra de vidro, lã mineral, algodão e, em menor grau, lã (Figuras 4.4).

O isolamento com mantas é mais propenso a apresentar vazios e compressões do que outros tipos de isolamento. Em geral, mantas revestidas de papel são instaladas com as bordas grampeadas ao lado das vigas, deixando um vão contínuo em cada borda. Grampear o revestimento sobre o isolamento é mais eficiente, mas raramente esta estratégia é usada porque ela cobre as vigas com papel, impedindo que os instaladores de gesso acartonado apliquem a cola nas molduras. Mantas de isolamento sem revestimento instaladas corretamente podem evitar os problemas de compressão associados a produtos revestidos.

Figura 4.3 A instalação incorreta reduz grandemente o desempenho do isolamento. Essas mantas estão comprimidas e não produzirão o valor R indicado pelo fabricante.

Isolamento jateado

Isolamento jateado é aplicado em *spray* dentro de cavidades de armações e no topo de telhados, e, quando instalado corretamente, funciona muito bem eliminando as frestas e compressões comuns no uso de mantas. Esses produtos preenchem com facilidade as cavidades de paredes e oferecem cobertura completa, mesmo atrás de obstáculos como fios e tubos. Entre os produtos jateados, estão a fibra de vidro, a celulose, a espuma e produtos à base de cimento (Figuras 4.5).

Instalação correta

O isolamento de cavidades só apresenta desempenho com o valor R indicado quando instalado de forma a preencher completamente as cavidades da construção, sem compressões, falhas ou vãos. A classificação

Figura 4.4a Mantas de fibra de vidro sem revestimento instaladas corretamente com vigas de aço.

Figura 4.4b Mantas de algodão UltraTouch®.

Figura 4.4c Mantas de isolamento de lã de carneiro.

dos isolantes não se aplica a placas isolantes, porque, em geral, não estão sujeitas aos mesmos problemas de instalação. A Rede de Serviços Residenciais de Energia (Residential Energy Services Network – Resnet) desenvolveu um sistema de classificação que oferece critérios para inspetores e avaliadores do Sistema de Avaliação de Energia de Casas – (Home Energy Rating System – Hers) para determinar a qualidade de um serviço de isolamento. As instalações com a melhor qualidade recebem grau 1, o que significa que são quase perfeitas e seguem as especificações do fabricante na íntegra. O grau 2 permite certas tolerâncias e cobertura incompleta. O grau 3 equivale a uma instalação de qualidade muito baixa, com várias frestas, vãos e áreas de compressão. Os padrões Resnet oferecem uma orientação clara para a classificação do isolamento (Figuras 4.6).

Figura 4.5a Isolamento de parede com fibra de vidro soprada.

Figura 4.5b Celulose jateada uniformemente, sem emenda.

Isolamento e estanqueidade de ar

Figura 4.5c Espuma de poliuretano em *spray* (SPF) de células abertas.

Figura 4.5d Aplicação de isolamento à base de cimento. Este produto específico é uma combinação de ar, água e cimento com oxicloreto de magnésio.

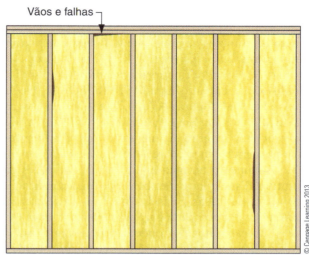

Figura 4.6a Instalação de isolamento de grau 1.

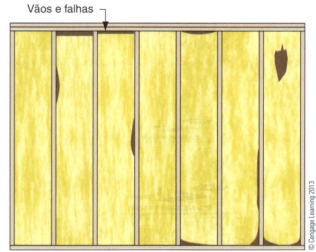

Figura 4.6b Instalação de isolamento de grau 2.

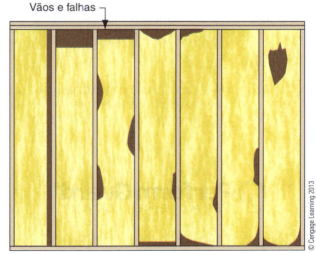

Figura 4.6c Instalação de isolamento de grau 3.

Placas isolantes

Placas isolantes são painéis isolantes rígidos e normalmente feitos de espuma de poliestireno ou poli-isocianurato expandido ou extrudado. **Poliestireno expandido** (*expanded polystyrene* – EPS) em geral é branco e feito de grânulos de poliestireno. **Poliestireno extrudado** (*extruded polystyrene* – XPS) é uma placa isolante de espuma, normalmente vendida nos Estados Unidos sob a marca registrada STYROFOAM ™ pela Dow Chemical (Figuras 4.7a, 4.7b e 4.7c) ou Owens Corning Foamular. Em geral, o EPS e o XPS são instalados no lado externo de uma estrutura para oferecer uma **barreira térmica** sobre a estrutura e complementar o isolamento térmico aplicado nas cavidades da estrutura. Essas placas também podem ser aplicadas no interior das casas, atrás das *placas de gesso acartonado*, para oferecer uma barreira térmica. **Pontes térmicas** são caminhos por onde ocorre a transferência de calor em áreas que não são diretamente isoladas, como vigas de paredes e telhados (Figura 4.8). Em alguns casos, aplicam-se várias camadas espessas de placas no lado externo, em vez de isolar as cavidades. Placas de fibra de vidro, lã de vidro e vidro celular também estão disponíveis, mas são menos comuns nos Estados Unidos, exceto em algumas aplicações em fundações.

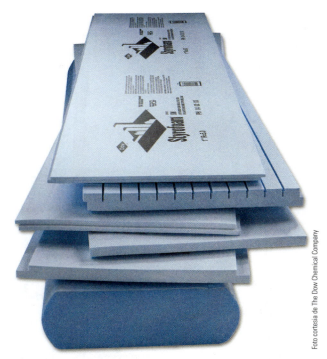

Figura 4.7c Placas isolantes de XPS estão disponíveis em diversas espessuras.

Figura 4.7a Placas isolantes de poli-isocianurato são vendidas com uma chapa de revestimento que oferece uma barreira contra chamas e desempenho melhor.

Figura 4.7b A placa isolante PerformGuard® EPS é pré-tratada com um cupinicida.

Isolamento integrado à estrutura

O isolamento integrado à estrutura pode estar no lado interno ou externo da estrutura, ou totalmente incorporado a ela. Placas de concreto isolantes (*insulated concrete forms* – ICF) são paredes de concreto com isolamento em espuma que permanecem no lugar depois do processo de cura do concreto (ver Capítulo 5). As ICF têm isolamento nos lados interno e externos (Figura 4.9). **Painéis estruturados isolantes** (*structural insulated panels* – SIP) são painéis para paredes de apoio, telhados ou pisos feitos de espuma isolante instalados entre duas placas de madeira compensada ou de painel estrutural de tiras de madeira orientadas perpendicularmente (*oriented-strand board* – OSB) (ver Capítulo 5 e Figura 4.10). Construções com **fardos de feno** usam fardos de palha de trigo, aveia, cevada, centeio, arroz e outros resíduos da agricultura em paredes cobertas de estuque ou argamassa de barro (ver Capítulo 6 e Figura 4.11). Concreto celular autoclavado (*aerated autoclaved concrete* – AAC) é do tipo leve usado em materiais de construção pré-moldados que oferece isolamento, apoio estrutural e resistência ao fogo (ver Capítulo 5 e Figura 4.12). Embora esses métodos de construção sejam bem diferentes dos de construção padrão com armações de madeira usados na maioria das casas nos Estados Unidos, têm obtido uma aceitação maior, sobretudo no setor de construção verde. O isolamento integrado à estrutura oferece cobertura com **isolamento contínuo**, em que há poucas pontes térmicas.

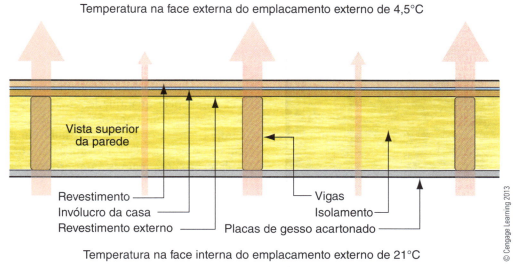

Figura 4.8 Comparadas ao isolamento, as vigas de madeira oferecem pouca resistência ao fluxo de calor, que sempre segue o caminho da menor resistência. As vigas de paredes podem funcionar como pontes térmicas.

Figura 4.9 As placas de concreto isolantes (ICF) oferecem isolamento contínuo nos lados interno e externo de paredes sem pontes térmicas.

Características do material

O Capítulo 1 tratou da avaliação do ciclo de vida de um produto ou custo ambiental total de uma estrutura, incluindo a energia incorporada, contaminantes criados na produção e distribuição e o impacto cumulativo do produto sobre o ambiente. Além desses fatores, podemos considerar a quantidade de conteúdo reciclado, a reciclabilidade do isolamento, o conteúdo *biológico* do material, a quantidade de Ureia-Formadeído – UF acrescentada e a distância que os materiais percorreram desde os locais de extração inicial e as unidades de produção. Essas características têm grandes implicações sociais, além de efeitos diretos sobre os ocupantes da construção. Ao selecionarem produtos feitos no local com menor energia incorporada, os construtores podem melhorar a qualidade geral do ar por meio da conservação de recursos e reduzir os poluentes dos combustíveis usados no transporte. A não utilização de produtos irritantes e contaminantes no isolamento pode evitar efeitos prejudiciais à saúde, tanto para aqueles que instalam o material quanto para os ocupantes da construção.

Figura 4.10 Esta casa usa painéis do tipo SIP nas paredes externas e no telhado.

Figura 4.11 Construção de paredes com fardos de feno.

Figura 4.12 Blocos de concreto celular autoclavado – AAC oferecem isolamento e apoio estrutural. Nesta foto, os blocos de AAC são usados em paredes internas e externas; nos Estados Unidos, porém, é mais comum combinar paredes externas com AAC com a estrutura de ripas nas paredes internas.

Custo

O custo de isolar uma casa pode ser dividido em vários segmentos distintos: materiais, instalação, custos periféricos (por exemplo, vedação de ar e descarte de resíduos) e custos cumulativos de energia ao longo da vida útil da estrutura. Somente levando-se em conta todos esses fatores será possível fazer a melhor avaliação sobre o custo real de um produto. Por exemplo, o estudo do isolamento com mantas de fibra de vidro. Embora este produto seja o isolante mais comum e mais barato no mercado americano, é o mais sujeito a uma instalação incorreta e, por consequência, a um desempenho reduzido. Normalmente, os instaladores são pagos pela quantidade, e não pela qualidade de seu serviço; com controle de qualidade mínimo no campo, este fator em geral resulta em aplicações de baixa qualidade. Quando aplicado corretamente, o isolamento com mantas é um produto excelente, mas o padrão de qualidade da instalação deve ser definido, juntamente com o instalador, na formação do preço antes do início do trabalho. O trabalho precisa ser inspecionado com o propósito de corrigir completamente os eventuais defeitos antes da aprovação do pagamento final para o instalador. Uma instalação de mantas de grau 1 custará mais do que o preço médio pelo serviço. Quando se consideram o custo de um isolamento de alta qualidade e o trabalho necessário para instalar uma barreira de ar extensa, a diferença de preço entre o isolamento com mantas e isolamento jateado ou isolamento com espuma de poliuretano em *spray* – SPF é menor do que sugerem os custos básicos por metro quadrado. Por exemplo, um isolamento com mantas de fibra de vidro R-13 pode custar apenas US$ 5,55/m² instalado, ao passo que a espuma em *spray* pode custar até US$ 16,65/m². Como mantas de fibra de vidro são permeáveis ao ar, toda emenda e fissura no revestimento externo, nas placas de paredes e nas *placas de gesso acartonado* internas devem ser cuidadosamente vedadas ao ar para que as mantas atinjam o desempenho geral da espuma em *spray*. Além disso, obter uma qualidade de grau 1 com isolamento por mantas implica, muitas vezes, um custo extra. Os custos adicionais pela instalação, mais a vedação do revestimento e do gesso acartonado, geralmente minimizam grande parte (se não toda) da diferença nos custos líquidos do isolamento.

Energia incorporada

A energia incorporada necessária para a obtenção de valores R equivalentes de diferentes materiais isolantes é outro fator a ser considerado quando se escolhe um produto. A quantidade exata de energia incorporada em um material específico pode variar de um fabricante para outro, e se baseia na distância coberta durante o transporte, tanto da matéria-prima quanto do produto acabado, do local de extração até o do serviço. Compreender as correlações da energia incorporada entre os produtos é útil nas decisões referentes a uma casa verde. Produtos reciclados e naturais, como celulose e lã, têm menor energia incorporada, e o isolamento com espuma de poliuretano em *spray* – SPF e espuma rígida à base de petróleo, a maior (ver Tabela 4.1). Deve-se ter em mente que, independente da quantidade de energia incorporada em determinado isolamento, um produto instalado de forma correta economizará várias vezes a quantidade de energia ao longo da vida útil da construção.

Tabela 4.1 Energia incorporada estimada em materiais isolantes*

Material isolante	Btu/pé² (Btu/m²) para R-1
Mantas	
Algodão	22 (244,44)
Lã de carneiro	25 (277,78)
Lã mineral	311 (3455,56)
Fibra de vidro	227–345 (2522,22–3833,33)
Soprado	
Celulose, densamente compactada	30–49 (333,33–544,44)
Icineno	208 (2311,11)
Lã mineral, enchimento solto	149–245 (1655,56–2722,22)
Poliuretano	899 (9988,89)
Placas isolantes	
Lã mineral	973 (10811,11)
Poli-isocianurato	715 (7944,44)
EPS	900–1075 (10000–11944,44)
XPS	1509 (16766,67)

* Cortesia de Robert Riversong e Environmental Business News. Esta tabela representa as aproximações de energia incorporada em diferentes materiais isolantes. A energia incorporada real em qualquer produto variará de acordo com o combustível usado na produção, as distâncias e os métodos de transporte, e outros fatores. Como a definição de energia incorporada não é uma ciência exata, não se deve considerar como valor absoluto; ela apenas oferece um ponto de comparação entre diferentes materiais. Independente da quantidade de energia incorporada em um isolamento, quando instalado de forma correta, ele economizará mais energia ao longo de sua vida útil do que foi consumida para fabricá-lo.

Escolha de uma barreira de ar

Estanqueidade é tão importante para o envelope térmico quanto o isolamento, e é preciso levar em conta os dois componentes antes de escolher qualquer produto. Quando o isolamento é permeável ao ar, como a fibra de vidro, é preciso criar e instalar um sistema separado para eliminar a infiltração de ar através do envelope. Essa barreira de ar pode ser composta de apenas um elemento ou de uma combinação dos seguintes itens: isolamento da casa devidamente selado, revestimento externo selado ou placas internas de gesso acartonado. O isolamento da casa, em geral um material têxtil de plástico ou fios de fibras de polietileno, é uma barreira resistente à água (water-resistive barrier – WRB) destinada a funcionar como um segundo plano de drenagem atrás do revestimento. Quando vedado corretamente, o isolamento da casa pode oferecer resistência ao fluxo de ar; no entanto, o uso do isolamento como barreira primária de ar não é recomendado (Figura 4.13). A barreira primária precisa ser combinada com selantes nas juntas entre os membros da estrutura, denominados no Brasil bandas, nas bordas das placas de gesso acartonado, em aberturas mecânicas e vigas (para obter mais informações, ver Figura 4.14 e seção "Estanqueidade". Contudo, se naturalmente o isolamento for uma barreira de ar, como espuma em *spray*, ou SIP, menos áreas do envelope da construção exigirão uma barreira separada de ar. Uma terceira opção, a abordagem *drywall* hermético (*airtight drywall approach* – ADA), envolve a vedação completa entre o *drywall* e a estrutura para formar uma barreira de ar (Figura 4.15). A parede é vedada com massa de vedação, cola ou gaxetas junto à estrutura e em torno de todas as aberturas (principalmente caixas elétricas e luminárias embuti-

---

Você sabia?

Lei Norte-Americana de Recuperação e Reinvestimento de 2009

Como parte da Lei Norte-Americana de Recuperação e Reinvestimento de 2009 (American Recovery and Reinvestment Act – Arra, ou "Lei de Recuperação"), os estados que aceitarem os recursos devem adotar o Código Internacional para Conservação de Energia de 2009 (International Energy Conservation Code – IECC), ou um código mais restritivo, e documentar a conformidade de 90% até 2017. A Arra oferece fundos adicionais para treinamento e implantação do código. De acordo com uma análise da empresa de consultoria ambiental ICF International, que comparou os padrões atualizados com aqueles divulgados em 2006, casas construídas de acordo com os padrões IECC de 2009 terão uma economia estimada de 12,2%, segundo o método "prescritivo" simples, e poderão economizar 14,7% ou mais, conforme o método mais avançado "baseado em desempenho".[1] Se aplicarmos os índices dos serviços públicos de 2008, isto equivalerá a uma economia anual de US$ 163 a US$ 437 por casa (dependendo do local em que a casa se encontra) e a uma economia nacional média de US$ 235 por ano, com base nos custos médios de energia no período. À medida que as contas dos serviços públicos aumentarem, a economia também aumentará.

---

[1] Análise preparada para a Coalizão de Códigos de Energia Eficiente (Energy Efficient Codes Colaition – EECC) pela ICF International, em janeiro de 2009.

das). Independente da permeabilidade ao ar do isolamento, cada projeto deve considerar a vedação em torno de janelas, aberturas mecânicas e transições entre materiais.

Posicionamento do envelope térmico

Decidir exatamente onde posicionar o *envelope térmico* e instalar o isolamento e a vedação de ar em contato um com o outro é uma das decisões mais importantes no planejamento de uma casa. Teoricamente, a barreira de ar precisa ser completa e contínua em todas as seis faces (Figura 4.16) do isolamento de todas as cavidades. Embora seja fácil fazer a vedação de ar nas seis faces das cavidades em paredes, geralmente o isolamento é deixado exposto acima do teto e abaixo do piso, porque instalar uma barreira de ar nesses lugares muitas vezes é complicado e dispendioso. Além disso, a posição do envelope da construção em geral é flexível. Por exemplo, é possível projetar o envelope de modo a incluir ou excluir o porão, o espaço subterrâneo ou o sótão.

Fundações

Começando pela parte inferior, casas com porão ou espaço subterrâneo têm a opção de isolar a parte abaixo do primeiro piso ou as paredes da fundação. Quando for possível manter a fundação seca, o isolamento das paredes do porão ou do espaço debaixo da casa oferecerá a melhor solução na maioria dos climas (Figura 4.17). Se houver algum risco de inundação ou infiltração de água pela fundação, o isolamento e a vedação de ar deverão ser instalados na face inferior da estrutura do primeiro andar, deixando o porão ou o espaço subterrâneo fora do envelope térmico. Se a casa estiver sobre uma laje, todo o perímetro da laje deverá ser isolado, para qualquer tipo de clima; em climas frios e nos casos em que se instala um sistema

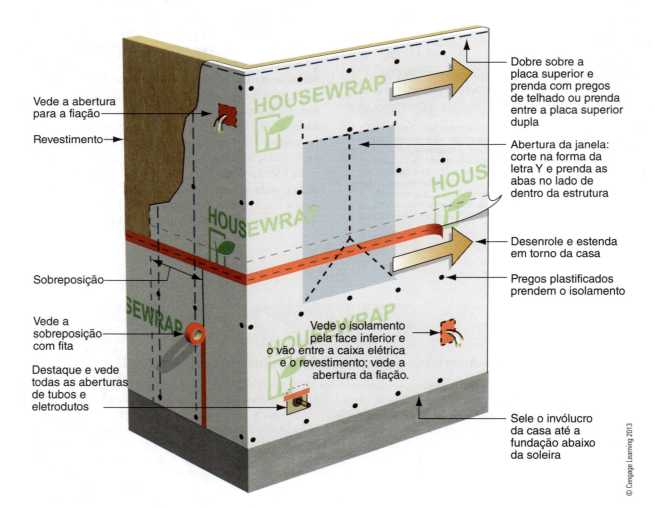

Figura 4.13 Quando instalado corretamente, o isolamento da casa pode ser uma barreira efetiva de ar.

de aquecimento do piso por radiação, toda a face inferior da laje também deverá ser isolada. No Capítulo 5 trataremos das fundações com mais detalhes.

Paredes

Em todas as construções, o envelope térmico localiza-se nas paredes externas. Escolher exatamente onde instalar a vedação de ar e o isolamento dentro da estrutura das paredes terá um efeito significativo sobre o desempenho da construção. Um revestimento isolante no lado externo da estrutura da parede ajuda a reduzir as pontes térmicas entre seus componentes – uma estratégia particularmente efetiva em climas frios, nos quais pode reduzir ou eliminar a condensação dentro da estrutura da parede e ao mesmo tempo servir como barreira eficiente de ar. O isolamento das cavidades entre vigas, combinado com os painéis *drywalls* bem vedados, oferece um método alternativo para criar um envelope térmico. Com esta estratégia, porém, é preciso usar outros selantes para vedar os painéis de *drywall** nas partes superior e inferior e em torno de todas as caixas de passagens, pontos de instalações, luminárias e interruptores. As juntas nas vigas também precisam ser seladas com massa ou espuma em *spray* para oferecer uma vedação total do ar. Usar espuma em *spray* nas cavidades das vigas reduz a necessidade da maioria dos outros casos de vedação de ar, seja no revestimento externo, seja nas paredes internas de gesso; entretanto, os vãos em torno de janelas e portas e entre os elementos estruturais precisam ser vedados adequadamente.

Tetos

O topo de uma casa muitas vezes representa o maior desafio para concluir o envelope térmico. Em sótãos não condicionados que se encontram sobre tetos planos, uma camada grossa de isolamento em mantas ou jateado, combinada com as placas de gesso de forro de teto, pode oferecer uma boa barreira térmica, desde que se observem corretamente todos os detalhes, como molduras, acessos ao sótão, registros de aquecedores, luminárias, ventiladores embutidos e a linha onde o topo da placa de gesso acartonado encontra as placas do teto. Entre as áreas críticas, estão as molduras internas e as paredes baixas do sótão,** que são as paredes verticais de baixa altura que separam o espaço condicionado do não condicionado no sótão de uma casa. As molduras devem ser devidamente seladas a fim de evitar desvios térmicos (ver seção "Estanqueidade").

As paredes baixas que separam as áreas condicionadas no sótão precisam ser estanques no lado não condicionado da parede, além de ter algum tipo de bloqueio na base da parede (Figura 4.18). Um local alternativo para o topo do envelope térmico é o telhado, criando-se um sótão totalmente condicionado ou semicondicionado (ver Figura 7.21).

Materiais e métodos

Como já visto neste capítulo, há dois tipos de isolamentos disponíveis: aplicado ou integrado à estrutura. Uma mesma construção pode usar um ou ambos os métodos; por exemplo, o isolamento integrado à estrutura pode ser usado nas paredes, combinado com um isolamento aplicado aos tetos. Uma vez definido o tipo de isolamento, escolhem-se os materiais e métodos de aplicações específicas. Com o isolamento, é preciso incorporar uma vedação adequada de ar para completar o envelope da construção (ver "Apêndice 4A" para uma comparação detalhada dos tipos mais comuns de isolamento).

Materiais isolantes aplicados

Entre os produtos isolantes aplicados está a fibra de vidro, a lã mineral, a celulose, o algodão, o isolamento com espuma de poliuretano em *spray* (SPF) e os materiais à base de cimento. Os componentes do isolamento e da vedação de ar devem ser cuidadosamente especificados e aplicados para que tenham o desempenho esperado em casas verdes.

---

* *Drywall*, no Brasil, já é a denominação de mercado, em nível técnico e comercial, em equivalência à denominação formal, "placa de gesso acartonada". O termo já está consolidado, tendo como referencial a Associação Brasileira do Drywall, fundada em junho de 2000, com o objetivo de difundir a tecnologia *drywall* em toda a cadeia de negócios da construção civil. (S.H.O)

** Nos Estados Unidos, são denominadas *knee wall*, ou seja, "paredes-joelho", pela possibilidade de dividir planos e criar uma mudança angular. São localizadas no sótão, possuem cerca de 1 metro de altura, construídas para trabalhar como suporte da estrutura da cobertura e dividir os espaços condicionados no sótão. (S.H.O)

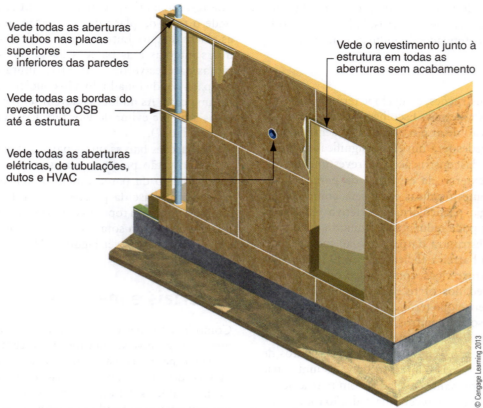

Figura 4.14 Casas mais convencionais usam a estrutura da parede externa, do piso e do teto como barreira de ar. Todas as aberturas devem ser completamente seladas para impedir a passagem de ar.

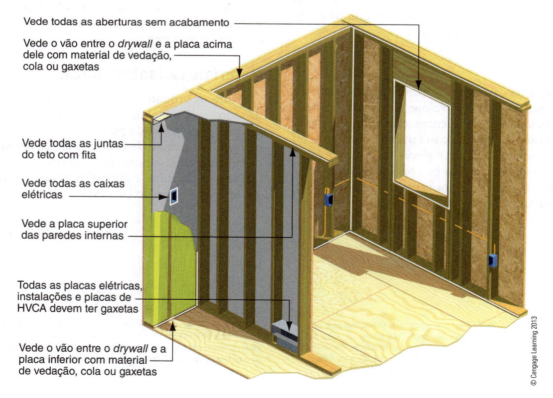

Figura 4.15 O *drywall* da parede e do teto poderá ser uma barreira eficiente ao ar se for totalmente selado.

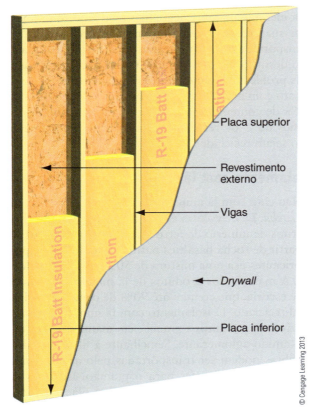

Figura 4.16 O isolamento vertical permeável ao ar precisa ser fechado em todas as seis faces (superior, inferior, esquerda, direita, frente e posterior) para funcionar devidamente.

Isolamento com fibra de vidro

O isolamento com mantas de fibra de vidro está disponível em duas formas: *sem revestimento* ou *revestidas* com chapas ou papelão. Mantas com revestimento são instaladas em paredes, por meio do grampeamento do revestimento nas laterais, ou de preferência na face interna das vigas. Mantas com revestimento estão disponíveis nas larguras ideais para permitir o ajuste por atrito entre as vigas padrões das paredes. Mantas sem revestimento ajustam-se às cavidades das paredes por atrito (Figura 4.19a). Nas instalações em pisos usam-se grampos ou ganchos de metal para prender as mantas no lugar (Figura 4.19b). Em tetos, as mantas são grampeadas no lugar antes que se coloquem as placas de gesso ou inseridas depois entre as vigas.

Embora seja facilmente acessível fora dos Estados Unidos, o isolamento com placas rígidas de fibra de vidro não é um produto comum, entretanto o interesse por ele e a disponibilidade têm aumentado. Diferentemente de placas rígidas de espuma, ele não exige o uso de antichamas adicionais.

A fibra de vidro jateada pode ser aplicada em paredes e sobre tetos. O isolamento de tetos é aplicado com *spray* até uma determinada espessura para se obter o valor R de resistência térmica correto. Em paredes, pode-se aplicar o isolamento com ou sem um aglomerante acrílico e em várias densidades, que oferecem diferentes valores de R. O isolamento aplicado em *spray* com um aglomerante adere às cavidades das

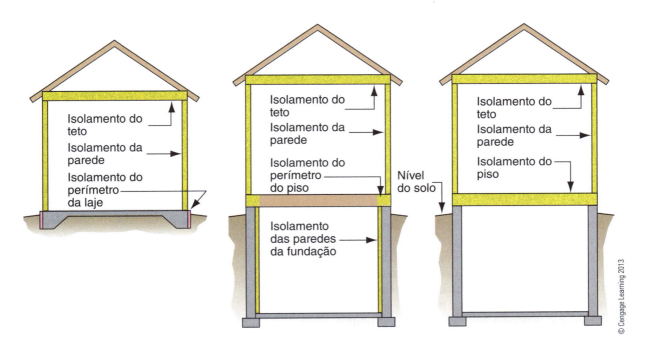

Figura 4.17 O posicionamento da parte inferior do envelope de uma construção depende do tipo de fundação. O envelope pode incluir ou excluir porões e espaços subterrâneos.

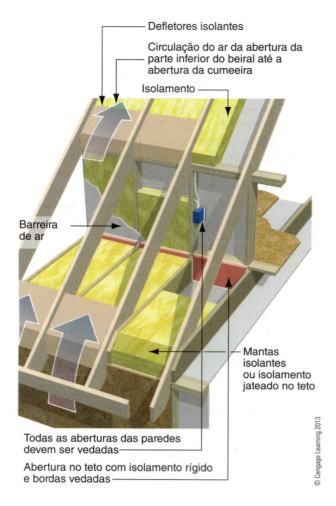

Figura 4.18 As paredes do sótão devem ser totalmente vedadas ao ar com uma barreira na parte de trás. O bloqueio abaixo das paredes impede que o ar do sótão se comunique com os sistemas do piso. Defletores em tetos inclinados direcionam o ar em torno do isolamento.

vigas e pode ser nivelado com as vigas após a instalação. Quando não se usa um aglomerante, aplica-se uma malha de tecido sobre as paredes, e, em seguida, o isolamento é aplicado em *spray* dentro da cavidade através dos vãos da malha (ver Figura 4.20).

Historicamente, isolantes com mantas de fibra de vidro eram fabricados com aglomerantes com **fenol-formaldeído (*phenol formaldehyde* – PF)** para manter as fibras unidas, mas, hoje, alguns produtos usam aglomerantes acrílicos ou biológicos sem PF. Embora a maior parte do PF se dissipe durante a fabricação, uma parte continua sendo liberada dentro da cavidade da parede, o que pode ser um problema para pessoas extremamente sensíveis a produtos químicos. **Gaseificação** é o processo pelo qual muitos produtos químicos se volatilizam ou liberam moléculas no ar em forma de gás. Hoje, muitos fabricantes oferecem linhas de produtos com aglomerantes sem PF ou totalmente sem aglomerantes.

O isolamento com fibra de vidro solta não usa aglomerante na fabricação, mas esse aspecto também tem suas desvantagens. Fibras de vidro podem ser transportadas pelo ar durante a instalação, e a inalação dessas partículas representa um risco para possíveis problemas pulmonares. Frequentemente, o isolamento com fibra de vidro é fabricado com no mínimo 20% de conteúdo reciclado, ainda que o isolamento removido e os retalhos da instalação normalmente não sejam reciclados.

Isolamento com lã mineral

Isolamento com lã mineral refere-se à *lã de escória* ou *de rocha*. **Lã de escória** é feita do subproduto de alto-fornos de minério de ferro. **Lã de rocha** é produzida a partir de rocha basáltica natural. Um dos principais fabricantes usa uma mistura de 50% dessas duas fontes. A maioria dos produtos de lã mineral disponível é de escória, que contém até 90% de conteúdo industrial reciclado. O isolamento com lã mineral está disponível em produtos a granel e em mantas, feitas com um amido aglomerante. Semelhante à fibra de vidro, as fibras podem ser transportadas pelo ar e, quando inaladas, são irritantes para o pulmão. Isolantes de lã mineral também são oferecidos em placas rígidas, com e sem revestimento de papelão. Há diversas densidades disponíveis, algumas das quais podem ser apropriadas para o uso sob lajes de concreto. Como a fibra de vidro, elas não são combustíveis nem necessitam de antichamas adicionais.

Isolamento por celulose

Isolamento por celulose é feito basicamente de papel-jornal reciclado, tratado quimicamente para resistir a fogo, mofo e pragas. Disponível apenas como produto jateado, a celulose pode ser aplicada em cavidades abertas ou fechadas de paredes, sobre tetos e beirais de telhados, e, ainda, em *spray*, a seco ou molhado. A celulose seca é aplicada por trás de malhas de tecido em paredes e beirais de telhado e sobre os tetos de gesso em sótãos. A celulose "estabilizada" utiliza uma pequena quantidade de aglomerante acrílico ativado por água para impedir que sofra adensamento e permitir que tenha maior espessura com baixo peso, resultando em menor densidade, menor peso em um volume maior. O *spray* em via úmida é aplicado em cavidades abertas e depois nivelado pelo nível das vigas. O excesso de material pode ser reutilizado ao longo do processo (Figura 4.21). A celulose úmida em *spray* precisa ser aplicada corretamente, sem excesso de água, devendo secar por alguns dias antes que se aplique o *drywall*, a fim de evitar a formação de mofo em paredes. A celulose tem baixo nível de energia incorporada e grande quantidade de conteúdo reciclado, composto de até 80% de papel-jornal reci-

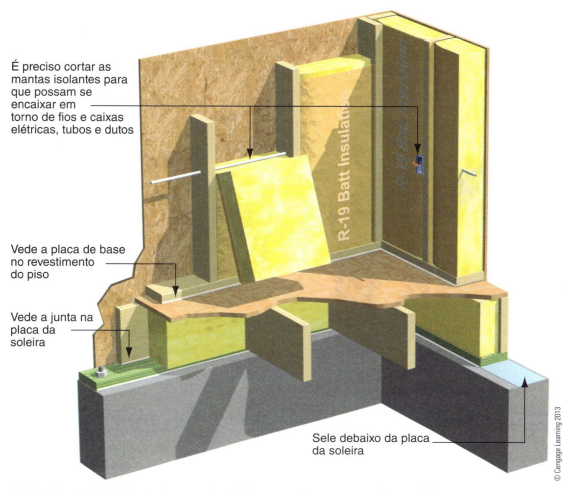

Figura 4.19a O material isolante deve ser instalado sem vãos, compressões ou falhas.

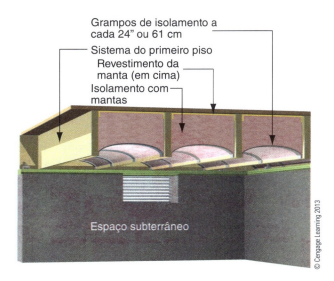

Figura 4.19b Os apoios do isolamento mantêm o isolamento do piso em contato com o contrapiso. Os apoios devem ser instalados com cuidado para não comprimir demais o isolamento.

clado. Pessoas extremamente sensíveis podem reagir aos produtos químicos da tinta presente na celulose, ao pó criado durante a instalação ou aos produtos usados para tratamento contra fogo e pragas, embora, em geral, isto não seja um grande problema. Entre os retardantes de chamas usados na celulose estão compostos de borato, que também servem para inibir insetos e outras pragas, e sulfato de amônia.

Isolamento com algodão

O **isolamento com algodão**, disponível em mantas sem revestimento, compõe-se de mais de 80% de resíduos de brim reciclado, com antichamas semelhantes aos usados em produtos têxteis. Diferente da fibra de vidro e da lã mineral, o algodão não é irritante para a pele ou os pulmões e é totalmente reciclável. Disponível apenas em alguns tamanhos, apresenta os mesmos desafios de aplicação de outros isolantes em mantas, pois precisa ser cortado com cuidado em torno de tubos, fios e outras obstruções para ter bom desempenho, mas é mais difícil cortá-lo do que outros materiais em mantas. O isolamento de algodão não é tão elástico quanto as mantas de fibra de vidro, de

Figura 4.20 Isolamento jateado em parede com malha para manter o material no lugar.

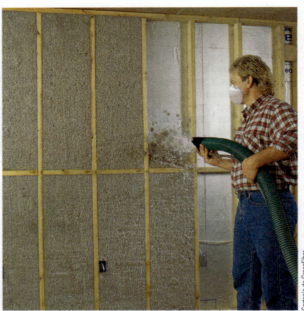

Figura 4.21 Aplicação de celulose úmida em *spray*; o excesso é raspado para um acabamento uniforme, e pode ser reutilizado no local com facilidade.

modo que talvez não ocupe totalmente as cavidades das paredes.

Isolamento com lã

Isolamento com lã, disponível em mantas sem revestimento e a granel para aplicações jateadas, é feito de lã de ovelha acrescida de um antichamas à base de boro e repelentes de pragas. Seu valor R é semelhante ao da celulose e do algodão. O isolamento com lã tem uma energia incorporada muito baixa, pois é minimamente processado. Embora não esteja prontamente disponível nos Estados Unidos, é usado na Europa, no Canadá, na Austrália e na Nova Zelândia. Como em todos os tipos de isolamento, é preciso cortar as mantas de lã com muito cuidado para que possam acompanhar as cavidades na estrutura e apará-las em torno das obstruções.

Isolamento com espuma

Isolamento com espuma pode ser aplicado em *spray* nas cavidades, em armações de paredes, telhados e pisos, ou em placas rígidas no lado externo da estrutura da casa. Espuma em *spray* está disponível em produtos com células abertas de baixa densidade e fechadas de alta densidade (Tabela 4.2). **Espuma de células abertas**, geralmente aplicada numa proporção de 7,5 kg/m³, tem um valor de resistência térmica R mais baixo, é permeável ao vapor e continua flexível após a instalação (Figura 4.24a). **Espuma de células fechadas**, aplicada numa proporção de aproximadamente 30kg/m³, tem valor de R mais alto e permeabilidade muito baixa ao vapor. Ela endurece após aplicação e pode conferir maior estabilidade estrutural a uma construção (Figura 4.24b). A espuma de células abertas expande-se com muita rapidez até cerca de 100 vezes seu volume inicial, e a de células fechadas não se expande significativamente após a aplicação. De modo geral, as aplicações de células abertas preenchem todas ou quase todas as cavidades da estrutura; após a aplicação, todos os excessos de material são aparados até o nível da estrutura. Muitas vezes, as aplicações de células fechadas não preenchem as cavidades da estrutura e exigem pouco ou mesmo nenhum trabalho para aparar os excessos.

Durante a aplicação de isolamento com espuma de poliuretano em *spray* (SPF), usam-se agentes dilatadores para criar as bolsas de ar que fornecem o valor de isolamento. A espuma de células fechadas usa o gás hidrofluorcarbono (HFC), que permanece nas células da espuma e oferece um valor R elevado; esse agente dilatador produz gás durante um período após a aplicação. HFC é um agente dilatador de terceira geração, que surgiu depois de os regulamentos federais dos Estados Unidos proibirem a utilização pelos fabricantes dos agentes dilatadores clorofluorcarbono (CFC) e, mais tarde, hidroclorofluorcarbono (HCFC), a fim de proteger a camada estratosférica de ozônio em torno da Terra. Os HFCs têm um "potencial de

PALAVRA DO ESPECIALISTA – EUA

Michael Chandler sobre paredes duplas

Michael Chandler, presidente da Chandler Design Build: Construções com paredes duplas estão recebendo cada vez mais atenção como alternativa em razão da boa relação custo-benefício e valor elevado de R para competir com sistemas de alto valor R, como as placas de concreto isolantes (ICF), painéis estruturados isolantes (SIP) ou concreto celular autoclavado (AAC).

Uma das vantagens da construção com paredes duplas é a simplificação da fiação elétrica e das tubulações, graças ao amplo acesso antes do isolamento, o que é especialmente importante quando a maneira inteligente de instalar a fiação em uma casa é manter os fios de baixa voltagem bem longe dos de alta voltagem (Figura 4.22). Depois de instalar as placas de gesso nas paredes, é mais fácil alcançar a fiação através do isolamento jateado utilizado em paredes duplas do que de placas de espuma. Além disso, é mais fácil modificar sistemas de paredes duplas no caso de futuros acréscimos.

A energia incorporada e o impacto sobre o aquecimento global produzido pelo sistema de paredes duplas também são menores do que os resultantes do concreto e espuma em ICF e SIP e do que o concreto e alumínio em paredes AAC. Paredes duplas, incluindo painéis estruturais de tiras de madeira orientadas perpendicularmente (OSB) externos, são montadas fora do local de construção, e todas as aparas são aproveitadas na produção de vigas em I. As paredes de uma casa típica são erguidas em um dia e, em geral, secam em duas semanas com papel alcatroado sobre o telhado.

O valor da resistência térmica R de uma parede AAC de 25,4 cm é igual a 12; de paredes de ICF de 23 cm, 20;

Michael Chandler projeta e constrói casas de alto desempenho desde 1978. É um construtor e instalador licenciado pela Carolina do Norte, que constrói de três a seis casas por ano, todas "verdes", com certificação ENERGY STAR e com menos de 3 mil pés quadrados (278 m²).

e de paredes SIP de 16,5 cm, 23. Uma estrutura de parede dupla com 30,5 cm com isolamento de celulose ou fibra de vidro jateados com R de 46 em uma estrutura com bloqueio térmico tem melhor desempenho do que qualquer um dos exemplos citados (Figura 4.23). O mais importante, porém, é que o custo da construção com paredes duplas com o valor R apresentado é muito mais vantajoso. O orçamento dos painéis para paredes de uma casa de 2.474 pés² (230 m²) foi de US$ 12.810 no total, US$ 5/pé² (US$ 55,56/m²) de área de piso aquecido para uma construção de parede dupla com montantes de 2" x 4" (5 x 10 cm). O custo total do isolamento com fibra de vidro sem formaldeído para R 46 foi de US$ 1,30/pé² (US$ 14,44/m²), de modo que o custo das paredes de nossa casa de 2.500 pés² (232,26 m²) foi de US$ 16 mil com as paredes externas com montantes de 2" x 4" (5 x 10 cm). Como comparação, o orçamento dos painéis para uma casa semelhante com paredes com montantes de 2" x 6" (5 x 15 cm), preparadas para fiação foi de US$ 3,40/pé² (US$ 37,78/m²), e o orçamento para isolamento com fibra de vidro com R 23 de 5½" (13,97 cm) foi de US$ 1,37, de modo que a diferença entre 2" x 6" (5 x 15 cm) com R 23 e paredes 2" x 4" (5 x 10 cm) duplas de 12" (30,48 cm)(instaladas com um espaço entre elas para possibilitar um valor R de 46) foi de US$ 12 mil para US$ 16 mil. A diferença foi de US$ 4 mil, o que corresponde ao menos o preço de um aquecedor solar de água.

Figura 4.22 Parede de estrutura dupla e um pequeno espaço entre as faces.

Figura 4.23 Parede de estrutura dupla com isolamento de fibra de vidro jateado.

Tabela 4.2 Comparação entre SPF de células abertas e de células fechadas

Característica	SPF de células abertas	SPF de células fechadas
Densidade da aplicação	~7,5 kg/m³	~30 kg/m³
Valor R	R 3,4/polegada – R 3,8/polegada (R 1,34/cm – R 1,50/cm)	R 6,0/polegada – R 7,0/polegada (R 2,36/cm – R 2,76/cm)
Permeabilidade ao vapor	De 16 para 3" (30-35 perm a 1") [De 16 para 7,62cm (30-35 perm a 2,54cm)]	0,8 perm para 2,5" (0,8 perm para 6,35cm)
Agentes dilatadores	À base de água	A maioria usa HFCs; alguns são à base de água
Qualidade ambiental no interior da casa	A espuma curada não produz gases	Formação limitada de gases a partir da espuma curada
Material de origem	Pode conter substitutos biológicos do petróleo	Pode conter substitutos biológicos ao petróleo
Características adicionais	–	Aumenta a força estrutural

Figura 4.24a Espuma de poliuretano em *spray* (SPF) de células abertas aplicada nas paredes externas. Não há necessidade de uma barreira adicional de ar atrás da banheira na parede externa.

Figura 4.24b Espuma de poliuretano em *spray* (SPF) de células fechadas aplicada numa parede de porão. Aplicação de SPF de células abertas na viga da fundação.

destruição do ozônio" (PDO) igual a zero, mas são gases com potencial para criar o efeito estufa – centenas de vezes mais potente que o dióxido de carbono (ver boxe "Isolamento com poliestireno: ele faz parte de uma construção verde?"). Diferente da espuma de células fechadas, a de células abertas usa um agente dilatador à base de água que cria dióxido de carbono nas células da espuma. Ao longo de aproximadamente 30 dias, esse dióxido de carbono é substituído por ar durante o processo de cura da espuma.

A espuma em *spray* está disponível ao consumidor em latas pequenas e botijões (Figuras 4.25a e b) para instalações pequenas e pequenos serviços de vedação; entretanto, as aplicações maiores são feitas por trabalhadores licenciados pelos fabricantes. Os aplicadores de SPF e os outros trabalhadores no local devem sempre seguir as instruções de segurança do fabricante, incluindo o uso de equipamento de proteção adequado e máscaras de proteção, a fim de evitar os danos causados pelos produtos químicos transportados pelo ar durante a aplicação.

Essencialmente, a espuma isolante em *spray* é feita de produtos do petróleo, embora alguns fabricantes hoje ofereçam produtos nos quais uma pequena parte dos óleos fósseis foi substituída por produtos agrícolas, como óleo de soja e de mamona. As vantagens de usar óleo de soja como substituto do petróleo são discutíveis, porque a produção da soja exige muita energia e água e pode não reduzir significativamente o impacto ambiental geral do produto. Os produtos que usam óleo de mamona podem ser mais sustentáveis porque não contêm pesticidas nem há irrigação no processo de fabricação. Em todos os casos, a quantidade de óleo de soja ou mamona continua sendo uma porcentagem mínima dos óleos totais na espuma.

De GUERTIN. *Green Applications for Residential Constitution*, 1E. © 2011 Delmar Learning, uma parte de Cengage Learning, Inc. Reproduzida com permissão. www.cengage.com/permissions

Figura 4.25a Espuma de uretano em *spray* em uma bisnaga.

Figura 4.25b Selante em dois botijões descartáveis.

Sistema de isolamento híbrido manta com espuma – *flash and batt*

Um sistema de isolamento híbrido, comumente chamado manta com espuma, *flash and batt* (FAB), combina uma camada de 2,5 a 5 cm de isolamento com espuma de poliuretano em *spray* (SPF) de células fechadas com mantas de fibra de vidro para preencher as cavidades da estrutura. Essa combinação oferece tanto a vedação de ar quanto o isolamento térmico a um custo mais baixo do que somente SPF. Como em qualquer isolamento com mantas, precisa ser instalado sem falhas e compressões, segundo as exigências de grau 1 da Resnet para funcionar efetivamente. Em climas extremamente frios, é preciso aplicar SPF de modo adequado em aplicações de FAB para manter a temperatura interna da parede acima do ponto de orvalho, a fim de evitar a condensação na cavidade da parede.

Isolamento com espuma rígida

As placas de espuma rígida são feitas de poliestireno extrudado (XPS) de células fechadas, poli-isocianurato (mais conhecido como poli-iso) e poliestireno expandido (EPS). O XPS é indicado para locais com muita umidade, como paredes de fundações, embora os três tipos sejam apropriados para revestimento de paredes não estruturais e telhados. Espumas rígidas instaladas na superfície interna de uma construção reduzem as pontes térmicas nos membros da estrutura, melhorando o desempenho energético geral de uma superfície. Se houver espuma rígida suficientemente instalada na parte externa de uma construção, será possível eliminar completamente o isolamento de cavidades, embora esta não seja uma prática comum na construção residencial.

Figura 4.26 O revestimento estrutural isolante (SIS) da empresa Dow combina o isolamento rígido com revestimento estrutural.

Embora as placas de XPS sejam produzidas com agentes dilatadores com HFC, o pentano (que é menos prejudicial ao ambiente) é usado para produzir tanto EPS quanto poli-iso. Este pode absorver umidade, portanto, não deve ser usado em estruturas subterrâneas, a menos que a umidade tenha sido cuidadosamente drenada.

A maioria das placas de espuma rígidas não oferece nenhuma integridade estrutural quando usada como revestimento de paredes; contudo, a Dow oferece um revestimento estrutural isolante (*sctructural insulated sheating* – SIS), composto de uma fina camada de material estrutural laminado sobre uma camada de poli-iso, que fornece bloqueio térmico e estabilidade estrutural (Figura 4.26). Tanto as placas de XPS quanto de EPS são fabricadas com antichamas bromados que são considerados produtos tóxicos, o que levou alguns construtores verdes a considerar alternativas mais benignas. A maioria das espumas de poli-iso é feita com um antichamas clorado, que provavelmente é menos nocivo do que os similares bromados, mas ainda assim pode ser um risco à saúde.

Do que é feito o isolamento com espuma? O isolamento com espuma de poliuretano, tanto a aplicada no local em forma de *spray* quanto aquelas em placas, é resultado da combinação de dois conjuntos de produtos químicos sob pressão. As partes são chamadas de lado A, que contém di-isocianatos, e lado B, constituído de polióis, agentes dilatadores e outros compostos. Di-isocianatos são uma das principais causas de asma ocupacional e reconhecidos como tóxicos para seres humanos. A Administração de Segurança e Saúde Ocupacional (Occupational Safety and Health Administration – OSHA) dos Estados Unidos recomenda que todos os instaladores de isolamento com espuma de poliuretano em *spray* (SPF) e seus ajudantes usem equipamentos de proteção individual completos, e todos os funcionários desprotegidos devem ser orientados a deixar a área de trabalho. Toda a área deve ser ventilada durante e após a aplicação. De acordo com a Agência de Proteção Ambiental dos Estados Unidos (EPA), após a cura, limpeza e ventilação, o isolamento com SPF que está fechado e separado das áreas de convivência não representa um risco de longo prazo à saúde ocupacional. No entanto, os efeitos do SPF sobre a saúde ainda estão sendo estudados pela OSHA, EPA e por outras agências.

Isolamento com poliestireno: ele faz parte de uma construção verde?

O poliestireno, tanto na forma extrudada quanto na expandida, é amplamente usado como isolamento rígido na América do Norte e no mundo todo. Em aplicações abaixo da superfície do terreno, graças ao bom índice de isolamento, à excelente resistência à umidade, à força, ao desempenho e ao baixo custo, o poliestireno domina o mercado.

Infelizmente, um produto químico que é acrescentado ao poliestireno para oferecer resistência ao fogo, o hexabromociclododecano (HBCD, ou HBCDD na Europa), recentemente causou grandes preocupações. Na verdade, a União Europeia pode estar prestes a restringir substancialmente o uso deste produto, e os Estados Unidos e o Canadá o estão examinando com muito cuidado. Considerando outras preocupações ambientais referentes ao poliestireno, esses desdobramentos recentes levam à seguinte pergunta: "Afinal, esse material isolante faz parte de construções verdes?".

Tanto o poliestireno extrudado (XPS) quanto o expandido (EPS) contém HBCD em concentrações entre 0,5% e 1,2% por peso, segundo o Conselho Americano de Química. Embora ainda haja muito a aprender sobre os impactos do HBCD à saúde e ao ambiente, surgiram, nos últimos anos, informações suficientes para levar a Agência Europeia de Produtos Químicos a classificar o composto como um produto químico "altamente preocupante" e recomendar que seu uso seja restrito. Mesmo que ainda seja necessário realizar pesquisas significativas sobre o HBCD e seus efeitos sobre a saúde humana e o ambiente, alguns sugerem que já há informações suficientes para reduzir gradativamente seu uso – de acordo com o princípio da precaução – ou buscar alternativas ao isolamento com poliestireno.

Ainda que o antichamas HBCD não fosse uma preocupação, o plástico desperta outras preocupações relativas ao ciclo da vida. De acordo com Tom Lent, da Healthy Building Network em Berkeley, na Califórnia: "Do início ao fim de seu ciclo de vida, o poliestireno depende de alguns produtos químicos altamente tóxicos, incluindo carcinógenos conhecidos". O poliestireno é produto da combinação de etileno (feito de gás natural ou petróleo) e benzeno (derivado de petróleo) para produzir o etilbenzeno, que, em seguida, é di-hidrogenado para formar estireno em um processo que resulta nos subprodutos benzeno e tolueno.

Além das preocupações com o HBCD e outros produtos químicos, a forma extrudada do poliestireno, XPS, também contém o agente dilatador de hidrofluorocarbono HFC-134a, que é 1.400 vezes mais potente como GEE do que o dióxido de carbono (o poliestireno expandido, EPS, não usa um agente dilatador com alto potencial de aquecimento global). Caso sejam usadas camadas grossas de XPS para obter construções com consumo muito baixo de energia e "carbono neutro", talvez sejam necessárias muitas décadas de economia de energia com esse isolamento para "compensar" o potencial de aquecimento global que será liberado ao longo de sua vida útil. A maior parte das espumas de poliuretano em *spray* com células fechadas representa a mesma preocupação, pois contêm HFC-245 como agente dilatador, que também tem potencial muito elevado de aquecimento global.

Embora muitas vezes XPS e EPS sejam usados para revestimento isolante externo, o isolamento com espuma de poli-iso tem o mesmo efeito – e às vezes até um pouco melhor –, porque apresenta um valor R ligeiramente mais alto por espessura e pode ser adquirido revestido com uma folha refletora. Antes, o poli-iso era produzido com agentes dilatadores que reduziam a camada de ozônio e contribuíam significativamente para o aquecimento global, mas isto não ocorre mais. Hoje em dia, quase todos os produtos com poli-iso usam agentes dilatadores com hidrocarbonos e potencial muito baixo de aquecimento global.

Isolamento é um dos componentes mais importantes e absolutamente essencial para criar construções que minimizem seu impacto ambiental. O isolamento com poliestireno, tanto com XPS quanto com EPS, teve um papel importante no isolamento de construções, mas, entre os materiais isolantes comuns, este é o menos verde. O poliestireno é menos amigável para o ambiente por duas razões: o antichamas HBCD usado para conferir um grau (moderado) de resistência ao fogo e o agente dilatador HCFC usado no XPS.

Quando for possível sua substituição sem redução do desempenho energético, os arquitetos e construtores verdes poderão buscar materiais e métodos alternativos que sejam melhores do ponto de vista da saúde e ambiental, como os abordados neste artigo. Ao usarmos essa abordagem preventiva, também devemos continuar pesquisando esses materiais e outros para identificar produtos que apresentem alto desempenho sem acarretar prejuízos ambientais significativos.

Adaptado com permissão da Environmental Building News.

http://www.buildinggreen.com.

Isolamento cimentício

O isolamento com espuma cimentícia, produto patenteado da Air Krete, é um isolamento à base de cimento aplicado na forma de espuma em cavidades, de modo semelhante aos produtos de espuma de poliuretano. É um produto inorgânico que não utiliza agentes dilatadores com CFC ou HCFC (apenas ar comprimido) e oferece um alto grau de resistência a pragas, mofo e fogo. É aplicado por empreiteiros licenciados em cavidades abertas ou fechadas de paredes e sobre tetos. Em pisos e cumeeiras, o isolamento cimentício é instalado atrás de uma camada de isolamento da casa para manter o produto no lugar até assentar.

Escolha do isolamento correto

Quando se comparam os custos e o desempenho dos diferentes materiais de isolamento, é extremamente importante garantir que cada um deles seja aplicado de acordo com os critérios da Resnet para grau 1 e os valores R especificados. Uma instalação de baixo custo que não é aplicada corretamente reduzirá a eficiência e o conforto de uma casa, resultará em contas de energia mais altas e, no final das contas, terá um custo maior para o proprietário ao longo da vida útil da casa. Além disso, é preciso levar em conta as diferentes exigências relativas à estanqueidade de ar de cada produto isolante. Isolantes de menor custo que são mais permeáveis ao ar exigirão uma vedação adicional em relação aos produtos menos permeáveis ao ar. Ao examinar o custo total de um isolamento apropriado e uma vedação do envelope ao ar da construção para cada tipo de isolamento considerado, você terá as informações necessárias para tomar a melhor decisão para seu projeto.

Quanto isolamento deve ser instalado?

A quantidade de isolamento necessário depende da localização geográfica da casa e do local em que o isolamento ficará (Figura 4.27). Os códigos de construção, como o IECC, estabelecem os critérios legais mínimos (Tabela 4.3). O Laboratório Nacional Oak

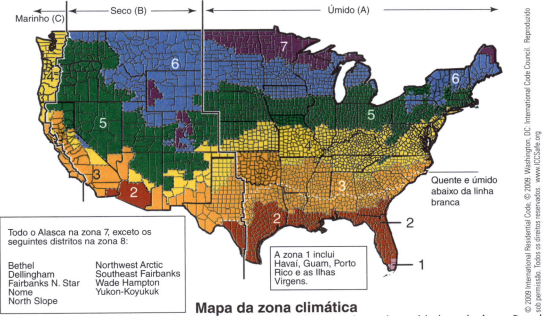

Figura 4.27 Mapa dos Estados Unidos indicando zonas climáticas, regimes de umidade e designações de calor e umidade.

Ridge (Oak Ridge National Laboratory – ORNL), do Departamento de Energia dos Estados Unidos (DOE), definiu os valores mínimos e recomendados de R, com base numa análise de custo-benefício na qual se consideraram os preços locais médios de energia, custos médios regionais de isolamento, eficiência dos equipamentos, fatores climáticos e economia de energia, tanto para as estações frias quanto para as quentes (Tabela 4.4).

Para o Brasil, indica-se a consulta dos dados publicados pela Diretoria de Geociências do IBGE, Centro de Documentação e Disseminação de Informações do IBGE, representado pela Figura 4.28 a seguir.

De modo geral, o valor R do isolamento de paredes e pisos é determinado pela espessura da cavidade em questão. Como vãos e compressões reduzem o valor R, o isolamento precisa ser cuidadosamente cortado em torno de obstruções e não pode ser mais espesso do que a cavidade em que está sendo instalado. Quando o isolamento apresenta falhas em apenas 3% da área total, a redução geral no desempenho é de até 30% para toda a estrutura.

Embora instalar uma quantia maior de isolamento de paredes e pisos do que o mínimo recomendado seja sempre uma boa ideia, pode representar um desperdício, e a partir de determinado ponto não vantajoso, sobretudo em regiões de clima moderado, onde as perdas e os ganhos de calor não são tão grandes quanto em climas frios.

No isolamento de teto, usualmente, nos Estados Unidos, existe um sótão aberto acima deste, o que permite que o produto seja instalado com uma espessura maior sem compressão, sobretudo quando o isolamento é jateado, e não na forma de mantas. Todavia, nenhum projeto de isolamento está livre de problemas. O isolamento jateado em tetos deve ser aplicado na espessura e densidade corretas ao longo de toda a área para que funcione adequadamente.

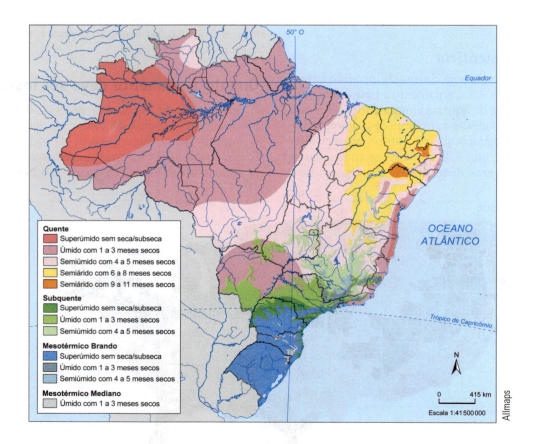

Para mais detalhes e subdivisões climáticas: <http://www.arcgis.com/home/webmap/viewer.html?webmap=f19ab5fad7824eb3a47a5fcbd4519666> Acesso em: 26 jun. 2015.

Figura 4.28 Mapa dos Climas no Brasil

Tabela 4.3 Residências unifamiliares devem cumprir estas exigências com base na zona climática ou documentar o cumprimento do código por meio de solução alternativa aceitável de desempenho.

Tabela NL102.1 Exigências de isolamento e esquadrias por componente[a]

Zona climática	Fator-U na esquadria	Fator-U em claraboias[b]	SHGC na esquadria envidraçada	Valor R do teto	Valor R da moldura de madeira	Valor R[k] da parede alvenaria	Valor R do piso	Valor R da parede do porão[c]	Valor R da laje e profundidade[d]	Valor R do espaço subterrâneo[c]
1	1,2	0,75	0,35[j]	30	13	3/4	13	0	0	0
2	0,65[i]	0,75	0,35[j]	30	13	4/6	13	0	0	0
3	0,50[i]	0,65	0,35[e,j]	30	13	5/8	19	5/13[f]	0	5/13
4 exceto marinho	0,35	0,60	NR	38	13	5/10	19	10/13	61 cm	10/13
5 e 4 marinho	0,35	0,60	NR	38	20 ou 13 + 5[h]	13/17	30[f]	10/13	61 cm	10/13
6	0,35	0,60	NR	49	20 ou 13 + 5[h]	15/19	30[g]	10/13	122 cm	10/13
7 e 8	0,35	0,60	NR	49	21	19/21	30[g]	10/13	122 cm	10/13

[a] Os valores R são mínimos. Fatores-U e coeficiente de ganho de calor solar (SHGC) são máximos. Mantas R-19 comprimidas em cavidades de armações 2" x 6" (5 cm x 15 cm) nominais de modo que o valor R é reduzido em R-l ou mais, nestes casos, devem ser assinaladas com o valor R de mantas comprimidas, além do valor R da espessura total.

[b] A coluna do fator-U da esquadria exclui claraboias. A coluna SHGC aplica-se a todas as áreas envidraçadas.

[c] O primeiro valor R aplica-se ao isolamento contínuo, e o segundo ao isolamento de cavidades da estrutura; todos os isolamentos atendem às exigências.

[d] Deve-se acrescentar R-5 aos valores R exigidos para lajes com aquecimento. Nas zonas 1 a 3, o nível do isolamento deve ser o mesmo da fundação ou afastado 61 cm, o que for menor, para lajes aquecidas.

[e] Não há exigências de SHGC na zona marinha.

[f] Em locais quentes e úmidos não se exige o isolamento de paredes de porões, como definem a Figura Nl 101.2 e a Tabela Nl 101.2.

[g] Ou isolamento suficiente para preencher a cavidade da estrutura, com no mínimo R-19.

[h] "13 + 5" significa isolamento de cavidade R-13 mais revestimento com isolamento R-5. Se a cobertura estrutural cobrir 25% ou menos do exterior, não há necessidade de revestimento R-5 onde se usa a cobertura estrutural. Se a cobertura estrutural cobrir mais de 25% do exterior, essa cobertura deverá ser complementada com cobertura isolante de no mínimo R-2.

[i] Para uma esquadria classificada por impacto em conformidade com a Seção R 301.2.1.2, o fator-U máximo deve ser 0,75 na zona 2 e 0,65 na zona 3.

[j] Para uma esquadria resistente a impactos em conformidade com a Seção R 301.2.1.2 do Código Internacional Residencial (International Residential Code), o SHGC máximo será 0,40.

[k] O segundo valor R aplica-se quando mais da metade do isolamento está na parte interna.

Fonte: 2009 Código Internacional Residencial (International Residential Code), © 2009. Washington, DC: Conselho do Código Internacional (International Code Council). Reproduzido com permissão. Todos os direitos reservados. http://www.ICCSafe.org

Você sabia?

Alguns prós e contras do isolamento com enchimento solto

Quando instalado corretamente, o isolamento de sótãos com enchimento solto é uma maneira relativamente barata e eficiente para reduzir a perda de calor pelo teto. No entanto, este tipo de isolamento tende a ser instalado de maneira incorreta e com cobertura inadequada pelos instaladores, seja deliberadamente, seja de forma não intencional. Entender o que constitui uma instalação correta e inspecionar o trabalho concluído é essencial para o bom desempenho do isolamento com enchimento solto.

Em 1996, a Associação Americana dos Instaladores de Isolamento (Insulation Contractors Association of America – ICAA) reconheceu o problema do trabalho inadequado no isolamento de sótãos e publicou "Um plano para parar de inflar, afofar e se enganar com o isolamento de enchimento solto em sótãos". Afofar ou acrescentar mais ar enquanto o isolamento com fibra de vidro é jateado em tetos pode

(continua)

reduzir o valor da resistência térmica R em até 50%. A única maneira de se certificar que o isolamento com enchimento solto foi aplicado na densidade correta é retirar amostras de locais aleatórios e pesá-las para confirmar os resultados. Isolamentos com celulose e lã mineral não são afetados pelo afofamento, mas todos os tipos de isolamentos jateados podem ter falhas, áreas ocas e estreitamentos, sobretudo em beirais e outras áreas de difícil acesso.

Por causa do peso, o isolamento com celulose sofre uma acomodação de 20% ao longo do tempo, que é considerada nos cálculos de valor R. Por exemplo, de acordo com as recomendações de um fabricante, é preciso aplicar aproximadamente 30 cm de celulose para atingir uma espessura de 25,4 cm depois do assentamento (correspondente a uma acomodação de cerca de 14%) a fim de atingir um valor R de 38.[1] Os fabricantes de celulose também indicam a área de cobertura por pacote do produto relativa ao valor R total.

Testes em laboratório mostraram que isolamentos com fibra de vidro e lã mineral também assentam, embora percam aproximadamente apenas 5% de sua espessura; contudo, nos cálculos, os fabricantes não levam em conta essa compressão. Como regra geral, o isolamento jateado de fibras de vidro e minerais em tetos deve exceder a espessura indicada em 5% a 10%, e o isolamento com celulose, em 15% a 20%, para compensar um futuro assentamento. No planejamento de um isolamento de sótão com enchimento jateado, as áreas que receberão piso devem ser demarcadas para que o isolamento tenha a espessura total desejada (ver Figura 4.29). É preciso instalar blocos nas mudanças de nível para evitar afunilamentos, de modo a proteger a área de perturbações durante a construção e também após a ocupação.

De acordo com um estudo realizado pelo Laboratório Nacional Oak Ridge - ORNL em 1992, quando as temperaturas do sótão caem a menos de 7°C, o isolamento de teto com enchimento solto perde parte de seu valor R em razão de correntes convectivas. O ar frio do sótão que desce até o isolamento se aquece até atingir a temperatura do teto do ambiente e volta para o sótão, fazendo que o ar circule lentamente e o calor da casa se espalhe até o sótão frio. Quando a temperatura do sótão desce a menos de 18°C negativos, o isolamento perde até 50% de seu valor R. Estudos posteriores de fabricantes de isolamento concluíram que perdas convectivas ocorrem apenas em materiais de baixa densidade e extremamente permeáveis ao ar, e isolamentos menos permeáveis ao ar com fibras menores sofrem perdas convectivas menores em baixas temperaturas.

O isolamento com enchimento solto de celulose é menos permeável ao ar e não tem a mesma perda convectiva de valor R da fibra de vidro, mas, em razão de seu peso maior, ele pode causar flechas em forros de gesso acartonado quando os membros da estrutura tiverem mais de 40 cm de intereixo ou quando se aplicar isolamento superior a R 38. Nesses casos, recomenda-se um painel gesso acartonado de 1,59 cm.

Quando combinado com uma barreira eficiente de ar, o isolamento com enchimento solto pode ser uma solução excelente para muitas casas. Porém, como qualquer produto, ele precisa ser devidamente especificado e instalado com atenção a todos os detalhes, além de ser inspecionado após a aplicação para que tenha o desempenho esperado.

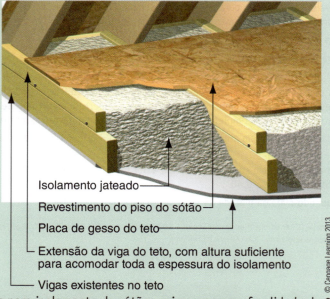

Figura 4.29 Muitos produtos para isolamento de sótãos exigem uma profundidade de 25 cm a 35,5 cm para atingir os valores R desejados. Na instalação de um revestimento sobre vigas de teto 2" x 6" (5 x 15 cm), é preciso estender as vigas para se ter um vão vertical adequado para o isolamento. Aqui, acrescentou-se uma extensão de 2" x 4" (5 x 10 cm) à viga de 2 x 6 (5 x 15 cm) para oferecer uma profundidade de quase 25 cm para o isolamento.

---

[1] Tabela 6/04 de cobertura com isolamento de celulose manufaturada Nu-Wool®.

Tabela 4.4 As recomendações do Departamento de Energia dos Estados Unidos (DOE) para os graus de isolamento são similares às do IECC de 2009, embora mais rigorosas e estritamente voluntárias.

Zona	Sistema de aquecimento	Sótão	Teto inclinado	Cavidade da parede	Revestimento isolante	Piso
1	Todos	R 30 a R 49	R 22 a R 38	R 13 a R 15	Nenhum	R 13
2	Gás, óleo, bomba de calor Aquecedor elétrico	R 30 a R 60	R 22 a R 38	R 13 a R 15	Nenhum	R 13 R 19–R 25
3	Gás, óleo, bomba de calor Aquecedor elétrico	R 30 a R 60	R 22 a R 38	R 13 a R 15	Nenhum R 2,5 a R 5	R 25
4	Gás, óleo, bomba de calor Aquecedor elétrico	R 38 a R 60	R 30 a R 38	R 13 a R 15	R 2,5 a R 6 R 5 a R 6	R 25–R 30
5	Gás, óleo, bomba de calor Aquecedor elétrico	R 38 a R 60	R 30 a R 38 R 30 a R 60	R 13 a R 15 R 13 a R 21	R 2,5 a R 6 R 5 a R 6	R 25–R 30
6	Todos	R 49 a R 60	R 30 a R 60	R 13 a R 21	R 5 a R 6	R 25–R 30
7	Todos	R 49 a R 60	R 30 a R 60	R 13 a R 21	R 5 a R 6	R 25–R 30
8	Todos	R 49 a R 60	R 30 a R 60	R 13 a R 21	R 5 a R 6	R 25–R 30

Fonte: *Insulation Fact Sheet 2008* (DOE/CE-0180).

Problemas de umidade com o isolamento nas cavidades

Em estruturas de madeira, é necessário manter seco o isolamento nas cavidades, tanto para conservar seu valor R quanto para proteger a construção contra mofo e apodrecimento. Isolamentos de celulose e espuma de poliuretano em *spray* (SPF) de células abertas absorvem umidade, preenchendo os espaços de ar e promovendo o crescimento de mofo na madeira e nas placas de gesso. Fibras de vidro e lã de vidro não absorvem água, mas podem retê-la nas cavidades da parede e causar problemas semelhantes. O isolamento pode ficar molhado por vazamentos e infiltrações externos de telhado, paredes e fundação, por vazamentos e infiltrações internos, como tubos quebrados ou quando o vapor se condensa nas cavidades das paredes.

Para evitar problemas de umidade durante a construção, a barreira resistente à água nas paredes precisa ser completa, o telhado estar seco, assim como a estrutura estar completamente seca antes que se instale o isolamento. Isolamentos que ficam úmidos após a instalação precisam ser secados cuidadosamente ou substituídos antes da cobertura. É preciso reparar imediatamente vazamentos e infiltrações externos ou internos, e todos os isolamentos molhados devem ser secados ou substituídos.

A condensação do vapor é controlada por vedação total do ar, o que reduz a quantidade de umidade transportada pelo ar que penetra nas cavidades estruturais, onde se condensa no isolamento. Manter a umidade relativa de modo que o ponto de orvalho sempre esteja acima da temperatura do revestimento da parede ajuda a evitar problemas de condensação em climas frios. Além disso, usar um isolamento impermeável ao vapor em áreas com risco de condensação (por exemplo, pisos acima de espaços subterrâneos úmidos em climas quentes ou cumeeiras isoladas em climas muito frios) reduz a possibilidade de condensação do vapor em superfícies frias.

Isolamento integrado à estrutura

Entre os métodos de isolamento integrado à estrutura estão os sistemas de placas de concreto isolantes (ICF), concreto celular autoclavado (AAC), painéis estruturados isolantes (SIP) e fardos de feno. As ICF estão disponíveis em espuma de poliuretano e madeira mineralizada. Existem ICF em espuma compostas em parte de material reciclado. As ICF de madeira mineralizada têm um valor de isolamento menor do que a espuma, e, em geral, usam mantas de madeira mineral nas cavidades para aumentar o valor de R. O AAC é um bloco sólido de concreto celular que oferece isolamento por meio de bolsas de ar dentro do material. Os SIP estão disponíveis em espuma de poliuretano ou isolamento com fibras agrícolas. Finalmente, a construção com fardos de feno tem o isolamento fornecido por fardos padrões agrícolas reforçados e cobertos de concreto.

O isolamento integrado oferece uma grande vantagem: elimina todos ou quase todos os membros da estrutura que criam pontes térmicas e reduzem o fator de isolamento em paredes, tetos ou pisos. Uma parede padrão com estrutura de madeira pode ser composta de até 25% de madeira, permitindo que apenas 75% da área da estrutura seja totalmente isolada. Em comparação, paredes de ICF e AAC têm uma cobertura 100% isolada, e SIP, cobertura total do isolamento, exceto nos membros estruturais e em pontos de apoio.

Estanqueidade

Como já vimos neste capítulo, independente da permeabilidade ao ar e do isolamento escolhido, toda construção tem áreas que precisam ser estanques para completar o envelope térmico e reduzir a infiltração de ar.

Começando mais uma vez da parte inferior, onde as paredes da fundação servem como barreira de ar, cada vão precisa ser completamente vedado, incluindo portas, janelas, tubos, eletrodutos e dutos. Se a barreira de ar for o piso, então o tubo, o conduíte, o duto e a fresta deverão ser totalmente vedados. Em geral, nos Estados Unidos os atuais códigos para construção exigem que essas áreas sejam vedadas; entretanto, elas muitas vezes são preenchidas com lã mineral ou outros produtos que reduzem o risco de incêndio, mas nem sempre eliminam a infiltração de ar.

Todos os pontos de transição entre os materiais nas paredes precisam ser completamente estanques, inclusive entre vigas duplas e triplas, ao longo e no alinhamento em que as placas da parede se encontram com o piso e o teto, em torno de janelas e portas, entre a alvenaria ou concreto e a madeira, ao longo de vigas e em torno de eletrodutos e tubos. Entre os materiais mais usados para vedação estão massas de vedação, espuma em *spray* e gaxetas.

É possível eliminar muitas dessas medidas de vedação por meio da instalação de uma barreira externa ao ar, como uma espuma rígida cuidadosamente colada e vedada. O isolamento para casas e outras barreiras à infiltração de ar podem reduzir a entrada

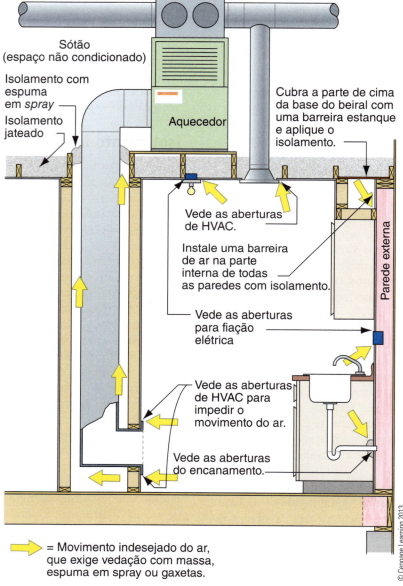

Figure 4.30 Principais detalhes de vedação de ar em tetos, paredes e pisos isolados.

Isolamento e estanqueidade de ar

Figura 4.31a Isolamento e estanqueidade de portas baixas em sótãos.

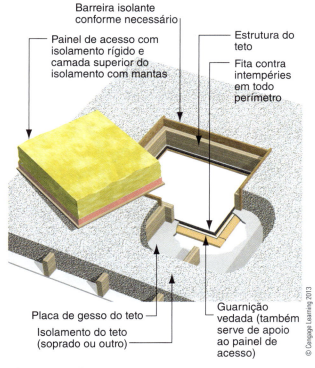

Figura 4.31b Isolamento e estanqueidade de alçapões para sótão.

Cobertura da caixa

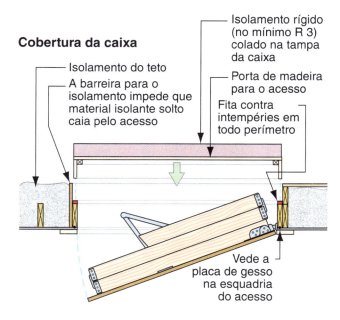

Alçapão articulado

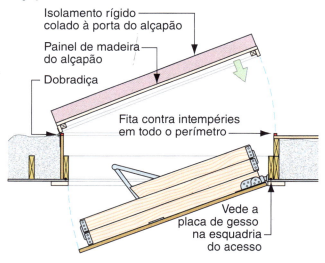

Alçapão articulado

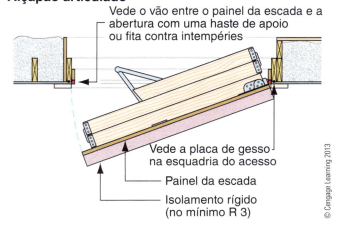

Figura 4.31c Isolamento e estanqueidade de ar em escadas dobráveis para sótão.

de ar até certo ponto, mas não se deve esperar que os isolamentos ou a espuma rígida ofereçam uma vedação total do ar em toda a construção. Mesmo com os dois produtos, ainda é necessário vedar separadamente os vãos em torno de janelas e portas, vigas de piso, fiação e tubos.

A vedação dos tetos é o maior desafio e uma das áreas mais importantes para essas medidas (Figura 4.30). Acessos a sótãos, como escadas dobráveis que são puxadas para baixo, alçapões e portas baixas, devem ser totalmente vedados e isolados (Figura 4.31). Tanto os produtos prontos disponíveis no mercado quanto as coberturas construídas no local são maneiras efetivas de vedar essas áreas; contudo, eles precisam ser mantidos para que possam funcionar adequadamente enquanto a casa existir. É preciso vedar com massa ou betume as aberturas para luminárias e registros para aquecimento, ventilação e ar-condicionado (HVAC) nas paredes de gesso, a fim de eliminar as passagens de ar para dentro e fora do ambiente e direcionar o ar-condicionado completamente para o ambiente de convivência. Aberturas para luminárias em tetos com isolamento, que, em geral, têm gaxetas para vedar o vão junto à placa de gesso, devem ser unidades herméticas e eletricamente isoladas. **Unidades eletricamente isoladas (*insulation contact* – IC)** permitem que o isolamento térmico esteja em contato com a fiação elétrica sem risco de causar incêndios ou falhas no envelope térmico. Ventiladores para a casa toda devem ter proteções bem ajustadas e removíveis para uso fora da estação, ou proteções isoladas que se abram automaticamente quando o ventilador é ligado. É preciso vedar a parte de cima dos *drywall* em paredes internas e externas, a fim de eliminar a entrada de ar do sótão para as cavidades da parede.

Uma alternativa para a necessidade de vedações corretas para o teto é instalar o envelope da construção no alinhamento do telhado. Esta técnica, particularmente eficiente quando o equipamento HVAC está no sótão, elimina a maioria das vedações necessárias entre o espaço com acabamento e o sótão, transferindo-as para a linha do telhado onde é possível aplicar espuma de poliuretano em *spray* sobre as guarnições, caibros, paredes entre os lados do telhado e o painel estruturado isolante (SIP). Pode-se aplicar uma camada espessa de espuma rígida sobre a cumeeira do telhado e paredes entre os lados do telhado. Cumeeiras isoladas, também conhecidas como **tetos inclinados,** podem estar sobre um sótão sem acabamento ou sobre um espaço de convivência com material de acabamento aplicado diretamente sobre as vigas. Este assunto será abordado com mais detalhes no Capítulo 7.

Figura 4.32 Sótão vedado e condicionado com isolamento com espuma de poliuretano em *spray* de células abertas na linha do telhado. Se a linha do telhado receber isolamento, não será necessário isolar ou vedar as paredes de apoio.

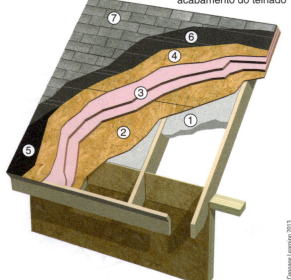

Camadas do telhado
1. Isolamento com espuma em *spray*
2. Revestimento de OSB de 5/8" ou 1,59 cm
3. Duas camadas de isolamento rígido de 3,8 cm
4. Revestimento de OSB de 1/2" ou 1,27 cm
5. Membrana autoaderente (em beirais e cavidades)
6. Base do telhado
7. Material de acabamento do telhado

Figura 4.33 Tetos inclinados podem ser isolados a partir de cima ou de baixo com isolamento rígido, ou com uma combinação de ambos. O isolamento rígido elimina eventuais pontes térmicas.

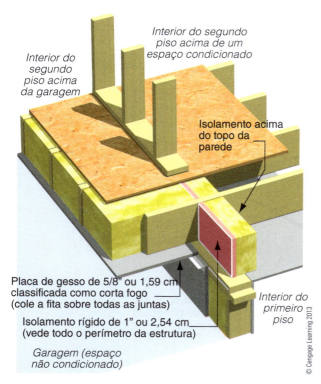

Figura 4.34 Vigas de piso que correm em paralelo no sentido da casa para a garagem devem receber um bloqueio acima da parede que faz divisão com a garagem.

Como completar o envelopamento térmico

Além de pisos, paredes, tetos e telhado, outras áreas também precisam ser tratadas com cuidado a fim de garantir um envelopamento térmico completo e contínuo. Examinar atentamente as transições entre diferentes materiais e as mudanças de locais horizontais para verticais ou inclinados é uma das chaves para criar uma construção altamente eficiente.

Todas as faces das paredes internas entre espaços com e sem condicionamento, como paredes baixas de sótãos e paredes de garagens (ver Figura 4.34), precisam ser totalmente vedadas. Em geral, as paredes baixas de sótãos apresentam isolamento exposto de fibra de vidro no lado sem acabamento, o que reduz a eficiência do isolamento e da estanqueidade. Paredes externas dispostas atrás de banheiras e lareiras pré-fabricadas e encanamentos e dutos entre pisos muitas vezes são deixados abertos, o que cria caminhos para movimento de ar não desejado (ver Figura 4.35). Claraboias apresentam o mesmo problema de paredes divisórias em sótãos e precisam ser totalmente vedadas com uma barreira de ar no lado de dentro do sótão; claraboias tubulares devem ser isoladas e vedadas para completar o envelopamento da casa (ver Figura 4.36). Assoalhos apoiados em vigas precisam ser totalmente vedados acima das paredes externas para eliminar a passagem de ar para dentro da estrutura do piso (ver Figura 4.37).

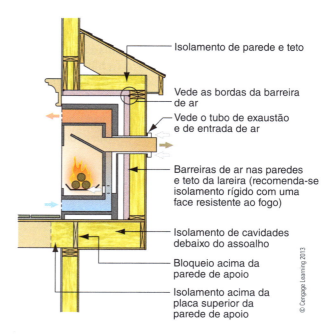

Figura 4.35 Integração da lareira no envelope da construção. Isole e vede as paredes atrás de lareiras e o teto acima delas.

Uma das áreas mais críticas para criar um envelope eficiente é o piso de ambientes com acabamento acima de garagens, onde a má vedação pode permitir a entrada de monóxido de carbono e outros gases tóxicos nos espaços de convivência. O **monóxido de carbono** – gás incolor e inodoro – é um subproduto de combustão extremamente perigoso. Nesse local, o isolamento deve ter contato direto com a parte de baixo do piso acima, e as vigas e o teto de gesso do ambiente abaixo precisam ser igualmente estanques. Finalmente, se o topo da casa não estiver adequadamente vedado, o ar poderá entrar através de luminárias, dutos, alçapões, ventiladores, chaminés e tubos de ventilação. O programa ENERGY STAR criou um guia para construtores com detalhes de construção e protocolos de inspeção para isolamento e vedação da maneira correta para casas.

Outras áreas críticas para estanqueidade são tubulações entre espaços condicionados e não condicionados, como áreas construídas para chaminés, dutos e tubos (Figura 4.38). Em locais próximos de tubos que ficarão quentes, como aquecedores de metal ou chaminés de lareiras, é necessário usar materiais resistentes ao fogo. Nessas aplicações, usam-se, geralmente, combinações de madeira, placas de metal e selantes resistentes a temperaturas elevadas.

Finalmente, sempre que se instalar um isolante permeável ao ar em paredes é preciso instalar também uma barreira de ar, de modo a oferecer a vedação das seis faces atrás de lareiras de metal, guarnições em armações, atrás de banheiras e chuveiros, paredes divisórias de sótãos, assoalhos apoiados em vigas e onde quer que o ar possa passar livremente através do isolamento da cavidade. Entre os materiais usados para essa barreira de ar estão *drywall*, filmes ou espuma rígida. Nesses locais, um isolamento impermeável ao ar, como espuma em *spray*, geralmente elimina a necessidade de uma barreira separada de ar.

Escolha de materiais para vedação

Existem três tipos de material vedante: massas e adesivos, espuma líquida (em *spray*) e barreiras de ar (Tabela 4.5). Cada um dos três tipos inclui uma grande variedade de produtos e materiais (Tabela 4.6), alguns dos quais são mais apropriados do que outros

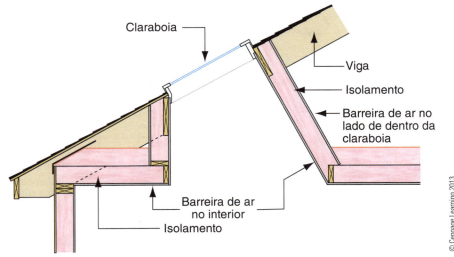

Figura 4.36 As paredes da claraboia são isoladas e revestidas com uma barreira de ar.

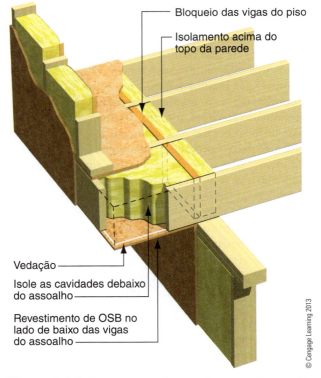

Figura 4.37 Bloquear as vigas entre assoalhos evita a infiltração de ar.

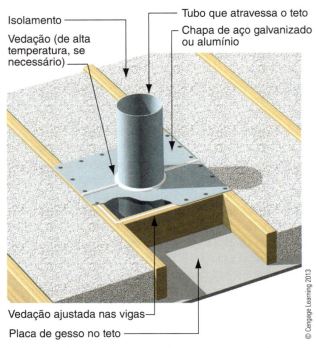

Figura 4.38 Ao fazer a vedação em torno de canos de chaminés, use sempre materiais aprovados pelos códigos que não apresentem risco de incêndio.

Você sabia?

O mito da "casa hermética demais"

Historicamente, as construções eram muito permeáveis ao ar. Os primeiros trabalhos com construções de alto desempenho abordaram o isolamento e a estanqueidade – que melhoravam a eficiência, mas, muitas vezes pioravam a qualidade do ar no interior da casa (por falta de ar fresco), além de facilitar o crescimento de mofo e bolor em razão de um mau gerenciamento de umidade. Histórias sobre problemas como esses levaram muitos profissionais da construção e proprietários à conclusão de que as casas não devem ser herméticas, mas precisam "respirar" com a entrada de ar para que possam ser consideradas saudáveis. Ainda que uma casa muito hermética possa ter problemas com a qualidade do ar sem uma ventilação adequada, esta nunca deve ocorrer por uma infiltração. Infiltrações descontroladas permitem que umidade e poluentes entrem e reduzam a eficiência do imóvel. A ventilação controlada (tratada em detalhes no Capítulo 13) oferece ar fresco quando necessário para manter saudável o ar no interior e poluentes e umidade indesejados do lado de fora. Uma casa jamais pode ser hermética demais; ela pode ser apenas mal ventilada.

para determinada aplicação. Por exemplo, para vedar em torno de dutos de aquecedores a combustão, use apenas materiais e métodos aprovados pelos códigos contra incêndio. Nesta situação, deve-se usar somente cimento para fornos ou argamassa refratários e em conjunto com placas de metal resistentes ao fogo.

Verificação de infiltrações no envelope

A estanqueidade de uma construção é uma informação útil quando se procura aumentar a eficiência energética, melhorar a qualidade ambiental em seu interior e controlar as pressões e a umidade do edifício. A maioria dos programas de engenharia verde exige a verificação de infiltrações no envelope para garantir o desempenho da construção. Essas infiltrações podem ser quantificadas, e é possível identificar vazamentos e infiltrações específicos com ventiladores de porta e testes com **gás marcador**. Em casas já existentes, testes de infiltrações em envelopes representam uma ferramenta valiosa para eliminar problemas e identificar passagens de ar. Os testes com ventiladores de porta são comumente utilizados em razão da velocidade relativa, facilidade de operação e custo razoável do equipamento.

Tabela 4.5 Tipos de material para vedação do ar

Massas e adesivos	Espuma líquida	Materiais para barreiras de ar
Massas à base de água	Espuma de um componente	Madeira compensada
Massa de silicone	Espuma de dois componentes	Chapa de metal
Massa de poliuretano		Placa de espuma
Selante acústico		Invólucro da casa
Cola para tubos solúvel em água		*Drywall*
Cimento para fornos		
Massa de vedação resistente ao fogo		
Adesivos para construção		

Tabela 4.6 Onde usar materiais para vedação de ar

Produto	Orifícios grandes	Orifícios pequenos	Vãos lineares grandes	Vãos lineares pequenos
Vedação		✓		✓
Espuma em *spray*		✓	✓	✓
Vedação em fita				✓
Chapa de metal	✓ (com espuma ou massa)			
Placa de espuma	✓ (com espuma ou massa)			
OSB/madeira compensada	✓ (com espuma ou massa)			

Teste de estanqueidade com ventilador de porta

Como explicado no Capítulo 1, o teste de estanqueidade se realiza com um *ventilador de porta;* o ensaio é composto de um ventilador calibrado para medir fluxos de ar e um manômetro para medir a pressão total do ar dentro da casa, criada pelo fluxo de ar através do ventilador. A combinação de pressão do ar e medição do fluxo do ventilador é usada para determinar a estanqueidade de uma construção. O ventilador de porta pode pressurizar (trazer o ar para dentro) ou despressurizar a casa, retirando o ar de dentro dela.

É necessário preparar a casa cuidadosamente a fim de garantir resultados precisos e evitar danos ao imóvel ou aos ocupantes. Sem uma preparação adequada, o ventilador de porta pode causar retorno do fogo em equipamentos a combustão. Antes do teste de ventilador de porta, será necessário satisfazer às seguintes condições:

- fechar todas as janelas e portas externas;
- fechar as portinholas da lareira;
- manter os aparelhos a combustão dentro do envelope da construção apenas com a chama piloto ou desligados;
- desligar os ventiladores de exaustão (inclusive da secadora de roupas);
- fechar os registros de HVAC;
- manter abertas todas as portas internas dos aposentos com registros HVAC.

Uma vez que a casa esteja preparada, instala-se o equipamento de teste com o ventilador de porta em uma porta ou janela voltada para fora. O equipamento mede as pressões que passam pela ventoinha calibrada (registro de pressão no lado de dentro da casa e mangueira de pressão no lado de fora) e a diferença de pressão entre o interior e o exterior da casa. O ventilador de porta é capaz de criar várias diferenças de pressão entre o interior e o exterior da casa, mas 50 Pa é a mais comum para testes em um único ponto. Uma pressão de 50 Pa equivale a 0,2 polegada na coluna de água (*inch of water column* – IWC) ou 5,1 kgf/m². Isso é mais ou menos equivalente a um vento de 20mph, o equivalente a 8,94 m/s ou 32,19km/h em todos os lados da casa. O **teste com ventilador de porta em um único ponto** mede o fluxo de ar como uma diferença de pressão. O **teste em vários pontos** mede o fluxo de ar com diferentes pressões, em geral com incrementos de 5 Pa. Realizar leituras de pressão em diversos pontos reduz parte da variação decorrente do vento e de erros do operador. O teste em vários pontos demora um pouco mais do que aquele em apenas um ponto, e exige cálculos complicados ou *software* para analisar os resultados.

As medições de estanqueidade do envelope com ventiladores de porta são apresentadas em diferentes formatos: fluxo do ventilador, trocas de ar por hora (*air changes per hour* – ACH), área de vazamento efetivo (AVE) e CFM$_{50}$/Asec – área da superfície de um envelope da construção.

Fluxo no ventilador

Uma das medições mais básicas da estanqueidade do envelope é CFM$_{50}$, definida como o fluxo de ar (em pés cúbicos por minuto, o que corresponde a 0,4 litros por segundo ou 471,95 cm³/s = 4,72 × 10⁻⁴ m³/s) a uma diferença de pressão de 50 Pa através do envelope da construção.

Trocas de ar por hora

Uma das formas mais comuns de normalizar vazamentos no envelope é calcular o número de vezes que o volume total do ar dentro da casa é trocado no teste de pressão. As **trocas de ar por hora a 50 Pa (TAH$_{50}$)** referem-se ao número de vezes que o volume total de ar dentro da casa é trocado pelo ar no exterior quando o ventilador despressuriza a casa a 50 Pa. Para calcular as TAH$_{50}$ são necessários o volume do envelope da construção e CFM$_{50}$. A equação para TAH$_{50}$ é:*

$$TAH_{50} = \frac{CFM_{50} \times 60}{\text{Volume da construção (pé}^3)}$$

Primeiro multiplicamos o CFM$_{50}$ por 60 para calcular os pés cúbicos* por hora a 50 Pa. Em seguida, dividimos esse número pelo volume da construção (pés cúbicos) para produzir TAH$_{50}$.

Trocas de ar natural por hora

O índice de **trocas de ar natural por hora (TAH$_{Natural}$)** estima aproximadamente o número de trocas de ar por hora em condições de operação normais. O índice TAH$_{Natural}$ utiliza um fator N desenvolvido pelo Laboratório Nacional Lawrence Berkeley para calcular a taxa de vazamento com base na zona climática, o número de andares de um edifício e a proteção contra o vento (Figura 4.38). A equação para TAH$_{Natural}$ é a seguinte:

$$TAH_{Natural} = \frac{TAH_{50}}{N}$$

A zona refere-se às condições climáticas e indica até que ponto a casa está protegida contra o vento

---

* Nesta fórmula, os resultados, utilizando-se as unidades em SI aplicadas no Brasil, seriam para o valor de CFM$_{50}$ obtido no ensaio multiplicado por 4,72 × 10⁻⁴ para a conversão de pés cúbicos por minuto para m³/s, dividido por 0,03, ou seja, o valor de pé cúbico do volume da construção convertido em metro cúbico. Portanto, a conversão para as unidades do SI, em pascal por segundo, é obtida multiplicando-se o resultado nas unidades americanas por 1,57 × 10⁻². (S.H.O.)

(com proteção, normal ou exposta). O vento afeta substancialmente o efeito chaminé e o volume de vazamento e penetração de ar no envelope. As classificações de zona e proteção contra vento são razoavelmente subjetivas. Em geral, "protegido contra o vento" refere-se a casas protegidas, como condomínios e casas com quebra-ventos permanentes. Casas expostas têm pouca proteção contra o vento. Quando se utiliza a tabela, começa-se localizando a zona climática no mapa e então deve-se compará-la com a tabela, a quantidade de proteção contra o vento e o número de andares.

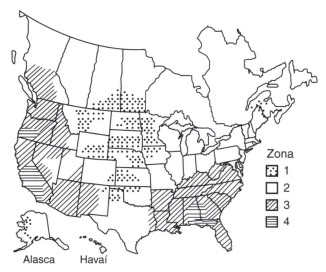

Figura 4.39 Mapa e tabela de TAH$_{Natural}$.

CFM$_{50}$ e área de superfície do envelope da construção

Uma das formas mais precisas de comparar casas é normalizar os índices de estanqueidade dos envelopes com base na área de superfície do envelope. Este procedimento é conhecido como *razão de estanquei-* *dade do envelope (RVE)*. A **área de superfície de um envelope da construção (Asec)** é a área total (em pé^2) do envelope da construção. A Asec inclui paredes, pisos e tetos onde ocorre perda de calor no inverno. Como vazamentos de ar e ganhos de calor acontecem pelo envelope, esta é uma maneira lógica de avaliar os índices de vazamento. Os índices TAH$_{50}$ e TAH$_{Natural}$ baseiam-se no volume da casa, o que tem pouca relação com o ganho ou a perda de calor da casa.

$$\text{Razão de vazamento do envelope} = \frac{\text{CFM}_{50}}{\text{Asec}}$$

Área de vazamento efetiva

Estimativas de área de vazamento representam uma maneira útil de visualizar o volume cumulativo de todos os vazamentos ou aberturas no invólucro da construção. Essas aberturas podem estar em qualquer lugar do invólucro, incluindo sótãos e espaços subterrâneos. A fórmula para calcular a área de vazamento efetiva foi desenvolvida pelo Laboratório Lawrence Berkeley, que a utiliza em seu modelo de infiltração. Define-se **área de vazamento efetiva (AVE)** como a área de uma abertura especial em forma de bocal (semelhante à entrada de um ventilador de porta) que permite uma saída de ar equivalente à que sai da construção a uma pressão de 4 Pa.

Quão hermético é hermético?

As taxas de vazamento do envelope variam em todo o país de acordo com a idade da casa, o clima local, as técnicas e os códigos de construção. A Tabela 4.7 mostra as taxas de infiltração aproximadas de casas típicas com estrutura de madeira nos Estados Unidos. Para evitar a má qualidade do ar no interior, muitos programas de construção verde e de desempenho de moradias exigem uma ventilação mecânica para casas mais herméticas e valor superior a 0,35 de TAH$_{Natural}$.

Tabela 4.7 Taxas de estanqueidade de envelopes típicos em unidades americanas*

Tipo de casa	TAH$_{50}$	TAH$_{Natural}$	CFM$_{50}$/Asec
Alto desempenho	1,5–4,0	0,25	0,25
Energeticamente eficiente	4,0–7,0	0,33	0,40
Padrão, nova	8,0–12,0	0,80	0,70
Padrão, já existente	11,0–21,0	1,0	1,0+
Padrão, mais antiga	18,0+	1,75+	2,0+

* Comenta-se que esses dados representam condições e dados específicos dos Estados Unidos, e que, para avaliação do desempenho no Brasil, não cabe uma simples transposição e conversão de unidades. (S.H.O.)

PASSO A PASSO*   Cálculo de $CFM_{50}/Asec$

- Casa de dois andares localizada em Austin, no Texas (Zona 2)
- Exposição normal ao vento
- Resultados do teste com ventilador de porta de $CFM_{50} = 2.468$ (1,16m³/s)

Passo 1. Calcular o volume da casa

Volume do 1º andar = $40' \times 32' \times 9'$ = 11.520 pés³ (326,21m³)

Volume do 2º andar = $40' \times 32' \times 9'$ = 11.520 pés³ (326,21m³)

Volume total = 11.520 pés³ + 11.520 pés³ = 23.040 pés³ (652,42m³)

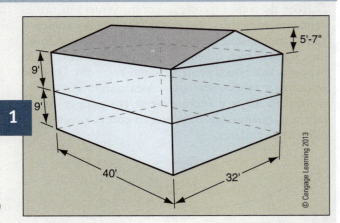

Passo 2. Calcular a Asec

Área do piso do envelope da construção = $40' \times 32'$ = 1.280 pés² (118,92m²)

Área do teto do envelope da construção = $40' \times 32'$ = 1.280 pés² (118,92m²)

Uma casa convencional simples de dois andares.

Área da parede do envelope da construção =

  Área das paredes do primeiro andar = $(40' + 32' + 40' + 32') \times 9'$ = 1.440 pés² (133,78m²)

  Área das paredes do segundo andar = $(40' + 32' + 40' + 32') \times 9'$ = 1.440 pés² (133,78m²)

  Área total das paredes = 2.880 pés² (267,56m²)

Asec = 1.280 pés² + 1.280 pés² + 2.880 pés² = 5.440 pés² (505,39 m²)

Passo 4. Calcular o índice $TAH_{Natural}$

$$\text{Se } TAH_{Natural} = \frac{TAH_{50}}{N}$$

$$\text{então } TAH_{Natural} = \frac{6,43}{14,8} = 0,43$$

(No S.I.: $6,76 \times 10^{-2}$ Pa/s (S.H.O.))

Passo 3. Calcular o índice TAH_{50}

$$\text{Se } TAH_{50} = \frac{CFM_{50} \times 60}{\text{Volume da construção (pés}^3\text{)}}$$

$$\text{então } TAH_{50} = \frac{2.468 \ CFM_{50} \times 60}{23.040 \ (\text{pés}^3)} = 6,43$$

(No S.I.: 0,10 Pa/s (S.H.O.))

Passo 5. Cálcular o $CFM_{50}/Asec$

$$\frac{2.468 \ CFM_{50}}{5.440 \ \text{pés}^2} = 0,45$$

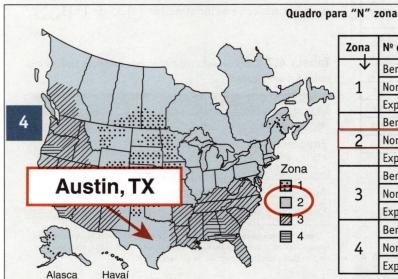

Quadro para "N" zona

Zona	Nº de andares →	1	1,5	2	3
1	Bem protegido	18,6	16,7	14,9	13,0
1	Normal	15,5	14,0	12,4	10,9
1	Exposto	14,0	12,6	11,2	9,8
2	Bem protegido	22,2	20,0	17,8	15,5
2	Normal	18,5	16,7	14,8	13,0
2	Exposto	16,7	15,0	13,3	11,7
3	Bem protegido	25,8	23,2	20,6	18,1
3	Normal	21,5	19,4	17,2	15,1
3	Exposto	19,4	17,4	15,5	13,5
4	Bem protegido	29,4	26,5	23,5	20,6
4	Normal	24.5	22,1	19,6	17,2
4	Exposto	22,1	19,8	17,6	15,4

* Neste exemplo, como simples paralelo dimensional, apresentam-se os resultados entre parênteses, convertidos para o SI. (S.H.O.)

Teste com gás marcador

Diferente do ventilador de porta, o teste com gás marcador mede a taxa de vazamento do envelope sob pressões naturais. Este teste é basicamente uma técnica de pesquisa, embora às vezes seja usado para avaliar edifícios comerciais ou multifamiliares. Como este teste com gás marcador é feito sob pressões naturais, ele oferece um cálculo mais preciso do vazamento do envelope. Durante o teste, libera-se uma pequena quantidade de um gás inofensivo (em geral, hexafluoreto de enxofre ou dióxido de carbono) dentro da construção e mede-se sua concentração ao longo do tempo. O gás pode ser liberado de uma vez ou em intervalos. Os índices de vazamentos são calculados de acordo com a proporção em que o gás marcador se dilui com o ar do lado externo que entra no edifício. Este teste é significativamente mais caro e demorado do que aqueles com ventiladores de porta.

Considerações sobre reformas

Projetos de reforma oferecem excelentes oportunidades para melhorar o isolamento e a estanqueidade, mas essas mesmas oportunidades podem criar sérios problemas caso os princípios de "uma casa como sistema" não sejam cuidadosamente atendidos.

Como testar o desempenho de uma construção já existente

Todos os projetos de reforma deveriam começar com teste e inspeção do envelope da construção. Um teste de ventilador de porta fornecerá informações sobre o vazamento total de ar e ajudará a identificar vazamentos específicos que precisam ser corrigidos. Inspeções visuais, que podem ser aumentadas por fotografia infravermelha, darão informações sobre os locais e as quantidades de isolamento em paredes e tetos.

Oportunidades e desafios para melhorar casas existentes

Quando se empreende um projeto de reforma verde, devem-se inspecionar atentamente as condições existentes. O ideal é que se evitem quaisquer mudanças no envelope que possam afetar negativamente a estrutura. Uma das considerações mais importantes é que a maior perda de energia em uma construção, sobretudo nas mais antigas, ocorre pelo telhado. A melhora do isolamento e da vedação no plano do teto ou a transferência do envelope da construção para o alinhamento do telhado são opções que devem ser consideradas em qualquer projeto de reforma.

Em pisos sobre fundações não condicionadas devem-se vedar todos os vãos, aplicando uma camada hermética de isolantes sobre o contrapiso (Figuras 4.41a e b). Desde que o porão ou o espaço subterrâneo estejam secos, eles poderão ser convertidos em espaços condicionados se, em vez do piso, as paredes da fundação forem isoladas e vedadas. Sempre que um sótão, porão ou espaço subterrâneo não condicionado for transformado em espaço condicionado, devem-se separar todos os equipamentos de combustão abertos (como aquecedores de ambiente e de água) do ar respirável. No mínimo, deve-se realizar um teste de segurança de combustão para garantir que o equipamento não liberará monóxido de carbono dentro da casa (ver Capítulos 13 e 15 para mais informações sobre esse assunto).

Você sabia?

Estanqueidade dos sistemas de vedação vertical pela norma de desempenho no Brasil

Profa. Dra Sasquia Hizuru Obata

No Brasil, a estanqueidade, considerando-se a norma de desempenho NBR 15575, é direcionada à penetração de água e justificada pela importância dos efeitos deletérios de infiltrações indesejáveis, que levam à redução da vida útil da construção pela proliferação de fungos, que causam doenças respiratórias e conduzem processos de lixiviação e corrosão de materiais.

Sob esta ótica, a estanqueidade à água das paredes de fachada, janelas e coberturas é uma função dos índices pluviométricos do local e da velocidade característica da direção do vento e como referencial.

Como descrição de atendimento à norma, o ensaio de estanqueidade à água de fachadas e de paredes internas realiza-se durante sete horas, em câmara em que os corpos de prova são submetidos a uma lâmina de água escorrendo a partir do seu topo, com vazão constante de 3 litros por minuto por metro quadrado de parede, e com a simulação da ação do vento pela aplicação de uma pressão de ar variável e em correspondência à pressão local, que é diretamente proporcional à velocidade. A seguir, na Tabela 4.8, apresentamos as cinco regiões brasileiras com as respectivas pressões de ensaio e, na Figura 4.40, o mapa das isopletas.

(continua)

Tabela 4.8 Condições de ensaio de estanqueidade à água de paredes de fachada

Região do Brasil	Condições de ensaios de parede	
	Pressão estática Pa	Vazão de água L/min/m²
I	10	
II	20	
III	30	3*
IV	40	
V	50	

(*) Coberturas são ensaiadas com as mesmas pressões acima, todavia com vazão de 4 litros/minuto/m².
Nota: Para edificações térreas, com beirais de no mínimo 0,50 m de projeção, a pressão estática do ensaio pode ser reduzida de 0 Pa nas regiões II a V.
Fonte: Anexo F, Tabela F.7, p. 55 da NBR 15575-4 CBI – Câmara Brasileira da Indústria da Construção, 2013, p. 183.

Figura 4.40 Regiões brasileiras para efeito de estanqueidade à água.

Dessa subdivisão do território nacional, a norma de desempenho define que as paredes de fachada e suas junções, com caixilhos eventualmente presentes, devem permanecer estanques e não apresentar infiltrações, borrifamentos, escorrimentos ou formação de gotas de água aderentes na face interna. Para o desempenho mínimo, pode ocorrer o percentual máximo da soma das áreas das manchas de umidade na face oposta à incidência da água em relação à área total do corpo de prova submetido de:

- 5%, com mais de um pavimento: só a parede, seja com ou sem função estrutural.
- 10%, térrea: somente a parede de vedação.
- Para componentes como janelas, fachadas, cortinas e similares, devem ser atendidas as exigências contidas na norma NBR 10821.

Fonte: CBIC – Câmara Brasileira da Indústria da Construção. Desempenho de edificações habitacionais: Guia orientativo para atendimento à norma ABNT NBR 15575/2013. Fortaleza: Gadioli Cipolla Comunicação, 2013. p. 182, 183. Disponível em: <http://www.cbic.org.br/arquivos/guia_livro/Guia_CBIC_Norma_Desempenho_2_edicao.pdf>. Acesso em: 20 mar. 2015.

Figura 4.41a Passagem de duto antes da vedação de ar.

Figura 4.41b Passagem de duto depois da vedação de ar.

Paredes externas revestidas de madeira representam um dos maiores desafios em casas já existentes. Paredes não isoladas em casas antigas, embora ineficientes, geralmente são muito duráveis. Elas raramente têm alguma proteção contra intempéries, mas as cavidades vazias da estrutura e a estrutura de madeira sólida são capazes de resistir à saturação (encharcar-se) e à secagem sem maiores danos. Há várias técnicas disponíveis para aplicar o isolamento em paredes existentes que injetam o material pelos orifícios no revestimento ou nas paredes internas. Entre os materiais mais adequados estão celulose, fibra de vidro de enchimento solto, algumas misturas de espuma de poliuretano em *spray* (SPF) e espuma cimentícia. No entanto, quando se aplica isolamento em uma parede sem barreira resistente à água (WRB) completa, a umidade pode passar para as cavidades da parede e molhar o isolamento. Como o próprio isolamento retarda o processo de secagem, a água pode ficar nas paredes por tempo suficiente para se ter o crescimento de mofo e causar danos estruturais. Infelizmente, quase sempre é preciso remover o revestimento para avaliar se existe uma barreira resistente à água completa numa parede.

Paredes já existentes revestidas de tijolos oferecem a melhor oportunidade para acrescentar um isolamento. Ainda que muitas vezes não exista uma barreira completa resistente à água, um espaço de ar entre o tijolo e o revestimento da parede ajuda a manter a chuva fora da estrutura da parede e reduz a possibilidade de apodrecimento e bolor. Em climas moderados, deixar as paredes externas sem isolamento pode não representar uma grande perda de energia, desde que sejam cuidadosamente estanques. Em climas extremamente frios, a falta de isolamento nas paredes reduz a eficiência de uma casa, mas isto precisa ser ponderado com os problemas de longo prazo criados quando se isolam paredes já existentes que não têm uma proteção efetiva contra umidade. Infelizmente, tanto para proprietários quando para empreiteiros a única maneira de garantir o desempenho de longo prazo de paredes já existentes é remover todos os revestimentos, janelas e portas para instalar um sistema de barreira completo resistente à água.

O valor e os efeitos da estanqueidade

Vedar paredes já existentes não é tão difícil quanto aplicar isolamento nem representa os mesmos desafios. O *drywall* existente oferece uma excelente barreira de ar, exceto onde encontra outras superfícies ou há orifícios. Vedar o vão entre a parede e o piso e em torno de janelas, portas e aberturas elétricas e hidráulicas ajudará a reduzir vazamentos de ar. Em geral, a vedação de ar não causará grandes problemas de umidade; no entanto, após uma vedação completa, recomenda-se a realização de um teste de estanqueidade com ventilador de porta para verificar a quantidade de infiltração e necessidade de ventilação com ar fresco para a casa reformada.

Um aspecto importante em casas existentes é verificar as dimensões do sistema HVAC, sobretudo em climas que usam ar-condicionado. Como será visto no Capítulo 15, não é preciso que sistemas de ar-condicionado sejam superdimensionados para funcionar de maneira eficiente. Depois de uma melhora significativa no isolamento e na vedação, o sistema de resfriamento existente em uma casa pode ser grande demais para os novos espaços mais eficientes e causar problemas relacionados à qualidade, eficiência e durabilidade do ar no interior da casa.

Resumo

A decisão sobre os materiais e métodos de isolamento e vedação a serem usados em um projeto precisa ser considerada à luz da estrutura da construção, do clima, das habilidades dos instaladores disponíveis e do orçamento para o projeto. Outros fatores referem-se à quantidade de conteúdo reciclado, à energia incorporada, aos materiais perigosos e ao efeito dos materiais sobre a saúde dos instaladores e dos ocupantes finais.

Questões de revisão

1. Quais das seguintes alternativas não é uma barreira de ar?
   a. Uma placa isolante de EPS
   b. Uma placa isolante de XPS
   c. Mantas de fibra de vidro
   d. Revestimento de OSB
2. Qual dos seguintes itens não é um componente do envelope da construção?
   a. Alinhamento do telhado sobre o isolante de um teto plano
   b. Alinhamento de telhado isolado sobre teto não isolado
   c. Parede da escada em porão não isolado
   d. Parede isolada do porão
3. Qual das seguintes opções não é um isolamento integrado à estrutura?
   a. SIP
   b. ICF
   c. Revestimento isolado
   d. Air Krete
4. Qual é o conteúdo reciclado típico de isolamento com fibra de vidro?
   a. 25%
   b. 50%
   c. 75%
   d. 100%
5. Qual é o conteúdo reciclado típico de isolamento com celulose?
   a. 25%
   b. 50%
   c. 75%
   d. 100%
6. Segundo o Departamento de Energia dos Estados Unidos – DOE, quanto de isolamento é recomendado para um teto na zona climática 3?
   a. R 11
   b. R 20
   c. R 30
   d. R 38
7. Qual método de construção de paredes não reduz as pontes térmicas?
   a. Armações com paredes duplas
   b. 2" × 6" @ 24" (5 × 15 cm com fixação a 61 cm)" sobre centro com revestimento de OSB
   c. 2" × 4" @ 16"(5 × 10 cm com fixação a 40 cm) sobre centro com revestimento de espuma rígida
   d. Armações em vigas de aço
8. Qual isolamento tem valor R 5 por polegada?
   a. Poli-isocianurato
   b. Fardos de feno
   c. Poliestireno extrudado (XPS)
   d. Poliestireno expandido (EPS)
9. Se o resultado de uma leitura em teste com ventilador de porta em uma casa já existente for 0,30 TAH$_{Natural}$, qual será o curso da ação recomendada?
   a. Realizar vedação adicional de ar
   b. Acrescentar ventilação mecânica
   c. Recalibrar do teste com ventilador de porta
   d. Testar a qualidade do ar no interior
10. Qual desses problemas não está, em geral, associado a casas bem vedadas e isoladas?
    a. Correntes de ar
    b. Retorno de fumaça ou exaustão de aquecedores abertos
    c. Altas contas de energia elétrica
    d. Grande umidade nos meses quentes

Questões para o pensamento crítico

1. Compare as diferentes técnicas envolvidas no isolamento integrado à estrutura com o isolamento aplicado.
2. Qual é a diferença entre permeabilidade do ar e permeabilidade do vapor e como elas afetam a escolha dos diferentes tipos de materiais isolantes e vedantes do ar?
3. Considere diversas opções para criar uma vedação completa de ar entre o espaço de convivência acima e ao lado de uma garagem anexa.

Palavras-chave

abordagem *drywall* hermético (ADA)
área de superfície de um envelope da construção (Asec)
área de vazamento efetiva (AVE)
amianto
barreira resistente à água
barreira térmica
desgaseificação
espuma de células abertas
espuma de células fechadas
fardo de feno
fenol-formaldeído

gás marcador
impermeável
infiltração
invólucro da casa
isolamento aplicado
isolamento biológico
isolamento com algodão
isolamento com celulose
isolamento com fibra de vidro
isolamento com lã mineral
isolamento com mantas
isolamento contínuo
isolamento de cavidades
isolamento de espuma de poliuretano em *spray* (SPF)
isolamento em *spray* e manta (*flash and batt* – FAB)
isolamento integrado à estrutura
isolamento jateado
lã de escória
lã de pedra
mantas com revestimento
mantas sem revestimento
monóxido de carbono
painéis estruturais isolados (SIP)
parede baixa de sótão
pascal (Pa)
permeabilidade
permeável
placas isolantes
poliestireno expandido (EPS)
poliestireno extrusado (XPS)
ponte térmica
semipermeável
teste com ventilador de porta em um único ponto
teste em diversos pontos
teto inclinado
tinta intumescente
trocas de ar naturais por hora (TAH$_{Natural}$)
trocas de ar por hora a 50 Pa (TAH$_{50}$)
unidades eletricamente isoladas (IC)
ureia-formaldeído

Glossário

abordagem *drywall* hermético (ADA) sistema de barreira de ar que conecta o acabamento interno dos *drywalls* com a estrutura da casa para formar uma barreira contínua ao ar.

amianto material fibroso encontrado na natureza que antigamente era usado para proteção contra o fogo; extremamente nocivo quando inalado. Há comprovações de que é cancerígeno para todo o sistema respiratório e ovário.

área de superfície de um envelope da construção (Asec) a área total (em pé²) do envelope da construção.

área de vazamento efetiva (AVE) área de uma abertura especial em forma de bocal (semelhante à entrada de um ventilador de porta) que permite uma saída de ar equivalente à que sai da construção a uma pressão de 4 Pa.

barreira resistente à água (WRB) material localizado atrás do revestimento que forma um plano de drenagem secundário para a água em estado líquido, geralmente chamada barreira resistente a intempéries e barreira resistente à água.

barreira térmica material de baixa condutividade térmica colocado em uma estrutura para reduzir ou impedir o fluxo de calor entre materiais condutores.

espuma de células abertas espuma de poliuretano em *spray* aplicada numa proporção de aproximadamente 7,5 kg/m³; nos Estados Unidos é às vezes chamada "espuma de meia libra"; ver também *espuma de poliuretano em spray*.

espuma de células fechadas espuma de poliuretano em *spray* aplicada numa proporção de aproximadamente 30 kg/m³; nos Estados Unidos é às vezes chamada "espuma de duas libras"; ver também *espuma de poliuretano em spray (SPF)*.

fardos de feno em algumas construções, utilizam-se fardos de palha de trigo, aveia, cevada, centeio, arroz e outros resíduos da agricultura em paredes cobertas de estuque ou argamassa de barro.

fenol-formaldeído (PF) é um aglomerante químico potencialmente nocivo e muito usado no isolamento com fibra de vidro e produtos à base de madeira.

flash and batt (FAB), manta com espuma sistema híbrido de isolamento que combina uma camada de 2,5 cm a 5,0 cm de isolamento com espuma de poliuretano em *spray* (SPF) de células fechadas com mantas de fibra de vidro para preencher a cavidade da estrutura.

gás marcador gás atóxico usado para medir vazamentos e infiltrações de ar no envelope da casa.

gaseificação processo pelo qual muitos produtos químicos se volatilizam ou liberam moléculas no ar em forma de gás; ver também *compostos orgânicos voláteis*.

impermeável material ou instalação que não permite a passagem de ar ou umidade.

infiltração processo descontrolado segundo o qual ar ou água penetram na casa através do envelope da construção.

isolamento aplicado material de isolamento térmico ou acústico colocado entre ou sobre membros estruturais depois de instalados.

isolamento biológico produtos isolantes que contêm materiais de recursos renováveis para substituir o petróleo e outros produtos não renováveis.

isolamento com espuma de poliuretano em *spray* (SPF) espuma plástica isolante aplicada na forma líquida, que depois se expande aumentando várias vezes seu volume original; ver também *espuma de célula aberta* e *espuma de célula fechada*.

isolamento com fibra de vidro isolamento por manta ou placa rígida, composto de fibras de vidro unidas por um aglutinante.

isolamento com lã mineral material manufaturado semelhante à lã, constituído de finas fibras inorgânicas feitas de escória e usadas como preenchimento a granel ou em forma de mantas, blocos, placas ou lajes para isolamento térmico e acústico; também conhecidos como *lã de rocha* ou *de escória*.

isolamento contínuo isolamento que não é interrompido por membros estruturais, em geral aplicado sobre a superfície externa de estruturas de madeira ou paredes de concreto.

isolamento com algodão material de isolamento térmico ou acústico em geral feito de resíduos da indústria de roupas, disponível em várias larguras e espessuras (valor R) para adequar-se ao tamanho padrão de paredes e vigas.

isolamento da casa barreira sintética resistente à água destinada a escoar a umidade acumulada e permitir a passagem do vapor; ver também *barreira resistente à água*.

isolamento de cavidades material isolante aplicado entre vigas de paredes.

isolamento integrado à estrutura sistema de isolamento que é parte de uma estrutura de construção, ao contrário de um isolamento aplicado a um componente estrutural.

isolamento jateado material composto de fibras isolantes soltas, como fibra de vidro, espuma ou celulose, que é bombeado ou lançado em paredes, telhados e outras áreas.

isolamento por celulose feito de papel-jornal reciclado e um antichamas adicionado.

lã de escória outro nome para *lã mineral*.

lã de rocha outro nome para *lã mineral*.

mantas isolantes material de isolamento térmico ou acústico em geral feito de fibra de vidro ou algodão, disponível em várias larguras e espessuras (valor R) para adequar-se ao tamanho comuns de paredes e vigas.

mantas com revestimento mantas isolantes com um revestimento de folhas de papel ou papelão para impedir a passagem de vapor.

mantas sem revestimento mantas isolantes de algodão ou fibra de vidro sem uma cobertura para retardar o vapor.

monóxido de carbono (CO) gás incolor, inodoro e tóxico produzido com a combustão incompleta de combustíveis (por exemplo, gás natural ou liquefeito de petróleo, óleo, madeira e carvão).

painéis estruturados isolantes (SIP) materiais de construção compostos de isolamento de espuma sólida prensado entre duas placas de OSB – painel estrutural de tiras de madeira orientadas perpendicularmente – para criar painéis de construção para pisos, paredes e telhados.

parede baixa do sótão parede que separa o espaço interno condicionado da área não condicionada do sótão.

pascal (Pa) unidade de pressão igual a um newton por metro quadrado pelo Sistema Internacional de Unidades de Medida (SI), conhecido como sistema métrico.

permeabilidade medida de fluxo de ar ou umidade através de um material ou estrutura.

permeável material ou instalação que permite a passagem de ar ou umidade.

placa isolante produto isolante rígido disponível em diversas larguras e espessuras (valor R).

poliestireno expandido (EPS) placa isolante de espuma feita de grânulos de poliestireno expandido.

poliestireno extrudado (XPS) placa isolante de espuma de células fechadas.

ponte térmica material condutor de calor que penetra ou anula um sistema de isolamento, como um parafuso ou uma viga de metal.

semipermeável material ou instalação que permite a passagem de um pouco de ar ou umidade.

teste de estanqueidade com ventilador de porta em um único ponto teste que usa apenas uma medição de fluxo no ventilador para criar uma mudança de 50 Pa na pressão dentro do edifício.

teste em vários pontos procedimento com ventilador de porta que testa a construção com diversas pressões (em geral de 60 Pa até 15 Pa) e analisa os dados usando um programa de computador para análise do teste com ventilador de porta.

teto inclinado teto diretamente abaixo do telhado; às vezes chamado de combinação "teto-telhado" ou mesmo forro inclinado, normalmente encontrado em salas de estar e sótãos com telhado termicamente isolado.

tinta intumescente tinta que retarda o fogo.

trocas de ar natural por hora ($TAH_{Natural}$) número de vezes em que o volume total de uma casa é trocado com o ar externo em condições naturais.

trocas de ar por hora a 50 Pa (TAH_{50}) número de vezes em que o volume total de uma casa é trocado com o ar externo quando a casa é despressurizada ou pressurizada a 50 Pa.

unidades eletricamente isoladas (IC) luminárias embutidas que dissipam o calor no ambiente, permitindo que o isolante térmico esteja em contato com a fiação elétrica sem risco de causar incêndios ou falhas no envelope térmico.

ureia-formaldeído (UF) produto químico potencialmente tóxico comumente usado como aglutinante ou adesivo em materiais de construção.

Recursos adicionais

Cellulose Insulation Manufacturers Association (Associação dos Fabricantes de Isolantes com Celulose) – CIMA: http://www.cellulose.org/

North American Insulation Manufacturers Association (Associação Norte-Americana de Fabricantes de Isolantes) – NAIMA: http://www.naima.org/

Tabela de Fatos sobre Isolamento do Laboratório Nacional de Oak Ridge (ORNL):
http://www.ornl.gov/sci/roofs+walls/insulation/ins_08.html

Spray Polyurethane Foam Alliance (Aliança de Espuma de Poliuretano em Spray) – SPFA:
http://www.sprayfoam.org/

Air Barrier Association of America (Associação Norte-Americana para Barreiras de Ar) – AABA:
http://www.airbarrier.org/

Resnet: http://www.resnet.us/

Apêndice 4A: Comparação de tipos comuns de isolamento

Tipo	Método de Instalação	Aplicação Localização	Valor-R por polegada de espessura	Matérias-primas	Poluição de Fabricação	Impactos da Qualidade Ambiental no Interior das Casas	Informações Adicionais
Fibra de vidro	Mantas, enchimento solto, placas semirrígidas	Pisos; paredes; isolamento de tetos com manta, abobadados e de domus	3.0-4.0	Areia de sílica, calcário, boro, geralmente vidro reciclado, resina de fenol-formaldeído, ou resina de acrílico	Possíveis emissões de formaldeído	As fibras podem ser agentes irritantes; possíveis emissões de formaldeído	Energia incorporada moderada; a placa rígida pode ser um plano de drenagem de fundação e isolamento
Lã mineral	Mantas, enchimento solto, placas rígidas	Pisos; paredes; isolamento de tetos com manta, abobadados e domus	2.8-3.7	Minério de Ferro (muitas vezes escória de alto-forno), pedras naturais, aglutinante de fenol-formaldeído	Possíveis emissões de formaldeído	As fibras podem ser irritantes	Energia incorporada moderada, embora muitas vezes tenha algum conteúdo reciclado; naturalmente resistentes ao fogo; placa rígida que pode ser um plano de drenagem de fundação e isolante
Algodão	Mantas	Pisos; paredes; isolamento de tetos com manta, abobadados e domus	3.0-3.7	Algodão e sobras de poliéster	Insignificante	Considerado seguro	Poucos produtores; portanto, a poluição do transporte é maior que a de outros isolamentos
Celulose	Enchimento solto, *spray* úmido e embalagens densas	Pisos; paredes; isolamento de tetos com manta e abobadados	3.6-4.0	Jornais, listas telefônicas, boratos, sulfato de amônio reciclados	Insignificante	As fibras e produtos químicos podem ser irritantes	Alto conteúdo reciclado e baixa energia incorporada
SPF de células abertas	*Spray*	Pisos; paredes; isolamento de tetos com manta, abobadados e domus	3.6-4.3	Petróleo e soja; água como agente de expansão; retardante de chamas não bromado	Insignificante	Tóxico durante a instalação (necessário máscaras protetoras ou suprimento de ar)	Alta energia incorporada
SPF de células fechadas	*Spray*	Pisos; paredes; isolamento de tetos com manta, abobadados e domus	5.8-6.8	Petróleo; agente de expansão de HFC; retardante de chama não bromado	Alterações climáticas potenciais por agentes de expansão de HFC	Tóxico durante a instalação (necessário máscaras protetoras ou suprimento de ar)	Alta energia incorporada
Poliestireno expandido (EPS)	Placas rígidas	Telhados, paredes	3.8-4.4	Petróleo, retardantes de chamas bromados	Insignificante	Insignificante	Pode fornecer uma ruptura térmica ou uma barreira de ar; alta energia incorporada

(Continua)

APÊNDICE 4A (*Continuação*): Comparação de tipos comuns de isolamento

Tipo	Método de Instalação	Aplicação Localização	Valor R por polegada de espessura	Matérias-primas	Poluição de Fabricação	Impactos da Qualidade Ambiental no Interior das Casas	Informações Adicionais
Extrudados poliestireno (XPS)	Placas rígidas	Telhados, paredes	5	Petróleo; agente de expansão de HFC, retardantes de chama não bromados	Alto potencial de aquecimento global por agentes de expansão de HFC	Insignificante	Pode fornecer uma ruptura térmica ou uma barreira de ar; alta energia incorporada
Poli-isocianurato (Polyiso)	Placas rígidas	Telhados, paredes	5.6-8.0	Petróleo	Insignificante	Insignificante	Pode fornecer uma ruptura térmica ou uma barreira de ar; alta energia incorporada
Isolamento de espuma de Cimento (Air Krete)	*Spray*	Paredes, pisos, isolamento de tetos com manta e abobadados	3.9	Ar, água, óxido de magnésio, talco	Insignificante	Insignificante	Alta energia incorporada

SEÇÃO 2
SISTEMAS ESTRUTURAIS

CAPÍTULO 5: Fundações
CAPÍTULO 6: Pisos e paredes externas
CAPÍTULO 7: Telhados e sótãos

5

Fundações

Com a possível exceção das casas flutuantes,* toda casa precisa de uma fundação no solo para sustentá-la. As paredes da fundação, independente de estar parcial ou totalmente abaixo do nível do solo, podem ser construídas com uma grande variedade de materiais e métodos para suportar o peso da construção acima da fundação e abrigar o porão ou um espaço subterrâneo de reduzido pé-direito. As decisões tomadas durante o projeto e a construção das fundações têm um papel essencial na eficiência energética, qualidade ambiental interior, eficiência de recursos, desenvolvimento sustentável do local e durabilidade de uma casa. Este capítulo apresenta os diferentes tipos de projeto para fundações, as opções de material e o que se deve considerar na escolha de um sistema de fundações para uma casa verde.

OBJETIVOS DO APRENDIZADO

Após a leitura deste capítulo, o aluno será capaz de:
- Descrever os diferentes tipos de fundações disponíveis e sua relação com a engenharia verde.
- Descrever os diferentes métodos para isolar fundações.
- Descrever os diferentes métodos de controle de umidade em sistemas de fundações.
- Determinar a eficiência dos recursos materiais usados em diferentes sistemas de fundações.
- Definir a diferença entre espaços subterrâneos ventilados, vedados e condicionados.
- Descrever o projeto de um sistema aleatório de ventilação.

Princípios da construção verde

 Eficiência energética

 Durabilidade

 Desenvolvimento de local sustentável

 Qualidade do ambiente interno

 Eficiência de recursos materiais

Tipos de fundação

Para as construções de casas nos Estados Unidos, consideram-se quatro modelos básicos de fundação:** porão, espaço subterrâneo de reduzido pé-direito, que denominaremos, por simplificação, espaço subterrâneo baixo, laje diretamente sobre o solo/radier e pilares/pilotis. Cada um desses modelos pode ser construído com diversos materiais e métodos (Figu-

---

* Casas sobre plataformas flutuantes ou sobre chatas que ficam em rios ou em corpos d´água. (S.H.O.)
** No Brasil, usamos o termo "embasamento" ou "infraestrutura". (S. H. O.)

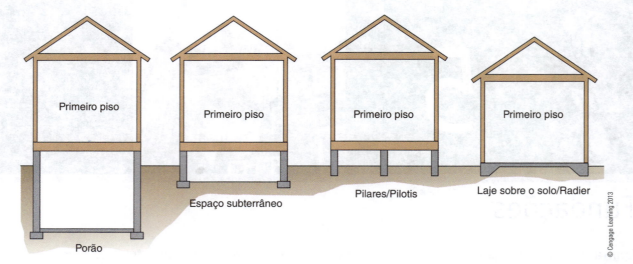

Figura 5.1 Os quatro modelos básicos de fundação são: porão, espaço subterrâneo, pilares/pilotis e laje sobre o solo/radier.

ra 5.1).* Porões e espaços baixos subterrâneos são cercados pelas **paredes da fundação**, que podem estar parcial ou totalmente abaixo do nível do solo e suportar o peso da construção acima. Qualquer uma dessas fundações pode ser apropriada para uma casa verde, contanto que a escolha se baseie em decisões corretas quanto à sustentabilidade da construção. Uma única casa pode combinar diferentes tipos de fundação.

Entre as condições do local e do projeto que afetam a fundação estão acessibilidade do local, inclinações existentes, nível do lençol freático, árvores que permanecerão no local, risco de inundação, exigências de massa térmica, zona climática e quantidade de espaço necessária para o projeto.

No Brasil, de modo amplo, a engenharia de estruturas encontra-se dividida em construções e materiais, estruturas, solos e fundações. As estruturas de fundações das construções brasileiras correspondem às sub-bases dos Estados Unidos.

Para a construção de edifícios, e quanto aos sistemas construtivos para as fundações, aplica-se em geral uma terminologia específica e diferente daquela utilizada para as casas nos Estados Unidos. O que nos Estados Unidos é chamado de fundação, no Brasil é referido como embasamento ou infraestrutura, que é a parte do sistema estrutural que se encontra entre a estrutura de fundação e a superestrutura, esta última correspondente ao edifício, como mostra a Figura 5.2, a seguir.

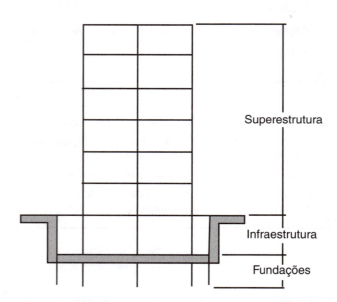

Figura 5.2 Divisões da estrutura convencional de um edifício (OBATA, 1997**).

Essa divisão ampla dos sistemas estruturais de um edifício é resultado de especialidades profissionais e de tecnologias construtivas que envolvem as características de carregamentos, materiais e riscos distintos, entre outras.

A infraestrutura pode ser enterrada, semienterrada ou elevada do solo, e, como já indentificado, refere-se a: pavimento de subsolo, sobressolo e porão,

---

* As ilustrações e a própria identificação do sistema de fundação para casas nos Estados Unidos, que contempla a base da edificação, a qual pode ser formada por um de quatro modelos e que é identificado como fundação, destacam que pode ou não haver um componente de sub-base. No Brasil, adota-se o termo "fundação" para o sistema estrutural que transfere as cargas para o solo. As áreas construídas que são partes das edificações que estão enterradas, parcialmente enterradas ou abaixo do nível térreo e localizadas imediatamente acima da estrutura de fundação são chamadas de pavimentos, como subsolo, sobressolo e porão. (S. H. O.)

** Notas de aulas de disciplinas lecionadas sobre estruturas e sistemas estruturais.(S. H. O.)

dependendo do referencial de acesso e nível térreo considerado.

Portanto, o pavimento de infraestrutura nos Estados Unidos, que no Brasil são os porões e subsolos, em geral é construído como áreas não somente para garagem e depósito, mas tratados como outro pavimento com utilização completa, como salas, quartos, lazer, entre outros ambientes, e até como uma segunda residência completa.

Nos Estados Unidos, constroem-se áreas de infraestrutura como ambientes habitáveis, em geral identificados como porões, dada a ocorrência local de tornados e tufões, consistindo em um abrigo e ambiente protegido sob a edificação em si.

A terminologia aplicada às fundações das edificações no Brasil corresponde ao elemento estrutural, que transmite ao terreno as ações atuantes na estrutura, devendo-se distribuir seguramente essas ações, de modo que não causem recalques diferenciais prejudiciais ao sistema estrutural ou ruptura do solo.

Consideram-se dois tipos de fundações: rasas e profundas.

- *Rasas*. Também identificadas como superficiais ou diretas, trata-se da fundação em que a ação é transmitida predominantemente pelas pressões distribuídas sob a sua base e em que a profundidade de assentamento em relação ao terreno adjacente é inferior a duas vezes a menor dimensão da fundação.
- *Profundas*. Fundação que transmite as ações ao terreno pela base (resistência de ponta), pela superfície lateral (resistência de fuste) ou por uma combinação das duas, e que está assente em profundidade superior ao dobro de sua menor dimensão em planta e no mínimo 3 metros.

As ilustrações da Figura 5.1, portanto, correspondem, no Brasil, a fundações rasas; considerando-se as representações como um corte típico e distribuição linear das cargas ao solo, as duas primeiras são identificadas como sapatas corridas ou alicerces de alvenaria, a terceira como brocas com afloramento e extensão de fuste em pilotis, e a quarta como radier ou laje sobre o solo.

Para as distribuições de cargas ao solo de modo pontual ainda se podem considerar as sapatas isoladas e os blocos.

Escolha da fundação

No caso de locais de construção com fácil acesso de grandes equipamentos e poucas árvores robustas (ou nenhuma), indicam-se fundações com porão, espaço subterrâneo ou laje sobre o solo/radier. Terrenos amplos, nivelados e abertos podem ser escavados com facilidade para a construção de porões ou espaços subterrâneos; entretanto, em locais de regiões litorâneas pode ocorrer infiltração de marés, assim como infiltrações em locais próximos a corpos de águas, que podem inviabilizar uma escavação profunda, em razão dos riscos de se afetar estruturas adjacentes e desabamentos ou exigir grandes **paredes de contenção**. Em áreas com lençóis freáticos elevados, devem-se evitar porões e espaços subterrâneos. Em locais com risco de inundação, deve-se considerar uma fundação com pilares/pilotis para evitar problemas com a infiltração da água na estrutura. Em construções feitas perto de árvores adultas, para minimizar o impacto sobre elas, devem-se utilizar pilares e vigas de fundação, em vez de sapatas tradicionais em torno das zonas críticas das raízes, uma vez que o crescimento das raízes pode gerar movimentação e deslocamento das sapatas, que constituem um sistema simplesmente apoiado sobre o solo. No caso de casas que exigem massa térmica para projetos de uso solar passivo, a construção em lajes sobre o solo/radier geralmente é a melhor opção. Em climas frios, deve-se evitar construir sobre pilares/pilotis, em razão dos vãos abertos que aumentam a perda de calor pelo piso. Finalmente, o espaço necessário ou desejado pelo proprietário pode sugerir a construção de um porão completo, mas deve-se ter em mente que uma área maior construída exige mais material, mais trabalho, tem mais impacto sobre o local e usa mais energia ao longo da existência da estrutura, o que pede uma análise de como posicionar o objetivo do proprietário diante de uma nova cultura e aculturamento para construções sustentáveis. A Tabela 5.1 divide o processo de escolha da fundação.

Tabela 5.1 Escolha da fundação certa conforme o projeto

Tipo de fundação	Densidade da vegetação	Nível da água	Risco de inundação	Clima
Porão	Baixa	Profundo	Baixo	De quente a frio
Espaço subterrâneo	Baixa	Profundo	De baixo a moderado	De quente a frio
Laje sobre o solo/Radier	De baixa a elevada	De profundo a raso	De baixo a moderado	De quente a frio
Pilares/Pilotis	De baixa a elevada	De profundo a raso	De baixo a elevado	De quente a misto

PALAVRA DO ESPECIALISTA – BRASIL

Fundações sustentáveis – Uma tendência

No vasto campo da área de fundações, que é uma das subdivisões da especialidade Geotecnia, dentro da Engenharia Civil, existem diversos tipos a serem utilizados. No caso de residências, os tipos mais comuns são: blocos, sapatas, radier e brocas. Os três primeiros são fundações superficiais (também denominadas fundações diretas ou rasas), e o último é uma fundação profunda. A escolha do tipo de fundação para residências é função, entre outros aspectos, das características geológicas e geotécnicas do solo de fundação, dos valores das cargas e dos custos envolvidos.

Blocos são elementos de fundação superficial, em que sua altura é proporcionalmente elevada em relação às suas dimensões em planta (largura e comprimento) para evitar a utilização de armadura. Em geral, são executados em blocos de pedra argamassada, alvenaria e concreto não estrutural.

Sapatas são também elementos de fundação superficial, porém de altura menor que a dos blocos, sendo executadas em concreto armado, pois necessitam de armadura para resistir aos esforços solicitantes de tração nas duas direções em planta (longitudinal e transversal). Dependendo da sua altura em relação às suas dimensões em planta, seu funcionamento pode ser rígido (quando apresenta recalque constante da sua base para um carregamento uniforme) ou flexível (quando apresenta recalque variável da sua base para um carregamento uniforme). No caso de ser flexível, a sapata também necessitará de estribos para resistir às tensões cisalhantes que ocorrerão no concreto em razão dos deslocamentos variáveis.

Radier é um elemento único de fundação superficial, executado em concreto armado e implantado sob toda a área construída, como uma laje. Em geral, é utilizado em residências de baixo custo. Para residências maiores, como exige a instalação de vigas de rigidez sob a laje para evitar torções, o consumo de concreto torna-se elevado.

Brocas são estacas de pequeno diâmetro e pouco profundas, executadas em concreto, sendo moldadas *in loco*. Para sua execução, normalmente é feito um furo a trado para, depois, proceder à concretagem e colocação da armadura.

Já no caso de edifícios residenciais e comerciais, existe uma enorme variedade de tipos de fundação, constituídos basicamente por sapatas, tubulões e estacas de diversos tipos. Os dois últimos são fundações profundas, enquanto as sapatas são superficiais. A escolha do tipo de fundação para edifícios depende, entre outros aspectos, das características geológicas e geotécnicas do subsolo, dos valores das cargas a serem suportadas, da disponibilidade de equipamentos e dos custos envolvidos.

Paulo Afonso de Carvalho Luz Formado em Engenharia Civil pela Escola Politécnica da Universidade de São Paulo, é mestre em Engenharia de Solos pela Escola Politécnica da USP, professor da Faculdade de Engenharia da Fundação Armando Alvares Penteado (Faap) e chefe do Departamento de Geotecnia da empresa de projetos Engecorps.

Tubulões são elementos cilíndricos de fundação profunda, que envolvem, pelo menos em uma etapa de sua execução, a descida de um operário, ou seja, uma parte é escavada manualmente. Antes do alargamento da sua base e da posterior concretagem, o tubulão deverá ser inspecionado por um engenheiro especialista para liberação da cota de base escavada. Uma grande vantagem que possuem é permitir a inspeção visual das camadas enquanto estão sendo escavados. Existem dois tipos básicos de tubulões: a céu aberto e a ar comprimido, que são indicados, respectivamente, no caso de sua base estar situada acima ou abaixo do nível d'água do lençol freático. A execução dos tubulões a ar comprimido envolve riscos de saúde para os operários, sendo proibida em alguns países, mas não no Brasil.

Estacas são elementos cilíndricos ou prismáticos de fundação profunda. Existem inúmeros tipos, inclusive de grandes diâmetros, que são executados de diversas formas, como estacas pré-moldadas de concreto armado, metálicas, cravadas e preenchidas com concreto (tipo Franki), escavadas (tipo Strauss, trado mecânico, hélice contínua, hélice de deslocamento), escavadas com lama fluido estabilizante (estações, barrete), injetadas (estacas-raiz, microestacas), entre outros.

Em termos gerais, na busca pelo projeto e pela execução de fundações com maior sustentabilidade, atualmente o uso de lama bentonítica como fluido estabilizante tem sido substituído por polímeros biodegradáveis para minimizar a poluição. Também é preciso observar que a execução de estacas pré-moldadas e tipo Franki acarretam poluição sonora e vibrações indesejáveis às edificações vizinhas, não sendo recomendadas em diversas situações. Outra observação importante é que a execução de estacas-raiz envolve muita sujeira nos canteiros de obra, em razão do grande volume de circulação de água.

A escolha do tipo de fundação exige um bom reconhecimento do solo e do entorno; no Brasil, essa escolha segue diretrizes projetuais, como as apresentadas no testemunho a seguir.

PALAVRA DO ESPECIALISTA – BRASIL

Solos e sustentabilidade

Um dos aspectos fundamentais a ser observado ao se iniciar o projeto de uma residência ou de um edifício, visando sua sustentabilidade, refere-se à sua localização em termos técnicos. Se o empreendedor ainda não escolheu o terreno, há informações que são úteis para auxiliar no processo de seleção e aquisição da área da futura edificação.

A localização de um terreno deve indicar as características principais dos solos e do relevo da região com relação a algumas propriedades dos solos presentes, como: tendência à erosão, à expansão, a ocorrência de recalques e colapso por inundação, risco de alagamento, risco de escorregamento de encostas, entre outras. Naturalmente, a primeira providência a ser tomada é uma visita de inspeção ao local, na qual poderão ser observados alguns aspectos, como: aclive ou declive do terreno, existência de alagamentos, ocorrência de solos moles na superfície, existência de afloramento rochoso no local etc.

Para verificar se os solos e rochas do terreno escolhido poderão apresentar algumas dessas características, um bom instrumento é a consulta de mapas temáticos, que são elaborados por órgãos públicos e que abordam aspectos como: potencial de erodibilidade, riscos geológicos (escorregamento de encostas), riscos de alagamentos, contaminação do subsolo etc.

Os mapas temáticos são normalmente preparados e disponibilizados por alguns órgãos públicos, institutos ou autarquias. Como exemplos destes tipos de mapas, podem ser citados:

Paulo Afonso de Carvalho Luz Formado em Engenharia Civil pela Escola Politécnica da Universidade de São Paulo, é mestre em Engenharia de Solos pela Escola Politécnica da USP, professor da Faculdade de Engenharia da Fundação Armando Alvares Penteado (Faap) e chefe do Departamento de Geotecnia da empresa de projetos Engecorps.

- Cartas geotécnicas elaboradas pelo Instituto de Pesquisas Tecnológicas (IPT), vinculado à Secretaria de Ciência e Tecnologia do Estado de São Paulo, que apresentam algumas propriedades geotécnicas dos solos, na forma de mapas, como riscos geológicos de escorregamentos de encostas, aspectos geológicos para estudos ambientais, entre outras.
- Mapas geológicos elaborados pelo Instituto Geológico (IG), vinculado à Secretaria do Meio Ambiente do Estado de São Paulo (SMA), que apresentam as principais formações geológicas e suas diversas características geológicas e geotécnicas.
- Mapas geológicos elaborados pela Companhia de Pesquisas dos Recursos Minerais (CPRM), que representa o Serviço Geológico do Brasil, vinculado ao Ministério das Minas e Energia. Esses mapas são voltados essencialmente à pesquisa de jazidas, mas também fornecem informações geológicas importantes para estudos ambientais.
- Mapas de erodibilidade dos solos elaborados pelo IPT.
- Mapas de ocupação e uso do solo, elaborados pela SMA, no caso do Estado de São Paulo.
- Mapas de unidades de conservação (parques, áreas de proteção permanente, áreas de proteção provisória etc.), elaborados pela SMA no caso do Estado de São Paulo.
- Mapas de qualidade da água, elaborados pela Companhia de Tecnologia de Saneamento Ambiental (Cetesb), vinculada à SMA, Estado de São Paulo.
- Mapas das bacias hidrográficas, elaborados pela Agência Nacional de Águas (ANA).
- Mapas de outorga de captação de água, elaborados pelo Departamento de Águas e Energia Elétrica (DAEE), Estado de São Paulo.

Outros instrumentos úteis para um conhecimento adequado dos solos que ocorrem na região onde será construída a futura edificação são:

- Sondagens a percussão, com coleta de amostras deformadas de solo e realização de ensaio SPT (ensaio de penetração padrão) a cada metro de profundidade. Este é o tipo de sondagem mais útil para o projeto de uma edificação e de suas fundações, pois, além da análise geológico-geotécnica das amostras coletadas, os valores deste ensaio permitem a estimativa da capacidade de carga (tensão admissível) das camadas de solos através de correlações apropriadas.
- No caso da existência de edificações vizinhas, obtenção do seu projeto de fundação e verificação *in situ* do tipo e do estado de conservação das fundações.

Materiais e métodos

Assim que se define o projeto da fundação, o passo seguinte é escolher os materiais e métodos para a construção. Embora existam algumas exceções que serão tratadas mais adiante, neste capítulo, a maioria das fundações usa concreto armado moldado no local para parte ou toda a construção. Em geral, para a construção de residências, as fundações rasas, como as sapatas, representam a alternativa técnica e economicamente viável. No caso do Brasil, a caracterização do solo é imprescindível, em razão das suas características e resistências apresentadas por meio de sondagens, assim como as cargas a que estará submetido, cuja viabilidade da edificação poderá pedir fundações profundas, como as estacas, e não rasas, como as sapatas. Os alicerces e sapatas são compostos por uma base alargada de concreto armado para apoio junto ao solo; sobre esta se encontram as bases de paredes, colunas, pilares e chaminés que distribuem o peso desses elementos sobre uma área mais ampla e evitam recalques da construção e desnivelamentos.

Mesmo que em geral as sapatas sejam de concreto armado moldado no local, paredes e pilares podem ser construídos com concreto ou vários outros materiais alternativos.

Concreto é um material de construção composto de cimento e/ou pozolanas, areia e cascalho ou outros agregados (Figura 5.3). Com seu nome derivado do termo italiano para as cinzas vulcânicas encontradas nas encostas do Monte Vesúvio, a **pozolana** pertence a uma categoria de materiais de silícios e aluminosos que, quando misturados a hidróxido de cálcio, conferem ao concreto sua força. Entre os exemplos de pozolanas estão resíduos industriais como escória e cinzas volantes, além de cimento Portland. **Cimento Portland**, que é resultado do aquecimento de uma mistura de materiais como calcário e sílica, tornou-se um dos cimentos hidráulicos mais usados em razão de sua força e da ampla disponibilidade.

A produção do cimento Portland exige imensas quantidades de energia, de modo que talvez os construtores verdes queiram reduzir a energia incorporada em uma estrutura ao diminuírem a quantidade de concreto em uma fundação e a quantidade de cimento na mistura de concreto. Quando se avaliam as alternativas, porém, é importante reconhecer que o concreto é um material extremamente duradouro e pode ser reciclado inúmeras vezes. Esses fatores podem ser considerados na avaliação do impacto ambiental geral desse produto.

Figura 5.3 Componentes do concreto: cimento, água, areia e agregados brutos próximos a um pedaço cortado de concreto endurecido.

Concreto

Quando se projetam estruturas de fundações menores, é possível reduzir a quantidade de concreto e cimento e substituir este último por materiais alternativos na mistura. Um método para construir fundações menores depende de se testar e realizar ensaios sobre a capacidade da carga do solo e projetar a estrutura da fundação minimamente necessária para um local específico, em vez de usar um projeto genérico que exceda as necessidades da estrutura e use mais material. Em geral, climas frios exigem sapatas localizadas abaixo da linha de congelamento, no entanto, em um projeto alternativo chamado **fundações rasas protegidas contra congelamento** podem-se utilizar sapatas mais rasas, que exigem menos concreto. Técnicas como essas diminuem a quantidade de material, ajudam a criar construções mais sustentáveis e, ao mesmo tempo, reduzem o custo da obra.

Para reduzir a quantidade de cimento em uma mistura de concreto, é preciso substituir parte do cimento por outros materiais. Resíduos industriais, como **cinzas volantes de carvão** de usinas elétricas movidas a carvão e **escória granulada de alto-fornos** são materiais comuns usados na produção de concreto, além de pozolanas cujas origens já foram citadas. Atualmente, pozolanas são provenientes de cinzas resultantes da queima de cascas de arroz e de sílica ativa, um pó finíssimo que sai da chaminé das fundições de ferro-silício e que, a exemplo de outros países tecnologicamente mais avançados, já têm seu uso consagrado no Brasil, embora regionalmente. Escórias granuladas de alto-forno, por sua vez, contam com propriedades hidráulicas latentes, que endurecem quando misturadas com água, mas as reações de hidratação das escórias são tão lentas que limitariam sua aplicação prática se agentes ativadores, químicos e físicos, não acelerassem o processo de hidratação.

Além do teor de cinzas volantes, há outras questões de sustentabilidade que devem ser consideradas na construção de fundações de concreto: substituir a pedra virgem no agregado por concreto moído reciclado,* usar aço com conteúdo reciclado para a armação, desmoldantes atóxicos e administrar a água usada para lavar os caminhões betoneiras de modo a impedir que os resíduos poluam cursos d'água (ver Figura 5.4). Se a água da limpeza desses caminhões atingir os cursos d'água, poderá alterar o pH e causar danos à vida aquática e selvagem que dependem dessas águas de superfície. Resíduos desta limpeza também contêm partículas finas de areia e cimento, que podem ficar em suspensão nas águas e impedir a respiração dos peixes.

---

* No Brasil ainda não há normas específicas para o uso de concreto com agregado reciclado para fins estruturais; portanto, o maior volume é utilizado em bases e sub-bases de pavimentos e contrapisos. (S. H. O.)

Figura 5.4 Quando não são devidamente controlados, os resíduos líquidos do concreto podem entrar em cursos d'água e causar danos à vida aquática e selvagem. Existem sistemas disponíveis para controlar e eliminar com facilidade os resíduos de limpeza de equipamentos e caminhões.

No Brasil, há uma série de normas da Associação Brasileira de Normas Técnicas (ABNT) com o objetivo de padronizar e verificar a qualidade dos cimentos produzidos, e, para o atendimento desses padrões, há outra série de normas que definem não somente as características e propriedades mínimas que os cimentos Portland devem apresentar, como também os métodos de ensaio empregados para verificar se esses cimentos atendem às exigências das respectivas normas. A fim de que essas exigências sejam cumpridas, todas as fábricas brasileiras de cimento instalaram em seu processo de produção — da extração do calcário na jazida ao ensacamento do cimento no final da linha — um complexo sistema de controle de qualidade, o que assegura a oferta de um produto de características adequadas.

Você sabia?

O uso de cinzas volantes em concreto

Muito antes da invenção do cimento Portland, os romanos criaram impressionantes estruturas de concreto, nas quais utilizavam cal e uma cinza vulcânica (com propriedades que foram descobertas pela primeira vez em Pozzuoli, na Itália) que reage com a cal e solidifica o concreto. Cinzas volantes de carvão, que são a matéria particulada recolhida por equipamentos de controle de poluição das chaminés de usinas elétricas movidas a carvão, produzem um efeito cerâmico semelhante por causa de seu conteúdo de sílica e alumínio. Outros produtos cerâmicos muito usados são escória de alto-fornos e sílica ativa.

Cimento Portland e similares reagem com água (hidratos) para criar um gel que se solidifica ao absorver dióxido de carbono. Enquanto endurece, o cimento liga agregados (geralmente areia e pedras moídas), o que resulta no concreto. Durante o processo de cura, o cimento Portland produz cal hidratada. O acréscimo de cinzas volantes ou outra pozolana permite que a cal também passe por um processo de cura (como nos muros romanos), de modo a tornar o concreto mais forte e menos poroso.

Cinzas volantes e outras pozolanas aumentam a durabilidade do concreto e também podem ser usadas para diminuir sua pegada ambiental ao reduzir a quantidade de cimento Portland na mistura. Ainda que quase uma tonelada de dióxido de carbono seja emitida para produzir cada tonelada de cimento Portland, cinzas volantes são um subproduto residual da geração de energia. São bastante comuns misturas nas quais até 25% do cimento é substituído por cinzas volantes, e alguns engenheiros têm especificado uma substituição de mais de 50% para algumas aplicações. Misturas com grande quantidade de cinzas voláteis devem ser testadas antes de cada aplicação, pois a química das cinzas é mais variável do que a do cimento Portland. Elas também precisam ser administradas de maneira diferente enquanto curam, porque tendem a curar e adquirir força mais lentamente do que misturas com mais cimento.

Nos Estados Unidos, o uso de cinzas volantes no concreto é regido pelo Padrão ASTM C618, que proíbe o uso de cinzas volantes com muito carbono residual, pois o carvão não foi queimado completamente. O carbono residual impede o escoamento do ar na massa do concreto, impedindo a evolução da cura e reações químicas, o que reduz a resistência do concreto ao congelamento e descongelamento.

Segundo as especificações da ASTM, as cinzas volantes são classificadas, de acordo com a composição química e as propriedades, em classe F ou C. Cinzas volantes provêm principalmente da queima de carvão encontrado nas Montanhas Apalaches e no sudeste dos Estados Unidos, e seu efeito é puramente cerâmico. Em geral, as cinzas da classe C provêm de carvão mais jovem, encontrado no oeste dos Estados Unidos. Este tipo tem propriedades cimentícias (além de cerâmicas), de modo que usá-la no lugar de parte do cimento em uma mistura terá pouco efeito sobre o ganho de resistência.

Todas as cinzas volantes são compostas essencialmente pelos componentes minerais do carvão que não queimam com os hidrocarbonetos, incluindo vários metais pesados potencialmente perigosos, como mercúrio, chumbo, selênio, arsênico e cádmio. Há poucas evidências de que o concreto feito com cinzas volantes possa liberar esses metais, mas ainda há dúvidas se esses ingredientes perigosos podem complicar um possível reúso ou descarte do concreto.

Fonte: Using Fly Ash in Concrete, fev. 2009. Disponível em: <http://www.buildinggreen.com/auth/article.cfm/2009/1/29/Using-Fly-Ash-in-Concrete/>. Reimpresso com permissão da *Environmental Building News*.

Porões e espaços subterrâneos

Porões e espaços subterrâneos requerem paredes de fundação sólidas para cercar o espaço com força suficiente visando resistir ao empuxo da terra, ou seja, à pressão horizontal da terra sem tombar. Essas paredes também devem ser suficientemente sólidas para suportar a estrutura que está acima e impedir que a água penetre no ambiente.

Enquanto as sapatas são feitas geralmente de concreto armado moldado no local, as paredes de porões e espaços subterrâneos e os pilares podem ser feitos de unidades de alvenaria, como os blocos de concreto (*concrete masonry units* – CMUs) (Figura 5.5a). Outros materiais de alvenaria usados são tijolos de concreto ou barro, blocos vazados cerâmicos, pedras naturais e concreto aerado autoclavado (CAA) (figuras 5.5b, c e d). O CAA, ou concreto celular, é um bloco leve e aerado cuja produção requer menos energia e é mais eficiente do ponto de vista energético do que os CMU, blocos de concreto padrão. Os blocos de concreto, CMU padrão, os tijolos e as pedras têm valor de isolamento mínimo e devem receber isolamento no lado interno ou externo das paredes, enquanto as bolsas de ar nos blocos de concreto celular oferecem valor de isolamento integrado. *Blocos NRG* são uma variação dos de concreto padrão, moldados em duas peças com uma peça de isolamento em espuma entre elas, oferecendo isolamento integrado (Figura 5.5e). A Tabela 5.2 compara os valores de Resistência Térmica R de diferentes materiais de fundações.

De SPENCE/KULTERMANN. *Construction Materials, Methods and Techniques*. 3. ed. © 2011 Delmar Learning, uma parte de Cengage Learning, Inc. Reproduzida com permissão. www.cengage.com/permissions.

Figura 5.5a Instalação de bloco de concreto padrão.

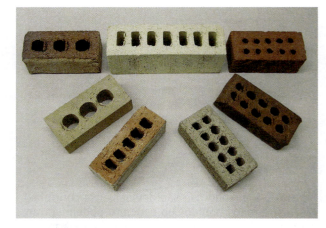

De SPENCE/KULTERMANN. *Construction Materials, Methods and Techniques*. 3. ed. © 2011 Delmar Learning, uma parte de Cengage Learning, Inc. Reproduzida com permissão. www.cengage.com/permissions.

Figura 5.5b Unidades de barro para alvenaria estão disponíveis numa grande variedade de cores e texturas.

Figura 5.5c Fundação de granito construída num padrão aleatório formando uma superfície texturizada.

Figura 5.5d O concreto celular autoclavado é cortado e montado no local.

Fundações

Figura 5.5e Blocos NRG são uma variação dos blocos de concreto padrão com isolamento de espuma integrado.

Tabela 5.2 Valores da Resistência Térmica – R de paredes de fundações

Tipo de fundação	R/ polegada	R/ montagem*
Concreto aerado autoclavado, 12" (30,5 cm)	1,05	12,6
Forma de concreto com isolamento	0,08	
Concreto, 6" (15,2 cm)	0,08	17
Poliestireno expandido, 4" (10 cm)	4,25	17
Painel estrutural com isolamento	OSB 1,24 EPS 4,25	17
Painel com partículas orientadas	1,24	17
Poliestireno expandido, 4" (10 cm)	4,25	17
Bloco de concreto, 12" (30,5 cm)	0,1067	1,28
Concreto moldado, 12" (30,5 cm)	0,08	0,96
Fundação de madeira permanente (2 x 6 com R 13) ou (5 cm x 15,2 cm com R 13)		
Vigas	1,25	10
Isolamento	3,7	10
Painel com partículas orientadas	1,24	10

* Com base no valor R médio para a montagem completa.

Placas de concreto isolante

Um tipo de fundação que é um híbrido de concreto e unidades de alvenaria utiliza **placas de concreto isolantes (ICF)**. Geralmente feitas de espuma, as ICF são usadas para criar paredes externas tanto para fundações (espaços subterrâneos e porões) quanto para locais acima do solo. Quando as ICF são colocadas no lugar, instalam-se os vergalhões; os blocos são presos com fita para aumentar a estabilidade e depois preenchidos com concreto a fim de criar a estrutura (Figuras 5.6 e 5.7). Os blocos permanecem no lugar, de modo a oferecer isolamento interno e externo à parede. As ICF com espuma são uma técnica de construção bem difundida e oferecem excelente capacidade estrutural e valor de isolamento; no entanto, o valor de massa térmica do concreto é reduzido ou eliminado por seu revestimento com espuma para isolamento.

Há ICF feitas com lascas de madeira mineralizada que eliminam inteiramente a espuma. Conhecidas por seu nome comercial Durasol®, essas placas são feitas em parte de madeira reciclada e usam isolamento com lã mineral; trata-se de uma alternativa aos produtos de espuma menos sustentáveis usados em placas isolantes tradicionais. Outra vantagem é a capacidade dessas placas de absorver e liberar grandes quantidades de umidade sem nenhum dano ou crescimento de mofo.

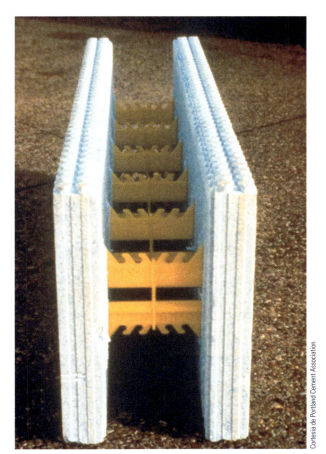

Figura 5.6 Formas de concreto com poliestireno expandido isolante oferecem estrutura e isolamento.

Figura 5.7 As placas de concreto isolantes são montadas a partir de unidades menores.

Fachada acima do solo

Muitas vezes, aplicam-se acabamentos de alvenaria decorativos ou argamassados, uma massa branca ou policromada composta de cal, areia fina, pó de mármore e gesso, nas paredes de fundações acima do solo. Embora esse acabamento seja, em geral, aplicado diretamente na fundação, tijolos tradicionais ou de pedra, com espessuras entre 10 cm e 30,5 cm, devem ser colocados sobre um rodapé ou uma borda de tijolos que exige mais concreto na estrutura da fundação (Figura 5.8). O uso de tijolos finos ou pedras cultivadas/manufaturadas, que podem ser aplicados diretamente na parede sem apoio estrutural, reduzem a quantidade de concreto necessária, pois eliminam a borda de tijolos e reduzem a quantidade de alvenaria (Figura 5.9). No Capítulo 9 abordaremos, com mais detalhes, aspectos relacionados aos acabamentos de paredes externas.

Laje sobre o solo/Radier

No caso de construções com laje sobre o solo/radier, todo o perímetro com sapatas ou vigas corridas, as partes internas, a espessura da laje e a armadura de reforço devem ser projetados nos tamanhos mínimos necessários para o atendimento estrutural e em atendimento às condições do solo. Ao levarem em conta as exigências estruturais específicas do projeto, como parte do processo de projeto integrado, os engenheiros podem economizar material e custos construindo fundações que não sejam maiores do que o necessário (ver Figura 5.10).

Figura 5.8a Quando se utiliza uma borda de CMU, é preciso proteger adequadamente o topo com uma chapa a fim de evitar o acúmulo de água no bloco.

De HAM. *Residential Construction Academy: Masony*. 1 ed. © 2008 Delmar Learning, uma parte da Cengage Learning, Inc. Reproduzida com permissão. www.cengage.com/permissions.

Figura 5.8b Borda de blocos de concreto com revestimento usado sobre uma fundação com espaço subterrâneo.

Figura 5.10 A aplicação específica determina a espessura da parede de uma fundação de concreto moldado e a largura de seu alicerce. Por exemplo, um reforço de aço permite paredes mais delgadas e sapatas menores.

Figura 5.9 Um revestimento delgado de tijolos é suficientemente leve para não exigir apoio estrutural extra.

Pilotis

Na sustentação de uma casa, os pilotis oferecem apoios para as vigas de sustentação do piso, eliminam a necessidade de paredes de fundação contínuas e reduzem o material necessário para a sustentação. Fundações com embasamento em pilotis são mais eficientes em termos de recursos, porque exigem menor quantidade de material na construção. Além de ser uma opção apropriada para climas moderados, são ideias para uma estrutura que pode estar sujeita a lençóis freáticos de pequena profundidade ou inundações. Pilotis devidamente localizados e instalados podem ajudar a proteger os sistemas radiculares de árvores grandes, de modo a minimizar os efeitos negativos da construção e aumentar sua vida útil. Os pilotis podem ter sapatas de concreto como fundação e sua extensão pelo pavimento com colunas de madeira, alvenaria ou aço conectadas à estrutura. Entre as alternativas, há os pilotis de aço ou madeira que são unidos por ligações parafusadas junto ao solo, cujo propósito é oferecer capacidade adequada de suporte do solo com um mínimo de movimentos de terra do local. Estruturas menores, como casas, *decks* e passarelas, podem estar apoiadas em fundações como as feitas pela Diamond Pier (Figuras 5.11a e b). Essas fundações sobre pinos são instaladas manualmente ou com equipamento pneumático e podem eliminar todas as escavações para a fundação.

Pilotis podem ser combinados com as fundações tradicionais, por meio da construção de vigas sobre trechos de solo mole, em torno de grandes raízes de árvores e outras obstruções. **Vigas de travamentos** criam vãos apoiados entre áreas de solo firme, vencendo uma área de solo inadequado ou impróprio, bem como sustentam a estrutura acima delas sem se apoiar diretamente no solo abaixo, diferente das vigas baldrames.* Essas técnicas podem ser usadas de modo combinado com lajes sobre o solo/radier, paredes de concreto moldado no local e paredes de alvenaria, conforme a necessidade e em atendimento às características locais e pontuais do solo.

Figura 5.11a Fundação com pinos da Diamond Pier.

Figura 5.11b Apoios em vigas modulares com a fundação de pinos da Diamond Pier.

Sistemas alternativos para paredes de fundações

Além de concreto moldado no local, placas de concreto isolantes – ICF e blocos de concreto – CMU, outros métodos de construção menos comuns podem ser uma opção apropriada em um projeto verde, como painéis de fundação pré-fabricados, fundações de madeira permanentes feitas de madeira quimicamente tratada e painéis estruturais isolantes (SIP).

Sistemas de fundações pré-fabricadas

Fundações pré-fabricadas substituem a maior parte do trabalho de construir paredes de fundação *in loco* para a fábrica, o que economiza tempo, reduz o uso de material e elimina a maior parte do desperdício no local. Conceitualmente, todas as fundações pré-fabricadas funcionam da mesma maneira. As paredes são colocadas sobre um leito de cascalho ou lastro de agregado, e não sobre uma sapata de concreto, e a própria parede fornece a rigidez e resistência estruturais, e não a sapata (Figuras 5.12a, b e c). O lastro de agregado deve ser colocado sobre terra sólida com capacidade de carga estrutural apropriada, tendo-se previamente realizado o nivelamento com precisão antes de receber as paredes. Depois de colocar as paredes e uni-las entre si, instala-se um piso interior para ancorá-las entre si; a estrutura do primeiro piso é armada, e, em seguida, realiza-se a impermeabilização e o lançamento do concreto do piso, que apoiará de modo contínuo sobre o solo e servirá de apoio às paredes internas. As Fundações pré-fabricadas podem ser feitas de **concreto pré-moldado**. Nesta técnica, os componentes do concreto são moldados em uma fábrica ou no local antes de ser erguidos em sua posição final sobre uma estrutura, ou madeira tratada com resistência estrutural, ou painéis estruturados isolantes.

As fundações de concreto pré-fabricadas são placas com uma espessura fina de concreto lançado com alta pressão e reforçado com nervuras, travessas e base. Juntos, esses elementos oferecem toda a estrutura necessária para manter e estruturar uma casa, usando muito menos concreto e cimento. Quando se eliminam a sapata de concreto e grande parte do concreto das paredes, essas fundações consomem até 80% menos cimento Portland do que uma parede padrão moldada no local. Além dessas economias, as paredes recebem uma borda de tijolos abaixo do nível do solo, o que elimina a espessura adicional necessária em paredes convencionais de concreto moldado no local ou alvenaria.

Há vários tipos de acabamento padrão, como o argamassado, tijolos ou pedras, que são aplicados diretamente sobre as paredes ou fixados com grampos de fixação. Em geral, essas fundações são entregues com isolamento de placas de espuma na superfície interna e cortes para janelas e portas, prontas para instalação de divisórias internas em *drywalls*. Durante a instalação, as seções das paredes são aparafusadas e vedadas com uma massa industrial. O piso da laje é concretado após a instalação das paredes, e o enchimento pode começar assim que a forma do primeiro piso estiver concluída.

---

* Vigas baldrames são identificadas no Brasil como vigas junto ao solo ou enterradas nele que se apoiam nas fundações. (S.H.O.)

Fundações

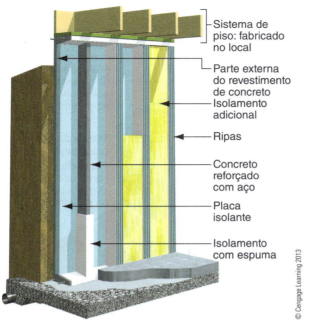

Figura 5.12a Exemplo de fundação pré-fabricada é o sistema Superior Walls.

Figura 5.12b Superior Walls chegando ao local.

Figura 5.12c Instalação do Superior Walls.

Fundações de madeira permanentes

Fundações de madeira são chamadas **fundações de madeira permanentes** (*permanent wood foundatios* – PWF), que podem ser compradas prontas ou cortadas no local. Na fabricação deste tipo de fundação utiliza-se madeira tratada com pressão em autoclaves para que possa resistir à umidade e às pragas decorrentes do contato com o solo. Com conceito semelhante ao de paredes de concreto pré-moldado, as fundações de madeira permanentes apresentam placas no topo e na base, caibros e revestimento de madeira compensada, que oferecem a resistência necessária para sustentar a casa e quando instaladas sobre lastro de agregados compacto (Figura 5.13). As PWFs não vêm com isolamento, mas é possível instalar qualquer isolamento padrão de paredes nas cavidades entre as vigas. Este tipo de fundação pode ser instalado na base com lajes de concreto ou pisos de madeira e receber acabamento de argamassa, placas cerâmicas ou materiais tradicionais de revestimento.

SIP - Painéis estruturados isolantes

Como descrito no Capítulo 4, os SIPs são compostos de uma fina camada de espuma entre duas camadas de madeira compensada tratada sob pressão, entre painéis estruturais com tiras de madeira orientadas (OSB) ou ainda entre painéis cimentícios (Figura 5.14). A instalação é semelhante à de fundações de concreto pré-moldado ou fundações de madeira permanentes (PWF), com a diferença de que, em cada junta entre painéis, instala-se uma viga estrutural vertical para fornecer apoio estrutural vertical à parede. Como no caso das PWF, fundações construídas com painéis estruturados isolantes (SIP) possibilitam pisos de painéis estruturados isolantes com moldura de madeira ou lajes de concreto. Os acabamentos externos podem ser argamassados, placas cerâmicas ou outros revestimentos.

Problemas de toxicidade com madeira tratada

Arseniato de cobre cromatado (*chromated copper arsenate* – CCA) é um produto químico usado em madeira tratada sob pressão, inclusive em fundações PWF e painéis SIP, com a finalidade de proteger a madeira contra apodrecimento causado por insetos e agentes microbianos. Em 2004, o CCA foi banido da maioria dos usos residenciais em razão de dúvidas quanto à toxicidade do arsênico usado no processo, embora ainda seja utilizado em fundações, docas, cercas de fazendas e outras aplicações. No manuseio e descarte da madeira tratada com CCA, devem-se utilizar, como medida de precaução, luvas e máscaras; além disso, a madeira não deve ser queimada no local

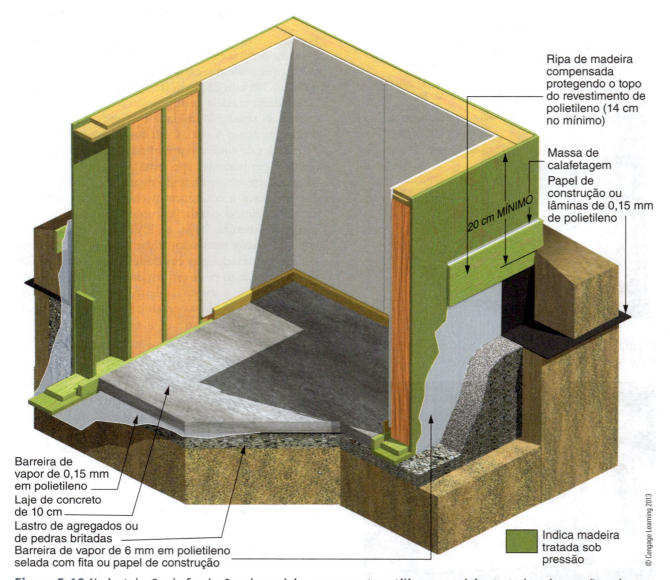

Figura 5.13 Na instalação de fundações de madeira permanentes utiliza-se madeira tratada sob pressão sobre um lastro de agregados como alicerce.

da obra. O descarte de material não usado deve seguir as recomendações do fabricante e as exigências das autoridades para gerenciamento local de resíduos. Além disso, toda madeira tratada com CCA dentro de uma residência deve ser coberta, pintada ou selada a fim de evitar qualquer contato dos ocupantes com os produtos químicos.

Sistemas de fundações pré-fabricadas podem representar uma economia substancial de material, menor tempo de construção, isolamento integrado ou instalação de isolamento simples e uma excelente vedação de ar. Em zonas de risco sísmico entre moderado e alto, as fundações pré-fabricadas são instaladas sobre bases de concreto moldado no local, em vez de bases de pedra britada, a fim de oferecer maior resistência a terremotos. O construtor que pretende instalar uma fundação pré-fabricada pode encontrar resistência entre os mestres de obras que não estão familiarizados com os produtos. Pode ser necessário planejar com maior antecedência no caso de fundações pré-fabricadas por causa do prazo de entrega da fábrica e da necessidade de confirmar as medidas do projeto da fundação no local antes de iniciar a fabricação. É mais difícil alterar painéis pré-fabricados do que fundações de concreto moldado *in loco* ou alvenaria feita no local.

Figura 5.14 Painéis estruturados isolantes são compostos de uma placa de espuma isolante entre dois materiais de revestimento.

Controle de umidade

Como, em geral, as fundações estão abaixo do nível do solo, elas são muito suscetíveis a problemas de umidade: umidade elevada, empoçamento e também danos estruturais nas paredes em razão da pressão excessiva da água subterrânea sobre as paredes abaixo do solo. Manter a água longe de todas as áreas da casa é essencial, e isto começa com a fundação. O processo de desviar a água subterrânea da fundação e da casa é, em geral, conhecido como drenagem da fundação (Figura 5.15).

A primeira etapa do processo é nivelar o terreno, cujo objetivo é dirigir a água da superfície e as calhas de drenagem para longe das paredes da casa e eliminar pontos baixos que permitam que a água se acumule e se infiltre no solo. A casa deve estar no mínimo 5% mais elevada do que o terreno à sua volta (5 cm em 1 m), pelo menos nos primeiros 1,5 m. Todas as paredes da fundação abaixo do nível do solo devem ter um revestimento à prova de água e mantas de drenagem para permitir que a água escorra para o solo e não se infiltre. É necessário instalar tubos perfurados de drenagem ao lado ou abaixo de todas as sapatas para recolher a água subterrânea, que então será conduzida até um ponto de recolhimento mais indicado. Sem uma drenagem adequada, a água pode se acumular nas paredes da fundação, criando uma pressão hidrostática capaz de gerar infiltração na fundação através de rachaduras e fendas e, em casos graves, causar danos estruturais.

Sistemas impermeabilizados, ou seja, à prova d'água, são compostos de membrana para impedir a entrada de água na parede da fundação e uma esteira de drenagem para manter a água longe da parede. Existem membranas que podem ser aplicadas tanto em *spray* quanto em folhas. Alguns produtos aplicados em *spray* estão disponíveis com poucos ou nenhum composto orgânico volátil, reduzindo seu impacto sobre o meio ambiente. Produtos para impermeabilização à base de asfalto não oferecem resistência suficiente à água subterrânea, nem são suficientemente

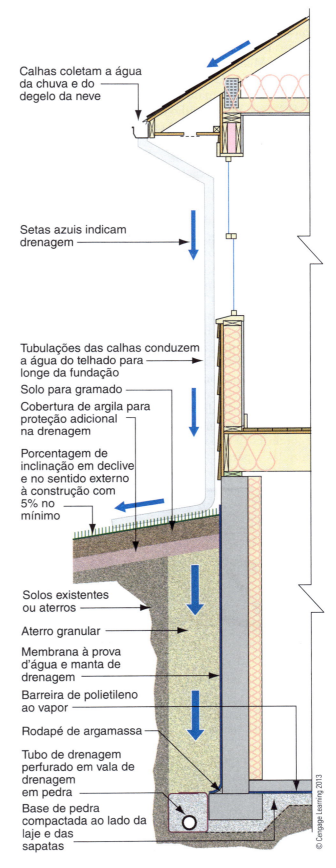

Figura 5.15 Controles de água subterrânea em uma casa com porão.

duráveis para ser eficientes durante a vida útil de uma estrutura. Eles devem ser evitados e substituídos por produtos mais duráveis que manterão a água longe da fundação. **Mantas de drenagem** criam um vão entre o solo e as paredes da fundação (Figura 5.16). O espaço oferecido por essas mantas alivia a pressão hidrostática e dá à água um caminho de menor resistência para escoar para longe da casa. Mantas de drenagem estão disponíveis em diversas composições, algumas das quais incluem um filtro de tecido para impedir que se encham de lodo, o que reduziria sua capacidade de drenar a água com rapidez. Os drenos das sapatas podem ser tubos perfurados flexíveis ou rígidos, com ou sem uma cobertura de filtro ou "tela". Tubos rígidos são mais duráveis e, se entupirem, poderão ser limpos com menor risco de danos do que canos flexíveis. Além disso, há drenos construídos junto às formas das sapatas que permanecem no lugar depois da concretagem (Figura 5.17). Sempre que possível, os tubos de drenagem que conduzem as águas das sapatas para algum local fora da fundação devem ser rígidos, com acessos para limpeza nos cotovelos. Calhas de sarjetas devem ser mantidas separadas dos drenos de sapatas, mantendo a água longe da fundação. É possível obter proteção extra contra a penetração de água por meio da instalação de tubos de drenagem perfurados abaixo da laje de um porão ou espaço subterrâneo, que conduzem a água até um local de coleta, como os drenos das sapatas.

Figura 5.16 Manta de drenagem instalada sobre a proteção impermeável de uma fundação.

Além da entrada de água, as fundações podem absorver e conduzir umidade para a construção por meio da ação capilar de sapatas e paredes da fundação ou através de lajes. Isto pode ser controlado por meio da instalação de uma **barreira capilar** entre a parte de cima das sapatas e a parede da fundação ou pilares (Figura 5.18), e uma **barreira de vapor** abaixo do piso de concreto da laje ou sobre o piso de terra do espaço sob a casa (Figura 5.19).

Figura 5.17 Os sistemas de drenagem de fundações podem ser integrados nas formas das sapatas. Diferente das formas padrão em madeira, a Form-A-Drain permanece no local para oferecer uma drenagem constante da fundação.

Figura 5.18 Neste caso, inseriu-se uma gaxeta de espuma entre a parede da fundação e a placa da soleira para formar uma barreira capilar.

Figura 5.19 Deltas®-MS é usado como uma barreira de vapor abaixo da laje para impedir que gases do solo entrem na casa.

Fundações e o fechamento da construção

Fundações são um dos fatores mais importantes quando se define a posição do fechamento da construção. Tradicionalmente, os espaços subterrâneos eram ventilados, e os porões vedados. Os espaços subterrâneos eram ventilados porque acreditava-se que o movimento de ar permitiria a saída do excesso de umidade; porém, pesquisas demonstraram que a ventilação não reduz a quantidade de umidade, mas deixa o espaço mais úmido do que se não fosse ventilado (Figura 5.20). Há um consenso entre cientistas da construção de que todos os porões e espaços subterrâneos devem ser vedados por fora e por baixo do piso para impedir a entrada de umidade não desejada e reduzir a perda de energia através do piso de uma construção. Espaços subterrâneos e porões podem ser *não condicionados*, *semicondicionados* ou *totalmente condicionados* (Figura 5.21). Quando não são condicionados, o fechamento é o piso acima da fundação realizando o isolamento e a vedação do ar. Em espaços semicondicionados e totalmente condicionados o isolamento é fornecido pelas paredes do embasamento, e geralmente os pisos e as paredes entre eles e as áreas com revestimentos não têm isolamento ou vedação do ar. Áreas de fundações que não podem ser impermeabilizadas não devem ser condicionadas e precisam ficar fora do fechamento da construção.

Espaço subterrâneo condicionado (ver Figura 5.22) é um embasamento sem aberturas que abriga um espaço intencionalmente aquecido ou resfriado. O isolamento é aplicado nas paredes externas. É preciso instalar uma exaustão contínua, indicando-se de modo exclusivo o equipamento de ar-condicionado ou um desumidificador para oferecer o adequado "condicionamento". Embora as normas aceitem espaços subterrâneos condicionados, muitos conselhos regionais nos Estados Unidos podem limitar seu uso ou ter exigências adicionais quanto à sua construção.

Em geral, o isolamento de fundações é mais eficiente quando instalado na parte externa das paredes da fundação, embora muitas vezes o isolamento interno seja apropriado. O isolamento externo impede as pontes térmicas e oferece cobertura térmica contínua. Pisos de lajes sobre o solo servem como fundo do fechamento das construções e devem receber isolamento ao longo de seu perímetro em todos os climas; em climas

---

Você sabia?

A ocorrência de gases nos solos urbanos – Referências do estado de São Paulo

Profa. Dra Sasquia Hizuru Obata

Em regiões urbanas e áreas já ocupadas são detectados gases do solo decorrentes de sistemas de armazenamento subterrâneos de combustíveis e de outros compostos de fontes não relacionadas a combustíveis. Em geral, podem ser uma mistura dos compostos orgânicos.

Segundo a Cetesb,* sulfeto de hidrogênio e metano, oriundos de esgotos de proximidades e entornos, são exemplos mais comuns de compostos encontrados em trabalhos realizados em áreas urbanas. Na realidade, isto indica um falso-positivo de gases no solo, ou seja, uma anomalia que deve ser controlada na coleta de amostras em campo, recomendando-se a eliminação do metano no momento das medições quando o equipamento empregado permitir.

As recomendações da Cetesb, quando da constatação de gases no solo e em relação ao sulfeto de hidrogênio, é que se observe a presença de rede de esgoto próxima aos locais onde os resultados da medição forem elevados, reportando este fato no relatório para maiores investigações e análises.

A presença de gases no solo pode gerar danos; há casos de problemas estruturais e explosões, assim como ocorrências detectadas em regiões urbanas com condições preexistentes, cujo projeto foi implantado sobre zona de aterro sem controle.

---

* CETESB. Companhia de Tecnologia de Saneamento Ambiental do Estado de São Paulo. *Sistema de licenciamento de postos*. V.1: Procedimento para avaliação de gases no solo. Disponível em: <http://licenciamento.cetesb.sp.gov.br/Servicos/licenciamento/postos/documentos/S708.pdf>. Acesso em: 18 abr. 2015.

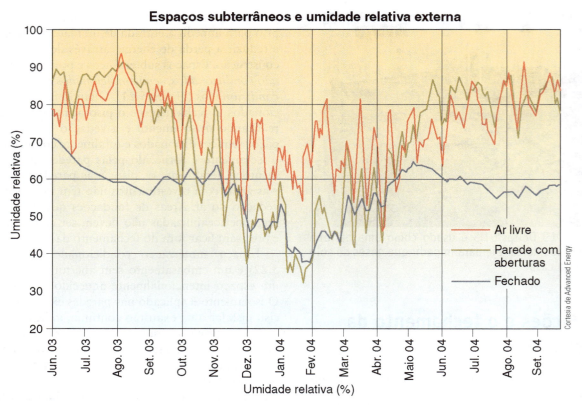

Figura 5.20 O gráfico mostra que a umidade relativa em espaços subterrâneos ventilados muitas vezes é tão ou mais alta do que a externa.

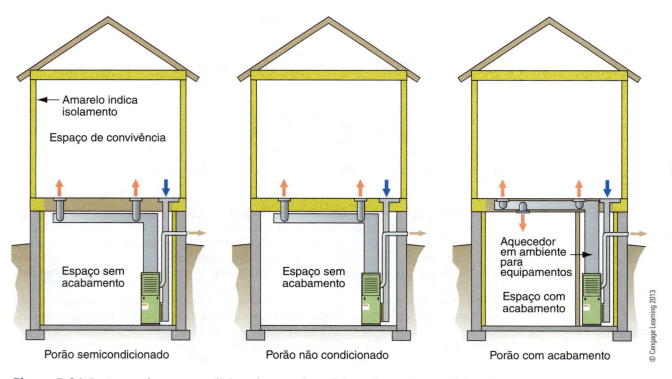

Figura 5.21 Porões podem ser condicionados, semicondicionados e não condicionados.

Fundações

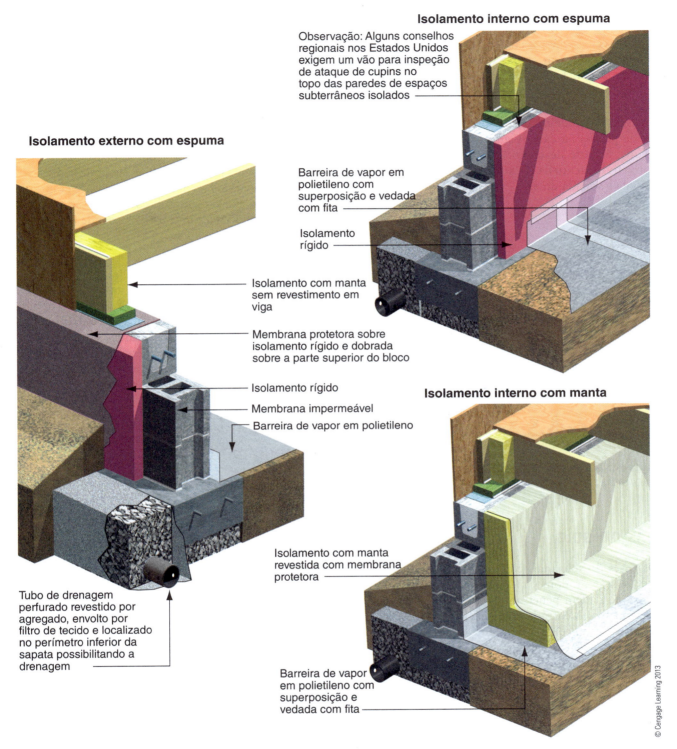

Figura 5.22 Três opções para construir espaços subterrâneos condicionados. Além de oferecer um meio para fornecer condicionamento, esses espaços devem conter um duto de drenagem até um local de recolhimento ou uma bomba para o caso de recalque. O dreno deve ter um dispositivo contra o refluxo, impedindo o retorno da água, como uma válvula de retenção e uma tela à prova de roedores.

frios, o isolamento deverá ser em toda a área, sobretudo quando se instala um aquecimento por radiação na laje. Lajes perdem calor principalmente pelas bordas de seu perímetro, com perdas significativas pelo centro somente em climas que exigem aquecimento (Figura 5.23). Lajes podem receber isolamento em torno dos perímetros externo e interno ou por baixo (Figura 5.24). Devem-se tomar certas precauções em áreas com grande risco de cupins para evitar a entrada de pragas na casa (Figura 5.25). Em casas sobre pilotis, a parte de baixo da estrutura do piso serve como fechamento da construção e deve ser totalmente isolada e vedada do ar.

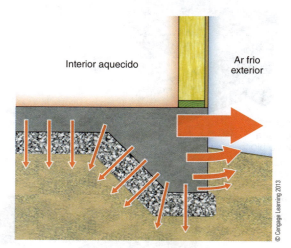

Figura 5.23 Perdas de calor através da laje sobre o solo/radier.

Gás do solo

Os **gases do solo** mais comuns são o próprio ar, vapor de água, radônio, metano e outros poluentes do solo que podem penetrar em um edifício através de vazamentos. A entrada de gases do solo na casa deve sempre ser impedida a fim de melhorar o conforto, a saúde e a eficiência energética.

Radônio é um gás radioativo que ocorre na natureza e está presente em diferentes concentrações no solo norte-americano. É uma das principais causas de câncer de pulmão, e todas as casas devem ser projetadas de forma a impedir sua entrada. A casa deve ser totalmente vedada, com possibilidade de exaustão dos gases para impedir a entrada do radônio. A EPA, Agência de Proteção Ambiental dos Estados Unidos, estabeleceu os níveis máximos de exposição considerados saudáveis. Há *kits* de teste disponíveis para determinar a quantidade de radônio presente em uma casa; no entanto, não é possível testar o solo antes da construção, apenas casas concluídas podem ser testadas. Na construção de uma casa, recomenda-se a instalação de sistemas de **ventilação de radônio**. Em geral, esses sistemas são compostos de cascalho que é depositado sob o piso ou a laje do porão (ou no espaço subterrâneo linear) e um tubo de ventilação que sai no leito de cascalho, passa pelo interior e sai pelo telhado da casa, ou é instalado na parte externa (Figuras 5.26 e 5.27). Com este sistema é possível testar uma casa completa; se ele indicar níveis de radônio acima dos recomendados, é possível instalar um pequeno exaustor no tubo de ventilação e mantê-lo funcionando para retirar o excesso de radônio da estrutura.

Proteção de árvores

Independente do tipo de fundação escolhido, as estruturas devem ficar longe de áreas com raízes. O local deve ser cuidadosamente escavado a fim de evitar danos às raízes de árvores adultas, com uso seletivo de equipamento pesado e escavação manual em áreas delicadas. Recomenda-se consultar um especialista para ajudar a manter uma cobertura e sombreamento saudável de árvores.

Controle de pragas

Muitas regiões dos Estados Unidos* estão sujeitas a infestações por cupins, e as fundações devem ser projetadas para reduzir a possibilidade de entrada desses insetos na estrutura (Figura 5.28). Fundações sólidas de concreto, barreiras de cupins no topo das paredes da fundação e barreiras de tela sob a laje ajudam a reduzir a entrada de cupins na casa (Figuras 5.29 e 5.30). Manter as estruturas de madeira secas e limitar o uso de madeira em áreas no mínimo 30,5 cm acima do solo no lado externo oferece proteção adicional contra cupins.

Estações com iscas para cupins são uma alternativa atóxica a tratamentos do solo (Figuras 5.31a e b). Em vez de aplicar indiscriminadamente cupinicidas em torno do perímetro da casa, instalam-se pequenos tubos com madeira ("iscas") que são monitorados para verificar a atividade de cupins. Em seguida, o cupinicida é aplicado nos locais necessários para matar as colônias detectadas nos tubos com iscas.

---

* Sobre as madeiras e cupins, para a realidade brasileira, veja, no Capítulo 3, As madeiras em edificações e os estudos sobre infestações por cupins no Brasil. (S.H.O.)

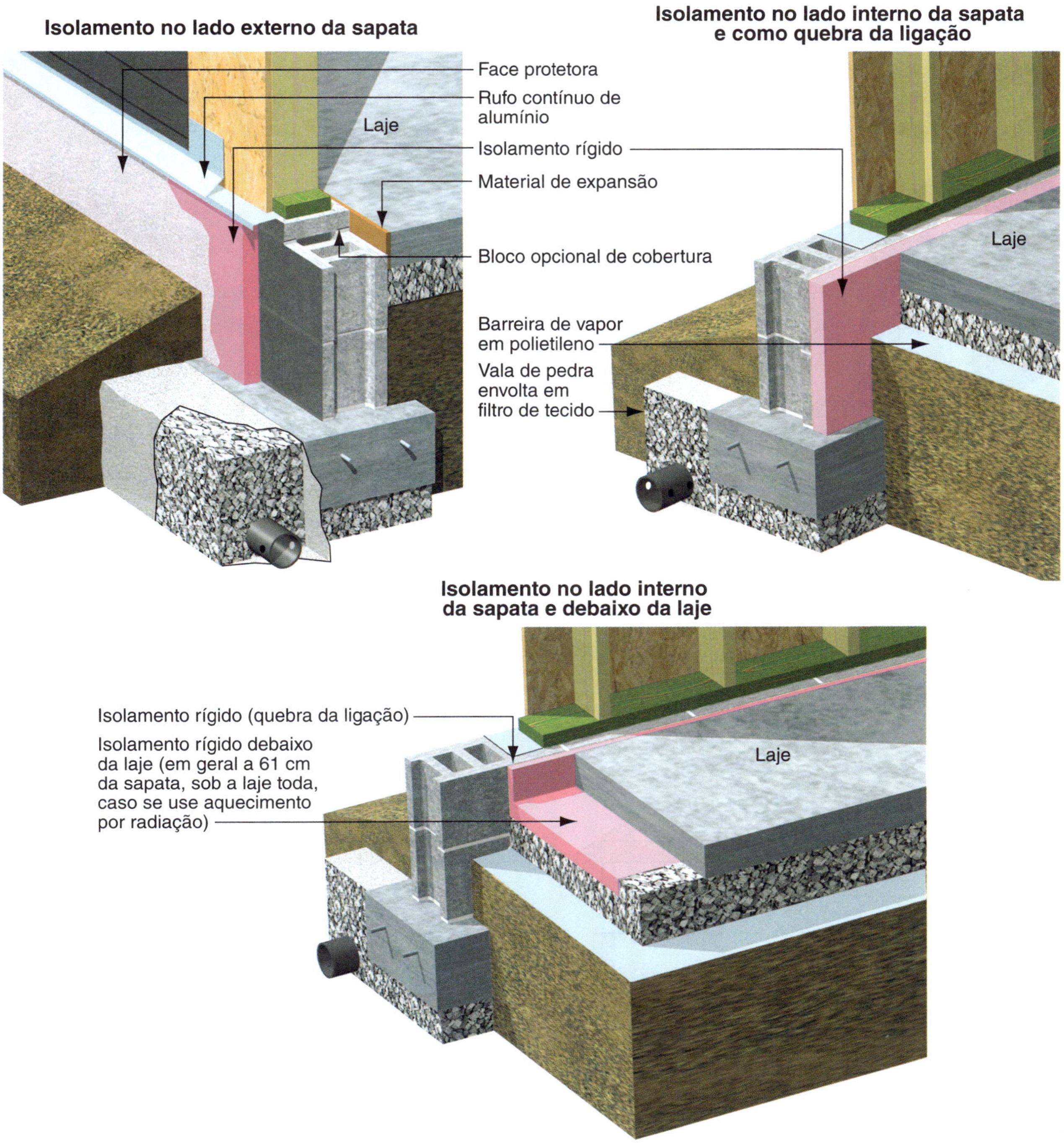

Fundações

Isolamento no lado externo da sapata

- Face protetora
- Rufo contínuo de alumínio
- Laje
- Isolamento rígido
- Material de expansão
- Bloco opcional de cobertura
- Barreira de vapor em polietileno
- Vala de pedra envolta em filtro de tecido

Isolamento no lado interno da sapata e como quebra da ligação

- Laje

Isolamento no lado interno da sapata e debaixo da laje

- Isolamento rígido (quebra da ligação)
- Isolamento rígido debaixo da laje (em geral a 61 cm da sapata, sob a laje toda, caso se use aquecimento por radiação)
- Laje

Figura 5.24 Três opções de lajes com isolamento. Embora as lajes possam ser uma das principais fontes de perda de calor, os conselhos regionais nos Estados Unidos podem proibir seu isolamento por causa do risco de cupins. Todos os projetos de isolamento de laje devem incluir detalhes visando impedir o acesso dos cupins.

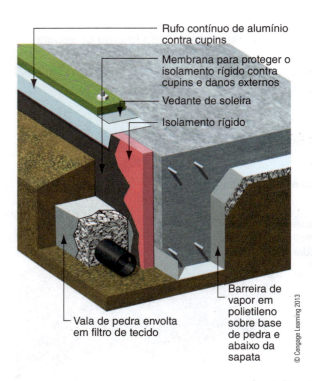

Figura 5.25a Isolamento do perímetro da laje.

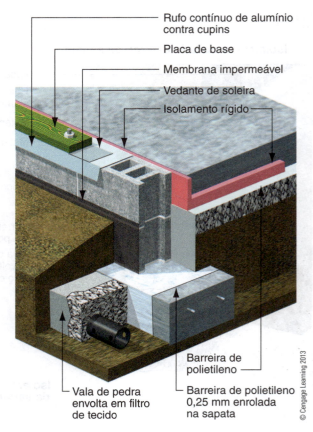

Figura 5.25b Isolamento com "laje flutuante".

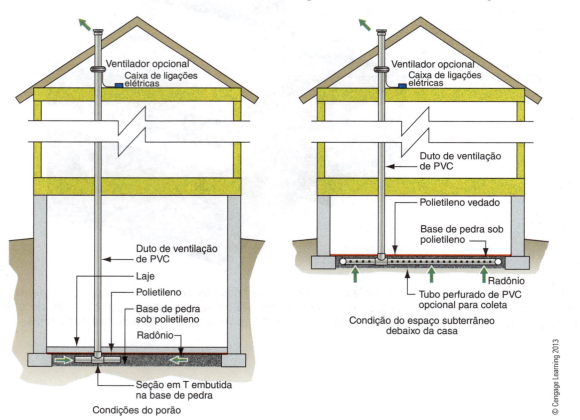

Figura 5.26 De modo geral, os sistemas de ventilação de radônio conduzem o gás verticalmente para cima através de uma parede interna próxima a um duto. Dependendo do risco de radônio, talvez sejam necessárias várias saídas abaixo da laje.

Fundações

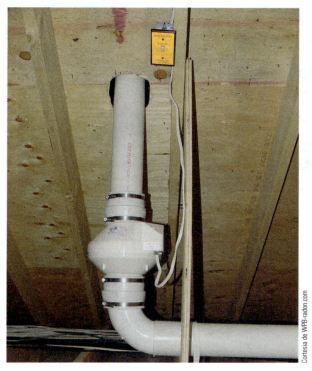

Figura 5.27a Ventilador para exaustão de radônio em um sótão com tubo que passa pelas paredes internas até o espaço subterrâneo.

Figura 5.27b Sistema de ventilação de radônio ao longo da parte externa da casa.

Alguns pontos possíveis para entrada de cupins:
1) Onde dutos e outros conduítes penetram na fundação
2) Fachadas de tijolos e pedras abaixo do nível do solo
3) Aberturas em lajes, como tubulações e fiações

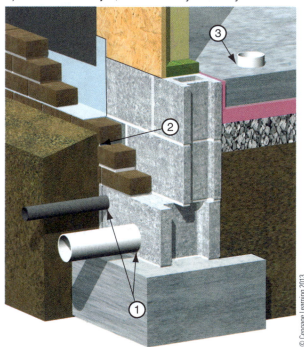

Figura 5.28 Os cupins podem entrar em casas por trás de fachadas de tijolos e através de tubulações e outras aberturas.

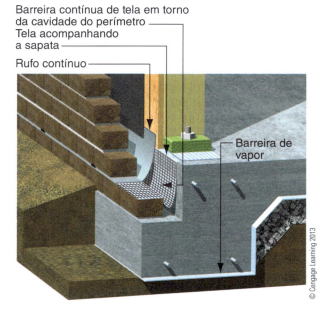

Figura 5.29 Telas de aço inoxidável instaladas atrás do revestimento de tijolos para impedir a entrada de cupins.

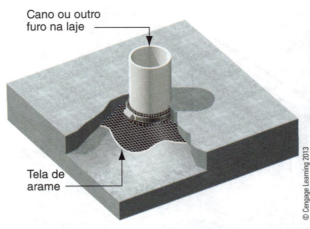

Figura 5.30 Telas de metal instaladas em torno de todas as aberturas para eliminar os vãos na laje criados durante o "processo térmico" da cura do concreto.
\

Figura 5.31a Instalação de iscas de cupins.

Figura 5.31b A parte de cima é um cartucho de iscas que contém uma matriz de iscas e cupinicida. A parte de baixo é a base de monitoramento que permite a verificação rápida das atividades dos cupins.

Considerações sobre reformas verdes

Projetos de reforma verdes precisam avaliar e tratar deficiências nas fundações existentes e determinar as mudanças e melhorias mais adequadas para a casa. A seguir, apresentam-se quatro princípios fundamentais (de oito existentes) que poderão ajudá-lo a decidir sobre alguns aspectos relacionados ao seu projeto.

Eficiência energética Muitas casas mais antigas não têm um fechamento completo entre a construção e a fundação ou no perímetro desta. A questão fundamental para porões e espaços subterrâneos é: "Você pode criar uma barreira térmica completa nas paredes da fundação?". Se não puder, é possível fazer isso no nível do piso ou com uma combinação do piso e algumas paredes da fundação? Um estudo da empresa de consultoria sem fins lucrativos, Advanced Energy, demonstra que em climas frios é melhor isolar o piso; em climas quentes a sugestão é que o isolamento de paredes pode ser o mais apropriado. Adicionar isolamento às bordas de pisos de laje ajuda a reduzir a perda de calor e mantém a casa mais confortável em épocas frias.

Durabilidade A água e o excesso de umidade podem causar problemas estruturais e de manutenção. Identifique e corrija eventuais falhas na fundação e considere a possibilidade de instalar desumidificadores em climas mais úmidos para eliminar o excesso de umidade em espaços subterrâneos e nos porões. Sistemas impermeabilizantes no lado interno ou externo podem manter a fundação seca e oferecer uma proteção de longo prazo por meio da garantia estendida do instalador.

Desenvolvimento local sustentável O acréscimo de área em casas já existentes geralmente afetam árvores adultas. Adote projetos de fundação que reduzam o impacto sobre áreas críticas.

Qualidade do ambiente interno Para regiões com solos suscetíveis à presença de radônio e consequentemente na casa, e caso os níveis forem muito elevados, indica-se a instalação de sistemas de redução da concentração deste gás. O controle da água e da umidade reduz a possibilidade de crescimento de mofo, e um fechamento em torno da construção toda mantém o ar limpo e livre de contaminantes. Se houver aquecedores a combustão ou aquecedores de água, estes devem estar em espaços abertos em um porão ou espaço subterrâneo. Não instale esses equipamentos no espaço fechado, a menos que o equipamento seja substituído por sistemas de combustão fechados. Como alternativa, o equipamento pode ser fechado em um compartimento de combustão, de modo que isole o ar da casa e traga ar fresco para o compartimento.

Acabamento em porões existentes

Fazer o acabamento de um porão já existente é preferível a construir um anexo quando se acrescenta um espaço condicionado a uma casa (Figuras 5.32a e b). Em geral, o acabamento de um porão exige menos material e melhora a eficiência da casa. Para garantir um desempenho adequado, a reforma deve incluir planos para eliminar eventuais problemas de umidade, oferecer aquecimento e condicionamento adequados ao novo espaço, verificar a segurança da combustão e presença de radônio e cercar e isolar corretamente as paredes da fundação.

Figura 5.32a Antes de uma reforma minuciosa, esse porão não condicionado era uma fonte de problemas de umidade e atendia apenas a algumas finalidades.

Figura 5.32b Porão da Figura 5.32a depois da reforma. Os proprietários conseguiram adicionar um espaço de convivência, usar os materiais de forma eficiente e melhorar o desempenho geral da casa.

Resumo

No processo de escolha de um embasamento e das fundações, decisões certas contibuem para a realização de uma construção mais verde. Há muitos meios de reduzir o uso de material: construir bases e paredes menores que aproveitem a força existente do solo, usar pilares em vez de paredes, ou instalar fundações pré-fabricadas. O controle efetivo de gases do solo, vapor de água e umidade ajuda a manter a casa saudável e durável. Quando você entender como essas opções se enquadram no sistema da casa como um todo, estará no caminho certo para criar uma construção verde e sustentável.

Questões de revisão

1. Qual tipo de fundação não apresenta risco de radônio?
   a. Espaço subterrâneo condicionado
   b. Porão não condicionado
   c. Laje sobre o solo/radier
   d. Pilotis
2. Dos materiais de construção apresentados a seguir, qual pode conter CCA?
   a. CMU – Blocos de concreto
   b. Madeira tratada sob pressão
   c. ICF – Placas de concreto isolantes
   d. Vigas de aço
3. Qual tipo de fundação é mais apropriado para um local sujeito a inundações?
   a. Laje sobre o solo/radier
   b. Porão
   c. Espaço subterrâneo
   d. Pilotis
4. Qual item não reduz a quantidade de concreto usada em uma fundação?
   a. Fundação rasa protegida contra congelamento
   b. ICF – Placas de concreto isolantes
   c. Fundação pré-fabricada
   d. Fundação que utiliza um revestimento delgado de tijolos ou pedras

5. Qual tipo de fundação não inclui um isolamento integrado?
   a. CAA – Concreto celular autoclavado
   b. ICF – Placas de concreto isolantes
   c. Concreto pré-moldado
   d. Concreto moldado no local
6. Das opções apresentadas a seguir, qual não é uma vantagem das fundações pré-fabricadas?
   a. Reduzir os resíduos no local da obra.
   b. Reduzir o material necessário.
   c. Oferecer maior resistência a terremotos.
   d. Reduzir o cronograma da obra.
7. Qual das técnicas seguintes ajuda a eliminar o movimento da umidade entre o solo e as paredes de concreto da fundação?
   a. Isolamento externo
   b. Isolamento interno
   c. Barreira capilar no topo da sapata
   d. ICF- Placas de concreto isolantes
8. Qual fundação é a melhor opção quando há árvores grandes perto da casa?
   a. Laje sobre o solo/radier
   b. Porão
   c. Espaço subterrâneo
   d. Pilotis
9. Quando os espaços subterrâneos devem ser ventilados?
   a. Somente quando não for possível mantê-los secos
   b. Em todos os climas secos
   c. Em todos os climas úmidos
   d. Em todos os climas quentes
10. Quando os espaços subterrâneos não devem ser ventilados?
    a. Em áreas sujeitas a terremotos
    b. Em climas úmidos
    c. Em climas secos
    d. Em áreas sujeitas a inundações

Questões para o pensamento crítico

1. Para uma casa localizada em Atlanta, na Geórgia, que não está numa zona com alto risco de inundações, qual tipo de fundação é melhor e por quê?
2. Qual é o tipo de fundação mais "verde"?
3. Descreva o processo para construir um espaço condicionado sob a casa.
4. O que são cinzas volantes e por que são consideradas verdes?

Palavras-chave

arseniato de cobre cromatado (CCA)
barreira capilar
barreira de vapor
bloco de concreto (CMU)
cimento Portland
cinzas volantes de carvão
concreto aerado autoclavado (CAA)
concreto pré-moldado
concreto
drenagem da fundação
escória granulada de alto-fornos
espaço subterrâneo condicionado
esteira de drenagem
fundação de pilotis
fundações de madeira permanentes (PWF)
fundações pré-fabricadas
fundações rasas protegidas contra congelamento
gases do solo
impermeável
parede de contenção
paredes da fundação
placa de concreto isolante (ICF)
pozolana
pressão hidrostática
radônio
sapata
ventilação de radônio
viga de fundação

Glossário

arseniato de cobre cromatado (CCA) preservativo químico para madeira que contém cromo, cobre e arsênico.

barreira capilar espaço de ar ou material que impede o movimento da umidade entre duas superfícies por ação capilar.

barreira de vapor retardante de vapor da classe I (0,1 perm ou menos). [Classificação perm: correspondente à capacidade do material de restringir ou permitir o movimento do vapor por ele. (Ver Capítulo 2). (S.H.O.)]

bloco de concreto (concrete masonry units – CMU) grande bloco retangular de concreto usado em construções.

cimento Portland forma mais comum de cimento, constituído de alguns minerais que formam o aglutinante no concreto e as argamassas; ver também *pozolana*.

cinzas volantes de carvão parcela muito fina ou resíduo de cinzas que resulta da combustão de carvão; podem substituir o cimento Portland.

concreto material de construção composto de cimento ou *pozolanas*, areia, cascalho ou outros agregados.

concreto aeradoautoclavado (CAA), ou concreto celular material de construção leve e pré-moldado que oferece estrutura, isolamento e resistência ao fogo e à umidade.

concreto pré-moldado técnica em que os componentes de concreto são moldados em uma fábrica ou no local antes de ser erguidos em sua posição final sobre uma estrutura.

drenagem da fundação processo de conduzir a água subterrânea para longe da fundação e da casa.

escória granulada de alto-forno subproduto da fabricação de ferro e aço, usado para fazer um concreto durável em combinação com o cimento Portland comum ou outros materiais cerâmicos. Como adição, a escória de alto-forno em certas proporções à moagem do clínquer com gesso resulta um tipo de cimento que, além de atender plenamente aos usos mais comuns, apresenta maior durabilidade e resistência final.

espaço subterrâneo condicionado fundação sem aberturas nas paredes que abriga um espaço intencionalmente aquecido ou resfriado; o isolamento fica nas paredes externas.

fundações de madeira permanentes (PWF) sistemas de fundação compostos de paredes de madeira tratadas sob pressão.

fundações pré-fabricadas paredes de fundação produzidas em uma fábrica e montadas no local.

fundações rasas protegidas contra congelamento oferecem proteção contra os danos do congelamento sem necessidade de escavar abaixo da linha de congelamento.

gases do solo ar, vapor de água, radônio, metano e outros poluentes do solo que podem penetrar em um edifício através de fendas na fundação ou no piso do espaço sob a casa.

impermeabilização tratamento usado em superfícies de concreto, alvenaria ou pedra que impede a passagem de água sob pressão hidrostática.

manta de drenagem material que cria uma separação entre o solo e as paredes da fundação; essa separação alivia a pressão hidrostática e oferece à água um caminho de menor resistência para escoar para longe da casa.

parede de contenção estrutura que retém o solo ou as pedras em torno de uma construção, estrutura ou área. As paredes apoiam-se sobre sapatas corridas, alicerces ou vigas baldrames, e podem estar contraventadas horizontalmente por pórticos ou contraforte. Quando isoladas, podem ser identificadas como muro de arrimo, e quando sustentadas por tirantes, chamam-se paredes atirantadas.

paredes da fundação paredes construídas parcialmente abaixo do nível do solo que sustentam o peso da construção acima e cercam o porão ou espaço subterrâneo.

pilotis sistema de grades de vigas, pilares e bases usado em construção para elevar a superestrutura acima do nível do solo; os pilotis servem como colunas para a superestrutura.

placas de concreto isolante (ICF) placas de espuma isolante ou madeira mineralizada mantidas no lugar após a moldagem do concreto para uma fundação ou parede.

pozolana material que, quando combinado com hidróxido de cálcio, apresenta propriedades cimentícias; exemplos são: cimento Portland, cinzas voláteis de carvão e escória granulada de alto-fornos. A pozolana, como adição ao clínquer moído com gesso, é perfeitamente viável até determinado limite; em alguns casos seu uso é até recomendável, pois o tipo de cimento obtido oferece a vantagem de maior impermeabilidade para os concretos e argamassas.

pressão hidrostática força exercida pela água subterrânea sobre uma fundação.

radônio gás radioativo que ocorre na natureza e está presente em diferentes concentrações no solo. De modo geral, há nos Estados Unidos instruções e mapeamentos desses solos. Já no Brasil tem-se a indicação de sua pouca incidência e a possível necessidade de avaliação no Estado do Rio Grande do Norte.

sapatas apoios ampliados que se encontram na base de paredes, colunas, pilares e fundações para chaminés que distribuem o peso desses elementos sobre uma área mais ampla e evitam recalques diferenciados e desnivelamentos em uma construção. São fundações do tipo rasa, direta ou superficial.

ventilação de radônio sistemas que impedem a entrada de radônio e outros gases do solo na casa com ventilação para o exterior.

viga de travamento apoio no perímetro de uma estrutura que suporta carga e se estende entre pilares sem apoiar-se no solo abaixo.

Recursos adicionais

American Coal Ash Association (Associação Americana para Cinzas de Carvão): http://www.acaa-usa.org/
Autoclaved Aerated Concrete Products Association (Associação para Produtos de Concreto Aerado Autoclavado): http://www.aacpa.org/
Recursos da Advanced Energy para espaços subterrâneos: http://www.crawlspaces.org/
Recursos para radônio da EPA: http://www.epa.gov/radon/
Form-a-Drain: http://www.certainteed.com/
Fundações rasas protegidas contra congelamento: http://www.toolbase.org/Technology-Inventory/foundations/frost-protected-shallow-foundations

Insulated Concrete Forms Association (ICFA – Associação para Fôrmas de Concreto Isolante): www.forms.org/
Fundações de madeira permanentes: http://www.toolbase.org/Technology-Inventory/Foundations/wood-foundations
Structural Insulated Panel Association (Sipa – Associação para Painéis Estruturais Isolantes): http://www.sips.org/
Superior Walls: http://www.superiorwalls.com/
Toolbase Techspecs: Fundações Rasas Protegidas Contra Congelamento: http://www.toolbase.org/pdf/techinv/fpsf_techspec.pdf

6

Pisos e paredes externas

A escolha de materiais e métodos para a construção dos pisos e das paredes de uma casa tem efeito direto sobre a durabilidade e eficiência de energia e recursos. Enquanto a tradicional estrutura de paredes e pisos na forma de quadros e reticulada com ripas de madeira é usada para a maioria das casas novas e reformadas nos Estados Unidos, há alternativas que devem ser consideradas para a construção verde. Cada sistema tem impactos positivos e negativos no desempenho da construção, no orçamento do projeto e no meio ambiente. Este capítulo trata dos elementos estruturais de pisos e paredes. Acabamentos interiores e exteriores, janelas, barreiras resistentes à água serão abordados junto a outras questões nos próximos capítulos.

OBJETIVOS DO APRENDIZADO

Após a leitura deste capítulo, o aluno será capaz de:

- Identificar primeiro a importância de conhecer as tecnologias consolidadas nos Estados Unidos para pisos e paredes e buscar possibilidades de aplicações para as construções brasileiras.
- Descrever os diferentes tipos de piso, parede e estrutura e a relação destes com os princípios da construção verde.
- Apontar os elementos das estruturas modernas e os benefícios de empregar essas técnicas.
- Determinar a eficiência dos recursos em termos de materiais utilizados na construção de pisos e paredes.
- Detalhar o processo de avaliação de uma estrutura existente para determinar a necessidade de reforma.

Princípios da construção verde

 Eficiência energética

 Eficiência de recursos materiais

 Durabilidade

Pisos e paredes: introdução

Nos Estados Unidos, a construção residencial é dominada por estruturas de madeira com cavidades de isolamento; no entanto, existem muitos sistemas alternativos disponíveis para o construtor verde. As opções incluem paredes com isolamento integrado, como as placas de concreto isolantes (*insulated concrete forms* – ICFs), fardos de palha, painéis estruturais isolantes (*structurally insulated panels* – SIPs), painéis de madeira ou concreto e construção totalmente modular. Cada método pode ser adotado em uma casa ecológica, e, em cada um deles, há opções disponíveis que causam impacto na sustentabilidade de um projeto.

Paredes com estruturas reticuladas consistem em elementos de madeira em forma de ripas, em posições horizontais e verticais, formando uma trama ou quadro, que serão identificadas como estruturas de ripas. Com a estrutura em malha, ou trama, as ripas são contínuas do arrasamento, face superior da viga baldrame, da fundação à borda superior da parede (Figura 6.1). No início da década de 1900, a maioria

Pisos e paredes externas

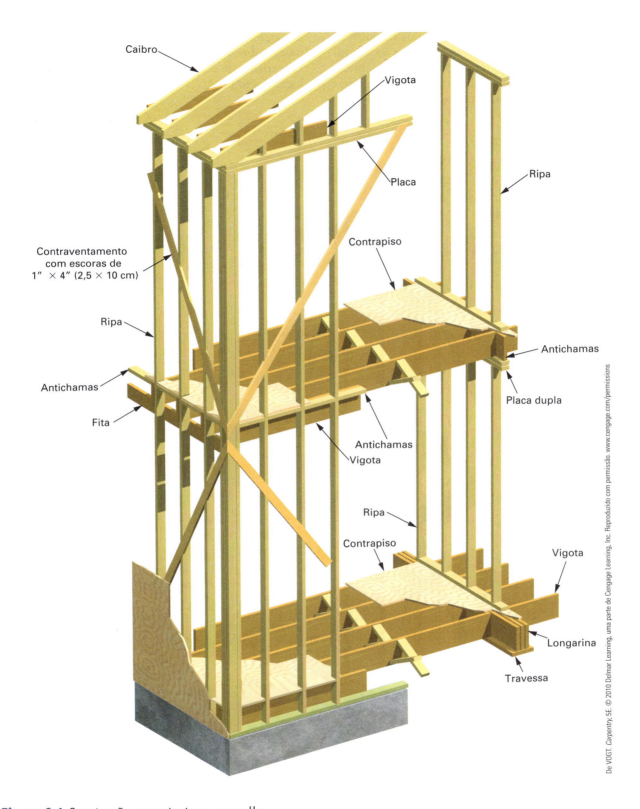

Figura 6.1 Construção em estrutura em malha.

das estruturas em malha foi substituída pela estrutura de plataforma. Em um **pavimento estrutural**, as paredes de um único andar são construídas sobre o piso ou *laje* do pavimento (Figura 6.2). Tradicionalmente, toda a construção acontecia no local, entretanto, hoje, nos Estados Unidos, estruturas individuais ou até mesmo casas inteiras são feitas em fábricas. **Estruturas em painéis** consistem em conjuntos de paredes, pisos e tetos que são pré-montados na fábrica. **Construção modular** é um sistema em que seções inteiras de uma casa são construídas em uma fábrica. As seções, cada uma com alguns ou todos os sistemas mecânicos e acabamentos interiores e exteriores, são entregues no local da obra e colocadas por um guindaste sobre uma fundação, formando um conjunto. O trabalho de acabamento necessário é concluído no local (Figura 6.3).

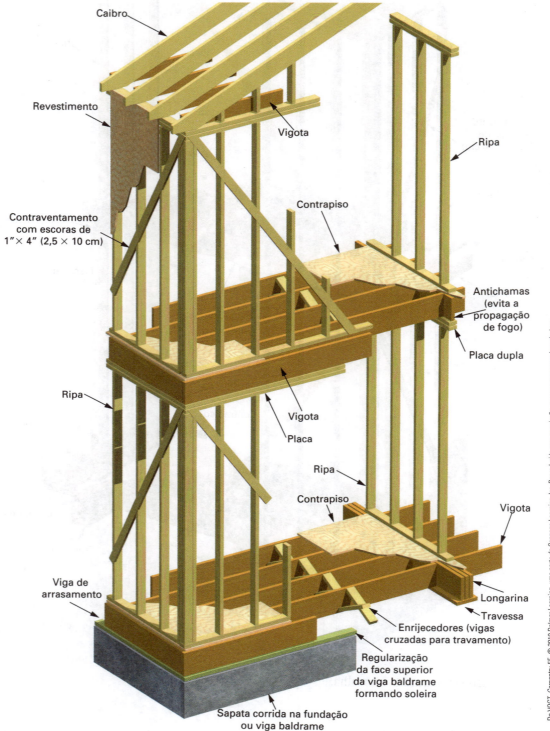

Figura 6.2 Construção em pavimento estrutural.

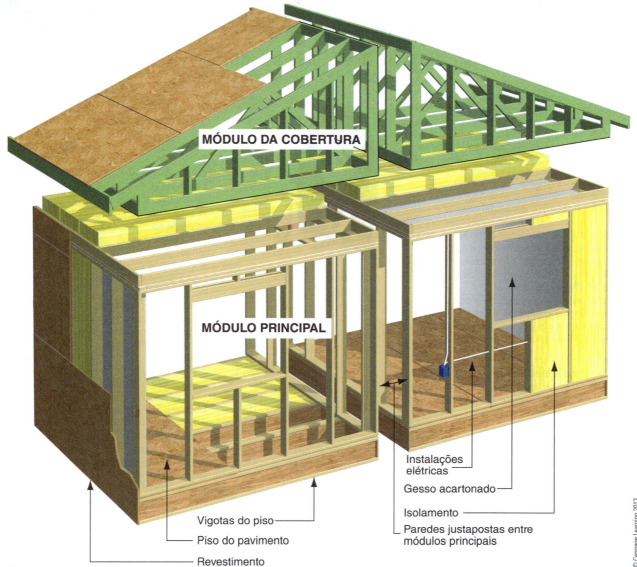

Figura 6.3 Construção modular.

Nos Estados Unidos, a madeira é o material estrutural mais utilizado para construção residencial e está disponível em quase todos os lugares. Produtos menos comuns não são acessíveis e, quando o são, podem ser muito mais caros do que materiais mais convencionais. Na maioria dos casos, comprar produtos extraídos e produzidos no local ou no entorno da obra diminui o consumo de energia com o transporte e reduz a poluição. As decisões importantes que afetam o tipo de piso e os sistemas estruturais das paredes incluem disponibilidade e custo de materiais, acesso a uma força de trabalho adequadamente especializada, acessibilidade ao local da obra e condições climáticas locais.

Mão de obra qualificada

O sucesso da construção verde pode exigir diferentes métodos para as atividades em campo, desde pequenas alterações na técnica para os montadores até habilidades inteiramente novas para materiais como ICFs ou SIPs. Ao optar por um produto ou método incomum, certifique-se de que os operários disponíveis têm as habilidades necessárias para executar a tarefa ou estão dispostos a adquiri-las. A falta de mão de obra qualificada pode levar a consideração de adoção da construção por painéis ou modular, uma vez que reduzirá a quantidade necessária de trabalho no local.

PALAVRA DO ESPECIALISTA – BRASIL

Tecnologias construtivas no Brasil para as edificações residenciais – Contexto das aplicações

No Brasil, as tecnologias construtivas de edifícios residenciais das partes acima das fundações e da infraestrutura, ou seja, o edifício, excluindo-se as instalações e serviços, pode ter, primeira e basicamente, as tecnologias classificadas pelos seguintes termos:

1. *Durabilidade*: permanentes e temporárias.
2. *Peso*: leves, medianos e pesados.
3. *Sistema construtivo*: estrutural interno e externo, vedação externa e interna, revestimentos internos e externos, divisórias internas e externas, esquadrias e caixilhos internos e externos.
4. *Método de construção e produtividade*: moldado in loco, pré-moldados, pré-fabricados, manufaturados e industrializados.
5. *Desempenho*: mínimo, intermediário e superior.
6. *Especialidade e estágio de desenvolvimento*: rudimentares, tradicionais/convencionais, moderna/correntes e inovadoras/avançadas.

Profa. Dra. Sasquia Hizuru Obata
Engenheira civil pela Fundação Armando Alvares Penteado (FAAP), licenciada em Formação de Professores de Disciplinas pela Universidade Tecnológica Federal do Paraná (UTFPR), especialista em Administração de Empresas pela FAAP, mestre em Engenharia Civil pela Universidade de São Paulo (USP), doutora em Arquitetura e Urbanismo pela Universidade Mackenzie.

Culturalmente, e por uma herança histórica, as tecnologias no Brasil baseiam-se em conceitos de maior durabilidade e de características mais massivas de alvenaria e concreto, menos manutenção e grande atividade em canteiro de obras pelas moldagens *in loco*.

Isso tudo tem a ver com as razões atuais e o contexto de aplicações das tecnologias construtivas, que também fazem a diferença nos custos, razões de formação de mão de obra e, ainda, alguns fatores que entram em uma análise maior e que não estão incluídos como diretrizes para escolhas entre os sistemas construtivos disponíveis no mercado brasileiro, como os indicadores de sustentabilidade.

Indicadores de sustentabilidade para os sistemas construtivos podem ser tratados como um momento de evolução e mudanças de paradigmas e exigem maiores estudos relacionados à geração de resíduos, desempenho e conforto proporcionados, emissões de CO_2, ciclo de vida, desmaterialização e redução de recursos naturais incorporados e esses volumes e valores no desmantelamento ao fim do ciclo de vida, impacto social e econômico na geração de empregos, entre outros fatores que estão hoje em voga e aderidos ao que se qualifica como construção sustentável.

Hoje, as tecnologias construtivas, portanto, passam por uma nova forma de atendimento de desempenho e precisam ser analisadas e compreendidas sob um escopo maior que simplesmente o uso e a confiança depositados em aderências culturais e de tradições construtivas. Somente assim será possível gerar novas formas de classificação e avançar além das formas básicas apresentadas até então, com indicadores verdes e maiores estudos sobre resultados de construções existentes.

No caso do desempenho, a quinta classificação apresentada, trata-se de uma mudança importante e de um avanço que vem ao encontro de algumas novas respostas e posicionamentos diante das normas de desempenho (NBR 15.575: Edificações Habitacionais – Desempenho). Mas essas classificações devem avançar no que se refere à sustentabilidade de fato, com a cobertura de indicadores que sejam viáveis e não somente restritivos, dada a complexidade que podem abarcar.

Em uma análise ampla de novas tecnologias construtivas e do mercado brasileiro, por vários motivos, inclusive de identificação,* predomina o uso dos sistemas tradicionais de alvenaria e concreto (56%), seguido pelos mistos, com pré-fabricados de concreto e aço (25%), pelas estruturas em pré-fabricados de concreto (15%) e pelas construções em aço (4%).

Desse modo, ainda podemos considerar no Brasil o *steel frame*, o *wood frame* e os sistemas pré-fabricados de madeira como sistemas não consolidados diante da diminuta participação de mercado, sistemas esses que, mesmo tendo uma série de vantagens, ainda se encontram em busca de um lugar de fato no mercado, como se fossem tecnologias inovadoras tentando mostrar que não é só com tijolo, cimento e concreto que se pode fazer casas.**

No Brasil, no que se refere à aplicação da madeira nos sistemas construtivos, ocorre uma situação interessante, pois destaca-se sua aplicação em diversas formas de usos temporários, como formas para concreto, andaimes e escoramentos; como elemento permanente e na forma definitiva, porém, a madeira é utilizada em estruturas de cobertura, esquadrias (portas e janelas), forros e revestimentos de pisos; portanto, não tem participação nos sistemas estruturais verticais e horizontais de pisos e de vedações, como paredes.

Em uma publicação do IPT,*** considerando os usos e o consumo de madeira serrada amazônica pela construção civil no Estado de São Paulo, em 2001, foram levantadas as seguintes aplicações para cada 1.000 m³:

- 50% para estruturas de coberturas
- 33% para andaimes e formas de concreto
- 13% para forros, pisos e esquadrias
- 4% para casas pré-fabricadas.

Esses dados dão conta de que mesmo os sistemas *wood frame* e *steel frame*, com seus aportes tecnológicos de racionalização e sustentabilidade em termos de recursos, como será visto neste capítulo, ainda são minoria no Brasil, exigindo, portanto, mais entendimento e adesão – razão principal deste capítulo –, assim como a difusão de conhecimento tecnológico e o aprendizado de formas consolidadas e possíveis para a maior sustentabilidade das edificações brasileiras.

---

* GC – Grandes Construções: métodos construtivos tradicionais ainda são predominantes – Enquete. Disponível em: <http://www.grandesconstrucoes.com.br/br/index.php?option=com_content&view=article&id=220>. Acesso em: 25 abr. 2015. (S.H.O.)

** Amanda Milléo. Não só de tijolo e cimento se faz a casa. 18 ago. 2012. Disponível em: <http://www.gazetadopovo.com.br/imoveis/nao-so-de-tijolo-e-cimento-se-faz-a-casa--35bfp2jyodp63kswp4yzlbiha>. Acesso em: 25 abr. 2015. (S.H.O.)

*** Geraldo José Zenid (Coord.). Madeira: uso sustentável na construção civil. 2. ed. São Paulo: Instituto de Pesquisas Tecnológicas, 2010. Disponível em: <http://www.ipt.br/download.php?filename=6-Madeiras:_uso_sustentavel_na_construcao_civil.pdf>. Acesso em: 27 abr. 2015. (S.H.O.)

Acessibilidade ao local

As características de determinado lugar ajudam a orientar a seleção de técnicas de construção. Alguns métodos, como a construção modular e em painéis, necessitam de espaço para armazenamento de peças pré-montadas e de acesso a equipamentos de grande porte que poderão não estar disponíveis em todos os locais da construção. Lugares com acesso limitado podem exigir a montagem no local, já que o material é fornecido em pequenas entregas.

Clima

Enquanto a construção de madeira predomina e é utilizada em quase todos os climas, há alternativas que devem ser consideradas, especialmente nos casos em que a madeira é suscetível à umidade ou infestação por cupins (Tabelas 6.1 e 6.2). Em climas com riscos de tornados, furacões, também chamados tufões e inundações, muitos construtores evitam pisos e paredes totalmente de madeira e os substituem por produtos de concreto e alvenaria, que suportam melhor o impacto e os danos causados pela água. Lembre-se de que é possível combinar diferentes métodos de construção em uma única casa, como pisos estruturados com paredes em SIP ou em laje de concreto combinado com paredes estruturadas com ripas ou ICF.

Tabela 6.1 Seleção do piso

Sistema do piso	Prós	Contras
Estrutura de ripas	Barato Materiais e mão de obra especializada disponíveis	Suscetível à umidade
SIPs	Resistente Eficiência energética	Suscetível à umidade Materiais e mão de obra especializada menos disponíveis

O impacto do clima, a disponibilidade de materiais e o conjunto de habilidades da mão de obra disponível são fatores-chave na seleção de sistemas estruturais de pisos e paredes. Os custos iniciais das construções devem ser considerados em relação à manutenção de longo prazo e às despesas com o uso e operação. Cada sistema apresenta vantagens e desvantagens distintas.

Madeira

Por se tratar de um recurso abundante nos Estados Unidos, a madeira tem sido utilizada como material de construção por muitas gerações. Antes do advento do transporte de longo alcance, a madeira era escassa em áreas onde as árvores não cresciam, o que tornava o sudoeste dos Estados Unidos e outras partes do país dependentes de métodos tradicionais de construção que utilizavam adobe, tijolo, pedra e taipa. Construções de toras empilhadas foram as primeiras casas de madeira, seguidas de construções em colunas e vigas, muitas vezes com enchimentos de alvenaria. Com o advento de equipamentos de corte mecanizado no início do século XIX, a madeira serrada de pequenas dimensões tornou-se amplamente disponível e os métodos de estruturas de ripas começaram a surgir. A evolução das construções com estruturas de ripas foi modesta e gradual ao longo dos últimos 100 anos, mas nas últimas décadas, para melhorar a eficiência das construções e reduzir o uso de material, foram realizadas melhorias de modo contínuo.

Cultivada naturalmente, a madeira é renovável, reciclável e biodegradável, e pode ser utilizada sem aditivos e com pouco processamento. Todos os produtos de madeira, no entanto, não são produzidos de uma única forma. Os produtos de madeiras são extraídos de uma grande variedade de fontes de matérias-primas.

Tabela 6.2 Seleção das paredes

Sistema das paredes	Prós	Contras
Estrutura de ripas	Barato Materiais e mão de obra especializada disponíveis	Suscetível à umidade
SIPs	Resistente Eficiência energética	Suscetível à umidade Materiais e mão de obra especializada menos disponíveis
ICFs	Resistente Eficiência energética Não afetado pela umidade	Materiais e mão de obra especializada menos disponíveis Alto custo Alta energia incorporada

Extração da madeira

As três principais fontes de madeira são de áreas de crescimento antigo, áreas de segundo crescimento e plantações florestais. As áreas de **crescimento antigo** referem-se a florestas ou bosques de ecossistemas maduros ou excessivamente maduros com baixíssima presença de atividade humana. As áreas de **segundo crescimento** referem-se às florestas que foram recultivadas após a remoção de todas ou grande parte das árvores antes ali presentes por corte, fogo, vento

Você sabia?

Desastres naturais

Profa. Dra. Sasquia Hizuru Obata

No Brasil, 60% dos desastres naturais são inundações, e, destes, 40% provocam grandes perdas na região Sudeste, mais urbanizada, cuja infraestrutura, portanto, não comporta as drenagens e os esgotamentos necessários. Ainda no *ranking* dos desastres naturais no Brasil, 15% são escorregamentos, 10% são tempestades (furações, tornados e vendavais) e 2% são incêndios florestais, entre outros.*

No que se refere aos acidentes provocados por tempestades, tem-se a ocorrência de tornados, cuja intensidade dos ventos pode chegar até 500 quilômetros por hora, com grandes danos na superfície terrestre, cuja extensão pode variar de dezenas de metros a alguns quilômetros.

Recentemente, a região ao norte da Argentina e sul do Paraguai, que corresponde ao sul do Brasil, foi conhecida como Sistema de Baixa Pressão do Chaco, apontada como o segundo lugar do mundo mais propício para desenvolvimento de grandes tempestades que podem resultar tornados, atrás apenas da região central dos Estados Unidos. O Chaco funciona como um berçário de grandes nuvens, que, após nascer, rumam em direção a Santa Catarina. O resultado dessas tempestades foram os desastres nas cidades de Xanxerê e Ponta Serrada, em abril de 2015, com velocidades de vento de cerca de 250 quilômetros por hora.**

Tais condições de desastres exigem, portanto, novas posturas projetuais e buscas de sistemas construtivos que conduzam a menos perdas de vidas e menores danos materiais, assim como a mudança na forma de avaliar como os sistemas de menor massividade são resistentes em casos de ventos excessivos. Esses sistemas, sendo mais leves, podem ser concebidos com placas de elementos de contraventamentos e juntas mais resistentes, barras como tendões e freios, que são ligações estruturais que podem limitar as forças de arrancamento. No caso de terremotos, o sistema impede que a construção seja tirada do chão e, em seu arrasto, ela gera menores cargas de impacto; no caso de desabamentos, a estrutura mais leve reduz as sobrecargas. Em desabamentos, porém, para se conceber um único ambiente de construção como abrigo seguro é preciso relacionar as construções do entorno.

Em situações de tornados e grandes tempestades, os porões subterrâneos passam a incorporar a forma como se define seu uso e sua concepção na construção e na arquitetura, até ser uma condição necessária de abrigo. Na impossibilidade de escavação, pode-se optar por um ambiente no nível do solo, mas com paredes reforçadas e portas e janelas, por exemplo, em aço e contraventadas. Esta mesma concepção vale para o caso de inundações, mas, em vez de se ter um subsolo, tem-se um pavimento estruturado e elevado.

Diante das mudanças climáticas e com o aumento dos desastres naturais, é preciso um olhar mais atento sobre as escolhas e as diretrizes projetuais, sendo imprescindível identificar riscos e combinações das cargas críticas, essenciais para a garantia de construções melhores e mais seguras, justificando a análise de viabilidade de construções que sejam um conjunto de soluções e projetos mais integrados.

Finalmente, no Brasil, pesquisas e estudos passam a ser referências importantes, dada a velocidade das mudanças; por exemplo, a ação dos ventos: é preciso ter ciência de como foram considerados e inseridos em projetos até então, e já com vistas ao andamento das análises para revisão da norma de ventos (NBR 6123, de 1988), que poderá causar impacto nos projetos e concepções das construções, visando ao melhor atendimento da segurança e prezando pelo vigor do desempenho das habitações brasileiras.

---

* Lídia Keiko Tominaga; Jair Santoro; Rosangela Amaral. *Desastres naturais*: conhecer para prevenir. Disponível em: <http://www.igeologico.sp.gov.br/downloads/livros/DesastresNaturais.pdf>. Acesso em: 27 abr. 2015. (S.H.O.)

** *Diário Catarinense*. Desastre natural. Tornado em Xanxerê: entenda por que Santa Catarina está no caminho dos tornados. Disponível em: <http://diariocatarinense.clicrbs.com.br/sc/geral/noticia/2015/04/tornado-em-xanxere-entenda-por-que-santa-catarina-esta-no-caminho-dos-tornados-4745072.html>. Acesso em: 27 abr. 2015. (S.H.O.)

---

ou qualquer outra força; para estas áreas é necessário considerar um período de tempo suficientemente longo para que os efeitos da destruição não sejam mais evidentes. A extração convencional de madeira de florestas antigas e de segundo crescimento destrói o habitat da vida selvagem, o que pode provocar a erosão dos solos e liberar emissões de gases de efeito estufa GEE. A extração de madeira de florestas sem um plano e manejo sustentável pode reduzir a capacidade que as florestas possuem de remover os GEE da atmosfera; além disso, as áreas limpas são frequentemente queimadas, o que libera mais GEE.

Hoje, a maior parte da madeira usada na construção civil vem de plantações manejadas. **Plantações de árvores** são áreas onde elas são gerenciadas como culturas agrícolas e podem ser monoculturas mais produtivas. As plantações utilizam rotações curtas de madeiras, contêm apenas uma ou duas espécies e dependem do uso intensivo de herbicidas, pesticidas e fertilizantes. As plantações de monoculturas maduras muitas vezes têm pouca vegetação rasteira e diversidade ecológica mínima. Do ponto de vista de um habitat para a vida selvagem, essas plantações de árvores são pouco diferentes de um acre de milho.

Embora as plantações de árvores tenham suas desvantagens, são uma valiosa alternativa para a extração de árvores antigas e atuam como um reservatório de carbono. **Reservatório de carbono** é qualquer reservatório de armazenamento natural, como árvores e oceanos, que remove o carbono da atmosfera. As árvores e a madeira armazenam o carbono até a madeira queimar ou se decompor. Com o uso da madeira para construção de casas, o carbono fica incorporado na edificação durante sua vida útil e é efetivamente removido da atmosfera por muitos anos (Figura 6.4).

Certificação da madeira

Existem inúmeros programas para certificar práticas florestais sustentáveis. O **manejo florestal sustentável** inclui práticas de manejo florestal que mantêm e melhoram a saúde no longo prazo dos ecossistemas florestais, ao mesmo tempo que fornecem oportunidades ecológicas, econômicas, sociais e culturais para o benefício das gerações presentes e futuras. Programas avaliam práticas de manejo florestal com base em critérios sociais, econômicos e ambientais. Como outros programas de certificação da construção verde, a verificação por terceiros é essencial para o sucesso dos programas florestais sustentáveis. Dois programas de certificação mais comuns são oferecidos pela **Iniciativa de Manejo Florestal Sustentável (Sustainable Forestry Initiative – SFI)** e pelo **Conselho de Manejo Florestal (Forest Stewardship Council – FSC)**. Ambas as certificações exigem verificação terceirizada da cadeia de valores e responsabilidades* em todo o processo de extração e fabricação da madeira. Apesar do significativo aumento de programas de certificação na última década, apenas cerca de 10% do montante

---

* Também identificada como "cadeia de custódia", expressão do campo jurídico, em que se busca documentar a história cronológica de uma evidência, garantindo o rastreamento das evidências utilizadas em processos judiciais e registrar quem teve acesso ou realizou o manuseio dessa evidência. Assim, a certificação da cadeia de custódia (CoC), no que se refere à madeira, garante a rastreabilidade desde a produção da matéria-prima que sai das florestas até chegar ao consumidor final, e aplica-se aos produtores que processam a matéria-prima de florestas certificadas. Serrarias, fabricantes, *designers* e gráficas que desejem utilizar o selo FSC em seus produtos precisam obter o certificado para garantir a rastreabilidade de toda a cadeia produtiva. (S.H.O.)

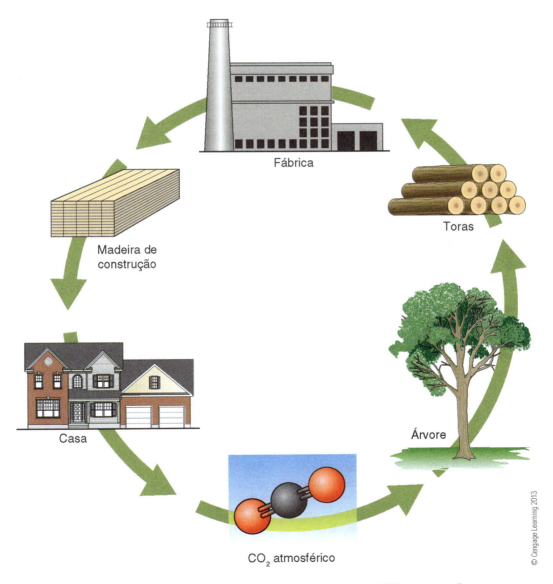

Figura 6.4 A madeira é um reservatório de carbono e ajuda a remover os GEE da atmosfera.

global das florestas são certificados, e a maioria está localizada na América do Norte.

INICIATIVA DE MANEJO FLORESTAL SUSTENTÁVEL
Bom para você. Bom para nossas florestas.

O programa SFI foi lançado em 1994 pela indústria florestal norte-americana. Hoje, a SFI Inc. é uma organização não governamental, sem fins lucrativos, independente, responsável pela manutenção, supervisão e melhoria do programa de certificação florestal sustentável para a América do Norte. A SFI já certificou 125 milhões de hectares.

O FSC foi fundado em 1993 como uma organização não governamental, sem fins lucrativos, independente, para promover o manejo responsável das florestas do mundo. É amplamente considerado o programa de certificação florestal mais rigoroso e mais responsável, além de ser o único aceito no Sistema de Certificação LEED. O FSC é representado internacionalmente em mais de 50 países.

A extração de madeira tropical, localizada nos países entre os trópicos de Câncer e Capricórnio, deve ser realizada sempre de forma sustentável; sempre que for possível, essa extração dever ser evitada. As florestas tropicais são muitas vezes mal manejadas, e o desmatamento é uma ameaça significativa para o habitat local e as populações indígenas.* As longas distâncias para transporte também contribuem de modo geral para o impacto ambiental negativo sobre as madeiras tropicais.

Certificação da madeira no Brasil

No Brasil, indica-se que a aquisição de madeira seja somente de empresas que possam comprovar a origem do produto, com base em manejo aprovado pelo Instituto Brasileiro do Meio Ambiente e dos Recursos Naturais Renováveis (Ibama), com a legalidade e a formalidade fiscal e o Documento de Origem Florestal (DOF) ou com Certificação Florestal.

As certificações em uso no Brasil são: Certificação Florestal Brasileira – Inmetro (Cerflor); Sistema do Conselho de Manejo Florestal – Forest Stewardship Council (FSC); e a não governamental WWF-Brasil – Sistema de Implementação e Verificação Modular (SIM).

Impacto no clima

A madeira é um dos materiais mais "amigos do clima" em razão da sua menor emissão de GEE. Em comparação com concreto e metais, a fabricação de madeira produz significativamente menos emissões de GEE. A análise do ciclo de vida mostra que a maior parte das emissões de madeiras está ligada ao tratamento do fim da vida útil, geralmente em razão das baixas taxas de reciclagem, e emissões associadas a aterros sanitários, comparativamente à presença de metais e concreto em aterros sanitários, não impactam em emissões por ser inertes.

Produtos da engenharia madeireira

Um pedaço de madeira pode ter defeitos naturais que ocorrem quando uma árvore cresce ou durante o processo de secagem da madeira. Os defeitos naturais mais frequentes são: nós, rachaduras, falhas, buracos de insetos e bolsas de resinas (Figura 6.5). Os **produtos de madeira engenheirados*** (para contexto e tipologia no Brasil, veja próximo box "Palavra do especialista – Brasil") *ou provenientes da engenharia da madeira,* no entanto, oferecem recursos e benefícios de eficiência energética para os construtores. Madeira compósita** é fabricada por meio da colagem

---

* Estima-se que 80% do total de madeira produzida na região amazônica seja ilegal. A maior parte dessa produção é consumida pelo mercado interno brasileiro, tendo como principal destino a construção civil. Até 2008, mais de 720.000 km² da Amazônia já tinham sido desmatados, uma área equivalente a quase três vezes o tamanho do Estado de São Paulo. Fonte: Geraldo José Zenid (Coord.). *Madeira: uso sustentável na construção civil.* (S.H.O.)

** Pela nova classificação dos materiais, tem-se os básicos (metais, cerâmicos e poliméricos) e os naturais (madeira, couro, ossos etc.). A madeira natural é um produto compósito de fibra e resina, assim como os produtos engenheirados de madeira, que geram um compósito artificial e são produzidos com a associação de resina com fibras (única camada ou multicamadas) e com partículas. Assim, na classificação geral dos materiais, o concreto armado, assim como as madeiras engenheiradas, são compósitos. No caso do concreto armado, trata-se de um ligante de argamassa de cimento com fibras de aço, como as barras, portanto uma soma de cerâmico com metal; no caso da madeira, somam-se um polímero e fibra natural. (S.H.O.)

de filamentos de madeira, folheados, madeira serrada ou fibras para produzir um composto mais forte e uniforme. Produtos engenheirados são usados em sistemas de pisos, tetos e paredes. **Treliças** são produtos engenheirados de madeira ou constituídos de madeira serrada e elementos metálicos, utilizados para suporte de telhados ou pisos (Figuras 6.6a e b). As treliças substituem estruturas construídas no local da obra. **Vigas treliçadas para piso** são um tipo particular de estrutura dimensionada para pisos, compostas de madeira serrada e unidas por placas metálicas conectoras; comparativamente utilizam menos material e fornecem resistência equivalente às vigas monolíticas ortogonais, estruturas únicas.

Figura 6.6a Treliças de madeira são feitas de duas barras unidas com placas metálicas de junção.

De SPENCE/KULTERMANN. *Construction Materials, Methods and Techniques*, 3 ed. © 2011 Delmar Learning, uma parte da Cengage Learning, Inc. Reproduzida com permissão. www.cengage.com/permissions

Figura 6.5 Exemplos de defeitos comuns nas madeiras.

Figura 6.6b Treliças trianguladas são feitas de duas barras unidas com placas metálicas de junção.

Travessas, ripas e **vigotas** podem ser feitas de pedaços curtos de madeira, descascados ou lascados, montados com adesivos (Figura 6.7). Os produtos engenheirados utilizam pequenas árvores de crescimento rápido e de baixo valor, como álamos e pinheiros, o que reduz a necessidade de extrair árvores grandes e maduras para materiais de construção. Esses produtos geralmente oferecem resistência equivalente ou superior, ao mesmo tempo que utilizam menos material que a madeira maciça que substituem. Eis alguns produtos engenheirados considerados comuns e tradicionais: **compensado**, painel estrutural de tiras de madeira orientadas perpendicularmente (*oriented-strand board* – OSB), vigas laminadas e ripas unidas por malhetes, juntas entalhadas ou dentadas. Há ainda outros exemplos de produtos engenheirados de madeiras: madeira laminada de tiras finas produzidas com tiras estreitas de madeira e montadas em forma de vigas e colunas, e laminado folheado de madeira, feito de folhas finas de madeira montadas de maneira similar à madeira compensada (Figura 6.8).

Figura 6.7 Essa vigota em formato de I é composta de flanges feitas de madeira compósita ou maciça, ou de treliças de madeira compósita.

PALAVRA DO ESPECIALISTA – BRASIL

Produtos engenheirados de madeira – uma visão das tipologias e formas no Brasil

No Brasil, a classificação dos produtos engenheirados de madeira inclui a madeira laminada (*Laminated Strand Lumber – LSL*) e a madeira laminada colada (*MLC*), os painéis MDF (*Medium Density Fiberboard*) e o aglomerado – MDP (*Medium Density Particleboar*), e os painéis de componentes reciclados. Os diversos produtos de madeira são denominados engenheirados por resultarem de alguma forma de manufatura e controle de qualidade superior aos métodos básicos e tradicionais das simples extrações e beneficiamento das madeiras maciças.

A classificação, segundo o BNDES,* é a seguinte:

- *Painéis de madeira reconstituída*: aglomerado MDP, MDF, OSB e chapas de fibras.
- *Painéis de madeira processada mecanicamente*: compensados (multilaminado, sarrafeado ou *blockboard* e *three-ply*) e EGP (*Edge Glued Panel*).

Os painéis compensados brasileiros, com 65% da produção total exportada principalmente para a Europa, são provenientes de madeiras de baixa densidade e de fácil laminação. Os tipos de painéis compensados são:

a) Multilaminado: lâminas de madeira sobrepostas em número ímpar de camadas coladas de forma cruzada.
b) Sarrafeado ou *blockboard*: tem o miolo composto de sarrafos e as capas de lâminas de madeira; conta com camadas de transição compostas de lâminas coladas perpendicularmente aos sarrafos e às capas.
c) *Three-ply* ou compensado de madeira maciça: constituído de três camadas cruzadas de sarrafos colados lateralmente; podem ser usados *clears* com emendas *finger-joints*.

Atualmente, as formas mais comuns e disponíveis em lojas de produtos para construção civil, tipo "home center", são os painéis OSB, descritos a seguir neste capítulo, e os MDF e MDP:

- Os painéis MDF são produzidos com a adesão de fibras com resina termofixa, sob alta pressão e temperatura, podendo ser na forma original, com revestimentos diversos, como laminado melamínico, película celulósica, com laminados de madeira, entre outros. Os produtos correlatos ao MDF são: HDF (*high density fi berboard*) e SDF (*super density fiberboard*), que apresentam maior densidade e, portanto, menor espessura.
- Os painéis MDP são produzidos com partículas de madeira aglutinadas sob pressão e temperatura com resina polimerizada, sendo o miolo composto de partículas maiores e a superfície de partículas miúdas.

Profa. Dra. Sasquia Hizuru Obata
Engenheira civil pela Fundação Armando Alvares Penteado (FAAP), licenciada em Formação de Professores de Disciplinas pela Universidade Tecnológica Federal do Paraná (UTFPR), especialista em Administração de Empresas pela FAAP, mestre em Engenharia Civil pela Universidade de São Paulo (USP), doutora em Arquitetura e Urbanismo pela Universidade Mackenzie.

A *madeira laminada* é resultado de um processo de reconstituição e já conta com produção comercial no Brasil, mas não em grande escala. É um composto estrutural obtido de variadas espécies de uso comercial e de espécies subutilizadas de rápido crescimento; trata-se de um processo produtivo de maior rendimento na utilização de toras (em torno de 72%) e compõe-se de partículas de madeira com espessura de 0,6 mm a 1,3 mm por cerca de 300 mm de comprimento e larguras variáveis, orientadas paralelamente.

Madeira laminada colada é composta por lâminas de dimensões relativamente reduzidas, se comparadas às da peça final, coladas umas às outras e dispostas com as tábuas paralelas ao eixo longitudinal da peça, que pode ser, inclusive, curto e com o comprimento requerido para a peça e a quantidade de lâminas para gerar a altura da seção.

Madeira laminada cruzada (*Cross-Laminated Timber* – CLT) é composta por lâminas montadas de maneira cruzada, coladas nas faces largas, e, algumas vezes, nas faces estreitas, podendo também ser pregadas. Com esta madeira são produzidos painéis estruturais de grandes dimensões e com um mínimo de três camadas de lâminas colocadas perpendicularmente umas às outras. Podem ser utilizados como paredes, pisos e forros de casas de madeira pré-fabricadas e edifícios com até dez pavimentos.

Há ainda outras madeiras estruturais compostas, segundo publicação do IPT,** como LVL, PSL e OSL.

- LVL – *Laminated Veneer Lumber*: ainda não produzido em escala comercial no Brasil, trata-se de um painel de lâminas finas de madeira coladas com fibras na mesma direção, com função estrutural.
- PSL – *Parallel Strand Lumber*: ainda não produzido em escala comercial no Brasil, essa madeira é utilizada em elementos estruturais, como vigas e colunas; seu processo de produção foi idealizado para utilizar resíduos provenientes da produção do compensado ou LVL, e tem facilidade no tratamento com preservativos.
- OSL – *Oriented Strand Lumber*: um material que já está na fase de ampliação de usos e aplicações.

Outra forma que ainda não se encontra no Brasil, mas que caberá somente uma demanda de mercado, e não há também normalização correspondente, são as madeiras classificadas por meio de processos automatizados e de controle similares aos produtos industrializados. Nesta classificação têm-se as madeiras maciças serradas, que são identificadas/rotuladas e classificadas por resistências após ensaios estáticos e não destrutuivos em pórticos à flexão.

---

* BNDES – Banco Nacional do Desenvolvimento. *Produtos florestais*: painéis de madeira no Brasil: panorama e perspectivas. René Luiz Grion Mattos, Roberta Mendes Gonçalves e Flávia Barros das Chagas. Disponível em: <http://www.bndes.gov.br/SiteBNDES/export/sites/default/bndes_pt/Galerias/Arquivos/conhecimento/bnset/set2706.pdf>. Acesso em: 29 abr. 2015.
**Geraldo José Zenid (Coord.). *Madeira*: uso sustentável na construção civil. (S.H.O.)

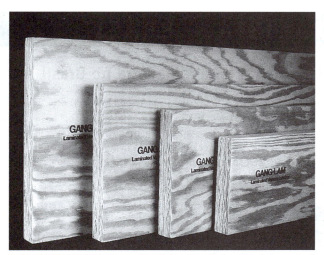

De SPENCE/KULTERMANN. *Construction Materials, Methods and Techniques*, 3 ed. © 2011 Delmar Learning, uma parte da Cengage Learning, Inc. Reproduzida com permissão. www.cengage.com/permissions

Figura 6.8 Madeira laminada folheada, feita pela junção de camadas e acabamento exterior com folheado de madeira colado com um adesivo.

Os produtos engenheirados são mais leves, mais retilíneos e mais fortes do que os materiais de madeira tradicionais que estão sendo substituídos, e muito menos suscetíveis a empenamentos ou fendas. Sua resistência adicional adquirida nos processos de fabricação permite vãos mais longos, o que reduz a quantidade de vigas intermediárias necessárias e proporciona economia de material. Da perspectiva da eficiência energética, os produtos engenheirados são muitas vezes mais esbeltos e pemitem maiores espaçamentos do que os materiais comuns, resultando em maior espaço para a instalação de isolamentos. Em especial, as vigas treliçadas economizam material com o uso de madeira serrada de pequenas dimensões e comprimentos curtos, que na maioria das vezes poderia ser descartada justamente pelo reduzido comprimento, e entram substituindo placas maiores de madeira maciça. Um estudo de caso de 1996 realizado pela Structural Building Components Association, associação americana que representa os fabricantes de materiais engenheirados, e pela NAHB, Associação Americana de Construtores de Casas, constatou que vigas treliçadas utilizavam 25% menos matéria-prima do que a madeira maciça na estrutura do piso e 68% menos mão de obra para instalação.

Produtos engenheirados de madeira são concebidos como sistemas. O desenho, o dimensionamento, os conectores, os requisitos de instalação e o tamanho e a localização de cortes admissíveis devem seguir as especificações dos fornecedores e ser cuidadosamente gerenciados no local. Os profissionais que não estão familiarizados com esses produtos podem cometer erros ao confiar na experiência prévia com madeira maciça e não seguir o projeto e os detalhes da instalação fornecidos com os materiais.

Produtos químicos de madeira engenheirada e adesivos*

Adesivos para partes interiores são feitos de ureia-formaldeído, que liberam quantidades significativas de formaldeído, um conhecido agente cancerígeno. Adesivos para as partes exteriores são feitos a partir de fenol-formaldeído, um adesivo mais resistente à umidade que libera muito menos formaldeído do que a ureia-formaldeído e é a melhor opção para uma casa ecológica. Entre os adesivos alternativos, estão o metil di-isocianato (MDI), um aglutinante de poliuretano que, embora bastante tóxico durante a fabricação, é extremamente estável quando curado, sem praticamente emissão de gases após a instalação.

No caso de pessoas extremamente sensíveis a produtos químicos, a construção dos imóveis deve ser feita com madeira maciça e produtos sem aditivos químicos; além disso, devem-se evitar até mesmo produtos de engenharia comuns, como compensados e OSB.

Madeira maciça cortada/serrada

Antes do desenvolvimento de produtos engenheirados de madeira, madeira maciça era o único material disponível para estruturas de madeira; extraída de árvores maiores e mais velhas, e gera mais resíduo do que os produtos de engenharia feitos de árvores menores e de crescimento mais rápido. A madeira maciça tradicional pode ser parte de uma casa sustentável, principalmente se for feita de materiais recuperados e proveniente de cultivo local ou ser certificada e oriunda de corte de uma floresta de manejo sustentável.

Umidade e pragas

Estruturas de madeira são suscetíveis a danos causados por água gerada pela umidade (por exemplo, chuvas ou inundações) e vapores excessivos, que podem se condensar dentro de paredes, pisos e telhados. A absorção de umidade representa um componente crítico da construção verde. Assim, é necessário garantir a integridade estrutural e a durabilidade de construções com estrutura de madeira. O excesso de umidade promove o desenvolvimento de mofo e infestações por cupins caso não seja corrigido, pode levar à falha estrutural. A madeira exposta a mudanças da umidade relativa se expande e se contrai, criando fissuras e aberturas nas

---

* O termo adesivo, genérico, designa cola, pasta, goma, cimento, que corresponde a uma categoria de produtos cuja finalidade é juntar dois materiais. Os adesivos, portanto, correspondem a todas as substâncias aplicadas a um substrato igual ou diferente, cumprindo a função de colagem e de ligação superficial forte e duradoura. Essa propriedade de aderir se desenvolve dentro de condições específicas, como calor, pressão, tempo. As colas, na visão e experiência prática da autora, são identificadas como componentes líquidos mais viscosos, e os adesivos estão relacionados a produtos já dispostos em fina camada de sua superfície, como fitas adesivas, esparadrapos etc. Já em termos químicos, colas, adesivos, cimentos, gomas, são quimicamente denominados resinas sintéticas, e quando não são usadas para adesão entre superfícies, cumprem a função de tintas e vernizes. (S.H.O.)

PALAVRA DO ESPECIALISTA – BRASIL

A construção de um mercado de alta tecnologia para a madeira no Brasil

Embora já tivesse experiência anterior com estruturas de madeira, foi somente em 1996, durante a construção da minha própria casa, que o universo de possibilidades do uso intensivo da madeira se expandiu. Inicialmente projetada tendo em vista o baixo desperdício de matéria-prima, realidade que assola os métodos construtivos convencionais, a madeira revelou-se economicamente viável, de rápida produção e montagem e, com a bem planejada associação com outros materiais, a melhor opção em termos de sustentabilidade do conjunto. O pós-uso da casa e seu comportamento por mais de 15 anos comprovou o que historicamente já sabíamos: a durabilidade do material se observadas algumas regras básicas de projeto, como a proteção contra a retenção da água.

O mundo desenvolvido tem utilizado a madeira em maior quantidade e com tecnologias cada vez mais sofisticadas, atendendo às recomendações das entidades ligadas ao meio ambiente e ao clima, em razão da sua capacidade de retenção do CO_2, e tem demonstrado que as antigas limitações do seu uso é coisa do passado.

As madeiras engenheiradas, como o laminado colado, o CLT e as peças maciças compostas, abriram as portas para projetos com características impensáveis para a madeira convencional, permitindo vãos e cargas antes só compatíveis com o metal e o concreto, agora com peso e plasticidade sem paralelo.

O maior entrave para a larga difusão e uso dessas tecnologias no Brasil tem sido a questão cultural. A madeira ainda é vista como um material de segunda linha para estruturas e fechamentos, sendo aceita de forma nobre apenas para acabamento e mobiliário. Na Europa, no Japão e na América do Norte, grande parte das obras públicas de portes médio e grande estão sendo executadas em madeira, tendo a seu favor a performance elástica em eventos sísmicos e a previsibilidade comportamental em incêndios. O Chile, com uma população menor que a da grande São Paulo, tem um mercado para madeira de alta tecnologia cerca de cem vezes maior, e uma cultura no uso e proteção equivalente às mais sofisticadas do norte da Europa.

Marcelo Aflalo é arquiteto formado pela Faculdade de Arquitetura e Urbanismo da Universidade de São Paulo (FAU-USP), turma de 1978. Designer com mestrado pela The School of the Art Institute of Chicago. Sócio-fundador da Univers Arquitetura e Design, que desenvolve trabalhos de arquitetura ambiental, projetos editoriais e design desde 1987. Professor na graduação e pós-graduação em arquitetura da Fundação Armando Alvares Penteado (FAAP) desde 1998.

Para modificar a percepção que temos da madeira, é necessária uma reformulação na concepção dos projetos e um aprendizado contínuo sobre o manejo de cada espécie vegetal. As madeiras são tão diferentes entre si como qualquer material disponível para a construção civil. Os metais são diferentes entre si, e já sabemos qual é seu comportamento em diferentes circunstâncias, mas com a madeira existe uma tendência em usá-la de forma genérica, como se o cálculo para uma espécie servisse para todas. Depois de beneficiadas, as madeiras se tornam muito difíceis de ser identificadas com segurança, mesmo por biólogos experimentados, e entram no mercado com nomes convenientes à demanda.

Para a transformação desse mercado é necessário criar um indústria com parâmetros bem definidos, protocolos que garantam a segurança do produto resultante e uma linguagem de projeto compatível com cada material. Os equipamentos de corte e beneficiamento, colas, ferragens e montagem já existem, e algumas dessas tecnologias de laminação e produção são acessíveis à grande maioria do mercado, impedindo a concentração de poucos fornecedores. A formação de mão de obra especializada é compatível com a cultura do Brasil, e o aprendizado pode servir para a qualificação e a ascensão social de grande parcela da população. Em áreas onde existe fartura de matéria-prima, basta um manejo florestal sustentável para suprir uma demanda alta por novas construções, enquanto áreas devastadas e com baixa oferta de matéria-prima podem ser convertidas em florestas mistas, com madeira de rápido crescimento e densidade média e mata nativa, restaurando o equilíbrio ecológico local e preservando a retenção das águas.

O poder público tem um papel fundamental na evolução do mercado brasileiro, investindo em construções duráveis e com alta qualidade tendo a madeira como protagonista. Aos arquitetos e engenheiros cabe o papel de entender a matéria-prima e transformá-la a ponto de reduzir drasticamente o uso do concreto e de metais, cuja produção é uma das mais nocivas do planeta.

---

principais vedações de ar, bem como rachaduras nos contatos com o gesso em razão da variação higroscópica, entre outros acabamentos interiores.

Para evitar infestações por cupins, uma placa de arrasamento de madeira tratada deve ser colocada em local em que haja o contato com concreto ou alvenaria para resistir ao ataque desses insetos. Também deve haver uma ruptura capilar para eliminar a transmissão da umidade da fundação para a estrutura de madeira do piso (Figura 6.9). Várias substâncias são utilizadas para proteger a madeira contra cupins, como cobre alcalino quaternário (*alkanline copper quaternary* – ACQ) e boratos; a Agência de Proteção Ambiental dos Estados Unidos também aprovou recentemente um novo processo de fabricação no qual o silicato de sódio é infundido na madeira e aquecido para criar uma barreira física aos cupins (TimberSIL®). Há ainda elementos *projetuais* que podem

Você sabia?

Resinas sintéticas: adesivos e colas – diferenças entre estes produtos

Profa. Dra. Melina Kayoko Itokazu Hara

Resinas sintéticas são polímeros preparados via processos de polimerização, por adição ou por condensação. Amplamente utilizadas na produção de tintas, adesivos, vernizes e colas, resinas poliméricas podem ser classificadas como termorrígidas, em que suas cadeias se entrelaçam fazendo que não possam mais perder a forma, possuindo, portanto, uma estrutura mais rígida, ou termoplástica, que apresentam alta viscosidade e podem ser conformadas e moldadas.

As resinas epoxídicas são sintéticas produzidas por copolimerização de compostos epóxidos com fenóis. Costumam ser viscosas e endurecem com a adição de poliamidas, formando ligações cruzadas, sendo geralmente usadas como adesivos. Essas resinas não necessitam de aquecimento externo nem de qualquer tipo de pressão para ser produzidas, como o epóxi, por exemplo, utilizado como adesivos e em pisos.

As resinas fenólicas, obtidas por condensação de fenóis com aldeídos, são resistentes ao esforço mecânico, além de térmica e quimicamente estáveis. Sem a adição de carga, essas resinas podem ser utilizadas como verniz, cola e resina de molde, entre outras aplicações.

Já as resinas alquídicas são obtidas por condensação ou esterificação do glicerol ou de glicóis com ácidos carboxílicos, sendo muito utilizadas na indústria de vernizes, tintas e isolantes.

Melina Kayoko Itokazu Hara é bacharelada em Química pela Universidade Federal de São Carlos, com experiência em fotoquímica inorgânica e atuando em temas como dispositivos moleculares (fotossensor/célula solar/fotointerruptores). Mestra e doutora em Química Inorgânica, licenciada em Química pela Universidade de São Paulo, atuando também como colaboradora, além de professora e coordenadora do curso superior de Tecnologia em Construção de Edifícios da Fatec Tatuapé e professora da Universidade Guarulhos.

---

deterioração e infestações por parasitas nas estruturas de madeira. Entre os desenvolvimentos recentes, estão revestimentos químicos e tratamento térmico.

Figura 6.9 Uma vedação de espuma plástica sob a placa de arrasamento com a função de ruptura capilar e proporcionar maior estanqueidade do ar.

Figura 6.10 O borato é uma opção menos tóxica para tratamento para cupins que os produtos químicos tradicionais para controle de pragas. O tratamento com boratos é geralmente aplicado em uma faixa de até um metro da parte inferior da estrutura.

ajudar no controle de pragas, como o estabelecimento do acabamento exterior de pelo menos 31 cm abaixo de qualquer estrutura de madeira, de modo a evitar qualquer contato de lajes de concreto construídas no local com os pisos de madeira e propiciar acesso para inspeções visuais quanto à atividade de cupins em todos os porões e espaços nos quais o acesso seria difícil ou nos quais fosse preciso rastejar. O borato em *spray*, como o Bora-Care®, pode ser aplicado em até 92 cm da parte inferior da estrutura antes de o isolamento ser instalado (Figura 6.10) e é menos tóxico que os tratamentos tradicionais de solo.

Tratamento da madeira

Os fabricantes continuam a desenvolver processos e produtos químicos para reduzir ou eliminar o mofo,

No mercado, há várias aplicações químicas disponíveis, como o BluWood® (utilizado pelas fábricas para o tratamento de todas as estruturas de madeira), revestimentos, produtos engenheirados de madeiras com um produto à base de borato para oferecer resistência a pragas e mofo e um revestimento resistente à umidade (Figura 6.11). O BluWood fornece uma garantia limitada de 30 anos contra mofo, deterioração e pragas;

no entanto, não é aprovado para placas de arrasamento ou aplicações em alvenaria e concreto. Um produto similar, o MOLD-RAM®, é aplicado no local após a conclusão da estrutura, e pode ser combinado com um tratamento de borato contra cupins (Figura 6.12).

Tratamento da madeira no Brasil

Quanto ao tratamento de elementos e de produtos de madeira, há no Brasil a obrigatoriedade do tratamento de preservação das peças e sistemas estruturais, principalmente quando em contato direto com o solo ou sob condições que possam impactar sua vida útil, diminuindo-a, assim como elementos provenientes de madeira passíveis de tratamento que tenham alburno, ou seja, de puro cerne, ou mesmo tenham permeabilidade em seu tecido lenhoso.

Essa obrigatoriedade tem como base a Lei n. 4.797, de 20 de outubro de 1965; a Instrução Normativa Conjunta Ibama (Instituto Brasileiro de Meio Ambiente e Recursos Naturais Renováveis) e Anvisa (Agência Nacional de Vigilância Sanitária), em fase final de implementação para substituição da Portaria Interministerial n. 292, de 20 de outubro de 1989; e da Instrução Normativa n. 5, de 20 de outubro de 2010, que disciplinam o setor Preservação de Madeiras no Brasil.*

Tanto as plantas madeireiras industriais como os produtos para tratamento preservativos devem atender às diretrizes do Ministério do Meio Ambiente, ser certificados e ter avaliada a periculosidade ambiental pelo Ibama e pela Anvisa.

Figura 6.11 Componentes da construção de estrutura de madeira podem ser tratados na fábrica com inibidores de mofo, fungicidas e inseticidas. Os produtos são normalmente coloridos para facilitar a identificação no local.

Figura 6.12 No tratamento dessa estrutura utilizou-se MOLD-RAM® – produto que evita o surgimento de mofo – e borato contra cupins.

Você sabia?

Produtos para tratamento de madeira são apenas parte da solução

Os tratamentos para madeira podem ser eficazes para proteger um prédio da umidade e de outros danos durante a construção. Estruturas instaladas e expostas à chuva são suscetíveis a mofo, deterioração e pragas – vulnerabilidades que podem ser reduzidas com a aplicação de aditivos químicos na madeira. Embora geralmente não sejam considerados tóxicos, esses produtos químicos tornam as lascas de madeira inadequadas para triturar, o que elimina a possibilidade de reciclagem. Independente de quanto esses tratamentos irão reduzir o mofo ou a deterioração estrutural, eles não são substitutos para as práticas de construção de alta qualidade, tais como o manejo eficaz da umidade na fundação e nas paredes, projetos que desviam a água dos prédios e detalhes que ajudam a reduzir as infestações por cupins. Se o prédio não é projetado e construído para permanecer seco e livre de pragas, nenhum tratamento na madeira irá mantê-lo saudável e duradouro.

O tratamento térmico – ou modificação térmica – envolve o aquecimento da madeira para melhorar a resistência à decomposição e à estabilidade dimensional. O processo remove compostos instáveis, mata organismos e modifica a estrutura da madeira, reduzindo sua capacidade de absorver umidade. Ao fazê-lo, a madeira torna-se mais resistente a pragas, mofo e fungos. Produtos como o BluWood são substitutos eficazes, no entanto, não são aprovados para o tratamento para elementos em contato com o concreto. A madeira tratada termicamente ainda precisa conquistar seu lugar no mercado norte-americano. As aplicações mais prováveis serão os emplacamentos, forros e outros acabamentos exteriores, mas poderão ser vistas em produtos estruturais com a evolução da tecnologia.

---

* Geraldo José Zenid (Coord.). *Madeira*: uso sustentável na construção civil. (S.H.O.)

Estruturas de madeira

As estruturas residenciais de madeira utilizam técnicas que foram desenvolvidas e aperfeiçoadas ao longo de várias gerações, de modo a permitir a construção rápida e pouco dispendiosa de novas casas. Novas técnicas ajudaram a reduzir o uso de materiais, economizar dinheiro e melhorar o desempenho térmico sem sacrificar a integridade estrutural.

Outros pontos que se destacam, além da velocidade reduzida de construção e da produtividade quando a mão de obra já é habilitada, é o fato de a desmaterialização pela economia de materiais propiciar uma construção mais leve e exigir volumes menores para as fundações ou estruturas mais simples e menos onerosas. Além disso, em reformas e até em reconstruções resultantes de desastres, as estruturas de madeira agilizam a entrega de construções, se comparadas com as de alvenaria e de concreto, e demandam equipamentos de transporte e de içamento mais leves, se comparadas com elementos pré-moldados e pré-fabricados.

Estrutura de madeira convencional

A estrutura de madeira residencial padrão é simples, de baixo custo e propensa a desperdícios de materiais e ineficiência energética. Na maior parte dos Estados Unidos, os materiais de estrutura de madeira são relativamente baratos, enquanto os custos de mão de obra são elevados. Essa relação com o custo tende a levar os construtores a consumir uma grande quantidade de materiais com o mínimo de preocupação com resíduos e eficiência energética. Em vez de selecionarem vergas, vigas e colunas dimensionadas para cargas estruturais reais, projetistas e construtores costumam especificar e instalar os tamanhos padrões, que muitas vezes excedem os requisitos de resistência mínima necessária (Figura 6.13).

Estrutura moderna

Na década de 1960, a **engenharia de otimização de valores** (*optimum value engineering* – OVE), também conhecida como **estrutura moderna**, foi desenvolvida por iniciativa do Departamento de Habitação e Desenvolvimento Urbano dos Estados Unidos (Department of Housing and Urban Development – HUD) para diminuir o uso de materiais e os custos associados às construções de estruturas de madeira. Com a redução do material proporciona-se mais espaço para o isolamento; desta forma, a estrutura moderna foi in-

Figura 6.13 Convencionalmente, as casas contêm estrutura em excesso, o que desperdiça dinheiro, recursos e prejudica seu desempenho global.

corporada pela construção verde.* Muitas técnicas de estruturação moderna são simples, rentáveis e eficientes no que concerne ao uso de energia; no entanto, a adoção dessas técnicas tem sido morosa e inconsistente por causa do ritmo lento da mudança na indústria da construção. A estruturação moderna exige mais dedicação e cuidado tanto no planejamento quanto nas fases de construção de um projeto.

Os profissionais da construção, muitas vezes equivocadamente, acreditam que quanto mais estrutura melhor, ponderando: se uma ripa é boa, então duas é melhor, e três deve ser ótimo. Os excessos na construção são devidos ao uso de maior quantidade de material e custa mais do que o necessário. Independente dos materiais e métodos escolhidos para a construção de um prédio, o dimensionamento correto de elementos estruturais para suas cargas efetivas gera economia e melhora a eficiência do imóvel. A estrutura moderna não sacrifica a segurança nem a resistência. Em vez disso, fornece a quantidade adequada de estrutura necessária, de modo a evitar o uso excessivo de material e permitir o máximo de isolamento.

Benefícios da estrutura moderna

Projetar uma casa nas dimensões padrão, com 3,66 m de comprimento em vez de 3,81 m, pode evitar o desperdício do corte de dezenas de tábuas de 4,27 m (Figura 6.14). A ação de selecionar janelas com larguras que se encaixem nos módulos da estrutura de modo a ajustá-las entre ripas elimina a necessidade de ripas extras na parede da estrutura. Outras técnicas para construir paredes estruturais incluem o uso de ripas 5 × 15 cm num espaçamento de 4,88 m, em vez de ripas de 5 × 10 cm espaçadas em 4,88 m, e pisos de estrutura de madeira engenheirada com 5,85 m ou 7,32 m de espaçamento. Essas técnicas podem reduzir a quantidade de material necessário e são facilmente incorporadas durante a fase de planejamento de um projeto. Paredes não estruturais podem ser construídas com ripas de 5 × 10 cm com 7,32 m de comprimento no local.

Novos profissionais das construções com estrutura moderna com frequência expressam preocupação de que essas construções não parecem sólidas. As estruturas modernas, quando corretamente projetadas e instaladas, não diminuem a integridade estrutural de uma casa. Além disso, o valor do processo de *projeto* integrado pode proporcionar economia na fase de estruturação de um projeto. A localização exata da tubulação e do aquecimento, da ventilação e do ar-condicionado (*heating, ventilating and air conditioning* – HVAC) para minimizar os cortes nos elementos estruturais pode eliminar a necessidade de duplicar as partes que são enfraquecidas por cortes e furos para os tubos e dutos, permitindo mais espaço para o isolamento e redução de material e custos de mão de obra.

Planejamento para estrutura moderna

Para que possam ser bem-sucedidas, as técnicas de uma estrutura moderna devem ser gerenciadas cuidadosamente no campo. Detalhes de cantos abertos de duas ou três ripas (Figura 6.15) e as paredes em T com estrutura escalonada (Figura 6.16) são simples de construir, mas montadores não familiarizados com essas técnicas podem falhar em utilizá-las. Os construtores tradicionais são muitas vezes relutantes em reduzir a quantidade de madeira em suas residências e desconfiam das mudanças de tradições e experiências bem estabelecidas.

Na construção residencial, uma prática comum é utilizar vergas duplas de 5 × 25 cm em todas as aberturas de portas e janelas, muitas vezes com estruturas de 5 × 10 cm pregadas no topo e no fundo com um espaço no meio (Figura 6.17). Esta concepção é um desperdício, porque as placas superiores e inferiores não precisam ter resistência estrutural. A verga dupla de 5 × 25 cm é muitas vezes maior do que o necessário para a maioria das aberturas, e o espaço entre elas não fornece qualquer valor de isolamento, particularmente quando uma verga menor seria adequada (Tabela 6.3). Além disso, as vergas estruturais são frequentemente instaladas em paredes sem resistência estrutural. Essas práticas desperdiçam materiais, e as vergas superdimensionadas e instaladas em paredes isoladas reduzem e impactam na perda de desempenho do isolamento térmico. Escolher cuidadosamente o tamanho certo das vergas para cada abertura, bem como eliminá-las de paredes sem resistência estrutural, representam economia em materiais e mão de obra, proporcionando ainda aumento da eficiência térmica (Figura 6.18).

Ao isolar a verga com um espaçador de espuma, ou movê-la para o exterior de modo a favorecer o isolamento interior, aumenta-se o desempenho térmico do imóvel (Figura 6.19). Até mesmo vergas de dimensão correta poderão resultar em algum prejuízo, sobretudo se forem instaladas com ripas de suporte em excesso (Figura 6.20). Essas ripas desnecessárias representam desperdício de material e provocam deslocamento adicional do isolamento.

Técnicas avançadas da estrutura moderna

Na forma mais avançada, as técnicas modernas de estruturação incluem placas superiores únicas, os quadros de elementos estruturais são formados pela associação dos caibros com vigotas, e os suportes da verga são usados para substituir as vigas de apoio

---

* A desmaterialização que causa impacto em todas as outras etapas, desde a fundação, elevações, transportes de materiais, o conforto ambiental interno, a condição de a própria madeira ser um recurso renovável e de absorção de CO_2, resulta um processo otimizado e sustentável. (S.H.O.)

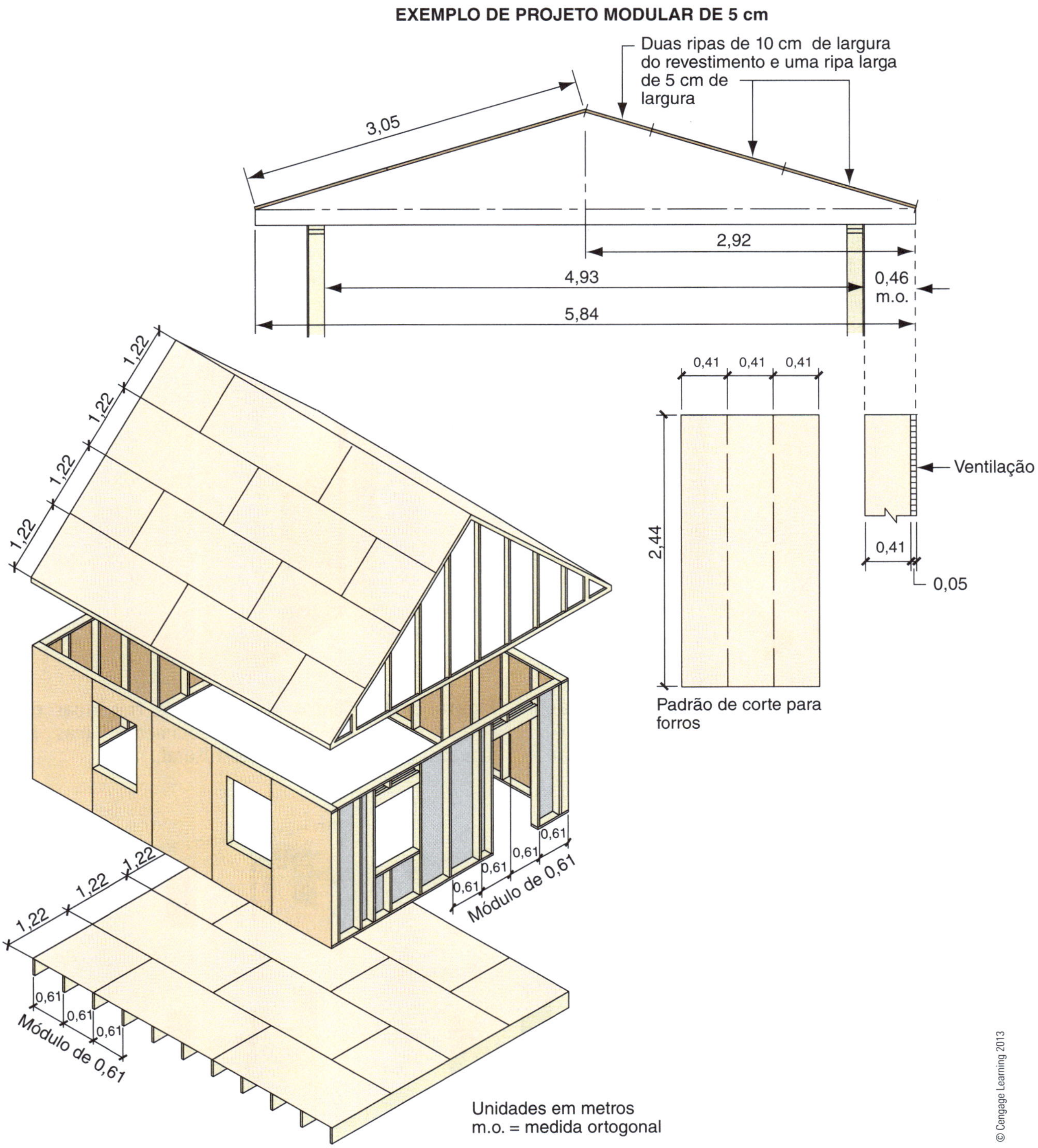

EXEMPLO DE PROJETO MODULAR DE 5 cm

Figura 6.14 Esquematização e corte de itens da estrutura, modulação e paginação para aproveitar a dimensão total do material e reduzir o desperdício no local.

(Figura 6.21). **Placas** são os membros superiores ou inferiores de uma estrutura de parede; a prática padrão é instalar duas placas superiores de 5 × 10 cm. Pequenas melhorias, como redução de ripas sob as extremidades do peitoril da janela, geram mais economia (Figura 6.22). Quando a estruturação moderna é incorporada em uma nova casa, pode-se reduzir o custo total do material em até 40% em relação aos métodos tradicionais; a economia média varia de 10% a 25%, dependendo da quantidade de técnicas de OVE incorporada a um projeto.[1]

---

[1] Baczek, S.; Yost, P.; e Finegan, S. *Using Wood Efficiently:* From Optimizing Design to Minimizing The Dumpster. Boston, MA: Building Science Corporation, 2002.

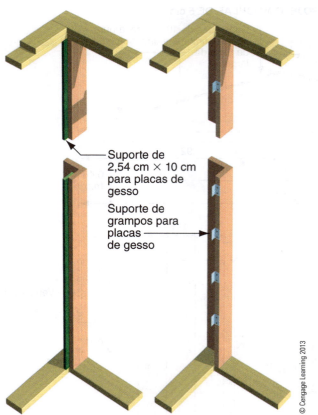

Figura 6.15a Cantos entre duas ripas reduzem o uso de material e permitem maior cobertura do isolamento; os cantos exigem grampos de gesso acartonado ou ripas de 2,54 cm × 10 cm para suportar placas de gesso.

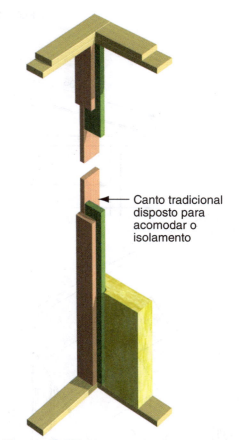

Figura 6.15b Cantos abertos entre três ripas permitem maior cobertura do isolamento, mas não reduzem o uso do material estrutural.

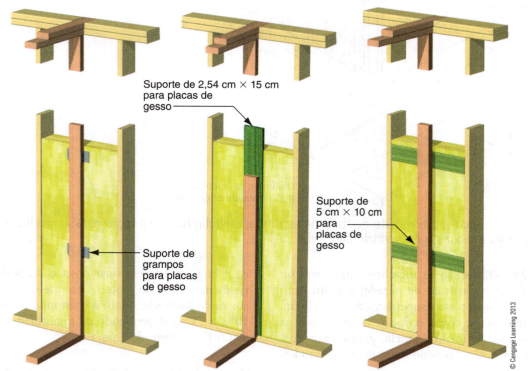

Figura 6.16 Paredes em T com estrutura escalonada reduzem o uso de material e propiciam maior cobertura de isolamento.

Pisos e paredes externas

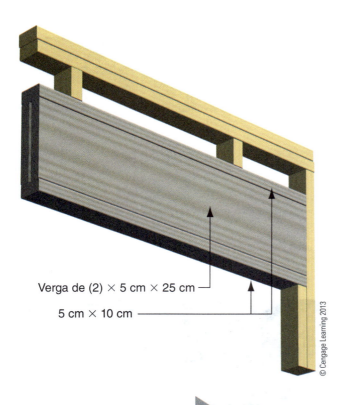

Verga de (2) × 5 cm × 25 cm

5 cm × 10 cm

Figura 6.17 Vergas duplas feitas com duas ripas de 5 cm × 25 cm são muitas vezes superdimensionadas para cargas reais, e a prática de conectá-las com duas ripas de 5 cm × 10 cm no topo e no fundo levam ao desperdício de material e reduz o espaço disponível para o isolamento.

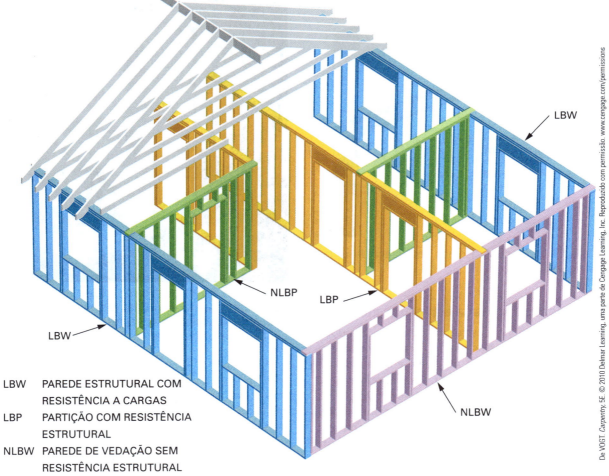

LBW   PAREDE ESTRUTURAL COM RESISTÊNCIA A CARGAS
LBP   PARTIÇÃO COM RESISTÊNCIA ESTRUTURAL
NLBW PAREDE DE VEDAÇÃO SEM RESISTÊNCIA ESTRUTURAL

Figura 6.18 As vergas estão localizadas apenas em paredes estruturais.

Tabela 6.3 Tamanho das vergas

	Vãos máximos para vergas duplas (em centímetros)[a]			
	(Informações extraídas da Tabela 602.6 do International Code Council's One- and Two Family Dwelling Code de 1995)			
Tamanho da verga	Apoio somente de telhado	Suportando um andar acima	Suportando dois andares acima	Paredes ou telhados livres
5 × 10	10	0	0	[b]
5 × 15	15	10	0	[b]
5 × 20	20	15	0	25
5 × 25	25	20	15	30
5 × 30	30	25	20	40

[a] Também se aplica a vergas simples de 10 cm nominais. Com base na madeira número 2 com cargas distribuídas em 3,05 m de comprimento. Não deve ser usado em locais onde cargas concentradas são suportadas por vergas.

[b] Vergas estruturais não são necessárias em paredes internas ou externas não estruturais ou de vedação. Elementos planos únicos de 5 cm × 10 cm podem ser utilizados como vergas em paredes internas ou externas não estruturais ou de vedação para aberturas de até 2,44 m de comprimento, e com a altura da superfície paralela para colocação de pregos inferior a 61 cm. Para essas vergas livres não são necessárias ripas extras ou de suporte acima delas.

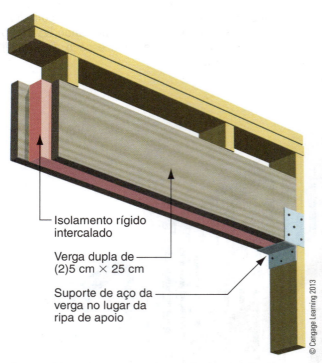

Figura 6.19 Verga dupla isolada com placa de isolamento rígida no meio.

Benefícios adicionais da estrutura moderna

Quando se incorpora a estrutura moderna, ela pode trazer benefícios indiretos, como o aumento do isolamento sem nenhum custo adicional e uma redução das fissuras do gesso acartonado. Os empreiteiros de isolamento normalmente estipulam seus preços em metros quadrados de parede, em vez do valor real do produto que instalam. Como a estruturação moderna conduz a um maior espaço para o isolamento, maior será a quantidade de isolamento a ser instalada sem custo adicional (em geral) para o construtor.

Figura 6.20 Instalação de ripas adicionais, não necessárias para a estrutura, reduzindo o espaço disponível para isolamento, representando um desperdício de recursos de madeira.

O *drywall* não possui o mesmo coefiente de dilatação da madeira, gerando movimentações diferenciais nos encontros destes materiais. Muitas vezes, surgem rachaduras no *drywall* que é fixado nas ripas de canto, pois cada ripa retrai e dilata em direções opostas. O uso de técnicas de estruturação moderna, como cantos de duas ripas com *drywall* fixados com grampos ou fixação de blocos com pregos, ajuda a reduzir as

Prós e contras da estrutura em aço

A madeira é muito mais comum que o metal quando se trata de estruturas de casas, mas a aplicação de vigas leves de aço, de bitolas reduzidas, superam as equivalentes vigas de madeira, denominadas ripas, numa série de categorias, com parte de seu conteúdo proveniente de material reciclado, resistência à deterioração, menores desperdícios e resíduos no local da obra. Todavia, a estrutura em aço tem três grandes desvantagens: custo elevado, maior valor de energia incorporada e desempenho energético inferior relacionado ao conforto térmico proporcionado pela estrutura de madeira.

Enquanto não há muito a ser dito a favor da estrutura em aço, o principal inconveniente é seu desempenho térmico fraco. O aço conduz o calor muito mais eficazmente do que a madeira, e, embora a malha seja muito mais fina em seção transversal, cerca de duas vezes em termos da dimensão do material, a perda de calor é significativa. A Comissão de Energia da Califórnia alega que uma viga de aço conduz dez vezes mais calor que uma ripa de madeira.

Essa ponte térmica reduz drasticamente o desempenho do isolamento nas cavidades das paredes. Um estudo de 2001 do Oak Ridge National Laboratory (ORNL) constatou que a ponte térmica em uma parede de madeira de estrutura convencional reduz o desempenho do isolamento nas cavidades em 10%; em uma parede de estrutura de aço, o desempenho cai em até 55%. Simplesmente fazer as cavidades das paredes com maiores espessuras para compensar essa desvantagem térmica é ineficaz.

A pesquisa do ORNL, no entanto, considerou várias soluções possíveis e verificou que paredes com vigas de aço podem ter desempenho tão bom ou melhor do que paredes de estrutura similares de madeira. A solução mais comum é envolver o exterior da construção com isolamento de espuma rígida, o que proporciona uma quebra térmica para a estrutura em aço. Uma parede com estrutura em aço envolta em espuma funciona melhor do que uma parede similar sem espuma – mas uma parede com estrutura de madeira envolta em espuma funciona melhor ainda.

Outras opções citadas pelo relatório do ORNL incluíram espaçadores para isolar o revestimento das vigas de aço e das vigas em aço revestidas com espuma; ambas as técnicas interrompem a condução do calor através da estrutura de aço para o exterior. Talvez a melhor opção para a estrutura em aço esteja em climas amenos, como no Havaí, onde o desempenho térmico do aço não representa um grande problema. Em locais como esse, a necessidade de transpor, de envio de materiais a grandes distâncias, em face das pressões da umidade e insetos, dá à estrutura em aço uma inerente vantagem sobre a madeira pela leveza e durabilidade.

Fonte: Reimpresso com permissão da *Green Building Advisor*. http://www.greenbuildingadvisor.com/green-basics/steel-studs

---

rachaduras, pois o *drywall* não é fixado na estrutura, que tende a se mover em direções opostas ao canto.

Estrutura de ripas e ponte térmica

Uma das desvantagens da construção com estrutura de madeira é a ponte térmica (no Capítulo 4, ver "Isolamento" e "Estanqueidade"), que ocorre sempre que elementos da estrutura de baixo valor R, como ripas e caibros, transferem calor entre o interior e o exterior em um ritmo muito superior ao isolamento térmico. Um método para reduzir a transmissão de calor é instalar revestimento em paredes isoladas, que age como uma ruptura térmica na estrutura. O produto do revestimento isolante mais comum é a espuma rígida de poliestireno, embora alternativas como fibra de vidro e mineral estejam disponíveis. Outro método para limitar a ponte térmica é construir paredes de estrutura dupla (Figura 6.23) com uma espessa camada de isolamento preenchendo toda a cavidade (ver o boxe "Experiência prática" no Capítulo 4).

Ao mesmo tempo que se elimina a ponte térmica desejável em todos os climas, isto fornece o máximo de benefício em regiões mais frias que têm maior diferencial de temperatura (referido como Delta T ou ΔT) entre o interior e o exterior. A maioria dos climas quentes tem poucos dias acima de 32 °C ou 38 °C, e, até mesmo nesses dias, o ΔT é normalmente entre −9,5 °C e −6,7 °C, porque as temperaturas internas de verão são geralmente mantidas entre 22 °C e 25 °C. Os climas frios têm frequentemente um ΔT entre −1,1 °C e 24 °C quando a temperatura externa está muitas vezes bem abaixo do ponto de congelamento, enquanto as temperaturas internas são mantidas entre 20 °C e 22 °C.

Revestimento de parede

Paredes com estrutura de ripas exigem revestimentos na face externa para servir como base para a barreira resistente à água (*water-resistive barrier* – WRB) e os materiais de emplacamento para o acabamento. WRB é a barreira resistente à umidade entre o acabamento da parede exterior e a estrutura que, quando combinada com rufos, direciona a água para baixo e para fora da estrutura (WRBs e emplacamentos serão abordados com detalhes no Capítulo 9). Muitas das primeiras estruturas de ripas não tinham revestimento; desta forma, o emplacamento era fixado diretamente nas ripas. O primeiro revestimento estrutural era feito de tábuas individuais, normalmente colocadas diagonalmente para fornecer resistência à distorção, formando o contraventamento do sistema.

Revestimento de parede estrutural

O emplacamento das paredes estruturais é feito com placas de compensado, um material básico da construção, desenvolvido pela engenharia madeireira, feito de camadas finas coladas de folheado de madeira. O compensado começou a substituir os revestimentos sólidos depois da Segunda Guerra Mundial, e ainda é usado, mas outros materiais modernos constituem a maior parte dos revestimentos exteriores atualmente utilizados na construção de novas moradias.

OSB é o revestimento de parede estrutural mais comum atualmente em uso. O revestimento de paredes em OSB – feito de tiras retangulares de madeira dispostas em camadas perpendiculares prensadas – é o mesmo material usado nas estruturas de **vigotas em I**. A técnica de fabricação usada para produzir o OSB está intimamente relacionada a outros produtos engenheirados de madeiras.

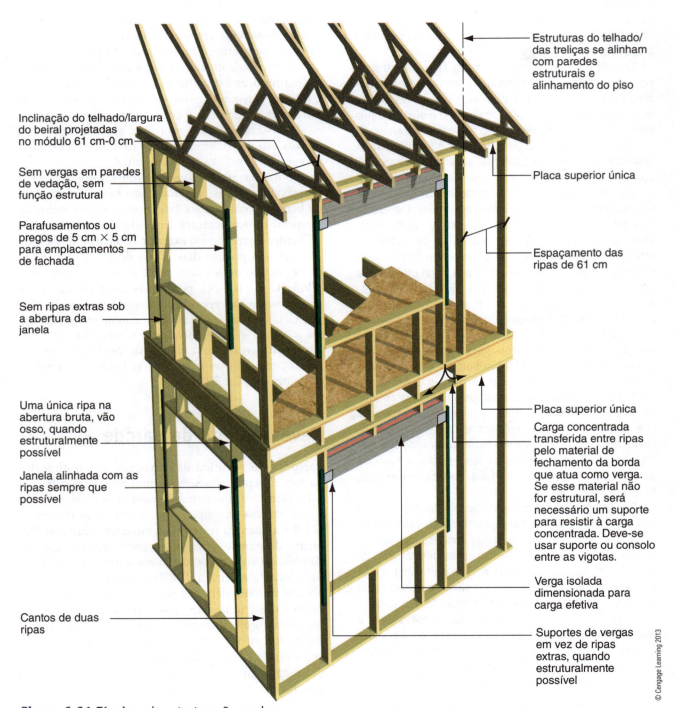

Figura 6.21 Técnicas de estruturação moderna.

Figura 6.22 Sob essa janela, as duas ripas extras externas são desnecessárias.

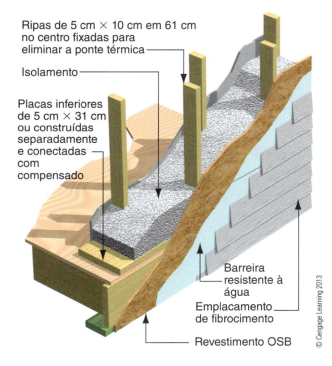

Figura 6.23 Paredes de ripas duplas contêm duas paredes paralelas de 5 cm × 10 cm. As ripas são fixadas para eliminar a ponte térmica.

Muitos e diferentes materiais para revestimento estrutural estão disponíveis para a construção residencial. Entre os produtos à base de gesso está o GP DensGlas Silver™, um revestimento estrutural inorgânico, resistente ao mofo e não isolante (Figura 6.24). Placas de óxido de magnésio (MgO), resistentes à água e ao fogo, que podem ser usadas tanto como acabamentos internos quanto externos, não são comuns nos Estados Unidos, mas estão ganhando aceitação (Figura 6.25). Entre os produtos de MgO, há o DragonBoard e Magnum Board®. Revestimentos estruturais isolantes (*structural insulated sheathing* – SIS) da Dow (ver Capítulo 4) e as paredes da Huber ZIP System® são produtos relativamente novos que estão expandindo suas participações no mercado de construção residencial. Esses dois produtos podem servir tanto como barreiras resistentes à água como para revestimento estrutural. Outros revestimentos estruturais, a menos que tenham sido concebidos com recurso integrado de resistência à umidade, devem ter uma WRB separada e aplicada para manter a umidade fora da estrutura do prédio.

Figura 6.24 Revestimento estrutural à base de gesso.

Figura 6.25 Placa de óxido de magnésio (MgO) usada para revestimento exterior da parede e do *deck* do telhado.

Revestimento isolante

Com exceção do SIS e de produtos similares, o revestimento isolante não fornece integridade estrutural para paredes e deve ser combinado com OSB, compensado ou reforço diagonal rebaixado para manter a estrutura do prédio. Como abordado no Capítulo 4, o revestimento isolante está disponível em poliestireno, fibra de vidro e mineral, e oferece uma ruptura térmica em todos os elementos da estrutura, ajudando a reduzir o ganho e a perda de calor através das paredes.

Revestimento isolante em combinação com revestimento estrutural

Uma opção para utilizar o revestimento isolante é instalar revestimento estrutural apenas nos cantos da estrutura, onde for necessário, geralmente menos de 25% da área da parede (Figura 6.26a). Se o revestimento de 1,27 cm for desejado em toda a casa, o revestimento isolante deverá ser instalado, no mesmo nível do revestimento estrutural, no restante das paredes (Figura 6.26b). Outras opções incluem o uso de revestimento isolante de 2,54 cm ou mais espesso em todas as paredes, com exceção dos cantos, com revestimento estrutural de 1,27 cm, onde uma camada de revestimento isolante é instalada sobre os painéis estruturais em uma espessura a fim torná-lo nivelado com o resto da parede (Figura 6.26c). Finalmente, se a parede é construída com um reforço diagonal em vãos alternados (ou *let-in*), uma camada completa de revestimento isolante pode ser instalada em todas as paredes estruturais.

Figura 6.26a Um revestimento externo é substituído por isolante rígido onde os requisitos estruturais permitirem.

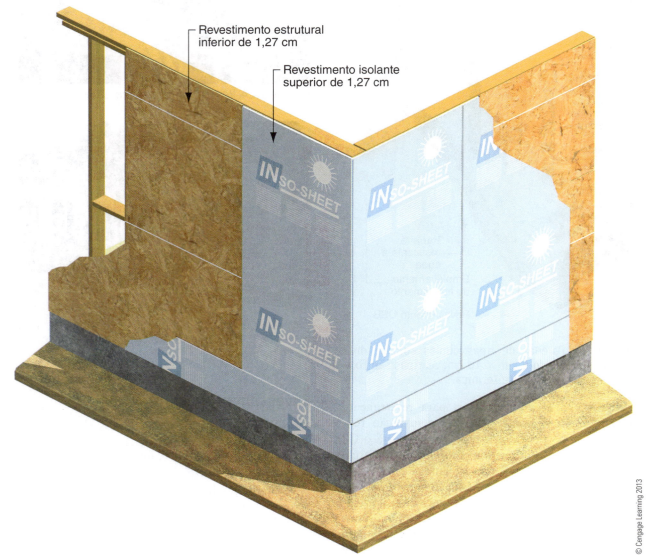

Figura 6.26b As paredes são completamente envoltas em revestimento estrutural de 1,27 cm e revestimento isolante superior de 1,27 cm.

Pisos e paredes externas

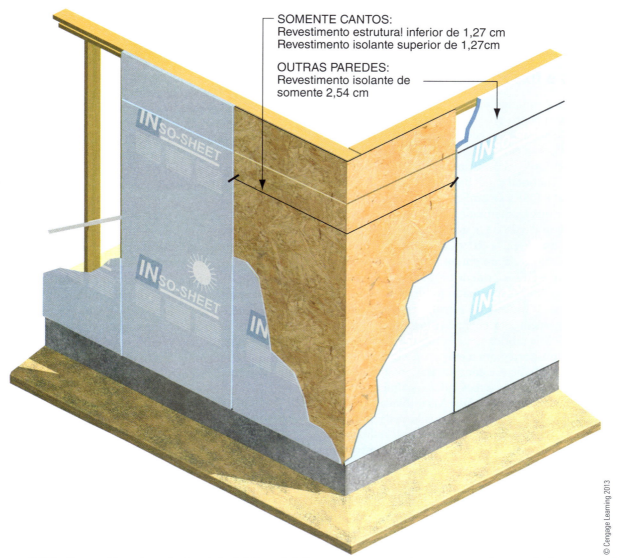

Figura 6.26c O revestimento estrutural de 1,27 cm é feito apenas nos cantos com revestimento isolante superior de 1,27 cm. As outras paredes terão revestimento isolante de 2,54 cm para torná-lo nivelado com os cantos.

Placa de fibra

Outro revestimento tradicional de parede, a placa de fibra, também conhecida como *blackboard* ou *buffaloboard*, está disponível sob os nomes comerciais de QuietBrace®, da Temple-Inland, e Stedi-R®, da Georgia-Pacific Corporation,* entre outros (Figura 6.27). A placa de fibra é feita de fibras de madeira (com 85% de material reciclado) e formada por folhas aglutinadas; pode também ser aplicado um revestimento resistente à água com base de asfalto. Disponível em painéis estruturais ou não estruturais, a placa de fibra é uma alternativa adequada de baixo custo para compensados e OSB, com maior valor R e propriedades de amortecimento de som.

Figura 6.27 Casa revestida com placa de fibra.

Piso do pavimento

Entre os produtos para o piso estrutural do pavimento estão o compensado, painéis OSB e, o menos usual na construção moderna, a madeira maciça. Adesivos de alto desempenho aplicados na produção de painéis ofe-

---
* No Brasil, as marcas mais conhecidas são Duratex e Eucatex. São obtidas a partir do eucalipto, na cor marrom, com uma superfície lisa e outra rugosa, com espessuras de 2,5 a 3,0 mm. (S.H.O.)

recem excelente resistência à umidade, mantendo a integridade estrutural e a estabilidade dimensional após ciclos de umedecimento e secagem durante a construção.

Adesivos e fixadores

Adesivos são comumente aplicados entre as vigotas e o piso do pavimento para fornecer maior resistência à estrutura e reduzir os ruídos. Uma vasta gama de produtos de compostos orgânicos não voláteis e pouco voláteis (VOCs) estão disponíveis para esta finalidade, como Titebond® GREEN*choice*™, da Franklin International e OSI® GreenSeries™, e devem ser usados no lugar dos tradicionais produtos com alto teor de VOC (Figura 6.28). Os adesivos reduzem os ruídos, ajudam a reforçar a estrutura e podem diminuir a permeabilidade do ar; no entanto, tornam a desmontagem muito difícil e podem originar mais resíduos quando um prédio é reformado ou demolido.

Os pregos utilizados na estruturação são de aço fundido e possuem alta energia incorporada. Os pregos adquiridos de fabricantes estrangeiros exigem mais energia no transporte para a entrega do que os produtos domésticos. Indica-se considerar a possibilidade de usar pregos produzidos e reciclados localmente, como, por exemplo, da empresa Ada Maze Nails. Independente do tipo de prego utilizado, cada pedaço de madeira eliminado na estruturação moderna reduz o número de elementos necessários de fixação à estrutura. A disponibilidade das pistolas pneumáticas que permitem que os pregos sejam disparados de forma fácil e rápida reduziu de modo significativo o uso de fixadores na construção em estrutura de madeira. Os códigos de construção e cronogramas enxutos dos fabricantes devem ser cumpridos a fim de assegurar a integridade estrutural e determinar a quantidade adequada de pregos para cada aplicação, evitando-se a prática de desperdiçar mais pregos do que o necessário.

Figura 6.28 Uma vasta gama de adesivos e selantes de baixo e zero VOC estão disponíveis para os projetos de construção.

Componentes manufaturados

As casas podem ser construídas com componentes produzidos em fábricas, a composição da construção é através do arranjo de painéis individuais, que são montados e finalizados no local, e podem ser constituídos módulos parciais ou mesmo ser totalmente prontos para entrega na obra. Componentes produzidos em fábricas podem ajudar a reduzir o desperdício, melhorar a eficiência energética e possuir melhor proteção à umidade, tão bem ou melhor que os sistemas construídos *in loco*, contribuindo para a sustentabilidade da casa.

SIPs

SIPs são painéis sólidos feitos de um núcleo isolante colado a uma placa estrutural, tanto no interior quanto no exterior, configurando-se um sanduíche. Os SIPs mais comuns são feitos com um núcleo de poliestireno expandido (*expanded polystyrene* – EPS) e painéis exteriores de OSB, embora também estejam disponíveis SIPs de poli-isocianurato (*polyiso*) e poliuretano. Há ainda materiais alternativos, como placas estruturais baseadas em placas e painéis exteriores que não são de madeira, incluindo metal e MgO (Figura 6.29). As espessuras disponíveis variam de 10 cm a 31,12 cm, com valores R de aproximadamente 14 a 58, dependendo da espessura e do tipo do núcleo isolante. Os SIPs podem ser utilizados em pisos, paredes e telhados, e com um número limitado de elementos estruturais mantém-se a ponte térmica mínima. Os painéis são montados em réguas com juntas coladas e parafusos, proporcionando uma excelente vedação de ar (Figura 6.30). Em geral, as residências construídas com SIPs têm permeabilidade de ar significativamente menor do que as de estruturas de ripas.

Os benefícios da construção com SIPs são: possuir grande valor R, alta velocidade de construção e quantidades mínimas de resíduos no local. Como não utilizam ripas ou caibros regularmente espaçados, proporcionam isolamento contínuo, ao contrário de paredes estruturadas com ripas, que podem ter 25% da estrutura em madeira. Como um produto em painéis, eles são pré-cortados na fábrica no tamanho adequado, incluindo todas as aberturas de portas e janelas. Quando planejadas adequadamente, as construções com SIPs não têm praticamente resíduos no local de trabalho na fase de montagem e instalação.

Considerações estruturais

Enquanto os SIPs têm capacidades estruturais inerentes, os pontos de sustentação de carga devem ser determinados na fase de projeto, e, quando necessário, colunas serão instaladas na fábrica para, por exemplo, suportar as cargas das vigas através das paredes até a fundação.

Pisos e paredes externas

Figura 6.29 Painéis estruturais isolantes (SIPs) com placa de MgO no interior e exterior.

Advertências e desafios Como produto em painéis, os SIPs demandam um planejamento de construção cuidadoso e minucioso. A fundação deve ser construída com precisão e dimensionada para encaixar os painéis e evitar quaisquer grandes ajustes no local, o que acrescentaria custo e tempo ao processo. O planejamento deve considerar o custo e a acessibilidade dos equipamentos necessários para içar os painéis no lugar. Como os painéis contêm vazios e espaços previamente criados para instalações de eletrodutos e tubulações, os eletricistas e encanadores sem experiência com projetos de SIPs deverão ter treinamento das novas técnicas de instalação. Por último, de acordo com estudos realizados, particularmente em climas frios, juntas mal vedadas entre painéis podem causar acúmulo excessivo de umidade, o que estimula o crescimento do mofo e, em alguns casos, provoca problemas estruturais nos painéis.[2] Como acontece com qualquer construção de madeira, casas construídas com SIPs exigem cuidadosa vedação de ar e a instalação de uma WRB, barreira resistente à água completa e eficaz para garantir alto desempenho.

[2] Lstiburek J. SIPA Technical Report: Juneau, Alaska, Roof Issue, 2001.

Construção com painéis

Residências feitas com painéis combinam técnicas de estruturação tradicional e a produção em massa para reduzir os custos, melhoraram a qualidade, reduzem o ciclo da construção e minimizam os danos do clima sobre os componentes estruturais. Em geral, as casas construídas com painéis são compostas de seções de paredes, telhado e pisos produzidos em fábricas instaladas na obra. As vantagens da construção com painéis são: controle de qualidade, integridade do sistema estrutural, rapidez na montagem e redução de resíduos. A qualidade do produto é gerenciada durante o processo de fabricação, no qual os painéis e outros componentes são montados, cortados e embalados em condições controladas de clima, de modo a limitar os efeitos que as condições meteorológicas e as de campo desconhecidas tenham sobre o projeto. Um pacote de painéis para uma residência chega com todos os painéis, blocos de suporte, fixadores e diversas madeiras necessárias para a montagem. Esses sistemas minimizam o desperdício de tempo e dinheiro, além de evitar possíveis faltas de peças durante o processo de construção, ou mesmo idas às lojas para compras. As seções de piso, telhado ou paredes são entregues no local da obra e içadas por guindastes. Em seguida, são montadas por equipes de campo, o que representa economia de tempo, eliminação quase completa de resíduos locais e redução da quantidade de cortes necessários no local.

Os componentes das casas de painéis podem incluir treliças, vigotas em I, SIPs, concreto pré-moldado e paredes com estrutura de ripas. Paredes em painéis são, quase sempre, fabricadas com projetos modulares e fracionadas em partes. Embora os pisos e telhados possam ser entregues montados, podem também ser pré-montados em partes para instalação em

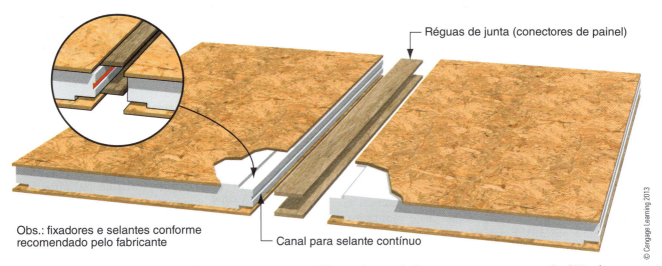

Figura 6.30 Montagem de parede em SIP em que se utilizam réguas de junta como conectores. Os SIPs devem ser cuidadosamente vedados ao ar para evitar problemas de permeabilidade de ar e umidade.

campo, como as treliças e os revestimentos prontos e pré-cortados (Figura 6.31).

(A)

(B)

Figura 6.31 (A) Painéis de parede sendo montados em uma fábrica e (B) instalados no local.

Construção modular

Casas modulares são feitas em módulos ou "boxes" construídos e praticamente acabados em fábrica e depois entregues no local de instalação e montados (Figuras 6.32 e 6.33). Essas casas são diferentes de alojamentos fabricados, comumente referidos como casas móveis ou de reboque. Em conformidade com as normas federais de construção do Departamento Americano de Habitação e Desenvolvimento Urbano (HUD), casas fabricadas são, em geral, totalmente concluídas na fábrica e entregues sobre um chassi de aço permanente. Casas fabricadas nem sempre são instaladas sobre uma fundação permanente.

As casas modulares são parcialmente concluídas na fábrica, entregues no caminhão, em conformidade com os códigos de construção local, e instaladas em fundações permanentes. Tanto as casas modulares como as fabricadas podem atender aos padrões da construção verde.

Figura 6.32 Módulos de casas em construção em uma fábrica.

Figura 6.33 Instalação de um módulo de casa no local.

Casas modulares normalmente são construídas com métodos padrões de construção em estrutura de madeira. Boxes múltiplos podem ser montados em casas de praticamente qualquer tamanho, inclusive em construções de várias unidades (Figuras 6.34a e b). O nível de realização do trabalho na fábrica varia de 50% a 90%, e o restante é concluído na obra. No mínimo, os boxes são estruturados e isolados, além de receber instalações elétricas, tubulações, vedações e forro em gesso acartonado e revestimentos. Ainda neste processo portas e janelas são instaladas. O trabalho adicional que pode ser concluído na fá-

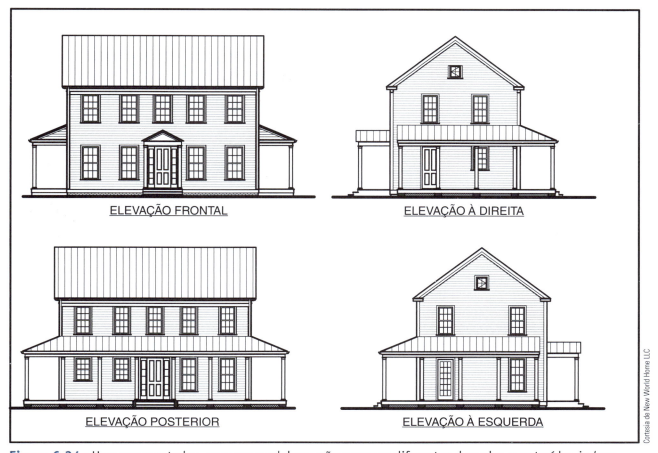

Figura 6.34a Uma vez montadas, as casas modulares não parecem diferentes daquelas construídas *in loco*.

Figura 6.34b Essa casa é composta de quatro módulos, ou boxes, que são enviados para o local da construção. Cada letra corresponde a um módulo específico. O sótão e o telhado estão integrados nos módulos do segundo piso, e as varandas são construídas no local da obra.

brica inclui a instalação de armários, azulejos, pisos e emplacamentos, o que dependerá dos detalhes de cada projeto. Trabalhos relacionados a fundações, conexões de serviços, emplacamentos, acabamento externo e telhados são concluídos no local. Uma casa modular típica é fabricada em uma semana e, após a entrega, a montagem no local tem um prazo de um ou dois dias. Segundo a NAHB, cerca de 10% de todas as residências de famílias que vivem nos Estados Unidos são em construção modular.

Construtores modulares oferecem uma vasta gama de produtos, como projetos padrão sem opções de alterações disponíveis, pacotes básicos de projetos com uma vasta gama de opções, projetos personalizados e construções de acordo com os planos do cliente. As casas variam em tamanho, de pequenas rurais a mansões de praticamente qualquer tamanho. Casas modulares de alta qualidade são muitas vezes indistinguíveis de casas construídas *in loco*.

Casas modulares como uma estratégia da construção verde

As casas modulares ajudam a minimizar os resíduos gerados no local, e os sofisticados processos de fabricação podem otimizar o uso de materiais na fábrica. Elas são muito menos suscetíveis a danos por umidade e problemas associados ao mofo do que casas construídas *in loco*, porque os "boxes" são construídos em uma fábrica e o tempo de montagem no local é de apenas alguns dias, em vez de semanas ou meses para que argamassas e materiais "sequem". O controle de qualidade geralmente é excelente; em comparação com as casas construídas *in loco*, a construção de casas modulares é menos suscetível aos fatores incontroláveis, como condições climáticas, escassez de mão de obra e falta de material. Muitos fabricantes de módulos projetam as casas para atender aos critérios da ENERGY STAR, do LEED for Homes, do National Green Building Standard e outros programas locais verdes, oferecendo ao construtor a documentação de pontos do programa para certificação.

As casas modulares podem ser verdes, mas o construtor ou proprietário deve confirmar que estão sendo construídas nas especificações desejadas. Como os "boxes" chegam pré-acabados ao local da obra, não há oportunidade para inspecionar o isolamento e as pontes térmicas, o que deve ser feito na fábrica. As fábricas podem executar suas próprias pré-inspeções do *drywall*, no entanto, assim como as inspeções feitas por terceiros em casas construídas *in loco* oferecem melhor garantia de qualidade, providenciar uma inspeção dos "boxes" por um profissional independente da fábrica é altamente recomendado. Os fabricantes de módulos têm diferentes níveis de compromisso com a construção verde, variando de pouco ou nenhum interesse até o total comprometimento em toda a sua linha de produtos. A melhor maneira de determinar se um fabricante pode satisfazer os requisitos do projeto é analisar cuidadosamente suas especificações e verificar o trabalho realizado na fábrica.

Embora as casas modulares ajudem a reduzir os resíduos, muitas vezes usam mais materiais do que as casas construídas no local. Como cada "boxe" deve ter uma parte inferior e outra superior para transporte, prédios com vários andares têm forros e pisos separados, e paredes entre "boxes" adjacentes são de espessura dupla. Os boxes individuais também podem precisar de mais estrutura do que a estruturação moderna com construção *in loco*, para que possam suportar o processo de transporte, entrega e instalação sem que haja danos.

Estruturação com madeira

A construção com estruturas de madeira, também conhecida como construção de colunas e vigas, remonta há milhares de anos (Figura 6.35). Amplamente substituída na construção residencial por estruturação com ripas, a estruturação com madeira ressurgiu na década de 1970 e continua a manter uma pequena parte do mercado de construção. Este tipo de construção utiliza grandes colunas de madeira como suporte para vigas e caibros, geralmente montados com junções entalhadas do tipo espiga e malhete, embora conectores de placa de metal também possam ser utilizados. A estruturação com madeira requer habilidades especializadas e equipamento pesado para a instalação da estrutura. A maioria das casas estruturadas com madeiras deixa a estrutura exposta como um elemento decorativo no interior, preenchendo os espaços entre os elementos estruturais com SIPs, estruturas de ripas, fardos de palha ou outros materiais alternativos de parede.

Figura 6.35 Exemplo de uma casa com estrutura de madeira. Os elementos estruturais são colunas, vigas e longarinas maiores. As ligações normalmente são juntas parafusadas.

A estruturação com madeira pode ser considerada uma tecnologia verde por causa da sua longa durabilidade, opções flexíveis de projeto, fabricação fora do local da obra e possibilidade de utilizar madeiras recuperadas e certificadas. As estruturas de madeira duram centenas de anos, e seu desenho em planta livre permite a fácil renovação interior com pouco ou nenhum impacto sobre a estrutura. Quando fabricadas fora do local, o desperdício originado é mínimo e a estrutura é montada rapidamente, reduzindo o ciclo de construção e o risco de danos por água antes da secagem.

A seleção de material certificado ou recuperado é a chave para a construção de casas verdes de madeira. Em geral, a madeira não é deixada exposta no exterior da construção; em vez disso, uma barreira resistente à água é instalada sobre a estrutura e paredes com enchimento e acabamento externo são aplicadas na parte superior. Deixar a madeira exposta implica risco de entrada de umidade entre a madeira e as paredes de enchimento, bem como mofo e danos estruturais na própria madeira.

Estruturação com madeira no Brasil

O Brasil está avançando com projetos interessantes com estruturação em madeira para residências, edifícios comerciais e institucionais, entre outros. Para apresentar os detalhes acerca de isolamento, proteção para conforto ambiental, entre outros pontos executivos que conferem melhor desempenho e são plenamente aderentes e de aplicabilidade às edificações residenciais, segue-se o boxe "Palavra do especialista – Brasil", que transmite a visão do profissional ao projetar com elemento de madeira e os desenhos executivos dos cortes parciais da cobertura e dos pisos superior e térreo.

PALAVRA DO ESPECIALISTA – BRASIL

Poética de construção com madeira

Uma das questões importantes da atividade de projetos arquitetônicos é a relação que o edifício estabelece com os materiais. Há uma estreita relação entre projeto e construção, que passa, necessariamente, pelo enfrentamento técnico do material com que se quer construir. Concreto, aço e vidro são materiais essencialmente modernos, desenvolvidos com as revoluções industriais do século XIX. Já a madeira e a cerâmica são de tradição secular, que foram reapropriados durante o século XX com a introdução de técnicas de pré-fabricação industrial. A madeira carrega, assim, uma alma de memória e de inovação. Em muitos países da Europa, ela foi associada à economia de meios, de recursos, e tornou-se um material altamente tecnológico e sustentável, principalmente se considerarmos a retenção de carbono.

No Brasil, a madeira é abundante e até hoje largamente usada como material de estrutura de telhados e fechamento, de casas das classes mais pobres até luxuosos edifícios. Pelo interior do país, de norte a sul, é possível encontrar casas de tábuas e de ripas, com estruturas simples e leves que funcionam muito bem ao tempo no clima tropical. Uma técnica artesanal envolve a construção desses edifícios, sendo importante desde a escolha da madeira até o bom carpinteiro que irá lavrá-la. São poucas as empresas que pré-fabricam estrutura ou mesmo casas; como exemplo, podemos citar Ita Construtora e Casema, que oferecem produtos muito distintos e seguem sendo exemplos de industrialização de construção com madeira.

As experiências que tive foram ligadas à Ita Construtora, que trabalha essencialmente com pré-fabricação de estrutura de madeira. Foram casas e edifícios escolares em que a produção pré-fabricada se apresentou como ferramenta para resolver questões de logística de canteiro, tempo de obra e custos. As estruturas de madeira pré-fabricada têm como qualidades a leveza do conjunto, a eficiência durante a etapa de canteiro e a montagem, além de terem uma personalidade natural, aconchegante, que, aliada às geometrias simples, caracterizam a construção. A precisão da pré-fabricação dissipa nas outras etapas da obra um rigor geométrico muito saudável, que combate o desperdício e diminui os tempos de obra. Como a madeira pré-fabricada foi usada na estrutura principal, foi preciso pensar sua interface com outros materiais, e escolhemos muitas vezes materiais industrializados, para garantir um canteiro com mais etapas de montagem que de manufatura. Outras vezes, associamos a estrutura de madeira a outros materiais que funcionassem melhor a tração, como o aço, por exemplo.

A construção que apresento aqui foi feita para uma escola; trata-se de um pavilhão justaposto a dois muros de divisa, que funcionaram como empenas estruturais. A estrutura, de madeira laminada, apoia-se sobre uma laje de concreto e sustenta um pavimento e a cobertura (Figuras 6.36a, b e c). Como a madeira é um material leve, fizemos uma sucessão de camadas com outros materiais para conter os ruídos e a transmissão de vibrações entre um andar e outro, e outras tantas camadas para garantir isolamento térmico na cobertura. A fachada norte recebeu painéis de madeira maciça, pois as peças laminadas não devem receber chuva diretamente. Essas condicionantes conformaram um edifício simples, com beirais largos, cuja estrutura é delicada no volume como um todo. A obra de montagem da etapa com madeira durou duas semanas de uma obra de oito meses, oferecendo, logo no início dos trabalhos, espaços cobertos para os trabalhos de construção.

Marina Grinover
Arquiteta urbanista pela Faculdade de Arquitetura e Urbanismo da Universidade de São Paulo (FAU-USP) e doutora pela mesma instituição. Professora da Fundação Armando Alvares Penteado (FAAP) e sócia do escritório Base Urbana, recebeu, em 2014, o Prêmio APCA de melhor Urbanidade com o projeto de Reurbanização da Favela do Sapé em São Paulo.

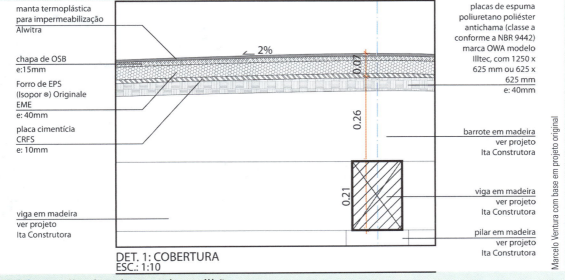

Figura 6.36a Detalhe da cobertura do pavilhão.

(continua)

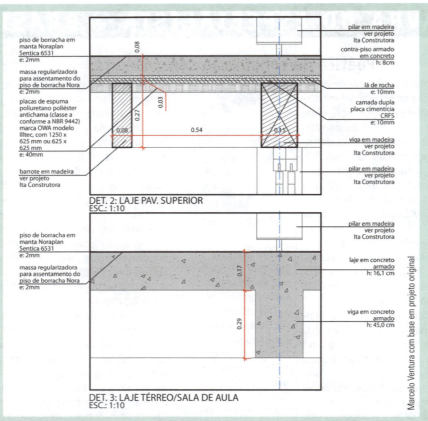

Figura 6.36b Detalhes do térreo e do pavimento superior e da respectiva laje.

Ficha técnica do projeto:
Ano: 2013
Área: 450 m²
Local: São Paulo
Arquitetos: Catherine Otondo, Jorge Pessoa, Marina Grinover e Sergio Kipnis
Gerência e coordenação de obra: Marina Grinover, Sergio Kipnis, Joana Maia Rosa e Claudia Del Rio
Projetistas Edifício De Artes: Geobrax (fundação e contenção), Stec do Brasil (estrutura de concreto), Ita Construtora (estrutura de madeira), Elaine Hammound e JDS Projetos (instalações), Proasp (impermeabilização), Modal Engenharia (acústica), Ricardo Heder (Iluminação), Ecossistema (paisagismo) e Alexandre Wolner (consultoria de comunicação visual)
Construtoras: Construtora PPR (artes) e Ita Construtora (estrutura de madeira)
Fornecedores: Alwitra S.A. (manta de cobertura), MSM Móveis e Regatec (mobiliário especial), Reka e Industrial Led (luminárias), Forbo, Nora (pisos)

Figura 6.36c A obra terminada.

Casas feitas de toras de madeira

As casas feitas de toras de madeira mais eficientes são construídas com estrutura de ripas ou SIPs, com fechamento de toras fendidas instaladas como um folheado no exterior (ver Figuras 6.37a e b). Casas de toras verdadeiras, empilhadas como o antigo brinquedo infantil *Lincoln Logs*, poderão ser consideradas verdes se feitas de madeira sustentável e tiverem total vedação de ar e impermeabilidade. Ao contrário das casas com estrutura de madeira, que são vedadas e isoladas no exterior, as toras maciças são deixadas expostas no exterior. Casas feitas de toras maciças que também estão expostas no interior fornecem apenas um mínimo de isolamento, e a vedação de ar em todas as articulações entre as toras pode ser um desafio quanto ao desempenho e conforto ambiental interno. A instalação de uma camada completa de isolamento e vedação de ar no interior de uma casa feita de toras melhorará significativamente sua eficiência, no entanto, o valor estético da exposição das toras é perdido.

Como a madeira está exposta no exterior, o manejo da água é fundamental para criar uma casa durável. A fundação deve ser projetada para garantir a estabilidade e preservar que as características da parte inferior das paredes a partir do nível acima do solo, a fim de evitar infestação por cupins e resguardar-se dos respingos de água no chão, evitando dano às toras. Um grande beiral ajuda a proteger as paredes de toras de outros danos causados pela água. As toras podem ser estreitas, de 1,27 cm a 2,54 cm de espessura, e, portanto, devem ser feitas compensações para as aberturas de janelas e portas. Os selantes também devem resistir aos movimentos desses elementos para manter uma vedação de ar eficaz das aberturas. Como as casas feitas de toras não possuem uma barreira resistente à água, cada tora deve ter acabamento e manutenção regular com um vedante ou selante durável para madeira. As juntas entre as toras também devem ser preenchidas com um selante flexível que resista às condições climáticas e à retração e expansão da madeira.

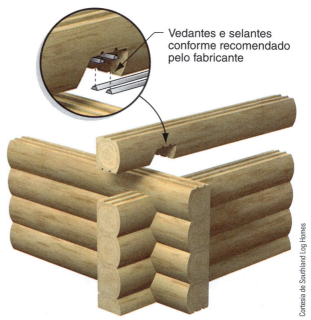

Figura 6.37a Toras de pinho-branco com ranhura dupla nas faces inferior e superior e entalhe tipo espiga no dorso com uma face inclinada, no qual as toras são encaixadas ortogonalmente formando um canto.

Figura 6.37b Um casa construída usando toras com entalhe no dorso tem a aparência de uma casa tradicional de toras ocidental. As toras estendem-se um pouco além da intersecção e criam um canto vedado que dá uma aparência visual sólida.

Alvenaria

Uma estratégia construtiva que existe há séculos é a construção em alvenaria, resistente a fogo, cupins, tempestades e danos por umidade. A alvenaria pode servir como massa térmica para ajudar a manter temperaturas interiores; no entanto, os materiais tradicionais fornecem muito pouco isolamento. As paredes de alvenaria devem ter vedação externa, em razão de suas características higroscópicas (o que significa que podem absorver e expelir certa quantidade de vapor de água em resposta às alterações de umidade). Por conseguinte, não são facilmente danificadas pela umidade. A passagem de água de chuva pela face da vedação torna-se uma condição esperada, bem como as paredes de alvenaria servem como um depósito de armazenamento de parcelas d'água, permitindo que tanto a umidade quanto o vapor entrem na parede e saiam conforme as mudanças das condições climáticas.

Em climas frios e quentes, as construções de alvenaria devem ser isoladas. Uma alvenaria de concreto (*concrete masonry unit* – CMU) tradicional é isolada tanto na superfície interna quanto na externa, geralmente com espuma rígida. Células individuais e abertas nos blocos formam a ponte térmica, para o isolamento, e cada célula deve ser preenchida com material isolante. Os blocos Niagara NRG™ são de duas peças integradas, intercaladas em torno de uma camada de espuma que proporciona isolamento contínuo (Figura 6.38). Essas opções de paredes de blocos de concreto podem representar um problema em alguns climas, pois cria uma difusão posterior e tardia de vapor na estrutura das paredes, o que é indesejável. Como a umidade em paredes pode se transferir tanto no interior como no exterior (dependendo da temperatura, da umidade e de sistemas de aquecimento e arrefecimento), a difusão de vapor retardadora deve ser evitada na maioria dos climas, de modo que não haja inconvenientes provocados pela umidade na parede, assim como a condensação (ver Capítulo 2 para mais informações).

Figura 6.38 Bloco NRG™.

Um produto de alvenaria que oferece isolamento da umidade é o concreto celular autoclavado (*autoclaved aerated concrete* – AAC). Esse produto leve de cimento tem em seu corpo pequenas bolhas de ar que proporcionam um elevado grau de isolamento. Comumente conhecido nos Estados Unidos como bloco de *Hebel*, o AAC foi desenvolvido na década de 1920 e tornou-se popular na Europa, mas ainda não alcançou boa inserção no mercado norte-americano. O AAC está disponível em blocos e em grandes painéis, que são assentados com uma fina junta de argamassa, constituindo a elevação das paredes. O produto pode ser cortado, direcionado e modelado com ferramentas elétricas; os revestimentos e quadros podem ser fixados nas paredes (Figura 6.39). Resistente à ação da umidade em razão das juntas de argamassa contínuas, o AAC não é afetado estruturalmente pela umidade que entra na parede, por ter reduzida absorção da umidade e baixa liberação vapores do interior. Ele também pode servir como massa térmica para ajudar a reduzir as variações da temperatura interior.

As paredes são normalmente reforçadas com armadura vertical argamassada através de furos que são feitos nos blocos e com vigas aderentes em aberturas e ao longo da face superior das paredes. A construção com AAC deve ter um acabamento externo aplicado, como estuque ou emplacamento, e o interior pode ser coberto com estuque, gesso, argila ou *drywall*.

Figura 6.39 O AAC pode ser facilmente cortado no local sem equipamento especializado.

ICFs

Como visto no Capítulo 5, as ICFs, placas de concreto isolantes, podem ser usadas em paredes localizadas acima do nível do solo, bem como em fundações. Com um alto valor de R e sem gerar ponte térmica, as ICFs não estão sujeitas a cupins ou danos por água, e são resistentes às tempestades. As casas com ICF têm eficiência energética e são muito simples; no entanto, têm alta energia incorporada em razão da quantidade de concreto utilizada na construção. As ICFs podem ser feitas de espuma virgem ou reciclada, ou de madeira mineralizada, e cobertas com uma ampla gama de acabamentos exteriores.

Figura 6.40 Apesar de as construções com fardo de palha não serem comumente usadas, elas fornecem muitos benefícios.

Pisos de lajes de concreto*

Pisos de lajes no nível do solo, também denominados lajes sobre o solo e radier, podem fornecer massa térmica para aplicações solares passivas e reduzir o uso de material, servindo como piso acabado quando protegido com um selante ou outro revestimento. Pisos de laje são adequados para paredes com estrutura tradicional de madeira, ICFs, SIPs e sistemas alternativos, como fardos de palha e taipa, tratando-se de uma excelente opção de sistema para casas com aquecimento radiante hidrônico. Mais informações sobre pisos de lajes* podem ser encontradas nos Capítulos 5 e 16.

---
* Lajes sobre o solo e radier (S.H.O.)

PALAVRA DO ESPECIALISTA – BRASIL

Abordagens de aplicações das tecnologias construtivas para edificações residenciais no Brasil

A engenharia, de modo geral, busca associar adequadamente aspectos de natureza econômica conjugados aos de segurança e rapidez na execução das construções de moradias, mediante o uso de vários sistemas construtivos que se desenvolveram no século XVIII, quando ocorreram avanços na análise do comportamento dos materiais e nas condições físicas de equilíbrio dos corpos. Com a descoberta do concreto armado no final do século XIX, e, posteriormente, com a acentuada evolução do cálculo estrutural, iniciou-se o uso de estruturas retas, como vigas, lajes e pilares.

Nesse momento iniciou-se no Brasil a cultura do concreto armado, um material que permitia o uso de mão de obra desqualificada, então abundante em razão do processo de desterritorialização rural no país. O concreto armado predominou até o início da década de 1970, mas tornou-se menos competitivo por conta do uso desenfreado da madeira na construção civil, o que contribuiu para diminuição de florestas disponíveis, principalmente do pinho-do-paraná (*Araucária angustifólia*). Dessa maneira, foi iminente o aumento dos preços das construções em concreto armado, tornando as formas e os escoramentos de madeiras muito caros para a construção civil em razão da crescente demanda.

Assim, abriram-se oportunidades para a inclusão de outros sistemas para a construção de casas, como estruturas metálicas, alvenaria estrutural, estruturas de madeira, *light steel frame*, entre outros. Cada sistema estrutural despontou com a finalidade de combater o desperdício até então existente e racionalizar a produção, propiciando vantagens técnicas e econômicas, com destaque sempre para qualidade, produtividade e competitividade.

No Brasil, o sistema de madeira tem boa aplicação, principalmente nas regiões Sul e Norte, enquanto as estruturas metálicas são bem difundidas na região Sudeste. A alvenaria estrutural é usada na maior parte do país, e o sistema *steel frame* nas cidades mais desenvolvidas, sendo esta uma tecnologia muito recente no Brasil. Já o concreto armado é bem difundido e muito usado em todo o país. De modo geral, a experiência indica que os índices de aplicação desses sistemas nos escritórios de projetos são, em média, os seguintes:

- Estrutura de concreto: 67%
- Alvenaria estrutural: 13%
- Estrutura metálica: 12%
- Estrutura de madeira: 7%
- *Steel frame*: 1%

Evidentemente, características como disponibilidade de materiais, topografia, tipo de projeto arquitetônico e facilidade de mão de obra são elementos que devem ser levados em conta ao escolher um sistema construtivo. Os aspectos mais relevantes dos sistemas citados são:

Concreto armado

Em geral, são confeccionadas lajes, vigas e pilares que formam a estrutura. Esse modelo não condiciona limite para a altura da edificação, e, em geral, o aço a ser computado na estrutura tem consumo médio de 1kN por metro cúbico de concreto. O fechamento é feito com paredes de alvenaria, blocos cerâmicos ou de concreto e, em alguns casos, também com tijolos de barro; a escolha deste quesito depende do conforto térmico e acústico que se deseja no ambiente. Esse tipo de estrutura permite o levantamento da estrutura e das paredes de fechamento simultaneamente, minimizando o escoramento das vigas. Entretanto, não é a metodologia mais indicada, pois, em razão de acomodações da estrutura de concreto armado, pode ser exigido das paredes de fechamento carregamentos e deformações indesejadas, o que pode causar fissuras e patologias. Todavia, esta prática ainda é muito difundida, principalmente em construções de pequeno e médio portes.

A estrutura de concreto armado exige a colocação de instalações prévias de hidráulica e elétrica, além de rasgos nas paredes para a passagem das instalações. Este tipo de construção é bastante tradicional, e tanto material quanto mão de obra são facilmente encontrados no país. Visando à industrialização da construção, o mercado incorporou a este sistema construtivo os pré-fabricados para casas, principalmente lajes, que são bastante difundidas. Por ser uma

Prof. Dr. Adão Marques Batista *Pós-doutor em estruturas pela Faculdade de Engenharia Civil, Arquitetura e Urbanismo da universidade de Campinas (FEC/Unicamp) 2004. Doutor em Construções Rurais pela Faculdade de Engenharia Agrícola (FEAGRI/Unicamp), mestre em Estruturas pela FEC/Unicamp e engenheiro civil pela Universidade de Mogi das Cruzes (UMC). Professor Pleno I na Faculdade de Tecnologia de São Paulo (Fatec Tatuapé), ministra as disciplinas Estruturas de Concreto, Estruturas I e Estruturas II nos cursos de Tecnologia em Controle de obras e Construção de Edifícios, além de ser coordenador do curso de Controle de Obras.*

(continua)

tecnologia tradicional no Brasil, a grande maioria dos projetos são confeccionados neste modelo.

Estruturas metálicas

Estas possibilitam grandes vãos, redução das fundações e, pode-se afirmar, trata-se de uma obra totalmente planejada e sem quase nenhum desperdício, com facilidade para reformas; além disso, na desmontagem da estrutura, todo o aço usado pode ser reciclado. Entretanto, exige mão de obra especializada na montagem e no transporte, bem como requer equipamentos para içamento, além de uma interação ou solidarização adequada entre estrutura e fechamentos, proteção contra corrosão, e seu custo em relação ao concreto armado é maior.

A grande vantagem deste sistema construtivo é que seu tempo de execução é bem menor que o das estruturas convencionais de concreto armado, e, embora o desembolso do investimento seja praticamente imediato, permite construir com qualquer altura e ter vãos que possam facilmente transpor 10 metros sem grandes problemas.

De modo geral, uma estrutura metálica consome em torno de 0,4 a 0,5 kN por metro quadrado de aço, podendo variar dependendo do vão adotado e da finalidade. Este sistema construtivo, geralmente, é escolhido por permitir grandes espaços livres com pequenas seções transversais, originando uma obra quase sem desperdícios.

Alvenaria estrutural

Este sistema construtivo tem a vantagem de dispensar o uso de estrutura e de formas de madeira. Além disso, as paredes possuem vãos que, em média, são de no máximo cinco metros e funcionam como divisão dos ambientes. Os furos verticais dos blocos cerâmicos ou de concreto permitem a passagem das instalações hidráulicas e elétricas, obtendo-se pouquíssimos resíduos na obra e gerando menos de 5% de entulho. Em geral, recomenda-se o uso de blocos cerâmicos que tenham seu peso bastante reduzido, economizando-se em fundações e mão de obra e obtendo ganhos significativos em conforto térmico. A altura da edificação pode ser de até 20 andares, mas é preciso cuidados especiais com as aberturas na edificação.

Este sistema construtivo possibilita agilidade e rapidez na execução da obra, em particular se houver a repetitividade das tarefas, em particular em edifícios ou casas populares. Além disso, ganhos substanciais podem ser incorporados na aplicação do acabamento, pois, em razão da planicidade da superfície final, é possível aplicar gesso ou textura diretamente na parede, eliminando-se etapas. Em geral, a alvenaria estrutural permite custos finais bem menores que o concreto armado, chegando a até 30% de redução. O processo construtivo de alvenaria estrutural é bastante aplicado quando se deseja economia com estrutura, acabamento e mão de obra. A grande desvantagem deste sistema é que não permite a retirada de paredes para reformas e readequação do ambiente construído.

Estruturas de madeira

É um sistema construtivo industrializado que usa um único material de construção renovável – madeira legal ou de reflorestamento –, formando uma estrutura leve, de rápida execução e que permite construir até cinco pavimentos. Dessa maneira, é possível ter maior controle dos gastos na fase de projeto, com as paredes formadas de estrutura e painéis em OSB, que permitem a passagem de tubulações para as instalações gerais. Esses painéis proporcionam melhor conforto acústico e térmico, mas seu custo é superior ao do sistema em alvenaria convencional, e as áreas molhadas exigem revestimentos apropriados.

No Brasil, utiliza-se madeira tratada em autoclave com produtos hidrossolúveis, que a tornam imune ao ataque de fungos e cupins. Em geral, é possível construir em um terço do prazo, considerando-se o sistema convencional, e gerar, em média, 25% menos resíduos que um canteiro comum.

O sistema, apesar de pouco conhecido pela população, apresenta inúmeras vantagens, porque permite uma construção seca, segura e viável, principalmente para as regiões de clima mais frio, como o Sul do Brasil. O uso correto deste material de maneira sustentável pode mudar a realidade brasileira em termos de habitação, mas, hoje, este sistema construtivo é aplicado a projetos de médio e alto padrão, principalmente em residências no campo ou em locais com muito verde, nos quais se deseje uma arquitetura diferenciada, que alie conforto térmico e beleza.

Light steel frame

Esta tecnologia utiliza perfis metálicos leves galvanizados dobrados para a confecção das estruturas das paredes internas e externas, sendo o interior destas preenchido com isolamentos térmicos e acústicos, como lã de vidro ou de rocha, além de um filme, com a finalidade de reter umidade. O fechamento interno é feito com *drywalls*, e o externo, com placas cimentícias ou de madeira tipo OSB. As tubulações de água, esgoto, telefone e energia elétrica são embutidas nas paredes. A leveza da estrutura propicia fundações muito econômicas, geralmente do tipo radier.

Evidentemente, como o processo é industrializado, gera pouquíssimo resíduo; entretanto, exige mão de obra especializada na montagem. Apesar disso, sua constituição contém mais de 90% de material reciclável. Este sistema costuma ser usado em projetos de residências que exijam rapidez, precisão nas linhas arquitetônicas e materiais industrializados no acabamento, além de facilidade de manutenção, possibilitando assim uma arquitetura moderna e eficiente com recursos arquitetônicos diferenciados.

Métodos de construção de paredes naturais e alternativas

Muitos métodos antigos* de construção com materiais naturais são usados na construção verde. Considerados naturais pela isenção ou quantidade reduzida de material altamente processado, esses métodos incluem fardos de palha, argila com palha leve, argamassa, taipa e adobe. Essas abordagens são normalmente utilizadas apenas para as paredes; os pisos são em geral laje no nível do solo (embora outros métodos possam ser usados). Alguns desses materiais de construção não são abordados diretamente no código de construção civil, e muitos não possuem normalizações; portanto, uma autorização especial de fiscais

---
* Denominados rudimentares e artesanais. (S.H.O.)

Paredes de concreto pré-moldadas

Produtos de concreto pré-moldados, como o Superior Walls® (ver Capítulo 5), também podem ser usados em paredes acima do nível do solo. Os painéis podem ficar expostos para dar uma aparência contemporânea ou pode-se aplicar qualquer tipo de acabamento exterior. Eles têm muitos requisitos equivalentes às alvenarias convencionais e às ICFs, incluindo resistência sonora e resistência às tempestades, porém usam menos materiais. Embora seja necessário equipamento pesado para fixar as paredes no lugar, o tempo de instalação é muito menor.

locais da construção civil pode ser necessária para sua utilização. No Brasil, podem-se exigir perícias, com laudos que comprovem sua habitabilidade, segurança e desempenho.

Fardos de palha

Fardos de palha são feitos de palha de trigo, um subproduto agrícola que normalmente é queimado ou submetido à compostagem (Figura 6.40). Placas de fardos de palha podem ser utilizadas como enchimentos em uma estrutura de madeira ou mesmo como estruturas completas de paredes. Os fardos empilhados são normalmente cobertos em ambos os lados com gesso ou argila para estuque, criando uma estrutura muito hermética. Devido à sua espessura, os fardos de palha têm valores elevados de R, em torno de 33, e o revestimento superficial fornece pouca massa térmica. Eles são muito sensíveis à umidade, podendo mofar ou apodrecer; portanto, métodos padrão de proteção contra umidade (como beirais largos e extensos e fardos mantidos acima do nível do solo) devem ser empregados. Paredes com enchimento de fardos de palha são instaladas após o telhado estar no lugar, de modo a protegê-las da chuva. O uso de paredes estruturais de fardo de palha é geralmente limitado a climas secos por causa do perigo que as chuvas antes da colocação do telhado representam, o que pode causar falhas estruturais e mofo nos fardos.

Adobe

Adobe é uma mistura de argila natural e palha na conformação de paredes estruturais. A mistura argila e palha leve, semelhante ao adobe, mas com uma conformação mais leve e mais solta, é instalada no miolo, entre as faces formadas para reter seu formato enquanto secam. Como esta mistura não é, em geral, considerada um produto estrutural, deve ser instalada entre madeiras ou outros elementos estruturais (Figuras 6.41a e b).

Figura 6.41a O construtor aplica o adobe com as mãos na construção da casa em Dancing Rabbit Ecovillage, no nordeste do Missouri. O adobe é uma combinação de areia, argila e palha, que são misturadas com os pés e aplicadas com as mãos.

Figura 6.41b A casa concluída tem um telhado vegetado e beirais extensos e largos.

Paredes de taipa

Nas paredes de taipa, utiliza-se solo recolhido localmente, muitas vezes combinado com um pouco de cimento Portland, que é compactado em formas removíveis com o auxílio de ferramentas manuais ou máquinas elétricas (Figura 6.42a). Uma vez erguidas, as paredes de taipa são muito duráveis e podem ser rebocadas, seladas ou receber acabamento no interior com materiais tradicionais. Pneus velhos também podem ser utilizados como formas de taipas permanentes. A taipa tem baixo valor R, mas a espessura total das paredes proporciona alguns efeitos amenizantes por causa da massa térmica. Um sistema de isolamento exterior ou interior pode ser instalado para melhorar a eficiência (Figura 6.42b).

Figura 6.42a Vista interna de paredes de taipa.

Figura 6.42b Paredes de taipa e instalação integral de isolamento. O construtor instala isolamento rígido, vergalhão, eletrodutos e quaisquer outros itens na parede durante a construção. O solo é misturado no local e colocado nas formas. Uma camada de 20 cm de solo resistente é colocada na forma e, em seguida, prensada pneumaticamente. Assim que a camada estiver firmemente compactada, uma nova camada é colocada em cima, e o processo continua até atingir a parte superior da parede.

Essas técnicas alternativas de construção de parede têm muitas semelhanças, como:

- Resistência ao fogo
- Intensidade da mão de obra
- Baixos custos de material (argila e areia podem muitas vezes ser obtidas diretamente no local da obra)
- Falta de aceitação generalizada pelos fiscais do código de construção civil
- Necessidade de autorização especial para utilização
- Variações da estética natural (pode ser atraente para algumas pessoas e desagradável para outras)

Em geral, os extensos requisitos de mão de obra relegam essas técnicas a casas construídas pelo próprio proprietário ou artesão. Uma empresa de porte médio que busca reduzir os custos trabalhistas muitas vezes recuará diante de métodos não padronizados como esses. No caso de um método específico não ser abordado no código de construção local, desenhos e cálculos de profissionais da engenharia podem ser necessários para obter a aprovação dos fiscais do código de construção civil.

Considerações da remodelação verde

Os projetos de remodelação verde devem avaliar e tratar as deficiências existentes em pisos e paredes. Neste processo, devem-se verificar as melhorias necessárias para a estrutura existente antes da realização de reformas e ampliações. As escolhas dos materiais e das técnicas de ampliação das construções existentes devem ser feitas com base nos seguintes princípios: eficiência energética, durabilidade, eficiência no uso de recursos e compatibilidade com a estrutura existente.

- *Eficiência energética*: seleciona sistemas de parede e piso capazes de permitir que o isolamento ultrapasse os níveis de desempenho da estrutura existente.
- *Durabilidade*: todos os sistemas estruturais devem ser instalados para que tenham uma boa durabilidade. Os projetos de reforma demandam que esses sistemas, no mínimo, não diminuam a durabilidade da estrutura existente e, de preferência, gerem melhorias no ciclo de vida da edificação.
- *Eficiência no uso de recursos*: a reutilização de elementos estruturais existentes representa uma eficiência em termos de redução no consumo de recursos, porque uma quantia menor de novos materiais é necessária para a construção, sendo menores os resíduos produzidos. As melhorias necessárias devem ser feitas com a quantidade mínima de materiais necessários. As ampliações devem levar em consideração todas as técnicas descritas anteriormente neste capítulo para reduzir o uso de material.
- *Compatibilidade das ampliações com a estrutura existente*: enquanto a maioria dos sistemas estruturais pode funcionar para uma ampliação, alguns dos produtos fabricados (como SIPs ou constru-

ção modular) exigem maior e melhor planejamento, evitando e prevenindo ajustes no local. Com o planejamento adequado, paredes ou painéis de SIPs podem economizar tempo, contribuindo assim para limitar a exposição ao clima – principalmente no caso de ampliações no segundo andar, no qual o telhado sobre espaços acabados pode ser removido por certo período de tempo. Independente dos métodos escolhidos para realizar uma ampliação, as conexões entre as áreas atuais e as novas devem ser estruturalmente sólidas, resistentes à umidade externa, bem isoladas e eficazmente vedadas do ar.

PALAVRA DO ESPECIALISTA – BRASIL

Considerações tecnológicas em remodelações sustentáveis e a conversão em verde de uma edificação consolidada e existente

As razões de se remodelar sustentavelmente uma edificação parte da premissa de reabilitar, revigorar e aumentar sua vida útil de maneira que se consolide em suas funções de habitabilidade de forma verde.

Remodelar de modo verde uma obra existente implica uma adesão à sustentabilidade, uma vez que:

- É mais sustentável renovar e reutilizar edifícios existentes do que demolir e construir um novo.
- A renovação envolve menor consumo de materiais e energia de demolição e transporte, mesmo sendo uma atividade mais intensiva e trabalhosa do que uma nova construção, pois exige mais conhecimento e experiência.
- Traz benefícios profissionais, culturais e de avanços no conhecimento quanto ao aprendizado de técnicas construtivas sustentáveis.

Remodelar uma edificação implica, ainda, várias abordagens e considerações de ação de reúsos, restauros, renovações, reformas e *retrofit* de partes edificações ou de toda a obra; portanto, remodelar significa utilizar tecnologias da construção, na qual se poderá intervir com etapas de demolição, construção e ações de simples manutenção, que podem ser mais bem definidas como:

- **Construção** – Composição e/ou elaboração por meio de um conjunto de técnicas que levem à obtenção de um edifício ou obra, ou mesmo de partes destes.
- **Demolição** – Pôr abaixo, destruir um edifício ou obra que exija técnicas específicas.
- **Manutenção** – Conjunto de ações que permitem conservar em, ou até, determinado estado, ou mesmo restituir (ao longo da vida útil de um edifício ou obra) as características de funcionamento específicas.
- **Recuperação** – Operações necessárias para prolongar a vida útil ou o desempenho de um edifício ou obra.
- **Restauração** – Recomposição ou reconstituição de um edifício ou obra após desgaste e/ou tempo.
- **Reforma** – Operações de engenharia que levem à ampliação, retificação, restauração ou melhoria de um edifício ou obra, permitindo a conservação, a reutilização ou mesmo a mudança do conceito de utilização anterior.

Profa. Dra. Sasquia Hizuru Obata
Engenheira civil pela Fundação Armando Alvares Penteado (FAAP), licenciada em Formação de Professores de Disciplinas pela Universidade Tecnológica Federal do Paraná (UTFPR), especialista em Administração de Empresas pela FAAP, mestre em Engenharia Civil pela Universidade de São Paulo (USP), doutora em Arquitetura e Urbanismo pela Universidade Mackenzie.

- **Retrofit**: Instalação de partes novas, modificações ou equipamentos em uma obra ou edifício já construído. Atualizar uma edificação com a instalação de modificações, de partes novas ou de equipamentos que não eram disponíveis ou que não tenham sido considerados necessários no momento da construção.

Cada uma dessas atividades, quando embarcadas em uma remodelagem sustentável, devem levar em conta o seguinte, entre outras ponderações sobre tecnologias ativas e passivas que podem ser embarcadas na remodelação sustentável e conversão verde:

- Melhoria do isolamento térmico.
- Melhoria da permeabilidade do ar.
- Melhoria do desempenho das caixilharias ou a utilização de um sistema duplo que permita a redução de calor e som.
- Disposição de dispositivos de controle climático passivo.
- Melhoria dos revestimentos visando ao aumento da vida útil.
- Aplicação de componentes sustentáveis: coletores de energia solar, reúso de água, captação de águas de chuva etc.
- Intervenção no paisagismo e nas condições bioclimáticas em relação aos meso e microambientes.
- Melhoria dos controles ativos de energia.

Uma vez atendidos os itens da lista anterior, há que se responder também a questões para cada intervenção e escolha, como:

- Quanto de material se poupará?
- Quanto de energia se poupará?
- Quais as reduções de CO_2, CFCs e de outros poluentes?
- Quais os riscos das soluções encontradas?
- Quanto tempo durará?
- Será acrescida a manutenção?
- Quais são os benefícios não energéticos?
- As soluções são rentáveis?
- Quanto de facilidades se estará embarcando na remodelação?
- Estaremos apropriando uma boa gestão de uso e operação da edificação após a remodelação – como será o "*Facilities Management*"?

PALAVRA DO ESPECIALISTA – BRASIL

Facilities Management em residências: cuidando de pessoas, de propriedades e do planeta

Facilities Management (FM) é prática já utilizada com sucesso por empresas, indústrias, escritórios, hospitais, lojas, bancos, hotéis, universidades, clubes, shoppings, restaurantes, escolas, e que cada vez mais amplia seus horizontes de atuação.

O sucesso do *Facilities Management* nessa diversidade de entidades que compõem a sociedade resulta de sua capacidade de cuidar, de forma holística e completa, de uma série de atividades necessárias ao sucesso do desenvolvimento de qualquer atividade ou organização de instituição de qualquer setor, inclusive residências, justamente por se tratar de uma ciência integradora de pessoas, processos, propriedades, preços e produtos.

É importante ressaltar que não há tradução do termo *Facilities Management* para o português que reflita com exatidão o significado do conceito; assim, para a fidelidade do conceito completo, mantemos o uso em seu idioma original.

No Brasil, as estimativas mostram que, em 2015, a população já ultrapassará 205 milhões de pessoas em cerca de 65,1 milhões de domicílios, segundo dados do Instituto Brasileiro de Geografia e Estatística (IBGE). Todas essas residências requerem uma série de utilidades e serviços básicos para o seu funcionamento, como saneamento básico, água, energia elétrica, gás, limpeza, coleta de lixo e resíduos recicláveis, proteção, manutenção, entre outras necessidades que podem variar de acordo com o nível de urbanização e classe social.

A variedade de residências no Brasil é muito ampla (condomínios residenciais horizontais, verticais, casas populares, casas de alto luxo etc.) e, se por um lado já existem residências que demandam alta tecnologia, como automação e fibra óptica para conexão de internet em banda larga, ainda existem outras que requerem infraestruturas mais básicas. Por exemplo, cerca de 35,7% das residências ainda não possuem sequer atendimento por rede coletora de esgoto (dados IBGE).

Este é um exemplo do cenário em que o *Facilities Management* está atuando em residências no Brasil, com amplas e diferentes necessidades, levando seus conceitos e soluções em operações de residências que requerem soluções desde níveis básicos até os mais complexos, sempre aplicando conceitos sustentáveis e entregando resultados e benfeitorias duradouras.

Condomínios residenciais (horizontais ou verticais) têm sido a porta de entrada pela qual o *Facilities Management* está sendo aplicado às residências. Atuando com grandes melhorias na gestão dessas residências, uma das mudanças percebidas é a transição do zelador para gerente de *facilities*, dado que a modernidade atualmente identificada nessas construções, através de equipamentos com maior tecnologia embarcada, sistemas inovadores e modernos conceitos de gestão, passam a exigir um profissional com maior nível de conhecimento e qualificação.

Gustavo Bueno Gomes
Atua no mercado de gerenciamento de facilities e de real estate desde 1999, principalmente nos setores de condomínios, hoteleiro, industrial e escritórios, em empresas nacionais e multinacionais. Realizou pesquisas sobre o tema nos Estados Unidos e na Europa e recebeu diversos prêmios, como o Melhor Profissional do Ano em Facilities. É diretor da Associação Brasileira de Facilities (Abrafac), diretor da FM Facilities Management e da Pró-Ativa Consultoria. É bacharel em Hotelaria e em Direito, com MBA em gerenciamento de facilidades pela Universidade de São Paulo (USP) e mestrado em criatividade e inovação aplicadas a facilities pela Universidade Fernando Pessoa, de Portugal. É autor do livro Gerenciamento de facilities na hotelaria. Para saber mais, acesse: www.facilities-management.com.br.

O *Facilities Management* inicia sua atuação já na fase de planejamento e projeto da residência, colaborando com as melhores soluções de projetos que atendam melhor à operação e à manutenção, com recomendações de aquisição de materiais sustentáveis, soluções e processos construtivos que possam gerar operação e manutenção mais inteligentes, com menor custo e menor impacto ao meio ambiente (Figura 6.43).

Se pensarmos em todo o ciclo de vida útil de uma residência, veremos que, em sua operação e manutenção, há muito mais valor financeiro envolvido do que o que foi investido na sua construção, pois uma casa que recebe manutenção e *retrofits* necessários durante o tempo pode durar mais de cem anos.

Durante esse período de vida da casa, o *Facilities Management* será responsável pelos 5 Ps que constituem seu universo de atuação, quais sejam:

- **Pessoas** – O *Facilities Management* garante o conforto, o bem-estar e a segurança de todos que se utilizarem da residência: residentes, prestadores de serviço e visitantes.
- **Propriedade** – O *Facilities Management* cuida da residência como imóvel propriamente dito, e todos os seus sistemas, bem como do planejamento de intervenções com reformas que garantam sua segurança, durabilidade e valorização.
- **Processos** – Neste aspecto, o *Facilities Management* abrange desde impostos e documentos necessários para regularização da residência, passando por processos de construção, seguros, manutenção e reformas, incluindo o planejamento das intervenções e até o descarte adequado de materiais e ações de sustentabilidade.
- **Produtos** – Quanto a produtos, o leque de atuação do *Facilities Management* se estende do planejamento e construção, com projetos e materiais sustentáveis, até as intervenções de manutenção, lâmpadas, pinturas etc., sempre garantindo que os produtos sejam especificados, certificados e não agridam ao meio ambiente.
- **Preços** – O *Facilites Management* cuida de consumos de utilidades como água, energia e gás, e também de toda a gestão de custos com investimentos de operação e manutenção desses sistemas.

Nestes pilares do *Facilities Management* estão presentes todos os cuidados e prevenções que uma residência exige, incluindo ainda paisagismo, proteção contra incêndios, para-raios, seguros, processos para reforma, controle de pragas, segurança, câmeras de circuito fechado de TV (CFTV), verificação periódica dos sistemas elétricos (visando evitar curto-circuito), checagem

(continua)

Figura 6.43 Os 5 Ps do *Facilities Management* para atingir os objetivos corporativos

de vazamentos, proteção contra acidentes (degraus, falta de corrimão, rede de proteção antiderrapante, evitando pisos escorregadios, móveis em mau estado de conservação etc.).

Se até pouco tempo atrás apenas o incentivo financeiro era o que motivava ações de gestão de sistemas de energia e água, hoje há outros fatores: a escassez e a preocupação com a sustentabilidade. No Brasil, por exemplo, atravessamos uma das maiores crises de abastecimento de água e de geração de energia de sua história, uma vez que sua matriz energética é baseada em hidrelétricas.

O *Facilities Management*, através do planejamento em longo prazo para todo o ciclo de vida da residência, aplica práticas como o aproveitamento de águas pluviais, reúso da água cinza (todas as águas usadas na casa, menos a dos vasos sanitários, que é chamada água negra) para uso não potável, coleta seletiva, projetos que aproveitem a circulação do ar para diminuir o uso do ar-condicionado e o uso da iluminação natural (sol), telhados verdes, instalações para uso da energia solar e tecnologias para atender às necessidades de manutenção e atualização da residência.

PALAVRA DO ESPECIALISTA – EUA

Materiais alternativos de construção: como ensinar e treinar os fiscais do código de construção civil local

Bruce King, engenheiro estrutural Desde o início do século XXI, a construção na América do Norte é representada por uma ampla e aberta tela cheia de possibilidades e um sistema estritamente restrito governado por regras rígidas e visões mundiais míopes. Se você está vivendo nos Estados Unidos, tem acesso incrivelmente barato e fácil a uma variedade de materiais de construção nunca antes visto na história. Você quer mármore italiano para sua cozinha na cidade de Spokane? Sem problemas! Madeira estrutural de abeto da empresa Douglas que se localiza em Columbia British para seu shopping center de Tucson? Fazemos isso todos os dias!

Todavia, se quiser construir com os materiais mais familiares de nossos ancestrais não tão distantes, você terá trabalho para convencer engenheiro, subempreiteiros, fiscais do código da construção civil, credor, segurador e talvez até mesmo os vizinhos, que relutarão em aceitar algo "diferente". Os romanos construíram um império com concreto feito de gesso, cal e lama vulcânica muito mais eficiente do que aquele que usamos hoje, mas você, provavelmente, seria bombardeado de perguntas difíceis sobre sua "experimentação" se tentasse fazer o mesmo. A construção com fardos de palha foi inventada em Nebraska, no final da década de 1800, e muitas das casas feitas com este material ainda resistem. No entanto, se quiser construir com fardos hoje, provavelmente terá de responder a muitas perguntas sobre durabilidade. E se você tentar construir com adobe ou taipa em qualquer lugar fora do Novo México, terá de enfrentar

(continua)

a ira de pessoas que abominam qualquer possibilidade do retorno da temida cabana de lama.

Mas não se deve perder o bom senso nem desistir. Caso tenha decidido construir com um material estrutural que não seja em concreto, aço, alvenaria ou madeira (todo o universo conhecido pela maioria dos engenheiros estruturais), você provavelmente tem um monte de bons testes e experiências para descobrir e ler – e reforçar sua decisão. Faça seu dever de casa, seja paciente quando as pessoas forem resistentes ou mesmo hostis e ouça suas preocupações. Melhor ainda, faça delas suas aliadas! Se você se parece com as centenas de pessoas com as quais tive o prazer de trabalhar, não está tentando ser diferente ou contrário, está simplesmente tentando encontrar uma melhor maneira de construir. Quando as pessoas reconhecerem isto, geralmente trabalharão com você, e não contra. Tenha a verdade dos fatos, seja paciente e saiba que você é parte de um grupo crescente de pessoas que trabalham para tornar os edifícios mais seguros, saudáveis e inteligentes.

Ecological Building Network:
http://www.ecobuildnetwork.org/

Leading Home Network:
http://leadinghome.net

Green Building Press:
http://www.greenbuildingpress.com

Há 20 anos, Bruce King tem estudado materiais alternativos, produzido trabalhos sobre eles, desenvolvido projetos e realizado construções com esses recursos. Inicialmente, concentrou-se na então chamada construção natural e utilizou adobe, fardo de palha, taipa e bambu. King seguiu um caminho que o levou a trabalhar para aliviar os efeitos causados pelos desastres no Haiti e em outras áreas, em que os construtores usam tudo o que está disponível localmente. De acordo com o moderno contexto urbano, devem-se considerar os usos alternativos para resíduos plásticos, embalagens, arame farpado, redes de pesca, argila, restos de concreto, e assim por diante. Em última análise, isto também significa usar e orientar o melhor recurso de todos, a engenhosidade humana, a fim de criar abrigos seguros, eficazes e acessíveis em qualquer lugar, de Porto Príncipe a Portland.

PALAVRA DO ESPECIALISTA – BRASIL

Projeto casa responsável

1. O projeto

O projeto casa responsável (Figuras 6.44a e b) foi idealizado e executado com base nas premissas da bioarquitetura, utilizando conceitos e sistemas construtivos ecologicamente corretos, culturalmente ricos e com atitudes socialmente justas.

O arquiteto e proprietário da residência teve total liberdade para implantar um partido arquitetônico que propõe combinar o estilo caipira das fazendas da região com um novo *design* arquitetônico. O sistema construtivo que melhor atende ao conceito ecológico é aquele que aproveita os recursos naturais locais com menor impacto ambiental. Foram adotadas alvenarias de terra, laje pré-moldada de cimento produzida *in loco*, jardins suspensos, estruturas e telhados de madeira, utilização de resíduos sólidos do município e sistemas cíclicos de saneamento para redução do consumo de recursos naturais com paisagismo funcional e espécies comestíveis.

2. Fundação

A fundação foi executada com bloco sobre estaca escavada mecanicamente e viga baldrame com dimensões para suportar a carga das alvenarias de terra. O baldrame e o embasamento foram impermeabilizados com hidroasfalto à base d'água, e o enchimento de base feito com 90,00 m³ de material proveniente dos aterros de resíduos sólidos do município.

Arquivo pessoal

Michel Habib Ghattas *desenvolve projetos e atividades em parceria com universidades, institutos e empresas. Arquiteto graduado pela Fundação Armando Alvares Penteado (FAAP) e Bioarquiteto pelo Instituto Tibá, atua profissionalmente na área da bioarquitetura e ecologia, como transferidor do conhecimento teórico e prático em cursos, workshops e palestras para estudantes e profissionais, difundindo técnicas e sistemas de baixo impacto ambiental.*

3. Alvenarias

Com o intuito de resgatar a cultura local e suas técnicas construtivas, os trabalhadores foram capacitados, aprendendo a caracterizar e estabilizar o barro disponível para a execução das misturas a serem utilizadas na taipa de pilão, adobes e taipa de mão.

Por cima de todas as alvenarias foi executada uma cinta de amarração de concreto armado de 15 cm para melhorar a distribuição das cargas das coberturas nas alvenarias.

4. Taipa de mão

O processo construtivo da técnica mista foi adotado principalmente pela disponibilidade do bambu local para a execução do entramado. As estruturas dos pórticos foram executadas com a madeira de reflorestamento peroba-do-norte (*Goupia glabra*), em bitolas de 5 × 11 cm, e pínus (*Pinus elliotti*), na bitola 6 × 6 cm. O bambu (*Dendrocalamus asper*) foi cortado e utilizado em todo o ripamento de suporte para a aplicação do barro.

Para o barreado dos 240 m² de entramado de bambu, o material foi processado mecanicamente em uma pipa de olaria e entregue na obra no ponto de aplicação.

O solo argilo-arenoso foi estabilizado, na proporção 3 : 5 : 2 (areia : terra : esterco), visando a uma mistura areno-argilosa. No preenchimento do

(continua)

entramado, o barro foi misturado com palha seca para melhora no processo de retração do barro. As fissuras provenientes da secagem e da retração foram preenchidas e regularizadas com uma capa de reboco de 3 : 1 (areia e cal), não necessitando pintura.

5. Taipa de pilão

O taipal foi executado todo em madeira, utilizando chapas de madeirite plastificado de 16 mm com travamento executado com madeiras reaproveitadas das caixarias dos baldrames e outras recuperadas em caçambas. A terra utilizada foi submetida a ensaios empíricos de caracterização de solo para definir um traço padrão a ser utilizado. O solo apresentou uma característica argilo-arenosa, porém com proporções equilibradas de 60% argila e 40% areia. Para a estabilização desse solo, adicionou-se areia, cimento e cal em proporções variadas para trabalhar principalmente a coloração da terra.

6. Adobe

O barro utilizado na confecção dos adobes foi um solo estabilizado com areia e esterco de cavalo, atingindo uma proporção granulométrica de 70% areia e 30% argila, somando 1/4 do seu volume em esterco. Essa mistura foi hidratada e descansou por cinco dias para melhor homogeneização de seus componentes.

Os adobes foram utilizados em alvenarias de fechamento e executados em dois formatos: trapezoidais $10 \times 20 \times 20 \times 14$ cm (base menor, base maior, altura e espessura) e prismáticos $28 \times 14 \times 11$ (comprimento, largura e altura). Para essas alvenarias, foram feitos 300 adobes trapezoidais e 500 prismáticos.

7. Telhado sobre estrutura de madeira

O telhado foi todo executado sobre estrutura de eucalipto (*Corymbia citriodora*) tratado autoclavado. Sua execução conta com todos os itens necessários para uma boa execução e conforto térmico, como forro e manta de subcobertura. O forro foi executado com chapas de OSB (*Oriented Strand Board*) aparente por cima dos caibros; essa decisão se deu por estética e por demonstrar a melhor opção custo/benefício. As telhas cerâmicas utilizadas são provenientes da demolição de uma residência dos anos 1980.

Figura 6.44a Vista interna da casa responsável.

Figura 6.44b Vista externa da casa responsável.

Resumo

A seleção do sistema estrutural adequado para paredes e pisos para determinado projeto envolve considerar o clima, a disponibilidade de materiais e os conjuntos de habilidades do pessoal disponível. As opções de materiais variam desde a estruturação padrão em madeira e sistemas de alta eficiência (por exemplo, construção com SIP e ICF) até métodos alternativos (por exemplo, taipa e fardo de palha).

Cada sistema estrutural tem características únicas, como custo inicial, durabilidade, requisitos de qualificação para a instalação, eficiência energética, resistência a pragas e danos por umidade. Combinar as propriedades de determinado sistema com as necessidades de um projeto é a chave para a criação de um projeto sustentável.

Questões de revisão

1. A estruturação moderna pode economizar ___% da madeira necessária para estruturar uma casa.
   a. 10%
   b. 25%
   c. 40%
   d. 75%
2. Qual das seguintes alternativas não é um recurso da estruturação moderna?
   a. Economia de madeira
   b. Maior espaço para isolamento
   c. Maior custo
   d. Desperdício reduzido
3. Qual das seguintes técnicas não é considerada estruturação moderna?
   a. Cantos de duas ripas
   b. Vergas de tamanho exato
   c. Ripas de 5 cm × 10 cm e no centro de 40 cm
   d. Placas superiores únicas
4. Das montagens apresentadas a seguir, qual tem a maior ponte térmica?
   a. Estrutura de parede de 5 cm × 10 cm com revestimento de espuma rígida de 1,27 cm
   b. Estrutura de parede de 5 cm × 15 cm com revestimento de OSB
   c. Parede de ripa de aço com revestimento de OSB
   d. Painel SIP de 20 cm
5. Qual das seguintes opções não é um produto de engenharia de madeira?
   a. Ripa de madeira certificada pelo FSC
   b. Vigota em I
   c. Viga laminada
   d. Treliça triangulada
6. Que revestimento de parede é não estrutural?
   a. OSB
   b. Compensado
   c. Gesso reforçado por fibra de vidro
   d. Espuma rígida
7. Qual dos sistemas estruturais apresentados a seguir é mais suscetível aos cupins?
   a. ICFs
   b. CMU – Blocos de Concreto
   c. Laje no nível do solo
   d. Estrutura de ripas
8. Projetos com estrutura de ripas tratados com um inibidor de mofo não necessitam do mesmo manejo de umidade utilizado na estruturação tradicional.
   a. Verdadeiro
   b. Falso
9. A estrutura de madeira é normalmente tratada com borato para evitar
   a. Fogo
   b. Expansão do material
   c. Cupins
   d. Ponte térmica
10. Qual das seguintes opções não é uma característica da estruturação com madeira?
    a. Propicia espaços flexíveis, amplos e abertos.
    b. Requer habilidade de carpintaria padrão.
    c. Pode ser realizada com madeira recuperada.
    d. Pode ser usada em combinação com SIPs, estrutura de ripas ou fardo de palha.

Questões para o pensamento crítico

1. Compare e contraste diferentes estruturas de paredes e suas implicações no custo, na durabilidade e no desempenho térmico.
2. É possível incorporar a estruturação moderna em projetos de reforma e em uma construção nova? Como isto afeta o custo da construção e a eficácia do isolamento?
3. Como elaborar especificações e obter aprovação para uma estrutura de parede alternativa em que se utiliza fardo de palha ou taipa?
4. Em áreas sujeitas a intensa infestação por cupins, que materiais você consideraria para estruturas de parede e piso de um projeto com orçamento modesto?
5. Explique os benefícios dos produtos engenheirados de madeira sobre a madeira convencional.

Palavras-chave

adobe
casas fabricadas
compensado
Conselho de Manejo Florestal (FSC)
construção modular
crescimento antigo
engenharia de otimização de valores (OVE)
estrutura de plataforma
estrutura em malha
estrutura em painéis

estruturação moderna
Iniciativa de Manejo Florestal Sustentável (SFI)
madeira serrada de engenharia
manejo florestal sustentável
painel estrutural de tiras de madeira orientadas perpendicularmente (OSB)
placa
placa de fibra

plantações de árvores
reservatório de carbono
revestimento
segundo crescimento
arrasamento
taipa
treliça
treliças trianguladas
vigota
vigota em I

Glossário

adobe mistura de argila natural e palha soltas conformadas em paredes estruturais.

casas fabricadas construções que são totalmente concluídas na fábrica e entregues sobre um chassi de aço permanente.

compensado peça de madeira feita de três ou mais camadas de laminado coladas, sempre em número ímpar, normalmente montada com a fibra de camadas adjacentes em ângulos retos. No Brasil conta-se com três tipos: laminados (finas lâminas de madeira prensadas), sarrafeados (miolo constituído por sarrafos de madeira, colados lado a lado) e multisarrafeados (sanduíche em que o miolo compõe-se de lâminas prensadas e coladas na vertical).

Conselho de Manejo Florestal (FSC) organização não governamental, sem fins lucrativos, independente, fundada para promover o manejo responsável das florestas do mundo.

construção modular construção fabricada em seções completas ou partes de uma casa, como pisos, paredes, tetos, sistemas mecânicos e acabamentos, que são transportados por caminhão e entregues no local da obra, colocadas sobre uma fundação e concluídas no local.

crescimento antigo floresta ou mata que tem um ecossistema maduro ou muito maduro, que tem pouca ou mesmo nenhuma influência da atividade humana.

engenharia de otimização de valores (OVE) metodologia de construção concebida para conservar materiais de construção por meio de métodos alternativos de estruturação; ver também estrutura moderna.

estrutura moderna metodologia de construção concebida para conservar materiais de construção por meio de métodos alternativos de estruturação; ver também engenharia de otimização de valores (OVE).

estrutura em malha também conhecida como estrutura em trama e, em algumas literaturas portuguesas, utiliza-se a expressão "estrutura em balão", ou "estrutura balão", por possuir uma retícula que se configura como uma armação e pode ser revestida como um balão. Trata-se tecnicamente de um sistema de estrutura de madeira, usado pela primeira vez no século XIX, em que as ripas são contínuas do arrasamento da fundação sobre viga baldrame ou sapata corrida até a face superior da parede.

estrutura em painéis consiste em paredes, pisos, tetos e painéis de telhados construídos em um ambiente controlado e entregues no local prontos para a montagem.

Iniciativa de Manejo Florestal Sustentável (SFI) organização sem fins lucrativos responsável pela manutenção, supervisão e melhoria de um programa de certificação florestal sustentável.

manejo florestal sustentável refere-se a práticas de manejo florestal que mantêm e melhoram a saúde no longo prazo dos ecossistemas florestais, ao mesmo tempo que fornecem oportunidades ecológicas, econômicas, sociais e culturais para o benefício das gerações presentes e futuras.

painel estrutural de tiras de madeira orientadas perpendicularmente (OSB) trata-se de um produto engenheirado de madeira que é muitas vezes usado como substituto para o compensado na parede externa e no revestimento do teto. Esses painéis são mais resistentes que as madeiras aglomeradas tradicionais e as de MDF; costumam ter de três a cinco camadas ortogonais entre si aderidas com resinas fenólicas.

paredes de taipa antiga forma de construção em que o solo e os aditivos, como palha, cal ou cimento, são lançados dentro de formas em múltiplas camadas de 15 a 20 centímetros e compactados para criar uma parede estrutural maciça.

pavimento estrutural método de construção em estrutura de madeira por meio do qual as paredes são erguidas sobre um piso ou sobre a laje de um pavimento.

placa elemento horizontal disposto na parte superior ou inferior de uma estrutura de parede.

Placa de fibra produto de madeira de engenharia utilizado principalmente como uma placa isolante e para fins decorativos, mas também pode ser usado como revestimento de parede. No Brasil, o processamento das fibras de eucalipto gera a cor natural marrom, em um processo que pode ser sem adição de resinas, em razão de a adesão se dar por meio da cola natural da madeira quando prensada a quente em via úmida.

plantações de árvores cultura ativamente manejada de árvores que, ao contrário de uma floresta, contém uma ou duas espécies de árvores e oferece pouco habitat para a vida selvagem.

produto engenheirado de madeira fabricado por meio da colagem de filamentos de madeira, folheados, madeira serrada ou fibras para produzir um composto mais forte e uniforme; também conhecida como *produto de madeira manufaturada*.

reservatório de carbono reservatório ambiental que absorve e armazena carbono, eliminando-o, assim, da atmosfera.

revestimento placas ou chapas fixadas em vigotas, caibros e ripas, sobre o qual o material de acabamento é aplicado.

segundo crescimento floresta ou mata que cresce após a eliminação da totalidade ou de grande parte das árvores antes ali presentes provocada por corte, fogo, vento ou outra força; em geral, é necessário um período suficientemente longo para que os efeitos da perturbação não sejam mais evidentes.

treliça produto composto de madeira ou de madeira e elementos metálicos utilizado para suporte de telhados ou pisos, de modo a reduzir a quantidade de madeira necessária para suportar uma carga específica.

viga de arrasamento primeiro elemento de madeira horizontal apoiado sobre a fundação que sustenta a estrutura de um edifício; refere-se também ao peitoril, elemento horizontal mais baixo em uma janela ou porta.

viga treliçada para piso conjunto estrutural de madeira com placas conectoras de metal cujo dimensionamento substitui um elemento estrutural único maior, como uma viga maciça, por outro usando menos material, ao mesmo tempo que propicia resistência equivalente.

vigota em I componente estrutural de construção composto por uma placa de madeira engenheirada com uma complexa malha laminada de madeira, OSB, disposta no sentido vertical; nas partes superiores e inferiores são dispostas flanges de madeira, ou seja, abas da viga. A vigota em I pode ser utilizada para estruturas de pisos, tetos e paredes.

vigota membro de armação horizontal utilizado em um espaçamento padrão que fornece suporte para o piso ou teto.

Recursos adicionais

Conselho de Manejo Florestal: http://www.fsc.org/
Iniciativa de Manejo Florestal Sustentável: http://www.sfiprogram.org/
Solar Energy International: http://www.solarenergy.org

Estruturação de Parede Avançada (ficha técnica de seis páginas do Departamento de Energia dos Estados Unidos, 2001): http://www.nrel.gov/docs/fy01osti/26449.pdf

Telhados e sótãos

Este capítulo apresenta diferentes métodos para construir o telhado e o sótão de uma casa verde. Além disso, explora as opções disponíveis para isolamento térmico da cobertura que, junto com o projeto do telhado e a seleção do material de acabamento, desempenham um papel importante na manutenção de uma casa saudável, seca e com eficiência energética. Os impactos do isolamento e dos materiais do telhado na eficiência energética e nos recursos de uma casa também serão abordados. Por último, trataremos de aspectos relacionados ao telhado e ao sótão que devem ser considerados durante a renovação, reforma ou ampliação de uma casa já existente.

OBJETIVOS DO APRENDIZADO

Após a leitura deste capítulo, o aluno será capaz de:
- Descrever como telhados e sótãos afetam o desempenho da construção.
- Especificar os detalhes para a construção do telhado e do sótão de uma casa.
- Estabelecer a diferença entre sótãos ventilados, climatizados e semiclimatizados.
- Descrever como uma barreira radiante funciona em uma montagem de telhado.
- Explicar por que o represamento de gelo ocorre nos climas frios e como isto pode ser prevenido.
- Descrever como se cria um isolamento térmico na linha do teto de uma casa.

Princípios da construção verde

 Eficiência energética

 Eficiência de recursos naturais

 Durabilidade

 Qualidade do ambiente interno

 Conhecimento do proprietário e manutenção

 Desenvolvimento local sustentável

O papel dos telhados e sótãos* nas casas verdes

A finalidade de um telhado é manter os elementos naturais, como ventos e calor, fora do interior da residência e desviar a chuva das paredes externas o máximo possível. Com as paredes externas, o porão ou a fundação, o sótão age como um tampão entre o espaço climatizado e o exterior. O limite pode ser o teto, as extremidades do frontão, o perfil do telhado ou uma combinação de todos os três. De uma perspectiva científica da construção, sótãos e telhados desempenham um papel no manejo dos fluxos de calor, ar e umidade na casa (Figura 7.1). A escolha dos materiais de acabamento da cobertura afeta não só a eficiência na utilização dos recursos, mas também pode ter im-

---
* No Brasil, sótãos são espaços delimitados entre o telhamento e o forro ou laje da cobertura ou do último pavimento, sem elevações de paredes; caso sejam delimitados com paredes, são definidos como áticos. (S.H.O.)

Você sabia?

Sótãos e áticos – O que são e como são considerados no Brasil?

Profa. Dra. Sasquia Hizuru Obata

Sótãos

Em um passado histórico, e como legado das colonizações europeias e aderências tecnológicas de imigrações, as edificações residenciais, como casas, possuíam os sótãos como um espaço entre o telhamento e o forro. Esse espaço tinha a função de fazer a transição climática da face superior da edificação para a parte interna, ou seja, deslocar as ações térmicas, que poderiam ser secas e quentes, no caso de climas quentes, ou frias e úmidas, no caso de climas chuvosos e até com neve.

Em razão do seu posicionamento de difícil acesso, com alçapões nos forros ou através de escadas de acesso difícil ou restrito, os sótãos, além de se destinarem à locação das caixas d'água, eram utilizados como áreas de depósito, espaços para reservas de materiais de reposição, como pisos e revestimentos; modernamente, porém, com acesso por meio de escadas retráteis, sua utilização se estende a armazenamentos diversos.

Esse espaço, configurado entre o telhamento e o forro ou o teto do pavimento imediatamente inferior à cobertura, tem na inclinação do telhado e sua estrutura como elemento de vedação e a definição de sua geometria.

Em muitas casas com sótão, dispunham-se telhas de vidro entremeadas às de cerâmica para ter iluminação e torná-lo um espaço mais habitável, construíam-se aberturas, como os óculos utilizados em porões ou mesmo janelas nas faces dos oitões, e aproveitavam-se os vãos entre tesouras e treliças para criar aberturas, ou projetavam-se divisões do telhado como um avanço para acesso de iluminação e ventilação por meio de mansardas (que, na superfície do telhado, definem as águas furtadas). Portanto, os ambientes de sótãos são sem a elevação de vedações e sem paredes.

Com o tempo, os sótãos em casas térreas caíram em desuso dada a preferência por terraços, lajes e solários, com uma área aberta adicional em um meio cada vez mais construído e urbanizado.

Assim, dada a dificuldade de se usar os sótãos, por serem um espaço confinado e de conforto térmico precário, ocorreram os avanços de construções de sobrados e edificações de múltiplos pavimentos, e, com o surgimento de novos equipamentos, o uso do último pavimento passou a ser o espaço para abrigar caixa d'água, acumuladores de água aquecida e também dar apoio estrutural a placas solares e abrigar trocadores de calor e equipamentos diversos, como os de ventilação forçada e máquinas de elevadores, entre outros. Modernamente, muitas das construções atuais não mais utilizam os espaços como sótãos, mas como áticos.

Áticos

As edificações atuais consideram o ático o último pavimento, no qual se situam as casas de máquinas, caixas d'água, depósito, piso técnico de elevadores etc. Trata-se de um espaço definido por paredes, e sua parede envolvente, aquela em que se podem executar óculos e aberturas de janelas, é denominada coroamento.

As legislações para projetos, uso e ocupações de sótãos e áticos são definidas pelas prefeituras das cidades brasileiras, assim como a consideração deste espaço como área computável ou não computável. Alguns exemplos de especificidades municipais:

- Para a cidade de São Paulo (SP), os áticos destinam-se a abrigar casas de máquinas e equipamentos que não precisem de ventilação cruzada, sendo considerados área não computável. Nos projetos, devem ser indicados os seguintes itens: portas corta-fogo, qualquer abertura de escada protegida (por exemplo, alçapão para barrilete), saída do duto de fumaças sem estrangulamento e um metro acima da laje. Caso haja ambientes para depósitos, sanitários etc., por menores que sejam, serão áreas computáveis, configurando-se um pavimento.*
- Para a cidade de Curitiba (PR), o ático define-se pela delimitação com paredes e área não superior a 1/3 da de projeção da área sobre a laje de cobertura do último pavimento.**

Após essas definições e usos de sótãos e áticos no Brasil, é importante notar, nas próximas definições, e com base nos conceitos e práticas referenciais dos Estados Unidos, que, se o espaço for habitável, caberá todo o embarque conceitual como tal; e se não habitável e não computável, deverá ser concebido como elemento construtivo para proporcionar mais conforto e desempenho, com barreiras radiantes, isolamentos ou espaços ventilados, e, qualquer que seja a sua forma ou uso, deverá agregar mais sustentabilidade para as edificações, tornando-as construções verdes.

---

* Prefeitura Municipal de São Paulo. Lei n. 11.228, de 25 de junho de 1992. Dispõe sobre as regras gerais e específicas a serem obedecidas no projeto, licenciamento, execução, manutenção e utilização de obras e edificações, dentro dos limites dos imóveis. Disponível em: <http://www.prefeitura.sp.gov.br/cidade/secretarias/habitacao/plantas_.php?p=9612>. Acesso em: 1º maio 2015.
** Prefeitura Municipal de Curitiba. Decreto n. 1022. Dispõe sobre mezanino, ático, sótão e pé-direito nas edificações. Disponível em: <http://multimidia.curitiba.pr.gov.br/2013/00134142.pdf>. Acesso em: 1º maio 2015.

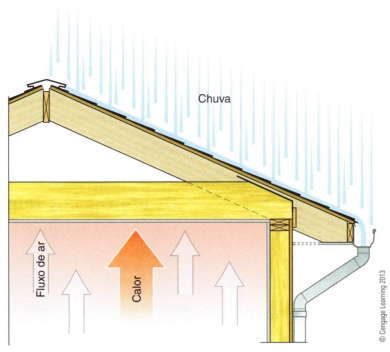

Figura 7.1 Telhados que controlam o fluxo da umidade em uma casa, e sótãos que proporcionam uma área de bloqueio para a transferência de calor.

pacto no local e na comunidade do entorno, elevando a temperatura ao redor da casa (efeito ilha de calor).

Os problemas surgem quando os telhados e sótãos não gerenciam com eficiência eventos de chuva ou telas metálicas inadequadas permitem a entrada de umidade na estrutura. Um isolamento ineficaz da construção também vai permitir que calor, ar e vapor entrem no espaço climatizado e saiam dele. Nas soluções para esses problemas, devem-se considerar o telhado e o sótão como parte de todo o sistema da casa, criando projetos simples e eficazes que possam repelir a água das intempéries e incorporar um isolamento completo e abrangente, como uma barreira de ar promovendo a estanqueidade da construção. Cada uma dessas soluções será abordada em detalhes no decorrer deste capítulo.

Tipos de telhado e sótão

Os tipos de telhado são geralmente classificados com base na inclinação, de íngreme a baixa. As inclinações dos telhados são descritas pela sua elevação (altura vertical) em relação ao comprimento horizontal. No caso de uma inclinação 1 : 2, o telhado sobe 1 m para cada 12 m do vão horizontal, ou seja, uma inclinação de 50%. Um telhado íngreme é algo acima de 1 : 6, uma inclinação de 16,7% (Figura 7.2a). Telhados de inclinação baixa, menores de 1 : 6 ou igual a 2 : 12, isto é, múltiplos e submúlitplos desses valores, são por vezes erroneamente referidos como telhados planos. Alguns telhados com inclinação de 1 : 48, o que corresponde a 2% (baixa inclinação), devem ser totalmente à prova de água em cada junção para proteção quando existir água na sua superfície (Figura 7.2b). Como comparação, telhados íngremes precisam ser totalmente impermeabilizados, porque são projetados para escoar a água através de sua inclinação de modo rápido e o suficiente para evitar vazamentos no interior.

Telhados de casas podem ser de inclinação íngreme ou baixa, ou uma combinação de ambas. O projeto e o tipo de telhado determinam sua capacidade de escoar a chuva eficazmente, manter a estrutura seca e direcionar a água para longe das paredes externas através de calhas ou recursos do terreno que possam recolher ou desviar a água da fundação do prédio.

Calhas são canaletas de metal, madeira ou plástico utilizadas na extremidade dos telhados para escoar água da chuva e a neve derretida.

Quanto mais íngreme for a inclinação do telhado, mais rápido a água escoará e o próprio acabamento do telhado durará mais; no entanto, elas precisam de mais material de cobertura do que em telhados menos inclinados. Inclinações elevadas podem utilizar uma gama mais vasta de materiais, como placas de asfalto ou madeira, telhas de barro ou cimento, ou metal. Em locais onde neva muito, telhados mais íngremes distribuem melhor o peso da neve e permitem o uso de elementos estruturais mais esbeltos e seções menores do que os telhados com baixa inclinação

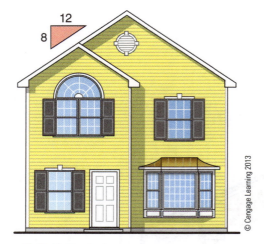

Figura 7.2a Telhado íngreme.

Figura 7.2b Telhado de inclinação baixa.

Telhados de inclinação baixa são geralmente limitados a produtos à base de asfalto, borracha ou plástico, que podem ser selados no local para formar uma membrana impermeável. Painéis metálicos para coberturas, que são fixados e soldados, também são adequados para aplicações em telhados de inclinação baixa, mas podem ser muito caros e, portanto, não são comuns na construção residencial. Um dos benefícios dos telhados de inclinação baixa é a capacidade de receber coberturas vegetadas, que podem reduzir o fluxo das águas de chuva, aumentar a durabilidade do telhado e fornecer isolamento térmico.

Os efeitos dos telhados e sótãos nas casas verdes

Do ponto de vista do uso eficiente de materiais e da durabilidade, o *design* e as dimensões de um telhado podem ter impactos positivos ou negativos sobre a sustentabilidade de uma construção. O formato e a complexidade do telhado afetam a quantidade de material necessária para a construção, bem como a quantidade de resíduos produzida. Por meio do *design* de módulos de 60,98 cm para estruturação e revestimento, ao limitar o número de diferentes planos de telhados e selecionar o mais simples entre os projetos mais complexos, você reduzirá o volume de resíduos em razão dos cortes – sobretudo os cortes dos ângulos necessários nos espigões e rincões (Figuras 7.3a, b e c). Projetos de telhados mais complexos também tornam a ventilação mais difícil.

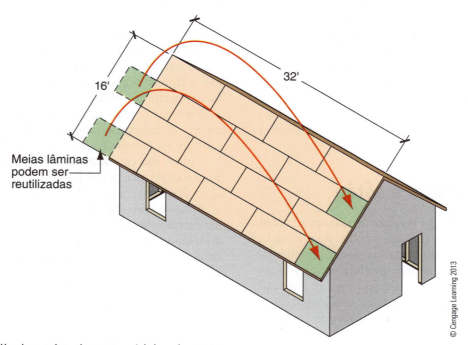

Figura 7.3a Telhado projetado para módulos de 60,98 cm.

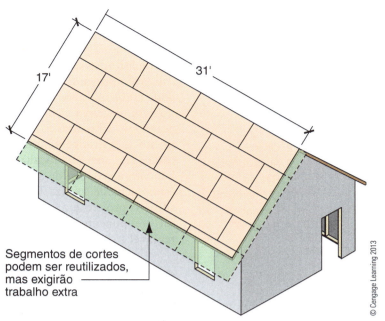

Figura 7.3b Tradicionalmente, os telhados não foram projetados para maximizar a eficiência do material.

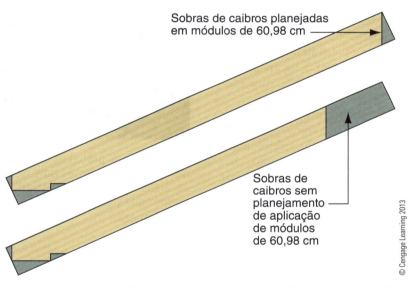

Figura 7.3c Casas não projetadas para módulos de 60,98 cm têm consideravelmente mais resíduos. Por exemplo, uma casa com 40 caibros teria de 12,2 m a 18,3 m de resíduos de madeira provenientes somente deles.

Telhados com uma e duas águas são os projetos mais econômicos, especialmente quando concebidos para receber material de tamanhos e medidas modulares (por exemplo, 40,64 e 60,98 cm), o que reduz o excesso de resíduos de cortes de madeiras (Figura 7.4). **Telhados de uma água** têm inclinação em apenas uma direção, e os **de duas**, em duas direções. Os **telhados de quatro águas** que cobrem a casa toda com um mínimo de quatro planos e aqueles que cobrem varandas ou anexos têm, pelo menos, inclinação em três direções. Embora os cortes de espigões dos telhados possam, muitas vezes, ser reutilizados, produzem mais resíduos do que os telhados de uma e de duas águas.

Águas-furtadas são estruturas que se projetam para fora de um telhado inclinado para formar outra área coberta, que oferece uma superfície para a instalação de janelas e mais espaço interno. Elas podem fornecer iluminação diurna, ventilação natural e espaço habitável adicional. Se não forem consideradas nos cálculos das medições do material de construção, poderão criar quantidades significativas de resíduos.

Grandes telhados exigem quantidades significativas de material de construção, assim como para os revestimentos e acabamento dos sótãos. Quando o projeto pede um sótão, considere a possibilidade de usar inclinações de telhado mais baixas para redu-

1. Espigão
2. Oitão
3. Água-furtada
4. Rincão
5. Caimento ou inclinação
6. Beiral

Figura 7.4 Terminologia do telhado.

Independente do tipo de telhado, os sótãos podem ser um espaço acabado e climatizado, ou permanecer inacabados. Um sótão inacabado pode ser totalmente climatizado, semiclimatizado ou não climatizado, cada tipo possui diferentes níveis de eficácia e qualidade ambiental interna (Tabela 7.1). O sótão revestido gera um espaço climatizado e superfícies internas acabadas. Climatizado refere-se a fornecer aquecimento e resfriamento direta ou indiretamente. Em cada caso, uma boa localização e a instalação de isolamento e vedação de ar criam uma construção com estanqueidade eficaz. Tomar as decisões adequadas sobre o projeto e a construção de telhados e sótãos são componentes-chave na criação de um prédio sustentável e saudável.

zir o volume do sótão. Essa abordagem economiza tanto material da estrutura quanto da cobertura, especialmente quando as condições climáticas locais e a precipitação permitem. Quando se projetam diferentes planos e quantidades de águas nos telhados, cria-se sob o telhado espaços de ocupação e áreas para receber acabamento e revestimentos, que podem propiciar uma menor área útil de ocupação da edificação, mas também gerar uma significativa economia de material.

Os telhados devem ser sempre projetados com o intuito de controle da umidade. As intersecções de telhado e paredes, as transições entre inclinações e quaisquer elementos de interceptações (por exemplo, chaminés e claraboias) devem ser planejados para escoar a precipitação máxima no telhado sem gerar acúmulo e criar vazamentos. Áreas que podem acumular folhas devem ser facilmente acessíveis para limpeza periódica (Figura 7.5). Deve-se evitar espaços estreitos entre paredes verticais que possam acumular neve e causar vazamentos. Uma combinação de projetos de telhados simples e acabamento cuidadoso oferecem a melhor oportunidade para um controle eficaz da umidade e eficiência na utilização dos recursos.

Figura 7.5 A probabilidade de acúmulo de folhas e neve é alta onde esses dois frontões se juntam. Todas as áreas com espaços estreitos devem ser evitadas sempre que possível, ou, pelo menos, ter fácil acesso para limpeza.

Noções básicas sobre telhados

A estrutura do telhado é constituída por elementos de estruturação (treliças e/ou tesouras) nos quais o

Tabela 7.1 Seleção da montagem do sótão

Potencialidade	Sótão não climatizado	Sótão semiclimatizado	Sótão totalmente climatizado
Área habitável adicional	Não	Não	Sim
Espaço de armazenamento adicional	Limitado a itens não afetados por oscilações de temperatura e umidade relativa	Sim	Sim
Equipamento mecânico atuando na estanqueidade	Não	Sim	Sim

revestimento é fixado (placas de fechamento entre treliças e/ou tesouras), e o material de acabamento da cobertura é instalado sobre o revestimento. Painéis do tipo SIP podem ser usados nas estruturas do telhado como alternativa ou combinados com a estruturação tradicional. Telhas metálicas e materiais para calhas completam o conjunto total para manter a casa seca (Figura 7.6). Os acabamentos internos podem ser fixados em tetos planos ou inclinados que são separados da estrutura do telhado ou, como é comum nos tetos abobadados, diretamente no lado inferior da estrutura do telhado. Madeira é o material mais utilizado para criar o plano inclinado. A estrutura da parede vertical, no entanto, pode ser feita de ripas e placas de madeira, SIPs ou sistemas alternativos, como ICFs, AAC e outros produtos que não sejam de madeira.

Sistemas estruturais do telhado

Telhados de madeira podem ser montados com madeira maciça, engenheirada serrada, pesada ou uma combinação de qualquer um desses tipos. Estruturas reticuladas treliçadas são uma forma comum e eficiente de estruturar o telhado e o teto ao mesmo tempo (Figuras 7.7a e b). Treliças estão disponíveis em uma variedade de desenhos que incluem aberturas para armazenamento e tetos em curvas/abobadados. Quando a área imediatamente sob o telhado é projetada para espaço habitável, o piso e o telhado do sótão são quase sempre sistemas estruturais separados, em vez de treliças triangulares. Como mostrado na Figura 7.7b, a maioria dos projetos de treliças não fornece espaço de sótão utilizável.

Sistemas estruturais alternativos para telhados incluem SIPs e aço. Os SIPs são pré-produzidos na fábrica e içados por guindastes ou gruas, criando um perfil de telhado totalmente isolado (Figura 7.8). Os SIPs podem ser usados para suprir toda a estrutura do telhado ou em conjunto com a estruturação em madeira. Telhados com estrutura de aço são mais comuns na construção comercial, mas também são adequados para residências. Quando colocados sobre sótãos não climatizados, a estruturação em aço não cria os mesmos problemas de ponte térmica ocasionado pelas paredes, conforme visto no Capítulo 4.

Projetos de telhados em sótãos não climatizados devem permitir o isolamento total em beirais e ter dimensão suficiente para a instalação de toda a espessura de isolamento nas bordas do telhado. Isto pode ser feito com treliças planas ou, se montadas no local, apoiando os caibros na parte superior das vigas do teto, em vez de ao longo dele. Os caibros podem ser

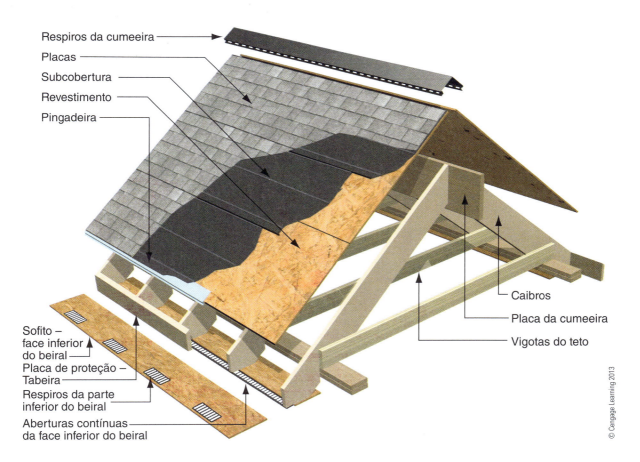

Figura 7.6 Componentes de telhado, forro e sofitos em um sótão não climatizado.

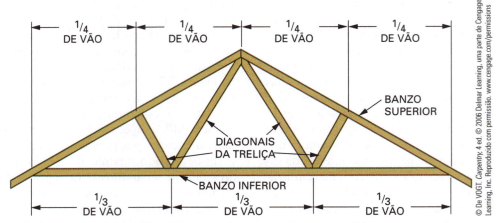

Figura 7.7a O *design* de treliça do tipo "W" é amplamente utilizado na construção residencial.

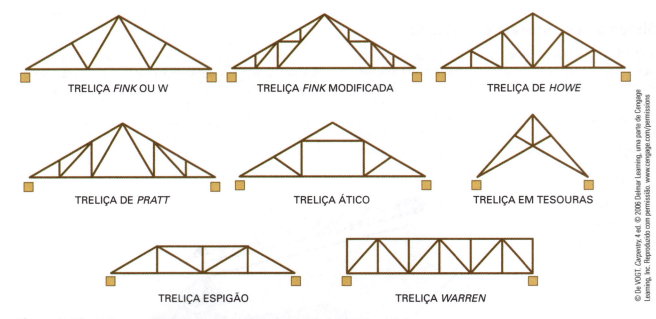

Figura 7.7b Várias configurações de treliças para requisitos especiais.

Figura 7.8 SIPs podem ser utilizados para paredes, pisos e telhados. Eles são montados sem o tradicional trabalho de estrutura em madeira.

apoiados sobre uma placa colocada em toda a parte superior da vigota do teto ou diretamente no topo delas se uma vigota de banda estiver instalada nas extremidades das vigotas (Figura 7.9). O espaço vertical para o isolamento é, em seguida, aumentado pela altura das vigotas do teto. **Treliças planas**, também conhecidas em inglês como *Energy truss*, são treliças de cobertura projetadas para abranger uma área e proporcionar espaço adequado para isolamento total do sótão em toda a área, onde são instalados defletores para isolamento (Figura 7.10).

Deck do telhado

O *deck do telhado* fornece uma base estrutural para o material de acabamento da cobertura. Os OSBs e compensados são os materiais mais comumente indicados para *deck* de telhado em residências. A climatização e a semiclimatização de sótãos podem ser criadas por meio de *spray* de espuma de poliuretano (*spray polyurethane foam* – SPF) ou isolamento rígido combinado com a construção do *deck* (Figuras 7.11a e b). Materiais alternativos, como as placas da marca Homasote® e os painéis de telhado da marca Tectum, podem servir tanto como revestimento estrutural quanto como isolamento, e são fabricados com materiais reciclados ou rapidamente renováveis. Os painéis de marca Homesote são construídos em fibras estruturais em composição com papel reciclado, que são comprimidos em alta pressão e temperatura, e unidos através de cola especial. Já os painéis da Tectum têm em sua constituição a fibra de vidro e o polietileno expandido, formando um sistema de cinco elementos, sendo: telha, subcobertura, isolamentos térmicos e acústicos, estrutura metálica e acabamento inferior. Como raramente o revestimento estrutural

Figura 7.9 Apoiar os caibros no topo das vigotas do teto, e não na placa da parede, cria mais espaço para isolamento perto da borda do telhado.

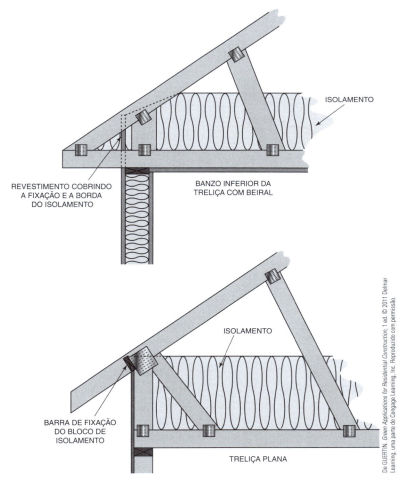

Figura 7.10 Treliças com beiral de banzo inferior plano permitem o pleno isolamento da altura, estendendo-se sobre o topo da parede exterior. Fixações de isolamento adicionais ou embutidas previnem que o isolamento caia para dentro da face inferior do beiral.

supre o isolamento adequado em um telhado inclinado, em geral o isolamento da cavidade adicional é necessário. Alguns desses materiais alternativos podem servir como superfície acabada quando expostos no interior acima dos caibros aparentes (Figura 7.12).

Figura 7.11a O SPF aplicado ao longo do perfil do telhado e das paredes externas do frontão elimina a necessidade de isolar o teto inclinado e as conhecidas *knee wall* do sótão, que são paredes de até 1 metro de altura construídas para trabalhar como suporte da estrutura da cobertura.

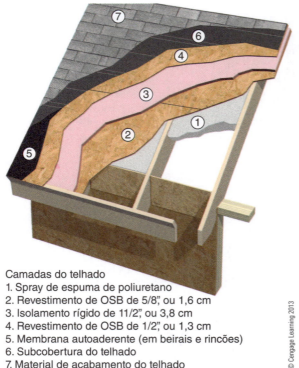

Camadas do telhado
1. Spray de espuma de poliuretano
2. Revestimento de OSB de 5/8", ou 1,6 cm
3. Isolamento rígido de 11/2", ou 3,8 cm
4. Revestimento de OSB de 1/2", ou 1,3 cm
5. Membrana autoaderente (em beirais e rincões)
6. Subcobertura do telhado
7. Material de acabamento do telhado

Figura 7.11b Instalar isolamento de espuma rígida acima do *deck* do telhado é um método alternativo para a criação de um perfil de telhado isolado.

Figura 7.12 *Deck* de telhado exposto Tectum, que fabrica produtos para *deck* de telhado com espessura nominal de 1,5" a 10", ou 3,8 cm a 25,4 cm, respectivamente, e resistência térmica R de até 5/polegada.*

Ventilação do telhado

Em geral, os códigos de construção nos Estados Unidos exigem ventilação dos sótãos ou abaixo do *deck* do telhado para ajudar a remover a umidade e prolongar a vida útil do asfalto dos telhados, embora telhados sem ventilação sejam agora aceitos pela maioria desses códigos. A maioria dos padrões modernos de ventilação baseia-se em pesquisas da década de 1930, realizadas pelo Laboratório Americano de Produtos Florestais (U. S. Forest Products Laboratory) e em um documento de 1942 da Administração Federal de Moradias – FHA.[1] Como esses estudos eram limitados em seu escopo, a pesquisa moderna refutou muitas de suas premissas. Estudos mais recentes demonstraram que a maioria dos métodos tradicionais de ventilação do telhado não é tão eficaz na remoção da umidade como era esperado, e não têm efeito significativo sobre a vida útil do material da cobertura. Além disso, riscos de condensação são, em grande parte, eliminados por meio da boa estanqueidade do teto do sótão (Figuras 7.14a, b e c). A decisão de ventilar ou não um telhado depende de uma série de fatores, como clima, códigos locais de construção, material da cobertura, tipo e localização do isolamento, do sistema de aquecimento, dos equipamentos de ventilação e do ar-condicionado (HVAC).

Ventilação do telhado é geralmente exigida, pelas normas de construção nos Estados Unidos, quando um sótão não é climatizado ou o isolamento permeável do ar é instalado entre os caibros. A melhor prática para ventilação do telhado incorpora respiros de

---

* R = Resistência do material em transferir calor. Quanto maior o valor R, mais lenta é a transferência de calor, sendo que este valor varia com o tipo de material e sua espessura. (S.H.O.)

[1] Rose, William B. *Water in Buildings*: An Architect's Guide to Moisture and Mold. Nova York: John Wiley & Sons, Inc, 2005.

PALAVRA DO ESPECIALISTA – BRASIL

Um panorama sobre telhados no Brasil

O telhado tem como função proteger a edificação de diversos agentes externos, como a ação das chuvas e do vento, impedir a penetração de raios solares e de ruídos e preservar seus usuários de infiltração e umidade no ambiente construído. A cobertura é, portanto, elemento fundamental na edificação.

À medida que a Engenharia contribuiu, dando agilidade à construção, os telhados também evoluíram, originando coberturas e formas mais adequadas, com maior durabilidade e melhor desempenho quanto à economia e conforto.

No Brasil, os telhados mais elaborados foram trazidos, inicialmente, pelos portugueses, a partir do século XVI, sendo que as telhas ainda eram feitas tendo-se como formas as "coxas" dos escravos, consistindo, portanto, num processo artesanal e desuniforme. Daí a origem da conhecida frase popular "feito nas coxas" para designar um material confeccionado com baixa qualidade.

A partir do século XVIII, iniciou-se o processo de industrialização de telhas cerâmicas de formatos regulares, destacando-se as telhas portuguesa, romana, francesa, plan, capa e canal, entre outras. Já no final do século XIX e início do XX, a telha de fibrocimento ganhou um mercado bem interessante, sendo este produto muito utilizado no país. A partir da década de 1970, definitivamente, ganham mercado outros materiais, como alumínio, aço, policarbonato, plásticos, madeiras, pedras, concreto colorido e outros componentes que foram largamente empregados na confecção de telhas para coberturas.

Tradicionalmente, as telhas cerâmicas e de concreto requerem uma inclinação que varia entre 30% e 40%, enquanto as de fibrocimento pedem inclinação em torno de 15%, e as de alumínio, de 6%.

As estruturas dos telhados também sofreram significativa evolução no século XX, considerando que as estruturas de madeira foram empregadas como único material disponível na confecção dos telhados até então.

Para minimizar o impacto do uso da madeira, surgiram no Brasil, a partir de meados do século XX, as estruturas em aço. Assim, nesse período, as estruturas metálicas ganharam espaços consideráveis no mercado, principalmente para grandes vãos, em que o aço apresenta melhor desempenho que a madeira.

Em geral, os telhados usados pela construção civil são bem artesanais, exigem mão de obra especializada e, infelizmente, ainda apresentam baixa produtividade. Empresas do setor estão em busca de técnicas novas para racionalizar os prazos curtos que são disponíveis hoje, exigindo soluções construtivas mais ágeis e industrializadas.

As coberturas podem ser executadas diretamente sobre lajes inclinadas, o que é mais econômico, pois evita toda a estruturação para apoio, ou então sobre lajes planas, o que é mais comum.

Prof. Dr. Adão Marques Batista Pós-doutor em estruturas pela Faculdade de Engenharia Civil, Arquitetura e Urbanismo da Universidade de Campinas (FEC/Unicamp), doutor em Construções Rurais pela Faculdade de Engenharia Agrícola (FEAGRI/Unicamp), mestre em Estruturas pela FEC/Unicamp e engenheiro civil pela Universidade de Mogi das Cruzes (UMC). Professor Pleno I na Faculdade de Tecnologia de São Paulo (Fatec Tatuapé), ministra as disciplinas Estruturas de Concreto, Estruturas I e Estruturas II nos cursos de Tecnologia em Controle de obras e Construção de Edifícios, além de ser coordenador do curso de Controle de Obras.

Neste caso, obtém-se um colchão de ar sobre a laje por causa do formato inclinado do telhado, e se o ar circular adequadamente, o calor será retirado do ambiente, gerando um conforto térmico infinitamente melhor que o da laje inclinada.

Em geral, nesses casos, as estruturas confeccionadas para o telhado devem ser consideradas no cálculo estrutural da edificação. Tradicionalmente, as tesouras mais utilizadas no Brasil são do tipo Howe, cuja designação de seus elementos estruturais e o modelo básico podem ser vistos na Figura 7.13.

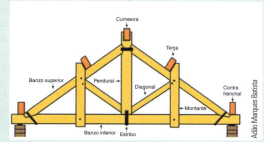

Figura 7.13 Tesoura tipo Howe utilizada em telhados de residências.

Evidentemente, podem ser empregados outros modelos de tesoura, como os tipos Pratt, Warren, Fink, Belga, K, Shed, entre outros, podendo ainda as treliças ser planas ou espaciais. Entretanto, como já foi dito, a grande maioria dos casos de telhado, principalmente de madeira, utiliza tesouras tipo Howe por serem bem simples para montagem. Já as estruturas metálicas podem utilizar com mais frequência os outros modelos citados.

As tesouras de madeira aplicadas a residências são empregadas para vãos que normalmente variam de 3 a 7 m, sendo econômicas até 10 metros, em que as diagonais são inclinadas e dispostas, como vimos na Figura 7.13, podendo ter mais montantes e diagonais que o indicado, dependendo do vão. No caso da figura apresentada, com cargas agindo a favor da gravidade, as diagonais trabalham por compressão; os pendurais, por tração; o banzo superior, por compressão; e o banzo inferior, por tração. Em geral, para cobrir uma edificação, são necessárias algumas tesouras, que são dispostas com espaçamento entre si de 3 m e de 6 m. Para telhas cerâmicas, o espaçamento comum entre terças é de 1,6 m. Já os caibros podem ser dispostos a uma distância de 50 cm entre si, e as ripas dependem da galga da telha, ou seja, do gabarito da telha, que gira em torno de 30 cm.

A experiência mostra que, para vãos maiores que 10 m, a situação mais econômica ocorre para diagonais com sentido invertido ao da Figura 7.13, pois, nesta situação, as diagonais trabalham por tração e os montantes por compressão, o que é a situação ideal para o dimensionamento da tesoura.

(continua)

No Brasil, para suprir a demanda de madeira serrada para a construção de telhados, a partir da década de 1990 surgiu um novo produto, denominado madeira laminada colada (MLC). Este produto, que nada mais é que tábuas coladas entre si, apresenta diversos formatos, principalmente vigas de grande porte, em muitos casos eliminando as treliças, e permite ainda a criação de seções e modelos, como os arcos, que podem vencer grandes vãos.

Os produtos MLC apresentaram também outras vantagens: resistência a incêndios, menores problemas de deterioração em meio úmido e corrosivo e maior flexibilidade, resistindo mais a impactos. Este tipo de estrutura é capaz de vencer grandes vãos com pouquíssimo peso, e pode ser usada tanto em coberturas de edificações comerciais e industriais quanto residenciais, obtendo-se vãos livres treliçados de até 60 m.

Em contrapartida ao uso da madeira, as estruturas metálicas, quando aplicadas a telhados, possibilitam o uso de telhas que alcancem grandes vãos, eliminando grande parte da mão de obra que se necessitaria no caso do uso de telhas cerâmicas, além de possibilitarem a confecção de tesouras mais leves com vãos maiores, gerando fundações mais leves. As terças são feitas de aço de chapa dobrada, possuindo menores flechas como resultado final.

Para racionalizar ainda mais as estruturas metálicas usadas em telhados, surgiram, ainda nos anos 1990, os perfis metálicos leves *(Light Steel Frame)* usados em construção, possuindo as mesmas finalidades da estrutura de madeira, podendo, entretanto, ser usadas telhas cerâmicas, de concreto, metálicas, de fibrocimento ou de madeira.

As principais vantagens e desvantagens de aplicações do tipo de estrutura usada em coberturas no Brasil podem ser visualizadas no Quadro 7.1.

Nessa mesma época, ou seja, década de 1990, começaram a ser testados vários produtos, como lonas de polietileno, mantas e feltros asfálticos, lã de vidro e de rocha, entre outros, com o objetivo de melhorar o conforto térmico das coberturas com telhas. Portanto, os telhados passaram a contar com um produto de isolamento e impermeabilização aplicado na parte interior da sua estrutura, produto este que foi tecnicamente denominado manta de subcobertura.

Os benefícios dessa manta são inegáveis em relação ao conforto térmico e acústico do telhado, gerando ganhos importantes, principalmente num país tropical como o Brasil. Todavia, em benefício da qualidade do ambiente, o custo do telhado ficou um pouco mais caro.

No Brasil, as mantas para subcoberturas são basicamente formadas de poliuretano de alta densidade, que funciona como impermeabilização, algumas delas possuindo face aluminizada para garantir o conforto térmico concomitantemente. Já no caso de mantas aluminizadas, há um papel kraft em uma das faces conjugadas; elas emitem pouco calor e são altamente reflexivas, podendo também ser estanques, apresentando como desvantagem oxidação se o ambiente for agressivo. Por último, temos as mantas de poliuretano com face aluminizada, que, além de ser impermeabilizantes, funcionam como uma barreira que impede a troca de calor. Todavia, este tipo de produto, com a ação de sujeira acumulada, pode ter seu funcionamento adequado minimizado.

Quadro 7.1 Vantagens e desvantagens dos tipos de estrutura usados em coberturas no Brasil.

Tipo de estrutura	Aplicações recomendadas	Vantagens	Desvantagens
Madeira serrada	Residências ou comércio com pequenos vãos.	Leveza das peças, montagem manual. Fácil adequação na obra. Conhecimento popular e facilidade de aceitação.	Mão de obra qualificada. Habilidade do executor. Inexistência de projeto. Ataque de fungos e cupins.
Estrutura em MLC	Edificações comerciais e industriais com pequenos ou grandes vãos.	Maior qualidade. Versatilidade do projeto. Maior resistência ao fogo. Beleza arquitetônica.	Execução conforme projeto. Adequações muito restritas. Equipamentos para elevação. Maior custo. Necessita de área para estoque.
Estruturas metálicas	Residências, comércios e indústrias com pequenos ou grandes vãos.	Baixo peso próprio. Disponibilidade. Alcança grandes vãos. Projeto prévio. Rapidez na execução.	Equipamentos para elevação. Corrosão. Custo maior.
Steel Frame	Residências ou comércio com pequenos vãos.	Baixo peso próprio. Projeto prévio. Resistente a fungos e insetos.	Pouco conhecido. Corrosão. Maior custo. Poucos fornecedores.

Fonte: Adaptado de Rafael Scneider Flach. *Estruturas para telhados*: análise técnica de soluções. Porto Alegre: DCIV/EE/UFRG, 2012.

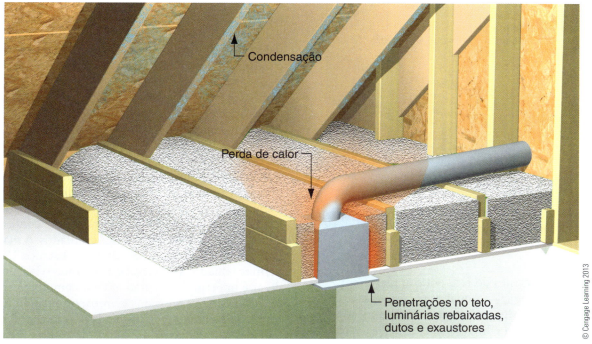

Figura 7.14a No inverno, o ar do sótão relativamente quente e úmido pode formar condensação no lado inferior do *deck* do telhado.

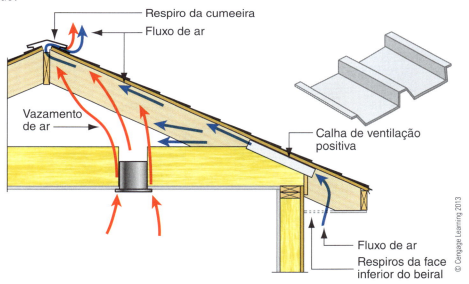

Figura 7.14b A ventilação do sótão remove o volume de ar da casa para o sótão antes da formação de condensação.

baixa entrada de ar nas faces inferiores dos beirais, defletores onde o isolamento entra em contato com o *deck* do telhado, respiros na cumeeira ou respiros altos no frontão (Figura 7.15). Esse arranjo permite que o ar quente que sobe até o sótão seja expelido dos respiros altos por convecção e substituído pelo ar externo proveniente dos respiros baixos. Se o teto não for totalmente vedado, ventos fortes podem suprimir a convecção e atrair o ar climatizado interno para o sótão, criando correntes de ar e reduzindo a eficiência energética. Em áreas de muita chuva e vento, a umidade em massa pode ser atraída ou soprada para dentro dos respiros, criando problemas na parede ou na estrutura do telhado. Uma boa instalação dos **defletores do beiral do telhado** (também conhecidos como canaletas de isolamento positivo) que se estendem para

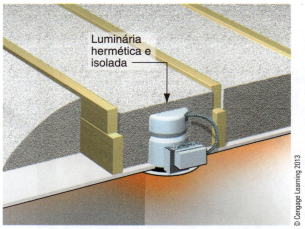

Figura 7.14c A vedação de ar adequada não só elimina riscos de condensação no sótão, mas também melhora a eficiência global da casa.

o topo do isolamento do teto pode ajudar a prevenir o *"Wind Washing"*,* no qual o ar consegue circular pelo isolamento solto, reduzindo seu desempenho térmico (Figuras 7.16a e b).

Muitos fabricantes oferecem respiros elétricos, ou seja, exaustores para telhados que são ligados à rede de energia elétrica doméstica tradicional, mas unidades de energia solar também estão disponíveis. Pesquisas demonstraram que exaustores elétricos não oferecem melhor ventilação do que os sistemas passivos; na verdade, eles podem despressurizar o espaço do sótão o suficiente para atrair o ar-condicionado para o sótão, diminuindo a eficiência energética global do prédio (Figura 7.18). A energia economizada pela ventilação forçada proporcionada é geralmente compensada pelo custo do seu consumo de energia, o que torna essas unidades ainda menos eficazes. Unidades de energia solar, embora não necessitem de elevada amperagem para funcionar, geralmente não oferecem benefício suficiente para compensar seus custos. Em qualquer caso, quando os exaustores elétricos de telhado são instalados, a barreira de ar entre o sótão e o interior deve ser totalmente estanque para manter o ar-condicionado separado do sótão que não é climatizado.

Telhados sem ventilação, também conhecidos como **telhados quentes**, não são ventilados. A maioria dos códigos de construção civil nos Estados Unidos permite telhados sem ventilação quando o isolamento do ar é impermeável, como SPF ou com fibra cerâmica, instalado nos vãos dos caibros, ou quando for na forma de espuma rígida instalada no topo do *deck* do telhado. Em climas frios, o SPF de células fechadas ou outro retardante de vapor é exigido pelo código de construção para evitar a condensação de vapor na parte inferior do *deck* do telhado no inverno. Isto pressupõe que o excesso de vapor no interior da casa migrará para o *deck* do telhado sem o retardante de vapor; no entanto, casas hermeticamente fechadas e

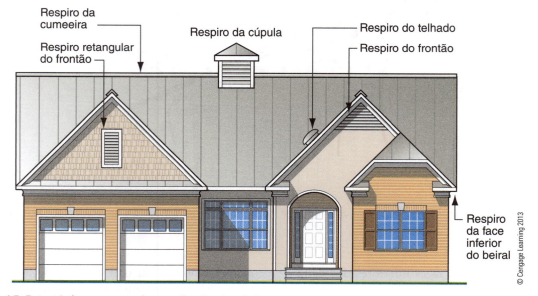

Figura 7.15 Estratégias comuns de ventilação de sótãos.

---

* *Wind Washing* – expressão em inglês para o fluxo do ar através do isolamento térmico da cobertura que retira calor do isolamento e, neste processo, diminui a efetiva resistência térmica do material. (S.H.O.)

Telhados e sótãos

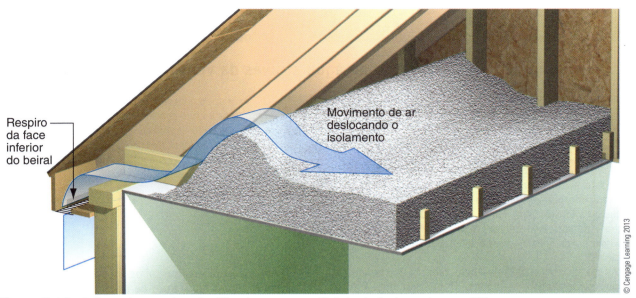

Figura 7.16a O fluxo de ar reduz significativamente a eficácia do isolamento no sótão.

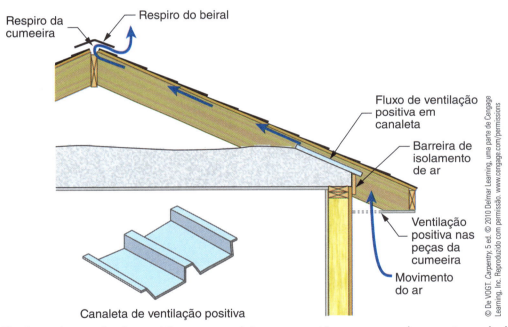

Figura 7.16b Fluxo de ventilação positiva em canaleta que mantém o espaço de ar entre o isolamento e a cobertura do telhado. Embora defletores do beiral proporcionem desempenho de isolamento adequado, não garantem necessariamente a espessura adequada de isolamento. As Figuras 7.9 e 7.10 apresentam técnicas que permitem suficiente espessura do isolamento e previnem o fluxo de vento.

ventiladas de forma adequada não devem apresentar essas condições. O excesso de vapor no interior de uma casa pode resultar em formação de condensação na parte de baixo de um telhado em climas frios; entretanto, é mais provável que isto seja um indício de problemas maiores na construção ou na condição da estrutura. Climas mais quentes podem usar SPF de células abertas. Telhados de SIP usam espuma de células fechadas, que é aceitável em todos os climas. A espuma de célula aberta pode permitir a identifica-

ção mais rápida de vazamentos no telhado do que a de células fechadas, que podem mascarar o problema, permitindo que danos estruturais se desenvolvam de forma imperceptível.

A ventilação ao longo do perfil do telhado pode ser feita com sistemas como Dupont™ Tyvek® AtticWrap™ (Figura 7.19) ou revestimento isolado de telhado ACFoam® CrossVent®, que inclui uma camada de isolamento, espaço do respiro e revestimento em uma única placa (Figura 7.20). O AtticWrap

PALAVRA DO ESPECIALISTA – EUA

Como impedir a penetração de água através da ventilação do telhado

Mike Guertin Nos projetos convencionais de telhado é imprescindível verificar se sua ventilação será capaz de reduzir a temperatura no sótão e escoar o vapor de água. Todavia, para que possamos incorporar ventilação nos telhados, temos que abri-los, o que resultará em vazamento de água – provavelmente isto não ocorrerá durante uma chuva leve, mas, se acrescentarmos uma brisa ou ventos fortes, a água será forçada para dentro. Todo e qualquer respiro – de cumeeira, telhado, tesoura do telhado ou mesmo de beirais – vazará sob determinadas condições.

Com mais de 25 anos de experiência, Mike Guertin é construtor e executa reformas personalizadas de casas, e especialista na construção eficiente em recursos e energia. É colaborador editorial da revista Fine Homebuilding *e consultor da http://www.greenbuildingadvisor.com.*

Adoto quatro estratégias para reduzir as chances de a água penetrar nos telhados. O método que escolho depende de vários fatores, como localização da casa, projeto do telhado e da casa, sistemas de isolamento e vedação de ar, códigos de construção locais e respectivos fiscais.

1. Quando você ignora todos os respiros de telhado, não terá que se preocupar com as aberturas. Em vez de isolamento e vedação de ar no nível do teto, isole os caibros do telhado ou as treliças durante a construção do revestimento. Mover o isolamento do nível do teto para o alinhamento e perfil do telhado permite que o sótão realize o controle de ar e das camadas térmicas da casa. O Código Residencial Internacional de 2009 apresenta as condições específicas que devem ser cumpridas, o que dependerá de o isolamento ser permeável ou impermeável.
2. Ignore os respiros do telhado e instale as camadas de controle de ar e térmicas no nível do teto. Para que esta estratégia funcione, a vedação de ar deve ser meticulosa, um bom retardante de vapor ser instalado e o isolamento cobrir o teto uniformemente e em todo perímetro da parede externa. Você terá que obter a aprovação do fiscal de Código Civil da localidade para usar este método, pois isso não é permitido pelos códigos de construção.
3. Ventile o sótão por caminhos indiretos para que o ar possa fluir, mas é menos provável que a água vaze (Figura 7.17). É difícil configurar a resistência à água nos respiros de cumeeira ou de telhados comuns, mas os respiros de frontões podem ser usados para a exaustão do ar e proteção da água. Cubra os respiros de frontões convencionais com uma cobertura extra que se estenda desde a parte inferior do respiro. Isto pode ser obtido por um quadro separado ou incorporado no revestimento. Uma abertura na parte inferior deixa o ar fluir para cima ou para fora, mas ajuda a resistir à água e neve trazidas pelo vento. Em vez de usar painéis convencionais para beirais ventilados ou respiros de beirais em tira, instale respiros montados entre frisos de arremate de teto* que incorporem um canal vertical. O elemento vertical proporciona um defletor de água.
4. Ventile o sótão com respiros especiais resistentes ao vento. Alguns fabricantes de respiros de cumeeira dispõem de projetos de defletores internos ou vãos que se fecham em condições tempestuosas para resistir à penetração de água. Use esses respiros de exaustão com respiros de entrada para o beiral que tenham perfil que dificulte o acesso da água.

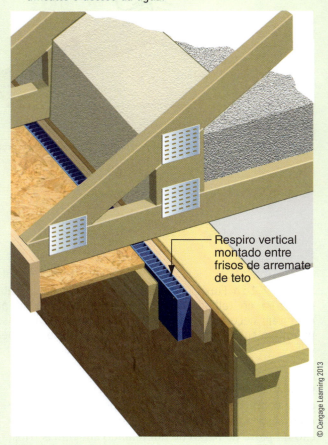

Figura 7.17 Este desenho de respiro de beiral dificulta o acesso da chuva, que é trazida pelo vento, na estrutura do telhado.

---

* Também denominados moldura de teto, bainha ou cordão de arremate de canto. (S.H.O.)

Telhados e sótãos

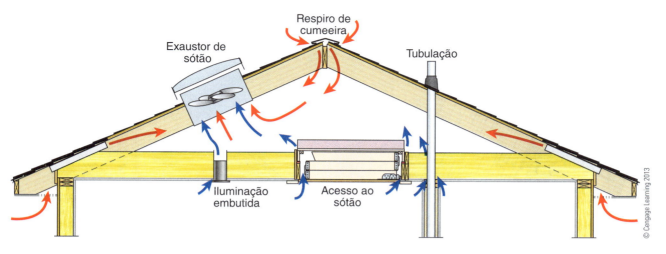

Figura 7.18 Respiros elétricos, ou exaustores, de sótão podem atrair o ar da casa para o sótão e potencialmente causar uma ignição explosiva de aparelhos de combustão.

Figura 7.19 O AtticWrap™ Tyvek® é um sistema que supre a ventilação no sótão, permitindo também um sótão vedado, semiclimatizado ou climatizado.

Figura 7.20 O produto ACFoam® CrossVent® RB contém fitas espaçadoras do respiro que separam o OSB da placa de isolamento de poli-isocianato. Para melhorar o desempenho, uma barreira radiante é aplicada na parte inferior da superfície do OSB durante o processo de fabricação.

Equipamentos de combustão em sótãos

Para a climatização, caldeiras de calefação e, algumas vezes, aquecedores de água são instalados em sótãos. Muitas vezes, para que esses equipamentos possam ser atmosfericamente ventilados ("combustão aberta"), usa-se a área ao redor do aquecedor para a queima de combustível. Equipamentos de combustão aberta não devem ser instalados em um sótão climatizado ou semiclimatizado, a menos que sejam colocados em um armário de combustão vedado para isolar os queimadores do ar ambiente. A não separação destes pode resultar em ignição explosiva do monóxido de carbono, que se combina com o volume de ar da casa, bem como provocar problemas de saúde. Além do perigo que o monóxido de carbono representa para os moradores, a ignição explosiva pode fazer que o vapor de água da queima de combustível permaneça no espaço do sótão, o que aumentará o potencial de condensação em clima frio.

Figura 7.21 Ripas proporcionam um espaço de ar abaixo da estrutura de metal.

é uma alternativa à tradicional ventilação de sótão e permite a ventilação na cobertura do telhado sem ventilar todo o espaço do sótão. CrossVent é utilizado em sótãos climatizados, sem ventilação, onde a ventilação tradicional não é instalada. A ventilação sob telhados de placas de metal ou madeira pode ser realizada com ripas (Figura 7.21), e materiais de cobertura, como concreto ou telhas de barro, podem ser ventilados entre as telhas e o *deck* do telhado.

Telhados de inclinação baixa que são isolados com *spray* de espuma (*Spray foam insulation* – SPF) embaixo ou espuma rígida acima do *deck* do telhado não necessitam de ventilação, pois o isolamento serve como uma barreira de ar, impedindo que o ar carregado de umidade chegue ao *deck* do telhado, onde a condensação pode ocorrer. Quando se utiliza o isolamento permeável em um perfil de telhado isolado, a ventilação entre o isolamento e o *deck* do telhado é necessária. O plano do teto deve ser selado com cuidados especiais para evitar que massas de ar percolem através do isolamento (Figura 7.22).

Barreiras de gelo

Em climas frios, os telhados íngremes podem sofrer carregamentos, como **barreiras de gelo**,* que ocorrem quando o gelo se forma em um beiral e provoca acúmulo de água por trás e sob os materiais de cobertura e

---

* A forma da barreira de gelo é similar à de uma barragem ou de um dique que barra e impede que a água seja esgotada e drenada da superfície do telhado. (S.H.O.)

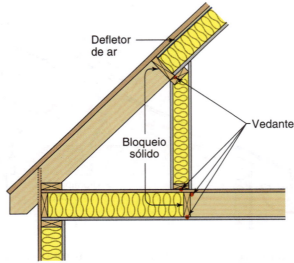

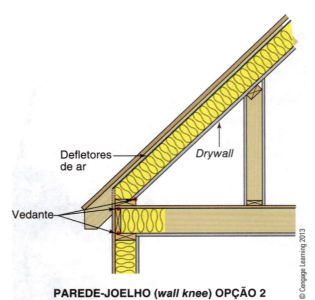

Figura 7.22 As paredes-joelho em áticos de casas do estilo *Cape Cod*** devem ser estruturadas com bloqueio de ar e isoladas para evitar vazamento de ar através do isolamento.

(Figuras 7.23). Barreiras de gelo são formadas quando a neve se acumula na superfície do telhado, em razão de o ar interior e o movimento do calor atingir temperaturas acima de 0 °C. Quando isto acontece, o nível mais alto do telhado fica mais quente e a neve sobre ele derrete e congela novamente sobre as seções mais frias, criando uma barreira de gelo na borda inferior do telhado. Acima da barreira de gelo, a neve é aquecida pelo ar interior que chega ao *deck* do telhado e continuará a derreter e se acumular, e até finalmente vazar por entre as placas.

** *Cape Cod* é um estilo de casa em que as fachadas são definidas por oitões, com telhados em duas águas. No sótão é comum ter o teto inclinado, acompanhando a inclinação do telhado.

Telhados e sótãos

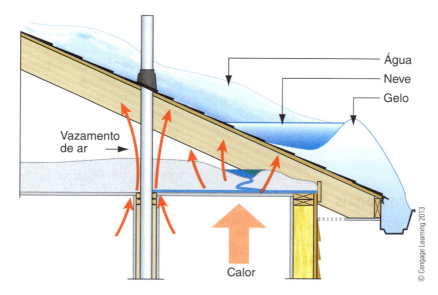

Figura 7.23 O calor que escapa do teto derrete a neve, e a água flui para o beiral, onde se congela formando um carregamento como uma barreira de gelo. A água contida atrás da barreira de gelo também se acumula sob o material da cobertura. Um sótão construído adequadamente e ventilado impede a formação de barreiras de gelo.

As condições do telhado quente que geram barreiras de gelo são causadas por convecção de ar quente do espaço dentro do sótão, perda de calor da condução através da estrutura do telhado e vazamento dos dutos do ar-condicionado. As barreiras de gelo podem ser efetivamente eliminadas por meio de um controle cuidadoso de vazamentos de ar e dutos em sótãos ventilados ou pela utilização de perfis de telhados isolados. Para reduzir os danos causados pela água, os códigos de construção muitas vezes exigem a instalação de uma membrana impermeável na extremidade inferior de telhados, em áreas propensas à formação de barreiras de gelo; embora isto possa ser uma boa prática, não substitui o controle adequado de vazamentos de ar e dutos.

Barreiras radiantes

Sótãos e telhados ventilados podem ter melhor desempenho com barreiras radiantes, especialmente em climas quentes. **Barreira radiante** é uma fina camada de material refletor aplicada diretamente no revestimento do telhado ou instalada como um filme de separação fixado nos caibros, com a face voltada para o espaço do sótão (Figura 7.24). Essa camada metálica evita a irradiação de calor no espaço do sótão, reduzindo as temperaturas em dias quentes, entre 17% e 42%, de acordo com o Departamento de Energia dos Estados Unidos (U.S. Department of Energy – DOE). Como essas barreiras reduzem apenas o calor radiante, não são úteis quando entram em contato com outros materiais e permitem que o calor envolva o material adjacente através da condução. As barreiras radiantes podem ser instaladas de forma isolada em

Opções de barreiras radiantes
1. Embaixo do *deck* do telhado
2. Embaixo dos caibros
3. Sobre as vigotas do teto

Essas três opções são mostradas em um desenho para comparação. Apenas uma barreira é utilizada na construção. O isolamento não é mostrado para maior clareza.

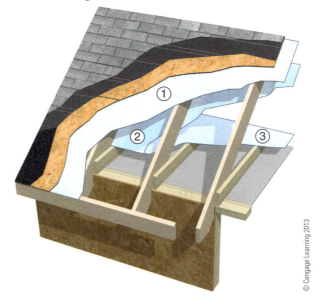

Figura 7.24 Opções para posicionar as barreiras radiantes.

telhados reduzindo o acúmulo de calor na cobertura da edificação com uma fina espessura de 1,9 cm (0,75") da barreira radiante e na face do isolamento. Telhados metálicos também podem servir como uma barreira radiante quando um espaço de respiro é deixado entre a cobertura e o *deck*. Quando uma casa é construída com isolamento adequado, vedação de ar no teto e sem equipamentos de ar-condicionado ou dutos localizados no sótão, mesmo que as barreiras radiantes reduzam as temperaturas do sótão, neste caso há pouco a se fazer sobre o efeito da temperatura do espaço climatizado ou a eficiência energética global da casa.

Barreiras radiantes também podem ser colocadas sobre o isolamento do teto para aumentar seu desempenho, porém, não reduzem as temperaturas no sótão. Este método também permite o acúmulo de poeira sobre a barreira radiante, o que reduz sua eficácia.

Considerações regionais

As decisões sobre o projeto do telhado e a construção podem variar de acordo com os diferentes climas.

Em climas frios, os telhados devem ser concebidos de modo a evitar a formação de barreira de gelo e a condensação de vapor embaixo de *decks* de telhados frios. Em climas quentes, as barreiras radiantes podem ser usadas em sótãos ventilados com sistemas de ar-condicionado.

Em climas em que a resistência a furacões e tornados é uma preocupação, indica-se projetar telhados para resistir ao arrancamento por sucção com a instalação de grampos extras resistentes às pressões dos furacões onde o telhado se junta à parede, bem como selecionar coberturas que resistam a ventos fortes. Em locais onde o granizo é um problema, a escolha deve ser por um material de cobertura resistente a impactos. Em regiões de risco de incêndios florestais, selecione coberturas resistentes ao fogo e evite telhados ventilados que possam atrair as chamas através dos respiros em berais. Nas zonas costeiras que sofrem fortes tempestades, considere perfis de telhados vedados e isolados para evitar problemas com a chuva trazida pelo vento que entra pelos respiros.

Propriedades de materiais de cobertura

A escolha do acabamento do telhado de uma casa ecológica depende de muitos fatores, como formato, durabilidade, conteúdo reciclado e reciclável, energia incorporada, refletividade e disponibilidade de mão de obra e materiais. Como o principal objetivo do telhado é manter a água fora da casa, a seleção dos produtos que podem ser instalados adequadamente pela mão de obra disponível é a chave para o melhor desempenho do sistema de cobertura. Independente da sustentabilidade de determinado material, a construção não será durável ou saudável se uma instalação ruim permitir o vazamento de água para o interior.

Durabilidade

Quando se consideram a vida útil do prédio e a quantidade de vezes que determinado acabamento de telhado deve ser substituído, a seleção de um material com vida útil mais longa reduz tanto a quantidade de materiais necessários para substituição quanto os resíduos gerados pela remoção. Produtos mais duráveis têm custo inicial mais elevado, mas os custos de sua vida útil total, incluindo reparos e trocas, em geral são inferiores aos de produtos baratos.

Conteúdo reciclado

Muitos fabricantes têm incorporado material reciclado em seus produtos para coberturas, em especial metais e borracha. A redução da quantidade de matéria-prima virgem ajuda a reduzir o impacto ambiental global de um produto.

Reciclagem

Com exceção de certos plásticos, a maioria dos materiais de cobertura é reciclável; no entanto, a disponibilidade de recursos para aceitar materiais para reciclagem varia muito entre as regiões. A reciclagem torna-se mais crítica com materiais que têm vida mais curta. Coberturas que devem ser substituídas em um período que varia de 20 a 30 anos criarão muito mais resíduos do que aquelas duram séculos.

Energia incorporada

A quantidade de energia necessária para extrair matérias-primas, a fabricação do produto acabado e a entrega no local da obra são considerações importantes (Tabela 7.2). No entanto, lembre-se de que um material com maior energia incorporada que somente requer substituição a cada 100 anos pode ser melhor opção do que outro com menor energia incorporada, mas que necessite substituições a cada 25 anos.

Refletividade

Albedo, ou refletância solar, é a fração de energia eletromagnética que um objeto ou uma superfície reflete. Albedo (vide quadro Você Sabia "O que significa albedo?") inclui os comprimentos de onda visíveis de infravermelho e ultravioleta em uma escala de 0 a 1. O valor de um albedo de 0,0 indica que a superfície absorve toda a radiação solar, e um valor total de 1,0 representa refletividade total. Telhados mais refletivos reduzem a energia utilizada para resfriamento, bem como o efeito de ilha de calor urbano, tornando as coberturas refletivas uma estratégia-chave na construção verde (Tabela 7.3).

Tabela 7.2 Energia incorporada de materiais para telhados

Material de cobertura	Btu/pé²	Btu/cm²
Telha de barro	23.760	25,6
Telha de concreto	3.520	3,8
Ardósia	11.440	12,3
Aço revestido	15.840	17,1
Alumínio virgem	48.400	52,1
Alumínio reciclado	2.640	2,8
Placas asfalto	25.080	27,0
Placas madeira	Muito baixo	Muito baixo
Estruturas de membranas	Alto	Alto

Fonte: Adaptada com permissão da Green Building Press. http://www.greenbuildingpress.co.uk/archive/sustainable_roofing.php.

Table 7.3 Refletância solar de materiais para telhados

Material da cobertura	Refletância solar inicial	Refletância solar em três anos
Cloreto polivinílico		
Branco	0,87	0,61–0,81
Cinza	0,67	NA
Poliolefina termoplástica		
Branca	0,79	0,69
Cinza	0,46	0,43
Terpolímero de etileno-propileno-dieno (ethylene propylene diene terpolymer –EPDM)		
Branco	0,76	0,64
Preto	0,06	0,07
Betume modificado branco	0,27–0,75	0,28–0,62
Fibrocimento	NA	NA
Borracha e plástico	0,25–0,4	NA
Ardósia	NA	NA
Madeira	NA	NA
Metal	0,6–0,7	0,6–0,7
Telha	0,15–0,6	NA
Placas de composição		
Brancas	0,25–0,27	0,26–0,29
Escuras	0,04–0,15	NA

Fonte: Dados do Cool Roof Rating Council (http://www.coolroofs.org) e informações dos fabricantes. NA: dados não disponíveis.

O Conselho para Avaliação Térmica de Telhados (**Cool Roof Rating Council – CRRC**) classifica os produtos para coberturas de acordo com a refletância solar e emissão térmica. **Emissão térmica** é a capacidade de a superfície do telhado irradiar o calor absorvido. Tanto a refletância solar quanto a emissão térmica de coberturas são medidas em uma escala de 0 a 1, de baixa para alta (Figura 7.25). Telhados com medições mais altas de refletância solar e emissão térmica são mais frios, o que permite menos condução de energia térmica para dentro do prédio e reduz potencialmente os custos do ar-condicionado, sobretudo se o equipamento HVAC (aquecimento, ventilação e condicionador de ar) estiver localizado em um sótão não climatizado. Embora este efeito também possa causar ligeiro aumento nos custos do aquecimento durante o inverno, o efeito cumulativo é benéfico em termos de uso de energia e impactos ambientais.

Um estudo do Lawrence Berkeley National Laboratory (LBNL) determinou que a utilização das tecnologias de telhado frio resulta em economia anual de energia de refrigeração entre 10% e 50%, com um pico de economia de demanda de até 30%. O método de cálculo térmico de telhado desenvolvido pelo LBNL permite comparar estratégias de coberturas e calcular a economia anual estimada em custos de energia. Telhados frios fornecem maior economia em locais com grandes cargas de resfriamento, mas há pouca ou nenhuma perda energética para o uso de tecnologias de telhados frios em lugares de clima quente. A quantidade de calor fornecida por energia solar absorvida pelo telhado é, em geral, bastante pequena, e os ganhos com a redução da carga máxima de refrigeração podem ser significativos.

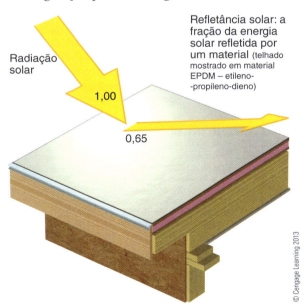

Figura 7.25 Refletância solar.

Pesquisas recentes indicam que o uso de revestimento reflexivo sobre telhados isolados de baixa inclinação em regiões com noites de céu limpo, como no deserto do sudoeste da América, pode resultar em problemas de umidade.[2] O resfriamento radiante no-

---
[2] Rose, William B. White Roofs and Moisture in the US Desert Southwest. *ASHRAE*, 2007.

Você sabia?

O que significa albedo?

Profa. Dra. Sasquia Hizuru Obata

Albedo é uma medida admensional da reflectância espectral de um corpo ou superfície, sendo a razão ou porcentagem entre a quantidade de radiação incidente e a refletida. Seu significado físico tem como fundamento a óptica, e corresponde ao poder que uma superfície tem de refletir de maneira direta ou difusa à luz solar. Já o termo que dá nome à unidade tem origem na refletividade da cor branca, "*albus*", em latim.

A medida albedo é aplicada para avaliar superfícies de materiais para coberturas de edificações em que a coloração, a forma lisa ou rugosa, o grau de absorção e a retenção de umidade, sujidades superficiais e alterações em razão da degradação ao intemperismo sejam alguns dos parâmetros que alteram o valor.

Em especificações de materiais, é comum aplicar o termo refletância solar para placas, telhas e outros produtos utilizados nos sistemas construtivos de coberturas e telhados, que, por estarem sujeitos a intemperismos, condições locais e fatores que causam impacto na durabilidade do material, ocorre uma parcela de perda de desempenho da fração de refletância.

Para melhor eficiência dos materiais, há hoje no mercado aqueles cuja superfície contém dióxido de titânio (TiO_2), um componente nanométrico que é um fotocatalisador usado para gerar superfícies autolimpantes,* que decompõem a poluição atmosférica e promovem a autoesterilização.

No caso de vidros, utiliza-se o termo refletividade, que, no caso de fachadas ou de coberturas de vidro, corresponde à razão da radiação solar total incidente na direção normal que é refletida pelo vidro; quanto maior o número da refletividade externa, menos energia penetra no interior do ambiente e vice-versa.

Para superfícies espelhadas ou espelhos, usa-se o termo refletividade visível, que é a razão de luz no espectro visível que uma superfície reflete para fora ou para dentro de um edifício. Quanto maior o número exterior, mais a superfície tende a ser um espelho. No caso de vidros, isso equivale a dizer que, se o valor for maior pela face externa, maior a dificuldade de se ver a parte interna e vice-versa, ou seja, quanto maior o valor da face interna, mais dificuldade haverá para se ver para fora do edifício.

Há análises de albedo também para grandes áreas, por meio do sensoriamento remoto, que possibilita a medição da radiação refletida sobre objetos geográficos específicos, permitindo análises de topografia, cobertura vegetal, formas de uso e tipos de solo, formações de corpos d'água, quantidade de água retida pelo solo, entre outras avaliações.

Como exemplos simples, citamos que uma superfície com neve tem albedo de 0,9, ou seja, reflete cerca de 90% da radiação e, portanto, não absorve radiação. Em florestas tropicais e oceanos, o valor é próximo a 0, e a Terra reflete, em média, 35%, o que corresponde a albedo de 0,35 e significa que ela absorve cerca de 65% das radiações.

Nas avaliações locais das edificações, há que se considerar não somente a radiação solar, uma vez que há grandes variações em razão de nuvens, poeira e fuligem dispersa no ar, mas também a umidade, que corresponde a partículas dispersas no ar que geram distorções nas emissões dos raios solares.

Trata-se, portanto, de um valor que causará impacto até mesmo na escolha e eficiência de placas para a captação de energia solar.

---

*A superfície dos materiais com TiO_2 se torna hidrofílica, atraindo gotículas de água, o que faz que se forme um lençol de água sobre a superfície, lavando os produtos das reações químicas, tornando-a autolimpante e possibilitando o transporte de materiais poluentes, como NOx e VOc (tolueno, xileno), em compostos menos agressivos, como O_2, H_2O e sais minerais. A substância pode, assim, ser aplicada a materiais construtivos, pela inclusão na matriz do material, na forma de película fina aplicada sobre o substrato em questão. Alguns materiais no Brasil que recebem esta aplicação: alumínio, cerâmica, concreto, laminados, membranas, tintas, vidros e telhas. Quanto à durabilidade, como se trata de produtos inovadores, não há muitos resultados, mas a redução do poder fotocatalítico está ligada à perda de área exposta à radiação ultravioleta, causada pela adesão de substâncias como chicletes, óleos ou compostos resultantes do processo de oxidação. Para os produtos cimentícios, há que se considerar o processo de carbonatação. (OBATA, S. H.; MAGALHÃES, I.M.; ZEQUIN, F.P. Uso do dióxido de titânio e a sustentabilidade nos materiais de construção civil. In: *XII Safety, Health and Environment World Congress* – SHEWC 2012, São Paulo. Proceedings, Safety, Health and Environment World Congress, SHEWC 2012. (S.H.O.)

---

turno pode causar o resfriamento de superfícies expostas ao céu no período noturno, com indicações de que o revestimento do telhado pode permanecer mais frio do que a temperatura do ar exterior durante todo o inverno. Uma possível solução é isolar a superfície do revestimento do telhado, embora isto seja geralmente mais caro do que mantas de fibra de vidro na cavidade do telhado.

Uma medição alternativa para telhados frios é o **Índice de Refletância Solar (Solar Reflectance Index – SRI)**, que mede a capacidade de um material não absorver calor solar e, assim, permanecer frio. Os valores típicos variam de 0 a 100, representando, respectivamente, da capacidade baixa à alta de não absorver calor, mas alguns materiais podem ficar fora deste intervalo. SRI é definido de modo que um material preto padrão (refletância = 0,05, emissão 0,90) é 0 e um material branco padrão (refletância = 0,80, emissão 0,90) é 100. Para calcular o SRI, devem-se utilizar as classificações de refletância solar e emissão térmica baseadas no ASTM Standard E 1980. A refletância de telhados pode mudar ao longo do tempo, e o CRRC indica isto pela inclusão das classificações nova e antiga para materiais de cobertura.

Além das classificações do CRRC, os materiais de cobertura podem se qualificar ao rótulo do ENERGY STAR com base na refletividade. Os telhados qualificados por este programa devem atender a requisitos mínimos iniciais e classificações de refletividade antigas (Tabela 7.4). Até o presente momento, o programa ENERGY STAR não inclui a emissividade como fator para o rótulo que concede.

Materiais para telhados íngremes

Os materiais para coberturas de telhados íngremes disponíveis são placas, telhas ou painéis. Concebidos para escoar água, cada plano do telhado íngreme não precisa ser totalmente à prova de água; em vez disso, ele esgota a água da superfície para a parte mais baixa. Combinado com placas metálicas em paredes e aberturas, e a subcobertura instalada sob o *deck* do telhado, o acabamento do telhado mantém a água fora da estrutura, colocando todas as aberturas acima do nível mais alto em que a água se acumula durante as chuvas mais fortes (Figura 7.26). O projeto, a instalação e a manutenção bem executados são essenciais para um sistema de telhado completo e seco.

Tabela 7.4 Coberturas rotuladas pelo ENERGY STAR

Tipo de telhado	Classificação inicial de refletância solar	Classificação de refletância solar de três anos
Íngreme	≥ 0,25	≥ 0,15
Baixa inclinação	≥ 0,65	≥ 0,5

Escolha do material

A escolha do material para telhados íngremes inclui placas de composição padrão, telhas de barro e concreto, metal, ardósia, plástico, borracha, fibrocimento e madeira. As propriedades de cada material (como durabilidade, conteúdo reciclado e reciclável, energia incorporada e refletividade) têm um efeito sobre a sustentabilidade global de um projeto.

Placas de composição

Placas de composição ou compósitas, feitas de asfalto e fibra de vidro, são os materiais mais populares para telhados íngremes nos Estados Unidos, compreendendo cerca de 60% do mercado residencial. A grande disponibilidade, o baixo custo e os métodos simples de instalação, que não exigem habilidades ou ferramentas especiais, justificam sua popularidade. Essas placas estão disponíveis em uma grande variedade de estilos e espessuras – uma placa mais espessa geralmente significa uma vida útil mais longa, embora os valores da inclinação do telhado, as condições climáticas locais e outros fatores também tenham um papel importante em termos de durabilidade. Apesar de durarem, em média, de 20 a 30 anos, as placas de composição têm a menor durabilidade entre todos os produtos para telhados íngremes. Poucas são feitas com material reciclado, e, embora sejam recicláveis, a maioria é descartada no momento da troca. A Owens Corning está desenvolvendo um programa nacional de reciclagem de seus produtos de placas num esforço para aumentar a quantidade de resíduos reciclados. Com asfalto à base de petróleo representando um terço do seu conteúdo, as placas de composição têm um nível de energia incorporada relativamente elevado. Respondendo por substituição mais frequente que outros materiais, elas têm maior impacto ambiental global do que os produtos alternativos. Placas de composição geralmente têm também baixas classificações de refletância solar, variando de 0,04 a 0,15 para as pretas e de 0,25 a 0,27 para as brancas. Atualmente, os fabricantes oferecem telhados de coloração média, com refletância solar próxima à dos telhados brancos.

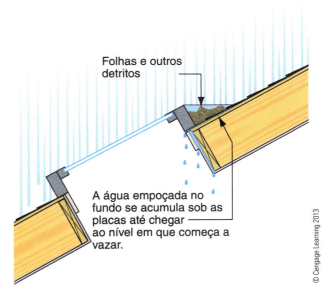

Figura 7.26 Até mesmo a instalação adequada de claraboias não suporta manutenção ruim. Rufos são instalados para manter a água fora durante a chuva normal; no entanto, o acúmulo de detritos pode tornar o nível da água mais alto do que o sistema de rufos suporta.

Telhas

As telhas remontam há milhares de anos, e é um material comum em muitos climas. Inicialmente feitas apenas de barro, hoje também são produzidas com concreto, de modo que podem se assemelhar àquelas de madeira, ardósia e barro. As de barro e concreto são extremamente duráveis, embora a de barro tenha uma reputação de conservar mais a própria cor do que o concreto. As telhas podem ser removidas individualmente e substituídas inúmeras vezes, com uma vida útil praticamente indefinida. Coberturas de telhas têm pouco, ou mesmo nenhum conteúdo reciclado; no entanto, podem ser transformadas por moagem em agregados e recicladas quando não mais reutilizadas. Muitos telhados de telhas de barro com centenas de anos ainda são funcionais. De fabricação simples e utilizando materiais disponíveis localmente, as telhas de barro precisam de fogo, que consome quantidades significativas de energia; entretanto, a durabilidade longa e a capacidade de reutilização tornam este material uma boa opção para construções verdes. Embora sejam fabricadas sem cimento Portland, trata-se de um produto de alta energia incorporada; por outro lado, as telhas de concreto não necessitam de altas temperaturas de queima. As versões em concreto, nos Estados Unidos, pesam menos do que as similares em barro, o que faz deste produto uma alternativa adequada. Em geral, os telhados de telhas têm classificações de refletância solar na faixa de 0,4 a 0,6, com algumas telhas brancas classificadas em 0,8.

Telhados metálicos

Telhados metálicos podem ser feitos de aço galvanizado ou pintado, aço inox, cobre e alumínio, tanto em *designs* de lâminas quanto de placas. O *design* do telhado metálico mais comum é o zipado. O **telhado zipado** é montado a partir de painéis metálicos com costuras verticais que são pressionadas ou dobradas entre si para formar uma vedação (Figura 7.27). A cobertura metálica pode durar 50 anos ou mais e exige pouca manutenção.

A cobertura de aço disponível no mercado pode ter revestimentos permanentes aplicados de fábrica ou galvanizados que ajudam a eliminar problemas de ferrugem. Telhados de aço não revestido exigem um novo revestimento regularmente para proteção contra a ferrugem. Coberturas de cobre e revestimentos de zinco utilizados em aço galvanizado podem ser lixiviados dos telhados e levados aos cursos d'água, contaminando-os com produtos químicos, e ser tóxicos para animais marinhos. Coberturas metálicas estão disponíveis com 100% de material reciclado, e os resíduos em geral são recicláveis. A fabricação de telhas metálicas requer quantidades significativas de energia, mas o conteúdo reciclado e a longa durabilidade fazem delas uma opção adequada para uma construção verde. Classificações iniciais de refletância solar de um telhado metálico, no momento da instalação, ficam na faixa de 0,6 a 0,7. A refletância solar pode diminuir com o envelhecimento do telhado. Revesti-

Figura 7.27 Telhados metálicos zipados são duráveis, podem refletir o calor e estão disponíveis em material reciclado.

mentos para telhados frios em cores médias e escuras estão disponíveis para fornecer classificações muito altas de refletância equivalente às de cores claras.

Coberturas de madeira

Coberturas de placas e fasquias (ripas e sarrafos) de madeira podem ser feitas de várias espécies, mas o cedro é o mais comumente disponível nos Estados Unidos. Um grande desafio em relação aos telhados de madeira em construções verdes é a disponibilidade limitada de materiais certificados de forma sustentável. A melhor fonte para telhados de placas de madeira é o cedro de fibra vertical, que vem de florestas de crescimento antigo que não são uma fonte de suprimento sustentável. Entre os materiais alternativos, estão o pinho e o carvalho tratados. Placas de madeira, com exceção das fabricadas de pinho tratado por pressão em autoclaves, podem ser recicladas como qualquer outro produto em madeira. Esse produto tem energia incorporada muito baixa, limitada ao combustível para extração, corte e entrega do material. Selecionar placas extraídas localmente de outras fontes que não as florestas de crescimento antigo pode ser uma escolha sustentável para a cobertura. O CRRC não fornece classificações de refletância solar para placas de madeira; no entanto, um relatório da Agência de Proteção Ambiental dos Estados Unidos – EPA lista classificações de refletância solar entre 0,4 e 0,55 para fasquias e placas de madeira não revestidas.

As telhas de madeira devem ser secas uniformemente para evitar empenamento e rachaduras. Tradicionalmente instalados sobre ripas espaçadas que permitem ventilação e secagem, os telhados de madeira modernos geralmente são instalados sobre revestimentos sólidos. Usar um sistema que proporcione ventilação, como Cedar Breather® (Figura 7.28), permite até mesmo a secagem e o aumento da durabilidade da placa.

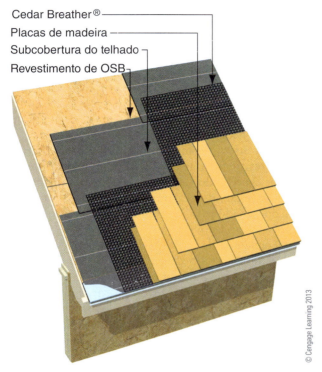

Figura 7.28 Instalação de Cedar Breather® com placas de cedro.

Cobertura de ardósia

A ardósia está entre os materiais de cobertura mais resistentes. Cortada em placas finas de pedra natural, pode durar mais de 100 anos, e, como telhas de barro e concreto, podem ser removidas, recolocadas, trituradas e recicladas no final de sua vida útil. A ardósia com condições de ser reaproveitada e pedaços de recuperações ou mesmo resíduos com espessura suficiente podem até mesmo ser reutilizados para pisos. A ardósia, uma pedra sólida natural, não é feita com material reciclado, mas pode ser reutilizada e geralmente seu estado é adequado e disponível para novas construções e projetos de reforma. A energia incorporada na ardósia está limitada à extração, ao corte e à entrega do material. O CRRC não fornece classificações de refletância solar para a ardósia natural.

Cobertura de plástico e borracha

Várias empresas fabricam placas para telhados de plástico ou borracha, algumas com até 100% de material reciclado. Esses produtos são feitos para parecer ardósia natural ou placas de madeira, e normalmente têm garantias de até 50 anos. Embora as placas fabricadas de materiais reciclados possam ser consideradas sustentáveis, não é fácil reciclar ao fim de seu ciclo de vida quando o antigo telhado é substituído, assim como seus resíduos de instalação. Esses produtos têm um nível moderado de energia incorporada baseado no transporte de matérias-primas e na energia utilizada no processo de fabricação. As classificações iniciais de refletância solar dessas placas variam de aproximadamente 0,25 a 0,4.

Coberturas de fibrocimento

Placas de fibrocimento feitas de cimento, areia, argila e fibra de madeira são uma opção durável para telhados íngremes nos Estados Unidos, com muitos fabricantes oferecendo garantias de até 50 anos. Estão disponíveis em modelos que imitam telhados de madeira, ardósia e telhas. Esses produtos eram fabricados com amianto, até seu banimento da construção na década de 1980. A maioria desses produtos não utiliza quantidades significativas de material reciclado em sua fabricação nem é facilmente reciclada. Eles têm um nível relativamente elevado de energia incorporada em razão do teor de cimento Portland e aos custos de transporte, tanto para matérias-primas quanto para os produtos acabados. As classificações de refletância solar para as placas de fibrocimento são semelhantes às das coberturas de plástico e borracha.

Subcobertura de telhado

A maioria dos telhados íngremes exige que seja instalada diretamente sobre o *deck* do telhado uma subcobertura resistente à água. Tradicionalmente essa subcobertura era de feltro, mas hoje os novos produtos são mais leves e proporcionam melhor resistência a deslizamentos para os trabalhadores que atuam sobre o telhado. Além de uma barreira adicional contra a umidade, a subcobertura fornece proteção temporária contra as intempéries, permitindo que a casa esteja seca antes da colocação do telhado. Um dos produtos de última geração, Huber ZIP System®, consiste em revestimento de OSB com um material resistente à água, integrado e fixado com fitas nas articulações após a instalação. Esta técnica reduz a chance de danos ou inchaços nos painéis e elimina a necessidade de uma subcobertura de barreira de umidade isolada para manter o prédio seco antes de o telhado ser instalado (Figura 7.29).

Manta de cobertura

A manta de cobertura, também referida como papel de alcatrão, é feita de folhas de papel ou de feltro que são impregnadas e revestidas com betume para resultar em um revestimento resistente à água capaz de proteger os telhados e as paredes externas.

Figura 7.29 O Huber ZIP System® oferece *deck* de telhado e subcobertura em uma única camada porque incorpora um acabamento impermeável sobre o OSB e uma fita durável e à prova de água para a vedação entre os painéis.

Subcoberturas sintéticas

Entre os materiais alternativos para coberturas estão o polipropileno, a olefina (tipo de hidrocarboneto) e o tecido de fibra de vidro, que são inerentemente resistentes à água e eliminam a necessidade de revestimentos de betume. São mais leves do que o feltro e mais resistentes ao rasgo, proporcionam proteção temporária de maior duração antes de o telhado ser instalado e estão disponíveis com superfícies especiais que proporcionam maior tração sobre o telhado aos trabalhadores.

Membranas impermeáveis

Membranas betuminosas, como Grace Ice & Water Shield® de W. R. Grace, são folhas com adesivo que proporcionam uma excelente resistência à umidade em áreas críticas dos telhados. A flexibilidade dessas membranas as torna excelentes para detalhes complicados de telhados onde serão cobertas por material de acabamento ou rufos, porque elas se deteriorarão se forem deixadas expostas após a construção. Uma propriedade única dessas membranas é a capacidade de vedação ao redor dos pregos, o que faz delas uma subcobertura particularmente eficaz nos telhados com inclinação menor que 25%. Por serem muito eficazes em impedir a penetração da umidade, essas membranas somente devem ser instaladas sobre telhados completamente secos, porque vão abrandar o processo de secagem para o exterior.

Rufos

Telhados íngremes exigem rufos de metal para desviar a chuva de possíveis pontos de entrada, como paredes laterais, claraboias e chaminés, onde a água possa ser escoada para fora do telhado e longe da estrutura. A maior parte dos rufos permanece parcialmente exposto após o telhado ser concluído; portanto, o alumínio, cobre, o aço galvanizado ou outras folhas de metal duráveis são normalmente usadas.

Rufos interno e de encosto

Todos os rufos devem ser projetados e instalados para propiciar uma barreira para a entrada de água, que é sempre mais alta do que o nível da água no telhado. O rufo típico é instalado pelo menos 10 cm acima do nível do telhado para fornecer uma proteção adequada em períodos de chuvas intensas. Além do sistema adequado de rufos, a manutenção e a limpeza regular do telhado são necessárias para manter uma casa seca.

O rufo interno é instalado nas paredes, atrás da barreira resistente à água – WRB, e intercalado com as placas do telhado (Figura 7.30). Emplacamentos e outros materiais de acabamento devem ser erguidos acima do telhado para permitir que a água escoe livremente (ver Capítulo 9 para mais detalhes).

Independente de onde o telhado termine em uma parede lateral, o rufo de encosto deve ser instalado para escoar a água para longe da parede de volta para o telhado (Figura 7.31). O rufo de encosto é um dos detalhes importantes mais esquecidos no sistema de rufos do telhado. Ele é instalado na parte inferior de uma inclinação do telhado adjacente a uma parede, a fim de impedir que a água da chuva do telhado lave a parede e chegue à parte de trás do revestimento. Pode ser fabricado de chapas de metal no local ou fora da obra, ou peças fabricadas de metal ou plástico podem ser integradas com o rufo lateral.

Rufo "L" e do beiral da tesoura

O rufo "L" deve ser instalado no beiral para proteger a borda do *deck* do telhado de danos e também para escoar a água do telhado para as calhas. A subcobertura deve ser instalada na parte superior do rufo "L", para que qualquer umidade acumulada sob a cobertura seja escoada sobre o rufo (Figura 7.32). O rufo do beiral da tesoura deve ser instalado para proteger as laterais do telhado, de modo que a água seja escoada da lateral para longe do *deck* e do remate. Uma pingadeira é essencial para esses rufos. Pingadeira é uma tira de metal que se estende além das outras partes do telhado, usada para evitar que a água escorra de volta sob o rufo por ação capilar e que corra diretamente para baixo da superfície do remate externo.

Rufo da chaminé

Este rufo impõe vários desafios e deve ser detalhado e instalado com cuidado para impedir que a água entre na estrutura ao seu redor. As chaminés são normalmente feitas de alvenaria ou estrutura de madeira com emplacamento ou argamassa aplicada como acabamento. Todas as chaminés devem ter uma tampa que direcione a chuva para longe do topo e fora do

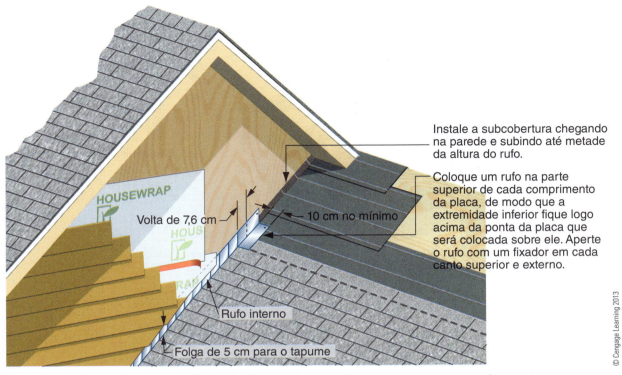

Figura 7.30 O rufo interno de metal é aplicado quando um telhado encontra uma parede.

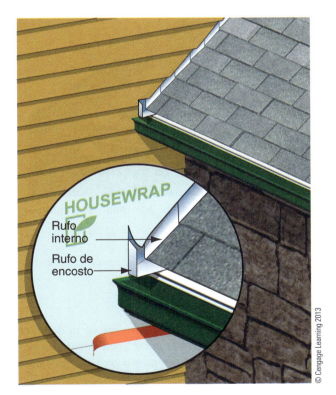

Figura 7.31 Rufo de encosto de metal escoando a água para longe da parede e dentro da calha.

telhado (Figura 7.33). Chaminés de alvenaria com um topo de concreto inclinado é outra forma de se fazer isto, mas uma tampa secundária é altamente recomendada para impedir que a umidade entre na estrutura e reduza a quantidade de água que escoa pelas laterais. Qualquer telhado que incline para a face de uma chaminé deve ter um **rufo de colarinho**, ou sela, que escoa a água da chaminé para a inclinação do telhado (Figura 7.33). Os rufos de colarinho podem ser totalmente de metal ou estruturados, construídos e cobertos com chapas metálicas. Na estruturação dos rufos laterais da chaminé utiliza-se o mesmo procedimento para a construção das paredes, como já descrito. Para chaminés de alvenaria, a estrutura dos rufos é colocada contra a superfície de alvenaria e o contrarrufo inserido na parede, cobrindo o topo do rufo da parede para impedir que a água escoe para a parede e por trás do rufo.

Rufos da claraboia

Muitos fabricantes de claraboias oferecem agora sistemas de rufos de alta qualidade com produtos que garantem uma excelente vedação contra a chuva. A VELUX® fornece um sistema integrado de rufos com suas unidades, que inclui garantia de mão de obra e material contra vazamentos (Figura 7.34); no entanto, mesmo o melhor sistema de rufos não pode eliminar vazamentos quando os telhados não são mantidos de maneira adequada. Quando há acúmulo de detritos nas intersecções de elementos no telhado isto pode

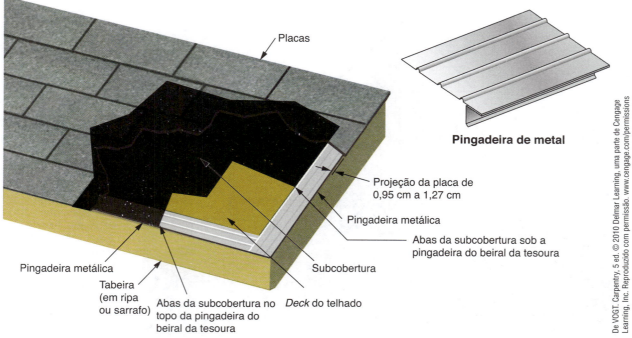

Figura 7.32 Rufo metálico ao longo do beiral e beiral da tesoura.

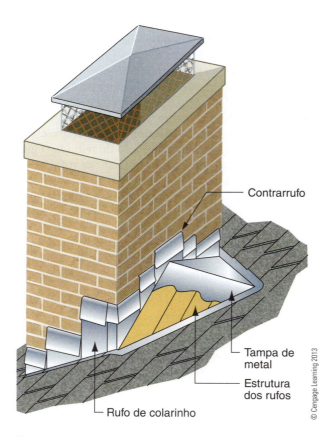

Figura 7.33 Um rufo de colarinho é construído para prevenir o acúmulo de água atrás da chaminé. A tampa da chaminé impede a água de entrar no topo.

Figura 7.34 Rufo interno ao redor de claraboia embutida.

permitir que a água também se acumule o suficiente para vazar sob a cobertura.

Rufos de painel solar

Painéis térmicos solares ou fotovoltaicos podem ser montados em telhados para gerar água quente ou eletricidade. Os suportes para a montagem, as passagens de líquido do arrefecimento e as conexões elétricas devem ser instalados com os rufos adequados para impedir que a água penetre na cobertura (Figura 7.35). Novos desenvolvimentos em sistemas solares incluem sistemas fotovoltaicos integrados que são combinados com os telhados (Figura 7.36) e películas, que são aplicadas nas telhas metálicas (Figura 7.37). Para ob-

Figura 7.35 Os suportes para painéis solares devem ser devidamente fixados com placas metálicas no acabamento do telhado para eliminar os vazamentos.

ter mais informações sobre sistemas de painéis solares fotovoltaicos, ver Capítulo 16.

Materiais para telhados de baixa inclinação

Telhados de baixa inclinação usam menos material de estrutura e acabamento do que os íngremes; no entanto, são mais complicados de instalar, têm uma vida útil mais curta, requerem mais manutenção e são mais propensos a vazamentos. Para telhados de baixa inclinação, existem menos opções disponíveis de material, e a maioria tem pouco conteúdo reciclado. Todavia, proporcionam oportunidades de espaço ao ar livre e telhados vegetados que os íngremes não oferecem. Como as inclinações baixas escoam a chuva mais lentamente do que as íngremes, a água pode se acumular mais no telhado, muitas vezes criando piscinas temporárias de água empoçada. Este fator do projeto exige que telhados de baixa inclinação sejam completamente impermeáveis, como uma piscina ou o piso de um box de banho, para manter a casa seca. A maioria dos telhados de baixa inclinação contém produtos plásticos, de petróleo ou betume, que são difíceis de reciclar. Esses sistemas também exigem altas temperaturas para que possam ser instalados e liberam gases voláteis no processo.

Figura 7.36 Sistemas de painéis solares fotovoltaicos, como DOW™ POWERHOUSE™ Solar Shingle, podem ser integrados ao telhado.

Figura 7.37 Painel fotovoltaico de película fina sobre telhas zipadas.

Telhados de baixa inclinação devem ser projetados com inclinação tão alta quanto possível e com área de drenagem o mais livre possível (Figura 7.38). **Platibandas** são paredes baixas na extremidade de um telhado e, em terraço, varanda ou outra área são denominadas de peitoris. Nos casos em que não é possível drenar diretamente em um sentido, são necessários embornais ou drenos internos; projeta-se, então, a capacidade de drenagem para o máximo de precipitação esperada, de forma a permitir que locais de fluxo excessivo escoem a água para longe da estrutura (Figura 7.39). **Embornais** são aberturas na lateral de um prédio ou na parede, como um parapeito e platibanda, que permitem que a água flua para fora. **Drenos internos** são aberturas na superfície de um telhado de baixa inclinação que levam a dutos colocados no interior da estrutura do prédio para retirar a água do telhado.

Figura 7.38 Telhado de baixa inclinação com a maior inclinação possível.

Figura 7.39 Telhado de baixa inclinação com platibandas e drenos embornais.

Dutos, também chamados de condutores ou tubos de quedas, são elementos verticais utilizados para transportar água da calha até o chão.

Telhados impermeabilizados de baixa inclinação tradicionais são feitos de asfalto quente combinado com quatro a cinco camadas de feltro, que, em conjunto, fornecem uma barreira à prova de água sobre o *deck* do telhado. Os telhados impermeabilizados mais antigos eram feitos de piche de alcatrão de hulha sem camadas de feltro. Ambos os tipos podem ser revestidos com uma camada de cascalho ou um revestimento refletor para proteger a superfície contra danos e deterioração. Embora os telhados impermeabilizados sejam usados em algumas residências multifamiliares, raramente o são em uma construção para uma única família; neste caso são substituídos por produtos de membranas alternativos mais facilmente instalados.

Coberturas compostas por faixas com superfície mineral são faixas obtidas do material fornecido em rolos, tratando-se do mesmo material utilizado na composição de placas de tamanhos e forma variados. São por vezes utilizadas para telhados de baixa inclinação, mas têm durabilidade limitada como cobertura principal deste tipo de telhado. Entre os substitutos duráveis para coberturas impermeabilizadas incluem-se as membranas de camada única feitas de plástico ou betume modificado. **Betume modificado aplicado com maçarico** é o material do telhado em rolos com um adesivo ativado pelo calor. **Material de cobertura de membrana de camada única** vem em placas que são fixadas no *deck* do telhado e coladas entre si por fixadores mecânicos, calor ou solventes químicos. As membranas podem ser total ou brandamente fixadas com um lastro de pedras para mantê-las no lugar.

Em geral, essas membranas são aplicadas sobre o isolamento de espuma rígida, que podem ser inclinadas para auxiliar a drenagem. Podem também ser aplicadas diretamente no *deck* do telhado se o isolamento for instalado abaixo. As membranas são envolvidas nas paredes e fixadas no rufo metálico para que possam vedar totalmente a água. Os telhados de membranas podem ser feitos de policloreto de vinila (*polyvinyl chloride* – PVC), poliolefina termoplástica (*thermoplastic polyolefin* –TPO), **terpolímero de etileno-propileno-dieno** (*ethylene propylene diene terpolymer* –EPDM) ou betume modificado.

PVC

A cobertura de PVC é composta por telhas de plástico à prova de água combinadas com o reforço de uma camada de fibra. As placas podem ser mecanicamente fixadas no *deck* do telhado ou totalmente aderidas a ele com junta soldada. Os rejeitos de PVC são recicláveis, mas em pequena quantidade, quando há algum rejeito, o resíduo, ou seja, o material pós-consumo, é realmente reciclado, particularmente no setor residencial. O PVC branco, a cor padrão, tem uma classificação inicial de refletância solar de 0,87. O PVC flexível contém ftalatos, que são produtos químicos considerados maléficos e de riscos em longo prazo para a saúde de seres humanos e animais (compostos químicos derivados do ácido ftálico, utilizado como aditivo para deixar o plástico mais maleável).

TPO

A TPO foi desenvolvida na década de 1980 como uma alternativa às telhas cerâmicas de PVC por causa das preocupações com o meio ambiente. Ela é fixada no *deck* do telhado com adesivos ou fixação mecânica, ou pode ficar solta pelo peso próprio. TPO pode ser feita

Telhados verdes

Telhados habitáveis ou vegetados são às vezes referidos como **telhados verdes** e utilizam instalações especiais em meio à cultura que reveste um telhado de membrana. Telhados verdes fornecem isolamento adicional, reduzem a transmissão de som e podem aumentar a vida útil da cobertura da membrana, protegendo-a da luz UV e de danos. A vegetação ajuda a reduzir a temperatura do telhado, minimizando assim o efeito de ilha de calor, bem como ajuda a reduzir a quantidade de escoamento de águas pluviais. Esses benefícios vêm com uma condição de preço inicial mais alto em razão dos custos adicionais, tanto para o material do telhado quanto para o reforço da estrutura adicional que pode ser necessária para suporte.

Telhados verdes são classificados como *intensivos* ou *extensivos*. **Telhados vegetados intensivos** usam camadas profundas do solo e podem suportar arbustos e pequenas árvores. **Telhados vegetados extensivos** usam uma camada fina de meios de cultura especiais (normalmente colocada sobre um colchão de drenagem) e exigem plantas de raízes curtas e crescimento baixo, como o Sedum (gramíneas). As plantas devem ser selecionadas para suportar total exposição solar e o clima específico do local em que são cultivadas. Telhados intensivos podem suportar o tráfego de transeuntes, mas exigem apoio estrutural adicional para o peso extra do solo e acúmulos de chuva. Telhados extensivos exigem pouca, se houver, estrutura adicional, mas não são projetados para o tráfego de transeuntes (Figura 7.40). Ambos os tipos requerem camadas de telhado resistentes a raízes instaladas sobre a membrana do telhado, ou a própria membrana deve ser projetada e instalada para resistir à penetração das raízes. Telhados verdes são muito populares na Europa e continuam a ganhar destaque nos Estados Unidos. Embora possam contribuir para a sustentabilidade de uma casa, não devem ser considerados antes de o desempenho da construção ser melhorado e obitido por meio de orientação das janelas, isolamento, vedação do ar e sistemas mecânicos de alto desempenho.

Figura 7.40 Casa Éden, localizada em Atlanta, na Geórgia, foi concebida para apresentar inúmeras técnicas de construção verde. No telhado, a maior parte do espaço é coberta com um telhado verde extensivo de pequenas Sedums.

---

com uma pequena quantidade de conteúdo reciclado pós-industrial, mas o material não é reciclável. Disponíveis nas cores branca, bege e cinza, a TPO tem classificações de refletância solar inicial de até 0,79.

EPDM

EPDM é uma membrana de revestimento de borracha que, embora encontrado principalmente na construção comercial, também pode ser utilizado em projetos residenciais. Um substrato comum para telhados verdes pode ser mecanicamente comprimido, totalmente aderido ou deixado solto pelo próprio peso. Ele não é feito com material reciclado nem é reciclável. A cor padrão é preta, embora uma camada branca possa ser aplicada na fábrica ou no canteiro para dar uma classificação inicial de refletância solar na faixa de 0,76.

Betume modificado

O betume, também conhecido como asfalto ou alcatrão, é modificado com plástico ou borracha para melhorar a flexibilidade, resistência à luz ultravioleta (UV) e trabalhabilidade. Normalmente combinado com camadas de reforço de fibra de vidro ou poliéster, o produto final é uma membrana de cobertura plana fornecida em rolos para a instalação no local da obra. O desempenho é semelhante ao de coberturas impermeabilizadas, com menos uso de energia e material. A cobertura de betume modificado é fixada no *deck* do telhado com solda quente, adesivos ou uma membrana autoadesiva. Ele não é feito de materiais reciclados, embora os resíduos e o material removido possam ser reciclados por meio do mesmo processo utilizado nas placas de composição. O betume modificado pode ter acabamento granular ou uma superfície lisa que pode receber um telhado de revestimento frio. As classificações de refletância solar encontram-se na faixa de 0,28 para cores escuras até 0,75 para o branco.

Revestimentos aplicados em canteiro

Muitos produtos para revestimentos de telhado podem ser aplicados em coberturas de baixa inclinação para proporcionar maior refletância solar e durabilidade e aumentar a vida útil dos telhados mais antigos. Alguns revestimentos têm baixos níveis de compostos orgânicos voláteis.

Você sabia?
Telhados verdes no Brasil

*Eng. Isamar Marchini Magalhães**

Telhados verdes foram criados na Alemanha e se tornaram populares em toda a Europa da década de 1960, espalhando-se também pelos Estados Unidos. No Brasil, somente nos últimos anos construtores e consumidores começaram a se interessar pela técnica, que foi prejudicada pela falta de tecnologias nacionais, embora tenhamos exemplos de utilização muito mais antiga, como no Edifício Conde Matarazzo, sede da Prefeitura da Cidade de São Paulo, com seu famoso jardim que ocupa uma área de 484 m². Apesar de na última década as tecnologias terem se aprimorado, ainda são poucas as opções e empresas especializadas para a execução, instaladas principalmente nos grandes centros.

Atualmente, encontra-se em discussão a obrigatoriedade da instalação de telhados verdes em território nacional para algumas tipologias de edifícios, mas esta obrigatoriedade deve ser analisada, já que em um país com dimensões continentais, e por consequência diferentes zonas climáticas, outras técnicas poderão ser mais eficientes na busca da sustentabilidade da edificação. Porém, assim como aconteceu nos países europeus, é provável que a popularização desses telhados se dê mediante incentivos fiscais (conhecidos como IPTU Verde) proporcionados pelas prefeituras, que em muitas cidades brasileiras oferecem descontos acumulativos para cada solução sustentável incorporada no projeto e execução da obra, ou de medidas de compensação ambiental.

Os telhados verdes são compostos por camadas de materiais que acrescentam peso à estrutura; portanto, devem ser consideradas na etapa do projeto estrututal ou reforma. Eles são tradicionalmente construídos com as seguintes camadas:

- Plantas, que podem ser gramíneas e ervas
- Cobertura contra ação erosiva do sol e do vento
- Camada de solo de 50 a 150 mm
- Camada de drenagem
- Membrana impermeabilizante
- Laje estrutural ou estrutura de teto

Telhados verdes também são instalados com a substituição do solo por módulos produzidos a partir de EVA (etileno-acetato de vinila) reciclado e por membranas alveolares produzidas com PET (politereftalato de etila) reciclado. Uma camada de substrato leve, não orgânico, tendo em sua composição fibras de pneus reciclados, é a base para a colocação da vegetação. Em razão das características dos materiais do sistema, sua aplicação pode ser feita em coberturas planas ou inclinadas.

As novas tecnologias desenvolvidas no Brasil introduziram um novo conceito de telhados verdes, conhecidos como ecotelhados, que difere dos sistemas convencionais de terra ou substrato por focar na armazenagem da água da chuva e na reciclagem de águas cinzas e ou negras do próprio edifício. O ecotelhado pode ser classificado como um sistema semi-hidropônico, que evita o acúmulo desnecessário de sobrepeso gerado pelo uso de substrato ou terra ao armazenar água na própria laje embaixo da vegetação. Na Figura 7.41, vemos um de sistema alveolar leve e, na Figura 7.42, é apresentado detalhe de um sistema laminar alto.

Fonte: *Ecotelhado*. Disponível em: <https://ecotelhado.com/portfolio/ecotelhado/sistema-modular-alveolar-leve/>. Acesso em: 18 mar. 2016.
Figura 7.41 Sistema alveolar leve.

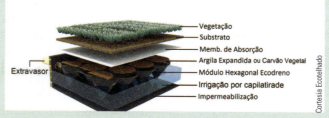

Fonte: *Ecotelhado*. Disponível em: <https://ecotelhado.com/portfolio/ecotelhado/sistema-laminar-alto/>. Acesso em: 18 mar. 2016.
Figura 7.42 Sistema laminar alto.

(continua)

A Figura 7.43 esquematiza a instalação de um telhado de sistema laminar com armazenagem de água de chuva e reciclagem de águas cinzas e negras, desenvolvido pela Ecotelhado.

Os módulos são posicionados sobre a laje impermeabilizada com os vasos para baixo, e depois cobertos com uma manta que os separa das raízes, sobre a qual se dispõe uma camada de substrato fibroso onde se planta a grama. Porosos, são feitos de um material rígido, que retém a umidade e os nutrientes e permite a passagem da água. Regulada por um ladrão, a lâmina de água mantém-se em 4 cm. Para facilitar a manutenção, que deve ocorrer duas vezes ao ano; o ralo sifonado fica dentro de uma caixa de inspeção. A água dos chuveiros e das pias é filtrada num reservatório e então bombeada até o telhado para a rega da grama, responsável por uma nova filtragem. Então, escoa para o sistema laminar, que a redireciona para as descargas.

Fonte: *Ecotelhado*. Disponível em: <https://ecotelhado.com/sistema-integrado-e-destaque-em-reportagem-sobre-gbc-expo/>. Acesso em: 18 mar. 2016.

Figura 7.43 Exemplo de instalação de um telhado com armazenagem de água de chuva e reciclagem de águas cinzas e negras desenvolvido pela empresa Ecotelhado – Sistema laminar alto.

Plantas utilizadas
A escolha deve ser plantas que não necessitam de grandes cuidados e sejam de espécies nativas. Algumas das plantas utilizadas nos telhados verdes brasileiros são as popularmente conhecidas: capuchinha, verbena, grama são carlos, lambari roxo, lantana, vedélia, clorofito, lambari, aspargo, bulbine, alho social, dinheiro-em-penca, clúsia, grama-esmeralda, grama-amendoim e boldo brasileiro.**

---

* Engenheira civil e especialista em construções sustentáveis pela Fundação Armando Alvares Penteado (FAAP).
** Disponível em: <https://ecotelhado.com/produtos/plantas-para-telhado-verde/>. Acesso em: 14 maio 2015. (S.H.O.)

Metal

Telhados metálicos de costura soldada são uma solução sustentável para telhados de baixa inclinação; no entanto, são complicados de instalar adequadamente e podem ser muito caros.

Calhas e dutos

Calhas e dutos ajudam a evitar que a água que escoa do telhado sature o solo ao redor da casa, aumentando assim a possibilidade de infiltrações até a fundação. Também reduzem os respingos no nível do solo para manter a água longe das paredes, o que ajuda a limitar a decomposição do emplacamento e remates. As calhas devem ser instaladas de modo a transportar o fluxo da chuva mais pesada sem transbordar, e as saídas dos dutos ser estendidas em pelo menos 1,50 m da fundação (Figura 7.44).

As calhas podem ser feitas de alumínio, aço galvanizado, cobre ou vinil. Quando instaladas em um telhado metálico, devem ser compatíveis com ele para evitar a corrosão galvânica que ocorre entre os diferentes tipos de material.

As calhas devem ter manutenção regular para remover as folhas e outros detritos e evitar entupimento. Calhas entupidas podem transbordar e infiltrar na fundação, danificar a estrutura do telhado e aumentar a formação das barreiras de gelo em climas frios.

Calhas eficazes são as que impedem a entrada de detritos e permitem a passagem da água; são uma boa alternativa para facilitar a limpeza regular. Vários fabricantes de calhas de alta qualidade, como Gutter Helmet®, oferecem garantias vitalícias contra entupimento.

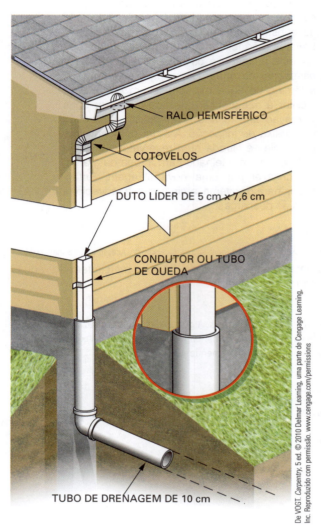

Figura 7.44 O tubo corre para o duto de drenagem para direcionar a água para longe do local.

Captação da água de chuva

Captação da água de chuva é um método muito eficaz para a eficiência no consumo de água com custos construtivos moderados. Quando se considera a captação da água de chuva para irrigação ou uso potável, a escolha dos materiais da cobertura terá um efeito sobre a qualidade da água. Telhados metálicos fornecem águas mais limpas (geralmente livres de detritos ou produtos químicos tóxicos), enquanto os telhados de placa de composição podem liberar produtos químicos tóxicos no escoamento (ver Capítulo 15 para mais informações).

Considerações para reformas

Ao empreender um projeto de reforma, lembre-se de que o telhado e o sótão proporcionam excelentes oportunidades para criar um projeto sustentável. No caso de o projeto incluir expansão de área em sótão existente, deve-se começar com uma avaliação completa da estrutura existente e dos materiais da cobertura. Em alguns casos, as vigotas do teto poderão suportar as novas cargas do piso, o que representa uma redução significativa no que concerne ao custo de um novo sistema de pisos. Independente de haver ou não um novo sistema de pisos instalado, as bordas externas da estrutura do piso devem ser completamente isoladas e vedadas ao ar, antes da instalação do *deck*, para completar o invólucro térmico.

A espessura dos caibros existentes ditará a quantidade de isolamento que poderá ser instalada ao longo do alinhamento do telhado. Se a cobertura tiver que ser substituída, considere a possibilidade de adicionar isolamento rígido no topo do *deck* do telhado; se o telhado existente tiver que ser mantido, você pode criar pequenos recortes nos caibros para permitir isolamento adicional abaixo do perfil do telhado.

Ao adicionar isolamento nos tetos, qualquer eletroduto deve ser substituído para evitar potenciais riscos de incêndio. O isolamento de tetos antigos a ser alterado deve ser avaliado para verificar o teor de amianto; confirmada sua presença, indica-se a contratação de uma empresa certificada para remover e descartar o material corretamente.

Os sótãos existentes podem ter *decks* sobre o piso que confinam e geram adensamento do isolamento. Esse *deck* deve ser removido, e uma estrutura adicional ser acrescentada para propiciar um isolamento com espessura adequada. Após a instalação do isolamento, o *deck* pode ser substituído na parte superior da estrutura nova do teto com maior espessura.

A avaliação de telhados e sótãos inclui inspeções visuais, teste de estanqueidade e câmeras de infravermelho. Um termografista habilitado, usando câmeras de infravermelho, pode ajudar a identificar pequenos vazamentos de água que permanecem na estrutura, bem como lacunas e desvios do isolamento.

Resumo

Para decidir sobre o tipo de estrutura do telhado, a localização do envelope térmico e materiais de cobertura, deve-se considerar os seguintes fatores: clima, projeto geral da construção, orçamento, materiais disponíveis e competências das empresas contratadas, eficiência de recursos, conteúdo reciclado, energia incorporada e saúde dos instaladores e dos ocupantes finais.

Quanto mais complexa for a estrutura do telhado, mais difícil será o esgotamento da água para além da estrutura e para fora da casa. Evite *designs* que exijam detalhes complexos de sistemas de rufos. Instale todos os rufos para direcionar a água para fora da estrutura e nunca confie na vedação ou em outros selantes para manter a água longe; em vez disso, os materiais devem ser dispostos em camadas para escoar a água sob todas as condições.

Certifique-se de que o telhado ou sótão terá um isolamento térmico completo no plano do teto ou no alinhamento do telhado, ou em ambos. Aberturas no isolamento térmico reduzem a eficiência energética e a qualidade do ar.

Questões de revisão

1. Qual é o componente mais crítico do projeto do telhado?
   a. Isolamento
   b. Ventilação
   c. Controle da água
   d. Inclinação do telhado
2. Qual das seguintes situações sugere usar um sótão climatizado?
   a. Teto simples
   b. Caldeiras de combustão vedadas no sótão
   c. Caldeiras de combustão abertas no sótão
   d. Treliças planas
3. Qual das seguintes situações sugere não usar um sótão não climatizado?
   a. Caldeiras de combustão vedadas no sótão
   b. Treliças planas
   c. Bomba de calor a ar no sótão
   d. Várias lâmpadas embutidas
4. Que sistema não serve para um sótão climatizado?
   a. SIPs
   b. Espuma rígida no *deck* do telhado
   c. Isolamento do teto com respiros em cumeeira e parte inferior do beiral
   d. Espuma em *spray* sobre o perfil do telhado
5. O que não é verdade sobre barreiras radiantes?
   a. Elas devem estar em contato direto com o isolamento.
   b. Deve haver um espaço de, pelo menos, 1,9 cm (0,75") até o filme.
   c. A superfície do filme deve sempre estar voltada para dentro.
   d. Elas não devem ser instaladas com perfis de telhados isolados sem ventilação.
6. Qual dos seguintes telhados tem a refletância solar inicial mais alta segundo o CRRC?
   a. Cloreto polivinílico branco
   b. EPDM branco
   c. Ardósia
   d. Placas de composição brancas
7. Qual das seguintes alternativas não ajuda a eliminar a formação de barreiras de gelo?
   a. Vedação do duto no porão
   b. Membrana impermeável no telhado
   c. Vedação de ar no teto e paredes-joelho
   d. Eliminar pontes térmicas do telhado
8. Que tipo de rufo deve ser instalado em locais onde um beiral termina em uma parede de dois andares?
   a. Sela
   b. Encosto
   c. Interno
   d. Beiral da tesoura
9. Qual refletância solar é mais adequada para um clima frio?
   a. Baixa
   b. Alta
   c. Média
   d. A refletância solar não é importante em climas frios.
10. Qual é o método mais eficaz para ventilar um sótão não climatizado?
    a. Respiro elétrico do telhado com respiro na parte inferior do beiral
    b. Respiro do telhado à energia solar com tesoura de telhado e respiros
    c. Respiros de cumeeira com respiros na parte inferior do beiral
    d. Respiro da cumeeira com tesoura do telhado e respiros

Questões para o pensamento crítico

1. Em quais situações você consideraria construir uma estrutura de telhado sem ventilação?
2. Compare e contraste diferentes projetos de telhados e como suas aplicações diferem nos climas quentes, moderados e frios.
3. Quais estratégias você incorporaria em uma casa para evitar barreiras de gelo?
4. Identifique locais críticos para isolamento e vedação de ar em estruturas de sótão não climatizado.

Palavras-chave

águas-furtadas
albedo
barreira de gelo
barreira radiante
betume modificado aplicado com maçarico
calha
Cool Roof Rating Council (CRRC)
deck do telhado
defletores do beiral
drenos internos
duto
embornal
emissão térmica
energy truss
inclinações do telhado
Índice de Refletância Solar (SRI)
membrana de camada única
parapeito e platibanda
pingadeira
placas de composição
refletância solar
rufo de colarinho
rufo de encosto
rufo interno
telhado com escoamento
telhado de baixa inclinação
telhado de duas águas
telhado de espigões
telhado íngreme
telhado quente
telhado sem ventilação
telhado verde
telhado zipado
telhados vegetados extensivos
telhados vegetados intensivos
terpolímero de etileno-propileno-dieno (EPDM)
treliças planas

Glossário

água-furtada estrutura que se projeta para fora de um telhado inclinado para formar outra área coberta, que oferece uma superfície para a instalação de janelas.

albedo fração de energia eletromagnética que um objeto ou superfície reflete.

barreira de gelo forma-se no beiral do telhado inclinado e provoca acúmulo de água por trás e sob os materiais de coberturas.

barreira radiante material que inibe a transferência de calor por radiação térmica; comumente encontrada em sótãos.

betume modificado aplicado com maçarico material de telhado em rolos com um adesivo ativado pelo calor.

calhas canaletas de metal, madeira ou plástico utilizadas na extremidade dos telhados para escoar água da chuva e da neve derretida.

Cool Roof Rating Council (CRRC) organização independente e sem fins lucrativos que mantém um sistema de classificação terceirizado para propriedades radiativas de materiais de coberturas de telhados.

deck do telhado superfície de madeira ou metal na qual o material de cobertura é aplicado.

defletores do beiral do telhado materiais que previnem o fluxo do vento no isolamento do sótão, direcionando o fluxo de ar da face inferior para a face superior do isolamento do sótão; também conhecidos como *canaletas de isolamento positivo*.

drenos internos aberturas na superfície de um telhado de baixa inclinação que levam a calhas colocadas no interior da estrutura do prédio para retirar a água do telhado.

duto elemento vertical utilizado para conduzir água da calha até o chão; também chamado condutor ou tubo de queda.

embornal abertura na lateral de um prédio, como um parapeito e platibanda, que permite que a água escoe para o exterior.

emissão térmica número decimal inferior a 1 que representa a fração de calor que é reirradiado de um material para seu entorno.

energy truss - treliça de cobertura projetada para abranger uma área e proporcionar espaço adequado para isolamento total do sótão em toda a área, onde são instalados defletores de isolamento; ver também *treliça plana*.

inclinação do telhado ângulo de um telhado descrito por sua elevação (altura vertical) em relação à inclinação (comprimento horizontal).

Índice de Refletância Solar (SRI) mede a capacidade de um material rejeitar calor solar e de não absorver calor, permanecendo frio; os valores típicos variam em uma escala de 0 a 100 baixa a alta capacidade de absorver calor.

material de cobertura de membrana de camada única material que vem em placas que são fixadas no *deck* do telhado e coladas entre si com fixadores mecânicos, calor ou solventes químicos.

pingadeira tira de metal que se estende além das outras partes do telhado, usada para escoar a água da chuva para fora da estrutura.

placas de composição ou compósitas feitas de asfalto e fibra de vidro; trata-se do material mais popular nos Estados Unidos para telhados íngremes.

platibanda parede baixa na extremidade de um telhado, denominada parapeito em terraço, varanda ou outro ambiente.

refletância solar número decimal inferior a 1 que representa a fração de luz refletida do telhado; ver também *albedo*.

rufo de colarinho telhado falso e pequeno construído por trás de uma chaminé ou outro obstáculo no telhado com a finalidade de escoar a água; também chamado *sela*.

rufo de encosto peça de rufo instalada na parte inferior de uma inclinação de telhado adjacente a uma parede, a fim de evitar que a água da chuva do telhado atinja a parte de trás do material de revestimento da parede e a WRB.

rufo interno peça de metal instalada atrás da barreira resistente à água – WRB e intercalada com as placas do telhado.

telhado de inclinação baixa ângulo de telhado ou inclinação de 30° (1 : 6 = 16,67% 2 : 12) ou menos.

telhado de duas águas tipo de telhado com inclinação em duas direções.

telhado de quatro águas telhado de três ou quatro águas com lateral e extremidades inclinadas.

telhado de uma água tipo de telhado com inclinação em apenas uma direção.

telhado íngreme telhado cujo ângulo é superior a 30° (1 : 6 = 16,7%).

telhado quente sótão não ventilado com isolamento na parte inferior ou logo acima do *deck* do telhado; também conhecido como *sótão catedral*, *sótão climatizado* ou *perfil de telhado isolado*.

telhado sem ventilação estrutura do sótão sem ventilação.

telhado verde telhado parcial ou completamente coberto de vegetação e um meio de cultura plantado sobre uma membrana impermeabilizante; também conhecido como *telhado habitável* ou *vegetado*.

telhado zipado telhado montado de painéis de metal com costuras verticais que são frisadas em conjunto para formar uma vedação.

telhados vegetados extensivos tipo de telhado verde que usa uma camada fina de um meio de crescimento especial (normalmente colocada sobre um colchão de drenagem) e exige plantas de raízes curtas e crescimento lento, como o Sedum.

telhados vegetados intensivos tipo de telhado verde que contém camadas profundas do solo que podem suportar arbustos e pequenas árvores.

terpolímero de etileno-propileno-dieno (EPDM) membrana de camada única composta de borracha sintética; comumente usada para telhados planos.

treliça plana treliça de cobertura projetada para abranger uma área e proporcionar espaço adequado para isolamento total do sótão em toda a área; ver também *energy truss*.

Recursos adicionais

Cool Roof Rating Council (CRRC):
http://www.coolroofs.org
Calculadora de Resfriamento de Telhado do DOE:
http://www.roofcalc.com

Green Roofs for Healthy Cities North America (GRHC):
http://www.greenroofs.org

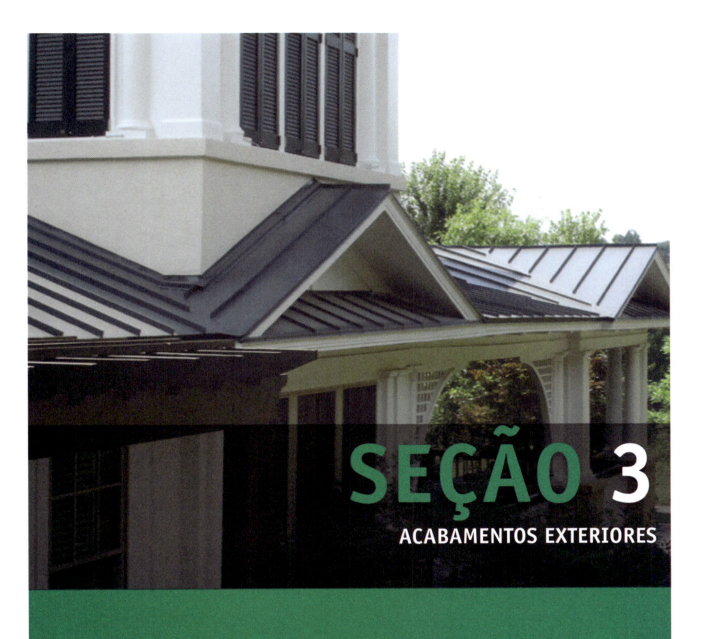

SEÇÃO 3
ACABAMENTOS EXTERIORES

CAPÍTULO 8: Esquadrias
CAPÍTULO 9: Acabamentos externos de paredes
CAPÍTULO 10: Espaços externos de convívio
CAPÍTULO 11: Paisagismo

8

Esquadrias

O termo esquadria descreve todos os produtos que preenchem aberturas em uma construção, incluindo janelas, portas e claraboias, que permitem a passagem de ar, luz, pessoas ou veículos. Neste capítulo, abordaremos os benefícios e desafios de janelas, portas e claraboias para as residências verdes; neste mesmo sentido, trataremos de iluminação natural, ventilação, saída de emergência e aquecimento "passivo" no inverno. Os desafios referem-se às perdas energéticas que podem ocorrer quando há perda de calor no inverno e ganho no verão através das esquadrias inadequadas. Todas as esquadrias devem ser instaladas e vedadas corretamente para também manter a umidade prejudicial fora da estrutura. A seleção adequada, a localização e a instalação de janelas, portas e claraboias são alguns dos mais importantes elementos das habitações verdes.

OBJETIVOS DO APRENDIZADO

Após a leitura deste capítulo, o aluno será capaz de:
- Descrever os efeitos das esquadrias para a eficiência energética.
- Descrever as classificações de desempenho de janelas, portas e claraboias.
- Converter fatores U em valores R.
- Descrever os prós e os contras dos vários materiais de janelas e portas.
- Descrever os diferentes tipos de janelas, portas e claraboias.
- Descrever a instalação adequada de janelas, portas e claraboias.
- Selecionar os produtos mais apropriados para um projeto específico.

Princípios da construção verde

 Eficiência energética

 Eficiência de recursos naturais

 Durabilidade

 Qualidade do ambiente interno

Tipos de esquadrias

O termo **esquadria** descreve todos os produtos que preenchem aberturas em uma construção e permitem a passagem de ar, luz, pessoas ou veículos. Os tipos de esquadrias diferem entre si no que concerne ao tipo de abertura, vidro e moldura. As esquadrias de janelas podem ser operáveis – de abrir ou fixas –, deslizar vertical ou horizontalmente ou girar para dentro ou para fora. Envidraçamento refere-se aos vidros nas esquadrias. Por exemplo, as janelas podem ter envidraçamento simples, duplo ou triplo. A moldura da janela ou porta é a parte que está fixada na estrutura ou nas vedações do prédio. As opções disponíveis para cada um desses critérios podem ter efeito positivo ou negativo sobre o desempenho de uma casa ecológica.

A escolha das esquadrias utilizadas em um projeto é afetada pelo clima, projeto de construção, estilo arquitetônico e orientação solar.

Seleção da esquadria

Tomar decisões adequadas para a seleção de esquadrias é essencial para criar uma casa sustentável. Essas decisões incluem tamanho, localização, sombreamento, envidraçamento, tipo da esquadria e material da moldura. Considerações adicionais referem-se a vários aspectos, como operação da unidade, ferragens, vedação, grades ou pinázios e método de instalação (Figura 8.1).

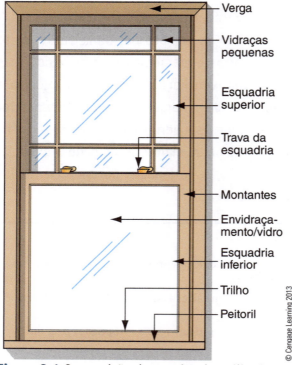

Figura 8.1 Composição de uma janela guilhotina.

Compreender os múltiplos efeitos de janelas, portas e claraboias é a chave para escolher os produtos corretos para cada projeto. Elas são capazes de fornecer luz natural, refrigeração passiva e ar externo através da ventilação, calor através do **ganho solar** e vista para o exterior. **Iluminação natural** é o uso da luz natural para completar ou substituir a artificial. Iluminação natural pode reduzir a quantidade de eletricidade necessária para iluminar o interior de casas, mas haverá maior compensação do que tão somente a energia economizada com iluminação ao permitir a entrada de calor nos meses frios ou a saída durante a estação quente. Janelas, portas e claraboias inadequadamente instaladas permitem a entrada de ar e umidade na casa, o que resultará em desperdício de energia e redução da durabilidade e qualidade do ambiente interno.

Foi demonstrado que a luz natural melhora a produtividade em escritórios e escolas e reduz o tempo de recuperação nos hospitais. Podemos supor que ela terá efeitos positivos semelhantes nos ocupantes das residências. A ventilação e a refrigeração passivas, quando controladas corretamente, ajudam a reduzir a energia necessária para operar equipamentos de ventilação e ar-condicionado. Ter uma vista agradável do exterior ajuda a tornar uma casa mais desejada, reduzindo a probabilidade de grandes obras de reforma ou demolição e substituição.

O tamanho, a localização e o estilo de janelas, portas e claraboias são uma decisão essencial do projeto, pois afetam as fachadas internas e externas de uma casa. Quando essas decisões de projeto são feitas sem analisar a casa sob um conceito holístico, a eficiência e o conforto sofrerão de forma inevitável. Este aspecto será abordado com mais detalhes ainda neste capítulo.

O efeito das esquadrias na eficiência e no conforto

A eficiência energética das esquadrias é o resultado de variáveis como ganho de calor radiante, convecção, condução e estanqueidade de ar. Em climas frios, o ganho térmico pode reduzir a necessidade de energia adicional; em climas quentes, o mesmo ganho de calor pode aumentar esta necessidade. Compreender e comparar a eficiência energética de diferentes janelas, portas e claraboias é fundamental para fazer a escolha mais apropriada para um projeto.

As esquadrias em geral e janelas em particular afetam a eficiência e o conforto por meio de quatro princípios específicos: radiação, convecção, condução e estanqueidade do ar.

- *Radiação* é o movimento de calor como energia infravermelha através do vidro. A maioria das radiações de calor acontece de fora para dentro da edificação, embora menores quantidades de calor irradiem para fora no tempo frio.
- *Convecção* ocorre em tempo frio, quando o ar interior quente perde calor ao entrar em contato com superfícies frias de vidro, o que permite que o ar mais frio desça na direção do piso. Esse movimento atrai ar mais quente na direção do vidro, criando correntes de ar que reduzem o conforto interior. Observe que este tipo de convecção é uma forma de movimento de ar descontrolado que difere da convecção forçada intencional utilizada para aquecimento ou resfriamento de uma casa, aspectos já abordados no Capítulo 2.
- *Condução*, como visto no Capítulo 2, é a transferência direta de calor através de um sólido. No caso de esquadrias, esta transferência se dá através de esquadria, moldura e vidros em taxas diferen-

tes. A taxa de condução através de toda a unidade, junto com a radiação, a convecção e a infiltração de ar, determina o fator U. A perda de calor de condução nos climas frios geralmente excede o calor ganho em climas quentes (no Capítulo 6, ver abordagem sobre ΔT).

- *Infiltração de ar*, diretamente relacionado à convecção estudada no Capítulo 2, provoca perdas de energia através das folgas entre esquadrias, molduras e outros componentes. O vazamento de ar afeta a eficiência, o controle de vapor de água e o conforto – especialmente em climas frios, nos casos em que as correntes de ar são mais evidentes.

A Figura 8.2 apresenta exemplos de radiação, convecção, infiltração de ar na esquadria e condução através das partes sólidas das janelas. A infiltração de ar é importante em todos os climas, embora a radiação seja mais crítica em climas mais quentes, enquanto a condução em climas frios. Essas variações climáticas são rejeitadas no ENERGY STAR e nos critérios de programas de construção verde para janelas (ver Tabela 8.4).

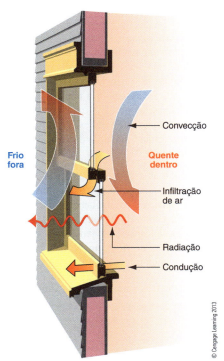

Figura 8.2 Fluxos de calor através das janelas por radiação, convecção, infiltração de ar e condução.

PALAVRA DO ESPECIALISTA – BRASIL

Os sistemas de vedações verticais no Brasil: esquadrias como aberturas projetuais

As vedações verticais dentro das tecnologias construtivas no Brasil correspondem a um sistema de vedação vertical em uma edificação, constituídas basicamente pelo conjunto de paredes e esquadrias, que são portas, janelas e fachadas.

Tanto as portas quanto as janelas podem ser de diversos materiais ou mesmo de um material único, como madeira, alumínio, aço, PVC etc.

No caso das janelas, é muito comum possuírem folhas em vidros, diferente das portas, que podem ser inteiras de vidro ou possuir bandeira ou mesmo óculos de vidro. O componente que sustenta e guarnece os vidros de portas e janelas é denominado caixilho, e esquadrias é o modo corrente e coloquial de referir-se às aberturas de forma geral.

Em termos projetuais, as vedações verticais são a parte do abrigo que nos contorna, e as aberturas permitem a habitabilidade e o atendimento humano, garantindo o acesso à luz natural, o contato visual com o exterior, a saudabilidade e a produtividade quando em ambientes laborais.

Para análise do comportamento físico-mecânico, as aberturas nas paredes podem ser avaliadas pela ocupação em área vertical (wwr = *window wall ratio*). A qualidade da abertura, porém, é impactada por uma série de variáveis construtivas e projetuais,

Profa. Dra. Sasquia Hizuru Obata *Engenheira civil pela Fundação Armando Alvares Penteado (FAAP), licenciada em Formação de Professores de Disciplinas pela Universidade Tecnológica Federal do Paraná (UTFPR), especialista em Administração de Empresas pela FAAP, mestre em Engenharia Civil pela Universidade de São Paulo (USP), doutora em Arquitetura e Urbanismo pela Universidade Mackenzie.*

como as construções de entorno, o paisagismo adotado e as dimensões do ambiente, além de características como cor, acabamento, ocupação interna, pé-direito, posição da vedação quanto aos ventos e ao sol, tipologia da abertura e materiais, transporte de umidade etc.

Alguns indicadores projetuais referentes a aberturas são referenciados no Código Civil brasileiro, segundo o qual as distâncias mínimas de afastamento de janelas das divisas são de 3,0 m para zonas rurais e de 1,50 m para zonas urbanas, medidas tomadas perpendicularmente à divisa, e 0,75 m, caso a visão seja oblíqua.

Quanto à qualidade, as aberturas devem proporcionar resistência ao fogo, nos casos exigidos, isolamento térmico, isolamento e condicionamento acústicos, estabilidade e impermeabilidade, e também ser dimensionadas conforme a destinação do compartimento; como parâmetro, cita-se o que consta no Código de Obras e Edificações do Município de São Paulo (COE), Lei n. 11.228/92):*

---

* Código de Obras e Edificações do Município de São Paulo (COE). Lei n. 11.228/92. Disponível em: <http://www.prefeitura.sp.gov.br/cidade/secretarias/subprefeituras/upload/pinheiros/arquivos/COE_1253646799.pdf>. Acesso em: 11 maio 2015. (S.H.O.)

(continua)

- As aberturas para aeração e insolação dos compartimentos poderão estar ou não em plano vertical e deverão observar o mínimo de 0,60 m² e atender dimensões proporcionais à área do compartimento estabelecidas neste.
- Com a finalidade de assegurar a circulação de pessoas com deficiências físicas, as portas situadas nas áreas comuns de circulação, bem como as de ingresso à edificação e às unidades autônomas, terão largura livre mínima de 0,80 m (oitenta centímetros).

No que se refere às escolhas e aplicações de janelas, tradicional e culturalmente, as edificações são dotadas, no caso para instalações para fachadas, de janelas com folhas de correr, sendo, no mínimo, uma folha fixa e outra móvel; em *home centers* e depósitos é possível encontrar janelas de correr de até três folhas, como uma folha de vidro, uma sólida de alumínio ou PVC e uma ventilada de alumínio ou PVC.

Cada uma das partes móveis dessa tipologia apresenta frestas, o que torna a janela muito vulnerável, acústica e termicamente. Em face da norma de desempenho, essa tipologia está recebendo melhorias na forma de vedação e no projeto das formas e sistemas de montagem das folhas, bem como sendo agregadas novas especificações das escovas e espumas que garantem a estanqueidade. Há também que considerar a forma como são fixadas as vedações verticais.

Dada essa demanda, já estão disponíveis perfis de janelas e portas na forma *thermo-break*, que geram isolamento termoacústico, formado por dois perfis de alumínio e um de poliamida, assim como janelas e portas com persianas integradas ou embutidas para posicionamento em fachadas de maior insolação, e, ainda, com composição de lâminas para maior controle térmico e acústico.

A Tabela 8.1 serve como parâmetro para a escolha de vidros:**

Tabela 8.1 Parâmetros para escolha de vidros para os sistemas de vedações

Tipologia da placa de vidro – identificação	Composição básica da placa	Calor absorvido pela placa	Calor refletido	Calor que penetra no ambiente	Luminosidade que penetra no ambiente
Vidro de controle solar	Sanduíche de polivinil butiral (PVB) e duas lâminas de vidro	75 %	11%	14%	30%
Vidro verde ou fumê	Lâmina de vidro	45%	6%	49%	75%
Vidro comum	Lâmina de vidro	16%	7%	77%	88%

A partir desses dados, e em termos de escolha e condição projetual, dadas as condições de climas tropicais, de invernos não rigorosos e de maiores índices de insolação, como é o Brasil, a especificação de menor custo são vidros comuns para fachadas ao sul e a utilização de mais atenção e meios passivos para outras faces.

Para portas, há hoje uma diversidade de formas de aberturas e variações entre as partes móveis e de correr das folhas; da mesma forma que as janelas, as portas possuem contatos das partes móveis que dificultam a vedação, o isolamento e reduzem a estanqueidade entre o ambiente externo e interno, assim como entre ambientes internos, que passam por novas exigências de desempenho.

Os requisitos da Norma de Desempenho de Edificações para os sistemas de vedações são: estanqueidade ao ar, à água e a rajadas de ventos, conforto acústico e térmico, e, em complemento vertical, há ainda os requisitos de resistência estrutural e resistência ao fogo no caso de incêndio.

No que se refere ao melhor desempenho térmico e acústico das vedações verticais, há algumas alternativas que aumentam o custo da construção, mas podem resultar menor custo operacional, como a adoção de paredes ou vidros duplos. Essa alternativa aumenta o custo de construção, mas reduz o consumo de energia elétrica pela redução do condicionamento artificial do ambiente, e, em outras situações, proporciona conforto acústico, no caso de locação próxima a vias de alto tráfego e contato com particulados no ar e a poluição de fato.

Os valores indicativos do desempenho acústico apresentados pela Câmara Brasileira da Indústria da Construção são apresentados na Tabela 8.2.***

Sob a perspectiva de esses componentes serem industrializados, em breve teremos a acesso às características do componente mediante um selo ou adesivo, como a Figura 8.3 a seguir, contendo dados gerais do produto, do fabricante, e o índice de redução sonora e a classe de eficiência. Essa condição deve-se ao andamento da revisão norma 10821 – Esquadrias externas para edificações que prevê, na Parte 4, a apresentação de critérios para a classificação de janelas em relação ao desempenho térmico e acústico.

Ponderando-se sobre um sistema vertical de vedação, já se pode considerar que há inovações e avanços nas tipologias de vidros disponíveis e que estas podem, por exemplo, contribuir para geração de energia, como o vidro fotovoltaico, um vidro especial e de alta tecnologia que contém em seu interior células fotovoltaicas que absorvem a energia solar sem alterar a transparência do vidro, e o vidro autolimpante, que recebe um tratamento especial (vide dióxido de titânio, descrito no Capítulo 7) para torná-lo antiaderente, dispersando facilmente as partículas de sujeira mediante a ação das chuvas e dos ventos.

** Valores do Referencial Técnico da Abividro. Disponível em: <http://www.abividro.org.br/>. Acesso em: 11 maio 2015. (S.H.O.)

*** Câmara Brasileira da Indústria da Construção (CBIC). Dúvidas sobre a norma de desempenho: especialistas respondem às principais dúvidas e elencam requisitos de suportes para elaboração de projetos/coordenadores: José Carlos Martins, Dionyzio Klavdianos; José Maria Soares, Raquel Riberio; autores Adriana Camargo de Brito et al. Brasília: Câmara Brasileira da Indústria da Construção (CBIC), 2015. Disponível em: <http://www.cbic.org.br/arquivos/CBIC_Duvidas_sobre_a_Norma_de_Desempenho.pdf>. Acesso em: 11 maio 2015. (S.H.O.)

(continua)

Tabela 8.2 Tipologias de portas e janelas e índices de redução sonora

Material/Sistema	Rw (dBA)
Porta lisa com núcleo oco, massa superficial de 9 kg/m², sem nenhum tratamento nos encontros com o batente.	18**
Porta maciça com massa superficial de 60 kg/m², com tratamento acústico nos encontros com o batente.	28**
Janela de alumínio de correr, duas folhas, vidro de 4 mm (L = 1200, h = 1200 mm).	20
Janela de alumínio de correr, uma folha com vidro 4 mm e duas folhas venezianas (L = 1200, h = 1200 mm).	19
Janela de alumínio de correr integrada,* duas folhas de vidro de 4 mm (L = 1200, h = 1200 mm).	26
Janela de alumínio de correr, duas folhas, vidro de 3 mm (L = 1200, h = 1200 mm), linha comercial.	23
Janela de alumínio de correr, uma folha com vidro de 3 mm e duas folhas venezianas (L = 1200, h = 1200 mm), linha comercial.	16
Janela de alumínio Maxim-ar, linha comercial, 800 x 800 mm, vidro com espessura de 4 mm.	27
Janela de aço Maxim-ar, linha comercial, 800 x 800 mm, vidro com espessura de 4 mm.	24
Janela de aço de correr, uma folha de 4 mm e duas folhas venezianas (L = 1200, h = 1200 mm), linha comercial.	15
Janela de aço de correr, quatro folhas de vidro de 4 mm, linha comercial.	16
Janela de alumínio de abrir, vidro duplo, espessuras de 6 mm e 4 mm, câmara de ar de 10 mm entre as placas de vidro.	30**
Janela de alumínio de abrir, vidro duplo, espessuras de 8 mm e 6 mm, câmara de ar de 12 mm entre as placas de vidro.	36**

(*) Janela constituída por folhas guarnecidas com vidro, integrada com uma persiana para controle do sombreamento.

(**) Valores indicados pela Universidade de Coimbra.

Fonte: CBIC - Câmara Brasileira da Indústria da Construção (2015).
Figura 8.3 Modelo de selo para esquadrias com sua classificação de redução sonora e eficiência.

Apesar de fachadas em pele de vidro não serem comuns em edificações residenciais, há obras que contemplam grandes áreas envidraçadas e, portanto, os seguintes aspectos devem ser analisados:

- A adoção de brises para melhorar a incidência solar e combinações projetuais de ventilação passiva, antes mesmo de se escolher aparatos de maiores embarques de tecnologias ativas.
- A quantidade de iluminação artificial que impactará no meio externo e influenciará na atração de insetos no período noturno.
- A possibilidade de a localização estar em trajetórias de aves e pássaros, como a proximidade de parques, áreas de preservação, grandes áreas abertas ou mesmo locais que possam conduzir impactos e acidentes com essas aves, exigindo filmes e telas que demarquem o vidro em oposição à transparência, ou mesmo ações de paisagismo.

Portanto, projetar e construir aberturas em vedações deve ser, assim como a própria casa, um sistema integrado e sustentável.

PALAVRA DO ESPECIALISTA – BRASIL

Avaliação de desempenho térmico de fachadas de edifícios com o uso de simulação computacional

A capacidade de um ambiente térmico aproximar-se das condições nas quais a maioria das pessoas se sentiria confortável é definida como desempenho térmico. Para se avaliar o desempenho térmico de uma edificação deve-se estudar sua resposta térmica em relação às trocas de calor com o ambiente externo por meio de sua envoltória e sob determinadas condições de ocupação, visando ao conforto de seus ocupantes.

O desempenho térmico de uma edificação também está diretamente ligado ao seu consumo de energia, principalmente pelo sistema de ar-condicionado em ambientes condicionados. Nesses ambientes, o ar deve extrair ou repor os fluxos de calor aos quais o ambiente está exposto a fim de manter os níveis internos de temperatura e umidade. Esses fluxos de calor dos ambientes internos dos edifícios não são constantes, e a atuação dos sistemas de ar-condicionado terá de ser compatível com as necessidades térmicas desses ambientes em qualquer situação de carga térmica.

A avaliação do desempenho térmico pode ser determinada por meio de medições *in loco* ou de cálculos, utilizando-se programas computacionais de simulação. No caso de medições *in loco*, normas internacionais apresentam os procedimentos e as recomendações a serem seguidas nas medições. Em relação à avaliação por meio de cálculos, estes devem considerar o caráter dinâmico dos fenômenos de transferência de calor e de massa entre a edificação e o ambiente externo, ou seja, os vários fluxos de calor que interagem, de maneira dinâmica, definindo os níveis de conforto e as demandas de energia. O princípio de análise desses fluxos é o conceito do balanço de energia, massa e quantidade de movimento, que requer, por sua vez, o conhecimento dos processos fundamentais de transferência de calor por condução, convecção e radiação.

Atualmente, o grande desafio de uma edificação comprometida com a sustentabilidade é encontrar o equilíbrio entre conforto, custo e impacto ambiental. Neste contexto, a simulação de desempenho térmico tem o objetivo de testar as diferentes possibilidades e compará-las até que se encontre o melhor projeto, antes da construção ou reforma do edifício. Além disso, a simulação de uma edificação é muito mais rápida e econômica que a experimentação por instrumentos.

As simulações de edifícios começaram a ser utilizadas na década de 1960 e se tornaram muito importantes nos anos de 1970 dentro da comunidade de pesquisa energética. Com o desenvolvimento desse método de avaliação de edifícios, uma grande variedade de programas de simulação foi desenvolvida, como DOE-2, BLAST, TAS e *Energy Plus*.

Vanessa Montoro Taborianski Bessa Engenheira civil, pós-doutora em engenharia de construção civil, professora do Departamento de Arquitetura da Fundação Armando Alvares Penteado (FAAP).

Arquivo pessoal

Nos últimos anos, as fachadas ganharam grande importância na avaliação ambiental de edificações, já que a maioria dos sistemas atuais utilizados, principalmente em edifícios de escritórios, não permite a abertura das janelas, o que torna necessário empregar sistemas de ar-condicionado para manter a climatização dos ambientes internos. Desse modo, a utilização contínua de sistemas de ar-condicionado proporciona um aumento significativo de energia consumida por esses tipos de edifício durante sua fase de uso e operação.

Para avaliar o impacto ambiental das fachadas nos edifícios de escritórios, Bessa (2010)* realizou um estudo em que se utilizou o programa de simulação *Energy Plus* na determinação do consumo de energia elétrica pelo sistema de ar-condicionado para tipologias de fachada em *structural glazing* (com vidro refletivo e incolor), em alvenaria revestida com painéis de alumínio composto (ACM) e em alvenaria revestida com argamassa (com tijolos e blocos de concreto), considerando as mesmas condições de ocupação, geometria e clima, durante 60 anos de uso de um edifício localizado na cidade de São Paulo. Para isto, adotou-se um mesmo tipo de sistema de ar-condicionado compacto, cujo desempenho foi estabelecido por meio de critérios adotados para projetos no Brasil. Os resultados das simulações realizadas são apresentados no Gráfico 8.1.

Os resultados deste gráfico mostram que o consumo de energia é mais alto nos meses de verão e mais baixo nos de inverno, conforme previsto para o hemisfério sul do planeta, pois este consumo varia proporcionalmente à carga térmica dos sistemas de ar-condicionado.

É possível verificar também que, durante a etapa de uso, o sistema que mais consome energia elétrica, para o sistema de ar-condicionado, é o *structural glazing* com vidro incolor, seguido do *structural glazing* com vidro refletivo, ambos com 6 mm. Em terceiro lugar, ficou o sistema em alvenaria revestido com ACM, seguido da alvenaria com tijolo cerâmico e alvenaria com bloco de concreto.

Resultados como os apresentados nesse estudo são importantes para que se conheça o desempenho térmico de um sistema de fachada antes da construção do edifício, o que permite melhor especificação de materiais e sistemas durante a fase de projeto e economia para os usuários durante a fase de uso, contribuindo para a sustentabilidade da edificação.

---

* BESSA, V. M. T. *Contribuição à metodologia de avaliação das emissões de dióxido de carbono no ciclo de vida das fachadas de edifícios de escritórios*. 2010. 263 p. Tese (Doutorado). Escola Politécnica, Universidade de São Paulo, São Paulo, 2010. (S.H.O.)

(continua)

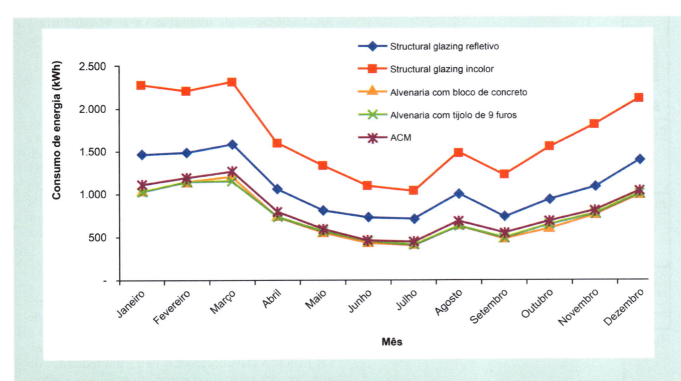

Gráfico 8.1 Consumo anual de energia elétrica pelas fachadas, desconsiderando cargas internas, em kWh/mês (Marcelo Ventura com base em BESSA, 2010).

National Fenestration Research Council

O Conselho Americano para Classificação de Esquadrias (National Fenestration Rating Council – NFRC) avalia e certifica produtos de esquadrias. Essas classificações são usadas pelos códigos de energia para identificar quais produtos atendem aos requisitos mínimos e pelo programa ENERGY STAR para determinar quais produtos estão autorizados a utilizar seu rótulo.

Logo depois da crise energética da década de 1970, a indústria norte-americana de esquadrias começou a desenvolver muitas tecnologias novas e eficientes para janelas, portas e claraboias. Como é frequente com novos produtos, as qualidades divulgadas por muitos fabricantes exageraram seu desempenho real. Como as queixas apresentadas pelos consumidores aumentaram, o governo interveio para investigar as alegações enganosas da indústria.

Um grupo de líderes do setor reuniu-se em 1989 e fundou o NFRC com o propósito de desenvolver padrões de desempenho e verificação para seus produtos. O NFRC é uma organização sem fins lucrativos que administra um sistema independente de rotulação de desempenho energético para produtos de esquadria. O objetivo desta organização é fornecer informações aos profissionais do setor e ao público sobre comparação no desempenho de produtos e tomada de decisões na hora da compra. Há outros grupos que utilizam essas classificações, como o governo e os programas de eficiência energética de organizações de utilidade pública, além de funcionários da construção civil que trabalham no desenvolvimento e execução de códigos. Além de disponibilizar aos fabricantes um ponto de referência para comparar os produtos com a concorrência, as classificações do NFRC fornecem critérios objetivos a serem usados nas ações de marketing.

Os critérios exigidos para que uma janela, porta ou claraboia sejam avaliadas pelo NFRC são o fator U, o coeficiente de ganho de calor solar (*solar heat gain coefficient* – SHGC) e a transmitância visível (*visible transmittance* – VT). Outras classificações opcionais são a infiltração de ar (*air leakage* – AL) e a resistência à condensação (*condensation resistance* – CR). As classificações opcionais e as obrigatórias incluem a unidade inteira (vidros, esquadria e moldura) e são listadas no rótulo da janela (Figura 8.4).

Classificações exigidas pelo NFRC

Os fabricantes que optam por prover seus produtos com classificações do NFRC são obrigados a incluir o fator U, o SHGC e a VT nos rótulos. Essas classificações fornecem informações críticas relativas à eficiência energética e sobre quão limpo o vidro parece.

Figura 8.4 Rótulo típico do NFRC para janela.

Fator U

O fator U, também referido como valor U, é a medida da perda de calor de uma janela específica ou um conjunto de portas, incluindo vidraças, esquadrias ou painéis e molduras. Os fatores U normalmente variam entre 0,20 e 1,20. Um fator U mais baixo indica maior resistência ao fluxo de calor. Como visto no Capítulo 2, o fator U é o inverso matemático do valor R, e vice-versa. Por exemplo, um fator U de 0,33 é o mesmo que R= 1.

Coeficiente de ganho de calor solar

Coeficiente de ganho de calor solar (SHGC) é a medida da quantidade de radiação solar que realmente entra por uma porta ou janela. O SHGC descreve a fração da radiação solar que é liberada para o interior; é definido por um número entre 0 e 1. Um SHGC mais baixo indica que menos calor é transmitido através da unidade.

Transmitância visível

Transmitância visível (VT) é uma medida da quantidade de luz que atravessa o envidraçamento; é definida por um número entre 0 e 1; quanto mais luz admitida, maior a VT.

Classificações opcionais do NFRC

Além dos critérios já abordados, as classificações opcionais do NFRC estão disponíveis para os fabricantes que desejam incluí-las para oferecer aos clientes.

As classificações de infiltração de ar e resistência à condensação suprem os consumidores com informações adicionais para ajudar nas suas decisões de compra e diferenciar os produtos da concorrência.

Infiltração de ar

Infiltração de ar (AL) é uma medida da quantidade total de ar infiltrado, equivalente ao total em pés cúbicos de ar que passa através de um pé quadrado de área da janela em um minuto – 1 cfm/ft² = 0,305 m³min/m². A infiltração de ar através de fissuras em unidades de janelas e portas levam ao ganho e à perda de calor em razão dessas infiltrações. Quanto menor for a quatidade de ar infiltrado, menor será o AL. Esta classificação é opcional para os fabricantes.

Resistência à condensação

Resistência à condensação (CR) é uma medida da resistência de uma determinada unidade à formação de condensação em seu interior. Classificadas entre 0 e 100, janelas mais resistentes à condensação têm uma CR maior. A classificação CR não é um indicador de que a condensação irá ocorrer; em vez disso, ela fornece um ponto de comparação entre diferentes unidades. Esta classificação é opcional para os fabricantes.

Classificações de esquadrias, códigos de energia e programas de construção verde

O Código Internacional de Conservação de Energia (International Energy Conservation Code – IECC) e a maioria dos programas de construção verde têm exigido classificações mínimas de fator U e SHGC como uma forma de especificação basal de atendimento a normas como um caminho normativo.

Produtos classificados pelo NFRC

O NFRC avalia janelas, portas com vidraças de 410 pol² = 0,26 m² ou mais, clarabóias de vidro e **dispositivos tubulares de iluminação natural** (*tubular daylighting devices* – TDD), que são muitas vezes referidos como tubos solares ou túneis de sol. O NFRC também fornece classificações para SHGC de películas para janelas e produtos de envidraçamento dinâmico. Exemplos de **produtos de envidraçamento dinâmico** (*dynamic glazing* – DG) incluem o vidro que muda as propriedades eletronicamente através de uma corrente elétrica e vidros com persianas entre lâminas de vidro que controlam luz e calor.

PALAVRA DO ESPECIALISTA – BRASIL

Parâmetros sobre portas, janelas e caixilhos no Brasil

Sabe-se que as primeiras casas somente tinham portas, mas não janelas como conhecemos hoje. Entretanto, continha apenas um buraco além da porta existente, que, de certo modo, propiciava a saída da fumaça da habitação, introduzindo no ambiente também alguns benefícios, como a troca de calor e a entrada de luz. Todavia, essa segunda abertura tinha de ser devidamente fechada para que se tivesse também a devida segurança contra os diversos perigos externos. Assim, primeiro surgiram as portas como limitador do acesso, e, com a experiência adquirida, apareceram as janelas, com a finalidade de se realizar as trocas no ambiente como um processo de melhoria.

As antigas civilizações, como chineses e celtas, já possuíam portas e janelas em suas moradias. No Brasil, antes do descobrimento, somente existiam as tribos indígenas com suas ocas de palhas e taquaras, que não possuíam janelas, mas já continham boa ventilação por meio dos frisos entre as taquaras das paredes.

Com a introdução das construções europeias pelos portugueses no século XVI, iniciou-se uma arquitetura simples com portas e janelas em claro ou escuro, ou seja, ou abre ou fecha totalmente. Já no século XVII ocorre a confecção das janelas balaústres, além das do modelo colonial, com duas folhas, enquanto no século XVIII o vidro importado começa a aparecer em algumas janelas no Brasil. Por outro lado, nessa mesma época surgem as janelas com meia-folha associadas a trançados de palha na outra metade, permitindo a passagem e circulação de ar. O material usado para a confecção das portas e janelas até então era a madeira, o mais importante.

No século XIX surgem as venezianas e janelas com folhas de vidro e madeira; porém, a grande novidade no Brasil são as janelas e caixilhos de ferro importadas, denotando uma nova fase para as portas e janelas, que se desenvolveu rapidamente no século seguinte.

No século XX, principalmente a partir da verticalização das edificações, tem início um processo no mercado brasileiro de difusão das janelas feitas a partir de vários materiais e tipologias, a fim de se obter o melhor desempenho técnico e econômico para as portas e janelas.

Hoje em dia, as esquadrias de aço ou madeira têm muita penetração no mercado, que lança com frequência linhas mais populares e preços bem acessíveis. Já os materiais como PVC ou alumínio pertencem a setores do mercado bem mais organizados, fornecendo, portanto, produtos com melhor qualidade e atingindo vários tipos de edificações. A experiência permite estimar que no Brasil a utilização em percentuais de esquadrias é a que se vê no Gráfico 8.2, na próxima página.

Prof. Dr. Adão Marques Batista Possui pós-doutorado em estruturas pela Faculdade de Engenharia Civil, Arquitetura e Urbanismo da Universidade de Campinas (FEC/Unicamp) (2004), doutorado em Construções Rurais pela Faculdade de Engenharia Agrícola (Feagri/Unicamp) (2001), mestrado em Estruturas pela FEC/Unicamp (1996) e graduação em Engenharia Civil pela Universidade de Mogi das Cruzes (UMC) (1988); atua e já desenvolveu centenas de projetos de vários portes em aço, concreto e madeira, com mais de 2 mil projetos de formas e cimbramentos; é docente pleno I e coordenador do curso de Controle de Obras na Fatec-Tatuapé (Faculdade de Tecnologia), e, no período de 1989 a 2012, atuou também como docente nas universidades Universidade São Francisco/Itatiba, UMC, Universidade Santa Cecília, Faculdade Politécnica de Jundiaí (FPJ) e Metrocamp.

Na verdade, o mercado brasileiro divide-se em pequenas empresas, em sua maioria; por isso a inovação se mantém pequena, pois esse público ainda é bastante refratário a alterações bruscas, comportamento este gerado principalmente por desconhecimento técnico. Portanto, novas tecnologias na aplicação de esquadrias precisam de adaptações, padronizações e normatizações para que haja um processo de adequadação regulando o mercado.

No Brasil, tem-se a NBR 10821, que fornece as características dos caixilhos quanto à resistência ao vento, permeabilidade ao ar e estanqueidade à água, segurança do manuseio e conforto termoacústico mediante a indicação de um mapa das regiões do país onde se localiza a edificação a ser analisada.

Um aspecto importante a ser considerado na hora de escolher o caixilho é a eficiência energética da abertura. Neste aspecto, além da norma já citada, os projetos para caixilharia devem contemplar as seguintes normas, entre outras:

a. NBR 6485: Caixilhos para edificação – Janela, fachada-cortina e porta externa – Verificação da penetração de ar – Método de Ensaio.
b. NBR 6486: Caixilhos para edificação – Janela, fachada-cortina e porta externa – Verificação da estanqueidade à água – Método de Ensaio.
c. NBR 6487: Caixilhos para edificação – Janela, fachada-cortina e porta externa – Verificação do comportamento quando submetido a cargas uniformemente distribuídas – Método de Ensaio.

Pode-se afirmar, no entanto, que o cumprimento das normas por parte dos pequenos fornecedores e construtores ainda é incipiente, necessitando de conscientização geral para que tenhamos um salto de qualidade neste quesito.

As portas devem ser pensadas levando-se em conta principalmente a largura de passagem, enquanto, em relação às janelas, deve-se considerar a área a ser iluminada e ventilada, de acordo com critérios técnicos mínimos exigidos pelo código de obras de cada cidade, a eficiência na renovação do ar e a permeabilidade visual, sendo que, além desses quesitos, as aberturas devem atender também à segurança, ao custo adequado e à garantia de facilidade de manutenção.

A abertura de portas deve ser sempre acompanhada de verga na sua parte superior, para evitar fissuras nos cantos em razão dos esforços envolvidos na distribuição das cargas no vão, tendo sempre o cuidado de prumar, alinhar e cunhar, e, após a fixação, os vazios devem ser preenchidos com espuma expansiva de poliuretano.

Os batentes das portas são fixados por meio de grapas ou tacos, como denota a Figura 8.5. Em geral, as portas são ins-

(continua)

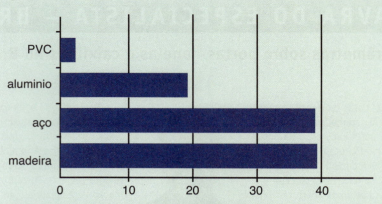

Fonte: Adão Marques Batista com base em LAMBERTS, Roberto; MARINOSKI, Deivis Luis. Desempenho térmico em edificações – Aula 10: Eficiência energética em janelas. ECV 5161. Florianópolis: UFSC, s.d. Disponível em: <http://www.labeee.ufsc.br/sites/default/files/disciplinas/Aula-Desempenho%20termico%20janelas.pdf>. Acesso em: 7 abr. 2016.

Gráfico 8.2 Estimativa de aplicação de esquadrias no Brasil.

taladas já montadas, ou seja, porta, batentes e chumbadores simultaneamente, pois as indústrias da construção já fornecem este produto completo para aplicação.

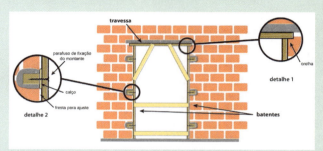

Figura 8.5 Fixação de batente de porta (Marcelo Ventura com base em adaptação de Zulian et al. *Esquadrias*. Depto. Eng. Civil UEPG, 2002).

Os elementos que compõem os detalhes das portas e seus acabamentos podem ser vistos em planta, na Figura 8.6:

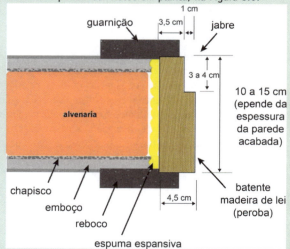

Fonte: Marcelo Ventura com base em Zulian et al. *Esquadrias*. Depto. Eng. Civil UEPG, 2002.

Figura 8.6 Vista da planta de batentes e seus acabamentos aplicados em portas.

Já no caso de aberturas de janelas, sempre devem existir verga e contraverga, para que não surjam fissuras nos cantos das aberturas em razão de deslocamentos ou vibrações, patologias estas que são muito comuns. Quanto à instalação de janelas de madeira, metálicas, de alumínio ou de outros materiais, seus empregos são muito similares, mantendo-se os mesmos cuidados com alinhamentos, prumos, folgas etc.

Para o caso de janelas metálicas ou de alumínio, são instalados os contramarcos e, depois, a janela é fixada; em geral, essas janelas também já vêm prontas e montadas para utilização e fixação. A sequência dos serviços de instalação é indicada por meio de detalhes em corte e uma vista, mostrados a seguir nas Figuras 8.7a e 8.7b.

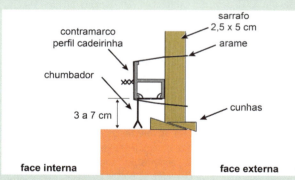

Fonte: Marcelo Ventura com base em adaptação de Zulian et al. *Esquadrias*. Depto. Eng. Civil UEPG, 2002.

Figura 8.7a Fixação de batente de janelas: corte da janela.

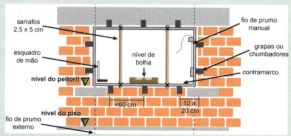

Fonte: Marcelo Ventura com base em adaptação de Zulian et al. *Esquadrias*. Depto. Eng. Civil UEPG, 2002.

Figura 8.7b Fixação de batente de janelas: vista da janela.

(continua)

Esquadrias

As portas e janelas possuem elementos importantes, denominados ferragens, que são peças metálicas destinadas a dar movimentação e sustentação às peças fixadas, ou seja, aos puxadores, rodízios, dobradiças e fechaduras, acabamentos etc. Na Figura 8.8, apresentamos alguns modelos de dobradiças; na Figura 8.9, alguns modelos de fechaduras que podem ter comando manual e elétrico; e na Figura 8.10, alguns modelos de acessórios instalados para garantir praticidade, segurança ou um bom acabamento de portas e janelas.

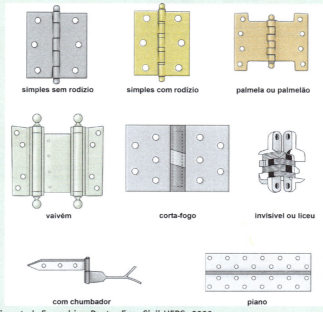

Fonte: Marcelo Ventura com base em Zulian et al. *Esquadrias*. Depto. Eng. Civil UEPG, 2002.
Figura 8.8 Alguns modelos de dobradiças para dar movimento e sustentação.

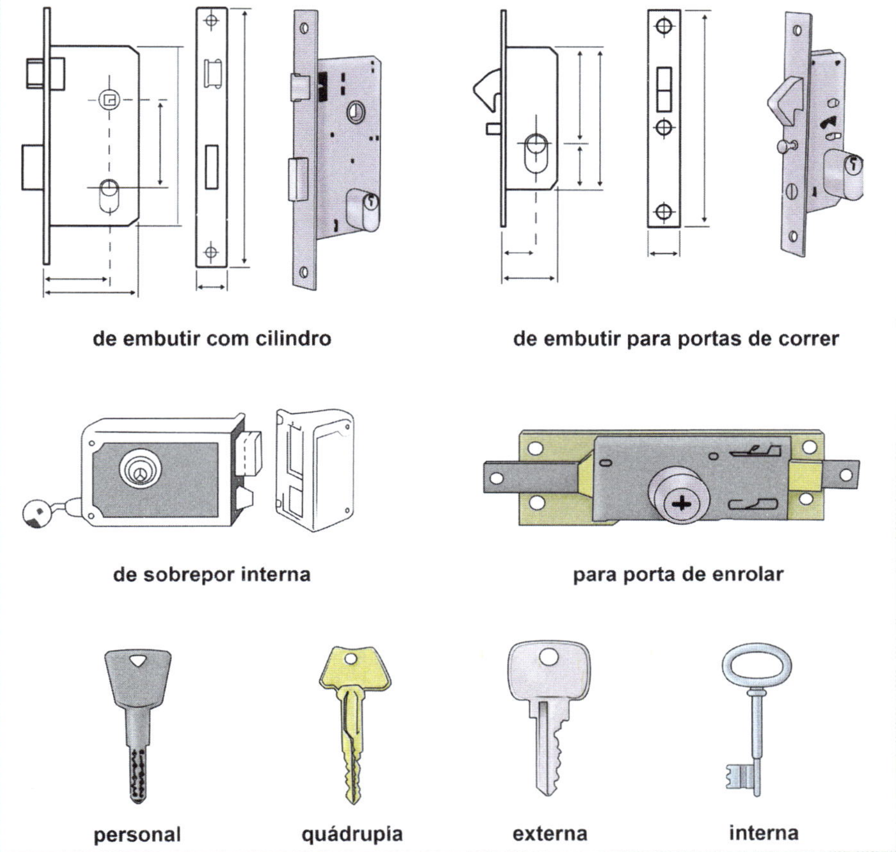

Fonte: Marcelo Ventura com base em Zulian et al. *Esquadrias*. Depto. Eng. Civil UEPG, 2002.
Figura 8.9 Alguns modelos de fechaduras mais usadas como dispositivos de segurança.

(continua)

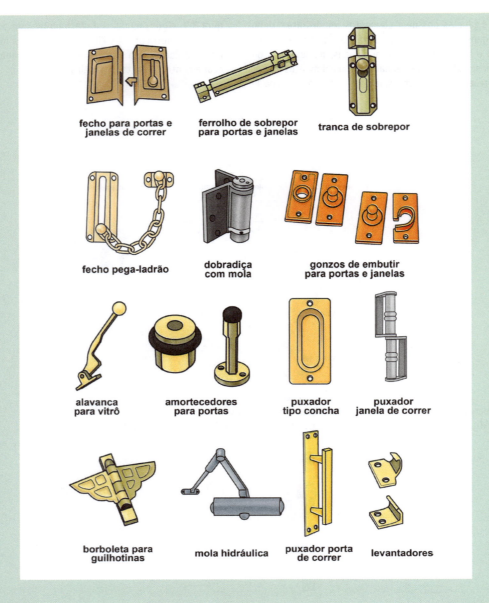
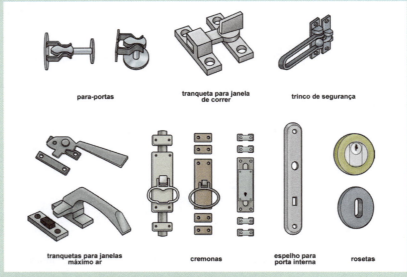

Fonte: Marcelo Ventura com base em Zulian et al. *Esquadrias*. Depto. Eng. Civil UEPG, 2002.

Figura 8.10 Acessórios como acabamentos ou complementos de portas e janelas.

Código Internacional para Conservação de Energia de 2009

O caminho normativo do Código Internacional para Conservação de Energia de 2009 (IECC) exige classificações mínimas de fator U e SHGC com base na zona climática (Tabela 8.3). Essas são as classificações mínimas necessárias para atender ao código energético; no entanto, construções verdes devem almejar padrões de desempenho superiores.

Tabela 8.3 Requisitos normativos para esquadrias

	Tabela N1102.1 Requisitos de isolamento e esquadria por componente[a]									
Zona climática	Fator U para esquadria	Fator U para claraboias[b]	SHGC para esquadria envidraçada	Valor R para tetos	Valor R para estrutura de madeira de paredes	Valor R[k] para parede de massa	Valor R para pisos	Valor R para parede de porão[c]	Valor R do painel[d] e da profundidade	Valor R da parede do espaço de porão não habitável[c]
1	1,2	0,75	0,35[j]	30	13	3/4	13	0	0	0
2	0,65[i]	0,75	0,35[j]	30	13	4/6	13	0	0	0
3	0,50[i]	0,65	0,35[e,j]	30	13	5/8	19	5/13[f]	0	5/13
4 exceto marinhas	0,35	0,60	NR	38	13	5/10	19	10/13	10, 2 pés	10/13
5 e marinhas 4	0,35	0,60	NR	38	20 ou 13 + 5[h]	13/17	30[f]	10/13	10, 2 pés	10/13
6	0,35	0,60	NR	49	20 ou 13 + 5[h]	15/19	30[g]	10/13	10, 4 pés	10/13
7 e 8	0,35	0,60	NR	49	21	19/21	30[g]	10/13	10, 4 pés	10/13

[a] Os valores R são mínimos. Fatores U e SHGC são máximos. Isolamento extrudado com R 19 para cavidade de estrutura de dimensões nominais de 5 × 15,6 cm (2 × 6 polegadas), de modo que o valor R seja reduzido para R 1 ou mais, devem ser marcados com o valor R do isolamento extrudado em adição ao valor R da espessura total.
[b] A coluna do fator U para esquadria exclui as claraboias. A coluna de SHGC aplica-se a todas as esquadrias envidraçadas.
[c] O primeiro valor R aplica-se ao isolamento contínuo, e o segundo ao isolamento da cavidade da estrutura; qualquer isolamento atende ao requisito.
[d] R 5 deve ser adicionado aos valores R exigidos da borda do painel para lajes aquecidas. A profundidade do isolamento deve ter a profundidade da base ou 2 pés = 61 cm, o que for menor, nas zonas 1 a 3 para lajes aquecidas.
[e] Não há requisitos de SHGC na zona marinha.
[f] O isolamento das paredes do porão não é exigido em locais quentes e úmidos.
[g] Ou isolamento suficiente para encher a cavidade da estrutura, R 19 no mínimo.
[h] "13 + 5" significa cavidade de isolamento R 13 mais revestimento isolante R 5. Se o revestimento estrutural cobrir 25% ou menos do exterior, o revestimento R 5 não será necessário onde o revestimento estrutural for usado. Se o revestimento estrutural cobrir mais de 25% do exterior, o revestimento estrutural deverá ser completado com revestimento isolante de pelo menos R 2.
[i] Para esquadria classificada de impacto em conformidade com a Seção R301.2.1.2, *Código Internacional Residencial*, o máximo de fator U deve ser 0,75 na zona 2 e 0,65 na zona 3.
[j] Para esquadrias resistentes a impactos em conformidade com a seção R301.2.1.2, do *Código Internacional Residencial*, o SHGC máximo deve ser de 0,40.
[k] O segundo valor R aplica-se quando mais da metade do isolamento está no interior.

Fonte: *Código Internacional Residencial 2009*, © 2009. Washington, DC: Conselho do Código Internacional. Reproduzida com permissão. Todos os direitos reservados. http://www.ICCSafe.org.

Energy Star

O ENERGY STAR da EPA – Agência de Proteção Ambiental dos Estados Unidos – tem um programa de rotulação para janelas, portas e claraboias baseado nas classificações do NFRC. As esquadrias rotuladas por este programa, embora tenham coeficientes mais restritivos do que os requisitos do IECC 2009, não podem ser descritas como produtos de alto desempenho, especialmente em climas mais frios. As casas verdes deveriam almejar fatores U significativamente mais baixos do que os do ENERGY STAR ou IECC 2009 em climas frios, e, na maioria das aplicações, SHGC mais alto em climas quentes. As prescrições normativas dos níveis mais altos dos programas de construção verde podem fornecer orientações quanto à seleção de esquadrias.

As classificações do LEED for Homes e o Padrão Nacional de Construção Verde

As especificações LEED for Homes e o Padrão Nacional de Construção Verde (National Green Building Standard – NGBS) possuem suas próprias classificações mínimas de fator U e SHGC para os atendimentos normativos de ambos os programas. A Tabela 8.4 compara as classificações do ENERGY STAR, do LEED for Homes e do NGBS.

Como usar as classificações do NFRC

Entender essas classificações permite que se compare o desempenho de diferentes janelas e fornece as informações necessárias para fazer a melhor escolha para o projeto. As esquadrias instaladas em climas frios devem ter o menor valor disponível para o fator U. Os custos envolvidos na seleção de janelas com classificações de desempenho extremamente elevadas devem ser ponderados em relação às necessidades da construção baseadas no clima. Em um clima quente, comprar janelas com fator U mais alto pode gerar economias que poderiam ser direcionadas para outras medidas de maior eficiência energética.

Em climas mais quentes, esquadrias com indicadores SHGC menores ajudam a reduzir as cargas de refrigeração onde o vidro é exposto à luz solar direta durante a estação fria, de modo a reduzir a quantidade de calor permitida no prédio. Em climas frios e onde o aquecimento solar passivo é parte de um projeto, vidros com SHGC mais elevados são preferidos para permitir que o calor adentre o espaço. Janelas para climas frios com fatores U muito baixos e SHGC alto podem realmente ter melhor desempenho que as paredes circundantes quando o ganho de energia através do vidro for considerado.

Alguns fabricantes listam fator U elevado no centro do vidro. Esse número não indica a eficiência global de toda a unidade porque é calculado como uma média ponderada da esquadria, considerando o centro, a borda e a moldura de vidro. Este é o fator U listado no rótulo do NFRC.

Projetos de energia solar passiva muitas vezes exigem que as janelas com diferentes classificações de SHGC sejam instaladas em diferentes faces, de modo a permitir mais calor no lado sul e menos nos lados leste e oeste. As janelas com classificações diferentes das consideradas padrão muitas vezes só estão disponíveis por encomenda especial. Mesmo quando diferentes classificações de janelas estão disponíveis, os instaladores podem misturar janelas, instalando unidades com classificações diferentes em locais errados.

Tabela 8.4 Comparação das classificações de esquadria por região climática dos Estados Unidos

Padrão	Norte Fator U	Norte SHGC	Norte/Central Fator U	Norte/Central SHGC	Sul/Central Fator U	Sul/Central SHGC	Sul Fator U	Sul SHGC
Janelas e portas de vidro								
IECC 2009	0,35	NA	0,35	NA	0,50	0,30	0,65/1,2	0,30
ENERGY STAR	0,30	NA	0,32	0,40	0,35	0,30	0,60	0,27
LEED								
Bom	0,35	NA	0,40	0,45	0,40	0,40	0,55	0,35
Melhorado	0,31	NA	0,35	0,40	0,35	0,35	0,55	0,33
Excepcional	0,28	NA	0,32	0,40	0,32	0,30	0,55	0,30
NGBS								
Melhorado 1	0,30	NA	0,30	NA	0,35	0,30	0,45	0,30
Melhorado 2	0,25	NA	0,25	NA	0,35	0,25	0,45	0,25
Claraboias								
IECC 2009	0,60	NA	0,60	NA	0,65	NA	0,75	NA
ENERGY STAR	0,55	NA	0,55	0,40	0,57	0,30	0,70	0,30
LEED H	O LEED não aborda claraboias no caminho normativo.							
NGBS	A NAHB usa os mesmos padrões para claraboias e janelas.							
Melhorado 1	0,30	NA	0,30	NA	0,35	0,30	0,45	0,30
Melhorado 2	0,25	NA	0,25	NA	0,35	0,25	0,45	0,25

NA: Não aplicável

Observação: Essas especificações do LEED for Homes e do NGBS são para obtenção de certificações normativas. Ambos os programas também têm parâmetros de desempenho que permitem maior flexibilidade. As especificações do ENERGY STAR são para produtos de janelas, e não para o programa de novas habitações.

Uma solução é conceber unidades de tamanho diferente para cada classificação, o que torna impossível sua instalação no lugar errado.

Janelas de elevado desempenho

Janelas de elevado desempenho estão disponíveis com fatores U abaixo de 0,15, equivalente a um valor R de 7. Algumas empresas europeias e canadenses produzem janelas com fatores U com valores mais inferiores, embora esses produtos não sejam prontamente disponíveis nos Estados Unidos. Observe que a VT pode cair para menos de 0,30 em algumas dessas janelas, o que exigirá potencialmente mais iluminação elétrica e dará a sensação de escuridão aos ocupantes.

Tamanho, localização e sombreamento de esquadrias

O tamanho, a localização e o sombreamento das esquadrias têm um efeito significativo sobre a eficiência energética. Janelas mal localizadas podem levar a um superaquecimento em climas quentes e ao excesso de perda de calor em climas frios. Em muitos climas, as esquadrias cuidadosamente projetadas podem reduzir o consumo de energia na maior parte do ano.

Tamanho das esquadrias

Como as esquadrias, na maioria dos casos, são menos eficientes dos que as paredes nas quais estão instaladas, do ponto de vista energético, as menores são as melhores. Embora uma construção sem janelas ou portas tenha o mínimo de ganho e perda de calor, este não seria um lugar muito agradável para se viver. Casas verdes devem atingir um equilíbrio na quantidade e dimensões das esquadrias. Determinar a dimensão adequada de janelas, portas e claraboias e como fornecem luz natural e calor radiante é essencial para tomar as decisões certas para esses elementos-chave de todas as construções.

Localização

O posicionamento de janelas, portas e claraboias deve tirar proveito do calor radiante e da luz natural sempre que se desejar devendo-se evitar os locais que não apresentem quaisquer benefícios. Como visto no Capítulo 3 (seções Orientação das janelas e Brises), as janelas voltadas para o sul, no Hesmifério Norte, e voltadas para o norte no Hemisfério Sul, como o Brasil, podem ser eficazmente sombreadas com brises de dimensões modestas, que suprem calor em climas frios e bloqueiam o sol quando não há necessidade de calor extra. As janelas voltadas para o norte no Hemisfério

Você sabia?

As janelas são realmente mal vedadas?

Janelas instaladas de forma correta e que parecem estanques raramente estão suficientemente vedadas quanto os proprietários normalmente presumem. Janelas tendem a apresentar elevada permeabilidade, não porque ocorrem trocas de ar com o exterior por meio de infiltrações, mas porque há formação de correntes convectivas na frente de vidros mal isolados. No inverno, o ar interior mais quente é atraído para a janela fria e desce quando resfria. Quando o ar frio é aquecido, novamente é atraído para a superfície da janela fria e cria um ciclo de convecção (Figura 8.11). Janelas altamente insuladas e cortinas isoladas ajudam a evitar perdas de calor por convecção.

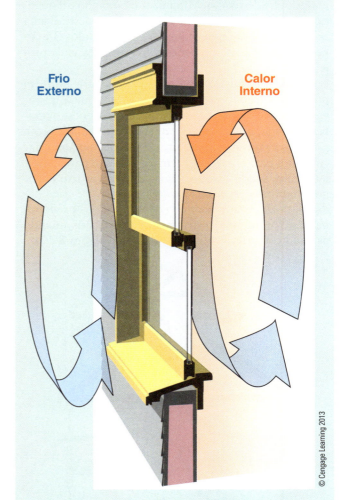

Figura 8.11 Pode haver a formação de ciclos de convecção nas faces internas e externas de vidros altamente condutivos. Na face interna do vidro, o ar resfria ao transferir calor para o vidro frio. Quando o ar resfria, torna-se menos denso e desce. O ar que desce é, então, substituído pelo ar mais quente, criando um ciclo contínuo de deslocamento de ar. Um processo semelhante ocorre no lado externo quando o ar é aquecido pelo vidro e se eleva. Esses processos podem se inverter no sistema de resfriamento.

Norte e sul no Hesmisfério Sul não recebem luz solar direta, de forma que não permitem a irradiação de calor em nenhum momento do ano. Para o Hemisfério Norte, caso dos Estados Unidos, em climas frios, deve-se limitar as esquadrias do lado norte para evitar o excesso de perda de calor. As janelas voltadas para o leste recebem sol matinal direto, o que é desejável em todos os climas, exceto nos mais quentes. As janelas voltadas para o oeste permitem a entrada do sol no final da tarde, o que pode superaquecer o interior na maioria dos climas e gerar grande ofuscamento. No final da tarde, o sol é geralmente desconfortável tanto em termos de temperatura quanto de visibilidade, levando a maioria dos proprietários com janelas de grandes extensões voltadas para o oeste a manter as persianas fechadas a maior parte do tempo. Minimizar o tamanho e a quantidade de janelas voltadas para o leste e oeste é uma boa prática a se seguir. Consulte os Capítulos 3 e 16 para obter mais informações sobre estratégias de projetos de energia solar passiva.

Unidades com mecanismos de abertura também podem ser usadas para criar chaminés térmicas passivas para ventilação. Janelas altas ou claraboias operáveis, ou seja, que podem ser abertas, combinadas com portas ou janelas com aberturas baixas, podem criar correntes naturais que atraem o ar quente para cima e para fora, sendo assim substituído pelo ar frio externo. Aberturas em níveis baixos podem ser posicionadas para tirar vantagem de ventos sazonais predominantes, fornecendo resfriamento sem custos quando as condições atmosféricas permitirem (Figura 8.12).

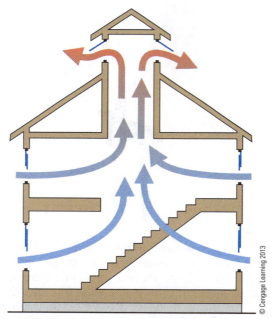

Figura 8.12 Chaminés térmicas bem posicionadas proporcionam ventilação e refrigeração passivas. O ar quente sai da casa através de janelas altas ou claraboias e é substituído pelo ar mais frio, que entra por janelas mais baixas.

Em comparação com janelas convencionais não viradas para o oeste, claraboias e TDD (dispositivos tubulares de iluminação natural) podem suportar significativamente mais calor radiante devido à sua orientação. A menos que sejam posicionados em telhados virados para o norte no Hemisfério Norte e para o sul no Hemisfério Sul, claraboias e TDD podem permitir quantidades significativas de calor, bem como criar reflexão da luz solar direta. Eles também podem originar uma perda energética por perda de calor em dias frios. Apesar desses problemas, pequenas claraboias e TDD podem proporcionar excelente iluminação natural e ajudar a reduzir o consumo de eletricidade, compensando o ganho ou a perda extra de calor (Figura 8.13).

Sombreamento

Sombrear a esquadria, seja por brises ou dispositivos operáveis, ajuda a controlar o ganho de energia solar quando não há necessidade de calor extra. O sombreamento externo, que evita que a luz solar atinja os vidros, impede que a radiação infravermelha entre e aqueça o interior (Figura 8.14). O sombreamento interno não é eficaz para manter o excesso de calor fora do espaço interno.

O sombreamento de janelas por meio de brises é abordado no Capítulo 3. Outros métodos de proteção contra a radiação de calor incluem persianas operáveis internas e externas, sombreamento externo fixo e sistemas com envidraçamento dinâmico – DG. O sombreamento interno exige manejo ativo – abrir e fechar as persianas conforme necessário. Mesmo com o manejo ativo do sombreamento interno, o ganho de energia solar através de vidros não é completamente eliminado, porque o sombreamento ainda permite que o calor do sol penetre no prédio.

O sombreamento externo, embora frequentemente oneroso, pode proporcionar sombreamento parcial ou completo do sol indesejado. Algumas unidades também podem atuar como segurança e proteção às tempestades (Figura 8.15). Como as persianas internas, também exigem manejo ativo. O sombreamento externo fixo, como as pérgolas ou gelosias, pode ser projetado para bloquear a luz quando desejado, permitindo que o sol atinja o vidro em clima frio. As persianas externas estão disponíveis para algumas claraboias, e as persianas de janelas e claraboias estão disponíveis com aberturas através de controles elétricos, que tornam seu uso mais prático. Algumas persianas externas elétricas usam temporizadores que podem ser programados para fechá-las automaticamente em horário fixo. Algumas são alimentadas por células solares localizadas no exterior da unidade, o que elimina fiação ou qualquer outra forma de consumo e instalação de energia.

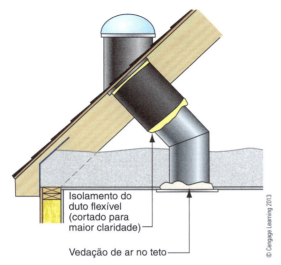

Figura 8.13 Os dispositivos tubulares de iluminação natural (TDD) são uma alternativa relativamente eficiente para as claraboias convencionais.

Como já mencionado, os produtos de envidraçamento dinâmico – DG podem ser persianas operáveis e localizadas entre painéis de vidro ou vidraças que mudam seu nível de transmissão da luz quando carregados eletricamente. Persianas internas, embora não sejam baratas, estão prontamente disponíveis em vários fabricantes de janelas (Figura 8.16). O DG ainda não é um produto padrão para esquadria residencial, mas pode se tornar mais comum à medida que os preços reduzirem (Figura 8.17).

Envidraçamento

Vidros de espessura única eram comuns até a década de 1980. O vidro insulado, originalmente inventado na década de 1940, não estava normalmente disponível até os códigos de construção civil o reconhecer na década de 1970; nos anos 1990, a maioria dos códigos exigia sua utilização. Desde sua introdução, o desempenho do vidro insulado avançou significativamente.

Vidro insulado é composto por uma combinação de duas ou mais lâminas de vidro separadas por espaçadores, com uma bolsa de ar entre as camadas que reduz a transmissão de calor do interior para o exterior. Argônio e criptônio são gases inertes comumente adicionados ao espaço entre vidraças para reduzir o fator U. A maioria dos vidros insulados é feita com duas lâminas de vidro, embora o envidraçamento triplo seja mais comum em climas frios extremos; este é composto de três lâminas de vidro com dois espaços de ar separados.

Os espaçadores de vidro insulado, quando feitos de metal, podem criar uma ponte térmica que reduz a eficiência global de toda a unidade e provoca condensação em climas frios. A maioria dos fabricantes vem oferecendo ultimamente espaçadores térmicos com uma ruptura térmica embutida que reduz a quantidade de calor conduzida através deles (Figura 8.18). Espaçadores de contorno melhoram tanto o fator U quanto a classificação de condensação – ambas questões importantes em climas quentes.

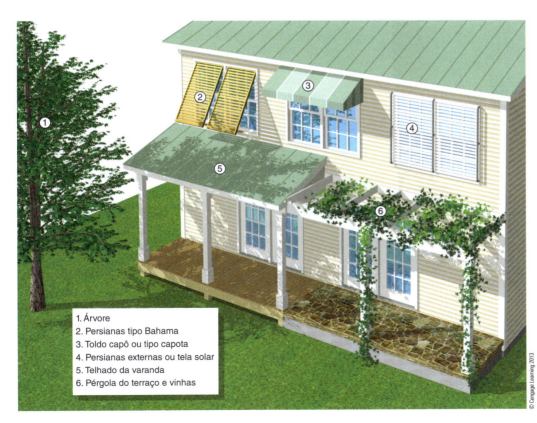

1. Árvore
2. Persianas tipo Bahama
3. Toldo capô ou tipo capota
4. Persianas externas ou tela solar
5. Telhado da varanda
6. Pérgola do terraço e vinhas

Figura 8.14 Opções externas para sombreamento de janelas.

Figura 8.15 Persianas de enrolar podem proporcionar sombreamento solar, segurança e proteção a tempestades.

Como reduzir o ganho de calor

As primeiras tentativas de reduzir o ganho térmico através do vidro foram realizadas com a coloração dos vidros, que realmente diminuía o ganho de energia solar, mas também reduzia a luz visível que passava através do vidro. Reduzir a luz visível diminui a qualidade da vista para o exterior, bem como aumenta a quantidade de eletricidade necessária para iluminar o interior. O desejo de reduzir o ganho térmico mantendo ao mesmo tempo a transmitância visível alta levou ao desenvolvimento de novas formas de revestimentos para vidros. O **vidro de espectro seletivo**, também reconhecido como controle solar – reflectivos ou baixa-E – utiliza revestimentos de baixa emissividade (baixo valor E), que bloqueiam a maior parte da energia infravermelha e da luz ultravioleta, enquanto admitem o máximo de luz visível. Com os **revestimentos de baixa emissividade (baixa-E)**, uma camada microscópica de metal é aplicada na superfície do vidro para agir como uma barreira radiante (similar a uma barreira radiante em um sótão, como descrito no Capítulo 7), reduzindo a quantidade de energia infravermelha que penetra através da superfície metálica. Em climas quentes, os revestimentos baixa-E refletem 90% do calor infravermelho, enquanto permitem que a luz visível penetre do exterior. Em climas frios, o mesmo calor de radiação infravermelho do interior é refletido de volta, mantendo a casa mais quente.

Localização de revestimentos baixa-E

Revestimentos de baixo valor de E, baixa-E, são frágeis, de modo que são aplicados em uma ou mais das superfícies internas do vidro antes de ser montado em um painel insulado. O revestimento funciona melhor quando está voltado para a face mais quente da janela, refletindo o calor para fora durante o tempo quente e mantendo o calor no interior quando o tempo se torna frio. As superfícies do envidraçamento são

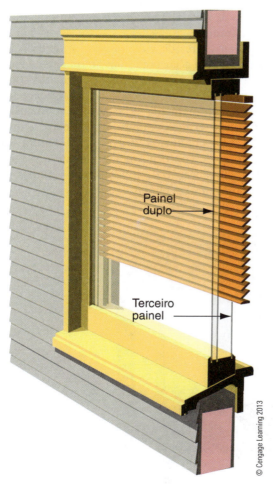

Figura 8.16 Janela com persianas internas. A janela tem um painel tradicional insulado duplo com face para o exterior, além de um espaço maior para as persianas embutidas. Por último, há outra peça de vidro que recobre o sistema de persianas na face interna.

Esquadrias

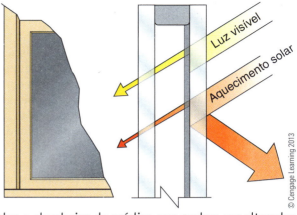

Figura 8.17 Vidros eletrocrômicos* para utilização em janelas e claraboias de prédios que podem ser alterados de claro para escuro com o toque de um botão ou programado para responder às mudanças nas condições da luz solar e do calor.

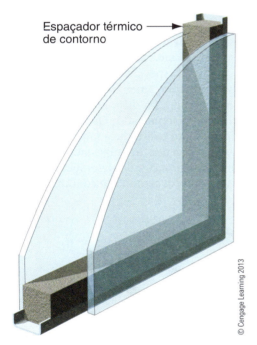

Figura 8.18 O espaçador térmico de contorno é um material isolante entre as vidraças.

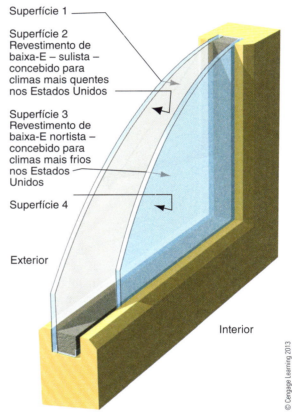

Figura 8.19 Revestimentos de baixa-E são colocados na janela de acordo com a zona climática para maximizar a perda térmica solar ou a retenção térmica interna.

numeradas do exterior para o interior. Nos Estados Unidos, o vidro de baixa-E para construções sulistas (concebido para climas mais quentes) tem o revestimento sobre a duas faces, do interior para o exterior (Figura 8.19), para propiciar uma menor penetração de calor. O vidro de baixa-E para casas situadas ao norte (concebido para climas mais frios) tem o revestimento sobre as três faces, a superfície externa da vidraça mais interna, para aumentar o ganho de energia solar. Algumas unidades com envidraçamento duplo têm o revestimento em ambas as superfícies. Independente do número dos revestimentos de baixa-E, a melhor maneira de comparar o desempenho entre di-

---

* N.R.T.: Trata-se da aglutinação do prefixo "eletro", que se refere à eletricidade, e da palavra "crômico", relativo a cor ou matiz. Nesses vidros são aplicados polímeros que mudam de forma reversível a coloração pela diferença de potencial ou corrente elétrica, resultando uma superfície matizada, ou seja, colorida. (S.H.O.)

ferentes produtos é observar a referência apresentada no rótulo do NFRC.

Películas de baixa-E entre vidros

Embora a vidraça tripla traga benefícios em climas frios, é mais pesada e espessa do que a vidraça dupla e exige esquadrias mais pesadas para sustentá-la com segurança. Alternativas mais leves com desempenho similar utilizam películas de baixa-E no lugar da camada de vidro do meio. Algumas vezes denominada tecnologia da película suspensa (*suspended film* – SF), até duas camadas adicionais de películas de baixa-E estão disponíveis para desempenhos extremamente altos (Figura 8.20).

Figura 8.20 Para melhorar o desempenho térmico, essa janela tem, entre as duas placas de vidro, duas películas de baixa-E suspensas.

Variações de VT do vidro de baixa-E

Para a maioria das pessoas, o vidro com 60% de transmitância visível (VT) aparenta ser claro. Abaixo de 50% de VT, o vidro pode começar a escurecer. Reações pessoais aos vidros de espectro seletivo variam; para algumas pessoas, determinado tipo de vidro de baixa-E pode parecer ter cor ou ser escuro, embora outras possam vê-lo como claro.

Sistemas de envidraçamentos superinsulados

Painéis de vidros translúcidos estão disponíveis com preenchimento aerogel, um isolamento translúcido.

Esses painéis, normalmente feitos com fibra de vidro, podem ter fatores U iguais ou mesmo inferiores a 0,05 (R 20), tornando-os tão eficientes quanto muitas paredes. Até este momento, esses painéis são principalmente usados em aplicações comerciais, mas há a expectativa de que se expandam para o mercado residencial tão logo haja uma redução dos custos do material e novas linhas do produto se tornem disponíveis (Figura 8.21).

Envidraçamentos resistentes a tempestades

Em algumas regiões com risco de furacões ou tornados, os códigos de construção exigem ou recomendam envidraçamentos especiais resistentes às tempestades. Esses envidraçamentos são feitos de vidro laminado similar aos para-brisas de automóveis. Quando instalados em molduras padrões de janelas, por serem mais espessos reduzem o espaço de ar insulado, o que pode reduzir o fator U da unidade. Isto pode, ainda, reduzir significativamente a eficiência geral da construção, sobretudo em climas frios. Como alternativas existem molduras especiais para janelas que são projetadas para envidraçamentos mais espessos; no entanto, isto somente está disponível por meio de pedido especial ou personalizado. Quando há necessidade do envidraçamento resistente a impactos, a instalação de persianas resistentes a tempestades em janelas padrões com classificações de desempenhos mais altos torna-se uma abordagem mais econômica.

Figura 8.21 No Reino Unido, o Bearwood Road Apartments utiliza painéis de parede pré-fabricados contendo Nanogel® para o insulamento e iluminação difusa.

Envidraçamento decorativo

Embora não recomendado em casas com alto desempenho, até 1,39m² de vidro não insulado são permitidos pelos requisitos do IECC 2009 e atendimento normativo do NGBS. Este tipo de envidraçamento é feito com vidro colorido ou cristal usado em portas de entrada ou janelas antigas. Para evitar perda ou ganho térmicos excessivos, o vidro decorativo deve ser instalado com um vidro insulado claro e classificação de eficiência climática apropriada.

Películas para janelas

Essas películas podem ser aplicadas em janelas existentes para reduzir o SHGC, o que pode ser uma maneira viável para melhorar seu desempenho sem substituições. As classificações do NFRC para películas de janelas fornecem orientação sobre o nível de melhoria que pode ser esperado pela aplicação deste produto (Figura 8.22).

Bloco de vidro

Bloco de vidro é com frequência especificado para áreas de alta segurança onde a luz é desejada mas a vista não é necessária. Paredes e janelas de bloco de vidro devem ser limitadas em tamanho em razão do seu baixo valor de isolamento. Os fabricantes estipulam valores U que variam de 0,50 a 0,60; no entanto, o bloco de vidro não é classificado pelo NFRC; portanto, esses valores não devem ser usados para comparação direta com uma esquadria classificada.

Esquadrias de janelas, painéis para portas e molduras

As janelas e painéis para portas, as molduras nas quais são inseridos e as estratégias de envidraçamento são componentes-chave de esquadrias de alto desempenho. O vidro deve ser mantido firmemente no lugar sem infiltrações de ar ou água, e uma vedação hermética deve ser mantida entre a folha ou painel e a moldura. No caso de unidades operáveis, o mecanismo deve poder abrir e fechar milhares de vezes sem cair.

Esquadrias, painéis e molduras devem conduzir o mínimo possível de calor e ar para que a unidade seja eficiente em termos de energia. Como já mencionado, o fator U considera a unidade inteira; portanto, mesmo o envidraçamento de alto desempenho não será eficiente se instalado em uma esquadria ou moldura de baixo desempenho.

Esquadrias de janelas

Tradicionalmente, a maioria das janelas era construída em madeira, e muitas ainda o são. PVC, fibra de vidro, alumínio e aço são outros materiais comuns. Muitas janelas de madeira estão disponíveis com revestimento externo de alumínio ou PVC para melhorar a durabilidade e reduzir os custos de manutenção.

A — Esta marca indica que o desempenho energético do produto foi classificado e certificado em conformidade com o processo de certificação do NFRC.

B — Esta área é reservada ao nome do fabricante e do produto.

C — Este espaço fornece detalhes sobre os procedimentos da classificação do NFRC.

D — Consumidores, fiscais do código de construção e outros devem usar esta informação nas colunas de **Produto de referência** para escolher o sistema de envidraçamento que melhor combine com o produto sobre o qual a película será aplicada.

E — O **Coeficiente de Ganho de Calor Solar** (SHGC) mede quão bem um produto bloqueia o calor do sol. SHGC é expresso como um número entre 0 e 1. Quanto menor o SHGC, melhor o produto para impedir o ganho de calor solar. Bloquear este ganho é particularmente importante durante a estação do verão, quando se busca o resfriamento em climas sulistas dos Estados Unidos.

F — A **transmitância visível** (VT) mede a quantidade de luz que atravessa um produto. VT é expressa como um número entre 0 e 1. Quanto mais alta for a VT, maior será o potencial para iluminação natural.

Figura 8.22 Rótulo do NFRC para desempenho energético de películas para janelas.

Portas basculantes

Embora as garagens devam sempre ficar do lado externo do prédio, muitos proprietários as usam para oficinas e podem condicionar o espaço. Por esta razão, portas basculantes devem ser tão eficientes quanto possível, embora comparações de unidades diferentes sejam difíceis de fazer. Portas basculantes usadas para garagens normalmente não têm classificações do NFRC ou outras independentes, mas alguns fabricantes reivindicam certos valores R para seus produtos. Muitas dessas reivindicações exageram no desempenho, porque abordam somente as classificações do centro dos painéis, e não da unidade inteira, o que incluiria a estanqueidade de ar. Independente do valor de insulamento, a estanqueidade de ar é o fator mais crítico em portas basculantes, e encontrar unidades com vedação de ar de alto desempenho é um desafio. Garagens anexas, particularmente em climas frios, podem se beneficiar de portas insuladas e instaladas com calafetagem para ajudar a manter o espaço quente no tempo frio.

Desafios ambientais do PVC

Usado para tubos, emplacamentos de fachada, como tiras para calafetagem e janelas, o PVC (ou, mais exatamente, cloreto de polivinila (polyvinyl chloride – PVC)) é um dos materiais mais comuns em construções. Tanto grupos científicos quanto ambientalistas expressam preocupações quanto ao impacto ambiental sobre a produção e como deveria ser a disponibilidade de especificações dos materiais de PVC. Uma das matérias-primas utilizadas na produção do PVC é o cloro, que é tóxico para humanos e animais em altas concentrações. O cloreto de polivinila, um dos componentes processados, é um conhecido cancerígeno – particularmente em altos níveis de exposição, o que é normal na fabricação. Produtos maleáveis de PVC usam ftalatos para manter a flexibilidade, que são considerados desreguladores endócrinos que causam anormalidades genéticas em humanos e animais. O PVC pós-consumo também não é facilmente reciclado devido à ampla variedade de formulações e aditivos em diferentes produtos. Embora essas preocupações sejam todas válidas e devam ser consideradas no contexto geral do impacto ambiental de uma casa, elas têm um efeito limitado sobre os construtores ou ocupantes de uma casa.

Madeira, PVC e fibra de vidro são fracos condutores, portanto, todos ajudam a melhorar o desempenho térmico. Como o metal é bom condutor, qualquer janela de metal deve ter uma ruptura térmica na esquadria e na moldura para reduzir a transferência térmica. Alguns fabricantes oferecem unidades de PVC e fibra de vidro com cavidades preenchidas de espuma, o que representa resistência térmica adicional (Figura 8.23).

Em geral, janelas de madeira são agradáveis esteticamente; no entanto, necessitam de manutenção regular e, se não forem protegidas adequadamente da umidade, poderão sofrer deterioração prematura. Janelas de PVC são eficientes, com preço moderado, e duráveis, mas existem preocupações com a toxicidade no processo de fabricação e as limitadas opções de reciclagem (ver boxe Desafios ambientais do PVC). O PVC expande-se e se contrai mais do que outros materiais, criando potencial para infiltrações de ar e água quando materiais adjacentes se movem em diferentes velocidades.

Janelas de fibra de vidro

Janelas de fibra de vidro são uma novidade no mercado que geram harmonização interessante entre a madeira e o PVC. A fibra de vidro é mais durável do que a madeira, ao mesmo tempo que evita problemas de toxicidade da fabricação do PVC. Esse material também oferece o benefício de ser feito da mesma matéria-prima que o envidraçamento, e tende, portanto, a se expandir e contrair na mesma velocidade; isto reduz a possibilidade de vedação entre o vidro e a moldura se separar. Embora as janelas de PVC e fibra de vidro forneçam durabilidade no lado externo, elas oferecem um acabamento interno menos satisfatório. Alguns modelos estão disponíveis com acabamentos aplicados em madeira, o que resulta em uma estética agradável.

Revestimento externo

Alguns fabricantes oferecem janelas e portas de madeira *premium*, que são revestidas em alumínio, PVC ou, em alguns casos, bronze. Janelas e portas revestidas oferecem a condição térmica e a sustentabilidade da madeira, com um acabamento externo mais durável. Todos os revestimentos utilizados como acabamento resistem à deterioração, mas a reciclagem no final da vida útil é mais difícil. O revestimento de PVC tem os mesmos problemas de toxicidade que as molduras de janelas de PVC.

A maioria das estruturas de claraboias é feita de alumínio, PVC ou madeira com aplicação de revestimento. As mesmas considerações para janelas e portas aplicam-se à seleção desses produtos.

Figura 8.23 Janela de vidro duplo com uma camada de película suspensa e isolamento de espuma dentro da cavidade.

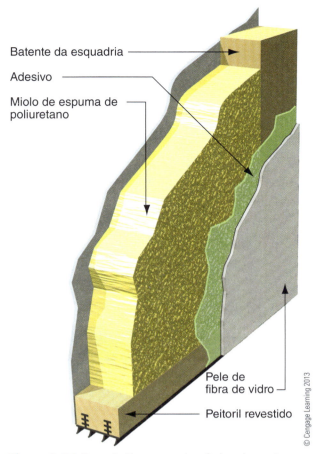

Figura 8.24 Os painéis ou as almofadas da porta podem ser isolados para suprir resistência térmica adicional.

Painéis de portas

Os painéis ou as almofadas de portas podem ser feitos de aço, plástico e fibra de vidro ou madeira engenheirada sólida, com ou sem revestimento. Embora nem sempre sejam esteticamente agradáveis como as portas de madeira ou revestidas, os painéis de portas mais duráveis e eficazes são feitos de fibra de vidro com um enchimento de espuma de poliuretano (Figura 8.24). Os painéis de portas podem ser opacos ou com painéis de vidro; tal condição depende da preferência do proprietário, que pode variar de uma abertura pequena ao tamanho total da porta em vidro.

Esquadrias fixas e operáveis

Esquadrias podem ser fixas ou operáveis, ou seja, permitem ser abertas ou fechadas, com diferentes métodos de operação. Unidades articuladas são referidas como *janelas de abrir* ou maxim-ar, dependendo de como são articuladas na lateral ou no topo (Figuras 8.25a e b). Portas articuladas são descritas como portas pivotantes,* e as portas deslizantes podem ser denominadas como de correr. Janelas deslizantes podem ter trilhos horizontais ou, se verticais, folha única ou dupla, em referência ao fato de uma ou duas folhas serem deslizantes (Figuras 8.26a e b). No caso de duas folhas delizantes, janela de báscula dupla. Portas de correr, frequentemente denominadas portas balcão, são muito comuns (Figura 8.27). Portas dobráveis, conhecidas como tipo camarão, para acesso às áreas externas, proporcionando, de forma eficaz, abertura total (interior e exterior) em climas apropriados (Figura 8.28).

Unidades articuladas

Unidades articuladas oferecem melhor vedação de ar do que as de correr, considerando-se que os sistemas de calafetagem e travamento sejam de qualidade equivalente. Isto normalmente refletirá em diferentes classificações de fatores U e infiltração de ar nos rótulos

---

* Outras denominações de porta pivotante: porta vaivém, quando a abertura é totalmente articulada, e porta bang-bang, quando possuem folhas do tamanho das de janelas. (S.H.O.)

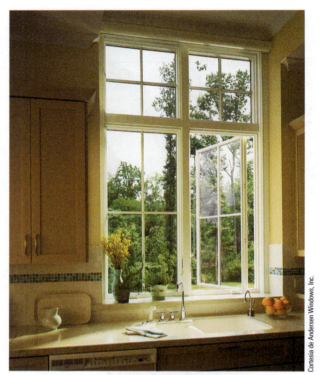

Figura 8.25a Janelas de abrir se articulam para fora.

Figura 8.26a Janelas com esquadrias deslizantes horizontais.

Figura 8.25b Janelas maxim-ar são frequentemente usadas com duas folhas, uma sobre a outra, e aberturas separadas, ou em combinação com outros tipos de janela.

Figura 8.26b Janelas com dupla esquadria deslizante vertical que também bascula e se inclina para facilitar a limpeza.

do NFRC. Unidades articuladas fornecem até 100% de sua área total para ventilação, embora as deslizantes possam abrir somente até 50% de sua área total. Claraboias operáveis são normalmente articuladas no topo, oferecendo uma pequena abertura no fundo para ventilação (Figura 8.29).

Unidades operadas eletricamente

Algumas janelas de abrir e maxim-ar e claraboias operáveis estão disponíveis para abertura elétrica, que são úteis quando existem janelas para ventilação difíceis de alcançar. Os ocupantes muito provavelmente se beneficiarão da ventilação natural apertando um botão para abrir e fechar janelas altas e claraboias, em vez de operar manualmente cada uma. Claraboias operadas eletricamente estão disponíveis com sensores de chuva, que automaticamente fecham a unidade para manter a casa seca. As unidades fixas devem ter a mesma qualidade de vedações contra infiltrações de ar e água do que as operáveis.

Esquadrias

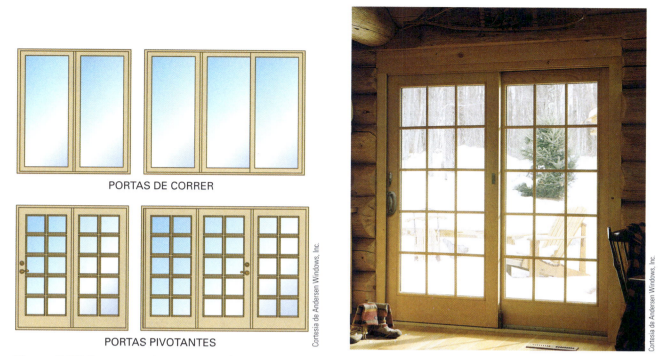

Figura 8.27 Duas ou mais portas geralmente são usadas em unidades de portas de terraço do tipo de correr ou pivotantes.

Figura 8.28 Ambas as folhas de portas móveis, como nessas unidades do tipo camarão, podem abrir o interior diretamente para o exterior, expandindo o espaço de estar disponível em climas moderados.

Figura 8.29 Claraboias operáveis oferecem iluminação natural e ventilação.

Telas

As telas são necessárias para promover a ventilação natural em climas nos quais insetos são um problema. Se não houver folhas com telas próprias para proporcionar ventilação aos ambientes, seus ocupantes provavelmente não abrirão as janelas devido à possibilidade de acabar tendo insetos voando pela casa. As telas de alumínio podem ser consideradas um produto ambientalmente mais amigável do que a fibra de vidro flexível, que é revestida com PVC macio fabricado com ftalatos prejudiciais (ver boxe Desafios ambientais do PVC).

Alguns proprietários podem pensar na segurança quanto a deixar janelas abertas para ventilação. As telas para janelas conectadas a um sistema de segurança doméstico ou barras de segurança podem oferecer proteção contra invasores e ainda propiciar a ventilação natural.

Ferragens e vedações

Ferragens e vedações de qualidade em janelas e portas garantem uma operação tranquila e uma ótima vedação do ar e da umidade. Janelas de abrir e do tipo maxim-ar e claraboias operáveis normalmente usam ferragens do tipo alavanca e maçaneta, muitas vezes com trincos que são fechados com um estalo para segurar a esquadria na moldura. Janelas com báscula única ou dupla usam *braços* que incorporam molas para contrabalançar o peso das esquadrias, tornando mais fácil levantá-las ou baixá-las. São seguradas por trincos na posição fechada, que também comprimem as tiras de vedação para um fechamento hermético. Portas e janelas de correr têm trilhos que podem suportar o peso da esquadria ou dos painéis da porta, com trincos que vedam hermeticamente essas unidades quando fechadas. Portas do tipo camarão empregam sistemas de trilhos pesados especiais e rodas que permitem que os painéis se dobrem quando abertos. Muitas portas de alta qualidade têm sistemas de trinco de três pontos, que garantem uma vedação de ar mais hermética do que as tradicionais travas de portas de ponto único (Figura 8.30).

As ferragens normalmente estão incluídas com a janela, porta ou claraboia, embora algumas janelas de báscula dupla padrão para paredes precisem de ferragens que são compradas separadamente. As ferragens devem ser duráveis, fechar a unidade com segurança e ter uma longa garantia para assegurar desempenho em longo prazo. Em climas muito frios, as ferragens de metal podem criar uma ponte térmica através da unidade, aumentando a possibilidade de condensação interior.

A maioria das tiras de vedação é feita de PVC, o que garante uma vedação flexível de longa duração contra umidade e ar. Feltro, espuma e *mohair* (pelo de cabra angorá) estão entre os produtos alternativos. Os melhores sistemas de vedação empregam sistemas duplos ou triplos de tiras de vedação (Figura 8.31). As unidades com as melhores classificações de estanqueidade de ar do NFRC geralmente terão ferragens e vedação com tiras da mais alta qualidade.

Grades

Muitos projetistas e proprietários preferem **grades** ou **pinázios**, barras que criam a aparência de vidraças em uma esquadria, em janelas novas que imitam a aparência de janelas antigas com pequenas vidraças individuais. O propósito original das grades era permitir grandes janelas quando grandes lâminas de vidro estavam indisponíveis ou eram inacessíveis. Com a disponibilidade de vidros em quase todas as dimensões, as grades são agora exclusivamente uma decisão estética, portanto, optando-se por pinázios estéticos.

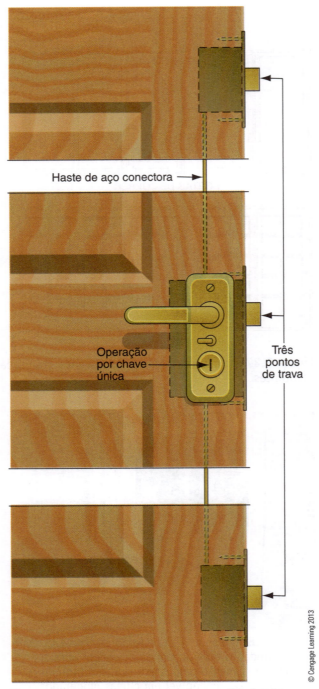

Figura 8.30 Muitas portas de alta qualidade têm sistemas de trinco de três pontos, que garantem uma vedação de ar mais hermética do que as tradicionais travas de portas de ponto único.

As opções de grades disponíveis para a esquadria moderna incluem a divisão por grades do vão luz, **luz verdadeira dividida** (*true divided light* – TDL), com painéis individuais de vidro separados por grades; a simulação da divisão do vão luz, permanecendo o vidro inteiriço e a grade sobre o vidro, luz simulada dividida (*simulated divided light* – SDL), com grades instaladas permanentemente sobre o vidro; grades removíveis instaladas sobre uma placa de vidro; e grades entre vidros (*grilles between glass* – GBG), com grades instaladas permanentemente entre duas camadas de vidro insulado (Figura 8.32). O vidro insulado TDL é uma opção disponível de alguns fabricantes, mas cada vidro tem espaçadores em torno do perímetro e as divisórias não são insuladas; portanto, a esquadria de TDL é menos eficiente do que outras opções. A SDL pode ser combinada com grades do tipo GBG para oferecer uma aparência muito próxima à TDL. Grades aplicadas no lado interno, externo ou em ambos os lados do vidro não têm impacto sobre a eficiência da unidade; no entanto, quando as GBG estão incluídas, os mesmos problemas de condução que ocorrem nas bordas do vidro insulado acontecem onde as grades internas estão instaladas. A seleção de espaçadores não condutivos é crítica para as janelas de alto desempenho com GBG.

Instalação de janelas, portas e claraboias

Independente da qualidade de uma janela, porta ou claraboia, quaisquer inadequações da instalação, dos rufos ou da vedação de ar prejudicarão o funcionamento eficaz da unidade e o desempenho geral da casa.

Janelas em banheiros

Embora muitos projetos incorporem janelas em áreas de chuveiros e banheiras para iluminá-los, elas devem ser evitadas no processo do projeto para prevenir problemas causados pelo umedecimento regular por causa do uso do chuveiro. O umedecimento repetido pode danificar não somente a própria janela, mas também toda a parte inferior da parede, enfraquecendo-a se a janela não estiver adequadamente instalada. Em primeiro lugar, janelas de madeira devem ser evitadas em áreas de chuveiros; unidades de PVC ou fibra de vidro são alternativas melhores para este ambiente sujeito a ciclos de molhagem. Outras alternativas incluem painéis sólidos, como os sistemas Kalwall® ou blocos de vidro; no entanto, esses últimos não são muito eficientes energeticamente, com fatores U estimados na faixa de 0,50 a 0,60. Segundo, a janela deve fazer parte do plano de drenagem interior, assim como a face posterior da parede de azulejos, para manter toda a água fora da estrutura da parede. Caso não se atenda a esta diretriz, mesmo que não seja feito propositalmente, a parede rapidamente sofrerá graves danos causados pela água. Finalmente, se a área do chuveiro não puder ser evitada, a janela deverá ser colocada o mais alto possível para limitar a quantidade de água que possa atingi-la durante o uso do chuveiro.

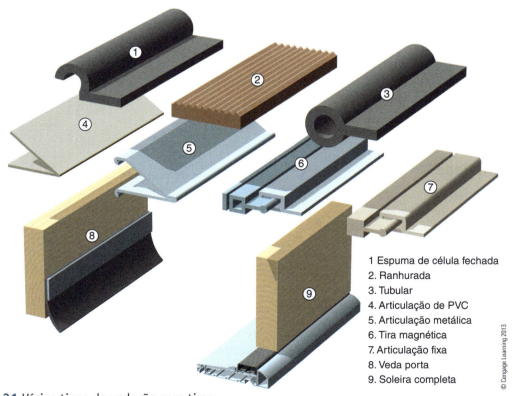

1. Espuma de célula fechada
2. Ranhurada
3. Tubular
4. Articulação de PVC
5. Articulação metálica
6. Tira magnética
7. Articulação fixa
8. Veda porta
9. Soleira completa

Figura 8.31 Vários tipos de vedação com tiras.

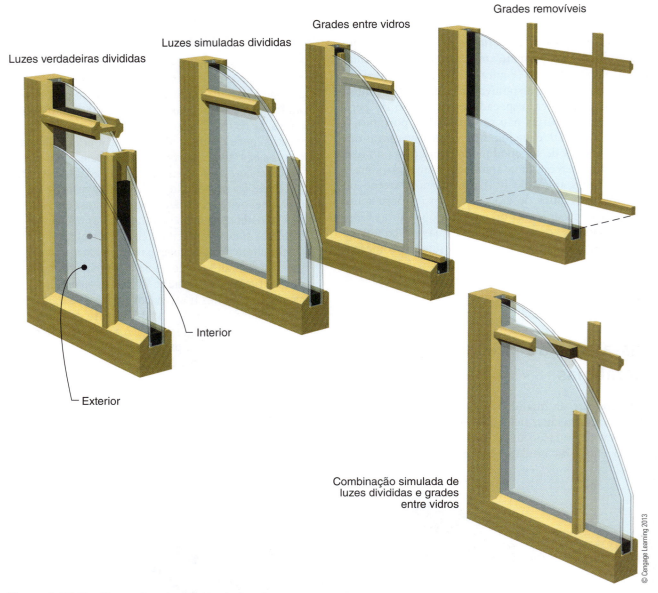

Figura 8.32 Configurações de grades de janelas.

Vedação da umidade

Janelas e portas são instaladas em dois tipos de parede: com e sem planos de drenagem, que são geralmente identificadas como *alvenarias que servem como um depósito de armazenamento de parcelas d'água* (para mais informações, ver Capítulo 6). Para instalação do plano de drenagem, cada unidade deve estar totalmente integrada com a barreira resistente à água (WRB), direcionando toda a umidade exterior para fora da estrutura da parede. Instalações de elementos de planos de drenagem incorporam pingadeiras, rufos laterais e rufos térmicos pré-moldados ou pré-fabricados.

Janelas e portas chegam ao local da obra com aletas ou flanges para fixação de pregos ou revestimentos aplicados no exterior (Figura 8.33). Alternativamente, o arremate pode ser aplicado na obra. Ambos os tipos exigem rufos para soleiras ou peitoris; entretanto, os rufos laterais e superiores diferem entre si (ver instruções nas Figuras 8.34 e 8.35).

Na construção da parede que poderá ser um depósito d'água geralmente não se usa rufos, porque as aberturas são projetadas e locadas de forma a drenar a água para o exterior. As unidades têm vedações voltadas para a superfície da parede (ver Figura 8.36).

Os fabricantes de claraboias e TDD normalmente fornecem rufos para telhados integrados com suas unidades, com diferentes produtos disponíveis para tipos específicos de cobertura. Quando claraboias e TDD são instalados, devem ser integrados ao invólucro térmico para prevenir passagens térmicas (ver Capítulo 4 para mais informações).

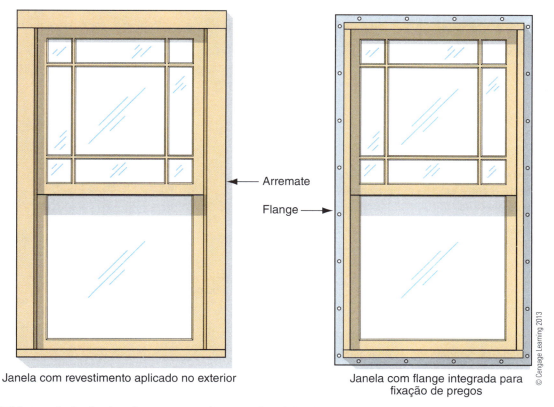

Figura 8.33 A maioria das janelas e portas chega ao local da obra com aletas ou flanges integradas para fixação de pregos ou com revestimento exterior aplicado pelo fornecedor.

Vedação de ar ao redor de janelas, portas e claraboias

Após a instalação das janelas, portas e claraboias, o espaço entre a moldura e a estrutura deve ser vedado contra infiltrações de ar. Isto é normalmente realizado com o isolamento por uma espuma de baixa expansão em *spray* concebida especificamente para esta finalidade (Figura 8.37). A espuma de alta expansão em *spray* não deve ser usada para vedação de ar porque pode forçar as molduras de janelas e portas, causando danos à unidade. A vedação e outros selantes são aceitáveis; no entanto, a fibra de vidro e o isolamento de madeira mineralizada, produtos muitas vezes usados para esta finalidade, não são indicados por não proporcionarem a vedação exigida. Independente do tipo de selante usado, ele deve proporcionar uma vedação total do ar, ser flexível para suportar a expansão e a contração do material e durável o suficiente para manter a vedação por toda a vida da estrutura.

> **Você sabia?**
>
> **Esquadrias como estratégia de controle de som**
>
> Quando a esquadria de alta qualidade é instalada adequadamente com cuidadosa vedação de ar, reduz a quantidade de ar que entra na casa. Esta qualidade pode ser um grande benefício para casas localizadas perto de estradas movimentadas ou aeroportos que são afetadas por barulho excessivo. Como parte de uma estratégia de alto desempenho de toda a casa, janelas, portas e claraboias podem ajudar a isolar a casa do barulho externo.

Manejo das esquadrias

Como visto neste capítulo, persianas móveis internas e externas devem ser abertas e fechadas manualmente quando necessário para gerenciar efetivamente a perda e o ganho de calor. Além disso, as janelas devem ser abertas para suprir ventilação durante o clima moderado, reduzindo a necessidade de aquecimento e ar-condicionado. Muitos proprietários não se importam, preferindo manter a casa fechada a maior parte do ano e usar sistemas de aquecimento, ventilação e ar-condicionado (HVAC) mais do que o necessário. O

PASSO A PASSO — **Figura 8.34** Janela com instalação de aletas ou flanges integradas para fixação de pregos em uma parede seca.

Passo 1.

Corte o revestimento na abertura como mostrado. No peitoril, aumente o corte em 10 cm horizontalmente em cada lado da abertura.

Sobreponha todas as juntas do revestimento de 15 cm. Vede as juntas verticais com fita de construção.

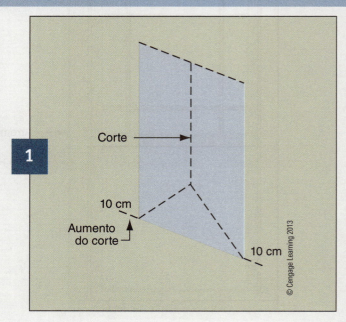

Passo 2.

Instale a pingadeira. Sobreponha as duas peças da pingadeira e vede a junta com fita isolante. Alternativamente, instale fita isolante flexível através da soleira e acima, nas laterais de 15 cm.

Encaixe os lados verticais da pingadeira atrás do revestimento e faça o mesmo com a face frontal da pingadeira sobre o revestimento.

Certifique-se de que a barra final sobre a pingadeira não está rachada nem quebrada.

Passo 3.

Dobre o revestimento dentro da abertura e fixe-o no interior da face da viga. Vede as juntas onde o revestimento foi cortado com fita de construção.

Na parte superior, faça dois cortes de 15 cm em 45° no revestimento.

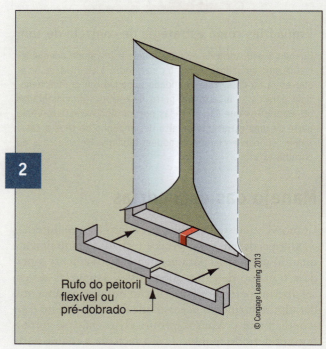

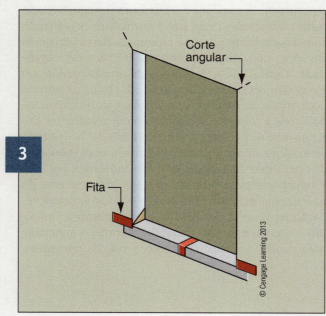

(continua)

Esquadrias

PASSO A PASSO — Figura 8.34 (Continuação) Janela com instalação de aletas ou flanges integradas para fixação de pregos em uma parede seca.

Passo 4.

Dobre o revestimento para longe da abertura rugosa e temporariamente o recubra com fita adesiva.

Aplique uma vedação contínua na verga e nos montantes. Instale a janela na abertura.

Certifique-se de que a vedação é aplicada somente na verga e nos montantes. Deixe o peitoril sem vedação, para que a umidade possa drenar para fora e longe da abertura.

Passo 5.

Calce a janela para conseguir um espaço contínuo e nivelado entre a moldura da janela e a abertura. Segure a janela no lugar fixando com pregos um dos cantos superiores. Verifique o prumo, nível e dimensões da janela. Confirme se a janela abre e fecha suavemente sem travar.

Verifique as dimensões medindo as diagonais. A janela é quadrada quando as medições são iguais.

Fixe a janela na moldura de acordo com as instruções do fabricante.

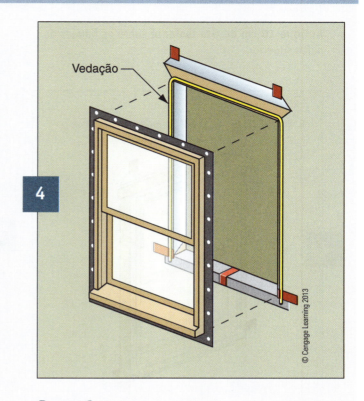

Passo 6.

Aplique 10 cm de fita isolante sobre os flanges da verga.

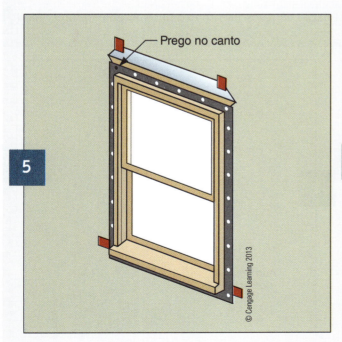

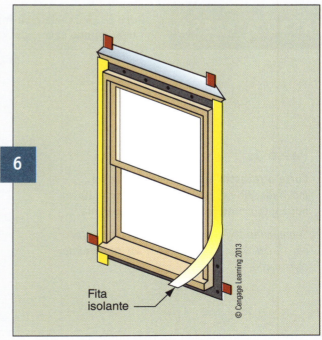

(continua)

PASSO A PASSO

Figura 8.34 (Conclusão) Janela com instalação de aletas ou flanges integradas para fixação de pregos em uma parede seca.

Passo 7.

Aplique 10 cm de fita isolante sobre os flanges da parte superior.

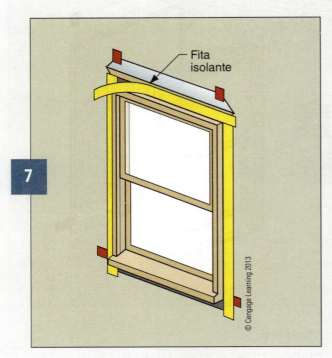

Passo 8.

Desdobre o revestimento e vede os cortes de 45° com fita de construção.

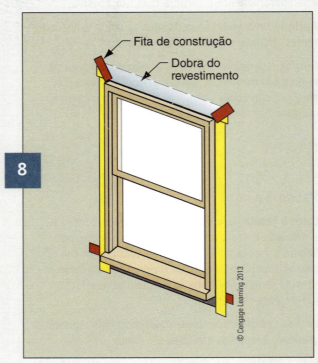

PASSO A PASSO

Figura 8.35 Janela com instalação de revestimento exterior aplicado no fornecedor em uma parede seca.

Passo 1.

Corte o revestimento na abertura como mostrado. No peitoril, aumente o corte 10 cm horizontalmente em cada lado da abertura.

Sobreponha todas as juntas do revestimento em 15 cm. Vede as juntas verticais com fita de construção.

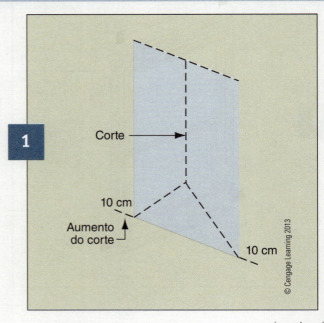

(continua)

Esquadrias

PASSO A PASSO — **Figura 8.35** (Continuação) Janela com instalação de revestimento exterior aplicado no fornecedor em uma parede seca.

Passo 2.

Instale a pingadeira. Sobreponha as duas peças da pingadeira e vede a junta com fita isolante. Alternativamente, aplique fita isolante flexível através da soleira e para cima, nas laterais, em 15 cm.

Encaixe os lados verticais da pingadeira atrás do revestimento e faça o mesmo com a face frontal da pingadeira sobre o revestimento.

Certifique-se de que a barra final sobre a pingadeira não esteja rachada nem quebrada.

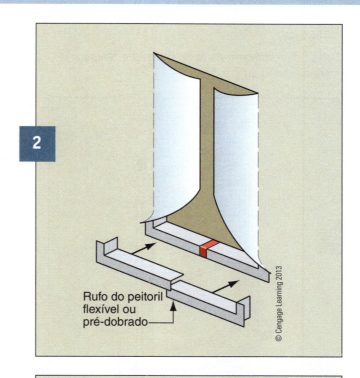

Passo 3.

Dobre o revestimento dentro da abertura e fixe-o ao interior da face da viga. Vede as juntas onde o revestimento foi cortado com fita de construção.

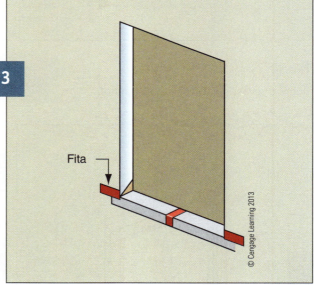

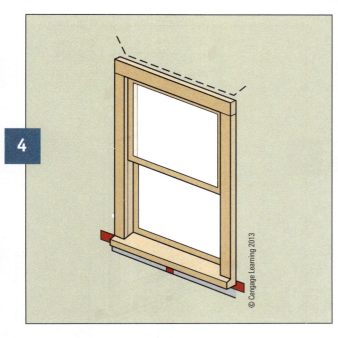

Passo 4.

Instale a janela com prumo, nível e dimensões de acordo com as instruções do fabricante.

(continua)

PASSO A PASSO — Figura 8.35 (Conclusão) Janela com instalação de revestimento exterior aplicado no fornecedor em uma parede seca.

Passo 5.
Corte o revestimento na parte superior e temporariamente dobre-o ou guarde-o.

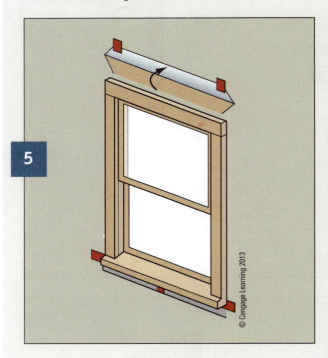

Passo 6.
Instale uma pingadeira em chapa/rufo superior.

Passo 7.
Dobre o revestimento na parte superior.

Passo 8.
Cole fita na parte de cima.

Pingadeira em chapa

Esquadrias

PASSO A PASSO — Figura 8.36 Instalação da janela em uma "pingadeira de borda".

Parede de alvenaria de concreto

Passo 1.
Instale um perfil de peitoril pré-moldado ou peitoril moldado na obra. Vede o peitoril com a aplicação de um selante líquido impermeável.

Passo 2.
Cubra as vigas de madeira com o selante.

(continua)

PASSO A PASSO — Figura 8.36 (Conclusão) Instalação da janela em uma "pingadeira de borda".

Passo 3.
Aplique o selante sobre as vergas e na parte superior.

Passo 4.
Instale a janela conforme as especificações do fabricante e aplique selante sobre as vigas de madeira expostas.

Passo 5.
Aplique o acabamento exterior com vedação contínua nos montantes e na verga. Vede a janela com argamassa.

proprietário deve estar habilitado para operação das janelas e estas serem acessíveis são componentes-chave da construção sustentável. Parte desse treinamento consiste em educar os ocupantes para desligarem os sistemas HVAC quando as janelas e portas estiverem abertas para ventilação. Sistemas eletrônicos avançados de gerenciamento doméstico usam sensores de alarmes instalados em unidades operacionais que desligam os sistemas automaticamente ou áreas inteiras de HVAC quando portas e janelas estão abertas. Embora tais sistemas não substituam o adequado gerenciamento doméstico, estão disponíveis para proprietários que desejem neles investir.

Utilização de material sustentável

A quantidade do material utilizado em esquadrias é modesta se comparada com aqueles usados em outras fases da construção, e a economia de energia aplicada na instalação de unidades de alta qualidade provavelmente compensará a energia incorporada empregada para fazê-las e transportá-las. Ainda assim, alguns fabricantes oferecem molduras e esquadrias de madeiras extraídas de forma sustentável; madeiras tropicais que não são certificadas como sustentáveis devem ser evitadas para todo e qualquer componente da construção, incluindo as janelas e portas.

Janelas não são facilmente recicladas no fim de sua vida útil; portanto, a compra de unidades com a maior qualidade possível é de extrema importância. A instalação correta e manutenção adequada garantirão a longa duração. Fabricantes que atuam com qualidade oferecem garantias extensas, de dez anos para vidro insulado, e até um maior prazo para as ferragens e molduras.

De modo ideal, janelas antigas e ineficazes não devem ser usadas em casas novas ou em reformas, mas é comum ocorrer vendas de lotes isolados nos Estados Unidos de janelas novas e não utilizadas de alta qualidade. Essas unidades normalmente são originadas de pedidos ou fabricadas de forma incorreta, e estão muitas vezes disponíveis a preços extremamente baixos. Uma reforma ou ampliação mínima poderia ser projetada considerando janelas e portas excedentes desta categoria, ou podem ser usadas como recursos de projeto de uma casa nova ou ampliação. Ao usar esquadrias excedentes, esteja certo de confirmar que os produtos têm classificações de fator U e SHGC adequadas para o seu projeto.

Figura 8.37 Abertura de janela vedada com espuma de uretano de baixa expansão.

Considerações sobre reformas

Nos Estados Unidos, os proprietários de edificações residenciais que procuram melhorar a eficiência de uma casa sempre consideram em primeiro lugar a substituição de portas e janelas, geralmente estimulados pelo marketing de montadores e fabricantes e por incentivos do governo. Na maioria dos casos, no entanto, trocar janelas e portas não é a melhor estratégia para economizar energia. A decisão sobre trocar ou consertar as esquadrias existentes é só uma peça da avaliação total da casa. Entender a extensão das deficiências existentes na vedação de ar, nos sistemas mecânicos e no manejo de cada umidade de esquadria permitirá estabelecer prioridades adequadas para as melhorias, sendo a abordagem das esquadrias somente um de muitos itens a serem considerados. Trocar janelas e portas sem abordar outras questões pode, inclusive, criar mais problemas do que resolvê-los, sobretudo se essa substituição não for feita na casa de forma inteira e como um sistema.

Inspeção das unidades existentes

A avaliação adequada das esquadrias existentes é um ponto crítico para a tomada das melhores decisões em uma casa existente. Neste processo, as questões apresentadas a seguir são imprescindíveis:
- Quais são as condições das molduras de janelas, folhas ou painéis das portas? Estão deteriorados; e, se estão, são irreparáveis?
- As janelas e os painéis de portas funcionam suavemente, fecham com segurança e têm vedação hermética?
- As ferragens fecham a unidade com segurança? Existem pontes térmicas através da moldura da janela?
- O vidro é insulado e a unidade é bem vedada ao ar?
- Quanto da absorção solar provém do envidraçamento?
- A unidade é adequadamente provida de rufos e a estrutura é estanque?

As respostas a essas questões podem ajudar a fazer as escolhas corretas com relação a melhorar e substituir janelas, portas e claraboias existentes. Assim que for determinado se será necessário consertar ou trocar esquadrias existentes, você encontrará uma ampla variedade de opções para escolher.

Substituição da unidade inteira

Na troca de unidades completas de portas e janelas em paredes existentes, é imprescindível determinar se existe uma WRB – barreira resistente à água e se é possível integrar novas unidades de rufos. Muitas casas com estrutura de madeira, mais antigas, não têm uma WRB completa. Neste caso, a melhor prática é remover todo o emplacamento de revestimento, em

Iluminação natural com janelas e portas de vidro internas

As casas são frequentemente projetadas com armários, banheiros e outros espaços complementares sem janelas. Muitos desses espaços são usados com pouca frequência e por apenas alguns segundos de cada vez, mas exigem que você acenda uma luz para enxergar. Com o acréscimo de uma pequena quantidade de luz natural, pode-se eliminar a necessidade de iluminação elétrica para essas breves visitas durante o dia. A instalação de portas e janelas de vidro entre esses compartimentos e outros com luz natural pode economizar eletricidade e proporcionar um ótimo elemento decorativo. Esses lugares são apropriados para peças metálicas decorativas ou antigas com vidro (Figura 8.38).

Figura 8.38 Claraboias e vidro decorativo propiciam iluminação natural.

---

toda a extensão, e a moldura dos beirais; instalar uma nova WRB; instalar janelas e portas novas; e trocar o emplacamento. Isto pode parecer uma ação extrema, mas o risco de danos por umidade de longo prazo que possa resultar em maiores danos é muito elevado e não se pode ignorá-lo. A substituição de unidades envolverá a remoção e a troca de arremates internos e externos, propiciando fácil acesso à vedação de ar entre a unidade e a estrutura bruta.

Figura 8.39 O projeto Nautilus House usou janelas excedentes, reduziu os custos e proporcionou janelas com uma nova vida.

Como melhorar as esquadrias existentes

Opções para melhorias nas janelas que não a troca da unidade inteira incluem a análise do melhor entre a substituição do caixilho e a inserção de elementos para reposições. Os vidros em esquadrias existentes também podem ser substituídos. Todos esses métodos de se manter a moldura, o arremate interno e externo reduzem custos e o tempo envolvidos. Esses métodos, caso não exista qualquer proteção contra a umidade, não gerarão impermeabilidade, assim como não afetam os rufos existentes. Como a moldura permanece no lugar quando esses métodos são empregados, talvez seja necessário remover o arremate interno para se realizar uma vedação do ar de forma efetiva. Ondulações e desgastes no quadro em razão do peso da esquadria talvez tenham de ser preenchidos com isolamento. Embora esta seja uma boa prática, a equipe de projeto deve considerar se este trabalho adicional é adequado para a casa em questão.

A instalação de janelas à prova de tempestades sobre unidades existentes é outra alternativa que proporcionará uma melhor vedação de ar, resistência térmica e, se disponível, revestimento em filme de baixa-E, além de uma redução do ganho solar térmico. Outras opções para reduzir o ganho solar incluem uma película para janela e telas solares externas, que substituem as telas anti-insetos tradicionais e reduzem o ganho de energia solar em até 70% (Figura 8.40).

Janelas do tipo veneziana têm partes basculantes em madeira, acrílico ou vidro fixos na moldura. Essas janelas proporcionam uma vedação de ar inferior (Figura 8.41), e por isso devem ser substituídas em áreas climatizadas.

Portas

Portas de abrir podem ser substituídas na moldura existente ou a unidade inteira pode ser substituída, de modo similar e com os métodos previamente já descritos. A vedação e os montantes de portas poderão ser substituídos para propiciar uma melhor vedação de ar se os painéis e a moldura estiverem em boas condições. Portas de correr são difíceis de consertar; se elas não funcionarem ou não vedarem efetivamente, a troca completa deverá ser considerada.

Figura 8.41 Janelas *do tipo veneziana* tendem a permitir penetrações.

Claraboias

Antigas claraboias provavelmente não são muito eficazes, mas são difíceis de ser trocadas sem causar vazamentos no telhado. Sua substituição é melhor no mesmo momento da troca do material da cobertura. Se as unidades existentes forem mantidas, deve-se considerar o acréscimo de uma película na janela ou a inserção de persiana externa para reduzir o ganho solar térmico. Certifique-se de que o invólucro térmico está completo, sem vazamentos na abertura da claraboia, e uma total vedação de ar é essencial entre a claraboia e o telhado.

Figura 8.40 Telas solares podem reduzir significativamente o ganho de energia solar em uma casa.

Figura 8.42 Resíduos de materiais de construção podem ser reutilizados de inúmeras maneiras criativas. Janelas antigas são utilizadas como telas comuns para artistas.

Como reciclar a esquadria removida

As oportunidades para reciclar janelas e portas antigas são limitadas. Se os vidros das esquadrias puderem ser removidos, deve-se procurar um centro de reciclagem que os aceite. Eventualmente, os artistas locais podem se interessar em usar portas e esquadrias antigas em projetos de artesanato, e aceitariam retirá-las no local da obra. Desta forma, evita-se que esses detritos sejam jogados em aterros sanitários (Figura 8.42).

Resumo

A seleção adequada de esquadrias é essencial quando se cria uma casa de alto desempenho. A casa deve ser vista como um sistema para orientar a tomada de decisões relacionadas ao clima, à orientação da construção, à eficiência da unidade, materiais da estrutura e ao método adequado de instalação. Para uma casa verde, sempre se deve adquirir janelas, portas e claraboias da mais alta qualidade possível; em seguida, deve-se instalá-las adequadamente e realizar sempre as manutenções dessas unidades para que tenham um bom desempenho ao longo da vida da edificação.

Questões de revisão

1. Qual das alternativas seguintes não beneficia janelas, portas e claraboias?
   a. Iluminação natural
   b. Ar fresco
   c. Isolamento
   d. Resfriamento passivo
2. Qual das alternativas a seguir não faz parte do sistema de classificação do NFRC?
   a. Valor R
   b. Infiltração de ar
   c. Coeficiente de ganho de calor solar
   d. Fator U
3. Qual é a finalidade do revestimento baixa-E?
   a. Manter o calor fora em climas frios.
   b. Manter o calor dentro durante o clima quente.
   c. Reduzir a luz visível que passa através da vidraça.
   d. Reduzir a luz infravermelha que passa através da vidraça.
4. Em um clima frio, o revestimento baixa-E deve ser aplicado em qual superfície de vidro?
   a. Do lado externo da vidraça externa
   b. Do lado interno da vidraça externa
   c. Do lado interno da vidraça interna
   d. Do lado externo da vidraça interna
5. Qual é a classificação mais importante para esquadrias em climas quentes?
   a. SHGC
   b. Fator U
   c. VT
   d. Condensação
6. Em climas frios, quais classificações do NFRC são melhores para janelas voltadas para o sul?
   a. Fator U alto, baixo SHGC
   b. Fator U baixo, baixo SHGC
   c. Fator U alto, alto SHGC
   d. Fator U baixo, alto SHGC
7. Qual a melhor direção para maximizar as janelas em climas frios no Hemisfério Norte?
   a. Norte
   b. Sul
   c. Leste
   d. Oeste
8. Qual das seguintes alternativas indica a finalidade dos isolantes térmicos de vidro?
   a. Aumentar a VT.
   b. Diminuir a perda de calor.
   c. Diminuir a VT.
   d. Aumentar o SHGC.
9. Qual das seguintes alternativas é apropriada para vedação de ar em torno de janelas e portas?
   a. Isolamento com fibra de vidro
   b. Isolamento com lã mineral
   c. Vedação flexível durável
   d. Espuma de alta expansão em *spray*
10. Qual das seguintes alternativas é o método com maior custo-benefício para reduzir o ganho de energia solar através de uma janela existente?
    a. Instalação de persianas internas
    b. Substituição por janelas de fator U alto
    c. Instalação de telas solares
    d. Substituição por esquadrias de SHGC alto

Questões para o pensamento crítico

1. Discuta os diferentes requisitos de fator U e SHGC para climas frio, moderado e quente.
2. Quando se projeta uma casa nova em clima quente, quais são as melhores estratégias para controlar o ganho solar térmico?
3. Quando se projeta uma casa nova em clima frio, quais são as melhores estratégias para se beneficiar do ganho solar térmico?

Palavras-chave

argônio
coeficiente de ganho de calor solar (SHGC)
criptônio
dispositivos tubulares de iluminação natural (TDD)
esquadria
folha ou painel
ganho de energia solar
grade
iluminação natural
infiltração de ar (AL)
janela basculante dupla
janela de abrir
janela operável
janela veneziana
luz verdadeira dividida (TDL)
maxim-ar
National Fenestration Research Council (NFRC)
painel ou almofada
pinázios
produtos com envidraçamento dinâmico (DG)
resistência à condensação (CR)
revestimento de baixa-E
transmitância visível (VT)
vidro de espectro seletivo
vidro insulado

Glossário

argônio gás inerte comumente adicionado ao espaço entre vidraças para reduzir o fator U.

caixilho estrutura que sustenta os vidros de uma janela na moldura desta.

coeficiente de ganho de calor solar (SHGC) fração da radiação solar admitida através do envidraçamento.

National Fenestration Rating Council – NFRC (Conselho Americano para Classificação de Esquadrias) organização sem fins lucrativos que administra um sistema uniforme e independente de classificação e rotulagem para o desempenho energético de janelas, portas, claraboias e produtos de fixação.

criptônio gás inerte comumente adicionado ao espaço entre vidraças para reduzir o fator U.

dispositivos tubulares de iluminação natural (TDD) claraboia cilíndrica com um tubo refletor para fornecer luz natural ao interior dos cômodos.

vidro de espectro seletivo revestimento de vidro cromatizado com propriedades óticas que são transparentes para alguns comprimentos de onda de energia e refletivas para outros.

esquadria descreve todos os produtos que preenchem as aberturas em uma construção, incluindo janelas, portas e claraboias, que permitem a passagem de ar, luz, pessoas ou veículos.

ganho solar calor fornecido pela radiação solar.

grades barras que dividem a estrutura da esquadria em vidraças menores, podem ser resistentes e não somente para efeito estético, como os pinázios estéticos.

iluminação natural uso da luz natural para completar ou substituir a iluminação artificial.

infiltração de ar (AL) medida da quantidade total de infiltração de ar, o que equivale ao total em pés cúbicos de ar passando através de 1 pé quadrado de área da janela por minuto – cfm/ft² ou 0,305 m³min/m².

folha estrutura que mantém os painéis de uma janela no caixilho.

janela de abrir janela articulada lateralmente que abre para o interior e o exterior.

janela de báscula dupla janela com duas folhas que operam verticalmente.

maxim-ar janela operável com uma folha e articulação no topo que se abre para fora.

janela operável janela com folhas móveis.

janela veneziana com básculas operáveis em madeira, acrílico ou vidro fixos na moldura.

luz verdadeira dividida (TDL) janelas ou portas nas quais múltiplas vidraças individuais são montadas na esquadria usando pinázios ou grades.

painel painel simples de porta, sem batente, dobradiças, marco e ferragens da porta.

pinázios barras dispostas em cruz que compõem a grade e dividem a estrutura da esquadria em vidraças menores e servem de apoio à junta de dois vidros, mas podem ser somente estéticos e aplicados sobre uma única placa simples de vidro.

produtos de envidraçamento dinâmico (DG) vidros que mudam as propriedades eletronicamente através de uma corrente elétrica, ou envidraçamentos com persianas entre lâminas de vidro que controlam luz e calor.

resistência à condensação (CR) medida da resistência de uma determinada unidade à formação de condensação em seu interior.

revestimento baixa-E camada microscópica de metal aplicada à superfície do vidro para agir como uma barreira radiante, reduzindo a quantidade de energia infravermelha que penetra através da superfície metálica.

transmitância visível (VT) medida da quantidade de luz que atravessa o envidraçamento.

vidro insulado unidade de janela feita de pelo menos duas vidraças separadas por um espaço vedado que é preenchido com ar e outros gases. No Brasil, o vidro duplo, também chamado de insulado, tem função termoacústica. O sistema de envidraçamento duplo alia as vantagens técnicas e estéticas de pelo menos dois tipos de vidro. Entre os dois vidros, há uma camada interna de ar ou de gás desidratado – dupla selagem. A primeira selagem evita a troca gasosa, enquanto a segunda garante a estabilidade do conjunto. O sistema de envidraçamento duplo pode ser composto por qualquer tipo de vidro (temperado, laminado, colorido, incolor, metalizado e baixo emissivo), destacando as qualidades entre eles. Ou seja, é possível combinar vidros de propriedades diferentes, como a resistência (externa) dos temperados com a proteção térmica (interna) dos laminados. O vidro duplo também pode conter uma persiana interna (entre vidros). Esse sistema reúne todas as vantagens resultantes do vidro duplo, como o controle de luminosidade e privacidade. Disponível em: <http://www.abravidro.org.br/vidro_insulado.asp>. Acesso em: 16 jun. 2015.

Recursos adicionais

National Fenestration Research Council (NFRC):
http://www.nfrc.org

ENERGY STAR:
http://www.energystar.gov

Acabamentos externos de paredes

Acabamentos externos de paredes, como revestimentos, tijolos ou estuque e guarnições externas, servem como uma primeira linha de defesa da casa diante das ações naturais e intempéries, e também fazem parte de um projeto arquitetônico. Embora os acabamentos externos de paredes sejam vistos como uma capa de chuva para a casa, o sistema de controle de umidade por trás deles é o que mantém as casas secas. O controle eficaz da umidade é essencial para criar uma casa durável e de alto desempenho.

Decisões a respeito do acabamento externo e controle da umidade devem considerar o clima, o tipo de estrutura da parede, o uso do material sustentável e preferências pessoais. Neste capítulo, trataremos da seleção dos sistemas de acabamentos externos corretos para uma casa ecológica.

OBJETIVOS DO APRENDIZADO

Após a leitura deste capítulo, o aluno será capaz de:
- Descrever o objetivo de um sistema de barreira resistente à água e os possíveis elementos constituintes.
- Descrever o objetivo de uma cortina ventilada e indicar os passos para sua criação.
- Explicar como a água da chuva é mantida longe da parede em uma casa com estrutura de madeira.
- Descrever os atributos sustentáveis de diferentes materiais de acabamentos externos.

Princípios da construção verde

- Eficiência energética
- Eficiência de recursos naturais
- Durabilidade

Introdução aos acabamentos externos

Os acabamentos externos de paredes envolvem os materiais aplicados em superfícies verticais, como cornijas, molduras horizontais e outras guarnições externas, assim como o sistema de controle da água sob esses acabamentos. A escolha do sistema de controle da água depende do tipo de estrutura da parede. Enquanto muitas casas usam enquadramentos de madeira, algumas são feitas de sistemas alternativos, como painéis estruturais isolantes (SIP), placas de concreto isolante (ICF), estruturas de aço e outros produtos. Cada tipo de parede é classificado como um reservatório de armazenamento de água ou um sistema seco. **Paredes hidráulicas** são capazes de absorver água e secar sem danificar a estrutura. **Paredes não hidráulicas** não podem absorver água e assim gerar riscos de danos estruturais.

Os tipos de paredes mais comuns são as não hidráulicas, como de alvenaria estrutural ou SIP. A parede externa deve ser construída e ter um sistema de drenagem a partir da estrutura. De acordo com o Código Residencial Internacional e as práticas de construção recomendadas, as paredes não hidráulicas devem ter uma barreira resistente à água (WRB) instalada sob o material de acabamento para manter a umidade fora da estrutura da parede.

Materiais higroscópicos são sistemas de reservação de água que absorvem e retêm avidamente a umidade. Sistemas higroscópicos, como ICF ou bloco celular autoclavado (AAC), são capazes de absorver e liberar umidade sem causar danos estruturais. Não há necessidade de uma WRB separada para manter a água fora da estrutura; entretanto, um detalhamento cuidadoso nas aberturas de portas e janelas é fundamental para manter a chuva longe dos espaços interiores.

PALAVRA DO ESPECIALISTA – BRASIL

Paredes no Brasil: classificação e requisito de estanqueidade

No Brasil, as classificações das paredes quanto à incidência de águas, e em atendimento à norma de desempenho NBR 15575:2013, são partes da edificação e identificadas como vedações externas e internas. Quanto à estanqueidade, seus requisitos são, basicamente:

- *Paredes de fachada, janelas e coberturas* – É função dos índices pluviométricos, da velocidade característica e da direção do vento no local da obra. Para janelas, fachadas cortina e similares indica-se o atendimento às exigências contidas na norma NBR 10821.
- *Paredes de fachada e suas junções com caixilhos eventualmente presentes* – Devem permanecer estanques e não apresentar infiltrações que proporcionem borrifamentos, escorrimentos ou formação de gotas de água aderentes na face interna, podendo ocorrer pequenas manchas de umidade, com áreas limitadas aos valores indicados na Tabela 9.1 a seguir.
- *Paredes internas em áreas molhadas e com umidade gerada na edificação internamente* – A quantidade de água que penetra na face da parede voltada para a área molhada não pode ser superior a 3 cm³ por um período de 24 h. O ensaio pode ser executado em campo ou em laboratório, expondo-se à ação direta da água uma área de parede com dimensões de 34 x 16 cm. Utiliza-se uma pequena câmara acoplada de forma estanque à parede.

Profa. Dra. Sasquia Hizuru Obata Engenheira civil pela Fundação Armando Alvares Penteado (FAAP), licenciada em Formação de Professores de Disciplinas pela Universidade Tecnológica Federal do Paraná (UTFPR), especialista em Administração de Empresas pela FAAP, mestre em Engenharia Civil pela Universidade de São Paulo (USP), doutora em Arquitetura e Urbanismo pela Universidade Mackenzie.

Fernando A. Silveira

Diante do exposto, tem-se que, no Brasil, a norma de desempenho não explicita tecnologias nem indicadores específicos por tecnologia, mas, sim, um percentual de área de umidade na face interna assim como a incidência externa.

Atualmente, fabricantes estão realizando ensaios para esquadrias, por se tratar de produto industrializado, e, no caso de paredes, a especificação precisa ainda é um grande desafio, e as construtoras estão realizando ensaios em laboratórios.

A diversidade de métodos construtivos é elevada, e, em razão da variação de tipos de blocos, argamassas, revestimentos e pinturas, não se conhecem os valores de absorção de umidade de sistemas completos. Por outro lado, com a experiência das construtoras e de seus produtos, temos construções consistentes e de boa qualidade para referenciar a melhor escolha para a construção de paredes, assim como referenciais de tradição construtivos e até novas propostas construtivas, como as apresentadas neste livro.

Caberá, portanto, ao projeto e à construção a adoção de detalhes construtivos, tipos de revestimentos cerâmicos, revestimentos em pedra, sistema de pinturas, tipos de argamassa, pingadeiras, peitoris, tipo e forma de assentamento ou fixação das esquadrias nas paredes, assim como a própria manutenção e os cuidados de usos e operações das aberturas, para que se tenha um bom desempenho das vedações.

Tabela 9.1 - Níveis de desempenho para estanqueidade à água de paredes de fachada, em que M corresponde a "mínimo"; I a "intermediário"; e S a "superior".*

Edificação	Tempo de ensaio h	Percentual máximo da soma das áreas das manchas de umidade na face oposta à incidência da água em relação à área total do corpo de prova submetido à aspersão de água ao final do ensaio	Nível de desempenho
Térrea (somente a parede de vedação)	7	10	M
		Sem manchas	I; S
Com mais de um pavimento (somente a parede de vedação)	7	5	M
		Sem manchas	I; S
Esquadrias		Devem atender à ABNT NBR 10821-3	M

* ABNT – NBR 15575-4: Edificações habitacionais – Desempenho, Parte 4: Sistemas de vedações verticais internas e externas – SVVIE, Anexo F, Tabela F.7, p. 55. (S.H.O.)

Materiais de acabamento de parede

Os materiais de acabamento de parede externa podem ser feitos de madeira maciça ou aparelhada, compostos de fibra de madeira, fibrocimento, PVC, metal, alvenaria ou argamassa. Qualquer um destes pode ser empregado em sistemas de paredes hidráulicas ou não hidráulicas, embora alguns sejam mais apropriados para um tipo de parede do que para outros.

Cornijas

Cornija é a concordância côncava, intradorso, no canto entre a superfície horizontal do beiral, que se projeta para fora da parede externa, e a face do beiral, a guarnição em faixa horizontal que se destaca da parede e do telhado; ornamento associado ao material de acabamento da parede e que cobre o encontro desta com os beirais da casa (Figura 9.1). Os acabamentos de cornijas incluem madeira, fibrocimento, PVC (cloreto de polivinil), PVC rígido e metal. Outras guarnições em residências incluem cantoneiras, colunas, pilastras, suportes e encaixes de janela ou porta. Casas com acabamentos externos de alvenaria ou argamassa sem beirais podem não ter cornijas, nas quais se evita acentuar a parte superior da parede.

Como selecionar acabamentos externos

Em muitas casas, os acabamentos externos são selecionados por sua aparência estética. Ao planejar uma casa verde, a equipe do projeto também deve considerar a durabilidade e se a forma de extração ou o sistema de produção do material é sustentável.

Por muitos anos, o material de acabamento externo ficou limitado à madeira, tijolo, pedra e argamassa. Agora, muitos produtos simulam a aparência desses materiais tradicionais, além de proporcionarem maior durabilidade, ser menos onerosos, usar menos material ou oferecer conteúdo com maior possibilidade de reciclagem. Essa variação de opções permite que a equipe de projeto selecione um estilo primeiro, depois escolha um material específico e um método de instalação para obter a aparência desejada. Formas típicas de acabamentos externos incluem revestimentos, sarrafos para telhado, painéis verticais, tijolo, pedra e argamassa.

Como manter a água longe

Entender como a água entra nas paredes e passa por elas é fundamental para projetar sistemas que impermeabilizam de maneira eficaz. A chuva é o principal tipo de intrusão de água nas paredes externas – quanto maior a chuva, maior a importância de construir um excelente sistema de controle de umidade. Isto posto, o controle de água ainda é importante em locais que apresentam escassez de chuva. As forças condutoras por trás da entrada de água são a ação da gravidade, capilaridade, dinâmica, tensão superficial e pressão do vento.

A ação da *gravidade* é a causa mais comum de entrada de água e uma das mais fáceis de controlar. A água sempre percorre o caminho de menor resistência no sentido das áreas de altas inclinações até as mais baixas. Por meio de uma instalação apropriada da WRB e do reboco, do uso de beirais e de detalhes de queda de água apropriados nos acabamentos externos, a água pode ser direcionada para fora da casa. As

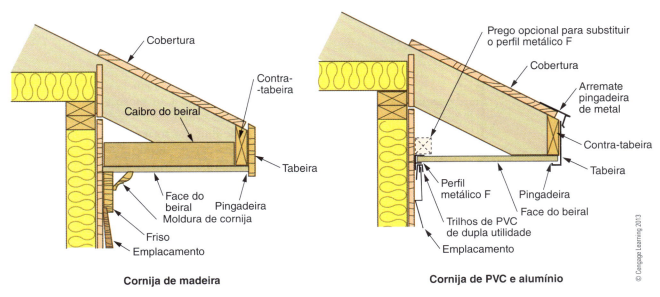

Figura 9.1 Detalhes de cornija tradicional.

WRBs são superfícies estanques à água que protegem o revestimento da casa e impedem a entrada de água.

A *ação capilar* em materiais porosos corresponde à absorção da água por meio de pequenas fissuras no acabamento externo (Figura 9.2). Um espaço de ar entre o acabamento da parede externa e a WRB proporciona uma ruptura da capilaridade que ajuda a impedir a entrada de água na estrutura da parede. Este espaço é referido como uma **câmara de ar** ou cortina, que permite que ocorra a redução de pressão de ação da chuva, evitando que a água seja conduzida para dentro da casa, constituindo uma fachada cortina (Figura 9.3).

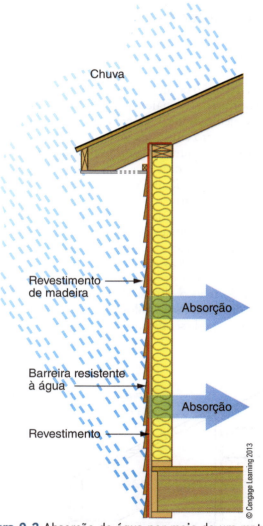

Figura 9.2 Absorção de água por meio de um material e através de um material permeável devido à ação capilar.

A chuva pode forçar sua passagem pela parede por sua própria *dinâmica*, que é controlada quando se eliminam as vias diretas na estrutura pelo uso de placas inclinadas e recursos similares (Figura 9.4). **Pingadeiras de bordas** são molduras horizontais ou rebocos instalados sobre o quadro de uma porta ou janela para direcionar a água para longe do quadro (Figura 9.5).

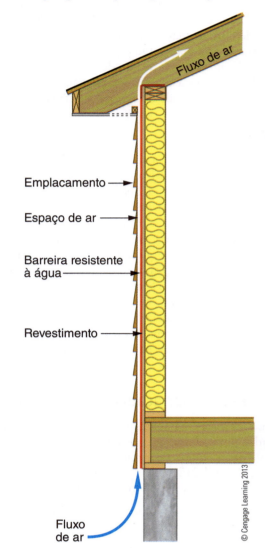

Figura 9.3 Câmara de ar é um espaço de ar entre o acabamento da parede externo e a WRB. Esse espaço impede a migração de água do exterior para o interior da parede como uma cortina.

Detalhes da instalação da janela são abordados no Capítulo 8, e a Figura 8.36 mostra a instalação de uma pingadeira de borda.

A água pode fluir em torno do material e dentro das estruturas da parede devido à *tensão superficial*. **Pingadeira frisada** é um corte em friso, como um sulco por baixo da projeção, com o objetivo de impedir que a água escorra por ela e para trás no sentido da face da parede (Figura 9.6).

A pressão do *vento* direciona a água nas paredes por meio de espaços nos materiais de acabamento. Quando se cria uma câmara de ar ou cortina, a pressão fica equalizada, e é possível reduzir a capacidade da água de penetrar na estrutura da parede (Figura 9.3).

Acabamentos externos de paredes

Figura 9.4 Um peitoril de janela inclinado direciona a água para fora da casa.

Figura 9.5 Pingadeira de borda, pequena projeção de metal ou PVC acima da borda superior da face externa de janelas e portas, permite que a água flua diretamente no solo.

De HAM. *Residential Construction Academy*: Masonry, 1 ed. ©2008 Delmar Learning, uma parte da Cengage Learning Inc. Reproduzida com permissão. www.cengage.com/permissions.

Figura 9.6 Uma pingadeira em corte sob peitoril de concreto impede que a água retorne para a parede.

Materiais e métodos

A seleção de materiais apropriados e a correta instalação compõem a forma elementar dos acabamentos de paredes externas de alto desempenho. Ao selecionar esses materiais, a equipe do projeto deve identificar o estilo desejado da casa e determinar qual o melhor material para criar os detalhes apropriados. O material deve ser avaliado em relação à durabilidade e adequação ao clima. A barreira resistente à água – WRB, o projeto de câmara de ar/cortina e os detalhes de instalações também são fatores considerados na seleção do material, para garantir um controle adequado de todo o processo de instalação.

Considerações sobre a seleção de um material de acabamento

A seleção do acabamento externo é, antes de tudo, uma decisão estética, geralmente aconselhada pelo projetista ou escolhido pelo proprietário da construção. As opções incluem revestimentos, sarrafos para tabeiras de telhado, painéis verticais, tijolo, pedra e argamassa. Muitos desses estilos são criados com diversos materiais e diferentes produtos.

Revestimentos, sarrafos para tabeiras ou painéis estão disponíveis em madeira maciça ou trabalhada, produtos compostos com fibra de madeira, vinil, alumínio e fibrocimento. Acabamentos cerâmicos estão disponíveis em espessura padrão, espessuras finas e em painéis de fibrocimento. A pedra pode ser cortada em pedreira ou proveniente de fábricas. A argamassa pode ser feita com areia tradicional e cimento ou com resinas acrílicas aplicadas diretamente na parede ou sobre painéis de isolamento em espuma ou fibrocimento.

Cada um desses materiais tem aspectos e benefícios diferentes, oferecendo níveis variados de durabilidade e energia incorporada. O uso de conteúdo reciclado, reciclagem e a sustentabilidade do material pode variar consideravelmente de um produto para outro. O "Apêndice A", localizado no final deste capítulo, resume os benefícios e as desvantagens de cada opção de revestimento.

Durabilidade

Considerando a vida útil do prédio e o número de vezes que um acabamento deve ser reformado ou substituído, a seleção de um material com vida útil prolongada pode reduzir não apenas a quantidade de material e trabalho necessários para a reforma ou substituição, mas também o desperdício criado por essas atividades. Alguns produtos mais duráveis podem apresentar um custo inicial maior, mas seu custo total, no longo prazo (incluindo manutenção, reforma e substituição), pode ser menor do que os produtos mais baratos. Em áreas com maior risco de cupim ou outras infestações de pragas, o uso de materiais e métodos que resistem aos danos das pragas deve ser considerado nas decisões sobre a seleção do material.

Energia incorporada

Nesse processo, um aspecto muito importante refere-se à quantidade de energia necessária para extrair matéria-prima, fabricar o produto acabado e entregá-lo no local de instalação. Deve-se ter em mente, entretanto, que um material com maior nível de energia incorporada que venha a exigir substituição somente a cada 100 anos pode ser melhor opção do que outra com menor energia incorporada, mas que exige uma substituição a cada 25 anos.

Conteúdo reciclado

Poucos produtos de acabamento externo incorporam materiais reciclados em sua fabricação; são limitados principalmente a cinzas volantes nos produtos de fibrocimento e materiais reciclados nos blocos de pedra para alvenaria. Tijolo, pedra e madeira de velhas construções que hoje estão sendo demolidas podem ser reutilizados.

Reciclagem

Considerando como possíveis exceções o tijolo, a pedra e a madeira que podem ser reutilizados ou triturados, a maior parte dos materiais de acabamento não pode ser facilmente reciclada. Sendo assim, a seleção de produtos com maior tempo de vida útil ajuda a reduzir o impacto ambiental.

Conteúdo de material sustentável

A seleção de materiais que são obtidos, extraídos e processados com o mínimo possível de produtos químicos perigosos reduzirá o impacto ambiental sobre os trabalhadores nas fábricas onde os produtos são fabricados, bem como sobre os moradores das casas onde esses produtos serão instalados. A escolha cuidadosa de materiais também pode ser um benefício para outros indivíduos que podem ser afetados pelas emissões nas fábricas.

Opções de material de acabamento externo

O acabamento externo pode ser feito com materiais tradicionais, como madeira, tijolo e pedra; com produtos mais modernos, como PVC, compostos de fibra de madeira, compósitos, pedra filetada e fibrocimento; e com produtos menos comuns, como painéis de metal. A comparação e a escolha entre as opções disponíveis exigem um entendimento das propriedades de cada uma, o que será explorado nas próximas seções.

Madeira

A madeira foi usada para revestimento e acabamento externo por centenas de anos; quando instalada e conservada apropriadamente, pode acompanhar a vida útil de uma casa. O revestimento de madeira está disponível em muitos estilos, incluindo sarrafos para tabeiras, tacos, frisos e até mesmo cascas de tora (Figura 9.7). Os acabamentos podem ser de textura lisa ou rústica, e a madeira pode ser manchada ou pintada.

A madeira é muito desejada do ponto de vista de projetos, por ser de fácil manuseio com o uso de ferramentas comuns e habilidade, entretanto, exige manutenção regular. A frequência da manutenção depende do clima e dos métodos de instalação. Madeira de árvores caducas é a mais durável, porém, hoje em dia, não está mais disponível prontamente. Este tipo de madeira geralmente custa mais e é menos sustentável do que o material extraído de árvores mais jovens e de crescimento mais rápido. Embora a madeira maciça não tenha conteúdo reciclado, alguns revestimentos e guarnições são uniões dentadas de pequenos fragmentos de madeira, o que a torna melhor opção quando se analisa o uso de recursos naturais, já que se estará utilizando uma porcentagem maior da árvore extraída. Madeira não pintada nem tratada pode ser reciclada, mas fragmentos devem ser descartados. A produção de madeira geralmente é sustentável, sobretudo quando extraída de florestas certificadas (no Capítulo 6, ver tópico "Certificação da madeira"). A produção de madeira é muito eficiente e gera pouco desperdício, pois a maior parte dos fragmentos e dos resíduos é usada em produtos feitos de madeira ou como biocombustível.

Figura 9.7 A casca da árvore de álamo geralmente é um resíduo do processo de moagem da madeira, é um subproduto, mas também pode ser usada para revestimento de casas.

Compostos de fibra de madeira

Revestimento e guarnição externos podem ser feitos de fibra de madeira e cola, que são aglutinados sob pressão e calor para criar um material denso, liso e durável. Madeira compensada e outros produtos antigos tinham problemas de durabilidade, o que resultava em ações judiciais, sendo, por fim, eliminada do mercado. Produtos mais novos, como MiraTEC® da CMI e SmartSide® da Louisiana-Pacific, requerem menos manutenção do que a madeira maciça e são mais duráveis do que seus predecessores, sendo este último produto oferecido com garantia básica de 50 anos. Compostos fazem uso eficiente de novas árvores em crescimento sustentável e resíduos de outros processos. Semelhantes ao compensado de categoria para usos externos e OSB – painel estrutural de tiras de madeira orientadas perpendicularmente –, a maior parte de seus compostos é produzida com resinas que contêm formaldeído de fenol, que não apresenta os mesmos efeitos negativos para a saúde do formaldeído de ureia. Entretanto, em razão do uso destas resinas em sua fabricação, esses produtos não são recicláveis. Compostos de fibra de madeira têm um nível de energia incorporada maior do que em madeira maciça, mas ainda está abaixo do que em fibrocimento ou tijolo, que usam quantidades significativas de calor em sua fabricação.

Compostos são mais pesados do que madeira, portanto, apresentam um aumento nos custos de transporte e manipulação. Entretanto, muitos pré-acabamentos ou preparação disponíveis reduzem o tempo e os custos envolvidos na pintura local. O trabalho com compostos é semelhante àquele realizado com madeira, mas requisitos rigorosos de instalação devem ser sustentados para manter sua garantia. Alguns compostos não são apropriados para junções de ângulo agudo e parafusos cônicos, que podem tornar as instalações menos atrativas do que a madeira maciça. Finalmente, compostos estão disponíveis somente em comprimentos limitados (geralmente 4,88 m ou 6,10 m), o que pode deixar um grande volume de desperdício de cortes se o projeto de construção e a seleção do produto não forem cuidadosamente coordenados.

Fibrocimento

Revestimento e guarnições de fibrocimento, os sucessores para produtos com amianto, têm comandado um significativo segmento de mercado. Feito de cimento Portland, areia, fibras de madeiras e argila, o fibrocimento é muito durável e dimensionalmente estável, sendo que alguns produtos apresentam garantias de até 50 anos. É muito resistente ao fogo e à decomposição. A quantidade de conteúdo reciclável, de resíduos de água e espuma varia entre fabricantes, mas os resíduos do material de revestimento e guarnição não são recicláveis. Além de ser um produto extremamente durável, o fribrocimento apresenta alta energia incorporada em razão de um de seus componentes ser o cimento Portland. É preciso ainda considerar os custos com transporte de fibra de madeira proveniente de fora dos Estados Unidos. James Hardie é o principal fabricante de produtos em fibrocimento, embora a Nichiha USA, CertainTeed e outras empresas agora ofereçam produtos concorrentes.

O fibrocimento proporciona uma aparência similar à madeira e compostos com algumas das mesmas limitações na instalação de produtos compostos, como o uso limitado de cantos agudos e rebaixamentos. Além da aparência de madeira, o fibrocimento está disponível em painéis com tijolos, argamassa e acabamentos semelhantes à pedra. Muitos revestimentos de fibrocimento e placas de guarnição têm espessura entre 8 mm e 19 mm, e o revestimento de nova geração, de aproximadamente 16 mm, pode ser em formato de meia-esquadria para ficar mais tradicional. O revestimento disponível e os acabamentos para projetos de telhados, como painéis com grãos e brocados de 1,22 × 2,44 m com acabamentos lisos ou em argamassa, podem ser usados para criar um aspecto *board-and-batten (placas posicionadas uma ao lado da outra, com acabamento mais estreito* instalado entre as placas) ou outros detalhes arquitetônicos (Figura 9.8). Painéis do forro estão disponíveis em aspectos liso, frisado e ventilado (Figura 9.9). Muitos fibrocimentos são instalados com pregos e parafusos, embora a Nichiha USA ofereça tijolo, blocos e painéis em forma de pedra que proporcionam uma cortina integrada (Figura 9.10).

Fibrocimento contém sílica cristalina, um reconhecido cancerígeno. A respiração de quantidades excessivas de poeira de sílica – criada pelo corte de produtos de fibrocimento – pode causar silicose, doença pulmonar fatal. Os fabricantes do produto recebem recomendações de segurança específicas para coleta de poeira e uso de respiradores que devem ser empregados para proteger os trabalhadores e outras pessoas envolvidas na área de trabalho (Figura 9.11).

Figura 9.8 Revestimento em fibrocimento está disponível como painéis de 1,22 m × 2,44 m e tábuas sobrepostas.

Figura 9.9 Dorsais de fibrocimento estão disponíveis em uma variedade de estilos para que possam se adequar a qualquer projeto.

Tijolo

Originalmente usado em casas como parede estrutural, o tijolo era montado em até três ou quatro camadas para oferecer uma estrutura muito durável (se não bem isolada). O tijolo moderno é instalado como uma alvenaria sólida sobre um alicerce, como uma camada fina conectada diretamente à estrutura da parede, ou com um sistema de fixação (para mais informações, ver Capítulo 5). Além do material necessário para criar uma grossa camada de revestimento de tijolos, concreto adicional é necessário como alicerce para sustentar seu peso. Tijolos mais finos são mais leves e não requerem alicerce com concreto extra. A maioria dos tijolos tem alta durabilidade e requer pouca manutenção; no entanto, alguns fabricantes estão produzindo tijolos com aplicação de acabamentos decorativos que não são projetados para resistir à lavagem ou limpeza com produtos ácidos, além de poder não ter a mesma durabilidade dos tijolos de cor sólida. Enquanto a maioria dos tijolos é feita apenas de barro, existem alguns estilos disponíveis com conteúdo reciclado, como os da Green Leaf Brick. Os tijolos recuperados de construções demolidas podem ser reutilizados em novas casas e reformas (Figura 9.12), e o tijolo descartado pode ser triturado em conjunto com a argamassa (Figura 9.13). O tijolo tem alto nível de energia incorporada devido à alta temperatura de queima necessária para fabricá-lo, mas a análise de seu ciclo de vida geral é boa, devido à sua durabilidade prolongada indefinidamente, com pouca ou nenhuma manutenção.

Em razão do seu peso, o transporte dos tijolos utiliza quantidades significativas de combustível. Para manter os níveis de energia incorporada baixos, muitos fabricantes de tijolos têm usado fontes alternativas de combustível para acender os fornos, como metano vindo de aterros sanitários e restos de madeira não utilizada. A maioria dos tijolos sustentáveis é produzida localmente e é leve, de modo a promover praticidade na aplicação.

Pedra

Assim como os tijolos, as pedras originalmente constituíam toda a estrutura de paredes em algumas construções. As pedras modernas são instaladas como uma fachada sólida ou uma fina camada que adere à estrutura da parede (Figura 9.14). As fachadas de pedras espessas, assim como sua contraparte de tijolos, utilizam mais materiais do que as fachadas finas e requerem uma base de concreto adicional na fundação; no entanto, a pedra natural tem baixa energia incorporada e é um material de acabamento durável e de pouca manutenção.

As pedras estão disponíveis na forma sólida, cortadas de uma pedreira ou como um produto de cimento artificial referido como pedra filetada. Os dois tipos são muito duráveis, embora alguns produtos filetados tenham um revestimento de superfície que pode lascar. A pedra filetada pode ser feita de algum material reciclado, normalmente antes de se recortar uma pedra que poderia ser consumida inteira.

As pedras naturais recuperadas de demolição normalmente são adequadas para reutilização em novas construções ou reformas. Tanto as lascas de pedra natural quanto as recuperadas podem ser moídas em conjunto. As pedreiras causam enormes impactos ambientais, pois retiram a vegetação e o solo arado e geram grandes quantidades de resíduos que necessitam de descarte. A operação de grandes equipamentos nas pedreiras também provoca poluição do ar. O uso de pedras recuperadas reduz esses impactos, mas carrega alta demanda de energia e outros aspectos negativos, como a produção de cimento Portland. Usar pedras naturais locais ou recuperadas, que são extraídas de maneira responsável, é uma opção de material sustentável.

Argamassa

O acabamento em argamassa foi criado há muito tempo com um processo tradicional de uma ou três camadas (chapisco, emboço e reboco). Os sistemas de

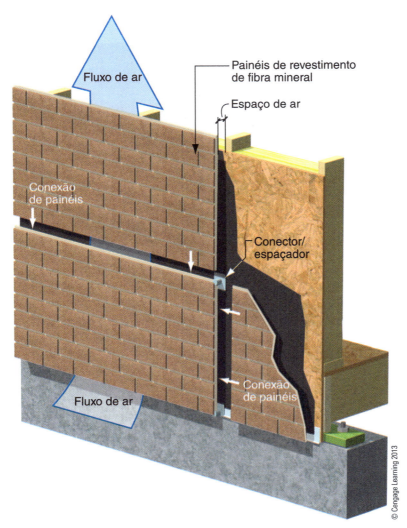

Figura 9.10 Produtos de revestimento em fibrocimento estão disponíveis em painéis que são instalados com presilhas metálicas, conector/espaçador, conforme ilustração, as quais mantêm o revestimento longe da estrutura que está protegida por uma barreira resistente à água (WRB), criando uma cortina ventilada.

Figura 9.11 Siga sempre as orientações do fabricante para o corte do revestimento de fibrocimento. Posicione a estação de corte de forma que o vento conduza a poeira para longe da serra do operador. Além disso, o operador deve usar uma máscara filtrante respirável aprovada pelo NIOSH – Instituto Nacional Americano de Segurança e Saúde Ocupacional (National Institute for Occupational Safety and Health), e os resíduos devem ser coletados de forma a impedir o fluxo de partículas de poeira na zona de respiração do usuário.

três camadas são uma mistura tradicional que utiliza cimento Portland, areia e água aplicados a uma espessura final e total de aproximadamente 2,5 cm, sendo que a aplicação se realiza com uma desempenadeira de metal ou plástico (Figura 9.15). A argamassa em monocamada – que, na verdade, tem duas camadas (uma camada de base e o acabamento, chapisco e reboco) – adiciona fibras e produtos químicos próprios à mistura que também é aplicada com a desempenadeira (Figura 9.16).

O **sistema de acabamento com isolamento externo** (*exterior insulated finish system* – **EIFS**), alternativa mais recente aos sistemas de uma ou três camadas, é um acabamento de argamassa sintética aplicado sobre um isolamento em espuma. O EIFS foi originalmente projetado como um sistema de barreira impermeável sem um plano de drenagem, mas resultou em danos relacionados à água e ao mofo nas construções com estrutura em madeira, que implicaram diversas ações processuais e uma reformulação do sistema (Figura 9.17a). Embora o EIFS tenha sido responsabilizado por este problema, ambos os acabamentos em argamassa de uma ou três camadas também podem criar problemas relacionados à água quando instalados sobre enquadramentos de madeira sem uma drenagem eficiente por trás (Figura 9.17b). Os acabamentos EIFS também podem ser aplicados em uma única camada sobre alvenaria, como a argamassa tradicional. A argamassa é durável, embora os acabamentos à base de cimento sejam suscetíveis a fissuras na superfície e necessitem de limpeza ou novas pinturas periodicamente. Argamassa e EIFS podem ser aplicados com cores integradas, o que elimina a necessidade de repintá-los.

Figura 9.12 Pilha de tijolos recuperados em uma demolição.

Figura 9.13 Os tijolos podem ser triturados e reutilizados em conjunto ou para paisagismo.

Argamassa não é feita de materiais reciclados nem é reciclável no final de sua vida útil. O cimento Portland usado na argamassa tradicional tem alto nível de energia incorporada. O EIFS não tem muita energia incorporada, mas os plásticos e outros aditivos têm impactos ambientais que compensam a eliminação do cimento dessas misturas.

A argamassa baseada em cal é menos comum nos Estados Unidos, mas é usada por alguns construtores que utilizam o adobe, tradicionalistas e bioconstrutores naturais que preferem este tipo de acabamento por ter menos energia incorporada do que a argamassa de alvenaria baseada em cimento.

Acabamentos externos de paredes

Figura 9.14b Uma fina camada de placa de pedra adere à estrutura da parede.

Guarnições e revestimento em PVC

Os revestimentos em PVC, comumente conhecidos como revestimentos em vinil, têm comandado uma parcela significativa do mercado residencial em razão do baixo custo e da fácil instalação. Disponível em padrões que imitam os revestimentos de tábuas de fibras de madeira ou lisas, tacos e frisos, este revestimento fornece um acabamento externo de baixa manutenção que traz o benefício da membrana integrada de proteção às águas de chuva (Figuras 9.18). Embora o PVC seja considerado um material durável, é suscetível a danos se exposto ao frio ou calor muito intensos, ou, ainda, a fortes ventos. O revestimento

Figura 9.14a A pedra é instalada como uma fachada sólida em uma barreira resistente à água (WRB).

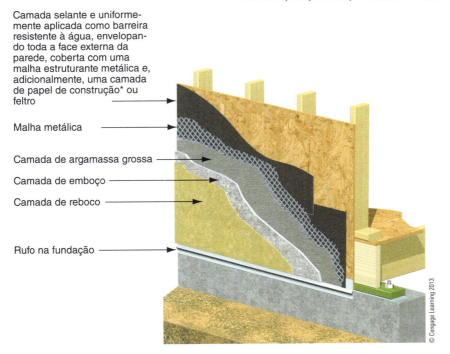

* O papel de construção corresponde a uma manta de barreira resistente a água e vapor (*housewrap*).

Figura 9.15 Um sistema de argamassa de três camadas consiste em uma camada de nivelamento (chapisco), outra grossa (emboço) e uma de acabamento (reboco). A primeira é o chapisco, incorporada à malha metálica. Isto fornece uma base de ancoragem e rigidez para o sistema. Depois, o emboço é aplicado para criar uma superfície plana para o reboco. Este é aplicado por último, criando um acabamento decorativo na superfície da parede.

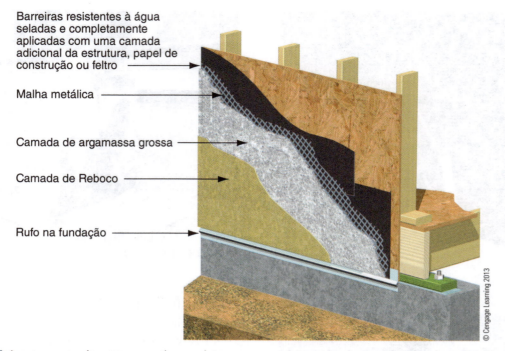

Figura 9.16 A argamassa de monocamada consiste em uma mistura de cimento Portland, areia, fibras e produtos químicos especiais.

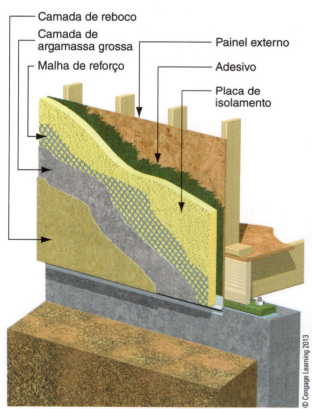

Figura 9.17a Os sistemas de EIFS mais antigos não forneciam plano de drenagem, o que resultou em diversos problemas de umidade. Qualquer umidade que penetrasse por trás da placa de isolamento não poderia ser drenada ou conduzida para a parte externa.

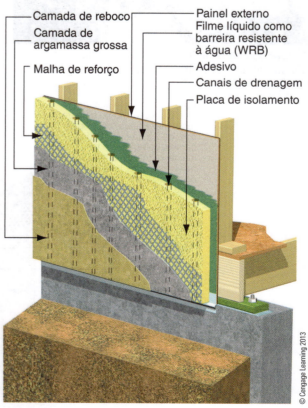

Figura 9.17b O Dryvit® Infinity EIFS fornece uma membrana impermeável e uma placa de isolamento com canais de drenagem para capturar, controlar e escoar qualquer fluido acidental que possa entrar no sistema.

em PVC pode até mesmo ser vulnerável ao derretimento devido à reflexão da luz solar de janelas que refletem por terem baixo coeficiente de ganho solar térmico (SHGC). Alguns estilos estão disponíveis com isolamento integrado, que, quando instalado e selado cuidadosamente no revestimento da construção, pode fornecer um valor R adicional (Figura 9.19).

Os materiais das guarnições de PVC estão disponíveis em diversos modelos, incluindo placas lisas, molduras e painéis (Figura 9.20). O PVC é um substituto para a guarnição de madeira, durável e fácil de se trabalhar, que pode ser particularmente útil em locais sujeitos a condições meteorológicas extremas nas quais a madeira poderia não durar. No entanto, ele se expande e se contrai mais do que outros produtos, o que deve ser levado em conta durante a instalação para evitar grandes juntas ou aberturas entre placas que se afastam da estrutura.

Em geral, o PVC não é feito de material reciclado. Os fragmentos de instalação podem ser reciclados, mas os centros de coleta são limitados e os resíduos de demolição geralmente não são recicláveis.

Figura 9.19 Revestimento de PVC com isolamento integrado.

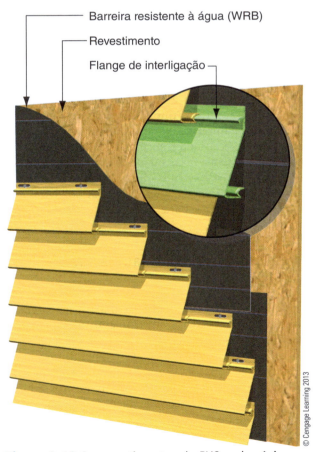

Figura 9.18 Os revestimentos de PVC e alumínio podem ter um espaço para passagem interna de ar. Embora não sejam originalmente projetados para fornecer membrana integrada de proteção às águas de chuva, o espaço para passagem de ar é muito eficaz para permitir que a montagem seque.

Figura 9.20 Materiais de guarnições em PVC.

As principais preocupações relacionadas ao PVC como material de construção são os problemas de toxicidade na manufatura, abordados em detalhes no Capítulo 8. O PVC também libera vapores tóxicos quando queimado na eliminação ou em um incêndio na casa. O PVC tem relativa baixa energia incorporada.

Metais

O revestimento residencial original de metal era o alumínio, que perdeu grande parcela de seu mercado para o PVC e o fibrocimento nos últimos anos. O revestimento de alumínio está disponível em modelos tradicionais com acabamentos lisos e de fibra de madeira. Painéis de metal corrugados também são usados para fazer o revestimento nos projetos contemporâneos e tradicionais (Figura 9.21).

Figura 9.21 O revestimento de metal é durável e está disponível com conteúdo reciclado.

Figura 9.22 As colunas de fibra de vidro são praticamente iguais e imperceptíveis em relação às de madeira e resistentes aos danos relacionados à umidade.

O revestimento de metal é extremamente durável, mas está sujeito a abalos, riscos e arranhões. Diversos metais são compostos de altos conteúdos reciclados, e, normalmente, seus resíduos de demolição e fragmentos podem ser reciclados facilmente. A energia incorporada dos metais é relativamente alta, no entanto, a longa duração e a possibilidade de reciclagem desse material o tornam uma opção viável para uma casa ecologicamente sustentável.

Fibras de vidro

Há uma quantidade limitada de guarnições externas disponíveis feitas de fibra de vidro – mais notadamente em colunas quadradas e redondas que, normalmente, são fornecidas com coberturas e bases compostas de plástico (Figura 9.22). A fibra de vidro é um substituto adequado para as colunas de madeira, que necessitam de manutenções regulares e estão suscetíveis a danos decorrentes das chuvas. A fibra de vidro não é feita de conteúdo reciclável nem pode ser reciclada facilmente, no entanto, não causa as mesmas preocupações na fabricação, como o PVC, e tem relativamente baixa energia incorporada.

Pinturas e acabamentos

Diversos materiais externos, como madeira, compensados de madeira, fibrocimento e algumas argamassas, requerem a aplicação de acabamentos para que possam se tornar mais duráveis e estéticos. Cedro, cipreste e algumas outras madeiras podem ser finalizados com tinta transparente ou semitransparente, mas a maioria dos outros produtos em madeira necessita de acabamentos de pintura. Madeiras, compensados e fibrocimento estão disponíveis com *primers* aplicados na fábrica, e, em alguns casos, com acabamento final.

A primeira preocupação ambiental relacionada a tintas é a liberação de compostos orgânicos voláteis (VOCs) durante o processo de secagem. Existem diversas tintas disponíveis contendo baixo ou zero VOCs, e algumas tintas externas são feitas de óleos biodegradáveis e não tóxicos. Também há tintas feitas com conteúdo reciclado, embora não sejam muito comuns.

As tintas de silicato mineral são usadas na alvenaria e na argamassa e criam uma ligação química com o substrato. Essas tintas são feitas de compostos inorgânicos naturais, têm zero conteúdo VOCs, são naturalmente resistentes ao mofo e podem durar 30 anos ou mais sem a necessidade de uma nova pintura.

Acabamentos externos duráveis que contêm os menores VOCs e menor quantidade de solventes são as melhores opções para uma casa ecologicamente sustentável.

Projeto para durabilidade e fácil manutenção

Qualquer material externo que tenha um acabamento aplicado, como madeira, fibrocimento ou argamassa pintada, necessitará de manutenção. Esses materiais são afetados pela água, baixas temperaturas, calor excessivo, luz do sol, vento, granizo e tempestades que trazem detritos. Cada um tem requisitos de instalação específicos ou recomendações que estendem o tempo de vida e reduzem a frequência das manutenções. Além da instalação adequada, a incorporação de elementos específicos do projeto, como beirais, pode aumentar o tempo de vida dos materiais de acabamento, pois fornece drenagem do local e protege as paredes de chuva excessiva e da exposição solar. Fornecer fácil acesso a todas as paredes externas e corni-

PALAVRA DO ESPECIALISTA – BRASIL

Revestimentos sustentáveis para alvenarias externas: algumas alternativas

Conforme descrito no Capítulo 6 deste livro, no texto "Tecnologias construtivas no Brasil para as edificações residenciais – Contexto das aplicações", da Prof. Dra. Sasquia Hizuru Obata, os sistemas de construção mais utilizados no Brasil são a alvenaria e o concreto. Na busca de se obter uma residência verde, e enquanto outros métodos de construção e tecnologias disponíveis não são absorvidos por projetistas, construtores e consumidores, faz-se necessário que outros componentes, tradicionalmente aplicados sobre esses materiais, tenham características sustentáveis.

No Brasil, os revestimentos tradicionalmente utilizados em alvenarias externas são pintura sobre argamassa, pintura texturizada e assentamento de pedras naturais.

Em substituição às pinturas com tintas do tipo látex convencionais, que possuem alto teor de VOCs em suas fórmulas, já podem ser encontradas no mercado nacional tintas látex à base de água, que são menos nocivas, com secagem mais rápida e quase sem odor.

Outra opção para uma pintura sustentável é a utilização de tinta composta de pigmentos minerais puros e naturais e emulsão de base aquosa não tóxica. A tinta da marca Solum® é produzida mediante processo físico, sem auxílio de meio químico e com baixo uso de energia. A matéria-prima é extraída de jazidas certificadas e durante a transformação em produto final, não há emissões tóxicas. O resíduo não polui o meio ambiente e completa seu ciclo de vida retornando à terra em curto prazo.

Das características sustentáveis da Tinta Solum®, pode-se ressaltar:

- Não tem em sua composição os metais pesados encontrados em pigmentos sintéticos.
- É livre de VOCs.
- Não possui plastificante; não cria película ou bolhas.
- Torna o ambiente mais acústico.
- É atóxica; não causa alergias.
- É inodora.

Eng. Isamar Marchini Magalhães Engenheira Civil pela Fundação Armando Alvares Penteado – FAAP, especialista em Construções Sustentáveis pela FAAP, projetista de instalações elétricas e hidráulicas na Magtech Engenharia.

- É resistente a intempéries.
- Tem longa durabilidade.
- Sua cor é intensa e não desbota, já que o pigmento é mineral.
- Permite a respiração da parede, pois a composição natural sem resina acrílica possibilita que a umidade interna ao substrato seja trocada com o ambiente externo.
- Gera economia de material, de mão de obra e de tempo; em paredes de alvenaria regularizadas, dispensa fundo preparador ou massa corrida. A produção da tinta se dá sem o uso de compostos químicos ou processos de transformação, induzindo o uso de energia natural.
- Não é necessário usar produtos químicos na limpeza final, que deve ser feita com água.
- A embalagem é reciclável, facilmente absorvida pelo mercado.*

Em substituição às pedras naturais extraídas do ambiente, muito utilizadas nas fachadas brasileiras, apresenta-se a pedra ornamental. A da marca Eccostone® é produzida a partir de argila expandida, cimento Portland, pigmentos de coloração e uma liga química desenvolvida para a fixação da cor, processo este que dá maior durabilidade e densidade à pedra. Com peso, em média, 40% inferior ao de uma pedra natural, é de fácil colocação, não exigindo rejunte, podendo ser fixada com uma simples colocação de cimento-cola.

As pedras fabricadas pela Eccostone são resistentes ao calor e ao frio, podendo ser usadas tanto na parte interna quanto externa da residência. Além disso, são totalmente resistentes à chuva, sol ou lavagem com pressurizador de água.**

Quanto à energia incorporada a este tipo de revestimento, tem-se a desvantagem de utilizar o cimento tanto na produção como no assentamento, e, como visto, trata-se de um material de altíssimo consumo de energia. Mas há, todavia, o atendimento de inúmeros padrões, e a espessura reduzida representa uma alternativa às pedras naturais.

Figura 9.23 Pedras ornamentais fabricadas pela Eccostone®.

---

* Informação obtida em: <http://www.tintasolum.com/>. Acesso em: 24 mai. 2015.
** Informação obtida em: <http://www.eccostone.com.br/>. Acesso em 24 mai. 2015.

jas também aumentará a probabilidade de o proprietário da casa executar a manutenção necessária.

Como evitar armadilhas de projeto

Os detalhes do acabamento externo, como telhados que terminam em paredes e fachadas em paredes de alvenaria acima dos telhados, podem interferir na criação de uma barreira resistente à água completa. Há métodos comprovados para controlar a umidade em excesso nesses projetos; no entanto, são complicados e estão sujeitos a falhas quando não instalados e mantidos adequadamente. As melhores práticas de projeto evitarão a criação dessas condições em uma casa ambientalmente sustentável. Quando esses elementos de projeto não puderem ser evitados, os sistemas de controle de umidade nessas áreas devem ser bem projetados e adequadamente executados em campo.

Os telhados que terminam em paredes (platibandas) precisam ter rufos adequadamente nelas instalados, além de um conjunto de barreira resistente à água, WRB, bem como rufo no telhado para que defina o fluxo confinado na calha de drenagem e entre a platibanda e o telhado, para evitar que a água passe por dentro da estrutura da parede. Todos os materiais de revestimento devem ser instalados com, no mínimo, 5 cm de espaço dos materiais do teto (ou a distância recomendada pelo fabricante). A instalação do revestimento ou argamassa muito próximo ao teto pode levar a uma falha prematura do acabamento e do teto (ver Capítulo 7 para obter mais informações).

A alvenaria que é instalada acima dos telhados, por exemplo, sobre uma janela de sacada ou telhado de varandas em uma parede de tijolos, deve ter iluminação adequada integrada à barreira resistente à água (WRB). As canaletas devem direcionar a água para fora, sem permitir que penetre no interior abaixo da fachada de tijolos (Figura 9.24).

Como selecionar acabamentos externos

Casas de tábuas de madeira que usam técnicas de engenharia de otimização de valores (OVE – Optimum Value Engineering), ou engenharia moderna, podem precisar de um apoio estrutural para alguns detalhes de revestimento, especificamente os cantos de grandes esquadrias de janelas; esses problemas devem ser reportados no estágio de desenvolvimento do projeto. Devem ser usados conectores apropriados, e um revestimento estrutural deve ser instalado para fornecer uma superfície adequada para as fixações (Figura 9.25).

Os módulos de construção devem ser projetados para que possam ser coordenados com os tamanhos disponíveis dos materiais de acabamento. Por exemplo, se o revestimento externo só estiver disponível em comprimentos de 4,88 m, projete a construção em módulos múltiplos deste comprimento, ou seja, 0,61 m ou 1,22 m, por exemplo, para evitar fachadas que precisem de cortes no módulo, o que resultaria em grandes quantidades de resíduos.

> **Você sabia?**
>
> **Requisitos de controle de umidade do ENERGY STAR versão 3**
>
> Os novos padrões ENERGY STAR versão 3 incorporam as boas práticas de controle de umidade. Entre essas novas especificações está o *checklist* de Verificação de Controle do Sistema de Água, que deve ser preenchido pelo construtor. Como visto no Capítulo 2, alguns aspectos das casas com eficiência de energia restringem muito mais as condições para umidade e focam na necessidade de mantê-las secas. Os novos padrões ajudam a garantir que a água não entre na casa pelo telhado, pelas paredes e pela fundação.

Sistemas de controle de umidade

Controle eficiente de umidade em paredes não hidráulicas consiste em uma barreira resistente à água (WRB), reboco e, como boa prática, uma cortina ventilada. A WRB pode ser um filme aplicado, uma membrana autoaderente ou aplicação de um revestimento líquido. Os rebocos podem compor uma combinação de metal, plástico rígido ou fitas autoadesivas. As cortinas ventiladas fornecem espaço de ar suficiente entre o acabamento externo e o revestimento, o que ajuda a manter a parede seca.

Paredes hidráulicas não precisam de uma WRB, entretanto, devem ser revestidas adequadamente e vedadas para eliminar a infiltração de água no interior. Os peitoris de janelas e portas devem ter uma vedação na base, uma pingadeira na parte superior para drenagem e selante aplicado entre os quadros ou envolvendo o material da janela (ver Capítulo 8).

Materiais de barreira resistente à água – WRB

As WRBs devem ser instaladas em todas as paredes não hidráulicas para manter a umidade fora da estrutura e impedir danos estruturais e desenvolvimento de mofo. A WRB mais comum é a *housewrap, membrana impermeável* que está disponível, de diversos fabricantes, com uma variedade de nomes, como DuPont's Tyvek®, HomeWrap®, Pactiv's GreenGuard® e RainDrop®. Conforme descrito no Capítulo 4, *housewraps* são WRBs sintéticas projetadas para afastar a umidade bruta e permitir a passagem de vapor, mantendo assim a chuva longe da estrutura, enquanto permitem que o

Acabamentos externos de paredes

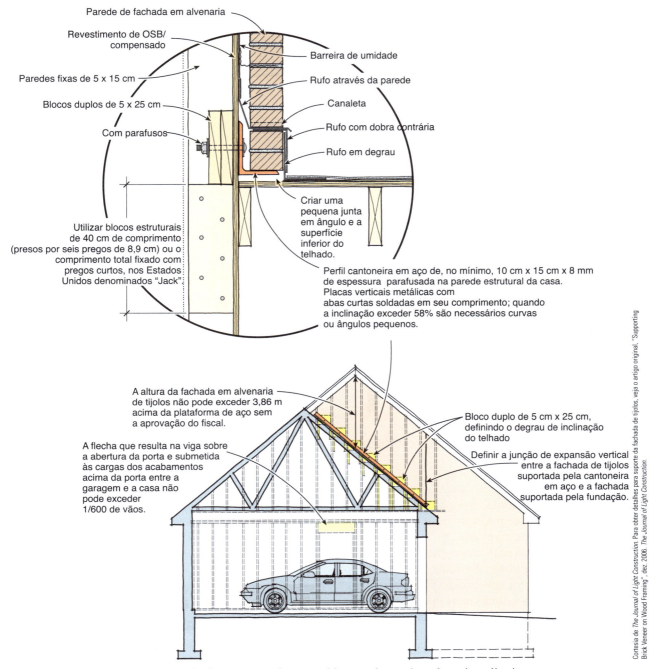

Figura 9.24 Instalação adequada de uma parede revestida em alvenaria acima do telhado.

vapor de água na parede seja logo eliminado. O *housewrap* é leve e durável e está disponível em grandes rolos para rápida instalação.

Um revestimento apropriado que cobre todas as juntas horizontais, sobrepõe-se corretamente nas juntas verticais, prende-se adequadamente e tem boa variabilidade de fixadores, o que é fundamental para obter o resultado esperado. Os *housewraps* são sus-

cetíveis a rasgos pelo vento e devem ser cobertos com um revestimento de acabamento de acordo com as orientações recomendadas pelo fabricante para assegurar confiabilidade. As propriedades de impermeabilização de alguns *housewraps* podem ser deterioradas pelos taninos, proteínas naturais em revestimento de cedro e sabão usados em lavagens sob pressão. Deve-se ficar atento às recomendações do fabricante para

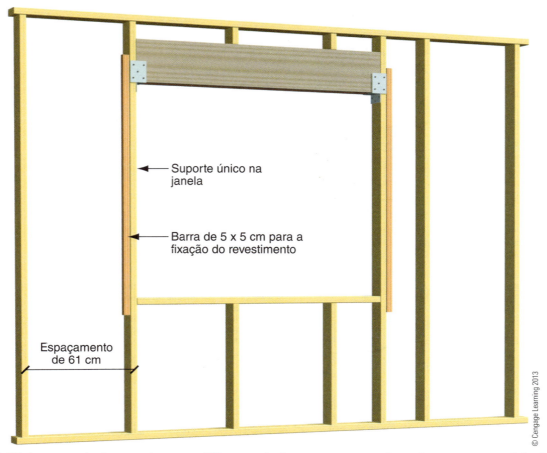

Figura 9.25 Ao usar estrutura moderna, certifique-se de fornecer suporte adequado para os materiais de revestimento.

que se possa reconhecer as compatibilidades entre produtos que gerem degradação e, assim, realizar uma escolha entre esses materiais.

Um feltro de construção impregnado com asfalto, usado largamente como barreira na construção de casas de madeira, foi substituído pelo *housewrap* (Figura 9.26). O feltro é muito mais pesado e está disponível somente em rolos de 91 cm, o que requer mais tempo para instalação que os *housewraps*. Entretanto, o feltro é um produto já bem testado pelo tempo, considerado, portanto, uma boa opção para casa verde quando instalado corretamente.

As WRBs de aplicação líquida, como Tremco Barrier Solutions' Enviro-Dri™ e Sto Corporation's StoGuard®, são instaladas com fitas reforçadas no revestimento de juntas e aberturas. Geralmente, esses sistemas de barreiras exigem que os empreiteiros obtenham autorização do fabricante para aplicar o produto. Produtos de aplicação líquida (Figura 9.27) oferecem propriedades de vedação do ar e uma WRB contínua que não pode ser raspada, como o *housewrap* ou o feltro. Embora ainda relativamente raros em construção residencial, esses sistemas ganharam popularidade em projetos de casas multifamiliares. Como todas WRBs, devem ser cuidadosamente coordenados com todas as aberturas nas paredes para um revestimento apropriado.

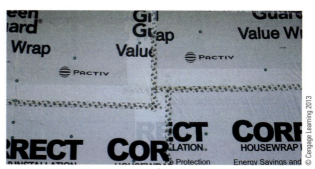

Figura 9.26 O *housewrap* é instalado em "escamas", com as faixas mais altas sobre as mais baixas em pelo menos 5 cm. Juntas verticais devem ter uma sobreposição de, no mínimo, 15 cm. O *housewrap* é preso com firmeza por tachas/percevejos ao longo das barras verticais com pregos de cabeça chata ou capa plástica ou grampos de 2,5 cm. Todas as juntas são seladas com uma fita aprovada pelo fabricante.

Figura 9.27 WRBs de aplicação líquida fornecem proteção contínua contra intrusão de água em geral, além de significativos benefícios de vedação de ar.

O revestimento impermeabilizado de parede pode servir como uma WRB. O ZIP System® da Huber é um revestimento OSB impermeável que vem selado em todas as juntas com uma fita apropriada para fornecer vedação completa (Figura 9.28). Revestimento de espuma também pode servir como uma WRB quando selado com uma fita apropriada para juntas. A chave para uma vedação eficiente contra as intempéries com a utilização desses produtos é a instalação correta da fita, de acordo com a recomendação do fabricante, o que pode ser um desafio no local de trabalho em que chuvas, poeiras e temperaturas extremas podem afetar a qualidade da instalação. Quando instalada corretamente, a fita fornece uma excelente barreira contra chuva; entretanto, se alguma fita sair do lugar ou cair, a falta de revestimento poderá permitir que a água infiltre na estrutura. Essa armadilha pode ser evitada com a instalação de um pedaço de revestimento nas juntas horizontais antes que a fita seja aplicada (Figura 9.29).

Figura 9.28 Parede ZIP System® da Huber e painéis de teto foram integrados às WRBs.

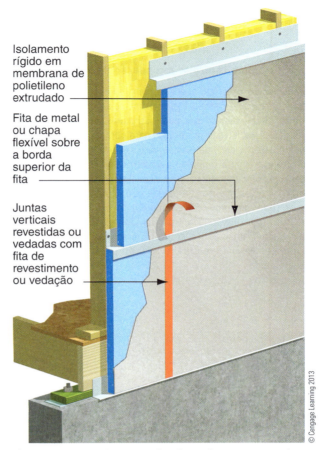

Figura 9.29 Isolamento de placa de espuma pode ser usado como uma WRB. Diferente do *housewrap*, esse material requer que todas as juntas horizontais sejam revestidas antes de aplicar a fita para direcionar a água para longe da parede.

Materiais de revestimento

Para manter a integridade da WRB, todas as intersecções devem ser revestidas, inclusive janelas, portas, tubulação, fiação e dutos. Janelas e portas devem ter revestimento de peitoril flexível ou painéis de peitoril pré-moldados, assim como revestimento superior e lateral, que seja integrado à WRB. Tubos, dutos de ventilação mecânica e de exaustão e fios podem ser selados com fita flexível (Figura 9.30) ou com produtos como os painéis Quickflash® (Figura 9.31).

Todas as intersecções mecânicas devem ser instaladas de forma que possam ficar adequadamente revestidas e confinadas sem reter umidade. Aberturas de secadores e entradas de ar instaladas em revestimentos de fina espessura podem representar um grande desafio para o atendimento de um revestimento apropriado. Flanges pré-fabricadas devem ser cuidadosamente colocadas, de forma que fiquem bem integradas com a superfície de acabamento da parede. Para simplificar a instalação de aberturas nas paredes com acabamentos externos finos, considere seu reposicionamento nos tetos ou no piso, onde for mais fácil de instalar e revestir corretamente.

Você sabia?

Como controlar a condução de vapor

Acabamentos externos que absorvem quantidades de água e quando aquecidos pelo sol (por exemplo, argamassa ou tijolo) podem direcionar o vapor para estruturas de parede não hidráulica. As WRBs são projetadas para permitir que o vapor de água passe por elas, de forma que o sistema de paredes possa ser projetado para limitar o percurso do vapor na parede. Já que a maior parte do vapor é transportada pelo movimento do ar, os revestimentos de parede que são menos permeáveis ao ar (por exemplo, OSB e espuma) reduzirão a quantidade de ar e vapor direcionada à parede. Juntas seladas entre painéis também ajudarão a controlar essa passagem de vapor. Placas de madeira e outros revestimentos permeáveis devem ser evitados.

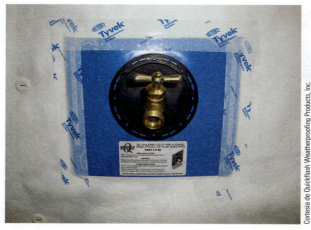

Figura 9.31 Infiltrações externas podem ser seladas e revestidas com fita flexível ou produtos como Quickflash®. Outra opção para instalar o produto Quickflash é integrá-lo com a WRB como uma janela (Capítulo 8, Figura 8.35).

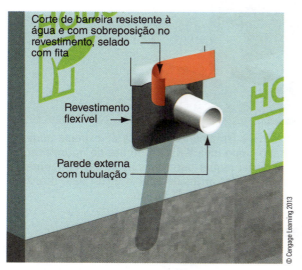

Figura 9.30 Intersecções feitas no revestimento externo podem ser seladas com fitas flexíveis.

Como se planejar para necessidades futuras

Mudanças na tubulação ou na fiação depois que a casa está construída são difíceis de prever, e qualquer orifício feito no revestimento e no acabamento depois de concluídos é acompanhado da tendência de infiltrações, e é quase impossível revestir novamente de maneira apropriada. Pode-se considerar a instalação de conduítes revestidos em paredes que são limitadas e isoladas. Quando um novo tubo ou fio precisa ser instalado na parede, uma abertura pré-planejada pode evitar potenciais problemas de umidade na parede.

Cortinas ventiladas

Cortinas ventiladas fornecem um espaço de ar entre o acabamento externo e o revestimento. Elas são recomendadas para paredes hidráulicas sem armazenamento de água em todos os climas, pois mantêm a umidade geral longe da cavidade da parede, impedindo a ação capilar e reduzindo a condução de vapor. As cortinas também são eficientes para manter a integridade da *membrana impermeável*, *housewraps*, que podem ficar comprometidas por taninos, proteínas naturais em revestimentos de cedro e em razão dos detergentes usados em lavagem por pressão. A separação do acabamento externo da WRB ajuda a impedir que esses possíveis danos químicos prejudiquem essa barreira.

As cortinas não são necessárias para paredes hidráulicas com armazenamento. Elas também melhoram a durabilidade do revestimento de madeira, mantendo a temperatura e a umidade relativas iguais, tanto no interior como nas superfícies externas. Quando madeira é instalada sem uma cortina, as diferenças de temperatura e umidade podem causar deterioração prematura ou falhas na pintura.

Para a criação de cortinas, devem-se instalar produtos fabricados especialmente para este fim, como Home Slicker® da Benjamin Obdyke ou DELTA®-DRY da Cosella-Döerken (Figura 9.32). É possível ainda aplicar tiras na parede (Figura 9.33) ou simplesmente criar um espaço de ar ventilado por trás da camada de revestimento cerâmico ou revestimento de PVC (Figura 9.34). As cortinas devem ser ventiladas nas partes superior e inferior da parede, para permitir que o vapor escape e a água condensada seja drenada pela base. As aberturas superiores não devem ser feitas em faces côncavas, pois isso pode permitir que a umidade seja condensada e cause danos na estrutura do telhado. As telas devem ser instaladas sobre espaços abertos nas partes superior e inferior da parede para impedir a entrada de insetos em sua cavidade.

Figura 9.32 O produto Home Slicker® da Benjamin Obdyke cria uma cortina quando instalado sobre *housewrap*. A pequena abertura de ar permite que a umidade que entra por trás do revestimento e seja facilmente drenada para fora.

Figura 9.33 Faixas de madeira são aplicadas na parte superior da WRB para fornecer uma cortina (espaço de ar aberto) por trás do revestimento.

Cortinas ventiladas em fachada de alvenaria grossa

Fachadas de alvenaria grossa de tijolo ou pedra devem ter espaço para drenagem por trás, para manter a umidade geral e o vapor fora da estrutura da parede. O tijolo absorve muita chuva, e, quando aquecido pelo sol, seu vapor é direcionado para dentro da casa. O espaço de ar entre o tijolo e a WRB permite que a chuva, que segue seu caminho pelo tijolo, seja drenada para baixo e para fora da parede, limitando assim a quantidade de vapor que percorre a parede. Não é raro que gotas de argamassa preencham um pouco do espaço por trás da fachada de tijolo, o que causa umidade em excesso entre o tijolo e o revestimento da parede. O uso de uma cortina projetada para cerâmicas, como Mortar Net® (Figura 9.35), ajuda a manter o espaço de ar necessário.

Muitas pedras são menos porosas do que o tijolo, mas a chuva ainda pode passar por trás da fachada, por meio da argamassa, e ficar presa entre as pedras. O uso de uma cortina fabricada, como da DELTA®--DRY ou Home Slicker, fornecerá o espaço necessário para drenagem por trás da pedra.

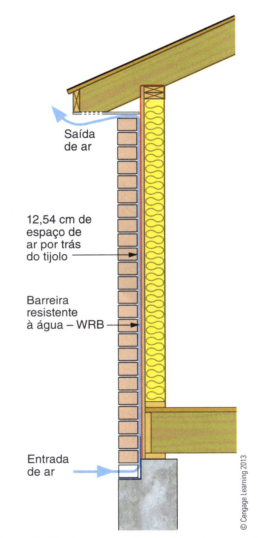

Figura 9.34 Um espaço de abertura de ar por trás da fachada de tijolo é uma cortina ventilada eficiente.

Cortinas com argamassa e alvenaria estreita/placa cerâmica

As fachadas revestidas com argamassa e alvenaria estreita como placa cerâmica são construídas com aderência direta na parede, sem o espaço de ar como nas fachadas grossas, mais espessas; caso a utilização desses materiais não seja planejada de maneira eficiente para o devido controle da água de chuva, eles podem permitir a entrada de água em paredes não hidráulicas. Esses materiais absorvem muita água, que pode fluir até o acabamento e, de modo geral, a umidade que se estabelecerá nos materiais porosos ou vapor será conduzida pelas paredes que foram aquecidas pelo sol. A fachada em placa cerâmica é instalada sobre uma camada básica, que, como a argamassa, adere ao papel de construção ou feltro aplicado. Dessa forma, a fachada elimina as propriedades repelentes de umidade desse material e deixa a casa com menos, se não totalmente, sem proteção contra umidade. A instalação de uma segunda camada de papel de construção, feltro ou *housewrap* sobre a WRB primária permite que a argamassa fique aderida à superfície e permaneça separada da WRB, de modo a fornecer espaço para drenagem entre as duas camadas.

Figura 9.35 O Mortar Net® é projetado para coletar pingos de argamassa e evitar orifícios de drenagem obstruídos na construção da cavidade de alvenaria.

Materiais não absorventes

Acabamentos externos que não absorvem água, como PVC, metal e fibrocimento, não terão a mesma durabilidade ou problemas de umidade que os revestimentos de madeira se forem instalados sem uma cortina ventilada. Entretanto, se for mantido um espaço de ar, isto ajudará na drenagem da água antes que entre na cavidade da parede. A boa prática é instalar uma cortina ventilada por trás de todos os revestimentos externos em paredes não hidráulicas, particularmente na construção em áreas de muita chuva.

Detalhes da instalação dos acabamentos

A instalação correta de sistemas de controle de umidade ajudará a manter a água longe da estrutura e aumentará a vida útil da casa. O projeto cuidadoso e a instalação de acabamentos externos fornecem a melhor garantia para que a casa seja durável e de baixa manutenção.

Paredes hidráulicas

Paredes hidráulicas que são capazes de secar, de forma que nem o interior nem o exterior sejam danificados pela umidade, tendo uma estrutura estável, podem incorporar vedação de face, em vez de uma WRB por trás do acabamento. Um componente crítico de paredes com face vedada é o detalhamento apropriado e a instalação correta das janelas e portas, incluindo peitoril com inclinação suficiente para a não contenção de água, ranhuras frontais como pingadeira e isolante entre a caixa e o acabamento da parede.

Paredes não hidráulicas

São paredes que, além da WRB e da cortina ventilada, contam com a instalação apropriada do material de acabamento externo, o que permite melhor drenagem da água e aumento da durabilidade.

Detalhes da instalação de madeira

Há madeiras mais duráveis que podem ser utilizadas em acabamentos externos, como pau-brasil e cedro; no entanto, esses produtos estão cada vez mais raros, e quando disponíveis, geralmente não são de extração sustentável. A madeira jovem é mais sustentável e menos resistente aos danos da água, portanto, sua instalação deve ser detalhada de modo a repelir a água.

Todas as juntas externas devem ser projetadas para dar vazão à água da chuva. Para manter a chuva longe da guarnição de madeira, as juntas horizontais devem ser limitadas, e o topo de toda guarnição onde pode empoçar água ser inclinado. O revestimento deve ser instalado sobre as dianteiras das janelas e capas de colunas, e as guarnições de janelas e portas ter um posicionamento apropriado para a drenagem. As colunas ocas e os postes devem ser preparados nas superfícies interiores e em ambas as extremidades, e os topos e as bases ser ventilados. Finalmente, toda madeira exposta deve ser muito bem preparada antes da instalação, incluindo as partes de trás e as extremidades de todas as tábuas. Entretanto, a aplicação de selantes duráveis nas juntas entre o revestimento e a guarnição, com o objetivo de vedar os espaços na parte inferior da guarnição, impedirá que a água drene para fora, o que causará danos na madeira. Enfim, mantenha toda guarnição de madeira com um grau de proteção alto suficiente contra insetos e respingos de chuva.

Detalhes da instalação de composto, PVC e metal

Produtos fabricados, como compostos de fibra de madeira, revestimento e guarnição de PVC e revestimento de alumínio, são acompanhados de instruções específicas para instalação do fabricante. Seguir essas recomendações geralmente resulta uma instalação mais durável e assegura que as garantias sejam honradas. Especificações sobre tipos de fixadores/conectores e instalação profunda, espaços entre as tábuas, espaço para materiais diferentes (por exemplo, telhas e pedra), preparo e pintura sempre devem ser seguidas. Rever as instruções do fabricante com os instaladores do produto antes que estes iniciem o trabalho pode ajudar a garantir uma instalação correta.

Detalhes da instalação de alvenaria

Fachada maciça de tijolo ou pedra deve ter revestimento e canaletas em todas as cabeceiras de janelas e na parte inferior das paredes para a drenagem sobre o acabamento (Figuras 9.36a e 9.36b). Embora incomuns em construção residencial, juntas de expansão são recomendadas para paredes de tijolo com extensão superior a 6,1 m de comprimento, para permitir movimento em razão de alterações de temperatura. O Brick Institute of America (Instituto Americano de Tijolo) e o International Masonry Institute (Instituto Internacional de Alvenaria) podem fornecer especificações adicionais para instalação.

Pedras filetadas e tijolo maciço devem ser instalados de acordo com as instruções do fabricante, com cuidado especial para proporcionar drenagem adequada entre a fachada e o revestimento da parede. Nos pontos em que a alvenaria encontra outros materiais (por exemplo, quadros de janelas e portas), estes são expandidos e unidos em diferentes graus, criando pequenas fendas que devem ser vedadas sempre onde a água poderá fluir. Entretanto, a vedação não é necessária onde a água tiver vazão sobre a madeira ou a argamassa nas superfícies da alvenaria (Figura 9.37).

Detalhes da instalação de argamassa

Como visto anteriormente, o estudo de alvenaria deve ter pelo menos duas camadas de WRB para fornecer uma cortina na frente do revestimento da parede. **Rufos** configuram-se em um revestimento de metal ou plástico na base das paredes, que permitem que a umidade drene para fora da estrutura da construção. As juntas de controle devem ser instaladas em pontos de movimento crítico e entre grandes vãos; revestimentos em pedras devem ser aplicados em janelas; portas e materiais diferentes devem ser providos de juntas limpas e prontas para a aplicação de selantes e para limi-

* Tubos ou orifícios criados para drenagem

Figura 9.36a O revestimento de janela é completamente integrado à WRB para direcionar a água para fora da estrutura.

tar as rachaduras (Figura 9.38). A argamassa deve ser impermeável em torno de todas as janelas e portas.

O EIFS e a argamassa sintética devem ser cuidadosamente instalados, de acordo com as instruções do fabricante, e uma cortina ventilada completa deve ser aplicada em paredes não hidráulicas para impedir a infiltração de umidade.

Como gerenciar o processo

O controle de qualidade no local é fundamental para um eficaz controle de umidade e um acabamento de parede durável. Cada intersecção na WRB deve ser apropriadamente revestida antes de ser instalado o acabamento externo. Além das portas e janelas, as

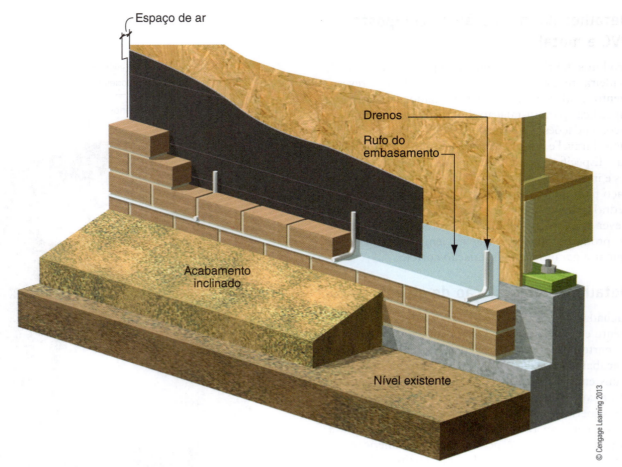

Figura 9.36b O nível da fundação ou o revestimento de base devem ser acima do nível final.

intersecções incluem tubos, fios, dutos e pisos. Uma prática comum é o construtor instalar o revestimento ou tijolo enquanto os empreiteiros de instalações estão concluindo o trabalho interior. Infelizmente, esses empreiteiros, após o acabamento externo ter sido instalado, fazem cortes que não são apropriadamente revestidos pela WRB. As boas práticas incluem atrasar o início dos acabamentos externos até que todo trabalho de instalações tenha sido concluído e todas as intersecções revestidas pela WRB.

Reveja todo o material, o método e os detalhes de instalação, acompanhando a sequência junto ao pessoal na obra local antes que iniciem o trabalho, e programe inspeções regulares para confirmar que o trabalho esteja atendendo aos requisitos do projeto. Quando algo sair errado ou o trabalho continuar sem atendimentos de controle e inspeções de controle de qualidade, deve-se parar o processo e realizar as correções necessárias antes de continuar.

Como inspecionar o trabalho

A velha expressão "O olho do dono engorda o gado" é particularmente verdadeira em construção. Uma pessoa da equipe de projeto deve inspecionar todo trabalho de WRB relacionado à aplicação apropriada do revestimento para drenar a água, às corretas sobreposições horizontais, à aplicação de fitas de qualidade e às vedações do revestimento. A rejeição da colocação de WRBs não é incomum, e somente mediante um bom controle de qualidade e processo de inspeção é possível assegurar que isto seja feito sempre de maneira apropriada.

Cortinas ventiladas devem ser inspecionadas tanto durante a instalação como depois da conclusão, para assegurar que tenham ventilação contínua desde a base até o topo e que as aberturas apropriadas estejam instaladas no material do acabamento externo. Telas de inseto também devem ser instaladas cuidadosamente.

Todo material de acabamento externo deve ser inspecionado após a conclusão para assegurar que nenhum revestimento seja danificado durante a instalação. Todas as aberturas de drenagem, juntas de controle e espaços nos materiais adjacentes também devem ser inspecionados, para confirmar o uso correto de todos os selantes.

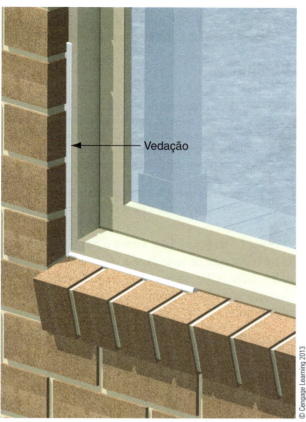

Figura 9.37 Juntas entre a alvenaria e outros materiais, como quadros de janelas e portas, são vedadas com isolantes. Selecione o isolante com base nos tipos de material de contato.

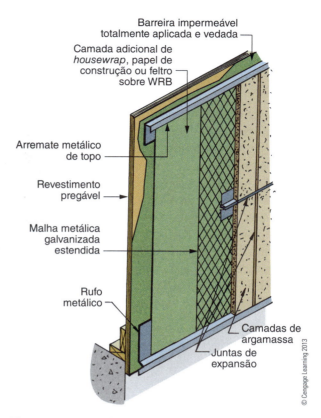

Figura 9.38 Detalhes típicos para uma instalação de argamassa de cimento Portland.

Erros frequentes na aplicação de acabamentos

- Barreira impermeável com face invertida: *housewrap*, feltro ou revestimento instalado por trás, de forma que a água flua na estrutura da parede.
- Ausência de rufos na alvenaria.
- Rufos instalados abaixo do nível.
- Falta de aberturas no topo e na base das cortinas ventiladas.
- Abertura do topo da cortina ventilada voltada para o canto (encontro do teto e beiral).
- Nenhum preparo no revestimento de madeira e guarnições.
- Nenhum revestimento nas intersecções de instalações.
- Nenhuma cortina por trás da argamassa, da placa cerâmica ou da pedra.
- Acúmulo de gotas de argamassa no espaço atrás do tijolo e da pedra, preenchendo a cortina.

Considerações sobre reformas

Reformas que afetam acabamentos externos devem ser feitas considerando a existência de sistema de controle de umidade na parede e com a compreensão de que qualquer alteração pode afetar a capacidade da parede de repelir a água e transmitir vapor. Deve-se ter atenção aos acabamentos existentes que podem conter pintura de amianto ou chumbo. Qualquer alteração ou remoção de pintura contendo amianto ou chumbo deve ser feita de acordo com todas as regulamentações locais, estaduais e federais.

Sempre que houver alteração ou reforço de acabamentos externos, ou adição de janelas e portas em uma parede existente, é fundamental determinar se existe WRB e, em caso positivo, se está completa ou apropriadamente revestida. Quando não há WRB ou há, mas está comprometida, a boa prática sugere que não sejam feitas mudanças nos acabamentos externos, a menos que sejam removidos de ponta a ponta e de baixo até em cima, para que seja instalada uma WRB completa. As alterações em acabamentos externos em uma construção ocorrem sem preocupação com o sistema de controle de umidade, que pode criar problemas significativos de confiabilidade para os profissionais do projeto da construção, particularmente em climas com muita chuva e que podem danificar as paredes.

PALAVRA DO ESPECIALISTA – EUA

Janelas a prova de água

Peter Yost, diretor de serviços técnicos da Building Green LLC. Uma ótima maneira de assegurar que o revestimento de janela seja feito corretamente é executar o teste de desempenho na instalação (ou pelo menos colocá-lo à prova). Você pode incluir justificativas nos escopos do seu trabalho para o instalador da janela que afirmem o seguinte: "Reservamos o direito de testar a instalação de cada janela para avaliar a estanqueidade à água após a instalação estar concluída, mas antes de instalar a vedação". Isto significa que você poderá ver os vazamentos e o revestimento ser corrigido.

Peter Yost tem mais de 25 anos de experiência em construção, pesquisa, ensino, publicações e consultoria em casas de alto desempenho. Tem dupla função: diretor de serviços residenciais da Building Green e diretor técnico em GreenBuildingAdvisor da Taunton Press. A experiência de Yost reforça atitudes desde o controle de desperdício e estruturação avançada até eficiência de energia e durabilidade na construção.

Na Figura 9.39, vemos o teste de estanqueidade na instalação de uma janela. A qualquer momento, podemos fazer testes simples e eficientes como parte do processo, e todos saem ganhando (no final, ou mesmo imediatamente).

Figura 9.39 Esse profissional testa uma janela em uma parede de alvenaria para saber se há infiltrações.

Resumo

Embora a escolha de um acabamento externo seja importante na decisão estética, o sistema de barreira impermeabilizante é determinado principalmente pelo clima e pela estrutura da construção. Fatores a considerar na seleção de acabamento externo incluem a quantidade de conteúdo reciclado, sua reciclabilidade, a energia incorporada, os riscos do conteúdo do material e o efeito sobre a saúde dos moradores.

Questões de revisão

1. Qual é o benefício do revestimento da madeira?
   a. Alto conteúdo reciclado
   b. Durável
   c. Baixa energia para fabricação
   d. Baixa manutenção
2. Qual dos seguintes itens não é um benefício do revestimento de fibrocimento?
   a. Conteúdo reciclado
   b. Durável
   c. Baixa energia para fabricação
   d. Baixa manutenção
3. Qual sistema de barreira de impermeabilização não é apropriado para paredes com estrutura de madeira?
   a. Feltro de construção
   b. *Housewrap*
   c. WRB de aplicação líquida
   d. OSB de face selada
4. Indique o material de revestimento que não pode ser reciclado.
   a. Madeira não pintada
   b. Fibrocimento
   c. Tijolo
   d. PVC
5. Qual acabamento externo de parede requer uma camada dupla de feltro ou *housewrap*?
   a. Argamassa
   b. Tijolo
   c. Revestimento de madeira
   d. Revestimento de fibra mineral
6. Qual das seguintes alternativas não é uma WRB aceitável?
   a. *Housewrap*
   b. OSB
   c. Papel de feltro
   d. Isolamento EPS
7. Qual dos seguintes benefícios pertence à cortina?
   a. Aumenta o valor R da parede.
   b. Melhora a durabilidade da parede.
   c. Reduz o ganho de calor radiante.
   d. Impede a entrada de cupim.
8. Quando corretamente instalada, a WRB oferece todos os seguintes benefícios, exceto:
   a. Resistência térmica
   b. Controle de umidade
   c. Redução de infiltração de água
   d. Plano de drenagem
9. Qual dos seguintes itens é considerado uma falha comum em acabamentos externos que causam problemas de umidade?
   a. Barreira impermeabilizante com face invertida (WRB)
   b. Pingadeiras acima do nível
   c. Preparo no revestimento de madeira e guarnições
   d. Cortina ventilada por trás de argamassa e pedra
10. Qual dos seguintes itens não é um problema que deve ser resolvido quando se reforma colocando janelas ou portas novas em paredes existentes durante projetos de reforma?
    a. Conteúdo de chumbo ou amianto em materiais a serem removidos.
    b. Determinação se há ou não uma WRB na parede existente.
    c. Fator U e SHGC de janelas a serem removidas.
    d. Existência de uma cortina ventilada por trás do acabamento externo.

Questões para o pensamento crítico

1. Qual é o material de revestimento mais verde e por quê?
2. Como a água em geral pode entrar em uma casa por paredes acima do nível? Indique quatro formas de isto acontecer.
3. Quais são os prós e os contras do uso de argamassa tradicional em vez de EIFS?

Palavras-chave

pingadeira de borda
cornija
canto
fachada
higroscópico
paredes hidráulicas
paredes não hidráulicas
pedra filetada
pingadeira frisada
revestimento superior
sistema de acabamento com isolamento externo (EIFS)
rufo

Glossário

beiral superfície horizontal que se projeta além de uma parede externa.

câmara de ar ou cortina é o método de construção aplicado na etapa de elevação da parede em que o revestimento é separado da barreira resistente à água por meio de um espaço de ar que permite a equalização de pressão para evitar que a chuva penetre, formando uma cortina, sendo assim denominada, no Brasil, de fachada cortina.

cornija elemento de acabamento que liga as faces das paredes com o teto, que pode ser, às vezes, a face do *beiral* ou *forro*.

higroscópico refere-se a materiais que atraem e retêm avidamente a umidade.

paredes hidráulicas construções de paredes que podem absorver água sem nenhum risco de dano estrutural.

paredes não hidráulicas construções de paredes que não podem absorver água; caso ocorra absorção, haverá risco de dano estrutural.

pedra filetada unidade de alvenaria feita com cimento e vários aditivos que simula a aparência de pedra natural.

pingadeira de borda moldura horizontal ou reboco instalado sobre o quadro de uma porta ou janela para direcionar a água para longe do quadro.

pingadeira frisada corte por baixo da projeção com o objetivo de impedir que a água percorra por ela e para trás no sentido da face da parede.

revestimento superior revestimento sobre uma projeção, saliência ou abertura de janela.

rufo revestimento de metal ou plástico na base das paredes que permite que a umidade drene para trás da alvenaria e da argamassa.

sistema de acabamento com isolamento externo (EIFS) acabamento de argamassa sintética aplicado sobre um isolamento em espuma.

tabeira guarnição vertical entre o beiral e a cobertura.

Recursos adicionais

Building Enclosure Council: http://www.bec-national.org/
Brick Industry of America: http://www.gobrick.com/
International Masonry Institute: http://www.imiweb.org/

Vinyl Siding Institute: http://www.vinylsiding.org
Western Red Cedar Lumber Association (WRCLA): http://www.cedar-siding.org

Apêndice A: Impactos ambientais dos materiais de revestimento

Produto de revestimento	Vantagens ambientais	Desvantagens ambientais
Madeira maciça	Baixa energia para fabricação; boa durabilidade mediante manutenção	Madeira mais durável de florestas mais antigas; em muitas áreas, é necessário revestimento padrão com tinta ou selador
Compostos de madeira	Feitos de árvores de baixo valor	São necessários aglutinantes petroquímicos; durabilidade questionável
PVC	Manutenção mínima necessária	Toxinas provenientes da fabricação e do descarte; durabilidade moderada
Argamassa tradicional	Durável; manutenção mínima necessária	A produção do cimento exige energia intensa; poluente na fabricação
Argamassa sintética	Durável; requer manutenção mínima; baixa energia incorporada	Toxinas provenientes da fabricação e do descarte; durabilidade moderada
Fibrocimento	Durável; requer pouca manutenção	Energia um tanto intensiva para fabricação por causa do conteúdo do cimento e do transporte de fibras de madeira importada
Tijolo	Durável; requer pouca manutenção; muitas vezes fabricado localmente	Energia intensiva para fabricação
Pedra filetada	Durável; requer pouca manutenção	Energia intensiva para fabricação

Fonte: Adaptado de: http://www.buildinggreen.com. Reproduzido com permissão.

10
Espaços externos de convívio

Estruturas externas, como varandas, *decks* e pátios, são recursos importantes de uma casa, pois fornecem espaço de convívio que não requer aquecimento nem resfriamento e proporcionam uma oportunidade de interagir com os vizinhos e amigos e o ambiente. *Decks* e pátios não são cobertos, e as varandas têm telhados que proveem proteção contra elementos da natureza, como chuva, vento etc. Os telhados sobre varandas proporcionam sombra às janelas, para reduzir a incidência de sol em climas quentes, mas os *decks* oferecem uma oportunidade para desfrutar de um tempo agradável em climas mais frios. O projeto e a construção de espaços externos podem afetar a eficiência energética, a durabilidade, a qualidade do ambiente interno e a comunidade como um todo, tanto positivamente quando construídos de forma adequada quanto negativamente quando as boas práticas são negligenciadas.

OBJETIVOS DO APRENDIZADO

Após a leitura deste capítulo, o aluno será capaz de:
- Explicar como os espaços externos podem colaborar com a sustentabilidade de uma casa.
- Identificar os materiais sustentáveis usados em *decks* e varandas.
- Descrever os métodos apropriados para construir *decks* e varandas de forma sustentável.
- Descrever como anexar, de modo eficiente, *decks* e varandas às casas para controlar adequadamente a umidade.
- Descrever como determinar o local onde as brisas são predominantes.

Princípios da construção verde

 Eficiência energética

 Eficiência de recursos

 Durabilidade

 Qualidade do ambiente interno

Espaços externos de convívio

Além de servirem como áreas tradicionais de entradas, acessos, paradas e de descanso, os espaços externos de convívio podem fornecer área para uma ampla variedade de outros usos, como entretenimento, jantar, trabalho, relaxamento e cozinha (Figura 10.1). Os espaços externos que geralmente são anexados à casa incluem *decks* (área plana sem teto), pátios (área pavimentada ou não, sem teto) e varandas (estruturas cobertas anexas à entrada frontal ou traseira de uma casa). Dependendo do projeto particular de uma casa, do terreno no entorno e do clima, uma ou mais varandas, *decks* ou pátios podem oferecer um espaço de convívio econômico e eficiente na maior parte do ano. Em muitos climas, uma casa menor com uma variedade de espaços externos pode ser mais útil e eficiente do que uma casa grande com poucos *decks* e varandas.

Estruturas planas ou com poucos desníveis podem ser beneficiadas com assentos incorporados, grades, paredes ou plantas, que ajudam a definir melhor o espaço do que um projeto que deixa as laterais totalmente abertas. Espaços externos podem ser compactos o suficiente para apenas alocar uma grelha e uma pia de cozinha, ou tão grandes quanto uma ampla sala com mesas e cadeiras, sofás e até mesmo um balanço. Mirantes separados, gazebos envidraçados e *decks* podem servir como recuos privados e separados de uma casa.

Ao projetar espaços externos, deve-se aplicar os mesmos princípios de eficiência de recursos que se aplicaria ao interior de uma casa – deve-se minimizar os cantos, os ângulos e as curvas; procurar construir em módulos; evitar detalhes que exijam manutenção excessiva e reparo regular ou substituição. O plano deve focar na diminuição do efeito da construção em relação às árvores existentes e os habitats naturais. Deve-se procurar as formas de minimização das superfícies impermeáveis e o controle da água superficial para limitar a erosão. Finalmente, se nos planos futuros houver a possibilidade de fechamento de um *deck* ou pátio em espaço condicionado, evite recursos de construção que possam envolver custo maior na reforma, como aumento da área de piso e isolamento de telhado.

Figura 10.1 Espaços externos podem representar uma forma eficiente de aumentar a área de convívio da casa.

Varandas

Varanda é uma estrutura aberta para o exterior da construção que, muitas vezes, forma uma entrada coberta ou um espaço de convívio externo. Varandas têm telhados que fornecem proteção contra chuva e sol e, quando necessárias, telas contra insetos. Telhados de varandas apropriadamente projetados podem proteger as janelas a fim de reduzir o ganho solar, o que é particularmente útil para janelas voltadas para o leste e oeste, no caso dos Estados Unidos, que são difíceis de proteger em razão do baixo ângulo do sol (Figura 10.2). Eles podem, entretanto, proteger janelas da luz solar desejada, tornando as salas escurecidas e exigindo iluminação elétrica adicional. Um aspecto importante é procurar manter o equilíbrio correto de janelas com ou sem sombra. Particularmente em climas frios, a ausência de telhados em varandas permite maior ganho solar nas janelas, o que traz benefícios.

Figura 10.2 Varandas proporcionam espaço de convívio adicional e fornecem sombra para as janelas.

Em climas quentes ou úmidos, as varandas criam espaços externos que são usados em grande parte do ano. Os telhados também protegem janelas e paredes do ganho solar e do excesso de umidade. As varandas podem ser orientadas para capturar ventos dominantes em climas quentes ou proteger contra eles em climas frios. A construção de paredes de altura total ou parcial pode ajudar a proteger contra ventos fortes em climas mais frios. A direção do vento pode ser observada no local ou informações sobre vento regional podem ser obtidas na **Administração Atmosférica e Oceânica Nacional (National Oceanic and Atmospheric Administration – Noaa)**.* Essas informações podem ser usadas para determinar onde localizar

---

* No caso do Brasil, podem ser utilizados dados dos seguintes *sites*: Climatempo (www.climatempo.com.br/), Windfinder (www.windfinder.com.br/) ou Instituto Nacional de Pesquisas Espaciais (Inpe) (www.inpe.br/). (S.H.O.)

as varandas visando obter o melhor uso das brisas. Noaa é a agência federal norte-americana que reúne dados globais sobre oceanos, atmosfera, espaço e sol.

Varandas estreitas nas entradas das residências ajudam a proteger as portas principais e fornecem cobertura contra as intempéries aos ocupantes e visitantes (Figura 10.3). Se a varanda não puder ser ampla o suficiente para ser útil como abrigo deve ser reconsiderada, projetando-a grande o suficiente para fornecer proteção ao acesso à porta de entrada contra as intempéries. Embora algumas casas tenham varandas muito estreitas, praticamente inúteis para se abrigar, servindo somente como decoração, este projeto deve ser evitado, exceto quando usado como sombra às janelas contra o ganho solar excessivo. Quando não há espaço para varanda ou *deck*, uma opção interessante é a sacada francesa, conjunto de portas com um corredor externo que pode ampliar o espaço interno (Figura 10.4). Este tipo de varanda é muito comum em vários países.

Figura 10.3 Essa pequena varanda protege a entrada posterior da casa e fornece abrigo para convidados e ocupantes. A casa também tem uma varanda frontal totalmente utilizável.

Figure 10.4 Sacadas francesas são formas econômicas de fornecer iluminação natural e ventilação.

Decks e pátios

Deck é uma área plana sem teto contígua à casa, construído acima do nível desta, mais frequentemente de madeira ou um substituto sintético de madeira. Pátio é um espaço externo para jantar ou recreação próximo da casa, geralmente nivelado por meio de pedra, ladrilhos, tijolos ou concreto.

Decks e pátios são muito atrativos onde os ocupantes podem se sentir bem e aproveitar o sol sem a necessidade de se expor diretamente. Grades, pérgulas ou mesmo guarda-sóis podem compor um *deck* ou pátio aberto com mais conforto em dias quentes.

A maior parte dos *decks* exige manutenção, como vedação, limpeza e reparos. Sacadas e pátios de concretos são mais duráveis, mas também requerem limpeza. *Decks* devem ser localizados a 5 cm ou mais acima do nível da área externa da residência; pátios de concretos também podem ser elevados em estruturas de aço, mas são mais econômicos quando construídos diretamente no nível do terreno. Pátios de concreto ou alvenaria ou pisos de varandas têm um custo inicial mais alto e impacto ambiental maior do que os *decks*, mas, por causa da manutenção mínima e maior durabilidade, tornam-se uma solução mais sustentável do que pavimentos de madeira. Pátios são abordados com mais detalhes no Capítulo 11.

Varandas e sacadas em nível superior

Decks e varandas no segundo piso são recursos desejáveis para área externa de convívio privado; devem ser cuidadosamente detalhados para manter proteção contra chuva quando construídos cobertos. A menos que sejam perfeitamente vedados, sua estrutura é muito vulnerável à deterioração. As estratégias comuns de gerenciamento de umidade incluem uma membrana impermeável similar àquela usada para telhados de pouca inclinação (ver Capítulo 7), com estrutura em madeira ou pisos cerâmicos instalados sobre ela (Figura 10.6). Membranas com uma superfície capaz de suportar pessoas caminhando, como Duradeck™, fornecem impermeabilização sem a necessidade de instalação de um acabamento superior. Independente do sistema utilizado, todas as instalações e interseções na membrana de impermeabilização das varandas, como grades e outras conexões, devem ser projetadas para manter toda água fora da estrutura. Para tanto, devem-se instalar cintamentos de aço revestidos pela membrana através da estrutura e conectá-los às colunas e grades. Um detalhamento apropriado para o espaço externo de convívio refere-se à não execução do piso, a menos que se tenha realizado todo o controle da umidade.

PALAVRA DO ESPECIALISTA – BRASIL

Caracterizações de *decks* de madeira

No Brasil, *decks* são definidos como pisos formados de madeira e locados em áreas próximas a piscinas e em spas, jardins etc. A garantia da construção contra empenamento, trincas na madeira e destacamentos costuma ser de um ano após a entrega. O projeto deve considerar ações que evitem as seguintes patologias:

- Ressecamento da madeira, perda de brilho, trincas e outros danos em razão da incidência de raios solares diretamente sobre o revestimento.
- Empenamento e apodrecimento, caso ocorram áreas de acúmulo de água.
- Variação da coloração, degradação e trincamentos, entre outros problemas, caso ocorra contato ou derramamento acidental de água e de outros produtos que possam prejudicar o revestimento e até a estrutura da madeira.
- Abrasão, degradações superficiais e alterações na planicidade da superfície e na coloração em razão de arrastamento de móveis, equipamentos, componente pesados e elementos pontiagudos, e até mesmo pelo próprio deslocamento das pessoas sobre o *deck*.

Em geral, quando da instalação de pisos de madeira, deve-se atentar especialmente à recomendação de não lavá-lo nem utilizar parafusos como elementos de fixação, para não interferir no tratamento acústico do ambiente. Recomenda-se também que se ande apenas com calçados de solado flexível de cor clara, para não danificar o piso nem gerar desconfortos acústicos.

A manutenção é feita aplicando-se anualmente uma camada protetora da madeira (verniz, selante etc.), devendo a camada anterior ser revisada e, se necessário para retornar o desempenho inicialmente planejado para o sistema, removida e refeita.

Especial atenção deve ser dada a *decks* de madeira instalados em saunas secas, uma vez que não é indicada a aplicação de produtos ou acabamentos, como tinta, cera, verniz, lustra-móveis, selantes, entre outros. Esta recomendação é válida não apenas para este tipo de *decks*, mas também para todos os elementos de madeira aplicados nesse ambiente, como emplacamentos de paredes, teto e bancos. Não será utilizada esta recomendação somente nos casos em que o fornecedor ou o fabricante dos componentes indicar suas especificações.

Madeira plástica (sintética)

Uma nova opção de material alternativo para *decks* já disponível no mercado brasileiro é a madeira plástica ou sintética, fabricada a partir da reciclagem de vários tipos de polímeros, que são processados e pigmentados para se chegar a um novo material sólido com uso idêntico ao da madeira, que pode ser pregado, parafusado, rebitado ou colado.

Na fabricação da madeira plástica pode-se ter ainda a utilização de fibras naturais e a serragem da própria madeira para melhorar as propriedades físicas e químicas do produto final; é indicada para a composição de *decks*, revestimentos diversos,

Profa. Dra. Sasquia Hizuru Obata Engenheira civil pela Fundação Armando Alvares Penteado (FAAP), licenciada em Formação de Professores de Disciplinas pela Universidade Tecnológica Federal do Paraná (UTFPR), especialista em Administração de Empresas pela FAAP, mestre em Engenharia Civil pela Universidade de São Paulo (USP), doutora em Arquitetura e Urbanismo pela Universidade Mackenzie.

componentes de janelas e portas, escoras e mobiliários, entre outras aplicações.

Os polímeros mais utilizados na fabricação da madeira plástica são: polietileno de alta densidade (Pead), polietileno de baixa densidade (PEBD), polietileno tereftalato (PET), polipropileno (PP) e policloreto de vinila (PVC), este também utilizado em calçados, tubos e conexões para água e encapamento de cabos elétricos.

A utilização de polímeros de resíduos plásticos na composição da madeira plástica gera algumas características mecânicas inferiores às da madeira natural, fazendo que sua utilização se restrinja a algumas aplicações, como *decks* de piscina; por outro lado, justamente o fato de ser um polímero confere-lhe algumas características vantajosas:

- Difícil deterioração.
- Pode ser antiderrapante, conforme a extrusão e a conformação superficial desejada.
- Não racha nem solta farpas.
- Imune à ação de cupins, pragas, germes e mofos.
- Possui baixíssima permeabilidade.
- Resistente a intempéries.
- Fácil limpeza.
- Dispensa pintura, mas pode ser pintada e não precisa de encerramentos.
- Baixa manutenção.
- Disponibilidade de larguras e espessuras conforme o fabricante.
- Seus resíduos podem ter logística reversa e ser reaproveitados no início do processo de fabricação.
- Aparência da madeira natural.
- Alta durabilidade, superior a 100 anos.
- Não é inflamável nem propaga o fogo.
- Transfere calor com facilidade (dependendo da forma e local de aplicação) no caso de exposição ao sol e esfria mais rápido que a madeira natural.

Uma das desvantagens do uso da madeira plástica é o maior custo inicial do investimento em relação à madeira natural; isto se dá basicamente por se tratar de um produto novo no mercado e do momento da tecnologia envolvida na sua fabricação; contudo, é possível uma redução dos custos perante toda a lógica da Política Nacional de Resíduos Sólidos.

O uso da madeira plástica em *decks* pode ser uma vantagem em climas amenos e locais de baixa incidência solar, mas, no caso do Brasil e de outros locais de alta incidência solar, a facilidade de transferência de calor é uma desvantagem, pois sua alta absorção de calor eleva a temperatura do material, podendo causar incômodo ao se caminhar descalço ou estar em contato com o piso de outras formas, como sentado ou deitado, como o é o caso do uso dos *decks* de piscinas.

Vale lembrar que a sensação de frio ou calor corresponde ao fluxo de calor do corpo para o ambiente ou para outro corpo com o qual se esteja em contato ou vice-versa; o fluxo de calor é a quantidade de calor que passa de um corpo de temperatura

(continua)

mais alta para outro de temperatura mais baixa em determinado tempo.

A Figura 10.5 apresenta gráficos comparativos da resistências entre duas madeiras naturais utilizadas em *decks* e a madeira plástica/sintética, comprovando valores inferiores em relação às naturais.

Tais resultados de resistência inferior conduzem, assim, a importantes considerações projetuais quanto ao uso desse material, que vão desde a redução de vãos de apoios das tábuas, considerações de flechas, empenamentos e possíveis patologias caso se aplique a madeira plástica/sintética seguindo os critérios das madeiras naturais. Ainda assim, a madeira plástica/sintética é um material alternativo, que considera a reciclagem de grandes volumes de polímeros aqui no Brasil, ainda que pese sobre ela a energia incorporada e as emissões de CO_2.

As tecnologias de madeiras plásticas já são muito comuns nos Estados Unidos, na Europa e no Japão, onde, para maior resistência, utilizam-se materiais puros, sendo seu uso indicado para locais de difícil acesso, considerando-se que tem grande durabilidade e requer manutenções reduzidas.

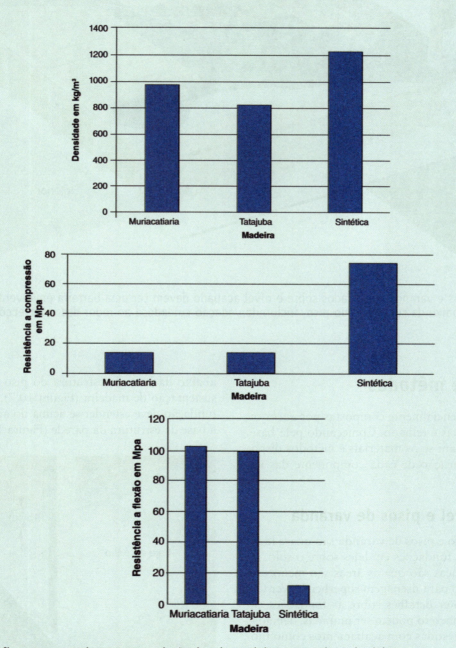

Figura 10.5 Gráficos comparativos entre resistências de madeiras naturais e sintéticas

Fonte: Dados de ensaios de trabalho realizado na disciplina de Projeto Integrador do 6º Semestre do curso de Construções de Edifícios. Prof. Dr. Sasquia Hizuru Obata. Fatec Tatuapé. Autores dos resultados/alunos: Bruno Fernando dos Santos e Paloma Holanda Pedroza.

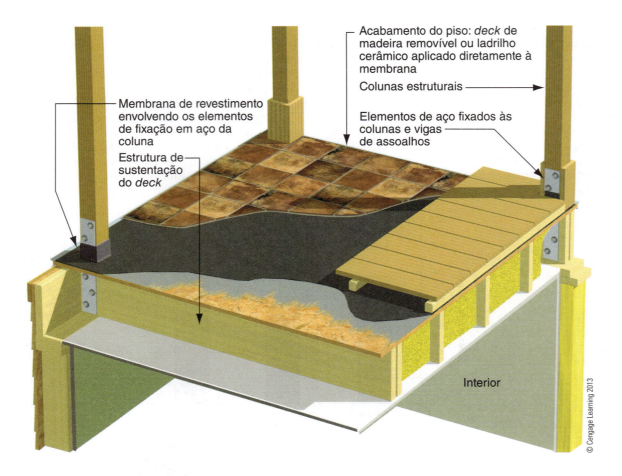

Figura 10.6 *Decks* e varandas instalados sobre o nível acabado devem ter uma barreira envolvente contra umidade instalada abaixo da superfície do piso, incluindo vedação cuidadosa ao redor das intersecções das colunas e grades.

Materiais e métodos

Varandas são essencialmente compostas por *decks* ou pátios com colunas e telhado. Começando pela base, a seguir apresentam-se os materiais e métodos disponíveis para construção de cada componente das varandas e *decks*.

Pátio em nível e pisos de varanda

Pátios de concreto e pisos de varanda são quase idênticos aos radiers, fundações em lajes sobre o solo. As principais diferenças são que as áreas são menores e as inclinações são para drenagem superficial. (Ver Capítulo 5 para obter detalhes sobre as fundações em lajes.) Lajes de concreto podem ser pintadas, deixadas ao natural ou revestidas com acabamentos como tijolo, pedra ou cerâmica.

Em áreas suscetíveis a cupins, é importante criar uma separação entre as lajes de concreto e a estrutura de madeira, para evitar infestações e danos estruturais. Lajes externas devem ser dispostas no mínimo 15,2 cm abaixo da base da estrutura do piso ou de qualquer sustentação de madeira (Figura 10.7), ou a parede da fundação deve estender-se acima do apoio do piso até a base da estrutura da parede (Figura 10.8).

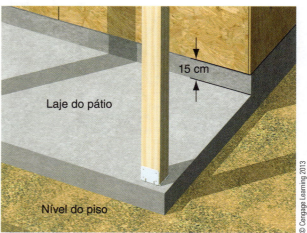

Figura 10.7 Lajes externas colocadas no mínimo 15 cm acima da base da estrutura do piso impedem a entrada de cupins.

Espaços externos de convívio

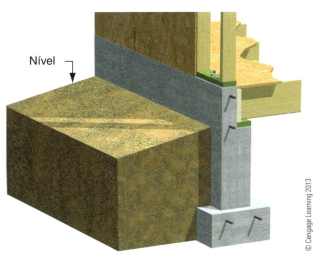

Figura 10.8 Estender a parede de fundação até a base da estrutura da parede do *deck* ajuda a impedir a entrada de cupim.

Pisos de varandas de concreto e cerâmica apresentam maior energia incorporada do que estruturas de madeira, mas são mais duráveis do que os pisos de madeira e *decks*, o que os torna uma solução mais sustentável – particularmente quando construídos no nível do terreno. A inclusão de agregado reciclado e espuma na mistura de concreto ou o uso de alvenaria reciclada pode ajudar a reduzir o impacto ambiental da construção.

Figura 10.9 Uma base de pilar impede que sua seção em madeira entre em contato com o piso de concreto e o solo.

Decks e varandas acima do nível

Pisos de varandas e *decks* construídos acima do nível do terreno são como pavimentos em pilotis. Cada canto estrutural e os pontos de carga intermediários devem ter uma base para suportar cada coluna. As fundações podem ser de concreto moldado *in loco*,

---

Você sabia?

Considerações para evitar infestações de pragas e proliferações de micro-organismos

Profa. Dra. Sasquia Hizuru Obata

Os ambientes devem ser projetados como espaços livres de condições que favoreçam o desenvolvimento de bactérias, fungos, algas, protozoários e agentes patogênicos, bem como a instalação como habitat para larvas de insetos, cupins, roedores, pombos etc., caracterizando assim condição de saudabilidade qualitativamente necessária para o mais confortável e seguro uso, proveito e ocupação dos espaços de uma edificação.

A norma de desempenho NBR 15575 indica esta exigência qualitativa para as edificações residenciais, distinta de normas específicas e utilizadas para certificações de salas limpas, centros cirúrgicos e ambientes hospitalares, em que há indicadores quantitativos de patógenos, assim como coliformes, entre outros.

Para o melhor atendimento projetual e de saudabilidade dos ambientes, além do atendimento dos códigos sanitários municipais, estaduais e federais, há pesquisas e compêndios de saúde pública que tratam do assunto.

Como já indicado neste livro, se a concepção, o projeto e a execução tiverem uma abordagem holística, e se houver o atendimento do ponto de vista de insolação e ventilação, já se tem um fator de limpeza passiva natural dos ambientes. Outras medidas que podem ser agregadas a este fator para tornar um ambiente saudável e durável são:

- Abordagens corretas para impermeabilização e drenagem eficientes dos ambientes molháveis e suscetíveis a molhagem, como a redução de infiltração por capilaridade das águas do solo e de chuva.
- Projetos de formas e componentes, como telas e barreiras, que não sejam atrativos para aves e roedores.
- Afastamentos da estrutura do solo para evitar a infestação de cupins de solo.
- Controle por equipamentos e iluminação externa para atrair e eliminar ou evitar e afastar cupins voadores, também conhecidos como siriris e aleluias.

estacas pré-fabricadas instaladas com pinos de conexões ou helicoidais (ver Capítulo 5). Acima dos pisos, colunas com materiais como madeira, aço ou alvenaria podem ser usadas como suporte do piso superior. Pilares de madeira não devem ser enterrados no solo, mas separados do piso com uma base (Figura 10.9).

Pilares de aço devem ser preparados e pintados, para proteção contra ferrugem, e ficar acima da terra. Colunas de alvenaria em blocos, tijolos ou pedras requerem mais materiais e mão de obra, porém são mais duráveis.

PALAVRA DO ESPECIALISTA – BRASIL

Exigências de desempenho de pisos e tópicos projetuais para as áreas externas: varandas, terraços e *decks*

O projeto de áreas externas, assim como de qualquer outra área de uma edificação, começa com a fundamentação dos seus conceitos e atributos de modo integrado com as outras áreas da edificação, considerando se essa área será a de maior convívio e socialização ou se exigirá um ambiente mais privado e de menos perturbação sonora, de vento, entre outras. Desde a concepção do projeto até a execução da obra, deve-se considerar sua complexidade, e é de grande importância escolher materiais e tecnologias construtivas para que possuam o melhor desempenho e respondam como um produto sustentável, para que a edificação seja assim.

Escolher um revestimento de piso não deve, portanto, ser uma escolha aleatória ou esteticamente interessante ou de menor custo. É necessária uma análise detalhada que depende, sim, do fator estético desejado e do custo, mas estes aliados e atendendo aos atributos de desempenho.

Como regra das técnicas construtivas, há uma rotina de conhecimentos básicos que conduzem à escolha, que passa pela definição das seguintes questões referentes a:

- Ambiente, usos e manutenções – As questões a seguir são algumas das que terão de ser definidas para que as características e propriedades do revestimento a ser escolhido nelas se enquadrem.
  - Será área externa aberta ou externa confinada entre paredes com partes cobertas?
  - Terá uso intenso, moderado ou restrito e privado?
  - Terá partes submersas? Haverá ciclo de molhagens? Serão áreas molháveis?
  - Que tipos de atividades ocorrem ou ocorrerão nesse ambiente? Quais produtos poderão nele estar presentes ou ser utilizados?
  - Que forma de limpeza se espera utilizar? Qual conforto térmico, lumínico e acústico se espera para o ambiente?
- Características dos revestimentos e suas propriedades – Aqui, destacamos as principais características a ser questionadas no sentido de obter melhor atendimento e desempenho do sistema:
  - Características físicas, mecânicas e de resistência a cargas.
  - Resistência a riscos, impactos, congelamento e choque térmico.

Profa. Dra. Sasquia Hizuru Obata *Engenheira civil pela Fundação Armando Alvares Penteado (FAAP), licenciada em Formação de Professores de Disciplinas pela Universidade Tecnológica Federal do Paraná (UTFPR), especialista em Administração de Empresas pela FAAP, mestre em Engenharia Civil pela Universidade de São Paulo (USP), doutora em Arquitetura e Urbanismo pela Universidade Mackenzie.*

- Resistência ao ataque de produtos químicos ou contato com produtos químicos, como águas cloradas, gorduras e materiais de limpeza.
- Facilidade de limpeza.
- Características térmicas, acústicas, estanqueidade, abrasão, coeficientes de atrito, de refletância/transmitância, de absortância, drenagem e permeabilidade do material.

- Materiais, métodos e qualidade da instalação do revestimento – Aqui temos algumas questões relacionadas à definição das camadas de assentamento e suas propriedades:
  - Com ou sem aderência entre camadas?
  - Com argamassa e rejunte, quando assentado?
  - Em placas? Tiras? Com ou sem juntas? Com ou sem contrapiso?
  - Que sistemas de controle e verificação serão utilizados, como de impermeabilização e vibração, no caso de proximidade de equipamentos mecânicos?

Notam-se aqui etapas intensas e um elenco grande para a escolha do piso; além disso, um projeto de qualidade sustentável não se baseia em dados e informações genéricas, mas em posicionamentos tecnologicamente sustentados. Uma especificação não se limita a descrever que determinada camada isolante atende à norma de desempenho NBR 15575, uma vez que o tratamento é sistêmico e no que diz respeito a atender parâmetros de conforto e durabilidade é uma etapa complementada pela de certificação de condições verdes e sutentáveis.

Assim, a avaliação depende de parâmetros que se integram. Tomemos como exemplo o conforto acústico: para uma isolação acústica contam-se com características como espessura da manta, tipo e espessura da laje, dimensões em planta do ambiente, tipos de paredes, contatos, equipamentos, os componentes etc.

Estas são, e devem ser, as formas de especificação no nível projetual e construtivo; assim, vale lembrar que esse detalhamento minucioso é fundamental para o bom desempenho da obra, mas que tais descrições não se encontram em um *folder* de venda, tampouco tais características técnicas estarão totalmente descritas na etapa de registro da incorporação da edificação; mas, ainda assim, devem ser consideradas.

Reforça-se aqui que o proprietário poderá, a qualquer tempo, dentro do prazo de vida útil da edificação, recorrer a ensaios

(continua)

e análises específicas de isolação acústica, térmica, estanqueidade etc., e caso seja comprovado o não atendimento à norma, o incorporador e/ou a construtora poderão ser responsabilizados, inclusive por propaganda enganosa e danos morais.

Tópicos projetuais a serem considerados em pisos e áreas abertas, como varandas, *decks* e terraços

Considerações quanto a pisos para áreas em espaços abertos:

- Áreas molhadas devem ser providas de pisos laváveis com caimentos voltados na direção de ralos ou pontos de drenagens e com impermeabilidade garantida. Indicam-se inclinações correspondentes ao tipo e característica da superfície do piso, sendo de no mínimo de 0,5% a 2%, divididos em planos. Cantos e encontros, como rodapés, platibandas e guarda-corpos, devem ter impermeabilização correta e cantos arredondados, que impedem o fluxo e problemas de infiltração por capilaridade.
- Para o ambiente externo, e em quaisquer áreas externas sujeitas a chuvas ou respingos de água, devem ser empregados pisos "antiderrapantes", com coeficiente de atrito dinâmico ≤ 0,4.
- A condição antiderrapante é estabelecida na norma NBR 13818, e, da mesma forma, deve ser atendida para sistemas com superfície muito lisa por meio de componentes complementares de atrito (como "superfície muito lisa" entenda-se placas de mármore ou granito com acabamento polido, pisos autonivelantes em epóxi, placas de vidro, algumas placas cerâmicas vitrificadas ou esmaltadas e outros componentes de superfície muito lisa).
- Pisos laváveis, peças sanitárias, tampos de pias de cozinha ou de banheiro, tanques de lavar roupa e outros não devem apresentar superfícies com frestas ou porosas que possam desenvolver fungos, germes e bactérias.
- Superfícies planas, como pisos de áreas para esportes e quadras esportivas, devem ser projetadas de modo a impedir empoçamentos de água que venham a provocar escorregamentos em atividades exercidas sob chuva ou logo após chuva ou garoa leve, ainda que manuais de uso, operação e manutenção dessas áreas recomendem que as atividades sejam interrompidas e desaconselhadas em períodos sob ação de chuva.
- Quanto ao uso e operação, e quando a acessibilidade for exigida ou se pretender projetar visando ao maior atendimento qualitativo a usuários em específico, pode-se prever:
  - Pisos podotáteis e outros dispositivos previstos para deficientes visuais, quando houver este atendimento; recomenda-se evitar desníveis abruptos superiores a 5 mm, e estes, quando houver, devem ser sinalizados com mudanças de cor, soleiras, faixas de sinalização e outros recursos, a fim de garantir sua visibilidade.
  - A abertura máxima de frestas (ou juntas sem preenchimento) entre os componentes de pisos não pode ser maior que 4 mm, exceto quando se tratar de juntas de movimentação em ambientes externos.
- A superfície do sistema de piso não pode apresentar arestas contundentes nem liberar fragmentos perfurantes em condições normais de uso e manutenção, nisto incluindo atividades de limpeza.
- A fim de minimizar ferimentos em quedas, recomenda-se o emprego de arestas arredondadas e, quando possível, "monocapa" ou revestimento emborrachado, reforçando-se esta recomendação para os pisos de áreas esportivas, *playgrounds* e áreas de lazer.

Pisos são um assunto complexo, dada a diversidade de materiais e tecnologias empregadas; portanto, durante a vida útil de um piso, pode haver falhas; porém, assim como o consumidor tem sua condição de comprovação, o construtor ou incorporador indica prazos de garantia, que podem ser de um a cinco anos, diante dos atendimentos de usos, operações e manutenções.

Como referencial informativo, a norma de desempenho NBR 15575:2013 fornece os prazos de garantia a ser concedidos pelo incorporador ou construtor para os diferentes sistemas; esses prazos, como se vê na Tabela 10.1 são usualmente praticados pelo setor da Construção Civil para os elementos e componentes que costumam compor os sistemas contemplados nesta norma e que atendem às condições de funcionalidade.

Considerações quanto ao fechamento de áreas externas:

- Varandas, terraços e sacadas, quando em condomínios, ficam condicionados ao estabelecido em seu regulamento interno; isto vale também para a colocação de telas e grades em janelas ou envidraçamentos.
- Caso esses espaços externos já forem constituídos com revestimento cerâmico, é recomendável a lavagem das paredes com sabão neutro, para retirar o acúmulo de sujeira, fuligem, fungos e sua proliferação. De modo geral, e caso as áreas externas tenham paredes cegas, estas deverão atender a solicitações mecânicas, incluindo impactos de corpo mole, e devem atender ao disposto na norma NBR 14718, o que também é válido no caso de se ter parapeitos e guarda-corpos, e ainda, a obrigatoriedade da instalação destes nas seguintes situações (Figura 10.10):
  - Desnível vertical superior a 1 m;
  - Desnível superior a 1 m de altura e em plano inclinado com ângulo superior a 30°.
- Terraços *gourmet* e grandes varandas com churrasqueiras e lareiras, entre outros componentes, devem, em primeiro lugar, atender às instruções técnicas do Corpo de Bombeiros e aos parâmetros de áreas e alturas para projeto estabelecido por esta corporação e, em seguida, aos seguintes tópicos:
  - Caso a edificação possua prumadas de dutos de exaustão de lareiras, churrasqueiras, varandas *gourmet* e similares, estes devem ser integralmente compostos por materiais incombustíveis, ou seja, Classe I.
- Materiais reconhecidamente incombustíveis e que dispensam a necessidade de ensaios de incombustibilidade: concretos, argamassas, alvenarias de blocos de concreto, cerâmica e outros materiais pétreos, gesso, pisos em cerâmica, placas de rocha e outros.
- Havendo a associação de materiais incombustíveis e combustíveis, ou a presença destes no ambiente, é preciso fazer avaliações e ensaios de combustibilidade dos materiais, assim como da propagação superficial de chamas, densidade óptica de fumaça e fluxo crítico radiante. Exemplos de materiais combustíveis e comuns utilizados para a conformação estético-decorativa destes espaços: placas de gesso acartonado, paredes com revestimentos formulados com resinas sintéticas etc.

Tabela 10.1 Prazos de garantia recomendados pela NBR 15.575, Anexo D, Parte 1 (CBIC, p. 241, 2013)

Sistemas, elementos, componentes e instalações	Prazos de garantia recomendados			
	1 ano	2 anos	3 anos	5 anos
Revestimentos de paredes, pisos e tetos internos e externos em argamassa/gesso liso/componentes de gesso para *drywall*		Fissuras	Estanqueidade de fachadas e pisos em áreas molhadas	Má aderência do revestimento dos componentes do sistema
Revestimentos de paredes, pisos e tetos em azulejo/cerâmica/pastilhas		Revestimentos soltos, gretados, desgaste excessivo	Estanqueidade de fachadas e pisos em áreas molhadas	
Revestimentos de paredes, pisos e tetos em pedras naturais (mármore, granito e outros)		Revestimentos soltos, gretados, desgaste excessivo	Estanqueidade de fachadas e pisos em áreas molhadas	
Pisos de madeira – tacos, assoalhos e *decks*	Empenamento, trincas na madeira e destacamento			
Piso cimentado, piso acabado em concreto, contrapiso		Destacamentos, fissuras, desgaste excessivo	Estanqueidade de fachadas e pisos em áreas molhadas	
Revestimentos especiais (fórmica, plásticos, têxteis, pisos elevados, materiais compostos de alumínio)		Aderência		

Fonte: Câmara Brasileira da Indústria da Construção (CBIC). *Desempenho de edificações habitacionais*: guia orientativo para atendimento à norma ABNT NBR 15575/2013. Câmara Brasileira da Indústria da Construção. Fortaleza: Gadioli Cipolla Comunicação, 2013, p. 78 e 241. Disponível em: <http://www.cbic.org.br/arquivos/guia_livro/Guia_CBIC_Norma_Desempenho_2_edicao.pdf>. Acesso em: 20 mar. 2015.

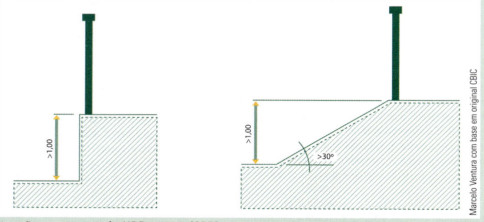

Figura 10.10 Situações em que, pela NBR 14718 (CBIC, p. 78, 2013), é obrigatória a colocação de guarda-corpos.

Como construir a estrutura do piso

Estruturas acima do nível normalmente são construídas com madeira tratada, de alta resistência, por questão de durabilidade; entretanto, madeira estrutural plástica reciclada está disponível em algumas regiões em quantidades limitadas. Um dos componentes mais importantes na construção de varandas e *decks* é manter o plano de drenagem da parede. Para tanto, deve-se revestir cuidadosamente todo o contorno da estrutura com uma barreira resistente à água (WRB) (Figura 10.11) ou manter a estrutura separada da casa, apoiada em pilares da casa e também no perímetro (Figura 10.12). Outra opção é instalar pastilhas de espaçamento ou blocos que permitem que a estrutura seja parafusada na casa mantendo o afastamento entre a tábua e o acabamento da parede. As pastilhas de espaçamento devem ser revestidas de modo que a barreira resistente à água, WRB, as envolva; esta forma, às vezes, pode ser mais fácil do que revestir toda a estrutura ou mantê-la completamente afastada (Figura 10.13).

Espaços externos de convívio

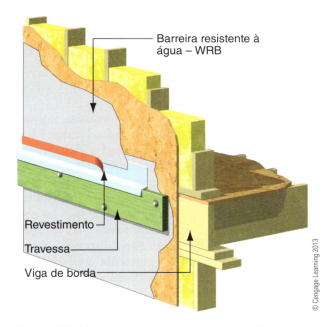

Figura 10.11 Planos de drenagens da parede são muitas vezes interrompidos quando *decks* ou varandas são vinculados. Para manter um revestimento apropriado do quadro em madeira e se obter uma barreira resistente à água, o plano de drenagem da parede deve estar intacto.

No local em que os *decks* e as varandas são projetados com vigas duplas ou em trio, deve-se considerar a instalação de um revestimento autovedante no topo dessas vigas para manter a água fora das juntas entre os componentes (Figura 10.14). Mesmo a madeira tratada sob pressão será suscetível à deterioração quando não for disponibilizado um espaço para que seque. O mesmo revestimento autovedante pode ser instalado na parte superior de cada viga, em *decks* abertos, fornecendo proteção adicional contra entrada de água e estendendo a durabilidade da estrutura.

Devido às propriedades corrosivas dos metais, como as fixações e conectores cravados em madeira tratada sob pressão, estes devem ser resistentes para este uso e ser de material com tratamento específico. As bases de pilares e os ganchos de vigas são essenciais para criar uma estrutura durável e podem ser em aço inoxidável, aço galvanizado a quente ou outros tratamentos aprovados.

Em geral, os *decks* são construídos em nível plano e com a condição de drenagem da água entre as tábuas. Varandas e *decks* com piso sólido devem ser construídos com uma leve inclinação para manter drenagem da água sobre o piso (Figura 10.15).

Varandas elevadas de concreto podem ser construídas com colunas e vigas de aço, fornecendo uma estrutura duradoura e de pouca manutenção (Figura

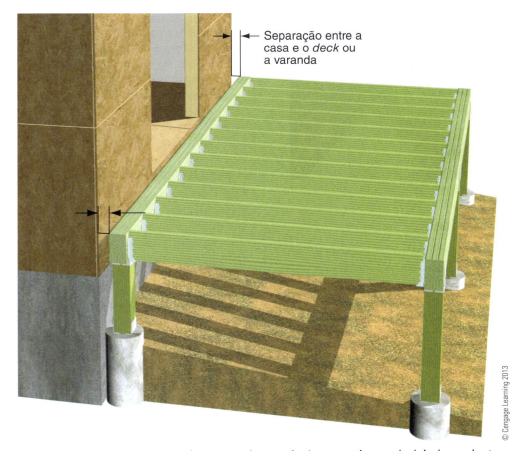

Figura 10.12 Outra opção para manter a drenagem da parede é construir um *deck* independente que seja completamente separado da casa.

10.16). Este tipo de piso deve incluir uma membrana impermeável para proteger o aço contra corrosão no longo prazo. Assim como o exemplo anterior, em que se utilizou uma membrana impermeável, o *deck* também deve ter inclinação em sentido contrário à casa.

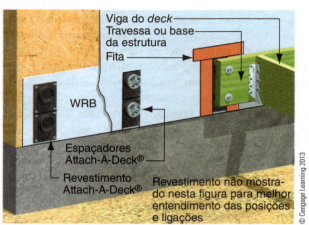

Figura 10.13 Pastilhas para espaçamento ou blocos espaçadores, como Attach-A-Deck®, permitem que a estrutura do *deck* ou da varanda seja parafusada na casa, fornecendo um espaço para aeração entre a estrutura de madeira e o acabamento da parede.

Figura 10.14 Instalação de revestimento autovedante.

Forração e guarnição

Forração é o material de piso instalado sobre a estrutura de suporte do *deck*. Por motivos estéticos, muitos *decks* e varandas apresentam guarnições em torno do perímetro para cobrir a estrutura. Os pisos da varanda normalmente são cobertos por tábuas com encaixe macho-fêmea (*tongue-and-groove* – T&G) sem espaços entre elas. Entretanto, se uma varanda for cercada com telas ou toldos, a forração pode ser aplicada se houver uma divisão da área e bordas suavizadas (o ligeiro arredondamento ajuda a compensar as mínimas variações de altura das pranchas).

Uma ampla variedade de materiais para forração e guarnição está disponível, incluindo madeira, compensados, plásticos e alumínio. Madeira apropriada para uso exterior pode ser a tratada sob pressão ou termicamente para ser resistente a infestações e permitir a exposição à água, ou pode-se utilizar espécies naturalmente resistentes e mais duráveis.

Madeira tratada sob pressão

Forração com madeira tratada sob pressão, normalmente feita de pinho do sul dos Estados Unidos, é bastante durável e barata, mas suscetível a rachaduras e pode empenar. Por causa dos produtos químicos contidos em sua produção, deve ser manuseada e posicionada com cuidado. O uso mais comum para madeira tratada sob pressão é na forma de tábuas espaçadas para *deck*, embora o encaixe macho-fêmea (T&G) apropriado para varandas também esteja disponível. Como a madeira tratada à pressão apresenta uma tendência à expansão, as instalações com encaixe macho-fêmea (T&G) devem ser preparadas de todos os lados e nas extremidades, e todas as vigas ser seladas na instalação para minimizar as movimentações.

Madeira termicamente tratada

Madeira termicamente tratada é uma novidade no mercado de forração. É produzida pela exposição a altas temperaturas e vapor, o que transforma a madeira em um produto mais resistente aos insetos ou ao apodrecimento. Esse processo também minimiza retração, rachaduras e inchaço. A madeira tratada termicamente, como madeira padrão, pode ser usinada, aparelhada e ter mesma forma de descarte. Devido à alta temperatura necessária no tratamento, ela apresenta alta energia incorporada; no entanto, sua durabilidade aprimorada e ausência de tratamento com produtos químicos a tornam uma opção apropriada para forração. Este tipo de madeira está disponível em padrões para tábuas espaçadas para *deck* (Figura 10.17).

Madeira compensada

Esta é feita pela combinação de fibra de madeira e plásticos, com uma quantidade de conteúdo reciclado que pode variar de acordo com o fabricante. Muitos compensados estão disponíveis em tábuas de forração abertas, embora os padrões macho-fêmea (T&G) estejam apenas em alguns fabricantes. Os compensados são resistentes, seguros para manuseio e muito duráveis; entretanto, em razão do seu conteúdo de madeira, devem ser limpos com regularidade para impedir a formação de mofo. As cores também se degradam com o tempo, sofrendo descoloração. Os compensados podem exigir espaçamento mais próximo entre as vigas do que seria necessário para forração de madeira, em razão de sua menor resistência à tração. Como o resíduo dos compensados não pode ser reciclado, um planejamento cuidadoso é necessário para reduzir a quantidade de resíduos gerados.

Espaços externos de convívio 353

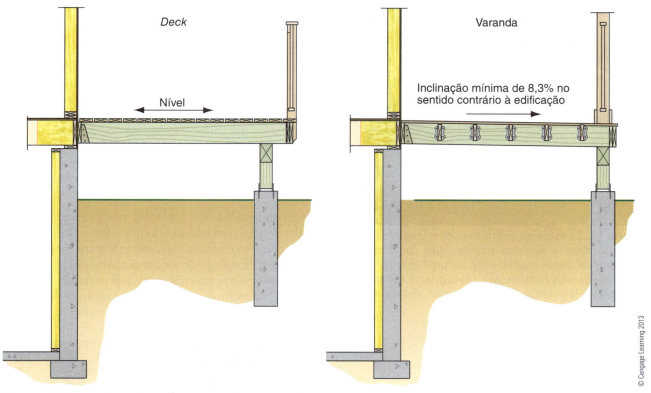

Figura 10.15 *Decks* podem ser construídos em nível, pois permitem a drenagem da água através das tábuas. Por sua vez, varandas e *decks* com piso sólido devem ser construídos com uma leve inclinação para que possam drenar a água para longe da casa.

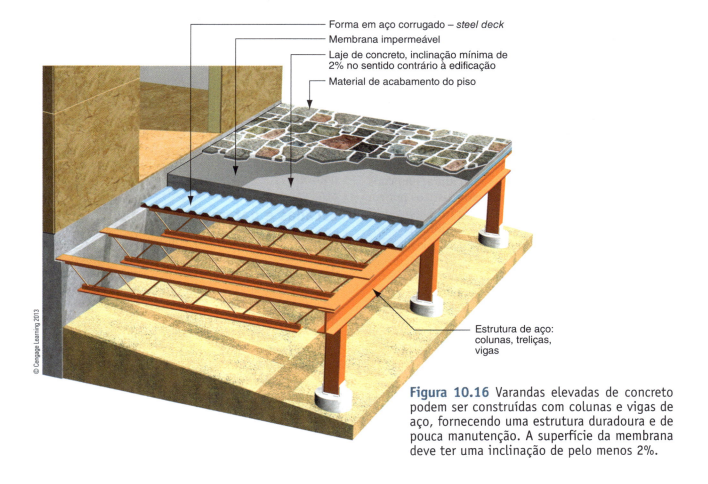

Figura 10.16 Varandas elevadas de concreto podem ser construídas com colunas e vigas de aço, fornecendo uma estrutura duradoura e de pouca manutenção. A superfície da membrana deve ter uma inclinação de pelo menos 2%.

Figura 10.17 Madeira termicamente tratada tem como matéria-prima a madeira padrão, que passa por um processo de aquecimento livre de produtos químicos, o que muda seus compostos. O resultado é um produto de madeira resistente à decomposição, deterioração e elementos da natureza.

Madeira naturalmente resistente à deterioração

Madeiras naturalmente resistentes à deterioração, como pau-brasil, cipreste, acácia, treixo e ipê, não são propensas a danos por umidade. Hoje, este tipo de madeira é menos comum do que foi no passado. Somente a madeira maciça de cedro antiga e o pau-brasil são resistentes à deterioração; o alburno novo não apresenta as mesmas propriedades. O uso dessas madeiras, particularmente a maciça, deve ser evitado, a menos que sejam certificadas como extração sustentável pelo Conselho de Manejo Florestal (FSC). O ipê é uma madeira sul-americana muito forte e naturalmente resistente a insetos e deterioração. Como qualquer madeira tropical, o ipê somente deve ser usado em uma casa verde se for certificado pelo FSC.

Forração de plástico está disponível em materiais virgens e reciclados e em tábuas quadradas e de bordas arredondadas. Resistentes à rachadura, empenos e deterioração, materiais de forração plásticos podem ser trabalhados com ferramentas padrão. Alguns produtos disponíveis são reforçados com fibra de vidro para maior resistência. Como a forração plástica expande e se contrai com as variações de temperatura de forma mais acentuada do que a maioria dos outros produtos, esta característica deve ser considerada durante a instalação. Alguns desses materiais podem ser reciclados, mas as instalações locais que aceitarão o material excedente terão um desafio pela frente.

Forração de alumínio está disponível com acabamento epóxi e formas de encaixe que podem fornecer uma cobertura impermeável para varanda ou *deck*. Em razão dos altos custos e a uma aparência estéril, o alumínio não conquistou muito espaço no mercado residencial. O alumínio apresenta uma energia incorporada relativamente alta, a menos que seja feito de conteúdo reciclado; entretanto, a baixa manutenção, durabilidade e capacidade de reciclagem tornam o produto uma opção sustentável.

Planejamento de reforma e substituição De certa forma, materiais de forração sempre precisarão de reparos ou substituição em razão dos danos ou da deterioração. Para simplificar a remoção futura, o ideal é instalar com parafusos ou sistemas de fixações ocultos (Figura 10.18). Pilares e colunas devem ser projetados de forma que o acabamento possa ser substituído sem precisar de remoção, para evitar trabalho adicional e desperdício ao longo da vida útil da casa.

Acabamento Muitas forrações não requerem acabamento, mas, com exceção do ipê, a forração de madeira deve ser revestida regularmente para ampliar sua duração. Pintura pode ser um acabamento apropriado em climas secos, mas não é durável em climas úmidos. Use acabamentos com pouco ou nenhum composto orgânico volátil (VOC) sempre que possível.

Figura 10.18 Se utilizar tábua de *deck* frisada com ranhuras, verifique as ranhuras das tábuas no local de trabalho. Quando se tratar de tábuas de *deck* de pontas sólidas, há sistemas de fixações ocultas disponíveis.

Escadas e patamares

Muitos *decks* e varandas construídos acima do nível das edificações precisam de escadas de acesso. Escadas e patamares podem ser de estrutura de madeira ou alvenaria sólida. Embora as escadas de madeira sejam acabadas com os mesmos materiais e métodos que os *decks*, escadas de alvenaria geralmente têm um acabamento externo sobre o concreto ou sobre o bloco de concreto. Escadas de alvenaria apresentam energia incorporada mais alta do que de madeira, mas duram mais tempo e exigem menos manutenção. Para evitar deterioração prematura, as escadas de alvenaria devem ser construídas para manter a água longe das superfícies adjacentes em madeiras.

Colunas, pilares, grades e vigas treliçadas ou pérgolas

Varandas geralmente têm colunas que sustentam as vigas, que por sua vez sustentam o telhado. Pátios, *decks* e varandas têm colunas e grades, e *decks* muitas vezes têm vigas treliçadas ou pérgolas para proporcionar sombra.

Colunas são membros estruturais verticais feitos de madeira maciça, compensados, plástico ou fibra de vidro. Colunas em madeira de seção vazada e em compensado devem ser muito bem preparadas em todas as laterais antes de ser montadas, com ventilação nas extremidades superior e inferior para permitir a secagem e prolongar a durabilidade. Colunas ocas ou sólidas devem ser instaladas sobre bases para protegê-las de danos da água. Colunas de plástico, nos Estados Unidos, podem ser pré-fabricadas ou construídas no local;* entretanto, diferente das colunas de fibra de vidro, estas geralmente não têm capacidade de suporte e devem ter uma coluna de madeira ou aço por dentro para apoiar a estrutura. Colunas de madeira requerem manutenção regular, ao passo que as de plástico ou fibra de vidro são produtos praticamente livres de manutenções. A base em madeira e a guarnição da cobertura são suscetíveis à deterioração, e devem ser projetadas para drenar a água por meio de inclinação nas áreas horizontais e pelo uso de revestimento de coberturas para minimizar a entrada de água. Tampas plásticas integradas e bases são muito comuns, proporcionando um produto de guarnição extremamente durável e de baixa manutenção.

Em *decks* e varandas, as colunas e grades servem como elementos decorativos e de segurança, e são fabricadas no local a partir de madeira sólida ou montadas a partir de peças pré-fabricadas de compensados, plásticos, fibra de vidro ou metal. Cercados de madeira, particularmente em *decks* abertos, requerem manutenção regular e substituição por causa da exposição às condicionantes naturais de degradação intemperismos. Embora os produtos de metal, fibra de vidro e outros alternativos apresentem um impacto ambiental inicial maior do que a madeira, são mais duráveis e não exigem substituições frequentes – o que os tornam uma boa opção para uma casa verde. Todas as grades, particularmente aquelas feitas de madeira, devem ter topos inclinados para drenagem da água, assim como os pilares intermediários.

Paredes baixas ou instaladas até a cobertura e usadas como barreira contra o vento ou para privacidade em varandas deveriam ter acabamento somente de um lado, ou, se nos dois lados, ser construídas como colunas de madeira maciça com ventilação na parte superior e na base para permitir que sequem.

Treliças são estruturas que podem fornecer sombras parciais, uma estrutura para vinhas e uma sensação de fechamento para *decks* e pátios. Geralmente feitas de peças entrelaçadas de madeira, bambu ou metal, as treliças devem ser construídas para suportar os elementos e garantir máxima durabilidade. Como as estruturas do *deck*, devem ser revestidas apropriadamente de modo a se obter uma WRB no ponto em que se conectam com as paredes da casa. As colunas de suporte devem ser construídas com materiais resistentes à deterioração ou completamente revestidas na parte de cima e ventiladas no topo e na base. As vigas de cima com vários membros devem ser separadas com espaçadores ou revestimento sobre o conjunto para mantê-las protegidas de água (Figura 10.19). Vigas únicas ou pergolado** devem ter revestimento de metal ou topos inclinados para drenar a água, e toda madeira exposta ser selada regularmente para prolongar a durabilidade.

Telhados

Os telhados de varandas não diferem dos de prédios, exceto que normalmente não são isolados (ver Capítulo 7 para mais detalhes sobre a construção). Se houver a possibilidade de uma varanda ser fechada no futuro para se tornar um espaço de estar, o isolamento do telhado ou teto pode ser vantajoso. Deve-se também considerar a possibilidade do uso de forração do telhado com barreira radiante em climas quentes para manter a varanda mais fresca. Beirais amplos ajudam a manter a chuva longe e protegem as colunas, as grades e o piso de danos. Conforme descrito no Capítulo 3, um beiral amplo é um abrigo, assim como uma varanda ou outra proteção que se estende além de uma janela ou entrada.

Na construção de varandas, um elemento crítico é manter a construção vedada e como se comporta o envelope da construção no ponto em que os telhados encontram a casa. No ponto em que o telhado do primeiro andar faz interseção com uma parede da fachada, deve-se ter muito cuidado para evitar a troca térmica da parede para dentro do volume do telhado da varanda (Figura 10.20). Telhados de varandas que

---

* Barras e tábuas de plástico são produtos industrializados que podem ser adquiridos por comprimento, volume ou fardos, na forma bruta, podendo ser matéria-prima para a construção de colunas, *decks* e outras aplicações. Desse modo, colunas de plástico podem ser construídas no local, podendo, neste caso, ser cortadas e adaptadas às dimensões e condições locais, ou ser pré-fabricadas, vindo como tábuas ou barras já no tamanho e com pontos de fixação (*kits* de fixação, incluindo pregos, conexões e insertos metálicos, que podem ser adquiridos juntos), podendo até mesmo vir pintadas e com sistemas de aeração superior e inferior. (S.H.O.)

** Pergolados costumam ser feitos de ripas de madeira, formando uma retícula, mas também podem ser de metal, e, para evitar quedas de folhas, podem ser instaladas telas, que necessitam de limpeza para se manter livres de problemas decorrentes do acúmulo de folhas, como a geração e a proliferação de fungos e mofos. Podem ser também de vigotas metálicas, que podem ser substituídas por rede de cabos com telas; mais recentemente já se encontram placas suspensas de vidros de baixa transmitância. (S.H.O.)

Figura 10.19 Vigas superiores devem ter vários membros separados com espaçadores ou acabamentos sobre o conjunto para mantê-las protegidas de água.

são uma extensão do telhado principal da casa podem exigir uma parede que se alinhe à parede da casa ou um isolamento no alinhamento do telhado, do teto e de qualquer aresta para manter uma envoltória térmica completa (Figura 10.21).

Claraboias ou domus trazem iluminação extra sem impactar no consumo da energia quando usados em ambientes internos. Eles podem iluminar a própria varanda e as janelas e portas que estão sob a sombra do telhado da varanda.

Tela

Em climas e locais com muitos insetos, a tela pode estender, de maneira significativa, o tempo que uma varanda é útil aos moradores, no sentido de ser um espaço mais aproveitado e desfrutado. Quase toda varanda com um pavimento sólido e um telhado pode ser protegida com telas; entretanto, um planejamento prévio do local das telas e dos métodos de instalação é fundamental para que o projeto seja bem-sucedido. Sacadas com telas e portas grandes para acesso aos espaços interiores podem tornar uma casa muito maior em períodos de temperaturas moderadas, sem a inconveniência de telas em portas individuais. Em climas frios, painéis que protegem as residências contra

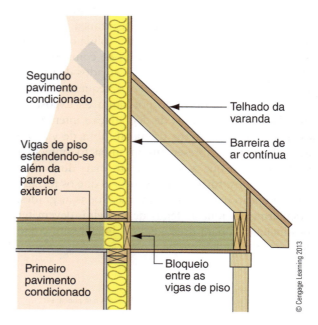

Figura 10.20 A casa deve estar isolada de espaços não condicionados como varandas. São comuns perdas térmicas pelas aberturas entre vigas laterais.

os efeitos de tempestades e furações podem ser instalados para estender a utilidade de uma varanda em outras estações do ano.

instalados com parafusos ou clipes, ou podem ser instaladas com suportes de encaixe, como SCREENEZE® (Figura 10.22) ou Screen Tight™.

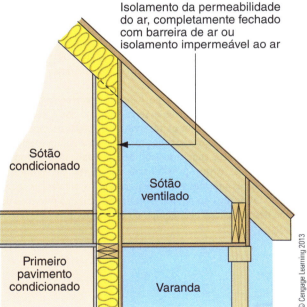

Figura 10.21 Quando se isolam as linhas do telhado para criar sótãos "condicionados", deve-se manter completamente fechado o envelopamento da construção (imagem superior). Uma parede divisória especial (parede junto ao beiral no sótão) pode ser necessária entre o espaço do sótão condicionado e o não condicionado, assim como sobre as varandas (imagem inferior).

A colocação de tela em uma varanda normalmente requer painéis estruturados entre colunas que reduzem o espaço de ajuste das dimensões da tela. As telas em si podem ser definidas em quadros metálicos que são

Figura 10.22a Telas de varanda podem ser encaixadas em um suporte, como este sistema SCREENEZE®, que utiliza uma cantoneira em alumínio e cobertura de vinil.

Figura 10.22b Sistema SCREENEZE® instalado.

PALAVRA DO ESPECIALISTA – BRASIL

Uma casa na montanha
Fazenda Kui-Haz – Igaratá/SP – 2013/2015

A demanda para o projeto da sede de uma fazenda de eucaliptos no interior de São Paulo, na cidade de Igaratá, trouxe para o nosso escritório um desafio que foge do contexto dos projetos habituais. Sua localização, a geografia do local e especificamente a topografia do lugar escolhido para a construção da casa configuraram uma situação peculiar e instigante pelos desafios a serem vencidos.

As limitações de acesso pela declividade acentuada, não apenas do entorno imediato da obra como também de toda a região, impuseram restrições ao acesso de materiais e equipamentos, e as demandas do cliente quanto ao tipo de construção e programa acentuaram as restrições e limites a serem respeitados no projeto.

O local escolhido – o topo de um morro, limitado a sudeste por um gasoduto, a nordeste por uma grota de mata original, configurando uma Área de Preservação Permanente (APP), e a sudoeste e noroeste declividades entre 40% e 50% – proporcionou, de antemão, a interpretação do lugar como um panóptico, com uma vasta visualização da paisagem composta por sequências de morros que inspiram a concepção de uma casa voltada para o encanto do panorama do entorno.

O programa solicitado pelo cliente configura a típica casa para descanso e também sede da Fazenda Kui-Haz, especializada no cultivo de eucaliptos: quartos para a família (casal e dois filhos) e futuros hóspedes (familiares e amigos do casal e das crianças) alocados em bloco independente e isolado, proporcionando a desejada privacidade, e generosa área social comum, com cozinha, estar e lazer (churrasqueira) organizados como espaço contínuo e com vista panorâmica dos arredores. Essa área ainda se conecta, em todo seu entorno, com um generoso *deck* de madeira, que recebe em uma de suas laterais a piscina linear, da qual é possível usufruir da paisagem quer se esteja dentro da

Valéria Santos Fialho Graduada em Arquitetura e Urbanismo pelo Centro Universitário Belas Artes de São Paulo, é mestre e doutora em Arquitetura e Urbanismo pela Faculdade de Arquitetura e Urbanismo da Universidade de São Paulo (FAU-USP). Atualmente, coordena o Bacharelado em Arquitetura e Urbanismo do Centro Universitário SENAC, onde também atua como pesquisadora. No SENAC Santa Cecília coordena o curso de pós-graduação em Arquitetura Comercial. É sócia diretora da Nave Arquitetos Associados.

Roberto Novelli Fialho Arquiteto pela Faculdade de Arquitetura e Urbanismo da Pontifícia Universidade Católica de Campinas (PUC-Campinas), mestre pela Faculdade de Arquitetura e Urbanismo da Universidade de São Paulo (FAU-USP) e doutor pela mesma instituição. Diretor do escritório Nave Arquitetos e professor no curso de Arquitetura e Urbanismo da Fundação Armando Alvares Penteado (FAAP) e nos cursos de pós-graduação em Movelaria e Design de Interiores no Senac.

água, quer aproveitando o sol, repousando em sua borda. Como resultado das condições do terreno, sob o bloco dos quartos encontram-se as áreas de apoio e serviços, organizadas em torno de um pequeno pátio de manobras.

A circulação vertical está posicionada estrategicamente na fronteira entre os dois blocos e serve também como centro da alimentação de água, com os reservatórios locados sobre o volume. Para esse bloco das escadas foi desenvolvido um elemento vazado de concreto, com a possibilidade de aplicação de vidros em seus vazios, o que possibilitará um efeito de "lanterna" quando as luzes internas estiverem acesas. Os elementos vazados serão fabricados no próprio canteiro de obra, com formas de silicone desenvolvidas pela equipe do escritório.

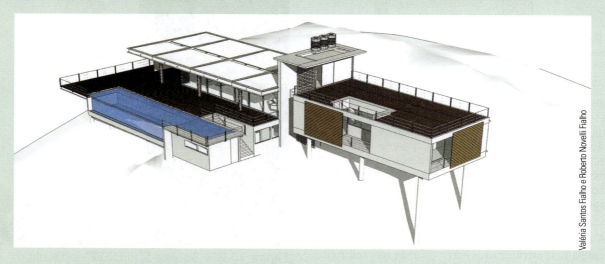

Figura 10.23 Apresentação do projeto Fazenda Kui-Haz.

(continua)

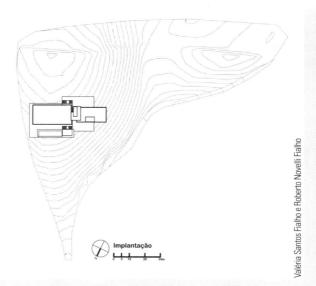

Figura 10.24 O local escolhido.

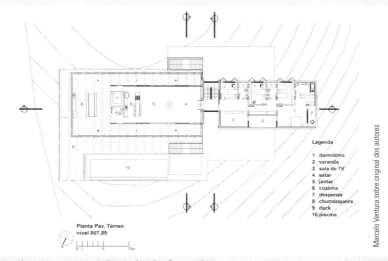

Figura 10.25 Planta do pavimento térreo da sede da fazenda.

A opção pela estrutura mista, metálica para a parte social e de concreto para o bloco íntimo e de serviços, resulta também da busca pela adequação às condições do local, com o mínimo de interferência na topografia do terreno. Procurou-se reduzir ao máximo a movimentação de terra e, onde a ação foi inevitável, a estratégia foi tirar partido da estrutura construída.

Dessa maneira, o volume das áreas técnicas do piso inferior pousa sobre o terreno. É leve, com fechamentos em vidro e cobertura metálica, e foi construído como um jogo de montar, em poucos dias, logo após a consolidação do movimento de terra e construção do bloco de concreto. Assim, a construção foi planejada em etapas, atendendo também aos recursos disponíveis e ao cronograma estabelecido pelo cliente.

A questão da captação e uso da água da nascente teve especial atenção na elaboração do projeto de arquitetura e nos desdobramentos dos projetos complementares. A grota adjacente ao terreno reservado para a implantação da casa, com sua vegetação nativa, e o acentuado desnível entre a cota da nascente e a da construção indicaram que se fizesse uma pequena represa, criando um reservatório, e, a partir deste, a água seria bombeada até os reservatórios superiores. No entanto, optou-se pela escavação, a princípio exploratória, de um pequeno poço, e, constatado o volume de água disponível e observadas as quantidades e variações ao longo de um ano, antes do início das obras e ainda no desenvolvimento dos projetos, este poço foi adotado como fonte para o fornecimento de água com a menor agressão possível ao ecossistema da região.

Nas instalações projetadas para a casa, a proposta foi de criar reservatórios enterrados de água proveniente da fonte e de reúso, coletada do sistema de águas pluviais e ainda outro de águas cinzentas. O sistema de esgotos, previsto com fossa séptica e sumidouro, tem uma configuração escalonada com a tubulação conectada por várias caixas de passagem, em razão da acentuada declividade do terreno e pela sua posição afastada em relação à construção, com desnível de cerca 20 m.

Assim, buscando a menor intervenção possível no sítio e com a otimização de recursos, o projeto, além de responder às demandas do cliente com espaços qualificados, em seus aspectos

(continua)

funcionais e formais, e com especial atenção à valorização da integração com os belos arredores, coloca em questão a importância da busca pela sustentabilidade da construção em sua essência.

Uma casa projetada para se relacionar com a natureza, de maneira a evitar as agressões e o impacto inerentes a esta ocupação. O lugar que impõe a necessidade de autossuficiência, já que apenas a energia elétrica é suprida por concessionária, e o respeito às restrições impostas pela legislação ambiental foram fatores determinantes para que a arquitetura proposta se integrasse à paisagem não apenas em seus aspectos visuais, mas também em suas relações funcionais e na minimização das consequências de sua implantação no meio ambiente.

Dados do projeto:
Arquitetura: Nave Arquitetos Associados
Arquitetos: Valéria Santos Fialho e Roberto Novelli Fialho
Estagiário: Luis Paulo Hayashi Garcia
Projetos complementares: SP Project – Engenheiros Miguel Frasão e Paulo Freire

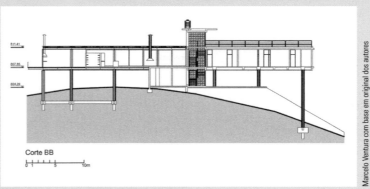

Figura 10.26 Planta da sede da fazenda, corte lateral.

Painéis removíveis ou sistemas de encaixe permitem fácil substituição de telas danificadas. As telas também podem ser grampeadas sobre as guarnições com ripas, o que representa um trabalho maior quando das substituições ou reparo periódico, pois, quando as ripas são extraídas, exigem substituições. As telas também podem ser operadas manual ou eletricamente, abrindo e fechando conforme desejado para proteção contra insetos.

Tela de fibra de vidro revestida de plástico flexível é o produto mais econômico e comum na construção residencial. Telas metálicas feitas de alumínio, aço inoxidável e cobre também estão disponíveis. As telas de fibra de vidro, como todo plástico flexível, normalmente contêm ftalatos e VOCs, embora alguns produtos estejam disponíveis com certificação GREENGUARD[SM], como materiais de baixa emissão.

Cozinhas externas e lareiras

Cozinhar fora de casa em climas quentes pode reduzir gastos do ar-condicionado. Cozinhas externas podem variar desde uma simples grelha até uma cozinha completa com fogão, refrigerador e pia. O combustível mais limpo para se cozinhar é o gás natural, seguido por carvão vegetal. Evite usar briquetes de carvão e butano,* pois os produtos químicos de que estes são constituídos são liberados no ar quando aquecidos.

Lareiras abertas, de madeira ou a gás, podem degradar a qualidade do ar quando instaladas dentro da casa, mas, fora dela, melhoram o local externo para o convívio e ao mesmo tempo evitam problemas de qualidade do ar. Lareiras podem ser construídas em alvenaria ou metal e ser alimentadas por gás ou madeira. Lareiras em áreas externas podem precisar de maior quantidade de combustível para ser acesas por causa do vento, o que pode afetar sua capacidade de ventilar apropriadamente. Evite colocar lareiras em varandas com estrutura de madeira por questão de segurança risco de incêndio. Quando usar lareiras de metal, faça seu revestimento com cuidado para eliminar a infiltração de umidade e permitir a ventilação ao seu redor.

O projeto apresentado nas páginas 313-14 destaca-se pela configuração de um grande *deck* de madeira para o convívio social e lazer, bem como por diversas concepções que visam à maior sustentabilidade da obra.

---

* Além do butano, comumente conhecido como fluido de isqueiro, devem-se evitar também a nafta e o querosene. (S.H.O.)

Considerações sobre reformas

Quando for adicionado um *deck*, pátio ou varanda em uma casa existente, é importante manter o controle da umidade e dos sistemas de infiltração de ar no prédio existente, bem como o controle de água do local. A estrutura para um *deck*, pátio ou telhado de varanda deve ter revestimento integrado com o plano de drenagem da parede para manter a água longe da estrutura. Se a barreira resistente à água – WRB – não estiver completa, considere remover o acabamento exterior e instalar uma nova WRB. Simplesmente anexar a nova estrutura à parede pode causar problemas de infiltração no longo prazo, o que levará a danos estruturais na parede. Um *deck* pode ser construído como uma estrutura independente sem qualquer vínculo direto com a casa, para evitar possíveis problemas de umidade.

Quando construir novas áreas de convívio externas em uma casa, determine como é o sistema de drenagem do local e certifique-se de que nenhuma mudança seja feita diretamente na casa nem venha a criar problemas de erosão no jardim.

Resumo

Decks, pátios e varandas podem oferecer espaços de convívio confortáveis e eficientes, com a vantagem de lindas vistas e ar fresco. Quando construídos corretamente, podem melhorar a durabilidade da estrutura, protegendo as paredes contra infiltração de água e reduzindo o uso de energia por meio de sombreamento de janelas e menor aquecimento, exigindo menos do ar-condicionado. Espaços externos de convívio incorporados em um projeto são partes importantes de um projeto sustentável.

Questões de revisão

1. Qual é a melhor maneira de vincular um *deck* a uma casa existente?
   a. Instalar uma estrutura diretamente no revestimento ou na alvenaria.
   b. Instalar pilares e uma estrutura não vinculados à parede da casa.
   c. Remover o revestimento e instalar a estrutura do *deck* diretamente na alvenaria estrutural.
   d. Construir o *deck* em nível.
2. Qual das seguintes alternativas não é uma consideração importante na construção de um telhado para varanda?
   a. Criação de um envelope térmico completo em que o telhado encontra a casa.
   b. Revestir a interseção com paredes externas.
   c. Integração do telhado com a parede que forma uma barreira resistente à água – WRB.
   d. Refletividade do telhado.
3. Em clima quente e úmido, varandas podem fornecer qual dos seguintes benefícios?
   a. Permitir iluminação extra nas salas que têm abertura para a varanda.
   b. Fornecer espaço para banho de sol em clima agradável.
   c. Fornecer sombra fresca e proteção contra chuva.
   d. Aumentar a capacidade de secagem do revestimento externo.
4. Em climas amenos, secos e sem insetos, e em um piso da casa definido com 122 cm acima do nível da edificação, que espaço externo de convívio é a escolha mais apropriada?
   a. Pátio
   b. *Deck*
   c. Varanda com telas
   d. Lareira externa
5. Qual das seguintes alternativas é uma solução eficiente para fornecer iluminação às salas adjacentes às varandas cobertas?
   a. Instalações de luz elétrica de alta eficiência
   b. Claraboias e domus
   c. Piso reflexivo e pintura de teto
   d. Varandas com tetos baixos
6. Qual das seguintes alternativas é o elemento mais crítico de varandas no segundo pavimento e sacadas quando construídas sobre espaços com acabamentos inferiores?
   a. Altura do teto
   b. Material de acabamento do piso
   c. Revestimento impermeável e conexões para pilares
   d. Integração da estrutura do piso à parede da casa
7. Qual dos seguintes detalhes fornece maior facilidade para substituição de revestimento de varanda e *deck*?
   a. Parafusos de fixação
   b. Instalação de prego
   c. Acabamentos com pintura
   d. Aplicação de cola e prego
8. Qual das seguintes estratégias é mais apropriada para evitar danos por cupim em *decks* e varandas?
   a. Instalar pilares de madeira tratada sob pressão em valas para apoiar a estrutura.
   b. Usar madeiras naturalmente resistentes à deterioração, como cedro ou pau-brasil, na estrutura.
   c. Manter toda terra no mínimo 15,2 cm abaixo do nível de enquadramento da madeira.
   d. Inclinar a grade em direção à fundação abaixo de *decks* e varandas.
9. Qual dos seguintes materiais seria uma opção menos sustentável para um *deck*?
   a. Cloreto polivinílico celular virgem

b. Ipê certificado pelo FSC
c. Alumínio com conteúdo reciclado
d. Forração plástica com conteúdo reciclado
10. Qual das seguintes alternativas é o material mais apropriado para um piso de varanda que é próximo do solo (aproximadamente 10 cm acima do nível do terreno) em um clima moderado?

a. Estrutura de revestimento tratado sob pressão com forração de conteúdo reciclado
b. Laje abaixo do solo
c. Estrutura de revestimento tratado sob pressão com forração de ipê certificado pelo FSC
d. Laje sobre o solo

Questões para o pensamento crítico

1. Discuta as principais decisões na escolha entre varandas, *decks* e pátios.
2. Quais benefícios uma varanda pode fornecer em relação ao que um *deck* ou um pátio não podem?
3. Compare as vantagens e desvantagens de varandas, *decks* e pátios do ponto de vista da durabilidade.

Palavras-chave

Administração Atmosférica e Oceânica Nacional (NOAA)
deck
ipê
madeira naturalmente resistente à deterioração
madeira termicamente tratada
pátio
sacada francesa
treliça
varanda

Glossário

Administração Atmosférica e Oceânica Nacional (Noaa – National Oceanic and Atmospheric Administration) agência federal norte-americana que reúne dados globais sobre oceanos, atmosfera, espaço e sol.

deck estrutura elevada e sem teto anexa a uma casa.

ipê madeira sul-americana muito forte e naturalmente resistente a insetos e deterioração.

madeira naturalmente resistente à deterioração refere-se a madeiras como pau-brasil, cipreste, acácia, treixo e ipê, que não são propensas a danos por umidade.

madeira termicamente tratada produzida pela exposição da madeira a altas temperaturas e vapor, o que a transforma em um produto não afetado por insetos ou apodrecimento.

pátio espaço exterior cercado para refeições ou recreação que pode se juntar à casa e muitas vezes é pavimentado.

sacada francesa conjunto de portas com um corredor externo que pode ampliar o espaço interno.

treliça estrutura usada para fornecer sombra ou apoio para plantas trepadeiras; geralmente feita de peças entrelaçadas de madeira, bambu ou metal.

varanda estrutura aberta não condicionada com telhado vinculado ao exterior de uma construção que, muitas vezes, forma uma entrada coberta ou um espaço externo de convívio.

Recursos adicionais

Construção de casas inteligentes:
http://www.finehomebuilding.com/pages/build-a-deck.asp
http://www.finehomebuilding.com/Design/Porches-and-Patios/93396.aspx?channel=2

Paisagismo

Este capítulo apresenta estratégias para criar locais sustentáveis que minimizem impactos ambientais negativos e diminuam o consumo de energia e água. Paisagismo inclui nivelamento, plantas, pavimentos, paredes, cercas, aproveitamento de água da chuva, irrigação e recursos de água, exerce uma importante função no efeito de ilhas de calor local e no gerenciamento de água e é um componente fundamental nas estratégias de eficiência solar e de energia passiva. Estratégias de captação da água da chuva, irrigação e renovação são questões adicionais abordadas neste capítulo. Telhados verdes, que são abordados no Capítulo 7, podem ser partes importantes no paisagismo e no plano de controle de água de chuva em geral.

OBJETIVOS DO APRENDIZADO

Após a leitura deste capítulo, o aluno será capaz de:
- Descrever os efeitos do paisagismo sobre o consumo de energia.
- Identificar métodos para reduzir o consumo de água por meio de decisões de paisagismo.
- Explicar a influência que o paisagismo tem sobre o efeito de ilhas de calor.
- Descrever sistemas de irrigação eficientes.

Princípios da construção verde

 Eficiência energética

 Eficiência de recursos

 Durabilidade

 Uso eficiente da água

 Impacto reduzido na comunidade

 Educação e manutenção para o proprietário

 Desenvolvimento local sustentável

Planejamento do paisagismo

Paisagismo compreende todos os recursos externos de uma casa, incluindo elementos naturais e construídos, e está dividido em dois tipos: *softscape* e *hardscape* (Figura 11.1). *Softscape* refere-se a elementos vegetados de um paisagismo, como plantas e solo; *hardscape*, a elementos não vegetados, como pavimentação, passagens, estradas, muro de contenção, instalações básicas, fontes e lagos. O paisagismo serve como introdução para uma casa e uma divisória entre ela e a vizinhança. Desde os grandes locais suburbanos e rurais até minúsculos lotes urbanos, *softscapes* e *hardscapes* são partes importantes da construção verde e renovação. Quando projetados e construídos de modo apropriado, ajudam a manter a absorção da água, permitindo que infiltre nos solos e reabasteça os aquíferos, reduzindo assim o fluxo de poluentes nas

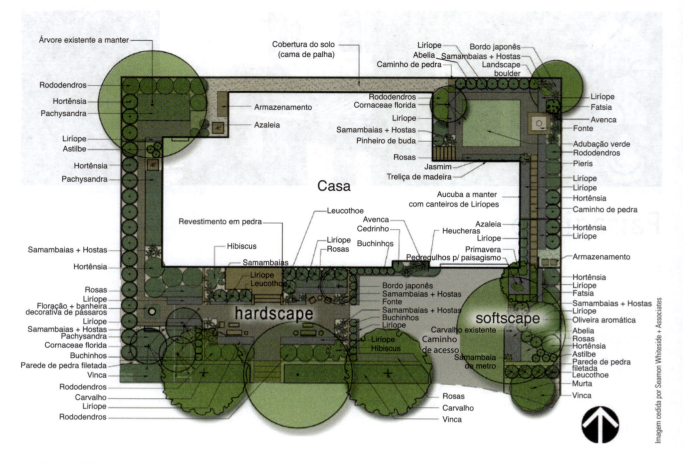

Abaixo, informações sobre as plantas menos conhecidas, para facilitar a caracterização proposta no projeto:

1. Rododendro: planta da família das ericáceas, que reúne mais de mil espécies, entre as quais as azáleas.
2. Pachysandra: tipo de planta para forração perene, como subarbustos, pertencente à família Buxaceae, que prospera na maioria dos locais com solo úmido.
3. Liríope: planta herbácea, perene, rizomatosa e florífera, com aspecto de grama e popularmente utilizada como forração.
4. Astilbe: planta perene, com folhagem tipo samambaia colorida e florescência pequena e delicada, popularmente conhecida como maria-sem-vergonha.
5. Hosta: planta herbácea perene com mais de 45 espécies, como lírios plátanos, adequadas a locais sombreados e crescem de rizomas.
6. Vinca: planta muito rústica e pouco exigente da família Apocynaceae, com delicadas flores simples, róseas, com o centro em tonalidade mais forte.
7. Leucothoe: arbusto pertencente à família Ericaceae, que atinge de 1 m a 3 m de altura, cujas flores, produzidas em cachos 3 cm a 15 cm de comprimento, têm a forma de sino, medem de 4 mm a 20 mm de comprimento, e são brancas ou, ocasionalmente, rosa.
8. Aucuba: arbusto da família Garryaceae, ideal para solos úmidos, com floração branca ou rosa.
9. Abelia: planta arbustiva de pequeno porte da família das Caprifoliaceae, com folhas de aspecto simples, muito florífera e bastante ramificada, excelente para a formação de cercas.
10. Fatsia: planta tropical pertencente à família Araliaceae, cujo período de floração depende do clima, e suas folhas grandes e pesadas atingem cerca de 30 cm de largura do topo ao caule, o que, muitas vezes, levam a planta a inclinar-se para um lado.
11. Murta: planta arbustiva perene, com muitos ramos e flores, em geral, brancas, e ocasionalmente rosadas, que pode crescer até 5 m de altura.

Figura 11.1 O paisagismo está dividido em elementos *hardscape* e *softscape*.

vias fluviais e a necessidade de bueiros e esgotos adicionais. A seleção e o plantio das espécies apropriadas ao clima da região podem ajudar a reduzir o consumo de água e energia.

PALAVRA DO ESPECIALISTA – BRASIL

As escalas dos projetos de paisagismos e suas integrações

O paisagismo pode ser dividido de acordo com dois aspectos: a dimensão da área projetual e o objetivo de atendimento primário, que, neste caso, pode ser público, privado, comercial, institucional, residencial unifamiliar ou multifamiliar. Portanto, para cada aspecto do paisagismo existe uma abordagem dos tópicos de aprendizado e da forma como os princípios da construção verde e sustentável causarão impacto.

Pode-se projetar o paisagismo em áreas extremamente reduzidas, como varandas de edifícios, floreiras e pequenas áreas de jardins que ocupam os recuos das edificações e que estão dentro das áreas mínimas impostas pelas legislações de uso e ocupação, ou em áreas medianas, que englobam espaços com dimensões superiores aos recuos mínimos, deste modo participando e contribuindo com as drenagens e maior permeabilidade dos terrenos nas áreas urbanas.

Ponderar e projetar o paisagismo significa abordar os fluxos e movimentos que realizamos de nossas casas para o quintal, de nossas vistas e saídas (portas, janelas, mirantes) para as ruas e vizinhos, de nossas ruas para a nossa vila ou bairro, e daí para outros lugares e para a cidade. Trata-se, portanto, da integração de áreas diminutas com grandes áreas, como de parques, áreas comuns em loteamentos, destinadas à preservação permanente (APP) e, em uma visão maior e não na condição formal de dimensão e atendimentos legais, mas em impacto verde, áreas em que o empreendimento imobiliário foca no resgate da paisagem urbana mais verde e sustentável.

Assim, o paisagismo, tanto de áreas reduzidas como das grandes, deve ponderar sobre a inserção da área estudada/projetada na cidade e o modo como essa inserção se fará de forma mais sustentável, gerando um desenvolvimento local. Exemplos disto são projetos com elementos mais permeáveis e potencial vegetável e de baixa manutenção para residências, e também a ocupação de grandes áreas e terrenos contaminados, até mesmo com plantas, para processos fitorremediadores, que abordaremos a seguir, ou de regiões degradadas diante da necessidade de remodelação de territórios antes ocupados por galpões industriais ou por manufaturas com contaminantes, bem como na redução de terrenos vagos para novas construções.

Profa. Dra. Sasquia Hizuru Obata Engenheira civil pela Fundação Armando Alvares Penteado (FAAP), licenciada em Formação de Professores de Disciplinas pela Universidade Tecnológica Federal do Paraná (UTFPR), especialista em Administração de Empresas pela FAAP, mestre em Engenharia Civil pela Universidade de São Paulo (USP), doutora em Arquitetura e Urbanismo pela Universidade Mackenzie.

Portanto, ponderar sobre o paisagismo de grandes áreas urbanas, no caso de cidades e centros urbanos, pode se iniciar pelo uso e ocupação de áreas degradadas que propiciam o redesenvolvimento de um local e sua requalificação, recriando-se, assim, a paisagem urbana. Sabe-se que essa ação depende de grandes investimentos para a descontaminação do solo, bem como depende de se abrir mão de áreas edificáveis em favor de ações de preservação permanente de áreas e de busca pela manutenção de cobertura vegetal, entre outros requisitos.

Apesar de isso depender de um mercado e de profissionais que desenvolvam tal condição, vale conferir o próximo boxe "Palavra do epecialista – Brasil" (Paisagismo como fitorremediação: um processo natural de descontaminação de solos). Nele é possível constatar que, mais do que conhecimento e experiência, é preciso ter interesse, que tanto pode ser no mercado imobiliário em si, mas ir além disso, como o interesse em transformar as paisagens urbanas, em procurar saber como viabilizar a ocupação de áreas degradadas ou evitar impactos ou remediar um passivo, ou em transformar uma paisagem inadequada e ruim com ações paisagísticas, como a construção e a preservação de jardins comunitários, a implantação de hortas em praças públicas e de estações de compostagem em condomínios, a construção de lagoas filtrantes, a preservação de nascentes, de parques e de jardins lineares em passeios, entre outras ações.

Como visto no Capítulo 3 e no início deste, o planejamento do paisagismo deve ser parte integral do projeto desde o início, em que deve ser feita uma pesquisa do local para identificar áreas sensíveis, como árvores maduras, habitats de vida selvagem, plantas nativas existentes e pântanos adjacentes. O projeto também deve excluir plantas invasoras, se existentes devem ser removidas e avaliados os problemas potenciais de drenagem das chuvas. Espécies invasoras são plantas não nativas, ou seja, não originárias de determinado local, que tendem a se espalhar agressivamente para onde são levadas. Esta espécie prolifera sem controle e passa a representar ameaça para espécies nativas e para o equilíbrio dos ecossistemas que ocupa, bem como transformando-o a seu favor. A construção e o trabalho no local devem ser planejados para minimizar qualquer atividade em zonas críticas das raízes de árvores maduras que permanecem no local. Plantas nativas existentes devem ser identificadas e incorporadas no projeto ou realocadas. O desenvolvimento próximo a pântanos e esgotos deve ser evitado, áreas de proteção existentes devem ser mantidas ou novas ser criadas para proteger essas áreas sensíveis contra transtornos durante e após a construção.

O paisagismo pode criar áreas privadas ou espaços que funcionam bem com *decks*, varandas e pátios para fornecer espaços de convívio incondicionados. Espaços externos podem ser definidos por qualquer combinação de cercas, paredes, treliças e plantas. Cercas e paredes podem ter vinhas e trepadeiras verticais para oferecer boa vista, privacidade, fragrância e mesmo alimentos aos ocupantes.

Os jardins frontais tradicionais nas residências americanas são locais públicos ou semipúblicos que, quando projetados de forma eficiente, encorajam a interação da comunidade, deixando os jardins dos fundos para espaços privados. Por corresponder a áreas de desenvolvimento urbano compacto em que se tem a limitação para implantação de jardins, o espaço posterior das casas, que seria correspondente ao jardim privado, deve, então, ser destinado para vias de pedestres/passagens e garagens. Locais sem jardins dos fundos podem ter o benefício da semiprivacidade; por outro lado, nas casas com jardins frontais, estes são configurados como cortinas que fornecem uma separação parcial da rua com a casa.

A composição "água e fogo" pode servir de estratégia decorativa dos espaços exteriores. Lagos artificiais, fontes e cascatas fornecem estímulo visual e auditivo, tornando os jardins locais agradáveis para relaxar. Lareiras externas, chaminés e churrasqueiras fornecem pontos focais adicionais e locais de reuniões no entardecer.

PALAVRA DO ESPECIALISTA – BRASIL

Paisagismo como fitorremediação: um processo natural de descontaminação de solos

O paisagismo pode ser um projeto temporário, e, em um processo de descontaminação do solo, ser algo que resulte um espaço aberto vegetado, caso os níveis contaminantes permitam, ou uma área de contemplação, para que se torne um terreno viável a empreendimentos.

Essas ações, ainda que não sejam novas, têm bases comuns, e hoje representam as novas fronteiras de estudos mais passivos, mais verdes e mais amigáveis ao ambiente.

Muitas vezes ouvimos de pessoas que têm jardins, que fazem sua manutenção ou que estão envolvidas de alguma forma com plantas e plantações frases como "só o mato cresce", este sendo sempre caracterizado como "erva daninha". Mas o "mato" ou a "erva daninha" sempre aparece porque pertence a uma categoria de plantas muito adaptadas a condições desfavoráveis de solo e de clima que germinam, crescem, se desenvolvem e se espalham com grande facilidade, competindo com aquelas que desejamos que cresçam, e, no caso de plantações como negócio, reduzem a lucratividade e exigem manejos intensivos.

A condição de resistência e de adaptabilidade das ervas daninhas tem origem na seleção natural, e isso vem sendo a nova fronteira de estudos para a fitorremediação, uma vez que, mesmo em terrenos contaminados, constata-se a presença de diversas ervas daninhas que estão absorvendo e transformando os compostos tóxicos do solo em elementos menos agressivos ou os estão conduzindo a níveis que não afetam a saúde do homem.

A importância do estudo e da escolha de plantas que atuam como "trabalhadoras biorremediadoras" para a descontaminação do solo e para o tratamento de nossos resíduos, rejeitos e efluentes reside no fato de que não se está lidando com equipamentos dependentes de energia, exceto a solar, e que as plantas podem ser definidas conforme a profundidade que suas raízes atingem, de modo a chegar ao nível da contaminação.

Profa. Dra. Sasquia Hizuru Obata *Engenheira civil pela Fundação Armando Alvares Penteado (FAAP), licenciada em Formação de Professores de Disciplinas pela Universidade Tecnológica Federal do Paraná (UTFPR), especialista em Administração de Empresas pela FAAP, mestre em Engenharia Civil pela Universidade de São Paulo (USP), doutora em Arquitetura e Urbanismo pela Universidade Mackenzie.*

Fernando A. Silveira

As áreas vegetadas também causam impacto no controle erosivo do solo, por reduzirem o escoamento, em razão de ações eólicas e hídricas, e na redução do carreamento de contaminantes para o ar e para o solo, e, consequentemente, para o lençol freático e também rios e corpos d'água.

No caso de corpos d'águas (lagoas), as plantas aquáticas também podem atuar na ação de biorremediação e na incorporação de oxigênio, mas é preciso estar atento aos casos de supervegetação, devendo os resíduos de aprodrecimento ser manejados antes que sejam depositados no fundo da lagoa ou mesmo transportados.

É claro que o grau de contaminação, a extensão da área e os tipos de contaminantes podem tornar o solo e as águas totalmente estéreis e inviáveis, ou mesmo exigir prazos extremamente longos para sua descontaminação. No caso de negócios imobiliários, a viabilidade pode apontar outros processos ou indicar o balanço para corte do solo contaminado e seu destino, assim como o destino a ser dado à vegetação após a remediação, ou seja, quais serão mantidas e quais serão descartadas.

Quanto ao descarte, os equipamentos a serem utilizados são os comuns de agricultura, e o volume pode ter grande potencial como biomassa para a geração de energia. A atuação de um profissional habilitado pode comprovar se os compostos tóxicos foram degradados, exceto os metais pesados, e se é possível utilizar o material para compostagem e para a incorporação de matéria orgânica ao solo.

Atualmente, as tecnologias de fitorremediação, apresentadas no boxe a seguir, já estão bem identificadas, podendo-se delimitar seu uso e especificações corretas para cada caso, desde que as condições do solo e caracterizações sejam previamente benfeitas.

PALAVRA DO ESPECIALISTA – BRASIL

A fitorremediação

A fitorremediação emprega plantas para a limpeza de ambientes poluídos com contaminantes orgânicos e inorgânicos no solo e na água, como metais pesados, agrotóxicos, solventes clorados e subprodutos tóxicos da indústria. Diferentes processos de fitorremediação, com base nos processos fisiológicos das plantas e na seletividade natural ou desenvolvida, podem ser empregados na descontaminação, como fitoestimulação, fitoextração, fitoestabilização, fitovolatilização e fitodegradação.

A fitoestimulação pode ser utilizada em ambientes contaminados por compostos orgânicos hidrofóbicos que não podem ser absorvidos pelas plantas. Consiste no estímulo à atividade microbiana promovida pelo crescimento das raízes que atuam na degradação do composto no solo; de outro modo, pode-se dizer que as raízes em crescimento promovem a proliferação de micro-organismos de degradação que usam a planta como fonte de carbono e energia.

A fitoextração consiste na absorção dos contaminantes pelas raízes e partes aéreas das plantas, que podem ser recicladas posteriormente, por exemplo, para recuperação do metal pesado.

Melina Kayoko Itokazu Hara é bacharel em Química pela Universidade Federal de São Carlos, com experiência em fotoquímica inorgânica e atuando em temas como dispositivos moleculares (fotossensor/célula solar/fotointerruptores), mestra e doutora em Química Inorgânica, e licenciada em Química pela Universidade de São Paulo, atuando também como colaboradora, além de ser professora e coordenadora do curso superior de Tecnologia em Construção de Edifícios da Fatec Tatuapé e professora da Universidade Guarulhos.

A fitoestabiliação utiliza as plantas para minimizar a mobilidade de metais em solos contaminados mediante a acumulação nas raízes; assim, os contaminantes são incorporados na parede vegetal ou ao húmus do solo.

A fitovolatilização baseia-se na capacidade de plantas em remover os poluentes do meio pela volatilização desses compostos. Nesse processo, os poluentes podem ser transformados em gases por meio de vários processos metálicos internos.

Na fitodegradação, mediante processos enzimáticos, as plantas degradam os poluentes orgânicos, como herbicidas e trinitrotoluenos, de modo que os contaminantes são degradados ou mineralizados dentro das células vegetais.

Componentes do paisagismo

Paisagismo com plantas e estruturas artificiais fornece interesse visual e suporte estrutural para construções com mudanças de nível. Muitos paisagismos tradicionais não são eficientes em recursos nem em água. Também podem ter um efeito negativo sobre o ambiente por meio de escoamento de água e erosão. Alternativas sustentáveis estão prontamente disponíveis e podem ser implementadas no local com planejamento apropriado. A seguir, apresentam-se alguns métodos e elementos de paisagismo:

- *Pátios* fornecem espaços externos de convívio que tiram vantagem do sol para fornecer aquecimento em dias moderados.
- *Pavimentação* (método e material) é necessária para muitos pátios, passeios, passarelas e calçadas.
- *Muros de arrimo* são usados para transformar declives em áreas planas para construções e jardins, ou para conter as raízes de árvores longe de zonas de construção.
- *Cercas* e *muros independentes*, com treliças vegetadas e fileiras de árvores, oferecem privacidade e quebra-ventos, enquanto ajudam a definir os limites dos espaços externos de convívio.
- *Softscapes*, como gramados, coberturas de solo, arbustos e árvores, são parte do trabalho de paisagismo tradicional. Eles fornecem superfícies permeáveis, reduzem o escoamento, fornecem quebra-vento e ajudam a reduzir temperaturas locais por meio da absorção de calor do sol.
- *Nivelamento do terreno*, embora necessário para muitas construções, deve ser feito corretamente para ajudar a controlar a água da chuva durante e após a construção.
- *Sistemas de captação e aproveitamento de água da chuva* ajudam a reduzir o escoamento e podem fornecer água livre para irrigação e uso interior.
- *Jardins de retenção de chuva* são rebaixados. Trata-se de áreas vegetadas que coletam escoamento das superfícies impermeáveis. Depois de coletada, a água pode se infiltrar na superfície e retornar para o fornecimento subterrâneo ou evaporar na atmosfera.
- *Sistemas de irrigação* ajudam a estabelecer e manter plantas no local.
- *Corpos de água*, como piscinas, lagos e fontes, podem ser usados para recreação e atração desejável de vida selvagem, enquanto fornecem sensações estimulantes e sons de áreas externas de convívio.

Pavimento impermeável

Superfícies com pavimento tradicional, como concreto, asfalto, bloquetes e pedras, criam superfícies impermeáveis e permitem maior escoamento e fluxo em excesso da água da chuva. Tais superfícies também podem acentuar o efeito de ilhas de calor. Cada superfície impermeável em uma implantação de construção aumenta a capacidade necessária dos sistemas de escoamento regional e permite que contaminantes, como óleo, gasolina, inseticidas e fertilizantes, escoem de modo conjunto nas vias fluviais.

Uso sustentável de pavimentação impermeável

Concreto, asfalto, pedra e outras superfícies impermeáveis tradicionais podem fazer parte de um projeto sustentável, de modo a limitar a área e direcionar o escoamento para elementos como poços secos, jardins de retenção de chuva ou áreas que são previamente indicadas como pavimentadas que devem manter a água no local destinando a pontos ou áreas para infiltração. Alternativas sustentáveis para concreto padrão são abordadas no Capítulo 5. Alvenaria reciclada, pavimentação moldada com conteúdo reciclado e pedras de pedreiras são boas alternativas.

Pavimentação permeável Em locais em que a pavimentação é necessária, materiais permeáveis à água como parte de uma instalação podem conter e reduzir muito o escoamento local e permitir que a água drene através do solo e filtre poluentes, reduzindo assim a quantidade de vazão da água. Diferente dos materiais tradicionais, a pavimentação permeável permite que a água seja absorvida pelo solo. Dependendo das condições locais e do projeto da pavimentação, pode fornecer capacidade de armazenamento suficiente para eliminar pontos de retenção, valas de infiltração vegetadas e outros requisitos de captação de água. Este tipo de pavimentação pode ser de concreto, asfalto, pavimentação flutuante ou plantas que crescem nas grades estruturais.

Concreto e asfalto permeáveis Concreto permeável combina pequenos agregados uniformes com água e cimento Portland; não há agregados finos nem areia na mistura (Figura 11.2). O resultado é uma pavimentação com vazios que permitem que a água penetre. O concreto é lançado sobre uma sub-base de cascalho de pelo menos 12" (30 cm) que fornece um reservatório de armazenamento para águas pluviais, permitindo que se infiltre no solo (Figura 11.3). Algumas instalações podem incluir um tecido de filtro, geotêxtil, abaixo da sub-base, para reduzir a possibilidade de criar lodo. Instalações de concreto permeável devem ser produzidas para locais e solos específicos e instaladas por um empreiteiro experiente.

Figura 11.2 Concreto permeável contém grandes vazios e uma profunda sub-base que permite que a água penetre facilmente. Este tipo de concreto é fácil de usar em passeios e calçadas.

PALAVRA DO ESPECIALISTA – BRASIL

Reciclagem de áreas urbanas para uma nova paisagem urbana

O *boom* imobiliário experimentado pelas grandes cidades brasileiras nos últimos anos, para implantação notadamente de empreendimentos habitacionais, esgotou o estoque de bons terrenos ainda disponíveis.

Matéria-prima básica da construção civil, os melhores terrenos, tradicionalmente, são os de boa localização e capacidade de aproveitamento. Contam pontos facilidade de acesso, disponibilidade de infraestrutura, topografia favorável e domínio desembaraçado, além das condições favoráveis de aquisição.

Mais recentemente, entretanto, até empresas com larga experiência no mercado se deram conta da existência de novos elementos que passaram a pesar significativamente na viabilização de negócios imobiliários, elementos estes de natureza ambiental. A existência de áreas de preservação permanente, de cobertura vegetal e de contaminação do subsolo

Eng. Helio Narchi *Engenheiro civil e mestre pela Escola Politécnica da Universidade de São Paulo, atua nas áreas de ensino, consultoria e projetos de abastecimento de água, coleta e tratamento de esgotos sanitários, drenagem superficial, resíduos sólidos e licenciamento ambiental, em especial de empreendimentos de desenvolvimento urbano. É professor do Instituto Mauá de Tecnologia, da Faculdade de Engenharia da Fundação Armando Alvares Penteado e da Universidade Secovi, onde atua também na coordenação de cursos.*

implica restrições, e a análise desses elementos passou a ser essencial nos estudos de viabilidade de muitos empreendimentos. As restrições implicadas nos dois primeiros elementos residem na redução do potencial de aproveitamento dos terrenos, além dos custos, atrasos e enormes desgastes decorrentes dos processos de licenciamento de empreendimentos em tais locais.

(continua)

Terrenos contaminados, por sua vez, são os que apresentam solo e/ou águas subterrâneas com teores de substâncias químicas superiores aos permitidos pela legislação. A origem da contaminação pode ter diversas causas, como a má gestão de produtos e resíduos por ocupantes anteriores desses terrenos. Nessas condições, tais locais podem oferecer riscos à saúde humana e ao ambiente, situação que impede sua utilização, em especial para fins residenciais.

A comercialização e a ocupação de unidades habitacionais em terrenos comprovadamente contaminados só podem ser feitas após a remediação do problema e o devido chancelamento pelo órgão ambiental responsável. Das primeiras avaliações de contaminação até a liberação da área para o fim pretendido podem se passar vários anos. O dispêndio de tempo e os custos decorrentes desse longo processo só são suportáveis se realizados de modo planejado. Aí reside a principal diferença entre a gestão desses terrenos de modo precipitado, como se fazia na década passada, quando o esgotamento dos bons terrenos conduziu o interesse imobiliário a imóveis com problemas ambientais, e a condição atual. Pode-se dizer que muitas empresas aprenderam a lidar com o problema, sabendo comprar, administrar a descontaminação e utilizar adequadamente tais áreas.

Para as cidades, esta situação é excelente, pois, sem o interesse imobiliário, a velocidade de descontaminação de terrenos seria muito mais lenta. A Cetesb, agência ambiental paulista, contabiliza em uma de suas últimas relações de áreas contaminadas quase 5 mil unidades em todo o Estado. A boa notícia, entretanto, é que, de modo crescente, com o tempo, a agência informa que muitas áreas foram recuperadas.

A situação é clara: a escassez de terrenos conduziu o interesse imobiliário a áreas que foram contaminadas no passado; essas áreas são adquiridas em condições interessantes; o adquirente investe na descontaminação, e, por fim, as áreas são recuperadas, podendo ser utilizadas para diversos fins. É um ciclo de reciclagem de áreas urbanas e de novas paisagens urbanas, de novas formas para um novo paisagismo das cidades.

O **asfalto permeável** é instalado sobre a mesma sub-base como uma camada de concreto permeável, tendo a mesma estrutura aberta e acabamento similar (Figura 11.4). Embora não seja durável como a pavimentação de concreto, este tipo de asfalto é flexível, o que o torna mais resistente às rachaduras. Pode-se revestir e pavimentar uma superfície com o asfalto impermeável sem remover a camada original.

Pavimentação permeável e porosa Bloquetes e blocos intertravados podem ser instalados como uma superfície permeável, de forma que a água flua entre os blocos em uma sub-base de cascalho, similar ao concreto permeável. Os blocos intertravados e bloquetes são instalados em alinhamentos com cascalho e areia (em vez de argamassa); entre cada bloco há a drenagem. Blocos intertravados ou bloquetes podem ser feitos de concreto, tijolo ou pedras. **Blocos intertravados e bloquetes porosos, conhecidos como cobogramas**, são como grelhas abertas e formam aberturas entre os blocos, que são preenchidas com vegetação ou cascalho, permitindo que a água seja drenada (Figura 11.5).

Outra opção de pavimentação porosa é uma grade plástica, forte o bastante para suportar tráfego de veículo, que normalmente é instalada sobre uma sub-base de cascalho (Figura 11.6).

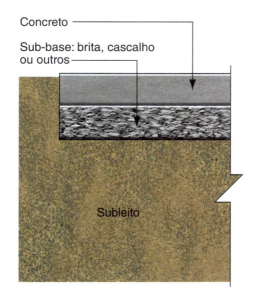
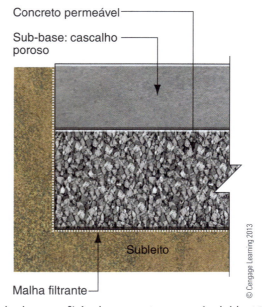

Figura 11.3 Corte típico de concreto permeável. A camada da superfície de concreto permeável (de 15% a 25% em vazios) e a sub-base (de 20% a 40% em vazios) fornecem armazenamento da água da chuva.

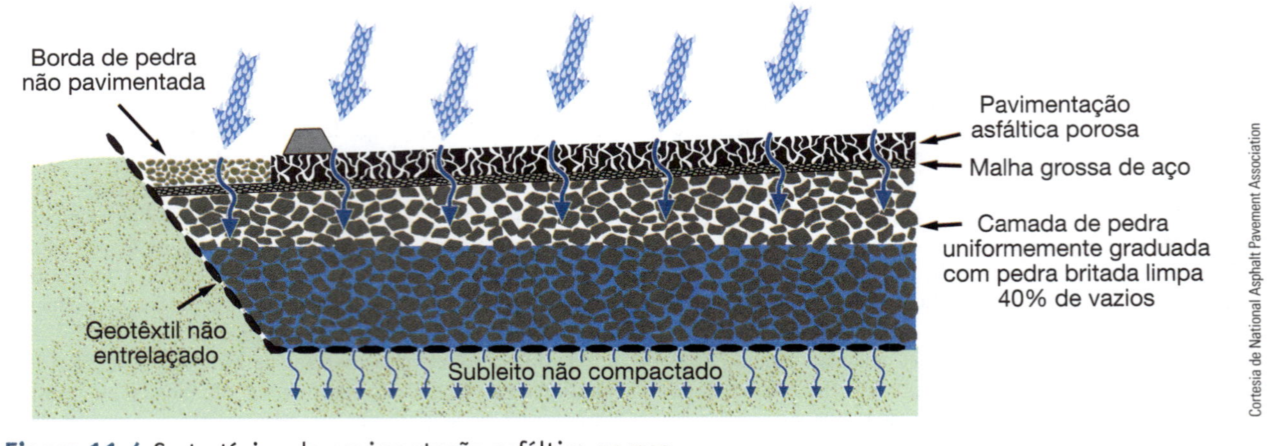

Figura 11.4 Corte típico de pavimentação asfáltica porosa.

Efeito de ilhas de calor devido à pavimentação O paisagismo pode contribuir para a redução do efeito de ilhas de calor absorvendo calor do sol durante o dia e aquecendo o ar, à medida que é liberado no final do dia, o que compensa o processo de resfriamento normal do anoitecer. Quanto mais refletiva for a superfície, menos calor absorverá e liberará. Refletividade, ou albedo, é medida em números decimais entre 0 e 1. Quanto maior o número, mais reflexivo o material. Conforme descrito no Capítulo 7, o índice de refletância solar (SRI) é uma medição alternativa que classifica os materiais entre 0 (baixa reflexividade) e 100 (alta reflexividade). Materiais com um SRI de 29 ou superior em geral são considerados reflexivos e contribuem menos para o efeito de ilha de calor do que materiais de pavimentação mais escuros. A Tabela 11.1 compara o albedo, a emitância e o SRI de vários materiais de pavimentação.

Asfalto e outros materiais de pavimentação de cor escura apresentam SRI mais baixo, e blocos de concreto de cores claras apresentam SRI mais alto. A pavimentação que fica parcialmente na sombra também reduz o efeito de ilha de calor.

Figura 11.6 Grades plásticas estruturais estão disponíveis para transformar superfícies vegetadas em pavimentação porosa. Elas fornecem suporte resistente enquanto protegem os sistemas de raiz da vegetação contra a danosa compactação. Isto permite que as áreas de grama exerçam as funções de pavimento asfáltico ou concreto, mas com aspecto de um gramado.

Muros de arrimo

Muros de arrimo são usados para suportar cortes em nível e as estruturas acima dele, bem como para ajudar a eliminar a erosão em declives. Embora seja preferível o trabalho nos níveis existentes para reduzir a necessidade de muros de arrimo, muitas vezes isto não é possível. Alguns locais requerem esses muros para transformar um terreno em declive em uma área apropriada para construir, enquanto mantêm os aspectos naturais existentes em uma área plana que, de outra maneira, exigiria mais construção. Pedra, concreto, blocos de concreto (CMUs), blocos de concreto

Figura 11.5 Paralelepípedos são uma opção de pavimentação permeável que permite que a água seja facilmente absorvida pela terra.

interligados* e vigas de madeira ou de plástico reciclado são alguns dos materiais disponíveis para muros de arrimo.

Tabela 11.1 Reflexão solar (albedo), emitância e SRI (índice de refletância solar) de superfícies de materiais para pavimentação

Superfície do material	Albedo - Refletância do sol	Emitância	SRI
Pintura acrílica, preta	0,05	0,9	0
Pintura acrílica, branca	0,8	0,9	100
Asfalto novo	0,05	0,9	0
Asfalto antigo	0,1	0,9	6
Laje asfáltica "branca"	0,21	0,9	21
Concreto antigo	0,2–0,3	0,9	19–32
Concreto novo (comum)	0,35–0,45	0,9	38–52
Concreto novo (branco)	0,7–0,8	0,9	86–100

Fonte: Levinson, R. e Akbari, H. Effects of Composition and Exposure on the Solar Reflectance of Portland Cement Concrete. Lawrence Berkeley National Laboratory, nº da publicação LBNL-48334, 2001; Pomerantz, M., Pon, B. e Akbari, H. The Effect of Pavements Temperatures on Air Temperatures in Large Cities. Lawrence Berkeley National Laboratory, nº da publicação LBNL-43442, 2000; Berdahl, P. e Bretz, S. Spectral Solar Reflectance of Various Roof Materials, *Cool Building and Paving Materials Workshop*. Gaithersburg, MD, julho 1994; Pomerantz M.; Akbari H.; Chang S.C.; Levinson R.; Pon B. Examples of Cooler Reflective Streets for Urban Heat-Island Mitigation: Portland Cement Concrete and Chip Seals. Lawrence Berkeley National Laboratory, nº da publicação LBNL-49283, 2002; Heat Island Group, Lawrence Berkeley National Laboratory. Disponível em: <http://concretethinker.com/solutions/Heat- Island-Reduction.aspx>.

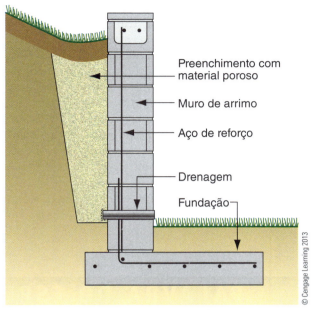

Figura 11.7 Fundação de concreto fornece a estabilidade estrutural para paredes de concreto, alvenaria e pedras.

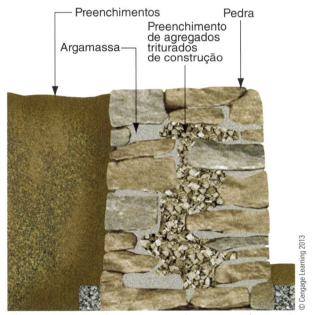

Figura 11.8 Fundações separadas em geral não são necessárias para grandes paredes de pedra, blocos interligados, madeira ou ligações plásticas.

Paredes de concreto, alvenaria e pedra requerem uma fundação de concreto para suportá-las (Figura 11.7). Grandes paredes de pedra, paredes de blocos interligados e paredes feitas de madeira ou aglomerantes plásticos muitas vezes não exigem uma fundação isolada (Figura 11.8). Muros de arrimo são caros e exigem muito material para construção – e são ainda mais caros para reparos ou substituição –; portanto, devem ser projetados para suportar a carga estrutural, bem como a pressão hidrostática criada pela terra ao seu redor. Uma fundação dimensionada corretamente ou a estrutura do muro e a drenagem adequadas por trás são fundamentais para um bom desempenho de longo prazo.

Eis alguns métodos e materiais comuns para muros de arrimo:

- Blocos de concreto intertravados apresentam alta energia incorporada, mas são duráveis e exigem pouca manutenção. Em alguns casos, são a única opção prática disponível para muros grandes.
- Paredes de pedra podem ser de blocos maciços ou de pedras, ou blocos de concreto assentados sobre

---

* Blocos de concreto (CMUs), como apresentado no Capítulo 5, são elementos prismáticos que podem ser assentados configurando-se paredes estruturais com juntas amarradas ou mesmo a prumo, e, dependendo dos esforços e da altura, devem ser dimensionados com armaduras e grauteamentos (preenchimento dos vazios com graute, ou seja, concreto de agregado miúdo); já os blocos de concreto interligados possuem forma geométrica que contempla uma face ou mais, gerando interligação não somente por justaposição entre superfícies planas (ver Figura 11.9), mas também maior resistência transversal, como são os esforços horizontais de empuxo de terra e pressão de água no solo. (S.H.O.)

base de concreto. Os tijolos normalmente são assentados sobre uma base estrutural.
- Pneus reciclados e novos, madeira tratada sob pressão, ligantes plásticos reciclados e outros produtos de madeira são apropriados para muros de arrimo (Figura 11.9). Considere a toxicidade de alguns produtos conservantes e seu impacto no local antes de escolher o produto. Madeiras naturalmente resistentes à deterioração, provenientes de reservas sustentáveis ou recicladas, são opções apropriadas, particularmente em áreas com baixo risco de cupins.
- Lajes e pisos de concreto velhos, quebrados em pequenos pedaços e instalados como pedras, são outra opção para construção de muros de arrimo. Muitas vezes referidas como "pedras urbanas",* as lajes podem ser removidas e recicladas no mesmo local, economizando o custo de descarte e novo material.

---

* No Brasil, utilizamos o termo resíduo da construção civil (RCC) e, no caso específico de estruturas de concreto, são denominados "resíduos de concreto". Já os agregados provenientes de estruturas de concreto são denominados "agregados reciclados" ou "agregados triturados de concreto". Além de concreto, os agregados reciclados incluem argamassas, produtos cerâmicos e outros, por gerarem material granular proveniente do beneficiamento de resíduos da construção civil de natureza mineral. No Brasil há, ainda, a designação "resíduos classe A", com características técnicas adequadas para a aplicação em obras de edificação ou infraestrutura conforme especificações da NBR 15.116/2004 da ABNT. (S.H.O.)

PALAVRA DO ESPECIALISTA – BRASIL
Projeto com muros-jardins de contenção

O desafio desse projeto – uma residência em Cajamar, interior de São Paulo, projetada em 1997 –, era a declividade acentuada e o deságue de águas pluviais de muita intensidade no terreno, constatado pelos constantes problemas de erosão e deslizamentos.

Após levantamento topográfico, decidiu-se por uma terraplanagem com total compensação de terra, sem bota-fora, e com cortes mínimos necessários apenas para a implantação em um pequeno platô no nível −7,00 m, correspondente ao pavimento inferior, que, por sobreposição, sustenta dois andares na forma escalar, apoiado de um lado no pavimento anterior, e do outro, sobre estacas no nível acima.

Procurou-se, então, uma construção com menor impacto na implantação e, com a contratação de um agrônomo, foi realizado o levantamento das espécies da vegetação local, bem como feitas análises de infestações por cupins das árvores e condições para tratamentos, além da caracterização do solo. Com o laudo desses dados, escriturou-se junto à Secretaria de Estado do Meio Ambiente de São Paulo uma área de preservação permanente no fundo do lote, para a qual se procurou delimitar, durante a obra, a maior área possível, destinando-a ao replantio de árvores nativas, uma vez que se conhecia a origem, dado o terreno ser uma parte de um loteamento para o plantio de eucalipto e zona carente de recuperação.

Com um projeto minucioso, no corpo da casa foram construídas somente duas paredes duplas, com a função de isolação da umidade e como infraestrutura de contenção vertical; portanto, procurou-se a menor intervenção no perfil natural do terreno.

Para controlar a erosão e os constantes desmontes provocados por temporais e fornecer estabilidade à construção, bem como para manter a permeabilidade natural e ainda obter uma contenção que fosse uma escada de acesso e se comportasse como um muro vegetado, acessos foram projetados e construídos nos recuos laterais, e, em cada um dos patamares, foram dispostos muros com blocos intertravados, denominados "Terraforce block" (Figura 11.9).

Profa. Dra. Sasquia Hizuru Obata Engenheira civil pela Fundação Armando Alvares Penteado (FAAP), licenciada em Formação de Professores de Disciplinas pela Universidade Tecnológica Federal do Paraná (UTFPR), especialista em Administração de Empresas pela FAAP, mestre em Engenharia Civil pela Universidade de São Paulo (USP), doutora em Arquitetura e Urbanismo pela Universidade Mackenzie.

Figura 11.9 Bloco intertravado Terraforce block.
Fonte: Disponível em: <www.terraforce.com>. Acesso em: 5. jun. 2015.

Na época, o sistema construtivo era pouco conhecido, e percebe-se que até hoje o é, mesmo tratando-se de uma técnica muito simples, que exigiu a forma de autoconstrução, com a atuação de um pedreiro e do casal de proprietários. A construção do muro tem como fundação sapatas corridas estreitas e armadas, com espessura de 15 cm sob os blocos, e, como se vê em detalhe da Figura 11.10, todo o seu alinhamento forma curvas. Para se obter um sistema drenante, utilizou-se ao pé dos muros, e em contato com os blocos, uma camada de predisco e areia contida por uma manta geotêxtil.

Os muros foram sendo construídos por faixas, de forma a obter a compensação da terra, e inseriu-se cal para corrigir o solo e fornecer adubo natural para o plantio.

Foram selecionadas as plantas mais comuns no local; nas faces mais úmidas e com sobreamento foram adotadas samambaias e avencas ordinárias típicas (mudas que foram sendo prepara-

(continua)

das e retiradas do próprio local), samambaias renda-portuguesa, maria-sem-vergonha, begônias, amarelinhas, paulistinhas, primavera, amoreira, orquídeas da praia, bromélias, trepadeiras cara-de-cavalo e forragem de amendoim.

Atualmente, os muros não exigem manutenção, senão as mínimas quando do avanço da vegetação nas passagens, e cumprem a função de vegetar e conter as encostas, dar acesso e fornecer estabilidade à casa.

Figura 11.10 Detalhes do projeto de residência com muros-jardins de contenção.

Cercas e muros independentes

Feitos de madeira, metal, pedra ou blocos de concreto (CMUs), as cercas e os muros podem variar de uma pequena cerca feita de estacas para marcar um jardim frontal até paredes altas para manter a segurança e privacidade. Podem servir como quebra-vento, que reduz a perda de calor no inverno, e fornecer sombra para o envidraçamento voltado para leste ou oeste no caso dos Estados Unidos, o que pode reduzir o sobreaquecimento no verão. Opções de material apropriado incluem pedra ou tijolo reciclado, plástico reciclado e madeira de extração sustentável.

Softscapes

Plantas definem o aspecto da casa e fornecem uma boa imagem aos visitantes. Quando se cria um paisagismo capaz de gerar o mínimo de impacto sobre o local, como o uso atendendo ao nível existente, isto ajuda a limitar a erosão; com plantas resistentes à estiagem minimiza-se a água necessária para irrigação e reduz-se a necessidade de fertilizantes, pesticidas e manutenção regular. Plantas resistentes à estiagem são aquelas espécies capazes de sobreviver em ambientes com pouca água ou umidade. Em geral, os comerciantes de plantas locais têm uma lista dessas espécies. Flores fornecem um visual e fragrância interessantes, e plantas frutíferas, alimento fresco e saúde a baixo custo.

Embora as espécies invasoras sejam de tipo não nativo, nem toda planta não nativa é considerada invasora. O Departamento de Agricultura dos Estados Unidos mantém uma lista de espécies consideradas invasoras no país, disponível em <http://www.invasivespeciesinfo.gov/>.

Arbustos e árvores devem ser espécies nativas, plantadas para fornecer sombra às janelas e ao pavimento desejado. Cada planta deve ser posicionada a uma distância suficiente da casa, algo em torno de, no mínimo, 24" (62 cm) entre as folhas da planta madura e a estrutura da casa. Essa distância ajudará a reduzir a penetração de umidade e infestação de pestes na estrutura.

Figura 11.11 Muros de arrimo podem ser feitos de pneus reciclados e novos, madeiras tratadas sob pressão, tirantes de plástico reciclados e outros materiais de madeira.

PALAVRA DO ESPECIALISTA – BRASIL

Arquitetura e paisagem

Quando pensamos em criar um projeto sustentável, naturalmente nos vem à mente o edifício que há de ser construído e em como criar nele elementos construtivos que os torne mais adequado na relação de utilização dos recursos naturais. Outra abordagem inicial de projeto tão importante quanto pensar a edificação, "o dentro", seria pensar seu entorno, "o fora".

A interação entre o dentro e o fora pode maximizar as soluções técnicas da edificação por meio de uma inteligência projetual, que consiste em fazer a mediação dos elementos naturais com a arquitetura valendo-se da paisagem. Um jogo de colaboração mútua entre arquitetura e paisagem, entre o natural e o artificial, com a paisagem sendo pensada para filtrar os elementos naturais antes que interajam, e como o edificado pode contribuir de forma significativa na execução de um projeto sustentável.

Vegetações previamente pensadas, que geram sombreamento em determinadas partes da edificação durante o verão e ajudam a diminuir a temperatura do ar quando, ao passar por elas, chega ao interior da edificação mais fresco ou, no inverno, dependendo da posição geográfica, se necessário, permite a passagem dos raios para esquentar o ar interno, podem atuar tanto como uma barreira no verão quanto como uma abertura no inverno, quando os raios solares são desejáveis. Pensar o fora pode ter o sentido de aliviar o dentro, liberando-o da obrigação de ter todas as soluções técnicas de mediação com os elementos naturais.

Este "aliviar" a edificação pode ser traduzido como redução de custos e otimização de elementos construtivos, diminuindo assim a pegada ambiental da construção. Muitas vezes, a construção de componentes técnicos na edificação, que fazem a mediação dos elementos naturais (ventos, calor, frio, chuva etc.), acabam por encarecer a obra e aumentar sua pegada ambiental, pois a confecção desses componentes, algumas vezes, acaba sendo cara e penosa ao ambiente. Por outro lado, pensar um projeto que utilize os elementos naturais do seu entorno como mediação pode criar uma simbiose entre o natural e o artificial, qualificando o projeto e otimizando os recursos.

Desta forma, podemos pensar, por exemplo, na interação de pátios externos com espelhos d'água, que umidificam o ar quente antes que este entre por aberturas estrategicamente desenhadas na arquitetura como uma brisa natural.

Esta estratégia acaba por ventilar e refrescar o interior da construção de forma natural, assim como os árabes fizeram em Alhambra, na península Ibérica, durante a Idade Média, e que os espanhóis aprenderam e exportaram para as Américas, podendo ser vista em prática com maestria nos projetos de Luis Barragán, arquiteto mexicano que elevou uma resolução técnica a uma condição poética com seus pátios e espelhos d'água em um clima quente e seco. Na obra de Barragán, o dentro e o fora interagem de forma a otimizar recursos e qualificar espaços, gerando uma verdadeira solução plástica com seus muros e cores rodeando espelhos d'água com um efeito que se sente literalmente na pele. As implicações e exemplos desta abordagem de projeto são muitas, e poderiam ser tema de extensas publicações.

Rodrigo Serafino da Cruz Graduado em Arquitetura e Urbanismo (2009) pela Fundação Armando Alvares Penteado (2009), atua como docente dessa instituição de ensino, bem como em projetos de arquitetura e urbanismo e desenvolve projetos acadêmicos de formação profissional, tendo realizado estudos na universidade do Chile. Possui especialização em Negócios Imobiliários pela Fundação Armando Alvares Penteado (2012).

(continua)

Há também outras implicações desta abordagem; se aumentamos a escala do projeto, o fora torna-se o espaço que, por vezes, faz a mediação entre o público e o privado, sendo o elemento conector entre a arquitetura e o urbanismo, redesenhando as relações do edifício e da cidade, desenhando o espaço urbano em que a vida se dá e ressignificando a relação do ambiente natural e do artificial, muitas vezes requalificando áreas degradadas e inserindo-as em relações socioambientais mais propícias para que sejam, de fato, inseridas nas atividades econômicas e culturais de uma quadra, de um bairro e da cidade.

Um projeto pensado desde o início na relação entre dentro (edificação) e fora (natureza) pode gerar soluções menos custosas e mais eficazes sem abrir mão da poética e da qualidade espacial, levando a arquiteturas mais sustentáveis e a cidades menos conflitantes com a natureza.

Solos

A saúde do solo pode ser avaliada com testes químicos e biológicos. O solo pode ser alterado para melhorar a fertilidade, a drenagem, a estrutura, o pH e os níveis de micróbios. Alterações comuns no solo incluem compostos, areia, argila, gesso e turfa. Alguns entulhos de construção podem até ser reutilizados no local como alteração no solo. Gesso das paredes e madeira não tratada geralmente são obtidos no terreno e aplicados no local. No entanto, deve-se ter cuidado com fertilizantes; pesquisas indicam que fertilizantes excessivos podem, na verdade, reforçar a expansão de plantas indesejadas. O solo que é compactado durante a construção deve ser revolvido antes de replantado, para fornecer uma melhor base para novas plantas, de modo a permitir melhor drenagem e reduzir o escoamento.

Gramados

Gramados exigem fertilizantes químicos, controle de ervas daninhas e poda regular. Por meio da minimização ou eliminação dos gramados, é possível economizar água e energia e reduzir a quantidade de fertilizantes que poluem os aquíferos. Entre as alternativas, há gramas de coberturas de solo nativas e resistentes à estiagem, de baixo crescimento; nos Estados Unidos há gramas apropriadas a cada região, como a espécie festuca ovina e a bermuda.

Coberturas de solo, arbustos, plantas decorativas e frutíferas e trepadeiras*

Como opção sustentável para substituir a relva de grama, podem-se usar plantas nativas de cobertura do solo que reduzem a necessidade de manutenção regular, irrigação e fertilizantes. Os arbustos fornecem visual interessante e ajudam a definir as áreas externas. Plantas decorativas podem incluir flores perenes e anuais, vegetais, árvores frutíferas, arbustos e ervas. Deve-se selecionar as espécies nativas e não invasoras e realizar o rodízio anualmente para conservar a saúde do solo e das plantas. Trepadeiras plantadas para se apoiar em treliças, cercas ou paredes independentes podem atrair vida selvagem, enquanto oferecem fragrância e alimento, sombra e resfriamento para uma casa, e também um visual agradável.

Árvores

Árvores saudáveis são recursos valiosos que fornecem sombra, controle de erosão e valor tangível – estudos mostram que aumentam em 25% o valor da propriedade. No início do projeto, avalie todas as árvores do local e determine, de acordo com o local e a condição da construção, quais devem permanecer. Posicione as construções e outras melhorias distantes das árvores mais desejáveis. Árvores coníferas localizadas no lado sul de uma casa podem fornecer sombra no tempo quente e permitir ganho solar no inverno, posições estas para o Hemisfério Norte. Sempre-vivas dispostas nos lados leste e oeste ajudam a fazer sombra do sol quente o ano todo e podem fornecer quebra-vento em climas frios.

Para proteger as raízes das árvores de equipamentos, deve-se colocar uma cerca protetora, assim como afastá-las das linhas de gotejamento de telhados e de drenos para minimizar os danos e a compactação do solo. Deve-se localizar as árvores novas de forma que, quando maduras, forneçam sombra onde for desejado e que as raízes e os galhos não interfiram nas estruturas da casa.

Xeriscape

Xeriscape é uma técnica que utiliza plantas tolerantes à seca** para minimizar a necessidade de água, fertilizantes e manutenção. Diferente dos gramados, os locais com *xeriscape* são, em geral, menos vulneráveis a insetos e outras ameaças. Quando projetado e ins-

---

* São plantas cujo crescimento se dá por espalhamento no sentido vertical, escalando. Em geral, mantém-se o tronco, denominado "cepa", que, após período frutífero e/ou de floração ou estação, perde todas as folhas e os galhos menores. Dentro deste tipo de vegetação, as mais conhecidas são as videiras e as vinas. Entre as trepadeiras que fornecem alimento, incluem-se as frutíferas, como o pé de maracujá, e os vegetais, como o pé de chuchu e abobrinha, entre outras. (S.H.O.)

** As plantas mais comuns e utilizadas no Brasil são os cactos e as suculentas. Em busca de uma diferenciação da forma de terrário, podem-se combinar cactos e suculentas com forração de agregados e pedriscos (já se utilizam espécies de gramas e capins). (S.H.O.)

talado corretamente, não exige irrigação, poda nem fertilizantes (Figura 11.12).

Espécies invasoras e plantas nativas

Todo clima tem suas espécies de planta invasora, muitas das quais não têm inimigos naturais, ou seja, predadores para impedir que se expandam sobre o paisagismo e cresçam descontroladamente. Para criar um jardim mais sustentável, é necessário remover as plantas invasoras existentes e evitar a instalação de novas. Plantas que são nativas à região evoluíram para prosperar nas condições locais com o mínimo de irrigação, e em geral não crescem de forma descontrolada, como as espécies invasoras. Muitos órgãos locais interligados às secretarias de meio ambiente podem fornecer listas de plantas invasoras, nativas e espécies resistentes à estiagem que são adaptadas para crescer na região.

Compostagem

O uso de compostagem de resíduos no jardim local reduz o impacto nos aterros sanitários e oferece uma fertilização natural com o mínimo esforço. Muitos resíduos da cozinha podem ser adicionados ao composto do jardim, reduzindo ainda mais o desperdício que vai para aterros sanitários. Incluir uma localização dedicada para compostagem no terreno pode encorajar a prática (Figura 11.13).

Gerenciamento integrado das pragas

Pesticidas usados em paisagismo residencial para controlar insetos e outras pragas podem impor sérios riscos à saúde das pessoas e dos animais a eles expostos. Gerenciamento integrado das pragas (*integrated pest management* – IPM) é uma estratégia para, primeiro, limitar o uso de pesticidas e, se usado, somente quando necessário, devem ser produtos menos perigosos e

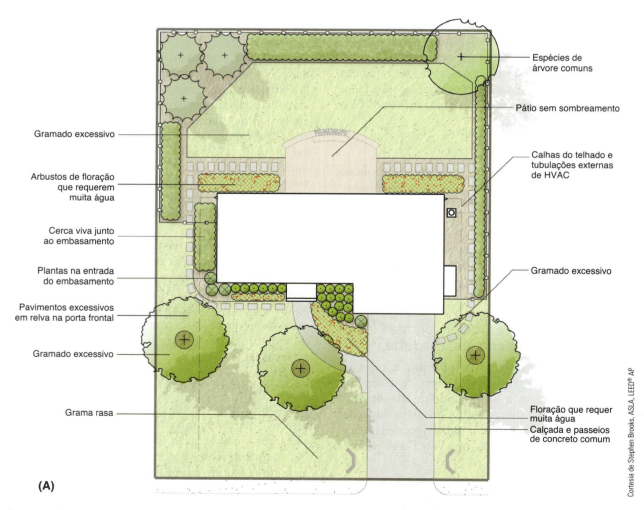

Figura 11.12 A criação de paisagismo sustentável não requer mudanças drásticas na aparência do local. Aqui vemos que, por meio de modificações relativamente simples, o paisagismo pode ser extremamente melhorado. A imagem (A) mostra a casa com um plano de paisagismo padrão, e a (B) é um plano sustentável.

de maneira reduzidíssima. Estratégias de IPM incluem definir os "limites de ação" que estabelecem níveis de infestação, abaixo dos quais nada é feito, aplicar o rodízio de plantas e selecionar plantas resistentes às pragas. O IPM pode ser igual ou mais eficaz e menos dispendioso do que o uso regular de pesticidas para controlar insetos.

Nivelamento

Ao manter o máximo possível a topografia existente no terreno, os projetistas podem interferir menos no solo e reduzir o impacto sobre árvores, além dos custos. Utilizar menor quantidade de solo fértil novo exigirá menos condicionamento. A retenção de níveis e plantas existentes também ajuda a minimizar a erosão e a necessidade de novas plantas de substituição.

Quando se nivela um terreno, o excedente, , "topsoil", resultado do corte do solo e a correspondente camada orgânica deve ser removido e armazenado para reutilização nas atividades do paisagismo. Para evitar erosão durante a construção, a camada correspondente ao topsoil deve ser coberta ou se fazer um plantio em área aplainada. Neste processo, condiciona-se completamente todo o solo, e o nivelamento das áreas a serem vegetadas deve ser realizado e completado com o material de topsoil reservado antes da instalação do paisagismo.

Gerenciamento da água da chuva

A água da chuva que escoa no local desce pelas ruas, entra em esgotos e carreia fertilizantes, inseticidas, fluidos, lodo e outros poluentes para os sistemas de esgoto e para as estações de tratamento, e, por fim, chega aos aquíferos. Reduzir a quantidade de água que deixa um terreno minimiza os impactos negativos. Para obter esta redução alguns procedimentos devem ser

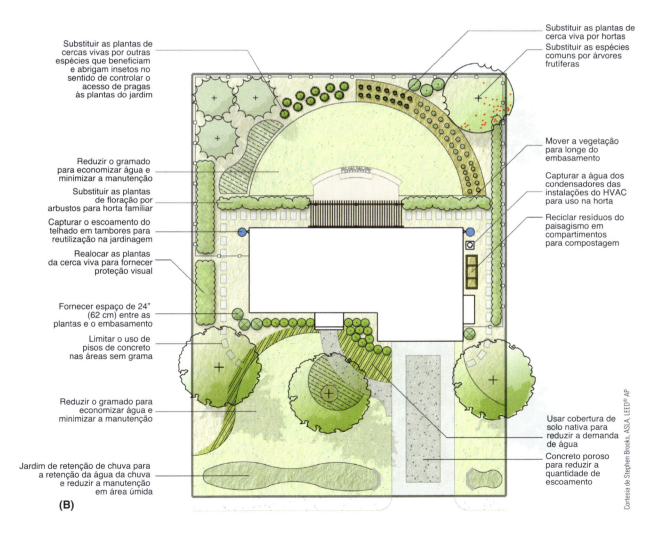

Figura 11.12 (Concluída)

Figura 11.13 Estão disponíveis numerosas opções de sistemas de compostagem. Os proprietários podem obter recipientes de plástico para uma compostagem mais discreta ou compartimentos de madeira abertos. Esse compartimento de compostagem assemelha-se a um tambor para água de chuva e fornece compostos de forma relativamente rápida e aberturas para fácil aeração.

adotados: limitar a área de superfícies impermeáveis no terreno, fornecer solos bem drenados com plantas nativas, criar depressões e sumidouros para reduzir a velocidade da água e direcionar a água de chuva para jardins de retenção de chuva, poços secos e sistemas de coleta de águas. A água que percola no solo reabastece os aquíferos e filtra os poluentes neste processo.

Ao incorporar canalização subterrânea para controle de água da chuva, deve-se utilizar cano corrugado rígido, em vez de flexível, e instalar ralos de fácil acesso. A tubulação rígida é mais durável e apresenta menos tendência a danos. Incorpore válvulas de retenção nos ralos para evitar retornos durante eventos de chuva forte.

Coleta de água da chuva

A água da chuva pode ser coletada para reutilização em irrigação e uso interno, de modo a reduzir a demanda de fontes de água potável. Esta estratégia também ajuda a reduzir as contas de consumo de água. Os sistemas de coleta de água da chuva serão abordados em mais detalhes no Capítulo 15.

Irrigação

Em locais onde a irrigação é necessária para estabelecer ou manter o paisagismo, use sistemas de irrigação subterrâneos e gotejamento em vez de pulverizadores. Sistemas subterrâneos fornecem água diretamente às raízes, com menos perda por evaporação (Figura 11.14). Agrupe as plantas com similares necessidades de água para evitar irrigação demais ou de menos. O excesso de água pode levar ao apodrecimento da raiz e deixar as plantas mais suscetíveis a pragas e doenças. Considere a possibilidade de utilizar controladores de evapotranspiração, que controlam o tempo de irrigação por meio de dados do tempo, ou sensores de umidade do solo, que interrompem o fornecimento de água programado quando não for necessário.

A EPA, Agência de Proteção Ambiental dos Estados Unidos, estabeleceu o programa WaterSense, que fornece orientações para instalação de sistemas de irrigação eficientes e certificação de profissionais de irrigação. Profissionais com certificação WaterSense possuem habilitação para selecionar tecnologias específicas ao local e técnicas para um sistema de irrigação eficiente que minimizam o uso da água.

Figura 11.14 Irrigação por gotejamento economiza água e atua como um fertilizante, permitindo que a água goteje lentamente nas raízes das plantas, tanto na superfície do solo como diretamente na zona da raiz, por meio de uma rede de válvulas, canos, tubulações e emissores.

A água da chuva é uma excelente alternativa à água potável para irrigação, e pode ser usada para sistemas de fornecimento de água subterrâneos e por difusão. As águas residuais ou cinzas coletadas de dentro da casa podem ser usadas para irrigação subterrânea, mas isto está sujeito a restrições locais e a tratamentos. Os sistemas de reutilização de água residual são abordados detalhadamente no Capítulo 15.

PALAVRA DO ESPECIALISTA – EUA

Paisagismos Sustentáveis

Stephen Brooks, Asla, Leed AP*, diretor de arquitetura de paisagismo da Pond l Ecos. À medida que nossa população aumenta, também aumenta nossa demanda por recursos naturais. Muitas regiões têm adotado medidas drásticas para conservar e proteger o meio ambiente por meio de políticas que controlam quando e em que quantidade um recurso pode ser usado. Muitas começam em nível regional, com foco em entidades pequenas, como é o caso de proprietários individuais. Nos Estados Unidos, dependendo da região do país, os recursos em risco podem variar bastante; no sentido universal, entretanto, a água é o recurso que está sob controle por meio de políticas públicas. Muitas dessas políticas concentram-se no interior e exterior das residências, e os princípios adotados por elas são muito simples de incorporar.

Exemplo é a típica residência recém-construída. Muitas têm um orçamento bastante restrito para paisagismo, que é, em geral, voltado a plantas mais vistosas não nativas, que criam o apelo mais visual para ajudar quando da sua venda. Muitas construções apresentam um lote coberto por gramado, o material que mais demanda água no paisagismo de uma casa. Em geral, é imposta uma compactação do solo que desestimula a infiltração. Com um pouco de coordenação entre o construtor, o proprietário e o projetista, o orçamento mediano do proprietário para paisagismo pode ser usado para fornecer algo mais sustentável.

Stephen Brooks, diretor do Design & Construction Studio da Ecos, treina os funcionários por meio de projetos prontos para gerenciamento. Desde o ingresso na empresa, em 2000, Brooks incorporou um desenho e uma perícia técnica próprios em uma variedade de projetos, incluindo construções técnicas em larga escala, como o Georgia Institute of Technology's Klaus Advanced Computing Building e o Heart of Lancaster Regional Medical Center.

* Profissional LEED AP (Accredicted Professional) é o profissional que tem total conhecimento sobre a ferramenta LEED e é habilitado para prestar consultorias em processos de certificação. Há também o Profissional LEED GA (Green Associate), que tem conhecimentos da ferramenta LEED e, por meio de avaliação, pode ser habilitado, tornando-se um Profissional LEED AP. (S.H.O.)

A primeira etapa é entender as condições macro e micro do local. As primeiras lidam com fatores climáticos naturais que não podem ser prontamente manipulados, como ângulo do sol, padrões de sombreamento, direções do vento, níveis de umidade de uma área e do solo e ganho de calor das superfícies circundantes. Condições micro relacionam-se a fatores que são exclusivos das áreas em crescimento, como topografia e qualidade do solo. O ideal seria que o solo rico, solto e orgânico fornecesse nutrientes às plantas e reduzisse a necessidade de fertilizantes que esgotam a umidade do solo.

Para criar um paisagismo sustentável, plantas arbóreas devem ser posicionadas para fornecer sombra à estrutura, bem como às superfícies que podem reter calor. Árvores sempre-vivas podem ser usadas para bloquear o vento do inverno e fornecer a tela visual necessária. Quando reduzimos o tamanho do gramado e aumentamos o de áreas de plantação e de áreas onde se podem cobrir as raízes das árvores com terra ou forração de cascas e palhas, conseguimos obter uma diminuição significativa da quantidade de fertilizantes e água necessária na propriedade. Em vez de selecionar os típicos arbustos e forragens de floração não nativa, escolha as alternativas nativas.

Outras soluções de projeto incluem captação e aproveitamento da água da chuva para irrigação, utilização de vegetais e arbustos no lugar das tradicionais plantas ornamentais e reciclagem dos resíduos do jardim para compostagem e gerar novamente nutrientes para o solo. Superfícies porosas também podem ser usadas para ajudar a reduzir o escoamento.

Recursos da água

Em geral, piscinas, fontes e lagos são desnecessários para o desempenho da casa e devem ser evitados. Quando estão incluídos em um projeto, devem ser desenvolvidos para que possam ser eficientes em energia e em água.

Sistemas de aquecimento de piscina reduzem ou eliminam o uso de combustíveis fósseis para aquecimento. Bombas tradicionais de piscina são de velocidade única, projetadas para condições máximas de carga (inclusive hidromassagens e outros recursos) e uso de mais energia do que o necessário, quando menos energia seria suficiente. Bombas de velocidade variável que se ajustam à carga necessária requerem menos energia para funcionar. As bombas também podem ser usadas com temporizadores para funcionar somente quando necessário. Tubulações de diâmetros maiores com mais amplitude, em vez de conexões de diâmetros reduzidos e posições restritivas, e filtros maiores que reduzem a pressão, permitem que as bombas trabalhem com maior eficiência.

Piscinas de água doce devem ser purificadas com adição de cloro por questão de saúde e segurança. Piscinas de água salgada geram cloro do sal adicionado à água ou pelo equipamento do filtro, assim eliminando a necessidade de manejo do cloro diretamente, e também exigem medição regular dos produtos químicos. Os produtos químicos contidos nos dois tipos de piscina, cloro ou água salgada, são corrosivos aos equipamentos e aos próprios revestimentos, o que exige manutenção adicional e reparos constantes.

Uma alternativa a esses sistemas de purificação é a piscina natural, que filtra a água percorrida em tubulações com placas de titânio (para reduzir o crescimento de algas) ou por meio de pântanos construídos. Este último, um sistema de tratamento artificial que utiliza uma combinação de plantas e solos para melhorar a qualidade da água, pode servir como projeto de paisagismo próximo à piscina ou estar fora da visão. A água é bombeada pelo sistema que filtra as impurezas que nutrem as plantas.

Poços e fontes podem empregar a água da chuva capturada em vez de água potável, e os recursos da água podem ser criados para aproveitar os poços no local. Bombas circulatórias para poços e cascatas podem empregar energia fotovoltaica, reduzindo ou eliminando o uso de energia para operá-las.

Usos especiais

Projetos podem incluir áreas com requisitos de paisagismo especial, como quadras de basquete ou tênis, campo esportivo com gramado, jardins de flores ou um santuário de vida selvagem. Como todo pavimento, a área para quadra de esportes deve ser mínima e drenada para manutenção dos recursos locais e que promova o controle da água no local. Nos campos, recomenda-se a utilização de gramas nativas resistentes à estiagem que são mantidas com o mínimo de fertilizantes e irrigadas para prover o crescimento de raízes profundas. Jardins vegetais e de flores são projetos apropriados para um local sustentável, desde que se privilegiem espécies nativas ou, caso a opção seja por espécies invasoras, não se utilize irrigação manual, e sim irrigação controlada, para se minimizar o uso de água potável.

A Federação Americana para a Vida Selvagem Nacional (National Wildlife Federation – NWF) fornece orientações para criar habitats de vida selvagem dentro dos jardins de qualquer tamanho. O local de reprodução para vida selvagem pode ser restaurado em áreas desenvolvidas e urbanas, por meio da plantação de arbustos que oferecem cobertura para ninhos e alimentos para a fauna local. A NWF tem um programa para certificar habitats da vida selvagem individuais, que estão listados no registro nacional (Figura 11.15).

Reestruturação ou reforma

A reestruturação ou a reforma proporciona oportunidades para melhorar a estrutura da casa, bem como o paisagismo. A substituição de plantas por espécies tolerantes à estiagem, o aprimoramento dos sistemas de irrigação, a adição de coleta de água da chuva ou sistemas de águas residuais e a substituição dos elementos *hardscape* são opções para reduzir o consumo de energia e água.

Figura 11.15 A NWF certificou esse jardim como habitat da vida selvagem.

Ao planejar adições e renovações, procure minimizar o impacto sobre o paisagismo existente e as árvores maduras. Ao trabalhar com as características locais e impactos preexistentes de uma casa, em vez de expandir essas pegadas, deve-se eliminar os impactos negativos da implantação no terreno em face dos níveis criados e terraplenagem realizados e as condições de erosão no local; portanto, as intervenções podem até ser de mudanças topográficas, desde que gerem melhorias e possam reduzir ou mitigar impactos anteriores (Figura 11.16). Quando os planos incluem remoção de plantas nativas, considere doá-las para indivíduos ou organizações que realizam o resgate de plantas locais. As principais atualizações no paisagismo devem incorporar os princípios da construção verde e usar a água de forma mais eficiente possível, visando minimizar os impactos ambientais negativos.

Figura 11.16 A pegada dessa casa permanece inalterada, apesar de uma substancial reforma. Decisões de projeto, como construir em vez de tirar, previnem distúrbios no local.

PALAVRA DO ESPECIALISTA – BRASIL
Ideias e estratégias para o paisagismo verde

A construção da paisagem, e da própria jardinagem, pode ser uma atividade simples ou complexa, cabendo ao construtor, ao projetista e ao cliente usuário decidir pela aderência do projeto paisagístico à maior sustentabilidade, mas é possível evidenciar e reforçar "o pensar" com mais estratégias verdes.

Com a atuação de um projetista paisagista, é possível fazer melhores escolhas, com mais possibilidades de se identificar espécies de plantas locais ou adaptadas que florescem, possuem maior vivacidade e exigem pouca irrigação, bem como é possível também identificar e projetar sistemas de rega eficientes, assim como atender o potencial de uso de água não potável (águas cinzas).

Como princípio e estratégia de projeto paisagístico, destaca-se que cada pessoa consome diariamente, pela respiração, em torno de 12 metros cúbicos de ar, e nada melhor que este seja puro e de um sistema de purificação passivo e natural, como o oferecido pelas plantas. A importância da presença de áreas verdes ou de plantas se justifica pela simples razão que uma árvore é capaz de filtrar o ar necessário para uma família de quatro pessoas, além de absorver gases e filtrar partículas suspensas no ar, cumprindo exatamente a função dos filtros de um ar-condicionado.

De modo geral, as diretrizes do paisagismo relacionam-se ao ambiente construído, pois a construção já alterou o ambiente natural; as considerações a seguir, portanto, servem como diretrizes a ser embarcadas no projeto paisagístico, para as quais a experiência do profissional será o diferencial para ganhos em eficiência energética, redução de consumo de água e ambiente de alta qualidade:

Profa. Dra. Sasquia Hizuru Obata Engenheira civil pela Fundação Armando Alvares Penteado (FAAP), licenciada em Formação de Professores de Disciplinas pela Universidade Tecnológica Federal do Paraná (UTFPR), especialista em Administração de Empresas pela FAAP, mestre em Engenharia Civil pela Universidade de São Paulo (USP), doutora em Arquitetura e Urbanismo pela Universidade Mackenzie.

1. *Como o paisagismo de uma construção pode colaborar com o entorno:*
    a) Pela integração do projeto com o entorno e áreas naturais.
    b) Pela constituição de espaços de educação e reconhecimento das funções dos ecossistemas integrados.
    c) Pela definição das diretrizes do paisagismo para o ambiente externo, como possuir vegetação e materiais que promovam permeabilidade, infiltração e retardo do fluxo das águas pluviais para as vias e áreas do entorno.
    d) Pela redução da velocidade do escoamento das águas pluviais e utilizando o paisagismo como uma bacia de retenção de água.
    e) Pela implantação de sistemas de infraestrutura que reduzam erosões e carreamentos finos do solo.
    f) Pelo plantio de árvores para gerar sombreamento e diminuir os raios solares diretos no solo, nos carros, nas ciclovias e nas calçadas e árvores que retêm parte da chuva, reduzindo o volume no solo.
    g) Pela criação de lagoas filtrantes com plantas fitoatuantes e que possam tratar águas servidas, águas cinza e até águas salobras, e realizem a dessalinização.
    h) Pelo uso de pisos drenantes que também contribuam para a permeabilidade, como:
        • *Pavimentação permeável de concreto ou asfalto*: camadas de concreto ou asfalto permeável, filtro, subleito compactado, camada base.
        • *Pavimentação permeável com pedregulho*: camadas de superfície de pedregulho, reforço com rede, subleito compactado, camada base.
        • *Pavimentação permeável com bloco intertravado*: bloco de concreto intertravado permeável, cama de areia, subleito compactado, camada base.
        • *Pavimentação permeável com concregrama ou cobograma*: superfície de grama, bloco de concreto, subleito, camada base.
    i) Por meio de pisos elevados ou delimitados com tento (placa de pedra, cerâmica ou mesmo de argamassa armada ou de concreto pré-moldado, cuja função é conter e delimitar uma área que pode ter uma diferença de nível ou de um enchimento de terra como necessários nos jardins sobre lajes) para a criação de áreas de jardins sobre pisos. Veja exemplo na Figura 11.17, onde muretas e enchimentos não são permitidos.
    j) Pela utilização de canaletas com grelha em localização estratégica no terreno para o encaminhamento das águas pluviais.
    k) Pela instalação de vala paisagística de infiltração para reduzir a velocidade de escoamento da água, retendo o excesso e contribuindo para o recarregamento natural do lençol freático, diminuindo assim o dimensionamento da rede de drenagem.

2. *Como o paisagismo pode melhorar o conforto, a saúde e a produtividade dos usuários e gerar flexibilidade aos ambientes:*
    a) Por meio de iluminação natural e acesso à paisagem para 75% dos espaços.
    b) Por meio de sombreamento, para a promoção de conforto ambiental.

3. *Como qualificar e aumentar a qualidade dos ambientes e espaços, e como a circulação e a qualidade do ar podem contribuir com o paisagismo:*
    a) Pela ventilação passiva, cuja incidência pode ser canalizada ou controlada pelo paisagismo. Pelas tipologias de paisagens em atendimento ao uso dos espaços e suas condições climáticas, como: contemplativas, sóbrias, minimalistas, introspectivas, coloridas, entre outras.
    b) Por meio de plantas que atraem pássaros, que devem ser colocadas bem perto da fachada (0,90 m) ou longe o suficiente para que a vegetação não seja refletida nos vidros, gerando choques e impactos.
    c) Com o uso de proteções solares externas, vidros canelados, gravados etc., criando marcadores visuais (diferenças de planos, cores, texturas, opacidade etc.).

(continua)

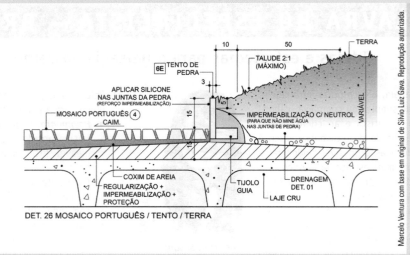

Figura 11.17 Exemplo de piso delimitado com tento. PISOS EXTERNOS – O paisagismo é projetado em piso elevado ou piso convencional com tento, onde muretas e enchimentos são expressamente proibidos. Por Silvio Gava Empreendimentos Imobiliários – Incorporação à Produção, maio de 2009.

4. *Como a temperatura e as condições lumínicas e de umidade dos espaços podem ser melhoradas com o paisagismo:*
   a. Pelo paisagismo acústico, termicamente eficiente e de fácil manutenção.
   b. Pelo ofuscamento, em razão da alta incidência solar e do acesso à luz natural.
5. *Como ter um bom paisagismo com menor consumo de água:*
   a) Com a eliminação do gramado ou do relvado, implantando o plantio de espécies nativas e adaptáveis, e não instalando um sistema de irrigação.
   b) Com a seleção de espécies de plantas com baixa necessidade de água e espécies nativas e adaptadas ao clima, baixo consumo de água e projeto de irrigação e sistemas de controles, evitando, porém, a monocultura e a xenojardinagem.
   c) Com a instalação de um sistema de irrigação temporário, que possa ser completamente retirado após um ano, destinado a atender o período que vai do plantio à pega das espécies plantadas, ou até que as plantas estejam adaptadas.

Resumo

O paisagismo exerce importantes funções em uma casa, pois fornece a estrutura por meio da qual uma construção é vista e reconhecida pelo público. Além disso, pode afetar muito a eficiência de energia de água, o impacto na comunidade e a durabilidade da construção. Decisões apropriadas durante o projeto e definições consistentes sobre o processo de construção são aspectos fundamentais para um local sustentável e que melhoram a casa e a sua inserção e integração com o entorno.

Há que se seguir as concepções do paisagismo como o é a edificação, integrada como um sistema nos diversos níveis, da casa para o quintal e o jardim, e desta para fora e para a comunidade, com condições de atrair e preservar os recursos naturais, as águas, energias, a flora e fauna e poder, inclusive, impactar em meios mais saudáveis.

Questões de Revisão

1. Qual das seguintes alternativas geralmente não é considerada como parte de um projeto de paisagismo sustentável?
   a. Controle da água da chuva
   b. Reabastecimento de aquíferos
   c. Plantas nativas e resistentes à estiagem
   d. Pavimentação permeável
2. Qual das seguintes alternativas contribui para o efeito de ilha de calor?
   a. Asfalto
   b. Concreto branco
   c. Concreto cinza
   d. Grama de relva
3. Qual das seguintes alternativas não é um componente do concreto permeável?
   a. Base de cascalho
   b. Malha filtrante
   c. Areia
   d. Cimento Portland
4. Qual das seguintes plantas é mais apropriada do ponto de vista da sustentabilidade?
   a. Cobertura de solo nativa, tolerante à estiagem

b. Gramado
c. Cobertura de solo não nativa
d. Trepadeiras não nativas, resistentes à estiagem
5. Qual é o objetivo principal dos muros de arrimo?
   a. Dar suporte à fundação da casa.
   b. Fornecer uma superfície em nível para construção.
   c. Criar privacidade.
   d. Promover a conservação de água.
6. Qual das seguintes alternativas não representa um benefício das árvores sempre-vivas?
   a. Fornecem sombra no verão e permitem que o sol entre no inverno.
   b. Podem fornecer sombra o ano todo em janelas voltadas para o oeste e o leste.
   c. Fornecem quebra-ventos.
   d. Podem aumentar o valor de uma propriedade.
7. Qual estratégia não melhora o gerenciamento da água da chuva?
   a. Jardins de retenção de chuva
   b. Pavimentação de concreto
   c. Depressões
   d. Sumidouros
8. Qual das seguintes alternativas não resulta do excesso de água?
   a. Crescimento de raízes rasas
   b. Redução da resistência a doenças
   c. Altas contas de consumo de água
   d. Sistemas de raiz mais fortes
9. Qual dos seguintes programas certifica sistemas de irrigação e profissionais?
   a. ENERGY STAR
   d. Leed for Homes
   c. WaterSense
   d. The National Green Building Standard
10. Quais estratégias são apropriadas para piscinas e recursos de água em um paisagismo sustentável (escolha todas que se aplicarem)?
    a. Bombas de velocidade única
    b. Sistema de filtro de aquífero construído
    c. Aquecimento solar
    d. Uso de águas residuais

Questões para o pensamento crítico

1. Aponte opções diferentes para pavimentação capazes de reduzir o escoamento e o efeito de ilhas de calor.
2. Como o terreno existente afeta as decisões na localização e no tamanho da casa?
3. Reveja os benefícios de minimizar o gramado de relva tradicional nos lotes.

Palavras-chave

águas residuais ou cinzas
asfalto permeável
asfalto permeável
blocos intertravados e bloquetes porosos
concreto permeável
espécies invasoras
espécies resistentes à estiagem
gerenciamento integrado das pragas (IPM)
hardscape
jardim de retenção de chuva
paisagismo
softscape
WaterSense
xeriscape

Glossário

águas residuais ou cinzas água não potável recuperada de tanques, banhos e máquinas de lavar que pode ser usada para limpeza de banheiros e irrigação após tratamento.

asfalto permeável método de pavimentação asfáltica que permite que a água seja absorvida pelo solo.

blocos intertravados e bloquetes porosos, conhecidos como cobogramas, são blocos que têm aberturas internas preenchidas com vegetação ou cascalho, permitindo que a água drene para o solo.

concreto permeável método de pavimentação de concreto que permite que a água seja absorvida pelo solo.

espécies invasoras plantas não nativas, ou seja, não originárias de determinado local, que tendem a se espalhar agressivamente para onde são levadas.

espécies resistentes à estiagem árvore ou planta que pode crescer e prosperar em condições áridas.

gerenciamento integrado das pragas (IPM) estratégia para, primeiro, limitar o uso de pesticidas, e usar, somente quando necessário, produtos menos perigosos e de maneira reduzidíssima.

hardscape está relacionado a elementos não vegetados de um paisagismo, como pavimentação, passagens, estradas, muro de contenção, instalações básicas, fontes e lagos.

jardim de retenção de chuva área vegetada rebaixada que coleta o escoamento das superfícies permeáveis e permite filtrar a água para o lençol subterrâneo ou o retorno para a atmosfera por meio da evaporação.

paisagismo envolve todos os recursos externos de uma casa, incluindo elementos naturais e construídos.

pavimentação permeável material de pavimentação que permite que a água seja absorvida pelo solo.

softscape refere-se a elementos vegetados de um paisagismo, como plantas e solo.

WaterSense programa estabelecido pela EPA, Agência de Proteção Ambiental dos Estados Unidos, que fornece orientações para instalação de sistemas de irrigação eficientes e certificação de profissionais de irrigação.

xeriscape técnica que utiliza plantas tolerantes à seca para minimizar a necessidade de água, fertilizantes e manutenção.

Recursos adicionais

Associação Nacional do Pavimento Asfáltico – National Asphalt Pavement Association:
http://www.hotmix.org

Associação do Cimento Portland – Portland Cement Association: http://www.cement.org

Associação Nacional do Concreto Pré-Dosado – National Ready Mixed Concrete Association:
http://www.nrmca.org

SEÇÃO 4
SISTEMAS INTERNOS

CAPÍTULO 12: Acabamentos internos

Acabamentos internos

Este capítulo aborda os métodos de seleção e instalação de materiais para paredes, pisos, tetos e componentes permanentes, como armários e balcões. Processo de fabricação, energia para o transporte e emissões no local de compostos orgânicos voláteis têm efeito sobre o meio ambiente como um todo, bem como na qualidade do ambiente interior do edifício. Raramente há uma resposta perfeita para a questão de quais materiais devem ser utilizados. Entender as vantagens entre os diferentes produtos e como tomar a melhor decisão em um projeto são chaves para a escolha dos acabamentos internos sustentáveis e duráveis, sem redução da qualidade do ambiente. Neste capítulo, serão tratadas também as questões relacionadas ao acabamento interno em projetos de remodelação e reforma.

OBJETIVOS DO APRENDIZADO

Após a leitura deste capítulo, o aluno será capaz de:
- Selecionar materiais de acabamento interno adequados para casas verdes.
- Explicar como os materiais de acabamento interno contribuem para a sustentabilidade de um projeto.
- Descrever como a seleção do acabamento e da instalação afetam a qualidade ambiental interna e a sustentabilidade de uma casa.

Princípios da construção verde

 Eficiência energética

 Eficiência de recursos

 Durabilidade

 Qualidade do ambiente interno

 Impacto reduzido na comunidade

Tipos de acabamento interno

Os principais materiais utilizados no interior de uma edificação são piso, parede, teto e acabamentos.* Devem-se considerar ainda marcenaria – como portas, guarnições e armários –, balcões, tinta, corantes e revestimentos claros, além dos métodos usados para instalar e aplicar esses produtos em uma casa.

Acabamentos do piso

Os pisos têm geralmente um material decorativo aplicado em cima do contrapiso estrutural; as superfícies mais populares incluem carpete, madeira, fórmica, vi-

---
* Os acabamentos, que são aplicados em pisos, paredes, tetos, componentes e complementos de uma edificação, como caixilhos, portas, janelas e equipamentos, compõem-se, principalmente, de revestimentos de argamassa, fixação de placas ou lâminas e pinturas, que são filmes, películas ou materiais impregnantes. (S.H.O.)

nil e ladrilho cerâmico. As lajes de concreto podem ser envernizadas ou polidas para se obter um piso acabado.

Acabamentos de paredes e tetos

Placas de gesso acartonado são o acabamento de paredes e tetos mais comum para a maioria das casas americanas, especialmente aquelas com estruturas em madeira. *Drywall*, também referido como placa de gesso, é um material de construção utilizado para o acabamento de paredes e tetos, feito de gesso prensado entre lâminas de fibra de vidro ou folhas de papel *kraft* e secos em fornos. Edifícios com isolamento integrado, como formas de concreto isolado ou concreto celular autoclavado, podem ter argamassa ou estuque aplicados diretamente na estrutura para acabamentos de paredes interiores, embora, nos Estados Unidos, a maioria das paredes e dos tetos com a face para interior seja de *drywall*. Argamassa é uma mistura de cal ou gesso ou cimento misturado com areia e água que endurece como um sólido liso, usada para cobrir paredes e tetos. O revestimento de argamassa em gesso laminado é composto por duas camadas de acabamento aplicadas sobre um substrato de placa de gesso e pode ser aplicado diretamente em paredes de alvenaria. Alternativamente, a argamassa pode ser aplicada sobre madeira ou chapa metálica, porém, para estas aplicações exigem-se argamassas especiais com caracteríticas de aderências específicas, as quais nem sempre estão prontamente disponíveis no mercado. Painéis de madeira e acabamentos de paredes em geral são utilizados para melhorar o desempenho de determinados ambientes, como bibliotecas e quartos.

Marcenaria

Marcenaria refere-se aos produtos de madeira e compostos usados para criar portas, guarnições, armários e acabamentos equivalentes para residências. Tradicionalmente feitos de madeira maciça, os atuais produtos de marcenaria incorporam produtos de madeira engenheirada, madeira compensada e painéis compostos para armários, bem como metais, plásticos e outros materiais não tradicionais.

Balcões

Balcões podem ser feitos de praticamente qualquer material; opções tradicionais são a pedra natural ou a madeira. Alternativas incluem materiais compostos feitos de pedra britada e vidro reciclado fundido com aglutinantes, concreto armado e placa cerâmica. Placa cerâmica é uma unidade de revestimento fina composta por várias argilas que são aquecidas em fornos gerando um material rígido.

Pinturas, vernizes e filmes/película de revestimentos

A maioria dos materiais de acabamento exige um revestimento para aumentar a durabilidade e reduzir a manutenção. Paredes e tetos podem ser pintados ou revestidos com argamassa mineral integralmente colorida. Os componentes de marcenaria e partes de madeira podem ser pintados ou acabados com filme ou lâminas de revestimento, podendo ter ou não um acabamento envernizado.*

Como selecionar acabamentos internos

A seleção de acabamentos internos sustentáveis é importante em um projeto verde, mas deve-se ter em mente que esse tipo de construção aborda o processo, e não os produtos em si. Com exceção dos materiais mais tóxicos, quase qualquer produto pode ser parte de uma casa verde se instalado e mantido apropriadamente.

Os seguintes critérios devem ser considerados na escolha de materiais de acabamento:

- Durabilidade
- Conteúdo reciclado
- Reciclabilidade quando substituído
- Toxicidade na fabricação e no local
- Energia incorporada
- Impacto ambiental e condições de trabalho na indústria de transformação
- Extração e processamento locais
- Recursos renováveis utilizados
- Adequação ao clima

Raramente um produto atende a todos esses critérios. A seleção de materiais geralmente requer um equilíbrio significativo entre eles. Embora um produto possa reunir a maioria desses critérios e ter alta energia incorporada, uma opção alternativa pode ser mais tóxica no processo de fabricação – nenhuma resposta é tão simples e estará plenamente correta. Entender as diferenças entre os produtos e tomar uma decisão com base em informações consistentes é uma importante ação de responsabilidade de toda a equipe de projeto.

Cores dos acabamentos interiores

Para o interior das edificações, materiais de cores claras e reflexivas ajudam a reduzir a quantidade de

---

* O tratamento pode ser feito com verniz, que forma um filme sobre a superfície, sem deixar poros, ou pode ser feito com *stain*. Há dois tipos de *stain*: *stain* para acabamento e *stain* preservativo. Os *stain* são impregnantes e, portanto, não formam uma superfície "plastificada" lisa, pois acompanham a superfície da madeira; eles praticamente mantêm a textura da madeira alocada na obra ou no imóvel. (S.H.O.)

iluminação necessária para as tarefas e os propósitos gerais dos ambientes. Superfícies escuras absorvem a luz e aumentam a necessidade de iluminação artificial; por absorverem mais calor transmitem o calor residual, o que contribui para uma maior carga de refrigeração e necessidade de eletricidade para a operação. Escolher superfícies com cores mais claras pode contribuir para a eficiência energética global da casa, reduzindo tanto a iluminação quanto as cargas de resfriamento.

Durabilidade

Por causa do tempo de vida de um edifício e do número de vezes que um revestimento deve ser refeito ou substituído, a seleção de material com maior durabilidade reduz tanto a quantidade de materiais quanto a mão de obra necessária para refazê-lo ou substituí-lo, além de diminuir os resíduos criados por essas atividades. Alguns produtos mais duráveis podem ter custo inicial maior, mas o custo total do ciclo de vida, incluindo manutenção, reparo e substituição, pode ser menor que o dos produtos mais baratos. Pisos de madeira maciça podem ser reparados muitas vezes e duram cem anos ou mais até precisar ser substituídos. Revestimento ou ladrilho cerâmico e pedra, quando devidamente instalados sobre um substrato durável, podem durar várias centenas de anos. Os custos iniciais de materiais duráveis são mais elevados que produtos como borracha, carpete, vinil ou linóleo, que requerem substituição a cada cinco ou dez anos, dependendo da qualidade e garantia do fabricante e do construtor, e, em última análise e na pior das condições, custam mais e criam mais resíduos que os materiais mais duráveis.

Conteúdo reciclado

Os resíduos gerados por consumidores e fabricantes podem ser reciclados e são contabilizados separadamente em produtos. Conteúdo reciclado total é a quantidade, geralmente expressa como uma porcentagem, de material recuperado, que de outra forma seria descartado como rejeito, mas, em vez disso, é introduzido como matéria-prima no processo de produção. Conteúdo reciclado pós-consumidor é a porção de um material recuperado após o uso pelo consumidor. Em geral, seu conteúdo é mais variável, em razão dos custos adicionais de coleta, triagem e processamento. Conteúdo reciclado pós-industrial é a porção de um material que contém os resíduos de materiais fabricados que tenham sido recuperados, também referido como conteúdo pré-consumo reciclado. Materiais de acabamento interno que podem ter conteúdo reciclado incluem balcões, azulejos, argamassa e carpete. Vigas de madeira recuperadas podem ser moídas para a fabricação de pisos e outros acabamentos.

Reciclabilidade

A maioria dos materiais de acabamento para interiores não é facilmente reciclada. Madeira e parede seca são facilmente recicladas quando não revestidas, mas difíceis ou impossíveis de reciclar depois da aplicação de pintura ou outros revestimentos. A maior parte dos plásticos é difícil ou impossível de reciclar. Há vários materiais que podem ser reciclados, como placas e revestimentos cerâmicos, pedras, metais, blocos e tijolos de alvenaria. A seleção de materiais com maior durabilidade ajuda a reduzir o impacto ambiental global.

Energia incorporada

As quantidades de energia necessárias para extrair matérias-primas, produzir o produto acabado e entregá-lo no local da obra são considerações importantes. Tenha em mente, porém, que um material com energia superior incorporada que só requer a substituição a cada cem anos pode ser uma opção melhor do que outro que tem energia mais baixa incorporada mas requer a substituição a cada 25 anos.

Toxicidade

Produtos manufaturados muitas vezes contêm compostos orgânicos voláteis (VOCs) que podem ser prejudiciais para seres humanos e também para animais de estimação, como ureia-formaldeído (UF), benzeno, tolueno e outros produtos químicos. Os VOCs de materiais de acabamento para interiores são liberados no ar interno, criando odores desagradáveis, e por vezes tóxicos, com efeitos, em curto e longo prazos, para a saúde dos trabalhadores e ocupantes. A seleção de materiais com conteúdo de VOC baixo ou zero é importante para a criação de um lar saudável. A seleção de materiais que são obtidos, extraídos e processados com o menor número de produtos químicos perigosos possíveis reduz o impacto ambiental sobre os trabalhadores nas fábricas, as pessoas que podem ser afetadas por emissões durante a instalação e os ocupantes das casas onde são instalados. Fichas de Dados de Segurança do Material (Material Safety Data Sheets – MSDS), disponíveis para a maioria dos produtos que se encaixam na definição da Agência Americana de Saúde Ocupacional e Administração de Segurança (U. S. Occupational Health and Safety Administration) como perigosos, identificam conteúdos potencialmente arriscados, limites de exposição, instruções de manuseio seguro, protocolo de limpeza adequada e outros fatores a serem considerados na seleção e no uso de materiais (Figura 12.1).

PALAVRA DO ESPECIALISTA – BRASIL

Toxicidade de materiais de construção

A preocupação ambiental e a busca pela sustentabilidade têm, gradativamente, ocupado espaço no setor da construção civil, acarretando a adoção de materiais de construção menos agressivos ao ambiente, menos tóxicos e que apresentem baixas emissões de compostos orgânicos voláteis (VOCs). No Brasil, nos últimos tempos, este mercado tem mostrado um interesse crescente pelos *green buildings* (edifícios verdes), cujo foco é a busca da eficiência e, principalmente, o uso responsável de recursos naturais, visando à redução de impactos ambientais.

Melina Kayoko Itokazu Hara é bacharel em Química pela Universidade Federal de São Carlos, com experiência em fotoquímica inorgânica e atuando em temas como dispositivos moleculares (fotossensor/célula solar/fotointerruptores), mestra e doutora em Química Inorgânica, e licenciada em Química pela Universidade de São Paulo, atuando também como colaboradora, além de ser professora e coordenadora do curso superior de Tecnologia em Construção de Edifícios da Fatec Tatuapé e professora da Universidade Guarulhos.

Neste contexto, com o intuito de reduzir os impactos causados pela indústria da construção civil, é importante que o profissional da área conheça o produto para poder avaliar o impacto ambiental por meio de análises do seu ciclo de vida e, desta forma, optar por materiais com menor impacto, uma vez que estes, durante este ciclo, podem liberar substâncias consideradas tóxicas dependendo da sua concentração.

Os VOCs, por exemplo, estão presentes em vários materiais de construção civil cuja composição existem solventes orgânicos voláteis, como tintas, selantes, vernizes, adesivos, revestimentos, carpetes, forro acústico, aglomerados, compensados etc. A emissão dos VOCs pode ocorrer tanto a partir do uso desses materiais como durante seu processo de produção. A qualidade do ar pode ser afetada pelos VOCs emitidos pelos materiais de construção no ambiente interno, que, posteriormente, são expelidos para a atmosfera. Os poluentes do ar no interior de um edifício são principalmente VOCs (formaldeídos, solventes orgânicos), partículas e fibras. Já os biocidas, utilizados como preservativos para madeira de ação prolongada, são substâncias tóxicas e bioacumuláveis no organismo, como o pentaclorofenol, cujo uso é proibido em muitos países, inclusive no Brasil. O uso de sais metálicos, como o arseniato de cobre cromatado (CCA), para o tratamento de madeira tem gerado alguns questionamentos por apresentarem arsênio e cromo em sua composição. Alguns países europeus já proibiram o uso do CCA em madeiras utilizadas em algumas aplicações especiais, como no uso doméstico, em pátios e ambientes internos residenciais.

A exposição aos VOCs, em determinadas concentrações pode causar problemas respiratórios, alergias de pele, olho etc. Algumas tintas imobiliárias, além de liberar VOCs, podem também apresentar metais pesados em sua composição, como chumbo, cromo, cádmio e mercúrio.

Com o intuito de monitorar o uso desses materiais considerados tóxicos, dependendo da concentração, vários países têm adotado regulamentações para o controle, por exemplo, de emissões de VOCs. Assim, a certificação ambiental torna-se uma ferramenta para o desenvolvimento de especificações, padronizações e descrições de produtos, considerando vários critérios ambientais, como o ciclo de vida do produto, sua toxicidade etc. Tais critérios podem incluir ainda a otimização e o uso de espaço de construção e materiais, evitando o desperdício; utilização de materiais potencialmente recicláveis e adoção de rotas de sínteses químicas mais seguras – *Green Chemistry* –, além do uso racional de energia e de água. No Brasil, o Leed (*Leadership in Energy and Environmental Design*), um sistema internacional de certificação e orientação ambiental para edificações, o Aqua (Alta Qualidade Ambiental) Habitacional, organizado pela Fundação Vanzolini, e o Procel Edifica são opções de certificação sustentável na construção civil, considerados selos voluntários.

Na Tabela 12.1, a seguir, encontram-se os níveis máximos de concentração de VOCs na composição de alguns materiais de construção, com parâmetros reconhecidos internacionalmente de acordo com a certificação Leed.

Tabela 12.1 Níveis máximos de concentração de VOCs na composição de alguns materiais de construção

Produto	Limites de VOCs(g/L menos água)
Tinta fosca (para interiores e teto)	50
Tinta com brilho (para interiores e teto)	150
Tinta para acabamento em madeira (verniz)	350
Impermeabilizante	250
Adesivos para carpete	50
Adesivos para piso de madeira	100
Adesivos (tipo solda) para PVC	510
Adesivos (tipo primer) para plástico	550
Selantes arquitetônicos para superfícies não porosas	250
Selantes arquitetônicos para superfícies porosas	775

Fonte: GBC Brasil. Disponível em: <http://www.gbcbrasil.org.br/>. Acesso em: 16. out. 2015.

Os materiais de construção, durante seu ciclo de vida, podem ainda ser responsáveis pela produção de outras substâncias tóxicas. As tintas a óleo, por exemplo, apresentam em sua composição estireno, substância cancerígena e irritante, e PVC (cloreto de polivinil), resina plástica muito utilizada na construção civil, um produto relativamente barato e bastante versátil, mas que responde pela formação de subprodutos organoclorados, substâncias consideradas cancerígenas e bioacumuláveis no organismo. Alguns países europeus e os Estados Unidos têm gradativamente substituído o uso de PVC por outros materiais.

Todos os materiais de construção têm algum substituto com menor grau de toxicidade; assim, a escolha de materiais menos tóxicos e que agridam menos o ambiente é um dos princípios da construção sustentável e, ao mesmo tempo, um desafio na busca do uso responsável de recursos naturais visando a redução de impactos ambientais nos ambientes construtivos.

Declarações ambientais do produto

Declarações ambientais do produto (*environmental product declarations* – EPDs) são um processo evolutivo para fornecer aos consumidores informações comparativas sobre o desempenho de produtos com base em seus atributos específicos. Auditores independentes desenvolvem essas declarações para os fabricantes a fim de que estes possam abordar a avaliação do ciclo de vida do produto, características de desempenho, toxicidade e outros fatores, tudo em conformidade com as regras criadas pela Organização Internacional de Padronização (International Standards Organization – ISO), que é a maior desenvolvedora e editora do mundo de padrões internacionais sem fins lucrativos. As EPDs são comuns na Europa, mas estão apenas começando a circular e fazer parte do mercado norte-americano.

Ficha de Dados de Segurança do Material

Produtos de Pisos de Bambu

Teragren LLC
12715 Miller Road N.E. Suite 301
Bainbridge Island, WA 98110

Telefone de emergência: (206) 842-9477
Informações adicionais: (800) 929-6333
E-mail: ann@teragren.com

Esta Ficha de Dados de Segurança do Material (MSDS) aplica-se a produtos para revestimento de piso com barras ou réguas de bambu Teragren Synergy.

1. Identificação do produto

Produto	Localização da fabricação
Pisos não acabados Wheat, Chestnut e Java	Sede nos EUA – Bainbridge Island, WA.
Pisos pré-acabados Wheat, Chestnut e Java	Sede nos EUA – Bainbridge Island, WA.

Sinônimos: Sistema de revestimento de bambu

2. Ingredientes perigosos/informação de identidade

Nome	CAS#[4]	Percentual	Agência	Limites de Exposição	Comentários
Bambu[1]	Nenhum	94-95	OSHA OSHA ACGIH ACGIH	PEL-TWA 15 mg/m^3 PEL-TWA 5 mg/m^3 TLV-TWA 3 mg/m^3 TLV-STEL 10 mg/m^3	Poeira total Fração de poeira respirável Fração de poeira respirável Partículas inaláveis
Sólidos de resina de fenol formaldeído[2]	Nenhum	4-5	OSHA OSHA ACGIH	PEL-TWA 0.75 ppm PEL-STEL 2 ppm TLV- Ceiling 0.3 ppm	Formaldeído gasoso livre Formaldeído gasoso livre Formaldeído gasoso livre
Acabamento UV[3] de poliuretano polimerizado	Nenhum	0-1	OSHA ACGIH	PEL-TWA Nenhum TLV-TWA Nenhum	Nenhum Nenhum

1 Bambu é uma planta da família das gramíneas que tem diferenças anatômicas significativas em relação à madeira. O pó do bambu, portanto, poderia ser regulamentado como um pó orgânico em uma categoria conhecida como "particulados sem regulamentação diferenciada" (particulates not otherwise regulated – PNOR) ou poeira incômoda pela OSHA. A ACGIH classifica poeira ou particulados nesta categoria como "particulados não especificados".
2 Contém menos de 0,02% de formaldeído livre.
3 Para pisos pré-acabados
4 CAS = Canadian Domestic Substance List. Representa o conteúdo de produto químico sob atendimento à Lei de Proteção Ambiental canadense.

3. Identificação de perigo

Aparência e odor: Uma matriz de fibras de bambu entrelaçadas naturais, na cor caramelo-claro, coladas com resina de fenol-formaldeído, com odor ligeiramente aromático.

© Teragren LLC

Figura 12.1 A primeira página de uma MSDS para o revestimento de bambu. Este produto particularmente é composto de 94% a 95% de bambu e o restante é formado de resinas. Note que UF (ureia formaldeído) não está entre as resinas.

Certificações do produto

Existem várias organizações de certificação que avaliam produtos por seus atributos sustentáveis. As avaliações variam de rigorosas e objetivas, realizadas por terceiros, a certificações superficialmente úteis que acabam se tornando artifícios, utilizados para comercializações pelos fabricantes. Certificação primária refere-se a uma única empresa que desenvolve as próprias regras, analisa o próprio desempenho e emite relatórios sobre sua conformidade. Certificação de terceiros envolve a avaliação e confirmação de como um produto atende a determinados padrões por uma organização não afiliada e externa à avaliada. Determinar quais certificações são úteis depende mais de suas consistências e aplicabilidade para a seleção de produtos; cada vez mais é de difícil definição e, provavelmente, se tornará mais difícil conforme aumentam os programas que são oferecidos no mercado.

Certificações mais rígidas de produtos são desenvolvidas por organizações terceiras que apenas avaliam produtos e são totalmente independentes dos fabricantes individuais (ou organizações da indústria apoiadas pelos fabricantes). As organizações terceiras mais rígidas são aprovadas pelo Instituto Nacional Norte-Americano de Padronização (American National Standards Institute), confirmando sua objetividade. Certificações secundárias são frequentemente preparadas por entidades distintas apoiadas por grupos industriais ou empresas individuais. Avaliações primárias são tipicamente declarações do fabricante de conteúdos, como as normalmente encontradas em uma MSDS.

Atualmente, a maioria dos programas de certificação de produto avalia apenas um ou alguns atributos individuais, em oposição a uma ACV (avaliação do ciclo de vida) completa. A maioria dos programas de certificações ainda só revê uma pequena seleção disponível do mercado, e a maioria dos produtos listados é para uso comercial, em vez de residencial. No futuro, provavelmente veremos avaliações ACV e EPD de mais produtos, tanto residenciais quanto comerciais, incluindo materiais estruturais e de acabamento exterior.

Mesmo que o escopo das informações de certificação seja atualmente limitado, relatórios de produtos de organizações terceiras podem ser úteis na avaliação de produtos para uma casa verde. Para obter uma lista de organizações terceiras que fornecem certificação de produto, ver Tabela 12.3.

No momento, nenhuma certificação fornece uma avaliação abrangente de qualquer produto. A equipe do projeto deve avaliar os produtos com base em todos os critérios disponíveis. Para tanto, deve utilizar o maior número de informações coletadas para fazer as escolhas mais pertinentes.

Materiais e métodos

A seleção de materiais para interiores é tipicamente uma decisão estética, controlada pelo projetista ou proprietário da edificação. Ao selecionar produtos, sempre considere os seguintes aspectos: durabilidade, conteúdo reciclado e reciclabilidade, sustentabilidade, energia incorporada e toxicidade. A maioria dos acabamentos está disponível com ou sem atributos verdes adequados; a equipe do projeto deve assumir a responsabilidade de revisão dos produtos e a seleção dos melhores com base nesses critérios.

Pisos

Revestimentos aplicados no piso podem ser feitos de madeira maciça ou engenheirada, bambu, cortiça, vinil, linóleo, carpete, ladrilho, tijolo, pedra ou concreto. Cada material, acabamento e método de instalação tem atributos verdes específicos que afetam o projeto.

Aplicações de aproveitamento solar passivo (ver Capítulo 3) usam a massa térmica para armazenar calor. Projetos que exigem massa térmica podem especificar pisos cerâmicos ou ladrilhos, alvenaria ou concreto na fase do projeto para esta finalidade.

Pisos de madeira

Pisos de madeira podem ser classificados pelo material, acabamento e tipo de instalação. São sólidos ou engenheirados, frequentemente produzidos com uma camada de revestimento aplicada sobre várias camadas de madeira ou de material composto. O piso de madeira engenheirada é constituído por várias camadas de madeira que são coladas em conjunto, como uma placa. Apesar de a madeira maciça ter energia incorporada mais baixa por causa da limitação sobre o processamento, produtos engenheirados podem fazer uso mais eficiente de matérias-primas.

Madeira certificada sustentavelmente colhida, produzida localmente ou recuperada é a escolha mais adequada para casas verdes. Deve-se evitar madeiras tropicais, a menos que sejam colhidas de forma sustentável (o Capítulo 6 apresenta informações sobre práticas florestais sustentáveis). Produtos engenheirados devem utilizar adesivos que indiquem o não uso de ureia-formaldeído – UF.

Pisos de madeira, maciços ou engenheirados, podem ser pré-acabados ou acabados no local após a instalação. A maioria dos pisos engenheirados é entregue na forma pré-acabada. O acabamento no local envolve lixamento e aplicação de vernizes ou seladores penetrantes. Pisos de madeira sólida podem ser lixados e reformados várias vezes; alguns produtos engenheirados podem ser restaurados uma ou duas vezes, mas outros não são adequados para a reforma e exigirão a substituição quando danificados ou des-

PALAVRA DO ESPECIALISTA – EUA

Avaliação do ciclo de vida

Cindy Ojczyk, Leed-AP (Accredicted Professional), vice-presidente da Verified Green. Uma simples expressão – avaliação do ciclo de vida – ACV (*life cicle assessment* – LCA) – representa um processo complexo que visa tornar o impacto ambiental total de um produto transparente para todos os usuários. É a medição, em números absolutos, de todos os insumos necessários e os impactos gerados na extração de matérias-primas, fabricação, transporte, instalação, utilização, manutenção e descarte de um "produto". O produto em referência pode ser um item singular, como um prego galvanizado, ou um sistema complexo, como um edifício composto de muitos subprodutos, incluindo o prego galvanizado.

Os fabricantes utilizam o processo ACV para atender à conformidade regulatória ou para obter informações sobre o projeto do produto, fabricação, embalagem e descarte, e, também, como ferramenta de comercialização competitiva. Arquitetos, engenheiros e proprietários de edifícios usam os dados da ACV para informar equipes de projeto e de seleção de materiais.

A ISO criou um quadro e princípios globais para a realização de uma ACV que pode ser encontrada na série de normas ISO 14000. A ampla gama de produtos e tipos de construções e seus custos variáveis tornam uma ACV complexa de se realizar, de modo que os métodos reais de coleta, análise e geração de relatórios de dados são destinados para especialistas na tarefa. O quadro da ISO fornece orientação de ACV por meio de quatro fases:

Fase 1: Define o objetivo e escopo da ACV
- Define a finalidade do estudo e quais fases do ciclo de vida do produto estudar.
- Identifica os pressupostos que devem ser estabelecidos devido às lacunas na disponibilidade de informações.
- Determina como os resultados serão relatados.

Fase 2: Realiza um inventário do ciclo de vida
- Define o diagrama do fluxo de todos os processos no ciclo de vida.
- Calcula a quantidade de toda a energia, água e matérias--primas utilizadas.
- Calcula todas as emissões atmosféricas: de água, resíduos sólidos e outros lançamentos.

Fase 3: Realiza uma avaliação no impacto do ciclo de vida
- Determina as categorias de impacto em relação às quais os dados da avaliação do impacto do ciclo de vida serão avaliados. Embora os pesquisadores europeus utilizem até 12 categorias de impacto, nos Estados Unidos existem 11 categorias que são consideradas; por exemplo, potencial de aquecimento global, poluição atmosférica, fertilização (eutrofização) de água, acidificação do ar, impacto na saúde humana.
- Como a ISO 14000 fornece uma estrutura em vez de requisitos específicos, a decisão sobre quais categorias de impacto serão incluídas é de responsabilidade do indivíduo ou do grupo que está realizando a avaliação. A avaliação pode incluir apenas uma ou até 12 categorias de impacto.
- A norma ISO tem uma metodologia atendendo sua estrutura modelada para computador que é usada para determinar as medidas do impacto das emissões, ou seja, o objetivo pretendido. Se todas as avaliações seguirem os mesmos protocolos, os resultados poderão ser significativamente comparados entre os produtos.

Fase 4: Reporta e interpreta os resultados
- Inclui, de modo transparente, as limitações do estudo do processo e dos resultados para que sejam facilmente identificados.
- Interpreta os resultados do relatório seguindo as diretrizes da ISO.

Em breve, a indústria da construção verde será capaz de orientar, por meio da ACV, todas as decisões do projeto e da construção. Entretanto, hoje, a limitada disponibilidade de dados torna impossível uma análise completa da construção. No entanto, a informação da ACV pode direcionar partes do processo de criação e seleção do material por meio da utilização de ferramentas computacionais de ACV atualmente disponíveis.

Arquitetos e construtores devem ser prudentes no processo de familiarização com a ACV, uma vez que se tornará um componente importante do projeto e da construção no futuro. A Agência de Proteção Ambiental dos Estados Unidos (U.S. Environmental Protection Agency – EPA) criou um referencial chamado *Avaliação do Ciclo de Vida: Princípios e Práticas*, que amplia ainda mais as informações fornecidas aqui.

Recursos
U. S. EPA: http://www.epa.gov/NRMRL/lcaccess/lca101.html
ISO: http://www.iso.org/iso/iso_14000_essentials
Instituto Nacional de Padrões e Tecnologia:
http://www.bfrl.nist.gov/oae/software/bees
Athena Sustainable Materials Institute: http://www.athenasmi.org/tools/impactEstimator/index.html

Cindy Ojczyk está ativamente envolvida na indústria de edifícios verdes residenciais, tanto como educadora quanto como profissional. Ela trabalha com a Verified Green, uma empresa de consultoria e treinamento, e é proprietária do Simply Green Design, uma empresa de projeto de interiores. Ojczyk foi uma das criadoras da MN GreenStar e consultora do primeiro Leed for Home de nível prata em Minnesota.

PALAVRA DO ESPECIALISTA – BRASIL

ACV como instrumento para a avaliação do desempenho ambiental das edificações

Uma ferramenta eficaz para avaliar o desempenho ambiental de determinado produto é a Avaliação do Ciclo de Vida (ACV). Esta ferramenta verifica todas as entradas e saídas de matéria e energia ao longo do ciclo de vida do produto, considerando desde a extração das matérias-primas na natureza até a disposição final do produto. Após o levantamento dessas entradas e saídas, é possível avaliar os impactos ambientais decorrentes desses fluxos.

Embora a ACV seja um dos melhores métodos para a avaliação do impacto ambiental de produtos, ela possui diversas barreiras a seu uso, como a complexidade inerente à sua realização em razão da dificuldade de limitar algumas fronteiras do produto, diversos pontos de incerteza e subjetividades naturais da própria metodologia, além da necessidade de um grande volume de dados para a realização do estudo.

Como produtos, as edificações são especiais porque têm uma vida útil relativamente longa, podem sofrer alterações de uso ao longo do tempo, ter funções múltiplas, contêm muitos componentes diferentes, são produzidas localmente, costumam ser produtos únicos, causam impacto local, são integradas à infraestrutura urbana e, geralmente, as fronteiras do seu sistema não são claras. Isto significa que fazer uma ACV completa de uma edificação não é um processo simples, como é para muitos outros produtos.

Do ponto de vista construtivo, uma edificação pode ser considerada um sistema dividido em diversos subsistemas, como fundações, estrutura, vedações verticais (interna e externa), instalações hidráulicas e elétricas. A própria norma de desempenho de edificações habitacionais (ABNT NBR 15575, 2013) separa os edifícios em subsistemas com características similares para um melhor entendimento, que são definidos como sistemas: estruturas, pisos internos, vedações verticais externas e internas, coberturas e sistemas hidrossanitários. Portanto, a realização de estudos de ACV de cada subsistema de uma edificação, considerando suas particularidades, pode ser uma boa solução para que engenheiros e arquitetos projetem edificações com melhores desempenhos ambientais.

Vanessa Montoro Taborianski Bessa Engenheira civil, pós-doutora em engenharia de construção civil, professora do curso de Arquitetura da Fundação Armando Alvares Penteado (FAAP).

Um exemplo de como esta metodologia pode orientar na tomada de decisões em projetos é apresentado no estudo realizado para avaliar as emissões de dióxido de carbono no ciclo de vida das fachadas de edifícios de escritórios. Neste estudo, foram avaliadas três tipologias de fachadas para um mesmo edifício localizado na cidade de São Paulo: *Structural glazing*, alvenaria revestida com argamassa e alvenaria revestida com ACM. A emissão de CO_2 foi calculada por meio da quantidade de energia utilizada nas etapas do ciclo de vida. A Figura 12.2, a seguir, apresenta as etapas do ciclo de vida das fachadas de edifícios de escritórios consideradas no estudo.

Uma observação interessante do estudo foi que, na etapa de uso, as fachadas não consomem energia diretamente, mas influenciam o consumo de energia elétrica pelo sistema de ar-condicionado. Desta forma, foi necessário utilizar outra ferramenta para avaliar esse consumo, sendo que, nesse trabalho, foi escolhida a simulação computacional por meio do *software*

Figura 12.2 Etapas de estudo da ACV de fachadas de edifícios de escritórios (BESSA, 2010).*

---

* BESSA, V. M. T. *Contribuição à metodologia de avaliação das emissões de dióxido de carbono no ciclo de vida das fachadas de edifícios de escritórios*. 2010. 263 p. Tese (Doutorado). Escola Politécnica, Universidade de São Paulo, São Paulo, 2010. (S.H.O.)

(continua)

EnergyPlus. Assim, unir outras ferramentas de análise de desempenho, por exemplo, desempenho termoenergético, pode trazer mais viabilidade para o estudo da ACV.

Por fim, a Tabela 12.2, a seguir, apresenta as emissões de CO_2 das tipologias de fachadas estudadas em relação à área de fachadas, calculadas a partir dos parâmetros estabelecidos nesse estudo. Os resultados apresentados mostram que, dentro dos parâmetros estabelecidos para esse estudo, as *structural glazing* com vidro incolor são as que mais emitem CO_2 por área de fachada, seguidas das vedadas com alvenaria de tijolo cerâmico e revestidas com ACM, em *structural glazing* com vidro refletivo e, finalmente, as vedadas com alvenaria e revestidas com argamassa.

Deste modo, verifica-se que a ACV pode ser uma ferramenta muito eficiente para a avaliação do desempenho ambiental das edificações, auxiliando arquitetos e engenheiros na escolha das melhores soluções para projetos sustentáveis.

Tabela 12.2 Emissão de CO_2 por área de fachada (BESSA, 2010)

Tipologia de fachada	Emissão de CO_2 (kg CO_2/m^2 de fachada)
Structural glazing com vidro incolor	122
Structural glazing com vidro refletivo	97
Vedada com alvenaria de bloco de concreto e revestida com argamassa	80
Vedada com alvenaria de tijolo cerâmico e revestida com argamassa	81
Vedada com alvenaria de tijolo cerâmico e revestida com ACM novo	114
Vedada com alvenaria de tijolo cerâmico e revestida com ACM oxidado	115

gastados. Acabamentos aplicados no local, com zero ou baixo teor de VOCs, são os mais saudáveis para os ocupantes (ver, mais adiante, a seção "Tintas e acabamentos" para obter detalhes sobre o conteúdo de VOC em acabamentos aplicados no local), mas pisos pré-acabados ajudam a reduzir a quantidade de contaminação por poeira e exposição ao VOC no local de trabalho.

Pisos de madeira maciça são instalados diretamente na estrutura do pavimento com pregos, cola ou uma combinação de ambos. Pisos engenheirados podem ser presos ao contrapiso ou instalados como flutuantes, em que cada placa é ligada à placa adjacente e ligada à estrutura apenas nos cantos de ambientes pequenos. Para vãos maiores, podem se apoiar em mestras, barrotes ou taliscas intermediárias. Os pisos flutuantes permitem fácil substituição de placas danificadas e muitas vezes têm uma fina camada de preenchimento abaixo deles, proporcionando um acabamento com um amortecimento para as pisadas (Figura 12.3). Este tipo de piso é muitas vezes mais adequado para instalações sobre lajes de concreto do que para bases que exijam ser pregadas ou coladas. Siga as recomendações dos fabricantes e das associações setoriais sobre o teor de umidade no contrapiso, os métodos de instalação e a adequação para uma aplicação diferente ou particular para que o acabamento seja mais durável.

Como todos os pisos de madeira são suscetíveis a danos causados pela água, não devem ser usados em áreas de alta umidade, como porões que podem

Tabela 12.3 Certificações do produto

Produtos de madeira	Emissões	Programas de multiatributos
Forest Stewardship Council (FSC): http://www.fsc.org	Greenguard Environmental Institute: http://www.greenguard.org	Scientific Certification Systems Sustainable Choice (carpete, outros no futuro): http://www.scscertified.com
Sustainable Forestry Initiative (SFI): http://www.sfiprogram.org	Scientific Certification Systems Floor Score (piso não têxtil): http://www.scscertified.com	SMaRT Consensus Sustainable Product Standards: http://www.sustainableproducts.com Green Seal: www.greenseal.org
American Tree Farm System (ATFS): http://www.treefarmsystem.org	Scientific Certification Systems Indoor Advantage (móveis): http://www.scscertified.com	EcoLogo/Environmental Choice: http://www.ecologo.org
Canadian Standards Association Sustainable Forest Management System (CSA): http://www.csa-international.org		Pharos Project: http://www.pharosproject.net/

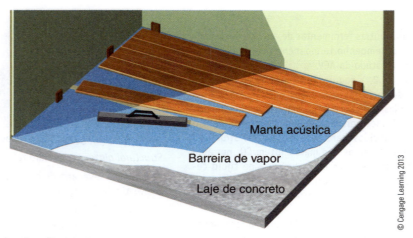

Figura 12.3 Instalação de piso flutuante.

ser inundados, banheiros e lavanderias. Além disso, o acabamento do piso de madeira em áreas de entrada e cozinhas pode se desgastar mais rápido, o que exigirá retoques mais frequentes.

Pisos de bambu e cortiça

Piso de bambu é o produto "verde" de revestimento de piso disponível mais comum nos Estados Unidos. Embora a maioria dos bambus seja importada da China, a durabilidade e o ciclo de crescimento curto o tornam uma boa opção para uma casa verde. O bambu é normalmente conformado em placas pré-acabadas de tiras finas, nas quais se utilizam adesivos (Figura 12.4); deve-se procurar produtos com baixo ou zero conteúdo de ureia-formaldeído – UF – nos adesivos. O piso de bambu pode ser instalado com fixadores mecânicos, colado ou instalado como piso flutuante. O bambu é geralmente entregue com um acabamento aplicado na fábrica. Para garantir a durabilidade dos produtos, deve-se optar por aqueles que possam ser reformados várias vezes.

O pavimento de cortiça é feito da casca exterior do sobreiro, que é extraída sem matar as árvores, nas quais uma nova casca cresce a cada dez anos (Figura 12.5). A cortiça é durável, proporciona uma sensação de suavidade ao se caminha sobre ela, e tem propriedades antibacterianas, mas muitas vezes é processada com aglutinadores e adesivos que contêm UF. Os pisos estão disponíveis em placas que são coladas diretamente no contrapiso ou como lâminas em painéis engenheirados, podendo ser coladas pela face inferior ou instaladas como piso flutuante (Figura 12.6). Deve-se procurar produtos que são acabados com poliuretano ou óleos penetrantes que possam ser reparados e ter maior durabilidade. Alguns produtos podem ser feitos com uma camada de proteção de cloreto de polivinil (PVC) na parte superior da cortiça, que introduz mais plásticos indesejáveis na casa e elimina a possibilidade de reforma do piso.

Figura 12.4a Revestimento de bambu com colmo* vertical.

Figura 12.4b Revestimento de bambu com colmo horizontal.

---

* Colmo é o caule do bambu, ou seja, as fibras que ficam entre os nós do bambu; a maioria das espécieis de bambu possui o colmo oco. (S.H.O.)

Você sabia?

As diferenças entre revestimento com linóleo e com vinil: razões para a escolha*

Profa. Dra. Sasquia Hizuru Obata

O vinil e o linóleo são aparentemente iguais por serem fornecidos em mantas, rolos ou placas e por terem pouca espessura e rigidez moderada, permitindo adaptações de paginações simples e cortes em diversos formatos. Além disso, são impermeáveis e possuem uma gama muito grande de cores, padrões e preços equivalentes.

A versatilidade, a resiliência e a facilidade na aplicação exigem que se tenha uma execução plana e lisa do contrapiso, a fim de evitar marcas na superfície por assentamento, deformações e até descolamento das placas e faixas do piso, que são fixadas na base ou no substrato com adesivos.

Tanto o vinil quanto o linóleo são utilizados em cozinhas residenciais, quartos e salas de hospitais, escolas, escritórios, comércios e em locais de tráfego médio a intenso.

Como o linóleo transmite uma sensação táctil parecida com a do couro, goza de maior preferência por parte dos usuários, sendo usado em pisos para dança e até em pisos, assentos e bases de confecções artísticas. Para maior conforto, indica-se a colocação de uma manta sob o piso (pode ser de diversos materiais, como uma composta por cortiça aglomerada e borracha reciclada), que atua como isolamento térmico e acústico e também como proteção em relação ao contrapiso.

A diferença entre o linóleo e o vinil está, primeiro, na energia incorporada em cada um desses produtos, que é maior no caso do vinil, por este ser proveniente do petróleo, formado a partir de vários compostos químicos não orgânicos, inflamável e por emitir compostos tóxicos inevitáveis, particularmente as dioxinas, quando da sua produção e descarte.

Já o linóleo, como o próprio nome, é feito a partir do óleo de linhaça oxigenado (sementes de linho comprimidas) que, dada sua alta qualidade adesiva, é combinado com fibras de juta, resinas, pigmentos, pó de madeira, cortiça triturada e, às vezes, pó de pedra. Trata-se, portanto, de um material cujas matérias-primas são renováveis e biodegradáveis e de maior aderência ambiental, que não gera estaticidade, repele poeira, é hipoalergênico, resistente ao fogo, não inflamável, é resistente ao fogo e, ainda, pode ser mais durável que o vinil, por estar disponível com ou sem revestimento.

O linóleo sem revestimento é mais permeável e tem maior capacidade de absorção de umidade, fator que determina a forma da limpeza e manutenção, a fim de evitar fungos e problemas patogênicos dos ambientes e preservar sua coloração, que pode ser alterada com a variação da umidade, ação da radiação solar e simples oxidação. Revestimentos com linóleo podem ser adquiridos com certificados verdes e de sustentabilidade e vida útil de até 30 anos.

No caso do linóleo, a durabilidade de 30 anos restringe-se aos produtos de maior qualidade, e esta, neste momento, no Brasil, é encontrada em pisos importados. Já os pisos de vinil/PVC podem até ter a mesma durabilidade, mas não são certificados (o linóleo é certificado porque isento de plastificantes e não contém cloro (responsável pelas dioxinas associadas à produção e descarte do vinil e PVC). No que se refere à Análise do Ciclo de Vida e Análise do Custo de Ciclo de Vida, não há dados suficientes para nenhum desses produtos.

Quanto ao descarte, ao final da vida útil:

- *Linóleo*: a primeira opção é a a reciclagem; seguida pela incineração e posterior deposição em aterro para compostagem, o que só é possível graças aos componentes de fácil biodegradação do produto, considerada a remoção dos adesivos.
- *Vinil/PVC*: o descarte é muito complexo, pois o produto é muito resistente à biodegradação e, se lançado em aterro, pode levar mais de mil anos para se decompor; resta então a opção pela incineração altamente controlada e em condições de captação das emissões de dioxinas e halogênios.

---

* Para maior conhecimento e embasamento para a escolha de pisos resilientes, como o linóleo, e ainda com base para aplicações de maiores exigências, como ambientes livres de contaminantes e de fácil limpeza e desinfecção, como hospitais, indica-se a a leitura de "Pisos saudáveis e sustentáveis: selecionando pisos resilientes para o setor europeu da saúde". Disponível em: <https://noharm-europe.org/sites/default/files/documents-files/2108/2012-09%20HCWH%20Europe%20Healthy_Sustainable_Flooring_PT%20singlepages%20lowres.pdf>. Acesso em 10 jun. 2015.

Pisos de linóleo e vinil

O linóleo, inventado em meados dos anos 1800, era um material de revestimento comum para cozinhas, banheiros e corredores, até que foi em grande parte substituído pelo vinil, a partir de meados da década de 1900. O linóleo, feito de óleo de linhaça, cortiça, partículas de madeira e um tecido protetor, é um material de revestimento muito durável que voltou a ser utilizado recentemente, sobretudo em projetos de construção verde (Figura 12.7).

Fabricado com materiais menos tóxicos que o vinil, o linóleo não libera quaisquer vapores tóxicos, embora tenha um odor que se dissipa após a instalação. É instalado diretamente no contrapiso com um adesivo, e deve ter um revestimento protetor aplicado durante a instalação e reaplicado regularmente para manter o acabamento.

O revestimento de vinil tornou-se popular devido à sua ampla gama de padrões e baixa manutenção. Como todos os produtos de PVC, no entanto, usa

PALAVRA DO ESPECIALISTA – EUA

Como tornar ecológica a restauração de pisos de madeira

Michael Purser, presidente da Rosebud Co. Há sempre a dúvida e o questionamento de quantas vezes os pisos de madeira poderiam ser lixados antes de chegar ao seu limite. Como a maior parte do meu trabalho de restauro de piso de madeira é feito em pisos antigos, tive que lidar com este problema por muitos anos. O desafio era o mesmo: remover o acabamento antigo e fazer o piso parecer ótimo, mas sem perda de madeira. Isto significava adotar os métodos de lixamento tradicionais (as poderosas lixadeiras ou polidoras orbitais e lixadeiras de cintas ou fitas). Essas máquinas são projetadas com uma coisa em mente: velocidade! E com essa velocidade vem a perda excessiva de madeira.

O método mais óbvio era remover o acabamento antigo por meios químicos, mas os produtos mais populares eram muito tóxicos e perigosos de usar. Uma opção foi utilizar produtos químicos de limpeza que continham N-metil-2-pirrolidona. Muito utilizado na limpeza manual, este produto mostrou-se eficaz na remoção de muitos dos revestimentos transparentes mais velhos (e alguns acabamentos contemporâneos) de uma forma ambientalmente responsável. Isto se tornou o meu diferencial quando desenvolvi o Passive Refinishing®, que me abriu a porta em alguns projetos de restauração de alto nível e prolongou a vida desses pisos antigos indefinidamente.

O Passive Refinishing® produz pouca ou nenhuma perda de madeira, e, uma vez que a superfície é molhada durante a maior parte do processo, não há poeira. Quando a possibilidade de poeira surge, um equipamento de contenção de poeira simples recolhe o pouco que é criado. Em termos ambientais, esta opção não polui o ar nem cria subprodutos perigosos ou envia nuvens de poeira e materiais particulados que flutuam pela casa.

Michael Purser representa a segunda geração de empreenteiros de piso de madeira. Ele começou a The Rosebud Co. em 1973, em Atlanta, na Geórgia. Purser tem escrito extensivamente sobre produtos de madeira para pisos, restauração e sobre a busca da sustentabilidade em um comércio de construção considerado perverso.

Quando a remoção química não é uma opção, outros equipamentos de lixamento menos agressivos removerão os revestimentos antigos, o que não resultará em perda substancial de madeira. Esse equipamento alternativo necessita da velocidade de lixadeiras mais poderosas e utiliza grandes quantidades de lixa, mas deixa a maior parte da madeira intacta. É mais lento que os equipamentos tradicionais, e não é tão popular entre a maioria dos empreiteiros de revestimentos de pisos, que acham que a alta velocidade das lixadeiras tradicionais geram a menor remoção de madeira e são mais produtivas. Muitos desses equipamentos evoluíram ao longo dos últimos 15 anos. Foram considerados inicialmente como equipamentos de lixamento fino, mas seu papel está mudando gradualmente.

Muitas pessoas ainda pensam que remover revestimentos velhos da madeira é um processo caro e difícil de realizar, mas o Passive Refinishing® e as abordagens não tradicionais de lixamento nos fornecem opções ambientalmente seguras, econômicas e adequadas.

O comércio do piso de madeira já percorreu um longo caminho. Já foi considerado muito sujo e um pesadelo para a qualidade do ar, mas a indústria tem passado por uma reviravolta completa. Acabamentos com VOCs compatíveis, contenção de poeira eficaz e novos equipamentos que atendem às demandas de pisos antigos estão reescrevendo o nosso futuro.

Piso de madeira antes da restauração.

Piso de madeira depois da restauração.

Figura 12.5 A cortiça é um material de construção sustentável porque é um recurso renovável. A árvore de cortiça não é prejudicada durante a colheita.

Figura 12.6 Piso de cortiça.

Figura 12.7 Piso de linóleo.

produtos químicos tóxicos não renováveis na sua fabricação, é difícil de reciclar, libera VOCs e vapores perigosos quando queimado. O vinil flexível também contém ftalatos, substâncias químicas conhecidas por causar problemas de saúde, especialmente em crianças pequenas. Por essas razões, o revestimento de vinil deve ser evitado em casas verdes.

Carpete

Em geral, o carpete aplicado de parede a parede não é a melhor opção para uma casa verde. A maioria dos carpetes, mantas e adesivos libera muitos produtos químicos nocivos. O carpete absorve poeira, sujeira e produtos químicos do exterior e também umidade, odores interiores, produtos químicos e fumaça. Mesmo as instalações de carpete mais favoráveis à saúde devem ser limpas com frequência para manter o ar interno saudável. Na limpeza do carpete, é necessário usar energia, água, detergentes e solventes. Pisos de superfície dura precisam de limpeza com menos frequência e exigem menos recursos para fazê-la.

Quando o carpete deve ser parte de um projeto, considere o uso de tapetes sobre pisos de superfície dura. Os tapetes podem ser removidos e limpos regularmente e não necessitam de mantas, adesivos ou prendedores físicos para a instalação.

Para instalações de parede a parede, selecione carpetes feitos de materiais naturais, como lã, algodão ou sisal, uma fibra criada a partir de folhas da planta agave. Opções menos caras incluem o carpete feito de plástico reciclado, que é adequado para áreas de pouco a moderado tráfego, que pode ser reciclado no final da vida. As opções de instalação incluem colagem diretamente no contrapiso, colocação de mosaicos soltos e fixação mecânica.

Instalação colada é o método menos desejável, porque o carpete se torna difícil de remover e reciclar, e os adesivos usados podem ter alto teor de VOCs. Placas de carpete são facilmente substituídas quando danificadas, e muitos produtos com alto conteúdo reciclado estão disponíveis e são facilmente recicladas (Figura 12.8). O carpete mecanicamente preso é fixado nas bordas de uma sala e estendido firmemente sobre uma manta. Instalações por extensão, esticadas sobre o pavimento, usam a menor quantidade de adesivo e são facilmente removidas para reciclagem. As mantas feitas de juta ou outras fibras naturais são preferíveis à espuma, que muitas vezes contém retardadores de chama brominados. **Retardadores de chama brominados** pertencem a um grupo de compostos químicos que consistem em elementos orgânicos que contêm bromo e podem causar problemas de saúde em longo prazo. Adesivos utilizados na costura do carpete devem ter baixo teor ou zero VOC.

O **Instituto de Carpetes e Tapetes – Carpet and Rug Institute (CRI)** é uma associação sem fins lucrativos da indústria que criou os programas de certificação secundária Green Label e Green Label Plus. Esses programas oferecem diretrizes para o conteúdo de VOCs e a liberação de gás de materiais de carpete e mantas.

Figura 12.8 Placas de carpete estão disponíveis em uma variedade de cores e padrões que podem ser facilmente misturados e combinados.

Cerâmica, pedra e tijolo

Pisos de superfície dura, como o ladrilho cerâmico e alvenaria, são duráveis e atraentes, e podem fornecer massa térmica para projetos solares passivos. Opções de materiais sustentáveis incluem ladrilho e tijolo com conteúdo reciclado e produção local. A pedra pode ser recuperada ou localmente extraída. Ladrilhos e tijolos têm alta energia incorporada por causa do calor utilizado na produção, no entanto, a durabilidade e baixa manutenção os tornam uma boa opção para uma casa verde.

A maioria dos ladrilhos é fabricada com acabamento durável ou de porcelana sólida, e ambos requerem manutenção mínima. Tijolo, pedra e ladrilhos porosos não vitrificados são suscetíveis a manchas, devem ser selados na instalação e depois em intervalos regulares.

Ladrilhos, tijolo e pedra podem ser instalados sobre pisos de concreto ou de madeira. Como as instalações sobre o concreto são suscetíveis de transferência de fissuras na laje para o acabamento do piso, para evitar este problema, deve-se considerar o uso de uma **membrana de dissociação**, ou manta de separação, folha de plástico flexível que é colocada entre o ladrilho e o concreto com um adesivo. Essa membrana cria uma espécie de amortecedor que reduz o potencial de rachaduras no acabamento do piso (Figura 12.9). Pisos de mosaico e alvenaria em estruturas de madeira podem ser instalados sobre uma espessa camada de argamassa de contrapiso, uma placa de gesso de base de 6,35 mm ou 1,27 cm de cimento, ou sobre uma membrana de dissociação (Figura 12.10). Selecione o método de instalação mais durável com base nas recomendações do fabricante para o material do acabamento e da estrutura. Embora esses pisos tenham alta energia incorporada, a longa durabilidade ajuda a reduzir os impactos ambientais globais negativos.

Figura 12.9 Instalação de cerâmica sobre uma laje de concreto. O produto Schluter®-DITRA é utilizado como uma membrana de dissociação que ancora o azulejo à laje de concreto e elimina a transmissão de fissuras do concreto para o piso.

Áreas de chuveiros e banheiras são tipicamente revestidas com azulejos ou placas de pedra como material de harmonização e em jogo com os pisos do box. Revestimentos das paredes das áreas para chuveiro e banheira devem ser instalados em um substrato de alvenaria ou gesso que resistirá à umidade, ou sobre uma membrana impermeável, tal como a Schluter®-KERDI, da Schluter Systems (Figura 12.13). A colocação de azulejos diretamente sobre o *drywall* resistente à umidade ou outros materiais sensíveis à umidade levará ao fracasso prematuro e danos causados pela água à estrutura subjacente. Pisos de box devem ter uma membrana totalmente impermeável integrada com um dreno para manter a estrutura seca. Nos Estados Unidos, as bandejas de box, tradicionalmente feitas de chumbo, são agora de folhas de plástico ou borracha flexível, semelhantes aos materiais das membrana de coberturas com baixa inclinação. Instalação cuidadosa e teste de vazamento são fundamentais para a construção de uma parede de chuveiro eficaz. Opções para as áreas do chuveiro em pedras e azulejo e para as bordas da banheira incluem fibra de vidro pré-fabricada e unidades de acrílico, que estão disponíveis em uma única peça ou como sistemas multipeças.

Figura 12.10 Instalação de cerâmica em um banheiro sobre um piso em malhas de madeira. O produto Schluter®-DITRA é utilizado como uma membrana de dissociação que ancora o ladrilho no contrapiso de madeira, de modo a eliminar a necessidade de placa de cimento ou argamassa. O resultado global reduz o peso, os materiais e a probabilidade de rachaduras.

Concreto

Uma laje de concreto estrutural utilizada como piso acabado elimina o trabalho e os materiais necessários a serem aplicados em uma superfície. Lajes de concreto podem ser acabadas com uma vasta gama de opções, incluindo corantes, decapagem com ácido, polimento e seladores claros (Figura 12.14). Os acabamentos podem ser aplicados no momento em que o concreto é moldado, o que requer proteção cuidadosa durante a construção, ou no final do projeto. A seleção de materiais de acabamento com baixo teor ou zero VOC garantirá uma melhor qualidade do ambiente interno (*indoor environmental quality* – IEQ).

Paredes e tetos

Acabamentos de parede e teto incluem *drywall*, argamassa, painéis, revestimento de parede, azulejo, tijolo e pedra. A escolha do material é afetada pelos seguintes aspectos: estrutura da parede, o modo como o espaço é usado, requisitos estéticos e atributos verdes de cada produto específico.

Drywall

De longe, o revestimento interior de parede mais comum nas casas americanas é o *drywall*, que é barato e razoavelmente durável, além de servir como um excelente substrato para acabamentos de pintura. A maioria dos fabricantes usa conteúdo reciclado na fabricação dos cartões instalados em ambas as faces das placas do revestimento. Gesso sintético, um resíduo dos filtros utilizados nas plantas com combustão do carvão vegetal, pode ser utilizado em alguns ou em todos os núcleos do painel, no entanto, a quantidade de mercúrio e outras toxinas contida neste tipo gesso pode ser prejudicial à saúde.

O maior inimigo do *drywall* é a umidade. Quando molhada, a película de papel no *drywall* pode desenvolver mofo rapidamente, o que exigirá um processo caro e complicado de remoção e substituição. Os revestimentos de fibra de vidro e papel altamente resistente ao mofo devem ser utilizados em todas as áreas sujeitas a danos causados pela umidade, como banheiro, áreas molhadas e porões. *Drywall* resistente à umidade, comumente referida como placa verde, fornece apenas uma resistência mínima à umidade e não deve ser usada em áreas molhadas ou como substituto para os *drywall* sem película de papel ou placa para aplicação de azulejo (Figura 12.15).

Um produto atualmente em desenvolvimento é a parede de gesso com grânulos de mudança de fase incorporados, que aumentam a massa térmica do material. Esses grânulos absorvem e liberam a energia com base nas mudanças de temperatura, o que ajuda a gerenciar a temperatura ambiente em projetos de energia solar passiva.

Drywall é instalada com parafusos ou pregos e adesivos. A fita adesiva utilizada nos *drywall*, quando instalada em faixas contínuas, fornece uma vedação de ar entre as placas e a estrutura, reduzindo a infiltração de ar. Adesivos com zero ou baixo teor de VOCs devem ser selecionados para garantir a mais alta qualidade do ar interior. O Capítulo 4 apresenta mais informações sobre como reduzir a infiltração de ar por meio da abordagem do *drywall* (ADA – Airtight Drywall Approach).

Pedaços de *drywall* sem pintura podem servir como aditivos para melhoria e regularização do solo para as plantas. O gesso é sulfato de cálcio hidratado muitas vezes comercializado como um condicionador do solo para melhorar sua estrutura (lavoura). Tanto o cálcio quanto o enxofre são nutrientes essenciais para as plantas. A necessidade desses nutrientes depende da cultura, do tipo de solo, do fornecimento

> ### Você sabia?
> #### Comportamento dos ocupantes e qualidade do ambiente interno
>
> Uma das melhores maneiras de manter a qualidade do ambiente interno (IEQ) é deixar os sapatos utilizados em uma parte externa da casa. Sapatos usados ao ar livre podem introduzir quantidades significativas de sujeira, poeira, lama, produtos químicos, excrementos de animais e outros poluentes que podem ser transferidos para o piso – particularmente para o carpete. Limpeza e aspiração frequentes podem minimizar o impacto desses poluentes, mas mantê-los totalmente fora dos pisos é a melhor estratégia. Uma solução para isto é criar, em cada entrada, um lugar confortável para remover a sujeira dos sapatos e armazená-los (Figura 12.11). Outra opção, mais comum em edifícios comerciais, é a utilização de um *tapete de entrada*, um tapete para chão abrasivo instalado sobre uma área rebaixada do piso, como um recipiente que segura os detritos conforme eles são raspados dos sapatos, conhecidos no Brasil como capachos (Figura 12.12). Tapetes de entrada têm normalmente de 90 cm a 1,20 m de comprimento, e são instalados em todas as portas de entrada para ajudar a reduzir a quantidade de poluentes que são introduzidos em uma casa.
>
>
>
> **Figura 12.11** Bancos localizados na entrada com espaço para o armazenamento de sapatos incorporado incentivam as pessoas a tirá-los antes de entrar na casa.
>
>
>
> **Figura 12.12** Tapetes de entrada, ou capachos, incluem espaço para recolher sujeira e detritos.

Figura 12.13 Schluter®-KERDI instalado diretamente em *drywall* sem papel. Este produto proporciona um contrapiso à prova de água para o azulejo da parede e elimina a necessidade de placa de suporte à base de cimento.

existente e da contribuição de outras fontes. Para melhorar as condições do solo e reduzir a quantidade de resíduos dos aterros sanitários, devem-se moer os resíduos de gesso e descartá-los no local.

Figura 12.14 Lajes de concreto estruturais podem ser coloridas, seladas e polidas para produzir um piso acabado atraente.

PALAVRA DO ESPECIALISTA – BRASIL

Alternativas de materiais isolantes e produtos de mudança de fase: óleos e parafinas como isolantes

Quando se aborda a necessidade de isolamento térmico de edificações e os materiais a serem aplicados, o caminho mais rápido é recorrer às técnicas tradicionais da construção civil; mas, quando a ideia é pensar em novas formas e oportunidades para eficiência energética e busca por desempenho e sustentabilidade, é preciso ter a mente aberta a abordagens holísticas de todo o arcabouço de informações e conhecimentos.

Fiz este preâmbulo para relatar minha abordagem histórica de como os óleos são materiais isolantes. Sempre acompanhei as atividades do meu pai, principalmente nos projetos e construções de transformadores elétricos, quando soube, antes das aulas mais básicas sobre os princípios de física e eletricidade, que os fios conduzem eletricidade – isto era fácil, pois eu via os fios nas lâmpadas e tomadas; o que me deixava pensativa, porém, era quando meu pai adicionava óleo ou o retirava da carcaça dos equipamentos, dizendo-me, de maneira simples, que servia para resfriar e isolar o transformador.

Desta experiência vivida, digo que nossos sistemas construtivos podem vir a ser equipamentos e máquinas, ou apenas utilizar os pressupostos já aplicados nestes. Portanto, não esqueci que os óleos (óleo de transformador tem como base parafina ou nafta) podem ser ótimos produtos isolantes, e foi exatamente pela recorrência histórica a alegria que tive ao saber que muitos pesquisadores já estavam buscando a inserção de óleos e parafinas em argamassas e placas de construção como isolantes, ou seja, algo que é muito antigo, sabido, e estava sendo levado aos materiais da minha atuação específica.

Profa. Dra. Sasquia Hizuru Obata Engenheira civil pela Fundação Armando Alvares Penteado (FAAP), licenciada em Formação de Professores de Disciplinas pela Universidade Tecnológica Federal do Paraná (UTFPR), especialista em Administração de Empresas pela FAAP, mestre em Engenharia Civil pela Universidade de São Paulo (USP), doutora em Arquitetura e Urbanismo pela Universidade Mackenzie.

Fernando A. Silveira

Parafinas e géis associados a materiais de construção: novos compósitos

Por origem, as parafinas são hidrocarbonetos provenientes do petróleo, também chamados alcanos; em temperatura ambiente são sólidos cerosos, com ponto de fusão típico a cerca de 50 °C, insolúveis em água e excelentes isolantes elétricos, por armazenarem calor (capacidade de calor específica de 2,14 a 2,9 joules por grama Kelvin e calor de fusão de 200-220 joules por grama).

As parafinas, por si só, na forma de ceras, podem ser utilizadas como impermeabilizantes, acabamento e tratamento de superfícies como madeira, e até concreto, mas podem deteriorar-se com o envelhecimento e em contato com a umidade.

Pela capacidade de absorver calor, usando a energia térmica para derreter e liberar calor durante a solidificação, a parafina é conhecida como um material de mudança de fase (*Phase Change Material* – PCM), isto é, que tem caracterizado um patamar térmico que se identifica como calor latente, que ocorre quando o calor é absorvido ou liberado na mudança de estado sólido para líquido e vice-versa. Calor latente é também identificado quando a temperatura se estabiliza na mudança de líquido para gases, mas esta última característica não é eficiente para armazenar calor em razão dos grandes volumes dos gases, ou dos sistemas e das altas pressões para armazenar os gases.

Sabe-se que comparativamente aos materiais de construção comuns, como alvenaria, concreto e pedra, as parafinas podem armazenar de 5 a 14 vezes mais calor por unidade de volume.

Partindo-se do princípio de que os materiais básicos são os cerâmicos, os metálicos e os poliméricos, e os compósitos (derivados da associação destes), como concreto armado, pneu, lona revestida com PVC, assim também se podem ter compósitos de parafina com os materiais cerâmicos, como blocos de argila impregnada de cera, placas de gesso misturado em infusão de óleos ou parafinas, placas com tiras de géis poliméricos ou em nanocápsulas de óleos, microbolhas de parafinas, madeiras engenheiradas com lâminas térmicas de géis etc.

Uma nova geração de compósitos

No que se refere aos géis, óleos e resinas, talvez esteja sugestionada, mas já penso que podem ser mais verdes e menos impactantes que as parafinas de petróleo; refiro-me às parafinas e resinas de árvores e a um componente da bioconstrução, "baba de cactus", conhecido pela propriedade de impermeabilizar alvenarias.

Outra sugestão, e na mesma forma e linha de pensamento, entrariam os géis utilizados em bolsas térmicas para febre e compressão fria ou quente, que são encontrados na base da celulose vegetal, como o gel de cactus e gelatinas de algas; eles não são gordurosos, possuem baixíssima inflamabilidade e podem ser componentes de forma semissólida ou mais aquosa, pois dependem de polímeros dispersos que lhes fornecem viscosidade. É claro e evidente, porém, que ainda se devem ponderar sobre sua degradação, estabilidade e durabilidade.

Placas *drywall* com parafina

As construções conhecidas como *drywall* são leves e executadas com placas de gesso acartonado, nas quais é comum a utilização de isolantes termoacústicos em lã de rocha ou de vidro, em razão da leveza e da baixa massa de amortecimento das amplitudes térmicas do dia em relação à noite.

Para melhorar o desempenho das placas de *drywall*, estão sendo tratadas como um tricompósito: placas de gesso acartonado contendo parafina (cartão = papel, gesso e parafina), para reduzir as amplitudes térmicas e gerar mais conforto e economia energética.

A parafina, nas placas de *drywall*, tem a função de armazenar calor durante o dia, consumindo-o no derretimento da parafina, e, ao anoitecer e queda da temperatura, liberar o calor para o ambiente e conduzir a cristalização da parafina, deixando-a pronta para mais um ciclo de variação térmica.

(continua)

Ensaios e aplicações comprovaram que, em média, considerando projetos solares passivos, as placas reduzem cerca de 4 °C nos horários de maior insolação para o interior, com os investimentos sendo cobertos em cerca de cinco anos, uma vez que se obtém uma economia de energia da ordem de 20% na Europa, estando edificadas em áreas de grandes amplitudes térmicas.

Os processos mais comuns para a obtenção das placas com parafina são: imersão em parafina aquecida e líquida, incorporação de partículas nas dosagens ou lâminas do gesso e mistura de cápsulas contendo parafina na massa de gesso antes ou durante a moldagem.

No caso das cápsulas, a vantagem é a própria proteção da parafina, que, por estar confinada, é menos passível de vazamentos quando estiver na fase líquida. As cápsulas podem variar quanto ao material de seu invólucro, que pode ser acrílico ou polietileno, e quanto às dimensões, que podem ser grandes ou diminutas – estudos, ainda considerados teóricos, referem-se a dimensões de mícrons a nanos –, porém julga-se que a transferência de calor em dimensões diminutas seja ineficaz e o efeito de mudança de fase não seja sensível ou não ocorra.

A forma da parafina produzida no momento é em pó e em cápsulas de polimetilmetacrilato, com diâmetro típico de 2 mm a 20 mm, cuja empresa produtora é a Basf.

Em termos de resistência mecânica, há sim uma perda moderada tanto na compressão como na flexão, e os resultados variam de 15% a 20%, considerando que o conteúdo máximo de parafina seja de 5% a 10% em massa. O máximo acréscimo de parafina, que seria ainda eficiente como material para vedação, é de 25% a 30% em peso, prevendo-se um bom desempenho térmico.

No Brasil, uma casa foi edificada com placas de *drywall* com microcápsulas de parafina. Assim como em poucas edificações no mundo, trata-se de uma casa modelo no bairro do Campo Belo, na cidade de São Paulo.*

A alternativa às parafinas são os hidratos de sal, que consistem de de sais e água, que podem ser misturados no gesso e também armazenam calor a um custo inferior ao da parafina; o problema é que são produtos mais instáveis e apresentam superaquecimento, mas, ainda assim, eles também já estão presentes nas placas, em combinação com as microcápsulas.

---

* CasaE, Casa de Eficiência Energética da Basf. Aberta a visitas, que são gratuitas e monitoradas por um profissional que explica de cada um dos ambientes. Os interessados devem se cadastrar no site <www.casae.basf.com.br> ou enviar um email para casae@basf.com. (S.H.O.)

Argamassa

Argamassa é um revestimento comum para paredes internas, que tem sido amplamente substituída por placas de *drywall* na construção residencial. A argamassa de gesso é usada em algumas áreas, e a de argila vem se apresentando como um material de acabamento interno sustentável. Argamassa de gesso é um acabamento aplicado em uma ou duas camadas, criando uma superfície muito rígida e durável tanto para paredes quanto para tetos (Figura 12.16). A argamassa pode ser pigmentada antes da aplicação ou pintada depois de aplicada.

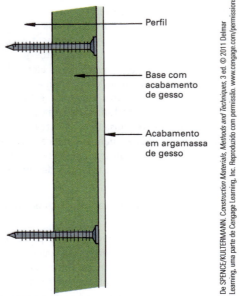

Figura 12.16 Acabamento em gesso é um revestimento simples com argamassa de gesso aplicada sobre uma base em placa de gesso.

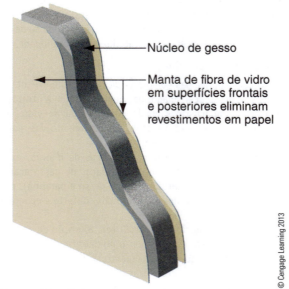

Figura 12.15 *Drywall* sem película de papel.

A argamassa de argila é feita com argilas naturais, agregados (como pó de mármore reciclado) e pigmentos. Aplicada sobre o gesso ou a alvenaria, a argamassa de argila destina-se ao emprego no acabamento final e não requer pintura (Figura 12.17). Tanto a argamassa de gesso quanto a argila podem fornecer algum nível de controle de umidade – são ditas hidroativas, absorvem a umidade do ambiente quando úmido e liberam umidade quando seco. Esta característica pode reduzir as cargas de refrigeração em climas úmidos e mistos por diminuição da quantidade de desumidificação necessária.

Figura 12.17 Pintor aplica argamassa de argila sobre placas de gesso.

Painéis

Paredes e tetos podem ser acabados com folhas de compensado com cortes nas junções ou ser utilizados para detalhes adicionais, com placas planas com encaixes. Indica-se a utilização de materiais sem adição de ureia-formaldeído – UF – em colas e aglutinantes, como a madeira compensada para o exterior, ou produzida com compostos de produtos agrícolas, como fibras de trigo, disponível com lâminas de madeira dura. Os painéis são geralmente coloridos e acabados com um revestimento claro, mas a pintura pode ser preferida em alguns projetos. Quando os acabamentos são pintados, *drywall* ou argamassa pode servir como o principal revestimento da parede com guarnição de acabamento aplicada na parte superior.

Quando se utiliza o revestimento da parede como barreira de ar, os painéis devem ser completamente selados em todas as juntas para fornecer a adequada configuração térmica (Figura 12.18). Painéis muitas vezes requerem uma quantidade significativa de bases de madeira para fixação dos pregos. As bases devem ser instaladas de modo que não interfiram no isolamento nem criem pontes térmicas em paredes externas.

Revestimento de parede

Revestimentos de parede, impressos ou folhas texturizadas que ficam coladas às paredes, eram originalmente feitos de papel ou de fibras naturais; no entanto, a maioria é feita agora de vinil ou PVC. Os revestimentos de parede de vinil devem ser evitados por duas razões. Em primeiro lugar, eles agem como uma barreira de vapor que retém a umidade na superfície da parede por trás do vinil, principalmente em edifícios com ar-condicionado (Figura 12.19). Em segundo lugar, como todos os produtos de PVC, emitem VOCs e não são facilmente reciclados. Deve-se procurar revestimentos de parede de papel, fibras* e outros materiais naturais que não são barreiras de vapor e têm baixo teor de VOCs.

Azulejo, pedra e tijolo

Acabamentos de parede com azulejo e cerâmicas são utilizados principalmente nas áreas de banheiro e cozinha por causa da durabilidade, embora também sejam vistos em entradas, adegas e outros cômodos para fins decorativos. A cerâmica está disponível em forma de lâminas finas, o que reduz tanto o peso quanto o volume, enquanto proporciona a aparência de tijolo maciço. Em áreas que não estão em contato direto com a água, os acabamentos de azulejo e cerâmica podem ser instalados diretamente no *drywall*.

Marcenaria

A madeira maciça, material de marcenaria original, é cada vez mais escassa e cara. Em consequência, a utilização deste tipo de madeira é geralmente limitada a áreas em que se requer um acabamento natural. Aplicar laminados de madeira em painéis de armário, portas e acabamentos moldados é considerado o processo mais sustentável para uso de madeiras de lei com extração certificada, especialmente quando comparado com a utilização de material sólido (Figura 12.20). Marcenaria com material recuperado, madeira de extração local e madeira de extração sustentavelmente certificada é uma boa opção para uma casa verde. Muitos produtos de marcenaria estão disponíveis que utilizam produtos compostos, feitos de madeira e resíduos agrícolas com aglutinantes. Deve-se optar por produtos feitos sem adição de ureia-formaldeído – UF – para a melhor qualidade do ambiente interno. Produtos de madeira sólida sem pintura podem ser triturados e reciclados para servir de forragem. Os compostos oferecem uma utilização mais eficiente dos recursos, mas em geral não são recicláveis; por isso os resíduos devem ser descartados. Independente da reciclagem, os resíduos podem ser reduzidos por meio da concepção de módulos padrão, com o cuidado da correta encomenda, evitando-se erros e instalando-se os produtos corretamente.

---

* As fibras podem ser naturais, artificiais e sintéticas. As naturais são obtidas prontas (gramíneas, como capim, linho, algodão, seda etc.), e as artificiais e sintéticas são produzidas pelo homem; as primeiras são provenientes da celulose da fibra de vegetais, e as segundas de produtos químicos, como poliéster e poliamida. (S.H.O.)

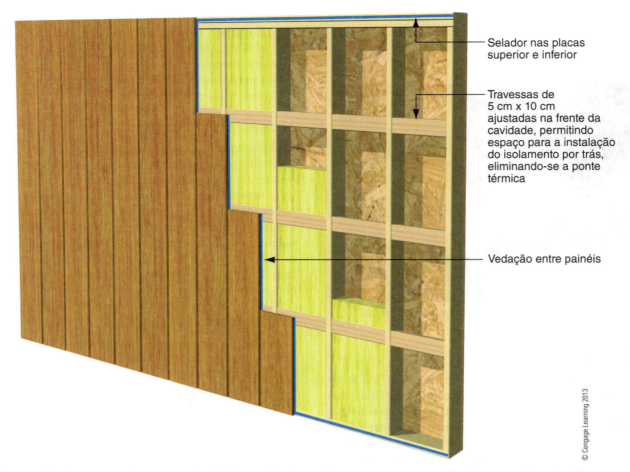

Figura 12.18 Vedação de ar em painéis de parede, de modo que possam ser utilizados como barreira de ar.

Figura 12.19 Papel de parede em vinil é uma barreira de vapor que pode reter a umidade e promover o crescimento de mofo. Para piorar a situação, o adesivo de parede é geralmente uma excelente fonte de alimento para o mofo. Nessa casa, o papel de parede de vinil teve que ser removido por causa do grande crescimento de fungos.

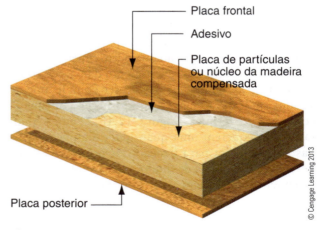

Figura 12.20 Ao utilizar produtos laminados de madeira, sempre especifique os produtos livres de UF. Aglomerados com frequência contêm aglutinantes com UF.

Portas

As portas podem ser feitas de madeira maciça, com peças unidas por malhetes, núcleos de composição com laminado de madeira, placa de fibra de madeira de média densidade (*molded medium-density fiberboard* – MDF) ou outros compostos. Portas laminadas ou de placa estão disponíveis com núcleo sólido ou oco. Os interiores das portas de núcleo sólido são completamente cheios com madeira ou placa de composição, proporcionando um produto sólido pesado. Portas com núcleo oco estão disponíveis com os painéis, planos/lisos ou moldados, montados em uma armação de madeira, com papelão ou material semelhante utilizado para manter os painéis separados, reduzindo significativamente a quantidade e o peso do material necessário para a construção. Portas de núcleo oco utilizam menos material e são mais leves para transportar do que as com núcleo sólido. Os estilos incluem painel liso, com relevo, plano e com painel de vidro.

Deve-se optar por portas que são feitas sem adição de UF em colas ou aglutinantes. Muitas portas com composto comum terão alto teor de UF, embora alguns fabricantes já produzam produtos sem a resina. Placa de fibras de trigo e com outros produtos agrícolas são semelhantes aos compostos com base de madeira, que são produzidos a partir de resíduos agrícolas e geralmente sem qualquer acréscimo de UF. Materiais livres de UF são normalmente feitos com resinas de uretano que não liberam gás quando curadas; no entanto, essas resinas alternativas são muito tóxicas na fabricação, aumentando os riscos para a saúde do trabalhador da fábrica. Qualquer material que contém UF deve ser revestido com um acabamento de baixa toxicidade para reduzir a quantidade de formaldeído liberado na casa.

Considere o uso de madeira composta ou madeira unida com malhetes, em vez de madeira maciça, para guarnição. Portas coloridas estão disponíveis com revestimento de madeira aplicado sobre madeira composta ou malhetes (Figura 12.21). Portas feitas de

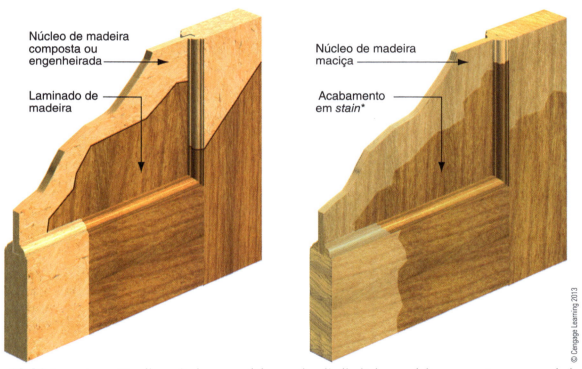

Figura 12.21 As portas estão disponíveis em madeira maciça (à direita) e madeira composta ou engenheirada (à esquerda).

---

* *Stain*, produto que penetra na madeira, é classificado como impregnante pela Associação Brasileira de Fabricantes de Tintas. Trata-se de compostos com filtro solares para proteger contra a radiação solar, propiciando maior durabilidade; pode ter preservativos de ação fungicida, além de cor, atendendo a padrões estéticos. Há duas categorias de *stain*:
- *Stain* impregnante e preservativo: de ação fungicida, o *stain* desta categoria deve atender aos ensaios específicos da ABNT, além de ser certificado e ter rotulados a composição e o teor de ingrediente ativo pelo Ibama, em relação à sua ação contra fungos, insetos, algas e outras formas de biodeterioração.
- *Stain* impregnante de acabamento: nesta categoria temos o *stain* que não contém fungicida, algicida e ou inseticida em sua composição; é impregnante e atua somente como um filme de ação estática de superfície, não sendo preservativo, o que o isenta de rótulos e certificações junto ao Ibama.

O verniz, diferente do *stain*, é uma resina de acabamento superficial, não impregnante, que pode ser aplicada até mesmo sobre pintura, motivo pelo qual é transparente ou incolor, conferindo-lhe brilho, proteção, efeito de profundidade e, às vezes, até realçando a cor natural, como um filme fosco ou brilhante. (S.H.O.)

madeira maciça e placas, particularmente aquelas de regiões tropicais, devem ser certificadas como provenientes de florestas com extração sustentável.

Guarnição

Como as portas, a guarnição pode ser sólida, unida por malhetes, de material composto ou de plástico (Figura 12.22). A guarnição composta é tipicamente de MDF, que contém UF; no entanto, empresas, como a Sierra Pine, oferecem molduras livres de UF em uma ampla gama de perfis. A maioria das guarnições compostas é feita para um acabamento de pintura, mas alguns perfis estão disponíveis com um folheado real de madeira aplicado sobre uma base composta ou unidas por malhete, oferecendo guarnição já tratada com *stain* quando for madeira menos sólida. Guarnições de madeira e folheado, especialmente aquelas criadas de madeiras tropicais, devem ser certificadas como extraídas sustentavelmente.

Figura 12.22 Visualmente, não há diferença entre a guarnição feita de materiais compostos e aquela de madeira maciça.

Guarnições de plástico, tanto virgem quanto reciclado, estão disponíveis em uma variedade de perfis; alguns têm até um acabamento com veios de madeira que pode aceitar verniz. Guarnição de plástico flexível está disponível para o acabamento de paredes curvas, janelas e portas com a parte superior em arco. A guarnição é normalmente instalada com pregos ou parafusos e, ocasionalmente, com adesivos.

Para minimizar o impacto ambiental, deve-se considerar limitar a quantidade de guarnições decorativas e selecionar perfis de acabamento que produzam menos resíduos. Produtos de madeira engenheirada sem adição de UF são escolhas adequadas para casas verdes, uma vez que são adesivos com baixo teor de VOCs.

Armários

Armários são peças para estoque ou armazenamento, semipersonalizados ou produtos completamente personalizados, de grandes e pequenos fabricantes. Muitas vezes, são enviados de um estado ou país distante para o local da edificação. Lojas independentes e individuais normalmente produzem armários personalizados em suas fábricas, ou na loja ou no local de instalação. Como os armários usam produtos em folha e guarnição deslizante para a construção, as mesmas sugestões para as seleções do material se aplicam. Deve-se selecionar os materiais do painel como madeira, MDF e placas compostas de trigo sem UF. Guarnições sólidas e painéis folheados devem ser sustentavelmente extraídos. Adesivos e acabamentos devem ter baixo teor de VOCs.

Muitos armários são feitos com painéis de aglomerado de partículas, que muitas vezes têm um alto teor de UF. Deve-se considerar selecionar produtos com painéis de baixo conteúdo de UF, ou que em todas as faces dos painéis do armário sejam aplicados seladores de baixa emissão antes da montagem. A maioria dos armários é finalizada na fábrica, muitos com acabamentos altamente tóxicos. A seleção de produtos com acabamentos de baixo VOC reduz seu impacto sobre a qualidade do ar no local. Armários acabados no local devem usar tintas e revestimentos de zero ou baixo VOC.

A compra de armários fabricados próximos da obra reduz a quantidade de energia necessária no transporte. Entregas de armários em longas distâncias acrescentam tanto o custo quanto o impacto ambiental do projeto.

Prateleiras

Prateleiras de guarda-roupas ou *closets* evoluíram de uma única plataforma e haste instaladas em cada quarto para sistemas sofisticados, que criaram toda uma cadeia produtiva e voltada à indústria moveleira. Especialistas em guarda-roupas ou *closets* fornecem sistemas totalmente equipados para armazenamento que variam de um conjunto de prateleiras à plena instalação personalizada com gavetas, haste de roupas multicamadas e sapateiras. Essas empresas também equipam adegas, porões e áreas de armazenamento de garagem, escritórios e salas de entretenimento.

Sistemas de guarda-roupas ou *closets* são normalmente feitos, nos Estados Unidos, de prateleiras de arame revestido de vinil, aglomerado de partículas cobertos de plástico, MDF e compensado com acabamento em madeira sólida. Sistemas de prateleiras feitos de madeira maciça, madeira compensada e MDF podem ser construídos no local por marceneiros.

Independente do tipo de sistema escolhido, as recomendações para materiais e acabamentos são as mesmas para todas as marcenarias: evitar acabamentos de vinil e plástico, selecionar produtos sem adição de UF e usar acabamentos de baixo VOC e madeira sustentavelmente extraída. Sistemas de guarda-roupas ou *closets* são muitas vezes instalados em suportes, tornando-os facilmente removíveis para a reutilização depois de reformas ou demolição.

Balcões

Estes fornecem um dos melhores lugares para incorporar materiais sustentáveis em uma casa. Tradicionalmente, balcões são feitos de madeira e pedra natural. Balcões de superfície sólida são fabricados de polímeros acrílicos, compostos de pedra, papel reciclado, polpa de madeira e vidro reciclado. Aço inoxidável e azulejo cerâmico fornecem acabamentos duráveis, atraentes para os balcões.

Pedra

Balcões de pedra sólida passam por uma quantidade mínima de processamento (limitado ao corte e polimento) antes da instalação. A pedra é muito durável; no entanto, também é porosa e deve ser periodicamente selada. Balcões de pedra com frequência são feitos de granito, embora mármore, ardósia e pedra-sabão também sejam utilizados. A questão mais importante em relação aos balcões de pedra é de onde ela é extraída. O transporte da pedra requer quantidades significativas de energia, aumentando o impacto ambiental global do material. Selecionar pedras que são extraídas localmente reduz este impacto. Têm se notado certas preocupações em relação ao fato de balcões de granito terem o poder de emitir radônio em uma casa; no entanto, não há provas de que isto crie um perigo para a saúde em uma casa bem ventilada.

Superfície sólida

Dupont™ Corian®, um dos primeiros materiais sólidos fabricados para superfície de bancada, é um polímero acrílico fundido muito durável e não poroso. Disponível em dezenas de cores e padrões, Corian pode ser trabalhado e moldado com ferramentas de carpintaria. Muitos fabricantes produzem produtos de superfície sólida que são semelhantes ao Corian,

fornecendo uma ampla gama de estilos e cores. Esses tipos de balcão de acrílico têm emissões muito baixas de VOCs, são muito duráveis e não são porosos, mas não são recicláveis* e utilizam diversos produtos químicos na sua fabricação. Balcões de superfície sólida de acrílico são geralmente instalados em cima de uma base de composto de madeira para apoio. Um substrato sem adição de UF deve ser usado e os adesivos e vedantes ser de baixo VOC específicos para a instalação.

Figura 12.23 PaperStone® é feito 100% de papel ou papelão pós-consumo e reciclado com resinas fenólicas sem bases de petróleo. O produto final é livre de VOCs e não emite gases de radônio.

Materiais de superfície sólida mais recentes incluem compostos de pedra que são constituídos de mais de 95% de cristais de quartzo fundido com resinas acrílicas, corantes e aglutinantes. Esses balcões não são porosos, têm baixo nível de emissões e são extremamente duráveis. Os compostos de pedra são cortados de lajes maciças e polidos com equipamentos de acabamento abrasivo.

Balcões de superfície sólida de conteúdo reciclado incluem produtos como PaperStone®, que é feito com papel reciclado e resinas à base de água (Figura 12.23). Eles não contêm formaldeído e, assim como

---

* Há que se pensar e se atuar em reúsos e conteúdos reciclados em novos produtos. Adiciona-se que, no momento da instalação, quando há cortes e acabamentos das placas no local, ou mesmo nas montadoras e instaladoras, gera-se o pó do corte, e lixamentos e pedaços de cortes que, assim como a placa, não são recicláveis, exigindo especial atenção para que o local seja limpo e que estes resíduos não se misturem com outros que podem ser reciclados. Em estudos e acompanhamento de projeto de processo de desmaterialização, em disciplina lecionada por esta adaptadora no curso de Arquitetura e Urbanismo da FAAP, foram geradas placas com a utilização de resíduos de cortes e pó de cortes de placas acrílicas associados com resina, o que também é sugerido como um composto para acabamentos superficiais resinados ou laminados. Como vantagem para as placas com partículas acrílicas aglutinada com resinas há a redução no consumo de recursos pela produção de placas com translucidez, e a desvantagem constatada foi o custo da resina aglutinante. No caso de particulados maiores, ponderou-se a composição em argamassas e até em concretos. No caso de outros particulados, no Brasil já se produzem pastilhas e placas, vide quadro a seguir, "Você sabia?" (S.H.O.)

os balcões de acrílico, são trabalhados com ferramentas de carpintaria e marcenaria tradicionais. Richlite® é um produto semelhante feito de papel reciclado com resinas fenólicas.

Balcões de vidro reciclado são uma novidade no mercado (Figura 12.24), compostos de aproximadamente 85% de vidro reciclado (muitos dos quais são pós-consumo), combinado com aglutinantes de cimento e corante. Eles fornecem uma superfície durável, livre de VOCs, com aparência única e alto conteúdo reciclado. Balcões de vidro são trabalhados como pedra e compostos de pedra.

Laminado

Plástico laminado é um material econômico feito de camadas de papel *kraft* impregnado com resina, com uma camada decorativa comprimida sob pressão e calor para criar uma placa para balcões. Alguns laminados estão disponíveis feitos com conteúdo de papel reciclado. Normalmente aderidas a um substrato de aglomerado, as montagens de balcões laminados tradicionais têm alto teor de UF e VOC. Substratos mais recentes feitos sem adição de UF e aglomerantes à base de água garantem que esses balcões não degradem a qualidade do ar interior.

Laminados não são facilmente reciclados e são suscetíveis a riscos e rachaduras, mas estão entre as opções de balcões mais baratas disponíveis. Quando o orçamento é importante, o balcão laminado reto é uma opção adequada para uma casa verde.

Figura 12.24 Bancada com revestimento de vidro reciclado.

Você sabia?

Revestimentos com componentes reciclados

Profa. Dra. Sasquia Hizuru Obata

Eng. Especialista Isamar Marchini Magalhães

No Brasil já são desenvolvidos pisos com componentes reciclados como pneus, vidros, resíduos de pedras, garrafas PET etc. Aglomerados fabricados com a utilização de granilita proveniente de reciclagem podem ser utilizados não somente como revestimento de balcões, mas também em pisos, paredes e revestimentos de piscina.

Os aglomerados podem ser aplicados sobre qualquer superfície, e durante uma reforma, mas, por ser relativamente leves, a retirada de pisos existentes e a consequente geração de resíduos sólidos podem ser evitados. As placas de aglomerado são maleáveis, aceitam ser curvadas, resistem ao calor de revestimentos de cozinha e são resistentes às manchas de óleo e à acidez. Esses aglomerados podem ser encontrados em mais de 80 padrões, segundo informações do site Maxpress.*

Pisos em tamanhos padrão 50 x 50 cm também estão sendo produzidos com até 75% de material reciclado em sua composição. As peças da linha Ecotile, da Antigua, apresentam superfície polida, impermeável e de alta resistência. Os revestimentos são compostos de resina epóxi e materiais reciclados, como vidro moído de garrafas, vidros, espelhos, borracha de pneus e plástico de garrafa PET. Todos os materiais são adquiridos em cooperativas de coleta seletiva do lixo. Essas peças, por disporem de superfície polida, não são indicadas para áreas molhadas ou externas sujeitas à chuva por se tornarem escorregadias.

*Disponível em: <http://www.maxpressnet.com.br/Conteudo/1,451840,Trend_Venezia_apresenta_revestimento_com_vidro_reciclado,451840,6.htm>. Acesso em 20 maio 2015.

Concreto

Balcões de concreto são outra alternativa para balcões de superfície sólida e de pedra (Figura 12.25). Embora usem cimento Portland com alta energia incorporada, o montante global é pequeno; por consequência, o concreto é uma escolha razoavelmente sustentável para balcões. Balcões de concreto são duráveis; no entanto, devem ser selados para reduzir as manchas. Como todo concreto, esses balcões também podem rachar e apresentar fissuras. Podem ser moldados no local ou pré-fabricados, e as cinzas volantes e pozolanas podem reduzir um pouco a quantidade de cimento.*

Figura 12.25 Concreto é um material muito versátil e pode ser usado em bancadas, pias, toucadores, tampos de mesa e outras aplicações.

Aço inoxidável

Balcões de aço inoxidável, essenciais em cozinhas comerciais, são duráveis e não porosos, e podem usar aço reciclado em sua fabricação. Nos Estados Unidos, são geralmente feitos sob encomenda, no Brasil é possível encontrá-los facilmente em medidas padronizadas. São suscetíveis a arranhões e amassados, que podem se tornar parte da característica do acabamento ou danificá-lo, dependendo do seu ponto de vista. Quando o aço inoxidável se encontra ligado a um substrato, não deve ter UF adicionado e utiliza adesivos de baixo VOC.

Azulejo

O azulejo cerâmico torna um balcão durável e atraente, e pode imitar a aparência de pedra sólida a um custo menor. Como acontece com qualquer balcão, selecione um substrato sem acréscimo de UF e considere azulejos fabricados localmente e de conteúdo reciclado. Deve-se ter em mente que a argamassa necessária para o rejunte dos azulejos pode ser absorvente, acumular bactérias e manchas, tornando-a uma opção menos saudável para as áreas de preparação de alimentos. Uma forma de se minimizar este risco é utilizar a cobertura de rejunte com selantes ou mesmo rejuntes impermeáveis.

Tintas e acabamentos

Tintas à base de óleo e acabamentos em filmes ou películas, preferidos por muitos profissionais de pintura e acabamento de piso, proporcionam excelente desempenho, mas têm altos níveis de VOCs e outros produtos químicos perigosos. Acabamentos recentes com base em acrílico e água com teor menor de VOCs proporcionam um desempenho semelhante ao de acabamentos à base de óleo tradicionais.

Tinta

As características principais procuradas em uma pintura interna são durabilidade contra abrasão e limpeza, e como efetivamente ela cobre a base na qual está sendo aplicada e o teor de VOCs (Figura 12.26). Deve-se selecionar a pintura de mais alta qualidade com a garantia mais longa para um melhor desempenho. Tintas à base de água são menos tóxicas e devem ser limpas com água. Por sua vez, as tintas à base de óleo contêm solvente e devem ser limpas com aguarrás ou terebintina.

Figura 12.26 Uma lata de tinta atestando que o produto contém zero VOC.

---

* Na fabricação, as chapas são como formas, isto é, são placas estampadas e pré-dobradas que recebem preenchimento de argamassa na região dos tampos, uma vez que a cuba, pela sua forma, possui rigidez. (S.H.O.)

Cores mais claras e acabamentos lisos têm teor de VOCs menor, que varia à medida que aumentam a tonalidade e o brilho. Tintas com brilho mais elevado tendem a ser mais duráveis e são capazes de resistir melhor às limpezas repetitivas; no entanto, muitas vezes têm maior teor de VOCs e exigem mais preparação da superfície, porque acentuam defeitos mais do que os acabamentos foscos. Tintas com conteúdo reciclado estão disponíveis em algumas áreas dos Estados Unidos em cores limitadas, a maioria com baixo teor de VOCs.

A pintura é aplicada com pincel, rolo ou pulverizador. Aplicações com *spray* devem ser feitas com todos os equipamentos de proteção individual recomendados, incluindo respiradores e proteção para os olhos. Dutos, filtros e outros equipamentos também devem ser protegidos de danos por gotículas de tinta. A limpeza da tinta deve ser feita em baldes ou lavatórios – nunca despejando resíduos de tintas e água de enxágue no chão ou em bueiros.

Vernizes e acabamentos claros

A maioria dos vernizes e acabamentos em filme ou película tem maior teor de VOCs que o das tintas à base de água; portanto, agências de certificação e programas de construção verde permitem limites mais elevados nestes produtos (Tabelas 12.4 e 12.5). Corantes à base de óleo, vernizes e poliuretanos tradicionalmente têm fornecido o acabamento mais durável; no entanto, muitos novos produtos à base de água oferecem durabilidade semelhante com menor teor de VOCs e maior facilidade de limpeza.

Acabamentos de poliuretano à base de água, propícios para guarnição de madeira e pisos, estão disponíveis em sistemas de uma e duas partes; a abordagem de duas partes geralmente é mais durável. Acabamentos à base de água secam mais rapidamente que o à base de óleo, por isso exigem maior experiência para alcançar o melhor acabamento. Quando se usam corantes e seladores, a compatibilidade com o acabamento final é crítica para o máximo desempenho.

Óleos e ceras naturais com teor zero de VOCs são outra alternativa para acabamentos em filme ou película, mas exigem reaplicação regular e polimento para manter seu acabamento. Corantes de madeira feitos de produtos vegetais sem solventes ou VOCs também são uma opção disponível.

Considerações sobre reformas

A remodelação de projetos oferece oportunidade para reciclagem e reutilização, mas também pode ser repleta de desafios em torno de acabamentos existentes, que podem incluir chumbo ou amianto. Os materiais que podem ser reutilizados (no local ou fora

---

Limites de VOCs do Green Seal

Green Seal (Selo Verde) é uma organização sem fins lucrativos que certifica o desempenho e o conteúdo de VOCs de muitos produtos, incluindo tintas e acabamentos em filme ou película. As tabelas apresentadas a seguir listam os limites máximos permitidos para sua certificação, proporcionando um ponto de referência para a seleção de acabamentos para uma casa verde.

Tabela 12.4 Limites de VOCs em acabamentos opacos e tintas

Tipo de produto	Nível de VOC (g/L)
Revestimento superior, liso	50
Com corante adicionado no ponto de venda	100
Revestimento superior, não liso	100
Com corante adicionado no ponto de venda	150
Primer ou primeira demão	100
Com corante adicionado no ponto de venda	150
Pintura de piso	100
Com corante adicionado no ponto de venda	150
Revestimento anticorrosivo	250
Com corante adicionado no ponto de venda	300
Revestimento reflexivo, parede	50
Com corante adicionado no ponto de venda	100
Revestimento reflexivo, teto	100
Com corante adicionado no ponto de venda	150

Tabela 12.5 Limites de VOCs em acabamento em filme ou película e Green Seal Stain

Tipo de revestimento	Conteúdo de VOC conforme aplicado (g/L)
Vernizes	350
Vernizes, óleo conjugado	450
Laca	550
Laca, escovação clara	680
Goma-laca, pigmentada	550
Goma-laca, clara	730
Stains	250
Seladores	200
Seladores, à prova de água	250

dele) ou reaproveitados incluem armários, balcões, pisos de madeira, portas e guarnições. Os armários podem ser reutilizados no mesmo local, reinstalados em um local diferente da casa, doados ou vendidos. Quando reutilizados no lugar, suas superfícies podem ser pintadas ou restauradas, ou novas portas e frentes de gaveta ser instaladas em quadros existentes para um projeto mais eficiente em recursos e mais barato. Balcões de superfície sólida e de pedra podem ser reformulados para utilização, venda ou doação. Perfis de acabamento interno exclusivo e portas podem ser recuperados e reinstalados, economizando tempo e custo para localizar materiais especiais a fim de combiná-los. O piso de madeira existente pode ser removido e usado para corrigir nos reparos, geralmente fornecendo uma correspondência melhor que o material novo.

Antes de iniciar qualquer trabalho de renovação, confirme se não há tinta com chumbo ou amianto que será danificada. A tinta com chumbo é comum em casas construídas antes de 1978, e os regulamentos da Agência de Proteção Ambiental dos Estados Unidos (U.S. Environmental Protection Agency – EPA) exigem treinamento e certificação para prestadores de serviços e seus trabalhadores, práticas de trabalho seguro com chumbo em todas as casas que contêm tinta com chumbo e documentação e manutenção de registro de todo o trabalho. O amianto pode ser encontrado em folha de vinil, azulejo, adesivos com composição de vinil, parede, teto, isolamento da tubulação, seladores de dutos, argamassa e algumas paredes de gesso. Todas as fontes potenciais de amianto devem ser testadas antes do início do trabalho, e todos os materiais contaminados ser removidos por profissionais.* Nos Estados Unidos, o amianto está sob a jurisdição dos governos estaduais ou municipais que licenciam inspetores e empreiteiros para testes e remoção.

Deve-se cobrir e proteger áreas não afetadas e equipamentos (particularmente sistemas de dutos) em todo o processo de renovação para evitar danos e contaminação que precisariam ser corrigidos mais tarde.

Procure os métodos menos destrutivos para a reparação e o reacabamento de superfícies existentes que permanecem depois da renovação. Reparar e repintar paredes e tetos de argamassa pode ser um substituto adequado para a demolição e substituição. O retoque de pisos existentes é preferível à substituição, desde que precauções apropriadas sejam tomadas para a proteção contra a poeira e acabamentos de baixo VOCs sejam usados.

---

* No Brasil, atualmente, alguns estados, como São Paulo, Rio de Janeiro, Rio Grande do Sul, Pernambuco e Mato Grosso, respaldados pela Resolução nº 348 do Conama – Conselho Nacional do Meio Ambiente – adotaram legislação que proíbe o amianto para uso e exportação em razão da periculosidade de seus resíduos. A produção, todavia, se mantém com o amianto crisólita, um substituto do amianto comum, mas diversas pesquisas apontam que seus resíduos também são cancerígenos e prejudiciais ao sistema respiratório, tanto de quem trabalha na produção dos diversos elementos de construção quanto de pessoas que manuseiam tais produtos em obras e reformas. Deste modo, é importante que os profissionais envolvidos em todas as etapas de uma construção sustentável certifiquem-se da isenção de amianto ou de seu substituto em todo e qualquer produto, evitando seu uso, bem como sejam cuidadosos e atentos em relação aos procedimentos estabelecidos pelo Estado em que se encontram quando de reformas de edificações antigas, para que o descarte seja feito de maneira adequada. (S.H.O.)

Resumo

Na seleção de materiais de acabamento para casas verdes, as características entre as escolhas devem ser cuidadosamente comparadas para se tomar a melhor decisão para um produto particular. A seleção de materiais pode ser muito subjetiva. Por exemplo, clientes quimicamente sensíveis podem optar por acabamentos de zero VOC, em vez da durabilidade ou da fabricação sustentável.

Alguns produtos mais duráveis podem ter outras qualidades menos sustentáveis, o que não necessariamente os desqualificam para uso em um projeto. Se um produto com maior teor de VOCs ou energia incorporada superior oferece maior vida útil e menor manutenção, ainda pode ser uma opção apropriada para um projeto particular. Compreender os requisitos específicos do projeto e dos clientes ajudará a fazer as escolhas certas para cada casa.

Questões de revisão

1. Que tipo de certificação de produto fornece a avaliação mais objetiva dos atributos verdes?
   a. Primária
   b. Secundária
   c. Terciária
   d. Quaternária
2. Qual dos seguintes acabamentos de pisos pode fornecer massa térmica para projetos solares passivos?
   a. Madeira
   b. Carpete
   c. Pedra
   d. Linóleo
3. Em caso de dúvida, qual das seguintes opções é a mais adequada a se adotar durante a instalação de um novo material?
   a. Experiência do subcontratante

b. Instruções dos fabricantes
   c. Experiência pessoal
   d. Resultados de pesquisa na *web*
4. Qual dos seguintes itens representa um problema potencial com painéis de madeira?
   a. Curta durabilidade
   b. Dificuldade em manter o ar vedado no envelope do edifício
   c. Acabamentos aplicados com baixo VOC
   d. Potencial para criar uma barreira de vapor na parede
5. Qual dos seguintes itens *não* representa um problema potencial com revestimento de parede de vinil?
   a. Ele usa papel e fibras na fabricação.
   b. A umidade pode condensar nas superfícies da parede em climas frios.
   c. Ele libera gases com VOCs.
   d. Não é reciclável.
6. Qual dos seguintes critérios não se aplica à guarnição de madeira maciça?
   a. Extraída de forma sustentável
   b. Conteúdo ureia-formaldeído – UF – adicionado
   c. Reciclabilidade
   d. Localização da floresta e da fábrica
7. Qual dos seguintes materiais de pavimentação é a opção menos sustentável para uma casa verde?
   a. Carpete de plástico reciclado instalado com manta de juta e colas de baixo VOC
   b. Ladrilho de cerâmica
   c. Carvalho certificado pelo Forest Stewardship Council com acabamento de poliuretano à base de água
   d. Laje de concreto estrutural vedada com acabamento de baixo VOC
8. Qual dos seguintes substratos *não* deve ser utilizado por trás do azulejo em um chuveiro?
   a. Placa de suporte de gesso sem papel
   b. Placa do suporte à base de cimento
   c. *Drywall* ou placa verde resistente à umidade
   d. Base de argila
9. Qual dos seguintes acabamentos tende a ter o maior teor de VOCs?
   a. Poliuretano à base de água
   b. Tinta de acabamento liso de látex acrílico
   c. Seladores de limpeza
   d. Verniz
10. Qual dos seguintes materiais de guarnição de interiores é a melhor opção para uma casa verde?
    a. PVC
    b. Madeira sólida
    c. MDF
    d. Madeira com junta de malhetes

Questões para o pensamento crítico

1. Quais recursos você consideraria para determinar os acabamentos internos mais adequados para uma casa verde?
2. Como você classificaria os seguintes critérios, do mais ao menos importante, na escolha de acabamentos internos para uma casa verde? Como eles podem variar de um projeto para outro?

   a. Conteúdo reciclado
   b. Reciclabilidade
   c. Baixos VOCs
   d. Sem adição de ureia-formaldeído – UF
   e. Vida útil
   f. Local de extração e fabricação

Palavras-chave

argamassa
certificação de terceiros
certificação primária
certificação secundária
conteúdo reciclado pós-consumido
conteúdo reciclado pós-industrial
conteúdo reciclado
cerâmica
declarações ambientais do produto (EPDs)
drywall
Fichas de Dados de Segurança do Material (MSDS)
Instituto de Carpetes e Tapetes – Carpet and Rug Institute (CRI)
linóleo
madeira engenheirada
marcenaria
membrana de dissociação
retardadores de chama brominados
revestimento de parede
superfície sólida
tapete de entrada ou capachos

Glossário

argamassa mistura de cal ou gesso ou cimento com areia e água que endurece em uma camada lisa; usada para cobrir paredes e tetos.

De modo geral, argamassa é definida como uma associação de aglomerante, água e agregado miúdo, na qual se podem ter outros tipos de aglomerantes, como polímeros acrílicos, epoxídicos etc. Em sua mistura, a argamassa também pode ter aditivos que melhorem seu desempenho tanto na aplicação como nas condições de trabalho, como ser impermeável, colorida etc. Quanto à especificação, o tipo de argamassa deve ser compatível com o componente que estiver sendo revestido ou fixado, e ainda ser adequado à localização do revestimento e aos esforços a que será submetido. (S.H.O.)

certificação de terceiros revisão e confirmação feita por uma organização não afiliada, externa, de que um produto atende a determinados padrões.

certificação primária quando uma única empresa desenvolve as próprias regras, analisa o desempenho e emite relatórios sobre a sua conformidade.

certificação secundária quando uma indústria ou associações comerciais criam o próprio código de conduta e implementam mecanismos de comunicação.

conteúdo reciclado quantidade de material recuperado pré e pós-consumidor e introduzido como matéria-prima em um processo de produção de material, normalmente expresso como uma porcentagem.

conteúdo reciclado pós-consumidor porção de um material que é recuperada após a utilização do consumidor.

conteúdo reciclado pós-industrial porção de um material que contém o material dos resíduos de fabricação que foi recuperado; também chamado *conteúdo pré-consumo reciclado*.

declarações ambientais do produto (EPDs) dados ambientais quantificados para um produto com parâmetros por categorias predefinidas com base na série de normas ISO 14040, mas não excluindo informações ambientais adicionais.

drywall material de construção usado em superfícies de acabamento de paredes e tetos; fabricado de gesso prensado entre lâminas de fibra de vidro ou folhas de papel *kraft*; também referido como *placa de gesso acartonado*.

Fichas de Dados de Segurança do Material (MSDS) documentação disponível para a maioria dos produtos definidos pela Agência Americana de Saúde Ocupacional e Administração de Segurança (Occupational Health and Safety Administration) como perigosos; identificam conteúdos potencialmente perigosos, limites de exposição, instruções de manuseio seguro, procedimentos de limpeza e outros fatores a ser considerados na seleção e no uso de materiais.

Instituto de Carpetes e Tapetes – Carpet and Rug Institute (CRI) associação sem fins lucrativos da indústria que criou programas de certificação secundária, como Green Label e Green Label Plus, que proporcionam diretrizes para o conteúdo de VOCs e liberação de gás de materiais de carpete e mantas.

linóleo material de pavimentação durável feito de óleo de linhaça, cortiça e partículas de madeira.

marcenaria refere-se a produtos de madeira compostos usados para criar portas, guarnições, armários e acabamentos equivalentes para residências.

membrana de dissociação ou manta de separação folha de plástico flexível que é colocada entre o ladrilho de cerâmica e o contrapiso para proporcionar força e resistência às possíveis rachaduras.

piso engenheirado produto feito de múltiplas camadas de madeira coladas como uma placa.

placa cerâmica unidade de revestimento fina composta de várias argilas que são fundidas em tornos gerando um material rígido.

retardadores de chama brominados grupo de compostos químicos que inibem a propagação do fogo e que consistem em compostos orgânicos contendo bromo.

Retardantes de chamas são aplicados em carpetes e outros materiais que possuem inflamabilidade, como têxteis, fibras de polímeros e poliésteres que se decompõem quando expostos a chamas. Como grande parte da matéria-prima de carpetes e mantas são polímeros, há um grande interesse quanto à segurança contra incêndios com a aplicação de retardantes de chamas, que podem conter alumínio, enxofre, molibdênio, nitrogênio, boro e, em maior quantidade, bromo, cloro e fósforo, motivo pelo qual denominam-se "retardores de chama bromados". (S.H.O)

revestimento de parede cobertura em uma parede, como vinil ou papel de parede.

superfície sólida produto fabricado normalmente usado para bancadas que imitam pedra, criado pela combinação de minerais naturais, resina e aditivos.

tapete de entrada, ou capachos, tapete para chão abrasivo instalado sobre um rebaixo de piso, como um recipiente, que capta os detritos à medida que são raspados dos sapatos.

Recursos adicionais

Requisitos da Agência de Proteção Ambiental dos Estados Unidos (U.S. Environmental Protection Agency – EPA) para reparação e renovação de pintura para tintas com chumbo:
http://www.epa.gov/lead/pubs/renovation.htm

Building Green, *Green Building Product Certifications: Getting What You Need*, 2011:
https://www.buildinggreen.com/ecommerce/certifications-report

SEÇÃO 5
SISTEMAS MECÂNICOS

CAPÍTULO 13: Aquecimento, ventilação e ar-condicionado
CAPÍTULO 14: Instalações e sistemas elétricos
CAPÍTULO 15: Instalações hidráulicas
CAPÍTULO 16: Energia renovável

13

Aquecimento, ventilação e ar-condicionado

A principal função dos sistemas de aquecimento, ventilação e ar-condicionado (*Heating, Ventilation, and Air Conditioning* – HVAC) é controlar o ambiente interno. Para tanto, eles aquecem, resfriam, fazem circular e filtram o ar, além de controlar a umidade. Uma seleção adequada de equipamentos, instalação e manutenção é essencial para obter ambientes internos confortáveis e saudáveis. Este capítulo apresenta os diferentes tipos de sistema de HVAC disponíveis para uso em casas e as vantagens e desvantagens de cada um. O clima, o tipo de construção e a preferência dos proprietários são os principais fatores na seleção do sistema e do projeto. Abordam-se ainda aspectos relacionados a ventilação, sistemas de controle e de filtros, segurança de combustão, lareiras e reformas.

OBJETIVOS DO APRENDIZADO

Após a leitura deste capítulo, o aluno será capaz de:
- Explicar os diferentes tipos de sistemas de aquecimento.
- Explicar os diferentes tipos de sistemas de resfrigeração.
- Explicar os diferentes tipos de sistemas de distribuição.
- Descrever os diferentes tipos de sistemas de ventilação.
- Descrever as diferentes classificações de eficiência e como elas afetam o equipamento de HVAC.
- Calcular os requisitos de ventilação usando padrões da Sociedade Norte-Americana de Engenheiros de Aquecimento, Refrigeração e Ar-Condicionado (American Society of Heating, Refrigeration, and Air Conditioning Engineers – Ashrae).
- Descrever a instalação da tubulação apropriada.
- Descrever os componentes de um sistema de HVAC e suas contribuições para a eficiência energética da casa.

Princípios da construção verde

 Eficiência energética

 Qualidade do ambiente interno

 Durabilidade

 Orientação e manutenção para o proprietário

Envelope da construção

Como visto no Capítulo 4, sempre que uma casa é aquecida ou resfriada, a qualidade do envelope da construção tem um efeito significativo na necessidade de tratamento do ar e, por consequência, no tamanho e na capacidade dos sistemas de aquecimento, ventilação e ar-condicionado (HVAC). Isolamento ou estanqueidade do ar inadequados resultarão em uma estrutura que requer maior capacidade do equipamento de aquecimento e refrigeração, bem como maior gerenciamento do grau de umidade para manter os níveis de conforto desejados. Isto justifica o fato de as economias de energia surgirem a partir de um envelope da construção mais eficiente. Para especificar, projetar e instalar um HVAC de forma adequada deve-se considerar a eficiência do envelope da construção. Quando o envelope de uma nova construção está deficiente no projeto ou uma construção existente nele apresenta defeitos, esses problemas devem ser corrigidos antes de ser dimensionado e instalado o equipamento de HVAC.

Uma casa cuidadosamente planejada e construída, que é gerenciada pelo proprietário, pode precisar muito pouco de aquecimento e refrigeração adicional, não sendo necessário um sistema central de HVAC, ou este pode ser muito menor do que em uma casa construída de forma padrão. Muitos profissionais da indústria se surpreendem quando constatam que as casas modernas projetadas para ser eficientemente energéticas nem sempre requerem sistemas tradicionais de aquecimento e refrigeração. Casas supereficientes podem ser aquecidas com sistemas complementares, como radiação solar, fogões a lenha, aquecedores de ambiente ou lareiras. Quando se projeta uma casa, a prioridade é minimizar, o máximo possível, as cargas de aquecimento e refrigeração.

Sistemas de aquecimento e refrigeração

Muitas casas precisam de condicionamento do ambiente, definido como aquecimento, refrigeração, ou ambos, o que dependerá do clima local. O Código Residencial Interno dos Estados Unidos (Internal Residential Code – IRC) exige que as moradias em climas frios tenham equipamento de aquecimento que possam manter uma temperatura interna mínima de 20 °C, embora não exista um requisito semelhante para equipamento de refrigeração em qualquer clima.

Os principais componentes dos sistemas HVAC são os equipamentos usados para criar aquecimento ou refrigeração, as fontes do combustível e o método usado para distribuir o aquecimento e a refrigeração por toda a casa. O aquecimento e a refrigeração são fornecidos por convecção através do ar ou por radiação. Sistemas individuais que atendem a diversas áreas da casa são referidos como *sistemas centrais*, e aqueles que atendem somente a partes ou cômodos únicos são chamados *sistemas individuais*. Os dois sistemas podem fornecer somente aquecimento, somente refrigeração, ou ambos, o que dependerá do tipo do sistema e dos requisitos do clima. Em geral, utilizam-se combustíveis fósseis (como gasolina ou óleo), eletricidade ou madeira; em alguns casos, energia solar pode ser empregada. Para criar um sistema HVAC efetivo e eficiente, um fator fundamental é a seleção do sistema de distribuição e do equipamento mais adequado, além de um projeto e uma instalação apropriados.

Sistemas centralizados

Estes referem-se aos equipamentos instalados para atender toda a residência, que aquecem e resfriam e podem ter condensação, troca de calor, tanto a ar quanto a água, que são então distribuídos pela casa através de dutos e tubulações. Dependendo do clima e da carga total da casa, esses sistemas podem fornecer somente aquecimento, somente refrigeração ou ambos. A maior parte dos sistemas que fornecem aquecimento e refrigeração, empregará o mesmo equipamento para distribuição; em alguns casos, entretanto, o aquecimento pode ser fornecido por um sistema e a refrigeração por outro.

Sistemas individuais

Estes podem fornecer aquecimento, refrigeração, ou ambos, a uma sala ou área aberta. Salas ou áreas dentro de uma casa (assim como casas inteiras) que são pequenas, hermeticamente vedadas e muito bem isoladas podem ser aquecidas com um aquecedor localizado centralmente ou resfriadas com um único ar-condicionado. Alternativamente, a bomba de calor ou trocador de calor pode fornecer tanto aquecimento quanto refrigeração.

Equipamento

O equipamento de HVAC inclui **aquecedores** e ***boilers***, ou reservatórios de água quente, que aquecem a água ou o ar; **bombas ou trocadores de calor**, dispositivos que transferem calor entre um fluido e o ar exterior, o solo ou a água; e **ar-condicionado**, que transfere calor da mesma maneira que as bombas/trocadores. Aquecedores e *boilers* fornecem somente calor. Bombas/trocadores de calor fornecem aquecimento e refrigeração, e ar-condicionado, somente refrigeração.

Sistemas de aquecimento

Sistemas de aquecimento consistem em aquecedores elétricos ou a combustível, reservatórios ou *boilers* e bombas/trocadores de calor, que fornecem ar ou água aquecidos para distribuição na casa. Os aquecedores usam ventiladores para soprar o ar aquecido pelos dutos e fornecem ar condicionado por toda a casa. Os *boilers* aquecem a água que pode ser usada para sistemas de calor radiante ou de ar pressurizado. Bombas/trocadores de calor são combinadas com controladores de ar que o condicionam, o qual é então distribuído por sistemas de dutos. As bombas/trocadores de calor também podem aquecer água que é usada diretamente para obter calor radiante ou ser transferido para o ar para ser distribuído pelos dutos.

Aquecedores

Os aquecedores queimam combustível ou usam eletricidade para criar calor, que é então transferido para o ar por distribuição para aquecer a casa. Aquecedores a combustível utilizam um trocador de calor para evitar a introdução de gases combustíveis no fluxo do ar-condicionado (Figura 13.1). Um pouco do ca-

Aquecimento, ventilação e ar-condicionado

lor sempre é perdido no processo de combustão do combustível; portanto, aquecedores a óleo e a gás não são tão eficientes como **aquecedores elétricos**, que usam resistência para converter eletricidade em calor. Aquecimento por resistência elétrica é muito eficiente, pois converte 100% da energia fornecida (eletricidade) em calor. Sistemas elétricos, entretanto, podem ser relativamente caros quando comparados aos sistemas de aquecimento por combustível fóssil, há problemas provenientes da central de geração de eletricidade e a transmissão desta ao ponto de consumo é ineficiente (ver Capítulo 1). Além disso, grande parte da eletricidade produzida nos Estados Unidos é gerada em usinas que usam combustível fóssil – assim, enquanto não se polui usando eletricidade na casa, há poluição na central elétrica. Por esses motivos, a maioria dos programas de construção verde e o ENERGY STAR não permitem o aquecimento por resistência elétrica como a principal fonte de calor.

Boilers, ou reservatórios de água quente

Boilers produzem água quente, que pode ser aquecida somente quando necessário ou aquecida e armazenada em um reservatório com isolamento, usada para aquecer o espaço e para uso doméstico (Figura 13.2). Os reservatórios de armazenamento de água quente normalmente usam trocadores de calor, dispositivos que transferem o calor da água armazenada para sistemas de água quente doméstica e calor radiante. Este sistema mantém a água potável separada da aquecida para evitar qualquer contaminação. Os *boilers* podem

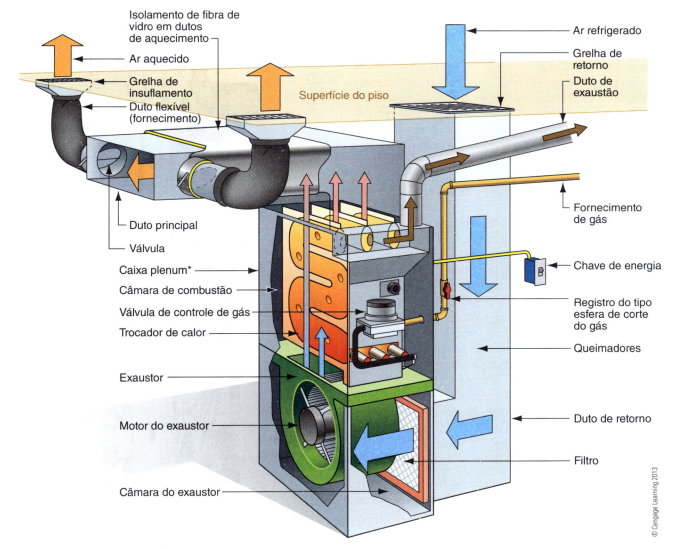

Figura 13.1 Fornalha a gás.

---

* Caixa em cujo espaço interno o ar está em velocidade baixa e pressão superior à atmosférica; como resultado, tem-se a ação de um ventilador mecânico, que é uma forma projetada para que a pressão introduzida seja distribuída uniformemente nesse espaço interno. (S.H.O.)

ser a gás ou a óleo, assim como ser alimentados por lenha ou *peletts** de madeira (tipo de lenha produzida a partir de serragem e resíduos de madeira), ou, ainda, ser elétricos, o que ocorre com menos frequência nos Estados Unidos. *Boilers* alimentados a lenha normalmente são instalados no exterior da casa. São mais comuns em climas extremamente frios – na maioria das vezes em áreas rurais, em que há espaço para instalação externa e o fornecimento permanente de lenha. A água quente também pode ser usada para aquecer sistemas de distribuição forçada de ar, ou seja, pressurizado. Os *boilers* podem ser combinados com preaquecimento solar, para reduzir a quantidade de energia necessária para aquecer a água, diminuindo assim o consumo de energia elétrica. Em climas moderados, aquecedores de água podem ser usados no lugar de *boilers*.

Bombas ou trocadores de calor

Bombas ou trocadores de calor são sistemas de aquecimento e refrigeração que retiram calor de uma fonte externa, como ar, solo ou massa de água, e o transportam para um espaço interno, para fins de aquecimento ou, inversamente, para refrigeração. Nas épocas do ano quando é necessária a refrigeração dos ambientes, essas bombas removem o calor de dentro de casa e o liberam para fora, atuando assim como um dissipador de calor.

As bombas ou trocadores de calor são capazes de funcionar em ambas as direções: extraem calor do ar frio e o bombeiam para dentro da casa a fim de aquecê-la, e extraem calor do ar quente interno e o bombeiam para fora de modo a resfriar o espaço de convívio (Figuras 13.3a e b). Esse tipo de sistema consegue grande eficiência ao mover ("bombear") calor, em vez de criar calor a partir de uma fonte de combustível. Essas bombas não criam primariamente calor; em vez disso, o movem de um local para outro. Um pouco do calor criado por meio da operação dos motores é usado no aquecimento, mas o mesmo calor deve ser desviado quando estiver no modo de refrigeração.

Bombas ou trocadores de calor estão disponíveis com sistemas de distribuição (tubulação) ou sistemas sem dutos, como unidades de peça única similares aos condicionadores de ar de janelas ou **mini-*splits* sem dutos,** que têm seções externas e internas separadas (Figura 13.4).

Bombas de calor a ar Uma bomba ou trocador de calor consiste em um compressor e duas serpentinas feitas de cobre ou alumínio (uma localizada dentro e outra fora da casa) que ficam circundadas por flanges de alumínio para melhorar a transferência de calor (Figura 13.5). O **componente refrigerante**, no Brasil genericamente conhecido como gás refrigerante, é um produto químico que transfere calor enquanto muda de líquido para gás e de volta para líquido, fluindo

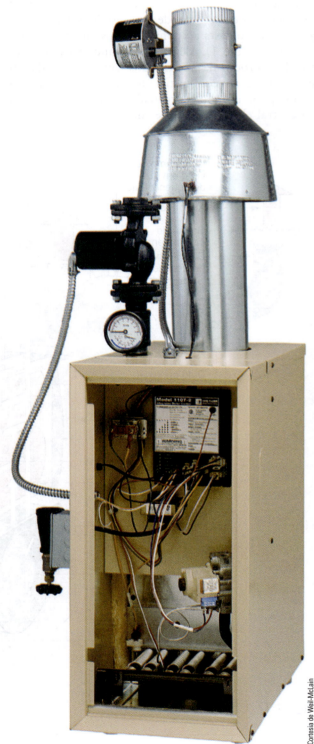

Figura 13.2 *Boiler* a gás.

---

* São granulados cilíndricos de pequenas dimensões, cuja forma lembra ração animal, com cerca de 6 mm de diâmetro e 30 mm de comprimento. Os *pellets* são compostos bicombustíveis de resíduos de madeira, como a serragem ou a maravalha, que são triturados ou reduzidos a pó, misturados e comprimidos ou estrudados na forma cilíndrica; em razão de seu baixo teor de umidade, sua eficiência na queima é elevada e rápida. (S.H.O.)

PALAVRA DO ESPECIALISTA – EUA

Faixa de conforto ampliada

A faixa de temperatura de conforto humano reduziu-se para sua menor dimensão na história da humanidade durante a metade do século passado. Nossos ancestrais tinham uma faixa de temperatura de conforto de provavelmente −1 °C. Perto dos 32 °C, eles podiam se refrescar com um ventilador portátil. Perto dos 15 °C graus, colocariam uma camada extra de roupas. Hoje, no entanto, existem nos Estados Unidos as chamadas "guerras de termostato" sobre a faixa de dois graus de temperatura. Não ria: Você provavelmente já participou de algumas delas em algum momento. O ex-presidente dos Estados Unidos, Jimmy Carter, não conseguiu se reeleger em parte porque pediu, fato que ficou famoso, aos norte-americanos que usassem roupas de frio e abaixassem o termostato no inverno para ajudar na crise energética naquele período. Por isso, o *suéter* se tornou a única peça de roupa a ter um papel de destaque no término de uma presidência norte-americana.

Peça a qualquer engenheiro mecânico que descreva o impacto de uma faixa de conforto de 30 °C *versus* aproximadamente 2 °C. Ele dirá que uma faixa de conforto de 2 °C requer o equipamento de ar-condicionado funcionando basicamente o tempo todo, porque as temperaturas exteriores quase nunca estão dentro desse intervalo de 2 °C. E se o equipamento está ligado durante quase todo o tempo é por que os edifícios têm janelas que são operáveis? Então, eles vedam os edifícios onde não se pode nunca abrir uma janela para pegar uma brisa.

Uma faixa de 30 °C, por sua vez, indica que, em muitos meses do ano, o ar exterior está dentro da faixa de conforto em pelo menos parte do dia. Então, se o edifício foi projetado de forma inteligente o suficiente, pode se condicionar para a maior parte do ano em muitos lugares, exigindo condicionamento mecânico somente em condições climáticas mais extremas.

Como podemos expandir a faixa do conforto humano novamente, mantendo-a próxima de onde esteve por quase toda a história humana registrada? A abordagem do presidente Carter de nos dizer o que devemos fazer é mais propensa a funcionar agora do que foi naquela época. As pessoas raramente fazem o que devem fazer, e se ressentem quando lhes dizemos o que devem fazer. Mas elas frequentemente fazem o que querem. Então, qual é a maneira mais eficaz de garantir às pessoas a possibilidade de expandir a faixa de conforto desejada?

A forma mais conhecida é a de seduzi-las a ir ao ar livre. Quando as pessoas passam mais tempo ao ar livre, tornam-se mais aclimatadas ao ambiente local e precisam de menos condicionamento intenso quando retornam para dentro de casa.

Minha experiência fornece um bom exemplo. Mudei-me para Miami no outono de 2003. Minha casa está a poucos quarteirões do meu escritório; então, caminho. A cerca de dez minutos a pé do meu escritório, posso chegar a dezenas de restaurantes, vários supermercados, uma loja de ferragens, uma farmácia, meu banco, meu médico, meu contador, e muito mais. E também não é como caminhar ao lado de uma autoestrada [...] são passeios altamente interessantes por lugares bonitos.

Como andei para todo lugar usando o carro apenas algumas vezes por semana, rapidamente me tornei aclimatado ao ambiente local durante esse primeiro outono e inverno, que é quase sempre leve em Miami. Conforme a primavera se transformou em verão, notei algo estranho: enquanto eu estava na sombra e podia sentir a brisa, nunca estava desconfortável. Isso ainda é verdade hoje, quase sete anos depois de me mudar para cá; nunca estive desconfortável em Miami, desde que haja uma brisa na sombra [...] em um lugar onde o time de basquete é chamado de "o Calor" em referência ao "Miami Heats" e os turistas desacostumados suam muito.

A diferença entre ligar os equipamentos mecânicos de condicionamento o tempo todo e desligá-los por muitos meses no ano é tão grande que supera qualquer aumento de eficiência do equipamento que poderíamos esperar para o futuro próximo.

Extraído de Mouzon, Steve. *The Original Green*: The Mystery of True Sustainability. Miami, FL: New Urban Guild, 2010.

Steve Mouzon é arquiteto, urbanista, escritor e fotógrafo. Fundou a New Urban Guild e é diretor na Mouzon Design, uma empresa de arquitetura e de planejamento residencial localizada em Miami, na Flórida.

Cortesia de Steve Mouzon, Architect & Urbanist

---

para a frente e para trás entre as serpentinas internas e externas. **Compressor** é uma bomba mecânica que aumenta a pressão e a temperatura do fluido refrigerante em estado de vapor, em geral; fica localizado na parte externa. No modo calor, o fluido refrigerante em estado líquido na serpentina externa extrai calor do ar e evapora, transformado-se em gás. A serpentina interna, que agora atua como um **condensador**, transfere o calor do fluido refrigerante à medida que o condensa de volta em líquido.

As bombas ou trocadores de calor também funcionam em modo reverso do de aquecimento. No modo frio, o fluido refrigerante em estado líquido localizado na serpentina interna extrai calor do ar interno e evapora formando gás. Uma *válvula de reversão*, próxima ao compressor, pode alterar a direção do fluxo do fluido refrigerante para resfriar, assim como para descongelar a serpentina externa no inverno. Agora, a serpentina interna atua como uma serpentina evaporadora, mudando o fluido refrigerante de líquido para gás. **Evaporador** é o componente do sistema responsável por executar, de fato, a refrigeração ou refrigerar o espaço de convívio. A serpentina externa, que agora atua como um condensador, transfere o calor do flui-

PALAVRA DO ESPECIALISTA – BRASIL

Seleção, instalação e operação de sistemas de climatização disponíveis para uso sustentável

Para o uso sustentável de um sistema de climatização, devem-se considerar as principais etapas do seu ciclo de vida, a saber: instalação e operação/manutenção; esta última pode corresponder a cerca de 80% do custo de ciclo de vida do equipamento. Essas duas etapas são diretamente afetadas pela seleção deste sistema, que, por sua vez, é influenciado por parâmetros como características do ambiente a ser climatizado (tipo de ocupação: residencial, comercial etc.) e condições climáticas às quais o sistema está submetido.

Seleção

No caso de ambientes residenciais, a primeira etapa para a seleção de um sistema de climatização consiste na consulta a um profissional especializado, a fim de que seja avaliada a capacidade adequada para cada ambiente a ser climatizado. Além do clima local, esta seleção deve considerar a orientação dos ambientes em relação ao norte magnético da Terra, os materiais que compõem o envelope da edificação (paredes, pisos, tetos e áreas envidraçadas) e o perfil de ocupação dos ambientes (número de pessoas em cada ambiente, distribuição desta ocupação ao longo do dia, potência e horários de acionamento dos sistemas de iluminação etc.).

Uma vez definida a capacidade, a seleção de equipamentos mais eficientes deve ser considerada e, neste sentido, a escolha de equipamentos com o selo energético Procel nível A (mais eficiente) produzirá menores impactos no consumo anual da residência.

Instalação

Na etapa da instalação, é preciso considerar o posicionamento da unidade evaporadora (interna ao ambiente), a fim de que a distribuição do ar seja adequada e permita uma boa homogeneização da temperatura no interior do ambiente. No caso da unidade condensadora (externa ao ambiente), deve ser posicionada de forma a não bloquear a movimentação de ar promovida pelo ventilador dessa unidade, que é responsável pela rejeição de calor do sistema e garantia da retirada de calor dos ambientes climatizados. Além disso, é preciso considerar as distâncias mínimas em torno da unidade condensadora, sugeridas pelos fabricantes dos equipamentos, a fim de garantir que haja espaço suficiente para que as ações de manutenção necessárias possam ser feitas, permitindo o funcionamento adequado e eficiente do sistema.

Deve-se prever a instalação de um sistema de ventilação nos ambientes climatizados com sistemas tipo *split*, a fim de garantir a renovação do ar no interior destes ambientes. Os níveis de renovação a ser atingidos devem atender aos requisitos exigidos pela norma NBR 16401 (ABNT, 2008)* e/ou pela Resolução nº 09 (DOU, 2003).**

Operação/manutenção

A operação do sistema de climatização residencial deve considerar a definição de uma temperatura de controle adequada para o conforto térmico dos ocupantes do ambiente climatizado. Em geral, essa temperatura situa-se na faixa entre 23 °C e 25 °C. Do ponto de vista do consumo de energia, temperaturas mais altas promovem níveis menores de consumo, ou seja, cada 1 °C aumentado na temperatura de controle (por exemplo, passar de 24 °C para 25 °C) permite que se reduza entre 5% e 8% o consumo de energia do sistema de climatização.

A manutenção desses sistemas deve ser realizada por profissional qualificado, devendo contemplar as ações descritas na norma NBR 13.971 (ABNT, 2014).*** Porém, esta norma não define com que frequência as ações de manutenção devem ser realizadas, devendo esta ser avaliada com base no perfil de operação do sistema e na qualidade do ar externo do local onde ele estiver instalado. A frequência deve ser definida por um profissional qualificado e ser reavaliada periodicamente, para verificar se, com a frequência estabelecida, está se mantendo adequadamente os componentes do sistema (filtros, válvulas, controles etc.).

Prof. Dr. Alberto Hernandez Neto Graduação em Engenharia Mecânica pela Universidade de São Paulo (USP), em 1988, e, também pela USP: mestrado (1993), doutorado (1998) e livre docência (2009) em Engenharia Mecânica. Atualmente, é professor associado da Escola Politécnica da Universidade de São Paulo, no Departamento de Engenharia Mecânica, atua na área de climatização e refrigeração com ênfase em eficiência energética, modelagem e simulação de sistemas de refrigeração e ar condicionado, e é membro da Associação Brasileira das Ciências Mecânicas (ABCM) e da Associação Nacional de Profissionais de Refrigeração, Ar Condicionado e Ventilação (Anprac).

---

* ABNT. 2008. NBR16401: Instalações de ar-condicionado – Sistemas centrais e unitários: Partes 1, 2 e 3.
** DOU – Diário Oficial da União. 2003. Resolução nº 09 da Anvisa. Orientação técnica sobre padrões referenciais de qualidade do ar interior em ambientes climatizados artificialmente de uso público e coletivo.
*** ABNT. 2014. NBR 13971: Sistemas de refrigeração, condicionamento de ar, ventilação e aquecimento – Manutenção programada.

---

do refrigerante no ar externo e o condensa de volta em líquido.

Bombas ou trocadores de calor do tipo ar/água usam a mesma tecnologia para transferir calor entre o ar e a água, e podem ser utilizadas em sistemas hidrônicos (nos quais há substituição do fluido refrigerante por água) para condicionamento da casa.

Em clima frio, o calor é removido do ar externo e transferido para o gás refrigerante no compressor e, em seguida, transferido para o ar por meio do trocador de calor para distribuição na casa. Em clima quente, o calor é removido do ar interno e transferido para o gás refrigerante. O calor é então removido deste e transferido para o ar de fora. **Bombas ou trocadores de calor a ar** são classificadas de acordo com a

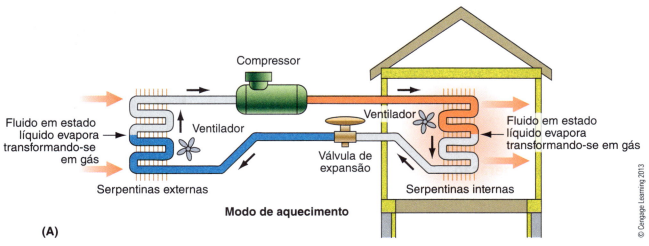

Figura 13.3a Em modo de refrigeração, uma bomba ou trocador de calor a ar evapora um fluido refrigerante pela serpentina interna e absorve o calor do ar da casa. O fluido refrigerante é então comprimido e enviado à serpentina externa, onde é condensado em alta pressão. Neste ponto ele libera o calor absorvido na casa.

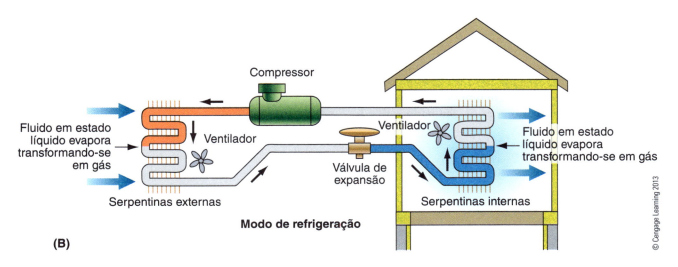

Figura 13.3b Em modo de aquecimento, uma bomba ou trocador de calor a ar evapora um fluido refrigerante na serpentina exterior; à medida que o líquido evapora, ou puxa o ar de fora. O fluido refrigerante é então comprimido e enviado à serpentina interna, onde é condensado em alta pressão. Neste ponto ele libera o calor absorvido na casa.

quantidade específica de calor que podem proporcionar em uma temperatura específica de ar externo, em geral de 8 °C. À medida que a temperatura externa cai, a quantidade de calor que pode ser removida do ar diminui, assim como a eficiência. A maior parte das bombas ou trocadores de calor padrão pode, de forma eficiente, remover calor do ar que esteja em aproximadamente 4 °C, embora haja bombas ou trocadores de calor para temperaturas baixas que podem remover calor do ar a −17 °C ou menos. Muitas bombas de calor incluem calor por resistência elétrica ou queimadores a gás no controlador de ar, para fornecer calor emergencial quando a temperatura de fora estiver fria demais para permitir que a bomba ou o trocador de calor remova calor do ar.

Bombas/trocadores tendo como fonte de calor a água e o solo Bombas ou trocadores de calor geotérmico (*ground-source heat pumps* – GSHPs) e bombas ou trocadores de calor de um corpo d'água (*water-source heat pumps* – WSHPs), também referidas como bombas ou trocadores de calor geotérmico, trocam calor entre o subsolo ou um corpo d'água e o interior da casa, usadas para aquecer ou resfriar uma casa com sistemas de distribuição de ar pressurizado ou hidrônico. As GSHPs usam arcos de tubulação enterrados no solo, preenchidos com um fluido refrigerante, que transfere calor do solo para o interior da uma casa. Os arcos podem ser verticais submersos, como poços, ou horizontais dispostos em valas rasas. As WSHPs podem ser arcos abertos ou fechados (Figura 13.6a).

Arcos abertos, também conhecidos como sistemas "*pump and dump*" (tradução livre bombear e despejar), retiram o calor da água de poço ou de lago e trocam com do ambiente interno, bombeando a água de volta para a terra ou lago para recapturar ou liberar o calor absorvido (Figura 13.6b). Sistemas fechados usam arcos preenchidos com fluido refrigerante colocados em um lago ou outras formas de corpo d'água.

Sistemas de refrigeração

Sistemas de refrigeração são referidos como **ar-condicionado (AC)**, um processo que resfria e desumidifica o ar. Em climas secos, a **refrigeração evaporativa** é um sistema alternativo que resfria o ar, mas não remove a umidade.

Ar-condicionado

O ar-condicionado resfria o ar interior transferindo o calor interno para um gás ou fluido refrigerante, que, por sua vez, o move para o exterior (Figura 13.7). A umidade é removida do ar quente à medida que ela passa pela serpentina evaporadora do *cooler*, conforme a água é drenada para o exterior. O compressor e condensador normalmente são combinados em um componente exterior chamado **unidade condensadora**.

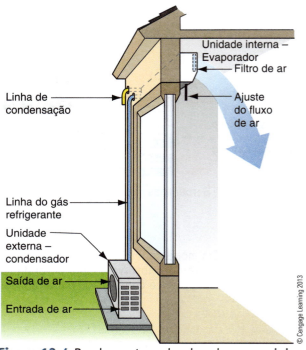

Figura 13.4 Bomba ou trocador de calor com mini-*split* único. Várias unidades internas podem ser instaladas com uma única unidade exterior e operadas por controle remoto, em modelos conhecidos como bi-*splits*, tri-*splits* e quadri-*splits*.

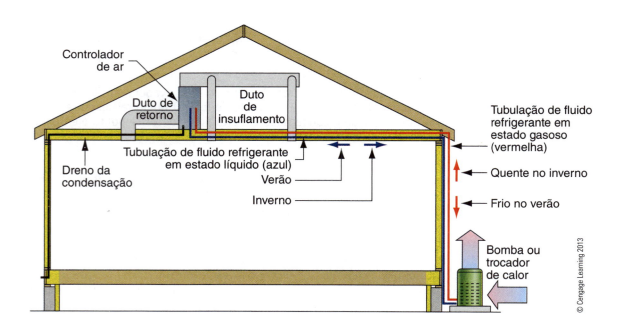

Figura 13.5 Bombas ou trocadores de calor são equipamentos de ar-condicionado capazes de fornecer aquecimento e refriamento ao ambiente.

Aquecimento, ventilação e ar-condicionado

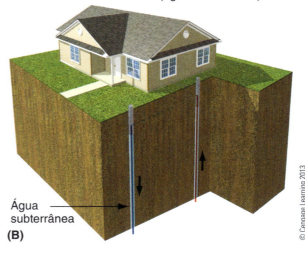

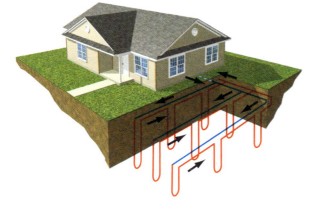

Figura 13.6b Sistemas de arco aberto usam água de poço ou superfície de um corpo d'água como fluido da bomba ou trocador de calor que circula diretamente por este sistema para o solo. Depois de circular pelo sistema, a água retorna ao solo por meio de um poço, de recarga ou de descarte na superfície.

Figura 13.6a Três tipos de sistema de arco fechado: horizontal, vertical e lago/lagoas.

O ar-condicionado usa a mesma tecnologia que as bombas ou trocadores de calor a ar; entretanto, só funciona no modo refrigeração. Utiliza eletricidade para operar, embora um pequeno número de sistemas a gás esteja disponível. Todo ar-condicionado é distribuído com ar, seja por tubulação pela casa ou com unidades individuais montadas em janela ou parede.

Refrigeração evaporativa Esse tipo de refrigeração funciona com base no seguinte princípio: à medida que a água evapora, a temperatura do ar ao redor (de bulbo seco) diminui. Por causa desta refrigeração, sente-se o frescor ao estar ao lado de uma cachoeira em um dia quente de verão. *Resfriadores* evaporativos são condicionadores de ar que usam este efeito para resfriar as casas. Há dois tipos: direto e indireto (todos chamados de dois estágios). No resfriador evaporativo direto, um soprador força o ar contra uma esponja encharcada de água (Figura 13.8). À medida que o ar passa pela esponja é filtrado, resfriado e umidificado. Esses sistemas oferecem uma maneira barata de resfriar o ar em climas secos, mas não são apropriados para climas úmidos, porque aumentam a umidade interior, em vez de reduzi-la. Resfriadores evaporativos diretos normalmente são referidos como *resfriadores de pântano*, por causa do crescimento de algas observado nos primeiros modelos.

O resfriador evaporativo indireto tem um trocador de calor secundário que impede a adição de umidade ao fluxo de ar que entra na casa (Figura 13.9). Primeiro, o ar é enviado por meio de um trocador de calor que é resfriado pela evaporação na parte externa. Em seguida, o ar pré-resfriado passa por uma esponja encharcada de água e extrai a umidade à medida que ela resfria. Como o ar é pré-resfriado, menos umidade é

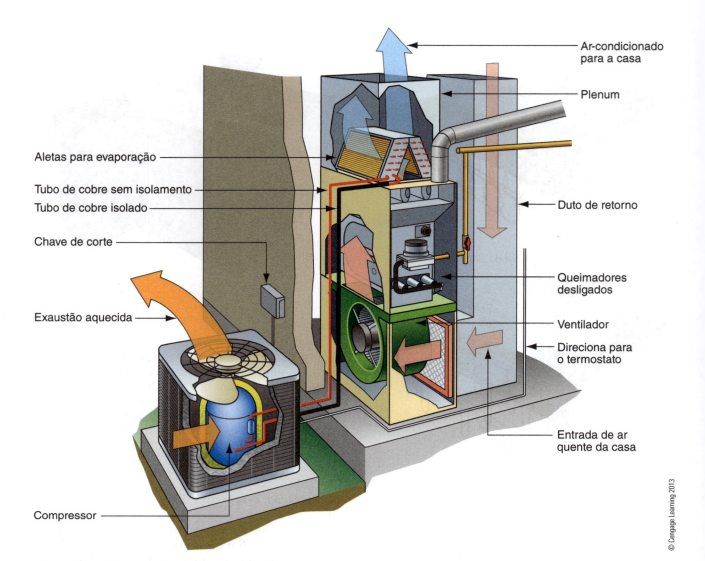

Figura 13.7 Ar-condicionado com tubulação convencional.

adicionada ao ar. Embora os resfriadores evaporativos indiretos não aumentem a umidade relativa do ar que entra na casa, também não oferecem nenhum benefício de desumidificação; portanto, não são recomendados para casas em climas úmidos.

Os resfriadores evaporativos podem usar até um quarto da eletricidade necessária para um aparelho de ar-condicionado e não requerem fluidos refrigerantes, mas utilizam muita água.

Estratégias alternativas de refrigeração

Em climas moderados, durante períodos frios, e em períodos secos de climas quentes e mistos, o movimento interno do ar pode substituir o condicionamento, economizando-se assim energia e dinheiro. Para que possam obter o movimento interno do ar, os moradores de casas com vários andares devem abrir as janelas dos andares inferiores e superiores de modo a trazer o ar externo para dentro e tirar vantagem do efeito chaminé, também conhecido como efeito "*stack*". Abordada no Capítulo 8 (ver Figura 8.12), esta técnica de refrigeração passiva é, em geral, referida como uma chaminé térmica. Ventiladores instalados por toda a casa em conjunto com janelas abertas permitem a entrada do ar externo quando a temperatura e a umidade relativas são inferiores à da parte interna da residência. Ventiladores de teto podem ser usados para resfriar pessoas sentadas abaixo deles, reduzindo ou eliminando a necessidade de ar-condicionado. O uso de movimento do ar como um substituto do ar-condicionado requer a participação ativa dos moradores, que devem abrir e fechar as janelas, ligar e desligar os ventiladores, e ajustar os termostatos.

Aquecimento, ventilação e ar-condicionado

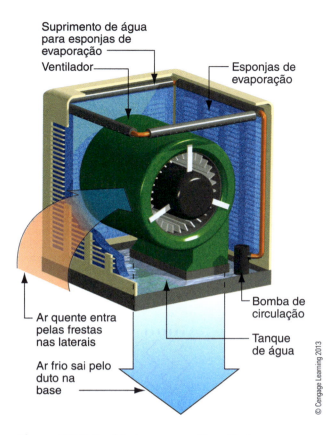

Figura 13.8 Resfriador evaporativo direto.

Distribuição

O HVAC pode ser encontrado por convecção através do ar, radiação, aquecimento solar passivo ou ventilação natural. Os sistemas de fornecimento de ar podem trabalhar tanto para aquecimento quanto para refrigeração. Em geral, os sistemas radiantes fornecem somente calor, porém, a refrigeração radiante é apropriada em certos climas secos. O aproveitamento solar passivo (abordado nos Capítulos 3 e 16) fornece somente calor, e a ventilação natural pode oferecer refrigeração durante algumas estações em climas moderados.

O ar – ou o insuflamento por convecção do sistema HVAC – é geralmente distribuído por sistemas de ar pressurizado que usam ventiladores e dutos para fornecer ar quente ou frio a todos os ambientes da casa. Alternativas incluem sistemas sem duto que ventilam o ar-condicionado das unidades individuais e a convecção natural dos aquecedores de fonte única, como fogões a lenha (Figura 13.15). O **aquecimento radiante** usa circulação de água quente por meio de tubulações integradas no piso ou por radiadores, ou aquecedor movido por resistência elétrica instalado nos pisos, ou radiadores individuais para fornecer ca-

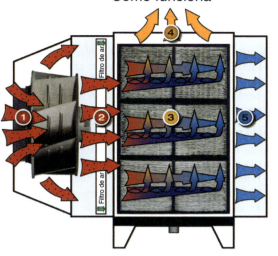

1. Ar fresco – O ar exterior é atraído para dentro do ar-condicionado pelo ventilador.
2. Filtragem – O ar então é limpo por uma série de filtros de ar.
3. Troca de calor e massa (*heat and mass exchange* – HMX) – O ar entra nos módulos do HMXs que usam uma nova tecnologia patenteada.
4. Trabalhando com ar e água – Aproximadamente metade do ar que entra no HMX é saturado com água e retorna para atmosfera, carregando a energia térmica removida do ar-condicionado.
5. Ar-condicionado – A outra metade do ar que entra no HMX é resfriado sem adição de umidade

Figura 13.9 Resfriador evaporativo indireto.

lor. Os sistemas de aquecimento a vapor usam radiadores individuais. Quando a temperatura externa e os níveis de umidade estão confortáveis, a ventilação natural pode fornecer refrigeração de modo passivo, ou seja, sem consumo de energia.

PALAVRA DO ESPECIALISTA – BRASIL

Tendências em sistemas de climatização residencial

A busca por soluções que garantam o conforto térmico e a qualidade do ar interior com baixo consumo de energia vem se tornando cada vez mais importante em um cenário em que os recursos naturais vão se tornando mais escassos, e seus custos aumentando.

Ventilação natural

No caso de residências, a retomada de sistemas que incorporam o uso de ventilação natural vem aumentando (Figura 13.10), pois, para climas adequados, esta estratégia permite conforto térmico nos diversos ambientes sem que seja necessário acionar sistemas de climatização, que aumentam o consumo de energia. Esta estratégia exige que o foco do projeto da residência esteja na otimização da orientação da edificação e de suas aberturas, permitindo que a movimentação do ar em seu interior ocorra de maneira adequada.

Prof. Dr. Alberto Hernandez Neto Graduação em Engenharia Mecânica pela Universidade de São Paulo (USP), em 1988, e também pela USP: mestrado (1993), doutorado (1998) e livre docência (2009) em Engenharia Mecânica. Atualmente, é professor associado da Escola Politécnica da Universidade de São Paulo, no Departamento de Engenharia Mecânica, atua na área de climatização e refrigeração com ênfase em eficiência energética, modelagem e simulação de sistemas de refrigeração e ar-condicionado, e é membro da Associação Brasileira das Ciências Mecânicas (ABCM) e da Associação Nacional de Profissionais de Refrigeração, Ar-Condicionado e Ventilação (Anprac).

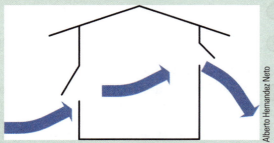

Figura 13.10 Representação esquemática do processo de ventilação natural.

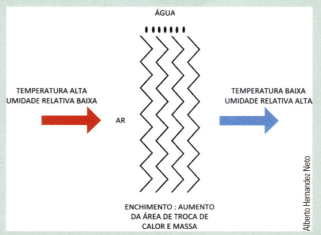

Figura 13.11 Representação esquemática do processo de resfriamento evaporativo.

Resfriamento evaporativo

Residências localizadas em climas com temperatura de bulbo seco alta e baixa umidade relativa podem valer-se do sistema de resfriamento evaporativo, que consiste no resfriamento de um fluxo de ar por meio do gotejamento de água a uma temperatura mais baixa (Figura 13.11). Nesse processo, o fluxo de ar troca calor e recebe vapor de água a uma temperatura mais baixa, sendo, assim, resfriado e tendo sua umidade relativa aumentada. Esses sistemas permitem atingir condições satisfatórias de conforto com níveis de consumo bem baixos.

Sistemas de resfriamento geotérmico e de climatização solar

Resfriamento geotérmico e climatização solar são dois sistemas de climatização que podem ser considerados tendências para a utilização em residências brasileiras.

Sistemas de resfriamento geotérmico

Estes podem ser divididos em dois grupos: captação rasa (Figura 13.12) e captação profunda (Figura 13.13). No primeiro grupo, o ar externo é insuflado em um duto enterrado, trocando calor com o solo e reduzindo sua temperatura de 4 °C a 7 °C em relação à de entrada; então, esse fluxo de ar a temperatura mais baixa é distribuído nos ambientes da residência. Este sistema, que depende das condições climáticas e do solo, pode colaborar para a melhoria da condição de conforto térmico da residência.

Já os sistemas de captação profunda (vertical ou horizontal, como mostrado na Figura 13.13) operam como um sistema de climatização em que a rejeição de calor se dá no solo, cuja temperatura é sempre mais baixa que a do ar externo. Desta forma, a eficiência desse sistema é maior que a do convencional, porém, seu custo de instalação é alto, fazendo que o tempo de retorno do investimento seja longo (10 a 12 anos).

Sistemas de climatização solar

Estes são sistemas de absorção para resfriamento que se valem da água quente produzida por um coletor solar (Figura 13.14). O sistema de absorção é composto por uma fonte de aquecimento (fluxo de água quente, vapor de água ou de gases de combustão) que fornece calor para uma mistura de água e um sal (em geral, brometo de lítio (LiBr)), que faz a água evaporar e transferir-se para o condensador, enquanto a mistura mais rica em LiBr é transferida para o absorvedor. No condensador, o vapor de água é condensado e passa por uma válvula de expansão, que reduz sua pressão e temperatura, permitindo a redução da temperatura da água gelada que será usada para o resfriamento do ar nos ambientes climatizados. Em seguida, o vapor de água

(continua)

no evaporador passa para o absorvedor, misturando-se com a solução rica em LiBr. Como essa mistura produz uma reação exo- térmica, é preciso usar um sistema de resfriamento para diminuir sua temperatura e bombeá-la novamente para o gerador.

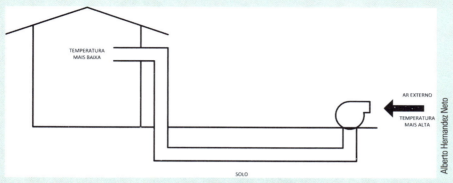

Figura 13.12 Representação esquemática do sistema de resfriamento geotérmico de captação rasa.

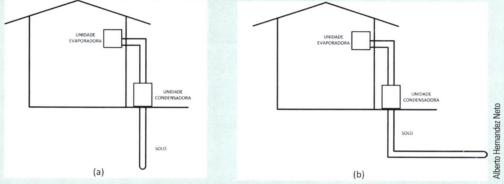

Figura 13.13 Representação esquemática do sistema de resfriamento geotérmico de captação profunda (a) horizontal e (b) vertical.

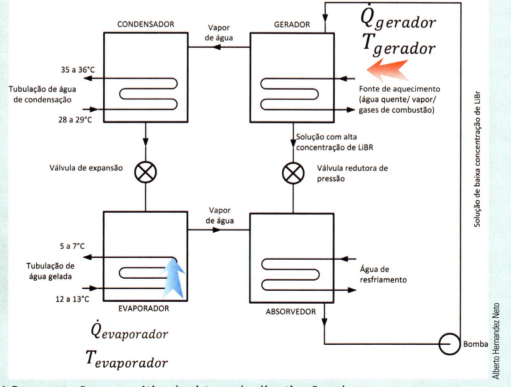

Figura 13.14 Representação esquemática do sistema de climatização solar.

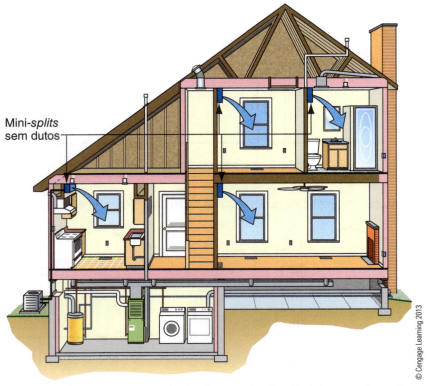

Figura 13.15 O mini-*split* sem dutos é um exemplo de sistema de distribuição sem duto. Outros incluem lareiras e sistemas hidrônicos.

Distribuição de ar

Nos Estados Unidos, a maior parte das residencias utiliza sistemas de distribuição de ar dutados, ou seja, que usam tubulações para levar ar condicionado para toda a casa. Os dutos podem ser feitos de chapas metálicas, tubo de plástico, duto de plástico flexível (*flex duct*) e dutos de placa de fibra de vidro. Embora alguns componentes da construção, como suportes e vigas possam ser aprovados pelos códigos de contrução americanos como dutos de ar de retorno, não são recomendados para casas de alto desempenho e definitivamente proibidos em alguns programas de construção verde e códigos energéticos. Muitos sistemas básicos de distribuição, como condicionadores de ar de janela, têm ventiladores integrados e sem tubulação.

Distribuição radiante

Calor radiante é fornecido por sistemas de resistência hidrônica ou elétrica (Figura 13.16). Os sistemas **hidrônicos** ou de água são compostos por radiadores que podem ser montados em parede, rodapés e tubulação embutida no piso; além disso, é possível combinar essas formas de montagem. O sistema de aquecimento por resistência elétrica também pode ser instalado em pisos ou como radiadores. Em geral, o calor por resistência elétrica não é considerado uma solução sustentável para aquecimento da casa toda, mas pode ser apropriado para uma residência muito bem isolada que necessite de aquecimento mínimo, principalmente quando se utiliza fonte de energia renovável.

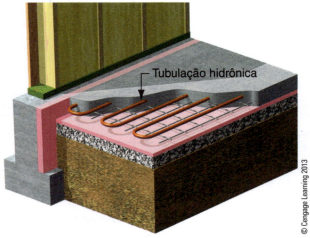

Figura 13.16 Um sistema hidrônico ou radiante de tubulação de piso aguardando o revestimento em concreto.

Sistemas de ventilação

Conforme visto no Capítulo 2, sistemas de ventilação são projetados para remover poluentes do interior da casa e fornecer ar exterior para diluí-los. Em geral, as casas exigem dois tipos de ventilação: pontual e central, ou seja, para a casa toda. A **ventilação pontual** remove umidade, odores e poluentes diretamente da fonte. Exaustores de banheiro e coifas da cozinha são os exemplos mais comuns de ventilação pontual residencial. Há outras áreas que podem ser beneficiadas com este tipo de ventilação, como lavanderias, garagens e depósitos que contêm combustíveis, produtos químicos, tintas e removedores.

A ventilação central introduz ar fresco em uma casa hermeticamente selada para diluir os poluentes que não podem ser removidos completamente por meio da ventilação pontual; pode ser integrada ao equipamento de HVAC de ar pressurizado ou um sistema completamente separado.

Desumidificação e umidificação

Sistemas de umidificação complementares normalmente são conectados aos de HVAC centrais no controlador de ar. Esses sistemas variam, mas muitos introduzem vapor de água diretamente no suprimento de fluxo de ar. Uma casa bem vedada raramente requer umidificação complementar, sobretudo em climas predominantemente frios. Casas com ar excessivamente seco em climas moderados apresentam, em geral, envelopes da construção muito fracos, que permitem que qualquer umidade criada pelas atividades dos moradores migre para o ar interior mais seco por meio de exfiltração, deixando a umidade relativa dentro da casa inferior à desejada. Quando o vazamento do ar é corrigido, muitas vezes elimina a necessidade para umidificação interior. Por meio de um gráfico psicrométrico, é possível ver que o ar frio pode conter menos umidade e a infiltração de ar frio pode trazer um efeito de secagem à casa (ver Capítulo 2 para obter mais informações).

Em geral, a desumidificação é obtida em casas pelo sistema de ar-condicionado; em casas hermeticamente vedadas e bem isoladas, entretanto, o ar-condicionado pode não funcionar adequadamente nem o suficiente para remover umidade durante o inverno moderado. Uma opção é usar ventiladores de velocidade variada em conjunto com controladores que contêm umidostatos. O controlador fará o ar-condicionado ligar e funcionar em velocidade baixa, de modo que possa desumidificar o ar. Outra possibilidade é instalar um desumidificador dedicado. Desumidificadores removem umidade sem resfriar o ar, por meio de um sistema de duto primário, um sistema de

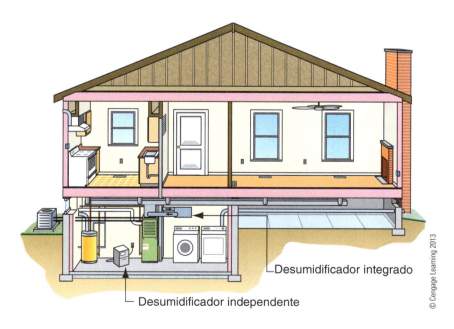

Figura 13.17 Os desumidificadores podem ser independentes, integrados ao sistema de distribuição de aquecimento e refrigeração central ou instalados com seu próprio sistema de dutos. As duas primeiras opções são apresentadas aqui.

distribuição secundário ou uma unidade independente (Figura 13.17). Em casas de alto desempenho, os desumidificadores podem manter a umidade relativa interior abaixo de 50% durante a primavera e o outono, quando o ar-condicionado pode ser usado com pouca frequência, mas a umidade é alta. Também são úteis para remover a umidade das áreas do porão que podem estar úmidas e precisam de muito pouco ar-condicionado durante o ano todo.

Sistemas de filtragem

A filtragem remove poluentes do ar e, em geral, é usada como parte de um sistema de HVAC de ar pressurizado. Para que uma casa possa ter boa qualidade do ambiente interno, as seguintes etapas devem ser executadas:

- Evite introduzir poluentes na casa. Eis alguns exemplos: umidade em excesso, sujeira trazida por sapatos, produtos químicos de limpeza doméstica e solventes, pelo de animais e monóxido de carbono resultante de dispositivos de combustão e garagens integradas.
- Remova os poluentes na fonte por meio de ventilação pontual, como exaustores de banheiro e cozinha.
- Dilua os poluentes por meio de ventilação da casa como um todo.
- Remova os poluentes restantes com filtros.

Filtragem é o meio menos eficaz de remoção de poluentes, pois normalmente ocorre após os poluentes estarem distribuídos por toda a casa. Há três tipos principais de filtro: mecânico, com pregas e eletrônico. **Filtros de ar mecânicos**, mais comumente usados em casas, utilizam fibras sintéticas e de vidro ou, ainda, carvão para remover partículas. **Filtros de ar com pregas** são mais eficientes do que os de ar mecânicos, pois contêm mais fibra por polegada. **Filtros de ar eletrônicos** usam eletricidade para atrair moléculas menores, como fumaça, mofo e odores de animais domésticos, às aletas metálicas. A eficiência em remover partículas aumenta nos filtros mecânicos e com pregas à medida que se tornam sujos, pois partículas cada vez menores são capturadas nas aberturas cada vez mais finas. A eficácia dos filtros eletrônicos diminuirá com o tempo se não houver limpeza, pois as aletas metálicas são ineficazes quando sujas. Os sistemas de filtro podem ser instalados como equipamento independente na unidade de tratamento do ar ou nas grelhas de retorno (Figura 13.18).

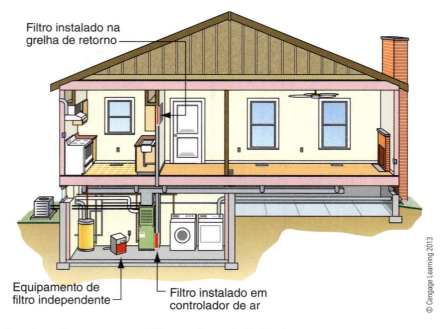

Figura 13.18 Três locais mais comuns para filtros. Filtros individuais, muitas vezes chamados "limpadores de sala", não são tão eficientes quanto os sistemas centrais.

PALAVRA DO ESPECIALISTA – EUA

Casas passivas na América

Katrin Klingenberg, diretora executiva do Instituto Americano para Residências Passivas (Passive House Institute US PHIUS) Em 2000, eu trabalhava em uma bem-sucedida empresa de arquitetura de Chicago, famosa por sua arquitetura urbana e comercial de alto prestígio. Muitos projetos da empresa usavam eficiência energética inovadora e estratégias de ventilação natural, como paredes de envidraçamento duplo para edifícios altos. Entretanto, os resultados medidos dessas estratégias eram um tanto desanimadores. Em geral, elas reduziam somente em torno de 30% do consumo de energia.

Então, em 2000, os Estados Unidos se retiraram do Protocolo de Quioto.

Esta ação me estimulou a pesquisar ainda mais uma maneira de dar um salto na arquitetura convencional para uma abordagem de carbono neutro economicamente viável, sem me prender ao incrementalismo. Isto inspirou minha pesquisa para um caminho que me levaria para longe da dependência da economia petrolífera e em direção à criação de uma economia global com base em energia sustentável e equitativa.

Nessa época, dei o primeiro passo para meu Projeto de Casa Passiva na World Expo, em Hannover, na Alemanha. Esse foi um momento desafiador. Tratava-se justamente da resposta à pergunta que estava fazendo a mim mesma: "Quanto de energia você pode se permitir a usar quando o objetivo é mitigar a mudança do clima e ajudar a criar a economia global com base em energia sustentável?".

Em 1992, cientistas climáticos que participavam da Conferência das Nações Unidas sobre o Meio Ambiente e o Desenvolvimento, ECO-92, realizada no Rio de Janeiro, tinham respondido a esta questão teoricamente. Eles concluíram que, para estabilizar a atmosfera da Terra e evitar o aquecimento global, o uso da energia e as emissões de gás do efeito estufa deveriam ser reduzidos a um fator de 10. Os cientistas da construção e arquitetos que desenvolveram o conceito da Casa Passiva levaram a sério esta recomendação. Eles estudaram casas de alto desempenho em todo o mundo – inclusive aquelas localizadas nos Estados Unidos – e examinaram de perto as técnicas de energia solar passiva e o superisolamento para dar uma resposta que até então parecia ser inconcebível. Sim, podemos construir casas que usam 80% menos de energia – por um preço acessível – empregando técnicas de eficiência. Não precisamos contar com tecnologias de sistema solar ativo muito dispendiosas.

Optamos por construir um protótipo em Urbana, Illinois. Construída em 2002-2003, foi a primeira casa construída nos Estados Unidos usando práticas específicas, tecnologias e ferramentas de modelagem da energia, desenvolvidas pelo Passivhaus Institut, na Alemanha, para obter o padrão de Casa Passiva. A casa foi projetada tendo em vista dois objetivos principais: reduzir o consumo de energia operacional usando um fator de 10 e seguir, de forma rigorosa, os princípios "do berço ao berço" (*cradle-to-cradle*).

A experiência da construção da Smith House tem sido um parâmetro para meus projetos desde então. Depois disso, decidi que trabalharia apenas com projetos de Casas Passivas. Como tivemos a oportunidade de adquirir mais prática nos últimos sete anos, agora podemos construir Casas Passivas que, mesmo sobre a vida útil do investimento adicional em envelope superisolado, custam menos do que construções convencionais! As Casas Passivas permitem independência de energia, resultam em benefícios econômicos, promovem a saúde e são mais confortáveis. Entendemos que esta estratégia não apenas é o certo a se fazer para o meio ambiente, mas também o mais inteligente a se fazer em nosso país para as comunidades e finanças pessoais. É ganhar ou ganhar.

A arquiteta Katrin Klingenberg é cofundadora do PHIUS, diretora executiva e projetista-chefe na e-co lab. Ela fornece ao instituto consultoria sobre Casa Passiva, treinamento e certificação válida no território norte-americano. Klingenberg lecionou Ciência da Construção e Oficina de Projetos (Design Studios) na Universidade de Illinois em Chicago e Urbana-Champaign.

Sistemas de dutos

O método de fornecimento de HVAC mais comum é um sistema de dutos de ar pressurizado. Os sistemas de duto padrão movem o ar em baixa velocidade por meio de dutos de grande diâmetro (Figura 13.19a). Os sistemas de alta velocidade, muitas vezes usados em reformas e quando o espaço para grandes dutos é limitado, distribui o ar em alta velocidade por meio de dutos com diâmetros pequenos (Figura 13.19b). Devido à sua natureza, os sistemas de alta velocidade devem ser bem projetados e livres de vazamento para operar de modo eficiente. No final deste capítulo serão abordados os aspectos relacionados a esses sistemas.

Projeto e instalação de sistema de dutos

Sistemas de ar pressurizado devem fornecer fluxo de ar suficiente para distribuir adequadamente o aquecimento e a refrigeração a todos os ambientes de uma casa. Também fornecem quantidades iguais de insuflamento de ar e retorno, para salas individuais e para o sistema inteiro. Quando a quantidade de insuflamento de ar e de retorno está desequilibrada (mais de um do que de outro), a pressão da casa ou do cômodo individual é afetada. Por exemplo, um quarto com 85 CFM* ou 144,4 m³/h de insuflamento, mas sem retorno dutado, terá uma pressão positiva em relação à parte externa quando a porta estiver fechada. Pressão positiva resulta em exfiltração (forçar o ar para fora da casa), que força o ar-condicionado para fora da casa pelos vãos e pelas fissuras. Pressão negativa promove infiltração, trazendo o ar não condicionado do exterior para dentro pelos mesmos vãos.

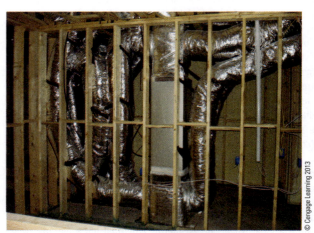

Figura 13.19a Sistema de HVAC convencional com um sistema de distribuição de duto flexível.

Figura 13.19b Sistemas de distribuição de alta velocidade usam dutos de diâmetro pequeno.

A eficiência dos equipamentos de aquecimento e refrigeração também será afetada como resultado do fluxo de ar de retorno subdimensionado, o que pode levar à alta pressão estática, que reduz a capacidade de o sistema condicionar o espaço eficientemente. **Pressão estática** refere-se à pressão dentro do sistema de dutos, é uma indicação da quantidade de resistência para o fluxo de ar dentro do sistema. Em geral, essa pressão, é medida em polegadas de coluna de água (*inches of water column* – IWC) ou pascals (Pa).

A melhor maneira de assegurar equilíbrio de pressão é instalar dutos de insuflamento e retorno em cada ambiente principal, com exceção dos banheiros e cozinhas, que recebem somente dutos de insuflamento, para evitar a retirada de umidade em excesso e ar contaminado no sistema de HVAC. Alguns sistemas são projetados com uma única e grande grelha de retorno central. Os sistemas de retorno central criam grandes desequilíbrios nos cômodos quando as portas estão fechadas, pressurizando-os com insuflamento e despressurizando-os com retorno. Esses sistemas podem ser muito beneficiados com a instalação de **dutos do tipo *bypass***, pequenas partes de duto instaladas em tetos que permitem que o ar flua entre os cômodos, ou **grelhas de transferência**, venezianas instaladas nas paredes de divisa entre os cômodos que permitem que o ar flua entre eles (Figuras 13.20a e 13.20b). Manter um pequeno vão na base da porta para permitir que o ar flua também pode ser uma maneira econômica de equilibrar os sistemas, sobretudo se for criado um espaço de ar suficiente entre o piso e a porta quando esta estiver fechada.

Sempre que possível, os dutos devem funcionar por todo o espaço condicionado, exceto sótãos não condicionados, paredes exteriores, tetos com domos, espaços de serviço, porões e garagens. Manter dutos em espaço condicionado (Figura 13.21) reduz a carga extra no sistema de HVAC e limita o surgimento de poluentes, como mofo, poeira e sujeira, que penetram nos dutos e se dispersam por toda a casa. Manter os dutos fora da garagem é particularmente importante para evitar a entrada de monóxido de carbono e outros poluentes no envelope da construção.

Em geral, os sistemas de dutos residenciais seguem dois projetos básicos: tronco e ramificações primárias e secundárias, e ramificações radiais ou dutos-aranha. Os **sistemas de dutos de tronco e ramificação** têm uma linha principal com dutos de grandes dimensões (troncos) que são instalados no centro da casa com outros pequenos (ramificações) alimentados por este principal e, suprindo os cômodos individuais (Figura 13.22). **Sistemas de dutos-aranha** têm grandes troncos de suprimento conectados a caixas de controle remota com pequenos dutos individuais alimentando cada um dos cômodos (Figuras 13.23a e 13.23b). Ambos os sistemas utilizam **plenuns**, caixas retangulares conectadas ao trocador de calor, que recebe ar aquecido ou resfriado, que é então distribuído aos dutos principais e ramificados. Os sistemas de tronco e ramificação geralmente usam uma quantia menor de materiais e fornecem um suprimento de ar ainda mais uniforme, entretanto os do tipo aranha podem trabalhar efetivamente quando projetados e instalados adequadamente; traçados com dutos menores e

---

* Vale lembrar que, em unidades utilizadas nos Estados Unidos, o índice CFM corresponde à vazão de ar em pés cúbicos por minuto, o que corresponde a 0,4 litros por segundo ou 471,95cm³/s ou 1,699 m³/h. Quando atribuído a elementos da construção, corresponde, por exemplo, à quantidade de pés cúbicos de ar que passa através de 1 pé quadrado de área do elemento da construção por minuto – cfm/ft² ou 0,305 m³min/m². Para a análise da vazão de ambientes e espaços da edificação o índice CFM relaciona-se à área do piso. (S.H.O.)

Aquecimento, ventilação e ar-condicionado

mais retos fornecem o melhor desempenho. Em um **sistema de duto radial**, os dutos de ramificação que fornecem ar-condicionado para ambientes individuais são conectados diretamente a um pequeno plenum de insuflamento.

A maior parte dos dutos residenciais é redondo ou retangular, feito de metal rígido, e os flexíveis são dutos de fibra de vidro ou plásticos (Figuras 13.24 a, b e c). Para o desempenho máximo, dutos flexíveis devem ser instalados estendidos em linha reta, com apoio adequado para evitar dobras, e quando necessário devem ser utilizadas conexões, como curvas ou cotovelos em vez de curvas dobradas do próprio duto, e nunca devem ser comprimidos para favorecer o encaixe nos vãos disponíveis nas construções. Os dutos metálicos são menos propensos aos problemas de instalação provocados pelos flexíveis. Dutos metálicos também têm um interior com menor rugosidade, ou seja, mais liso, criando menor resistência ao fluxo de ar do que os flexíveis, o que pode permitir dutos de diâmetro menores que fornecem fluxo de ar equivalente. O código de construção americano permite o uso em vãos (por exemplo, paredes ou pisos) para dutos de retorno, mas esta estratégia não é recomendada para casas de alto desempenho, porque essas áreas são difíceis de vedar e isolar com eficiência (Figuras 13.25a e 13.25b).

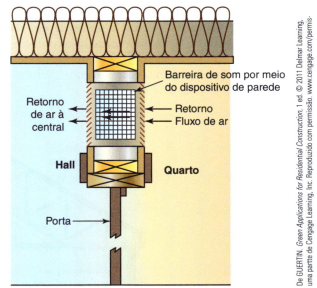

Figura 13.20b Uma veneziana instalada na parede fornece passagem de retorno dos cômodos fechados para a central. A barreira de som reduz a transmissão de ruído.

Isolamento do duto

A maioria dos dutos flexíveis vem com isolamento com uma camada de fibra de vidro. A fabricação do duto flexível é estruturada de modo combinado para formação de um material único com a camada de isolamento, e dutos metálicos são revestidos com isola-

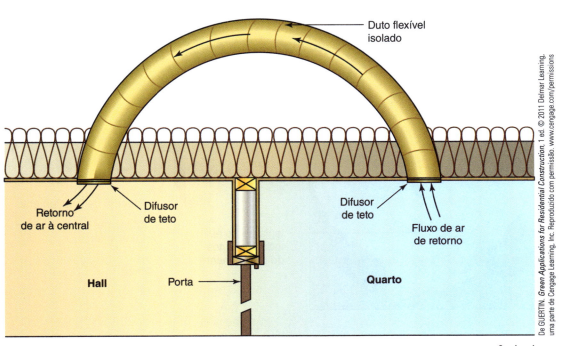

Figura 13.20a Dutos do tipo *bypass* fornecem uma passagem para o ar mesmo com as portas fechadas, permitindo que o ar faça o retorno às centrais.

mento aplicado depois da montagem, geralmente com uma camada de fibra de vidro. Os dutos devem ser isolados quando localizados em espaço não condicionado; isolamento não é necessário quando instalado em espaço condicionado, mas a maior parte da tubulação em projetos residenciais é isolada.

Vedação dos dutos

Sistemas de ar pressurizado devem ter dutos com materiais aprovados pelos códigos americanos de construção. Devem-se usar anéis metálicos e juntas nas conexões, como saídas dos plenuns, em que dois dutos são conectados por longos espaços e o principal se

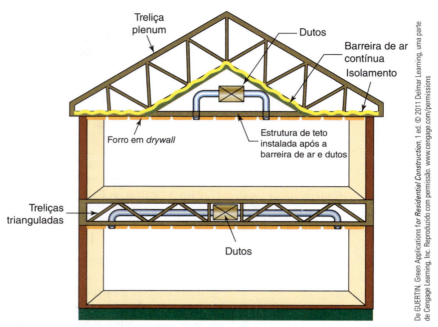

Figura 13.21 A tubulação pode ser instalada em espaço condicionado através dos vãos estruturais. Para tanto, devem-se utilizar treliças plenum ou triangulares. O isolamento no alinhamento do telhado também delimita o sótão dentro do envelope da construção.

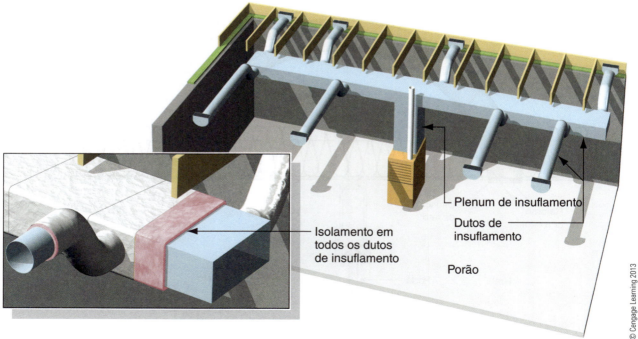

Figura 13.22 Sistemas de duto principais e ramificação.

Aquecimento, ventilação e ar-condicionado

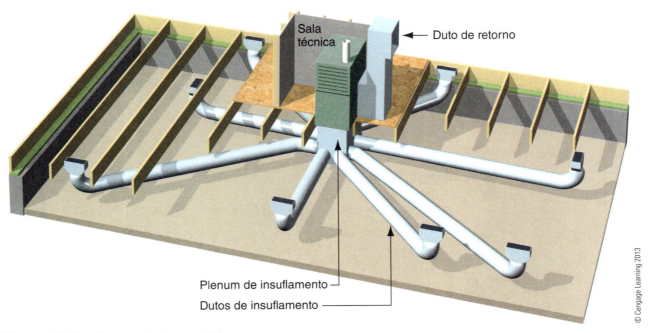

Figura 13.23a Sistema de duto radial.

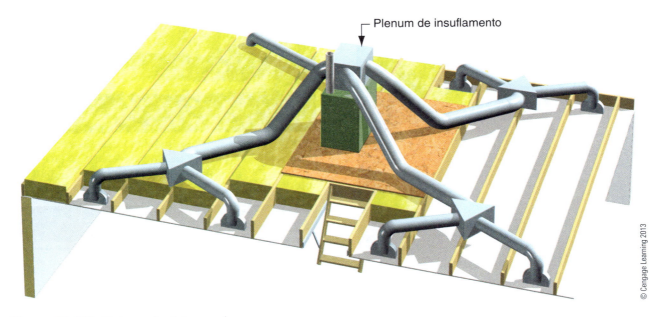

Figura 13.23b Sistema de duto-aranha.

ramifica em dois. Os dutos devem ser completamente vedados em todas as conexões metálicas e juntas mistas entre partes metálicas e flexíveis, para eliminar vazamentos e maximizar o desempenho do sistema. Para melhores resultados, os dutos devem ser vedados em todas as emendas com mastique ou fita de mastique para vedação (Figura 13.26).

Fita filme classificada de acordo com os requisitos UL181 é considerada aprovada por códigos americanos de construção para vedação de dutos, mas é difícil instalá-la de maneira eficiente na obra. Por isso é melhor evitar o uso de mastique ou fita de mastique para vedação em uma casa verde. Este tipo de fita não é projetado para vedação de dutos nem apropriada para uso em instalações de HVAC.

A vedação de dutos deve ser totalmente inspecionada antes da instalação do isolamento do duto, para assegurar que a vedação tenha sido feita corretamente. As áreas que devem ser inspecionadas são: as bordas do plenum (no encontro entre o aquecedor ou o controlador de ar); as emendas nas próprias unidades, os dutos e as linhas principais onde eles se encaixam com o plenum; todas as emendas lineares em dutos metálicos; as juntas entre as partes do duto metálico; as juntas entre dutos flexíveis e dutos metálicos; e todas as emendas em cotovelos e conexões finais (Figura 13.27). Os dutos muitas vezes são vedados por fora com uma camada isolante, que não fornece uma vedação de ar adequada nem é um substituto para vedação em conexões metálicas e flexíveis (Figura 13.28).

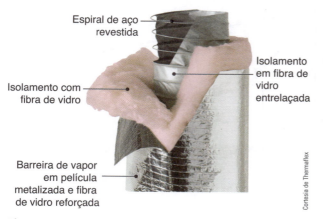

Figura 13.24a Duto flexível consiste em uma camada interna com suportes metálicos, isolamento de fibra de vidro e camada externa.

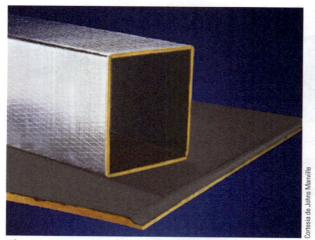

Figura 13.24b Dutos fabricados de fibra de vido comprimida com uma camada externa para suporte.

Figura 13.24c Dutos metálicos vedados com mastique.

Figura 13.25a Retorno instalado usando um vão na parede. O uso de vãos na construção como dutos, como aqui demonstrado, não é recomendado.

Figura 13.25b Retorno instalado usando as vigas de piso. Chapa metálica é usada para cobrir as faces das vigas assim como para criar o "recipiente" na parte inferior do piso.

Figura 13.26 Um técnico aplica mastique em uma junta entre dois dutos metálicos.

Aquecimento, ventilação e ar-condicionado

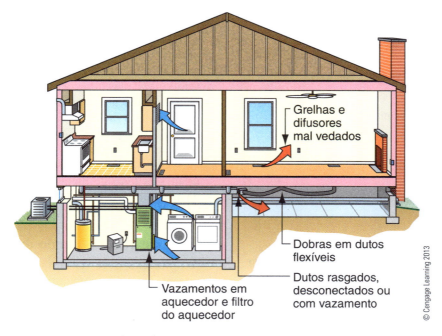

Figura 13.27 Vazamentos comuns em dutos.

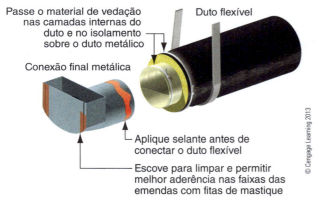

Figura 13.28 Todas as juntas e conexões devem ser completamente seladas no sistema de dutos.

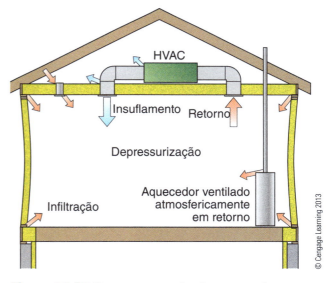

Figura 13.29 Vazamento predominante em insuflamento faz a pressão da casa ficar negativa em relação ao exterior.

Tubulação mal vedada permite que o ar condicionado vaze para dentro e para fora do envelope da construção, reduzindo a eficiência do sistema e criando desequilíbrio de pressão. Dutos de insuflamento que vazam mais do que os de retorno criam pressão negativa, já que o retorno capta mais ar de volta para o sistema do que o insuflamento (Figura 13.29). Pressão negativa pode retirar o ar interno por meio de vazamentos no envelope da construção; esse ar pode ser quente ou frio e conter umidade em excesso, sujeira, pó, pólen, gases de combustão e outros poluentes. Do mesmo modo, dutos de retorno com vazamento criam pressão negativa, que pode forçar o ar para fora em vazamentos do envelope, forçando a umidade para dentro nos vãos da parede e desperdiçando energia (Figura 13.30).

Localização das grelhas do sistema

Tradicionalmente, no próprio sistema de dutos se localizam as grelhas de insuflamento próximas às paredes externas (em geral perto de janelas) e as de retornos no interior do ambiente. Esta convenção de projeto foi baseada no princípio de que as casas têm

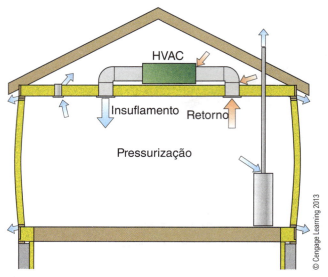

Figura 13.30 Vazamento predominante em retornos faz a pressão interna da casa ficar positiva em relação ao exterior.

ganho e perda de calor significativos por meio de paredes externas e janelas ineficientes. Em casas de alto desempenho, com ganho e perda de calor mínimos pelas paredes externas e janelas, podem-se instalar os dutos de insuflamento no interior para permitir a passagem de dutos mais curtos, reduzindo a perda de energia e economizando material. Conexões finais de dutos devem ser vedadas onde ocorrem penetrações no envelope da construção, de acordo com o Código Internacional de Conservação de Energia de 2009 (International Energy Conservation Code – IECC). Como boa prática, deve-se vedar todas as conexões finais no forro em *drywall* e subsolo para assegurar que o fornecimento de ar seja feito de maneira eficiente e que o retorno de ar não ocorra em áreas indesejadas, como sótão ou porão semicondicionados (Figura 13.31).

Teste de vazamento do duto

A tubulação deve ser testada quanto a vazamentos por meio de equipamentos como Minneapolis Duct

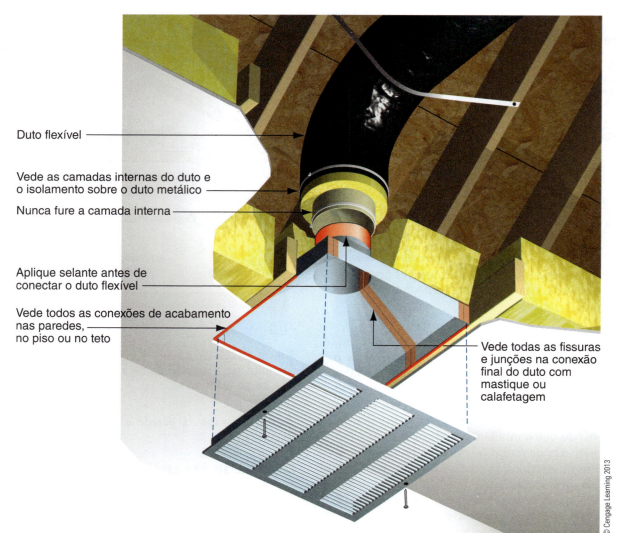

Figura 13.31 Conexões finais do HVAC devem ser vedadas no subsolo ou no *drywall* com calafetagem ou mastique.

Blaster® ou Retrotec DucTester. Os dutos são testados durante a construção (na etapa de obras) ou após a casa estar concluída. Existem prós e contras para as duas abordagens. Na fase de obras, o teste de vazamento na tubulação permite reparar facilmente os defeitos que podem ser impossíveis de localizar após a conclusão. Na etapa final, o teste é capaz de identificar tubulações que foram desconectadas durante a construção e verificar se o forro falso está cobrindo insuflamentos ou retornos.

O equipamento de teste da tubulação é composto de ventilador calibrado, manômetro e mangueiras de pressão. A configuração consiste em desligar o sistema de HVAC e vedar todos os registros com fita. O ventilador de teste da tubulação será instalado no retorno maior e centralmente localizado, ou no controlador de ar. Nesse teste, o sistema da tubulação pode ser pressurizado ou despressurizado a uma pressão estabelecida pela indústria. Nos Estados Unidos, a maior parte da tubulação na parte externa é pressurizada em 25 Pa. Em alguns locais dos Estados Unidos prefere-se despressurizar o sistema da tubulação a −25 Pa porque esta pressão negativa tende a arrancar a fita de fixação das grelhas.

Vazamanto total do duto refere-se ao vazamento em todo o sistema de dutos, que está tanto dentro como fora do envelope da construção (Figura 13.32). O vazamento do duto fora do envelope da construção é considerado uma perda energética, porque o proprietário está perdendo o ar, para o qual consumiu energia, para aquecer e resfriar. Embora o vazamento dentro do envelope da construção não seja uma perda energética, pode gerar reclamações quanto ao conforto nos ambientes em razão dos desequilíbrios de pressão. Cada vez mais, os programas de construção verde requerem casas que encontrem limites tanto para vazamento total da tubulação como para vazamento pelo lado externo do envelope da construção.

Para calcular o vazamento total do duto, deve-se abrir uma janela ou porta para equalizar as pressões da casa e da parte externa. O verificador do duto tanto pressuriza como despressuriza o sistema do duto a 25 Pa. O fluxo do ventilador é calculado tanto pelo manômetro como pelos gráficos do fabricante. Os resultados são apresentados em CFM25.*

---

* Este índice, CFM unidades utilizadas nos Estados Unidos, corresponde à vazão de ar em pés cúbicos por minuto, considerando-se uma pressão aplicada de 25 Pa, o que corresponde a 0,4 litros por segundo ou 471,95cm³/s ou 1,699 m³/h sob esta esta pressão de 25 Pa. (S.H.O.)

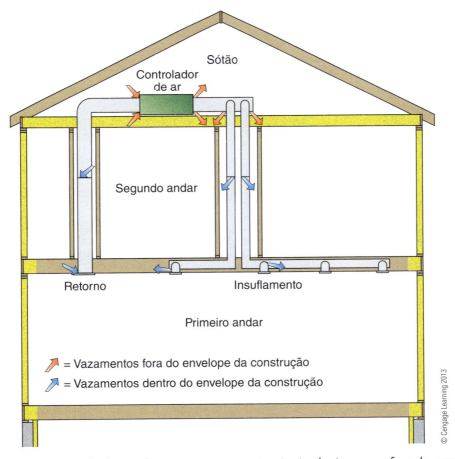

Figura 13.32 Vazamento total do duto refere-se aos vazamentos tanto dentro como fora do envelope da construção.

Vazamento para a parte externa refere-se apenas ao vazamento do tudo que está do lado de fora do envelope da construção. Para calcular apenas o vazamento da parte externa, todo o vazamento do interior deve ser eliminado. O sistema do duto é preparado desligando-se o controlador de ar, vedando todos os registros e grelhas com fita e elevando a pressão da casa a 25 Pa com o ventilador de porta (Figura 13.33). O equipamento de verificação então pressuriza o sistema do duto e cria um diferencial estando a casa a 0 Pa. Quando os dutos estão a 0 Pa no que se refere à casa, os dutos estão também a −25 Pa, no que se refere à parte externa. O teste também pode ser realizado de forma inversa com a casa e dutos despressurizados. Como estudado no Capítulo 2, o vazamento de ar requer uma abertura ou infiltração e diferença de pressão para ocorrer. Quando se mantêm os dutos e a casa sob a mesma pressão, não há vazamento entre os dutos e a parte interna do envelope da construção. Por causa disso, o vazamento na parte externa é sempre menor ou igual ao vazamento total.

Como calcular a porcentagem de vazamento

Os fluxos do ventilador de teste, quando usados sozinhos, podem identificar apenas o vazamento total da tubulação. Quando o fluxo deste ventilador é comparado com o do ventilador do controlador de ar ou com a área útil servida pelo sistema do duto, ele identifica o vazamento da tubulação para a parte externa. A porcentagem de vazamento baseada na área de piso é calculada* por meio da divisão do fluxo do ventilador de teste pela área de piso do ambiente servido pelo sistema de dutos:

$$\frac{\text{CFM25 (fluxo do ventilador do teste verificador)}}{\text{área de piso do ambiente servido pelo sistema de dutos}} = \text{porcentagem de vazamento}$$

---

* Esta fórmula utiliza unidades de medidas norte-americanas em seu desenvolvimento e resolução. (S.H.O.)

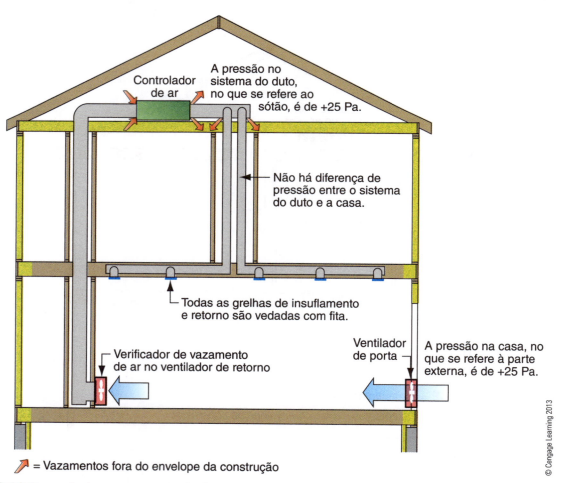

Figura 13.33 Para calcular o vazamento do duto na parte externa, devem-se utilizar o ventilador de porta e injeção de um fluxo de vento.

Aquecimento, ventilação e ar-condicionado

O vazamento da tubulação baseado no fluxo do ventilador do controlador de ar é calculado por meio da divisão do fluxo do ventilador de teste pelo fluxo do ventilador do controlador de ar:

$$\frac{\text{CFM25 (fluxo do ventilador de teste)}}{\text{fluxo nominal do ventilador do controlador de ar}} = \text{porcentagem de vazamento}$$

Passo a passo dos cálculos Consideremos uma casa de 3.450 ft², ou 320,52 m², com dois controladores de ar. O primeiro andar tem 1.400 ft², ou 130,06 m², e o segundo, 1.050 ft², ou 97,55 m². O sistema de tubulação do primeiro andar tem um vazamento de 89 CFM25 para a parte externa. O do segundo andar tem um vazamento de 171 CFM25 (290,53m³/h a 25 Pa) para a parte externa. O controlador de ar do primeiro andar tem um fluxo de ar nominal de 800 CFM (1359,2 m³/h), e o segundo, de 600 CFM (1019,4 m³/h). A porcentagem de vazamento baseada no fluxo do ventilador do sistema é calculada* como segue:

$$\frac{\text{CFM25 (fluxo do ventilador de teste)}}{\text{fluxo do ventilador nominal do controlador de ar}} = \text{porcentagem de vazamento}$$

Primeiro andar:

$$\frac{89 \text{ CFM25}}{800 \text{ CFM}} = 0{,}11 \times 100 = 10\%$$

Segundo andar:

$$\frac{171 \text{ CFM25}}{600 \text{ CFM}} = 0{,}285 \times 100 = 28{,}5\%$$

A porcentagem de vazamento baseada na área servida pelo sistema de dutos é calculada como segue:

$$\frac{\text{CFM25 (fluxo do ventilador de teste)}}{\text{área servida pelo sistema}} = \text{porcentagem de vazamento}$$

Primeiro andar:

$$\frac{89 \text{ CFM25}}{1.400 \text{ft}^2 \,(=130{,}1\text{m}^2)} = 0{,}06 \times 100 = 6\%$$

---

* No desenvolvimento e resolução dessas fórmulas, as unidades de medidas seguem a convenção norte-americana; para simplificar, em vez de fazer conversões parciais, optou-se por converter apenas o resultado final para metros quadrados, que se encontra entre parênteses. (S.H.O.)

Segundo andar:

$$\frac{171 \text{ CFM25}}{1.050 \text{ft}^2\,(=97{,}55\text{m}^2)} = 0{,}16 \times 100 = 16\%$$

O IECC 2009 (Código Internacional de Conservação de Energia) requer teste de vazamento de todos os dutos não instalados dentro do envelope da construção. O vazamento máximo permitido em um estágio inicial é de 8 CFM por 100 ft² (13,59m³/h em 9,30 m², que corresponde a 1,46 m³/h por m² de área de piso) de área útil condicionada (*conditioned floor area* – CFA) ou 6 CFM por 100ft² (10,19m³/h em 9,30 m², e que corresponde a 1,10 m³/h por m² de área de piso) de CFA, ambos medidos a uma pressão de 25 Pa. O ENERGY STAR e a maioria dos programas de construção verde têm exigências específicas referentes ao máximo de vazamento do dutos em seus critérios prescritivos.

Teste de vazamento com coifa de fluxo

Um método alternativo para testar o vazamento do duto na parte externa é utilizar um ventilador de porta e uma coifa de fluxo que serve como cobertura. Quando se utiliza um ventilador de porta para despressurizar a casa a −25 Pa, no que se refere à parte externa, a coifa de fluxo é usada para medir a quantidade de ar que atravessa cada grelha de insuflamento e de retorno através do indicador CFM. Todos os fluxos de ar são adicionados em separado para cada sistema do conjunto a fim de determinar o vazamento total do duto, fornecendo um CFM25 total. A divisão do CFM25 pela metragem quadrada total de área de piso para a seção servida por cada sistema fornece a porcentagem de vazamento do duto para a parte externa de cada um dos sistemas. Alternativamente, o vazamento como um percentual do fluxo do ventilador do controlador de ar pode ser calculado.

O teste de vazamento do duto com uma coifa de fluxo é realizado da seguinte forma:

1. Percorra a casa e registre a localização de todas as grelhas e registros.
2. Utilize o ventilador de porta para despressurizar a casa em −25 Pa no que se refere à parte externa.
3. Utilize a coifa de fluxo para medir o fluxo através de cada grelha de insuflamento e de retorno.
4. Adicione todos os fluxos para determinar o vazamento total do duto em CFM.
5. Calcule a porcentagem de vazamento dividindo o total de CFM25 pela área de piso (utiliza-se em ft²) da zona à qual o sistema de HVAC serve.

Passo a passo dos cálculos Consideremos uma casa de 1.600 ft², ou 148,6 m², com um controlador de ar. O vazamento total através das 18 grelhas de insuflamento e dos três retornos é de 110 CFM25 (186,89 m³/h). O controlador de ar tem um fluxo de ar nominal de

1.200 CFM (2038,8 m³/h). A porcentagem de vazamento baseado no fluxo do ventilador do sistema é calculada como segue:*

$$\frac{\text{CFM25 (fluxo do ventilador de teste)}}{\text{fluxo do ventilador nominal do controlador de ar}} = \text{porcentagem de vazamento}$$

$$\frac{110 \text{ CFM25}}{1.200 \text{ ft}^2 \ (111,4 m^2)} = 0,09 \times 100 = 9\%$$

A porcentagem de vazamento baseada na área de piso servida pelo sistema é calculada como segue:

$$\frac{\text{CFM25 (fluxo cadastro de suprimento e retorno totais)}}{\text{área de piso servida pelo sistema}} = \text{porcentagem de vazamento}$$

$$\frac{110 \text{ CFM25}}{1.600 \text{ ft}^2 \ (148,6 m^2)} = 0,07 \times 100 = 7\%$$

Teste e equilíbrio

Sistemas de dutos são designados para fornecer quantidades específicas de fluxo de ar nas grelhas de insuflamento e retorno. As instalações finais geralmente não são executadas seguindo todos os requisitos do projeto devido a estreitamentos ou compressões, conexões deficientes e mudanças de localização dos dutos e equipamentos na obra, o que afeta o desempenho do sistema. O total de CFM que flui por cada grelha deve ser medido com uma coifa de fluxo ou um dispositivo de pressurização que contempla um recipiente metálico que fica pressurizado, conhecido na prática como "panela de pressão" (*pressure pan*), comparando-se o fluxo total aos critérios estipulados pelo projeto (Figura 13.34). Fluxos que variam mais de 15% ou 10 CFM (16,99 m³/h) em relação ao projetado devem ser ajustados de modo a atender ao que foi determinado por meio do uso de registros (*dampers*) que diminuem este em alguns vãos, de modo que o fluxo cresça em outros. Quando todas as grelhas se encontrarem dentro das taxas de fluxo estipuladas em projeto, o sistema terá um desempenho em sua máxima eficiência e minimizará os diferenciais de pressão dentro dos ambientes e entre eles. A Associação dos Empreiteiros de Ar-Condicionado (Air Conditioning Contractors Association – ACCA) fornecem guias, no Manual B, sobre o teste e o equilíbrio dos sistemas de dutos e dos sistemas hidrônicos.

---

* No desenvolvimento e resolução dessas fórmulas, as unidades de medidas seguem a convenção norte-americana; para simplificar, em vez de fazer conversões parciais, optou-se por converter apenas o resultado final para metros quadrados, o qual se encontra entre parênteses. (S.H.O.)

Zoneamento

Sistemas de ar pressurizado que suprem vários andares ou grandes áreas com diferentes exigências de aquecimento e refrigeração devem utilizar controles por zonas para fornecer diferentes níveis de aquecimento e refrigeração, a fim de satisfazer às necessidades de cada área (Figura 13.35).

Figura 13.34 A quantidade de ar que flui para fora de uma grelha de insuflamento ou para dentro de um retorno é medida com uma coifa de fluxo.

Figura 13.35 Controle de *damper* por zona.

Controles por zona usam termostatos separados em cada área para enviar informações a um painel de controle que ajusta automaticamente os *dampers* (Figura 13.36), que abrem e fecham completamente as principais linhas para direcionar um fluxo de ar somente para a zona que precisa de condicionamento. Controles de zona permitem um sistema de HVAC central até mesmo para residências com mais de um andar, e possibilitam ao proprietário controlar a quantidade de HVAC fornecido a diferentes ambientes da casa.

Projeto do sistema de HVAC

A Associação dos Empreiteiros de Ar-Condicionado (Air Conditioning Contractors Association – ACCA) publica padrões para dimensionar os sistemas de aquecimento e refrigeração (Manual J), selecionar equipamentos (Manual S), projetar sistemas de dutos (Manual D) e selecionar grelhas e registros (Manual T).

Manual J da ACCA

No cálculo do dimensionamento do equipamento de aquecimento e refrigeração utilizam-se os seguintes fatores: clima local, tamanho, formato e orientação da casa; quantidade e qualidade do isolamento; tamanho, localização e eficiência da janela; a taxa de infiltração de ar; número de ocupantes; e os ganhos internos de calor em razão dos equipamentos de iluminação e eletrônicos. A iluminação e os eletrônicos podem criar significativas quantidades de calor, devem ser acrescentadas à carga de refrigeração, e, de forma contrária, podem reduzir as cargas de aquecimento. As cargas são calculadas de acordo com o Manual J, criado pela ACCA. Atualmente em sua oitava edição, este manual provê fórmulas que podem ser usadas para calcular cargas manualmente, mas a maioria dos profissionais utiliza uma das várias versões de *softwares* disponíveis, como EnergyGauge® e Wrightsoft's Right-J®. Para criar um cálculo preciso da carga, dados inseridos no programa devem corresponder às especificações da construção, incluindo as taxas do Conselho Americano para Classificação de Esquadrias (National Fenestration Rating Council – NFRC) no que se refere às janelas e portas, quantidades de isolamento, orientação da construção, taxa de infiltração de ar, dados do clima local e outros fatores.

O Manual J produz um relatório (Figura 13.37) que inclui a quantidade necessária em Btu de aquecimento e refrigeração. Esses dados são utilizados para selecionar o equipamento específico que corresponda o máximo possível a esses requisitos. Os tamanhos dos aquecedores, *boilers* e trocadores de calor são baseados no total de Btu que produzem. Os aquecedores de ar pressurizado e as bombas/trocadores de calor estão disponíveis em tamanhos que variam de aproximadamente 38.000 a 115.000 Btu; e o dos *boilers*, 40.000 a 300.000 Btu.

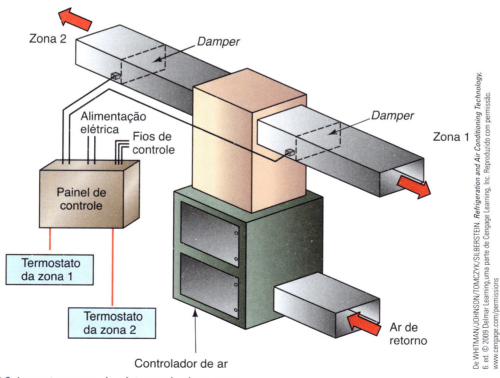

Figura 13.36 *Layout* comum do sistema de duas zonas.

Manual S da ACCA

O Manual S da ACCA auxilia na seleção e no dimensionamento do equipamento de aquecimento e refrigeração para atender às cargas presentes no Manual J, tomando como base o clima local e as condições ambientais no local da construção, abrangendo as estratégias de seleção para todos os tipos de equipamento de refrigeração e aquecimento.

Manual D da ACCA

O Manual D da ACCA é um guia voltado para o projeto de sistemas de dutos residenciais que ajuda a garantir que estes distribuirão a quantidade apropriada de ar aquecido ou resfrigerado para cada ambiente. Projetos de dutos são calculados com base na quantidade total de CFM que se deseja distribuir no final do percurso de cada duto. Os dutos geram uma perda de carga para o fluxo de ar dependendo do seu comprimento e acessórios, tais como cotovelos e capas protetoras. A resistência adicional ao fluxo de ar vem dos filtros e serpentinas. O Manual D ajuda a determinar o comprimento efetivo da tubulação, a quantidade total de perda de carga das seções retas e de todos os acessórios no percurso de cada duto. Conexões individuais, como cotovelos, podem produzir tanta perda de carga quanto um trajeto único e longo de duto reto, referido como comprimento equivalente. Comprimentos equivalentes podem ser adicionados em conjunto a qualquer trajeto para determinar o comprimento total efetivo da tubulação. Por exemplo, um cotovelo de metal aumenta entre 6,1 m e 10,7 m de comprimento equivalente a um trajeto da tubulação, dependendo do tamanho do seu raio.[1]

Os cálculos dos Manuais J e D são, na maioria das vezes, realizados com *software* computacional, que determina as cargas totais da construção e auxilia na seleção do equipamento de HVAC (Figura 13.38).

Manual T da ACCA

A ACCA também publica o Manual T, que mostra aos projetistas como prevenir problemas de correntes de ar e de ar estacionário causados por dimensionamento inadequado e seleção incorreta de equipamento. O manual explica como selecionar, dimensionar e localizar as grelhas de insuflamento e de retorno, e, ainda, fornece exemplos de como utilizar dados de desempenho de fabricantes a fim de calcular perdas de carga e controlar o barulho.

Instalação de aquecimento hidrônico e guia de projeto

Sistemas hidrônicos são projetados e dimensionados com base no manual *Instalação de aquecimento hidrônico residencial e guia de projeto*, produzido pelo Instituto de Ar-Condicionado, Aquecimento e Refrigeração (Air-Conditioning, Heating, and Refrigeration Institute – AHRI). Esta publicação fornece um roteiro para dimensionar o equipamento de aquecimento, bem como escolher tamanhos e comprimentos dos dutos, selecionar o radiador e definir os detalhes de coletores e bombas. Semelhante ao Manual J, este guia abrange o projeto, a instalação e a análise de funcionamento tanto de sistemas de aquecimento hidrônico a vapor como à água, além de fornecer dados para auxiliar a projetar sistemas hidrônicos com radiadores e aquecimento de pisos. Projetos de sistemas hidrônicos estão também detalhados em *Aquecimento hidrônico residencial: instalação e projeto*, uma publicação da ACCA.

Distribuição hidrônica

O aquecimento hidrônico depende da água quente para ser distribuído por toda a casa através de tubos metálicos ou de plástico. Nos sistemas de aquecimento hidrônico, a principal decisão envolve a escolha de pisos radiantes, radiadores de parede ou equipamentos de ar-condicionado do tipo *fan coil* individual, que consistem em uma serpentina de cobre e um ventilador para distribuir o ar-condicionado através das tubulações ou das grelhas. Os sistemas de calor radiante hidrônicos também podem ser instalados em paredes e tetos,* embora isto seja menos comum. Sistemas hidrônicos devem ser projetados com tubos de insuflamento o mais curtos possível para reduzir a perda de calor. Assim como acontece nos dutos, o caminhamento de tubos longos gera perda de calor, particularmente se são instalados em espaços não condicionados. Tubos de insuflamento que alimentam tubulações de pavimento ou radiadores devem ser isolados em uma faixa entre R-5 e R-11, o que dependerá do comprimento do tubo, da localização e do clima.

Sistemas hidrônicos ocupam muito menos espaço do que dutos pressurizados de ar, e não criam desequilíbrios de pressão, que podem causar problemas na qualidade do ar interno. Alguns sistemas utilizam a distribuição por *fan coil*, que pode fornecer refrigeração e aquecimento, mas não é uma aplicação residencial comum; na maioria dos casos, um sistema

---

[1] Manual D da ACCA, 1995, Apêndice 3, p. A3-20.

* No Brasil, o termo utilizado para este sistema é "teto radiante", embora seja raro o seu uso para aquecimento em tetos ou paredes. Em geral, este sistema é mais comum em pisos de banheiros, quando o termo utilizado é "piso radiante". (S.H.O.)

Aquecimento, ventilação e ar-condicionado

Formulário Simplificado de Carga[1]
Casa inteira
Southface

Trabalho:
Data: 4 fev. 2011
Por: John Smith HVAC

241 Pine Street NE, Atlanta, GA 30308 Fone: 404-872-3549 Fax: 404-872-5009 *Web*: www.southface.org

Informações sobre o projeto

Para: Construtores ABC
101 Sample Way, Atlanta, GA 30308

Informações sobre o projeto

	Htg[2]	Clg[3]		Infiltração
Bulbo externo seco (°C)	−4	33	Método	Simplificado
Bulbo interno seco (°C)	21	24	Qualidade da construção	Vedada
Projeto TD[4] (°C)	46 (7,8)	17(−8,3)	Lareiras	0
Amplitude de área	-	M[5]		
Umidade interna (%)	30	50		
Diferença de umidade em grãos por libra[5] (gr/lb)	19	38		

EQUIPAMENTO DE AQUECIMENTO

Fornecedor
Marca
Modelo
GAMA ID[7]

Eficiência	80AFUE[9]	
Aquecimento entrada	0	Btuh
Aquecimento saída	0	Btuh
Aumento de temperatura	0	°C
Fluxo de ar vigente	600	cfm
Fator do fluxo de ar	0,060	cfm/Btuh
Pressão estática	0,50	em pol. de H$_2$O[11]

Termostato do ambiente

EQUIPAMENTO DE REFRIGERAÇÃO

Fornecedor
Marca
Cond[6]
Serpentina
ARI[8] núm. ref.

Eficiência	0 SEER[10]	
Refrigeração sensível	0	Btuh
Refrigeração latente	0	Btuh
Refrigeração total	0	Btuh
Fluxo de ar vigente	600	cfm
Fator do fluxo de ar	0,047	cfm/Btuh
Pressão estática	0,50	em pol. de H$_2$O[11]
Taxa de calor razoável da carga	0,86	

NOME DO AMBIENTE	Área ft² (m²)	Carga Htg[2] (Btuh)	Carga de Clg[3] (Btuh)	HtgAVF[12] (cfm)	Refrigeração (ClgAVF[13]) (cfm)
Quarto 1	100 (9,30)	*1.243*	*1.389*	74	66
Quarto 2	110 (10,20)	*759*	*1.234*	45	58
Quarto 3	110 (10,20)	*733*	*1.215*	44	57
Quarto principal	154 (14,30)	*1.500*	*1.407*	89	66
Banheiro principal	48 (4,50)	*381*	*473*	23	22
Banheiro	70 (6,50)	*425*	*210*	25	10
Closet	36 (3,30)	*0*	*0*	0	0
Equipamentos	70 (6,50)	*150*	*623*	9	29
Cozinha/sala de estar	594 (55,20)	*4.487*	*5.763*	267	272
Hall	108 (10,00)	*0*	*0*	0	0
Entreforro	1.400 (130,00)	*400*	*400*	24	19
Casa inteira	2.800 (260,00)	*10.077*	*12.715*	600	600
Outras cargas de equipamento		497	338		
Equipamento @ 0,97[14]RSM[15]			12.608		
Refrigeração latente			2.164		
TOTAIS	2.800 / 260,00	*10.574*	*14.773*	600	600

(continua)

Cortesia de Oliver Curtis at Southface

Observações: Seguem apontamentos que não pertencem ao formulário simplificado original, mas que foram aqui inseridos para melhor entendimento e leitura no Brasil. Quanto às unidades, o formulário as apresenta no padrão norte-americano, e, entre parênteses, as inserimos de acordo com o que é utilizado no Brasil. Todos os acréscimos e notas a esta figura, portanto, foram feitos de forma a não descaracterizar o formulário simplificado, mas unicamente com o intuito de esclarecer suas aplicações:

[1] Trata-se de um formulário simplificado e apresentado pela organização Southface; para manter suas características e forma.

[2] Aquecimento

[3] Refrigeração

[4] Projeto TD corresponde ao atendimento dos manuais T e D, que são respectivamente a determinação das melhores locações para os terminais do ar (Use Manual T da ACCA) e projeto do sistema de duto considerando a pressão que minimize o comprimento efetivo (Use Manual D da ACCA ou Equivalente).

[5] 1/7000 é o que corresponde à razão de um grão e a libra ou 0,0648g/0,454kg = 0,1427g/kg (ver Capítulo 2).

[6] Cond (Workconditions): condições de funcionamento do sistema de refrigeração. Tipo e característica do local de instalação do equipamento. Em geral, são 40 horas por semana durante o ano.

[7] GAMA ID: certificado emitido pela Gas Manufacturers Association (GAMA), Associação dos Fabricantes de Aparelhos a Gás.

[8] ARI: Air Conditioning and Refrigeration Institute (ARI) – Instituto de Refrigeração e Ar-condicionado.

[9] AFUE é a abreviatura de *Annual Fuel Utilization Efficiency*, "eficiência de utilização anual do combustível".

[10] A eficiência do ar-condicionado é medida em Btus por watt hora, que é a capacidade dividida pela potência em watt projetada. Há também, no caso da relação da eficiência em unidades métricas, a possibilidade de essas eficiênciais ser identificadas como SEER (Seasonal energy efficiency ratio) e EER (Energy efficiency ratio).

[11] H_2O: a pressão estática em polegadas de coluna de água que o equipamento trabalho.

[12] HtgAVF: aquecimento e volume de fluxo de ar (AVF – Air Volume Flow) ou vazão real.

[13] ClgAVF: resfriamento e volume de fluxo de ar (AVF – Air Volume Flow) ou vazão real.

[14] @ 0,97: valor nominal de características do equipamento.

[15] RSM: sigla de Rate Swing Multiplier; fator de correção utilizado para modificar as cargas de refrigeração adequadas e para se obter o balanço entre o ambiente e o equipamento.

Figura 13.37 Há vários *softwares* que executam os cálculos de carga presentes no Manual J da ACCA. Este relatório mostra a quantidade de aquecimento e refrigeração necessária para cada ambiente da casa, além da quantidade de insuflamento de ar.

separado deve ser instalado para fornecer ar-condicionado se necessário. O custo inicial da instalação de sistemas hidrônicos é mais alto do que de sistemas pressurizado de ar.

Materiais do sistema hidrônico

Os sistemas hidrônicos mais modernos utilizam tubulações de polietileno reticulado com coletores de cobre ou plástico para controlar a distribuição para diferentes áreas da casa. Bombas elétricas e válvulas solenoides movidas por controle remoto levam água para os ambientes quando o aquecimento é solicitado. Os sistemas antigos utilizavam tubos de cobre, ainda empregados em algumas áreas. O calor pode ser distribuído através de sistemas no contrapiso ou por unidades terminais, comumente conhecidas como radiadores e aquecedores de rodapé.

Instalações do piso

Sistemas de piso radiante são tipicamente instalados em lajes ou sob pisos com estrutura de madeira. As lajes devem ter isolamento na parte inferior para limitar a perda de calor para o solo. Instalações estruturadas podem utilizar folhas especiais sob o piso que tenha canais forrados de alumínio para a instalação dos tubos (Figura 13.39), ou a tubulação pode ser instalada na parte inferior ao contrapiso entre as vigotas. As placas de metal podem ser usadas para ajudar a transferir calor dos tubos para o piso (Figura 13.40). Os tubos também podem ser instalados em lajes leves de pequena espessura sobre o assoalhamento da estrutura de madeira. O isolamento deve ser colocado abaixo dos tubos, que são instalados dentro do contrapiso ou sobre ele para limitar a perda de calor. Por causa da massa térmica das lajes de concreto, as instalações, neste caso, são mais lentas para aquecer e resfriar do que as aplicações em contrapisos ou sob o piso. Em regiões onde a temperatura externa pode sofrer bruscas variações, instalações em laje podem não ser suficientemente rápidas para gerar o condicionamento do ambiente.

Piso de acabamento acima do aquecedor radiante O aquecimento de piso radiante pode impor algumas limitações no que se refere aos possíveis materiais de acabamento do piso. Carpetes grossos diminuem a eficiência do sistema, e piso de madeira maciça pode empenar ou fissurar com o calor. Pisos de cerâmica e de pedra são duráveis quando instalados acima do aquecimento radiante, transmitem bem o calor para o espaço de convivência e podem acrescentar massa térmica. Piso de madeira maciça deve ser serrado tangencialmente ou ser de produto engenheirado

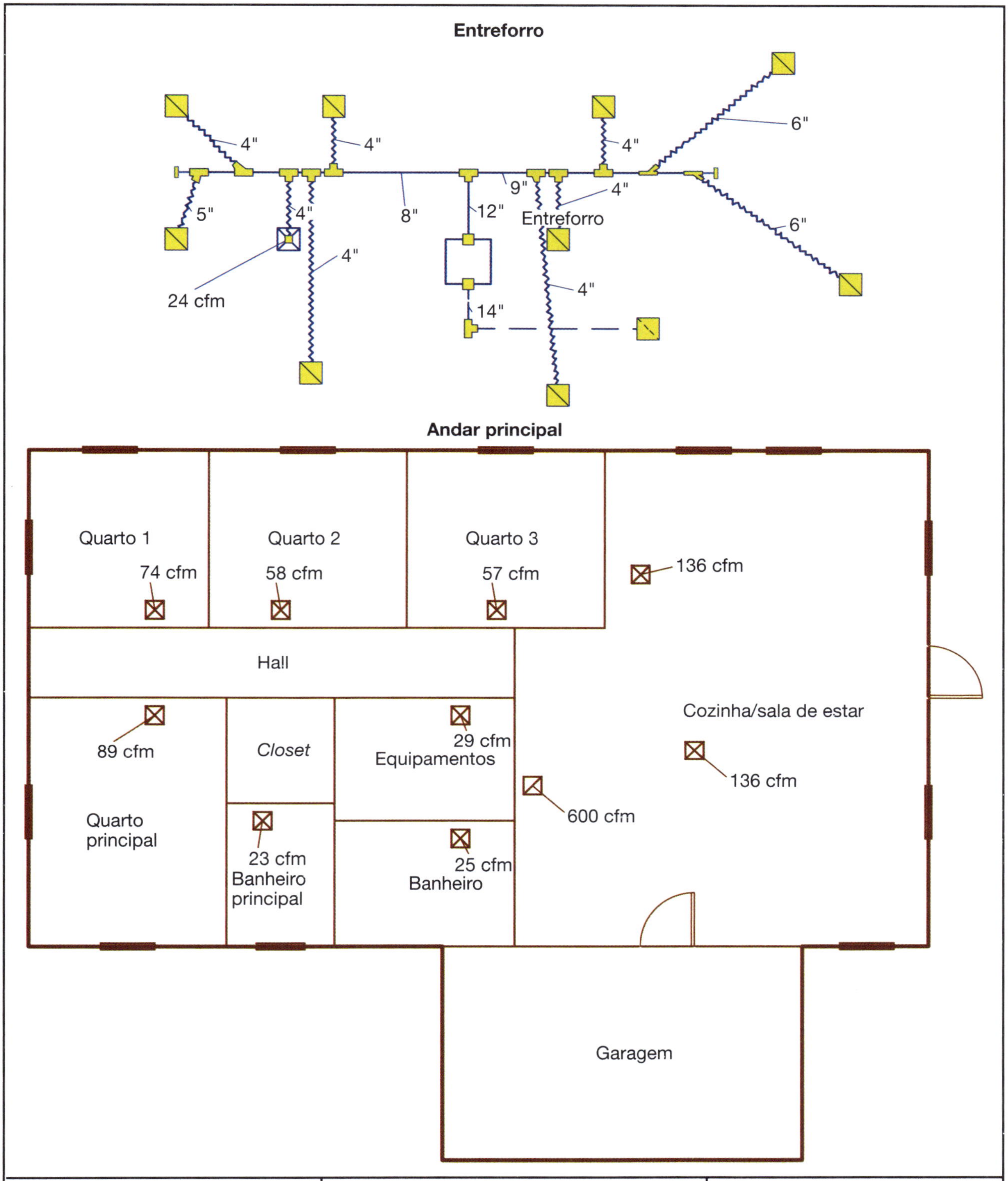

Aquecimento, ventilação e ar-condicionado   451

Entreforro

- 4"
- 4"
- 4"
- 6"
- 5"
- 4"
- 8"
- 9"
- 4"
- 6"
- 12"
- Entreforro
- 4"
- 4"
- 24 cfm
- 14"

Andar principal

- Quarto 1 — 74 cfm
- Quarto 2 — 58 cfm
- Quarto 3 — 57 cfm
- 136 cfm
- Hall
- 89 cfm
- Closet
- 29 cfm Equipamentos
- Cozinha/sala de estar
- 136 cfm
- 600 cfm
- Quarto principal
- 23 cfm Banheiro principal
- 25 cfm Banheiro
- Garagem

| Trabalho #: **Executado por John Smith HVAC para:** Construtores ABC 101 Sample Way Atlanta, GA 30308 | **Southface** 241 Pine Street NE Atlanta, GA 30308 Fone: 404-872-3549 Fax: 404-872-5009 www.southface.org | Escala 1 : 83 Página 1 Right-Suite® Universal 7.1.25 RSU02996 16 mar. 2011 20:05:16 ...\ECH Builder Training Sample.rup |

(continua)

Resumo do Sistema de Dutos

Casa inteira

Southface

241 Pine Street NE, Atlanta, GA 30308 Fone: 404-872-3549 Fax: 404-872-5009 Web: www.southface.org

Trabalho:

Data: 4 fev. 2011

Por: John Smith HVAC

Informações sobre o projeto

Para: Construtores ABC
101 Sample Way, Atlanta, GA 30308

	Aquecimento		Refrigeração	
Pressão estática externa	0,50	em pol. de H_2O	0,50	em pol. de H_2O
Perdas de pressão	0,33	em pol. de H_2O	0,33	em pol. de H_2O
Pressão estática disponível	0,17	em pol. de H_2O	0,17	em pol. de H_2O
Insuflamento/retorno pressão disponível	0,11/0,06	em pol. de H_2O	0,11/0,06	em pol. de H_2O
Taxa mais baixa de atrito	0,040	a cada 100 pés	0,040	em/100 pés
Fluxo de ar vigente real	600	CFM	600	CFM
Comprimento efetivo total (*total effective length* – TEL)		422 pés ou 128,63m		

Tabela dos Ramais de Insuflamento

Ambiente		Projeto (Btuh)	Aquec. (cfm)	Refrig. (cfm)	Projeto FR[3]	Diâm. (cm)	A x L (cm)	Material do Duto	Ln[5] real (m)	Ln Equivalente[6] (m)	Rede
Banheiro	h[1]	425	25	10	0,042	4,0	0 x 0	VIFx[4]	16,0	250,0	st2[7]
Quarto 1	h	1243	74	66	0,045	4,0	0 x 0	VIFx	17,2	230,0	st3
Quarto 2	c[2]	1234	45	58	0,040	4,0	0 x 0	VIFx	12,0	265,0	st3
Quarto 3	c	1215	44	57	0,045	4,0	0 x 0	VIFx	12,0	235,0	st2
Espaço de serviço	h	400	24	19	0,044	4,0	0 x 0	VIFx	14,0	240,0	st3
Cozinha/sala de estar	c	2882	134	136	0,047	6,0	0 x 0	VIFx	21,6	215,0	st2
Cozinha/sala de estar – A	c	2882	134	136	0,046	6,0	0 x 0	VIFx	18,8	225,0	st2
Banheiro principal	h	381	23	22	0,041	4,0	0 x 0	VIFx	19,0	250,0	st3
Quarto principal	h	1500	89	66	0,047	5,0	0 x 0	VIFx	18,2	220,0	st3
Equipamentos	c	623	9	29	0,044	4,0	0 x 0	VIFx	10,0	245,0	st2

Tabela da rede principal de insuflamento

Nome	Tipo de rede	Aquec. (cfm)	Refrig. (cfm)	Projeto FR[3]	Veloc. em ftpm	Diâm. (in)	A x L (in)	Material do duto	Rede
st3	Pico AVF	255	231	0,040	730	8,0	0 × 0	ShtMetl[8]	st1
st2	Pico AVF	345	369	0,042	834	9,0	0 × 0	ShtMetl	st1
st1	Pico AVF	600	600	0,040	764	12,0	0 × 0	ShtMetl	

Tabela dos ramais de retorno

Nome	Tam. da grelha (in)	Aquec. (CFM)	Refrig. (CFM)	TEL (ft)	Projeto FR	Veloc. em ftpm	Diâm. (in.)	A x L (in)	Abertura da laje/viga (in)	Material do duto	Rede
rb4	0 × 0	600	600	145.0	0.040	561	14.0	0 × 0		ShMt	

Figura 13.38 Este projeto de dutos, presente no Manual D da ACCA, corresponde à mesma casa da Figura 13.37. O *software* produz o *layout* da tubulação com seus tamanhos e fluxos de ar das grelhas de insuflamento.

(continua)

Aquecimento, ventilação e ar-condicionado

[1] h: *High Inside Wall Locations*; locados no alto da parede do ambiente
[2] c: *ceiling locations*; locados no forro ou teto do ambiente
[3] FR: fator de radiação (*Radiation Factor*). Utilizado em projeto de ar-condicionado e refrigeração em atendimento à norma norte-americana ASHRAE.
[4] VIFx: *Vinyl Coated Fiberglass Cloth*; revestido de vinil e manta de fibra de vidro
[5] Ln: comprimento linear
[6] Ln equivalente: consideração das curvas como lineares.
[7] stN: *steel trunk*; ramal metálico onde N é o número do ramal no projeto.
[8] ShtMetl: *sheet metal*; chapa de aço, chapa metálica.

Qualquer tipo de piso, ou até mesmo madeira maciça, pode ser instalado junto à face superior da placa aquecida (warmboard®)*. E, pelo fato de a tubulação estar sempre visível, os danos são facilmente evitados.

Um revestimento espesso de alumínio é permanentemente colado ao compensado e conduz calor de forma eficiente, até mesmo da tubulação para a superfície do piso.

A tubulação de alumínio PEX** é instalada dentro do canal da placa aquecida. O fechamento do canal fornece uma grande área de contato térmico com a superfície de alumínio para uma condução eficiente de calor.

Pintura de proteção impede ofuscamento durante a instalação e ajuda a tornar as linhas de instalação mais visíveis.

Embora seja instalada como um contrapiso convencional, a placa aquecida é de fato uma plataforma e, ao mesmo tempo, um sistema de contrapiso com aquecimento radiante de alto desempenho.

A base com placa aquecida tem 2,67 cm e é aprovada como contrapiso de compensado pelo Conselho do Código Internacional (International Code Council – ICC).

Cortesia de Warmboard Radiant Subfloor

* No Brasil, como as construções em madeira não são comuns, o termo aqui utilizado é piso radiante. Usa-se a denominação "piso" por ser considerado, inclusive, um sistema construtivo. De acordo com o apresentado na figura e no texto, pode ser aplicado a qualquer piso. Tendo por referência o que se usa nos EUA, adotou-se, no Brasil, o termo placa aquecida ou emplacamento aquecido, termo este que, nos EUA, é uma marca, Warmboard®.
** PEX – *CROOS LINKED POLYETHYLENE*: é uma forma de polietileno com ligações cruzadas, um material de alta densidade. Após a extrusão do polietileno de alta densidade é feita sua reticulação para melhorar suas propriedades a altas temperaturas. É, portanto, no Brasil, denominado polietileno reticulado e é aplicado como tubulação flexível para água quente e fria. Atualmente, há tubulações monocamada, somente PEX e multicamadas, que é formada basicamente por camadas de alumínio e de PEX.

Figura 13.39 Sistemas radiantes de piso podem ser instalados em contrapisos especiais.

para evitar movimento excessivo devido às mudanças de temperaturas. Antes de utilizar qualquer material de pavimentação acima dos pisos com calor radiante, deve-se ler atentamente as recomendações do fabricante.

Radiadores

A maioria dos radiadores modernos instalados junto ao piso, no rodapé, utiliza tubos de cobre com aletas de alumínio que dissipam o calor atrás da cobertura de metal (Figura 13.41). O ar quente sobe das aletas e é substituído pelo ar resfriado no nível do piso, criando uma corrente de convecção que aquece o ambiente. Algumas unidades têm respiros ajustáveis que controlam a quantidade do fluxo de ar; ao se abrir ou fechar esses respiros pode-se controlar a quantidade de calor que entra no ambiente pela convecção. Em razão de esses radiadores não terem muita massa, aquecem e resfriam mais rapidamente do que sistemas de piso radiante que alteram a temperatura vagarosamente. Normalmente instalados em janelas ou em volta do perímetro do ambiente, eles podem também ser posicionados em pontos centrais em uma casa bem isolada e estanque no que se refere ao ar. Desta forma, podem potencialmente encurtar o trajeto dos tubos e permitir maior flexibilidade no posicionamento dos móveis. Radiadores estão disponíveis e também podem servir de secadores de toalhas para uso em banheiros. Em geral, requerem água a 71,1 °C ou mais para aquecer de forma mais efetiva, enquanto sistemas internos ao piso fornecem calor a partir da água muito mais fria.

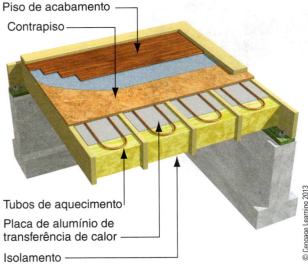

Figura 13.40 Sistemas de piso radiante podem ser instalados abaixo do contrapiso.

Os sistemas mais antigos de aquecimento à base de água quente e vapor utilizavam radiadores de ferro fundido, que aqueciam e resfriavam mais lentamente do que os modelos de cobre e alumínio. Radiadores novos de ferro fundido estão disponíveis para instalações centrais ou como complemento para os sistemas antigos.

Fan coils

A distribuição do sistema de *fan coils* incorpora tubos de cobre e aletas de alumínio (semelhante aos radiadores) e um ventilador para distribuir o ar-condicionado, tanto diretamente através das grelhas quanto pela tubulação conjunta (Figura 13.42). Equipamentos *fan coils* não são comuns em construções residenciais, entretanto, fornecem um método alternativo para oferecer tanto aquecimento quanto refrigeração com um sistema hidrônico.

Zoneamento

O aquecimento hidrônico pode ser compartilhado para aquecer diferentes ambientes da casa de acordo com a demanda. Alguns sistemas têm uma bomba de circulação única com válvulas que abrem e fecham para cada seção de acordo com as demandas do termostato. Os sistemas mais avançados podem ter uma bomba menor separada para cada zona, o que pode reduzir o consumo elétrico utilizado pelas bombas quando zonas menores estão em uso.

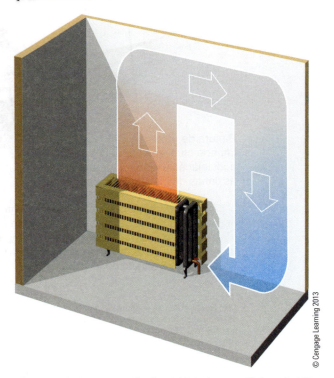

Figura 13.41 Um radiador hidrônico tradicional, HR mostrando a direção do ar aquecido, que sobe das aletas e é substituído pelo ar refrigerado no nível do piso.

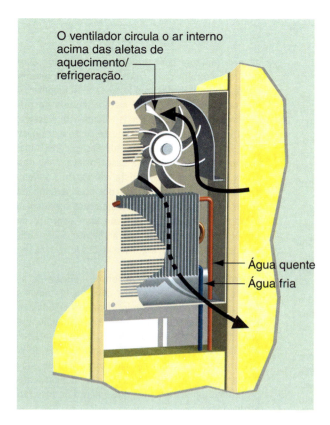
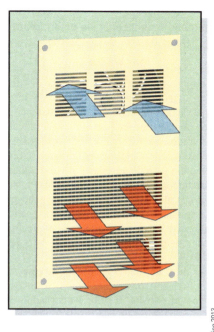

Figura 13.42 *Fun coils* hidrônicos são posicionados de diversas formas. A figura mostra uma unidade instalada no vão da parede, com a superfície nivelada com a parede de *drywall*.

Calor radiante elétrico

Aquecedores radiantes elétricos, também conhecidos como aquecedores de resistência, podem ser usados em pisos e para instalação em parede ou como radiadores móveis. A seguir, neste capítulo, serão tratados os radiadores elétricos com as especificações dos equipamentos. O aquecedor elétrico de piso radiante é geralmente instalado como mantas aderidas ao contrapiso, abaixo do piso acabado. Embora esses aquecedores convertam 100% da energia do local para aquecimento, a eletricidade é geralmente mais cara do que outras fontes de combustível. A transmissão e geração na usina elétrica são também ineficientes, e, quando produzidas com carvão ou outros combustíveis fósseis, criam quantidades significativas de poluição. Por isso, o aquecedor de resistência elétrica não é recomendado para a maioria das casas; entretanto, pode ser apropriado em casas muito isoladas em que a carga de aquecimento total é muito pequena, particularmente se a eletricidade vem de uma fonte de energia renovável local ou central.

Sistemas de HVAC não distribuídos

Como já visto, unidades individuais de aquecimento ou refrigeração podem condicionar cômodos individuais ou casas inteiras sem sistemas de distribuição de ar ou água. Essas unidades incluem vários estilos de bombas/trocadores de calor, lareiras, fornos e aquecedores de espaço. Detalhes a respeito de cada um deles serão abordados na seção sobre escolha de equipamentos.

Seleção de equipamentos de aquecimento e refrigeração

No processo de seleção do sistema mais adequado de HVAC, é fundamental definir que recurso(s) ele deve conter: aquecimento, ar-condicionado ou ambos. Embora o ar-condicionado seja atualmente comum em muitos países (mesmo em climas frios que têm estações frescas muito curtas), a necessidade de ar-condicionado central pode ser evitada por meio de diretrizes corretas nos projetos das edificações e na construção, do comportamento do proprietário e, em climas úmidos, do uso de desumudificação. Aquecimento é necessário na maioria dos climas, com exceção dos mais quentes, mas, para minimizarmos o tamanho do sistema, devemos estar bem atentos ao projeto, à construção e ao comportamento. Em casos de construções realizadas de acordo com os padrões de Casa Passiva, o sistema de aquecimento pode, às vezes, até mesmo ser elimi-

> ### Reconsiderando o aquecedor de piso radiante em casas de alto desempenho
> **Alex Wilson**
>
> O aquecedor de piso radiante é uma forma de distribuir calor através do piso – geralmente com tubulação de água quente instalada em uma laje de concreto. É um sistema de aquecimento muito popular nos Estados Unidos desenvolvido por projetistas dedicados. Se você quiser causar uma briga na indústria da construção, simplesmente critique as tais "vacas sagradas", como é o caso do aquecedor de piso radiante.
>
> Não me levem a mal. Esses aquecedores fazem muito sentido para determinadas aplicações. De fato, acho que é um ótimo sistema de aquecimento, mas para casas malfeitas. Em construções novas, se a casa for projetada e construída para ter um nível de energia altamente eficiente, isto geralmente não fará sentido.
>
> Antes de explicar por que o aquecedor de piso radiante é uma opção *"pobre"* em construções novas, apontarei alguns pontos positivos do sistema. O calor é distribuído para cima em uma grande área, de forma que o seja a uma temperatura relativamente baixa. O calor é uniforme e aquece as pessoas diretamente, em vez de ter que aquecer o ar. Isto significa que o aquecedor radiante pode fornecer conforto a uma temperatura do ar levemente mais baixa do que a exigida pelo aquecedor de rodapé à base de água quente ou de ar aquecido pressurizado. Pode-se manter o termostato mais baixo a cerca de 19,8 °C e estar perfeitamente confortável com o aquecedor de piso radiante, enquanto temperaturas de 20,7 °C ou até mesmo 21,3 °C seriam exigidas com outros sistemas.
>
> A maioria das pessoas adora o calor que vem do piso com o aquecedor de piso radiante; pode-se caminhar descalço até mesmo em pleno inverno. Se estivermos acostumados a casas projetadas da forma antiga nos Estados Unidos, não haverá nada melhor do que um piso que seja aquecido em sua face inferior e irradie levemente o calor para cima. O aquecedor radiante também tende ter reduzido efeito de ressecamento comparado com o aquecedor a ar pressurizado. E em função de não haver radiadores de rodapé, a mobília pode ser fixada na parede. Então, o que há de errado com o aquecedor de piso radiante?
>
> Tenho duas considerações que se aplicam a casas superisoladas e com muita eficiência de energia. Primeiro, em uma casa altamente isolada, é necessária uma pequena quantidade de calor suplementar, de forma que um piso radiante precisa ficar a poucos graus acima da temperatura do ar – senão ocorrerá um sobreaquecimento. Se uma laje de concreto ou a superfície do piso cerâmico for mantida à temperatura a 22,2 °C ou 23,8 °C, provavelmente se sentirá o piso frio – já que é uma temperatura inferior ao do seu pé. Assim, você pode não conseguir o benefício desejado de uma superfície de piso aquecido. E, se você estiver distribuindo calor para o piso durante a noite e tiver um ganho de energia solar passiva significativa durante o dia, é provável que aconteça um sobreaquecimento. Em suma, o aquecimento de piso radiante não se ajusta bem em casas superisoladas.
>
> O segundo problema em relação ao aquecimento de piso radiante tem a ver com a economia. Sistemas de aquecimento de piso radiante com tubulação incorporada em uma laje de concreto contam com várias bombas para diferentes zonas e controles sofisticados, o que custará facilmente 10 mil dólares nos Estados Unidos. Seria melhor alguém gastar esses dólares em janelas melhores, mais isolamento, e assim por diante – e então recuperar um pouco deste custo extra gastando menos com sistemas de aquecimento. Casas construídas de acordo com o rigoroso padrão de Casa Passiva (ver, neste capítulo, o box "Palavra do especialista" de Katrin Klingenberg) podem ser aquecidas, literalmente, com poucas lâmpadas incandescentes em cada ambiente. Em uma casa superisolada típica nos Estados Unidos, podemos fornecer o conforto desejado com um ou dois aquecedores de ambiente a gás através de uma parede ventilada ou alguns metros de rodapé barato para o aquecimento.
>
> Novamente, esses argumentos aplicam-se a casas altamente isoladas – geralmente construções novas nos Estados Unidos – nas quais se pode ultrapassar todas as barreiras e padrões de estanqueidade ao ar e dos isolamentos típicos. Em residências ou construções novas, quando detalhes de energia padrão estão sendo utilizados, aquecedores de piso radiante podem fazer sentido. Em casas com carga de aquecimento relativamente grande, em especial em uma casa adequadamente projetada, um sistema de aquecimento de piso radiante é uma ótima opção.

nado. Neste caso, uma casa pode ser aquecida somente pelo excesso de calor produzido pelos ocupantes e pelo equipamento elétrico.

Casas que necessitam de ar-condicionado devem utilizar algum tipo de distribuição de ar, ao passo que aquelas que requerem apenas aquecimento têm mais opções, incluindo tanto distribuição radiante como de ar. Compreender os prós e os contras de cada tipo de sistema de distribuição, da eficiência do equipamento, das fontes de combustível disponíveis e das preferências dos ocupantes ajudará a equipe do projeto a determinar o sistema de HVAC mais adequado.

Tipos de combustível para aquecimento

O tipo de combustível mais adequado para o sistema de aquecimento de uma casa depende dos seguintes fatores:

- Custo e disponibilidade do combustível e da fonte de energia.
- Tipo de dispositivo usado para converter o combustível em calor e como este é distribuído pela casa.
- Custo da aquisição, instalação e manutenção do equipamento de aquecimento.
- Eficiência do equipamento de aquecimento e do sistema de distribuição de calor.
- Impactos ambientais e associados ao combustível de aquecimento.

Todos esses fatores afetam o custo total da propriedade de determinado sistema de aquecimento. Um custo por cálculo de Btu distribuído permite comparações precisas entre tipos de equipamento de aquecimento (Tabela 13.1).

Disponibilidade do combustível de aquecimento

A disponibilidade do combustível de aquecimento varia de região para região. Por todas as regiões dos Estados Unidos, com exceção do sul, o tipo de combustível mais comum é o gás natural. O óleo combustível para aquecimento foi primeiro limitado para o nordeste, e o calor elétrico é o mais comum no sul. Independente da região, as opções em áreas rurais tendem a limitar-se ao propano, à madeira e à eletricidade. A Figura 13.43 mostra a divisão das fontes de calor de acordo com uma pesquisa realizada em 2005 pela Administração de Informação de Energia dos Estados Unidos (U. S. Energy Information Administration).

No caso do Brasil, nas regiões ou locais em que sistemas de aquecimento sejam necessários, podemos considerar a mesma base de preços de 2010 dos dados do Balanço Energético Nacional 2014 (note que a matriz dos combustíveis não é a mesma dos Estados Unidos). A seguir, na Tabela 13.2, encontram-se os preços, e na 13.3 os preços ao consumidor, incluídos os impostos.

Custos do combustível para aquecimento

Estes variam regionalmente de acordo com a demanda e disponibilidade local. O conteúdo de calor (Btu) em determinada quantidade de combustível também varia porque, com exceção da eletricidade, todos os tipos de combustível têm uma leve variação na composição química. A Tabela 13.1 apresenta uma média dos preços e conteúdo de energia aproximado para os tipos mais comuns de combustível para aquecimento nos Estados Unidos. Para permitir uma comparação fácil, o custo por milhões de Btu (mmBtu) é também calculado. Embora o custo por mmBtu seja um cálculo útil, a eficiência do aquecimento distribuído em Btu deve também ser conhecida para identificar o sistema de aquecimento mais econômico.

Equipamento de aquecimento

Dependendo do tipo de sistema de distribuição selecionado para uma casa, o mercado disponibiliza uma variedade de opções de equipamento (Tabela 13.4). Sistemas de ar pressurizado usam energia elétrica ou aquecedores a combustível; bombas/trocadores de calor têm como fonte de calor água, ar ou solo; *boilers* e aquecedores de água podem ser elétricos ou a gás. Sistemas hidrônicos são aquecidos com *boilers* a combustível, bombas/trocadores de calor e aquecedores de água.

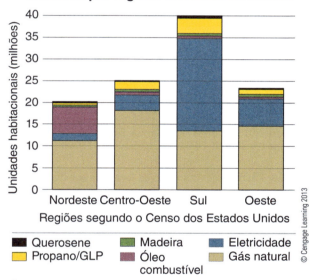

Figura 13.43 Fontes de combustível para aquecimento do ambiente. Pesquisa de 2005 feita pela Administração de Informação de Energia dos Estados Unidos (U.S. Energy Information Administration).

Tabela 13.1 Tipos de combustível de aquecimento

Tipo de combustível	Unidade de combustível	Preço do combustível por unidade (dólar)	Quantidade de calor do combustível por unidade (Btu)	Preço do combustível por milhão de Btu (dólar)
Óleo combustível (#2)	1 galão, ou 3,79 litros	US$ 3,00	138.690	US$ 21,63
Eletricidade	Quilowatt/hora	US$ 0,116	3.412	US$ 33,85
Gás natural	Therm, ou 100.000 Btus	US$ 1,23	100.000	US$ 12,27
Propano	Galão, ou 3,79 litros	US$ 2,60	91.333	US$ 28,47
Madeira	Cordão, ou 3,62 m³	US$ 200,00	22.000.000	US$ 9,09
Pellets	Tonelada	US$ 250,00	16.500.000	US$ 15,15
Querosene	Galão, ou 3,79 litros	US$ 2,97	135.000	US$ 21,96

Os preços são médias nacionais aproximadas de 2010. O conteúdo de calor do combustível é um valor aproximado, com exceção da eletricidade. Os preços do combustível são baseados em médias nacionais.

Tabela 13.2 Preços correntes de fontes de energia no Brasil

US$¹/BEP (BOE)²	\multicolumn{10}{c}{Preços correntes de fontes de energia}										
	2004	2005	2006	2007	2008	2009	2010	2011	2012	2013
Petróleo importado	39,8	55,3	69,1	75,0	111,1	64,1	81,7	116,7	118,0	111,4
Petróleo importado¹	48,6	56,3	76,5	81,0	114,4	67,5	84,6	116,7	118,7	111,4
Óleo diesel	82,2	116,5	139,4	155,5	179,6	167,5	190,6	201,6	174,5	175,5
Óleo combustível BPF³	38,5	52,1	61,5	66,3	78,1	69,4	81,5	87,9	77,7	74,4
Gasolina	128,0	172,1	209,6	226,0	244,9	225,7	268,9	300,9	251,7	237,6
Álcool	115,8	158,4	214,9	243,9	258,5	231,4	262,6	334,7	277,8	262,5
GLP	100,4	120,1	144,4	164,8	176,6	176,8	213,4	226,5	196,9	186,6
Gás natural combustível	28,4	39,4	52,0	65,1	72,2	66,5	74,2	98,7	101,1	98,1
Eletricidde industrial	101,7	1472,7	212,5	238,6	251,6	246,8	272,3	297,2	295,1	273,3
Eletricidade residencial	205,8	293,1	328,3	354,0	365,9	349,6	385,4	425,7	411,1	349,0
Carvão vapor	11,4	14,1	16,1	19,5	19,1	17,6	17,6	17,6	19,1	16,6
Carvão vegetal	19,5	30,1	38,4	45,2	63,4	41,4	55,8	50,4	48,1	44,4
Lenha nativa	10,0	6,5	8,5	8,9	10,9	11,6	10,8	nd	nd	nd
Lenha de reflorestamento	nd⁴	nd	nd	nd	nd	nd	nd	48	44	31

¹ Dólar corrente convertido a dólar constante de 2010 pelo IPC (CPI-U) dos Estados Unidos.
² Como forma de manter a série histórica, é adotado BEP baseado no poder calorífico superior da fonte. BOE – Barrels of Oil Equivalent = BEP – Barril Equivalente de Petróleo
³ BPF: Baixo Ponto de Fulgor
⁴ nd: não declarado
Fonte: *Balanço Energético Nacional 2014* (ano-base 2013). Ministério de Minas e Energia – MME. Balanço Energético Nacional 2014: Ano-base 2013/Empresa de Pesquisa Energética – Rio de Janeiro: EPE, 2014. Disponível em: <https://ben.epe.gov.br/downloads/Relatorio_Final_BEN_2014.pdf>. Acesso em: 25 mar. 2015. (S.H.O.)

Tabela 13.3 Preços correntes de fontes de energia ao consumidor com impostos no Brasil

	\multicolumn{11}{c}{Preços correntes de fontes de energia*}											
	\multicolumn{10}{c}{US$/Unidade física – Dólar/venda (média do ano)}											
	2004	2005	2006	2007	2008	2009	2010	2011	2012	2013	Unidade
Óleo diesel¹	503	712	852	951	1098	1024,7	1138	1204	1068	1074	m³
Óleo combustível⁴	260	299	282	448	527	469,1	550	593	525	503	t
Gasolina¹	712	951	1157	1257	1362	1255,2	1458	1632	1400	1321	m³
Etanol hidratado¹	414	567	684	872	925	827,8	943	1202	990	936	m³
GLP¹	788	943	1165	1294	1387	1388,2	1670	1772	1547	1466	t
Gás natural combustível²	176	134	155	402	446	411,1	460	611	625	607	103 m³
Eletricidade industrial³	58	76	95	141	145	141,8	165	180	169	157	mwh
Eletricidade residencial⁴	118	120	135	209	210	200,8	233	258	236	200	mwh
Carvão vapor³	33	41	47	57	60	55,0	55	55	60	52	t
Carvão vegetal³	39	44	53	65	87	56	76	69	66	61	m³
Lenha nativa³	9	6	7	8	9	8,6	8,1				m³
Lenha de reflorestamento³	nd	nd	nd	nd	nd	30	36	36	32	23	m³

*Nota: Moeda nacional corrente convertida a dólar corrente pela taxa média anual do câmbio. Preços ao consumidor com impostos.
¹ Cotações do Rio de Janeiro até 2004. Média Brasil a partir de 2005.
² Até 1994, preço de venda da Petrobras a consumidores industriais. A partir de 1995, cotações de indústrias de vários estados.
³ Preços médios nacionais.
⁴ Preço médio no Rio de Janeiro.
Fonte: Balanço Energético Nacional 2014 (ano-base 2013) – Ministério de Minas e Energia – MME. Balanço Energético Nacional 2014: Ano-base 2013 / Empresa de Pesquisa Energética. – Rio de Janeiro: EPE, 2014. Disponível em: <https://ben.epe.gov.br/downloads/Relatorio_Final_BEN_2014.pdf>. Acesso em: 25 mar. 2015. (S.H.O.)

Tabela 13.4 Comparação da distribuição do sistema de HVAC

Tipo de sistema de distribuição	Prós	Contras	Comentários
Ar pressurizado	Pode fornecer aquecimento, refrigeração, umidificação, desumidificação e filtragem. Forma menos cara para distribuir condicionamento pela casa. Responde rapidamente às mudanças de temperatura.	Pode causar desequilíbrios de pressão e traz poluentes para o interior da casa quando não projetado nem vedado adequadamente. Sistemas de ar-condicionado superdimensionados podem ser ineficientes e não desumidificar adequadamente. Grelhas de piso baixas e grelhas instaladas em paredes podem ser bloqueadas pelos móveis. Sistemas podem ser barulhentos e transferir barulho entre os ambientes através dos dutos.	
Radiador hidrônico	Responde rapidamente às mudanças de temperatura. Não causa desequilíbrios de pressão. É silencioso.	Fornece apenas aquecimento. Não permite filtragem de ar. Pode interferir no posicionamento da mobília. Radiadores encobertos por mobílias não aquecerão com eficiência.	
Piso hidrônico	Aquece com temperatura mais baixa do que radiadores. Aquece mais as pessoas do que os ambientes. O calor é confortável. Não causa desequilíbrios de pressão. É silencioso.	Lento para responder às mudanças de temperatura. Fornece apenas aquecimento. Não permite filtragem de ar.	Sistemas de refrigeração hidrônico são raros e geralmente eficazes apenas em climas com necessidades limitadas de refrigeração, nos quais a temperatura da água pode ser mantida abaixo do ponto de vaporização para evitar condensação.
Fan coil hidrônico	Pode fornecer tanto aquecimento quanto refrigeração. Responde rapidamente às mudanças de temperatura	Não permite filtragem de ar. Ventiladores fazem barulho. Unidades montadas na parede podem interferir no posicionamento da mobília. Não é comum em aplicações residenciais. Os custos de instalação são altos.	
Radiador elétrico	Responde rapidamente às mudanças de temperatura. Não causa desequilíbrios de pressão. É silencioso.	Fornece apenas aquecimento. Não permite filtragem de ar. Resistência elétrica é geralmente um método mais caro de aquecimento do que combustíveis fósseis. Radiadores podem interferir no posicionamento da mobília. Radiadores obstruídos por mobílias não aquecerão com eficiência.	Pode ser muito eficaz para casas superisoladas que necessitam de pouco aquecimento. Pode ser alimentado por geradores elétricos a partir de fontes renováveis instaladas na residência, mas, nos Estados Unidos, a fonte de energia geralmente vem do carvão.

(continua)

Tipo de sistema de distribuição	Prós	Contras	Comentários
Piso elétrico	Aquece mais as pessoas do que os ambientes. O calor é confortável. Não causa desequilíbrios de pressão. É silencioso.	Lento para responder às mudanças de temperatura. Resistência elétrica é geralmente um método mais caro de aquecimento do que combustíveis fósseis. Fornece apenas aquecimento. Não permite filtragem de ar.	Pode ser alimentado por geradores elétricos a partir de fontes renováveis instaladas na residência, mas, nos Estados Unidos, a fonte de energia geralmente vem do carvão.
Bomba ou trocador de calor/ar-condicionado da unidade	Sistema simples de uma peça. Está disponível em equipamento de alta eficiência. Não causa desequilíbrios de pressão. Fornece controle de temperatura cômodo por cômodo. Pode fornecer aquecimento e ar-condicionado sem nenhuma perda de eficiência através da tubulação.	Pode fazer barulho. Este sistema não é permitido para localização de grelhas nem para distribuição de HVAC. Sistemas de ar-condicionado superdimensionados podem ser ineficientes e não desumidificar adequadamente. Fornece filtragem de ar limitada.	Este sistema pode ser alimentado por geradores elétricos a partir de fontes renováveis instaladas na residência, mas a fonte de energia geralmente vem do carvão.
Mini-*split* sem dutos	Está disponível em equipamento de alta eficiência. Não causa desequilíbrios de pressão. Fornece controle de temperatura ambiente por ambiente. Pode fornecer aquecimento e ar-condicionado sem nenhuma perda de eficiência através dos dutos.	Não é permitido para localização de registros nem para distribuição de HVAC. Sistemas de ar-condicionado superdimensionados podem ser ineficientes e não desumidificar adequadamente. Fornece filtragem de ar limitada.	Pode ser movido por geradores elétricos renováveis no local, mas a fonte de energia geralmente vem do carvão.
Fogão a lenha e de *pellets*	São silenciosos. Não causam desequilíbrios de pressão.	Fornece apenas aquecimento. Não permitem filtragem de ar. Não distribuem ar-condicionado para os ambientes além daquele no qual estão localizados. Requerem *pellets* ou madeira para recargar, além de monitoramento. Não são controlados termostaticamente.	Há disponibilidade de combustível.
Aquecedor de ambiente a combustível	É silencioso. Não causa desequilíbrios de pressão.	Fornece apenas aquecimento. Não distribui ar-condicionado para os ambientes além daquele no qual está localizado. Não permite filtragem de ar.	Aquecedores de ambiente a combustível não ventilado nunca devem ser instalados em uma casa verde.

(continua)

Tipo de sistema de distribuição	Prós	Contras	Comentários
Lareira de alvenaria	É silenciosa. Não causa desequilíbrios de pressão.	Fornece apenas aquecimento. Não distribui ar-condicionado para os ambientes além daquele no qual está localizada. Não permite filtragem de ar. Geralmente, é ineficiente. Sistema lento para responder às mudanças de temperatura. Requere operação manual.	
Lareira a combustível	É silenciosa. Não causa desequilíbrios de pressão.	Fornece apenas aquecimento. Não distribui ar-condicionado para os ambientes além daquele no qual está localizada. Não permite filtragem de ar.	

Localização do equipamento de aquecimento

O equipamento de aquecimento funciona com mais eficiência quando instalado na área central da casa, reduzindo o comprimento dos traçados dos dutos e das tubulações. Adicionalmente, os equipamentos a combustível devem estar localizados onde os dutos de exaustão possam ser instalados para atender às exigências do fabricante. Os equipamentos de ar pressurizado têm um desempenho melhor quando localizados em ambientes condicionados, para minimizar o ganho e a perda de calor e também a ocorrência de aspiração de poluentes para o interior do sistema de dutos.

Equipamento de bomba ou trocador de calor

Bombas de calor à base de ar estão disponíveis em sistemas *split* com uma evaporadora de ar interna e uma unidade externa condensadora, ou como unidades *Self-Contained* (Figuras 13.44a e b). Controladores de ar estão disponíveis com ventiladores de velocidade única, dupla e variável. Ventiladores de velocidade dupla e variável permitem um controle de temperatura mais adequado, distribuindo uma quantidade de ar apropriado para condicionar o ambiente. Unidades externas estão disponíveis em modelos de velocidade única e de duas velocidades, que fornecem um controle similar acima do condicionamento do ambiente. As bombas ou trocadores de calor, cuja fonte é água ou o contato com solo, e os aquecedores a combustível utilizam um controlador de ar em geral localizado dentro da casa, disponível com as mesmas opções de bombas ou trocadores de calor a ar.

Eficiência da bomba ou trocador de calor a ar O fator de desempenho sazonal de aquecimento (*heating seasonal performance factor* – HSPF) é a medida mais comumente usada para a eficiência do aquecimento através de bombas ou trocadores de calor a ar. HSPF é uma medida de aquecimento sazonal estimada da bomba ou trocador de calor em Btu dividida pela quantidade de energia que é consumida em watt-horas. O conceito principal é que o HSPF é uma medida *sazonal,* levando-se em conta o fato *de* que as bombas ou trocadores de calor raramente operam em seu ponto ótimo durante períodos de carga mais baixa, como a primavera e o outono. Uma bomba ou trocador de calor com HSPF alto é mais eficiente que uma com HSPF baixo. O mínimo, e de modo adequado, é de 7,7 de HSPF, e de 10 ou mais unidades considerando uma estimativa eficiente.

$$HSPF = \frac{\text{Média de Aquecimento Anual (Btu)}}{\text{Média de Consumo de Energia Anual (Watt-horas)}}$$

Eficiência da bomba ou trocador de calor a água e solo A medida da eficiência das bombas ou trocadores de calor a água e geotérmico é o **coeficiente de desempenho** (*coefficient of performance* – COP), a relação entre a energia térmica gerada (aquecimento ou refrigeração) e a quantidade de energia absorvida ou consumida. Por exemplo, uma bomba ou trocador de calor com um COP de 5 mostra que o equipamento gera cinco vezes mais energia do que realmente consome. Quanto maior o COP, mais eficiente é o equipamento; entretanto, essa medida não considera a energia usa-

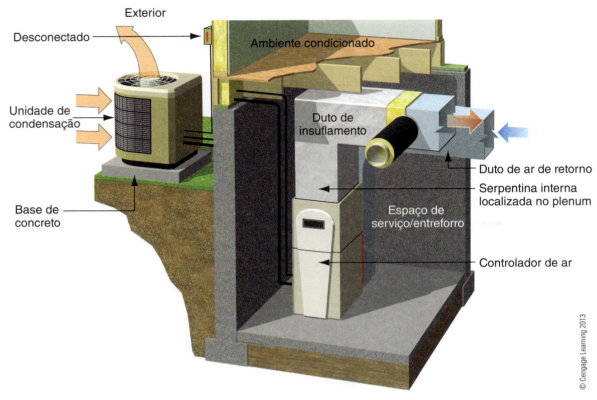

Figura 13.44a Sistema de bomba ou trocador de calor do tipo *split*.

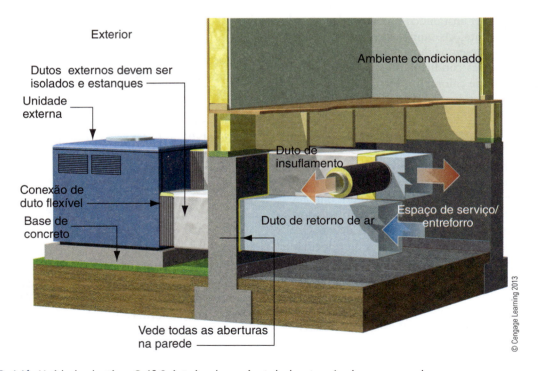

Figura 13.44b Unidade do tipo *Self Cointained* a ar instalada através de uma parede.

da para bombear o líquido refrigerante através dos arcos de água ou do solo, nem inclui a energia para os ventiladores ou bombas utilizados para distribuir o aquecimento ou a refrigeração para a casa toda.

$$COP = \frac{\text{Energia de Aquecimento e Refrigeração (Watts)}}{\text{Consumo de energia (Watts)}}$$

Eficiência do equipamento a combustível A eficiência de utilização do combustível anual (*annual fuel utilization efficiency* – AFUE) mede a e efetividade do aquecedor central a combustível e do *boiler*. A razão da AFUE não considera o consumo elétrico do ventilador nem da ignição eletrônica. A Comissão Federal de Comércio dos Estados Unidos exige que os fabricantes mostrem a razão de AFUE em todos os aquecedores e *boilers* novos, de forma que os consumidores possam comparar as eficiências de aquecimento de vários modelos. AFUE é a relação entre o calor gerado pelo aquecedor ou *boiler* comparado com o total de energia consumida por eles.

$$AFUE = \frac{\text{média anual de calor produzido (Btu)}}{\text{média anual de combustível consumido (Btu)}}$$

Uma AFUE de 78% significa que 78% de energia contida no combustível transformam-se em calor para a casa, e os outros 22% são eliminados pela chaminé e por outros pontos. O equipamento de alta eficiência está disponível com índices de AFUE de 97% ou mais.

A controversa sustentabilidade das bombas ou trocadores de calor geotérmico

Os fabricantes de bomba de calor exigem eficiências muito altas, mas há falta de dados de monitoramento de bombas geotérmicas em funcionamento em casas. Alguns índices COP são exagerados porque os cálculos possivelmente não incluem a eletricidade requerida para operar as bombas e os ventiladores necessários para o funcionamento do sistema de bomba ou trocador de calor geotérmico.

Muitos consultores de energia não concordam com o alto custo das instalações da bomba ou trocador de calor geotérmico. Segundo eles, o dinheiro é quase sempre mais bem investido em melhorias do envelope, como estanqueidade ao ar, isolamento mais espesso e janelas de vidros triplos.

A fonte de eletricidade dessas bombas pode determinar se estas são ecológicas ou não. Usinas que utilizam energia do carvão desperdiçam 70% do Btu na geração, contribuem significativamente para a emissão de gases de efeito estufa e são a principal causa da poluição por mercúrio. Se sua energia vem de fontes ecológicas, bombas ou trocadores de calor podem ser uma excelente opção.

Fonte: Reimpresso de GBA. Disponível em: <http://www.greenbuildingadvisor.com/greenbasics/heat-pumps-basics>.

Aquecedores de condensação com índices de AFUE de 90% ou mais utilizam um trocador de calor secundário para condensar o gás da caldeira e capturar o calor adicional, aumentando sua eficiência. Gases de caldeira resfriados podem ser expelidos através de tubo de policloreto de vinila (PVC) em vez de tubo metálico, utilizando um motor de ventilador que permita que o gás saia através de uma parede lateral, e não pelo telhado (Figuras 13.48a e b). A maioria dos aquecedores condensados tem uma câmara de combustão vedada e abastecida diretamente de ar fresco proveniente de um tubo voltado para a parte externa. Os aquecedores de combustão vedados eliminam a possibilidade do vazamento de monóxido de carbono para dentro da casa e, consequentemente, podem ser instalados com segurança dentro do envelope da construção.

A AFUE não inclui perdas de calor do sistema de tubulação ou dos dutos, que podem ser de 35% ou mais da energia utilizada pelo aquecedor quando as tubulações são localizadas no sótão. Os aquecedores de alta eficiência não desempenharão sua eficiência total desejada quando acoplados a sistemas de distribuição mal planejados e ineficientes. Assim como os aquecedores, os *boilers* recebem uma relação de AFUE com regulamentações federais, exigindo um mínimo de 80% de eficiência. Os *boilers* de combustão vedados e de alta eficiência de condensação estão disponíveis com índices de AFUE de 97% ou mais.

Segurança na combustão

Aquecedor alimentado por combustível fóssil requer combustível, oxigênio e ignição para que a combustão ocorra. Combustão completa é o processo pelo qual o carbono, a partir do combustível, liga-se ao oxigênio para formar o dióxido de carbono (CO_2), vapor de água, nitrogênio e ar. Combustão incompleta ocorre quando há uma porcentagem de combustível incorreta para a quantidade de oxigênio, o que permite a produção de monóxido de carbono e aldeído (Figura 13.50). Eficiência na combustão, temperaturas do sistema e projeto devem ser verificados quando os aquecedores são instalados ou revisados. O manômetro mede a pressão dos gases da caldeira em um aquecor (Figura 13.51). A pressão acima do fogo no aquecedor deve ser negativa, porque os gases da caldeira estão saindo do dispositivo. As pressões normalmente apresentadas variam de −0,01 a −0,02 polegadas de coluna d'água, ou seja, −2,49 a −4,98 Pa. O tubo de caldeira ou as temperaturas *stack* são lidas com um termômetro *stack* (Figura 13.52). Detectores de monóxido de carbono são usados para registrar níveis de CO no tubo da caldeira ou nas áreas circundantes (Figura 13.53).

PALAVRA DO ESPECIALISTA – BRASIL
Tecnologias disponíveis para sistemas residenciais de climatização

Hoje, os sistemas de climatização em residências dispõem de tecnologias que permitem o controle da temperatura de diversos ambientes individualmente, somando a menores níveis de ruídos e boa qualidade do ar. O gráfico apresentado na Figura 13.45 foi elaborado com base em dados fornecidos pelo Procel (2007);* nele é possível verificar o impacto dos diversos usos finais na classe residencial no Brasil, bem como pode-se observar que a climatização representa 20% do consumo total das residências.

Prof. Dr. Alberto Hernandez Neto. Graduação em Engenharia Mecânica pela Universidade de São Paulo (USP), em 1988, e, também pela USP: mestrado (1993), doutorado (1998) e livre docência (2009) em Engenharia Mecânica. Atualmente, é professor associado da Escola Politécnica da Universidade de São Paulo, no Departamento de Engenharia Mecânica, atua na área de climatização e refrigeração com ênfase em eficiência energética, modelagem e simulação de sistemas de refrigeração e ar condicionado, e é membro da Associação Brasileira das Ciências Mecânicas (ABCM) e da Associação Nacional de Profissionais de Refrigeração, Ar Condicionado e Ventilação (ANPRAC).

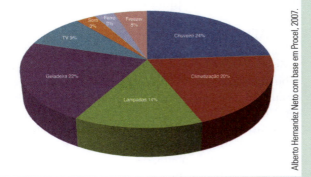

Figura 13.45 Matriz de consumo desagregado de residência climatizada (Procel, 2007).

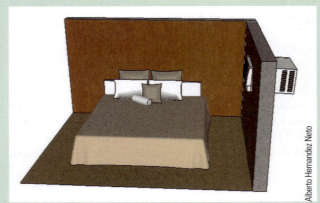

Figura 13.46 Ar-condicionado de janela.

Os sistemas de climatização mais comumente instalados em residências brasileiras são o ar-condicionado de janela (Figura 13.46) e o sistema tipo *split* (Figura 13.47). O primeiro tem reduzido sua participação no mercado, cedendo cada vez mais espaço para o sistema *split*. Isto tem ocorrido principalmente porque o sistema *split* exige intervenções menores na estrutura das residências – basicamente porque requer menores aberturas nas paredes para a instalação dos equipamentos. Além disso, a unidade condensadora deste sistema é posicionada fora do ambiente climatizado, reduzindo significativamente o ruído gerado o que melhora a qualidade ambiental interior das residências. Este sistema ainda oferece a possibilidade de controlar a temperatura de até quatro ambientes; o mais comum, porém, é utilizar o sistema para a climatização de um ou dois ambientes.

Some-se a estes aspectos a evolução do uso de filtros nas unidades evaporadoras, a fim de melhorar a qualidade do ar no interior dos ambientes climatizados por *splits*. Vale ressaltar que, na instalação desses sistemas devem-se instalar também sistemas de renovação de ar, para, juntamente com os filtros, garantir a qualidade do ar interior dos ambientes climatizados.

O ajuste da temperatura em ambientes climatizados com sistemas tipo *split* é feito pelo controle do acionamento do compressor. A forma mais usual de controle é o acionamento tipo liga/desliga, que, em razão da temperatura desejada nos ambientes, faz que o compressor seja ligado ou desligado ao longo do dia, o que promove aumentos momentâneos da corrente elétrica na residência e pode gerar instabilidades na temperatura dos ambientes climatizados. Para minimizar o problema, e se atingir níveis mais baixos de consumo de energia, estes sistemas têm incorporado também outras tecnologias, como o variador de frequência, que serve para controlar a rotação do compressor. Assim, o controle da rotação do compressor permite que o sistema retire o calor dos ambientes climatizados na medida necessária, e o consumo de energia pelo sistema é reduzido entre 20% e 30%, comparativamente ao sistema com controle tipo liga/desliga.

Dadas as condições climáticas brasileiras, os sistemas de climatização são mais utilizados para o resfriamento dos ambientes, mas existem outros que permitem o aquecimento. O aquecimento costuma ser produzido pelo acionamento de resistências elétricas na unidade evaporadora.

---

* PROCEL. Programa Nacional de Conservação de Energia Elétrica. 2007. Pesquisa de Posse de Equipamentos e Hábitos de Uso – Ano-base 2005: Classe Residencial, Relatório Brasil. Rio de Janeiro.

Figura 13.47 Sistema de climatização tipo *split*.

Figura 13.48a Aquecedores de condensação de alta eficiência são facilmente distinguíveis por seus tubos de ar de combustão em PVC. Os sistemas contêm tipicamente dois tubos de PVC (um para entrada de ar de combustão e outro para gases de exaustão da combustão), embora possam ter um único tubo de parede dupla (um tubo dentro de outro). Neste exemplo, o construtor optou por não instalar o tubo de entrada de ar da combustão para o exterior, visando reduzir os custos da instalação. Embora o sistema provavelmente não apresente vazamento, utiliza ar do porão condicionado para combustão, o que pode aumentar a infiltração dentro da casa. Ainda que o aquecedor seja eficiente energeticamente, a instalação resulta em uma perda energética para a casa.

Figura 13.48b Instalação adequada de um aquecedor de condensação, com entrada de ar levado para o interior e tubos de exaustão da combustão direcionados para o exterior.

Para determinar a eficiência da combustão do aquecedor, deve-se comparar a quantidade de calor útil produzido com o total produzido, incluindo o calor perdido pela chaminé. Por exemplo, um aquecedor que opera com 80% de eficiência está perdendo aproximadamente 20% do calor pela chaminé. Um **analisador de combustão** é uma ferramenta usada para medir a eficiência do aquecedor (Figura 13.54).

Envenenamento por monóxido de carbono

Monóxido de carbono é um gás venenoso, incolor e inodoro resultante da combustão incompleta de combustíveis (por exemplo, gás natural ou liquefeito de petróleo, óleo, madeira e carvão). Fontes de CO, como aquecedores, geradores, aquecedores de ambiente a gás, veículos motorizados e lareiras, são co-

Energia e calor combinados

Sistemas de geração de **energia e calor combinados (CHP - *combined heat and power*)** são comumente usados em grandes construções comerciais, mas já começam a fazer parte do mercado residencial. O sistema CHP, também denominado **cogeração**, utiliza combustíveis, como o gás natural, para produzir calor e eletricidade simultaneamente. O calor produzido no percurso da geração de energia é utilizado para o aquecimento de água e do ambiente. As eficiências estão na faixa de 90% (similar aos aquecedores de alta eficiência), sendo mais eficiente do que usinas de geração de energia desconsiderando-se as perdas da linha de transmissão. As unidades de CHP são normalmente instaladas em sistemas elétricos de rede de abastecimento, retornando energia para a rede quando não é utilizada. O serviço local compra essa eletricidade, compensando assim a conta de energia de uma casa. Este sistema pode também funcionar em casas que não são conectadas às redes de energia. As unidades de CHP têm aproximadamente o tamanho de um aquecedor e são instaladas com um sistema de aquecimento central ou de aquecimento de água em um ambiente técnico da casa (Figura 13.49).

O sistema CHP é mais apropriado em climas frios, em que há mais demanda por calor, onde a eletricidade é mais cara do que o gás natural e onde as concessionárias de energia pagam taxas favoráveis para a energia gerada no local. Em climas mais quentes, o excesso de calor gerado pode ser desperdiçado, limitando a eficiência do sistema.

Figura 13.49 Sistemas de energia e calor combinados (CHP – *combined heat and power*) produzem eletricidade e funcionam como um aquecedor ou um *boiler* para sistemas hidrônicos.

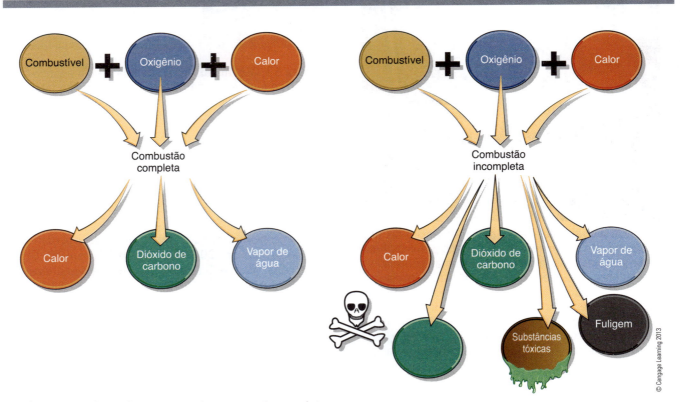

Figura 13.50 Combustão completa *versus* incompleta.

muns em casas ou ambientes de trabalho. A maioria dos sinais e sintomas da exposição de CO não são específicos e com frequência confundidos com outras causas, como gripe e outras doenças virais. O CO poderá ser fatal se for ignorado ou não detectado. A seguir, apresentam-se os sintomas mais comuns causados pelo envenenamento por monóxido de carbono:

- Dor de cabeça
- Tontura
- Fraqueza
- Vômito e diarreia
- Perda de consciência
- Convulsão
- Confusão
- Dor no peito (angina)
- Falta de ar

De SILBERSTEIN. *Residential Construction Academy: HVAC*, 1. ed. © 2009 Delmar Learning, uma parte de Cengage Learning, Inc. Reproduzida com permissão. www.cengage.com/permissions.
Figura 13.52 Termômetro *stack*.

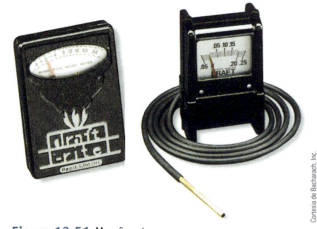

Figura 13.51 Manômetro.

Envenenamento por CO é uma ameaça significativa para a saúde nos Estados Unidos, podendo resultar em complicações cardiovasculares e neurológicas no longo prazo se não for identificado. Embora a incidência precisa de envenenamento por CO não seja conhecida, um relatório de 2005 do Centro de Controle e Prevenção de Doença (Centers for Disease Control and Prevention) apontou que 15.200 pacientes foram tratados anualmente em departamentos de emergência, entre 2001 e 2003, devido à exposição de CO não intencional e não relacionada ao fogo, e que aproximadamente 480 pessoas morreram por ano de envenenamento por CO durante o mesmo período.[2] A incidência de envenenamento por CO aumenta durante os meses de inverno e após desastres naturais, quando o aquecimento alternativo e fontes de energia são utilizados.

Figura 13.53 Verificador de monóxido de carbono.

---

[2] CDC. Unintentional non-fire-related carbon monoxide exposures – United States. 2001-2003 MMWR 2005; 54: 36-39.

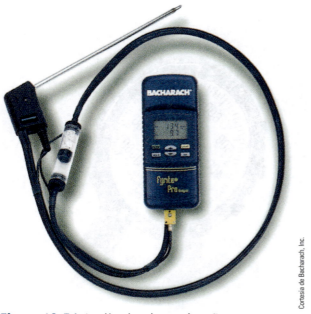

Figura 13.54 Analisador de combustão.

Envenenamento grave por CO refere-se ao envenenamento que ocorre após uma única e grande exposição ao gás; pode envolver uma ou mais pessoas. Por exemplo, um aquecedor de água que possui refluxo exporá os ocupantes de uma casa a altos níveis de CO. **Envenenamento crônico por CO** refere-se aos casos em que indivíduos são expostos ao gás em mais de uma ocasião – geralmente em concentrações baixas. Até hoje, a maioria das pesquisas médicas tem se concentrado no envenenamento grave por CO, mas há um interesse crescente à exposição de CO em um nível leve a longo prazo.

De acordo com a Agência de Proteção Ambiental dos Estados Unidos (US Environmental Protection Agency – EPA), a média de níveis de CO em casas sem fogões a gás varia de 0,5 a 5 partes por milhão (ppm).

Você sabia?

Envenenamento por CO: mais comum do que você pode imaginar

Em 2002, o pesquisador de saúde pública John Wright realizou uma revisão da literatura médica sobre a frequência de casos de exposição do CO em pacientes internados em quartos de emergência.[3] Os vários estudos revisados por Wright documentaram a taxa de pacientes que foram internados em quartos de emergência em decorrência de uma doença específica (ataque epilético, dores de cabeça, náusea e gripe) apenas para descobrir qual foi a causa da exposição ao CO. O predomínio da toxidade do CO em estudos variou, mas um deles demonstrou que 23,6% dos pacientes com sintomas de gripe estavam, de fato, sofrendo com envenenamento por CO.

[3] Wright J. Chronic and occult carbon monoxide poisoning: we don't know what we're missing. *Emerg Med* J., set. 2002; 19(5): 386–390.

Níveis aproximados de fogões a gás ajustados de maneira adequada estão entre 5 e 15 ppm, e os níveis de fogões mal ajustados podem ser de 30 ppm ou mais. Não há padrões aceitáveis universalmente para as concentrações de CO no ar interno residencial. Tanto o Instituto de Desempenho da Construção (Building Performance Institute – BPI) como a Rede de Serviços de Energia Residencial dos Estados Unidos (Residential Energy Services Network – Resnet) referenciam os Padrões de Qualidade do Ar Ambiental Nacional dos Estados Unidos (US National Ambient Air Quality) para o ar externo, que são de 9 ppm por 8 horas e 35 ppm por 1 hora. Os padrões da Administração de Segurança e Saúde Ocupacional (Occupational Safety and Health Administration – Osha) proíbem a exposição do trabalhador a mais de 50 ppm durante um período de 8 horas seguidas, e não mais do que 200 ppm a qualquer hora (leituras instantâneas). Fontes comuns de CO são apresentadas na Tabela 13.5.

Tabela 13.5 Fontes comuns de envenenamento acidental por CO

Fonte	Causa	Prevenção
Aquecedor e aquecedor de água atmosfericamente ventilado	Bico entupido, ventilação bloqueada, luz piloto deficiente e refluxo.	Manutenção regular e reparos, instalação correta e isolamento do envelope da construção.
Aquecedores de ambiente portáteis	Todos os produtos de combustão são ventilados dentro do ambiente.	Todos os dispositivos de combustão devem ser ventilados para fora.
Lareiras	Refluxo fraco e exaustão incompleta.	Manutenção regular e combustão vedada/modelos de exaustão direta.
Forno e fogão de cozinha	Ferrugem, bico entupido, sujeira, instalação imprópria e aparelho defeituoso.	Manutenção e reparos regulares, instalação correta e ventilação pontual conduzida para a parte externa.
Garagem anexa à casa	Ligar o motor do carro em uma garagem anexada, especialmente se a porta estiver fechada.	Isolamento completo da garagem em relação ao envelope da construção e remoção dos veículos da garagem para esquentá-los.

Fonte: Adaptada de Wright, J. Chronic and occult carbon monoxide poisoning: we don't know what we're missing. *Emergency Medicine Journal.* 2002; 19: 386-390.

Como selecionar os sistemas de refrigeração

O tipo de sistema de refrigeração mais adequado a uma casa depende dos seguintes fatores:

- Custo de aquisição, instalação, operação e manutenção do equipamento.
- Eficiência do sistema de distribuição.

Nos Estados Unidos, a maioria das casas novas tem alguma forma de condicionamento de ar. O método mais comum é um ar-condicionado central conduzido por dutos. A Figura 13.55 mostra, de acordo com o Censo dos Estados Unidos de 2005, a divisão do tipo de equipamento de refrigeração por região.[4]

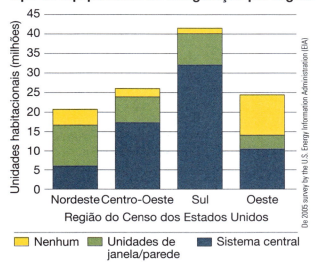

Figura 13.55 Tipo de equipamento de refrigeração por região. Pesquisa de 2005 realizada pela Administração de Informação de Energia dos Estados Unidos.

Como quase todos os sistemas de refrigeração são abastecidos por eletricidade, e a maioria das casas precisa de aquecimento e ar-condicionado, a decisão sobre o sistema de refrigeração geralmente segue o projeto do sistema de aquecimento.

Refrigeração e desumidificação

Os aparelhos de ar-condicionado são projetados para fornecer refrigeração tanto sensível quanto latente. Calor sensível é a energia associada à mudança de temperatura. Calor latente é a energia associada à remoção da umidade do ar e a energia que pode ser liberada por uma fase de mudança, como a condensação do vapor de água. O índice de sensibilidade para a capacidade latente do ar-condicionado é referido como fração de calor sensível (*sensible heat fraction* – SHF) ou índice de calor sensível (*sensible heat ratio* – SHR). SHF é a capacidade sensível dividida pela capacidade total (sensível mais capacidade latente).

$$\text{SHF} = \frac{\text{Capacidade Sensível}}{\text{Capacidade Total (Sensível + Latente)}}$$

A SHF pode variar de um modelo para outro, e os sistemas são otimizados para climas específicos. Em climas com uma carga latente alta, como Miami, Flórida ou Savannah, na Geórgia, é necessário um ar-condicionado com baixo SHF. Na Geórgia, um SHF de 0,70 – 0,77 é comum e significa que 23% a 30% de uma carga de ar-condicionado é latente. Las Vegas, por sua vez, tem carga latente relativamente pequena, de forma que um SHF acima de 0,90 é comum.

A SHF é determinada pela combinação da serpentina, condensador e fluxo de ar através da serpentina. As especificações dos fabricantes em geral listam a SHF que pode ser usada para selecionar o equipamento mais apropriado para cada clima.

Controladores de HVAC avançados podem regular a operação do ar-condicionado com base nos pontos de ajuste da temperatura e umidade relativa (veja mais adiante neste capítulo mais informações sobre controladores).

Equipamento de refrigeração

Dependendo do tipo de sistema de distribuição selecionado para uma casa, uma variedade de opções de equipamento está disponível. Os sistemas de ar pressurizado, um tipo de condicionamento de ar, são predominantes nos Estados Unidos, utilizam bombas ou trocadores de calor oriundo do ar, do solo ou da água. A refrigeração evaporativa é uma alternativa aos sistemas de ar pressurizado tradicionais, adequados para climas secos. Os sistemas de refrigeração radiante hidrônico, embora não sejam comuns, podem ser usados em climas secos; o condicionamento de ar hidrônico com unidades do tipo *fan coil* não são também muito comuns, podendo funcionar tanto em climas secos como úmidos.

Refrigeração por ar pressurizado

Sistemas de refrigeração por ar pressurizado estão disponíveis como sistemas de *split* ou unidades do tipo *Self Cointained*. Normalmente, quando um sistema de refrigeração distribuído é instalado, tanto a bomba ou trocador de calor quanto o ar-condicionado são colocados com um aquecedor central e um duto compartilhado. O controlador de ar deve ser instalado de forma central para reduzir o comprimento do trajeto do duto, além de ser colocado próximo às unidades de condensação externas, a fim de limitar o comprimento da linha de refrigeração. Unidades de conden-

---
[4] Energy Information Administration, Office of Energy Markets and End Use, Forms EIA-457 A, B, C of the 2005 Residential Energy Consumption Survey.

sação requerem um fluxo de ar adequado para um desempenho eficiente. Isto indica que não deverá haver obstruções, incluindo cercas e arbustos, mantendo-as a uma distância livre mínima de 60 cm dos lados da unidade, a fim de que o calor possa ser liberado efetivamente. Proporcionar sombreamento, evitando-se a incidência direta do sol através de árvores e treliças, ajuda a aumentar a eficiência do equipamento. Quando um sistema de refrigeração por ar pressurizado que não fornece calor também é instalado em um sótão não condicionado, as grelhas devem ser projetadas para ser facilmente vedadas durante o tempo frio. Esta estratégia prevenirá a perda de calor convectivo para a área do sótão a partir dos ambientes aquecidos abaixo.

Refrigeração radiante hidrônica

Os sistemas de refrigeração radiante dependem de tubos de água refrigerados para distribuir a refrigeração por toda a construção, diferente de um sistema convencional que utiliza ar refrigerado e dutos. Os sistemas de refrigeração radiantes resfriam os ocupantes diretamente por meio de um transferidor de calor radioativo por causa dos tubos que são colocados normalmente através do teto, mantendo a temperatura da superfície em aproximadamente 18,3°C. Por meio do transferidor de calor radioativo, as pessoas no ambiente emitem o calor que é absorvido pela superfície de refrigeração radiante. A temperatura da água é cuidadosamente controlada para evitar condensação. Para administrar os níveis de umidade internos e a qualidade do ar, um sistema de ventilação separado é necessário para suprir o ambiente com ar fresco. Devido à facilidade de controlar o fluxo da água, o controle independente das áreas da casa é relativamente simples. Os sistemas de refrigeração radiante são geralmente limitados a climas secos com baixa carga de refrigeração.

Eficiência do ar-condicionado

O índice de eficiência energética sazonal (*seasonal energy efficienty ratio* – Seer) descreve qual é a eficiência do equipamento de condicionamento de ar. Um Seer mais alto significa maior eficiência e contas menores de energia. Para calcular este índice, divide-se a quantidade de refrigeração fornecida pelo ar-condicionado ou pela bomba ou trocador de calor (Btu por hora) pela energia (watts) utilizada pelo equipamento de refrigeração sob determinadas condições sazonais.

$$Seer = \frac{\text{Energia de Refrigeração Sazonal (Btu)}}{\text{Consumo de Energia Sazonal (Watt-horas)}}$$

Os índices Seer são determinados em laboratório com condições internas e externas precisas. Isto permite que os consumidores comparem o equipamento de refrigeração por meio de um padrão comum. Embora esses índices sejam úteis, não fornecem uma avaliação do desempenho do sistema de refrigeração em condições reais, refletem apenas o consumo com o condensador e o evaporador do equipamento, não levando em conta a eficiência do sistema de dutos e o comprimento dos grupos de linhas de gás refrigerante. Os índices de Seer aplicam-se a serpentinas e condensadores que são correspondentes de acordo com padrões do AHRI (Figura 13.56).

A eficiência real de um sistema de ar-condicionado depende do fluxo de ar, da carga, da estanqueidade do duto e do tamanho do equipamento, bem como do índice Seer. Seer 13 é o código de eficiência mínima para equipamentos de ar-condicionado de sistema *split*. O ENERGY STAR mínimo classificado para ar-condicionado central é de 14,5 Seer.

Índice de eficiência energética

Índice de eficiência energética (*energy efficiency ratio* – EER) é a medida de quão eficiente um sistema de refrigeração operará quando a temperatura externa estiver a um nível específico (geralmente 35°C). Um EER mais elevado significa que o sistema é mais eficiente. O termo EER é mais comumente utilizado quando se refere às bombas ou trocadores de calor e equipamentos unitários de ar-condicionado e de janela, bem como as bombas ou trocadores de calor geotérmicas e oriundas da água.

$$EER = \frac{\text{Energia de Refrigeração (Btu/h)}}{\text{Consumo de Energia (Watts)}}$$

Fluidos ou Gases Refrigerantes

No passado, fluidos ou gases refrigerantes utilizados em bombas ou trocadores de calor à base de ar e em aparelhos de ar-condicionado eram feitos de substâncias químicas que agrediam a camada de ozônio. Com o passar dos anos, essas substâncias foram substituídas por novas e menos prejudiciais. Em 2010, o R-22, gás refrigerante de fluorcarbono de hidrocloro (HCFC), foi eliminado gradualmente e substituído pelo R-410A, um hidrofluorcarbono (HFC), uma alternativa para não danificar a camada de ozônio.

Carga do fluido refrigerante A carga do fluido refrigerante em uma bomba ou trocador de calor ou em um ar-condicionado é o índice exigido para a capacidade de refrigeração. Este índice é definido nas especificações do equipamento do fabricante. Verificar se a carga está correta ajuda a assegurar que o equipamento pode operar com máxima eficiência. Vários estudos, resumidos em um relatório de 1999 para a Compania de Gás do Sul da California (Southerm Califórnia Gas), constataram que a maioria dos sistemas está tanto aquém como além das recomendações dos

Certificado de Classificação do Produto

Número de Referência do Certificado AHRI: 4237148 Data: 24 mar. 2011

Produto: sistema split: unidades de condensação de ar refrigerado, serpentina com ventilador
Número do modelo da unidade externa: 6ACC3042E1
Fabricante: Air Conditioning Co.
Número do modelo da unidade interna: ACC061E1***
Fabricante: Air Conditioning Co.
Nome do vendedor/marca: Air Conditioning Co.

O fabricante responsável pela relação desta combinação do sistema é a Air Conditioning Co.

Estimado, como segue, de acordo com o padrão do AHRI 210/240-2008 para fonte de ar e condicionamento de ar unitário.
Equipamento de bomba ou trocador de calor sujeito à verificação da precisão da relação realizada por testes elaborados por empresas, patrocinadas pela AHRI, independentes e terceirizadas.

Capacidade de refrigeração (Btuh):	42 000
Índice EER (refrigeração):	10,50
Índice SEER (refrigeração):	13,00

* Índices seguidos de asterisco (*) indicam uma reclassificação voluntária de dados previamente publicados, a menos que seja acompanhado pelo WAS, que indica uma reclassificação involuntária.

AVISO LEGAL
O AHRI não endossa o(s) produto(s) listado(s) neste certificado nem oferece representações, garantias ou fianças, além de não assumir responsabilidade pelo(s) produto(s) aqui listado(s). O AHRI nega expressamente qualquer responsabilidade por danos de qualquer tipo decorrentes do uso ou desempenho do(s) produto(s) ou a alteração não autorizada dos dados listados neste certificado. Intervenções no certificado são válidas apenas para modelos e configurações listados no diretório, disponível em www.ahridirectory.org.

TERMOS E CONDIÇÕES
Este certificado e seus componentes são produtos de propriedade do AHRI. Este certificado deve ser usado apenas com propósitos de referência individual, pessoal e confidencial. Os conteúdos deste certificado não podem, nem completamente nem em parte, ser reproduzidos, copiados, disseminados, colocados em uma base de dados de um computador ou utilizados de qualquer forma ou para qualquer fim, exceto para referência individual, pessoal e confidencial do usuário.

VERIFICAÇÃO DO CERTIFICADO
As informações para o modelo citado neste certificado podem ser verificadas em www.ahridirectory.org. Clique no link "Verify Certificate" e insira o número de referência do certificado do AHRI, a data em que este foi emitido, que está listada acima, e o número do certificado, que está listado abaixo.

©2011 Air-Conditioning, Heating, and Refrigeration Institute

AHRI Air-Conditioning, Heating, and Refrigeration Institute

CERTIFICADO Nº: 129454481976080695

Figura 13.56 Certificado do Instituto de Ar-Condicionado, Aquecimento e Refrigeração (Air-Conditioning, Heating, and Refrigeration Institute – AHRI) que mostra a capacidade e a eficiência específicas de duas serpentinas de ar-condicionado.

fabricantes, resultando em queda de eficiências entre 10% e 20% e aumentando o potencial de falha prematura de equipamento.[5]

Válvulas de expansão termostática (*thermostatic expansion valves* – TXVs) Essas válvulas ajustam automaticamente o fluxo do fluido refrigerante dentro da serpentina do evaporador quando o sistema está operando no modo de condicionamento de ar. Sistemas com TXVs controlam o fluxo do fluido refrigerante mais eficientemente do que aqueles que não os possuem e também compensam melhor a carga inadequada desse fluido. O estudo sobre o gás no sul da Califórnia, já mencionado, constatou que sistemas equipados com TXVs apresentavam um desempenho consideravelmente melhor do que aqueles sem as válvulas, quando ambos tinham cargas inadequadas de fluido refrigerante.

Eficiências mínimas do equipamento

Em 1992, o Congresso americano adotou o **Ato de Conservação de Energia de Aplicação Nacional (National Appliance Energy Conservation Act – Naeca)** para estabelecer, para os Estados Unidos, níveis mínimos nacionais de eficiência para uma variedade de dispositivos comerciais e residenciais que utilizam energia e água. O Departamento de Energia dos Estados Unidos (DOE) é responsável por implementar o Naeca, incluindo a atualização dos níveis de eficiência mínima requeridos periodicamente. Os padrões mínimos deste ato geralmente superam as regulamentações locais e estaduais, incluindo provisões dos códigos de construção/energia que são inconsistentes.

As atualizações mais recentes do Naeca surtiram efeito em 23 de janeiro de 2006, após terem sido inicialmente anunciadas em 2001. A Tabela 13.6 mostra os padrões mínimos do Naeca e do ENERGY STAR.

Eficiência do motor e da bomba

Além das eficiências estimadas do equipamento, os sistemas de HVAC utilizam energia para o funcionamento de ventiladores e bombas, a fim de distribuir ar e água condicionados através de seus sistemas de distribuição. Os sistemas de ar pressurizado usam tanto capacitor de *split* permanente (*permanent split capacitor* – PSC) como motores comutados eletronicamente (*electronically commutated motors* – ECM) para operar ventiladores centrífugos. Os ECM funcionam mais eficientemente do que motores PSC, e podem fornecer economias de 50% ou mais sobre a energia do ventilador.

Uso adequado de ventiladores de teto como parte de uma estratégia de refrigeração

Em tese, ventiladores de teto podem reduzir o calor e os custos de duas maneiras. Durante estações oscilantes (primavera e outono), eles podem ser um substituto para o ar-condicionado. No que concerne à operação, custam muito menos do que os aparelhos de ar-condicionado. No verão, ao adotar ventiladores de teto, os ocupantes da casa podem colocar o termostato mais alto e utilizar menos o ar-condicionado. O movimento do ar é um dos fatores primários do conforto humano. O sopro do ar sobre seu corpo aumenta a quantidade de evaporação, que é como nos resfriamos. Na prática, entretanto, a maioria das pessoas não utiliza ventiladores de teto para reduzir o consumo de energia.

É possível economizar energia com esses ventiladores desde que o ar-condicionado seja menos usado. De fato, uma vez que os próprios ventiladores gastam energia, pode ficar mais caro se as temperaturas do ar-condicionado não estiverem ajustadas para valores mais altos quando se utilizam ventiladores. O principal aspecto em relação aos ventiladores de teto é que resfriam as pessoas, e não o ar, e, portanto, devem operar apenas quando as pessoas estão presentes.

Na Flórida, utilizar ventiladores de teto e se ter a temperatura da casa em 1°C, ou 2°F, maior gera aproximadamente uma economia de rede de 14% no uso da energia de refrigeração anual (subtraindo a energia do ventilador de teto e contando o calor liberado internamente).[6] O mesmo estudo constatou que, em geral, as pessoas não ajustam os termostatos quando utilizam os ventiladores de teto, o que pode representar aumento do consumo de energia.

Os sistemas hidrônicos usam bombas para circular a água, e, como os motores de ar pressurizado, a eficiência da bomba pode variar. A União Europeia estabeleceu padrões de eficiência para bombas de circulação de água, algumas das quais estão disponíveis nos Estados Unidos, em empresas como a Grundfos. As eficiências da bomba vão de "A" (mais eficiente) a "G" (menos eficiente). Uma bomba "A" utiliza 75% menos energia do que uma "D", o que representa uma redução no consumo de energia de um sistema hidrônico.

Como dimensionar o equipamento

Um sistema de aquecimento e refrigeração dimensionado apropriadamente é projetado para condicionar um ambiente de acordo com as cargas de verão ou inverno existentes. Como visto neste capítulo, cargas são calculadas com base no Manual J da ACCA – As-

---

[5] Disponível em: <http://www.socalgas.com/calenergy/docs/hvac/references/proctornationalstudy.pdf>.

[6] James, P.; Sonne, J.; Vieira, R.; Parker, D.; Anello, M. Are Energy Savings Due to Ceiling Fans Just Hot Air? Apresentado no Estudo de Verão sobre Energia da ACEEE de 1996 sobre Eficiência nas Construções.

Tabela 13.6 Eficiências mínimas de equipamento

Tipo de equipamento	NAECA mínimo	ENERGY STAR mínimo
Ar-condicionado central de ar refrigerado	13 Seer	14,5 Seer
Ar-condicionado do tipo *Self Cointainded* colocado na parede	10,6 Seer	Variações pelo tamanho e pela configuração
Bomba ou trocador de calor central à base de ar	13 Seer/7,7 HSPF	14,5 Seer/8,2 HSPF
Aquecedor elétrico	N/A	Não elegível
Aquecedor a gás	78 AFUE	90 AFUE
Aquecedor a óleo	78 AFUE	85 AFUE
Bomba ou trocador de calor geotérmico	Variações pelo tamanho e pela configuração	Variações pelo tamanho e pela configuração

sociação dos Empreiteiros de Ar-Condicionado. O dimensionamento do equipamento de ar-condicionado é normalmente classificado em toneladas: uma tonelada é igual a 12.000 Btu de capacidade de refrigeração por hora. Os sistemas residenciais de ar-condicionado de ar pressurizado estão disponíveis em tamanhos que abrangem de 1,5 a 5 toneladas, aumentando os incrementos em meia tonelada (exceto as unidades de 4,5 toneladas, que não estão disponíveis normalmente). Instaladores americanos de HVAC utilizam, de modo geral, uma regra prática para determinar o equipamento de AC, adotando que para cada 46,4 a 55,7 m² de ambiente condicionado será necessário uma tonelada de ar-condicionado. Quando o cálculo é realizado pelo Manual J, particularmente em relação a uma casa de alto desempenho, uma tonelada de ar-condicionado pode condicionar de 92,9 a 111,4 m² do ambiente ou mais. Estimar os tamanhos dos equipamentos sem utilizar as ferramentas disponíveis geralmente leva a sistemas dimensionados incorretamente que não funcionam de maneira eficaz. O Código Residencial Interno (Internal Residential Code – IRC) requer que o equipamento seja dimensionado pelos Manuais J e S ou por um cálculo equivalente.

Temperaturas do projeto

O Manual J especifica o uso de 99% da temperatura em projeto como desenvolvido pela Sociedade Norte-Americana de Engenheiros de Aquecimento, Refrigeração e Ar-Condicionado (American Society of Heating, Refrigeration, and Air Conditioning Engineers – Ashrae). Este valor refere-se à temperatura externa no verão e ao conteúdo da umidade do ar correspondente, que será excedido apenas 1% das horas de junho a setembro nos Estados Unidos. Em outras palavras, esta é a temperatura mais quente que uma casa poderá receber. Se 99% das temperaturas do projeto não estão atendidas, 97,5% podem ser utilizadas. Por exemplo, se, de acordo com o Manual J, a temperatura externa no verão, em um clima específico, for de 33,8°C, e a temperatura interna do projeto de 23,8°C, um sistema projetado para esses critérios resfriará e desumidificará de maneira adequada ao ser fixado em 23,8°C, quando a temperatura externa for de 33,8 °C. Se a temperatura interna, no cálculo do Manual J, for fixada em 21,1°C, o sistema não poderá desumidificar adequadamente e pode não funcionar de maneira eficaz se fixado em 23,8°C. Quando os sistemas são instalados de forma que excedam este diferencial durante o calor extremo, são grandes o suficiente para funcionar adequadamente durante o clima moderado.

Cuidados no superdimensionamento

Selecionar um equipamento de HVAC que seja maior que o necessário pode elevar significativamente os custos de instalação e, no caso de ar-condicionado, reduzir a eficiência e a habilidade deste para remover umidade. O funcionamento do ar-condicionado consiste em baixar a temperatura do ar e remover a umidade. Os sistemas projetados de maneira apropriada funcionam por muito tempo tanto para resfriar como desumidificar. Em climas úmidos, os sistemas superdimensionados resfriam o ar rápido demais, antes que este seja completamente desumidificado. Isto pode tornar o ar interno muito úmido, o que exigirá que os termostatos sejam fixados em uma temperatura mais baixa para desumidificar adequadamente. Em situações extremas, a temperatura interna deve ser fixada abaixo de 21,1°C a fim de atingir os tempos de funcionamento necessários o suficiente para remover a umidade, visando ao conforto.

Ciclo curto do ar-condicionado

Equipamentos de ar-condicionado superdimensionados são propensos a ciclos curtos, ou seja, ligam, reduzem a temperatura muito rapidamente e, então, desligam. Os equipamentos são menos eficientes quando funcionam e param, como ocorre com um carro que atinge rapidamente uma distância na estrada do que no tráfego que anda e para. O ato frequente de ligar e desligar o ar-condicionado é menos eficiente do que o funcionamento contínuo e prolongado. Em períodos de calor extremo, o ar-condicionado central deve funcionar quase que continuamente, fornecendo tanto refrigeração como desumidificação adequadas. Ciclos curtos podem também encurtar a vida útil do equipamento por causa da tensão adicionada.

Dimensionar o equipamento de aquecimento, embora importante, não é tão crítico quanto o de refrigeração, porque não é necessária a desumidificação durante os períodos de aquecimento.

Capacidade de distribuição

A capacidade total que uma determinada peça de equipamento específica pode produzir deve corresponder ao sistema de distribuição, para assegurar que o aquecimento e a refrigeração produzidos sejam distribuídos adequadamente ao condicionamento necessário para o ambiente. Se o ventilador do aquecedor

> **O que é uma tonelada de ar-condicionado?**
>
> Sistemas de ar-condicionado são comumente dimensionados em toneladas. Uma tonelada de ar-condicionado é igual a 12.000 Btu/hora. Mas, por que ele é descrito em toneladas? Tudo isso vem da indústria do gelo. São necessários 144 Btu de energia para transformar 1 pound, aproximadamente 500 g de água a 0 °C em gelo. Multiplique isto por 2000 e precisará de aproximadamente 288.000 Btu para transformar uma tonelada de água em gelo. Divida 288.000 por 24 horas e obterá 12.000 Btu, que é igual a uma tonelada de ar-condicionado.

não for grande o suficiente para distribuir adequadamente o ar quente ou frio por todo o sistema de dutos, o sistema não terá o desempenho esperado.

Termostatos

Sistemas HVAC são controlados por termostatos, que medem a temperatura do ambiente a fim de ligar ou desligar o aquecimento ou refrigeração para manter a temperatura desejada. Nos termostatos padrões as temperaturas são fixadas manualmente e mantêm seu ajuste até ser alteradas. Termostatos com timer são programáveis por dia e por hora, fixando-se a temperatura para cima ou para baixo, a fim de refletir os padrões esperados de uso. Eles podem ser programados para quando a casa está desocupada, não reduzindo tanto a temperatura durante a estação quente ou não aumentando muito durante o período de frio, desta forma, podem ser controlados em termos de ocupação e voltando para o ajuste de ocupação esperado automaticamente antes de as pessoas retornarem para casa à noite. Esses termostatos também podem ser usados para mudar ajustes na casa toda ou em zonas individuais à noite, ou quando as áreas não estão sendo utilizadas. Deve-se ter em mente que, em casas extremamente eficientes, há ganho e perda mínimos de calor pelo envelope da construção. As temperaturas internas mantêm-se constantes, e, por consequência os termostatos programáveis não fornecem tantos benefícios como em casas menos eficientes, nos quais oscilações da temperatura externa podem alterar a temperatura interna mais rapidamente. Os termostatos programáveis não funcionam também com tanta eficácia quando o aquecimento é por piso radiante, que aquece e resfria muito mais lentamente do que o de ar pressurizado.

O Código Internacional de Conservação de Energia (IECC) de 2009 requer, no mínimo, um termostato com timer programável em cada casa. Termostatos de bomba/trocador de calor são também exigidos, e que tenham um acionamento interno, a fim de evitar o uso do calor da resistência elétrica quando a temperatura externa permitir que o compressor trabalhe com a carga de aquecimento necessária.

Termostatos mais sofisticados podem monitorar níveis de umidade, ou seja, controlam o ar-condicionado e os desumidificadores quando é necessário remover a umidade. Eles também podem gerenciar a ventilação de ar fresco ao operar o ventilador do aquecedor para trazer para dentro o ar externo como parte do sistema de ventilação de toda a casa (Figura 13.57).

Boilers podem funcionar com mais eficiência quando se utiliza um controle externo que é reiniciado. Este equipamento regula a temperatura do fluido do *boiler*, com base na temperatura externa, à medida que a temperatura do *boiler* está caindo e o total da carga de calor vai sendo obtida. Esses controles podem reduzir ciclos curtos e permitir uma operação mais eficiente.

Controles de HVAC avançados

Estes incluem sistemas que se conectam ao termostato para que este reverta automaticamente quando alarmes são acionados e sensores que desligam os sistemas de HVAC quando portas e janelas são abertas. Controles acionados pela *web* podem permitir que os proprietários monitorem e alterem ajustes de temperatura a distância. Esses sistemas também podem controlar iluminação, áudio e outros equipamentos, propiciando economia de energia quando controlados apropriadamente.

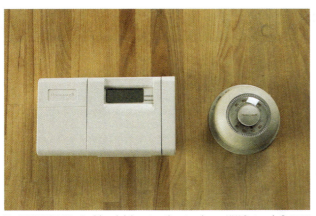

De SILBERSTEIN. *Residencial Construction Academy*: HVAC, 1. ed. © 2009 Delmar Learning, uma parte de Cengage Learning, Inc. Reproduzida com permissão.
Figura 13.57 À esquerda, termostato digital que pode ser programado; à direita, termostato analógico.

Comissionamento

Comissionamento é o processo que diagnostica e verifica o desempenho do sistema de construção. Este processo também envolve propor maneiras de melhorar o desempenho do sistema de acordo com os requisitos do morador ou proprietário. O comissionamento é realizado para manter o sistema em ótimas condições durante a vida útil da construção, tanto da perspectiva ambiental e quanto em termos de uso de energia e instalação. O comissionamento pode ocorrer em qualquer fase da vida útil de uma construção.

Embora seja uma prática padrão em muitas construções comerciais e industriais, este processo não é comum em projetos de residências unifamiliares. O comissionamento em uma casa pode incluir a verificação da carga de refrigeração, dos fluxos de ar e pressões estáticas do controlador de ar e dos fluxos de ar do sistema de ventilação.

Sistemas de aquecimento e refrigeração não distribuídos

Aquecimento e refrigeração podem ser fornecidos sem sistemas centrais de distribuição hidrônicos ou de ar pressurizado. Para tanto, utilizam-se aquecedores de ambiente, lareiras, queimadores ou aquecedores diretos, ar-condicionado e bombas ou trocadores de calor de uma e duas peças. Casas de alto desempenho com excelente isolamento e estanqueidade ao de ar em geral podem ser aquecidas e resfriadas de forma adequada com aquecedores de ambiente e ar-condicionado individuais. Esta estratégia funciona particularmente bem em casas pequenas e compactas, com ambientes abertos e onde um aquecedor de ambiente pode ser localizado centralmente. Ambientes distantes e menos utilizados podem ser aquecidos com aquecedores de ambiente menores e individuais, quando necessário, ou por meio de dutos e ventiladores para circular o ar condicionado dos ambientes onde o equipamento está localizado.

Equipamento de aquecimento direto

Este inclui tanto aquecedores permanentes quanto portáteis (Figura 13.58), comumente referidos como aquecedores de ambiente, de parede e de piso são predominantemente alimentados por gás natural ou propano, embora alguns sejam operados eletricamente.

Todos os tipos de equipamento de aquecimento direto transportam calor sem dutos, e os produtos da combustão devem ser ventilados para fora. O calor é fornecido apenas pela radiação ou convecção com um ventilador que sopra ar aquecido para dentro do ambiente. Equipamento de aquecimento direto é produzido em uma variedade de estilos e modelos, incluindo aquecedores de ambiente, aquecedores verticais de parede, de ventilador de parede com aquecimento, lareiras e aquecedores de piso.

Figura 13.58 Aquecedores diretos podem ser portáteis ou instalados permanentemente.

Os modelos movidos a combustível devem ser tratados como pequenos fornos, com especial atenção à segurança da combustão. Modelos mais eficientes têm ignição eletrônica, mas alguns podem ter uma chama piloto que não requer eletricidade, o que pode ser útil onde a falta da energia elétrica é comum.

Eficiência de aquecedores de ambiente Em 16 de abril de 2010, o Departamento de Energia dos Estados Unidos (DOE) decretou uma regra final para as alterações dos padrões para equipamentos de aquecimento direto residenciais. Esses padrões dependem do

PALAVRA DO ESPECIALISTA – BRASIL
Comissionamento de instalações residenciais

A busca por edificações mais eficientes tem se tornado uma tônica na área da construção civil. Um bom exemplo é programa de etiquetagem de eficiência energética desenvolvido pelo Procel para edificações comerciais e residenciais, que, a exemplo do que é feito com relação a eletrodomésticos, avalia a eficiência de edificações com base em critérios objetivos de avaliação.

Entretanto, uma edificação projetada para ser eficiente pode muitas vezes não apresentar o desempenho esperado. Este fenômeno, conhecido como *performance gap*, ou seja, a diferença entre o desempenho teórico e o real, encontra terreno fértil na área das construções, e uma das principais razões para isto é a falta de procedimentos consistentes para garantir que uma casa seja construída e operada da forma como foi concebida.

Neste sentido, o comissionamento das instalações, processo amplamente utilizado em países desenvolvidos, desempenha papel fundamental.

Comissionamento é um processo sistemático, orientado à qualidade, com o objetivo de assegurar que a edificação e todos os seus sistemas sejam planejados, projetados, instalados, testados, operados e mantidos para atender aos requisitos definidos pelo proprietário.

O comissionamento adequado das instalações, prática ainda pouco difundida no Brasil, mesmo para edificações comerciais, encontra ainda mais barreiras no mercado de construções residenciais multifamiliares, e praticamente inexiste quando se trata de construções unifamiliares. Ainda que edificações de perfil residencial apresentem baixa complexidade, o processo de comissionamento pode trazer benefícios importantes, como desempenho energético previsto, boa qualidade do ar interior, maior conforto térmico e durabilidade da construção e seus sistemas, diminuindo os custos de operação e manutenção em seu ciclo de vida.

De forma resumida, o processo de comissionamento pode ser assim apresentado:

- *Qualificação de projeto* – Avaliação qualitativa do projeto, verificando o atendimento aos requisitos do proprietário bem como os requisitos legais e normativos.
- *Qualificação de instalações* – Realização de diligências na obra para avaliar a conformidade dos equipamentos e materiais empregados diante do especificado no projeto, e também para avaliar a qualidade das instalações, os métodos construtivos e o atendimento a requisitos legais e normativos.

Haroldo Luiz Nogueira da Silva Engenheiro Eletricista pela Universidade Mackenzie e mestre e doutorando em Energia pela Universidade Federal do ABC. É especialista em Medição e Verificação (M&V), possui certificação CMVP (Certified Measurement and Verification Professional) na Efficiency Valuation Organization (EVO), e é membro da Association of Energy Engineers (AEE) e integrante do comitê Temático de Energia do Conselho Brasileiro de Construções Sustentáveis (CBCS). Atualmente, é sócio-diretor na Preditiva Engenharia e consultor independente na A&F Partner Consulting, além de docente na Faculdade de Tecnologia de São Paulo (Fatec), no curso de Tecnologia em Construção de Edifícios.

- *Qualificação da operação* – Realização de testes funcionais para constatar o funcionamento dos sistemas e seu desempenho diante do previsto no projeto. Esta etapa deve ser precedida da elaboração de protocolos de teste para cada sistema, incluindo métodos de teste, referências normativas e resultados esperados. O procedimento deve ser formalmente registrado em formulários e planilhas de *check-list*.
- *Principais sistemas a serem comissionados em instalações residenciais:*
  - Sistemas de iluminação: nível de iluminamento, funcionamento de sensores e *timers*, consumo de energia.
  - Sistemas de climatização: temperaturas operativas, desempenho do sistema, consumo energético.
  - Envoltória: estanqueidade e desempenho higrotérmico.

Além dos sistemas citados, também pode ser útil realizar uma análise qualitativa da construção como um todo, avaliando a interação entre seus diversos sistemas. O impacto da envoltória no consumo de energia, por exemplo, é bastante significativo, uma vez que, se bem projetada e construída, menor quantidade de horas de funcionamento do ar-condicionado será necessária para garantir conforto térmico.

O processo de comissionamento, mesmo em instalações mais simples, como casas, merece cuidado especial, devendo ser customizado diante das necessidades e da criticidade específica de cada instalação, devendo, ainda, atuar como aliado, favorecendo o uso de boas práticas de construção, boas técnicas de controle e, acima de tudo, garantindo um bom produto final.

---

tipo de unidade e da capacidade de entrada, com uma variação de AFUE de 57% para uma unidade de piso pequena, a 76% para uma unidade grande de parede com ventilação assistida.

Os aquecedores elétricos são 100% eficientes, mas não representam uma solução muito ecológica, a menos que sejam alimentados por energia renovável.

Como já mencionado, o custo da eletricidade é alto, e a maior parte das fontes de energia utilizadas em usinas nos Estados Unidos é o carvão. Os aquecedores elétricos podem ser do tipo portátil, de rodapé, de parede radiante ou painéis de teto, e até mesmo duplos, como aquecedores de toalha em banheiros. Este tipo responde muito rapidamente aos acionamentos

Você sabia?

Lareiras e aquecedores diretos não ventilados

Aquecedores de ambiente a gás sem exaustão existem há muitos anos. Uma vez que não são tão comuns como antes, atualmente as lareiras a gás sem exaustão passaram a ser mais utilizadas (Figura 13.59). Qualquer aquecedor a combustível requer ar para criar combustão, e todos podem produzir monóxido de carbono. Os dispositivos a gás liberam quantidades consideráveis de umidade quando estão em funcionamento. Esses aquecedores são ilegais em algumas áreas, no entanto, ainda são legais em muitos lugares. Desconsiderando seu fator legal, aquecedores e lareiras sem exaustão nunca devem ser instalados em uma casa verde, pois há sempre o risco, para os ocupantes, de os gases de combustão se misturarem com o ar interno. É necessário ainda considerar os problemas criados de umidade, que é liberada em excesso. A maioria dos programas de certificação de construção verde proíbe a instalação de aquecedores e lareiras sem exaustão.

Figura 13.59 Lareiras sem exaustão impõem sérios riscos de segurança e saúde porque todos os gases da combustão são liberados para dentro de casa.

e pode ser uma solução apropriada para ambientes raramente utilizados em casas muito eficientes.

Fogões a lenha e de *pellet*

Similares aos aquecedores de ambiente, os fogões fornecem calor a partir de uma localização central única e utilizam madeira maciça, pellets de madeira ou milho* como combustível. Os fogões são disponibilizados com câmara combustão e com insuflamento de ar interno vedados para manter os poluentes fora do ar interno. Embora os fogões a lenha necessitem de atenção regular, aqueles à base de pellet ou milho são disponibilizados com alimentadores automáticos que podem fornecer um suprimento permanente de combustível por dias.

Lareiras

Estas podem ser alimentadas com gás natural, propano ou madeira. Unidades a gás estão disponíveis tanto em modelos de combustão aberta como vedada, com suprimentos de ar interno para manter os poluentes fora do ar interno, e muitas com ignição eletrônica para evitar a necessidade de uma chama piloto permanente. Algumas têm ventiladores embutidos para circular o calor pelos dutos, se desejado. Lareiras a lenha estão disponíveis em unidades manufaturadas de metal e construídas de alvenaria. As de combustão aberta, a gás ou a lenha devem ser equipadas com portas que possam ser fechadas, assim evitando-se entrada de ar externo, a fim de limitar o potencial de refluxo. Entretanto, esses esforços não aumentarão significativamente a eficiência da lareira.

Aquecedores de alvenaria

A maioria das lareiras residenciais de alvenaria é principalmente decorativa e não aquece as casas de forma eficiente, mas alguns projetos podem fornecer aquecimento muito eficaz em climas frios. Conhecidas como lareiras russas ou finlandesas, usam uma combinação de uma pequena cuba de fogo, grande massa de alvenaria e caldeiras longas e torcidas que percorrem a alvenaria (Figura 13.60). Um fogo pequeno e muito quente aquece as caldeiras e transfere o calor para dentro da alvenaria, que lentamente libera o calor para dentro da casa durante o dia todo. Aquecedores de alvenaria podem ser 90% mais eficientes.

Os aquecedores de alvenaria estão disponíveis em unidades pré-fabricadas e manufaturadas, ou em construções personalizadas. Se incorporadas a uma casa solar passiva, podem servir um pouco de massa térmica para armazenar calor radiante. Uma desvantagem desses aquecedores é que aquecem e resfriam muito lentamente, e as mudanças de temperatura não são ágeis e rápidas.

Inserções de lareira

Inserções de lareira instaladas em uma lareira de alvenaria nova ou já existente funcionam como fogões a lenha vedados. Elas oferecem a sensação de uma lareira com a eficiência de um fogão de alto desem-

---

* Nos Estados Unidos, é comum pellet à base de milho, dado o cultivo do milho para esta destinação. (S.H.O.)

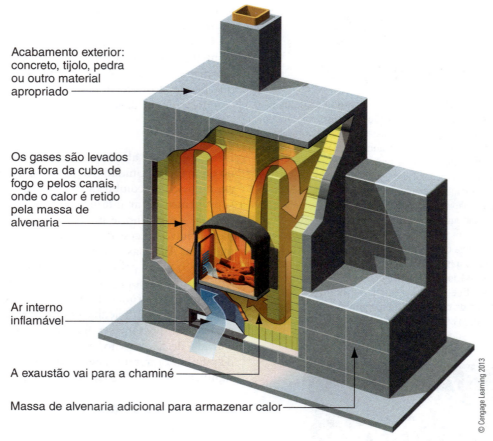

Figura 13.60 Aquecedor de alvenaria.

penho. Quando instaladas em uma antiga lareira, podem exigir a instalação de uma linha de caldeira para operação adequada.

Restrições quanto à queima da madeira

Algumas áreas nos Estados Unidos restringem a instalação de fogões e lareiras que queimam lenha em construções nova porque a fumaça é o maior contribuinte para a poluição do ar. Muitos fogões e novas inserções são feitos com combustores catalíticos certificados pela Agência de Proteção Ambiental dos Estados Unidos – EPA, que queimam a baixas temperaturas. Esses novos projetos utilizam combustível mais eficientemente, enquanto reduzem a quantidade de emissões de fuligem e de creosoto acumulados na parte interna da caldeira.

Eficiência

A EPA avalia a eficiência de um número limitado de fogões e lareiras a lenha. Nas unidades por ela qualificadas, há uma etiqueta fixada na frente da lareira para demonstrar que esses modelos têm uma combustão mais limpa. A etiqueta branca indica que as unidades têm requisitos cada vez mais exigentes e são aproximadamente 70% mais limpas do que modelos mais antigos de lareira. Etiqueta laranja indica que a unidade tem requisitos para a primeira fase do programa voluntário e é aproximadamente 57% mais limpa do que modelos mais antigos.

Bombas ou trocadores de calor e equipamentos de ar-condicionado

Casas menores e aquelas que são superisoladas às vezes têm cargas tão pequenas de aquecimento e refrigeração que sistemas tradicionais *split* de HVAC estão disponíveis apenas em tamanhos que são grandes demais para aquecê-las e resfriá-las eficazmente. Na seleção de equipamento de condicionamento de ambiente para casas de baixa carga, bombas ou trocadores de calor e equipamentos de ar-condicionado individuais ou mini-*splits* sem tubulação podem ser uma boa opção para condicionamento de ambiente apropriadamente dimensionado e econômico.

Bombas ou trocadores únicos de calor e equipamentos de ar-condicionado individuais Podem ser instalados em janelas ou paredes para fornecer aquecimento, refrigeração, ou ambos, para ambientes individuais. Movidos a eletricidade, estão disponíveis em uma gama de eficiências; a falta de tubulação elimina perdas associadas ao vazamento do duto. Unidades únicas criam um barulho maior do que qualquer outro sistema, porque têm tanto um ventilador quanto um compressor que funcionam cada vez que o aquecimento ou refrigeração é requisitado.

Unidades únicas maiores, conhecidas como sistemas de ar-condicionado central (*package terminal air conditioners* – PTACS), são comumente usadas em hotéis e motéis para permitir o controle fácil da temperatura de quartos individuais. Ptacs são frequentemente instalados em suportes metálicos, construídos dentro de paredes externas. Em geral, unidades únicas estão disponíveis apenas com eficiências inferiores às de sistemas centrais e de mini-*split*.

Bombas ou trocadores de calor do tipo mini-*split*
Bombas ou trocadores de calor do tipo mini-*split* consistem em uma unidade de condensação que é instalada na parte externa da casa e conectada à linha de refrigeração que alimenta o fluido resfriado ou aquecido ou para uma unidade de *fan coil* na parte interna. Uma única unidade de condensação pode alimentar uma ou até oito unidades de distribuição internas. Os *fan coils* podem ser montados na superfície ou recuadas, e algumas estão disponíveis com saídas para dutos que podem fornecer ar-condicionado para vários ambientes.

Os mini-*splits* fornecem condicionamento para qualquer ambiente onde uma unidade de *fan coil* está instalada; controles de temperatura individuais são incluídos em cada unidade. Alguns sistemas estão disponíveis com opções de aquecimento com água.

Eficiência Bombas ou trocadores de calor do tipo mini-*split* devem ter os mesmos requisitos mínimos de eficiência que sistemas *split*: 13 Seer e 7,7 HSPF. Estão comumente disponíveis com altas eficiências, como 22 Seer e 10 HSPF; no entanto, pondera-se que frequentemente oferecem eficiências de operação mais altas do que sistemas dutados tradicionais, uma vez que não há perdas nas tubulações de distribuição do condicionamento do ambiente.

Ventilação

Casas necessitam de sistemas de centrais para assegurar um fornecimento permanente de ar fresco e dissipar os poluentes. Ventilação pontual é também necessária para remover umidade e poluentes de banheiros, cozinhas, garagens, lavanderias e áreas de armazenagem.

Sistemas de ventilação central

Estes devem fornecer ar fresco o suficiente para a casa segura e confortável, prevenindo-se a superventilação à medida que a energia é desperdiçada no processo. Em climas secos, ventilação excessiva pode tornar o ar interno muito seco, e, durante a época de frio, seria necessário aquecimento adicional para reduzir grandes quantidades de perda de calor. Em climas quentes e úmidos, o excesso de ar externo pode resultar em elevada umidade e exigir refrigeração e desumidificação adicionais. Ventilação insuficiente pode resultar em problemas de umidade e mau cheiro, embora haja poucos dados que sugiram que a saúde do morador seja comprometida.

O ar fresco externo pode ser fornecido por insuflamento, exaustão ou por meio de sistemas de ventilação balanceado (Figura 13.61). A ventilação natural utilizada por meio de janelas operáveis geralmente não é considerada uma estratégia de ventilação eficaz, porque o fluxo de ar muda de acordo com a velocidade do vento e as diferenças de temperatura entre o interior e exterior. Não há uma maneira eficiente para filtrar, aquecer, resfriar ou desumidificar o ar que é trazido para dentro por meio da ventilação natural. Independente dessas questões, manter as janelas abertas para trazer ar fresco para dentro da casa e desligar sistemas de HVAC é uma excelente estratégia para economizar energia quando a temperatura e a umidade externas são moderadas.

Ventilação somente de insuflamento fornece ar de fora para a casa sem exaustão. Sistemas apenas de insuflamento pressurizam positivamente a casa e são recomendados para climas de refrigeração mais importantes. Um método comum de ventilação de insuflamento é a instalação de um duto que traga ar de fora para o plenum de retorno do sistema de HVAC de ar pressurizado. O ar de insuflamento pode ser controlado por um damper barométrico, que se abre quando o ventilador funciona ou por um damper mecânico que é controlado por um sensor de tempo, de umidade e/ou termostato. Este último controla a quantidade de ar fresco trazido para dentro do sistema de HVAC e impede o fluxo quando o ar de fora tenha um elevado conteúdo de umidade ou está frio ou quente demais. Para controlar cuidadosamente a quantidade de ar fresco trazido para dentro da casa, um controlador cíclico opera o motor do ventilador. Esse mecanismo liga o motor e abre o damper de entrada quando a ventilação é necessária, baseado em uma quantidade de minutos por hora que é determinada pela quantidade de ar fresco desejado. Quando se utiliza sistema de ar pressurizado para o insuflamento, motores de ventilador ECM (electronically commutated motors –

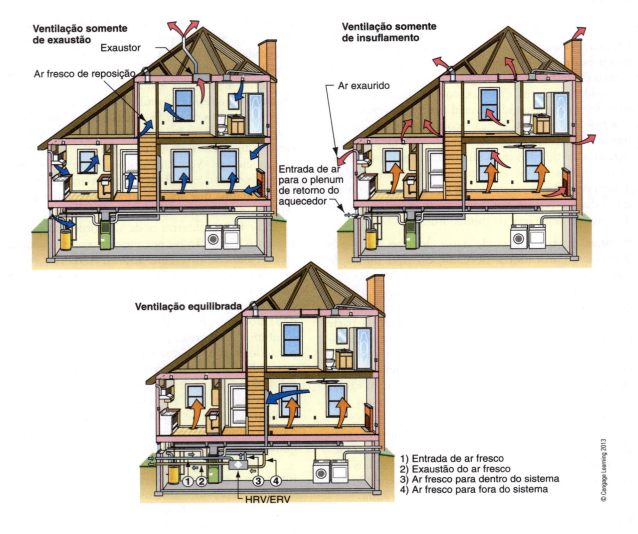

Figura 13.61 O ar da ventilação externa pode ser fornecido por sistemas apenas de insuflamento, exaustão ou balanceado.

motores comutados eletronicamente) devem ser usados para eficiência máxima. As entradas de ar externo não devem ser colocadas em telhados, onde os vapores do revestimento de asfalto podem ser aspirados para dentro, e deve-se evitar também áreas onde os veículos podem ficar em ponto morto ou haja emissão de outros poluentes, como saídas de exaustão e caldeiras de aquecedor à base de água.

Os sistemas de **ventilação somente de exaustão** removem o ar da casa com partes iguais de reposição de ar entrando por uma abertura não controlada (por exemplo, vazamentos do envelope). Ventilação de exaustão, realizada com mais frequência por meio de um exaustor que opera continuamente em um banheiro, com dutos para o exterior, em geral não é recomendada em climas úmidos para evitar a infiltração de ar carregado de umidade do exterior para dentro dos componentes da construção.

A **ventilação equilibrada** fornece partes iguais de insuflamento e exaustão por meio de ventiladores ou trocador de calor do tipo ar-ar, referidos como ventiladores de recuperação de calor (*heat recovery ventilators* – HRVs) ou ventiladores de recuperação de energia (*energy recovery ventilators* – ERVs). Geralmente usados em climas frios, os HRVs removem o calor do ar saturado que é evacuado e transformando em ar fresco que entra, a fim de reduzir perda de energia. Em climas úmidos, os ERVs removem a umidade do ar fresco de fora, movendo-o para o ar saturado que está sendo esgotado. Essa transferência de calor e umidade ajuda a reduzir a energia requerida para condicionar o ar fresco, que pode ser mais frio, mais quente ou mais úmido do que desejado. Esse equipamento, entretanto, utiliza energia para operar. Em climas moderados, as economias de energia da rede podem ser mínimas; em alguns casos, o custo de usar um HRV ou ERV pode ser mais alto do que se o ar fresco não condicionado for trazido para dentro de casa. Os ERVs e HRVs requerem manutenção e, como qualquer equipamento mecânico, estão sujeitos a quebras ocasionais, que podem não ser previstas pelos proprietários da casa, tornando-os ineficazes se não consertados.

Os sistemas de ventiladores podem ser de um único ponto, como um exaustor e um bocal de entrada ou ventilador, ou incorporados dentro de um HVAC existente ou de sistemas de duto separados. Embora os sistemas de ponto único não circulem ar fresco efetivamente por todos os ambientes de uma casa, os dutados podem fornecer distribuição de ar fresco. Os sistemas de ventilador introduzem ar não condicionado para dentro da casa, que pode precisar ser aquecida, refrigerada ou desumidificada – o que aumenta o uso de energia. A Tabela 13.7 mostra os custos relativos para estratégias de ventilação diferentes e sua adequação ao clima.

Padrão 62.2 da Ashare

A Ashare desenvolveu um padrão para ventilação residencial, comumente referido como 62.2. Emitida originalmente em 2003, a versão de 2010, para casa, é usada para calcular índices mínimos de ventilação pontual e para a casa inteira. A maioria dos códigos de construção americanos utiliza o padrão 62.2 da Ashare como requisito, e programas de construção verde fazem esta exigência, além de fornecerem pontos para alcançá-lo. Ventilação mecânica é designada para assegurar um suprimento de ar fresco e a diluição de poluentes presentes em casa bem vedada de forma adequada, entretanto, requer energia para operar. Quando o ar de fora está frio, quente ou úmido, sofre uma perda energética, requerendo aquecimento, refrigeração ou desumidificação adicional. Embora esse padrão seja exigido ou recomendado, em uma casa com quantidades mínimas de poluentes e baixas taxas de ocupação, o índice de ventilação pode ser maior que o necessário. Os níveis de ventilação de toda a casa podem ser ajustados para cima ou para baixo a fim de alcançar um nível no qual o ar interno seja fresco e a umidade relativa esteja em níveis adequados, de modo a propiciar o conforto aos ocupantes.

Como calcular a ventilação central

O padrão 62.2 da Ashare estabelece uma fórmula de ventilação baseada na área de piso condicionado (*conditioned floor área* – CFA) e no número de quartos. A ventilação em CFM é calculada como 1% da CFA, mais 7,5 CFM vezes a quantidade de quartos mais 1.

Por exemplo, uma casa com quatro quartos de 2.500 ft², ou 232,2 m², necessitaria de 62,5 CFM de ventilação, calculada como segue:

Ventilação (CFM) = (Área de Piso Condicionado [CFA] × 0,01)
+ 7,5 (número de quartos + 1)
= (2.500 × 0,01) + 7,5(4 + 1)
= 62,5 CFM

Ventilação pode ser fornecida de modo contínuo ou intermitente. A contínua pode prover o CFM requisitado quando funciona o tempo inteiro. A intermitente é fornecida com um CFM mais elevado para uma porção a cada hora.

Por exemplo, um ventilador de 150 CFM, funcionando 25 minutos a cada hora, provê o equivalente a um ventilador de 62,5 CFM funcionando continuamente por uma hora.

62,5 CFM × 60 minutos = 3.750 CF/hora
150 CFM × 25 minutos = 3.750 CF/hora*

O padrão 62.2 da Ashrae limita a ventilação total em climas quentes e úmidos e muito frios para um máximo de 7,5 CFM por 9,2 m² de área de piso para evitar superventilação nessas condições extremas.

Instituto de Ventilação Residencial

O Instituto de Ventilação Residencial (Home Ventilating Institute – HVI) é uma associação de fabricantes que certifica equipamentos de ventilação, fornece informações ao consumidor e a profissionais sobre a ventilação de casas, e participa do desenvolvimento das normas de construção. O HVI oferece recomen-

Tabela 13.7 Como selecionar o equipamento de ventilação

Estratégia de ventilação	Clima	Custos
Insuflamento	Refrigeração dominante	Iniciais baixos e operacionais de moderados a altos
Exaustão	Aquecimento dominante	Iniciais baixos e operacionais moderados
Ventilação equilibrada (HRV)	Aquecimento dominante	Iniciais altos e operacionais baixos
Ventilação equilibrada (ERV)	Refrigeração dominante	Iniciais altos e operacionais baixos
Natural	Ameno	Sem custo

---

* CFM – Cubic Feet per Minute = pés cúbicos por minuto. Quando se multiplica por 60 minutos, a unidade passa a ser CF = pés cúbicos, mas, agora, CF/hora.

dações para ventilação pontual e para a casa inteira, que são mais abrangentes do que os requisitos mínimos do padrão 62.2 da Ashrae.[7]

Ventilação pontual

Os índices de exaustão da ventilação pontual são calculados de acordo com o padrão 62.2 da Ashrae ou os requisitos do Código Residencial Interno (IRC), que exige índices mínimos de exaustão para cozinhas de 100 CFM com ventilação intermitente ou 24 CFM com ventilação contínua; para banheiros, esses índices são de 50 CFM com ventilação intermitente ou 20 CFM com ventilação contínua. A maior parte da ventilação da cozinha e do banheiro é mais intermitente do que contínua, embora exaustores de banheiro, que funcionam continuamente em uma velocidade lenta, sejam usados com frequência como parte do sistema de ventilação da casa inteira.

Ventilação da cozinha

Os índices de ventilação da cozinha entre 100 e 300 CFM são geralmente adequados para a maioria dos fogões residenciais; entretanto, o uso de fogões maiores, de estilo comercial, e as recomendações de seus fabricantes para exaustores de variação de capacidade maiores, com frequência, levam à instalação de coifas na cozinha, com índices entre 900 e 1.200 CFM. Embora esta quantidade de ventilação possa ser apropriada quando se utilizam seis ou oito queimadores ao mesmo tempo, ela excede muito as necessidades típicas da cozinha no dia a dia, e pode levar a uma superventilação e despressurização. Os sistemas de HVAC com ar pressurizado, em geral, movem aproximadamente 400 CFM para cada tonelada de ar condicionado, de forma que uma coifa, que extraia 1.200 CFM, está removendo o equivalente a três toneladas de ar-condicionado do ambiente em que está funcionando. Isto não requer apenas aquecimento ou refrigeração adicional, mas frequentemente causará refluxo de lareiras e quaisquer outros dispositivos de combustão aberta, bem como infiltração do ar externo através de aberturas no envelope da construção.

Os fabricantes de fogões de estilo comercial com frequência recomendam índices de ventilação na faixa de 300 CFM por 0,30 metros lineares, levando ao predomínio de exaustores de 1.200 CFM para esses grandes fogões. Essas estimativas são baseadas em projetos de cozinhas comerciais que permitem e incluem renovação de ar. As necessidades de uma cozinha residencial são diferentes da de uma cozinha comercial, e a reposição de ar não é comum nas casas. Os índices de ventilação recomendados pelo Instituto de Ventilação de Casa (HVI) são de 100 CFM por 0,30 metros lineares de largura do fogão quando instalado contra a parede, e 150 CFM quando o fogão é instalado em uma ilha. Por exemplo, uma largura de 122 cm requereria um índice de 400 CFM por padrões do HVI, que é menos do que a metade que a maioria dos fabricantes recomendaria.

Reposição de ar em ventilações de cozinha O Código Residencial Interno (IRC) de 2009 requer reposição de ar para coifas de 400 CFM a um índice aproximadamente igual ao do ar de extraído. A reposição do sistema de ar deve ser equipada com damper controlado automaticamente ou outro mecanismo de fechamento que opere simultaneamente com o sistema de exaustão (Figuras 13.62a e b). Enquanto os sistemas de reposição de ar são muito comuns em cozinhas comerciais, nas casas são raros. O equipamento padrão pequeno está disponível, requerendo que a reposição de ar seja fornecida por meio de um sistema projetado sob medida a ser instalado. Embora o requisito do código seja um bom começo, não direciona para a reposição de ar no aquecimento ou refrigeração; se esse ar não for condicionado, pode ser adicionado ao aquecimento total ou à carga de refrigeração da casa. Além disso, a localização da entrada da reposição de ar é crítica. A revista da Ashrae publicou estudos sobre ventilação de cozinha comercial que mostram como a localização imprópria de entradas de reposição de ar pode levar, por um caminho curto, o fluxo de ar para dentro da coifa, reduzindo sua eficácia em remover poluentes.[8] Estudos similares sobre aplicações residenciais são limitados, mas os mesmos princípios se aplicam.

Em uma casa verde, a melhor prática é instalar a menor coifa disponível e aconselhar os proprietários a utilizar qualquer exaustor com o funcionamento no mínimo disponível, quando possível. Se uma casa tem entrada de ar externa como parte do sistema de HVAC (como já descrito) pode fornecer ar fresco suficiente para equilibrar uma coifa de baixo volume. Um damper barométrico se abrirá automaticamente quando a casa se tornar despressurizada, ou um damper operado mecanicamente pode ser projetado para se abrir automaticamente sempre que o exaustor da coifa operar, fornecendo reposição de ar por meio do sistema de dutos da casa.

Exaustão do banheiro

Esta é um componente importante para controlar o vapor na casa. Banheiros com banheiras e chuveiros insuficientemente exauridos e não exauridos desenvolvem excesso de umidade, o que pode gerar o aparecimento de mofo e, em casos extremos, provocar danos estruturais na estrutura da madeira.

---

[7] Disponível em: <http://www.hvi.org/resourcelibrary/HowMuchVent.html>.

[8] Richard T. Swierczyna e Paul A. Sobiski. The Effect of Makeup Air on Kitchen Hoods. *ASHRAE Journal*, jul. 2003.

PALAVRA DO ESPECIALISTA – EUA

Ventilação central: quanto é suficiente?

Armin Rudd, diretor da Building Science Corporation É importante medir os índices de ventilação corretamente, já que índices muito baixos resultam em mau controle de odores e umidade, bem como ar inadequado para um ambiente de convivência saudável. Índices de ventilação mais altos do que o necessário podem desperdiçar energia, tornar as casas secas demais em climas secos ou durante o inverno em climas frios, e adicionar umidade excessiva em climas quentes e úmidos, e o resultado é o aumento das cargas de refrigeração e desumidificação.

Engenheiro diretor da Building Science Corporation desde 1999, Armin Rudd conduz análises, projetos, inspeções, pesquisa e desenvolvimento de sistemas mecânicos de construção e de envelopes de construção. Suas atividades concentram-se em toda a indústria de produção de construção de casa e nas investigações de umidade em construções comerciais.

Melhores guias práticos baseados na experiência e pequisa de construção residencial

Com o passar de duas décadas, muitas centenas de milhares de casas – tanto fabricadas como construídas – foram edificadas em todo os Estados Unidos e Canadá com quantidades variadas de ventilação mecânica centralizada. A pesquisa mostrou que essas casas têm a qualidade percebida do ar maior e menos problemas de umidade do que aquelas que não possuem ventilação em todo o seu interior.

Ao longo da última década, os construtores de casa, em parceria com o Programa Norte-Americano de Construção do Departamento de Energia (U. S. DOE's Building America Program – http://www.buildingamerica.gov), estiveram na vanguarda ao produzir casas com alto desempenho que utilizam uma abordagem de engenharia de sistemas para obter melhorias na eficiência de energia e de conforto, melhor qualidade do ar interno, durabilidade mais elevada e menor risco. Nessas casas, há ventilação mecânica centralizada com a distribuição de ventilação de ar pela casa inteira, mesmo que não haja requisitos de distribuição na casa toda no padrão 62.2 da Ashrae. Isto significa, por exemplo, que uma casa com exaustor local único no banheiro principal recebe o mesmo crédito de desempenho de ventilação centralizada que um sistema de ventilação totalmente dutado. A experiência com várias centenas de milhares de casas de alto desempenho, tendo aproximadamente de 50% a 60% do índice de ventilação requerido pelo padrão 62.2 da Ashrae, mas com distribuição completa por toda a construção e misturando-se o ar da ventilação, comprovou ser um sucesso. A falta de reclamação por parte dos ocupantes indica que os sistemas estão funcionando para fornecer qualidade de ar interna aceitável. Em nossa prática, recomendamos este nível de ventilação por toda a casa, juntamente com mais do que a capacidade suficiente disponível, a fim de atingir o padrão 62.2 da Ashrae mediante demanda do ocupante.

Com base nos três anos da pesquisa publicada (ASHRAE Transactions – Transações da ASHRAE), uma abordagem simples foi proposta, que poderia ser aplicada ao índice de ventilação mínimo de acordo com o padrão 62.2 da Ashrae para obter um índice mínimo de fluxo de ventilação. Tal índice contaria com o efeito das características do sistema de ventilação, tais como sistemas equilibrados *versus* desequilibrados, sistemas de pontos únicos *versus* de vários pontos relacionados à distribuição da ventilação de ar e mistura por toda a construção no que se refere à distribuição de ventilação de ar.

A próxima área de pesquisa, para melhorar o padrão 62.2 da Ashrae, deveria considerar o efeito que a fonte de ventilação de ar tem sobre a exposição do ocupante a contaminantes. Por exemplo, os sistemas de ventilação centralizados, que fornecem ventilação de ar aspirado de locais de ar fresco conhecidos, terão impacto diferente sobre a exposição do ocupante a contaminantes em relação aos sistemas de exaustão que dependem da despressurização da construção para aspirar ventilação de ar de caminhos desconhecidos e menor resistência. Tais caminhos poderiam ser através de paredes de garagens, portas de áreas de serviço ou sob as lajes, entre outros. Igualmente, os sistemas de ventilação de insuflamento, que têm vazamento do duto no lado da entrada, podem ter problemas similares. Espera-se que trabalhos nesta área surjam em um futuro próximo.

Contribuição de Armin Rudd da Building Science Corp. http://www.buildingscience.com.

O padrão 62.2 da Ashrae define banheiro como um ambiente qualquer que contém banheira, chuveiro, spa ou fontes similares de umidade. É necessário que esses ambientes tenham ventilação mecânica ou um método alternativo, projetado por um profissional licenciado, que forneça os índices mínimos de exaustão requeridos. Exaustores são frequentemente instalados em compartimentos com poeira e em banheiros, mas a maioria das normatizações permite que o exaustor seja eliminado quando há uma janela operável.

O dimensionamento de exaustores para banheiro é uma ciência imprecisa. Além do padrão 62.2 da Ashrae, o HVI tem guias de cálculo tanto pelo volume do ambiente como pelo número de instalações. Para banheiros de até 100 ft², ou 9,2 m², o HVI recomenda 1 CFM por pé quadrado de área de piso, ou 0,09 m². Para um banheiro de 8' × 5' (40 ft²), ou 2,44 m × 1,52 m e

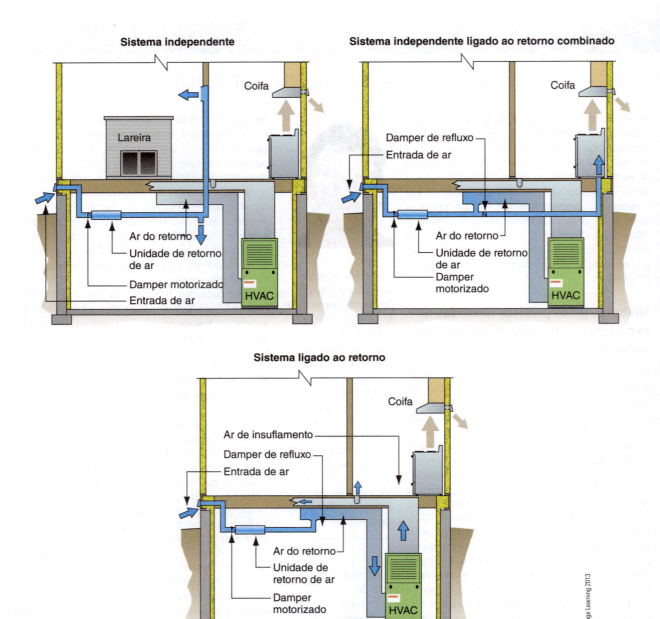

Figura 13.62a Três opções para reposição de ar de exaustão da cozinha.

3,7 m², o tamanho do exaustor recomendado é de 40 CFM. Para banheiros acima de 100 ft², ou 9,2 m², recomendam-se 50 CFM para cada vaso sanitário, chuveiro ou banheira, e 100 CFM para cada banheira de hidromassagem. O índice de ventilação recomendado para um banheiro com chuveiro, uma banheira e um vaso sanitário é de 150 CFM. Isto pode ser alcançado com um exaustor grande ou com dois ou mais exaustores menores. Posicionar um exaustor próximo ao chuveiro é recomendado, pois é onde a maior parte do vapor é criado em um banheiro.

Exaustores estão disponíveis em tamanhos que variam de 50 a 200 CFM ou mais. Em geral, essas proporções são para ventilador conectado a uma curta distância do duto. Trajetos longos, conexões e outras restrições no tubo de exaustão reduzem a quantidade real de ar que o ventilador é capaz de mover para o exterior. O padrão 62.2 da Ashrae e muitos fabricantes de exaustores fornecem tabelas prescritivas de projetos de tubulação para ajudar a determinar o comprimento máximo da tubulação e o número de conexões permitidas por para que o fluxo não sofra restrição para a exaustão total. Dutos flexíveis, quando permitidos pelo código local, são mais restritivos do que os de metal liso; por consequência, comprimentos permitidos para dutos flexíveis são

Figura 13.62b Ventilador para reposição de ar de exaustão da cozinha.

mais curtos do que aqueles para dutos metálicos. Além disso, cada conexão e acabamento de parede externa adicionam o equivalente a 4,5 metros lineares ao comprimento do duto, reduzindo mais o comprimento total permitido para cada exaustor. Tabelas de tubulação também ajudam a determinar o diâmetro mínimo do tubo exigido para o fluxo adequado. Por exemplo, a Ashrae permite apenas tubulações rígidas de 75 mm de diâmetro com comprimento máximo de 1,5 m para exaustor de até 50 CFM, requerendo efetivamente tubulações de 10 mm ou maiores para cada exaustor. Para ventiladores de 50 CFM, dutos rígidos de 100 mm até 32 metros lineares são permitidos; tubulações flexíveis para o mesmo tamanho são permitidas em apenas 21,3 metros lineares. Conforme diâmetros maiores de dutos são instalados, os limites de comprimento são reduzidos e, em alguns casos, desaparecem. Por exemplo, um ventilador de 50 CFM instalado com um sistema de duto rígido de 127 mm não tem limite de comprimento. Quando os exaustores não podem ser localizados com trajetos curtos e diretos para o exterior, tubulações mais largas ou ventiladores de maior capacidade podem ser instalados para fornecer índices de fluxo adequados. A prática pede dutos rígidos, o traçado mais direto para a parte externa e menos conexões. Os exaustores podem ser testados para confirmar que atinjam os níveis de fluxo requisitados. Isso pode ser feito com um exaustor de fluxo, dispositivo de pressão ou ferramentas similares.

Operações e controles de ventiladores de banheiro

Ventiladores de banheiro devem funcionar entre 20 e 40 minutos após o uso do chuveiro ou outro evento que produza grandes quantidades de vapor. O HVI recomenda um mínimo de 20 minutos. Os ventiladores podem ser operados com uma chave manual, entretanto, isto em geral provoca seu desligamento prematuro (por causa de falha na remoção adequada do vapor) ou pode fazê-los funcionar por muito tempo (o que resulta em desperdício de energia). Há controles automáticos com sensores de umidade que são ajustados para ligar quando a umidade relativa alcança um nível preestabelecido e desligar quando esta cai abaixo de 50% ou outro ajuste. Temporizadores simples com puxador ou botão são uma alternativa não cara para assegurar que o ventilador funcionará por tempo suficiente, mas não por tempo demais. Os ventiladores podem ser controlados com chaves temporizadas que controlam tanto a luz quanto o ventilador ou com um temporizador que mantém o funcionamento do ventilador por um período de tempo após a luz ser desligada. Sensores de movimento também podem ser usados para manter o ventilador ligado por determinado período de tempo sempre que alguém entra no banheiro.

Os HRVs, ventiladores de recuperação de calor, e ERVs, ventiladores de recuperação de energia, podem incorporar a ventilação do banheiro à ventilação da casa toda, funcionando, em geral, de forma contínua a um volume baixo com tubulação de retorno em cada banheiro.

Ventiladores de banheiro

Os ventiladores de banheiro mais eficientes são os classificados pelo ENERGY STAR, que também limita o nível de barulho permitida enquanto em funcionamento. Ventiladores como esses são disponibilizados pela Panasonic, com motores de corrente contínua que se ajustam automaticamente à velocidade a fim de fornecer um índice de fluxo específico. Esta característica ajuda a eliminar problemas de baixo fluxo associados a trajetos de dutos longos e estreitos. A Broan oferece SmartSense®, um sistema de ventilação centralizado que incorpora exaustores de banheiro e cozinha que se comunicam uns com os outros através da fiação. O sistema liga os ventiladores automaticamente quando a operação manual não atinge um índice mínimo de ventilação por hora preestabelecido. O sistema SmartSense inclui um damper operado automaticamente que se abre quando qualquer ventilador no sistema opera, fornecendo retorno de ar através do ar que volta de um sistema de duto central ou de um ramal exclusivo. Ventiladores de multiportas, como os produzidos pela Fantech, utilizam um ventilador único montado em uma localização afastada com tubulações que saem do ventilador para cada banheiro e um exaustor único para a parte externa. Ventiladores de recirculação nem eliminam umidade ou ar saturado nem fornecem a ventilação requerida pelo código.

Retorno de ar Como ventiladores de banheiro são menores, o retorno de ar não é tão problemático quanto o resultante dos de cozinha. Fornecer o fluxo de ar ao deixar a porta do banheiro aberta permite uma remoção muito mais rápida da umidade e diminui a quantidade de vezes de funcionamento do ventilador.

Ventilação da garagem

Garagens anexas têm o potencial de permitir que o monóxido de carbono e outros poluentes entrem na casa através de aberturas no envelope da construção. Uma casa de alto desempenho pode ter uma vedação de ar eficaz entre a garagem e a casa, mas aberturas menores ou portas entreabertas eliminam a separação eficaz do ambiente. Como boa prática, ventilação mecânica deveria ser fornecida em qualquer garagem anexa (Figura 13.63). A EPA recomenda um índice de 50 CFM funcionando continuamente, ou 100 CFM de forma intermitente. Ventiladores intermitentes podem operar com sensores de movimento ou por uma chave atrelada ao operador da porta da garagem.

Ventiladores Centrais

Embora não sejam considerados como parte de uma estratégia de ventilação da casa inteira, ventiladores centrais podem ser utilizados para refrigeração e ventilação passiva em climas moderados, a fim de deixar a casa mais confortável. Ventiladores centrais tradicionais para a casa inteira extraem um alto volume de ar para dentro de um sótão não condicionado e, dependendo da base de acabamento do beiral, arestas ou respiros da cumeeira pode extraí-lo para o exterior. Na prática, entretanto, esses ventiladores podem pressurizar o sótão e forçar o ar quente para dentro da casa através de aberturas no teto, como pontos de luz e grelhas de HVAC. Quando um ventilador central é instalado, a vedação de ar pelo teto é crítica e os respiros do telhado devem ser grandes o suficiente para extrair todo o ar que o ventilador leva para dentro do sótão. Além disso, a maioria dos ventiladores centrais tem persianas automáticas que não fornecem nenhuma vedação nem isolamento de ar adequado.

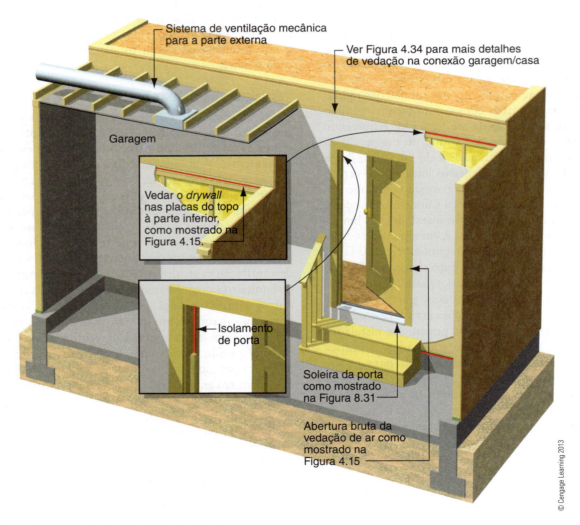

Figura 13.63 Vedação de ar da parede da garagem.

Neste caso, deve-se instalar um isolamento separado e uma cobertura de ar selada quando o ventilador não for usado.

Ventiladores, como os fabricados pela Tamarack Technologies, são produzidos com uma cobertura isolante que fornece tanto o isolamento quanto a estanqueidade de ar necessária em uma casa de alto desempenho. Se um ventilador central for instalado em uma casa com isolamento na linha do telhado, deve ter um *shaft* isolado ou um duto que direcione o ar para uma persiana de exaustão e um método para vedar a abertura quando não utilizada.

Ventilação natural

Casas podem tirar vantagem da ventilação natural durante o clima moderado assim como este também ser um substituto para os sistemas mecânicos, embora isto não seja considerado um método confiável e consistente de ventilação para a casa inteira. A instalação de janelas que possam fornecer ventilação cruzada e chaminés térmicas para aproveitamento do efeito *stack* natural são opções acessíveis para os projetistas. Em geral, ventilação natural é indesejável quando a umidade é extremamente alta ou baixa, as temperaturas são extremas ou quando níveis de poeiras, fumaça ou outros poluentes no ar externo são altos.

Tenha em mente que a maioria dos sistemas de ventilação opera o tempo inteiro ou por alguns minutos. Uma casa projetada com ventilação natural deve incluir sensores que desligam os sistemas de ventilação mecânicos quando janelas e portas são abertas por períodos extensos visando evitar desperdício de energia.

Filtros

Estes ajudam a melhorar a qualidade do ambiente interno, removendo partículas e outros poluentes do ar interno. Em casas com sistemas de duto central, os filtros ficam perto do controlador de ar ou em uma grade de retorno central. Quando não há sistemas de tubulação central, os filtros podem fazer parte do sistema separado de ventilação central, como ERV, HRV ou desumidificador central. Os proprietários, às vezes, usarão filtros individuais de ambientes para purificar o ar interno, mas a necessidade detectada para estes é tipicamente uma indicação de outros problemas, como infiltração de ar em excesso, vazamento de tubulação e filtros de baixa qualidade na instalação central.

Tipos de filtro

Filtros de ar residencial que removem partículas do ar são geralmente feitos de fibra de vidro e pregas. Há ainda aqueles denominados precipitadores eletrostáticos (Figuras 13.64a, b e c). Os filtros coletam partículas quando o ar passa por eles, o que exigirá substituição regular conforme ficam saturados de pó e sujeira. Os filtros de fibra de vidro apenas pegam as partículas maiores, permitindo que a maioria permaneça no ar. Os filtros de ar com pregas removem a maioria das partículas, exceto as menores, como bactérias e vírus. Todos os filtros fornecem algum nível de resistência ao fluxo do ar, a ser considerado quando se projetam sistemas de dutos e selecionam controladores de ar, para não criar pressão em excesso no motor do ventilador nem reduzir o fluxo de ar pelo duto. Os filtros de fibra de vidro e com pregas espesso têm menor resistência ao fluxo de ar; os com pregas fino têm maior resistência. Muitos sistemas de HVAC são projetados para filtros de 1", ou 2,54 cm, de fibra de vidro que fornecem fluxo de ar adequado; entretanto, os filtros são geralmente substituídos por filtros com pregas grosso de 1", ou 2,54 cm, que faz um trabalho melhor de filtrar partículas, mas também reduz o fluxo de ar. Consequentemente, surgem problemas de desempenho, como o congelamento de serpentinas de refrigeração, falha prematura do ventilador e desequilíbrios do sistema.

Figura 13.64a Filtros de fibra de vidro.

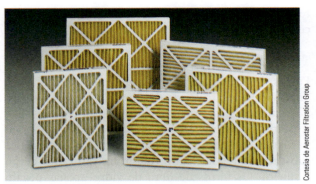

Figura 13.56b Filtros com pregas

Figura 13.64c Filtro com pregas do tipo extintor de partículas de alta eficiência – Hepa.

Figura 13.65 Precipitador eletrostático montado por controlador de ar.

Precipitadores eletrostáticos, também conhecidos como purificadores de ar eletrônicos, usam um fio carregado eletricamente para carrear partículas no ar e atraí-las para uma placa onde são coletadas (Figura 13.65). Esses filtros permanentes têm altos níveis de eficiência, mas requerem manutenção e limpeza regular para operação efetiva.

Embora menos comuns, os filtros de carbono ativado e sistemas de purificação ultravioleta (UV) podem remover componentes orgânicos voláteis (VOCs) e outros contaminantes. Os filtros de carbono ativado podem remover VOCs, mas não partículas passíveis de danificá-los, de forma que este tipo deve ser combinado com filtros mecânicos. Podem ser úteis para pessoas que têm alta sensibilidade química, mas uma estratégia melhor para adequar a qualidade do ar interno é evitar introduzir VOCs. Filtros de UV esterilizam o ar conforme passam eliminando patógenos, vírus e mofo. Apesar de não ser muito comuns em casas, esses quando usados com filtros mecânicos de alta eficiência, podem ser eficaz para pessoas com sistemas imunológicos comprometidos.

Independente do tipo de filtro instalado, o desempenho do sistema de dutos tem papel importante na sua eficácia. Um sistema de duto com vazamento permitirá que contaminantes entrem com o ar pelos dutos, tanto antes como depois do filtro.

Eficiência do filtro

A Ashrae desenvolveu um sistema de classificação para a eficiência do filtro, conhecido como valor mínimo de eficiência relatado (*minimum efficiency reporting value* – Merv), cuja escala varia de 1 a 16. Quanto maior for o número, mais eficientemente o filtro removerá partículas do ar (Tabela 13.8). Filtros extintores de partículas de alta eficiência (*high-efficiency particle arrestor* – Hepa) atendem aos padrões da EPA quando removem pelo menos 99,97% das partículas aerotransportadas de 0,3 micrômetros.*
Utilizados mais comumente em hospitais e instalações industriais, os filtros do tipo Hepa também podem ser utilizados em aplicações residenciais. Eles têm tipica-

---

* Unidade de medida de comprimento equivalente à milionésima parte do metro. O termo "mícron" corresponde à fração de um milionésimo, cujo seu plural é "mícrons". Usa-se a simbolgia "μm" para a unidade. A Tabela 13.8 apresenta medidas de partículas em mícrons. (S.H.O.)

mente um índice de Merv de 16, embora nem todos os filtros com este índice atinjam os requisitos do Hepa.

Localização do filtro

Os filtros devem ser projetados para fácil remoção e ser instalados em local onde fiquem acessíveis para manutenção e substituição. Em casas com um ou mais retornos centrais, podem ser instalados atrás das grelhas articuladas. Outra localização comum é no controlador de ar. Muitos controladores de ar têm alojamentos para filtro de 1", ou 2,54 cm, embutidos, muitos dos quais apresentam dificuldade para manutenção e limitam a espessura dos filtros. A boa prática sugere a instalação de um filtro com pregas em um gabinete separado, este instalado entre o plenum de retorno de ar e o controlador de ar. Devido às altas pressões no controlador de ar, os gabinetes de filtro devem ser muito bem vedados e ter uma tampa perfeitamente ajustada para minimizar vazamentos de ar.

Manutenção

Os sistemas de HVAC devem ter manutenção para o máximo de desempenho. Inspeções do equipamento em intervalos semestrais, ocasionalmente com verificação da carga refrigerante, troca regular do filtro e inspeções para constatar danos em dutos, mangueiras e equipamento assegurarão que o sistema todo funcione devidamente.

Considerações sobre reformas

Em casas antigas, os sistemas de HVAC representam uma excelente oportunidade para melhorar a eficiência e a qualidade do ar ambiente interno. Equipamento ineficiente, com projeto a sistemas de dutos de forma incorreta, problemas de segurança em combustão e filtros de má qualidade desperdiçam energia e prejudicam a qualidade do ar.

Como avaliar os sistemas existentes

Realizar uma auditoria de energia e segurança da combustão em sistemas existentes de HVAC é a melhor forma de determinar o potencial das melhorias. Em sistemas de ar pressurizado, deve-se realizar testes para verificar se há vazamento interno ou externo no envelope da construção. Teste de fluxo também deve ser realizado para determinar se há fornecimento adequado de ar-condicionado. Sempre que for necessário, os sistemas de duto devem ser reparados ou substituídos para as condições do projeto.

Tabela 13.8 Parâmetros de Merv

Valor Merv	Tamanho médio da partícula (0,3-1,0 mícron)	Tamanho médio da partícula (1,0-3,0 mícrons)	Tamanho médio da partícula (3,0-10,0 mícrons)
1	–	–	< 20%
2	–	–	< 20%
3	–	–	< 20%
4	–	–	< 20%
5	–	–	20%-35%
6	–	–	35%-50%
7	–	–	50%-70%
8	–	–	70%-85%
9	–	< 50%	85%
10	–	50%-65%	85%
11	–	65%-80%	85%
12	–	80%	85%
13	< 75%	90%	90%
14	75%-85%	90%	90%
15	85%-95%	90%	90%
16	95%	95%	90%

Fonte: Cortesia da Sociedade Americana dos Engenheiros de Ar-Condicionado, Aquecimento e Refrigeração, reproduzida com permissão em formato de livro didático via Copyright Clearance Center: *ANSI/ASHRAE Standard 62.1-2007:* Ventilation for Acceptable Indoor Air Quality, *copyright* 1985.

Melhorias do sistema de duto

Em geral, sistemas de duto mais antigos foram mal planejados e instalados de forma incorreta ou sofreram danos após a instalação, o que certamente pode comprometer o desempenho eficiente da casa com o passar dos anos. Ao avaliar um sistema existente, considere a distribuição geral para obter eficiência, equilíbrio de fornecimento e retorno, e inspecione o fluxo restrito, a vedação ruim, as juntas desconexas e os principais pontos de vazamentos, como aqueles que ocorrem em deslocamento de vigas. Em geral, esses sistemas já foram vedados com fitas de amianto, que, quando danificadas, devem ser removidas ou revestidas de acordo com as regulamentações ambientais locais e federais. Esta remoção sem o devido cuidado pode expor os trabalhadores e moradores às fibras, que, quando inaladas, podem provocar problemas de saúde, como mesotelioma e câncer.

Sistemas que foram projetados com retorno central único podem se beneficiar dos retornos em espaço adicional, grades de transferência ou dutos do tipo *bypass* para equilibrar para as pressões de fornecimento e retorno. Se o projeto do sistema de distribuição básico estiver bom, simplesmente deve-se vedar os vazamentos e reparar os defeitos isto já melhorará o desempenho. Se o sistema estiver mal projetado, uma substituição parcial ou integral pode ser a solução apropriada, com atenção especial aos deslocamentos devido às vigas e outras áreas de difícil vedação. Em casas nas quais o teste de dutos apresenta vazamento significativo, mas estes estão embutidos nas paredes e nos tetos, um produto como o Aeroseal® pode ser usado para reduzir o vazamento, soprando um selante por todo o sistema. Após a vedação dos sistemas de dutos existentes, o fluxo total de fornecimento e retorno deve ser medido e equilibrado para evitar a criação de pressão excessiva positiva ou negativa na casa.

O reposicionamento do envelope da construção para nele incorporar dutos pode aumentar de maneira significativa a eficiência; em climas úmidos, entretanto, a redução de carga no sistema pode levar a condicionamento de ar subdimensionado, problemas de ciclo curto e desumidificação ineficiente. Quando forem realizadas trocas significativas em um sistema de HVAC existente, deve-se efetuar novo cálculo de carga e mudanças apropriadas no tamanho do sistema em correspondência às necessidades de aquecimento e refrigeração.

Sistemas de duto de alta velocidade

Sistemas de HVAC de alta velocidade são usados principalmente em situações de reforma em que o espaço para dutos de tamanho padrão é limitado ou quando os acabamentos de parede e teto precisam ser mantidos. Diâmetro menor permite que a tubulação passe por pequenos espaços, como suportes e vãos de vigas, onde os dutos padrão não caberiam. Esses sistemas também podem ser instalados em construções novas quando o espaço é limitado. Sistemas de alta velocidade consistem em controlador de ar, dutos principais rígidos, dutos flexíveis isolados de 5 cm e grelhas de supressão de som. Os controladores de ar de alta pressão, que são menores do que as unidades tradicionais, incluem uma serpentina interna e são combinados com unidades de condensação ou sistemas de aquecimento hidrônico.

Como o fluxo de ar é muito forte, cada grelha tem uma zona de influência, na qual os fluxos de ar em movimento podem ser sentidos a aproximadamente 1,50 m de distância. Isto exige que as grelhas sejam localizadas de forma que o fluxo de ar não atinja diretamente os moradores, evitando-se o desconforto. Sistemas de alta velocidade são menos comuns do que os de dutos tradicionais e, geralmente, mais dispendiosos para instalar. Entretanto, podem ser uma boa alternativa quando o espaço do duto é limitado e a capacidade de remover e substituir os acabamentos interiores restrita.

Como melhorar e substituir o equipamento existente

Aquecedores e *boilers* de combustão abertos podem ser substituídos por equipamento de combustão mais eficientemente vedados ou isolados do ar na casa com combustão fechada ou outro método de vedação do ar. Quando se substitui um equipamento que não seja de combustão vedada, o novo pode precisar de ventilação por meio de uma chaminé; um novo sistema de ventilação pode ser necessário ou a chaminé existente talvez precise ser reformada para atender aos requisitos do novo equipamento. Os condicionadores de ar e as bombas de aquecimento, se mantidos, devem ter a carga de fluido refrigerante verificada e ajustada para atender às especificações do fabricante.

Os sistemas de HVAC existentes em muitas casas podem não apresentar condições adequadas no espaço existente, mas devem estar em boas condições e ser eficientes o bastante para considerar a reutilização. Quando o envelope da construção e os sistemas de dutos são inadequados, é exigida maior demanda no sistema de HVAC. Melhorar o envelope da construção e instalar um sistema de dutos mais eficiente ou reparar os defeitos no sistema existente pode reduzir a necessidade de substituição do equipamento. Em alguns casos, pode-se criar novo espaço sem acréscimo ou substituição do equipamento. Algumas estratégias são muito eficazes para reduzir a carga, como instalação de mecanismos capazes de mover os dutos para espaços condicionados, vedação dos dutos, isolamento, estanqueidade de ar e sombreamento de janelas. Reduzir a carga geral e reutilizar o equipamento existente é a melhor estratégia de longo prazo do que simplesmente instalar novo equipamento de HVAC maior sem realizar quaisquer melhorias no envelope da construção. Mesmo quando o equipamento existente não é tão eficiente quanto desejado, ainda pode ser substituído posteriormente por um sistema menor; isso é preferível a reduzir a carga geral da construção durante as reformas iniciais.

Resumo

O sistema de HVAC é um dos componentes mais importantes na criação de uma casa verde. Projeto apropriado, instalação e manutenção de sistemas de aquecimento, refrigeração, condicionamento de ar, desumidificação e ventilação são os principais componentes de uma construção saudável e eficiente. Ao coordenar o projeto de HVAC na estrutura desde o início, em vez de fazê-lo apenas mais tarde, você pode criar projetos eficientes de duto, escolher equipamento bem dimensionado e obter fácil acesso à manutenção.

Questões de revisão

1. Qual das seguintes é a melhor opção para reduzir o uso da energia geral da construção para HVAC?
   a. Equipamento de alta eficiência
   b. Bombas ou trocadores de calor geotérmico
   c. Vedação do dutos
   d. Envelope da construção de alto desempenho
2. Qual das alternativas a seguir é o método mais comum para distribuir aquecimento e refrigeração por toda a casa?
   a. Refrigeração radiante
   b. Ar pressurizado
   c. Solar
   d. Unidades do tipo *fan coil*
3. Qual das alternativas a seguir não é um exemplo de sistema de HVAC não distribuído?
   a. Condicionador de ar de janela
   b. Lareira
   c. Aquecimento de ar pressurizado
   d. Mini-*split* sem dutos
4. Qual das alternativas a seguir não é uma fonte de energia principal para bombas ou trocadores de calor?
   a. Água
   b. Ar
   c. Solo
   d. Gás natural
5. Qual das alternativas a seguir é a melhor opção a ser considerada quando o ar interno em uma casa está muito seco?
   a. Instalar um umidificador.
   b. Atualizar o sistema de HVAC.
   c. Vedar o ar no envelope da construção.
   d. Instalar um desumidificador.
6. Qual das alternativas a seguir é a melhor estratégia para melhorar a qualidade do ar interior?
   a. Instalar ventiladores continuamente.
   b. Evitar a introdução de poluentes na casa.
   c. Usar filtros de alta qualidade.
   d. Instalar condicionamento de ar de alta eficiência.
7. Das alternativas a seguir, qual é a melhor estratégia para um sistema de duto equilibrado?
   a. Grelha de retorno central único
   b. Duto flexível
   c. Duto rígido
   d. Retornos em ambientes individuais
8. Qual é a melhor localização para dutos de HVAC?
   a. Porão sem condicionamento
   b. Fora do envelope da construção
   c. Sótão ventilado
   d. Dentro do envelope da construção
9. Qual das alternativas a seguir é o sistema de aquecimento mais rápido com relação à qualidade do ar interior?
   a. Aquecedor a gás de 80% AFUE
   b. Aquecedor de pellet de madeira
   c. Bomba ou trocador de calor de 7 HSPF
   d. *Boiler* a óleo de 80% AFUE
10. Qual das alternativas a seguir é a melhor estratégia de ventilação centralizada que atende aos requisitos do padrão 62.2 da Ashrae em um clima quente e úmido?
    a. Somente exaustão
    b. Somente insuflamento
    c. Balanceado
    d. Natural

Questões para o pensamento crítico

1. Como o local do equipamento de aquecimento e o sistema de distribuição afetam a eficiência geral do HVAC?
2. Quais são os prós e os contras de diferentes tipos de sistema de distribuição de ar e água nas casas?
3. Como o projeto e a construção da casa, incluindo isolamento, estanqueidade ao ar e posicionamento das janelas, afetam o tamanho e a localização dos sistemas de HVAC?

Palavras-chave

Air-Conditioning, Heating, and Instituto de Ar-Condicionado, Aquecimento e Refrigeração (Refrigeration Institute – AHRI),
analisador de combustão
aquecedor
aquecedor de condensação
aquecedor elétrico
aquecimento radiante
ar-condicionado
ar-condicionado (AC)

Associação dos Empreteiros de Ar-
-Condicionado (ACCA)
Ato de conservação de Energia de
Aplicação Nacional (National
Appliance Energy Conservation
Act – Naeca)
boiler
bomba ou trocador de calor
bomba ou trocador de calor a água
(WSHP)
bombas ou trocadores de calor a ar
bombas ou trocadores de calor de um
corpo d'água
bombas ou trocadores de calor
geotérmico (WSHPs)
calor latente
calor sensível
coeficiente de desempenho (COP)
cogeração
combustão completa
combustão incompleta
comissionamento
componente refrigerante
compressor
comprimento efetivo da tubulação
comprimento equivalente
condensador
controle por zona
detector de monóxido de carbono
dutos do tipo *bypass*
eficiência de utilização do combustível
anual (AFUE)
energia e calor combinados (CHP)
envenenamento crônico por CO
envenenamento grave por CO
evaporador
fan coil
fator de desempenho sazonal de
aquecimento (HSPF)
filtro de ar com pregas
filtro de ar eletrônico
filtro de ar mecânico
fração de calor sensível (SHF)
grelhas de transferência
hidrônico
índice de calor sensível (SHR)
índice de eficiência energética (EER)
índice de eficiência energética sazonal
(Seer)
manômetro
Manual D da ACCA
Manual J da ACCA
Manual S da ACCA
Manual T da ACCA
mini-*splits* sem dutos
plenum
pressão estática
refrigeração evaporativa
resfriador evaporativo direto
resfriador evaporativo indireto
sistema de duto radial
sistema de dutos-aranha
sistemas de dutos de troncos
ramificação
termômetro *stack*
unidade condensadora
vazamento para a parte externa
vazamento total do duto
ventilação equilibrada
ventilação pontual
ventilação somente de exaustão
ventilação somente de insuflamento

Glossário

analisador de combustão ferramenta utilizada localmente para medir a eficiência do aquecedor.

aquecedor dispositivo a gás, óleo ou madeira em que o ar é aquecido e circula por meio de uma construção em um sistema de dutos.

aquecedor de condensação dispositivo de aquecimento por combustão que utiliza um trocador de calor secundário para condensar o gás da caldeira e capturar calor adicional, aumentando sua eficiência.

aquecedor elétrico sistema de aquecimento que usa resistência elétrica para converter eletricidade em calor.

aquecimento radiante sistema de aquecimento em que a fonte de calor (resistência elétrica ou água quente) é instalada sob o revestimento de acabamento ou radiadores individuais.

ar-condicionado (AC) dispositivo doméstico, sistema ou mecanismo que desumidifica e extrai calor de uma área.

Associação dos Empreiteiros de Ar Condicionado (ACCA) organização profissional que publica padrões para sistemas de aquecimento e refrigeração.

Ato de Conservação de Energia de Aplicação Nacional (Naeca) lei federal americana promulgada em 1992 para estabelecer níveis de eficiência mínima nacional para uma variedade de dispositivos comerciais e residenciais que utilizam energia e água.

boiler ou reservatório de água quente peça do equipamento de aquecimento projetada para aquecer água (usando eletricidade, gás ou óleo como fonte de calor), com o objetivo de fornecer calor para espaços condicionados e água potável.

bomba ou trocador de calor a ar também denominado trocador térmico a ar é um sistema de aquecimento e refrigeração que consiste em um compressor e duas serpentinas feitas de cobre ou alumínio, uma localizada dentro e outra fora da casa, circundadas por flanges de alumínio para adicionar transferência de calor.

bomba ou trocador de calor unidade de aquecimento e refrigeração que retira calor de uma fonte externa e o transporta para um espaço interno, para fins de aquecimento ou, inversamente, refrigeração.

No mercado brasileiro, o termo "trocador de calor" é mais comum do que "bomba de calor" ou "trocador térmico", justificando assim o uso da expressão "bomba/trocador" para referir--se a este equipamento no texto. (S.H.O.)

bomba ou trocador de calor de um corpo d'água (WSHP) unidade de aquecimento e refrigeração que troca calor entre o solo e a água e o interior da casa; também referida como bomba ou trocador de calor geotérmico.

bomba ou trocador de calor geotérmico (GSHP) sistema de aquecimento e refrigeração central que bombeia o calor para o subsolo ou para o chão.

calor latente produz uma mudança de estado sem mudança na temperatura; trata-se da porção da carga de refrigeração resultante quando a umidade no ar muda de vapor para líquido (condensação).

calor sensível energia associada à mudança de temperatura.

coeficiente de desempenho (COP – *coefficient of performance*) relação entre a energia térmica gerada (aquecimento ou refrigeração) e a quantidade de energia absorvida ou consumida.

cogeração ferramenta de produção de calor ou de estação de energia para gerar simultaneamente eletricidade e calor útil; também conhecida como *energia e calor combinados (CHP – combined heat and power)*.

combustão completa processo pelo qual o carbono, a partir do combustível, liga-se ao oxigênio para formar dióxido de carbono (CO_2), vapor de água, nitrogênio e ar.

combustão incompleta ocorre quando a proporção do combustível em relação à do oxigênio é incorreta, o que permite a produção de monóxido de carbono e aldeído.

comissionamento processo de diagnóstico e verificação do desempenho do sistema de construção.

compressor bomba mecânica que utiliza pressão para mudar o estado do fluido refrigerante de líquido para gás.

comprimento efetivo da tubulação quantidade total de perda de carga das seções retas e de todas as conexões no percurso de cada tubulação.

comprimento equivalente comprimento comparável do trajeto de um duto reto e único, quando considerada a perda de carga do fluxo de ar oriunda de compressões, cotovelos, acessórios e outras obstruções da tubulação.

condensador componente de um sistema de refrigeração que transfere calor do sistema por condensação de fluido refrigerante.

controle por zona controle com aparelho que mede a quantidade de fluxo de ar para diferentes áreas da casa.

detector de monóxido de carbono dispositivo que registra os níveis de CO no tubo da caldeira de um aparelho de combustão ou no ambiente ao redor.

dutos do tipo *bypass* pequenas partes de dutos instalados nos tetos que permitem que o ar flua entre os cômodos.

eficiência de utilização do combustível anual (AFUE – *annual fuel utilization efficiency*) relação entre calor gerado pelo aquecedor ou *boiler* comparado com o total de energia que eles consomem.

energia e calor combinados (*combined heat and power* – CHP) ferramenta de produção de calor ou de estação de energia para gerar simultaneamente eletricidade e calor útil; também conhecido como *cogeração*.

envenenamento crônico por CO refere-se aos casos em que indivíduos são expostos ao gás em mais de uma ocasião – geralmente em concentrações baixas.

envenenamento grave por CO refere-se ao envenenamento que ocorre após uma única e grande exposição ao gás; pode envolver uma ou mais pessoas.

evaporador componente do sistema responsável por executar a refrigeração real ou refrigerar o espaço de convívio.

fan coil aparelho simples que consiste em uma serpentina de aquecimento ou de refrigeração e um ventilador usado para distribuir o aquecimento e a refrigeração pela área a ser condicionada.

fator de desempenho sazonal de aquecimento (HSPF) medida estimada de aquecimento sazonal da bomba/trocador de calor em Btu dividida pela quantidade de energia que ela consome em watt-horas.

filtros de ar com pregas filtros mecânicos de papel com alta eficiência que contêm mais fibra por polegada quadrada do que os de fibra de vidro descartáveis.

filtros de ar eletrônicos usam eletricidade para atrair moléculas menores, como fumaça, mofo e odores de animais domésticos, para aletas metálicas.

filtros de ar mecânicos filtros que usam fibras sintéticas ou de vidro, ou, ainda, carvão para remover particulados; configuram-se com a maior parte dos tipos de filtro usados em residências.

componente refrigerante produto químico que transfere calor à medida que muda de líquido para gás e de volta para líquido.

fração de calor sensível (SHF) índice de sensibilidade do ar-condicionado para a capacidade latente, também conhecido como *índice de calor sensível (SHR)*.

grelhas de transferência venezianas colocadas nas paredes de divisa entre cômodos para permitir que o ar flua entre eles.

hidrônico sistema de condicionamento que circula água aquecida ou resfriada por meio de radiadores montados em parede, rodapés e tubulações embutidas no piso; sendo possível combinar essas formas de montagem.

índice de calor sensível (SHR) índice de sensibilidade do ar-condicionado para a capacidade latente, também conhecido como *fração de calor sensível (SHF)*.

índice de eficiência energética (EER) medida da eficiência de um sistema de refrigeração que operará quando a temperatura externa estiver a um nível específico (geralmente 35°C).

índice de eficiência energética sazonal (Seer) descreve qual a eficiência do equipamento de condicionamento de ar.

Instituto de Ar-Condicionado, Aquecimento e Refrigeração (Air-Conditioning, Heating, and Refrigeration Institute – AHRI) associação comercial que representa os fabricantes de aquecimento, ventilação, ar-condicionado e refrigeração comercial.

manômetro ferramenta usada para medir a pressão dos gases de combustão em um aquecedor ou *boiler*.

Manual D da ACCA guia voltado para o projeto de sistemas de dutos residenciais que ajuda a garantir que estes distribuirão a quantidade apropriada de ar aquecido ou refrigerado para cada ambiente.

Manual J da ACCA guia para dimensionar sistemas de aquecimento e refrigeração residenciais baseados no clima local e nas condições ambientais do local da construção.

Manual S da ACCA guia para seleção e dimensionamento de equipamento de aquecimento e refrigeração que atende às cargas presentes no Manual J.

Manual T da ACCA guia para projetistas sobre como selecionar, dimensionar e localizar grelhas de insuflamento e de retorno.

mini-*splits* sem dutos ar-condicionado compacto montado na parede ou bomba/trocador de calor conectado a uma unidade de condensação externa separada por meio de linhas refrigerantes.

plenum caixas retangulares conectadas ao trocador de calor que recebem ar aquecido ou resfriado, que é então distribuído aos dutos principais e ramificados.

pressão estática a pressão dentro do sistema de dutos é um indicador da quantidade de resistência ao fluxo de ar dentro do sistema; geralmente medida em polegadas de coluna de água (IWC) ou pascals (Pa).

refrigeração evaporativa um meio de redução da temperatura que funciona pelo princípio de que a água absorve o calor latente do ar ao redor quando evapora.

resfriador evaporativo direto dispositivo que reduz a temperatura do ar que passa por ele, por meio de esponjas encharcadas de água.

resfriador evaporativo indireto semelhante ao refrigerador evaporativo direto, usa alguns tipos de trocador de calor para evitar que o ar úmido resfriado entre em contato direto com o ambiente condicionado.

sistema de duto radial sistema de distribuição em que os dutos de ramificação que fornecem ar-condicionado para os ambientes funcionam de modo individual no fornecimento e conectados diretamente a um pequeno plenum.

sistemas de dutos de tronco e ramificação linha principal com dutos de grandes dimensões (troncos) instalados no centro da casa com outros pequenos (ramificações primárias e secundárias), alimentados pelo principal, suprindo os cômodos.

sistemas de dutos-aranha disposição individual de tubulação diretamente nas aquecedores e caixas de controle de ar alimentando cada cômodo; assim identificado por ter, de um ponto, várias saídas de forma radial.

sistema de refrigeração processo de resfriar o ar interior transferindo o calor interno para um fluido ou gás refrigerante, que, por sua vez, o move para o exterior.

ventilação somente de exaustão sistema que remove o ar da casa com partes iguais, de modo que o ar entre na abertura não controlada (por exemplo, vazamentos do envelope).

termômetro *stack* instrumento para medir a temperatura dos gases de combustão dentro do tubo de exaustão da caldeira de um aparelho de combustão.

unidade condensadora parte de um sistema de refrigeração em que a compressão e a condensação do fluido refrigerante são obtidas.

vazamento para a parte externa vazamento do duto que não está dentro do envelope da construção.

vazamento total do duto quantidade de vazamento do duto tanto dentro como fora do envelope da construção.

ventilação equilibrada sistema que fornece partes iguais de insuflamento e exaustão por meio de ventiladores ou trocadores de calor do tipo de ar-ar, referidos como ventiladores de recuperação de calor (HRVs) ou ventiladores de recuperação de energia (ERVs).

ventilação pontual processo mecânico para remover umidade, odores e poluentes diretamente da fonte.

ventilação somente de insuflamento fornece ar externo para a casa sem exaustão.

Recursos adicionais

Building Science: *Ventilation Guide by* Armin Rudd. Building Science Corporation, 2006.
http://www.buildingscience.com
American Society of Heating, Refrigerating and Air-Conditioning Engineers, Inc.: *ANSI/ASHRAE Standard 62.2-2010 – Ventilation and Acceptable Indoor Air Quality in Low-Rise Residential Buildings.* American Society of Heating, Refrigerating, and Air-Conditioning Engineeers, Inc., 2010. http://www.ashrae.org
Home Ventilating Institute (HVI): http://www.hvi.org
Air Conditioning Contractors of America (ACCA):
Manual J Residential Load Calculation, 8th edition, by Hank Rutkowski, 2001. http://www.acca.org

Manual D Residential Duct Systems, by Hank Rutkowski, 1995. http://www.acca.org
Manual S Residential Heating and Cooling Equipment Selection, by Hank Rutkowski, 1995. http://www.acca.org
Manual T Air Distribution Basics for Residential and Small Commercial Buildings, by Hank Rutkowski, 2009.
http://www.acca.org
Building Science Tech (Producer), 2009. Vídeo de Treinamento de Campo de Análise da Construção: Como Construir uma Casa Auditoria de Energia [DVD]. Disponível em: http://www.buildingsciencetech.com/.

Instalações e sistemas elétricos

Neste capítulo, abordam-se aspectos relacionados à iluminação, eletrodomésticos, fiação, cabeamento, controles das instalações e outros equipamentos elétricos utilizados em uma casa. A iluminação e os aparelhos constituem uma parcela significativa do consumo de energia residencial, que pode ser reduzido por meio de um projeto e gerenciamento cuidadosos. Algumas estratégias, como seleção de acessórios e lâmpadas, sistemas de controle e iluminação natural serão revistas, além de tratar da poluição luminosa externa, layout das instalações dos condutores e campos eletromagnéticos. Sistemas de ventilação, como exaustores e ventiladores de teto e da casa como um todo, foram apresentados no Capítulo 13.

OBJETIVOS DO APRENDIZADO

Após a leitura deste capítulo, o aluno será capaz de:
- Explicar os procedimentos para reduzir o consumo de eletricidade em residências.
- Descrever o funcionamento de sistemas de iluminação eficientes.
- Especificar eletrodomésticos eficientes.

Princípios da construção verde

 Eficiência energética

 Eficiência de recursos

 Qualidade do ambiente interno

 Educação e manutenção para o proprietário

Uso da eletricidade em residências

Como estudado no Capítulo 1, os edifícios residenciais consomem aproximadamente 21% da energia produzida nos Estados Unidos. Embora os edifícios sejam mais eficientes do que costumavam ser, também são maiores e têm mais equipamentos carregados eletricamente do que no passado, como eletrodomésticos e eletrônicos. Grande parte desses equipamentos é operada por controle remoto e têm *displays* digi-

Cargas fantasmas

Cargas fantasmas, também conhecidas como vampiros, são as pequenas quantidades de eletricidade que muitos eletrodomésticos e eletrônicos usam mesmo quando parecem estar desligados, como relógios elétricos, visores em equipamentos e aparelhos de áudio e vídeo, carregadores e transformadores para telefones sem fio, e equipamentos similares.
A maioria dos aparelhos eletrônicos modernos deve permanecer em modo de espera total para que os controles remotos possam funcionar. Este modo de espera utiliza uma pequena quantidade de energia elétrica, que, com o tempo e o número de dispositivos, equivale a uma quantidade significativa de energia. De acordo com a Agência de Proteção Ambiental dos Estados Unidos (US Environmental Protection Agency – EPA), a metade da energia consumida por uma televisão média durante sua vida útil, é utilizada quando está desligada e no modo de espera.

tais que usam eletricidade mesmo quando não estão em uso. Este uso de energia é conhecido como carga fantasma, e pode consumir até 5% do total de energia elétrica de uma casa. Esses equipamentos, combinados com uma maior quantidade de luminárias e residências maiores, impactam significativamente na economia obtida com a redução de aquecimento e refrigeração em casas mais eficientes. Os eletrodomésticos e eletrônicos já existentes e os novos, muitos deles muito baratos, causam o aumento da demanda global em nossos sistemas elétricos.

Esse aumento da demanda torna-se crítico em períodos de picos de carga, como nas tardes quentes de verão, quando as pessoas chegam em casa, ligam o ar-condicionado e utilizam eletrodomésticos e eletrônicos. As concessionárias precisam atender a esses picos mesmo que apenas por um curto período de tempo, alguns dias do ano. Isto requer a construção de novas usinas de energia ou usinas que devem ser de operações sazonais e em ciclos para o atendimento extra, operando apenas durante esses períodos de picos, o que aumenta a utilização de carvão e gás, e contribui para a poluição do ar e emissão dos gases do efeito estufa. A redução de nossas demandas de picos de carga pode resultar em benefícios de longo prazo, porque limita a necessidade de geração de energia adicional e construção de novas usinas.

Redução da eletricidade como uma estratégia para a casa verde

As estratégias para reduzir o consumo geral de eletricidade incluem iluminação, equipamentos e eletrodomésticos eficientes, e uma combinação de sistemas de controle e educação do proprietário para minimizar este consumo. Além de ações individuais para reduzir o consumo de eletricidade, as concessionárias estão desenvolvendo suas próprias estratégias para reduzir a demanda. Interruptores de controle de carga controlados pela concessionária podem desligar o ar-condicionado, os refrigeradores e outros aparelhos de alta demanda por curtos períodos de tempo, gerenciando cargas de pico nos momentos críticos, visando evitar a escassez de energia e reduzir a necessidade de geração extra (Figura 14.1).

Redes inteligentes, medidores e eletrodomésticos

Nos Estados Unidos, as concessionárias de energia elétrica estão desenvolvendo uma tecnologia de rede inteligente, projetada para se comunicar com medidores inteligentes e eletrodomésticos individuais, cujo propósito é ajudar a gerenciar a demanda por eletricidade e reduzir cargas de pico quando necessário (Figura 14.2). **Medidores inteligentes** utilizam as informações que recebem da rede inteligente para controlar eletrodomésticos e equipamentos elétricos nas casas, ligando-os e desligando-os para gerenciar sistemas de grandes cargas. Combinadas com preços que variam durante o dia, as **redes inteligentes** são projetadas para diminuir os períodos de picos de demanda e reduzir a necessidade de geração de energia adicional para esses picos. Os proprietários podem programar os aparelhos para que funcionem somente quando os preços e a demanda estiverem mais baixos, de modo a economizar dinheiro e reduzir a demanda

---

Você sabia?

Lareiras e aquecedores diretos não ventilados

Profa. Dra. Sasquia Hizuru Obata

Em complemento aos dados do Capítulo 1, e em paralelo ao que foi dito sobre os Estados Unidos, pode-se dizer que, para o Brasil, em 2007, o referencial de consumo residencial girou em torno de 22,3%, e que, entre 2002 e 2007, se observou um aumento de 25%, basicamente em decorrência de regularizações de ligações e de programas sociais, como Programa Luz para todos do Governo Federal, coordenado pela Eletrobras, que realizou um total de 1,6 milhão de ligações, beneficiando 7,8 milhões de pessoas durante os quatro anos de vigência.*

Dados mais recentes dão conta de que o valor consolidado do consumo de energia elétrica em 2014 foi de 475.334.583 MWh, sendo que, deste total, 132.301.850 MWh corresponderam ao consumo residencial, e que no primeiro semestre de 2015 o total foi de 235.938.511 MWh, sendo 67.138.311 MWh correspondente a residências. Esses valores permitem saber que o consumo de energia elétrica residencial foi de 27,8% em 2014 e de 28,5% no primeiro semestre de 2015.**

Para análises mais aprofundadas e obtenção de valores de consumo, a Empresa de Pesquisa Energética (EPE) dispõe de dados atualizados pela Superintendência de Estudos Econômicos e Energéticos (SEE), da Diretoria de Estudos Econômico-Energéticos e Ambientais (DEA), fornecendo arquivo digital do histórico mensal, de 2004 a 2015, do consumo de energia elétrica em níveis nacional, regional e por subsistemas, segmentado por classe: residencial, industrial, comercial e outros (rural, serviço público e iluminação pública).***

---

* *Atlas de Energia Elétrica do Brasil*. Parte I: energia no Brasil e no mundo. Capítulo 2: Consumo. Disponível em: <http://www.aneel.gov.br/arquivos/pdf/atlas_par1_cap2.pdf>. Acesso em: 5 ago. 2015. (S.H.O.)

**Valores obtidos pela Empresa de Pesquisa Energética (EPE). Consumo mensal de energia elétrica por classe (regiões e subsistemas) – 2004-2015. Disponível em: <http://www.epe.gov.br/mercado/Paginas/Consumomensaldeenergiael%C3%A9tricaporclasse(regi%C3%B5esesubsistemas)%E2%80%932011-2012.aspx>. Acesso em: 6 ago. 2015. (S.H.O.)

*** Arquivo digital sobre Consumo mensal de energia elétrica por classe (regiões e subsistemas) – 2004-2015. Disponível em: <http://www.epe.gov.br/mercado/Documents/Box%20Mercado%20de%20Energia/Consumo%20Mensal%20de%20Energia%20El%C3%A9trica%20por%20Classe%20(regi%C3%B5es%20e%20subsistemas)%20-%202004-2015%20(2).xls>. Acesso em: 6 ago. 2015. (S.H.O.)

PALAVRA DO ESPECIALISTA – EUA

Do vender muito para o economize um watt!

Robert S. Mason Jr., P.E.,* vice-presidente do Energy Efficiency GoodCents Por que as concessionárias de energia elétrica querem encorajar os clientes a usar menos do produto que elas produzem? A resposta simples é [...] em algum momento eles não fizeram sua parte. Depois de décadas de crescimento e custo reduzido, a indústria de energia elétrica viu os negócios desandarem, sobretudo, nos anos 1970, nos Estados Unidos. Impactadas por vários fatores – inflação crescente, embargo do petróleo árabe seguido pelo aumento dos preços dos combustíveis fósseis, Lei Federal de Ar Limpo e aprovação da Lei de Política Nacional de Conservação de Energia de 1978 –, essas concessionárias adotaram um novo paradigma de negócios de aumento de custos e negócios de riscos que amadureceu e se expandiu por 40 anos.

No mundo dos negócios de hoje, concessionárias de energia elétrica, regulamentações, legisladores e consumidores enfrentam um sério problema: equilibrar os custos de combustíveis voláteis e os altos custos de construção, além das preocupações do público com o atendimento às normalizações, impactos ambientais e crescimento da demanda por energia elétrica. Em determinados momentos, o custo total para produzir e distribuir energia elétrica é frequentemente mais alto do que o custo para garantir que seja consumida com eficiência. Como apregoado por Jim Rogers, CEO da Duke Energy, a eficiência energética é o "quinto combustível", uma referência ao fato de a eficiência energética estar em pé de igualdade com a produção de energia. Para promover o crescimento da eficiência energética, a Duke Energy desenvolveu a proposta de valor do "economize um watt", um processo que iguala o valor em dólar de conservação (não de venda) de um quilowatt-hora de eletricidade ao valor financeiro de gerar um. A promoção de medidas de eficiência energética, aliada às exigências crescentes de eficiência para aparelhos, equipamentos, controles e padrões e práticas de construção, tornou-se o objetivo mais importante para as concessionárias de energia.

As concessionarias de gás natural e eletricidade no varejo agora fornecem um portfólio de programas econômicos que permitem aos clientes ter informação para análise, orientação e incentivos, de modo a ajudar na redução das contas de energia e tornar as casas e os estilos de vida mais eficientes em termos de energia. Popular entre os clientes de concessionárias é a possibilidade de receber técnicos treinados em casa e/ou nas empresas para realizar exames, testes e análises no local, a fim de determinar a posição dessas pessoas em relação à eficiência energética e as etapas que devem desenvolver em direção à melhoria. Especialmente interessantes para os clientes são os programas que oferecem descontos financeiros para aqueles que implantam medidas de significativa economia de energia. Cada cliente deve procurar a concessionária que lhe fornece energia para obter informações sobre os procedimentos mais eficazes para reduzir o consumo de energia. Esta é a melhor forma de manter mais baixos os custos com a produção de energia e atender às necessidades de uma população mundial que cresce a passos largos.

* Robert S. Mason é formado em engenharia elétrica e habilitado pelo Conselho Nacional de Examinadores de Engenharia e Agrimensura (NCEES) nos Estados Unidos. (S.H.O.)

Figura 14.1 O interruptor de controle de carga é a caixa cinza na parede à direita do condensador. O interruptor é capaz de se comunicar com a concessionária, que pode ligar e desligar o ar-condicionado em períodos de alto consumo.

de cargas de pico. Por exemplo, em épocas de tarifa alta, quando é ligado o forno elétrico a rede inteligente pode interromper o ciclo de degelo da sua geladeira ou aumentar sua temperatura temporariamente para economizar energia. Quando necessário, os aparelhos inteligentes também podem responder a comandos das centrais das concessionárias para reduzir a demanda. Aparelhos como televisores e equipamentos de áudio podem ser programados para desligar automaticamente em certos momentos. A tecnologia de redes (e aparelhos) inteligentes está avançando de forma constante e, provavelmente, se tornará mais comum quando as concessionárias expandirem suas instalações.

Energia verde

Muitas concessionárias de energia têm programas de energia verde pelos quais compram certa quantidade da sua energia ou seu equivalente de fontes renováveis, como a solar e a eólica. Os consumidores podem especificar que uma parte ou a totalidade da sua eletricidade seja fornecida por essas fontes renováveis, geralmente recebendo bonificação. O programa de certificação Green-e Energy desenvolveu definições para eletricidade renovável e certificados de energia renovável (*renewable energy certificates* – RECs), que são *commodities* de energia comercializável que identificam que um megawatt-hora de eletricidade foi gerado com recursos renováveis. Administrado pela entidade sem fins lucrativos Center for Resource Solutions, o Green-e verifica a energia renovável em mercados competitivos e a vende em programas verdes de concessionárias locais.

Sistemas elétricos residenciais

Nas residências, os sistemas elétricos podem ser separados em *infraestrutura* – fiação,* caixas de distribuição, tubulação, tomadas, interruptores, *timers* e outros controles – e *equipamentos* – luminárias, ventiladores, eletrodomésticos (por exemplo, fogões, geladeiras e micro-ondas) e eletrônicos (por exemplo, televisores, componentes de áudio, computadores e carregadores). O projeto e a instalação da infraestrutura afetam a quantidade de material utilizado, o impacto no envelope do edifício e a capacidade do ocupante em controlar facilmente o equipamento. A instalação e a seleção dos equipamentos afetam a demanda elétrica total de um edifício, assim como a carga de refrigeração e o impacto no envelope do edifício.

Instalações

Os sistemas elétricos domésticos consistem em instalação em baixa tensão e com diferentes potências de consumo. Sistemas de alta potência de consumo incluem iluminação e alguns equipamentos eletrônicos. Os de baixa potência são compostos, por exemplo, por sistema de áudio, vídeo, sistemas de vigilância via satélite, computador, telefone, interfone, alarme e equipamentos relacionados.

Instalações de alta potência de consumo

Uma estratégia para projetar os sistemas de instalações de alta potência de consumo para casas verdes é reduzir a quantidade de fios necessários para atender adequadamente aos equipamentos instalados. A colocação do quadro geral ou de um painel de serviço elétrico principal pode ter um impacto sobre o envelope térmico da edificação e também influenciar na quantidade necessária de fios. Quando um painel é colocado em uma garagem ou na parede externa, isto desloca a posição do isolamento e exige uma cuidadosa vedação para a barreira de ar. Além disso, quando um painel é instalado na lateral de uma casa, os fios dos circuitos individuais devem cobrir distâncias mais longas do que seria necessário se fosse situado em um local central (Figura 14.3). Na instalação residencial padrão o cabo da fiação tem revestimento plástico. Assim como a maioria dos plásticos, os revestimentos de cabo contêm substâncias químicas, como polietileno, policloreto de vinila, fluoropolímeros e chumbo, que podem ser degradados ao longo do tempo e produzir gases tóxicos quando queimados. Uma alternativa mais verde é o cabo de metal blindado, que ainda tem uma cobertura plástica para os fios individuais. Os fios devem seguir o caminho mais direto possível até os equipamentos, para limitar a quantidade de material necessário, e ser cortados com precisão para reduzir o desperdício.

Sempre que possível, a fiação não deve ser instalada em paredes externas, tetos e pisos, para evitar interferências no isolamento da edificação. Quando a fiação for instalada em uma área isolada, o isolamento térmico deve ser instalado de acordo com as especificações de grau 1, para o desempenho adequado (ver Capítulo 4). Sempre que possível, não se devem instalar caixas elétricas para interruptores e tomadas nas paredes externas, a fim de evitar o deslocamento do isolamento e a penetração na barreira de ar. É importante que o isolamento seja cuidadosamente instalado em torno de caixas para evitar sua compressão e a formação de espaços vazios. Além disso, as caixas devem ser calafetadas para atender a barreira de ar e os furos dentro da caixa ser vedados. Caixas herméticas especiais podem ser usadas por proporcionarem uma estanqueidade de ar de alto desempenho (Figura 14.4). Os furos feitos para a passagem de fiação entre paredes externas e divisórias internas devem ter vedação para evitar infiltração de ar.

Caixas que penetram na barreira resistente à água devem ser vedadas com cuidado para evitar a entrada de umidade (para mais informações, ver Capítulo 4). Deve-se coordenar e atribuir responsabilidades entre o eletricista e outros serviços para que a estanqueidade de ar e umidade possam ajudar a garantir que o envelope térmico e a barreira resistente ao clima fiquem completas e corretas.

Instalação de baixa potência de consumo

Muitos sistemas de baixa potência de consumo usam painéis centrais, nos quais os fios se estendem até os

---

* A fiação corresponde à instalação dos condutores de energia, que são conjuntos de fios ou cabos ou mesmo um fio ou cabo da instalação elétrica e da energização da casa. (S.H.O.)

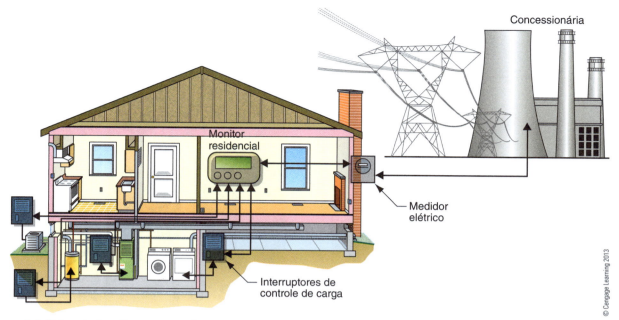

Figura 14.2 A rede inteligente permite que a concessionária se comunique com o medidor elétrico e quaisquer monitores residenciais. Os interruptores de controle de carga são instalados para controlar os sistemas de maiores consumos de energia, como centrais de ar-condicionado, aquecedores elétricos de água e refrigeradores.

equipamentos. As mesmas questões associadas às instalações de alta potência de consumo se aplicam a sistemas de baixa potência de consumo: localizar os painéis centralmente para reduzir a quantidade de fiação e evitar penetrações no envelope térmico. Como a tecnologia para sistemas de baixo consumo muda frequentemente, a instalação de eletrodutos com uma quantidade menor de fios, ou seja, com taxa de ocupação ainda menor que a permitida pelas normas, pode tornar mais simples as futuras instalações e atualizações. No Brasil, de acordo com a NBR 5410: Instalaçãoes Elétricas de Baixa Tensão, a taxa de ocupação máxima de eletrodutos é de 40%.

Campos eletromagnéticos

Campos eletromagnéticos (*electromagnetic fields* – EMF), também conhecidos como campos elétricos e magnéticos, são forças invisíveis criadas pela transmissão de eletricidade através de fios. Os EMF são criados por linhas de energia externas, fiações internas, iluminação e motores. Há muitos anos tem havido preocupações de que a exposição aos EMF pode levar a problemas de saúde, que variam de desconfortos mínimos a aumento da incidência de câncer. Mais de 30 anos de pesquisas por grupos como a Organização Mundial de Saúde não mostrou qualquer relação definitiva entre EMF domésticos e doenças humanas, no entanto, as pesquisas continuam e com mais resultados confiáveis essas opiniões podem ser alteradas.

Controles

Sistemas de controle podem ser tão simples quanto interruptores de parede e *timers*, e tão complexos quanto sistemas de gestão controlados por computador para toda a casa. Os sistemas de controle mais avançados necessitam de energia para funcionar, gerando carga elétrica adicional. Ao selecionar e instalar sistemas de controle, a equipe de projeto deve saber a quantidade de carga que um sistema necessita para operar e evitar aqueles com cargas muito elevadas.

Interruptores conectados por fios

Os interruptores de lâmpadas comuns controlam as luzes e tomadas abrindo e fechando o circuito elétrico. Projetos tradicionais de instalações incluem interruptores para lâmpadas e uma tomada em cada quarto. Interruptores paralelos são um conjunto de interruptores interligados que controla a iluminação de vários locais (por exemplo, partes superiores e inferiores de uma escada) que pode ajudar a economizar energia, permitindo que os moradores apaguem facilmente as luzes de vários locais sem que haja a necessidade de utilizar as escadas para acessar um interruptor. Interruptores paralelos instalados em duas posições de acionamento são chamados de três vias, de três posições, de quatro vias, e assim por diante. Com uma instalação adequada, um número ilimitado de interruptores pode controlar uma única luz. Interruptores que controlam tomadas podem ser usados para desligar áudio, vídeo e equipamentos de informática, alguns

Figura 14.3 Painel elétrico instalado em uma parede externa desloca o isolamento, de modo a criar uma ponte térmica e contribui para a infiltração de ar.

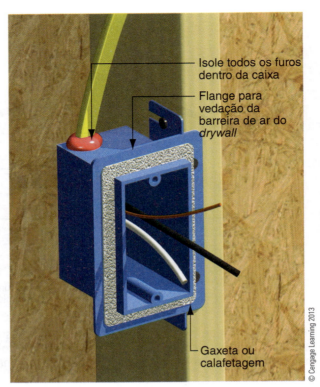

Figura 14.4 A quantidade de vazamento de caixas elétricas pode ser significativa, considerando o número total de caixas na casa.

dos quais podem consumir energia mesmo quando desligados, operando no modo de espera.

Réguas de energia

Televisores, computadores, periféricos e equipamentos de áudio podem ser ligados em réguas de alimentação compartilhada, permitindo que grupos de equipamentos sejam desligados de um único local. Réguas de energia inteligentes, também conhecidas como filtros de linha, têm uma tomada primária para uma televisão ou computador e várias outras compartilhadas para equipamentos auxiliares, como impressoras, roteadores sem fio e leitores de DVD. Circuitos especiais detectam quando o dispositivo principal é desligado e automaticamente desligam as tomadas auxiliares (Figura 14.5). As réguas de energia mais modernas também incluem sensores de movimento para o controle automático das tomadas.

Dimmers

Dimerização, ou seja, o controle da intensidade da iluminação elétrica em uma casa, é uma maneira simples de reduzir o consumo de energia. Diminuir a intensidade de iluminação das lâmpadas em 25% reduz o uso de energia em cerca de 20%; configurar os *dimmers* em 50% da emissão total de luz economiza aproximadamente 40% da energia necessária. Para que possam funcionar adequadamente, os *dimmers* devem ser combinados com lâmpadas reguláveis e compatíveis.

Minuterias e sensores de presença ou de ocupação

Sensores de presença, ou de ocupação, ligam e desligam circuitos automaticamente quando detectam calor ou movimento em um cômodo, e podem ajudar a reduzir o uso de energia ligando ou desligando luzes e ventiladores conforme necessário, o que dependerá de as pessoas estarem ou não em um cômodo. Sensores de ocupação podem ligar quando as pessoas entram em um cômodo e desligar após determinado período de tempo detectar que o cômodo está vazio. Minuterias têm controles manuais, necessitando de um interruptor para ligá-los, e também desligam automaticamente quando o cômodo é desocupado; funcionam bem em locais onde há bastante luz ambiente para

Figura 14.5 Réguas de energia inteligentes ou filtros de linha detectam quanta eletricidade os aparelhos utilizam para evitar o consumo ocioso ou "cargas fantasmas". Um procedimento comum é a régua de energia detectar quando o aparelho principal, por exemplo, um televisor ou computador, é desligado. Nesse momento, os aparelhos periféricos, como impressoras ou leitores de DVD, são também desligados para evitar o consumo ocioso.

que não seja preciso acender a luz se alguém pretende ficar no cômodo por apenas alguns minutos. Sensores de presença ou de ocupação podem ser configurados para ligar exaustores de banheiros por tempo específico depois que o banheiro é desocupado para remover a umidade (ver Capítulo 13), criando uma forma eficaz de obter ventilação adequada sem desperdiçar energia com ventiladores ligados por muito tempo. Esses sensores também podem ser usados para desligar ventiladores de teto que funcionam em cômodos desocupados (ver Capítulo 13). Luminárias de *closets* podem ser controladas por interruptores instalados no montante do marco* de portas. Neste caso, as luzes se acendem quando a porta é aberta e se apagam quando é fechada; no entanto, se a porta for mantida aberta, a luz permanecerá ligada.

Timers

Timers são úteis para exaustores de banheiros e ventiladores de teto, para minimizar o uso de energia quando não são mais necessários. Como visto no Capítulo 13, exaustores de banheiros devem funcionar tempo suficiente para remover a umidade, mas, muitas vezes, são deixados ligados mais do que o necessário, o que resulta em desperdício de energia. Usar um *timer*, em vez de um interruptor, assegura que o ventilador não funcionará por muito tempo. Os *timers* também são uma alternativa eficaz em substiuição aos sensores de presença ou de ocupação para ventiladores de teto. *Timers* de longos períodos podem ser ajustados para até oito horas e permitem que um ventilador funcione durante a noite em um quarto, desligando-o de manhã depois que as pessoas saem.

Controles de iluminação externa

Iluminação externa que fica ligada durante o dia não tem nenhum propósito e desperdiça energia elétrica. Controlá-la com *timers*, sensores de movimento e fotocélulas é a forma mais eficaz de reduzir o consumo de energia. *Timers* podem ser úteis no caso de segurança e para a iluminação externa decorativa, no entanto, devem ser programados para se ajustar às mudanças das estações e, muitas vezes, precisam ser reprogramados após quedas de energia. Interruptores de fotocélula são usados em iluminação externa para mantê-la desligada durante as horas de incidência de luz natural, quando não é necessária. Alguns destes sensores funcionam de modo combinado ou com movimento, por exemplo, acendem as luzes quando uma pessoa ou um veículo se aproxima do controle, ou quando está escuro. Alguns sistemas têm uma configuração na qual as luzes funcionam com 50% de potência para fins decorativos, até que, detectado um movimento, acendem com potência total.

---

* "Montante do marco", também conhecido como ombreira, umbral, perna ou pernada, é cada uma das peças verticais que compõem o perímetro de um marco, sendo a peça horizontal deste quadro chamada "travessa". Em geral, marco refere-se ao componente ou parte fixa da porta e destina-se a guarnecer o vão e sustentar sua(s) folha(s). Na prática, no Brasil, o marco é mais conhecido como batente, mas também é chamado caixa, caixão, aduela, batente, forra, forração, forramento ou portal. Tecnicamente, batente é apenas o rebaixo ou ressalto no perímetro do marco com a função de conter o movimento de rotação da(s) folha(s) da porta. Ainda que na prática haja diferentes denominações, a terminologia relacionada a portas de madeira é definida pela NBR-15930: Portas de madeira para edificações: Parte 1-Terminologia e simbologia. (S.H.O.)

Sistemas de controle automático

Os sistemas que gerenciam iluminação, aquecimento e ar-condicionado, alarmes e outros equipamentos domésticos podem variar de arranjos simples de alguns interruptores programáveis a sistemas sofisticados para toda a casa, controlados por computador; alguns podem ser operados por controle remoto habilitado pela internet. Esses sistemas de controle automático permitem uma variedade de estilos de iluminação, gerenciam sistemas de aquecimento e refrigeração de acordo com a ocupação, monitoram o uso geral de energia e gerenciam sistemas residenciais remotamente.

Sistemas de controle podem reduzir a quantidade de fiação necessária por meio do uso de comunicação por radiofrequência, em vez de cabos energizados para operar os interruptores. A iluminação de ambientes pode ser operada por interruptores paralelos controlados por radiofrequência com fiação direta, partindo de um interruptor apenas para a luminária, o que reduz a necessidade de fiação individual para cada interruptor. Esses sistemas podem ser usados como parte de uma estratégia para reduzir a quantidade de fiação necessária em uma casa. As tomadas podem ser substituídas por controles remotos sem fiação (Figura 14.6), o que proporciona flexibilidade para mudanças de usos ou quando inexistem interruptores com fios instalados. Interruptores por controles remotos individuais exigem pequenas quantidades de energia para funcionar (na faixa de um quarto a meio watt por interruptor), mas criam cargas fantasmas. Esses sistemas também devem ser reprogramados quando ocorrer desconfigurações e alterações em seu funcionamento, o que, muitas vezes, exige a ajuda de consultores especializados.

Sistemas para a casa toda podem usar um processador central ou computador exclusivo que funcionará em tempo integral para operá-los; no entanto, é sempre bom destacar que isto aumentará ainda mais a carga elétrica da casa. As cargas de um processador central variam de aproximadamente 7 a 14 watts na condição de carga mínima, até 200 a 300 watts para um sistema computadorizado em tempo integral. Alguns desses sistemas têm telas sensíveis ao toque que usam de 10 a 14 watts para operar, bem como interfaces *on-line* para operação remota, fora de casa. É importante entender quanta energia esses sistemas usam em comparação com a quantidade de energia que podem economizar. Mesmo o melhor sistema pode consumir mais do que economiza se não for operado corretamente.

Figura 14.6 Acessórios de iluminação podem ser conectados a um interruptor de controle remoto, o que economiza tempo, dinheiro e recursos nas instalações.

Monitores de energia

Monitores de energia são dispositivos de *feedback* eficazes que fornecem relatórios instantâneos de uso de energia em uma casa, que podem ajudar a mudar o comportamento e reduzir o consumo de energia. O Energy Detective™ (TED) e o Building Dashboard®, do Lucid Design Group, são dois monitores que se conectam ao painel elétrico e mostram o consumo total de energia em uma casa (Figuras 14.7a e b). Alguns modelos têm interfaces baseadas na internet para monitorar o consumo de energia em qualquer lugar. O consumo de energia individual dos equipamentos pode ser rastreado por meio de monitores, como os contadores P3 International's Kill A Watt™ ou Watts Up (Figura 14.8). A maioria dos sistemas de controle para a casa toda tem monitores de energia como opções disponíveis.

Figura 14.7a The Energy Detective™ (TED) é um monitor de energia doméstico que exibe o consumo de energia em tempo real.

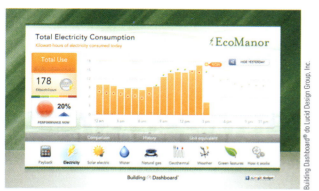

Figura 14.7b O Building Dashboard®, do Lucid Design Group, Inc., serve como ferramenta educacional da EcoManor, a primeira residência certificada pelo programa Leed no sudeste dos Estados Unidos, onde o desempenho em tempo real e o retorno financeiro dos sistemas solares elétricos, de reciclagem da água e geotérmicos são exibidos por um monitor sensível ao toque na cozinha e na internet.

Você sabia?

Dispositivos de *feedback* sobre energia podem mudar o comportamento

A Southern California Edison, concessionária de energia norte-americana, forneceu a um pequeno grupo de clientes um dispositivo chamado Energy Orb, uma pequena bola de plástico que brilha-va com luz verde quando a rede de energia era subutilizada (e os preços eram menores) e pulsava em vermelho quando a rede era muito utilizada (e as tarifas mais altas). Esses sinais davam aos proprietários um *feedback* visual imediato sobre o consumo de energia e os levavam a usar menos energia nos momentos críticos. Após a instalação do Energy Orb, um cliente médio reduziu, em períodos de pico, o consumo de energia em 40%.

Sistemas elétricos e construção verde

Os códigos de construção e os programas de construção verde abordam a eficiência em sistemas residenciais elétricos e de iluminação de forma muito limitada, com exceção do California Title 24. O ENERGY STAR, o Leed for Homes, o Padrão Nacional de Construção Verde (National Green Building Standard – NGBS) e a maioria dos programas verdes locais oferecem pontos para equipamentos e iluminação eficientes, mas poucos exigem que sejam incluídos para obter a certificação.

Figura 14.8 Por meio da utilização de um P3 International's Kill A Watt™ descobriu-se que um telefone celular, mesmo quando totalmente carregado, ainda consumia 1 watt de eletricidade.

ENERGY STAR

ENERGY STAR é um selo criado pela EPA – Agência de Proteção Ambiental dos Estados Unidos que rotula e identifica produtos que demonstraram eficiência energética acima e além de padrões mínimos. Além de residências, os rótulos ENERGY STAR são concedidos para qualificar produtos utilizados em edificações residenciais e comerciais, como aparelhos eletrônicos, certos tipos de iluminação, ventiladores de teto, janelas, aquecedores de água e equipamentos de aquecimento, ventilação e ar-condicionado (HVAC).

Este selo fornece orientação para o consumidor sobre a eficiência energética na compra de equipamentos elétricos. Além deste selo, a maioria dos aparelhos e equipamentos sujeitos a padrões federais de eficiência mínima tem o Energy Guide, que mostra seu desempenho em relação a outros produtos da mesma categoria, bem como a estimativa anual dos custos de energia.

Selecionar equipamentos ENERGY STAR e comparar as estimativas de consumo de energia com o selo Energy Guide é útil para a escolha de produtos energeticamente eficientes para uma casa verde. O ENERGY STAR não rotula determinados aparelhos, como secadoras de roupa, fogões, fornos e micro-ondas, porque o consumo de energia entre os modelos não varia significativamente. Os requisitos mínimos para esta rotulação são atualizados periodicamente em conformidade com os padrões de eficiência mínima e as inovações dos produtos.

PALAVRA DO ESPECIALISTA – BRASIL
Procel Edifica – Residencial

O Programa Nacional de Conservação de Energia Elétrica (Procel) do governo brasileiro, é coordenado pelo Ministério de Minas e Energia e executado pela Eletrobras. Além do conhecido Selo Procel de Economia de Energia, ou simplesmente Selo Procel, de classificação de equipamentos quanto à sua eficiência e consumo de energia, desde 2009 o Procel, em parceria com o Instituto Nacional de Metrologia, Qualidade e Tecnologia (Inmetro), promove a avaliação da eficiência energética de edificações residenciais, comerciais e de serviços públicos, conferindo a Etiqueta Nacional de Conservação de Energia (Ence) para as edificações eficientes, a Etiqueta PBE Edifica. Cada tipo de edificação possui seus próprios regulamentos e requisitos; a seguir, descrevemos aqueles referentes a unidades residenciais autônomas, multifamiliares ou áreas de uso comum:

Isamar Marchini Magalhães Engenheira civil e especialista em Construções Sustentáveis pela Faculdade de Engenharia da Fundação Armando Alvares Penteado (FAAP).

- RTQ-R: Regulamento Técnico da Qualidade para o Nível de Eficiência Energética de Edificações Residenciais – Portaria Inmetro nº 449, de 25 nov. 2010.
- RAC-R: Requisitos de Avaliação da Conformidade para o Nível de Eficiência Energética de Edificações Residenciais – Portaria Inmetro nº 122, de 15 mar. 2011

A Ence Residencial, assim como as demais, estabelece uma classificação que vai de A a E, dependendo do número de pontos obtidos na determinação da eficiência da unidade avaliada, sendo A a melhor classificação.

De forma simplificada, a determinação da eficiência da unidade é obtida pela análise da envoltória da unidade, do aquecimento de água e das bonificações.

O estudo da envoltória, elaborado em relação à zona bioclimática na qual a unidade estiver inserida, analisa os seguintes aspectos: características construtivas da edificação, características e áreas de aberturas, dispositivos de proteção solar externos à abertura, ventilação e iluminação natural.

Para o aquecimento de água, são avaliados os sistemas que realmente serão entregues instalados pelo empreendedor. A avaliação analisa os seguintes sistemas: aquecimento solar, aquecimento a gás, aquecimento elétrico, bombas de calor e caldeiras a óleo. Pode-se avaliar também sistemas combinados com o aquecimento solar; o que propicia maior avaliação é o sistema solar combinado com gás, ou o sistema solar combinado com bombas de calor. A pior avaliação é dada a equipamentos de aquecimento elétricos e a caldeiras elétricas, que, por utilizarem como combustível fluidos líquidos, como óleo diesel ou outros derivados de petróleo, recebem classificação nível E.

A edificação analisada pode obter até um ponto por bonificação, sendo, neste aspecto, analisadas as seguintes iniciativas que aumentam a eficiência de uma unidade habitacional: iluminação natural, ventilação natural, uso racional da água, condicionamento artificial de ar, iluminação artificial, ventiladores de teto, refrigeradores e medição individualizada de água.

Quanto às bonificações interligadas às instalações elétricas de uma residência, temos:

- *Condicionamento artificial de ar* – até 0,20 pontos
  Para obtenção desta bonificação:
  – a envoltória da Unidade Habitacional (UH) deve atingir nível A de eficiência quando condicionada artificialmente;
  – condicionadores de ar do tipo janela e *split* devem possuir Ence A ou Selo Procel e estar de acordo com as normas brasileiras de condicionadores de ar domésticos;
  – não havendo equipamentos com Ence A na capacidade desejada, estes podem ser divididos em dois ou mais equipamentos de menor capacidade.

- *Iluminação artificial* – até 0,10 pontos
  Os ambientes devem atender aos seguintes requisitos:
  – para obter 0,05 pontos, as UHs devem possuir 50% das fontes de iluminação artificial com eficiência superior a 75 lm/W ou com Selo Procel em todos os ambientes;
  – Para obter 0,10 pontos, as UHs devem possuir 100% das fontes de iluminação artificial com eficiência superior a 75 lm/W ou com Selo Procel em todos os ambientes.

- *Ventiladores de teto* – 0,10 pontos
  As UHs devem possuir instalados ventiladores de teto com Selo Procel em 2/3 dos ambientes de permanência prolongada, para residências localizadas nas zonas bioclimáticas 2 a 8.

- *Refrigeradores* – 0,10 pontos
  As UHs devem possuir instalados refrigeradores com Ence nível A ou Selo Procel e garantir as condições adequadas de instalação conforme recomendações do fabricante, especificamente no que se refere à distância mínima recomendada para ventilação da serpentina trocadora de calor externa. Caso não haja no manual do refrigerador recomendações em relação às distâncias de instalação, deve-se utilizar espaçamento de 10 cm nas laterais e de 15 cm na parte superior e atrás. Deve-se também garantir que o refrigerador esteja sombreado e não seja instalado próximo a fontes de calor. Frigobares não serão aceitos como refrigeradores.

Mesmo que a casa não esteja sendo projetada com o objetivo de obtenção da Etiqueta Nacional de Conservação de Energia (Ence), é importante a observação dos itens anteriores, a fim de se obter um melhor nível de eficiência energética para a residência.

Fonte: Manual para Aplicação do Regulamento Técnico de Qualidade para Edificações Residenciais (RTQ-R).

Pacote de Iluminação Avançada

Semelhante ao sistema de classificação doméstica do ENERGY STAR, a EPA – Agência de Proteção Ambiental dos Estados Unidos oferece um programa denominado Pacote de Iluminação Avançada (Advanced Lighting Package – ALP) para residências que atendem aos requisitos do programa. O ALP é uma opção de construção que pode ser oferecida por construtoras para atualizar luminárias e ventiladores de teto, comumente utilizados em residências referenciais com o selo ENERGY STAR – modelos certificados.

A designação ALP aplica-se a residências com 60% de luminárias certificadas pelo ENERGY STAR e 100% dos ventiladores de teto também assim certificados. Luzes embutidas, *kits* de luz para ventiladores de teto e ventiladores com iluminação certificados podem ser considerados em relação aos requisitos do aparelho.

Sistemas elétricos e programas de construção verde

O ENERGY STAR para residências e os programas de certificação de construção verde incluem requisitos para equipamentos elétricos eficientes ou fornecem pontos em seus programas para incluí-los. Os requisitos sobre o nível de desempenho e os caminhos de atendimentos normativos para a certificação variam entre os programas.

O Leed for Homes não tem requisitos mínimos para certificação de desempenho. Para certificação pelo caminho prescritivo, uma casa deve ter pelo menos quatro acessórios ou lâmpadas ENERGY STAR em cômodos de alta utilização, como cozinha, salas de estar, de jantar, de família ou corredores. A pontuação é contada para mais de três pontos de iluminação interna com controles automáticos da iluminação externa. São atribuídos pontos adicionais quando a residência atende à certificação do ALP ou se instalam 80% dos acessórios com a classificação ENERGY STAR, e quando 100% dos ventiladores da casa também receberam este selo.

O Padrão Nacional de Construção Verde (National Green Building Standard – NGBS) não tem requisitos mínimos para as análises de desempenho ou análises prescritivas. Os pontos são concedidos para a instalação de aparelhos, lâmpadas e acessórios ENERGY STAR e sensores de ocupação ou presença.

O ENERGY STAR para residências não tem requisitos mínimos para a certificação de desempenho. A análise prescritiva exige que todos os aparelhos e ventiladores sejam por ele classificados. Além disso, o projeto deve atender à certificação do ALP, ou que 80% de todos os acessórios instalados no local tenham a certificação definida pela Rede de Serviços de Energia Residencial (Residential Energy Services Network – Resnet) e certificados pelo ENERGY STAR.

Código Internacional para Conservação de Energia de 2009

O único requisito de eficiência elétrica do Código Internacional para Conservação de Energia de 2009 (International Energy Conservation Code – IECC) é que 50% de todos os acessórios de iluminação permanentes nas casas tenham lâmpadas de alta eficiência, como fluorescentes compactas ou tubulares, ou que atendam de outra forma com eficácia equivalente.

California Title 24

O código de energia para construção da Califórnia, Title 24, exige medidas específicas de eficiência energética em todas as novas construções residenciais. Além disso, os projetos de reforma necessitam de autorização. De acordo com este código, 50% da carga conectada na cozinha devem ser de luminárias de "alta eficiência", e os outros cômodos e o exterior ter luminárias ou controles de "alta eficiência", como *dimmers* e sensores de presença ou de ocupação. Tradicionalmente, a Califórnia tem um dos mais rigorosos códigos de energia dos Estados Unidos e é influente na política nacional.

Iluminação

Para que possamos reduzir o consumo de eletricidade, precisamos iluminar nossas casas somente quando a luz natural não é adequada. Projetar um sistema de iluminação que produza a quantidade adequada de luz para todas as atividades e utilize a menor quantidade de energia trata-se da estratégia de uma casa verde. A iluminação pode ser dividida em três categorias principais:

- **Ambiente:** iluminação geral interna para atividades diárias e externas quando necessária por questão de segurança.
- **Para atividade:** iluminação direcionada para uma área de trabalho específica, como balcões e mesas de cozinhas, e não no ambiente todo.
- **De realce:** iluminação em paredes, artes e recursos arquitetônicos no interior e exterior para aumentar o apelo visual de uma área; a própria iluminação pode atuar como decoração.

Projeto para eficiência

Reduzir a quantidade de iluminação artificial necessária por meio da utilização de iluminação natural (ver Capítulo 8) é um componente importante da eficiência energética; no entanto, a iluminação artificial é necessária na maior parte do tempo. A maximização da eficiência energética exige mais do que selecionar lâmpadas e luminárias mais eficientes; instalar a quantidade correta de **iluminação ambiente**, para **atividade** e de **realce** (ou seja, nem muito, nem pouco) é tão importante quanto; a instalação de controles automáticos ajuda a reduzir o consumo de energia, e ainda, quanto os ocupantes devem estar dispostos a economizar.

Tipos de lâmpada

Lâmpadas são a parte substituível de uma luminária que produz luz a partir da eletricidade. Tipos diferentes de lâmpadas produzem uma variedade de cores e qualidade de iluminação em diferentes níveis de eficiência. Os projetos de iluminação devem se esforçar para obter o melhor equilíbrio de eficiência e qualidade da luz.

Lâmpadas incandescentes

Lâmpadas incandescentes (Figura 14.9) produzem luz quando a eletricidade passa por um filamento de tungstênio envolto em vidro, fazendo-o brilhar e gerando luz. Tendo passado por poucas mudanças desde que foram inventadas originalmente no século XIX, essas lâmpadas são muito ineficientes porque convertem apenas quase 3% da energia utilizada em luz, produzindo calor com o restante. Este calor sempre aumenta o aquecimento do espaço e aumenta as cargas de refrigeração que não são necessárias. A instalação de grandes quantidades de lâmpadas incandescentes pode exigir sistemas de ar-condicionado mais potentes somente para compensar o calor que elas geram. Até 2014, os regulamentos federais efetivamente incentivaram a substituição de lâmpadas incandescentes comuns por alternativas significativamente mais eficientes. Se os fabricantes não desenvolverem lâmpadas incandescentes mais eficientes, elas poderão desaparecer do mercado completamente. A maioria delas tem uma base rosqueável para instalação em uma infinidade de luminárias.

Lâmpadas de halogênio

Lâmpadas de halogênio (Figura 14.10) são uma variação da lâmpada incandescente que utilizam um filamento dentro de um invólucro de vidro compacto cheio de gás. Essas lâmpadas são um pouco mais eficientes do que as incandescentes. Elas têm vida útil mais longa e fornecem uma luz mais atraente. São frequentemente utilizadas para iluminação de realce. A maioria das lâmpadas de halogênio tem uma base de pino, que limita sua utilização para luminárias que são projetados para um tipo específico de lâmpada.

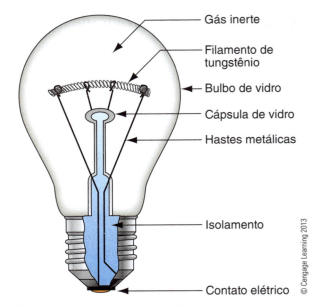

Figura 14.9 Lâmpada incandescente.

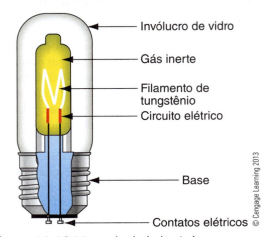

Figura 14.10 Lâmpada de halogênio.

Lâmpadas fluorescentes

Lâmpadas fluorescentes geram luz quando a eletricidade passa através de um gás dentro de um tubo de vidro revestido de fósforo, fazendo-o brilhar (Figura 14.11). Estão disponíveis em *designs* tubulares e compactos; e como são até cinco vezes mais eficientes do que as lâmpadas incandescentes, geram muito menos calor (Figuras 14.12a e b). **Lâmpadas fluorescentes compactas** (*compact fluorescent lamps* – **CFLs**) são as substitutas comuns para as incandescentes em ambientes residenciais internos, e as tubulares são com frequência usadas em áreas de serviço, *closets* e algumas cozinhas. Todas as lâmpadas fluorescentes necessitam de um **reator**, dispositivo que aumenta a

Instalações e sistemas elétricos

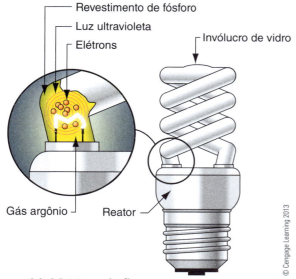

Figura 14.11 Lâmpada fluorescente.

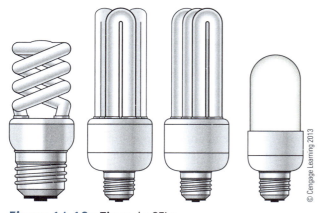

Figura 14.12a Tipos de CFLs.

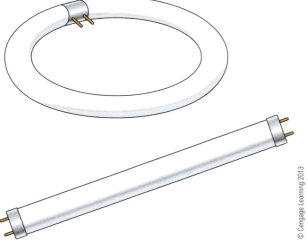

Figura 14.12b Tipos de lâmpadas tubulares fluorescentes.

frequência de alimentação entregue a uma luminária para controle das tensões de partida e funcionamento da lâmpada. Lâmpadas fluorescentes instaladas em garagens ou em outros locais frios e externos devem ser especificadas para uso externo. Lâmpadas comuns podem não funcionar corretamente em clima frio. Luz fluorescente é geralmente considerada menos desejável que a incandescente, no entanto, sua qualidade continua a melhorar, enquanto as incandescentes estão sendo regulamentadas para ser excluídas do mercado. A Tabela 14.1 compara o custo de uma lâmpada incandescente de 60 watts com uma CFL de 15 watts.

Embora as lâmpadas fluorescentes tenham vida longa, sua vida útil pode ser reduzida por ciclos extremamente curtos de liga-desliga. As CFLs devem ser especificadas para luminárias nas quais serão instaladas; algumas não são projetadas para ser instaladas com a base para cima, como em uma luminária embutida. Aplicações inadequadas podem reduzir sua vida útil. Lâmpadas fluorescentes não são normalmente dimerizáveis, embora alguns modelos sejam projetados para trabalhar com *dimmers* comuns. As CFLs dimerizáveis que funcionam com *dimmers* comuns já estão disponíveis no mercado. Lâmpadas fluorescentes tubulares podem ter a intensidade regulável quando combinadas com reatores reguláveis e *dimmers* correspondentes, mas podem não funcionar adequadamente com alguns sensores de presença ou de ocupação.

As tubulares e CFLs sem reator frequentemente têm bases de pinos (Figura 14.13), o que limita a instalação em luminárias para as quais não foram concebidas. Alguns códigos e regulamentos exigem o uso de bases de pinos para a utilização de CFLs. CFLs com reatores integrados têm bases em rosca que são projetadas para substituir as incandescentes em luminárias padrão. O ENERGY STAR permite que os fabricantes utilizem seu selo em CFLs que atendam aos requisitos mínimos para eficiência, temperatura da cor, vida útil da lâmpada e outros critérios.

Todas as lâmpadas fluorescentes contêm pequenas quantidades de mercúrio, uma toxina conhecida. Elas podem liberá-lo na atmosfera se quebradas ou descartadas de forma inadequada. A eletricidade gerada pelas usinas de carvão também produz mercúrio, e uma única lâmpada fluorescente normalmente neutraliza mais mercúrio por meio da economia de energia proporcionada do que o teor desta toxina da própria lâmpada.

Tabela 14.1 Comparação de custos de uma lâmpada incandescente de 60 watts e uma CFL de 15 watts certificada pelo ENERGY STAR

Variável	Lâmpada incandescente de 60 watts	CFL de 15 watts certificada pelo ENERGY STAR
Custo inicial (a)	US$ 0,50	US$ 3,00
Emissão de luz (lúmens)	800	800
Vida útil da lâmpada (horas)	1.000	10.000
Substituição da lâmpada (b)	9 × US$ 0,50 = US$ 4,50	–
Custo da eletricidade durante a vida útil (c)	10.000 horas × 60 watts × US$ 0,10/kWh = US$ 60,00	10.000 horas × 15 watts × US$ 0,10/kWh = US$ 15,00
Custo total durante a vida útil (a + b + c)	US$ 65,00	US$ 18,00
Economia	–	**US$ 47,00**

Fonte: ENERGY STAR, Canadá. Disponível em: <http://www.oee.nrcan.gc.ca/energystar/english/pdf/basic-facts-residential-e.pdf>.

Figura 14.13 Lâmpadas fluorescentes compactas com base de pinos são instaladas somente em luminárias com reatores integrados.

Reciclagem de lâmpadas fluorescentes

Todas as lâmpadas fluorescentes, incluindo CFLs e tubulares, bem como as lâmpadas de descarga de alta densidade e de indução magnética, contêm mercúrio, e devem ser recicladas para evitar a contaminação de aterros sanitários, e nunca ser descartadas com o lixo residencial e comercial comuns. A EPA – Agência de Proteção Ambiental dos Estados Unidos fornece diretrizes para destinação adequada dessas lâmpadas. Muitos varejistas nos Estados Unidos, como IKEA e Home Depot, agora aceitam lâmpadas para reciclagem.

Lâmpadas LED

Lâmpadas do tipo LED (*light-emitting diodes* – LEDs) são semicondutores que brilham quando a corrente elétrica passa através deles (Figura 14.14). Há muito tempo são como um padrão, presentes em *displays* eletrônicos, como em relógios e aparelhos de som, são uma alternativa às lâmpadas incandescentes e fluorescentes. A eficiência da lâmpada de LED está melhorando, mas continua um pouco inferior à das fluorescentes, com qualidade de luz tão boa, ou melhor, e vida útil mais longa; o custo da lâmpada, no entanto, é maior. À medida que a tecnologia do LED continua a melhorar, mais opções estarão disponíveis por um custo menor. Lâmpadas de LED estão disponíveis com bases de pino para substituir as de halogênio, com bases de rosca para substituir as incandescentes, e totalmente integradas como lâmpadas embutidas a outras luminárias (Figura 14.15). As lâmpadas de LED comuns fornecem uma luz direcionada, o que as torna potencialmente mais eficazes para a tarefa do que a iluminação ambiente; no entanto, já estão disponíveis no mercado lâmpadas que distribuem luz mais uniformemente. Lâmpadas de LED colocadas em uma base tubular para simular uma fluorescente linear podem proporcionar uma vida útil mais longa e a temperatura da luz mais aconchegante do que as tubulares fluorescentes. As lâmpadas de LED são projetadas para substituir essas lâmpadas tubulares.

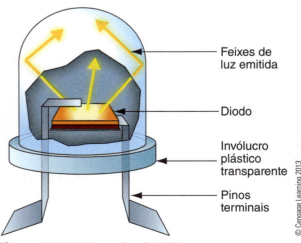

Figura 14.14 Lâmpadas de LED.

PALAVRA DO ESPECIALISTA – BRASIL

Iluminação artificial

Para que se possa projetar correta e eficientemente sob o ponto de vista de iluminação artificial, é preciso:

- Compreender de que forma acontece a interação entre a iluminação natural e a artificial, pois, na maioria dos projetos os espaços usufruem desta dupla condição. Portanto, é fundamental saber como integrar a solução dada para o sistema de iluminação artificial com a proposta inicial do projeto de iluminação natural.
- Determinar quais são os requisitos exigidos pela iluminação artificial no que se refere ao sistema a ser adotado tendo em vista a atividade a ser exercida no local.
- Fixar as características das lâmpadas e luminárias em relação aos sistemas e efeitos que se quer criar, os quais têm relação direta com a escolha das lâmpadas.

De acordo com alguns estudos, a iluminação artificial é responsável por 20% do consumo total de energia elétrica em uma residência. Por este motivo, o projetista deve ter em mente que a eficiência do sistema de iluminação artificial adotado depende do desempenho de todos os elementos envolvidos, bem como da integração feita com o sistema de iluminação natural, que deve ser sempre privilegiada.

Para se economizar energia elétrica na iluminação é importante, além da escolha do tipo de lâmpada, considerar que:

- Uma lâmpada incandescente possui vida média de aproximadamente mil horas quando conectada a uma rede elétrica na tensão correta (127V ou 220V). Lâmpadas incandescentes de voltagem menor que a rede duram menos e queimam com mais facilidade. Por outro lado, uma lâmpada fluorescente tem vida média de aproximadamente 10 mil horas (dez vezes maior); custam mais caro, porém, duram e iluminam mais, quando comparadas às incandescentes.
- A cor das paredes influencia na iluminação e, consequentemente, no consumo de energia; para tanto, recomenda-se que paredes e tetos sejam sempre de cor branca ou clara, o que garante alta refletância de luz para o ambiente.
- A limpeza periódica de paredes, janelas, forros e pisos, ou seja, superfícies limpas, garante melhor reflexão da luz.
- Alguns hábitos também influenciam no consumo de energia, como acender lâmpadas durante o dia, em vez de abrir bem janelas, cortinas e persianas, ou deixar lâmpadas acesas em ambientes que não estão sendo ocupados.

Atualmente, existem diferentes tipos de lâmpadas para as mais diversas aplicações. Para o uso em edificações residenciais e comerciais, no entanto, as lâmpadas elétricas podem ser classificadas em dois grupos básicos: incandescentes e descarga gasosa.

Thelma Lopes da Silva Lascala Engenheira civil pela FAAP, com licenciatura e bacharelado em Física pela Universidade Presbiteriana Mackenzie, Especialista em MTE-Master em Tecnologia da Educação pela FAAP, mestre em Arquitetura e Urbanismo pela Universidade Presbiteriana Mackenzie e doutora em Energia pela Universidade de São Paulo. Coordenadora do Curso de Engenharia Civil e professora titular em graduações da FAAP, na qual também atua no curso de pós-graduação em Curso de Construções Sustentáveis.

Incandescentes

São as mais comuns, possuindo vida útil bastante curta e custo inicial baixo. Seu princípio de funcionamento é produzir luz para a elevação da temperatura de um filamento, geralmente de tungstênio, ao ser submetido à corrente elétrica.

Tamanho reduzido, funcionamento imediato e a desnecessária aparelhagem auxiliar, exceto no caso de lâmpadas halógenas, são algumas das principais vantagens deste tipo de lâmpada. Por outro lado, a eficiência luminosa é muito baixa, pois existe uma elevada dissipação de calor, que se traduz em desperdício de energia.

Nas edificações residenciais e comerciais, utilizam-se, basicamente, três tipos de lâmpadas incandescentes:
- Incandescente comum;
- Incandescente refletora (espelhada);
- Halógena.

A lâmpada *incandescente refletora* possui uma camada refletora na superfície interna do bulbo, o que permite um fluxo de luz mais dirigido que as incandescentes comuns.

A *incandescente halógena* segue o mesmo princípio de funcionamento da incandescente comum, mas possui um gás halógeno que, quando combinado à corrente térmica dentro da lâmpada, produz uma luz mais brilhante e uniforme.

Descarga gasosa

Não existe filamento nas lâmpadas de descarga gasosa, sendo a luz produzida pela excitação de um gás (pela passagem de energia elétrica) contido entre dois eletrodos. Assim, é produzida a radiação ultravioleta (invisível), que, ao atingir as paredes internas do bulbo (revestidas por substâncias fluorescentes como os cristais de fósforo), é transformada em luz. Em razão do seu princípio de funcionamento, as lâmpadas de descarga gasosa requerem alguns dispositivos auxiliares, como reatores e *starters*.

Uma das desvantagens deste tipo de lâmpada é o efeito estroboscópico que produzem, pois elas piscam na mesma frequência da tensão de alimentação (60Hz). Um motor cujo eixo gire em velocidade alta (3.600 rpm, por exemplo) pode parecer parado e causar algum acidente.

Atualmente, a qualidade do gás e do revestimento no interior das lâmpadas de descarga gasosa tem sido aprimorada, proporcionando grande melhora na reprodução das cores e na redução do tamanho das lâmpadas.

Os tipos de lâmpadas de descarga mais comum são:

- *Fluorescente tubular* – Lâmpada fluorescente que emite luz pela passagem da corrente elétrica através de um gás. Esta lâmpada, a clássica forma para uma iluminação econômica, é de alta eficiência e longa durabilidade.

(continua)

- *Fluorescente compacta* – Este tipo de lâmpada pode reduzir o consumo de energia em até 80% quando comparada à incandescente. Alguns modelos possuem reatores eletrônicos já incorporados, proporcionando grande economia, maior conforto e vida útil mais longa.
- *Vapor de mercúrio de alta pressão* – Tem aparência branca-azulada, eficiência de 55lm/W e é utilizada para iluminação pública e industrial.
- *Vapor de sódio de baixa pressão* – Tem radiação quase monocromática na faixa do amarelo, alta eficiência luminosa 200lm/W e longa vida, sendo utilizada em autoestradas, portos e pátios de manobra.
- *Vapor de sódio de alta pressão* – Possui boa reprodução de cor, eficiência de até 130lm/W, necessita de dispositivo auxiliar e partida e é utilizada como iluminação externa e industrial com grandes alturas.
- *Luz mista* – Este tipo de lâmpada tem um tubo preenchido com gás e filamento de tungstênio; comparada às incandescentes, é duas vezes mais eficiente e tem vida útil quase seis vezes maior. Não necessita de reator.

A Tabela 14.2 resume as principais características dos diversos tipos de lâmpada, permitindo rápida comparação e melhor escolha.

Modernamente, além das lâmpadas incandescentes e de vapor de descarga, existe outro tipo: as lâmpads de eletroluminescência, conhecidas como lâmpadas de LED, sigla que significa que trabalham com diodo emitindo luz (Light Emitting Diode). Apesar de a tecnologia não ser tão recente, poucos sabem como utilizá-la ou conhecem todas as vantagens da sua utilização.

Uma das suas vantagens é que podem economizar de 75% até 95% da energia que é consumida por outros tipos de componentes, resultando uma conta de luz mais baixa. Outra, é que podem ser encontradas em tamanhos bem reduzidos, podendo assim iluminar pequenos ambientes, como o interior de um armário. Além disso, o tempo de vida desses componentes é bem elevado, chegando perto de 10 anos.

A tecnologia LED apresenta uma considerável desvantagem, a reprodução de cor, mas isto tem melhorado a cada dia, e sua cromatografia tem se aproximado da oferecida pelas lâmpadas incandescentes.

Por ter tamanho, em média, menor que as lâmpadas incandescentes e fluorescentes, não são indicadas para iluminar ambientes inteiros, pois podem provocar dor de cabeça ou tornar o ambiente incômodo aos seus usuários.

Levando em consideração as vantagens e desvantagens, as lâmpadas de LED são mais bem aproveitadas em ambientes externos, em que a exatidão de cores não é tão necessária. Outra indicação é em espaços pequenos, já que a tecnologia não gera calor, como em áreas abaixo de escadas ou fundo de gavetas. Além disso, podem ser utilizadas para dar um ar especial a um ambiente. Escolhendo-se LEDs "mais quentes" (que tendem a ser amareladas), pode-se fazer que o ambiente fique mais confortável.

Um problema que é eventual, mas logo deixará de ser, em razão da economia de escala e outros fatores, é o custo inicial de instalação. Tão logo os preços sejam adequados ao mercado, o crescimento da utilização dos LEDs em residências, como em todos os ambientes, será uma realidade – uma econômica e bela realidade.

Tabela 14.2 Lâmpadas e suas principais características

Lâmpada	Eficiência	Vida média	Reprodução de cor	Energia consumida	Custo inicial	Custo final
Incandescente comum	15 a 50 lm/W	menos de 2.000h	boa	muita	baixo	alto
Halógena	15 a 50 lm/W	menos de 2.000h	boa	muita	médio	alto
Fluorescente comum	50 a 80 lm/W	de 2.000h a 10.000h	regular	regular	médio	médio
Vapor de mercúrio de alta pressão	55 a 80 lm/W	de 2.000h a 10.000h	regular	regular	médio	médio
Vapor de sódio de baixa pressão	cerca de 200 lm/W	mais de 10.000h	ruim	pouca	alto	baixo
Vapor de sódio de alta pressão	cerca de 130 lm/W	mais de 10.000h	ruim	pouca	alto	baixo
Luz mista	15 a 50 lm/W	de 2.000h a 10.000h	regular	muita	médio	alto

Fonte: Adaptado das informações do Procel Info – Centro de Informações de Eficiência Energética. Disponível em: <www.procelinfo.com.br>. Acesso em: 30 jan. 2016.

Lâmpadas de indução magnética

Lâmpadas de indução magnética, também conhecidas como lâmpadas de indução interna (Figura 14.16), são uma variação da tecnologia fluorescente que utilizam um eletroímã para carregar eletricamente o gás dentro da lâmpada e fazê-la brilhar.* Tradicionalmente disponíveis somente para luminárias comerciais, agora há modelos como substitutos com rosca para

---

* Sem eletrodos e filamentos, essas lâmpadas utilizam os princípios fundamentais da indução eletromagnética e da descarga elétrica em gás para criar luz. Uma alta frequência é gerada por um reator eletrônico em bobinas metálicas eletromagnéticas (também denominado balastro), criando um campo eletromagnético em torno do tubo de vidro que contém o gás; esta carga elétrica acelera os elétrons livres e provoca a colisão com os átomos de mercúrio presentes, gerando excitação nos elétrons livres, e estes, ao se estabilizar, emitem radiação ultravioleta, que, quando passa pela camada de fósforo que é depositada na superfície interna do tubo, é convertida em luz visível. (S.H.O.)

lâmpadas incandescentes, semelhantes às CFLs. Esses modelos são um pouco mais eficientes e têm vida útil mais longa do que as CFLs. Como estas, as lâmpadas de indução magnética contêm mercúrio e devem ser descartadas com critério.

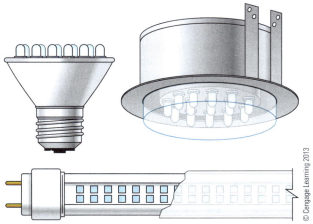

Figura 14.15 Lâmpadas de LED já estão disponíveis em uma variedade de estilos.

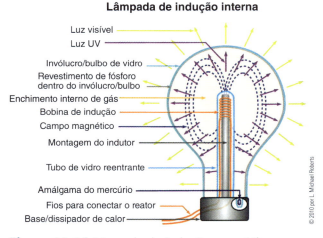

Figura 14.16 Lâmpada de indução magnética.

Lâmpadas de descarga de alta intensidade

Lâmpadas de descarga de alta intensidade (*high-intensity discharge* – HID), uma variação das lâmpadas incandescentes feita com vapor de mercúrio, haletos metálicos e gases de sódio de alta e baixa pressão, são opções para aplicações residenciais externas (Figura 14.17). Lâmpadas de HID são muito eficientes, no entanto, não comumente usadas dentro de casas. São limitadas principalmente à iluminação de ruas e estacionamentos e aos espaços internos de industriais, assim como ginásios e arenas. Essas lâmpadas têm um tempo de aquecimento lento, o que as torna inadequadas para pontos de luzes que se ligam e desligam regularmente. Podem ser uma boa opção para iluminação exterior que deve permanecer ligada a noite toda.

Figura 14.17 Lâmpada de descarga de alta intensidade (HID).

Escolha das luminárias

Luminárias estão disponíveis em uma ampla variedade de modelos para cada aplicação. As normalmente utilizadas em casas incluem modelos embutidos em forros, fixadas em tetos e paredes, iluminação balizadora de caminho ou trajeto, de piso e de mesas. Luminárias embutidas podem fornecer iluminação ambiente, de realce e para atividade específica; no entanto, a área atingida é limitada pela localização da lâmpada. Estas estão disponíveis com bases de rosca para lâmpadas incandescentes, CFLs, ou lâmpadas de LED; com base de pinos para lâmpadas de halogênio; com reatores e bases de pinos para CFLs; e com lâmpadas de LED totalmente integradas na luminária. Ao instalar lâmpadas CFL e de LED de base de rosca em luminárias embutidas, confirme se elas são projetadas para estas aplicações e com a base voltada para cima, para que não apresentem defeitos prematuramente.

Luminárias embutidas que adentram e tenham contato com o isolamento do envelope térmico da edificação devem ser como unidades eletricamente isoladas (IC – *insulation contact*, conforme descrito no Capítulo 4: o isolamento térmico pode estar em contato com a fiação elétrica sem risco de causar incêndios ou falhas no envelope térmico) e ter um *design* hermético, que permite a instalação do isolamento junto à luminária e ajuda a reduzir o vazamento de ar. A instalação adequada é necessária para evitar o vazamento de ar e a perda de calor ao redor das luminárias nesses locais. Deve-se limitar a quantidade de luminárias embutidas sempre que possível e instalar CFLs com base de pinos ou tipos de LED integrados para evitar que, mais tarde, os proprietários as substituam por lâmpadas incandescentes menos eficientes. Luminárias embutidas não devem ser instaladas no nível que se alinha o isolamento do telhado, uma vez que podem deslocar o isolamento e reduzir a eficiência do sistema de cobertura.

Luminárias de sobrepor estão disponíveis com lâmpadas incandescentes, de halogênio, CFLs e de LED. Como ocorrem com as embutidas, as lâmpadas CFL e de LED instaladas em luminárias fechadas de sobrepor devem ser adequadas para a instalação. Luminárias de sobrepor com pouca espessura, rasas, para iluminação de tarefas de cozinha e em armários estão disponíveis com lâmpadas de LED, de halogênio e fluorescentes. A iluminação ambiente pode ser criada com lâmpadas fluorescentes lineares acima de armários ou em sancas ao redor do perímetro de um ambiente.

A iluminação balizadora de caminhos gera um realce luminoso decorativo que pode ser ajustado em razão das mudanças no arranjo do ambiente. Tradicionalmente concebidas com lâmpadas incandescentes ou de halogênio, as de LED oferecem uma opção mais eficiente sem sacrificar a qualidade da luz.

Luminárias de piso e de mesa estão disponíveis com lâmpadas incandescentes, de halogênio, de LED e CFL. Selecionar luminárias para lâmpadas CFL e LED (ou utilizar lâmpadas CFL ou de LED em luminárias projetadas para lâmpadas incandescentes e de halogênio) é uma boa estratégia para economizar energia.

PALAVRA DO ESPECIALISTA – BRASIL

Iluminação e as grandezas físicas

Iluminação, como visto em capítulos anteriores, é a forma de iluminar, de ter luz nas edificações ou fornecer luz em pontos e espaços, seja de modo artificial, seja natural.

Sob o ponto de vista da física, iluminação é uma disciplina e também um ramo do conhecimento formalmente ensinado, no qual se estudam as grandezas luminosas. De modo específico, para o desenvolvimento de construções mais sustentáveis, esses conhecimentos devem ser apreendidos e integrados desde as suas concepções; assim sendo, este texto tem o intuito de promover um melhor entendimento sobre o assunto e facilitar a aplicação de seus conceitos com maior propriedade.

A Tabela 14.3, a seguir, apresenta as grandezas luminosas fundamentais, com suas denominações, símbolos e unidades de medidas:

- **Fluxo luminoso** – Corresponde à energia em forma de radiação, capaz de sensibilizar o olho humano no período de um segundo.
- **Eficiência ou eficiência energética** – A proporção de luz produzida para a quantidade de energia consumida, ou a razão entre o fluxo emitido por uma fonte de luz e a potência elétrica consumida no processo, sendo o ideal maior quantidade de luz com menor consumo de energia.
- **Intensidade luminosa** – É definida como a concentração de luz em uma direção específica, radiada em segundo, ou simplesmente o fluxo luminoso medido em uma direção.
- **Iluminância** – Trata-se da quantidade de luz ou fluxo luminoso que atinge uma unidade de área de uma superfície por segundo, também identificada como iluminação, que é obtida pela razão entre o fluxo luminoso emitido por uma fonte e a superfície iluminada a certa distância da fonte. Como correspondência, diz-se que uma unidade de lux equivale a 1 lúmen por metro quadrado (lm/m²). Os valores relativos à iluminância são encontrados na NBR ISO/CIE 8995-1:2013, desde 21 mar. 2013 (os mesmos valores encontrados na norma NBR 5413: Iluminância de Interiores de 1992). Esta norma apresenta três valores para acuidade visual baixa, média e alta. Por exemplo, para salas de aula, os valores são: 200 – 300 – 500 lm/m².
- **Luminância** – É a intensidade luminosa (cd) produzida ou refletida por unidade de área (m²) de uma superfície em uma dada direção. Como se trata de uma grandeza que depende das superfícies e direção, que depende do ângulo de visão do observador, deve ser entendida como uma razão entre a intensidade luminosa e a superfície aparente (área fictícia e perpendicular à direção da visão). De forma prática, luminância é a distribuição do campo de visão das pessoas numa área ou ambiente, sendo proporcionada pelas várias superfícies dentro desse espaço, a saber: infraestrutura, como teto, parede, piso, janelas e componentes e complementos, como luminárias, e a superfície que se observa, como a mesa de trabalho.

Isso quer dizer que a luminância pode ser direta, quando se tratar de superfícies iluminantes, ou indireta, no caso de superfícies iluminadas; portanto, não se trata de uma grandeza independente, e deve ser considerada um complemento à determinação das iluminâncias (lux) do ambiente, evitando-se o ofuscamento e controlando-se e oferecendo claridade quando necessário. Na verdade, a percepção da luz é apenas a percepção de diferenças de luminâncias, ou, dito de outra forma, de iluminação.

Profa. Dra. Sasquia Hizuru Obata Engenheira civil pela Fundação Armando Alvares Penteado (FAAP), licenciada em Formação de Professores de Disciplinas pela Universidade Tecnológica Federal do Paraná (UTFPR), especialista em Administração de Empresas pela FAAP, mestre em Engenharia Civil pela Universidade de São Paulo (USP), doutora em Arquitetura e Urbanismo pela Universidade Mackenzie.

Fernando A. Silveira

(continua)

Tabela 14.3 Grandezas luminosas

Grandeza	Símbolo	Unidade
Fluxo luminoso	ϕ	Lúmen (lm)
Eficiência energética	η	Lúmen por watt (lm/w)
Intensidade luminosa	I	Candela (cd)
Iluminância	E	Lux (lx)
Luminância	L	Candela/m² = cd/m² ou Candela/cm² = cd/cm²

Fonte: Fonte: Compilação de Literaturas do Assunto e obtido formatado por Paulo Sergio Scarazzato. FAU-USP. Material da disciplina AUT02013. Disponível em: <http://www.fau.usp.br/cursos/graduacao/arq_urbanismo/disciplinas/aut0213/Material_de_Apoio/03_-_Ia._Conceito_Fundamentais_(grandezas_Luminosas).pdf>. Acesso em: 30 jan. 2016.

Eficiência

Eficiência, expressa em lúmens por watt, é a proporção de luz produzida para a quantidade de energia consumida. Lúmen é uma medida da potência da luz como percebida pelo olho humano. Uma lâmpada incandescente de 100 watts produz cerca de 1.750 lúmens. Neste caso, a divisão dos lúmens pelos watts determina que a lâmpada tem uma eficiência de 17,5 (1.750/100 = 17,5). A título de comparação uma CFL pode produzir 1.400 lúmens enquanto estiver usando apenas 23 watts, com eficiência de aproximadamente 65 (1.400/23 = 65,2). Quanto maior for a eficiência, mais luz será produzida para uma determinada quantidade de energia. A Tabela 14.4 apresenta as variações de eficiência para tipos comuns de lâmpadas.

Tabela 14.5 Eficiência de diferentes tecnologias de iluminação

Tipo de iluminação	Eficiência (lúmen/watt)	Vida útil (horas)	Índice de reprodução de cor (IRC*)	Cor/temperatura (K)	Interiores/exteriores
Lâmpadas incandescentes					
Bulbo "A" padrão	10-17	750-2.500	98-100 (excelente)	2.700-2.800 (quente)	Interiores/exteriores
Tungstênio halogênio	12-22	2.000-4.000	98-100 (excelente)	2.900-3.200 (de quente a neutra)	Interiores/exteriores
Refletor	12-19	2.000-3.000	98-100 (excelente)	2.800 (quente)	Interiores/exteriores
Lâmpadas fluorescentes					
Tubo reto	30-110	7.000-24.000	50-90 (de razoável a bom)	2.700-6.500 (de quente a fria)	Interiores/exteriores
CFL	50-70	10.000	65-88 (bom)	2.700-6.500 (de quente a fria)	Interiores/exteriores
Circular	40-50	12.000	65-88 (bom)	2.700-6.500 (de quente a fria)	Interiores
Lâmpadas de descarga de alta intensidade					
Vapor de mercúrio	25-60	16.000-24.000	50 (de ruim a razoável)	3.200-7.000 (de quente a fria)	Exteriores
Haleto metálico	70-115	5.000-20.000	70 (razoável)	3.700 (fria)	Interiores/exteriores
Sódio de alta pressão	50-140	16.000-24.000	25 (ruim)	2.100 (quente)	Exteriores
LED					
LEDs brancos frios	60-92	35.000-50.000	70-90 (de razoável a bom)	5.000 (fria)	Interiores/exteriores
LEDs brancos quentes	27-54	35.000-50.000	70-90 (de razoável a bom)	3.300 (neutra)	Interiores/exteriores

Fonte: Departamento de Energia dos Estados Unidos (DOE). Disponível em: <http://www.energysavers.gov/>.
*****Índice de reprodução de cores – IRC (Color Rendition Index – CRI).** Como referência, o sol é a luz mais natural, e, portanto, o IRC é um padrão de comparação de qualquer outra fonte de luz. Quanto mais alto o valor de IRC, que varia de 0 a 100, mais próximo será da luz natural e, assim, as cores serão as mais verdadeiras e de aparência natural. (S.H.O.)

Iluminação

Iluminação, referida como *luminância* ou *nível de iluminação*, é a quantidade de luz que atinge uma superfície de tarefa ou trabalho. Independente do tipo ou da eficiência da iluminação, a finalidade, quase sempre, é produzir uma iluminação adequada para uma tarefa. Luminância em uma tarefa é medida em candela por centímetro quadrado, sendo que nos Estados Unidos usa-se o *foot-candle*, ou lm por pé^2, que se refere à quantidade de luz produzida por um lúmen em 1 m^2 ou em 1 cm^2. Os requisitos da iluminação nos Estados Unidos variam de 5 *foot-candles*, ou seja, 0,05 cd/cm^2, para locais em que nenhum trabalho está sendo executado além de ambientes de circulação, a cerca de 50 *foot-candles*, ou seja, 0,50 cd/cm^2 para trabalhos em uma cozinha típica e até 500 *foot-candles*, ou seja, 5 cd/cm^2 para tarefas muito detalhadas por longos períodos de tempo. Idade, acuidade visual e preferência pessoal afetarão a decisão da quantidade de luz a ser fornecida. Uma quantidade adequada de luz deve ser garantida para todas as áreas de trabalho, sem iluminação excessiva a fim de evitar desperdício de energia.

Para determinar a quantidade de iluminação que caberá a um projeto especial e quanto se destinará a cada um dos espaços, deve-se realizar cálculos cuidadosos com base nos seguintes fatores: localização e quantidade de luminárias, tipo de lâmpada, *design* das luminárias, refletividade das superfícies etc. Um *software* de *design* de iluminação, como o Visual da Acuity Brands, pode ajudar a determinar a quantidade adequada de luz necessária para uma casa (Figura 14.18). No Brasil encontram-se projetos realizados pelo RELUX.

Você sabia?

Profa. Dra Sasquia Hizuru Obata

No Brasil, os parâmetros seguidos para se determinar a quantidade de iluminação mínima em um ambiente eram prescritos pela NBR 5413:1992 – Iluminância de interiores, que foi cancelada, sem haver substituição para a área residencial. No entanto, continua sendo utilizada como referencial, enquanto não há outra NBR que a substitua. Assim, esta norma prescreve as seguintes iluminâncias para ambientes residenciais:

Tabela 14.5

Iluminância por ambiente*	
Salas de estar	
Geral	100 - 150 - 200
Local (leitura, escrita, bordado etc.)	300 - 500 - 750
Cozinhas	
Geral	100 - 150 - 200
Local (fogão, pia, mesa)	200 - 300 - 500
Quartos	
Geral	100 - 150 - 200
Local (espelho, penteadeira, cama)	200 - 300 - 500
Hall, escadas, despensas, garagens	
Geral	75 - 100 - 150
Local	200 - 300 - 500
Banheiros	
Geral	100 - 150 - 200
Local (espelhos)	200 - 300 - 500

*Os três valores apresentados em cd/m² ou lm/m² referem-se à acuidade visual baixa, média e alta.

Correspondência entre as unidades:
1 *foot candle* = 10 lm/m² ou 1lm/pe² ou 1cd/m²

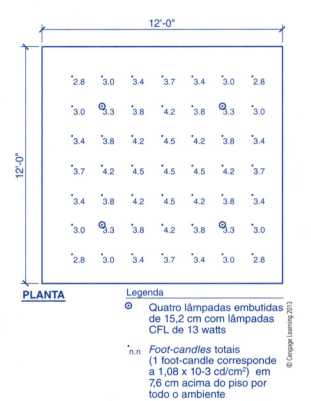

Figura 14.8 Este relatório do *software* Visual mostra a quantidade de iluminação produzida por quatro lâmpadas de teto em determinado ambiente. *Designers* de iluminação podem usar programas de modelagem para evitar iluminação excessiva em um ambiente.

Temperatura da cor

Temperatura da cor é um indicador da cor de uma fonte de luz que compara a cor de uma lâmpada à luz solar natural, medida em kelvin (K) (Figura 14.19). A escala kelvin é uma medida científica usada para determinar a temperatura da cor de diferentes tipos de luz. Temperaturas mais baixas são consideradas luz quente, e temperaturas mais altas, luz fria. Lâmpadas incandescentes e de halogênio ficam na faixa de 2.700 a 3.200 K, as fluorescentes e de indução magnética variam de 2.700 a 6.500 K, e as de LED de 2.800 até 8.000 K. A luz mais fria é geralmente melhor para tarefas detalhadas, porque oferece maior contraste, enquanto temperaturas mais quentes são preferidas para a iluminação em geral, que produz tons de pele mais naturais e agradáveis.

Figura 14.19 A escala de temperatura da cor avalia o calor da luz de determinada lâmpada.

Portanto, a temperatura da cor refere-se ao tom de cor que a lâmpada dá ao ambiente, sendo a luz quente, correspondente ao tom mais avermelhado, a que produz maior relaxamento, enquanto a luz fria, o tom mais claro, entre o amarelo e o branco, a que induz a atividade e disposição, sendo o equivalente à temperatura solar, brilhante e de tonalidade fria, como as lâmpadas fluorescentes.

Índice de reprodução de cor Depois da eficiência, o fator mais importante na escolha de lâmpadas é o ín-dice de reprodução de cor – IRC (nos Estados Unidos o termo pode ser *color rendering índex* ou *color rendition índex** – CRI). Este índice classifica, em uma escala de 0 a 100, a capacidade de uma lâmpada de reproduzir as cores tal qual um tipo de lâmpada de referência. Uma classificação de IRC de 100 baseia-se em uma lâmpada incandescente de 100 watts. Um IRC superior a 80 é considerado adequado para iluminação residencial. Lâmpadas de tubos fluorescentes variam de 50 a 90, CFLs de 65 a 88, e iluminação de HID de 25 a 50.

Vida útil da lâmpada

As lâmpadas têm uma vida útil que varia de 750 a 100.000 horas, dependendo do tipo (Tabela 14.6). Além do *design* da lâmpada, o tipo de utilização, a qualidade da fabricação e outros fatores afetarão sua duração. Embora as CFL e de LED sejam mais caras do que as incandescentes, a longevidade, combinada com a alta eficiência, representa um investimento melhor em relação à durabilidade.

Tabela 14.6 Vida útil das lâmpadas

Tipo da lâmpada	Vida útil (em horas)
Incandescente	750-2.500
Halogênio	2.000-4.000
Fluorescente tubular	7.000-24.000
CFL	7.000-10.000
LED	40.000-50.000
Indução magnética	70.000-100.000

Etiquetagem da Comissão Federal do Comércio

A Comissão Federal do Comércio (Federal Trade Commission – FTC) dos Estados Unidos implantou a etiquetagem para lâmpadas, semelhante aos selos de alimentos nutricionais, para fornecer uma orientação para compra pelos consumidores. Os selos incluem informações sobre claridade em lúmens, custo anual estimado de energia, vida útil, se a emissão da luz é fria ou quente e sua potência. Além disso, o consumidor saberá se a lâmpada contém ou não mercúrio.

---

* Ambos os termos são válidos para indicar a capacidade de lâmpadas, sendo que o primeiro significa índice de reprodução de cores, e o segundo, índice de reproduzir cores. Para a classificação dos produtos de forma padronizada, a luz natural também deve ser padronizada, e é muito difícil reproduzi-la de modo constante e uniforme; assim, a luz utilizada em ensaios de classificação é a de uma lâmpada padrão internacional de reprodução de cor. O IRC, então, é calculado a partir das diferenças entre as oito escalas de cromaticidade de amostras de cores padrão por um iluminante padrão e em relação a uma fonte de luz da mesma temperatura de cor correlata (TCC). (S.H.O.)

> ### Poluição luminosa
>
> Poluição luminosa é a luz mal direcionada ou mal usada, normalmente gerada pela aplicação inadequada de produtos de iluminação externa. Classificada como brilho do céu, ofuscamento, luz intrusa e desordem luminosa, a poluição luminosa pode reduzir a visibilidade durante a noite, comprometer a visão de motoristas e pedestres, e provocar desperdício de energia. Este tipo de poluição também afeta a reprodução e os padrões de migração de animais selvagens, impacta na redução do habitat disponível para animais noturnos e diminui ou elimina nossa visão das estrelas e dos planetas.
>
> Esta poluição pode ser minimizada com a instalação de quantidade adequada de iluminação externa necessária para a segurança, sem exceder a iluminação de uma área. E, em particular, o projeto de iluminação deve direcionar a luz para evitar o brilho do céu, o ofuscamento e a luz intrusa.

> ### Sistemas de iluminação de fibra ótica
>
> Sistemas de iluminação de fibra ótica utilizam fibras de plástico ou vidro flexível muito fino para transmitir luz (Figura 14.20). A iluminação de fibra ótica pode fornecer luz natural a espaços internos em edifícios pela concentração da luz solar através de lentes, enviando a luz por cabos de fibra ótica para áreas onde é necessária e a distribuem em um ambiente por meio de luminárias que têm a aparência de luzes tradicionais. Embora os sistemas de iluminação que utilizam esta tecnologia já estejam disponíveis no mercado, eles são projetados para edifícios comerciais, e, além disso, muito caros. À medida que a tecnologia é aperfeiçoada e há a redução dos preços, a iluminação de fibra ótica pode tornar-se uma solução adequada para projetos residenciais.

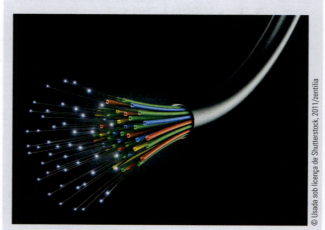

Figura 14.20 A iluminação de fibra ótica fornece luz natural ou gerada eletricamente para espaços através de fibras plásticas ou de vidro flexível.

Ventiladores

Dimensionamento, instalação e operação de ventiladores de teto, sistemas centralizados, de exaustores para banheiros e coifas de cozinha foram abordados no Capítulo 13. No entanto, todos usam eletricidade para operar e afetam o desempenho geral da casa; portanto, os ventiladores também devem ser considerados quando se projetam os sistemas elétricos.

Exaustores de banheiros

O programa ENERGY STAR certifica exaustores que atendam às especificações mínimas de eficiência e nível de ruído. A eficiência do exaustor, ou mais precisamente a eficácia, é medida em pés cúbicos por minuto de fluxo de ar por watt de energia (CFM/W). Exaustores de banheiros até 89 CFM devem ter uma eficácia de pelo menos 1,4 CFM/W, e exaustores maiores e coifas de pelo menos 2,8 CFM/W. O nível do ruído é avaliado em sones* uma unidade de intensidade sonora percebida e equivalente a 40 decibéis (dB). Exaustores pequenos e coifas de cozinha não devem exceder 2 sones, e exaustores maiores não devem exceder 3 sones. Muitos programas de construção verde exigem que exaustores de banheiros não excedam 1 sone. Exaustores de banheiros com selo do ENERGY STAR e, como iluminação devem usar lâmpadas CFL ou de LED para a certificação e ter garantia mínima de um ano.

Ventiladores de teto

Estes podem proporcionar conforto pelo resfriamento por convecção com temperaturas do ar mais altas no interior em clima quente, o que pode representar economia de energia se controlados corretamente. É fundamental que os ventiladores sejam desligados quando os ambientes estão desocupados, e o uso deve se limitar aos dias em que o movimento de ar permite configurações de HVAC mais baixas, porque os motores geram calor. Como acontece com os exaustores, o ENERGY STAR certifica os ventiladores de teto que atendam às especificações mínimas de CFM/W. Os requisitos para os ventiladores do programa ENERGY STAR são listados por velocidade na Tabela 14.7.

---

* Sone é uma unidade relacionada à percepção do som, ou seja, quanto um som é percebido como alto, tratando-se de uma medida de graduação linear, não referenciada pelo Sistema Internacional de Unidades (SI). Assim, por sua base ser subjetiva, diz-se que uma unidade de medida sone determina a intensidade sonora obtida pelo julgamento de um conjunto de observadores que reconhecem um som de 1.000 Hz e 40 dB. (S.H.O.)

Tabela 14.7 Requisitos do programa ENERGY STAR referentes à eficiência do fluxo de ar para ventiladores de teto

Velocidade do ventilador	Fluxo mínimo do ar (CFM)	Requisitos de eficiência (CFM/W)
Baixa	1.250	155
Média	3.000	100
Alta	5.000	75

Fonte: EPA – Agência de Proteção Ambiental dos Estados Unidos, programa ENERGY STAR.

Eletrodomésticos

Estes são classificados como grandes e pequenos. Entre os grandes, estão fornos, geladeiras, lavadoras, secadoras, lava-louças e outros equipamentos semelhantes que são instalados de forma permanente no lugar ou raramente serão removidos. Os eletrodomésticos pequenos incluem itens como fornos de micro-ondas, torradeiras, liquidificadores, secadores de cabelo e cafeteiras. Sempre que possível, os eletrodomésticos com certificação do ENERGY STAR devem ser escolhidos pela eficiência mais alta.

Eletrodomésticos grandes

Refrigeradores usam mais energia do que qualquer eletrodoméstico, seguidos por máquinas de lavar, secadoras de roupa, *freezers* e fogões elétricos. Nos Estados Unidos, a Comissão Federal do Comércio (FTC) exige que muitos eletrodomésticos comuns tenham selos da EnergyGuide (Figura 14.21), que compara o consumo de energia de um produto com outros similares. O uso desses selos, em conjunto com os do ENERGY STAR, pode ajudar o consumidor a escolher os aparelhos mais eficientes para uma residência. Não são exigidos selos EnergyGuide para fogões, fornos e secadoras de roupa, porque não há diferença significativa da eficiência entre os modelos.

Refrigeradores

No caso das geladeiras, tanto a eficiência quanto a configuração afetam o consumo geral de energia. Modelos com *freezer* superior são mais eficientes do que os *side-by-side*. Modelos com máquina de gelo e *dispensers* de água e gelo na porta são menos eficientes do que aqueles sem esses recursos. Para comparar o desempenho, consulte o selo da EnergyGuide, que pode ser encontrado no interior de cada refrigerador e está disponível *on-line* para todos os modelos. Quando se consideram unidades que se comparam em eficiência, uma unidade menor usará menos energia. Refrigeradores cheios funcionam com mais eficiência do que os vazios, porque alimentos refrigerados e congelados mantêm a temperatura melhor do que o ar; portanto, uma unidade de tamanho certo que permanecerá cheia a maior parte do tempo é a escolha mais eficiente. A função de degelo automático de refrigeradores consome mais energia do que o degelo manual regular, mas haverá redução da eficiência e utilidade das unidades com degelo manual se não forem descongeladas regularmente. Evite posicionar geladeiras ao lado de fornos e deixe espaço de ventilação suficiente ao redor das serpentinas para um funcionamento mais eficiente.

Recicle geladeiras velhas e ineficientes, em vez de mantê-las funcionando no porão ou na garagem para necessidades de excessos ocasionais. Quando houver necessidade de mais capacidade, um único refrigerador maior é mais eficiente do que duas unidades separadas.

Lavadoras de roupas

Estas usam uma quantidade significativa de energia e água, e a capacidade de centrifugar a água da roupa no ciclo de rotação implica a quantidade de energia necessária para a secagem. A eficiência da máquina de lavar é classificada por um fator de energia modificado (*modified energy factor* – MEF), que considera a energia necessária para operar a máquina de lavar, aquecer a água, secar a roupa, dependendo também da quantidade de água descartada no ciclo de rotação. Os valores de MEFs mais altos indicam lavadoras mais eficientes. Nos Estados Unidos, o padrão federal mínimo do MEF é de 1,28. As lavadoras devem ter um MEF de pelo menos 1,8 para se qualificar para o selo do ENERGY STAR. E também são avaliadas pelo fator de água (*water factor* – WF), que identifica o número de litros de água necessários por ciclo pelo volume em pé cúbico de lavagem. Quanto menor for o WF, com mais eficiência uma lavadora utilizará a água.

Em geral, as lavadoras de carregamento frontal são mais eficientes que aquelas com carregamento superior, pois usam menos água para cada ciclo de lavagem. Novas unidades de carregamento superior de alta eficiência podem ser uma alternativa econômica. Escolha uma lavadora certificada pelo ENERGY STAR e compare a eficiência entre unidades usando o selo EnergyGuide. A maneira como a máquina de lavar é usada também tem um efeito sobre a eficiência. Lavagem completa em vez de cargas parciais, ajuste manual do nível de água para o volume de roupa específico e utilização da configuração de temperatura da água mais baixa são estratégias para economizar energia.

Lava-louças

As máquinas de lavar louça usam energia para acionar as bombas e, em alguns casos, aquecedores auxiliares de água, além de água para lavar e enxaguar.

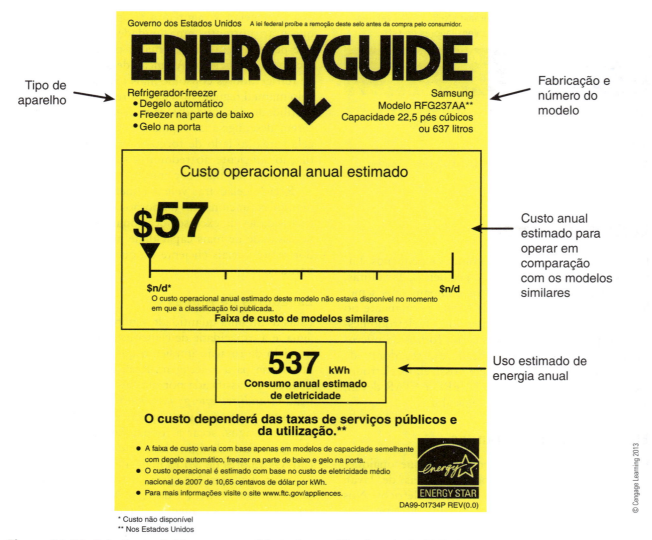

Figura 14.21 Selo EnergyGuide para um refrigerador certificado pelo ENERGY STAR.

As lava-louças para obter o selo ENERGY STAR devem, nos Estados Unidos, exceder os padrões federais mínimos de eficiência para consumo de energia e água. Reveja especificações entre unidades similares para classificações de eficiência de energia e água (Tabela 14.8). Os modelos com mais opções de ciclos oferecem oportunidade para um funcionamento mais eficiente, e os sensores de nível que ajustam automaticamente os níveis de água proporcionam economia extra de água. Trabalhar com cargas completas e usar configurações de secagem sem calor proporcionam um funcionamento mais eficiente.

Secadoras de roupas

Secadoras de roupas tradicionais funcionam por convecção: o ar aquecido remove a umidade das roupas. Como não existem diferenças significativas de eficiência entre os modelos concorrentes, não existe classificação do ENERGY STAR ou selos do EnergyGuide para secadoras de roupa. Um modelo com função de sensor de umidade que desliga a máquina quando as roupas estão secas evita sub ou sobrecargas de secagem. Como as secadoras ventiladas removem o ar da casa quando expelem o calor e a umidade para o exterior, precisam de reposição de ar para a área da casa ou lavanderia. É necessária uma ventilação adequada para uma operação mais eficiente. Siga as instruções do fabricante sobre o tipo de tubulação, distância, número de cotovelos e tipo de tampa para não criar muita pressão sobre o sistema de ventilação. As secadoras funcionam de modo mais eficiente quando as roupas estão mais secas, o que é normalmente determinado pela eficiência de rotação da máquina de lavar. As secadoras mais comuns funcionam com eletricidade, mas há modelos movidos a GLP e gás natural.

Secadoras de condensação sem ventilação são alternativas úteis em projetos e locais multifamiliares onde não é possível exaustão para o exterior. Além de não serem comuns nos Estados Unidos, são mais lentas e um pouco menos eficientes do que as secadoras por convecção. Além disso, alguns modelos usam grandes quantidades de água para a função de condensação. Unidades combinadas secadora/lavadora estão disponíveis com tecnologia de condensação.

Varais como estratégia de eficiência energética Os varais, embora não sejam tão comuns como no passado, são uma maneira fácil de economizar energia. Instalar um varal próximo à lavanderia pode encorajar os proprietários a usar menos a secadora quando o clima permitir. Algumas associações de moradores proíbem o uso de varais por razões estéticas, e algumas áreas nos Estados Unidos aprovaram a legislação que anula essa proibição em nome da eficiência.

Eletrodomésticos de cocção

Entre estes estão fogões, *cooktops*, fornos de parede e equipamentos especiais, como churrasqueiras internas. A maioria dos fornos de parede é alimentada por eletricidade, incluindo alguns com funções de convecção que circulam ar quente ao redor dos alimentos para cozinhar mais rápido. Fogões estão disponíveis a gás, elétricos ou uma combinação com queimadores a gás e forno elétrico. Os *cooktops* estão disponíveis com gás ou queimadores elétricos, bem como indução elétrica, que em vez de aquecer um queimador, cria um campo magnético que aquece panelas de ferro e aço para cozimento de alimentos. *Cooktops* de indução não ficam quentes ao toque e propiciam controle preciso e rápido do nível de calor.

O ENERGY STAR não classifica eletrodomésticos de cocção, nem há rótulos EnergyGuide disponíveis. A escolha de eletrodomésticos de cozinhas é principalmente uma questão de preferência pessoal. A Tabela 14.9 mostra os custos de funcionamento de eletrodomésticos para fazer um guisado.

Manutenção

Como ocorre com qualquer equipamento, a manutenção adequada prolonga a vida útil de um eletrodoméstico e o mantém funcionando de forma eficiente. Seguir a programação de manutenção dos fabricantes ajuda a manter o equipamento em ótimo estado. A manutenção típica envolve limpeza de serpentinas e gaxetas de portas em refrigeradores, limpeza regular dos filtros da secadora de roupa e verificação do acúmulo de fiapos na saída de ventilação da secadora.

Eletrodomésticos pequenos

Pequenos aparelhos, como fornos de micro-ondas, torradeiras e panelas elétricas, são mais eficientes que os fornos e *cooktops* para cozinhar pequenas porções. Eles também podem reduzir o acúmulo de calor nos dias mais quentes, assim reduzindo a conta da refrigeração. Ao selecionar pequenos eletrodomésticos, opte por modelos sem visores elétricos, controles remotos ou outros recursos comuns para reduzir as cargas fantasmas. A Tabela 14.10 apresenta o consumo de energia associado com o funcionamento de diferentes eletrodomésticos nos Estados Unidos.

Tabela 14.8 Especificações de lava-louças do ENERGY STAR

Tipo do produto	Padrão federal	Padrão federal	Critérios do ENERGY STAR (1º de julho de 2011)
Padrão	EF ≥ 0,46	≤ 355 kWh/ano 6,5 galões/ciclo (24,61 litros/ciclo)	≤ 307 kWh/ano 5,0 galões/ciclo (18,93 litros/ciclo)
Compacto	EF ≥ 0,62	≤ 260 kWh/ano ≤ 4,5 galões/ciclo (17,03 litros/ciclo)	≤ 222 kWh/ano ≤ 3,5 galões/ciclo (13,25 litros/ciclo)

Fonte: EPA – Agência de Proteção Ambiental dos Estados Unidos, programa ENERGY STAR.

Tabela 14.9 Custos para cozinhar um guisado

Eletrodoméstico	Temperatura	Tempo	Energia	Custo*
Forno elétrico	350	1 hora	2,0 kWh	US$ 0,16
Forno elétrico de convecção	325	45 min	1,39 kWh	US$ 0,11
Forno a gás	350	1 hora	0,112 therm (11.200 BTU)	US$ 0,07
Frigideira elétrica	420	1 hora	0,9 kWh	US$ 0,07
Torradeira	425	50 min	0,95 kWh	US$ 0,08
Panela elétrica	200	7 horas	0,7 kWh	US$ 0,06
Micro-ondas	"Alta"	15 min	0,36 kWh	US$ 0,03

*Assume-se que o custo do gás é US$ 0,60/therm, e o custo da eletricidade, US$ 0,08/kWh.
Fonte: Cortesia da ACEEE (www.aceee.org). Reimpressa com permissão.

Tabela 14.10 Consumo de energia de eletrodomésticos comuns

Eletrodoméstico	Placa de identificação de potência (watts)
Aquário	50-1.210
Radiorrelógio	10
Lavadora de roupas (não inclui água quente)	350-500
Secadora de roupas	1.800-5.000
Cafeteira	900-1.200
Desumidificador	785
Lava-louças (não inclui água quente)	1.200-2.400 (quando se usa o recurso de secagem, o consumo de energia aumenta consideravelmente)
Cobertor elétrico (solteiro/casal)	60/100
Ventilador (teto)	65-175
Ventilador (aquecedor)	750
Ventilador (casa toda)	240-750
Ventilador (janela)	55-250
Secador de cabelo	1.200-1.875
Aquecedor (portátil)	750-1.500
Forno de micro-ondas	750-1.100
Computador pessoal (processador liga/desliga)	120/30 ou menos
Computador pessoal (monitor liga/desliga)	150/30 ou menos
Computador pessoal (laptop)	50
Rádio (estéreo)	70-400
Refrigerador (frostfree 16 pés cúbicos, ou 453 litros)	725
Televisor (colorido, 19")	65-110
Televisor (colorido, tela plana)	120
Torradeira	1.225
Aspirador de pó	1.000-1.440
VCR/DVD	17-21/20-25
Colchão de água (com aquecedor, sem capa)	120-380
Aquecedor de água (40 galões, ou 176 litros, elétrico)	4.500-5.500
Bomba de água (poço profundo)	250-1.100

Fonte: DOE – Departamento de Energia dos Estados Unidos, Laboratório Nacional de Energia Renovável. Disponível em: <http://www.energysavers.gov.>

Eletrônicos

O aumento do uso de equipamentos eletrônicos nas casas é a principal causa do alto consumo de energia. Entre os mais comuns estão televisores, gravadores de vídeo digital (DVRs), decodificadores por satélite e a cabo, receptores de áudio, DVD *players*, computadores, impressoras, *scanners* e telefones sem fio. Determinados equipamentos, como DVRs e decodificadores, devem ser deixados ligados o dia todo para operar corretamente, embora possam ser desconectados quando não utilizados por vários dias, durante os períodos de férias, para economizar energia. Televisores, áudio, computadores, impressoras e equipamentos similares devem ser desconectados da tomada sempre que não estiverem em uso para reduzir as cargas fantasmas. Isto pode ser feito por meio de réguas de energia compartilhadas ou inteligentes, ou com a instalação de uma chave de segurança que desliga a energia das tomadas em que os aparelhos estão ligados (Figura 14.22). Computadores, monitores e impressoras normalmente têm um modo de espera que usa menos energia do que em funcionamento, mas ainda assim desperdiça energia. Os eletrônicos também geram calor quando estão ligados, mesmo em modo de espera; portanto, desligá-los também ajuda a manter uma casa mais fria e reduz a necessidade de ar-condicionado em climas quentes. Qualquer equipamento que deva permanecer ligado deve ser conectado em tomadas não compartilhadas.

Estas são algumas estratégias que contribuem para a redução do consumo total de energia: limitar o número de produtos eletrônicos em uma casa, utilizar tomadas compartilhadas ou outros dispositivos de controle para desligar a energia no modo de espera e escolher modelos mais eficientes.

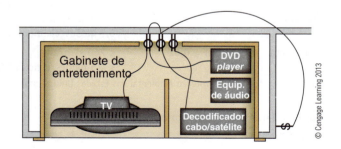

Figura 14.22 Tomadas compartilhadas desligam a televisão, o áudio, o leitor de DVD e outros equipamentos plugados e com cargas somente para os controles remotos. Receptores a cabo e satélite que devem permanecer ligados para reter a programação são plugados em tomadas não compartilhadas.

Equipamentos especiais

Além de iluminação, eletrodomésticos e eletrônicos, muitas residências contam com equipamentos especiais acionados eletricamente e que podem aumentar a carga elétrica, ou, em alguns casos, reduzi-la. Bombas de piscina e *spa* devem ser escolhidas pela maior eficiência e configuradas para que possam funcionar com máxima eficiência. Sistemas combinados de calor e energia podem ser uma estratégia eficaz em climas frios para se ter a vantagem de gerar energia enquanto a casa é aquecida.

Bombas de piscina e *spa*

Em uma residência, essas bombas podem ter um grande efeito sobre o consumo de energia. A eficiência da bomba varia de forma significativa, e escolher a mais eficiente e dimensionada corretamente resultará no funcionamento mais eficaz. Tubulação de maior diâmetro e mais curta e um filtro maior reduzem a resistência em todo o sistema; usar conexões de 45 graus, em vez de cotovelos de 90 graus, permite também que as bombas funcionem com uma eficiência superior de até 40%, de acordo com o DOE – Departamento de Energia dos Estados Unidos. Para manter a água limpa, devem-se limitar os períodos de funcionamento da bomba ao mínimo exigido; em alguns casos, bastam apenas três horas por dia. Um estudo da Florida Atlantic University constatou que o emprego dessas eficiências e a substituição das bombas por modelos menores e mais eficientes ajudam a reduzir o consumo de energia em até 75%. O Capítulo 16 trata de equipamentos para piscinas com mais profundidade.

Educação do morador

Educar os proprietários ou inquilinos de uma casa ou apartamento é um componente-chave na redução do consumo de energia. Compreender como o comportamento deles afeta a quantidade de energia utilizada é o primeiro passo para fazer mudanças eficazes nos padrões de consumo. Forneça-lhes monitores de energia e dispositivos de *feedback* para que possam verificar o consumo de energia. Oriente-os sobre como usar sistemas de controle nas casas e lembre-os de desligar luzes, ventiladores e eletrodomésticos quando não estiverem em uso. Forneça-lhes lâmpadas extras para as luminárias e também números de modelo e fornecedores para reposições. Quando os ocupantes têm as informações necessárias para cuidar das casas com eficiência, eles se esforçarão para viver de forma mais eficiente.

Considerações sobre reformas

Em residências em fase de reformas, os sistemas elétricos (e de iluminação em particular) oferecem oportunidades para melhorar a eficiência. Em ambientes que podem ter muita iluminação para as tarefas que ali ocorrem, considere instalar lâmpadas menores, mudando luminárias, ou instale *dimmers* para reduzir o consumo de energia. Trocar lâmpadas incandescentes por CFLs ou de LED é uma maneira simples de economizar energia. Escolha acessórios e luminárias classificados pelo ENERGY STAR – luminárias devem ser avaliadas para se certificar de que somente a lâmpada deve ser substituída ou a luminária como um todo. Deve-se inspecionar todos os equipamentos que penetram no envelope do edifício, especialmente nos pontos embutidos no teto. Acessórios que não são concebidos como herméticos e unidades eletricamente isoladas (IC) devem ter tampas instaladas sobre eles para vedar o ar e gerar proteção contra o calor criado neste isolamento (Figura 14.23). Procure cargas fantasmas que possam ser reduzidas com o uso de réguas de energia e tomadas compartilhadas ou substitua o equipamento por modelos mais eficientes.

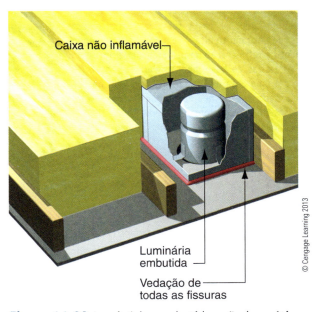

Figura 14.23 Luminárias embutidas não herméticas devem ser instaladas em caixas impermeáveis não inflamáveis. E a caixa ser vedada no teto.

PALAVRA DO ESPECIALISTA – EUA

Além da ciência da construção

David Wasserman, engenheiro mecânico da Servidyne Imagine a surpresa quando você receber a primeira conta de energia elétrica de verão no valor de US$ 1.200,00, em sua nova casa supereficiente e com certificação verde. A casa tem 700 m², mas você gastou dinheiro extra em janelas de alto desempenho, paredes de painéis de concreto isolante, um telhado vedado com *spray* de espuma de poliuretano, aquecimento solar de água, bombas de calor de alta eficiência, eletrodomésticos certificados pelo ENERGY STAR e, talvez, até aquecedores de água sem tanques. E você pagou mais para ter a casa certificada em um programa de abrangência nacional, como o ENERGY STAR ou Leed for Homes, ou um programa regional como o EarthCraft House, e a casa foi aprovada com uma baixa classificação HERS.

Não se trata de um cenário abstrato, mas de uma ocorrência muito real, particularmente em residências maiores com certificação verde. Como engenheiro sênior na Southface, em Atlanta, tive a oportunidade de inspecionar meia dúzia de grandes casas certificadas com queixas do proprietário sobre as contas altas. Em todos os casos, encontrei uma casa com revestimento e tubulação firmes e eficientes energeticamente, um sistema HVAC eficaz e eletrodomésticos com certificação do ENERGY STAR. Em todos os casos também encontrei uma carga de base muito alta – sem contar com o aquecimento e refrigeração de uso mensal de uma casa.

As cargas de base mensais variavam de 2.000 kWh em uma casa de 372 m² a 7.000 kWh na casa supracitada de 700 m². Para onde ia toda essa energia? Todas as casas tinham um consumo mensal estimado de 1.000 a 1.200 kWh para usos internos "normais", como eletrodomésticos, iluminação e eletrônicos, e, em alguns casos, adegas e elevadores. Duas das casas tinham aquecedores elétricos de água. Em diversas combinações, o resto da carga base podia ser contabilizado para os periféricos descritos na Tabela 14.9.

David Wasserman é engenheiro mecânico, graduado pela Universidade de Cornell e pela Universidade do Tennessee. Ele passou 20 anos no Oak Ridge National Laboratory como engenheiro de pesquisa em eficiência energética, bem como, na prevenção da poluição. Mais recentemente, trabalhou no Southface e na Servidyne, em Atlanta, na Geórgia, fazendo avaliações de energia em edifícios residenciais e comerciais e modelagem.

As quatro primeiras práticas de desperdício de energia são controladas pelo proprietário e podem ser impactadas por meio da educação. O resto, no entanto, pode ser abordagens do construtor ou dos prestadores de serviços nas instalações. Eis algumas recomendações importantes: as bombas de calor geotérmicas e aquelas com circuito de água devem ter ciclos com compressores; é fundamental dimensionar de forma adequada as bombas de piscinas, optando-se por aquelas com eficiência energética e velocidade variável e instalar *timers* para operá-las apenas o tempo suficiente para filtrar toda a água uma vez por dia. Circuitos de circulação de água quente são provavelmente os maiores vilões de energia de todos, especialmente se funcionam continuamente e têm pouco ou nenhum isolamento na tubulação. *Timers* precisam ser instalados e usados em bombas de circulação, e os tubos devem ser fortemente isolados; melhor ainda, uma estratégia deve ser desenvolvida para obter água quente nas torneiras rapidamente sem um circuito de circulação.

Atualmente, criar uma casa eficiente em termos energéticos é muito mais complicado do que a própria engenharia. É preciso compreender todos os principais usos de energia da casa e adotar uma estratégia para limitar o consumo de energia sem afetar o conforto ou estilo de vida dos ocupantes. Essa abordagem deve incluir o comissionamento da edificação e um manual do proprietário para operação eficiente de energia da casa.

Tabela 14.9 Consumo de energia de carga-base

Uso de energia	kWh mensal
Ventiladores de teto funcionando continuamente	20 cada
Refrigeradores em garagens (verão)	100 cada
Desumidificadores nos porões funcionando continuamente porque o sensor de umidade é ajustado muito baixo	235
Ventiladores de HVAC funcionando continuamente	115/toneladas de refrigeração
Bombas de calor geotérmicas e de circuito de água sempre ligadas	150/toneladas de refrigeração
Bombas de piscinas sobredimensionadas funcionando continuamente	1.200 a 1.500
Ciclos domésticos de circulação de água quente	1.500 a 4.000

Fonte: Medições de campo realizadas por David Wasserman, engenheiro mecânico da Servidyne.

A criação de interruptores paralelos para lâmpadas e tomadas compartilhadas pode se dar com a instalação de uma fiação nova ou com unidades remotas de radiofrequência. Interruptores comuns podem ser substituídos por *timers* ou sensores de ocupação para o controle de luzes e ventiladores. Ao instalar novos dispositivos e acessórios na estrutura externa do edifício, certifique-se de que a barreira de ar seja mantida e aplicado isolamento adequado ao redor de cada item.

Além das melhorias de eficiência, a fiação existente e os equipamentos elétricos devem ser avaliados para compatibilidade com quaisquer alterações do isolamento que estão sendo consideradas. A antiga fiação botões e tubos ou com isoladores cerâmicos e eletroduto, composta de fios individuais em pares conectados à estrutura com isoladores de cerâmica (Figura 14.24), deve ser inspecionada antes da instalação do isolamento de paredes e tetos, e substituída se necessário, para evitar o superaquecimento. Os cabos mais antigos têm, muitas vezes, blindagem e isolamento de papel ou tecido, que se degradam com o tempo e devem ser inspecionados e substituídos se necessário. Finalmente, analise o comportamento dos ocupantes e ofereça recomendações de mudanças simples que eles possam pôr em prática para economizar energia.

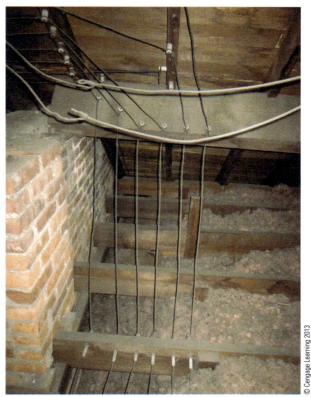

Figura 14.24 A fiação de botões e tubos pode representar um perigo de incêndio significativo, e deve ser substituída antes da instalação do isolamento.

Resumo

A escolha da iluminação e dos acessórios tem um grande efeito sobre a eficiência energética. Instalar equipamentos eficientes, reduzir cargas fantasmas e educar os ocupantes para gerenciar o consumo podem melhorar a eficiência significativamente. Todos os dispositivos acionados eletricamente devem ser avaliados sobre o impacto que têm no consumo doméstico de energia. Instalar a quantidade adequada de iluminação para as tarefas em cada ambiente de uma casa economiza energia, além de evitar o excesso de iluminação. Usar *timers*, sensores de movimento e de presença e outros sistemas de controle que desligam aparelhos quando não são necessários reduz o consumo de energia.[1]

Questões de revisão

1. Qual das seguintes alternativas não é apropriada para uma estratégia de sistema elétrico verde?
   a. Medidor inteligente
   b. Certificados de energias renováveis
   c. Luzes incandescentes embutidas
   d. *Dimmers*
2. Qual dos seguintes controles é mais eficaz para luzes internas?
   a. Minuteria
   b. Fotocélula
   c. *Timer*
   d. Controle remoto
3. Com sistemas de controle da casa toda, qual das seguintes alternativas é de maior importância em uma casa verde?
   a. Capacidade de reduzir as luzes eficientemente
   b. Energia utilizada para operar controles
   c. Interconexão com sistema de alarme
   d. Fiação extra necessária
4. Qual das alternativas seguintes não é um benefício de um monitor de energia para a casa toda?
   a. Pode estimular menos uso de energia.
   b. Mostra quanta energia está sendo utilizada na casa toda.

---

1. Thompson, C. Clive Thompson. Thinks: Desktop Orb Could Reform Energy Hobs. Disponível em: <http://www.wired.com/techbiz/people/magazine/15-08/st_thompson>. Correspondência pessoal com o inventor, Mark Martinez (28 set. – 1º out. 2010).

c. Fornece *feedback* instantâneo sobre a quantidade de energia utilizada.
   d. Controla quanta energia está sendo utilizada.
5. Que iluminação é utilizada em balcões de cozinha?
   a. Ambiente
   b. De realce
   c. De atividade
   d. HID
6. Qual das lâmpadas indicadas a seguir é a menos eficiente?
   a. CFL
   b. Fluorescente tubular
   c. Halogênio
   d. LED
7. Qual dos seguintes critérios determina a eficiência de uma lâmpada?
   a. Lúmen/watt
   b. IRC
   c. Temperatura da cor
   d. Vida útil da lâmpada
8. Que temperatura da cor é mais parecida com o sol do meio-dia?
   a. 7.000 K
   b. 5.000 K
   c. 1.000 K
   d. 2. 500 K
9. Qual das alternativas a seguir não gera carga fantasma?
   a. Radiorrelógio elétrico desligado
   b. Televisor com controle remoto desligado
   c. Computador no modo de espera
   d. Ventilador de teto sem controle remoto desligado
10. Qual dos fatores a seguir é o mais importante para a conservação de energia?
    a. Número de luzes em uma casa
    b. Eletrodomésticos com certificação do ENERGY STAR
    c. Porcentagem de luminárias CFL
    d. Comportamento dos ocupantes

Questões para o pensamento crítico

1. Na sua opinião, qual é a mais alta prioridade no planejamento de sistemas elétricos para uma casa verde?
2. Discuta os prós e os contras dos diferentes tipos de lâmpadas.
3. Considere estratégias para reduzir cargas fantasmas.

Palavras-chave

campos eletromagnéticos (EMF)
cargas fantasmas
certificados de energia renovável (RECs)
chave de segurança
interruptores paralelos
medidor inteligente
lâmpadas de descarga de alta intensidade (HID)
luminárias do tipo LED
eficiência
EnergyGuide
fator de energia modificado (MEF)
fiação de botões e tubos
lâmpada fluorescente
foot-candles
fotocélula
lâmpada de halogênio
iluminação ambiente
iluminação para atividade
iluminação de fibra ótica
iluminação de realce
iluminação
lâmpadas incandescentes
índice de reprodução de cor (ICR)
kelvin
lâmpada
lâmpadas de indução magnética
lâmpadas fluorescentes compactas (CFLs)
luminárias
reator
rede inteligente
sensores de ocupação
minuterias
sone
temperatura da cor

Glossário

campos eletromagnéticos (EMF) forças invisíveis criadas pela transmissão de eletricidade através de fios; também chamados *campos elétricos e campos magnéticos*.

cargas fantasmas também conhecidas como vampiros, são as pequenas quantidades de eletricidade que muitos eletrodomésticos e eletrônicos usam mesmo quando parecem estar desligados.

certificados de energia renovável (RECs) *commodities* de energia comercializáveis que identificam que um megawatt-hora de eletricidade foi gerado com recursos renováveis.

chave de segurança controle que desliga a energia de um conjunto de tomadas que estão ligadas a ele.

eficiência proporção de luz produzida para a quantidade de energia consumida; expressa em lúmens por watt.

EnergyGuide selo amarelo brilhante criado pela Comissão Federal do Comércio (FTC), exibido conforme exigência da lei nos Estados Unidos, presente em muitos eletrodomésticos novos para mostrar o consumo de energia relativa em comparação com produtos similares.

fator de energia modificado (MEF) classificação de eficiência para lavadoras de roupas que considera a energia necessária para operar a máquina de lavar, aquecer a água e secar as roupas com base na quantidade de água descartada no ciclo de rotação.

fiação de botões e tubos antigo sistema de fiação elétrica composto por fios individuais em pares ligados à estrutura com isoladores de cerâmica.

Estes, também denominados botões, eram fixados por parafusos às vigas da estrutura da cobertura e aos eletrodutos com os tubos prisioneiros, que ficavam nos passantes, na seção das vigas. (S.H.O.)

foot-candles quantidade de luz produzida por um lúmen sobre uma área de 1 pé².

No Brasil, utiliza-se a unidade de candelas por centímetro quadrado (cd/cm²). (S.H.O.)

fotocélula interruptores usados em iluminação externa para desligá-la durante as horas de luz natural quando não é necessária.

iluminação ambiente iluminação geral interna para atividades diárias e externas quando necessária por questão de segurança.

iluminação de fibra ótica sistema de iluminação que utiliza fibras de plástico ou vidro flexível muito fino para transmitir luz.

iluminação de realce iluminação em paredes, artes e recursos arquitetônicos no interior e exterior para aumentar o apelo visual de uma área; a própria iluminação pode atuar como decoração.

iluminação para atividade iluminação direcionada para uma área de trabalho específica, como balcões e mesas de cozinhas, e não no ambiente todo.

iluminação quantidade de luz que atinge uma superfície de tarefa ou trabalho; também denominada *luminância*.

índice de reprodução de cor (IRC) quantifica a capacidade de uma lâmpada de reproduzir as cores tal qual um tipo de lâmpada de referência.

interruptores paralelos conjunto interligado de interruptores que controla a iluminação de vários locais.

kelvin escala de temperatura usada para determinar a temperatura da cor de diferentes tipos de luz.

lâmpada de halogênio uma variação da lâmpada incandescente que utiliza filamento dentro de um invólucro de vidro compacto cheio de gás.

lâmpada fluorescente tipo que gera luz quando a eletricidade passa através de um gás dentro de um tubo de vidro revestido de fósforo, fazendo-o brilhar.

lâmpada parte substituível de uma luminária que produz luz a partir da eletricidade.

lâmpadas de descarga de alta intensidade (HID) uma variação das lâmpadas incandescentes feita com vapor de mercúrio, haletos metálicos e gases de sódio de alta e baixa pressão; usadas mais comumente para aplicações residenciais externas.

lâmpadas de indução magnética uma variação da tecnologia fluorescente que usa um eletroímã para carregar eletricamente o gás e fazer a lâmpada acender.

lâmpadas fluorescentes compactas (CFLs) alternativa comum de iluminação para lâmpadas incandescentes emitem luz quando uma mistura de três fósforos são expostos à luz ultravioleta de átomos de mercúrio.

lâmpadas incandescentes produzem luz quando a eletricidade passa por um filamento de tungstênio envolto em vidro, fazendo-o brilhar e gerando luz.

lâmpadas do tipo LED semicondutores que brilham quando a corrente elétrica passa através deles.

luminárias unidade de iluminação completa que contém lâmpada, reator, refletor, soquete, fiação, difusor e encaixe.

medidor inteligente expressão genérica que define os medidores elétricos, que incluem comunicação bidirecional e outros recursos avançados.

Medidores inteligentes são equipamentos digitais (*smart meters*), que permitem ao consumidor final ter contato com o seu consumo de energia, possibilitando a obtenção de diversas informações em tempo real, como o nível de consumo, a tarifa do momento, sendo diferente da cobrança faturada por estimativa de consumo. Assim, os produtos e a prestação direcionam-se para o cliente, visando um padrão de consumo mais consciente. Medidores inteligentes podem ser monitorados, lidos e comandados remotamente. Além disso, são capazes de atender de maneira eficiente às necessidades dos clientes finais e das concessionárias, permitindo o planejamento comercial, operacional e de manutenção de todo o sistema elétrico, sendo compatíveis com outros equipamentos e dispositivos, como TVs, tablets, celulares e computadores. Do ponto de vista da concessionária e fornecedora de energia, permite reduzir os prejuízos tanto com as perdas "não técnicas", como o monitoramento e o combate ao furto de energia e a redução da inadimplência e as perdas técnicas inerentes ao sistema. Há também, e em um estágio maior de interação consumidor-concessionária, a possibilidade da tarifação mais econômica com o uso de tecnologia pré-paga; neste caso, a constante necessidade de recarga pode levar ao aumento da interação do cliente com o medidor, tornando-o consciente de seus hábitos de consumo. (S.H.O.)

minuterias controles de iluminação que necessitam de um interruptor para ligá-los e desligam automaticamente quando o cômodo é desocupado.

reator dispositivo que regula a frequência da eletricidade distribuída a uma luminária para controlar as tensões de partida e funcionamento da lâmpada.

rede inteligente expressão atribuída a um número crescente de redes das concessionárias que melhoram e automatizam o monitoramento e controle de distribuição de energia elétrica.

Uma rede elétrica é dita inteligente quando informatizada e automatizada para realizar a transmissão e a distribuição de energia. A própria rede que entrega energia para os pontos de consumo possui uma via de volta, que carrega informações sobre seu próprio desempenho, consumo e eventuais problemas, entre outros dados. A rede, para ter maior eficiência e, portanto, ser mais inteligente, deve contemplar sensores intermediários ao longo das instalações e nos pontos de consumo, comunicando-se com equipamentos centrais, que geram monitoramento de toda a rede de modo sincrônico, informando ocorrências importantes e permitindo que os distribuidores de energia tomem decisões para o aumento da eficiência. (S.H.O.)

sensores de presença, ou de ocupação dispositivo que liga ou desliga circuitos automaticamente quando detectam que os ocupantes entraram em um cômodo ou saem dele.

sone unidade de intensidade sonora percebida e equivalente a 40 dB.

temperatura da cor indicador da cor de uma fonte de luz que compara a cor de uma lâmpada à luz solar natural, medida em kelvin.

Recursos adicionais

ENERGY STAR: http://www.energystar.gov
Comissão Federal de Comércio: http://www.ftc.gov
Green By Design Lighting Guide: http://greenbydesign.com/2008/12/30/lighting/

Centro de Energia do Consumidor da California Energy Commission: http://www.consumerenergycenter.org/

Instalações hidráulicas

O projeto adequado das instalações hidráulicas de uma casa ajuda a reduzir o consumo de água e a energia usada para aquecê-la. Este capítulo descreve como especificar e instalar sistemas hidráulicos eficientes, incluindo abastecimento de água e esgoto, louças e metais sanitários, válvulas, registros e aquecedores de água. Além disso, apresenta técnicas avançadas de construção verde, como coleta de águas pluviais e cinzas. Aborda ainda as implicações referentes a reformas de sistemas hidráulicos.

OBJETIVOS DO APRENDIZADO

Após a leitura deste capítulo, o aluno será capaz de:
- Explicar a importância da conservação da água.
- Identificar métodos de conservação da água.
- Descrever os conceitos básicos de sistemas eficientes de distribuição de água quente.
- Identificar diferentes opções de tratamento local de água residual cinza e negra.
- Explicar os principais conceitos de coleta de águas pluviais.
- Especificar equipamentos apropriados para aquecimento de água para um projeto.
- Especificar louças e metais sanitários eficientes.
- Descrever a operação de sistemas de filtragem e abrandamento da água dura.
- Explicar como fazer melhorias no abastecimento de água em casas já construídas.

Princípios da construção verde

 Eficiência energética

 Qualidade do ambiente interno

 Eficiência de recursos

 Uso eficiente da água

 Educação e manutenção para o proprietário

Recursos hídricos mundiais

Mais de 97% de toda a água do planeta é salgada e, portanto, imprópria para o consumo humano (Figura 15.2). Dos outros 3%, quase dois terços são compostos de gelo de água doce, e apenas 1% é água doce líquida. A água é um recurso finito. Reutilizamos a mesma água doce repetidamente e a devolvemos para a terra por evaporação, cursos de água e infiltração de aquíferos subterrâneos. O contínuo crescimento da população mundial, combinado com o maior volume *per capita* de utilização de água, reduz os suprimentos de água doce em muitas áreas.

Uso da água nos Estados Unidos

Segundo um estudo da Organização das Nações Unidas de 2006 sobre a utilização dos recursos hídricos mundiais, os Estados Unidos consomem uma média de 470 litros por dia (LPD) por pessoa, o maior consumo mundial. Em termos de comparação, a Espanha usa 270 LPD, a França 246 LPD e o Níger apenas 21 LPD. Os norte-americanos podem não se preocupar em reduzir seu consumo ao nível de um país como o Níger, no entanto, reduzi-lo a um nível mais comparável ao de outras nações desenvolvidas não é nenhum despropósito.

Você sabia?

No Brasil, o indicador IN022 corresponde ao consumo médio *per capita* de água definido pelo Sistema Nacional de Informações sobre o Saneamento (SNIS) do Ministério das Cidades. Esse valor é uma média diária, por indivíduo, dos volumes utilizados para satisfazer os consumos doméstico, comercial, público e industrial. Essa formulação permite realizar projeções de demanda, assim como dimensionar sistemas de água e esgotos e serve para o controle operacional.

Observando-se o gráfico de consumo regional brasileiro apresentado na Figura 15.1, nota-se que a faixa de consumo é de 150 litros por habitante/dia. Não obstante, no período de 2014 a 2015, a conjuntura na região Sudeste do Brasil, que engloba as maiores cidades, foi de seca e restrição hídrica.

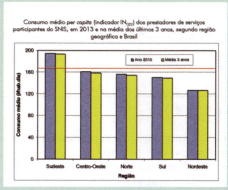

Fonte: Diagnóstico dos Serviços de Água e Esgoto 2013. SNIS – Sistema Nacional de Informações sobre o Saneamento. Disponível em: <http://www.snis.gov.br/diag2013/Diagnostico_AE2013.zip>. Acesso em: 17 ago. 2015.

Figura 15.1 Consumo de água no Brasil por região.

A conexão água/energia

De acordo com a Agência de Proteção Ambiental dos Estados Unidos (US Environmental Protection Agency – EPA), um montante estimado de 3% da energia consumida pelos Estados Unidos – cerca de 56 bilhões de kWh – é usado para tratar e transportar água potável e residual. Se 1% dos lares norte-americanos trocassem as antigas louças sanitárias por modelos mais eficientes, a economia total seria de cerca de 100 milhões de kWh de eletricidade ao ano.

Além da energia ser usada para tratamento e transporte de água, a água é utilizada para gerar energia. Segundo o Serviço Geológico dos Estados Unidos (U. S. Geological Survey – USGS), 519 milhões de litros de água limpa eram usados a cada dia para a geração de energia. De acordo com o National Energy Technology Laboratory do Departamento de Energia dos Estados Unidos, as usinas de combustíveis fósseis utilizam aproximadamente 39% de toda a água consumida nos Estados Unidos, atrás apenas da indústria agrícola.

Considerando a energia utilizada para gerenciar o nosso suprimento de água e a água utilizada na geração de eletricidade, ambas estão, obviamente, muito ligadas. A conservação da água ajuda a economizar energia, e a eficiência energética, a economizar água.

Conservação da água

A água que deixamos de utilizar por meio da conservação, ou seja, mantendo-a nos mananciais ou subsolos, é a fonte mais barata de água extra. A conservação também economiza a energia que os suprimentos municipais de água usam para seu tratamento e distribuição. À medida que as populações aumentam, a conservação pode reduzir a necessidade de mais tratamento, armazenamento e tubulações de distribuição de água. A água que não é necessária para o consumo diário permanece nos rios e riachos, para manter habitats essenciais aos animais selvagens e peixes e os fluxos de água doce para maiores cursos de água.

Onde a água é desperdiçada

A água é desperdiçada por meio de irrigação excessiva, vazamentos, falta de consciência do proprietário, louças sanitárias ineficientes, transbordamento de caixas de descargas e distribuição de água quente lenta ou ineficaz para pontos de consumo. O Capítulo 11 abordou em detalhes sistemas de irrigação em relação ao paisagismo. Segundo a EPA – Agência de Proteção Ambiental dos Estados Unidos, um típico lar norte-americano desperdiça em média até 37.854 litros de água por ano, em razão de vazamentos, torneiras pingando e defeitos em descargas dos vasos sanitários. Muitos vazamentos passam anos despercebidos em entreforros, paredes e espaços subterrâneos, causando problemas na estrutura do prédio e na qualidade do ambiente interno. Os vazamentos em torneiras de pias e válvulas de descarga são visíveis, mas muitas vezes ignorados, o que desperdiça mais água. Para detectar vazamentos, basta fechar todos os pontos de uso da tubulação e observar o medidor de água; se estiver se movendo com todos os pontos fechados, então há vazamento de água na propriedade. Se a fonte do vazamento não é aparente, um encanador profissional deve ser consultado para localizar e reparar quaisquer problemas. A alta pressão da água, normalmente em mais de 80 libras por polegada quadrada (psi), ou 56,2 metros de coluna d'água (mca), pode causar falha prematura de vedações de torneiras e válvulas de descarga, bem como o consumo excessivo de água. Quando as concessionárias de água a fornece com altas pressões, uma **válvula de redução de pressão** deve ser instalada no ponto de entrada da água na casa,

Instalações hidráulicas

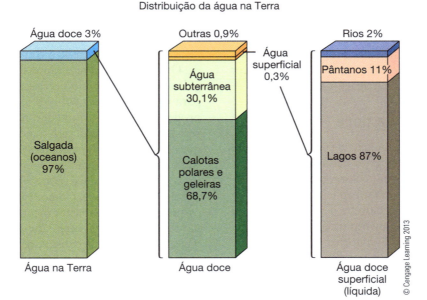

Figura 15.2 Recursos hídricos no mundo.

ou seja, antes do hidrômetro,* para manter a pressão interna em um nível consistente.

O comportamento do proprietário pode ter um efeito significativo sobre o consumo de água. Simples ações, como fechar a torneira ao escovar os dentes e se barbear e banhos mais curtos, podem economizar quantidades significativas de água em um ano. Em geral, uma lavadora de louças cheia usa menos água do que a lavagem manual. Escolher configurações de economia de água nas lavadoras de roupas e louças também reduz o consumo de água.

Para ajudar a atenuar os efeitos do desperdício, a demanda de água deve ser reduzida tanto quanto possível por meio de louças sanitárias, metais e acessórios eficientes, além do comportamento consciente em relação à água. A seleção de torneiras, chuveiros e sanitários de alta eficiência é abordada mais adiante neste capítulo.

Suprimento de água fria potável**

A maioria das casas americanas obtém o suprimento de água de redes municipais que são testadas regularmente para detecção de agentes patogênicos e produtos químicos tóxicos, de acordo com a Lei Federal para Água Potável (Safe Drinking Water Act), promulgada pelo Congresso Americano em 1974, que garante a salubridade do suprimento de água potável. Em algumas áreas, a água não potável recuperada pode servir para irrigação e outras aplicações. No caso da inexistência de uma rede pública de abastecimento de água, a água potável é normalmente obtida de um poço perfurado na propriedade por meio de bombas e tanques de armazenamento. A água de poço deve ser testada regularmente quanto à contaminação para garantir que permaneça salubre e potável. Entre as fontes alternativas de água estão as águas pluviais e residuais.

Captação de águas pluviais refere-se à coleta, armazenamento e utilização de precipitações de telhados e outras superfícies. Esta prática tem sido usada há séculos como alternativa para poços e redes públicas de abastecimento de água. A coleta de água da chuva é uma fonte de água gratuita e relativamente limpa, que pode reduzir a quantidade de energia necessária para tratamento e distribuição do recurso, assim como colaborar para evitar inundações e erosões.

A captação de água da chuva é geralmente utilizada para irrigação, sanitários e outros fins não potáveis, porque as regulamentações de qualidade da água, na maioria dos lugares, inclusive no Brasil, proíbem seu uso para consumo humano. Quando permitido, a água da chuva devidamente filtrada e esterilizada pode ser utilizada como potável. Em algumas áreas, como as Ilhas Virgens Americanas e Santa Fé, no Novo México, a coleta de água da chuva é exigida para todos os prédios novos. Alguns estados restringem ou proíbem a coleta das águas pluviais porque as consideram um

---

* No caso do Brasil, esta ação é realizada pela concessionária ou fornecedora do serviço de abastecimento público de água, uma vez que todo o sistema é lacrado antes do hidrômetro. Atualmente, as concessionárias, diante da crise hídrica na região Sudeste, fornecem válvulas reguladoras, na forma de redutor de plástico, para que o morador as instale na saída de cada ponto interno de consumo. (S.H.O.)
** Água doce é a água encontrada na natureza, ou seja, os recursos hídricos. Entende-se por água fria a água que será distribuída na edificação. Já a água fria potável é a água fornecida pela concessionária, já tratada e própria para consumo. Há, também, a água fria de reúso, que é a água potável previamente utilizada ou a água de chuva que poderá ser reaproveitada.

recurso público que não pertence unicamente ao indivíduo em cuja propriedade elas ocorrem.

Água cinza é o resíduo de banheiros (pias), chuveiros, banheiras e lavanderias, que pode ser tratada no local ou externamente e reutilizada para abastecer sanitários e certos tipos de irrigação.

Distribuição de água doce

As tubulações para distribuição de água doce estão disponíveis em cobre e uma variedade de plásticos, incluindo cloreto de polivinila clorado (CPVC), polietileno reticulado (PEX) e polipropileno (PP). Por não tolerar o calor elevado, o cloreto de polivinil (PVC) não é usado para abastecimento de água quente. Até recentemente, o cobre era o material mais comum de tubulação (e um dos menos caros), mas o aumento dos preços do cobre onerou os custos de instalação e elevou os roubos de tubos instalados, tornando as alternativas plásticas menos dispendiosas para instalação e menos propensas a roubos.

Os canos de cobre estão disponíveis em formas rígidas ou flexíveis, que necessitam de juntas soldadas para as conexões. O cobre é muito durável, pode ser produzido com alto conteúdo reciclado e é totalmente reciclável, no entanto, tem maior energia incorporada que seus homólogos plásticos e é suscetível à deterioração quando exposto à água muito ácida (pH baixo). O tubo de cobre não deve ser instalado se a água tiver um pH de 6,5 ou menos. Como, em geral, as redes públicas americanas de abastecimento de água são tratadas para atingir um pH entre 7,2 e 8,0, a maioria dos problemas com tubos de cobre surge em propriedades com água de poço. Quando a água não pode ser tratada

PALAVRA DO ESPECIALISTA – BRASIL
O reúso de água em condomínios residenciais

Nas últimas décadas, a busca por locais seguros, com maior qualidade de vida e maior contato com a natureza trouxe um aumento na procura por condomínios fechados próximos aos grandes centros urbanos. Esses condomínios, não raro, localizam-se em áreas de difícil acesso ao abastecimento público de água e ao esgotamento sanitário. Ao mesmo tempo, esses empreendimentos necessitam de outorga para a captação e o lançamento de esgotos em corpos d'água, fatores estes que incentivam a busca por soluções alternativas para a oferta de água, e, assim, a adoção do reúso nesses locais é uma opção a ser considerada.

Os efluentes gerados em residências podem ser classificados em águas negras e cinzas. Águas negras incluem todos os efluentes domésticos misturados, enquanto as águas cinzas podem ser claras, quando originadas de lavatórios, chuveiros e máquinas de lavar roupas, ou escuras, quando, além destes, incluem os efluentes de cozinha.

O reúso em condomínios é caracterizado pela utilização de efluentes domésticos tratados para suprir necessidades que admitem qualidade inferior à potável, como lavagem de pisos, de veículos, irrigação e utilização em bacias sanitárias. As exigências mínimas dos efluentes tratados dependem das diferentes atividades de destino, mas, de modo geral, a água para reúso não deve apresentar mau cheiro, conter componentes que agridam as plantas, ser abrasiva nem manchar superfícies e causar contaminação ou infecções por organismos patogênicos.

Profª. Dra. Luciana Rodrigues Valadares Veras
Graduada em Engenharia Civil pela Escola de Engenharia de São Carlos, da Universidade de São Paulo (EESC/USP) (1993), mestra e doutora em Hidráulica e Saneamento pela EESC/USP (1996 e 1999) e pós-doutora em Engenharia Hidráulica e Sanitária pela Escola Politécnica da Universidade de São Paulo (EPUSP) (2008).

A qualidade da água utilizada pelos moradores e o fim específico do reúso são importantes para a definição dos níveis de tratamento e dos valores a serem investidos. Os custos de implantação e de operação desses sistemas são influenciados por diversos fatores, como critérios de projeto, condições locais, características do efluente, tecnologias de tratamento, entre outros. As estações de tratamento de águas cinzas tendem a apresentar custos um pouco inferiores aos das de esgoto bruto, em razão da menor carga orgânica encontrada nos efluentes. A infraestrutura para os empreendimentos horizontais pode apresentar maior custo em relação aos condomínios verticais, em virtude da maior extensão de suas redes. Além disso, é importante avaliar adequadamente a viabilidade de implantação de determinada tecnologia, pois a escolha por uma opção de menor custo pode não ser financeiramente sustentável em razão dos gastos com operação e manutenção do sistema.

No Brasil, são recentes as experiências com a implantação do reúso de água em condomínios. As normas existentes ainda não apresentam uma definição clara de padrões de qualidade e de procedimentos de operação e de monitoramento para este reúso. Assim, por ora, o que se pode fazer é pesquisar os padrões adotados em países mais experientes a fim de minimizar os riscos associados aos usuários e ao ambiente. Particularmente em momentos de crise hídrica, como a que ocorre atualmente no país, torna-se evidente a necessidade de regulamentação da prática de reúso para que possa se propagar de forma segura e contribuir na gestão dos recursos hídricos.

para elevar o pH acima de 6,5, tubos plásticos devem ser usados em vez do cobre.

Cloreto de polivinila clorado (CPVC) é quimicamente semelhante ao PVC, mas contém cloro adicionado para aumentar sua rigidez em altas temperaturas, tornando-o apropriado para tubulação de água quente. Um tubo rígido de CPVC requer cola à base de solvente nas conexões (Figura 15.3); como essas colas são altamente tóxicas, as pessoas que forem manuseá-las devem se proteger durante a instalação. Os tubos de CPVC são baratos e, por isso, não é provável que sejam roubados para ser vendidos como sucata ou mesmo utilizados em outra obra. Embora teoricamente recicláveis, as instalações que aceitam materiais excedentes para reciclagem não são comuns. Como todos os produtos de vinil, o CPVC libera dioxinas quando incinerado. Tanto o cobre quanto o CPVC são comuns em sistemas de instalações com barriletes e ramais.

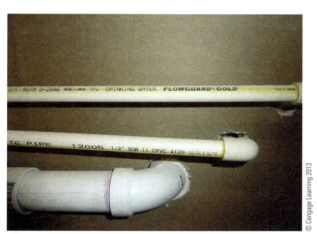

Figura 15.3 Os dois tubos superiores de cloreto de polivinila clorado (CPVC) estão suprindo água potável. O tubo inferior de PVC é o de esgoto.

Polietileno reticulado (PEX) é feito por reticulação ou entrelaçamento de longas cadeias de etileno, num processo que resulta um material forte e flexível sob temperaturas elevadas. Nem cloro nem vinil são utilizados em sua fabricação. O PEX é acoplado mecanicamente com anéis ou conectores de encaixe (Figura 15.4); não pode ser fixado com solventes, como outros plásticos. Como o PEX é flexível e está disponível em comprimentos longos, é o tubo mais comumente utilizado em barriletes, nos Estados Unidos. A principal vantagem é que pode ser instalado em peça única a partir de uma coluna de distribuição até o aparelho sanitário sem conexões intermediárias, resultando menos manipulações, menos emendas e, portanto, menor probabilidade de vazamentos. Muitos fabricantes oferecem o tubo principal e os sub-ramais como um sistema único. Embora não reciclável,

o PEX não libera gases nocivos quando queimado, porque é composto de carbono e hidrogênio.

Figura 15.4 Tubo e encaixes de PEX.

Polipropileno (PP) é por vezes referido como PP-R, com o "R" de "randômico", porque é feito com uma combinação de moléculas tanto longas quanto curtas. Sua composição proporciona uma combinação de força e flexibilidade, sendo menos tóxico do que o CPVC, pois na fabricação não se utilizam vinil e cloro (Figura 15.5).

Figura 15.5 Tubo de PP-R.

O PP-R tem sido usado na Europa por mais de 35 anos e está disponível nos Estados Unidos, mas não é comumente utilizado em construções residenciais norte-americanas, principalmente pelo seu alto custo. O tubo de PP-R é rígido e fixado com conexões por fusão a quente que as une por ligações químicas quando resfriam, tem baixa energia incorporada e é quimicamente inerte. Está disponível em diversas formas, para sistemas de água potável e não potável, incluindo esgoto e águas pluviais.

Não existe uma única e melhor solução para tubulação de abastecimento de água para uma casa verde. O cobre tem alto conteúdo reciclado e é totalmente reciclável, mas tem energia incorporada mais alta do que os tubos plásticos. Estes não são recicláveis e usam materiais petroquímicos na fabricação. Os comprimentos longos e a necessidade limitada de conexões para a tubulação de PEX proporcionam um fluxo suave e ininterrupto e entrega mais rápida de água quente. O tubo rígido com cotovelos e Ts diminui a velocidade da água, o que pode levar a maior perda de calor. Entre os plásticos, o PEX e o PP-R são menos tóxicos que o CPVC, mas o impacto da escolha do produto na sustentabilidade de um projeto é modesto, porque a quantidade geral de tubos em uma casa é uma pequena porcentagem do total de material.

Fornecimento de água quente

Reduzir a quantidade de água desperdiçada enquanto se espera a água quente escoar de torneiras e chuveiros é um dos componentes mais críticos da eficiência no consumo de água residencial. Como o tamanho médio das novas casas aumentou nos últimos anos, a quantidade de metais para água quente por casa também aumentou. Embora tenhamos torneiras e chuveiros com vazões menores, sendo, portanto, mais eficientes, esse ganho pode ser anulado pelo desperdício em outras áreas. Segundo o GreenPlumbers, dos Estados Unidos, a distância média de um aquecedor de água para o ponto de consumo mais distante em casas de famílias aumentou de quase 9 m para 24 m entre 1970 e 2010. Essas distâncias mais longas desperdiçam água pela espera dos ocupantes por água quente e por permitir mais tempo para a água resfriar dentro dos tubos entre os usos, o que requer mais energia para reaquecer.

A maneira mais simples de evitar o desperdício de água nas tubulações de água quente é que todos os pontos de consumo estejam próximos ao aquecedor de água. Residências menores podem ser projetadas com um único **núcleo de tubulação**, um projeto que coloca todos os tubos bem próximos para reduzir distâncias, com tubos de menor extensão até os pontos de consumo. Casas maiores podem incorporar múltiplos núcleos com aquecedores ou bombas separadas para levar água quente rapidamente até os pontos de consumo. O projeto da casa desempenha papel importante na eficiência de utilização da água. Projetar núcleos centrais de tubulação próximos aos aquecedores de água propicia tubulações de esgoto e abastecimento curtos e eficientes, enquanto economiza material e água. Quando banheiros e cozinhas são distantes, mais tubulação é necessária e mais água pode ser desperdiçada.

Tubulações para fornecimento de água

O sistema residencial de instalação de água mais comum nos Estados Unidos é referido como **barrilete e ramal**, consistindo em tubos (ou barriletes) de água quente e fria de 3/4" ou 1", ou 19 mm ou 25,4 mm que se estendem para cada ponto de interligação, a partir dos quais um tubo menor (ou ramal) de 1/2", ou 12,7 mm, que se conecta aos pontos de consumo individuais (Figura 15.6). Um projeto alternativo instalado nos Estados Unidos é um **sistema múltiplo**, também conhecido como **sistema de execução doméstica**, que consiste em tubos de 1/2" ou 3/8", ou 12,7 mm a 9,5 mm, que alimentam cada ponto de consumo diretamente da fonte de água (Figura 15.7). Quando sistemas múltiplos são instalados com caminhos curtos, o tubo menor permite que a água quente chegue aos acessórios mais rapidamente do que seria possível com os projetos típicos de barriletes e ramais. Esses sistemas propiciam o benefício extra de registros individuais para cada ponto de consumo, permitindo a fácil interrupção de abastecimento de água quando necessária para manutenção. Residências maiores podem incorporar sistemas separados próximos à área de consumo, com aquecedores ou bombas independentes para reduzir o desperdício de água.

A seleção do sistema da tubulação de água adequado depende da distância entre o aquecedor de água e os pontos de consumo de água quente, bem como dos padrões domésticos de consumo. Quando todos os pontos de consumo ficam próximos da fonte de água quente, um sistema de barriletes e ramais pode ser muito eficiente, principalmente quando várias pessoas usam água quente sucessivamente, como quando uma família inteira toma banho de chuveiro pela manhã ou à noite. Uma tubulação de barrilete isolado de 3/4", ou 19 mm, permanece quente por mais tempo do que os tubos de um sistema múltiplo, permitindo sucessivos usos múltiplos para aproveitar a água quente restante no barrilete. A primeira vez que a água quente é usada durante o dia (ou a primeira vez que é usada após a tubulação do barrilete ter resfriado) é conhecida como **início frio**.

Os inícios frios precisam que o barrilete se encha com água quente, o que desperdiça água fria no processo. Os **inícios quentes**, por sua vez, aproveitam a água restante na tubulação do barrilete e, assim, desperdiçam pouca ou nenhuma água fria para utilizações posteriores. Uma tubulação de sistema múltiplo de 3/8", ou 9,5 mm, mesmo quando isolada, resfria muito mais rápido e deve se encher com água quente para utilizações posteriores. Em casas nas quais os ocupantes não usam água quente um após o outro, um sistema múltiplo ou de execução doméstica pode ser mais adequado, pois a água quente nos tubos do barrilete não é usada antes de resfriar.

Instalações hidráulicas

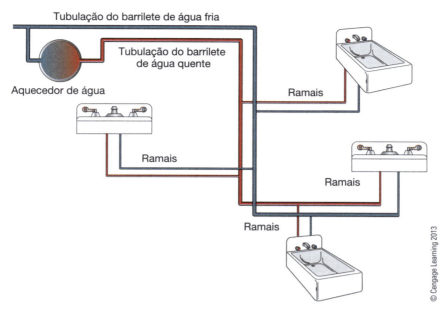

Figura 15.6 Layout das tubulações dos barriletes e dos ramais.

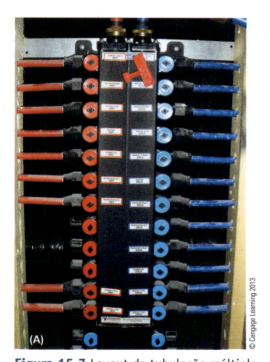

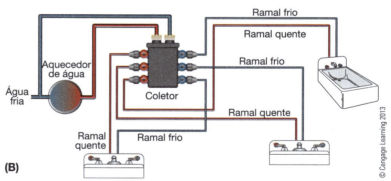

Figura 15.7 Layout da tubulação múltipla.

Sistemas de barrilete e ramal são normalmente instalados com tubo rígido conectados com cotovelos e Tês; os sistemas múltiplos em geral são instalados com tubo flexível, que reduzem a necessidade de conexões, e com tempos de instalações maiores. Em adição ao menor diâmetro do tubo, as amplas curvas em sistemas múltiplos flexíveis permitem a circulação de água quente mais rápido e mantêm maior pressão nos pontos de consumo; cotovelos e Tês de 90° em projetos de barrilete e ramal reduzem o movimento da água, ocasionando perdas de carga no percurso da tubulação.

Sistemas múltiplos funcionam melhor quando os tubos são instalados de forma mais direta entre o coletor e os pontos de consumo. Instalações mal planejadas podem usar quantidades excessivas de tubos, criando extensões mais longas que o necessário e eliminando grande parte das vantagens da tubulação de execução doméstica. A tubulação de sistema múltiplo é muitas vezes agrupada para facilitar a instalação (Figura 15.8). Tubos de água quente e fria devem ser mantidos separados para evitar perda de calor.

Deve-se lembrar que ambos os sistemas funcionam eficazmente para o suprimento de água fria, em que o comprimento do tubo não tem efeito sobre a eficiência.*

Figura 15.8 Quando agrupadas, as tubulações de água quente perdem calor para as de água fria.

Figura 15.9 Para maior desempenho, o isolamento tem de suprir a cobertura total e sem lacunas. Esta imagem mostra claramente uma lacuna onde dois pedaços do isolamento não estão em contato.

Isolamento das tubulações

Instalar isolamento em tubulações de água quente ajuda a manter a temperatura entre os usos, economizando energia, e reduz a quantidade de água desperdiçada no barrilete, nos ramais e no coletor. O isolamento também ajuda a eliminar a condensação em tubulações de água fria e impede o congelamento em áreas como entreforros não climatizados. O isolamento das tubulações deve ser firmemente instalado ao redor de todos os tubos e conexões, e totalmente vedado para obter o mais alto desempenho (Figura 15.9). Lacunas e buracos reduzirão a eficiência e podem permitir que os tubos congelem em climas frios e quando instalados em espaços não climatizados.

Instalação em laje

As casas construídas com fundações em lajes do tipo radier muitas vezes exigem que os tubos de água sejam instalados dentro da laje para abastecer cozinhas e banheiros localizados centralmente. Os tubos assim instalados devem ser isolados para manter a água quente e evitar a condensação. Deve-se considerar a possibilidade de instalar os tubos dentro de grandes calhas para permitir uma futura substituição, quando e se necessário. Sem a possibilidade de substituir um tubo, um simples defeito provocaria a demolição e reconstrução da laje para um conserto mínimo de uma tubulação.

Sistemas de recirculação de água quente

Uma solução comum para longas esperas por água quente com sistemas de barriletes e ramais é instalar um circuito de recirculação de água quente, instalando-se uma tubulação contínua do ponto do aquecedor de água até próximo a cada ponto de consumo; a água que corre nesta tubulação volta para o aquecedor para ser novamente aquecida (Figura 15.10). Um circuito como este pode fornecer água quente praticamente instantaneamente em cada ponto de consumo, economizando água no processo. No entanto, essa economia de água gera uma perda energética significativa quando a água quente circula e não é utilizada. A recirculação de água quente pode ocorrer com bombas contínuas, operadas por *timer*, térmicas e circuitos de termossifão, descritos a seguir:

- **Bombas contínuas** funcionam 24 horas por dia, mantendo o fornecimento de água quente em tubulações de ramais o tempo todo. Diferentemente de outros métodos, este necessita que o aquecedor de água funcione com mais frequência para reaquecer a água que resfria continuamente dentro dos tubos. Ver "Palavra do especialista – EUA" por David Wasserman, no Capítulo 14, para obter mais informações.
- **Bombas operadas por *timer*** são configuradas para operar por determinados períodos de tempo conforme a necessidade de água quente pelos morado-

---

* Em complemento, acrescenta-se: para a água fria, uma tubulação muito longa não implica em perda de temperatura, mas, se houver muita derivação nessa tubulação, tem-se perda de carga, o que diminui a pressão no ponto de consumo. (S.H.O.)

res. A preferência é pelas bombas contínuas, pois as operadas por *timer* desperdiçam energia caso a água quente não seja utilizada quando funcionam; e se a água quente for necessária quando elas não estão funcionando, mais desperdício é gerado para expulsar a água fria dos tubos.

- **Bombas térmicas** têm sensores de temperatura próximos aos pontos de consumo que controlam a bomba para gerar a circulação da água quente quando a temperatura cai abaixo de um valor predeterminado. Esses sistemas são mais eficientes do que as bombas contínuas, mas também desperdiçam significativas quantidades de energia reaquecendo água dentro dos tubos.

- **Circuitos de termossifão** instalação de um ramal fechado sem bomba, usando a convecção natural que faz a água quente subir para circular até o topo do ramal, enquanto a água mais fria desce de volta para o aquecedor (Figura 15.11). Como as bombas contínuas, o sistema de termossifão desperdiça energia por causa do constante reaquecimento da água.

A solução mais eficaz para esses sistemas é uma **bomba de demanda**, que movimenta a água quente até os pontos de consumo somente quando necessá-

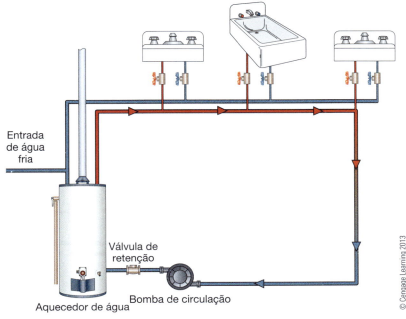

Figura 15.10 Circulação fechada comum de água quente com tubo de retorno exclusivo.

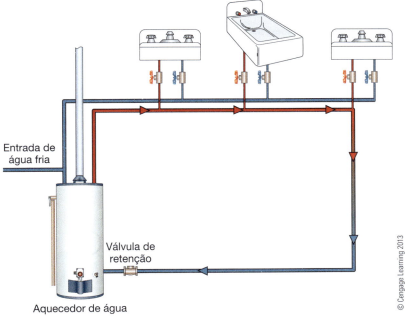

Figura 15.11 Circuito fechado do termossifão.

rio, eliminando as perdas de espera pelo constante reaquecimento de água nos tubos (Figura 15.12).

Figura 15.12 Bomba de circulação instalada sob uma pia.

A bomba de demanda entra em operação quando se pressiona um botão ou se ativa um sensor de movimento, puxando, então, água quente através dos tubos, empurrando a água fria pela tubulação fria existente ou por uma tubulação de retorno exclusiva (Figura 15.13). Como a bomba desloca a água através dos tubos mais rápido do que escoaria de torneiras ou chuveiros de alta eficiência, o tempo total de espera é muito menor do que se a água fluísse destes acessórios até escoar água quente. Um sensor de temperatura na bomba é desligado assim que a água quente escoa. Bombas de demanda podem ser instaladas em vários locais, incluindo o último ponto de consumo na extremidade de um sistema de barrilete e ramais, usando a água fria existente para o retorno (Figura 15.14), no aquecedor de água com uma tubulação de retorno exclusiva (Figura 15.15) ou em qualquer outro local conveniente. Em sistemas de coletores múltiplos, uma bomba de demanda pode ser instalada em cada co-

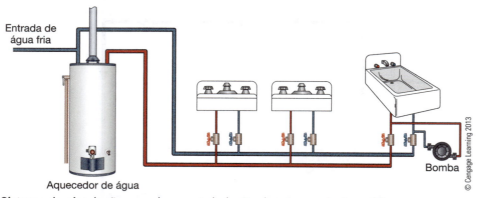

Figura 15.13 Sistema de circulação usando uma tubulação de retorno de água fria.

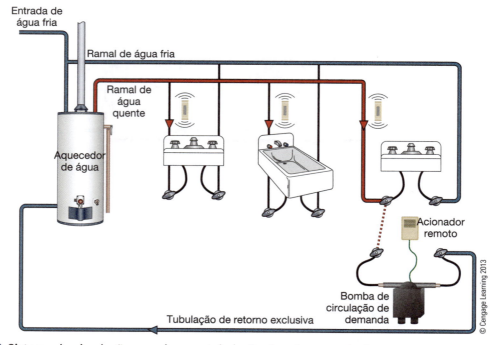

Figura 15.14 Sistema de circulação usando uma tubulação de retorno exclusiva.

Instalações hidráulicas

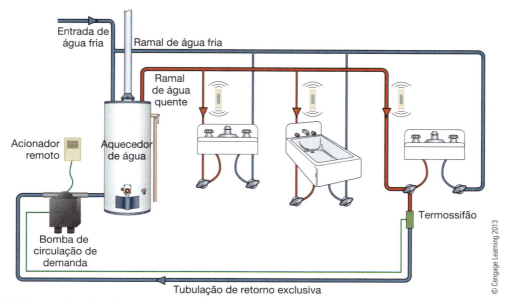

Figura 15.15 Sistema de circulação com a bomba instalada no aquecedor de água usando uma tubulação de retorno exclusiva.

letor com operadores de controle remoto colocados próximos de cada ponto de consumo.

Bombas de demanda exigem uma relativa mudança de comportamento dos proprietários. Eles devem pressionar um botão ou acionar um sensor de movimento e, em seguida, aguardar brevemente até a bomba fornecer água quente para os acessórios; muitas vezes, este tempo é o suficiente para escovar os dentes ou usar o sanitário. Quando percebem a quantidade de energia e água economizada com uso da bomba de demanda, bem como a conveniência de não esperar por água quente, a maioria dos proprietários consegue fazer os ajustes necessários.

No Brasil, em razão das condições climáticas, a maioria das residências que instalam aquecimento central o fazem para a utilização somente nas duchas para banho. Para este caso, e de modo a diminuir o desperdício de água, pode-se instalar duchas híbridas, ou seja, com duas fontes de alimentação distintas.*

Bombas e aquecedores de água

Aquecedores de água serão abordados em detalhes mais adiante, neste capítulo, mas é útil considerar como os sistemas de circulação funcionam com diferentes tipos de aquecedor. Aquecedores de água dividem-se em dois tipos: com e sem tanques (Figura 15.16). **Aquecedores com tanques ou de acumulação** aquecem e armazenam grande quantidade de água quente em um tanque isolado – *boiler*. Os **aquecedores sem tanques ou de passagem**, por sua vez, aquecem água apenas quando necessário, necessitam de uma vazão mínima para funcionar e não armazenam água quente. Esses aquecedores geralmente não são recomendados para utilização com bombas contínuas ou temporizador, porque podem fazer o aquecedor operar por períodos mais longos do que o previsto.

Bombas de demanda são apropriadas para aquecedores de passagem, mas o sistema de tubulação deve ser projetado para permitir uma taxa de vazão adequada. Um projeto de sistema constrito, mais compacto, com tubos de diâmetros pequenos e inúmeras conexões pode limitar a vazão total de água, impedindo o funcionamento do aquecedor de passagem.

Figura 15.16 Aquecedores de água são classificados como de acumulação ou de passagem.

---

* Duchas híbridas funcionam inicialmente com o aquecimento elétrico incorporado; assim que o termostato detecta que a água proveniente do sistema a gás ou solar atingiu a temperatura predefinida, a alimentação passa a ser por esta fonte. (S.H.O.)

Aquecedores de água

Aquecedores de água residenciais estão disponíveis em modelos de acumulação ou passagem. Os de acumulação armazenam água em um tanque isolado que é mantido quente por pequenos queimadores ou elementos de aquecimento elétrico, que funcionam de forma intermitente para manter a temperatura constante à medida que a água é usada ou quando há perda de calor durante a armazenagem. Os de passagem aquecem a água, conforme necessário, com grandes queimadores ou elementos de aquecimento à medida que a água passa através de estreitos tubos no caminho para os pontos de consumo (Figura 15.17). Aquecimento de água por energia solar é abordado no Capítulo 16.

Capacidade do aquecedor

Aquecedores de acumulação são capazes de fornecer uma quantidade específica de água quente por hora, referida como **distribuição da primeira hora**, que é determinada pelo tamanho do reservatório, classificação da eficiência e tipo de combustível. Esse tipo de aquecedor está disponível em tamanhos que variam de 38 a 454 litros. Em projetos residenciais, os tamanhos mais comuns são 151 ou 189 litros. Se uma família usa mais água quente em uma hora do que o aquecedor é capaz de oferecer, o último usuário não terá água quente suficiente. O selo EnergyGuide de aquecedores de água mostra a distribuição da primeira hora, oferecendo informações aos consumidores para ajudá-los a selecionar um tamanho de reservatório adequado (Figura 15.18).

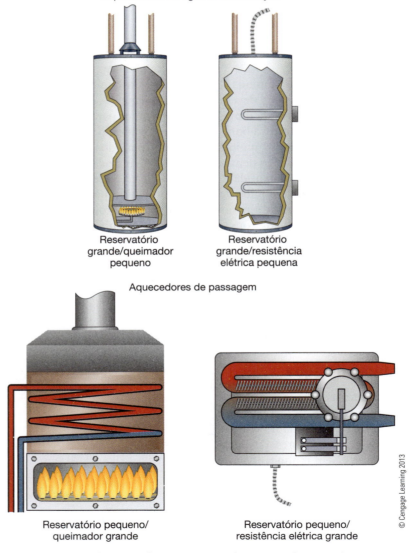

Figura 15.17 Aquecedores de água de acumulação contêm elementos de aquecimento ou queimadores que são relativamente pequenos em comparação com os modelos de passagem, que devem aquecer a água até a temperatura desejada quase que instantaneamente.

Aquecedores de passagem proporcionam água quente contínua em um determinado número de litros por minuto com base no delta de temperatura, que é a diferença entre a temperatura da água que entra na casa e a da água quente que sai do aquecedor. Quanto maior for a diferença da temperatura, menor será a vazão para o aquecedor. As publicações dos fabricantes listam as classificações máximas de vazões em diferentes deltas de temperatura. Embora os aquecedores de passagem não percam calor da água armazenada, sua capacidade de proporcionar água quente contínua e interminável pode incentivar o uso excessivo de água. Um estudo realizado pela Partnership for Advanced Technology in Housing (Path) determinou que é possível economizar de 10% a 20% de energia com o uso de aquecedores de passagem eliminando as perdas de espera; no entanto, os padrões de uso têm um efeito significativo sobre o consumo total de energia.[1] Em uma casa desocupada grande parte do dia, com apenas um ou dois moradores, o aquecedor de passagem pode proporcionar economia significativa, enquanto uma casa com mais ocupantes com uso regular de água quente não terá os mesmos níveis de economia porque as perdas de espera seriam mínimas. Este tipo de aquecedor exige uma quantidade mínima de vazão de água para funcionar. Quando a torneira de água quente é aberta por pouco tempo, o que pode ocorrer quando se faz a barba ou lavam-se pratos, pode ser que não haja vazão suficiente para fazer o aquecedor funcionar.

---

[1] NAHB Research Center. Disponível em: <http://www.toolbase.org/Building-Systems/Plumbing/tankless-water-heaters>.

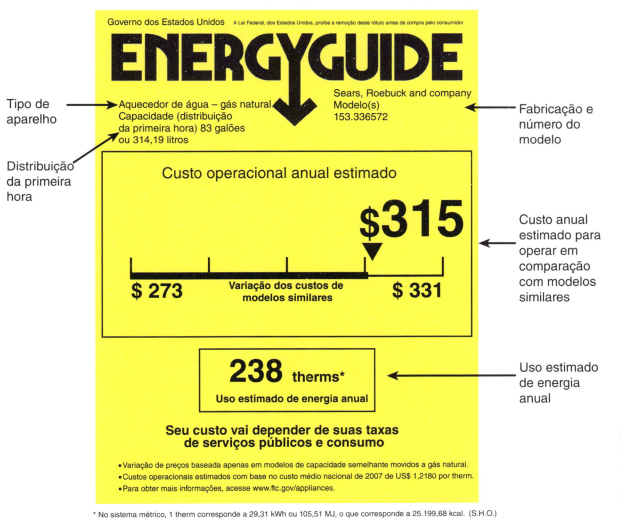

Figura 15.18 Todos os novos aquecedores de água fabricados nos Estados Unidos são obrigados a exibir o EnergyGuide no momento da venda.

PALAVRA DO ESPECIALISTA – EUA

Como seu projeto de construção verde lida com a água quente?

Gary Klein, sócio-gerente da Affiliated International Management LLC

Água quente é um sistema, que inclui o aquecedor de água, a tubulação, a escolha de acessórios e equipamentos, a água que escorre pelo ralo e o comportamento das pessoas que utilizam a água quente, que, por sua vez, é influenciado pelos componentes do sistema. Estes devem trabalhar em conjunto, como um sistema, para fornecer os serviços de água quente desejados.

O objetivo é criar um sistema de água quente econômico, capaz de economizar de forma eficiente energia e tempo. Uma forma frequentemente ignorada para conseguir isto é reduzir o volume de água na tubulação entre a fonte e as saídas de água quente. Às vezes, a fonte de água quente é um aquecedor; muitas vezes, é uma tubulação de um barrilete que é alimentada com água quente. Além de minimizar o volume de ramais, o volume na tubulação do barrilete deve ser mantido tão pequeno quanto possível. O resultado da aplicação desses princípios é pensar em instalar mais de um aquecedor de água por prédio e criar zonas no sistema de distribuição de água quente.

Vários programas de construção verde e códigos começaram a abordar a aplicação desses princípios, como LEED for Homes, Padrão Nacional de Construção Verde (Nacional Green Building Standard – NGBS), WaterSense for Homes, selo desenvolvido pela EPA – Agência de Proteção Ambiental dos Estados Unidos, Suplemento de Tubulações Verdes e Mecânicas, da Associação Internacional das Áreas de Instalações e Mecânica (Green Plumbing and Mechanical Supplement by International Association of Plumbing and Mechanical Officials' – IAPMO), Código Internacional de Conservação de Energia de 2012 (IECC) e Código Internacional para Construção Verde (International Green Construction Code – IgCC), versão 2. Além desses esforços nacionais, diversos programas estaduais e locais incluem recomendações para melhorar o desempenho dos sistemas de distribuição de água quente, incluindo o Cidade de Austin (City of Austin), no Texas, e o Construir Verde (Build-It-Green), na Califórnia. Cada um desses programas considera o sistema de distribuição de água quente de forma um pouco diferente, com mais ofertas opcionais de créditos ou pontos para sistemas de água quente eficientes, em vez de impor certos requisitos de sistemas.

O NGBS oferece ao usuário três opções de tipos de sistema: núcleo central, coletor de execução doméstica e tubulação estruturada – cada uma com níveis de desperdícios muito diferentes de água, energia e tempo. Residências que utilizam a opção do coletor de execução doméstica permitem desperdiçar mais de três vezes a água de fornecimento pelo sistema de núcleo central e seis vezes mais do que a opção da tubulação estruturada, o que dá ao construtor maior flexibilidade em relação à localização das saídas de água quente. Admitir essas grandes variações no desempenho é algo estranho, pois trata-se de um padrão no qual as opções deveriam ser muito semelhantes.

O LEED for Homes faz um trabalho muito bom, que consiste em limitar o volume de água na tubulação, abordando os barriletes e os ramais. O efeito das regras é forçar a instalação de vários aquecedores de água e núcleos de tubulação mais firmes; este é o procedimento correto. Para alguns construtores, no entanto, as normas do LEED não são boas, provavelmente porque o layout do sistema de distribuição de água quente não está estabelecido até o final do processo do projeto, e adicionar um aquecedor de água ou realocar as saídas de água quente neste momento final fica muito difícil (caro). Há certa preocupação de que as limitações do comprimento do barrilete são muito restritivas, especialmente para casas de um único andar. Existe também alguma confusão sobre se é possível zonear ou não a alternativa de bombeamento controlado por demanda (o que, sim, pode).

Os códigos da IAPMO e do IECC focam a restrição do volume, seja limitando o comprimento de tubulação (IECC) ou especificando o volume admissível (IAPMO e IgCC). As quantidades admissíveis de desperdício de água são relativamente pequenas: não mais de 0,95 litro na tubulação de núcleo central e nos sistemas de coletor de execução doméstica, e não mais do que 0,47 litro quando a fonte de água quente é uma tubulação de barrilete.

O WaterSense adota uma abordagem muito diferente. De acordo com o programa, não mais do que 2,3 litros de água fria podem sair de qualquer ponto de consumo de água quente antes de este poder escoar. Isso inclui não somente a água da torneira, da ducha e da tubulação, mas também a que percorre através de um aquecedor de água de passagem típico no momento que eleva a temperatura. Para atender a esse volume medido quando o edifício está concluído, algo em torno de 0,95 litro – não mais do que isto – pode estar presente na tubulação.

Todos esses programas exigem ou proporcionam pontos de isolamento na tubulação de água quente. Talvez o maior benefício de ter uma tubulação isolada é o aumento do tempo de resfriamento da água quente na tubulação. O isolamento em tubos de 1/2", ou 12,7mm, duplica o tempo em 10 a 20 minutos; em tubos de 3/4", ou 19mm, esse tempo triplica de 15 para 45 minutos. Essa estratégia de conservação deixa a água quente mais rapidamente disponível durante a "hora do *rush* da manhã" e os períodos "estáveis noturnos" de uso de água quente. A IAPMO e o IgCC têm requisitos originais

Gary Klein está fortemente envolvido na área de eficiência energética e energia renovável desde 1973. Um quinto de sua carreira foi empregado no Reino do Lesoto, o restante nos Estados Unidos. Ele tem paixão por água quente e distribuição eficiente, estando ou não envolvido no projeto, e a distribuição eficiente para atender às necessidades do cliente. Recentemente, depois de 19 anos como integrante da Comissão de Energia da Califórnia, Klein fundou uma nova empresa, a Affiliated International Management LLC, para prestar serviços de consultoria em matéria de sustentabilidade por meio de uma equipe internacional de afiliados. Recebeu o grau de bacharel na Universidade de Cornell em 1975, com uma especialização independente em tecnologia e sociedade e ênfase em conservação de energia e energias renováveis.

(continua)

Instalações hidráulicas

para isolamento de tubulações: a espessura da parede do isolamento do tubo deve ser igual ao diâmetro nominal do tubo para todas as tubulações superiores a 1/4", ou 6,3 mm, e menores ou iguais a 2", ou 50 mm. Para tubulações superiores a 2", ou 50 mm, a espessura mínima da parede deve ser a mesma.

Virtualmente, todos esses programas proíbem o uso de qualquer estratégia de controle de reciclagem que não a demanda controlada, que é, de longe, a mais eficiente em termos de consumo de energia para tubulações de barriletes com água quente.

Combustível

A maioria dos aquecedores de água utiliza combustível elétrico ou gás para funcionar. O gás pode ser natural ou liquefeito de petróleo, dependendo da disponibilidade local. Os aquecedores de acumulação a gás têm um queimador na parte inferior, acionado por termostato que liga e desliga conforme necessário para manter a temperatura desejada do reservatório. Os aquecedores de passagem alimentados a gás têm queimadores que aquecem a água, que flui através de pequenos tubos dentro do gabinete do aquecedor (Figura 15.19). Aquecedores elétricos de acumulação têm resistências elétricas que ligam e desligam para manter a temperatura do reservatório; outros equipamentos semelhantes, também de passagem, têm elementos de aquecimento que revestem os tubos para aquecer a água que flui através deles (Figura 15.20).

Aquecedores de água com bombas de calor, também denominados trocadores de calor, são uma novidade recente no mercado americano, combinam um aquecedor tradicional de resistência elétrica com uma bomba de calor que remove o calor do ar e o transfere para a água com mais eficiência do que a resistência térmica (ver Capítulo 13 para obter mais informações sobre como as bombas de calor operam). Aquecedores de água com bombas de calor são mais adequados para a instalação em espaços não climatizados, como garagens ou porões, em climas quentes (Figura 15.21). Durante o clima frio, eles são ligados manualmente no modo de resistência padrão e, em seguida, comutados para o modo da bomba térmica para quando esquentar novamente.

Aquecimento da água também pode ser fornecido por bombas de calor geotérmicas (ver Capítulo 13) através de um **dessuperaquecedor** (*desuperheater*), dispositivo que recupera o excesso de calor do processo de resfriamento e aquecimento e o transfere com muita eficiência para aquecer a água em um reservatório de armazenamento (Figura 15.22). Na estação fria, o dessuperaquecedor permite que a bomba de calor geotérmica redirecione o calor da casa para um reservatório de água do aquecedor em vez de para o solo.

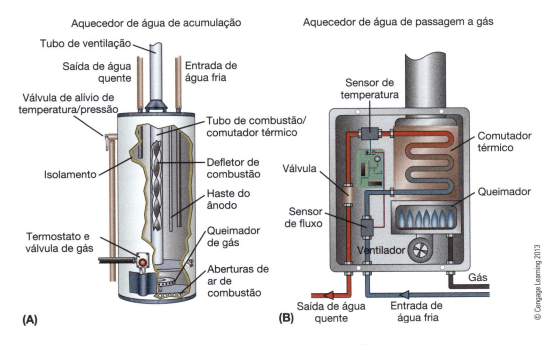

Figura 15.19 Aquecedores de água de acumulação e de passagem a gás.

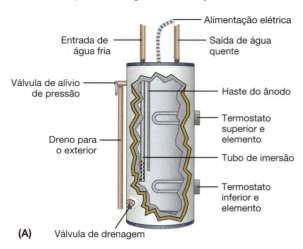

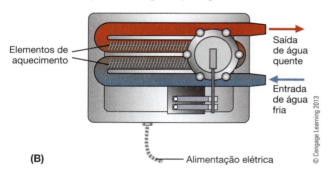

Figura 15.20 Aquecedores de água de acumulação e de passagem elétricos.

Eficiência do aquecedor

A eficiência do aquecedor de água é medida pelo **fator de energia** (*energy factor* – **EF**), que considera a eficiência do aquecimento e as perdas no modo de espera. Quanto maior for o EF, com maior eficiência o aquecedor funcionará. Nos aquecedores de água a gás, o EF varia de 0,59, para unidades de combustão aberta com luzes piloto, a um máximo de 0,96, para unidades de combustão vedada. Como visto no Capítulo 13, o uso de aquecedores de água de combustão aberta em casas bem vedadas implica o risco de ignição explosiva e intoxicação por monóxido de carbono. Quando se utilizam aquecedores de combustão aberta, estes devem ser instalados do lado externo da estrutura do prédio. **Aquecedores de condensação**, também conhecidos como aquecedores de combustão vedada, capturam o excesso de calor – fazendo que a água do combustível queimado se condense –, que de outro modo seria desperdiçado e expelido através do tubo de combustão (Figura 15.23). Aquecedores de condensação têm queimadores que são isolados do ar ambiente dentro da casa, reduzindo o risco de ignição explosiva em casas pouco espaçosas. Aquecedores a gás de passagem ou acumulação estão disponíveis como unidades de condensação. A maioria dos aquecedores a gás de passagem é do tipo condensação, e muitos utilizam respiros de PVC, em vez de metálicos. Aquecedores de acumulação estão disponíveis no tipo de combustão aberta com respiros metálicos tradicionais ou diretos; os de combustão aberta ou de condensação estão disponíveis em modelos com respiros elétricos.

Os aquecedores com resistência elétrica normalmente têm EF que varia de 0,9 a 0,97. Os aquecedores

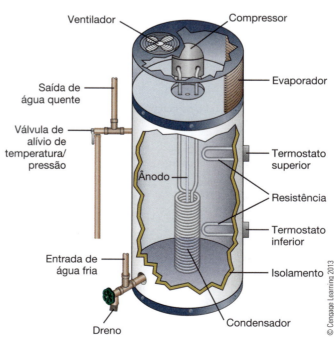

Figura 15.21 Aquecedor de água com bomba de calor.

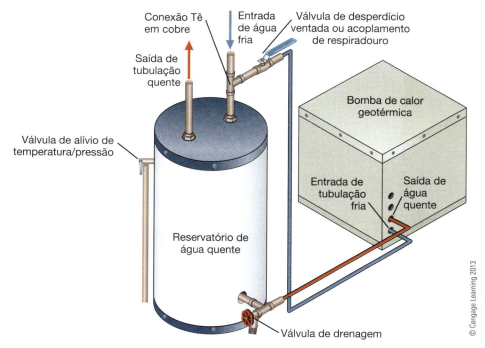

Figura 15.22 Instalação típica de dessuperaquecedor.

com bombas de calor têm EF de 2,0 quando usados no modo de bomba de calor, caindo para o EF de aquecedores de resistência elétrica quando operados no modo padrão. Aquecedores elétricos têm EF mais alto, mas o custo total de combustível para esses aparelhos é geralmente maior do que das unidades a gás, exceto nas regiões onde a eletricidade é muito barata e o gás é caro. EF é um cálculo de laboratório usado para comparar diferentes aquecedores, e não deve ser considerado um resultado da quantidade de energia que um aquecedor específico utilizará.

O DOE – Departamento de Energia dos Estados Unidos estabelece padrões de eficiência nacional para os aquecedores de água com base em tipo de combustível, tipo e tamanho do reservatório (Tabela 15.1).

Em casas com *boilers* centrais usados para aquecimento de ambiente, a água pode ser aquecida indiretamente por serpentinas de troca de calor que se estendem do *boiler* para o reservatório de água (Figura 15.24), caso em que o reservatório não costuma ter uma fonte própria de calor.

Desde 2008, o ENERGY STAR tem rotulado aquecedores de água que atendam a certos requisitos mínimos de eficiência e distribuição de água quente (Tabela 15.2).

Tabela 15.1 Atuais padrões federais americanos mínimos de conservação de energia para aquecedores de água residenciais

Tipo de aquecedor de água	EF de 20 de janeiro de 2004
Acumulação, queima de gás	0,67 (0,0019 × volume nominal do reservatório em galões*)
Acumulação, queima de óleo	0,59 (0,0019 × volume nominal do reservatório em galões)
Acumulação, elétrico	0,97 (0,00132 × volume nominal do reservatório em galões)
Portátil	0,93 (0,00132 × volume nominal do reservatório em galões)
Passagem, queima de gás	0,62 (0,0019 × volume nominal do reservatório em galões)
Passagem, elétrico	0,93 (0,00132 × volume nominal do reservatório em galões)

* 1 galão corresponde a 3,79 litros, ou cada litro corresponde a 0,26 galão. (S.H.O.)

Fonte: Padrões de Conservação de Energia para Aquecedores de Água Residenciais, Equipamentos de Aquecimento Direto e Aquecedores de Piscinas: Regra Final, Registro Federal, 75 FR 20112, 16 abr. 2010.

Isolamento do tanque

Os reservatórios do aquecedor de água, ou *boilers*, são construídos com isolamento térmico para que possam manter a temperatura da água e reduzir a perda de calor. O isolamento pode ser de fibra de vidro ou espuma em diferentes espessuras. Quanto mais isolamento for utilizado, menores serão as perdas de espera nos aquecedores de acumulação. Os aquecedores de água comuns normalmente têm isolamento integrado com um valor de resistência térmica R entre 8 e 16, embora aquecedores muito eficientes possam ter valores R de até 24. Aquecedores com isolamentos inferiores a R-16 podem ter uma manta de isolamento instalada para melhorar a eficiência (Figura 15.25). Além disso, instalar o isolamento nos primeiros 90 cm a 1,20 m do tubo de água quente que sai do aquecedor pode ajudar a economizar energia.

Sistemas de retenção de calor

Utilizados apenas nos aquecedores de acumulação, sistemas de retenção de calor são válvulas unidirecionais especiais ou com sifonamento de tubos que impedem a água quente de escoar naturalmente para fora do aquecedor por convecção, o que resulta em economia de energia no processo (Figura 15.26). Muitos aquecedores incluem esses sistemas como parte do reservatório. Quando não integradas ao reservatório, essas válvulas podem ser instaladas separadamente.

Temperatura do aquecedor

No passado, os aquecedores de água eram muitas vezes ajustados em 60°C, geralmente para fornecer água quente o suficiente para que uma lavadora de louças funcionasse perfeitamente. A água assim aque-

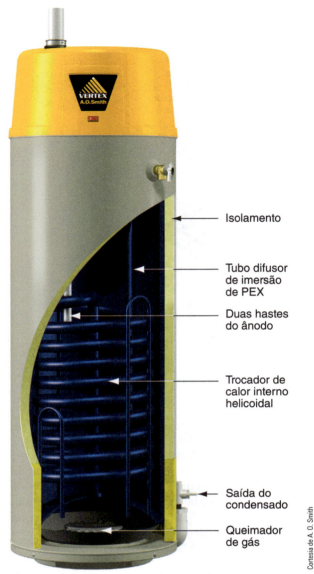

Figura 15.23 Aquecedor de água de condensação de alta eficiência.

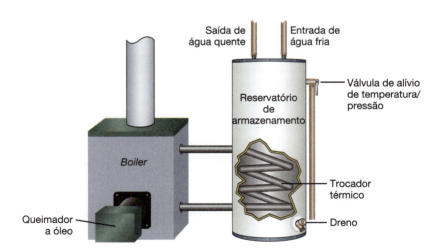

Figura 15.24 Aquecimento indireto de água.

Instalações hidráulicas

Tabela 15.2 Rotulação da ENERGY STAR para aquecedores de água

Critérios do ENERGY STAR	≥ 6 anos no EF de sistema vedado	Fração solar	Distribuição da primeira hora	Litros por minuto	Garantia
Aquecedor de acumulação de alta eficiência a gás					
Aquecedor de acumulação a gás	≥ 0,67	NA	≥ 295,13 litros por hora	NA	≥ 6 anos no sistema vedado
Aquecedor de condensação a gás	≥ 0,8	NA	≥ 295,13 litros por hora	NA	≥ 8 anos no sistema vedado
Bomba de calor	≥ 2,0	NA	≥ 220,24 litros por hora	NA	≥ 6 anos no sistema vedado
Aquecedor central de passagem e a gás	≥ 0,82	NA	NA	≥ 11,01 litros sobre um aumento de 25°C	≥ 10 anos no trocador de calor; 5 anos para as peças
Energia solar	NA*	≥ 0,5	NA		≥ 10 anos no coletor solar; 6 anos no reservatório de armazenamento; 2 anos no controle; 1 ano na tubulação, peças

* Não Aplicável. (S.H.O.)
Fonte: Programa U.S. EPA ENERGY STAR. Disponível em: <http://www.energystar.gov>.

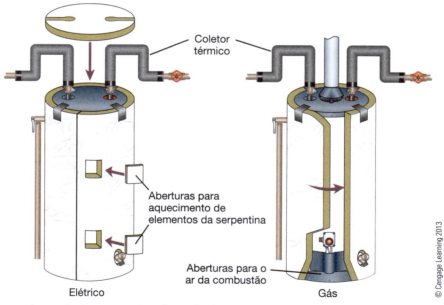

Figura 15.25 Aquecedores de água contêm algum isolamento incorporado ao reservatório, porém maior quantidade de isolamento pode ser acrescentado no exterior.

cida gera desperdício de energia por aquecer além da temperatura de uso pelas pessoas, podendo expô-las a riscos de queimaduras. A maioria das lavadoras de louças tem elementos aquecedores integrados que preaqueçem a água, o que permite manter os aquecedores ajustados com segurança em 49°C.

Manutenção do aquecedor de água

Aquecedores de água não exigem muita manutenção. Os de acumulação e passagem podem se beneficiar da limpeza regular para remover detritos dos reservatórios ou tubulações. Onde a água é muito dura (com muitos cátions de cálcio), pode haver formação de cal

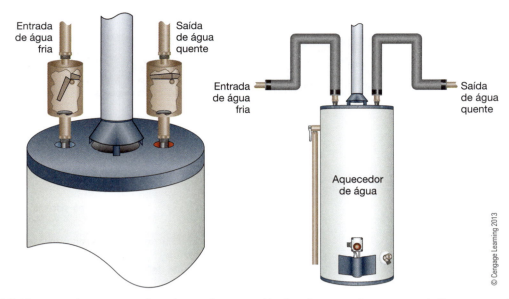

Figura 15.26 Sistemas de retenção de calor podem ser válvulas de retenção ou com sinfonamento de tubos que permitem que a água escoe para o tanque do aquecedor de água, ao mesmo tempo que impedem vazamentos de água quente para fora do tanque.

e redução da eficiência do aquecedor, levando à falha precoce de aquecedores de acumulação. Deve-se seguir as instruções de manutenção do fabricante para obter o desempenho máximo.

Distribuidor instantâneo de água quente

Distribuidores instantâneos de água quente são um artigo de luxo instalados em muitas cozinhas. Empregando um tanque que mantém um pequeno suprimento de água quente o tempo todo, funcionam como um pequeno aquecedor elétrico de água para fornecer água quente para chás, café e necessidades semelhantes. Os fabricantes alegam que esses distribuidores utilizam o equivalente a uma lâmpada incandescente de 40 watts para funcionar. Eles poderão economizar água se houver uma longa espera em uma torneira, mas, em geral, a água pode ser aquecida mais eficientemente, quando necessário, no fogão ou no micro-ondas.

Remoção de águas residuais ou esgotos

Além de entradas para o abastecimento de água fria, todas as louças sanitárias têm saídas para drenagem da água que deve ser coletada e direcionada a um local central para tratamento, que pode ser uma estação de tratamento de esgoto municipal (ETE) ou um sistema de tratamento local onde não haja uma estação central para tratamento de esgoto. As estações de tratamento de esgotos coletam o material de prédios residenciais, comerciais e industriais e o transferem para um local central onde é filtrado, saneado e liberado de volta para cursos de água locais. Em algumas áreas, essas estações oferecem aos moradores locais água de reúso para uso não potável, como irrigação. Deve haver avisos e sinais adequados para evitar riscos à saúde pelo uso de água de reúso, pois ela não é tratada nos padrões da água potável (Figura 15.27). Sistemas municipais de água de reúso são cada vez mais comuns em zonas áridas dos Estados Unidos.

Figura 15.27 A água de reúso pode ser utilizada para sanitários e irrigações, porém são necessárias placas de alerta.

Águas cinzas e negras

Águas residuais são classificadas como negras ou cinzas. **Água negra** vem de sanitários e pias de cozinhas e contém resíduos alimentares e humanos, devendo ser totalmente tratada e limpa antes de ser lançada em cursos de água ou reutilizada. A maioria das residências combina águas negra e cinza na mesma tubulação, mas sistemas de tratamento e reúso de água cinza estão se tornando cada vez mais comuns. Os drenos de água cinza nos Estados Unidos em geral são de cor roxa para distingui-los dos que recebem água negra, separados dos drenos de água negra da casa toda e levados a uma central local para conexão a um sistema de tratamento. Algumas comunidades exigem que as águas cinzas e negras sejam separadas e sejam fornecidos suprimentos de água cinza tratada separados da água potável para uso em residências.

> ### Você sabia?
>
> O primeiro sistema de tratamento de água dos Estados Unidos foi construído em São Petersburgo, na Flórida, e continua a ser um dos maiores do mundo. O sistema municipal oferece mais de 140 milhões de litros por dia para mais de 10.600 clientes, principalmente para irrigação de gramados.[2] A cidade também tem 316 hidrantes que utilizam essa água. Outro sistema de tratamento bem estabelecido fica em Tucson, no Arizona.[3] O sistema oferece água tratada a cerca de 900 locais, incluindo 18 campos de golfe, 39 parques, 52 escolas e mais de 700 residências unifamiliares.
>
> [2] Cidade de São Petersburgo, Flórida. Disponível em: <http://www.stpete.org/water/reclaimed_water/index.asp>.
>
> [3] Cidade de Tucson, Arizona. Disponível em: <http://cms3.tucsonaz.gov/water/reclaimed>.

Tratamento no local

Sistemas sépticos são sistemas de tratamento subterrâneo de esgotos domésticos em zonas rurais e outros locais onde os serviços municipais de esgoto não estão disponíveis.[*] Os sistemas de tratamento mais comuns são os sistemas sépticos anaeróbicos, em que os sólidos são retirados na ausência de oxigênio, sem tratamento direto de efluentes, ou seja, a água residual produzida. Alternativas incluem sistemas mais complexos, tais como aeróbicos e pântanos construídos. Sistemas sépticos aeróbicos injetam ar mecanicamente em um tanque de coleta de resíduos, estimulando a decomposição para proporcionar um efluente de melhor qualidade. Pântanos construídos simulam o tratamento natural de águas residuais, permitindo que efluentes corram através de leitos de água repletos de plantas que decompõem os contaminantes (Figura 15.28).[**]

O tratamento anaeróbico padrão no local é um sistema séptico composto por um tanque de retenção e um campo de drenagem, que consiste em um tubo perfurado enterrado num solo permeável (Figura 15.29). O tanque de retenção configura-se como um local para depositar os resíduos sólidos enquanto permite que o efluente líquido migre para o campo de drenagem, no qual flui através do tubo perfurado no solo. A água residual é filtrada através do solo à medida que desce na direção do aquífero local. Sistemas sépticos somente podem ser instalados onde exista quantidade adequada e suficiente de solo poroso para receber o efluente produzido. A porosidade do solo é determinada por um teste de percolação ("perc"). Testes de percolação determinam a velocidade em que o solo absorverá águas residuais. A taxa de percolação e o tamanho do edifício determinam o tamanho do campo de drenagem necessário. Quanto mais poroso o solo e menor o número de quartos em uma casa, menor pode ser o campo. Tanques sépticos necessitam de manutenção, incluindo remoção periódica dos resíduos sólidos coletados. A frequência de limpeza depende do tamanho do tanque e do número de pessoas utilizando o sistema. Sistemas de alta rotatividade com tanques pequenos podem precisar de limpezas anuais, enquanto tanques grandes, de pouco uso, podem levar muitos anos entre as limpezas. A manutenção inadequada de sistemas sépticos pode provocar transbordamentos, uma quantidade excessiva de poluentes no solo e nas águas subterrâneas e, em alguns casos, falha total do sistema.

Sistemas aeróbicos podem ser instalados quando a quantidade e a porosidade do solo não permitem um campo de drenagem séptico tradicional. Em comparação com um sistema séptico, sistemas aeróbicos propiciam maiores taxas de decomposição por causa do ar injetado que reduz o tamanho do campo de drenagem necessário. Sistemas aeróbicos podem ser usados para melhorar um sistema séptico ou onde as condições impedem a instalação deste sistema, como quando não há terra disponível suficiente ou o nível das águas subterrâneas é muito alto. O tratamento aeróbico é mais complicado do que os sistemas anaeróbicos, pois exige o pré-tratamento dos esgotos para reduzir a quantidade de sólidos, seguido por processo de aeração, tratamento definitivo e desinfecção. Sistemas aeróbicos também consomem eletricidade para

---

[*] No Brasil, esses sistemas são denominados fossas sépticas. (S.H.O.)

[**] No Brasil, pântanos construídos recebem o nome de "lagoas filtrantes", que nada mais são do que áreas em que se estabelece um sistema fitorrestaurador, ou seja, um tratamento proveniente de plantas aquáticas, combinado com filtragens através dos leitos, praticamente reproduzindo as depurações que ocorrem através de rios, lagos, pântanos e corpos d'água naturais. Como o processo atua de modo integrado entre plantas e o ambiente rizosférico, ou seja, da camada do solo/leito próximo às raízes, pode-se dizer que as lagoas e os pântanos construídos para depuração e tratamento de águas servidas se apropriam do sistema rizosférico. (S.H.O.)

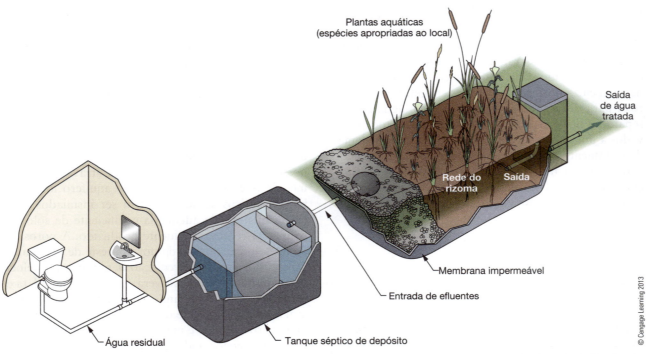

Figura 15.28 Pântanos construídos mimetizam os ecossistemas naturais para tratamento de águas residuais no local e fornecem um habitat para a vida selvagem.

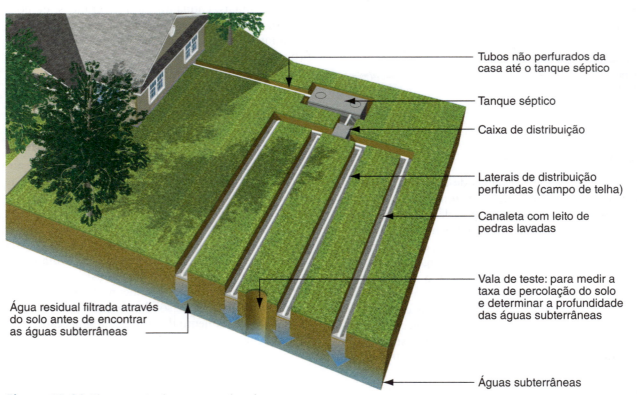

Figura 15.29 Sistema séptico convencional.

operar a bomba utilizada para injetar ar dentro do tanque. Normalmente custando duas a três vezes mais do que os sistemas anaeróbios, os sistemas aeróbicos exigem menos escavações e menor área de terreno, e podem reduzir a poluição de águas subterrâneas. A versatilidade dos sistemas aeróbicos pode permitir a construção em um local considerado, em princípio, inadequado a um sistema séptico. Esses sistemas exigem mais manutenção do que os sépticos padrões, e poderão apresentar falhas se a alimentação for desligada ou se substâncias químicas nocivas penetrarem no sistema.

Pântanos construídos usam a tendência natural das raízes de certas plantas de proporcionar um ambiente aeróbico que decompõe os contaminantes presentes em efluentes das águas de esgoto. Tal como os sistemas aeróbicos, esses pântanos podem ser uma alternativa adequada onde as condições impedem a utilização de um sistema séptico. Pântanos construídos têm normalmente projetos personalizados para um local específico. Eles podem tanto descarregar a água tratada na superfície como mantê-la subterrânea. De modo semelhante aos sistemas aeróbicos e sépticos, utilizam tanques de retenção para remover os sólidos, mas não usam exclusivamente campos de drenagem para liberar os efluentes abaixo do nível do solo. Além disso, empregam bombas, tubos e lagoas forradas e repletas de plantas que se desenvolvem na água e, quando exigido pelas autoridades locais, há um campo de drenagem. A água tratada em pântanos construídos pode ter qualidade muito alta e ser adequada para a liberação em cursos de água. Como os pântanos dependem do fluxo constante do efluente, não são adequados para residências sazonais. Em climas frios, as lagoas devem ser grandes o suficiente para evitar o congelamento, e encostas íngremes podem exigir quantidades significativas de cortes e enchimentos para reduzir a vazão da água. Quando adequadamente construídos, os pântanos são soluções duradouras de baixa manutenção para o tratamento de esgotos no local.

PALAVRA DO ESPECIALISTA – BRASIL

Água: do repensar ao reciclar – Novas propostas para os novos dias

Nos últimos anos, a escassez de água é tema de frequentes debates no Brasil e no mundo, seja pelo aumento do consumo, seja pelas questões de gerenciamento relacionadas ao tema.

É nessa linha que a Metodologia 5R – Repensar, Reprojetar, Reduzir, Reutilizar e Reciclar – entra em nosso cotidiano, permeando as mudanças de estilos de vida a partir dos dois primeiros "R": *Repensar* e *Reprojetar*.

O conceito de *Reduzir* o consumo, que deve estar "na ordem do dia" quando se trata da conservação da água, é encontrado nos novos equipamentos sanitários, como registros de fechamento automático (redução de até 70% na vazão), descargas de dupla vazão (3Lpf e 6Lpf – litros por funcionamento) e arejadores acoplados a torneiras.

Reutilizar é outro conceito presente, que envolve várias frentes, como:
- Utilização de linhas de esgoto que permitem a separação de águas negras (provenientes de vasos sanitários e pias de cozinha) e cinzas (provenientes de chuveiros, pias de banheiro e lavagem de roupas) para otimizar o tratamento e o reúso da água.
- Captação da água de chuva é outra frente.* Hoje, existem diferentes opções de produtos que podem ser adquiridos em lojas de materiais de construção, compreendendo captação, tratamento (físico-químico) e armazenamento dessa água.

* Para a cidade de São Paulo (SP): 1.557,1 mm/ano (média 1991-2013). Disponível em: <http://infocidade.prefeitura.sp.gov.br/htmls/2_precipitacao_pluviometrica_1933_10711.html>. Acesso em: 13 mai. 2015. (S.H.O.)

Prof. Dr. Marcelus A. A. Valentim *Sua formação inclui graduação (1996), mestrado (1999), doutorado (2003) e pós-doutorado (2009) em Engenharia Agrícola pela Universidade Estadual de Campinas, e Licenciatura em Agricultura (2010) e em Segurança do Trabalho (2011) pelo Centro Estadual de Educação Tecnológica Paula Souza. Atualmente, é professor do Centro Estadual de Educação Tecnológica Paula Souza, em curso superior de Tecnologia, e do Centro Universitário Senac-Santo Amaro, em Engenharia Ambiental e Sanitária.*

Arquivo pessoal

- A água gerada em sistemas de ar-condicionado, tema de pesquisas nos últimos anos, vem sendo considerada uma opção para o futuro. A composição dessa água e a quantidade gerada são fatores que dependem do equipamento utilizado e de sua manutenção, bem como do local em que estiver instalado.

A NBR 13969/1997 apresenta as diferentes classes de água de reúso e seus parâmetros de controle, normatizando seu planejamento.

Já o conceito de *Reciclagem* refere-se ao tratamento da água a ser reutilizada. Os sistemas de águas cinzas, por exemplo, necessitam de tratamento físico-químico para a remoção das impurezas e cloração, fator este que leva muitos proprietários a contratar empresas especializadas para a manutenção regular dos equipamentos (limpeza de filtros e reposição de pastilhas de cloro).

Em relação ao tratamento *in loco* de esgoto, a NBR 7229/1993 e a NBR 13969/1997 preconizam o uso do tanque séptico e de suas unidades de tratamento complementar, respectivamente.

Atualmente, no mercado, há sistemas modulares construídos em polipropileno ou fibra de vidro, o que torna mais fácil a instalação e a manutenção, bem como a ampliação do sistema. E, além dos sistemas de tratamento complementar, preconizados na norma, tem-se pesquisado no Brasil nos últimos anos um sistema já aplicado nos Estados Unidos e na Europa, que é o dos "pântanos construídos", dos quais este livro trata. Trata-se de um sistema natural, que tem como principais elementos o meio filtrante, como brita e macrófitas emergentes. Parâmetros de

(continua)

projeto para as diversas regiões do país, bem como diretrizes para a utilização do efluente final em sistemas de irrigação, vêm sendo gerados.

Os sistemas avançados de tratamento, como osmose reversa e lâmpadas UV, são tecnologias hoje possíveis para aplicação em sistemas de reúso de pequena escala, melhorando a qualidade do efluente final.

A água é um bem utilizado nas mais diversas atividades do nosso cotidiano. Saber conservá-la e utilizá-la deve fazer parte do nosso dia a dia, pois cuidar da água é cuidar da vida.

Tubulação de águas residuais

A maioria das tubulações de águas residuais instaladas em prédios é feita de PVC, acrilonitrila butadieno estireno (*acrylonitrile butadiene styrene* – ABS) (um tubo plástico alternativo) ou ferro fundido (Tabela 15.3). O tubo instalado fora da construção pode ser de PVC, ABS ou de cerâmica vitrificada, um produto de barro seco queimado. Tanto o PVC quanto a ABS são fabricados a partir de produtos à base de petróleo e produtos químicos tóxicos no processo de fabricação, embora a ABS represente menos risco para a saúde dos trabalhadores, porque é utilizado um solvente mais seguro para a montagem no local de tubos e encaixes. O ferro fundido tem alto conteúdo reciclado, mas o processo de fabricação utiliza coque, um subproduto do carvão que produz emissões tóxicas e cancerígenas em sua fabricação. Do ponto de vista tanto da energia incorporada quanto da toxicidade, o tubo de plástico é preferível ao de ferro fundido. Um dos principais benefícios do tubo de esgoto ao de ferro fundido é a capacidade de amortecimento de sons. O de plástico deve ser completamente isolado para fornecer o mesmo nível de redução de som que o de ferro fundido.

Projeto do sistema de esgoto

Como a localização central de banheiros reduz a quantidade necessária de tubos de suprimento de água, há também uma redução da quantidade de tubos de esgoto. Nos locais em que a água cinza é recuperada, devem ser instalados sistemas de esgoto separados para águas negra e cinza. Normalmente, é exigido que as tubulações de drenagem de água cinza sejam de cor roxa para que se possa distingui-las das tubulações de água negra. Além de tubulações de esgoto, sistemas de resíduos também devem ter respiros e colunas de ventilação que evitem a formação de sucção nos bueiros, de modo a permitir que funcionem adequada e tranquilamente. Colunas de ventilação normalmente se estendem através do telhado de uma casa para permitir a entrada de ar no sistema. No entanto, a utilização de válvulas de admissão de ar, válvulas unidirecionais especiais que permitem a entrada de ar no sistema de ventilação conforme a necessidade, pode reduzir a quantidade de tubos e limitar o número total de penetrações no telhado (Figura 15.30).

Recuperação de calor da água de drenagem

Sempre que utilizamos água quente, a maior parte do calor é perdida quando a água desce pelo esgoto. Sistemas de recuperação de calor de drenos de água (*drain-water heat recovery* – DHR) podem ser usados para recuperar uma parte significativa do calor pela utilização de um trocador de calor *gravity-film* (*gravity-film heat exchanger* – GHX), que é um tubo de drenagem metálico especial enrolado em serpentinas

Tabela 15.3 Comparação de diversos materiais da tubulação

Material do tubo	Peso do tubo de 4", ou 100 mm (Kg/m)	Energia incorporada do material (Btu/Kg)	Energia incorporada do tubo de 4", ou 100 mm (Btu/m)	Custo do tubo de 4", ou 100 mm ($/m)
PVC (4" Sch.* 40, ou 100 mm)	3,0	75.555	226.666	4,00
ABS (4" Sch. 40, ou 100 mm)	2,40	106.000	252.810	4,00
Ferro fundido (4" no hub, ou 100 mm sem conexões)	11,1	33.091	367.333	10,00
Argila vitrificada (4", ou 100 mm)	13,35	6.013	80.267	5,00

*Ver o box "Você sabia?" na p. 545.

Fonte: Adaptada do Building Green. Disponível em: <http://www.buildinggreen.com/auth/article.cfm/1994/1/1/Should-We-Phase-Out-PVC/>.

Instalações hidráulicas

> ### Você sabia?
>
> A abreviatura "Sch. 40", utilizada na Tabela 15.3, corresponde ao atendimento de especificações ao Programa 40 (Schedule 40) da American Society for Testing and Materials (ASTM). Nos Estados Unidos, há duas classificações para as instalações hidráulicas mais comuns: o Programa 40 (Sch. 40) e Programa 80 (Sch. 80).
>
> Um tubo de PVC Sch. 40 normalmente é branco, com 0,133" (ou 3,38 mm) de espessura mínima de parede e pressão mínima de 450 PSI (no sistema métrico, isto corresponde a 3,16 MPa, ou 31,64 kgf/cm², ou 316,39 mca), e é indicado para projetos de instalações e reparos de casas ou de irrigação. Já no Sch. 80 o tubo de PVC costuma ser cinza, ter espessura mínima de parede de 0,179" (ou 4,55 mm) e pressão mínima de 630 PSI (4,34 MPa, ou 43,44 kgf/cm², ou 442,95 mca no sistema métrico), sendo indicado para projetos com pressões maiores e para instalações industriais ou de natureza química. É importante dizer que um tubo pode ter o mesmo diâmetro externo, mas atender a programas diferentes, o que pode permitir o uso conjunto dos dois tipos na mesma instalação e em atendimento à pressão, mas com uma restrição ao fluxo, em razão da diminuição do diâmetro interno.
>
> No Brasil, a NBR 5688:2010 – Tubos e conexões de PVC-U* para sistemas prediais de água pluvial, esgoto sanitário e ventilação especifica os requisitos para os tubos e conexões de PVC empregados em sistemas prediais de esgoto sanitário e de ventilação (Tabela 15.4), divididos em Série normal – SN e Série reforçada – SR. A espessura da parede do tubo determinada pela NBR 5688 varia de acordo com o diâmetro deste, sendo que a diferenciação entre os tubos SN e SR está na rigidez de cada um, que é de 1,5 Pa para o SN e de 3,2 Pa para o SR.

Tabela 15.4 Requisitos de tubos e conexões de PVC-U para sistemas prediais de água pluvial, esgoto sanitário e ventilação conforme a NBR 5688:2010

Diâmetro nominal – DN	Diâmetro externo médio (mm) dem**	Tolerância	Espessura da parede e tolerância (mm) Série normal – SN e***	Série reforçada – SR e
40	40	+0,2	1,2+0,3	1,8+0,3
50	50,7	+0,3	1,6+0,3	1,8+0,3
75	75,5	+0,4	1,7+0,4	2,0+0,3
100	101,6	+0,4	1,8+0,4	2,5+0,4
150	150	+0,4	2,6+0,4	3,6+0,5
200	200	+0,4	3,5+0,5	4,5+0,6

* PVC-U é um composto de PVC não plastificado à base de resina de PVC homopolimérica com aditivos, o que o torna quase tão rígido quanto um tubo de ferro fundido. (S.H.O.)
** dem = diâmetro externo médio
*** e = espessura da parede

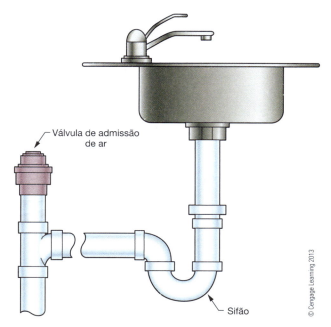

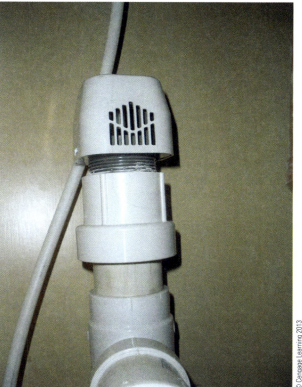

Figura 15.30 Embora as válvulas de admissão de ar sejam comuns em locais onde a ventilação convencional de telhados não é viável, são benéficas em muitas outras aplicações.

através do qual a água fria flui, permitindo a transferência de calor do dreno de água para o abastecimento de água (Figura 15.31). Sistemas DHR não podem ser instalados em casas térreas com laje sobre o solo, tipo radier, mas funcionam em casas de dois andares com porões. Trata-se de dispositivos simples que fun-

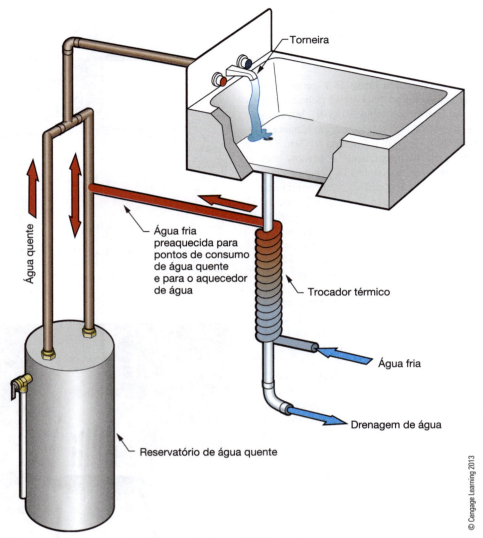

Figura 15.31 Recuperação de calor de drenos de água (DHR).

cionam de forma eficaz com banheiros. Vários estudos concluídos entre 1997 e 2006 reportaram economia de energia entre 16% e 30%. O sistema DHR típico, em vez de armazenar, aquece a água que entra quando um chuveiro ou pia estão funcionando, tornando-o menos eficiente para utilização com banheiras. Existe disponibilidade para sistemas de tanques de armazenamento que coletam calor de todos os pontos com utilização de água quente e drenos de água quente, mas são mais caros e menos comuns.

Recuperação de águas residuais

De acordo com a Water Conservation Alliance of Southern Arizona, uma residência média pode economizar anualmente entre 114 mil e 190 mil litros de água fria se utilizar um sistema de água cinza na casa toda. Os sistemas residenciais de água cinza estão disponíveis em várias configurações, desde um tanque que recolhe água de uma única pia para alimentar um sanitário adjacente (Figura 15.32) até um sistema para a casa toda que armazena, trata e distribui água para os sanitários e a irrigação (Figura 15.33). Um sistema para a casa toda pode ter reservatórios de armazenamento internos ou externos. A água cinza é normalmente filtrada, quimicamente esterilizada para segurança e colorida para distingui-la da água potável. Seu reúso pode ser limitado ou proibido pelos códigos locais hidráulicos, e os sistemas requerem manutenção regular para garantir a operação segura. Ao instalar um sistema de água cinza, os proprietários devem estar cientes da manutenção necessária e evitar riscos à saúde por causa da esterilização inadequada. Ao construir uma casa nova, deve-se considerar a possibilidade de instalar tubulações de drenagem separadas para águas cinzas e negras, mesmo que, no momento da construção, um sistema de água cinza ainda não tenha sido instalado. Como o custo adicional para sistemas de drenagens separados é mínimo, será possível instalar posteriormente um sistema de tratamento de água conforme o tipo de água, negra ou cinza.

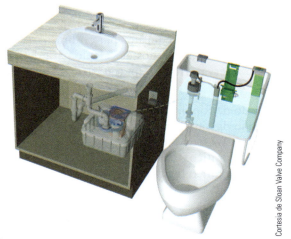

Figura 15.32 Esse sistema de água cinza reutiliza água residual ou do esgoto da pia para a descarga do vaso sanitário. O sistema é simples e inclui um pequeno filtro e bomba.

Figura 15.33 Sistema de coleta de reciclagem de água cinza (capacidade: 251 litros).

Coleta de água da chuva

Sistemas de coleta de águas pluviais são compostos por vários elementos-chave, cada um com uma função específica: captação, transporte, tratamento, cisternas e distribuição (Figura 15.34).

Captação é a superfície impermeável da cobertura em que a água da chuva será captada. Normalmente, essa área é o telhado da casa, mas também podem ser afloramentos de rochas ou pavimentações. Se a intenção for captar águas pluviais para uso potável, os telhados deverão ser feitos de metal, e não de asfalto ou plástico. Devem-se evitar rufos de chumbo para garantir a qualidade e a segurança da água. Quando se utilizam pavimentos para a captação, óleos e produtos químicos provenientes de veículos podem contaminar a água.

No Brasil, a NBR 15.527:2007 – Água de chuva – Aproveitamento de coberturas em áreas urbanas para fins não potáveis – Requisitos – determina que só poderão ser captadas as águas de coberturas e telhados onde não haja a circulação de pessoas, veículos ou animais.

O transporte direciona a água da área de captação, composta por calhas, dutos e tubos. As calhas devem ser protegidas para reduzir a quantidade de folhas e detritos a ser admitidos no sistema, e sua inclinação deve ser adequada para fluxo rápido. Os dutos das calhas devem ser dimensionados para fornecer um escoamento de 6,45 cm² para cada 9,30 m² de área do telhado. Os tubos coletores devem ter pelo menos 4", ou 100 mm, de diâmetro para fornecer a vazão adequada para o armazenamento.

O tratamento das águas pluviais captadas envolve remover os contaminantes, desviando a água da primeira chuva ou usando filtros de areia, cloração e esterilização por ultravioleta. A água da primeira chuva (*first flush*) é o volume correspondente à chuva inicial que vem do telhado, que muitas vezes inclui excrementos de pássaros, folhas e outros detritos que são desviados dos reservatórios de armazenamento para tratamento.

Cisternas são utilizadas para armazenar as águas pluviais coletadas. Elas podem ser de metal, plástico, fibra de vidro, madeira ou concreto. Reservatórios infláveis, como o Rainwater Pillow, podem ser instalados no entrepiso ou embaixo de *decks,* onde são locados os reservatórios subterrâneos ou quando a instalação no nível do solo não é adequada. Sistemas simples podem utilizar barris colocados em diferentes dutos das calhas (Figura 15.35). Os reservatórios podem ser instalados acima ou abaixo do nível do solo (Figura 15.36). A maior parte dos reservatórios enterrados é feita de plástico ou fibra de vidro. E, quando instalados acima do nível do solo, devem ser feitos de material resistente à radiação solar ultravioleta, para evitar deterioração precoce. Se a água for destinada para uso potável, nos Estados Unidos, os reservatórios deverão ser aprovados pela Administração Americana de Alimentos e Drogas (US Food and Drug Administration – FDA). As cisternas podem ser dimensionadas de acordo com a **estimativa de demanda**, que consiste na instalação de um reservatório grande o suficiente para fornecer o total mensal de uma casa, ou a **estimativa de déficit**, que consiste em calcular o total necessário durante os períodos de pouca ou nenhuma chuva. Por meio da estimativa de demanda pode-se calcular que uma família de três pessoas necessite de 24.700 litros por mês, o que sugere um tamanho mínimo de reservatório de 24.700 litros. Pela estimativa de déficit, pode-se determinar que, durante uma seca típica de três meses sem precipitações significativas, a mesma família de três pessoas necessitará de 74.100 litros (24.700 litros por mês × 3). Isto sugere um tamanho de reservatório de pelo menos 74.100 litros.

Na NBR 15.527:2007 – Água de chuva – Aproveitamento de coberturas em áreas urbanas para fins não potáveis – há os requisitos para o Brasil, na qual se prescreve outros métodos de cálculo para determinação do reservatório de captação de água pluvial, a saber:

- Método de Rippl,
- Método da Simulação,
- Método Azevedo Neto,
- Método Prático Alemão,
- Método Prático Inglês.

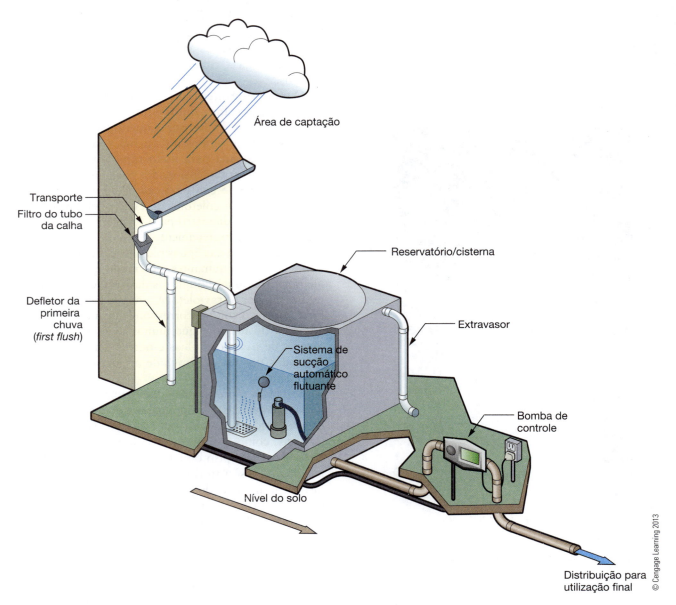

Figura 15.34 Sistema típico de captação de águas pluviais. Cortesia de Georgia Rainwater Harvesting Guidelines, 2009. Adaptada com permissão.

Distribuição é a tubulação que distribui água captada e tratada para os pontos de consumo. Usando os mesmos materiais e definições dos projetos de água fria potável, os sistemas de distribuição conduzem a água coletada das cisternas para sua utilização final. A água coletada pode ser utilizada nos sistemas de irrigação, nos sanitários ou como água potável quando for permitido pelos departamentos de saúde locais. No Brasil esta utilização ainda não é possível, a não ser que os reservatórios estejam acima do nível do solo e sejam altos o bastante para criar pressão suficiente de água, caso contrário será necessário um reservatório de distribuição pressurizada ou uma bomba automática que pressuriza as tubulações de abastecimento. Normalmente, uma cisterna terá uma alimentação de reserva de suprimento pelo sistema de abastecimento público ou de um poço para enchê-la novamente quando os suprimentos de águas pluviais tornarem-se escassos em épocas de estiagem.

Figura 15.36 Grandes cisternas podem ser enterradas abaixo do solo ou instaladas acima do nível deste como um elemento arquitetônico.

Figura 15.35 A captação de águas pluviais pode ser tão simples como a colocação de um barril de 208 litros sob o duto da calha.

Coleta de condensação do ar-condicionado

Sistemas de ar-condicionado produzem condensados, a água fria que se condensa e é coletada quando estão funcionando. Em climas úmidos e quentes, a quantidade de condensado pode fornecer água extra sem custos adicionais. Os condensados podem ser coletados em barris, pequenos recipientes ou cisternas de águas pluviais. Como as águas cinzas, o condensado é adequado para reutilização na irrigação, mas não deve ser usado para reservatórios de sanitários porque o pH baixo pode criar problemas de corrosão.

Louças e metais sanitários

Louças (por exemplo, sanitários, pias e banheiras) e metais sanitários (torneiras e chuveiros que fornecem a água para as louças) estão disponíveis em uma grande variedade de materiais e graus de eficiência. Regulamentações federais definem taxas de vazão máximas para sanitários, mictórios, chuveiros, torneiras e aeradores de torneiras, a fim de economizar recursos hídricos (Tabela 15.5). Muitos produtos disponíveis excedem esses padrões federais mínimos para reduzir o consumo de água.

Metais sanitários

Estes incluem válvulas, torneiras e chuveiros que são utilizados em cozinhas e banheiros. Estão disponíveis em uma ampla gama de acabamentos e níveis de eficiência, muitos excedendo significativamente os padrões federais mínimos nos Estados Unidos.

O EPAct de 1992, e atualizado em 2005, exige que todas as torneiras de lavatórios, metais utilizados em pias de banheiros, forneçam um máximo de 8,3 l/min. Os requisitos também se aplicam às torneiras de cozinha e arejadores, que são dispositivos que misturam a água que sai de uma torneira com o ar para reduzir a vazão da água. As torneiras de banheiras não precisam atender a nenhuma taxa de vazão máxima, porque são geralmente cheias sem desperdício de água enquanto estão abertas. A certificação do programa WaterSense está disponível para torneiras de lavatórios que suprem um máximo de 5,7 l/min. O Wa-

PALAVRA DO ESPECIALISTA – EUA

Água cinza em aplicações residenciais

William L. Strang, vice-presidente sênior de operações da Toto

A disponibilidade de água é um desafio significativo para o nosso mundo, e continuará a ser nas próximas décadas. Nos Estados Unidos, um forte movimento para adotar a conservação da água está impulsionando uma série de soluções técnicas em instalações residenciais, institucionais e comerciais. Exemplo é o programa WaterSense da EPA – Agência de Proteção Ambiental dos Estados Unidos, que fornece aos consumidores produtos para banheiros com dispositivos economizadores de água que reduzem o consumo abaixo dos requisitos estabelecidos no âmbito do Lei Americana de Política Energética (U. S. Energy Policy Act – EPAct) de 1992, a atual Lei da Terra. O WaterSense encoraja o uso de sanitários de alta eficiência com 4,85 litros por descarga, torneiras de 5,7 l/min, chuveiros de 7,6 l/min e mictórios com vazão de 1,9 l/min. Esses padrões são atualmente voluntários em âmbito nacional, mas muitos Estados e municípios já os adotam como requisitos obrigatórios, como a cidade de Los Angeles e o Estado da Califórnia.

A economia da água em acessórios de banheiros certamente ajuda a reduzir o uso de água, ao mesmo tempo que proporciona uma experiência gratificante; no entanto, esta estratégia pode não ser suficiente. Isso levou à adoção dos sistemas de água cinza para reciclar água doméstica para outros usos. A água cinza apresenta um conjunto único de desafios, que variam de acordo com a sua origem:

- Pias de banheiros (pias de cozinhas não são recomendadas por causa das fortes cargas biológicas);
- Drenos de chuveiros e banheiras;
- Lavadoras de roupas.

Cada uma dessas correntes de águas efluentes contém uma gama de subprodutos que requer algum tipo de filtragem, limpeza e tratamento antes de a água ser redirecionada para a reutilização. Nos Estados Unidos, a principal coleta de água utilizada é oriunda do chuveiro. Estudos indicam que os norte-americanos gastam uma média de 7,6 a 10 minutos no chuveiro todos os dias. Com uma vazão de 9,5 l/min, um chuveiro produz de 72 a 95 litros de água em um único banho. Para uma família de quatro pessoas, isso pode variar de 288 a 379 litros por dia.

A decisão mais importante a ser tomada seria quanto ao tipo de utilização das águas cinzas tratadas: deve-se utilizar as águas cinzas internamente, nas descargas das bacias sanitárias, ou externamente à casa, na irrigação do gramado ou jardim? A utilização interna das águas cinzas requer maior nível de filtragem e tratamento. Os sistemas de águas cinzas têm uma grande variedade de opções de tratamento, como filtração grosseira de partículas, filtragem fina por carbono, cloração, tratamento com luz ultravioleta, injeção de ozônio, dispositivos que impedem o fluxo de retorno e injetores de peróxido de hidrogênio. O sistema também pode ter um reservatório de retenção, bombas para pressão de descarga e equipamentos eletrônicos para proteção contra falhas.

A experiência de William Strang abrange vários setores, como fabricação de motores automotivos, componentes de submarinos militares, produtos farmacêuticos, produtos petroquímicos e fabricação de equipamentos agrícolas. Ele estudou e trabalhou na Europa, no Oriente Médio e no Canadá. Também lecionou em universidades, oferecendo treinamento em tecnologia e prática em manufatura enxuta, kaizen e desenvolvimento de liderança.

No projeto do sistema de águas cinzas, é fundamental decidir se ele deve funcionar em condições anormais, tais como:
- perda de potência;
- entupimento do filtro;
- falha da bomba;
- falha na luz ultravioleta;
- falha no sistema de cloração;
- falha no sistema de ozônio.

Muitos desses defeitos ou falhas podem impedir que o sistema funcione corretamente e expô-lo à má qualidade da água. Isto pode expor os moradores a condições anti-higiênicas, o que não é recomendado.

Uma especial preocupação refere-se ao local em que a água será utilizada na casa. Se as águas cinzas forem usadas para descarga dos vasos sanitários, várias questões muito importantes deverão ser abordadas. Quando se direciona a água para a caixa da descarga, os níveis de cloro contidos nela não devem exceder cinco partes por milhão, porque o excesso de cloro vai destruir as peças internas da caixa acoplada. A água não deve conter partículas, fiapos, cabelos ou outros contaminantes que possam entupir as válvulas de enchimento interno e os mecanismos da válvula de descarga. Óleos ou compostos mais leves que a água do chuveiro também representam desafios e não devem estar presentes no suprimento de água da caixa de descarga. Mais importante ainda, as águas cinzas tratadas não devem ser mantidas em um tanque por mais de 72 horas. Este limite impede a incidência de estagnação, porque os óleos podem permitir que uma película se acumule sobre a superfície da água, reduzindo a troca de oxigênio. Esse acúmulo permite que a água se torne séptica, uma condição anaeróbica que pode estimular o crescimento de bactérias na água.

Desafios dos proprietários

Muitos dos sistemas prontos de águas cinzas disponíveis hoje no mercado requerem uma manutenção de rotina, o que pode incluir adição de cloro (pastilhas ou um injetor), limpeza com peneiras grossas, filtros ou lentes sobre fontes de luz ultravioleta, e manutenção das bombas que fornecem pressão de descarga para direcionar a água cinza tratada para os pontos de uso na casa.

Infelizmente, muitos proprietários são negligentes quanto à manutenção domiciliar. Alguns não percebem o que é necessário, outros não têm motivação. De fato, muitas pessoas não percebem que a geladeira com *dispenser* de gelo na porta tem um filtro que deve ser rotineiramente mantido para garantir a qualidade da água que bebem. Esperar que as pessoas façam a

(continua)

manutenção em um sistema de águas cinzas no porão será um obstáculo que precisa ser abordado. Como a manutenção de rotina é fundamental para o sucesso de qualquer sistema mecânico, ela também apresenta uma oportunidade para que os projetistas de sistemas encontrem soluções de baixo custo que irão eliminar ou minimizar as obrigações dos proprietários.

Certamente, muitos desses desafios serão minimizados se os sistemas de águas cinzas forem usados para fornecer água para tubulações de irrigação subsuperficiais, muitas vezes com apenas um simples filtro de fiapos ou cabelos para manter os tubos desobstruídos. Com a irrigação subsuperficial, a necessidade de tratamento diminui drasticamente; em alguns casos, a simples alimentação por gravidade pode movimentar a água do interior da casa para o jardim ou gramados externos. A utilização das águas cinzas para áreas externas tende a diminuir não só o custo do sistema, mas também os desafios para as habilidades de manutenção dos proprietários.

Tabela 15.5 Padrões americanos e especificações de eficiência para louças e metais sanitários residenciais que utilizam água

Louças e metais sanitários residenciais	Padrões americanos vigentes (EPAct 1992, EPAct 2005 ou atualizações Backlog Naeca)	WaterSense ou ENERGY STAR
Sanitários	6,1 l por descarga	WaterSense: 4,85 l por descarga com pelo menos 350 gramas de remoção de resíduos
Torneiras de sanitários	8,3 l/min a 40 mca	WaterSense: 5,7 l/min a 40 mca (não inferior a 3,03 l/min a 14 mca)
Chuveiros	9,5 l/min a 56 mca	7,6 l/min
Lavadoras de roupas	Fator de energia modificado ≥ 1,26 pé^3/kWh/ciclo ou 35,7 l/kWh/ciclo; fator de água ≤ 36 l/ciclo/pé^3 ou ≤ 1,27 l/ciclo/l	Fator de energia modificado ENERGY STAR ≥ 20 pé^3/kWh/ciclo ou 566 l/kWh/ciclo; fator de água ≤ 23 l/ciclo/pé^3 ou ≤ 0,81 l/ciclo/l

Fonte: EPA WaterSense, National Efficiency Standards and Specifications for Residential and Commercial Water-Using Fixtures and Appliances. Disponível em: <http://www.epa.gov/WaterSense/docs/matrix508.pdf>.

terSense não certifica torneiras de cozinha. Torneiras e arejadores de alto desempenho que produzem 1,9 l/min estão disponíveis e podem ser um componente eficaz na economia de água doméstica.

Controles para torneiras

Controles automáticos ou pedais podem ser eficazes na redução do consumo de água quando os controles manuais são difíceis de operar. Isso sempre ocorre nas cozinhas quando as mãos estão cheias ou sujas de alimentos, bem como nos casos de pessoas com deficiências. Torneiras para cozinhas e banheiros estão disponíveis com sensores de movimento que ligam por determinado período de tempo e em temperatura predeterminada quando ativados. Outras opções de controle incluem sensores de toque que ligam e desligam torneiras através de toques, em qualquer parte delas, com o dorso da mão, o cotovelo ou outra parte do corpo. Embora esses controles possam reduzir o consumo de água, geralmente usam baterias que devem ser substituídas ou recarregadas periodicamente.

Pedais podem ser usados para operar torneiras. Instalados entre o suprimento de água e a torneira, normalmente embaixo de um balcão, permitem que as pessoas tenham as mãos livres para executar os trabalhos domésticos. Os pedais podem economizar água e energia, embora muitos usem uma pequena quantidade de eletricidade para funcionar.

Torneiras externas

Adaptadores de mangueira – ou torneiras externas – estão mais propensos a congelar em climas frios, causando danos provocados pela água se não forem reparados imediatamente. Em locais sujeitos a congelamentos, torneiras externas resistentes ao congelamento ou a interrupções internas devem ser instaladas. Essas torneiras são também suscetíveis a penetrações de água quando não adequadamente integradas e vedadas na barreira resistente ao clima (ver Capítulo 9).

Eficiência da água do chuveiro

Os padrões federais dos Estados Unidos exigem que chuveiros forneçam um máximo de 9,5 l/min, no entanto não há limites para o número de chuveiros permitidos em um único banheiro. *Spas* com múltiplos chuveiros que podem fornecer 76 l/min ou mais não são incomuns.

Os primeiros chuveiros de vazão baixa usavam limitadores de vazão e outras tecnologias que muitas vezes produziam chuveiros insatisfatórios, levando muitas pessoas a remover os limitadores de vazão ou manter chuveiros antigos e ineficientes. As novas tecnologias proporcionam chuveiros de alta qualidade que atendem à exigência de vazão máxima de 9,5 l/min.

O WaterSense exige vazão máxima de 7,6 l/min, com um fluxo total admissível para qualquer tamanho de box com chuveiro individual não superior a 9,5 l/min. Para boxes maiores que 4,6 m², é permitida mais uma ducha que não exceda 9,5 l/min para cada 4,6 m² adicionais ou área menor. Diversos fabricantes desenvolveram chuveiros de alto desempenho que suprem entre 5,7 e 7,6 l/min e proporcionam experiência equivalente a chuveiros de vazão mais alta.

É exigido que todos os chuveiros sejam controlados por válvulas de equilíbrio de pressão ou termostáticas, que são controles para manter a temperatura do chuveiro segura para evitar queimaduras provocadas por alterações na temperatura ou pressão da água. A maioria das válvulas de equilíbrio tem um único parâmetro liga/desliga, oferecendo um volume consistente de água com controle de temperatura integrado dentro da válvula. Válvulas termostáticas propiciam o controle da temperatura e operam com válvulas de controle de volume que controlam a vazão da água separadamente, oferecendo uma gama mais ampla de opções do que válvulas de equilíbrio de pressão mais simples. Para funcionarem adequadamente, os chuveiros individuais devem ser combinados com válvulas específicas. O uso de chuveiros e válvulas incompatíveis pode tornar ineficaz a função de proteção contra queimaduras, causando lesões.

O DOE – Departamento de Energia dos Estados Unidos está considerando regras semelhantes às do WaterSense para reduzir a vazão total de água em boxes e limitar o uso de *spas* com chuveiros múltiplos. Quando este capítulo foi escrito na versão original do livro, essas regras não tinham sido finalizadas.

Louças

Louças sanitárias são feitas de ferro fundido, porcelana, fibra de vidro, metal ou plástico; com exceção dos sanitários, a seleção das louças sanitárias não tem efeito sobre a quantidade de água consumida. A seleção das louças sanitárias e outras não sanitárias é essencialmente uma decisão estética, porém a seleção de bacias sanitárias pode ter um efeito significativo no consumo doméstico total de água.

Pias

Pias de metal podem estar disponíveis com conteúdo reciclado e ser recicladas quando removidas. Pias de cerâmica e porcelana podem ser transformadas em agregados, em vez de de serem descartadas quando necessário. Pias de fibra de vidro, plástico e ferro fundido não são facilmente recicladas. Independentemente do material de fabricação das pias, elas duram muitos anos e representam apenas uma pequena porcentagem do total do material em uma casa, o que reduz o impacto da sua seleção sobre a sustentabilidade global de um projeto.

Banheiras

Estas estão disponíveis em ferro ou aço fundido revestido de porcelana, bem como acrílico sólido e fibra de vidro. Algumas são recicláveis ou feitas de materiais reciclados. As banheiras que servem como box de duchas exigem paredes à prova de água acima das suas bordas para proteger as paredes contra deterioração. Banheiras em acrílico e fibra podem ter paredes anexadas ou separadas que propiciam uma superfície impermeável barata. A solução tradicional é instalar azulejos de cerâmica sobre uma base resistente à água que direcione a água do chuveiro para longe das paredes e para dentro da banheira. Como observado no Capítulo 4, uma barreira térmica completa, incluindo isolamento e vedação de ar, é essencial por trás de banheiras localizadas em paredes externas para evitar desvios térmicos nessa área.

Boxes

Os boxes podem ser construídos inteiramente de cerâmica com uma membrana à prova de água na base e nas paredes, ou, ainda, com bases acrílicas ou de metal moldado, combinado com acrílico, metal moldado ou paredes de azulejos de cerâmica. Boxes de fibra estão disponíveis em *designs* de peça única ou múltiplas.

Cortinas e portas do chuveiro

Banheiras com chuveiros devem ser projetadas para limitar a quantidade de água que pode escoar para o piso, a fim de evitar danos ao acabamento e à estrutura. Na maioria das banheiras, há cortinas ou portas deslizantes de vidro. Normalmente, nos boxes, existem portas de vidro do tipo vaivém ou deslizantes. Os boxes também podem ser projetados para eliminar a necessidade de uma porta, posicionando a ducha longe o suficiente da entrada para evitar vazamento de água. Independentemente dos materiais utilizados para controlar o fluxo de água, eles têm de ser operados e mantidos adequadamente para garantir a durabilidade da estrutura.

Sanitários

Historicamente, os sanitários têm utilizado grandes volumes de água para remover os resíduos humanos de uma forma higiênica e segura. Antes da década de 1950, os sanitários muitas vezes usavam 27 litros por descarga. Melhorias no *design* e na tecnologia reduziram esta taxa para quase 19 litros por descarga na década de 1960, e aproximadamente 13 litros por descarga nos anos 1970. O EPAct de 1992 determinou que até 1994 todos os sanitários residenciais não usassem mais de 6,1 litros por descarga. Muitos dos primeiros sanitários de alta eficiência não tinham bom desempenho, muitas vezes exigindo várias descargas para evacuar resíduos sólidos. Ao longo dos anos seguintes, diversas melhorias finalmente solucionaram os problemas de descargas por meio do uso de mecanismos melhorados e drenos mais largos dentro dos sanitários.

Sanitários de alta eficiência (*high-efficiency toilets* – HETs) são definidos pela EPA – Agência de Proteção Ambiental dos Estados Unidos como aqueles que usam uma média de 20% menos água do que o padrão da indústria, de 6,1 litros por descarga; o máximo de 4,85 litros por descarga é admissível para receber esta designação. Estima-se que o uso de um HET para uma família de quatro pessoas economize 33.160 litros de água por ano. Os critérios de um HET podem ser atendidos por um único padrão de descarga de sanitário que usa menos de 4,85 litros por descarga, ou por um sanitário de descarga dupla (Figura 15.37), que fornece uma configuração para resíduos sólidos (geralmente entre 4,9 e 6,1 litros por descarga) e uma configuração inferior para os resíduos líquidos (normalmente de 3 a 4,2 litros por descarga). A classificação do HET é calculada supondo que haverá, em média, duas descargas líquidas para cada descarga sólida.

De CAUFIELD. *Going Green with the International Residential Code*, 1 ed. ©2011 Delmar Learning, uma parte de Cengage Learning, Inc. Reproduzida com permissão. www.cengage.com/permissions.

Figura 15.37 Controles em um sanitário de descarga dupla. O usuário pode selecionar meia ou descarga total, dependendo do que for adequado.

Classificações de eficiência dos sanitários Em 2003, especialistas em eficiência no consumo de água e louças sanitárias nos Estados Unidos e no Canadá desenvolveram em parceria um novo protocolo de testes para bacias sanitárias. Conhecido como teste de desempenho máximo (*maximum performance* – MaP), este protocolo determina que cada marca e modelo de bacia sanitária não utilize apenas a quantidade especificada de água, mas também efetivamente remova um mínimo de 250 gramas de resíduos sólidos do vaso sanitário. O resíduo sólido utilizado para testar é uma pasta de soja envolta em plástico. A ideia do teste MaP é disponibilizar aos consumidores recomendações objetivas para que possam adquirir HETs que façam o trabalho sempre de forma adequada. O teste MaP também é usado para classificar os sanitários que atendam aos critérios do WaterSense. Semelhante aos critérios do HET, o WaterSense exige que um HET seja capaz de remover 350 gramas de resíduos sem a estrutura externa plástica e utilizar um tipo específico de válvula de descarga; desempenho e critérios de capacidade total do reservatório são também especificados. A melhoria contínua nas tecnologias de sanitários levou a unidades que removem 1.000 gramas de resíduos com apenas 3,8 litros por descarga. Iniciados em 2003, os testes MaP continuam regularmente em novas bacias sanitárias à medida que são introduzidas no mercado.

Tipos de sanitário Os sanitários estão disponíveis com mecanismos de descarga pela gravidade, que utilizam o peso da água dentro do tanque para evacuar o vaso, ou com mecanismos de descarga por pressão, que utilizam o suprimento de água para acumular pressão em um pequeno recipiente no interior do tanque e proporcionar uma descarga forçada para baixo dentro do vaso (Figura 15.38). Alguns vasos sanitários (em geral, modelos muito modestos) estão disponíveis com descarga motorizada, que usa um pequeno motor elétrico para propiciar uma descarga eficaz. A maioria desses projetos está disponível nos modelos de descarga única e dupla.

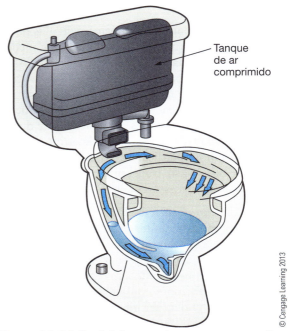

Figura 15.38 Sanitário com descarga por pressão.

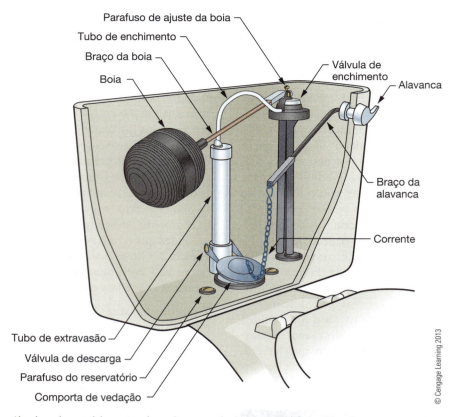

Figura 15.39 As válvulas de enchimento da caixa acoplada devem ser calibradas para que o vaso não encha antes do reservatório. Além disso, a água que escoa para dentro do vaso depois de ele estar cheio simplesmente vaza pelo dreno e é desperdiçada.

Válvulas de enchimento de sanitários **Válvulas de enchimento**, peças internas de um sanitário que medem a quantidade de água que enche o reservatório e o vaso, são projetadas para fornecer a quantidade exata de água toda vez que o sanitário é descarregado sem resíduos. Válvulas de enchimento e suas peças de reposição que não são ajustadas adequadamente ou que não são projetadas para operar com determinado vaso sanitário podem desperdiçar água, permitindo que o reservatório ou o vaso transbordem e a água escoe pela tubulação desnecessariamente (Figura 15.39).

Sanitários de compostagem convertem dejetos humanos em compostos sanitários utilizáveis sem o uso de água no processo. Embora não sejam comuns em muitas residências, são uma forma eficaz para reduzir drasticamente o consumo de água, ao mesmo tempo que fornecem uma fonte consistente de adubo para jardins. Também podem ser uma solução eficaz quando o custo de instalação de uma tubulação de drenagem é proibitivo. Sanitários de compostagem estão disponíveis como unidades autônomas com uma gaveta no fundo para retirar os dejetos (Figura 15.45 (A)) ou como unidades para a casa toda que coletam material de vários sanitários (Figura 15.45 (B)).

Mictórios Os mictórios residenciais são cada vez mais comuns, principalmente em casas luxuosas americanas, que têm banheiros separados em suítes ou áreas para crianças. Eles podem economizar ainda mais água do que os HETs, pois utilizam aproximadamente 0,3 l de água por descarga. Estão também disponíveis em modelos secos, que eram acessórios comuns em prédios comerciais, mas só recentemente foram introduzidos para residências. Mictórios secos têm um dreno especial preenchido com um líquido que permite escoar pela tubulação até a urina mais pesada, mantendo a estrutura vedada dos odores de gás do esgoto (Figura 15.46). Este tipo não usa água, exceto para fins de limpeza; no entanto, exige substituição periódica do líquido de limpeza da urina, bem como de todo esse mecanismo após entupir com sais. Esses mictórios podem precisar de mais manutenção na tubulação de esgoto para remover o acúmulo de sal, porque a água não é utilizada regularmente para lavar esses resíduos acumulados na tubulação.

PALAVRA DO ESPECIALISTA – BRASIL
Princípios de saneamento ecológico

Segundo conceitos da bioarquitetura, as tecnologias e os sistemas adotados devem trabalhar de forma cíclica, evitando a fuga de recursos. Um bom projeto deve abordar, além de questões bioclimáticas, o aprofundamento na escolha dos materiais utilizados e um funcionamento coerente, visando ao menor impacto ambiental após sua ocupação e uso.

Para atender a esses conceitos, diversas técnicas estão disponíveis para seus respectivos fins. Tratando especificamente de saneamento ecológico, podemos citar minhocários e filtros rizosféricos para o tratamento das águas cinzas (águas provenientes do escoamento de ralos), sanitário seco e bacia de evapotranspiração para o tratamento das águas negras (águas provenientes das bacias sanitárias), além de outros recursos para captação, tratamento e armazenamento das águas pluviais.

Em geral, as casas são abastecidas por concessionárias de água, nascentes ou poços, e essa água é consumida e descartada. Os sistemas de saneamento ecológico têm por objetivo retornar essa água para a natureza, de forma a causar o mínimo impacto ambiental e, para isto, é imprescindível tratar de forma separada e distinta as águas negras e cinzas (Figura 15.40).

Para as águas cinzas, podemos utilizar sistemas compactos de tratamento, que, após coletar as águas de banho, de ralos de pias e de drenagem, as trata com filtros físicos e processos biológicos, em que bactérias aeróbias e anaeróbias, assim como o sistema radicular de plantas, filtram e limpam a água, tornando-a passível de reutilização para fins não potáveis, como irrigação, alimentação da prumada de bacias sanitárias, abastecimento da máquina de lavar roupas e até mesmo para banho, conforme a eficiência do sistema de tratamento adotado (Figura 15.41).

Para as águas negras, é possível utilizar sistemas biológicos de compostagem, como sanitários secos ou sistemas rizosféricos em caixas impermeabilizadas para evitar a contaminação do solo e das águas. Sanitários secos têm como objetivo desidratar e compostar as fezes, para que, após o tratamento adequado, possam ser utilizadas como composto em hortas e pomares. Já o sistema rizosférico utiliza plantas como materiais filtrantes e consumidores do lodo fresco produzido na fossa séptica (Figura 15.42), que se alimentam também das águas contidas no sistema e, posteriormente, evaporam água limpa para a atmosfera, isenta de qualquer patógeno.

Seguindo este raciocínio, é importante salientar que a utilização de produtos químicos em sistemas biológicos é sempre prejudicial, pois alvejantes, água sanitária e cloro matam as plantas e bactérias atuantes no processo de purificação da água e das fezes; também é importante minimizar o descarte de alimentos em ralos. No conceito de saneamento público, alimentos descartados são direcionados a lixões e aterros sanitários; em casa, podem ser destinados a um minhocário (Figura 15.43), técnica que, por processo de vermicompostagem, transforma o alimento descartado em composto para ser reutilizado como adubo orgânico no plantio de alimentos e flores (Figura 15.44).

Reconhecendo a importância de tratar de forma responsável a água, podemos caracterizar dois sistemas cíclicos:

1. Captação de água pluvial, reutilização em bacias sanitárias, tratamento em bacia de evapotranspiração como aporte de água em forma de vapor atmosférico, que após nova precipitação reinicia o ciclo de captação da água pluvial, e assim sequencialmente.
2. Plantio de alimento orgânico local, consumo do alimento, descarte de dejetos orgânicos e fezes, compostagem do material, reutilização como adubo em hortas e pomares para novo plantio do alimento, e assim sequencialmente.

Michel Habib Ghattas, *arquiteto graduado pela Fundação Armando Alvares Penteado (FAAP) e bioarquiteto pelo Instituto Tibá, atua profissionalmente na área da bioarquitetura e ecologia como transferidor do conhecimento teórico e prático em cursos, workshops e palestras para estudantes e profissionais, difundindo técnicas e sistemas de baixo impacto ambiental. Atualmente, desenvolve projetos e atividades em parceria com universidades, institutos e empresas.*

Figura 15.40 Localização separada de tratamentos. À esquerda, vê-se em destaque a tampa azul da caixa para tratamento de águas cinzas. À direita, vasos sobre caixa para tratamento de águas negras.

(continua)

Figura 15.41 Tratamento de águas cinzas com uso de plantas.

Figura 15.42 Bacia de transpiração para sistema de tratamento de esgoto/águas negras.

Figura 15.43 Sistema compacto de vermicompostagem residencial (minhocário).

Figura 15.44 Horta e frutos obtidos com cultivo utilizando adubo orgânico

Figura 15.45 Sanitários de compostagem podem ser unidades autônomas (A) ou modelos para a casa toda (B).

Tratamento de água

A EPA – Agência de Proteção Ambiental dos Estados Unidos estabelece e impõe padrões para água potável pública, garantindo que a maioria da população receba um fornecimento constante de água potável em casa. Independentemente da qualidade do tratamento, espera-se que a água potável contenha pequenas quantidades de certos contaminantes, desde que não excedam os níveis de segurança estabelecidos pela EPA. A água pode ser filtrada antes do uso para melhorar o sabor ou por preocupações com a saúde. A filtragem da água doméstica pode ser feita com jarras ou torneiras com filtros, unidades instaladas sob balcões de cozinhas ou sistemas centrais (Figura 15.47). Os filtros não necessitam de energia para funcionar; no entanto,

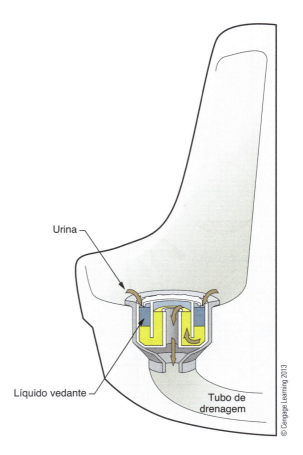

Figura 15.46 Mictórios secos permitem que o líquido escoe enquanto impedem que odores e gases penetrem no banheiro.

devem ser substituídos regularmente, o que gera desperdício, porque a maioria não é reciclável.

Os filtros mais comuns usam **carbono ativado**, um bloco de mineral poroso que é eficaz na remoção dos contaminantes da água que passa por ele. Os filtros de carbono podem melhorar o sabor da água, e alguns removem chumbo e outros contaminantes. Outros meios filtrantes incluem tecidos, telas de cerâmica e fibra. A água pode ser filtrada por **destilação**, que consiste em ferver a água e, em seguida, coletar o vapor que se condensa, matando micróbios causadores de doenças e removendo a maioria dos contaminantes químicos. A água destilada frequentemente é insípida, porque muitos minerais naturais que melhoram o sabor foram removidos. A destilação utiliza quantidades significativas de energia para purificar a água.

Filtros de **osmose reversa** (*reverse osmosis* – RO) forçam a água através de membranas semipermeáveis sob pressão retendo os contaminantes no processo. Os filtros de RO podem desperdiçar até três vezes a quantidade de água que filtram e também utilizam energia no processo.

A filtragem do fornecimento de água local pode ser desejável por preferência pessoal ou por motivos

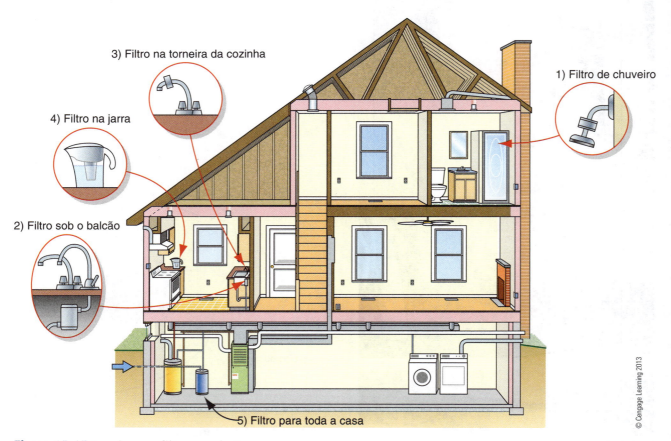

Figura 15.47 Locais para filtragem da água.

de saúde em relação a pessoas com comprometimento imunológico. Geralmente, a filtragem não desempenha um papel significativo em uma casa ecológica, e consome recursos onde é utilizada. Os meios de filtragem devem ser substituídos, utiliza-se energia no processo e desperdiça-se água na RO, dependendo do tipo de sistema selecionado.

Abrandamento de águas duras

A EPA – Agência de Proteção Ambiental dos Estados Unidos estabelece padrões para água potável que se baseiam em questões sanitárias e estéticas, como sabor, odor, cor ou corrosividade. Não há padrões nacionais para a dureza da água. **Água dura**, definida como a água com alto teor de minerais, pode tornar a lavagem difícil porque os sabonetes não ensaboam tão facilmente como ocorre com a água mole. Também pode criar depósitos minerais em torneiras, chuveiros e aquecedores de água, degradando seu desempenho. A dureza da água é medida nos Estados Unidos em grãos de minerais por galão de água (GPG), (Tabela 15.6) e, no Brasil, em mg/l.

Um grão equivale a 64,8 miligramas. A água que contém mais de 7 GPG é geralmente definida como dura, mas não existe uma classificação universalmente aceita de dureza da água. **Abrandadores de água** são aparelhos que removem os minerais da água para reduzir a dureza, geralmente instalados de forma centralizada para tratar todo o suprimento de água de uma casa.

Eles consomem energia para funcionar, utilizam sais (por exemplo, cloreto de sódio ou de potássio) e criam certa quantidade de água residual no processo de abrandamento. Podem operar com base na demanda e por meio de um sensor de dureza, ou pelo método de temporização para tratar água menos eficiente independentemente da demanda doméstica. O WaterSense desenvolveu critérios para certificação de abrandadores de água centrais, atestando apenas as unidades que operam sob demanda. As unidades certificadas devem atender aos requisitos mínimos de eficiência na quantidade de sal que os abrandadores usam no processamento e na quantidade de água residual originada em cada ciclo de abrandamento.

Tabela 15.6 Classificações típicas de dureza da água

Classificação	mg/l
Macia	0-17
Ligeiramente dura	17-60
Moderadamente dura	60-120
Dura	120-179
Muito dura	> 179

No Brasil, as classificações são as seguintes:

- Água dura com teor de minerais acima de 150 mg/l.
- Água mole com teor de minerais abaixo de 75 mg/l.
- Água moderada com teor de minerais entre 75 e 150 mg/l.

Válvulas de lavadoras e coletores de drenagem

Lavadoras de roupas instaladas em espaços habitáveis ou acima deles podem apresentar vazamento, causando danos significativos nos itens de acabamento da casa. Mangueiras e lavadoras podem vazar ou quebrar, despejando grandes quantidades de água no processo. As válvulas para lavadoras são normalmente instaladas em uma caixa na parede que inclui uma posição para ligar a mangueira de drenagem. Válvulas de segurança podem detectar vazamentos quando a lavadora não está em uso (Figura 15.48), e válvulas de controle de disparo único desligam o fornecimento de água nessa condição (Figura 15.49); essas estratégias ajudam a reduzir o risco de vazamentos nas mangueiras e os danos subsequentes que isto pode causar. Coletores de drenagem localizados embaixo de lavadoras podem ser direcionados para o exterior ou para um dreno interno (Figura 15.50), para retirar a água de uma lavadora com defeito antes que cause danos dentro de casa.

Gestão de resíduos alimentares na cozinha

Trituradores de lixo são moedores operados eletricamente que permitem que resíduos alimentares sejam removidos pelo esgoto, um processo que requer suprimento de água e energia. Eles aumentam a quantidade de resíduos sólidos, às vezes exigindo filtragens adicionais nas estações de tratamento de esgoto. Foram banidos de algumas regiões para evitar sobrecargas

Figura 15.48 Válvulas de bloqueio de lavadoras de roupas automáticas, como a Watts IntelliFlows™, são dispositivos de controle eletrônico que detectam o fluxo da corrente da máquina. Quando a lavadora está ligada, os controles detectam o fluxo da corrente para a lavadora e abrem as válvulas de entrada de água quente e fria para supri-la. Quando a lavadora completa o ciclo, os sensores do dispositivo detectam a falta de corrente e fecham as válvulas de entrada de água. Essas válvulas permanecem fechadas até que a máquina seja usada novamente.

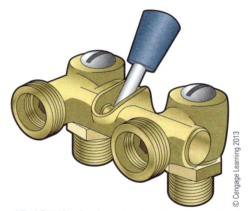

Figura 15.49 Válvula de máquina lavadora de alavanca única.

em suas estações de tratamento; outras áreas com espaço limitado para aterros sanitários podem incentivar sua utilização. A maioria dos resíduos alimentares pode ser compostada e transformada em solo rico em nutrientes, evitando o impacto do descarte de resíduos sólidos ou estações de tratamento de esgoto. Se um proprietário não transforma em adubo seus resíduos e a estação local de tratamento de esgoto utiliza esses resíduos sólidos para produzir energia a partir do metano, então a trituração de lixo pode ser uma decisão sustentável. Se a estação de tratamento local não recupera esses resíduos sólidos, uma opção melhor é

Figura 15.50 Coletores de drenagem para máquina lavadora impedem danos causados por vazamentos ou transbordamentos.

colocar resíduos alimentares no lixo para reduzir a quantidade utilizada de energia e água.

Compostagem de resíduos da cozinha

A maior parte dos resíduos da cozinha, exceto os de carnes e de alguns outros produtos, pode ser transformada em adubo, reduzindo a quantidade de resíduos sólidos produzidos em uma casa. A compostagem pode ser feita ao ar livre, em recipientes abertos ou fechados, ou em pequenas quantidades com um compostor operado eletricamente (Figura 15.51). As unidades internas necessitam de energia para funcionar, mas podem ser uma boa opção para uma pessoa que, de outra forma, não conseguiria gerenciar uma grande pilha de adubo e descartaria os resíduos alimentares com o lixo. No Brasil há a indicação e o uso de composteira de minhocas que, como vantagem, não consome energia elétrica.

Considerações sobre reformas

Muitas casas atuais desperdiçam água residual desnecessariamente. Acessórios ineficientes, longas tubulações de água quente e vazamentos são os principais contribuintes para o desperdício de água. De acordo com o Serviço de Pesquisa Geológica dos Estados Unidos, uma em cada 318 casas tem um vazamento de água, o que pode chegar a 20% do total do consumo de água. Uma torneira que pinga 30 gotas

Figura 15.51 Compostores elétricos utilizam ventiladores dentro da máquina, fornecendo oxigênio para as culturas e acelerando o processo de decomposição. O filtro remove quaisquer odores persistentes.

por minuto pode desperdiçar 204 litros de água por mês. Projetos de reforma podem oferecer excelentes oportunidades para economia de água por meio da melhoria de sistemas de distribuição e instalação de metais de alta eficiência.

Auditorias de água

Em um prédio, a melhor maneira de resolver questões relacionadas à economia de água é realizar uma auditoria para identificar vazamentos e ineficiências nas tubulações. Auditorias de água começam com o desligamento de toda a instalação e a inspeção do medidor de água. Se o medidor mostrar uso de água, então existe um vazamento que precisa ser identificado e reparado. Podem ocorrer vazamentos subterrâneos entre o medidor e a casa, nas tubulações de abastecimento em que ocorrem pequenas falhas nas conexões, em interligações com sanitários, pias e máquinas que fazem gelo, e em sistemas de irrigação, adaptadores de mangueira, aquecedores de água, piscinas, *spas* e outros equipamentos. Além de vazamentos, gotejamentos menores em torneiras devem ser identificados e consertados.

PALAVRA DO ESPECIALISTA – BRASIL

A construção de minhocários para a redução de resíduos orgânicos alimentares

No Brasil, produz-se diariamente 250 mil toneladas de lixo; desse total, 52% referem-se a resíduos orgânicos, que, em sua maioria, é destinado a aterros sanitários, aterros controlados ou lixões. Somente 2% desses resíduos são reciclados ou têm a compostagem como destino.

Minhocultura, ou vermicompostagem, é o processo de reciclagem de resíduos orgânicos pela construção de minhocários, sendo esta uma interessante alternativa ao envio desses resíduos aos aterros sanitários.

Um minhocário pode reciclar até 90% do lixo orgânico de uma residência. Por se tratar de um sistema fechado, pode ser instalado em ambientes internos e, quando bem manejado, não atrai insetos.

As minhocas indicadas para ser colocadas no minhocário são as conhecidas como "vermelha-da-califórnia" ou simplesmente "californianas" (*Eisenia foetida*), por ser as que mais consomem matéria orgânica comparadas com as demais.

No Brasil, há minhocários de vários tamanhos prontos para venda, variando de acordo com a produção de resíduos orgânicos da residência ou local de instalação, como se vê na Figura 15.52, a seguir.

Isamar Marchini Magalhães Engenheira civil e especialista em Construções Sustentáveis pela Faculdade de Engenharia da Fundação Armando Alvares Penteado (FAAP).

Figura 15.52 Modelo de minhocário encontrado à venda.

Caso a opção seja pela construção do minhocário, os métodos e materiais são descritos a seguir, lembrando que seus princípios e características são os mesmos dos minhocários disponíveis no mercado.

Como construir um minhocário:

- Disponha de três caixas empilháveis, sendo uma com tampa.
- Com uma broca de 6 mm, fure o fundo de duas caixas, mantendo um espaço médio de 7 cm entre cada furo.
- Na caixa que não teve o fundo furado, perfure uma de suas paredes laterais a 1,5 cm da base e instale aí uma torneira de plástico, como aquelas de filtros de barro ou de bebedouros de água; essa torneira servirá para a coleta do chorume produzido durante a decomposição.
- Monte uma caixa sobre a outra, de modo que a caixa com a torneira fique por baixo, e tampe a terceira caixa.

Instalação e manejo do minhocário

- No início, serão utilizadas somente duas caixas: uma das furadas com a tampa e a caixa coletora de chorume.
- Na caixa com furos, coloque uma camada de terra úmida, de aproximadamente 2 cm de espessura, cobrindo todo o fundo.
- Sobre a camada de terra, introduza aproximadamente 200 minhocas californianas.
- Nas primeiras duas semanas, introduza lixo orgânico a cada dois dias, não ultrapassando 0,5 kg por remessa. Após esse período inicial, o lixo poderá ser colocado diariamente e em maior volume. Observe que nem todos os restos orgânicos alimentares podem ser colocados nos minhocários; não se devem colocar restos de carnes, queijos, alimentos cozidos, frutas cítricas e comidas salgadas.
- O lixo orgânico deve ser coberto por outro material orgânico seco, como folhas de árvores, apara de grama, serragem ou palha, ou, em último caso, jornal picado, já que este pode reter umidade, ter decomposição lenta e atrair moscas.
- Para manter a umidade do sistema criado tampe a caixa.
- Quando essa caixa estiver completamente cheia de lixo, coloque a outra furada por cima dela e continue a colocar lixo. Não é preciso colocar mais terra ou minhocas no sistema, pois, como as caixas têm o fundo furado, as minhocas existentes se deslocarão até a nova caixa em busca de mais alimento.
- Após 45 a 60 dias que a caixa intermediária tiver sido deixada em repouso o húmus estará formado. Então, esta caixa poderá ser esvaziada, sendo a terra utilizada como adubo para jardins e vasos. A caixa que foi esvaziada será novamente utilizada quando a que estiver sendo alimentada com resíduos estiver cheia.
- Enquanto ocorre o processo de decomposição do lixo orgânico, o chorume produzido é armazenado na última caixa. Esse líquido, que pode ser coletado pela torneira instalada na caixa inferior, pode ser utilizado na rega de vasos e jardins, diluído na proporção 1:5.
- As caixas não devem ficar expostas ao sol.

Após a implantação do sistema, é gratificante perceber a redução do volume de resíduos orgânicos a ser enviado a aterros, juntamente com o controle de desperdício de alimentos preparados para o consumo; o lixo orgânico, então, reduz-se praticamente aos materiais de higiene, como papéis higiênicos e fraldas descartáveis.

Fonte: Com base em: <http://domeulixocuidoeu.wordpress.com>. Acesso em: 22 ago. 2015.

As bacias sanitárias devem ser inspecionadas para vazamentos colocando-se pastilhas de corantes dentro das caixas da descarga. Se surgir corante no vaso sanitário antes da descarga, isto indicará que um lento vazamento está desperdiçando água; neste caso, os acessórios contidos na caixa devem ser consertados ou substituídos. Os vasos sanitários também devem ser inspecionados para confirmar que a caixa de descarga acoplada e o vaso sanitário completam os ciclos de enchimento sem transbordar água pela tubulação.

Após a identificação e o conserto de vazamentos, a eficiência dos acessórios oferece melhor oportunidade para economia. Sanitários normalmente têm a vazão total inscrita no vaso sanitário ou na caixa de descarga. Vasos sanitários que utilizam mais de 6,1 litros por descarga devem ser substituídos por modelos novos de alto desempenho. Vasos sanitários de descarga única de 6,1 litros por descarga podem ser aperfeiçoados com *kits* de conversão para descarga dupla para economizar água; no entanto, isto não deve ser aplicado em vasos sanitários mais antigos que utilizam 13 litros por descarga (LPD) ou mais, porque eles podem não limpar o vaso adequadamente. Muitos sistemas de águas municipais nos Estados Unidos oferecem descontos e outros incentivos para substituir acessórios ineficientes que ajudam a minimizar os custos para os proprietários. Chuveiros e torneiras podem ter a vazão em l/min exibidas neles mesmos. Se não apresentarem, basta coletar e medir (em litros) toda a água que escoa durante um minuto. Os chuveiros que excederem 9,5 l/min devem ser substituídos por novos modelos, tendo-se o cuidado de confirmar que as novas duchas são compatíveis com a válvula de equilíbrio de pressão para evitar queimaduras. Torneiras podem ter novos arejadores instalados que permitam que 1,9 l/min escoe por elas, economizando quantidade significativa de água a um custo mínimo.

A tubulação do fornecimento de água quente pode ser testada para determinar a quantidade de água desperdiçada enquanto o usuário aguarda a água quente. Encha um balde com água do chuveiro e da pia até obter água quente e meça a quantidade total de água desperdiçada nessa espera por água quente. Se a captação exceder a mais do que alguns copos, considere mudar a tubulação de água quente ou do aquecedor de água, adicionando isolamento à tubulação, ou instale uma bomba de demanda em cada acessório individual para reduzir o tempo de espera. Aquecedores de água devem ser os modelos mais eficientes disponíveis e dentro do orçamento do projeto; no entanto, substituir os aquecedores de água que funcionam corretamente sem primeiro melhorar o sistema atual de distribuição de água quente e substituir os metais por modelos de vazão baixa pode não ser um investimento prudente.

Preocupações adicionais

Casas mais antigas podem conter materiais que apresentam riscos de falhas de construção ou para a saúde e o bem-estar dos moradores. As casas podem conter tubos de chumbo ou cobre com alto teor de solda de chumbo que devem ser removidos. O chumbo pode causar problemas de saúde, especialmente em crianças pequenas e mulheres grávidas.

Polibutileno é um tubo plástico macio que foi usado em muitas casas americanas e para tubulação de abastecimento de água na década de 1980. Esse material não é mais recomendado em razão de uma ruptura química que causava falha prematura. Se o polibutileno for identificado em uma casa durante uma reforma, será uma boa prática substituí-lo completamente para evitar a possibilidade de futuros vazamentos.

Resumo

Os sistemas e códigos hidráulicos foram desenvolvidos para proteger a saúde, fornecendo água potável e removendo resíduos sem poluir o abastecimento de água local, mas com pouca atenção à quantidade de água utilizada. A água potável é utilizada para remover os resíduos e irrigar a terra, uma prática cara, que provoca desperdícios. Em vez disso, devemos procurar maneiras de limitar a utilização de água potável sempre que pudermos para garantir que tenhamos sempre o suficiente disponível.

Questões de revisão

1. Qual das alternativas a seguir é a forma menos dispendiosa para aumentar o suprimento de água disponível?
   a. Recuperação das águas pluviais
   b. Recuperação de águas cinzas
   c. Conservação
   d. Filtração da água

2. Qual das alternativas a seguir não é uma das maneiras pelas quais a água doméstica é normalmente desperdiçada?
   a. Abastecimento de água fria para os metais
   b. Transbordamento da caixa da descarga
   c. Vazamentos
   d. Irrigação

3. Qual bomba de água quente é a mais eficiente em termos de energia e água?
   a. Operada por *timer*
   b. Termossifão
   c. Operada por demanda
   d. Contínua
4. Quando a regulamentação local permite, as águas cinzas recuperadas podem ser usadas para suprir qual das opções a seguir?
   a. Chuveiros
   b. Vasos sanitários
   c. Pias de cozinha
   d. Lavadoras de louças
5. Qual dos seguintes aquecedores de água é mais eficiente quando localizado em espaço não climatizado em clima quente?
   a. Aquecedor de condensação de passagem a gás
   b. Bomba de calor elétrica
   c. De passagem elétrico
   d. Reservatório a gás de combustão vedada
6. Das taxas de fluxo total apresentadas a seguir, qual é permitida em um box de até 4,6 m² para certificação do WaterSense?
   a. 9,5 l/min por box
   b. 5,7 l/min por chuveiro
   c. 13 l/min por chuveiro
   d. 6,6 l/min por chuveiro
7. Com qual das seguintes taxas de vazão um vaso sanitário não atenderia aos critérios de alta eficiência?
   a. 4,9 litros por descarga
   b. 4 litros por descarga
   c. 6 litros por descarga
   d. Descarga dupla entre 4,9 e 6,16 litros por descarga
8. Qual das seguintes alternativas não é um problema com a água dura?
   a. O sabonete não ensaboa facilmente.
   b. Redução do desempenho do aquecedor de água.
   c. Entupimento das duchas
   d. Há baixo teor de minerais na água.
9. A instalação de qual das seguintes alternativas não é uma estratégia para reduzir o consumo de água?
   a. Vasos sanitários WaterSense
   b. Sistema de filtração de água por osmose reversa
   c. Bombas de demanda de água quente
   d. Pedal de acionamento de torneira
10. A utilização de qual das seguintes opções não é uma estratégia de economia de energia em casa?
    a. Bombas de demanda de água quente
    b. Recuperação de calor de água residual
    c. Isolamento de tubulações
    d. Filtração da água

Questões para o pensamento crítico

1. Como o posicionamento de banheiros, lavanderia e cozinha em relação ao aquecedor de água afeta o consumo de água e energia em uma casa?
2. Compare e contraste os diferentes tipos de aquecedor de água. Quais são os prós e os contras de cada um?
3. Discuta os prós e os contras da coleta de água da chuva em relação à recuperação das águas cinzas.

Palavras-chave

abrandadores de água
acrilonitrila butadieno estireno (ABS)
adaptadores de mangueira
aeradores
água da primeira chuva (*first flush*)
água dura
água negra
aquecedores com tanques ou de acumulação
aquecedores de condensação
aquecedores sem tanques ou de passagem
barrilete e ramal
bomba de demanda
bombas contínuas
bombas operadas por *timer*
bombas térmicas
campo de drenagem
campo de drenagem séptico
captação
captação de águas pluviais
carbono ativado
circuito de recirculação de água quente
circuito de termossifão
cisternas
cloreto de polivinila clorado (CPVC)
condensado
coque
delta de temperatura
descarga dupla
descarga motorizada
descarga pela gravidade
descarga por pressão
dessuperaquecedor
destilação
distribuição
distribuição da primeira hora
efluente
estimativa de défict
estimativa de demanda
fator de energia (EF)
início frio
início quente
louças sanitárias
louças sanitárias
metais sanitários
núcleo de tubulação
osmose reversa (RO)
pântanos construídos
polietileno reticulado (PEX)
polipropileno (PP)
recuperação de calor de drenos de água (DHR)
sanitários de alta eficiência (HETs)
sanitários de compostagem
sistema de execução doméstica

sistema múltiplo
sistema séptico
sistema séptico aeróbico
sistema séptico anaeróbico
sistemas de retenção de calor
tanque de retenção
teste de desempenho máximo (MaP)

teste de percolação
torneiras de lavatórios
transporte
tratamento
triturador de lixo
trocador de calor *gravity-film* (GHX)
tubo de cerâmica vitrificada

válvula de admissão de ar
válvula de enchimento
válvula de equilíbrio de pressão
válvula de redução de pressão
válvula termostática
válvulas de controle de volume

Glossário

abrandadores de água aparelhos que removem os minerais da água para reduzir a dureza, geralmente instalados de forma central para tratar todo o suprimento de água de uma casa.

acrilonitrila butadieno estireno (ABS) material de tubulação rígido utilizado para tubulações de drenagem.

adaptador de mangueira torneira com roscas para conexão de mangueira localizada externamente à casa ou próximo das lavadoras de roupas e lavabos.

água da primeira chuva fluxo inicial de água vindo do telhado, que muitas vezes inclui excrementos de pássaros, folhas e outros detritos.

água dura água com alto teor de minerais.

água negra água residual que vem de sanitários e pias de cozinhas e contém resíduos alimentares e humanos, devendo ser totalmente tratada e limpa antes de ser lançada em cursos de água ou reutilizada.

aquecedores com tanques ou de acumulação aquecem e armazenam grande quantidade de água quente em um tanque isolado – boiler.

aquecedores de condensação aquecedores de água de alta eficiência que removem grandes quantidades de calor de gases de combustão, resultando na sua condensação.

aquecedores sem tanques ou de passagem aquecem água apenas quando necessário, necessitam de uma vazão mínima para funcionar e não armazenam água quente.

arejadores dispositivos instalados em torneiras para aumentar a velocidade de esguicho, reduzir respingos e economizar água e energia.

barrilete e ramal projeto de instalação composto de tubos ou barriletes de água quente e fria de ¾" ou 1", ou 19 mm ou 25,4 mm, que se estendem para cada ponto de interligação a partir dos quais tubos menores ou ramais de ½", ou 12,7 mm, conectam-se aos pontos de consumo individuais.

bomba de demanda desloca a água quente até os pontos de consumo nos ramais somente quando necessário, eliminando as perdas da espera pelo constante reaquecimento da água nos tubos.

bombas contínuas bombas que circulam água quente 24 horas por dia em toda as tubulações do barrilete.

bombas operadas por *timer* configuradas para operar por certos períodos de tempo, quando os moradores necessitarem de água quente.

bombas térmicas bombas de recirculação que têm sensores de temperatura próximos aos acessórios que controlam a circulação de água quente quando a temperatura cai abaixo de um valor predeterminado.

campo de drenagem elemento final de um sistema séptico no qual o efluente flui através de um tubo perfurado no solo, onde é filtrado através do solo à medida que desce na direção do aquífero local.

campo de drenagem séptico utilizado para remover contaminantes e impurezas do líquido que emerge do tanque séptico.

captação superfície impermeável da cobertura em que a água da chuva será captada.

captação de águas pluviais coleta, armazenamento e utilização de precipitações de telhados e outras superfícies.

carbono ativado forma de carbono especialmente formulada para filtração.

circuito de recirculação de água quente tubulação contínua desde o aquecedor de água até próximo de cada ponto de consumo, retornando para o aquecedor para ser novamente aquecida.

circuitos de termossifão sistema de troca de calor passivo que funciona sem uma bomba mecânica, usando a convecção natural, que faz a água quente subir para circular até o topo de um ramal fechado enquanto a água mais fria desce de volta para o aquecedor.

cisternas utilizadas para armazenar as águas pluviais captadas.

cloreto de polivinila clorado (CPVC) material de tubulações quimicamente semelhante ao PVC, mas contém cloro adicionado que aumenta sua rigidez quando sob altas temperaturas.

condensado umidade retirada do ar por um sistema de ar-condicionado ou desumidificação.

coque subproduto sólido da combustão do carvão.

delta de temperatura diferença entre a temperatura da água que entra na casa e a da água quente que sai do aquecedor.

descarga dupla sanitário de alta eficiência que dá aos usuários a opção de descarga em capacidade total ou com menos água.

descarga motorizada refere-se a sanitários de alta eficiência que utilizam uma pequena bomba elétrica para produzir uma descarga eficaz.

descarga pela gravidade refere-se a vasos sanitários que utilizam o peso da água no reservatório para evacuá-los.

descarga por pressão refere-se a sanitários de alta eficiência que utilizam a pressão do ar gerada pela pressão da tubulação de água armazenada em um pequeno reservatório para produzir uma descarga mais forte.

dessuperaquecedor dispositivo que recupera o excesso de calor do processo de resfriamento e aquecimento transferindo-o de modo eficiente para o aquecimento da água em um tanque de armazenamento.

Refere-se a uma caldeira, ou seja, um contêiner para reduzir a temperatura do vapor e torná-lo menos superaquecido, ou, literalmente, trata-se de um não superaquecedor. O mesmo é válido para temperaturas baixas de congelamento ou resfriamento, uma vez que esses equipamentos possuem formas que permitem obter maiores trocas térmicas. (S.H.O.)

destilação processo de purificação de um líquido por ebulição e condensação dos vapores.

distribuição tubulação que distribui água da chuva coletada e filtrada para uso.

distribuição da primeira hora quantidade de água quente em litros que o aquecedor pode fornecer por hora (iniciando com um reservatório cheio de água quente).

efluente fluxo de água residual antes ou depois do tratamento.

estimativa de déficit método que dimensiona o reservatório, envolvendo o cálculo da necessidade total durante períodos de pouca ou nenhuma chuva.

estimativa de demanda método que dimensiona o reservatório em tamanho grande o suficiente para fornecer o consumo mensal total de uma casa.

fator de energia (EF) classificação de eficiência energética para um aquecedor de água; baseia-se na quantidade de água quente produzida por unidade de combustível consumida durante um dia normal.

início frio refere-se à primeira vez que a água quente é usada no dia ou após a tubulação do barrilete ter resfriado.

início quente refere-se à temperatura na tubulação de suprimento de água quente quando um acessório é ligado; ocorre quando a água quente permanece nos tubos de alimentação e está disponível para uso.

louças sanitárias item para a distribuição e utilização da água nas casas, incluindo sanitários, pias e banheiras.

metais sanitários utilizados em tubos e sistemas hidráulicos para ligar tubos ou conexões, a fim de adaptar diferentes tamanhos e formas e regular a vazão de água.

núcleo de tubulação projeto que coloca toda a tubulação bem próxima, de modo a reduzir os comprimentos dos tubos, proporcionando curtas extensões também até os pontos de consumo.

osmose reversa (RO) força a água através de membranas semipermeáveis sob pressão retendo os contaminantes no processo.

pântanos construídos meio de tratar a água residual que simula seu tratamento natural, permitindo que efluentes corram através de leitos de água repletos de plantas que decompõem os contaminantes.

No Brasil, utilizam-se as denominações "lagoas filtrantes" e "lagos fitorrestauradores". (S.H.O.)

polietileno reticulado (PEX) tipo especial de plástico de polietileno reforçado por ligações químicas formadas em adição às ligações usuais no processo de polimerização.

polipropileno (PP) material de tubulação plástica fabricado a partir de uma combinação de moléculas longas e curtas que propiciam força e flexibilidade.

recuperação de calor de drenos de água (DHR) utilização de captura de calor para reutilização a partir de águas residuais.

sanitários de alta eficiência (HETs) definidos pela EPA – Agência de Proteção Ambiental dos Estados Unidos como aqueles que usam uma média de 20% menos água do que o padrão da indústria, de 6,1 litros por descarga.

sanitários de compostagem convertem dejetos humanos em compostos sanitários utilizáveis sem a utilização de água no processo.

sistema de execução doméstica ver *sistema múltiplo*.

sistema múltiplo projeto composto por tubos de 1/2" ou 3/8", ou 12,7 mm a 9,5 mm, que se estendem diretamente da fonte de água para os pontos de consumo, também conhecido como *sistema de execução doméstica*.

sistema séptico sistema de tratamento subterrâneo para esgotos domésticos.

sistema séptico aeróbico sistema de tratamento de água residual que injeta ar mecanicamente em um tanque de coleta de resíduos, estimulando a decomposição para proporcionar um efluente de melhor qualidade.

sistema séptico anaeróbico sistema de tratamento de águas residuais em que os sólidos são retirados na ausência de oxigênio, sem tratamento direto dos efluentes.

sistemas de retenção de calor válvulas unidirecionais especiais ou com sifonamento de tubos que impedem a água quente de escoar naturalmente para fora do aquecedor por convecção, o que resulta em economia de energia no processo.

tanque de retenção componente dos sistemas sépticos que permite que resíduos sólidos se depositem enquanto o efluente líquido escoa para o solo.

teste de desempenho máximo (MaP) determina a eficiência das bacias sanitárias na remoção de resíduos por meio de um teste realista; cada modelo de vaso sanitário é graduado conforme esse desempenho.

teste de percolação velocidade em que o solo absorverá águas residuais, também conhecido como *teste perc*.

torneiras de lavatórios acessórios utilizados nas pias de banheiros.

transporte sistema que direciona a água da chuva a partir da área de captação, composta por calhas, dutos e tubos.

tratamento processo de remoção de contaminantes das águas pluviais coletadas no qual se desvia a água da primeira chuva ou usa-se filtros de areia, cloração e esterilização por ultravioleta.

trituradores de lixo moedores operados eletricamente que permitem a remoção de resíduos alimentares pelo esgoto, um processo que requer suprimento de água e energia.

trocador de calor *gravity-film* **(GHX)** dispositivo de transferência de calor usado com sistemas de recuperação de calor de drenos de água.

tubo de cerâmica vitrificada tubulação produzida a partir de solo argiloso, barro seco queimado, que foi submetido à fusão até a vitrificação, processo que funde as partículas de argila em estado como do vidro, inertes e muito duras.

O vidrado é obtido com uma mistura que contém sílica e óxidos, que pode ser aplicada por meio de pulverização a seco sobre a superfície da peça cerâmica, a qual, posteriormente, é levada ao forno para fusão. Há, ainda, o processo em que as peças cerâmicas (barro seco) são mergulhadas em mistura para, depois, ser levadas à fusão. No Brasil, identificadas como manilhas. (S.H.O.)

válvula de enchimento refere-se às partes internas de um sanitário que medem a quantidade de água que enche o reservatório e o vaso.

válvula de equilíbrio de pressão controle que mantém uma temperatura segura do chuveiro, de modo a evitar queimaduras causadas por alterações na temperatura ou pressão da água.

válvula de redução de pressão dispositivo que mantém a pressão da água no interior da casa em um nível consistente.

válvula termostática válvula que mantém uma temperatura segura do chuveiro, de modo a evitar queimaduras causadas por ajuste da mistura de água quente e fria; também conhecida como *válvula de compensação termostática*.

válvulas de admissão de ar válvulas unidirecionais que permitem a entrada de ar no sistema de ventilação da tubulação conforme a necessidade.

válvulas de controle de volume controlam a vazão da água para os acessórios.

Recursos adicionais

Green Plumbers USA: http://www.Greenplumbersusa.org
Water Conservation Alliance of Southern Arizona: http://watercasa.org/
California Urban Water Conservation Council: http://www.cuwcc.org/

EPA WaterSense: http://www.epa.gov/WaterSense/
MaP Test Data: http://www.map-testing.com/

16

Energia renovável

Este capítulo aborda sistemas de energia renovável ativa e passiva de pequena escala instalados em edifícios residenciais. Energia renovável ativa é produzida sob a forma de placas fotovoltaicas, aquecimento solar, energias hídrica e eólica, células de combustível e biocombustíveis. Este capítulo revisa alguns aspectos da energia solar passiva com base no que consta em capítulos anteriores (em especial, os Capítulos 3 e 8). Sistemas de energia renovável de projetos convencionais devem ser considerados apenas depois de as técnicas de construção de alto desempenho serem incorporadas a fim de minimizar a demanda global de energia, ou seja, não se deve buscar a energia renovável como aplicação inicial ou de referência em atendimento à construção verde se não foram realizadas as demandas projetuais básicas e fundamentais.

OBJETIVOS DO APRENDIZADO

Após a leitura deste capítulo, o aluno será capaz de:
- Identificar as estratégias de energia renovável para um determinado projeto.
- Explicar como funciona uma célula fotovoltaica.
- Descrever os diferentes tipos de sistemas fotovoltaicos e respectivos componentes.
- Descrever diferentes tipos de turbina eólica.
- Identificar estratégias para aquecer e resfriar passivamente uma casa.
- Identificar sistemas de energia renovável para incluir em um projeto.
- Explicar o funcionamento de um sistema de aquecimento de água por energia solar.
- Descrever os diferentes tipos de sistemas de aquecimento de água por energia solar.

Princípios da construção verde

 Eficiência energética

 Qualidade do ambiente interno

 Impacto na comunidade

Fontes renováveis de energia

Sol, vento e água em movimento, todos contêm energia que, se bem aproveitada, pode fornecer fontes consistentes de energia sem a necessidade de queimar combustíveis fósseis para gerar calor ou eletricidade. Podemos utilizar o sol para aquecer a água e o ar e para criar eletricidade. O vento e a água podem ser utilizados para criar eletricidade. Outras fontes de energias renováveis incluem os biocombustíveis, como madeira e biodiesel. As células de combustível, que geram energia elétrica a partir de gás natural ou hidrogênio, em geral são consideradas como fontes de energia renovável. As bombas de calor geotérmicas, abordadas no Capítulo 13, podem ser consideradas uma fonte de energia renovável, sobretudo, em uma escala bastante grande quando são usadas pelas concessionárias para gerar calor e eletricidade. Um sistema de energia renovável de pequena escala pode ser instalado dentro de uma única casa ou servir um conjunto delas. As empresas concessionárias de energia elétrica normalmente operam em sistemas de elevada escala de energia renovável.

Energia solar

Energia solar pode aquecer a água de tubulações ou o ar para aquecimento de espaços, além de gerar eletricidade. Os sistemas que aquecem a água e o ar são descritos como solares térmicos, e aqueles que criam energia elétrica são chamados fotovoltaicos (*photovoltaic* – PV). Aquecimento solar passivo envolve utilizar o sol para aquecer uma edificação inteira com orientação adequada e sombreamento de janelas, incluindo massa térmica para conter e equilibrar o ganho de calor.

Sistemas solares térmicos para água quente de uso doméstico e placas fotovoltaicas para produção de energia elétrica são os sistemas mais comuns utilizados na construção residencial. Incentivos financeiros de concessionárias e do governo norte-americano são frequentemente disponibilizados para compensar parte do custo de instalação, de modo a melhorar o retorno sobre o investimento (*return on investment* – ROI).

A energia solar também pode ser utilizada para o aquecimento de um ambiente da casa e para aquecer piscinas e *spas* a fim de aumentar seu período de utilização e reduzir o uso de combustíveis fósseis.

Projeto de energia solar passiva

Um projeto de energia solar passiva incorpora a orientação adequada da edificação, posicionamento e sombreamento cuidadosos de janelas e integração da massa térmica para coletar e distribuir calor. Em geral necessita da participação ativa dos ocupantes para abrir e fechar as janelas e operar cortinas e persianas isoladas, a fim de otimizar o uso da energia solar. Em climas mistos (quente e úmido), a energia solar passiva é menos eficaz para a climatização de espaços porque a desumidificação e a refrigeração elétricas são, muitas vezes, necessárias na maior parte do ano para o conforto dos ocupantes, a qualidade do ar interno e a durabilidade do edifício.

Requisitos para energia solar

Para um projeto tirar proveito da energia solar, o índice total de exposição solar no local e na região como um todo deve ser avaliado. O Departamento de Energia do Laboratório Nacional de Energia Renovável (National Renewable Energy Laboratory – NREL) desenvolveu mapas que mostram os níveis de exposição solar em todos os lugares dos Estados Unidos. Esses mapas podem ser utilizados para determinar a quantidade de energia a ser gerada em qualquer parte do país. Além disso, obstruções como árvores de grande porte e prédios adjacentes podem afetar o potencial de energia solar em

---

Você sabia?

Origens das energias renováveis nos Estados Unidos

A indústria norte-americana de energia solar remonta ao tempo do petróleo árabe, na década de 1970. Os fabricantes de painéis solares e sistemas completos surgiram em resposta à escassez de energia e incentivos governamentais para a instalação de sistemas de energia renovável. Empreiteiros e proprietários criaram, de forma personalizada, aquecedores de água construídos no canteiro de obras, estufas solares e casas completas com energia solar passiva. Embora muitos não tenham atendido às expectativas de economia de energia, propiciaram informações úteis sobre o que foi feito e não funcionou. Quando o petróleo recomeçou a escoar livremente, as preocupações com a economia de energia diminuíram, os incentivos do governo desapareceram e uma grande parte da indústria de energia solar sumiu. Embora tenha diminuído o interesse pela energia solar, as teorias desenvolvidas a partir dessas primeiras experiências continuaram em prática no final do século XX e início do XXI, evoluindo para o que hoje chamamos *ciência da construção*, uma das raízes da construção verde. O fracasso de muitos sistemas de energia solar conduziu à criação do Conselho de Avaliação Solar e Certificação (Solar Rating and Certification Council – SRCC) para certificar o desempenho de sistemas e componentes. Conforme crescia, no final do século XX, o interesse pela construção verde, eficiência energética e energia solar, mais fabricantes entraram no mercado de energias renováveis e os incentivos começaram a revigorar a indústria.

Nos Estados Unidos, a indústria de energia eólica tem suas origens nas zonas rurais norte-americanas do início do século XX, que queriam aproveitar o desenvolvimento recente da energia elétrica, mas não foram atendidas pelas linhas das concessionárias por causa das localizações remotas. Vários fabricantes ofereceram turbinas eólicas simples e eficazes, operadas isoladamente ou em combinação com geradores movidos pela queima de combustível, que forneciam energia onde, de outra forma, não seria disponível. A Lei Americana de Eletrificação Rural de 1936 estipulou a instalação de linhas de transmissão de energia para áreas remotas, mas exigiu que os proprietários dos imóveis retirassem as turbinas eólicas e os geradores para que as linhas pudessem ser conectadas à rede elétrica. A rede de energia barata e confiável e a instalação subsidiada de linhas de energia levaram ao rápido desaparecimento dos sistemas de energia eólica descentralizados.

PALAVRA DO ESPECIALISTA – BRASIL

Alguns referenciais para energia solar no Brasil

No Brasil, há mapas de irradiação solar, também identificados como "atlas solarimétrico", que correspondem ao conjunto de mapas com isolinhas da radiação solar, que ajudam na análise para se obter o aproveitamento da energia solar.

Como base projetual, a média anual de energia incidente na maior parte do Brasil varia entre 4kWh/m² × dia e 5kWh/m² × dia, e o cálculo da disponibilidade de radiação solar pode ser feito pelo programa Sundata,* disponibilizado pelo Centro de Referência das Energias Solar e Eólica Sérgio Brito (Cresesb),** que também apresenta uma série de publicações, instituições e organizações envolvidas e empenhadas no desenvolvimento das energias solar e eólica no Brasil.

Outro exemplo, e referencial sobre a energia solar é a publicação *Atlas brasileiro de energia solar*,*** que apresenta o projeto Swera, com a base de dados de energia solar disponível**** que contempla: mapas impressos e digitais de irradiação solar de alta resolução; geração de séries temporais horárias; e construção de diferentes cenários de aproveitamento da energia solar desenvolvidos com o uso de ferramentas de um sistema de informações geográficas.

Profa. Dra. Sasquia Hizuru Obata Engenheira civil pela Fundação Armando Alvares Penteado (FAAP), licenciada em Formação de Professores de Disciplinas pela Universidade Tecnológica Federal do Paraná (UTFPR), especialista em Administração de Empresas pela FAAP, mestre em Engenharia Civil pela Universidade de São Paulo (USP), doutora em Arquitetura e Urbanismo pela Universidade Mackenzie.

Dadas as dimensões continentais do território brasileiro, um exemplo de aplicação de enfoque social é o Programa de Desenvolvimento Energético dos Estados e Municípios (Prodeem), programa governamental que objetiva levar energia elétrica a instalações públicas em áreas do interior do Brasil não atendidas pela rede elétrica, como escolas, postos de saúde, igrejas, centros comunitários, postos policiais, postos telefônicos etc., a partir de sistemas fotovoltaicos.

---

* Programa com valores de radiação média diária mensal no plano horizontal para cerca de 350 pontos no Brasil e países limítrofes. Para saber a radiação solar global diária média mensal de uma localidade basta entrar com as coordenadas geográficas em graus decimais. (S.H.O.)
** Centro de referência mantido pelo Ministério de Minas e Energia (MME), sediado no Centro de Pesquisas de Energia Elétrica (Cepel), que tem como objetivo principal divulgar e fomentar o desenvolvimento das energias solar e eólica no Brasil. Disponível em: <http://www.cresesb.cepel.br/index.php?section=publicacoes&task=livro&cid=2>. Acesso em: 24 ago. 2015. (S.H.O.)
*** PEREIRA, Enio Bueno; MARTINS, Fernando Ramos; ABREU, Samuel Luna de; RÜTHER, Ricardo. *Atlas brasileiro de energia solar*. São José dos Campos – SP: Inpe, 2006. il. 60p. Disponível em: <http://www.ccst.inpe.br/wp-content/themes/ccst-2.0/pdf/atlas_solar-reduced.pdf>. Acesso em: 24 ago. 2015. (S.H.O.)
**** Disponível em: <http://swera.unep.net/ mapas>. Acesso em: 24 agro. 2015. (S.H.O.)

---

um lote específico. Finalmente, o zoneamento local e as restrições históricas podem limitar a instalação do equipamento solar em um projeto.

Energia eólica

Energia eólica é usada para ativar moinhos ou turbinas, que geram eletricidade quando giram em alta velocidade. A regra geral para esta energia é uma velocidade média do vento de pelo menos 10 milhas por hora, ou 16 km/h. O Laboratório Nacional de Energia Renovável (NREL) produziu mapas de velocidades do vento para todo os Estados Unidos, que podem ser utilizados para determinar o potencial de energia eólica em uma região; no entanto, a velocidade do vento em lotes específicos pode variar significativamente com a geografia, as árvores, os prédios adjacentes e o microclima. As restrições do zoneamento podem limitar a instalação de turbinas eólicas em muitas áreas.

Energia hídrica

A vazão de água de um riacho ou rio pode ser usada para criar eletricidade, conhecida como energia hídrica. Esta fonte de energia alternativa é mais comumente vista em projetos de grande escala, mas microssistemas hídricos locais, que produzem em geral 100 kW ou menos, poderão ser empregados quando houver vazão adequada e queda vertical em um riacho ou rio, e o zoneamento local e as leis ambientais permitirem a sua instalação. A energia hídrica tem a vantagem única de produzir energia onde existem cursos de água; a energia solar é gerada somente durante o dia, e os sistemas eólicos estão sujeitos a variações da velocidade do vento. Microssistemas-hídricos que operam 24 horas por dia podem produzir a mesma quantidade de energia em um único dia, comparados a sistemas solares e eólicos com capacidades muito maiores, porque geram eletricidade por períodos de tempo menores.

Para um melhor paralelo entre Brasil e Estados Unidos sobre a matriz energética e potencial relativo à energia renovável apresenta-se o texto experiencial brasileiro da Profa. Dra. Thelma Lopes da Silva Lascala.

PALAVRA DO ESPECIALISTA – BRASIL

Matriz Energética

As fontes de energia são submetidas a transformações para produzir as diversas formas de energia utilizadas no dia a dia. Essas fontes (recursos naturais), em sua maioria, encontram-se muito afastadas dos grandes centros consumidores, necessitando assim de um conjunto de atividades para que possam ser utilizadas da forma desejada (usos finais) e onde sejam requeridas.

Esse conjunto de atividades dá origem ao que pode ser chamado Cadeia Energética, que, por sua vez, é formada pelas atividades associadas à produção, à transformação e ao transporte da energia. Cadeias Energéticas são compostas pelas diversas formas de fontes primárias, centros de transformação, energia secundária, transporte, uso e consumo finais.

As fontes primárias são associadas ao que se denomina energia primária, ou seja, aquelas que, submetidas a transformações, geram a energia secundária que será efetivamente consumida pelo homem, satisfazendo suas necessidades. São elas:

- Eletricidade gerada a partir de hidrelétricas (movida a energia hidráulica), termoelétricas (movidas a combustíveis fósseis, calor geotermal, biomassa ou fissão nuclear), usinas eólicas e painéis fotovoltaicos.
- Derivados de petróleo, como óleo diesel, óleo combustível, gasolina, querosene e gás liquefeito de petróleo.
- Calor de processo e de aquecimento industrial, obtido por combustão em caldeiras.

Uma fonte de energia primária pode ser considerada renovável quando as condições naturais permitem sua reposição em um curto horizonte de tempo. São renováveis, basicamente:

- Energia solar (radiação emitida pelo sol).
- Energia maremotriz (variações das marés devidas à energia gravitacional do sistema lua-terra-sol) e a das correntes marinhas (geradas por diferenças de temperatura nos oceanos).
- Energia geotermal (que se origina no interior da Terra).
- Energia potencial hidráulica (concentrada em quedas d'água ou pela força dos rios);
- Energia eólica (ventos gerados por diferenças de pressão).
- Biomassa (lenha, carvão vegetal, resíduos orgânicos, produtos agrícolas).

Thelma Lopes da Silva Lascala Engenheira civil pela FAAP, com licenciatura e bacharelado em Física pela Universidade Presbiteriana Mackenzie, Especialista em MTE-Master em Tecnologia da Educação pela FAAP, mestre em Arquitetura e Urbanismo pela Universidade Presbiteriana Mackenzie e doutora em Energia pela Universidade de São Paulo. Coordenadora do Curso de Engenharia Civil e professora titular em graduações da FAAP, na qual também atua no curso de pós-graduação em Curso de Construções Sustentáveis.

Fontes não renováveis de energia são aquelas que a natureza não tem condições de repor em um horizonte de tempo compatível ao consumo pelos seres humanos. Não renováveis são:

- Carvão mineral.
- Petróleo.
- Gás natural.
- Outros combustíveis fósseis, como a turfa.
- Urânio, para a produção de energia nuclear.

Centros de transformação são locais em que a energia primária é processada e transformada em energia secundária, como as hidrelétricas, as termoelétricas e as refinarias de petróleo. Neles, essa energia é processada e convertida em secundária, como gasolina, óleo diesel, etanol, biodiesel etc.

O uso e o consumo final correspondem à quantidade de energia consumida pelos diversos setores econômicos, como o próprio setor energético, residencial, público, industrial e de transporte, para o atendimento de usos finais, como calor de processo, força motriz, iluminação etc.

É com base nas Cadeias Energéticas que se constrói a "Matriz Energética", que apresenta a visão mais completa do panorama energético no mundo, em um país ou em uma região, e fornece uma representação integrada e quantitativa da oferta interna de energia. Oferta interna é a quantidade de energia que se disponibiliza para ser transformada ou para o consumo final, incluindo perdas posteriores na distribuição.

A análise da Matriz Energética de um país, ao longo do tempo, é fundamental para a orientação do planejamento do setor energético, que precisa garantir a produção e o uso adequados da energia produzida, permitindo, inclusive, projeções futuras.

Um bom conhecimento das tendências futuras da Matriz Energética permite que sejam extraídas as informações necessárias para que se possa, além do planejamento energético integrado, estabelecer com maior segurança os mais diversos tipos de políticas e estratégias para os usos da energia.

Essas políticas e estratégias, se orientadas para a eficiência e a flexibilidade energéticas, a equidade e a universalização do atendimento da utilização das fontes renováveis, terão papel fundamental na construção de um modelo sustentável de desenvolvimento.

(continua)

No Brasil, a Matriz Energética é apresentada na forma do Balanço Energético Nacional (BEN), elaborado pela Empresa de Pesquisa Energética (EPE), em coordenação com o Ministério de Minas e Energia (MME) e participação dos agentes do setor energético e de outros ministérios. O BEN contém a contabilidade relativa à oferta e ao consumo de energia no Brasil, bem como aos processos de conversão de produtos e do comércio exterior. Reúne em um único documento séries históricas dessas operações, bem como informações sobre reservas, capacidades instaladas e dados estaduais de grande importância.*

A EPE, por meio do levantamento de dados das cadeias energéticas brasileiras de 2014, pode fornecer os dados a seguir, que configuram a Matriz Energética Brasileira.

A Oferta Interna de Energia (OIE), em 2014, atingiu o montante de 305,6 milhões de tep, ou Mtep (toneladas equivalentes de petróleo), 3,1% superior ao de 2013 (4,5% em 2013) e equivalente a 2,2% da energia mundial.

O expressivo aumento da OIE, bem acima do crescimento do PIB (0,1%), teve como principais indutores: expansão de: 19% nas perdas térmicas em razão da geração termolétrica pública e de autoprodutores (forte complementação ao baixo desempenho da geração hidráulica); 6,2% no consumo do transporte de veículos leves; 9,8% na produção de celulose; média de 6,0% no consumo residencial e comercial de eletricidade; e de 5% no consumo de energia do setor energético.

As perdas térmicas na geração elétrica evoluíram de 21,3 Mtep, em 2013, para 25,4 Mtep em 2014, o que corresponde a 1,3 ponto percentual dos 3,1% da expansão da OIE.

A indústria, pelo porte, foi o setor discrepante no consumo de energia, com um recuo de 0,9% sobre 2013 (exclusive consumo do setor energético), embora alguns segmentos industriais tenham crescido acima de 5%, como papel e celulose (8%) e mineração (5,8%). O resultado negativo deve-se, principalmente, às indústrias intensivas em energia, como aço, ferroligas e não ferrosos, que tiveram recuo um global de 1,3% no consumo de energia.

A Tabela 16.1, mostra a composição da OIE de 2014 e 2013, na qual se observa um pequeno decréscimo na participação das fontes renováveis, como resultado, principalmente, da retração da geração hidráulica e do baixo desempenho do consumo de lenha na produção de ferro-gusa. O agregado "outras renováveis" (eólica, biodiesel etc.), com desempenho de 19,5%, não foi suficiente para manter a participação das renováveis na OIE.

Em relação às fontes não renováveis, a taxa global de crescimento foi de 4,9%. O gás natural, pelo porte, se sobressaiu, com 9,5% da expansão, em razão do acentuado aumento do seu uso na geração de energia elétrica. Em seguida vem o carvão mineral, com expansão de 6,5%, taxa também influenciada pelo seu uso na geração elétrica.

Nesse contexto, as fontes renováveis passaram a uma participação de 39,4% na demanda total de energia de 2014, contra os 40,4% verificados em 2013.

A Figura 16.1, a seguir, ilustra a estrutura da OIE de 2014. Observam-se as vantagens comparativas de 39,4% de fontes renováveis na matriz energética brasileira, contra apenas 9,8% nos países da Organização para Cooperação e Desenvolvimento Econômico (OCDE) e de 13,8% na média mundial.

* Documento disponível em: <www.ben.epe.gov.br>. Acesso em: 31 ago. 2015.
(S.H.O.)

Tabela 16.1 Composição da Oferta Interna de Energia de 2014 e 2013

Especificação	mil tep 2014	mil tep 2014	14/13%	Estrutura % 2013	Estrutura % 2014
NÃO RENOVÁVEL	**176.468**	**185.100**	**4,9**	**59,6**	**60,6**
Petróleo e derivados	116.500	120.327	3,3	39,3	39,4
Gás natural	37.792	41.373	9,5	12,8	13,5
Carvão mineral e derivados	16.478	17.551	6,5	5,6	5,7
Urânio (U308) e derivados	4.107	4.036	−1,7	1,4	1,3
Outras não renováveis(*)	1.592	1.814	13,9	0,5	0,6
RENOVÁVEL	**119.833**	**120.489**	**0,5**	**40,4**	**39,4**
Hidráulica e eletricidade	37.093	35.019	−5,6	12,5	11,5
Lenha e carvão vegetal	24.580	24.728	0,6	8,3	8,1
Derivados de cana-de-açúcar	47.601	48.128	1,1	16,1	15,7
Outras renováveis	10.559	12.613	19,5	3,6	4,1
TOTAL	**296.301**	**305.589**	**3,1**	**100,0**	**100,0**
Dos quais fósseis	172.362	181.064	5,0	58,2	59,3

(*) Gás industrial de alto-forno, aciaria, coqueria, enxofre e de refinaria.
Fonte: Resenha Energética Brasileira. Exercício de 2014. Edição de junho de 2015. Disponível em: <http://www.mme.gov.br/documents/1138787/1732840/Resenha+Energ%C3%A9tica+-+Brasil+2015.pdf/4e6b9a34-6b2e-48fa-9ef8-dc7008470bf2>. Acesso em: 31 ago. 2015.

(continua)

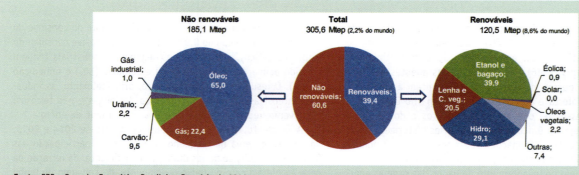

Fonte: EPE – Resenha Energética Brasileira. Exercício de 2014.
Figura 16.1 Oferta interna de energia no Brasil em 2014 (%)

Biocombustíveis

Biocombustíveis são combustíveis não fósseis, como madeira, etanol e biodiesel, normalmente considerados renováveis; no entanto, podem ter impactos ambientais significativos se não forem produzidos de forma sustentável. A madeira está disponível como toras ou na forma de pelletes. O etanol é um combustível semelhante ao álcool, destilado do milho, da cana-de-açúcar ou de outras plantas. O biodiesel é normalmente feito de óleos de cozinha reciclados ou virgens, ou de gorduras animais resultantes de pós-processamentos.

O etanol do milho é comum como combustível de automóveis nos Estados Unidos, cujos produtores se beneficiam de significativos incentivos do governo; no entanto, a energia extraída do milho não é em quantidade significativa para ser considerada como a primeira opção de energia e, portanto, não há a necessidade de produzir o etanol. A produção do etanol de milho não somente utiliza quantidades significativas de água e fertilizantes, mas também consome o próprio milho, o que aumenta o preço do produto. Entre as fontes alternativas do etanol estão as plantas não cultivadas, como gramíneas, pinheiros, palha, resíduo de milho e outras fontes, cujas tecnologias ainda estão em evolução. No caso do Brasil, o etanol é proveniente da cana-de-açúcar.

Fornos alimentados a lenha, aquecedores de água, caldeiras e aquecedores são fontes disponíveis para utilização de energias renováveis, mas não são comuns em projetos residenciais. Ver o Capítulo 13 para obter mais informações sobre equipamentos para queima de madeira.

Atualmente, existe pouca ou nenhuma disponibilidade de equipamentos alimentados por etanol ou biodiesel para produção de energia doméstica ou calor. A grande utilização atual é como combustível de automóveis. No futuro poderá haver mais opções disponíveis se esses combustíveis se tornarem mais comuns.

Células de combustível

Células de combustível são dispositivos que utilizam combustíveis fósseis, como o gás natural e o propano, para produzir eletricidade sem combustão pela extração do hidrogênio, usadas para criar energia de forma semelhante às pilhas (Figura 16.2). Extrair hidrogênio de combustíveis cria subprodutos, como o dióxido de carbono, e, em alguns casos, pequenas quantidades de óxido nítrico e de enxofre. As células de combustível são aproximadamente duas vezes mais eficientes e geram menos poluição que as usinas comuns de energia elétrica. Como o hidrogênio é extraído do combustível, os únicos subprodutos de uma célula de combustível são calor e água. A distribuição de células de combustível também reduzem as perdas de transmissão associadas às usinas de energia centrais, pois produzem a energia onde é consumida. Células de combustível estão se tornando disponíveis para aplicações residenciais nos Estados Unidos e podem se beneficiar de subsídios e incentivos para estimular sua utilização.

Prós e contras da energia renovável

Energias renováveis oferecem alternativas para redução da dependência dos combustíveis fósseis e podem ajudar os proprietários a reduzir os custos de energia. No entanto, elas devem ser consideradas no contexto do projeto como um todo, levando em conta a eficiência geral da construção, o comportamento dos ocupantes, o custo da instalação, a manutenção regular e eventuais reparos e substituições. Os produtos que geram

Figura 16.2 O ENE Farm, atualmente só disponível no Japão, utiliza gás natural para fornecer eletricidade. O calor produzido não é desperdiçado, sendo capturado para aquecimento de água e ambiente.

eletricidade requerem interligação com a rede elétrica ou baterias para armazenamento. A eletricidade renovável gerada localmente reduz a quantidade de combustível fóssil queimado em usinas de geração de energia, bem como as perdas decorrentes da transmissão; no entanto, essas instalações podem ser mais caras do que as melhorias de eficiência energética que podem economizar mais energia do que são capazes de gerar. Encontrar o equilíbrio entre o desempenho do edifício e as energias renováveis é a chave para o sucesso do projeto. A Tabela 16.2 apresenta as vantagens e desvantagens dos diferentes tipos de energia renovável.

Para todas as fontes de energias renováveis, a energia não utilizada deve retornar à rede com a possibilidade de ser vendida à concessionária, armazenada no local em baterias ou não utilizada. Alguns projetos também oferecem oportunidades para utilização de sistemas múltiplos. Por exemplo, um conjunto de placas fotovoltaicas pode ser usado para gerar a maior parte da energia em dias ensolarados, e uma turbina eólica ser a principal fonte noturna.

Como selecionar sistemas de energia renovável

No momento de escolher esses sistemas para uma casa, a compreensão dos requisitos do projeto e da disponibilidade dos recursos locais é fundamental. Requisitos do projeto incluem:

- Tipo de energia necessária para o funcionamento dos sistemas mecânicos da casa: água quente, aquecimento de espaços ou eletricidade.
- Disponibilidade de conexões de concessionárias no local.
- Recursos financeiros disponíveis para instalação de sistemas de energia renovável.
- As necessidades de conforto dos moradores e a gestão de sistemas renováveis.

Os projetos que buscam ser independentes de energia proveniente da usina devem ter um depósito de energia, como baterias, para utilização quando da indisponibilidade de sol, vento e água. Projetos independentes de energia são conhecidos como *off-grid* ou **extrarrede**, o que significa que não estão conectados aos serviços de eletricidade e gás natural. Sistemas *on grid* ou **em rede** são aqueles ligados às linhas das concessionárias, podendo vender toda a energia gerada para a concessionária de energia e com funcionamento diário.

A energia disponível no local é determinada pela investigação dos recursos solares, eólicos e hídricos. Mapas de recursos solares e eólicos (como aqueles disponíveis no NREL nos Estados Unidos, e pelo CRESESB no Brasil) podem ser utilizados para determinar a adequação do local a sistemas de energia renovável, e o lugar deve ser investigado para determinar onde o sol e o vento são desobstruídos. Se um local tem cursos de água, medir a vazão e a queda vertical ajudará a determinar a adequação para sistemas micro-hídricos. Finalmente, se há madeira disponível é atrativa como combustível, devem ser identificadas fontes locais sustentáveis de madeira ou pellets.

Casas com energia zero ou próxima de zero

Uma residência que produz suas necessidades mensais ou anuais de energia é conhecida como uma casa com **energia zero**. A maioria das residências de energia zero é ligada à rede, vende energia para as concessionárias quando disponível e utiliza a rede quando necessário, com uma média líquida de consumo de energia zero ou negativa. Casas que produzem a maior parte da energia, mas não totalmente, são chamadas residências de energia próxima de zero. Algumas residências de energia zero ou próxima de zero podem ser *off-grid*, usando baterias, madeira, gás propano ou outros combustíveis quando necessário para atender às necessidades de energia.

Tabela 16.2 Fontes de energia renovável

Fonte de energia renovável	Prós	Contras
Célula solar fotovoltaica	• Fonte de combustível livre • Combustível razoavelmente confiável • Geração de energia local e não poluente • Mais eficaz quando em tempo ensolarado ou claro e frio, o que se ajusta à demanda para ar-condicionado ou aquecimento quando necessário • Os incentivos podem compensar uma parte dos custos de instalação	• Não disponível 24 horas por dia • Custo inicial elevado • Mau tempo pode diminuir a produção • Tamanho do telhado e restrições do lote
Vento	• Fonte de combustível livre • Razoavelmente confiável em locais adequados • Geração de energia local não poluente	• As condições climáticas locais podem afetar a capacidade eólica • Fonte de energia inconsistente • Não disponível 24 horas por dia • Custo inicial elevado • Exige grande área de terreno livre de obstruções e torres altas para melhor desempenho • O zoneamento local pode limitar as instalações
Micro-hídrica	• Fonte de combustível livre • Razoavelmente confiável em locais adequados • Geração de energia local não poluente	• Fonte específica do local • Regulamentações locais podem restringir a instalação
Biocombustíveis	• Fonte de combustível relativamente acessível • Normalmente produzidos no local	• Combustíveis específicos do local • Poucos equipamentos residenciais disponíveis utilizam biocombustíveis
Células de combustível	• Geração de energia não poluente local • Fonte de combustível acessível	• Equipamento caro • Sistemas limitados disponíveis no mercado • Não é totalmente renovável • Requer combustível fóssil para operar

Custos dos sistemas de energia renovável

Em geral, a instalação desses sistemas é cara. Além disso, eles exigem um nível elevado de manutenção e eventualmente devem ser substituídos, e essas ações são dispendiosas. Quando uma casa é cuidadosamente projetada, construída e gerenciada para minimizar o consumo total de energia, os custos são minimizados. É sempre mais barato reduzir os requisitos de energia por meio de medidas de eficiência energética e mudança de comportamento do que adicionar sistemas renováveis a um projeto.

Como visto no Capítulo 1, pode-se calcular o período de reembolso ou o retorno do investimento em eficiência energética. Pode-se fazer o mesmo para sistemas de energia renovável, comparando o custo da eficiência energética e de sistemas renováveis para tomar a melhor decisão para o projeto. Além dos custos de eletricidade ou combustíveis deslocados com sistemas de energia renovável, outros fatores devem ser considerados para determinar o retorno do investimento de um sistema específico, como custo de instalação de redes elétricas e de gás, futuros aumentos dos combustíveis e sua disponibilidade.

Incentivos financeiros

Os incentivos para energias renováveis incluem créditos fiscais, deduções fiscais, bônus em dinheiro, taxas de serviços públicos menores, depreciação acelerada, financiamento a juros baixos, taxas-prêmio para a energia comprada por concessionárias, entre outros. Eles podem ser oferecidos pelos governos federal, estadual e municipal, por concessionárias de serviços públicos e, no caso de financiamentos, entidades privadas. A maioria dos incentivos exige que os instaladores ou produtos atendam a requisitos específicos para obtê-los. A lista mais atual de incentivos para produtos e sistemas norte-americanos está disponível na base de dados do Incentivo Estadual de Energia Renovável (State Incentive for Renewable Energy – Dsire). O *site* da organização (http://www.dsireusa.org) é atualizado regularmente.

Você sabia?

Regime de compensação de energia no Brasil

A Resolução Normativa 482/2012 da Agência Nacional de Energia Elétrica (Aneel) prevê que consumidores possam gerar sua própria energia e, por meio de um regime de compensação, trocar o excedente por créditos que dão descontos em faturas subsequentes ou até mesmo em outras unidades consumidoras de mesma titularidade.

Assim, desde o estabelecimento da norma de compensação de energia no Brasil, uma residência que, por exemplo, utiliza menos energia durante o dia pode enviar o excedente produzido por energia hidráulica, solar, eólica, biomassa ou cogeração qualificada para a empresa distribuidora de sua região. À noite, quando o consumo tende a subir, a energia gasta nessa residência tem desconto equivalente à quantidade de energia que havia sido enviada à rede. Quando a geração for maior que o consumo, o saldo positivo de energia gera créditos que dão descontos nas contas futuras.

Prof. MSc. Rogério Teixeira Graduado em Administração de Empresas, Pedagogia e Tecnologia em Edifícios e mestre em Tecnologia pelo Centro Estadual de Educação Tecnológica Paula Souza. Diretor do Grupo de Estudo de Educação a Distância do Centro Paula Souza e responsável pela implantação de cursos técnicos na modalidade EaD. Docente do Centro Estadual de Educação Tecnológica Paula Souza e da pós-graduação da Fundação Armando Alvares Penteado (FAAP).

Durabilidade dos equipamentos

Tal como acontece com todos os equipamentos mecânicos e eletrônicos, quanto mais complicado o projeto, mais frequentemente ele precisará de reparos, substituição e manutenção. Os sistemas com partes móveis, como bombas, válvulas e mancais, necessitarão de manutenção e reparos mais frequentes. As apólices de seguro dos proprietários devem incluir custos de substituição dos sistemas de energia renovável, que podem ser danificados por vento, granizo, quedas de árvores e outros sinistros.

Integração com a construção

Quaisquer sistemas de energia renovável ligados à estrutura devem ser projetados e instalados para minimizar qualquer penetração de ar e água. Sistemas de rufos no telhado e nas paredes e vedações de ar adequadas em todas as conexões são fundamentais para a manutenção da estrutura externa do prédio. Sistemas ligados à casa devem ser projetados para atender às condições locais do vento. Painéis solares montados sobre o solo e turbinas eólicas necessitam de fundações de apoio para atendimento das diversas condições climáticas. Sistemas instalados no telhado podem necessitar de ligações estruturais adicionais para um suporte estável.

Certificações

Certificações de terceiros estão disponíveis para muitos produtos de energia renovável e para os profissionais que os instalam. Comprar produtos que são avaliados e classificados por uma entidade terceirizada qualificada oferece uma garantia de que vão funcionar como esperado. Contratar profissionais que obtiveram certificações voluntárias não garante uma instalação perfeita; no entanto, isto provavelmente indica que são profissionais sérios e comprometidos com a alta qualidade.

Certificações do produto

Produtos solares térmicos são testados e certificados nos Estados Unidos pelo **Conselho de Avaliação Solar e Certificação (Solar Rating and Certification Corporation – SRCC)**, que fornece informações para análises do desempenho de sistemas. Fundada em 1980, o SRCC é uma entidade sem fins lucrativos que fornece certificação, classificação e rotulagem para os coletores solares térmicos fabricados nos Estados Unidos e sistemas completos de aquecimento de água por energia solar. Os equipamentos assim classificados e certificados devem ter um rótulo de certificação, que mostra a classificação de desempenho para o produto específico. No *site* da SRCC* há um diretório que lista as especificações e a classificação de desempenho de uma série de produtos. Muitos programas de incentivo exigem a certificação da SRCC para garantir que os sistemas funcionem como esperado. Atualmente, não existe classificação de eficiência padrão ou organização que certifique painéis ou sistemas fotovoltaicos nos Estados Unidos.

Cortesia do Conselho de Avaliação Solar e Certificação (Solar Rating and Certification Corporation – SRCC)

---

*Disponível em: <https://secure.solar-rating.org/Certification/Ratings/RatingsSummaryPage.aspx?type=2>. Acesso em: 25 ago. 2015. (S.H.O.)

Certificações individuais

Os indivíduos envolvidos em vendas e instalação de sistemas solares e eólicos podem obter certificação voluntária em sua área por meio do Conselho Norte-americano de Profissionais de Energia Certificados (**NABCEP – North American Board of Certified Energy Practitioners**). As certificações do NABCEP estão disponíveis para instaladores de sistemas de energia solar térmica e fotovoltaica, profissionais técnicos de vendas de sistemas fotovoltaicos e instaladores de pequenos sistemas eólicos. Além de certificações voluntárias, a maioria dos departamentos de construção local exige encanadores, eletricistas e empreiteiros de aquecimento, ventilação e ar-condicionado (HVAC) licenciados que sejam capazes de fazer as conexões das intalações de aquecimento e sistemas elétricos da casa.

Cortesia do **Conselho Norte-americano de Profissionais de Energia Certificados** (North American Board of Certified Energy Practitioners – NABCEP)

Como projetar uma casa para energia renovável

A parte mais importante do planejamento para a energia renovável é reduzir as cargas energéticas totais do edifício, minimizando assim a quantidade de energia renovável necessária. Para tanto, deve-se limitar o tamanho da edificação, propiciar orientação solar adequada, construir o envelopamento da construção com técnicas de alto desempenho, reduzir a carga de tomadas, instalar um sistema de HVAC eficiente e um sistema de distribuição de água quente de alto desempenho. Além de criar um edifício de alto desempenho, o local deve propiciar exposição adequada ao sol, ao vento ou à água para gerar a energia necessária.

A maioria dos sistemas de energia renovável é visível na parte exterior da casa, e pode ser objeto de restrições do zoneamento e legislação da área pertinente. Instalações de painéis solares, turbinas eólicas e sistemas micro-hídricos podem ser limitados ou proibidos em muitas áreas, ou exigir autorização especial para instalação. Além das legais, restrições físicas podem limitar a utilização de energia renovável.

Como determinar o potencial solar do local

Potencial solar, o nível de luz solar que determinado local pode capturar, é uma combinação de latitude, condições atmosféricas locais e a área de abertura de céu, que corresponde à área meridional para o hemisfério norte. Os mapas de recursos solares do Departamento de Energia do Laboratório Nacional de Energia Renovável (National Renewable Energy Laboratory – NREL) demonstram a quantidade de energia que pode ser esperada em cada região dos Estados Unidos, com base na localização, cobertura de nuvens e outros fatores climáticos (Figura 16.3).

No Hemisfério Norte, os coletores solares são mais eficientes quando virados para o sul solar, em vez do sul magnético. São necessários ajustes de leituras da bússola com base na latitude para determinar a localização precisa do sul solar. Árvores e prédios adjacentes podem criar muita sombra e reduzir o funcionamento eficaz dos painéis solares. A utilização de uma ferramenta como o Solar Pathfinder™ pode ajudar a determinar o local mais apropriado para os coletores solares, pois ele avalia como as obstruções afetam um local específico.

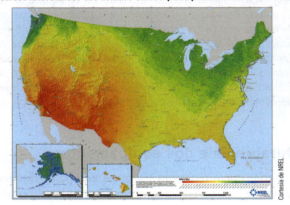

Figura 16.3 Mapa do potencial solar dos Estados Unidos do Laboratório Nacional de Energia Renovável (National Renewable Energy Laboratory – NREL).

Como determinar o potencial eólico do local

O potencial eólico é determinado por mapas nacionais da velocidade média do vento, bem como por meio de medições da velocidade do vento em um local específico. Os mapas dos recursos da energia eólica do Laboratório Nacional de Energia Renovável (NREL) (Figura 16.4) classificam cada região norte-americana por classe de energia eólica, variando de 1 (ruim) a 7 (excelente), com base na média anual da velocidade do vento em alturas de 10 e 50 metros acima do solo. Antes investir em energia eólica, uma pesquisa sobre o vento local que cobre todas as estações deve ser realizada para determinar sua velocidade média. Assim como o potencial solar, obstruções próximas de turbinas podem reduzir a energia eólica. Como regra geral, uma turbina eólica deve ser instalada pelo menos 50 metros acima de quaisquer prédios, árvores ou outros obstáculos dentro de um raio horizontal de 91 metros.

Como determinar o potencial hídrico do local

A energia hídrica exige uma combinação correta da vazão da corrente de água, expressa em galões por minuto ou m³/min, e da queda vertical, expressa em pés ou metros. Correntes de água de alta vazão com queda vertical baixa encontram-se em riachos rápidos e de baixa inclinação. Condições de queda vertical alta e vazão baixa encontram-se em pequenos riachos de inclinação abrupta. Riachos produtivos de queda vertical baixa podem ter de 0,6 a 3,05 metros de queda, desde que tenham vazão adequada e consistente. Riachos de queda vertical alta podem ter milhares de metros de queda com vazão baixa, e, ainda assim, produzir energia adequada. Riachos temporários que enchem e secam periodicamente podem não ser apropriados para energia hídrica, e restrições legais locais podem limitar a capacidade de instalar unidades de energia hídrica.

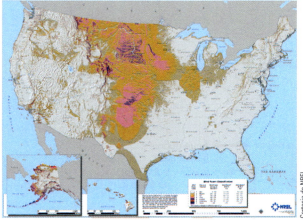

Figura 16.4 Mapa de recursos eólicos dos Estados Unidos do Laboratório Nacional de Energia Renovável (NREL).

Sistemas solares térmicos

Sistema solar térmico refere-se à utilização da energia do sol para aquecer a água. Mais comumente usados para o aquecimento da água doméstica, esses sistemas têm a mais ampla gama de opções disponíveis, e, em alguns casos, também podem oferecer aquecimento de ambientes e piscinas. Sistemas solares fotovoltaicos, eólicos e hídricos têm menos variações e fornecem somente energia elétrica. Combinar um sistema específico com o clima local, a orientação solar do local e a construção garante o melhor desempenho.

Tipos de sistemas solares térmicos

Esses sistemas são classificados como diretos ou indiretos e ativos ou passivos. Os sistemas diretos circulam água potável através dos coletores para um reservatório, onde é canalizada para as torneiras (Figura 16.5). Os indiretos usam um sistema de transferência de calor, normalmente uma mistura de etilenoglicol e água, que circula entre os coletores e um permutador de calor dentro do reservatório (Figura 16.6). Os sistemas indiretos, mais comuns, oferecem uma proteção contra o congelamento e são mais confiáveis do que a maioria dos sistemas diretos.

Os sistemas ativos usam bombas para circular o líquido entre os coletores e os reservatórios. Os passivos usam uma combinação da pressão da água do edifício e da tendência de a água quente subir por convecção para funcionar.

Sistemas indiretos

Esses usam uma solução anticongelante de propilenoglicol, semelhante à utilizada em alimentos, para transferir calor dos coletores a um trocador de calor em um reservatório, o que lhes permite funcionar durante todo o inverno sem congelar. Um sensor de temperatura opera bombas que deslocam a solução dos coletores para aquecer a água dentro do reservatório quando a temperatura do coletor é superior à do tanque. Os sistemas anticongelantes devem ser protegidos de superaquecimento ou de pressão extrema, e o pH do líquido de arrefecimento ser monitorado. O líquido de arrefecimento deve ser substituído periodicamente se os níveis de pH estiverem mais baixos do que o recomendado pelo fabricante.

Sistemas diretos

Esses aquecem a água potável diretamente, que é armazenada em um tanque antes de ser usada. A pressão da água força a água fria para os coletores quando as torneiras são abertas, empurrando a água aquecida através do reservatório para os tubos de água quente.

Aquecedores em série Os sistemas diretos mais simples são aquecedores em série que usam um grande tanque preto instalado em uma caixa com tampa de vidro vedada (Figura 16.7). O sol aquece a água dentro do tanque, que depois é transferida, por meio da pressão de água, para um reservatório interno na casa, com resistências elétricas de reserva. Os aquecedores em série são simples e baratos, mas principalmente limitados a projetos específicos e diposição localizada. Existem poucos aquecedores em série fabricados

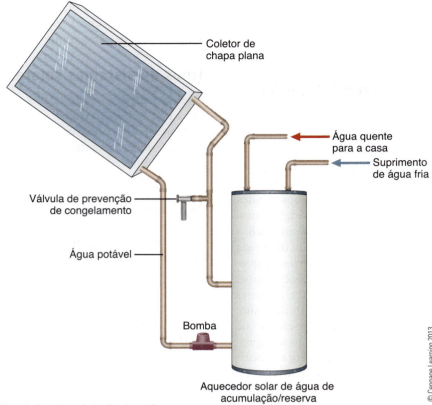

Figura 16.5 Sistema solar térmico direto ativo.

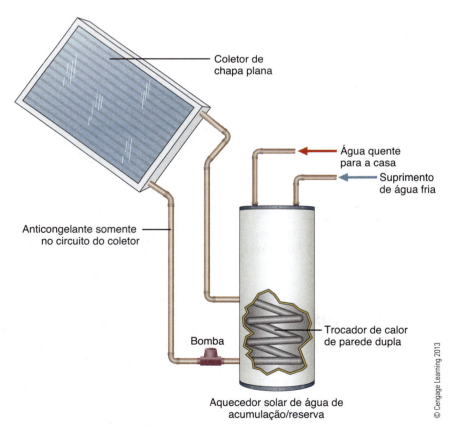

Figura 16.6 Sistema solar térmico indireto ativo.

que são normalmente utilizados nos Estados Unidos. Como todos os sistemas diretos, esses aquecedores são propensos ao congelamento. E também podem perder calor rapidamente à noite e em condições de clima frio, necessitando de operação manual com capas de isolamento para evitar que a água reservada resfrie.

Reservatórios montados no telhado Alguns sistemas diretos incluem um reservatório montado no telhado integrado com os coletores (Figura 16.8). Apesar de simples, esses sistemas podem exigir reforço estrutural para suportar a carga de peso extra sobre o telhado; não são muito comuns nos Estados Unidos.

Sistemas ativos

Os sistemas diretos ativos utilizam bombas e sensores de temperatura para circulação da água dos coletores para o reservatório conforme necessário. Um controlador monitora constantemente a temperatura da água no tanque, compara-a com a temperatura do coletor, conduz a água quente dos coletores para o tanque e desloca a água mais fria para os coletores para ser aquecida. Os sensores também podem evitar que água aquecida entre no reservatório se não houver necessidade de calor adicional, limitando o superaquecimento do tanque. Os sistemas diretos instalados em climas frios usam proteção contra congelamento por meio de um sistema de drenagem de retorno, que abre as válvulas para que a água nos coletores escoe até um reservatório quando está nublado e frio, evitando seu congelamento dentro dos coletores e tubos.

Sistemas passivos

Os sistemas solares térmicos passivos (não confundir com projeto de casa solar passiva), muitas vezes referidos como sistemas de termossifão, usam a tendência natural de a água quente subir. A água aquecida desloca-se para a parte superior dos coletores e depois para o reservatório, de onde é distribuída quando as torneiras da casa são abertas. Ao contrário dos aquecedores de água convencional, em que sistemas de retenção de calor são utilizados para prevenir a sifonagem térmica, aqui eles são um componente essencial para distribuição de água quente. Os sistemas mais eficientes de termossifão consistem em um reservatório no telhado, no topo dos coletores, embora o tanque também possa ser instalado em ambientes internos. Os sistemas de termossifão instalados em áreas sujeitas a congelamento devem ser configurados como sistemas de drenagem de retorno. Os sistemas alternativos de proteção contra congelamento circulam uma pequena quantidade de água aquecida por coletores quando os sensores detectam potencial de congelamento. Tenha em mente que os sensores e as válvulas automáticas estão sujeitos a falhas; se eles não funcionarem corretamente, um sistema direto poderá congelar e causar danos ao sistema e à casa. Alguns sistemas de drenagem de retorno são indiretos,

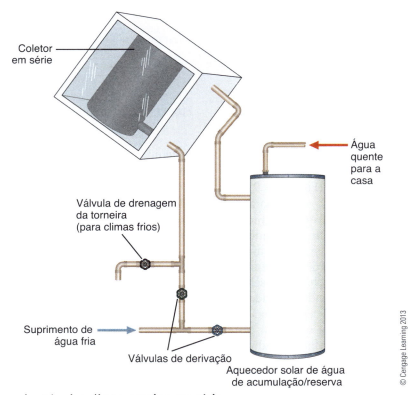

Figura 16.7 Sistema solar térmico direto passivo em série.

pois utilizam um trocador de calor em vez de aquecerem a água potável diretamente.

Figura 16.8 Sistema solar térmico direto com reservatório montado no telhado.

Componentes solares térmicos

Sistemas solares térmicos são compostos de *coletores* que absorvem energia solar e transferem para um líquido usado para *armazenamento*, que, por meio do mecanismo de *transferência de calor*, desloca o calor do líquido para a água que será utilizada, contando ainda com várias bombas e sensores que gerenciam o movimento do líquido em todo o sistema (Figura 16.9).

Em um sistema solar térmico, os componentes mais importantes são os coletores, que são montados diretamente no telhado com rufos integrados ou instalados em suportes. Nos casos em que a melhor exposição solar não está no telhado de um prédio, os coletores podem ser montados no chão. Ao selecionar um sistema solar térmico, considere a vida útil do sistema, requisitos de manutenção, complexidade, confiabilidade, custo total instalado e eficiência. Sistemas para os climas frios são principalmente indiretos, oferecendo proteção confiável contra congelamento, mas, a não ser pelo risco de congelamento, um sistema direto pode funcionar muito bem. O Conselho de Avaliação Solar e Certificação (SRCC) oferece classi-ficações para sistemas solares térmicos completos que podem ser usados para comparar a eficiência entre diferentes sistemas.

Coletores solares térmicos

Coletores solares térmicos mais comuns são as **placas planas**, caixas com isolamento envidraçado que absorvem a energia solar, e o **tubo a vacuo**, composto de fileiras de tubos de vidro que contêm um segundo tubo de vidro com um amortecedor de calor interior. Um terceiro tipo, menos comum, é o de **concentração parabólica,** que utiliza calhas em forma de U que concentram a luz do sol em um tubo que é colocado sobre a linha focal da calha. Coletores plásticos e não envidraçados são frequentemente usados para aquecimento de piscinas em climas moderados.

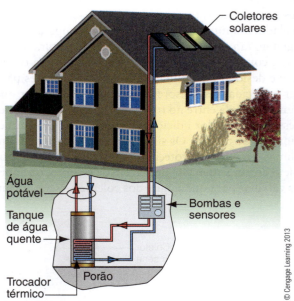

Figura 16.9 Componentes do sistema solar térmico.

Coletores de placas planas Funcionam como pequenas estufas, por onde o calor do sol penetra por uma cobertura de vidro claro e é retido por trás do envidraçamento, onde aquece uma placa escura de absorção de calor. Esta placa transfere o calor para os tubos que circulam água ou anticongelante (Figura 16.10). Nesses coletores, o tubo mais comum é de cobre, que conduz com eficiência o calor da chapa absorvedora para o líquido que escoa. Coletores de alto desempenho têm envidraçamento duplo para que possam reter mais calor. Os primeiros coletores tinham absorvedores pintados de preto, no entanto, o desenvolvimento de revestimentos seletivos melhorou significativamente a eficiência. Revestimentos seletivos, camadas metálicas finas aplicadas à chapa absorvedora, são projetados para absorver a quantidade máxima do calor do sol para tornar os coletores mais eficientes.

Coletores de tubo a vacuo Têm um absorvedor de calor unido a um tubo de aquecimento dentro do tubo de vidro. A luz do sol que atinge o material absorvedor faz ferver o líquido dentro do tubo de calor, transferindo energia para um bulbo condensador no topo de cada tubo (Figura 16.11). O vácuo entre os tubos de vidro interno e externo impede a fuga de calor, tornando-os muito eficientes, tanto no clima frio quanto no nublado.

Coletores de concentração parabólica Trata-se do tipo mais eficiente de coletor solar térmico. No entanto, não são comuns em aplicações residenciais. Limitados principalmente a grandes instalações industriais, geram vapor para operar turbinas para geração de eletricidade. Os coletores parabólicos podem ter sistemas de rastreamento que acompanham o sol para aumentar a eficiência.

Classificações da eficiência dos coletores O SRCC classifica os coletores com base no total diário de energia, em megajoules ou milhões de Btu (MBtu), produzido por painel em dias claros, parcialmente nublados e totalmente nublados, de acordo com a zona climática norte-americana em que estão instalados. Essas classificações podem ser utilizadas para comparar a eficiência de diferentes coletores e determinar o produto mais apropriado para determinada instalação. As classificações do SRCC não correspondem diretamente às avaliações completas que realizam nos sistemas.

Localização do coletor Os coletores devem estar virados o máximo possível para o sul verdadeiro (em oposição ao sul magnético) no hemisfério norte como se encontram os Estados Unidos, e para o norte, verdadeiro no hemisfério sul, localização do Brasil, com uma desobstrução do sol entre 9 e 15 horas todos os dias do ano. O ângulo do coletor é normalmente igual à latitude da instalação; no entanto, algumas evidências sugerem que a colocação de coletores em um ângulo mais inclinado capta mais sol de inverno, o que proporciona melhor produção de energia global. Para construções no hemisfério norte, o sul verdadeiro é a posição mais adequada, mas coletores orientados até 45° para oeste ou leste oferecerão até 75% da energia que ganhariam se estivessem virados para o sul verdadeiro, o que proporciona certa flexibilidade para instalação em telhados não orientados diretamente para o sul.

Instalação do coletor Os coletores são instalados em *racks* montados no telhado (Figura 16.12) ou integrados diretamente no material de cobertura, como os disponíveis da marca Velux, o mesmo fabricante norte-americano de claraboias (Figura 16.13). Sistemas montados em *racks* podem ser ajustados para que possam obter máxima exposição solar, embora a montagem integrada seja eficaz em telhados voltados para o sul e que tenham uma inclinação que permita que os coletores sejam instalados em um ângulo eficiente em relação à latitude. Independente do sistema de montagem, a fixação dos coletores não deve causar vazamentos no telhado e permitir manutenção regular e reparos sem danificar o telhado ou os coletores. Os coletores também podem ser montados no chão, mas existe a possibilidade de significativa perda de calor em razão dos longos lances de tubos para o reservatório.

Tamanho do coletor O primeiro passo para o dimensionamento de um sistema solar térmico consiste em calcular a demanda de água quente da casa. Neste cálculo, deve-se considerar o número de ocupantes e realizar um inventário detalhado das louças, equi-

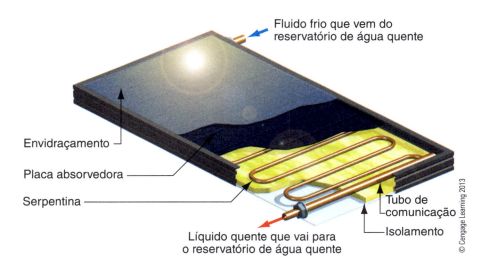

Figura 16.10 Coletor de placa plana.

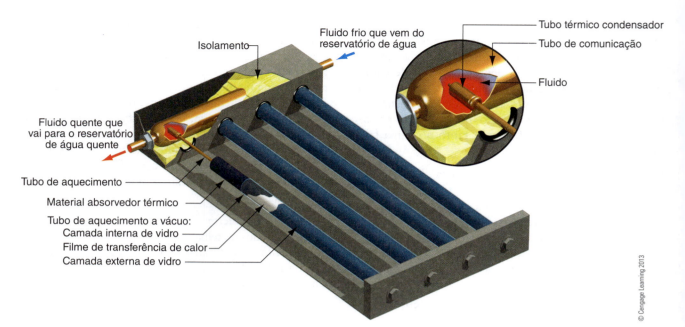

Figura 16.11 Coletor de tubo a vácuo.

Figura 16.12 Sistemas solares térmicos instalados em *racks* no telhado.

Figura 16.13 Coletores solares térmicos podem ser instalados diretamente na cobertura sem a necessidade de *racks*.

pamentos e torneiras que consomem água quente da casa. Como alternativa, muitos instaladores norte-americanos usam uma média nacional de consumo de água quente *per capita* de 76 litros por dia. Esteja ciente de que, se o número de moradores aumentar, a quantidade consumida por pessoa na verdade diminui, pois ocorre certa economia. A maioria dos sistemas não é projetada para fornecer 100% da demanda de água quente, porque isto normalmente resultaria em sistemas que são superdimensionados para parte do ano. Em geral, a capacidade de armazenamento deve ser de um litro de água quente para cada litro consumido diariamente.

O tamanho e a quantidade dos coletores são calculados com base na eficiência, na orientação e no ângulo da sua instalação e no clima local. A quantidade de água quente produzida por dia varia de 31,1 a 84,4 litros por m² de área do coletor instalado nos Estados Unidos. A maioria dos coletores está disponível em tamanhos padronizados, e várias unidades podem ser ligadas conforme a necessidade e para criar um suprimento adequado de água quente. Os fabricantes fornecem orientações e instruções de dimensionamento para seus produtos, pois as normas para este fim podem variar.

Reservatório solar térmico, ou boiler

Todos os sistemas solares térmicos usam reservatórios, e muitas vezes utilizam um aquecedor de água com boiler tradicional para armazenar a água aquecida e fornecer aquecimento extra quando a energia solar não atende à demanda. A maioria dos sistemas utiliza um único reservatório com sistema de apoio através de resistências elétricas; no entanto, aquecedores de condensação a gás natural também podem ser usados. Aquecedores de água ventilados atmosfericamente não são recomendados para armazenamento térmico solar porque o calor na água pode ser perdido pelos vãos livres, o que exigirá mais calor gerado pelo sistema de apoio do que as unidades vedadas. Aquecedores de passagem a gás não são normalmente usados com sistemas solares nos Estados Unidos porque a água aquecida por energia solar pode ser demasiada quente para criar um diferencial de temperatura suficiente para operar um aquecedor de passagem; no entanto, eles podem ser usados com um trocador de calor para fornecer uma reserva de calor indireta. Aquecedores elétricos de passagem que são projetados para operar com água em temperaturas mais altas podem fornecer a variação necessária de calor adicional e ser uma boa opção como substituto para sistemas solares térmicos. Sistemas solares térmicos mais completos são vendidos com coletores, líquido de arrefecimento ou tubulação de água, bombas e controladores e um único tanque elétrico de armazenamento. Os sistemas solares térmicos são mais eficientes quando há um grande diferencial de temperatura entre os coletores e o tanque. Isto sugere que a maneira mais eficiente de armazenar e utilizar água aquecida por energia solar é adotar dois tanques e usar o tanque aquecido por energia solar como um preaquecedor para um tanque elétrico ou movido a combustível. Quando se adota um único tanque, o calor reserva aquecerá mais frequentemente à noite e durante os períodos de baixa energia solar, o que reduzirá a eficiência da parte solar do sistema.

Bombas solares térmicas e controladores

A maioria dos sistemas tem controladores e bombas compatíveis, bem como válvulas de retenção, manômetros, termostatos e outros equipamentos necessários. Opte por bombas de alta eficiência, como aquelas disponíveis para sistemas de aquecimento hidrônico (ver Capítulo 13), a fim de reduzir o consumo de energia utilizado para deslocar a água ou o anticongelante por meio do sistema. Alguns sistemas incluem painéis fotovoltaicos que fornecem energia para as bombas, que normalmente precisam funcionar apenas quando o sol está brilhando, o que reduzirá ainda mais o consumo de energia.

Manutenção solar térmica

No caso de sistemas baseados em anticongelantes, o pH deve ser verificado anualmente e líquido novo de arrefecimento ser adicionado ou substituído quando necessário para evitar a corrosão e obter melhor desempenho. Tal como acontece com qualquer aquecedor de água, o tanque deve ser drenado periodicamente para remover sedimentos, e é fundamental seguir o cronograma de manutenção recomendado pelo fabricante.

Casas preparadas para a energia solar térmica

Preparar uma casa para a instalação de energia solar não é complicado, e pode simplificar a instalação futura. Um telhado voltado para o sul deve ter um mínimo de 61 m² de área não sombreada sem domus, claraboias ou antenas (Figura 16.14). Deve haver uma área de 1,20 m × 0,6 m × 2,1 m na despensa, adjacente ao aquecedor de água convencional, para o futuro tanque de água quente movido a energia solar, e um espaço de parede sólida de 0,9 m × 0,6 m para os controles e as bombas. Uma tubulação de cobre totalmente isolada de 2", ou 50 mm, deve ser implantada no sótão, sob a área do telhado onde o sistema será instalado, até um local para o futuro reservatório. Se a estrutura permitir, instale dois espaços verticais para tubos retos de 3", ou 75 mm, ou 4", 100 mm (em vez de tubulações de cobre), do sótão até a despensa para permitir que tubulações de água quente sejam instaladas no futuro.[1]

Aquecimento de ambientes por energia solar

Sistemas solares térmicos podem ser usados para fornecer calor para sistemas hidrônicos ou de aquecimento por ar pressurizado, e ambientes individuais podem ser aquecidos com coletores de ar. Como já mencionado, os sistemas à base de água são considerados ativos, pois necessitam que bombas e controles desloquem o calor dos coletores para o espaço climatizado. Os coletores que aquecem o ar são referidos como ativos porque, em geral, usam ventiladores para circular o ar, apesar de os modelos passivos poderem trabalhar por convecção. Embora seja quase impossível aquecer completamente uma casa com energia solar na maioria dos climas, o aquecimento de espaços por energia solar muitas vezes pode proporcionar de 25% a 75% do volume anual da carga de aquecimento de ambientes. Sistemas de aquecimento de espaços

---

[1] A Associação Canadense das Indústrias Solares (Canadian Solar Industries Association – canSIA) e o Laboratório Nacional de Energia Renovável (National Renewable Energy Laboratory – NREL) possuem dados adicionais sobre energia solar em casas existentes e preparadas para a energia solar.

por energia solar são dimensionados para atender à carga de aquecimento baseada no cálculo da carga do Manual J da ACCA.

Aquecimento de ambientes por energia solar térmica ativa

O aquecimento de ambientes por energia solar térmica ativa usa os mesmos princípios e equipamentos do aquecimento de água doméstica, com maior quantidade de coletores e área de armazenamento para atender a maiores necessidades energéticas. A água aquecida é armazenada em grandes tanques, que podem ser usados para aquecer ambientes quando estão quentes o suficiente ou para preaquecer a água que irá para uma caldeira, de modo a reduzir o consumo de energia. Dependendo do clima, do tamanho e da eficiência do edifício, e da quantidade de energia a ser compensada, os sistemas de aquecimento de ambientes podem necessitar de 4 a 20 coletores combinados com 9 a 19.000 litros de capacidade de armazenamento de água. A água aquecida por energia solar pode ser distribuída por tubos que irradiam no piso, radiadores montados na superfície, serpentinas em processadores de ar central ou unidades tipo *fan-coil*.

Aquecimento do ar interno por energia solar

Os aquecedores solares de ar são montados na vertical, em paredes voltadas para o sul no hemisfério norte, ou norte no hemisfério sul, ou sobre uma inclinação do telhado. Quando o sol está brilhando, o ar externo passa para o coletor e sobe quando é aquecido, fluindo para dentro da casa por convecção ou um ventilador. O ar aquecido também pode ser conectado a um sistema de ar forçado para circulação na casa. Os coletores do ar, como os da Cansolair e SolarSheat, são unidades autônomas que podem ser instaladas em qualquer parede externa voltada para o sul no hemisfério norte, ou norte no hemisfério sul (Figura 16.15). O aquecimento do ar por energia solar pode fornecer calor suplementar no clima frio ensolarado, mas não é utilizado normalmente como a principal fonte de aquecimento.

Eletricidade gerada no local

Quando se gera eletricidade com sol, vento, água ou células a combustível, esta deve ser armazenada para uso futuro no local, quando gerada, devolvida para a rede de energia ou dividida entre uma combinação dessas opções. Em casas, os sistemas de energia renovável funcionam em arranjos ligados ou não às redes, independentemente do método utilizado para produzir energia. Os sistemas em redes ou *on-grid* estão conectados a linhas da rede elétrica das concessionárias. Os sistemas *off-grid* não têm ligação com as linhas da rede elétrica da concessionária. Todos os sistemas utilizam inversores para converter energia de corrente contínua (CC) em corrente alternada (CA), e a maioria dos sistemas *off-grid* tem baterias para armazenar energia para consumo quando necessário.

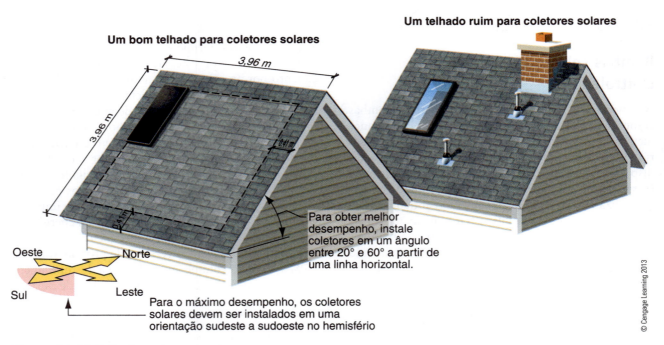

Figura 16.14 Telhados solares prontos.

Desumidificação solar

Como visto no Capítulo 13, manter a umidade baixa pode deixar as casas confortáveis com as temperaturas mais altas do verão; o uso de desumidificação em vez do ar-condicionado – ou além dele – pode ser uma estratégia de eficiência energética em climas úmidos. Embora a maioria dos desumidificadores seja elétrico, os modelos alimentados por energia solar são uma alternativa mais eficiente. **Dessecantes**, materiais como óxido de cálcio e sílica que absorvem água, podem ser usados para remover a umidade do ar interno que flui por ele com o uso de ventiladores. O dessecante torna-se saturado com água, e o ar fica mais seco e mais frio. A energia solar pode ser usada para secar o dessecante, permitindo que ele remova mais umidade do ar enquanto utiliza pouca ou nenhuma energia. Quando a energia fotovoltaica é utilizada para funcionamento dos ventiladores, os desumidificadores dessecantes podem ser operados inteiramente por energia solar.

Figura 16.15 Aquecedores de ambientes por energia solar estão disponíveis em modelos para instalação na parede e no telhado. Ambos têm seu controle termostático independente e compressor próprio. Para essa residência norte-americana, a montagem no telhado está voltada para sudeste e é a primeira que é iluminada de manhã; a parede construída e voltada para o sudoeste é a última a ser apagada à noite. Por aproximadamente quatro horas durante o dia, as duas unidades estarão funcionando ao mesmo tempo.

On grid

Em geral, sistemas *on grid* não funcionam durante as falhas de energia para evitar ilhamento, entrada de energia em uma rede inativa, o que pode representar um perigo de eletrocussão para os trabalhadores. São necessários interruptores para utilizar a energia desses sistemas quando a central de energia não está em operação. Sistemas *on grid* são classificados como de tarifas de alimentação ou medidos em rede. Nos sistemas de tarifa de alimentação (*feed-in-tariff* – FIT), as concessionárias compram a energia renovável em taxas variáveis, que são geralmente mais altas do que os preços de venda. Isto é monitorado pelo uso de dois métodos: um para medir a energia elétrica que vai para a rede, e outro para a eletricidade proveniente da rede. Os sistemas medidos em rede compram e vendem eletricidade na mesma taxa, usando um único medidor que avança ou retrocede, o que dependerá da direção do fluxo da energia. A maioria desses sistemas não fornece créditos aos proprietários para qualquer quantidade de eletricidade que gerem além daquela que utilizam. Sistemas FIT, no entanto, concedem 100% de crédito para energia colocada na rede dos Estados Unidos, permitindo que os proprietários recebam um cheque de sua concessionária quando a produção ultrapassa o uso. As regulamentações para sistemas *on grid* são estabelecidas pelo município ou Estado. Nem todas as concessionárias adotam o sistema FIT ou a medição em rede.

Off-grid – extrarrede

Os sistemas *off-grid* utilizam um controlador de carga entre a fonte de alimentação e as baterias de armazenamento para garantir que sejam carregadas de forma adequada de acordo com as especificações do fabricante. A energia que sai das baterias tem de passar por um inversor para alterar a corrente de contínua CC para alternada CA, que, em seguida, vai para o painel elétrico para distribuição aos equipamentos domésticos através de uma fiação padrão. Outros sistemas *off-grid*, exceto de células a combustível, utilizam, muitas vezes, geradores de reserva de combustível para fornecer energia quando as baterias estão descarregadas.

Inversores

Inversores convertem corrente CC gerada no local em CA para uso doméstico e para direcionar a energia de volta para a rede de sistemas FIT e medidos em rede. O inversor primeiro converte a corrente CC em CA e depois aumenta a tensão para os 120 volts necessários para uso doméstico. Os inversores podem também incluir controladores que gerenciam a energia de um gerador reserva, um carregador de baterias e disjuntores para gerenciar com segurança a rede e a energia produzida no local.

Baterias

Em geral, os sistemas *off-grid* carregam as baterias com a CC gerada no local por meio de um controlador de carga, um dispositivo que gerencia a quantidade de corrente que vai para as baterias para mantê-las adequadamente carregadas e evitar danos causados por sobrecarga. A energia armazenada em baterias deve passar por um inversor para mudar para corrente de 120V em CA para uso doméstico.

Como dimensionar sistemas renováveis

Dimensionar ou selecionar a quantidade de eletricidade que um sistema específico gerará começa com o cálculo do consumo de energia real ou estimado da casa. Isto é realizado por meio dos seguintes passos:

1. Preparar um inventário de todas as luminárias e aparelhos elétricos, incluindo aquecimento elétrico de água e ambiente, refrigeração, ventilação, ventiladores e outros equipamentos.
2. Estimar a quantidade de uso diário de cada item.
3. Multiplicar a potência total da iluminação ou aparelho pelo uso diário estimado.

O resultado fornece a necessidade de energia diária em watts-hora. Importante: Como algumas luminárias e aparelhos têm taxas de uso sazonalmente variadas, este aspecto deve ser considerado no cálculo. Por exemplo, condicionadores de ar são usados somente durante a temporada de refrigeração, e as luzes tendem a ser mais usadas no inverno. O Departamento de Energia dos Estados Unidos (DOE) e outras organizações oferecem os valores de consumo médio de energia, uso por hora anual e consumo anual estimado de energia para iluminação e aparelhos. No Capítulo 14, a Tabela 14.10 mostra as potências típicas para eletrodomésticos. Essa quantidade total em watts-hora fornece uma orientação para a capacidade de um sistema fotovoltaico, permitindo que até 100% da carga estimada seja a partir de energia solar.

Sistemas fotovoltaicos de energia solar

Esses sistemas usam a energia do sol para gerar eletricidade para uso doméstico, substituindo toda ou uma parte da energia necessária de usinas de geração de eletricidade. São usados em casas individuais, bem como em instalações de escala industrial, para gerar eletricidade para a distribuição pela rede elétrica.

Componentes solares fotovoltaicos

Sistemas fotovoltaicos são constituídos de painéis ou módulos que coletam energia solar e a transformam em CC, um inversor que converte corrente contínua CC em CA para alimentar a iluminação, aparelhos e outros equipamentos, e equipamento de comutação para direcionar a energia de volta para a rede ou baterias para armazenamento (Figura 16.16).

Painéis fotovoltaicos

Há dois tipos principais de painel fotovoltaico: de silício e película fina. Quando a luz solar atinge es-

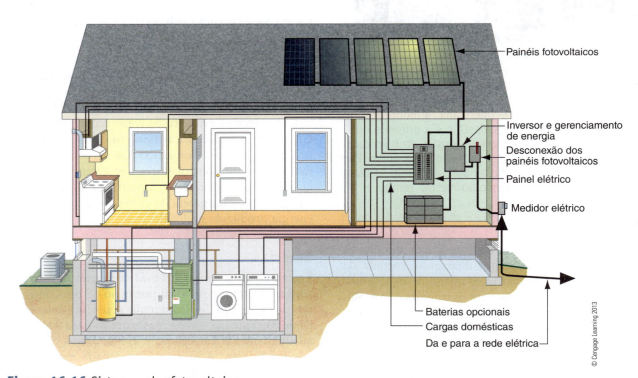

Figura 16.16 Sistema solar fotovoltaico.

ses materiais, os elétrons se soltam de seus átomos, levando-os a fluir através do material para criar uma corrente elétrica (Figura 16.17). Painéis de silício são feitos de várias células individuais semicondutoras de silício, cada uma na faixa de 150 mm de largura e 350 mícrons de espessura, ligadas por fiação e protegidas por uma camada de vidro dentro de uma moldura. Um grupo de painéis é instalado e conectado a um módulo para gerar uma quantidade específica de energia. A película fina pode ser feita de finas camadas de silício ou de outros semicondutores (como telureto de cádmio) que são produzidas em espessuras na faixa de 1 mícron, o que exige menos material, reduz custos e permite que elas sejam flexíveis. A película fina pode ser aplicada em telhados, vidro ou superfícies lisas similares, nas configurações plana e curvada. Essas películas são mais baratas para fabricar do que os painéis de silício, no entanto, não são tão eficientes. A película fina pode ser usada em envidraçamentos claros para janelas e claraboias que oferecem luz natural enquanto geram eletricidade.

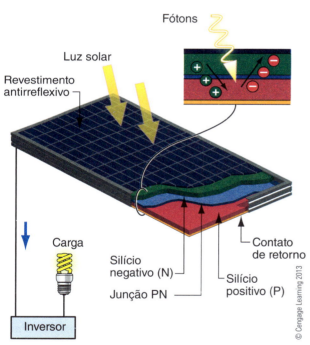

Figura 16.17 Painéis solares são compostos de pequenas células solares que produzem eletricidade. Os painéis, por sua vez, constituem um módulo solar.

Novos projetos para painéis solares estão sendo testados com tintas solares, corantes e plásticos. Entre as tecnologias avançadas, estão os concentradores, que concentram a energia do sol em pequenas áreas de material fotovoltaico de alta eficiência. Os sistemas fotovoltaicos continuam a evoluir, há expectativa de que aumentem em eficiência e diminuam em preço no futuro.

Classificações de eficiência do coletor Os fabricantes de painéis de silício alegam eficiência na faixa de 13% a 18%, e os produtos de película fina apontam eficiências entre 5% e 10%. Películas finas experimentais têm produzido eficiências de quase 20%, e ambos os tipos continuam a aumentar a eficiência à medida que a tecnologia melhora.

Localização do coletor Assim como ocorre com os coletores solares térmicos, as matrizes fotovoltaicas devem estar voltadas para o sul verdadeiro no hemisfério norte, e norte verdadeiro no hemisfério sul. A recomendação geral é a instalação de painéis em um ângulo igual à latitude para melhor exposição solar média. Módulos móveis que acompanham o ângulo do sol aumentam automaticamente a eficácia, mas elevam os custos e podem estar sujeitos a falhas mecânicas. Módulos ajustáveis podem ser movimentados manualmente para uma posição mais vertical durante o inverno e reposicionadas no verão. Módulos integrados de película fina são instalados como parte de telhas, ardósias ou painéis de metal. Em regiões com precipitação de neve regular, as matrizes podem precisar de limpeza frequente para produzir a potência ideal; portanto, considere posicioná-las em um local de acesso seguro e fácil.

Instalação das placas fotovoltaicas A instalação mais comum das placas fotovoltaicas é sobre um telhado por meio de um sistema de *racks*, o que permite um fluxo de ar por baixo dos painéis para mantê-los frescos e prolongar sua vida útil. As placas também poderão ser montadas no chão se o telhado não for voltado para o sul no hemisfério norte, e norte no hemisfério sul, ou se existirem muitos obstáculos. As conexões para o telhado devem ser projetadas para fácil manutenção das placas e do telhado e possuir conexões à prova de água para evitar penetração de chuva na estrutura. O excesso de calor pode reduzir a eficiência dos painéis fotovoltaicos, e, por isso, um módulo fixado no telhado deve ser projetado com um espaço de ar na parte inferior para permitir que um fluxo de ar os mantenha frescos no clima quente. Os materiais de películas finas podem ser aplicados na obra ou na fábrica em materiais de telhados, que podem ser instalados juntos em um módulo. Placas para telhados com módulos fotovoltaicos estão agora disponíveis por diversos fabricantes nos Estados Unidos, incluindo a Dow. Módulos fotovoltaicos podem servir como toldos, fornecendo sombra e proteção contra as intempéries (Figura 16.18). No mercado norte-americano, já existem claraboias com painéis fotovoltaicos integrados em envidraçamentos que fornecem iluminação natural e geram energia. Ao considerar produtos de envidraçamento solar, escolha o sombreamento e aplique-o nas janelas para evitar o superaquecimento do interior do prédio em climas mais quentes, uma situação que pode exigir refrigeração mecânica adicional que poderia compensar alguma ou toda a energia gerada.

Figura 16.18 Módulos solares fotovoltaicos podem ser integrados em toldos e marquises para proporcionar sombreamento de janelas.

Tamanho do coletor Por meio dos mapas de potencial solar do NREL, a energia total disponível (medida em kWh/m²/dia) pode ser determinada para um local específico dos Estados Unidos. Por exemplo, se o total em kWh/m²/dia é 6 e os painéis de silício têm eficiência de 15%, então o resultado total esperado será 0,9 kWh/m²/dia. Se houver um total de 10 m² de painéis, então pode-se esperar que o sistema produza em média 9 kWh de energia por dia. O potencial solar, a eficiência de painel e a quantidade de energia necessária do sistema fotovoltaico devem ser calculados para determinar a área total de painéis necessários para uma instalação. Deve-se lembrar que a maioria das classificações de painéis é baseada em condições ideais de sol, que são incomuns e não confiáveis. Uma prática comum é reduzir o desempenho de módulos de 20% a 40% para adequá-las às condições locais.

Manutenção de sistemas solares fotovoltaicos

Em geral, a manutenção de painéis fotovoltaicos é limitada à remoção da neve em países frios e à limpeza do pólen e da poeira que podem se acumular. Inversores, controladores, baterias e painéis podem estar sujeitos a eventuais defeitos ou falhas, no entanto, a manutenção necessária regular é mínima.

Energia solar fotovoltaica – casas preparadas

Às vezes, as áreas fotovoltaicas não estão no orçamento do projeto, mas o proprietário está interessado em uma futura instalação. Preparar uma casa para uma matriz solar futura não é complicado, e pode simplificar a eventual instalação se isto for feito corretamente (Figura 16.19). Onde há um telhado voltado para o sul – ou quase sul no hemisfério norte, e norte para o hemisfério sul –, este deve ser projetado para ter um mínimo de 61 m² de área não sombreada sem penetrações mecânicas, como respiros de tubulações, fios ou outras obstruções. Telhados inclinados devem ter o ângulo tão próximo da latitude do projeto quanto possível. Telhados planos oferecem uma boa oportunidade para instalar painéis, sejam planos ou inclinados na direção sul no hemisfério norte, e norte no hemisfério sul. Condutores ou espaços verticais acessíveis imediatamente abaixo do telhado e em uma área técnica permitirão fácil instalação de fios de conexão. Propiciar espaço para instalação de um inversor e outros equipamentos, como um medidor FIT, também deve ser considerado.

O impacto ambiental da produção de painéis solares fotovoltaicos

Todos os produtos e materiais processados têm um impacto ambiental. Isto é particularmente verdadeiro para sistemas de energia renovável, e deve ser considerado na seleção de sistemas de geração local.

Na produção do silício utilizado em sistemas fotovoltaicos usam-se substâncias químicas que são tóxicas e perigosas. Além disso, são produzidos subprodutos, como o tetracloreto de silício, que podem ser perigosos para o meio ambiente e as pessoas.

Muitos painéis solares fotovoltaicos dos Estados Unidos são fabricados no exterior, onde os custos são mais baixos. No livro *A ecologia do comércio*, Paul Hawken salienta que a China tem não apenas custos de mão de obra mais baixos, mas também controles ambientais mais indulgentes e menos rigorosos. Essas condições permitem ao país produzir painéis fotovoltaicos de silício a um custo menor do que nos Estados Unidos e na Alemanha, onde o tetracloreto de silício tem de ser processado e reciclado, em vez de simplesmente descartado. Essa reciclagem é cara e exige grande quantidade de energia. De acordo com Hawken, os custos de produção do silício das empresas ocidentais são de duas a quatro vezes mais altos do que os das empresas chinesas em razão dos custos dos controles de poluição. Vale a pena considerar o impacto am-

Energia renovável

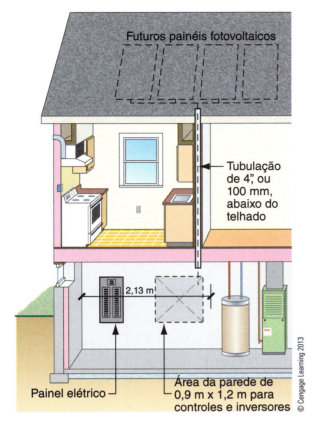

Figura 16.19 Uma casa preparada para módulos de energia solar fotovoltaica tem espaço para acomodar equipamentos futuros perto do painel elétrico e capacidade de fácil instalação da fiação elétrica de futuros painéis.

biental global de tais produtos e o lugar de origem, além da economia de energia que eles propiciam.

Sistemas de energia eólica

O local mais apropriado para energia eólica é aquele em que há uma combinação consistente de alta velocidade dos ventos, poucas obstruções, espaço disponível para turbinas eólicas e nenhuma restrição legal contra a instalação. A quantidade de energia obtida aumenta ao cubo da velocidade do vento, para um lugar com velocidade média do vento de 29 km/h fornece oito vezes ou mais energia do que outro com velocidade média de 14,5 km/h, ou seja, *o dobro de velocidade representa um aumento de oito vezes em energia*.

Enquanto as instalações de turbinas eólicas mais comuns são operações de grande escala, as de pequena escala individuais podem, sob certas condições, gerar entre 300 e 2.000 kWh, o que dependerá da velocidade do vento local, do tamanho da turbina e da altura da torre.

Componentes da energia eólica

Sistemas de energia eólica são compostos de uma torre, pás da turbina, gerador e a mesma combinação de inversores, baterias e condicionadores de carga, como todos os outros sistemas de energia gerada no local (Figura 16.20). As torres podem ser autossustentáveis ou reforçadas com cabos de sustentação, consistindo em uma única coluna ou uma estrutura de teia aberta. As torres autossustentáveis necessitam de fundações maiores, mas não de cabos de sustentação espalhados ao redor da base. Quando o vento gira as lâminas da turbina, estas movem um gerador interno, o que resulta na produção de eletricidade.

As turbinas estão disponíveis para instalação em telhados, mas geralmente não são consideradas geradoras de energia consistentes o suficiente para ser concorrentes viáveis aos tradicionais sistemas de energia renovável.

Figura 16.20 Quintal relativamente pequeno com turbina eólica.

Turbinas eólicas

Estas giram sobre um eixo horizontal ou vertical, sendo a maioria horizontal. A maioria das turbinas tem três pás, um gerador integrado e uma cauda para direcionar as pás para o vento. Quanto maior for o diâmetro das pás, mais energia uma turbina poderá captar e transformar em energia elétrica.

Eficácia da turbina eólica O desempenho da turbina eólica é difícil de avaliar e comparar, com classificações muitas vezes exageradas por vendedores e instaladores. Um relatório de 2008 da Agência de Tecnologia Colaborativa de Massachusetts (Massachusetts Technology Collaborative), que investigou um grupo de instalações de pequenas turbinas eólicas, constatou que a produção de energia real era inferior a um terço das estimativas iniciais, variando de 2% a 59% das projeções iniciais.

Manutenção da turbina eólica Como acontece com qualquer dispositivo mecânico, as turbinas eólicas estão sujeitas a falhas mecânicas e necessitam de manutenção. Como são normalmente montadas em torres altas, turbinas eólicas são muito menos acessíveis do que outros sistemas de energia renovável, o que eleva os custos de manutenção e reparos. Esses custos devem ser considerados na escolha entre diferentes métodos de geração de energia.

Sistemas micro-hídricos

Um lugar com volume de água corrente consistente e sem restrições legais ou ambientais pode ser um bom ponto para um sistema micro-hídrico de energia (Figuras 16.21a e b). Sistemas de alta queda vertical produzem baixa vazão de água de alta pressão, enquanto sistemas de queda vertical baixa produzem alta vazão de água de baixa pressão. Como a instalação de um sistema micro-hídrico restringe a vazão de água, isto terá um efeito a jusante. A vazão total de água não deve ser reduzida ao ponto de causar um efeito negativo sobre a vida aquática e o caminho natural do riacho.

Componentes da energia hídrica

Sistemas de energia hídrica são compostos de fonte de água, uma fenda, ou desfiladeiro, ou uma barragem para captar e direcionar a água, tubos, telas para manter peixes e detritos fora do sistema, turbina, um gerador e várias válvulas, dispositivos de alívio de pressão e medidores. A água é direcionada para a turbina através de um leito ou canal, ou mesmo por meio de um tubo que chega a uma barragem, utilizando válvulas para conter a água para instalação, manutenção e operações de substituição. Sistemas de queda vertical alta podem usar uma comporta de condutos, um tubo que escoa água ao longo de grandes distâncias em declive, direcionando água de alta pressão para uma pequena turbina. Sistemas de queda baixa podem usar um leito para direcionar grande volume de água de baixa pressão para uma grande turbina. Considerações sobre custos e a manutenção incluem limpeza regular dos filtros, reparação e substituição de equipamentos mecânicos e remoção do lodo de riachos.

Sistemas de células de combustível

Embora esses sistemas ainda não estejam prontamente disponíveis, protótipos estão sendo testados e devem se tornar comercialmente disponíveis em um futuro próximo (Figura 16.22). As células de combustível residenciais podem produzir na faixa de 5 a

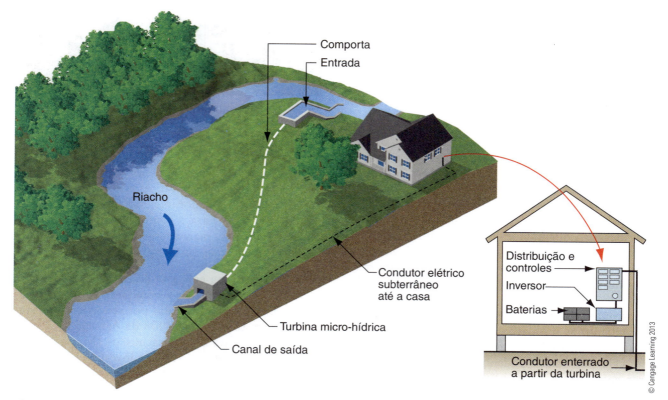

Figura 16.21a Sistemas micro-hídricos desviam a água de um riacho ou rio e a direcionam em declive acentuado até uma turbina que gera eletricidade.

Energia renovável

Figura 16.21b Visão do sistema hídrico Gentleman's.

7 kW de uma unidade mais ou menos do tamanho de um *freezer* horizontal, normalmente localizada no exterior da casa. As células de combustível podem funcionar similarmente a sistemas combinados de calor e energia, produzindo eletricidade e calor que podem ser usados para aquecimento de ambiente ou água. Células de combustível residenciais de grande escala e comerciais estão disponíveis em empresas como ClearEdge e Bloom Energy.

Embora haja a expectativa de que essas células estarão disponíveis a um custo semelhante, por kW, aos painéis solares fotovoltaicos, elas ainda necessitam de combustível para funcionar. Como resultado, os custos operacionais são contínuos, ao contrário da maioria dos outros sistemas de energia renovável.

Projeto de energia solar passiva para uma casa

O projeto de energia solar passiva foi abordado com detalhes no Capítulo 3. Enquanto a energia solar passiva tira vantagem da energia solar, casas inteiras supridas por energia solar passiva são sistemas complexos que excedem o âmbito deste texto. Quando os princípios dos projetos de energia solar passiva estavam sendo explorados na década de 1970, um conceito de projeto comum foi um *sunspace*, adição de energia solar passiva a uma casa nova ou para fornecer calor extra no inverno através da energia solar. Como todos os projetos de energia solar passiva, os *sunspaces* exigem gestão muito ativa dos ocupantes, como abrir e fechar persianas e cortinas isolantes em janelas e operar extravasores para tirar vantagem do calor que geram e evitar o superaquecimento. Muitos proprietários de casas com *sunspaces* de energia solar passiva acabaram instalando sistemas HVAC por conveniência, o que anulou o valor daqueles para aquecimento passivo do ambiente e, em última instância, o seu propósito.

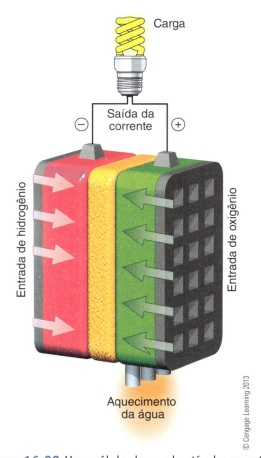

Figura 16.22 Uma célula de combustível converte a energia química de um combustível, normalmente hidrogênio, em eletricidade por meio de uma reação química com o oxigênio ou outro agente oxidante.

Quando o morador está disposto a gerenciar adequadamente uma verdadeira casa solar passiva ou *sunspace*, e é capaz disso, esses sistemas podem proporcionar economias significativas de energia. No entanto, lembre-se de que não há comprovação de sucesso desses sistemas com os proprietários habituados a ele, já que são normalmente reservados para projetos personalizados.

As energias renováveis em projetos de reforma

A instalação de projetos de energias renováveis não é difícil para casas existentes, desde que o local atenda aos requisitos do sistema e haja espaço disponível no interior para a instalação dos tubos e fios necessários à operação. Independent do potencial da energia solar

PALAVRA DO ESPECIALISTA – BRASIL
Ventilação natural como estratégia passiva para edifícios

A arquitetura bioclimática busca no clima estratégias para assegurar a habitabilidade e o bem-estar dos usuários nos edifícios. Ventilação natural é uma das estratégias voltadas a assegurar conforto térmico, eficiência energética, qualidade do ar, resfriamento estrutural e durabilidade dos materiais das construções. No Zoneamento Bioclimático Brasileiro, a ventilação natural atua como diretriz de projeto em pelo menos seis zonas climáticas das oito definidas no Zoneamento.

O vento desempenha papel importante no conforto ambiental e na qualidade do ar, favorecendo, por exemplo, as trocas térmicas entre o corpo humano e o ambiente e a dispersão de poluentes no meio urbano e/ou nos edifícios. Nos climas quentes e úmidos, é de grande importância a possibilidade de circulação do ar no entorno dos edifícios.

Do ponto de vista mais local, a forma, a altura e a disposição dos edifícios proporcionam maior ou menor fluxo de ar nos espaços externos, podendo contribuir para a renovação do ar no interior destes. Como a renovação do ar representa uma forma de retirada de calor do recinto que abriga cargas térmicas significativas, isto pode resultar consequente melhoria das condições térmicas ambientais.

A ventilação natural também pode ser responsável pela retirada de umidade gerada no interior dos recintos. Há como determinar, a partir das cargas térmicas a que o edifício estiver submetido, como calor solar, pessoas, iluminação artificial, máquinas e motores, a taxa de ventilação requerida para se obter o adequado controle térmico ou de umidade ambiente. Estudos em túnel de vento e por modelagem numérica computacional permitem uma análise das alterações da ventilação natural em razão da verticalização de bairros.

Um estudo foi realizado para o bairro de Tatuapé, na cidade de São Paulo, em uma área no entorno da estação Carrão do metrô, um bairro topograficamente baixo, quente, pouco arborizado e onde, ainda, predominam residências térreas, porém, com grande tendência à verticalização (Figuras 16.23a, b, c e d). Nos estudos foram realizadas comparações entre a situação atual dessa área, que possui apenas sete edificações com mais de 25 metros de altura, distribuídas em dez quarteirões, com a mesma área verticalizada utilizando coeficientes de aproveitamento do terreno 2 e 4. Os resultados indicam que, em ambos os casos, a verticalização será prejudicial à ventilação natural da região, mesmo que verticalizados apenas dois quarteirões. Esses resultados indicaram que, embora se deseje promover o adensamento construtivo e populacional próximo a áreas com transporte coletivo de média e alta capacidade instalada e planejada, é preciso saber como e onde a verticalização será feita, além da direção preferencial dos ventos, para não piorar a ventilação na região.

Alessandra Rodrigues Prata Shimomura *Doutora com pós-doutoramento em Arquitetura e Urbanismo pela Universidade de São Paulo (USP), com estágio no Laboratório Nacional de Engenharia Civil (LNEC), Lisboa, Portugal. Participante do Programa Jovem Pesquisador, Auxílio à Pesquisa da Fundação de Amparo à Pesquisa do Estado de São Paulo (Fapesp) e pelo Departamento de Arquitetura e Construção da Faculdade de Engenharia Civil, Arquitetura e Urbanismo da Universidade Estadual de Campinas (Unicamp). Atualmente, é professora doutora da Faculdade de Arquitetura e Urbanismo da Universidade de São Paulo, departamento de Tecnologia da Arquitetura. Tem experiência na área de arquitetura e urbanismo, atuando principalmente em: adequação e conforto ambiental, desenho urbano e climatologia urbana, mapas climáticos urbanos, ventilação natural, túnel de vento e simulação computacional CFD e SIG.*

Gilder Nader *Doutor em Engenharia Mecânica pela Universidade de São Paulo (USP), bacharel e mestre em Física pela Universidade Federal Fluminense (UFF), pesquisador do Instituto de Pesquisas Tecnológicas do Estado de São Paulo (IPT) e professor na Faculdade de Tecnologia do Estado de São Paulo (Fatec Tatuapé). Tem experiência nas áreas de engenharia do vento, mecânica dos fluidos, óptica e sensores e atuadores piezelétricos.*

(continua)

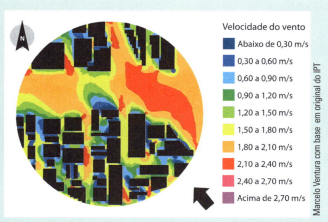

Figura 16.23a Mapa de velocidades para o vento sudeste na situação atual do bairro de Tatuapé: poucas regiões com velocidade inferior a 0,6 m/s.

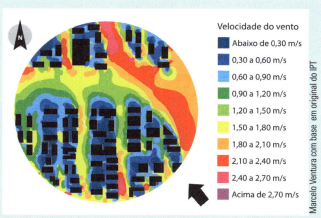

Figura 16.23b Mapa de velocidades para o vento sudeste com o bairro verticalizado e coeficiente de aproveitamento 4: entre os prédios predomina velocidade inferior a 0,6 m/s.

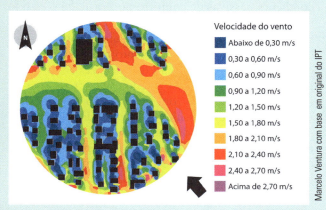

Figura 16.23c Mapa de velocidades para o vento sudeste com o bairro verticalizado e coeficiente de aproveitamento 2: não se percebe melhora significativa da velocidade do vento entre os prédios, pois predominam velocidades inferiores a 0,6 m/s.

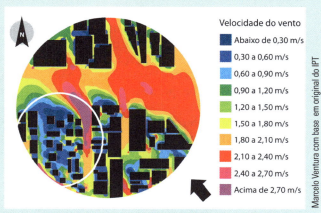

Figura 16.23d Mapa de velocidades para o vento sudeste da verticalização parcial (circulada em branco): na região verticalizada também predominam velocidades inferiores a 0,6 m/s, porém, na quina dos prédios mais altos, o vento defletido atinge velocidades que podem causar desconforto mecânico (acima de 2,7 m/s).

ou eólica de um lugar, investir nas melhorias da estrutura externa é fundamental nos prédios existentes (tal como ocorre com as novas casas) para, primeiro, reduzir a carga total de energia o máximo possível antes de instalar fontes renováveis de energia.

As energias renováveis em projetos de edificações no Brasil

A geração de energia renovável em residências deve ser considerada um investimento, seja pela redução do valor da conta de energia elétrica, seja pela possibilidade de as concessionárias comprarem a energia excedente produzida.

Do ponto de vista macro, as pequenas instalações podem contribuir para evitar impactos ambientais menores, como a construção de novas usinas hidrelétricas e de geração de energia em usinas termoelétricas para suprir as primeiras.

A respeito de investimento em energia renovável, é sabido que o Brasil, apesar de ter grande parte da sua situação territorial em latitudes de elevada incidência solar, entre o Equador e o Trópico de Capricórnio, tem baixo aproveitamento do potencial que possui.

O costado litorâneo do Brasil, que demarca toda sua fronteira marinha, apresenta velocidades de vento muito favoráveis para aproveitamento da energia eólica em larga escala. Estudos apontam toda a região Nordeste, o litoral do Rio Grande do Sul e o sudeste do Rio de Janeiro como áreas de grande potencial eólico. E a estas regiões costeiras soma-se toda a parte interiorana do país, com planaltos e planícies com elevadas velocidades de ventos e até reconhecimento de ocorrências de tufões. Por outro lado, a região setentrional, que engloba a Amazônia, possui baixo potencial eólico.

O macropotencial eólico do Brasil é claro, e, assim como no caso da energia solar, há mapas para análises da aplicação da energia eólica, como o *Atlas do Potencial Eólico Brasileiro*, desenvolvido pelo Centro de Pesquisa de Energia Elétrica (CEPEL), da Eletrobras, disponibilizado pelo Cresesb.

Há, todavia, que se fazer estudos e levantamentos mais aprofundados para o desenvolvimento projetual do aproveitamento das energias renováveis e no nível de especificações e projetos executivos.

Além disso, todo o aproveitamento de energia renovável implica a instalação de componentes e equipamentos que requerem verificação e manutenção rotineiras, ou seja, são partes instaladas que não possuem a mesma durabilidade que a estrutura e as vedações da edificação.

Outro ponto interessante a se destacar é o avanço na tecnologia dos materiais e equipamentos para a obtenção e uso das energias renováveis, representado por aerogeradores menores e de maior eficiência, placas solares mais leves, com maior flexibilidade e superfícies autolimpantes; essa evolução também é representada por menores preços e maior oferta desses componentes e equipamentos.

Assim, há que se ter uma nova postura de prontidão por parte dos proprietários para a utilização das energias renováveis, de modo que isto se incorpore cada vez mais à nossa cultura, motivo pelo qual se recomenda que haja empenho máximo para que cada projeto seja fundamentado em bases sustentáveis, com a energia renovável representando mais um ótimo aliado e investimento.

Análise de edificações em túnel de vento como recurso em projetos

A seguir, e como exemplo consistente sobre a busca de condições passivas de conforto no Brasil, há o estudo em túnel de vento para uma tipologia de habitações de cunho social e a indicação de que os projetos podem contar com análises de vento tanto na sua concepção como na proposição de diretrizes em projetos de reforma e atualizações de edificações, para que estas sejam impactadas com a aplicação de conceitos verdes, maior desempenho e sustentabilidade.

Por ora, importa divulgar resultados de análises, almejando que estes não representem apenas soluções corretas para problemas e melhorias, mas que configurem temas que conduzam ao maior conhecimento e à melhoria de novos e melhores projetos.

PALAVRA DO ESPECIALISTA – BRASIL

Energia caseira

A geração caseira de energia solar e/ou eólica é um mercado promissor para a exploração de uma tecnologia que se mostra como uma boa e segura opção de investimento. O estudo *New Energy Outlook 2015*, da Bloomberg Energy Finance, sinaliza que, em 2040, um quinto da capacidade de geração de energia brasileira será produzido por consumidores, proveniente de painéis fotovoltaicos.

Grande parte do território brasileiro é propício à geração de energia solar e eólica, e a microgeração, regulamentada pela Resolução Aneel 482/2012, possui elevado potencial de disseminação no país em razão da maturação da tecnologia e dos ganhos de escala na produção de equipamentos, que leva à diminuição dos custos de instalação de sistemas de energias renováveis.

Atualmente, com um investimento da ordem de R$ 35.000,00, é possível instalar um sistema híbrido (fotovoltaico/eólico) interligado à rede de distribuição da concessionária de energia elétrica, permitindo que uma residência com consumo mensal de

Prof. MSc. Rogério Teixeira Graduado em Administração de Empresas, Pedagogia e Tecnologia em Edifícios e mestre em Tecnologia pelo Centro Estadual de Educação Tecnológica Paula Souza. Diretor do Grupo de Estudo de Educação a Distância do Centro Paula Souza e responsável pela implantação de cursos técnicos na modalidade EaD. Docente do Centro Estadual de Educação Tecnológica Paula Souza e da pós-graduação da Fundação Armando Alvares Penteado (FAAP).

energia de 750 kwh produza 75% deste volume de energia (Figura 16.24). A economia mensal com os gastos tarifários de energia proporciona, em média, um retorno sobre o investimento no prazo de 8 anos. Considerando uma vida útil do sistema de geração como 25 anos (excetuando-se as baterias), o sistema continuará funcionando por mais 17 anos, gerando um considerável ganho financeiro.

(continua)

Energia renovável

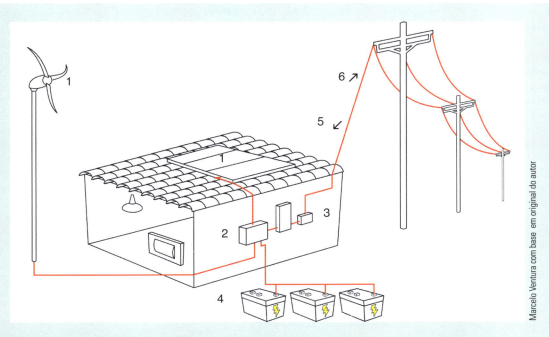

1. A energia solar e do vento é convertida em eletricidade através do aerogerador e dos painéis solares.
2. O controlador de carga equaliza o fluxo de energia do sistema, permitindo seu monitoramento.
3. O inversor transforma a energia que foi gerada de corrente contínua para corrente alternada, para que possa ser utilizada normalmente pelos aparelhos elétricos da residência.
4. As baterias armazenam a energia para o caso de queda no fornecimento do sistema.
5. A energia da concessionária é utilizada automaticamente durante a noite, em dias sem vento ou quando o consumo exceder a produção do sistema.
6. Se nem toda a eletricidade gerada for consumida, o excedente é lançado na rede da concessionária e transformado em créditos.

Figura 16.24 Esquema de funcionamento de um sistema híbrido de geração de energia caseira (fotovoltaica + eólico).

PALAVRA DO ESPECIALISTA – BRASIL

Conceitos sustentáveis em habitações de cunho social

Em projetos e construções de moradias para comunidades carentes deveriam-se levar em conta todas as condições de conforto ambiental, eficiência energética e sustentabilidade. Sabemos que, décadas atrás, não havia preocupação com todos esses conceitos, e os projetos eram realizados utilizando o conceito de otimização dos espaços.

Realizamos estudos em túnel de vento com modelos reduzidos de apartamentos da Companhia Metropolitana de Habitação (Cohab) e da Companhia de Desenvolvimento Habitacional (CDHU). Nesses estudos, além de entrevistas com moradores das residências da Cohab, pudemos constatar que seus apartamentos (Figura 16.25), construídos na década de 1970 em uma planície do bairro Cidade Tiradentes, no extremo leste da cidade de São Paulo, apresentavam uma boa condição de ventilação cruzada, pois a disposição dos cômodos favorecia a circulação do ar (ver direções do escoamento indicadas na Figura 16.25). Pudemos notar, por exemplo, que há um corredor de vento sem obstruções entre o banheiro e a lavanderia, e a mesma configuração

Gilder Nader Doutor em Engenharia Mecânica pela Universidade de São Paulo (USP), bacharel e mestre em Física pela Universidade Federal Fluminense (UFF), pesquisador do Instituto de Pesquisas Tecnológicas do Estado de São Paulo (IPT) e professor na Faculdade de Tecnologia do Estado de São Paulo (Fatec Tatuapé). Tem experiência nas áreas de engenharia do vento, mecânica dos fluidos, óptica e sensores e atuadores piezelétricos.

é utilizada entre os quartos, a sala e a cozinha. Porém, embora o projeto dos apartamentos seja adequado à ventilação natural e à renovação do ar, a configuração do edifício não é favorável (Figura 16.25), pois apartamentos do primeiro andar sofrem com a obstrução do escoamento dada a configuração do bloco a barlavento e a sotavento, e também há apartamentos mais escuros, enquanto moradores do último andar estão submetidos à irradiação solar constante no teto, mantendo os apartamentos excessivamente quentes no verão.

(continua)

Outro apartamento estudado foi o da CDHU (Figuras 16.26a e b), com tipologia de terceira geração, denominados VI22F-V2, cuja arquitetura também é utilizada nos prédios PI22F. Esse apartamento apresentou estagnação do ar no banheiro, que está posicionado entre o corredor de acesso à lavanderia, e sua janela basculante se abre para uma área interna do apartamento, ou seja, para a lavanderia. Os estudos que realizamos mostrou que, com essa configuração de cômodos, o banheiro está sempre em uma condição de menor pressão do que os demais cômodos, o que desfavorece uma exaustão natural.

Habitações do estilo da CDHU costumam ter o banheiro com paredes e teto mofados, além de os odores não se dissiparem com facilidade. Como não é possível abrir uma janela lateral ao banheiro, pois esses apartamentos dividem parede com outros, uma alternativa para resolver este tipo de problema envolve a instalação de um sistema de exaustão forçada entre o banheiro e a parte externa da lavandeira, mas isto aumenta o consumo de energia elétrica e vai na contramão da sustentabilidade. Para ter melhores condições de conforto, moradores valem-se de equipamentos elétricos, como ventiladores e iluminação artificial, mesmo durante o dia, o que os leva a ter gastos desnecessários com energia elétrica.

Atualmente, há uma maior preocupação com conceitos sustentáveis; em 2012, por exemplo, na cidade de Cubatão (SP), a CDHU entregou o conjunto residencial Rubens Lara, que utiliza conceitos sustentáveis, como janelas amplas, que permitem maior iluminação e ventilação natural, e água aquecida por energia solar.

Nos casos dos apartamentos Cohab e CDHU testados, não há um horizonte de soluções sustentáveis para corrigir os problemas de ventilação natural. No entanto, novos projetos devem ser simulados em túnel de vento ou por modelagem numérica computacional a fim de que possam ser aperfeiçoados e sua implantação se dê apenas quando todas as variáveis, como impacto de vizinhança, de topografia e também de conforto de pedestres, tenham sido testadas.

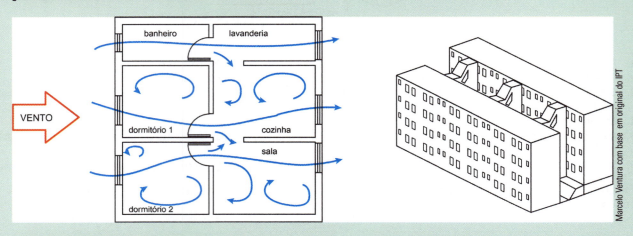

Figura 16.25 Planta e edifício da Cohab.

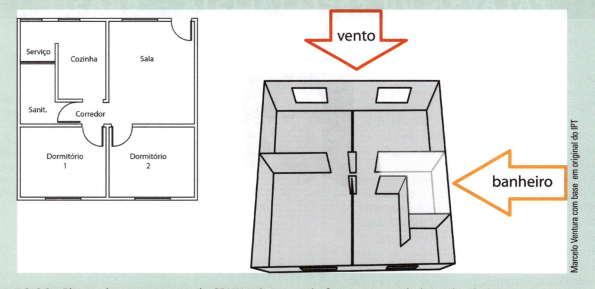

Figura 16.26a Planta de apartamento da CDHU e imagem de fumaça acumulada no banheiro

(continua)

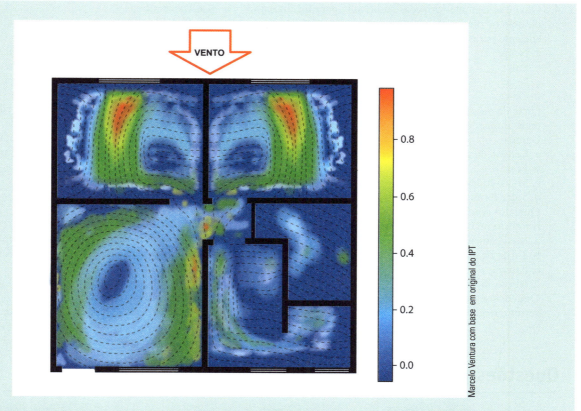

Figura 16.26b Mapeamento do escoamento no apartamento CHDU, com as flechas indicando as direções do escoamento e sua magnitude, e a escala de cores, a razão entre a velocidade do vento externo e interno no apartamento. Nota-se que, no banheiro, a velocidade do vento é inferior a 15% da velocidade externa.

Resumo

Os sistemas de energia renovável podem ser uma boa adição a qualquer projeto de construção verde, desde que sejam considerados no contexto total do edifício. O consumo total de energia do prédio – com base em tamanho, orientação climática, eficiência do envelope e comportamento do proprietário – deve ser considerado, e todos os métodos disponíveis para reduzir o consumo de energia ser incorporados ao projeto antes de opções de energias renováveis serem consideradas. Quando as energias renováveis estão próximas de ser incluídas, todo o projeto do prédio, da orientação do telhado à acessibilidade de tubos necessários, fios, dutos e outras conexões necessárias, deve ser levado em conta desde suas fases iniciais para se obter o máximo desempenho da construção.

Questões de revisão

1. Qual dos seguintes fatores é o mais importante na hora de optar pela utilização de energias renováveis em um projeto?
   a. Velocidade do vento
   b. Potencial solar
   c. Redução da carga
   d. Custo dos painéis fotovoltaicos
2. Qual dos seguintes termos descreve uma casa que utiliza energias renováveis para produzir tanta energia quanto consome?
   a. Casa passiva
   b. Solar passiva
   c. Energia próxima de zero
   d. Energia zero
3. Qual das seguintes alternativas não é componente de um sistema térmico solar indireto?
   a. Coletores
   b. Reservatório
   c. Inversor
   d. Trocador térmico

4. Qual das seguintes direções da bússola para localização do coletor oferecerá o aquecimento solar térmico mais eficiente para o hemisfério norte?
   a. Norte
   b. Sul
   c. Leste
   d. Oeste
5. Qual dos seguintes sistemas de energia renovável é o mais utilizado na construção residencial nos Estados Unidos?
   a. Células de combustível
   b. Eólico
   c. Micro-hídrico
   d. Solar térmico
6. Qual dos seguintes tipos de ligação com a rede oferece o benefício financeiro mais potencial para o proprietário?
   a. Medição em rede
   b. Tarifa de alimentação
   c. Baterias
   d. Micro-hídrico
7. Qual dos seguintes métodos é o mais eficiente para converter energia solar em eletricidade nas casas?
   a. Película fina
   b. Placa de silício
   c. Coletores de placa plana
   d. Coletores de concentração parabólica
8. Qual das seguintes alternativas limitaria o potencial de um local para geração de energia eólica?
   a. Classe nominal 5 da energia eólica
   b. Anel de árvores altas de 4,6 m ao redor do local
   c. Disponibilidade de medição em rede
   d. Disponibilidade de tarifa de alimentação
9. Qual dos seguintes usos é o mais comum da energia térmica solar?
   a. Aquecimento de ambiente
   b. Geração de eletricidade
   c. Aquecimento da água
   d. Aquecimento radiante de piso
10. Na instalação de painéis solares em uma casa, qual das seguintes alternativas é a questão mais importante a ser considerada?
    a. Tamanho do painel
    b. Elevação do vento
    c. Vedação contra penetração da umidade
    d. Acesso para manutenção

Questões para o pensamento crítico

1. Como o tamanho, a orientação, o layout interior e outras características de uma casa afetam a necessidade de sistemas de energia renovável?
2. Quais são os prós e os contras dos diferentes sistemas para gerar eletricidade no local?
3. Como a localização geográfica da casa afeta a seleção de sistemas de energia renovável? Dê exemplos específicos.

Palavras-chave

biocombustíveis
células de combustível
coletor de placa plana
coletor de tubo a vácuo
concentração parabólica
Conselho de Avaliação Solar e Certificação (Solar Rating and Certification Corporation – SRCC)
Conselho Norte-americano de Profissionais de Energia Certificados (North American Board of Certified Energy Practitioners – NABCEP)
dessecantes
energia zero
fotovoltaico (PV)
inversor
off-grid ou extrarrede
on-grid ou em rede
placa plana fotovolaica
potencial solar
sistemas de tarifa de alimentação (*feed-in-tariff* – FIT)
sistemas medidos em rede
solar térmico
sunspace

Glossário

biocombustíveis combustíveis não fósseis, como madeira, etanol e biodiesel, normalmente considerados renováveis.

células de combustível dispositivos que utilizam combustíveis fósseis, como o gás natural e o propano, para produzir eletricidade sem combustão, extraindo o hidrogênio, usadas para criar energia de forma semelhante às pilhas.

coletor de placa plana coletor solar térmico retangular, normalmente medindo 1,2 m de largura por 2,4 ou 3,05 m de comprimento.

coletor de tubo a vacuo coletor solar térmico que usa placas absorvedoras colocadas em um tubo de vidro com vácuo no interior.

concentração parabólica tipo de coletor solar térmico que usa calhas em forma de U que concentram a luz do sol em um tubo que é colocado sobre a linha focal da calha.

Conselho de Avaliação Solar e Certificação (Solar Rating and Certification Corporation – SRCC) organização sem fins lucrativos cujo principal objetivo é o desenvolvimento e a implantação de programas de certificação e padrões de classificações nacionais norte-americanas para equipamentos de energia solar.

Conselho Norte-americano de Profissionais de Energia Certificados (North American Board of Certified Energy Practitioners – NABCEP) organização nacional norte-americana de certificação de instaladores profissionais na área de energia renovável.

dessecantes materiais como óxido de cálcio e sílica que absorvem a umidade e são comumente usados para remover a umidade do ar interno que flui através dos ventiladores.

energia zero um edifício que produz tanta energia quanto necessária em bases mensais ou anuais.

inversor dispositivo que converte a corrente contínua CC gerada no local em corrente alternada CA para uso doméstico.

off-grid ou extrarrede residências que não estão ligadas aos serviços de eletricidade e gás natural.

on-grid ou em rede refere-se a residências ligadas à rede elétrica central.

potencial solar o nível de luz solar que determinado local pode capturar com base em latitude, condições atmosféricas locais e área de céu desobstruída, meridional no caso de locais no hemisfério norte.

sistemas de tarifa de alimentação (feed-in-tariff – FIT) as concessionárias compram energias renováveis em taxas variáveis, que são geralmente mais altas do que as taxas de venda.

fotovoltaico (PV) dispositivo que converte a energia solar diretamente em eletricidade.

sistemas medidos em rede instalados em casas que produzem parte da eletricidade no local com medição feita por meio de um único medidor, que avança ou retrocede de acordo com a direção do fluxo da energia, para vender ou comprar energia da concessionária.

solar térmico sistema que converte luz solar em ar ou água aquecidos.

sunspace adição de energia solar passiva para uma casa nova ou já existente visando fornecer calor extra no inverno através de energia solar.

Recursos adicionais

Database of State Incentives for Renewables & Efficiency (Dsire): http://DSIREusa.org
Find Solar: http://www.findsolar.com/
North American Board of Certified Energy Practitioners (Nabcep): http://www.nabcep.org/

Solar Energy Industries Association (Seia): http://www.seia.org/
Solar PathFinder: http://www.solarpathfinder.com/
Solar Rating and Certification Corporation (SRCC): http://www.solar-rating.org/

Epílogo

O todo

Conforme você caminha pelo labirinto da construção verde, pense em como pode contribuir para tornar todos os seus projetos o mais verdes possível desde o início. O que você pode fazer de diferente do que está acostumado ou de como os outros trabalham para criar um projeto que incorpore, desde o início, todos os princípios da construção verde? Independente de ser projetista, desenvolvedor, proprietário, construtor, consultor ou um protagonista desta grande área, você contribuirá para a sustentabilidade do projeto por meio de seu conhecimento, experiência e compromisso adquiridos com a construção verde que transmitirá à equipe ou para este campo do conhecimento.

Caminho para a construção verde

Há muitos caminhos para se agregar maior conhecimento sobre a construção verde, e muitos deles podem funcionar em paralelo. Você pode começar pela obtenção de uma denominação ou habilitação profissional, como as oferecidas pelo Certificação de Negócios Verdes (Green Business Certification Inc – GBCI), Associação Nacional da Indústria de Reformas (National Association of the Remodeling Industry – Nari) Associação Nacional de Construtores de Casas (National Association of Home Builders – NAHB), Instituto de Desempenho da Construção (Building Performance Institute – BPI), Rede de Serviços de Energia Residencial (Residential Energy Services Network – Resnet) e outras organizações. Programas de graduação e pós-graduação em arquitetura, projeto, engenharia e construção civil fornecem oportunidades para estudar o projeto sustentável. Independente do treinamento recebido, você apreenderá o máximo do conhecimento vivenciando o mundo real. Trabalhe com ou para um profissional experiente, como parte de uma equipe em um projeto, buscando atender certificações como o LEED for Homes, NGBs, Passive House ou outras. Se optar por construir, renovar, reformar ou desenvolver seu próprio projeto, procure profissionais experientes para ajudá-lo e aprenda com eles durante todo o projeto.

Compreender os desafios

Como salientamos ao longo deste livro, construção verde é um processo complexo, muitas vezes, com várias respostas corretas para um único problema. Saber qual é a melhor resposta requer uma sólida compreensão dos princípios da construção verde e de como aplicá-los adequadamente às necessidades específicas de cada projeto. O clima, o projeto da construção, as prioridades do proprietário, o orçamento e muitos outros fatores são fundamentais na hora de tomar as decisões mais adequadas em relação a materiais e métodos.

Tomar as decisões certas

A amplitude e o alcance da construção verde e a ampla gama de opções podem representar um grande desafio para os profissionais, mesmo para os mais experientes. Novos produtos que se autointitulam "verdes" são entrantes quase que diários nesta área. Como visto no Capítulo 1, dezenas de concorrentes de programas de certificação de produtos verdes podem fornecer orientação, bem como aumentar as opções e gerar confusões.

Os especialistas da indústria nem sempre concordam, e as opiniões individuais, muitas vezes, evoluem com o tempo. Continuar a investigação sobre materiais e métodos de construção pode nos levar a abraçar novas tecnologias, mas também a descobrir novos desafios que podem nos levar de volta a técnicas mais antigas que acreditamos e que fornecem, no geral, melhor combinação de desempenho, saúde dos ocupantes, durabilidade ou utilização dos materiais sustentáveis.

Superar barreiras convencionais

Embora grande parte da indústria da construção civil esteja abraçando a construção verde, muitos profissionais permanecem resistentes à mudança, evitando a adoção de práticas de alto desempenho, ainda que já estejam estabelecidas. Códigos melhorados de energia, demanda do mercado e educação ajudarão a convencer as pessoas a fazer as mudanças necessárias. Procurar profissionais de mente aberta e que estejam dispostos a fazer parte de uma equipe, ouvir os outros e mudar os próprios métodos quando for necessário. Profissionais que não estão dispostos a considerar alternativas adequadas às práticas padrão não devem integrar a equipe do seu projeto verde. Procure pessoas capazes de trabalhar de forma colaborativa com o resto da equipe, de modo a garantir um projeto de alto desempenho.

Plano para o sucesso pessoal

Esforce-se para alcançar um equilíbrio entre sustentabilidade global e gerenciamento de mudança. Tentar fazer muitas mudanças ao mesmo tempo pode provocar problemas para toda a equipe de projeto ao longo do processo e mesmo com a construção concluída. Quando você está feliz por ter na equipe membros experientes com uma visão de futuro que exige o mais alto desempenho, tire proveito disso e defina metas elevadas. Quando sua equipe é menos experiente e mais conservadora, você deve ficar confortável com as mudanças mais modestas, que garantam um melhor desempenho sem sacrificar a qualidade global do projeto. Entenda suas limitações, construa sobre os sucessos anteriores e aprenda com os desafios e fracassos – tanto os seus como os dos outros.

PALAVRA DO ESPECIALISTA – EUA

Duas jornadas para a construção verde

Abe Kruger, escritor, CEO e fundador do Kruger Sustainability Group Desde tenra idade, fui atraído para a construção e o meio ambiente. Ao longo do ensino médio, um final de semana típico incluía caminhadas, trabalho voluntário com um afiliado local da Habitat for Humanity ou construção de cenários no teatro. Matriculei-me no Oberlin College com a intenção de mudar o mundo, embora ainda não soubesse como faria isto. Estudos Ambientais foi o primeiro passo lógico. Meus cursos variaram de política de energias renováveis internacionais a geologia do norte de Ohio. Além da minha licenciatura em Estudos Ambientais, descobri um amor pela história. Fiquei fascinado com a interação dos ambientes naturais e construídos. Meus cursos de história exploraram como os elementos naturais, como a fertilidade do solo e a proximidade com a água, influenciaram a localização das cidades e como, em resposta, as cidades mudaram os arredores.

Abe Kruger é escritor, CEO e fundador do Kruger Sustainability Group.

Uma das razões que me levaram ao Oberlin foi o Adam Joseph Lewis Center (AJLC) para Estudos Ambientais, projetado por William McDonough. O AJLC foi criado para ser uma ferramenta de ensino de ponta e continua a ser um dos edifícios mais ecológicos do país. David W. Orr, professor e diretor do Programa de Estudos Ambientais da Oberlin, coordenou os trabalhos para projetar, financiar e construir o AJLC. A meta primordial era demonstrar fisicamente que os edifícios podem ser projetados "tão bem e com tanto cuidado que não possam lançar sombra sobre o futuro ecológico que nossos alunos herdarão [...] os edifícios podem ser projetados para dar mais do que recebem".[1]

Enquanto estive no Oberlin, aprendi a necessidade global da construção verde e estudei muitas das estratégias e tecnologias utilizadas neste tipo de estrutura. Foi no Instituto de Energia Southface, em Atlanta, que realmente aprendi sobre o processo de construção e recebi experiência prática. Inicialmente, coordenei todos os serviços destinados às casas existentes e à modelagem de energia (com classificações do Sistema de Avaliação de Energia de Casas (Home Energy Rating System – HERS) e cálculos de carga de aquecimento e ar-condicionado). Isso me proporcionou uma experiência valiosa na avaliação de casas. Com o tempo, encontrei meu nicho na construção, nos trabalhos de empreiteiro e na formação do proprietário. Fui o instrutor do HERS e ajudei a administrar o programa ENERGY STAR.

Depois de deixar a Southface, trabalhei para uma das maiores empreiteiras de impermeabilização do sudeste. Um dos compromissos da empresa era manter estruturas secas por meio de sistemas de gerenciamento de umidade de alto desempenho. Salvar o ambiente não era o objetivo principal, apesar de seus serviços contribuírem para as contruções verdes. Um dos proprietários descreveu o edifício verde simplesmente como "o caminho certo para construir", e afirmou que seu objetivo era criar edifícios duráveis e saudáveis. A empresa também instalava espaços condicionados e isolamento de *spray* de espuma de poliuretano. Gerenciei os serviços de certificação e inspeção de contruções verdes. Durante meu tempo na empresa, inspecionei mais de cem casas, novas e existentes. Testemunhei, em primeira mão, a gama de modelos de casa nos quais os princípios da construção verde podem ser aplicados, bem como a variedade de estilos de proprietários de imóveis que este tipo de construção atrai.

Em 2009, criei minha própria empresa de consultoria para fornecer treinamento na construção verde e consultoria e desenvolvimento curricular para as escolas, serviços públicos, empresas e entidades sem fins lucrativos. Estávamos empenhados em fortalecer e expandir a comunidade da construção verde por meio da educação e da divulgação. Em parcerias com várias organizações, ca-

---

[1] David Orr. Disponível em: <http://www.oberlin.edu/ajlc/ajlcHome.html>.

(continua)

pacitamos construtores, empreiteiros e proprietários para que pudessem tornar ecológicas suas casas e locais de trabalho.

Essa jornada me levou a estabelecer muitos caminhos surpreendentes. Em uma semana, posso estar treinando construtores e, na outra, dando uma consultoria em uma concessionária de energia elétrica em seus programas de eficiência de gestão da demanda ou de energia. A indústria da construção verde está em constante evolução e cheia de indivíduos vibrantes, talentosos e apaixonados, que trabalham duro para mover a nossa indústria adiante.

Sua energia pode ser sentida em várias conferências e feiras realizadas em todo o país.

A beleza da construção verde está no fato de que você não precisa ser um admirador de árvores para entender o valor de um projeto deste tipo. A construção verde é um investimento econômico para os proprietários, pode melhorar diretamente a saúde e o bem-estar dos ocupantes, e uma forma de preservar o meio ambiente. Construção verde não tem nada a ver com política ou renda. É simplesmente o caminho certo para construir.

PALAVRA DO ESPECIALISTA – EUA

Carl Seville, escritor e consultor da Seville Consulting Quando tinha uns 8 anos de idade, decidi que queria ser um arquiteto quando crescesse. Depois de vários anos de aulas de desenho técnico e arquitetônico no ensino médio, matriculei-me na Rhode Island School of Design, com a intenção de me tornar um arquiteto. Saí da faculdade com uma licenciatura em Desenho Industrial, depois de ter passado um ano de folga para trabalhar como carpinteiro. Depois da faculdade, abandonei a arquitetura, voltei à carpintaria e criei, com um sócio, a SawHorse, uma das maiores empresas de remodelação residencial de projeto de construção na área de Atlanta. Curiosamente, durante algum tempo, uma das minhas funções era a gestão da nossa equipe de até seis arquitetos e projetistas, embora nunca tenha trabalhado pessoalmente em nenhum projeto. Durante minha carreira como empreiteiro, frequentemente me deparava com conceitos da construção verde e de alto desempenho por meio de cursos que fiz e projetos em que trabalhei, mas fui desafiado a integrá-los de forma eficaz em nossa empresa de projeto de construção, então com mais de 25 pessoas. Enquanto refinávamos nossas operações – algo que meu parceiro de negócios descreveu como a atualização de um biplano para um 747 no meio do voo –, nunca me senti confiante o suficiente para fazer a transição para a construção verde.

Em 2000, conheci o programa da EarthCraft House, desenvolvido pelo Southface Energy Institute e pela Greater Atlanta Homebuilders Association. Embora o EarthCraft House tivesse sido concebido exclusivamente para novas construções, vi uma oportunidade de usá-lo como um modelo para as reformas verdes. Depois de muita persuasão, convencemos o Southface a criar um programa de renovação. Como parte da minha introdução, participei de uma aula de treinamento no EarthCraft House com quase metade da nossa equipe. As coisas que aprendemos nesse treinamento foram resumidas por um dos meus gerentes de projeto, que, no fi-

Carl Seville, escritor e consultor da Seville Consulting.

nal do dia, declarou que derrubaria a própria casa e começaria de novo, um sentimento com o qual a maioria de nós concordou. Depois de vários meses de reuniões, o EarthCraft Renovation foi colocado em uma fase piloto, e minha empresa, com a assistência da equipe do Southface, completou a maior parte dos projetos piloto que receberam a certificação. Nos anos seguintes, fui convidado para dar palestras sobre minhas experiências na renovação verde, e, em pouco tempo, descobri que havia, um pouco involuntariamente, me tornado um dos poucos especialistas nacionais sobre o assunto.

Ao longo dos meus então 20 anos como reestruturador, procurei periodicamente oportunidades para uma mudança de carreira, mas, sem sucesso. Uma vez que havia aprendido sobre a construção verde e remodelação, finalmente encontrara a minha paixão. Passei vários anos trabalhando para fazer crescer a remodelação verde no meu próprio negócio e no restante da indústria. No entanto, acredito que o mercado ainda não estivesse pronto para a remodelação verde como uma corrente principal, e eu já não tinha energia para executar um negócio e promover a construção e a remodelação sustentável. Optei por deixar minha empresa em 2005 para me tornar um consultor e instrutor em tempo integral e, então emergir na indústria da construção verde. Desde então, as certificações de construção tornaram-se uma parte importante da minha prática, embora ainda preste serviços de consultoria e treinamento e seja um defensor de todas as formas de construção e remodelação residencial verde.

Minha jornada na construção e remodelação verde me abriu as portas para uma rede maravilhosa e cada vez maior de profissionais de todo o país, muitos dos quais se tornaram bons amigos ao longo da vida. Todos nós compartilhamos uma paixão pela construção sustentável. Com frequência nos reunimos para discutir os caminhos e o futuro dessa indústria. Tem sido uma jornada incrível.

Procure aprender alguma coisa com cada projeto que faz. Cada vez que assume uma nova técnica e avalia seu sucesso (ou fracasso), você obtém informações valiosas que podem ser usadas em projetos futuros. Depois de ter efetivamente implantado um novo processo, ele poderá se tornar seu padrão, com reduções adequadas em termos de custo e esforço para usar na próxima vez. Quando você estiver mais familiarizado com todo o processo, a adoção de novas técnicas fornecerá avanços efetivos e contínuos no desempenho de seus projetos.

Plano para a escalada de sucesso do projeto

O sucesso de um projeto depende diretamente de decisões certas que deverão ser tomadas o mais cedo possível no processo. Como vimos no Capítulo 3, orientação do local apropriado, considerações climáticas, dimensão adequada do prédio, acomodações adequadas para sistemas mecânicos e outros princípios integrados de projeto podem ajudar na redução dos custos da construção e das despesas operacionais ao longo da vida. Entretranto, a espera até que os planos estejam quase completos para considerar a incorporação dos princípios ecológicos pode levar ao aumento dos custos e ao desempenho reduzido.

Como entender o foco do projeto

Cada projeto tem prioridades que devem ser usadas como um guia durante o processo. Embora nenhum dos princípios fundamentais da construção verde deva ser ignorado, eles podem ser priorizados e considerados de forma diferente em cada projeto. Para um proprietário cuja prioridade é a saúde física, o projeto pode se concentrar em uma combinação de qualidade do ambiente interno (*indoor environmental quality* – IEQ) e construção em um bairro tranquilo. Um proprietário diferente pode focar a eficiência energética e a utilização de materiais sustentáveis. Um terceiro pode considerar a eficiência da água. À primeira vista, esses projetos podem parecer ter exigências diferentes, mas existem interconexões significativas que os tornam mais semelhantes do que pode ser esperado.

Interconexões na construção verde

Quando o foco do projeto está na qualidade do ambiente interno (IEQ), a eficiência do ar e estanqueidade dos dutos são fundamentais para reduzir a infiltração de poluentes; os gases da combustão devem ser mantidos separados do ar interno; e devem-se utilizar materiais de baixa emissão. Ar tratado com alto desempenho e vedação de dutos conduzem à melhoria da eficiência energética, assim como a escolha do espaço de combustão vedado e do equipamento de aquecimento de água. Nos locais em que a IEQ é uma prioridade, a eficiência energética é parte integrante deste atendimento.

Se a eficiência dos recursos é uma prioridade, a estruturação avançada ou outros sistemas estruturais alternativos são frequentemente utilizados, e, muitas vezes, levam diretamente à melhoria do isolamento e da eficiência energética.

Quando a durabilidade é o foco, a gestão cuidadosa da água e do vapor ajuda a manter a integridade estrutural e reduzir ou eliminar mofo e bolor. Níveis de umidade saudáveis também serão mantidos, levando diretamente à melhoria da IEQ.

Há muitos cenários em que enfatizar uma face do edifício verde também melhorará as outras. Aproveitar-se disso na definição das prioridades ajuda a melhorar a sustentabilidade global do projeto.

O futuro da construção verde

A construção verde está em constante evolução. Mantenha-se atualizado sobre todos os programas de certificação que são relevantes para seu papel, porque a maioria é atualizada regularmente. Essas atualizações são uma combinação de esclarecimentos de questões que os usuários levantam durante a implantação, melhorias da rotina para fortalecer o programa e esforços para ficar à frente de códigos de energia cada vez mais rigorosos. Conforme são adotados novos códigos de energia, alguns programas de certificação verde têm dificuldades para incorporar os requisitos legais mínimos, o que exigirá que mudem as especificações para manter uma posição de maior desempenho.

O governo e os incentivos de serviços públicos estão disponíveis nos Estados Unidos, na maioria das áreas, para ajudar a criar a demanda por serviços na construção verde. Os incentivos aumentam a conscientização dos consumidores. Mesmo quando esses incentivos não se aplicam a um projeto específico, podem ajudar a garantir clientes para negócios que os apresentem a seus esforços de comercialização. Como as certificações verdes, os incentivos mudam com frequência. Ficar em dia com os incentivos disponíveis ajuda-o a ser um recurso eficaz para seus clientes. O Banco de Dados de Incentivos Estatais às Energias Renováveis e à Eficiência (Database of State Incentives for Renewables and Efficiency – http://www.dsireusa.org) fornece listagens abrangentes e atualizadas de incentivos locais, estaduais e nacionais nos Estados Unidos.

Ir além

Qual é o futuro da construção verde? À medida que os códigos avançam além do mínimo, a demanda do consumidor aumenta e os incentivos evoluem, a maioria dos profissionais tradicionais (senão todos) se moverá em direção a, pelo menos, um nível mínimo da construção verde. As empresas e os indivíduos que já adotaram práticas sustentáveis continuarão a expandir seus conhecimentos, produzindo edifícios de desempenho mais alto. Os praticantes mais progressistas estão se movendo no sentido de edifícios de energia zero. À medida que as técnicas básicas e avançadas da construção verde se tornam a forma corrente e principal para empresas individuais e para a indústria como um todo, sempre haverá novos desafios.

Garantias de energia

Alguns construtores verdes experientes oferecem garantias de energia e conforto aos clientes, proporcionando-lhes a garantia de que as contas de serviços públicos não excederão um montante específico e que as temperaturas serão consistentes em toda a casa. Os construtores podem desenvolver os próprios programas ou trabalhar com programas nacionais, como Residências e Ambientes Confortáveis para Moradia (Confort Home and Environments for Living). Tais garantias podem fornecer uma vantagem de comercialização para empreiteiros que as oferecem.

Como reduzir a responsabilidade

Como já aprendemos, edifícios de alto desempenho exigem menos manutenção, são mais duráveis e ofere-

---

PALAVRA DO ESPECIALISTA – EUA

Construção verde: o elemento humano

Michael Anschel, CEO da Verified Green, Inc.

O estudo da construção verde é, sem dúvida, uma das áreas mais amplas e complexas, pois devem-se considerar muitos procedimentos: adotar todos os princípios ecológicos; medir a energia incorporada e os impactos ambientais da extração de matéria-prima, conversão, fabricação e descarte; examinar o divisor de águas, o uso da terra e o impacto do canteiro de obras; explorar a composição dos produtos e seu impacto sobre a saúde humana; compreender os fundamentos da física, umidade e ciência da construção; computar os valores de desempenho dos materiais de construção para selecionar os sistemas mecânicos adequados; e compreender o valor da transferência de energia em todas as suas formas. No final do dia, no entanto, um componente da construção verde supera todas as fórmulas e medições. Nenhum valor monetário pode ser colocado sobre este elemento: a vida humana.

Uma casa pode parecer ser bastante verde se carrega uma pontuação do HERS de 14, se 98% da água da chuva ficam retidos e se a mistura de concreto da fundação contém 60% de cinzas volantes. Talvez a seleção cuidadosa das instalações reduza o consumo de água para 20 galões, ou 75,7 litros, por pessoa. Talvez 90% dos pisos sejam de superfícies duras e as paredes pintadas com tintas sem cancerígenos. Se, no entanto, a ardósia usada nos pisos veio de uma pedreira da Índia, onde a expectativa de vida é de 30 anos, porque não existem normas de saúde e segurança, os salários de subsistência são baixíssimos e a silicose é galopante, há um problema. A seleção dos materiais com base

Michael Anschel é proprietário e diretor da Otogawa-Anschel Design Build, uma empresa premiada de projeto e construção, nacionalmente reconhecida e líder do movimento da construção verde em Minnesota. Entre outras afiliações profissionais, Anschel é vice-presidente do conselho de administração da Minnesota GreenStar e CEO da Verified Green, Inc., que presta serviços de consultoria sobre construção verde a construtores, empresas de reestruturação, arquitetos e funcionários estaduais e municipais.

apenas no preço, sem considerar o impacto humano, mesmo se for relegado, é inaceitável. Compreender o impacto deslocado e o lixo em um aterro sanitário pode ser uma tarefa difícil. Por isso, deve-se concentrar em algo mais próximo da casa, que você possa controlar. Os instaladores que usam tubo de cloreto de polivinila expõem-se a uma variedade de neurotoxinas, desreguladores endócrinos e substâncias cancerígenas por meio da manipulação, modificação e ligação dos materiais. Uma máscara filtrante e luvas podem reduzir drasticamente a exposição ao risco, e você deve exigir a utilização desses recursos nos locais de trabalho. Da mesma forma, os carpinteiros se expõem a níveis insalubres de formaldeído. Os instaladores de *drywall* e acabamentos se expõem a altos níveis de poeira de sílica fina e devem ser obrigados a usar máscaras apropriadas. Estes são apenas três exemplos de como você pode impactar no patrimônio social das pessoas que criam uma casa verde.

Existem muitas ferramentas de tomada de decisões que você pode usar para escolher o produto certo ou determinar as melhores práticas no campo para sua equipe. Questionar a origem de um produto e ter uma postura ética sobre quais produtos sua empresa deve ou não instalar é um bom passo inicial. Publique uma lista de materiais e as melhores práticas para sua equipe como referência. Exceda os requisitos mínimos estabelecidos por agências, como a Administração de Segurança e Saúde Ocupacional (National Institute for Occupational Safety and Health Administration), Instituto Nacional para Segurança e Saúde Ocupacional (National Institute

(continua)

for Occupational Safety and Health) e a Agência de Proteção Ambiental (Environmental Protection Agency). Procure maneiras de melhorar a qualidade de vida para todos na cadeia de fornecimento e instalação. A seguir, apresentamos as quatro questões[1] que usamos em nossa empresa para tomar decisões:

1. Esta é a verdade?
2. É justo para todos os interessados?
3. Criará boa vontade e melhores amizades?
4. É benéfico para todos os interessados?

Saiba que, conforme os programas de construção verde evoluem e se baseiam cada vez mais na ciência, também se tornam mais socialmente responsáveis. O ideal é que não precisemos de um programa que nos diga que devemos respeitar os nossos semelhantes, mas é bom estar sempre atento a isto.

[1] Herbert J. Taylor. Rotary International's, *The Four-Way Test*, 1932.

cem ambientes internos mais saudáveis. Esses fatores ajudam a reduzir a responsabilidade dos profissionais envolvidos no projeto e na construção dos edifícios. Responsabilidade reduzida leva ao aumento da rentabilidade por meio de taxas mais baixas de seguros, menos processos litigiosos e menos garantia, o que representa mais tempo e dinheiro para a gestão de um negócio rentável.

Como mudar da sustentabilidade para um projeto regenerativo

Grande parte da discussão entre os praticantes da construção verde mais avançada envolve ir, além da sustentabilidade, para um paradigma verdadeiramente regenerativo. Conforme reconhecemos que os recursos da Terra têm limites, devemos considerar como reduzir não só os recursos que usamos para a construção e operação de edifícios, mas também como criar construções que tenham um impacto líquido zero para o meio ambiente. Com o devido planejamento, essas construções podem realmente adicionar benefícios para o ambiente durante sua vida.

Desafio do Edifício Habitável

Atualmente, o Desafio do Edifício Habitável (Living Building Challenge – LBC) é um dos programas mais avançados de construção sustentável. Uma certificação desenvolvida pelo International Living Building Institute, promove o desenvolvimento de edifícios que usam zero de energia e de água, empregam sistemas totalmente integrados e adotam a beleza. Seus princípios fundamentais são local, água, energia, saúde, materiais, equidade e beleza. Um componente central do LBC é que os edifícios só podem ser certificados depois de um ano completo de ocupação, garantindo assim que satisfaçam os critérios do programa conforme são operados.

A durabilidade sempre é desejável?

Um princípio importante da construção verde é a durabilidade. Ao tornarmos nossos edifícios duráveis, estendemos sua vida, reduzimos a quantidade de matérias-primas utilizadas para a reparação e substituição, e reduzimos o espaço do aterro requerido para nos desfazermos de materiais que estão sendo substituídos. No entanto, a durabilidade ilimitada dos materiais individuais nem sempre é desejável, particularmente quando não são recicláveis. Os plásticos são um problema ambiental de longo prazo, porque não se degradam e não são fáceis ou regularmente reciclados, e alguns dos produtos químicos utilizados na sua fabricação são conhecidos por causar problemas físicos em seres humanos e animais. A madeira quimicamente tratada não se deteriora facilmente, não é reciclável e pode liberar substâncias químicas tóxicas após o descarte. Evitar a utilização de materiais como esses é uma atitude, no longo prazo, mais sustentável do que utilizar materiais que nunca se deteriorarão.

A madeira não tratada não é em si particularmente resistente, mas, quando instalada e acabada de forma adequada, como parte de um conjunto com controle da água, pode durar por muito tempo e ser reutilizada, reciclada, ou que se deteriore na terra, quando não for mais necessária. A alvenaria e o concreto são extremamente duráveis, além de reutilizáveis e recicláveis. Os metais também são duráveis, e a maioria é fácil e regularmente reciclados.

Em nossas construções, não devemos usar materiais que não possam ser facilmente reciclados ou reutilizados, ou que não se decomponham naturalmente. Edifícios construídos de maneira que possam ser desconstruídos e a maioria de seus componentes reutilizados, ou que possam se decompor, terão, em última análise, o menor impacto sobre o ambiente.

Construção verde: como assimilar os principais conceitos

Conforme vimos no início deste livro, os conceitos fundamentais da construção verde devem ser usados como princípios orientadores em todos os seus projetos. Entender o que cada um desses conceitos significa e como interagem entre si, e dar a cada um deles a ênfase adequada, é fundamental para construir edifícios mais sustentáveis.

As evoluções da construção para uma condição mais sustentável e verde no Brasil passam, desde 2013, por sequentes implantações que se configuraram pela introdução da norma de desempenho e, em seguida, das normas de manutenção e reforma. Como parte deste novo cenário apresenta-se uma leitura sobre a necessidade de um novo olhar sobre a atuação dos profissionais nas edificações.

Princípios da construção verde

 Eficiência energética

 Eficiência de recursos

 Durabilidade

 Uso eficiente da água

 Qualidade do ambiente interno

 Impacto reduzido na comunidade

 Educação e manutenção para o proprietário

 Desenvolvimento local sustentável

Avaliações e perícias em edifícios – As necessidades dos gestores prediais em face das Normas Técnicas Brasileiras

IBAPE SP – Instituto Brasileiro de Avaliações e Perícias de Engenharia de São Paulo*

Manutenção e reforma de edificações

A sociedade brasileira demanda padrões cada vez mais exigentes dos produtos e serviços que consome, e, em geral, essas exigências são acompanhadas pela concorrência, também crescente, que as oferece por valores decrescentes. A equação se sustenta pelo ganho de produtividade, capacitação e especialização da cadeia produtiva. O contexto aplica-se aos gestores prediais, que estão sendo cotidianamente desafiados a manter a eficácia com maior eficiência.

A ABNT NBR 16.280:2014 – Reforma em edificações – Sistema de Gestão de Reformas – Requisitos estabelece os requisitos para os sistemas de gestão de controle de processos, projetos, execução e segurança, incluindo:

a) Prevenção de perdas de desempenho decorrente das ações de intervenção gerais ou pontuais nos sistemas, elementos e componentes da edificação;
b) Planejamento, projetos e análises técnicas de implicações da reforma na edificação;
c) Alteração das características originais da edificação ou de suas funções;
d) Descrição das características da execução das obras de reforma;
e) Segurança da edificação, do entorno e de seus usuários;
f) Registro documental da situação da edificação, antes da reforma, dos procedimentos utilizados e do pós-obra de reforma;
g) Supervisão técnica dos processos e das obras.

Esta norma estabelece que, antes do início de reformas (ou intervenções) numa edificação (tanto nas áreas comuns como nas unidades autônomas), seja apresentado ao responsável legal da edificação o Plano de Reforma para análise e aprovação, que deve conter os projetos pertinentes, memoriais, escopo do serviço a ser realizado, cronograma, dados da empresa e profissionais envolvidos na reforma, entre outros.

Importante salientar que a norma apresenta definições para "Empresa Capacitada" e "Empresa Especializada", e, em seu Anexo A, apresenta uma relação, com exemplos, de intervenções que necessitam da contratação de empresas especializadas ou capacitadas. Com isso, busca-se evitar a ocorrência de intervenções inadequadas que possam resultar em acidentes, o que, por consequência, acaba por implicar:

a) Incremento na contratação de empresas capacitadas ou especializadas para execução dos serviços de reforma e manutenção, e

---

* Artigo escrito pelos diretores do IBAPE/SP, gestão 2014/2015, Eng. Civil Antonio Carlos Dolacio e Eng. Civil Luiz Henrique Cappellano, Diretor Técnico e Diretor de Relações Institucionais, respectivamente.

(continua)

b) Procura, por parte dos responsáveis legais das edificações, de profissionais das áreas de engenharia e arquitetura para elaboração dos Planos de Reforma e para eventuais serviços de fiscalização.

A norma, ainda, trouxe à baila um tema sensível aos gestores prediais, que não constitui uma norma ou ação isolada, devendo-se observar sob um conjunto mais abrangente de especificações, conforme se verifica na Figura 1 a seguir.

Figura 1 Panorama das exigências técnico-normativas relacionadas às edificações.

O elemento central nesta visão é a edificação, que está associada a um desempenho planejado, ou seja, a uma expectativa de comportamento em uso, da própria edificação e de seus sistemas. No caso dos edifícios corporativos e institucionais, não se aplica a conhecida "Norma de Desempenho" (**ABNT NBR 15.575:2013 – Edificações Habitacionais – Desempenho**), restrita a este escopo. No entanto, o conceito é válido também a esses edifícios e, nesses casos, compete aos gestores buscar a tradução das exigências dos usuários em requisitos e critérios técnicos.

A manutenção da edificação é regida pela **ABNT NBR 5.674: 2012 – Manutenção de Edificações – Requisitos para o Sistema de Gestão da Manutenção,** que tem por objetivo preservar as características originais e prevenir a perda de desempenho decorrente da degradação dos seus sistemas, elementos ou componentes.

A reforma distingue-se da manutenção, pois envolve alterações, com ou sem mudança de função, visando recuperar, melhorar ou ampliar suas condições de habitabilidade, uso ou segurança, podendo envolver, portanto, a revisão do desempenho original.

Esse arcabouço pode ser observado como um segmento bastante importante da gestão de ativos, normatizada pela **ISO 55.000:2014 – *Asset management – Overview, principles and terminology* (Gestão de Ativos – Visão Geral, Princípios e Terminologia)**, que foca principalmente a melhoria na obtenção de valor na organização a partir da base de ativos, na qual se inserem as edificações. Esse valor pode ser obtido, entre outros, com a melhoria do:

a) Desempenho financeiro;
b) Gerenciamento de riscos;
c) Atendimento de clientes e partes interessadas;
d) Atendimento a requisitos socioambientais;
e) *Compliance* – atendimento de requisitos legais, estatutários e regulatórios;
f) Decisões de investimento ou de desinvestimento.

Perícias de engenharia e arquitetura, avaliações de bens e inspeção predial

Os segmentos de Perícias de Engenharia e Arquitetura, Avaliações de Bens e Inspeção Predial contam com empresas e profissionais altamente especializados. Como exemplo desta especialização, o **Instituto Brasileiro de Avaliações e Perícias de São Paulo – IBAPE/SP** em parceria com instituições de ensino, entre elas a **Universidade Presbiteriana Mackenzie** e a **Fundação Armando Alvares Penteado – FAAP**, entre outras, promove cursos de especialização *lato sensu* em **Perícias de Engenharia e Avaliações**, parcerias essas que já formaram mais de 600 especialistas, cabendo destacar, ainda, os cursos de extensão oferecidos pelo próprio IBAPE/SP, totalizando apenas em 2014, aproximadamente 900 alunos.

O **IBAPE/SP** objetiva o aprimoramento técnico e profissional de seus associados e da atividade de perícias, avaliações e inspeções de engenharia em geral, com a divulgação e transmissão do conhecimento. Para tanto, além dos cursos, investe no desenvolvimento de pesquisas, estudos, análises e discussões, eventos, palestras técnicas, câmaras técnicas próprias (Perícias, Avaliações, Inspeção Predial e Ambiental), normas e publicações, com a finalidade de intercâmbio técnico de ideias, técnicas e de informações.

Os segmentos oferecem diversos produtos e serviços que auxiliam a *performance* do gestor predial. É o caso da **Inspeção Predial**, definida como a avaliação visual das condições técnicas, de uso, operação, manutenção e funcionalidade dos sistemas construtivos, considerados os requisitos de desempenho previstos para a edificação. Neste trabalho são classificadas as anomalias e falhas eventualmente constatadas quanto às suas origens, sendo apontadas, ainda, as recomendações técnicas pertinentes e suas respectivas prioridades, sempre visando à adequada prática da manutenção dos sistemas e elementos construtivos, auxiliando, assim, na garantia da vida útil, do desempenho e dos níveis de funcionalidade e segurança, constituindo, portanto, ferramenta fundamental para fornecer subsídios consistentes ao **Plano de Manutenção**.

Independente das diversas legislações que surgiram por todo o território nacional, que versam sobre a obrigatoriedade da realização da **Inspeção Predial**, é importante destacar que referido trabalho técnico, obrigatório ou não, cumpre função importante no sentido de evitar que proprietários de imóveis, usuários e gestores prediais negligenciem as atividades preventivas, corretivas, reformas e outras que, por definição, deveriam assegurar um melhor desempenho nos sistemas e elementos construtivos.

O **IBAPE/SP** vem participando intensamente dos trabalhos do projeto de norma da ABNT sobre Inspeção Predial (CE-02:140.02 – Comissão de estudo de Inspeção Predial), cujo texto base foi apresentado pelo IBAPE – Entidade Federativa (Norma de Inspeção Predial do IBAPE Nacional), e que, quando aprovada, norteará os trabalhos de Inspeção Predial em todo o país.

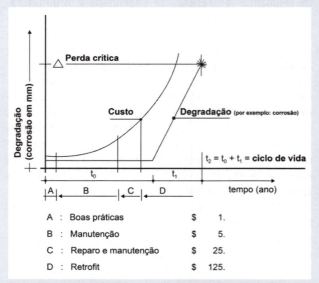

Fonte: SITTER, W. R. de. Costs for service life optimization – The "Law of Fives". In: CEB Bulletin 152 Durability of Concrete Structures. p. 134.

Figura 2 Omissões na manutenção das edificações podem implicar sua retirada de serviço muito antes de cumprida sua vida útil projetada, causando transtornos aos usuários e um "**sobrecusto**" intensivo dos serviços de recuperação ou de construções substitutas, situação esta bem caracterizada pela Lei de Evolução de Custos – Sitter.

Além da **Inspeção Predial**, existem outros exemplos de trabalhos técnicos que auxiliam os gestores prediais nos trabalhos administrativos, bem como nas tomadas de decisões, como os **Laudos de Perícia Técnica** (trabalho investigativo aprofundado relacionado a evento específico ou não, que envolve a apuração das causas que motivaram determinado evento e a respectiva asserção de direitos, além de procedimentos técnicos de recuperação), os **Laudos de Avaliação** (de bens imóveis, patrimonial etc.), dentre outros.

O gestor predial e de *facilities* também pode contribuir com a obtenção de valor para sua organização ao ampliar seu raio de visão para os elementos da Gestão de Ativos. A análise e revisão das vidas úteis nos livros contábeis, em conformidade com as vidas técnicas e suportadas por **Laudo Técnico** específico, podem propiciar a redução de impostos e consequente melhoria do fluxo de caixa. O **Laudo Técnico** também auxilia na correta classificação dos custos capitalizáveis, e, por sua vez, os **Laudos de Avaliação** podem auxiliar em diversas decisões referentes a transações imobiliárias, entre as quais: Investimento em substituição ou manutenção de um ativo; Investimento na construção, aquisição ou locação de prédio pronto; Desinvestimento ou desmobilização (*Sale & Leaseback*); Oferecimento de garantias reais.

Fonte: IBAPE/SP: Rua Maria Paula, no 122, 1o andar, Bela Vista, São Paulo, SP, tel. (11) 3105-4112 – www.ibape-sp.org.br

PALAVRA DO ESPECIALISTA – BRASIL

Diante do epílogo deste livro – do qual tive a oportunidade de ser a adaptadora e a responsável pelas inserções da realidade brasileira neste segmento –, que para mim representou a apreensão da experiência de profissionais que construíram toda uma nova realidade pautada em vivências de fato, a dúvida inicial foi: como escrever sobre minhas bases e experiências sobre a sustentabilidade das construções, ou como estas podem, por minhas ações, ser mais verdes? Decidi-me, então, por expor minha trajetória de conhecimento até aqui.

Minha formação na área de construção civil começou com os estudos no curso técnico em edificações, para o qual minha predileção era a arquitetura e as artes. Mas minha atuação sempre foi de bons resultados com as estruturas das construções, razão de ter um professor projetista estrutural como padrinho e mentor em diversos projetos, até minha decisão de continuidade e a conclusão em Engenharia Civil em 1991, mestrado em Engenharia e doutorado em Arquitetura.

Desde 1986, minha atuação tem sido preponderantemente focada na docência, mas também com participações em projetos, sob a forma de análises e avaliações. Em 1992, diante do evento ECO 92 no Rio de Janeiro, comecei uma busca pessoal por mais informações sobre as diretrizes do desenvolvimento sustentável, temas que se interligavam como sistemas naturais, bioarquitetura, formas da natureza, uma vez que minha atuação era específica em estruturas.

Somente 10 anos depois, em 2002, a construção civil tinha diretrizes específicas: a Agenda 21, em que foram estabelecidos os desafios para as construções. No final de 2006 assumi a coordenação do curso de Engenharia Civil da FAAP, e, além das disciplinas então acertadas como demandas da minha diretoria para a reformulação da estrutura curricular: por exemplo, empreendedorismo, plano de negócios, design natural, marketing, centrei meus esforços na proposição de outras, como: materiais de construção civil ecológicos e tecnologias construtivas sustentáveis, tópicos de instalações de termodinâmica e instalações prediais especiais, administração de recursos hídricos, *green buildings* – construções verdes e certificação sustentável –, planejamento energético sustentável, avaliação ambiental de empreendimentos na engenharia, resultando assim na primeira instituição no Brasil a inserir disciplinas de construções sustentáveis em sua estrutura curricular. Em 2007, já contávamos com um curso alinhado às demandas e desafios ambientais e em carga horária adequada.

No final de 2008 já falávamos sobre Responsabilidade Social por meio da ISO 26000, época em que criei as bases do primeiro curso de pós-graduação em construções sustentáveis, por estar à frente da coordenação do Núcleo de Pós-Graduação Pesquisa e Extensão da FAAP. Diante de uma série de estudos que pude realizar em entidades e instituições internacionais que já estavam atuando nestes assuntos e que, portanto, seriam um diferencial a ser oferecido ao mercado, mas, infelizmente, quando da proposta, o tema não estava tão evidente ao mercado e não obtivemos matriculados, mesmo depois de palestras promovidas.

Já em 2010 o CBCS – Conselho Brasileiro de Construção Sustentável realizou um seminário em que pude ver que havia muito interesse, e então intensifiquei a promoção do tema e do curso de pós-graduação em construções sustentáveis, que no ano de 2011 iniciou a primeira turma. No ano de 2015 formamos a segunda turma.

No período de 2011 a 2014 estive à frente de uma quantidade muito grande de palestras e participações em curso de graduações e pós-graduações para desenvolver tanto os conceitos como explicar e ensinar os processos de certificações verdes, tanto de edifícios como de bairros. Este foi um período de estabelecimento de conceitos e promoção da construção verde.

Mas, no ano de 2015, vejo-me como coautora da promoção de maiores entendimentos sobre as construções verdes, numa fatia do mercado que vem a ser a fronteira de novos negócios, e que, no futuro, haverá de evidenciar que a sustentabilidade não é só um assunto importante, mas objetivos que já são comuns para as construtoras e para a maioria da população.

Acredito ser necessário ressaltar que as soluções verdes não se restringem à sustentabilidade, ou seja, elas são a base e a fundação para a qualidade e vida. Há uma crise econômica e política, mais do que vivida e anunciada, com situações de dificuldades com as demandas energéticas – que não só é maior devido à nossa crise econômica produtiva – e de crises hídricas nunca antes enfrentadas pelas nossas maiores cidades brasileiras.

Portanto, há um novo patamar de aculturamento de mobilidade, que exige uma nova convivência com ciclistas, pedestres e veículos em face às implantações, mais que necessárias, das ciclofaixas na cidade de São Paulo. Assuntos e temas complexos como este são lacunas, como dito por mim em um ensaio ("Construção sustentável – Cenário no Brasil e as principais lacunas para a sua disseminação") e, como tal, devem ser encaradas como aberturas que podem ser preenchidas inteligentemente e de múltiplos modos, mas devendo-se ter por linhas mestras os âmbitos social, cultural, ambiental e econômico,

Profa. Dra. Sasquia Hizuru Obata *Engenheira civil pela Fundação Armando Alvares Penteado (FAAP), licenciada em Formação de Professores de Disciplinas pela Universidade Tecnológica Federal do Paraná (UTFPR), especialista em Administração de Empresas pela FAAP, mestre em Engenharia Civil pela Universidade de São Paulo (USP), doutora em Arquitetura e Urbanismo pela Universidade Mackenzie.*

(continua)

de modo conjunto e com vista ao todo.

Como professora, quero concluir usando uma referência pessoal, o filme Dersu Uzala, do diretor Akira Kurozawa, uma dica de leitura e uma recorrência à leitura que fiz de um livro de Mario Sérgio Cortella*. Neste filme, um topógrafo tem que fazer um levantamento em uma área erma e tem como guia Dersu, homem simples, da terra, mas não sem conhecimentos. Sob uma tempestade de neve, ambos conseguem se abrigar em uma cabana, onde havia provimentos e condições para se fazer fogo a fim de se aquecer. Após a tempestade, o topógrafo só pensa em deixar a cabana, mas Dersu lhe diz que só puderam se abrigar ali, se aquecer e comer porque encontraram a cabana preparada. E, por isso, deveriam preparar a cabana para outros que um dia precisassem ali se abrigar.

Assim espero dos estudantes e profissionais, que sempre possam, em cada empreendimento e projeto, enfrentar e atuar com sustentabilidade e parâmetros verdes. E que não se esqueçam de que, se foram feitos profissionais e construtores, a cabana que fizerem deve sempre, em seu todo, servir a tudo e a todos.

*Educação, convivência e ética: audácia e esperança! São Paulo: Cortez, 2015.

PALAVRA DO ESPECIALISTA – BRASIL

Escrever parte do epílogo deste livro confere a mim o sentido de finalização de um trabalho de grande aprendizado, e a fixação dos conceitos de construção verde que, muitas vezes, podem parecer óbvios, mas que demandam atenção, conhecimento e comprometimento.

Após 15 anos de formação como engenheira civil, vi-me diante da necessidade de buscar uma atualização profissional, pois acreditava ser hora de olhar para o futuro das construções. Foi quando decidi me matricular, em 2010, na primeira turma do curso de Pós-Graduação em Construções Sustentáveis coordenado pela Prof[a]. Dra. Sasquia Hizuru Obata, que, por coincidência havia sido minha professora no curso de graduação. Meu foco maior à época era em eficiência energética e uso racional de água, já que, desde 2005, venho desenvolvendo projetos nas áreas de Instalações Hidráulicas e Elétricas.

Porém, desde a primeira aula da pós-graduação aprendi que um projeto sustentável ou verde é um projeto holístico, ou seja, não

Isamar Marchini Magalhães Engenheira civil pela Fundação Armando Alvares Penteado (FAAP), especialista em Construções Sustentáveis pela FAAP, projetista de instalações elétricas e hidráulicas na Magtech Engenharia.

pode ser focado em somente uma determinada área, mas, sim, ele é um todo – que nasce de um desejo, quer seja movido por uma vontade pessoal, pela necessidade da utilização de menor quantidade de recursos naturais, pelo fator econômico ou qualquer outro objetivo –, que não pode ser desmembrado. Foi assim durante todo o decorrer da pós-graduação, quando foi possível rever conhecimentos básicos, porém à luz da construção sustentável, com a obtenção de conhecimento atualizado em diversas áreas da engenharia civil e da arquitetura.

Assim como esta experiência citada, acredito que a leitura deste livro não possa ser dirigida apenas a capítulos de interesse pessoal. O conhecimento aqui partilhado faz parte de um projeto completo.

Trabalhar como revisora técnica deste livro, ao lado da Profa. Sasquia, além de grande responsabilidade, conferiu-me grande honra, por estar ao lado de tantos profissionais experientes e com tanto a ensinar.

Recursos adicionais

Banco de Dados de Incentivos Estatais às Energias Renováveis e à Eficiência (Database of State Incentives for Renewables &Efficiency): http://dsireusa.org/

Instituto de Construção Habitável Internacional: (International Living Building Institute) http://ilbi.org/

Apêndice

Tabela de valor R

Material	R/cm (R/polegada)*	R/espessura**
Materiais de isolamento		
Guarnição de fibra de vidro	1,24 -1,69	
	(3,14-4,30)	
Fibra de vidro soprada (sótão)	0,87-1,69	
	(2,20-4,30)	
Fibra de vidro soprada (parede)	1,46-1,69	
	(3,70-4,30)	
Guarnição de lã mineral	1,23-1,57	
	(3,14-4,00)	
Manta de lã mineral (sótão)	1,22-1,57	
	(3,10-4,00)	
Manta de lã mineral (parede)	1,22-1,57	
	(3,10-4,00)	
Manta de celulose (sótão)	1,23 (3,13)	
Manta de celulose (parede)	1,46 (3,70)	
Vermiculita	0,84 (2,13)	
Concreto celular autoclavado	0,41 (1,05)	
Espuma de terpolímero de ureia	1,76 (4,48)	
Fibra de vidro rígida densidade > 64 g/l, ou > 60,3 kg/m³ (> 4 lb/pé³)	1,57 (4,00)	
Poliestireno expandido (placa granulada)	1,57 (4,00)	
Poliestireno extrudado	1,97 (5,00)	
Poliuretano (aplicado no lugar)	2,46 (6,25)	
Poli-isocianurato (folha com face)	2,83 (7,20)	
Materiais de construção		
Bloco de concreto de 10,2 cm (4")		0,80
Bloco de concreto de 20,3 cm (8")		1,11
Bloco de concreto de 30,5 cm (12")		1,28
Tijolo (assentamento comum) de 10,2 cm (4")		0,80
Tijolo de 10,2 cm (assentamento em espelho) 4"		0,44
Concreto moldado	0,031 (0,08)	
Madeiramento de madeira maciça	0,49 (1,25)	
Nominal de 5 cm (2") a (1 1/2")		1,88
5 x 10,2 cm (2" x 4") a (3 1/2")		4,38
5 x 15,2 cm (2" x 6") a (5 1/2")		6,88
Troncos e madeiramento de cedro	0,52 (1,33)	

*Os valores entre parênteses são os valores em unidades norte-americanas (polegadas).
**R/espessura corresponde à medida de resistência ao fluxo de calor e, na tabela, corresponde ao valor da resistência ao fluxo de calor para uma determinada espessura, que já é fornecida no mercado dos EUA para os materiais de construção.

Material	R/cm (R/polegada)	R/espessura
Materiais de revestimento		
Compensado	0,49 (1,25)	
6,3 mm (1/4")		0,31
9,5 mm (3/8")		0,47
12,7 mm (1/2")		0,63
15,9 mm (5/8")		0,77
19,1 mm (3/4")		0,94
Placa de fibra	1,04 (2,64)	
12,7 mm (1/2")		1,32
19,8 mm 25/32"		2,06
Fibra de vidro 19,1 mm (3/4")		3,00
25,4 mm (1")		4,00
38,1 mm (1 1/2")		6,00
Poliestireno extrudado de 19,1 mm (3/4")		3,75
25,4 mm (1")		5,00
38,1 mm (1 1/2")		7,50
Poli-isocianurato de folha com face de 19,1 mm (3/4")		5,40
25,4 mm (1")		7,20
38,1 mm (1 1/2")		10,80
Materiais de revestimento lateral		
Placa rígida de 12,7 mm (1/2")		0,34
Contraplaca de 15,9 mm (5/8")		0,77
19,1 mm (3/4")		0,93
Madeira chanfrada com aba		0,80
Alumínio, aço, vinil (curvatura traseira)		0,61
com placa de isolamento de 12,7 mm (1/2")		1,80
Tijolo de 10,2 cm (4")		0,44
Materiais de acabamento interior		
Placa de gesso, *drywall*, ou parede de gesso de 12,7 mm (1/2")		0,45
15,9 mm (5/8")		0,56
Painéis de 9,5 mm (3/8")		0,47
Materiais de piso		
Contraplaca	0,49 (1,25)	
19,1 mm (3/4")		0,93
Aglomerado (contrapiso)	0,52 (1,31)	
15,9 mm (5/8")		0,82
Assoalho de madeira	0,36 (0,91)	
19,1 mm (3/4")		0,68
Ladrilho, linóleo		0,05
Carpete (almofada fibrosa)		2,08
(almofada de borracha)		1,23
Materiais de cobertura		
Telhas de asfalto		0,44
Telhas de madeira		0,97

Material	R/cm (R/polegada)	R/espessura
Janelas		
Vidro simples		0,91
resistente à tempestades		2,00
Vidro duplo isolante de 4,8 mm (3/16") de espaço de ar		1,61
espaço de ar de 6,3 mm (1/4")		1,69
espaço de ar de 12,7 mm (1/2")		2,04
espaço de ar de 19,1 mm (3/4")		2,38
12,7 mm (1/2") com baixa-E de 0,20		3,13
(com filme suspenso)		2,77
(com 2 filmes suspensos)		3,85
(com filme suspenso e baixa-E)		4,05
Vidro isolante triplo com espaço de ar de 6,3 mm (1/4")		2,56
espaço de ar de 12,7 mm (1/2")		3,23
Adição de cortinas ou brises confinados na montagem ou persianas fechadas		0,29
Portas		
Madeira com núcleo oco nivelado de 4, 5 cm (1 3/4")		2,17
Núcleo sólido nivelado de 1,9 cm (1 3/4")		3,03
Núcleo sólido nivelado de 5,1 cm (2 1/4")		3,70
Porta de painel com painéis de 1,1 a 1,9 cm (7/16" a 1 3/4")		1,85
Porta resistente a tempestade (madeira com 50% de vidro)		1,25
(metal)		1,00
Metal isolante com uretano de 5,1 cm (2")		15,00
Películas de ar		
Teto interior		0,61
Parede interior		0,68
Exterior		0,17
Espaços de ar		
De aproximadamente 1,27 a 10,2 cm (1/2" a 4")		1,00

Cortesia de ColoradoENERGY.org & R.L. Martin & Associates, Inc.

Glossário

A

abordagem *drywall* hermético (ADA) sistema de barreira de ar que conecta o acabamento interno dos *drywalls* com a estrutura da casa para formar uma barreira contínua ao ar.

abrandadores de água aparelhos que removem os minerais da água para reduzir a dureza, geralmente instalados de forma central para tratar todo o suprimento de água de uma casa.

acrilonitrila butadieno estireno (ABS) material de tubulação rígido utilizado para tubulações de drenagem.

adaptador de mangueira torneira com roscas para conexão de mangueira localizada externamente à casa ou próximo das lavadoras de roupas e lavabos.

Administração Atmosférica e Oceânica Nacional (Noaa – National Oceanic and Atmospheric Administration) agência federal norte-americana que reúne dados globais sobre oceanos, atmosfera, espaço e sol.

adobe mistura de argila natural e palha soltas conformadas em paredes estruturais.

aeradores dispositivos instalados em torneiras para aumentar a velocidade de esguicho, reduzir respingos e economizar água e energia.

água da primeira chuva fluxo inicial de água vindo do telhado, que muitas vezes inclui excrementos de pássaros, folhas e outros detritos.

água dura água com alto teor de minerais.

água negra água residual que vem de sanitários e pias de cozinhas e contém resíduos alimentares e humanos, devendo ser totalmente tratada e limpa antes de ser lançada em cursos de água ou reutilizada.

água pluvial fluxo de água produzido por precipitação da chuva ou como resultado do derretimento da neve.

água-furtada estrutura que se projeta para fora de um telhado inclinado para formar outra área coberta, que oferece uma superfície para a instalação de janelas.

águas residuais ou cinzas água não potável recuperada de tanques, banhos e máquinas de lavar que pode ser usada para limpeza de banheiros e irrigação após tratamento.

albedo fração de energia eletromagnética que um objeto ou superfície reflete.

alteração de encosta processo de desestabilizar uma encosta por terraplanagem ou movimento do solo local.

amianto material fibroso encontrado na natureza que antigamente era usado para proteção contra o fogo; extremamente nocivo quando inalado. Há comprovações de que é cancerígeno para todo o sistema respiratório e ovário.

analisador de combustão ferramenta utilizada localmente para medir a eficiência do aquecedor.

aproveitamento solar passivo prática de projetar uma casa para utilizar a energia do sol para aquecimento e resfriamento.

aquecedor de condensação dispositivo de aquecimento por combustão que utiliza um trocador de calor secundário para condensar o gás da caldeira e capturar calor adicional, aumentando sua eficiência.

aquecedor dispositivo a gás, óleo ou madeira em que o ar é aquecido e circula por meio de uma construção em um sistema de dutos.

aquecedor elétrico sistema de aquecimento que usa resistência elétrica para converter eletricidade em calor.

aquecedores com tanques ou de acumulação aquecem e armazenam grande quantidade de água quente em um tanque isolado – *boiler*.

aquecedores de condensação aquecedores de água de alta eficiência que removem grandes quantidades de calor de gases de combustão, resultando na sua condensação.

aquecedores sem tanques ou de passagem aquecem água apenas quando necessário, necessitam de uma vazão mínima para funcionar e não armazenam água quente.

aquecimento radiante sistema de aquecimento em que a fonte de calor (resistência elétrica ou água quente) é instalada sob o revestimento de acabamento ou radiadores individuais.

ar-condicionado (AC) processo de resfriar o ar interior transferindo o calor interno para um fluido ou gás refrigerante, que, por sua vez, o move para o exterior.

ar-condicionado dispositivo doméstico, sistema ou mecanismo que desumidifica e extrai calor de uma área.

área de superfície de um envelope da construção (Asec) a área total (em pé^2) do envelope da construção.

área de vazamento efetiva (AVE) área de uma abertura especial em forma de bocal (semelhante à entrada de um ventilador de porta) que permite uma saída de ar equivalente à que sai da construção a uma pressão de 4 Pa.

argamassa mistura de cal ou gesso ou cimento com areia e água que endurece em uma camada lisa; usada para cobrir paredes e tetos. De modo geral, argamassa é definida como uma associação de aglomerante, água e agregado miúdo, na qual se podem ter outros tipos de aglomerantes, como polímeros acrílicos, epoxídicos etc. Em sua mistura, a argamassa também pode ter aditivos que melhorem seu desempenho tanto na aplicação como nas condições de trabalho, como ser impermeável, colorida etc. Quanto à especificação, o tipo de argamassa deve ser compatível com o componente que estiver sendo revestido ou fixado e ainda ser adequado à localização do revestimento e aos esforços a que será submetido. (S.H.O.)

argônio gás inerte comumente adicionado ao espaço entre vidraças para reduzir o fator U.

arquitetura solar passiva estratégia de aproveitamento solar passivo em que a maioria do envidraçamento está no eixo norte-sul.

arseniato de cobre cromatado (CCA) preservativo químico para madeira que contém cromo, cobre e arsênico.

asfalto permeável método de pavimentação asfáltica que permite que a água seja absorvida pelo solo.

Associação dos Empreiteiros de Ar-Condicionado (Acca) organização profissional que publica padrões para sistemas de aquecimento e refrigeração.

Associação Nacional de Construtores Residenciais (Nahb – National Association of Home Builders) associação nacional de negócios que representam os construtores de casas.

Ato de Conservação de Energia de Aplicação Nacional (Naeca) lei federal americana promulgada em 1992 para estabelecer níveis de eficiência mínima nacional para uma variedade de dispositivos comerciais e residenciais que utilizam energia e água.

avaliação do ciclo de vida (ACV) processo de avaliação do custo ambiental total de uma construção ou produto, desde a extração do material bruto até o descarte final.

avaliador HERS indivíduo reconhecido nacionalmente que realiza as avaliações Hers e quantifica a eficiência energética de residências; também chamado avaliador de energia de residências.

B

baixa emissividade (baixa-E) superfície que irradia ou emite baixos níveis de energia radiante.

barreira capilar espaço de ar ou material que impede o movimento da umidade entre duas superfícies por ação capilar.

Glossário

barreira de ar material protetor resistente ao ar que controla a permeabilidade do envelope/fechamento da construção, eliminando o fluxo do ar para o interior e para o exterior.

barreira de gelo forma-se no beiral do telhado inclinado e provoca acúmulo de água por trás e sob os materiais de coberturas.

barreira de vapor retardante de vapor da classe I (0,1 perm ou menos). [Classificação perm: correspondente à capacidade do material de restringir ou permitir o movimento do vapor por ele. (Ver Capítulo 2). (S.H.O.)]

barreira radiante material que inibe a transferência de calor por radiação térmica; comumente encontrada em sótãos.

barreira resistente à água (WRB) material localizado atrás do revestimento que forma um plano de drenagem secundário para a água em estado líquido, geralmente chamada barreira resistente a intempéries e barreira resistente à água.

barreira térmica limitação para o fluxo de calor (ou seja, isolamento).

barreira térmica material de baixa condutividade térmica colocado em uma estrutura para reduzir ou impedir o fluxo de calor entre materiais condutores.

barrilete e ramal projeto de instalação composto de tubos ou barriletes de água quente e fria de ¾" ou 1", ou 19 mm ou 25,4 mm, que se estendem para cada ponto de interligação a partir dos quais tubos menores ou ramais de ½", ou 12,7 mm, conectam-se aos pontos de consumo individuais.

beiral superfície horizontal que se projeta além de uma parede.

betume modificado aplicado com maçarico material de telhado em rolos com um adesivo ativado pelo calor.

biocombustíveis combustíveis não fósseis, como madeira, etanol e biodiesel, normalmente considerados renováveis.

bloco de concreto (*concrete masonry units* – CMU) grande bloco retangular de concreto usado em construções.

blocos intertravados e bloquetes porosos conhecidos como cobogramas, são blocos que têm aberturas internas preenchidas com vegetação ou cascalho, permitindo que a água drene para o solo.

boiler **ou reservatório de água quente** peça do equipamento de aquecimento projetada para aquecer água (usando eletricidade, gás ou óleo como fonte de calor), com o objetivo de fornecer calor para espaços condicionados e água potável.

bomba de demanda desloca a água quente até os pontos de consumo nos ramais somente quando necessário, eliminando as perdas da espera pelo constante reaquecimento da água nos tubos.

bomba ou trocador de calor a ar também denominado trocador térmico a ar, é um sistema de aquecimento e refrigeração que consiste em um compressor e duas serpentinas feitas de cobre ou alumínio, uma localizada dentro e outra fora da casa, circundadas por flanges de alumínio para adicionar transferência de calor.

Bomba ou trocador de calor de um corpo d'água (WSHP) unidade de aquecimento e refrigeração que troca calor entre o solo e a água e o interior da casa; também referida como bomba ou trocador de calor geotérmico.

Bomba ou trocador de calor geotérmico (GSHP) sistema de aquecimento e refrigeração central que bombeia o calor para o subsolo ou para o chão.

bomba ou trocador de calor unidade de aquecimento e refrigeração que retira calor de uma fonte externa e o transporta para um espaço interno, para fins de aquecimento ou, inversamente, refrigeração. No mercado brasileiro, o termo "trocador de calor" é mais comum do que "bomba de calor" ou "trocador térmico", justificando assim o uso da expressão "bomba/trocador" para referir-se a este equipamento no texto. (S.H.O.)

bombas contínuas bombas que circulam água quente 24 horas por dia em todas as tubulações do barrilete.

bombas operadas por *timer* configuradas para operar por certos períodos de tempo, quando os moradores necessitarem de água quente.

bombas térmicas bombas de recirculação que têm sensores de temperatura próximos aos acessórios que controlam a circulação de água quente quando a temperatura cai abaixo de um valor predeterminado.

brainstorm reunião de projeto com todos os envolvidos, com exposições de ideias para busca de soluções integradas do projeto.

brise recurso arquitetônico, como um painel, toldo ou sacada, que protege as áreas envidraçadas do sol e as paredes e portas da chuva.

bypass **térmico** movimento do calor ao redor ou através do isolamento, frequentemente devido à falta de barreiras de ar ou espaços entre as barreiras e o isolamento.

C

caixilho estrutura que sustenta os vidros de uma janela na moldura.

calhas canaletas de metal, madeira ou plástico utilizadas na extremidade dos telhados para escoar água da chuva e da neve derretida.

calor latente produz uma mudança de estado sem uma mudança na temperatura; trata-se da porção da carga de refrigeração resultante quando a umidade no ar muda de vapor para um líquido (condensação).

calor sensível energia associada à mudança de temperatura.

câmara de ar ou cortina é o método de construção aplicado na etapa de elevação da parede em que o revestimento é separado da barreira resistente à água por meio de um espaço de ar que permite a equalização de pressão para evitar que a chuva penetre, formando uma cortina, sendo assim denominada, no Brasil, de fachada cortina.

campo de drenagem elemento final de um sistema séptico no qual o efluente flui através de um tubo perfurado no solo, onde é filtrado através do solo à medida que desce na direção do aquífero local.

campo de drenagem séptico utilizado para remover contaminantes e impurezas do líquido que emerge do tanque séptico.

campos eletromagnéticos (EMF) forças invisíveis criadas pela transmissão de eletricidade através de fios; também chamados *campos elétricos e campos magnéticos*.

captação de águas pluviais coleta, armazenamento e utilização de precipitações de telhados e outras superfícies.

captação superfície impermeável da cobertura em que a água da chuva será captada.

carbono ativado forma de carbono especialmente formulada para filtração.

cargas fantasmas também conhecidas como vampiros, são as pequenas quantidades de eletricidade que muitos eletrodomésticos e eletrônicos usam mesmo quando parecem estar desligados.

casas fabricadas construções que são totalmente concluídas na fábrica e entregues sobre um chassi de aço permanente.

células de combustível dispositivos que utilizam combustíveis fósseis, como o gás natural e o propano, para produzir eletricidade sem combustão, extraindo o hidrogênio, usadas para criar energia de forma semelhante às pilhas.

certificação de terceiros revisão e confirmação feita por uma organização não afiliada, externa, de que um produto atende a determinados padrões.

certificação primária quando uma única empresa desenvolve as próprias regras, analisa o desempenho e emite relatórios sobre a sua conformidade.

certificação secundária quando uma indústria ou associações comerciais criam o próprio código de conduta e implementam mecanismos de comunicação.

certificados de energia renovável (RECs) *commodities* de energia comercializáveis que identificam que um megawatt-hora de eletricidade foi gerado com recursos renováveis.

chave de segurança controle que desliga a energia de um conjunto de tomadas que estão ligadas a ele.

ciência da construção estudo da interação dos sistemas construtivos e componentes, ocupantes e ambiente de entorno; foca os fluxos de calor, ar e umidade.

cimento Portland forma mais comum de cimento, constituído de alguns minerais que formam o aglutinante no concreto e as argamassas; ver também *pozolana*.

cinzas volantes de carvão parcela muito fina ou resíduo de cinzas que resulta da combustão de carvão; podem substituir o cimento Portland.

circuito de recirculação de água quente tubulação contínua desde o aquecedor de água até próximo de cada ponto de consumo, retornando para o aquecedor para ser novamente aquecida.

circuitos de termossifão sistema de troca de calor passivo que funciona sem uma bomba mecânica, usando a convecção natural, que faz a água quente subir para circular até o topo de um ramal fechado enquanto a água mais fria desce de volta para o aquecedor.

cisternas utilizadas para armazenar as águas pluviais captadas.

classificação perm taxa de passagem de vapor de água por um material sob condições fixas e padronizadas por normas.

cloreto de polivinila clorado (CPVC) material de tubulações quimicamente semelhante ao PVC, mas contém cloro adicionado que aumenta sua rigidez quando sob altas temperaturas.

coeficiente de desempenho (COP – *coefficient of performance*) relação entre a energia térmica gerada (aquecimento ou refrigeração) e a quantidade de energia absorvida ou consumida.

coeficiente de ganho de calor solar (SHGC) fração da radiação solar admitida através do envidraçamento.

cogeração ferramenta de produção de calor ou de estação de energia para gerar simultaneamente eletricidade e calor útil; também conhecida como *energia e calor combinados (CHP - combined heat and power)*.

coletor de placa plana coletor solar térmico retangular, normalmente medindo 1,2 m de largura por 2,4 ou 3,05 m de comprimento.

coletor de tubo a vácuo coletor solar térmico que usa placas absorvedoras colocadas em um tubo de vidro com vácuo no interior.

combustão completa processo pelo qual o carbono, a partir do combustível, liga-se ao oxigênio para formar dióxido de carbono (CO_2), vapor de água, nitrogênio e ar.

combustão incompleta ocorre quando a proporção do combustível em relação à do oxigênio é incorreta, o que permite a produção de monóxido de carbono e aldeído.

comissionamento processo de diagnóstico e verificação do desempenho do sistema de construção.

compensado peça de madeira feita de três ou mais camadas de laminado coladas, sempre em número ímpar, normalmente montada com a fibra de camadas adjacentes em ângulos retos. No Brasil conta-se com três tipos: laminados (finas lâminas de madeira prensadas), sarrafeados (miolo constituído por sarrafos de madeira, colados lado a lado) e multisarrafeados (sanduíche em que o miolo compõe-se de lâminas prensadas e coladas na vertical).

componente refrigerante produto químico que transfere calor à medida que muda de líquido para gás e de volta para líquido.

compostos orgânicos voláteis (COVs) compostos químicos que apresentam alta pressão de vapor e baixa solubilidade em água; muitos COVs são produtos químicos fabricados pelo homem que são usados e produzidos na manufatura de tintas, produtos farmacêuticos, refrigerantes e materiais de construção; os COVs são poluentes ambientais comuns e contaminantes dos solos e das águas.

compressor bomba mecânica que utiliza pressão para mudar o estado do fluido refrigerante de líquido para gás.

comprimento efetivo da tubulação quantidade total de perda de carga das seções retas e de todas as conexões no percurso de cada tubulação.

comprimento equivalente comprimento comparável do trajeto de um duto reto e único, quando considerada a perda de carga do fluxo de ar oriunda de compressões, cotovelos, acessórios e outras obstruções da tubulação.

concentração parabólica tipo de coletor solar térmico que usa calhas em forma de U que concentram a luz do sol em um tubo que é colocado sobre a linha focal da calha.

concreto aeradoautoclavado (CAA), ou concreto celular material de construção leve e pré-moldado que oferece estrutura, isolamento e resistência ao fogo e à umidade.

concreto material de construção composto de cimento ou *pozolanas*, areia, cascalho ou outros agregados.

concreto permeável método de pavimentação de concreto que permite que a água seja absorvida pelo solo.

concreto pré-moldado técnica em que os componentes de concreto são moldados em uma fábrica ou no local antes de serem erguidos em sua posição final sobre uma estrutura.

condensador componente de um sistema de refrigeração que transfere calor do sistema por condensação de fluido refrigerante.

condensados umidade retirada do ar por um sistema de ar-condicionado ou desumidificação.

condução transferência de calor de uma substância para outra por contato direto.

Conselho de Avaliação Solar e Certificação (Solar Rating and Certification Corporation – SRCC) organização sem fins lucrativos cujo principal objetivo é o desenvolvimento e a implementação de programas de certificação e padrões de classificações nacionais americanas para equipamentos de energia solar.

Conselho de Construção Verde dos Estados Unidos (USGBC) organização sem fins lucrativos, baseada em Washington, que promove a construção verde e desenvolveu o sistema de avaliação LEED; ver também LEED.

Conselho de Manejo Florestal (FSC) organização não governamental, sem fins lucrativos, independente, fundada para promover o manejo responsável das florestas do mundo.

Conselho Norte-americano de Profissionais de Energia Certificados (North American Board of Certified Energy Practitioners – NABCEP) organização nacional americana de certificação de instaladores profissionais na área de energia renovável.

construção modular construção fabricada em seções completas ou partes de uma casa, como pisos, paredes, tetos, sistemas mecânicos e acabamentos, que são transportados por caminhão e entregues no local da obra, colocadas sobre uma fundação e concluídas no local.

construção verde uma edificação ambientalmente sustentável, projetada, construída e operada de forma a minimizar os impactos ambientais totais.

conteúdo reciclado pós-consumidor porção de um material que é recuperada após a utilização do consumidor.

conteúdo reciclado pós-industrial porção de um material que contém o material dos resíduos de fabricação que foi recuperado; também chamado *conteúdo pré-consumo reciclado*.

conteúdo reciclado quantidade de material recuperado pré e pós-consumidor e introduzido como matéria-prima em um processo de produção de material, normalmente expresso como uma porcentagem.

controle por zona controle com aparelho que mede a quantidade de fluxo de ar para diferentes áreas da casa.

convecção transferência de calor através de um fluido (líquido ou gás).

Cool Roof Rating Council (CRRC) organização independente e sem fins lucrativos que mantém um sistema de classificação terceirizado para propriedades radiativas de materiais de coberturas de telhados.

coque subproduto sólido da combustão do carvão.

cornija elemento de acabamento que liga as faces das paredes com o teto, que pode ser, às vezes, a face do *beiral* ou *forro*.

crescimento antigo floresta ou mata que tem um ecossistema maduro ou muito maduro, que tem pouca ou mesmo nenhuma influência da atividade humana.

criptônio gás inerte comumente adicionado ao espaço entre vidraças para reduzir o fator U.

D

deck do telhado superfície de madeira ou metal na qual o material de cobertura e aplicado.

deck estrutura elevada e sem teto anexa a uma casa.

declarações ambientais do produto (EPDs) dados ambientais quantificados para um produto com parâmetros por categorias predefinidas com base na série de normas ISO 14040, mas não excluindo informações ambientais adicionais.

defletores do beiral do telhado materiais que previnem o fluxo do vento no isolamento do sótão, direcionando o fluxo de ar da face inferior para a face superior do isolamento do sótão; também conhecidos como *canaletas de isolamento positivo*.

Glossário

delta de temperatura diferença entre a temperatura da água que entra na casa e a da água quente que sai do aquecedor.

Departamento de Energia dos Estados Unidos (DOE) órgão responsável pela manutenção da política energética nacional. No caso do Brasil, no nível federal, há o Ministério de Minas e Energia, o Conselho Nacional de Política Energética (CNPE), a Agência Nacional do Petróleo, Gás Natural e Biocombustíveis (ANP), a Agência Nacional de Energia Elétrica (Aneel) e a Comissão Nacional de Energia Nuclear (CNEN). Há ainda empresas estatais como, a Petrobras e Eletrobras, que são os principais responsáveis no setor de energia do Brasil.

descarga dupla sanitário de alta eficiência que dá aos usuários a opção de descarga em capacidade total ou com menos água.

descarga motorizada refere-se a sanitários de alta eficiência que utilizam uma pequena bomba elétrica para produzir uma descarga eficaz.

descarga pela gravidade refere-se a vasos sanitários que utilizam o peso da água no reservatório para evacuá-los.

descarga por pressão refere-se a sanitários de alta eficiência que utilizam a pressão do ar gerada pela pressão da tubulação de água armazenada em um pequeno reservatório para produzir uma descarga mais forte.

desenvolvimento *brownfield* desenvolvimento de uma instalação industrial ou comercial abandonada ou subutilizada e com destino a reúso.

desenvolvimento *edge* **(de borda ou periféricos)** local com 25% ou mais da propriedade sob desenvolvimento já existente e do limite adjacente.

desenvolvimento *grayfield* imóveis ou terrenos já desenvolvidos e subutilizados.

desenvolvimento *greenfield* terreno ainda não desenvolvido, localizado numa área urbana ou rural com utilização para agricultura, projetos paisagísticos ou reduto selvagem.

desenvolvimento *infill* **(de revitalização)** inserção de unidades residenciais adicionais em uma subdivisão ou bairro já aprovados.

desenvolvimento orientado pelo trânsito (DOT) projeto de bairros e comunidades que se localizam dentro de distâncias que podem ser percorridas a pé para o trânsito público, combinando casas, lojas, escritórios, espaços abertos e espaços de uso público que tornam conveniente a caminhada, em vez do transporte por carros.

desenvolvimento tradicional de bairro (DTB) projeto de um bairro ou um vilarejo completo que utiliza os princípios tradicionais de planejamento de bairros, com ênfase em caminhadas, espaço público e desenvolvimento de uso misto; ver também novo urbanismo.

dessecantes materiais como óxido de cálcio e sílica que absorvem a umidade e são comumente usados para remover a umidade do ar interno que flui através dos ventiladores.

dessuperaquecedor dispositivo que recupera o excesso de calor do processo de resfriamento e aquecimento transferindo-o de modo eficiente para o aquecimento da água em um tanque de armazenamento. Refere-se a uma caldeira, ou seja, um contêiner para reduzir a temperatura do vapor e torná-lo menos superaquecido, ou, literalmente, trata-se de um não superaquecedor. O mesmo é válido para temperaturas baixas de congelamento ou resfriamento, uma vez que esses equipamentos possuem formas que permitem obter maiores trocas térmicas. (S.H.O.)

destilação processo de purificação de um líquido por ebulição e condensação dos vapores.

detector de monóxido de carbono dispositivo que registra os níveis de CO no tubo da caldeira de um aparelho de combustão ou no ambiente ao redor.

dispositivos tubulares de iluminação natural (TDD) claraboia cilíndrica com um tubo refletor para fornecer luz natural ao interior dos cômodos.

distribuição da primeira hora quantidade de água quente em litros que o aquecedor pode fornecer por hora (iniciando com um reservatório cheio de água quente).

distribuição tubulação que distribui água da chuva coletada e filtrada para uso.

drenagem da fundação processo de conduzir a água subterrânea para longe da fundação e da casa.

drenos internos aberturas na superfície de um telhado de baixa inclinação que levam a calhas colocadas no interior da estrutura do prédio para retirar a água do telhado.

drywall material de construção usado em superfícies de acabamento de paredes e tetos; fabricado de gesso prensado entre lâminas de fibra de vidro ou folhas de papel *kraft*; também referido como *placa de gesso acartonado*.

duto elemento vertical utilizado para conduzir água da calha até o chão; também chamado condutor ou tubo de queda.

dutos do tipo *bypass* pequenas partes de dutos instalados nos tetos que permitem que o ar flua entre os cômodos.

E

efeito *chaminé* estabelecido em uma construção a partir de baixa infiltração a uma alta exfiltração do ar.

efeito de ilha de calor fenômeno de áreas urbanas que são mais quentes do que as rurais, devido principalmente ao aumento no uso de materiais que efetivamente retêm o calor.

efeito estufa acúmulo de calor em um espaço interno causado pela sua entrada através de uma membrana transparente, como o vidro; refere-se também ao processo pelo qual os planetas mantêm sua temperatura graças à presença de uma atmosfera que contém gás, que absorve e emite radiação infravermelha.

eficiência de utilização do combustível anual (Afue – *annual fuel utilization efficiency***)** relação entre calor gerado pelo aquecedor ou *boiler* comparado com o total de energia que eles consomem.

eficiência proporção de luz produzida para a quantidade de energia consumida; expressa em lúmens por watt.

efluente fluxo de água residual antes ou depois do tratamento.

embornal abertura na lateral de um prédio, como um parapeito e platibanda, que permite que a água escoe para o exterior.

emissão térmica número decimal inferior a 1 que representa a fração de calor que é reirradiado de um material para seu entorno.

energia e calor combinados (*combined heat and power* **– CHP)** ferramenta de produção de calor ou de estação de energia para gerar simultaneamente eletricidade e calor útil; também conhecido como *cogeração*.

energia incorporada energia total necessária para produção ou extração, embalagem e transporte de um material até o local de aplicação; pode ser de uma casa ou de um material específico.

energia quantidade medida de calor, trabalho ou luz.

energia renovável eletricidade gerada por meio de recursos que são ilimitados, rapidamente substituíveis ou naturalmente renovados (por exemplo, vento, água, geotérmica [calor subterrâneo], ondas e resíduos) e não da combustão de combustíveis fósseis.

energia renovável eletricidade gerada por meio de recursos que são ilimitados, rapidamente substituíveis ou naturalmente renovados (por exemplo, vento, água, geotérmica [calor subterrâneo], ondas e resíduos) e não da combustão de combustíveis fósseis.

energia zero um edifício que produz tanta energia quanto necessária em bases mensais ou anuais.

Energy Star programa da EPA e do DOE que estabelece padrões de alta eficiência energética para produtos e edificações.

energy truss treliça de cobertura projetada para abranger uma área e proporcionar espaço adequado para isolamento total do sótão em toda a área, onde são instalados defletores de isolamento; ver também *treliça plana*.

EnergyGuide selo amarelo brilhante criado pela Comissão Federal do Comércio (FTC), exibido conforme exigência da lei nos Estados Unidos, presente em muitos eletrodomésticos novos para mostrar o consumo de energia relativa em comparação com produtos similares.

engenharia de otimização de valores (OVE) metodologia de construção concebida para conservar materiais de construção por meio de métodos alternativos de estruturação; ver também *estrutura moderna*.

envelope/fechamento da construção separação entre os ambientes do interior e exterior de uma construção; consiste em uma barreira térmica e de ar que são contínuas e estão em contato.

envenenamento crônico por CO refere-se aos casos em que indivíduos são expostos ao gás em mais de uma ocasião – geralmente em concentrações baixas.

envenenamento grave por CO refere-se ao envenenamento que ocorre após uma única e grande exposição ao gás; pode envolver uma ou mais pessoas.

envidraçamento parte transparente de uma parede ou porta, geralmente feita de vidro ou plástico.

erosão remoção de sólidos e/ou finos (isto é, sedimentos, terra, pedras e outras partículas) por vento, água ou gelo no ambiente natural.

escória granulada de alto-forno subproduto da fabricação de ferro e aço, usado para fazer um concreto durável em combinação com o cimento Portland comum ou outros materiais cerâmicos. Como adição, a escória de alto-forno em certas proporções à moagem do clínquer com gesso resulta um tipo de cimento que, além de atender plenamente aos usos mais comuns, apresenta maior durabilidade e resistência final.

espaço subterrâneo condicionado fundação sem aberturas nas paredes que abriga um espaço intencionalmente aquecido ou resfriado; o isolamento fica nas paredes externas.

espécies invasoras plantas não nativas, ou seja, não originárias de determinado local, que tendem a se espalhar agressivamente para onde são levadas.

espécies resistentes à estiagem árvore ou planta que pode crescer e prosperar em condições áridas.

espuma de células abertas espuma de poliuretano em *spray* aplicada numa proporção de aproximadamente 7,5 kg/m³; nos Estados Unidos é às vezes chamada "espuma de meia libra"; ver também *espuma de poliuretano em spray*.

espuma de células fechadas espuma de poliuretano em *spray* aplicada numa proporção de aproximadamente 30 kg/m³; nos Estados Unidos é às vezes chamada "espuma de duas libras"; ver também *espuma de poliuretano em spray (SPF)*.

esquadria descreve todos os produtos que preenchem as aberturas em uma construção, incluindo janelas, portas e claraboias que permitem a passagem de ar, luz, pessoas ou veículos.

estimativa de déficit método que dimensiona o reservatório envolvendo o cálculo da necessidade total durante períodos de pouca ou nenhuma chuva.

estimativa de demanda método que dimensiona o reservatório em tamanho grande o suficiente para fornecer o consumo mensal total de uma casa.

estrutura em malha também conhecida como estrutura em trama e, em algumas literaturas portuguesas, utiliza-se a expressão "estrutura em balão", ou "estrutura balão", por possuir uma retícula que se configura como uma armação e pode ser revestida como um balão. Trata-se tecnicamente de um sistema de estrutura de madeira, usado pela primeira vez no século XIX, em que as ripas são contínuas do arrasamento da fundação sobre viga baldrame ou sapata corrida até a face superior da parede.

estrutura em painéis consiste em paredes, pisos, tetos e painéis de telhados construídos em um ambiente controlado e entregues no local prontos para a montagem.

estrutura moderna metodologia de construção concebida para conservar materiais de construção por meio de métodos alternativos de estruturação; ver também engenharia de otimização de valores (OVE).

evaporador componente do sistema responsável por executar a refrigeração real ou refrigerar o espaço de convívio.

exfiltração ar que flui através de uma parede, um fechamento ou vedação da construção, uma janela ou outro material.

F

fan coil aparelho simples que consiste em uma serpentina de aquecimento ou de refrigeração e um ventilador usado para distribuir o aquecimento e a refrigeração pela área a ser condicionada.

fardos de feno em algumas construções, utilizam-se fardos de palha de trigo, aveia, cevada, centeio, arroz e outros resíduos da agricultura em paredes cobertas de estuque ou argamassa de barro.

fator de desempenho sazonal de aquecimento (HSPF) medida estimada de aquecimento sazonal da bomba/trocador de calor em Btu dividida pela quantidade de energia que ela consome em watt-horas.

fator de energia (EF) classificação de eficiência energética para um aquecedor de água; baseia-se na quantidade de água quente produzida por unidade de combustível consumida durante um dia normal.

fator de energia modificado (MEF) classificação de eficiência para lavadoras de roupas que considera a energia necessária para operar a máquina de lavar, aquecer a água e secar as roupas com base na quantidade de água descartada no ciclo de rotação.

fenol-formaldeído (PF) é um aglomerante químico potencialmente nocivo e muito usado no isolamento com fibra de vidro e produtos à base de madeira.

fiação de botões e tubos antigo sistema de fiação elétrica composto por fios individuais em pares ligados à estrutura com isoladores de cerâmica. Estes, também denominados botões, eram fixados por parafusos às vigas da estrutura da cobertura e aos eletrodutos com os tubos prisioneiros, que ficavam nos passantes, na seção das vigas. (S.H.O.)

Fichas de Dados de Segurança do Material (MSDS) documentação disponível para a maioria dos produtos definidos pela Agência Americana de Saúde Ocupacional e Administração de Segurança (Occupational Health and Safety Administration) como perigosos; identificam conteúdos potencialmente perigosos, limites de exposição, instruções de manuseio seguro, procedimentos de limpeza e outros fatores a ser considerados na seleção e no uso de materiais.

filtros de ar com pregas filtros mecânicos de papel com alta eficiência que contêm mais fibra por polegada quadrada do que os de fibra de vidro descartáveis.

filtros de ar eletrônicos usam eletricidade para atrair moléculas menores, como fumaça, mofo e odores de animais domésticos, para aletas metálicas.

filtros de ar mecânicos filtros que usam fibras sintéticas ou de vidro, ou, ainda, carvão para remover particulados; configuram-se com a maior parte dos tipos de filtro usados em residências.

financiamento de eficiência energética (EEM) utiliza as reduções nos custos de energia de uma casa com novo sistema de energia eficiente para aumentar o poder de compra dos consumidores, capitalizando as economias da energia na avaliação.

financiamento de melhoria energética (EIM) destina-se às melhorias energéticas em casas já existentes; trata-se de empréstimos com base nas economias mensais com os gastos em energia.

flash and batt **(FAB), manta com espuma** sistema híbrido de isolamento, que combina uma camada de 2,5 cm a 5,0 cm de isolamento com espuma de poliuretano em *spray* (SPF) de células fechadas com mantas de fibra de vidro para preencher a cavidade da estrutura.

folha estrutura que mantém os painéis de uma janela no caixilho.

foot-candles quantidade de luz produzida por um lúmen sobre uma área de 1 pé². No Brasil, utiliza-se a unidade de candelas por centímetro quadrado (cd/cm²). (S.H.O.)

Formulário do Avaliador do Sistema de Isolamento Térmico inspeção dos detalhes construtivos das derivações térmicas; para que uma casa seja qualificada como ENERGY STAR, a TBC deverá ser completada por um avaliador HERS certificado.

fotocélula interruptores usados em iluminação externa para desligá-la durante as horas de luz natural quando não é necessária.

fotovoltaico (PV) dispositivo que converte a energia solar diretamente em eletricidade.

fração de calor sensível (SHF) índice de sensibilidade do ar-condicionado para a capacidade latente, também conhecido como *índice de calor sensível (SHR)*.

fundações de madeira permanentes (PWF) sistemas de fundação compostos de paredes de madeira tratadas sob pressão.

fundações pré-fabricadas paredes de fundação produzidas em uma fábrica e montadas no local.

fundações rasas protegidas contra congelamento oferecem proteção contra os danos do congelamento sem necessidade de escavar abaixo da linha de congelamento.

G

ganho solar calor fornecido pela radiação solar.

gás marcador gás atóxico usado para medir vazamentos e infiltrações de ar no envelope da casa.

gaseificação processo pelo qual muitos produtos químicos se volatilizam ou liberam moléculas no ar em forma de gás; ver também *compostos orgânicos voláteis*.

gases do efeito estufa (GEE) qualquer gás atmosférico, como dióxido de carbono (CO_2), óxidos sulfúricos (SO_3) e óxidos nitrosos (N_2O), que contribui para o efeito estufa.

gases do solo ar, vapor de água, radônio, metano e outros poluentes do solo que podem penetrar em um edifício através de fendas na fundação ou no piso do espaço sob a casa.

gerenciamento integrado das pragas (IPM) estratégia para, primeiro, limitar o uso de pesticidas, e usar, somente quando necessário, produtos menos perigosos e de maneira reduzidíssima.

grades barras que dividem a estrutura da esquadria em vidraças menores.

gráfico psicrométrico mostra a relação entre um determinado valor de temperatura de condensação com a temperatura de bulbo seco e de bulbo úmido, teor de umidade e umidade relativa.

grão unidade de medida para o teor de umidade; uma libra contém 7.000 grãos e corresponde a 453,6g.

grau-dia de aquecimento (HDD) medida de quão frio um local é durante um período de tempo com relação a uma temperatura-base, mais comumente especificada como 65°F, correspondente a 18,33°C.

grau-dia de resfriamento (CDD) medida de quão quente um local é durante um período de tempo com relação a uma temperatura-base, mais comumente especificada como 65°F, correspondente a 18,33°C.

grelhas de transferência venezianas colocadas nas paredes de divisa entre cômodos para permitir que o ar flua entre eles.

H

hardscape está relacionado a elementos não vegetados de um paisagismo, como pavimentação, passagens, estradas, muro de contenção, instalações básicas, fontes e lagos.

hidrônico sistema de condicionamento que circula água aquecida ou resfriada por meio de radiadores montados em parede, rodapés e tubulações embutidas no piso, sendo possível combinar essas formas de montagem.

higroscópico refere-se a materiais que atraem e retêm avidamente a umidade.

I

iluminação ambiente iluminação geral interna para atividades diárias e externas quando necessária por questão de segurança.

iluminação de fibra ótica sistema de iluminação que utiliza fibras de plástico ou vidro flexível muito fino para transmitir luz.

iluminação de realce iluminação em paredes, artes e recursos arquitetônicos no interior e exterior para aumentar o apelo visual de uma área; a própria iluminação pode atuar como decoração.

iluminação natural uso da luz natural para completar ou substituir a iluminação artificial.

iluminação para atividade iluminação direcionada para uma área de trabalho específica, como balcões e mesas de cozinhas, e não no ambiente todo.

iluminação quantidade de luz que atinge uma superfície de tarefa ou trabalho; também denominada *luminância*.

impermeabilização tratamento usado em superfícies de concreto, alvenaria ou pedra que impede a passagem de água sob pressão hidrostática.

impermeável material ou instalação que não permite a passagem de ar ou umidade.

inclinação do telhado ângulo de um telhado descrito por sua elevação (altura vertical) em relação à inclinação (comprimento horizontal).

índice de calor sensível (SHR) índice de sensibilidade do ar-condicionado para a capacidade latente, também conhecido como *fração de calor sensível (SHF)*.

índice de eficiência energética (EER) medida da eficiência de um sistema de refrigeração que operará quando a temperatura externa estiver a um nível específico (geralmente 35°C).

índice de eficiência energética sazonal (Seer) descreve qual a eficiência do equipamento de condicionamento de ar.

Índice de Refletância Solar (SRI) mede a capacidade de um material rejeitar calor solar e de não absorver calor, permanecendo frio; os valores típicos variam em uma escala de 0 a 100 baixas a alta capacidade de absorver calor.

índice de reprodução de cor (IRC) quantifica a capacidade de uma lâmpada de reproduzir as cores tal qual um tipo de lâmpada de referência.

infiltração de ar (AL) medida da quantidade total de infiltração de ar, o que equivale ao total em pés cúbicos de ar passando através de 1 pé quadrado de área da janela por minuto – cfm/ft² ou 0,305 m³min/m².

infiltração processo descontrolado por meio do qual o ar ou a água flui pelo fechamento e vedação da construção para dentro da casa.

infiltração processo descontrolado segundo o qual ar ou água penetram na casa através do envelope da construção.

Iniciativa de Manejo Florestal Sustentável (SFI) organização sem fins lucrativos responsável pela manutenção, supervisão e melhoria de um programa de certificação florestal sustentável.

início frio refere-se à primeira vez que a água quente é usada no dia ou após a tubulação do barrilete ter resfriado.

início quente refere-se à temperatura na tubulação de suprimento de água quente quando um acessório é ligado; ocorre quando a água quente permanece nos tubos de alimentação e está disponível para uso.

Instituto de Ar-Condicionado, Aquecimento e Refrigeração (Air-Conditioning, Heating, and Refrigeration Institute – AHRI) associação comercial que representa os fabricantes de aquecimento, ventilação, ar-condicionado e refrigeração comercial.

Instituto de Carpetes e Tapetes - Carpet and Rug Institute (CRI) associação sem fins lucrativos da indústria que criou programas de certificação secundária, como Green Label e Green Label Plus, que proporcionam diretrizes para o conteúdo de VOCs e liberação de gás de materiais de carpete e mantas.

Instituto de Desempenho da Construção (BPI) Instituição que fornece registro, certificação e treinamento reconhecidos nacionalmente e programas de garantia de qualidade para empreiteiras e construtoras.

interruptores paralelos conjunto interligado de interruptores que controla a iluminação de vários locais.

Intradorso paredes hidráulicas construções de paredes que podem absorver água sem nenhum risco de dano estrutural.

inversor dispositivo que converte a corrente contínua CC gerada no local em corrente alternada CA para uso doméstico.

ipê madeira sul-americana muito forte e naturalmente resistente a insetos e deterioração.

isolamento aplicado material de isolamento térmico ou acústico colocado entre ou sobre membros estruturais depois de instalados.

isolamento biológico produtos isolantes que contêm materiais de recursos renováveis para substituir o petróleo e outros produtos não renováveis.

isolamento com algodão material de isolamento térmico ou acústico em geral feito de resíduos da indústria de roupas, disponível em várias larguras e espessuras (valor R) para adequar-se ao tamanho padrão de paredes e vigas.

isolamento com espuma de poliuretano em *spray* (SPF) espuma plástica isolante aplicada na forma líquida, que depois se expande aumentando várias vezes seu volume original; ver também *espuma de célula aberta* e *espuma de célula fechada*.

isolamento com fibra de vidro isolamento por manta ou placa rígida, composto de fibras de vidro unidas por um aglutinante.

isolamento com lã mineral material manufaturado semelhante à lã, constituído de finas fibras inorgânicas feitas de escória e usadas como preenchimento a granel ou em forma de mantas, blocos, placas ou lajes para isolamento térmico e acústico; também conhecidos como *lã de rocha* ou *de escória*.

isolamento contínuo isolamento que não é interrompido por membros estruturais, em geral aplicado sobre a superfície externa de estruturas de madeira ou paredes de concreto.

isolamento da casa barreira sintética resistente à água destinada a escoar a umidade acumulada e permitir a passagem do vapor; ver também *barreira resistente à água*.

isolamento de cavidades material isolante aplicado entre vigas de paredes.

isolamento integrado à estrutura sistema de isolamento que é parte de uma estrutura de construção, ao contrário de um isolamento aplicado a um componente estrutural.

isolamento jateado material composto de fibras isolantes soltas, como fibra de vidro, espuma ou celulose, que é bombeado ou lançado em paredes, telhados e outras áreas.

isolamento por celulose feito de papel-jornal reciclado e um antichamas adicionado.

J

janela de abrir janela articulada lateralmente que abre para o interior e o exterior.

janela de báscula dupla janela com duas folhas que operam verticalmente.

janela operável janela com folhas móveis.

janela veneziana com básculas operáveis em madeira, acrílico ou vidro fixos na moldura.

jardim de retenção de chuva área vegetada rebaixada que coleta o escoamento das superfícies permeáveis e permite filtrar a água para o lençol subterrâneo ou o retorno para a atmosfera por meio da evaporação.

K

kelvin escala de temperatura usada para determinar a temperatura da cor de diferentes tipos de luz.

L

lã de escória outro nome para *lã mineral*.

lã de rocha outro nome para *lã mineral*.

lâmpada de halogênio uma variação da lâmpada incandescente que utiliza filamento dentro de um invólucro de vidro compacto cheio de gás.

lâmpada fluorescente tipo que gera luz quando a eletricidade passa através de um gás dentro de um tubo de vidro revestido de fósforo, fazendo-o brilhar.

lâmpada parte substituível de uma luminária que produz luz a partir da eletricidade.

lâmpadas de descarga de alta intensidade (HID) uma variação das lâmpadas incandescentes feita com vapor de mercúrio, haletos metálicos e gases de sódio de alta e baixa pressão; usadas mais comumente para aplicações residenciais externas.

lâmpadas de indução magnética uma variação da tecnologia fluorescente que usa um eletroímã para carregar eletricamente o gás e fazer a lâmpada acender.

lâmpadas fluorescentes compactas (CFLs) alternativa comum de iluminação para lâmpadas incandescentes emitem luz quando uma mistura de três fósforos são expostos à luz ultravioleta de átomos de mercúrio.

lâmpadas incandescentes produzem luz quando a eletricidade passa por um filamento de tungstênio envolto em vidro, fazendo-o brilhar e gerando luz.

Liderança em Energia e Projeto Ambiental (LEED) sistema que estabelece categorias de sustentabilidade ambiental da construção e certifica em níveis as edificações sustentáveis.

linóleo material de pavimentação durável feito de óleo de linhaça, cortiça e partículas de madeira.

loop **convectivo** circulação contínua de ar (ou de outro fluido) em torno de um espaço fechado à medida que o espaço fechado é aquecido e resfriado.

louças sanitárias item para a distribuição e utilização da água nas casas, incluindo sanitários, pias e banheiras.

Luminárias do tipo LED semicondutores que brilham quando a corrente elétrica passa através deles.

luminárias unidade de iluminação completa que contém lâmpada, reator, refletor, soquete, fiação, difusor e encaixe.

luz verdadeira dividida (TDL) janelas ou portas nas quais múltiplas vidraças individuais são montadas na esquadria usando pinázios.

M

madeira naturalmente resistente à deterioração refere-se a madeiras como pau-brasil, cipreste, acácia, treixo e ipê, que não são propensas a danos por umidade.

madeira termicamente tratada produzida pela exposição da madeira a altas temperaturas e vapor, o que a transforma em um produto não afetado por insetos ou apodrecimento.

manejo florestal sustentável refere-se a práticas de manejo florestal que mantêm e melhoram a saúde no longo prazo dos ecossistemas florestais, ao mesmo tempo em que fornecem oportunidades ecológicas, econômicas, sociais e culturais para o benefício das gerações presentes e futuras.

manômetro ferramenta usada para medir a pressão dos gases de combustão em um aquecedor ou *boiler*.

manta de drenagem material que cria uma separação entre o solo e as paredes da fundação; essa separação alivia a pressão hidrostática e oferece à água um caminho de menor resistência para escoar para longe da casa.

mantas com revestimento mantas isolantes com um revestimento de folhas de papel ou papelão para impedir a passagem de vapor.

mantas isolantes material de isolamento térmico ou acústico em geral feito de fibra de vidro ou algodão, disponível em várias larguras e espessuras (valor R) para adequar-se ao tamanho comuns de paredes e vigas.

mantas sem revestimento mantas isolantes de algodão ou fibra de vidro sem uma cobertura para retardar o vapor.

Manual D da ACCA guia voltado para o projeto de sistemas de dutos residenciais que ajuda a garantir que estes distribuirão a quantidade apropriada de ar aquecido ou refrigerado para cada ambiente.

Manual J da ACCA guia para dimensionar sistemas de aquecimento e refrigeração residenciais baseados no clima local e nas condições ambientais do local da construção.

Manual S da ACCA guia para seleção e dimensionamento de equipamento de aquecimento e refrigeração que atende às cargas presentes no Manual J.

Manual T da ACCA guia para projetistas sobre como selecionar, dimensionar e localizar grelhas de insuflamento e de retorno.

marcenaria refere-se a produtos de madeira compostos usados para criar portas, guarnições, armários e acabamentos equivalentes para residências.

material de cobertura de membrana de camada única material que vem em placas que são fixadas no *deck* do telhado e coladas entre si com fixadores mecânicos, calor ou solventes químicos.

maxim-ar janela operável com uma folha e articulação no topo que se abre para fora.

medidor inteligente expressão genérica que define os medidores elétricos, que incluem comunicação bidirecional e outros recursos avançados. Medidores elétricos são equipamentos digitais, e, se chamados "medidores inteligentes" (*smart meters*), permitem ao consumidor final ter contato com o seu consumo de energia, possibilitando a obtenção de diversas informações em tempo real, como o nível de consumo, a tarifa do momento e não a cobrança faturada por estimativa de consumo. Assim, os produtos e a prestação direcionam-se para o cliente, em um padrão de consumo mais consciente. Medidores inteligentes podem ser monitorados, lidos e comandados remotamente. Além disso, são capazes de atender de maneira eficiente às necessidades dos clientes finais e das concessionárias, permitindo o planejamento comercial, operacional e de manutenção de todo o sistema elétrico, sendo compatíveis com outros equipamentos e dispositivos, como TVs, tablets, celulares e computadores. Do ponto de vista da concessionária e fornecedora de energia, permite reduzir os prejuízos tanto com as perdas "não técnicas", como o monitoramento e o combate ao furto de energia e a redução da inadimplência, e as perdas técnicas inerentes ao sistema. Há também, e em um estágio maior de interação consumidor-concessionária, a possibilidade da tarifação mais econômica com o uso de tecnologia pré-paga; neste caso, a constante necessidade de recarga pode levar ao aumento da interação do cliente com o medidor, tornando-o consciente de seus hábitos de consumo. (S.H.O.)

melhores práticas de gerenciamento (MPG) estratégias para manter o solo e outros poluentes fora de cursos d'água e lagos; as MPG têm o propósito de proteger a qualidade da água e impedir uma nova contaminação.

membrana de dissociação ou manta de separação folha de plástico flexível que é colocada entre o ladrilho de cerâmica e o contrapiso para proporcionar força e resistência às possíveis rachaduras.

metais sanitários utilizados em tubos e sistemas hidráulicos para ligar tubos ou conexões, a fim de adaptar diferentes tamanhos e formas e regular a vazão de água.

mini-*splits* sem dutos ar-condicionado compacto montado na parede ou bomba/trocador de calor conectado a uma unidade de condensação externa separada por meio de linhas refrigerantes.

minuterias controles de iluminação que necessitam de um interruptor para ligá-los e desligam automaticamente quando o cômodo é desocupado.

monóxido de carbono (CO) gás incolor, inodoro e tóxico produzido com a combustão incompleta de combustíveis (por exemplo, gás natural ou liquefeito de petróleo, óleo, madeira e carvão).

N

National Fenestration Rating Council – NFRC (Conselho Americano para Classificação de Esquadrias) organização sem fins lucrativos que administra um sistema uniforme e independente de classificação e rotulagem para o desempenho energético de janelas, portas, claraboias e produtos de fixação.

novo urbanismo estratégia de projeto urbano que promove a construção de bairros nas quais seja possível fazer caminhadas e que contenham uma variedade de tipos de casas e serviços; altamente influenciado pelo desenvolvimento tradicional de bairros e desenvolvimento orientado pelo trânsito.

núcleo de tubulação projeto que coloca toda a tubulação bem próxima, de modo a reduzir os comprimentos dos tubos, proporcionando curtas extensões também até os pontos de consumo.

O

off-grid ou extrarrede residências que não estão ligadas aos serviços de eletricidade e gás natural.

on-grid ou em rede refere-se a residências ligadas à rede elétrica central.

orientação solar a direção para a qual estão voltadas a face principal da casa e as áreas envidraçadas.

osmose reversa (RO) força a água através de membranas semipermeáveis sob pressão retendo os contaminantes no processo.

P

painéis estruturados isolantes (SIP) materiais de construção compostos de isolamento de espuma sólida prensado entre duas placas de OSB – painel estrutural de tiras de madeira orientadas perpendicularmente – para criar painéis de construção para pisos, paredes e telhados.

painel estrutural de tiras de madeira orientadas perpendicularmente (OSB) trata-se de um produto engenheirado de madeira que muitas vezes é usado como substituto para o compensado na parede externa e no revestimento do teto. Esses painéis são mais resistentes que as madeiras aglomeradas tradicionais e as de MDF; costumam ter de três a cinco camadas ortogonais entre si aderidas com resinas fenólicas.

painel painel simples de porta, sem batente, dobradiças, marco e ferragens da porta.

paisagismo envolve todos os recursos externos de uma casa, incluindo elementos naturais e construídos.

pântanos construídos meio de tratar a água residual que simula seu tratamento natural, permitindo que efluentes corram através de leitos de água repletos de plantas que decompõem os contaminantes. No Brasil, utilizam-se as denominações "lagoas filtrantes" e "lagos fitorrestauradores". (S.H.O.)

parede baixa do sótão parede que separa o espaço interno condicionado da área não condicionada do sótão.

parede de contenção estrutura que retém o solo ou as pedras em torno de uma construção, estrutura ou área. As paredes apoiam-se sobre sapatas corridas, alicerces ou vigas baldrames, e podem estar contraventadas horizontalmente por pórticos ou contraforte. Quando isoladas, podem ser identificadas como muro de arrimo, e quando sustentadas por tirantes, chamam-se paredes atirantadas.

paredes da fundação paredes construídas parcialmente abaixo do nível do solo que sustentam o peso da construção acima e cercam o porão ou espaço subterrâneo.

paredes de taipa antiga forma de construção em que o solo e os aditivos, como palha, cal ou cimento, são lançados dentro de formas em múltiplas camadas de 15 a 20 centímetros e compactados para criar uma parede estrutural maciça.

paredes não hidráulicas construções de paredes que não podem absorver água; caso ocorra absorção, haverá risco de dano estrutural.

pascal (Pa) unidade de pressão igual a um newton por metro quadrado pelo Sistema Internacional de Unidades de Medida (SI), conhecido como sistema métrico.

pátio espaço exterior cercado para refeições ou recreação que pode se juntar à casa e muitas vezes é pavimentado.

pavimentação permeável material de pavimentação que permite que a água seja absorvida pelo solo.

pavimento estrutural método de construção em estrutura de madeira por meio do qual as paredes são erguidas sobre um piso ou sobre a laje de um pavimento.

pedra filetada unidade de alvenaria feita com cimento e vários aditivos que simula a aparência de pedra natural.

permeabilidade medida de fluxo de ar ou umidade através de um material ou estrutura.

permeável material ou instalação que permite a passagem de ar ou umidade.

PEX ver *polietileno reticulado*.

pilotis sistema de grades de vigas, pilares e bases usado em construção para elevar a superestrutura acima do nível do solo; os pilotis servem como colunas para a superestrutura.

pinázios barras que compõem a grade e dividem a estrutura da esquadria em vidraças menores.

pingadeira de borda moldura horizontal ou reboco instalado sobre o quadro de uma porta ou janela para direcionar a água para longe do quadro.

pingadeira frisada corte por baixo da projeção com o objetivo de impedir que a água percorra por ela e para trás no sentido da face da parede.

pingadeira tira de metal que se estende além das outras partes do telhado, usada para escoar a água da chuva para fora da estrutura.

piso engenheirado produto feito de múltiplas camadas de madeira coladas como uma placa.

placa cerâmica unidade de revestimento fina composta de várias argilas em tornos gerando um material rígido.

placa de fibra produto de madeira de engenharia utilizado principalmente como uma placa isolante e para fins decorativos, mas também pode ser usado como revestimento de parede. No Brasil, o processamento das fibras de eucalipto gera a cor natural marrom, em um processo que pode ser sem adição de resinas, em razão de a adesão se dar por meio da cola natural da madeira quando prensada a quente em via úmida.

placa elemento horizontal disposto na parte superior ou inferior de uma estrutura de parede.

placa isolante produto isolante rígido disponível em diversas larguras e espessuras (valor R).

placas de composição ou compósitas feitas de asfalto e fibra de vidro; trata-se do material mais popular nos Estados Unidos para telhados íngremes.

placas de concreto isolante (ICF) placas de espuma isolante ou madeira mineralizada mantidas no lugar após a moldagem do concreto para uma fundação ou parede.

plantações de árvores cultura ativamente manejada de árvores que, ao contrário de uma floresta, contém uma ou duas espécies de árvores e oferece pouco habitat para a vida selvagem.

platibanda parede baixa na extremidade de um telhado, denominada parapeito em terraço, varanda ou outro ambiente.

plenum caixas retangulares conectadas ao trocador de calor que recebem ar aquecido ou resfriado, que é então distribuído aos dutos principais e ramificados.

poliestireno expandido (EPS) placa isolante de espuma feita de grânulos de poliestireno expandido.

poliestireno extrudado (XPS) placa isolante de espuma de células fechadas.

polietileno reticulado (PEX) tipo especial de plástico de polietileno reforçado por ligações químicas formadas em adição às ligações usuais no processo de polimerização.

polipropileno (PP) material de tubulação plástica fabricado a partir de uma combinação de moléculas longas e curtas que propiciam força e flexibilidade.

ponte térmica material condutor de calor que penetra ou anula um sistema de isolamento, como um parafuso ou uma viga de metal.

potencial solar o nível de luz solar que determinado local pode capturar com base em latitude, condições atmosféricas locais e área de céu desobstruída, meridional no caso de locais no hemisfério norte.

pozolana material que, quando combinado com hidróxido de cálcio, apresenta propriedades cimentícias; exemplos são: cimento Portland, cinzas voláteis de carvão e escória granulada de alto-fornos. A pozolana, como adição ao clínquer moído com gesso, é perfeitamente viável até um determinado limite; em alguns casos, seu uso é até recomendável, pois o tipo de cimento obtido oferece a vantagem de maior impermeabilidade para os concretos e argamassas.

pré-fiação processo de instalar a fiação elétrica durante a construção para atender às futuras demandas tecnológicas.

pressão estática a pressão dentro do sistema de dutos é um indicador da quantidade de resistência ao fluxo de ar dentro do sistema; geralmente medida em polegadas de coluna de água (IWC) ou pascals (Pa).

pressão hidrostática força exercida pela água subterrânea sobre uma fundação.

produto engenheirado de madeira fabricado por meio da colagem de filamentos de madeira, folheados, madeira serrada ou fibras para produzir um composto mais forte e uniforme; também conhecida como *produto de madeira manufaturada*.

produtos de envidraçamento dinâmico (DG) vidros que mudam as propriedades eletronicamente através de uma corrente elétrica, ou envidraçamentos com persianas entre lâminas de vidro que controlam luz e calor.

produtos preferíveis ambientalmente (EPP) produtos que tenham um efeito reduzido sobre a saúde humana e o ambiente quando comparados com produtos tradicionais ou serviços que servem para o mesmo propósito.

Profissional qualificado em LEED for Homes pessoa que foi aprovado em exames de conhecimento necessário para participar do processo de certificação e projetos do programa LEED.

projeto integrado método cooperativo para criar edifícios que se destacam pelo desenvolvimento de um projeto holístico.

proliferação de algas crescimento rápido e excessivo da população de algas em um sistema aquático num breve período de tempo.

R

radiação energia de calor que é transferida pelo ar.

radônio gás radioativo que ocorre na natureza e está presente em diferentes concentrações no solo. De modo geral, há nos Estados Unidos instruções e mapeamentos desses solos. Já no Brasil tem-se a indicação de sua pouca incidência e a possível necessidade de avaliação no Estado do Rio Grande do Norte.

reator dispositivo que regula a frequência da eletricidade distribuída a uma luminária para controlar as tensões de partida e funcionamento da lâmpada.

recuperação de calor de drenos de água (DHR) utilização de captura de calor para reutilização a partir de águas residuais.

Rede de Serviços de Energia Residencial (Resnet) organização sem fins lucrativos que luta para garantir o sucesso da indústria de certificação do desempenho energético das construções, estabelecer padrões de qualidade e aumentar a oportunidade para aquisição de residências de autodesempenho.

rede inteligente expressão atribuída a um número crescente de redes das concessionárias que melhoram e automatizam o monitoramento e controle de distribuição de energia elétrica. Uma rede elétrica é dita inteligente quando informatizada e automatizada para realizar a transmissão e a distribuição de energia. A própria rede que entrega energia para os pontos de consumo possui uma via de volta, que carrega informações sobre seu próprio desempenho, consumo e eventuais problemas, entre outros dados. A rede, para ter maior eficiência e, portanto, ser mais inteligente, deve contemplar sensores intermediários ao longo das instalações e nos pontos de consumo, comunicando-se com equipamentos centrais, que geram monitoramento de toda a rede de modo sincrônico, informando ocorrências importantes e permitindo que os distribuidores de energia tomem decisões para o aumento da eficiência. (S.H.O.)

refletância solar número decimal inferior a 1 que representa a fração de luz refletida do telhado; ver também *albedo*.

refrigeração evaporativa um meio de redução da temperatura que funciona pelo princípio de que a água absorve o calor latente do ar ao redor quando evapora.

reservatório de carbono reservatório ambiental que absorve e armazena carbono, eliminando-o, assim, da atmosfera.

resfriador evaporativo direto dispositivo que reduz a temperatura do ar que passa por ele, por meio de esponjas encharcadas de água.

resfriador evaporativo indireto semelhante ao refrigerador evaporativo direto, usa alguns tipos de trocador de calor para evitar que o ar úmido resfriado entre em contato direto com o ambiente condicionado.

resistência à condensação (CR) medida da resistência de uma determinada unidade à formação de condensação em seu interior.

retardador de difusão de vapor (VDR) material que reduz a taxa em que o vapor de água pode se mover através do material.

retardadores de chama brominados grupo de compostos químicos que inibem a propagação do fogo e que consistem em compostos orgânicos contendo bromo. Retardantes de chamas são aplicados em carpetes e outros materiais que possuem inflamabilidade, como têxteis, fibras de polímeros e poliésteres que se decompõem quando expostos a chamas. Como grande parte da matéria-prima de carpetes e mantas são polímeros, há um grande interesse quanto à segurança contra incêndios com a aplicação de retardantes de chamas, que podem conter alumínio, enxofre, molibdênio, nitrogênio, boro e, em maior quantidade, bromo, cloro e fósforo, motivo pelo qual denominam-se "retardores de chama bromados". (S.H.O)

retorno do investimento simples tempo necessário para recuperar o investimento inicial para melhorias na eficiência energética por meio da economia com energia, dividindo o custo inicial instalado pela economia anual com eletricidade.

revestimento baixa E camada microscópica de metal aplicada à superfície do vidro para agir como uma barreira radiante, reduzindo a quantidade de energia infravermelha que penetra através da superfície metálica.

revestimento de parede cobertura em uma parede, como vinil ou papel de parede.

revestimento placas ou chapas fixadas em vigotas, caibros e ripas, sobre o qual o material de acabamento é aplicado.

revestimento superior revestimento sobre uma projeção, saliência ou abertura de janela.

rufo de colarinho telhado falso e pequeno construído por trás de uma chaminé ou outro obstáculo no telhado com a finalidade de escoar a água; também chamado *sela*.

rufo de encosto peça de rufo instalada na parte inferior de uma inclinação de telhado adjacente a uma parede, a fim de evitar que a água da chuva do telhado atinja a parte de trás do material de revestimento da parede e a WRB.

rufo interno peça de metal instalada atrás da barreira resistente à água – WRB e intercalada com as placas do telhado.

rufo revestimento de metal ou plástico na base das paredes que permite que a umidade drene para trás da alvenaria e da argamassa.

S

sacada francês conjunto de portas com um corredor externo que pode ampliar o espaço interno.

sanitários de alta eficiência (HETs) definidos pela EPA – Agência de Proteção Ambiental dos Estados Unidos como aqueles que usam uma média de 20% menos água do que o padrão da indústria, de 6,1 litros por descarga.

sanitários de compostagem convertem dejetos humanos em compostos sanitários utilizáveis sem a utilização de água no processo.

sapatas apoios ampliados que se encontram na base de paredes, colunas, pilares e fundações para chaminés que distribuem o peso desses elementos sobre uma área mais ampla e evitam recalques diferenciados e desnivelamentos em uma construção. São fundações do tipo rasa, direta ou superficial.

segundo crescimento floresta ou mata que cresce após a eliminação da totalidade ou de grande parte das árvores antes ali presentes provocada por corte, fogo, vento ou outra força; em geral, é necessário um período suficientemente longo para que os efeitos da perturbação não sejam mais evidentes.

semipermeável material ou instalação que permite a passagem de um pouco de ar ou umidade.

sensores de presença, ou de ocupação dispositivo que liga ou desliga circuitos automaticamente quando detectam que os ocupantes entraram em um cômodo ou saem dele.

sistema de acabamento com isolamento externo (EIFS) acabamento de argamassa sintética aplicado sobre um isolamento em espuma.

Sistema de Avaliação de Energia de Casas (HERS) medição reconhecida nacionalmente para a eficiência energética de uma residência.

sistema de duto radial sistema de distribuição em que os dutos de ramificação que fornecem ar-condicionado para os ambientes funcionando de modo individual no fornecimento e conectados diretamente a um pequeno plenum.

sistema de execução doméstica ver *sistema múltiplo*.

sistema múltiplo projeto composto por tubos de 1/2" ou 3/8", ou 12,7 mm a 9,5 mm, que se estendem diretamente da fonte de água para os pontos de consumo, também conhecido como *sistema de execução doméstica*.

sistema séptico aeróbico sistema de tratamento de água residual que injeta ar mecanicamente em um tanque de coleta de resíduos, estimulando a decomposição para proporcionar um efluente de melhor qualidade.

sistema séptico anaeróbico sistema de tratamento de águas residuais em que os sólidos são retirados na ausência de oxigênio sem tratamento direto dos efluentes.

sistema séptico sistema de tratamento subterrâneo para esgotos domésticos.

sistemas de dutos de tronco e ramificação linha principal com dutos de grandes dimensões (troncos) instalados no centro da casa com outros pequenos (ramificações primárias e secundárias), alimentados pelo principal, suprindo os cômodos.

sistemas de dutos-aranha disposição individual de tubulação diretamente nos aquecedores e caixas de controle de ar alimentando cada cômodo, assim identificado por ter, de um ponto, várias saídas de forma radial.

sistemas de retenção de calor válvulas unidirecionais especiais ou com sifonamento de tubos que impedem a água quente de escoar naturalmente para fora do aquecedor por convecção, o que resulta em economia de energia no processo.

sistemas de tarifa de alimentação (*feed-in-tariff* – FIT) as concessionárias compram energias renováveis em taxas variáveis, que são geralmente mais altas do que as taxas de venda.

sistemas medidos em rede instalados em casas que produzem parte da eletricidade no local com medição feita por meio de um único medidor, que avança ou retrocede de acordo com a direção do fluxo da energia, para vender ou comprar energia da concessionária.

softscape refere-se a elementos vegetados de um paisagismo, como plantas e solo.

solar térmico sistema que converte luz solar em ar ou água aquecidos.

sone unidade de intensidade sonora percebida e equivalente a 40 dB.

sunspace adição de energia solar passiva para uma casa nova ou já existente visando fornecer calor extra no inverno através de energia solar.

superfície sólida produto fabricado normalmente usado para bancadas que imitam pedra, criado pela combinação de minerais naturais, resina e aditivos.

sustentável padrão de uso de recursos que visa atender às necessidades humanas, ao mesmo tempo em que preserva o meio ambiente, de forma que essas necessidades possam ser atendidas não apenas no presente, mas também no futuro.

T

tanque de retenção componente dos sistemas sépticos que permite que resíduos sólidos se depositem enquanto o efluente líquido escoa para o solo.

tapete de entrada, ou capachos, tapete para chão abrasivo instalado sobre um rebaixo de piso, como um recipiente, que capta os detritos à medida que são raspados dos sapatos.

telhado de duas águas tipo de telhado com inclinação em duas direções.

telhado de inclinação baixa ângulo de telhado ou inclinação de 30° (1 : 6 = 16,67% : 12) ou menos.

telhado de quatro águas telhado de três ou quatro águas com lateral e extremidades inclinadas.

telhado de uma água tipo de telhado com inclinação em apenas uma direção.

telhado íngreme telhado cujo ângulo é superior a 30° (1: 6 = 16,7%).

telhado quente sótão não ventilado com isolamento na parte inferior ou logo acima do *deck* do telhado; também conhecido como *sótão catedral*, *sótão climatizado* ou *perfil de telhado isolado*.

telhado sem ventilação estrutura do sótão sem ventilação.

telhado verde telhado parcial ou completamente coberto de vegetação e um meio de cultura plantado sobre uma membrana impermeabilizante; também conhecido como *telhado habitável* ou *vegetado*.

telhado zipado telhado montado de painéis de metal com costuras verticais que são frisadas em conjunto para formar uma vedação.

telhado vegetado extensivo tipo de telhado verde que usa uma camada fina de um meio de crescimento especial (normalmente colocada sobre um colchão de drenagem) e exige plantas de raízes curtas e crescimento lento, como o Sedum.

telhado vegetado intensivo tipo de telhado verde que contém camadas profundas do solo que podem suportar arbustos e pequenas árvores.

temperatura da cor indicador da cor de uma fonte de luz que compara a cor de uma lâmpada à luz solar natural, medida em kelvin.

temperatura de bulbo seco temperatura de ar indicada em um termômetro normal; não leva em conta os efeitos da umidade.

temperatura de bulbo úmido temperatura registrada por um termômetro cujo bulbo foi coberto com uma malha úmida e girado em um psicrômetro *sling*; usado para determinar a RH, o ponto de condensação e a entalpia.

termômetro *stack* instrumento para medir a temperatura dos gases de combustão dentro do tubo de exaustão da caldeira de um aparelho de combustão.

terpolímero de etileno-propileno-dieno (EPDM) membrana de camada única composta de borracha sintética, comumente usada para telhados planos.

teste de desempenho máximo (MaP) determina a eficiência das bacias sanitárias na remoção de resíduos por meio de um teste realista; cada modelo de vaso sanitário é graduado conforme esse desempenho.

teste de estanqueidade com ventilador de porta em um único ponto teste que usa apenas uma medição de fluxo no ventilador para criar uma mudança de 50 Pa na pressão dentro do edifício.

teste de penetração de ar ferramenta de diagnóstico projetada para medir o isolamento de ar de uma edificação e identificar pontos de vazamento.

teste de percolação velocidade em que o solo absorverá águas residuais, também conhecido como *teste perc*.

teste de vazamento em dutos de ar ferramenta de diagnóstico projetada para medir a estanqueidade dos dutos dos sistemas de condicionamento de ar e identificar pontos de vazamento.

teste em vários pontos procedimento com ventilador de porta que testa a construção com diversas pressões (em geral de 60 Pa até 15 Pa) e analisa os dados usando um programa de computador para análise do teste com ventilador de porta.

teto inclinado teto diretamente abaixo do telhado; às vezes chamado de combinação "teto-telhado" ou mesmo forro inclinado, normalmente encontrado em salas de estar e sótãos com telhado termicamente isolado.

tinta intumescente tinta que retarda o fogo.

torneiras de lavatórios acessórios utilizados nas pias de banheiros.

transmitância visível (VT) medida da quantidade de luz que atravessa o envidraçamento.

transporte sistema que direciona a água da chuva a partir da área de captação, composta por calhas, dutos e tubos.

tratamento processo de remoção de contaminantes das águas pluviais coletadas no qual se desvia a água da primeira chuva ou usa-se filtros de areia, cloração e esterilização por ultravioleta.

treliça estrutura usada para fornecer sombra ou apoio para plantas trepadeiras; geralmente feita de peças entrelaçadas de madeira, bambu ou metal.

treliça plana treliça de cobertura projetada para abranger uma área e proporcionar espaço adequado para isolamento total do sótão em toda a área; ver também *energy truss*.

treliça produto composto de madeira ou de madeira e elementos metálicos utilizados para suporte de telhados ou pisos, de modo a reduzir a quantidade de madeira necessária para suportar uma carga específica.

trituradores de lixo moedores operados eletricamente que permitem a remoção de resíduos alimentares pelo esgoto, um processo que requer suprimento de água e energia.

trocador de calor *gravity-film* (GHX) dispositivo de transferência de calor usado com sistemas de recuperação de calor de drenos de água.

trocas de ar natural por hora (TAHNatural) número de vezes em que o volume total de uma casa é trocado com o ar externo em condições naturais.

trocas de ar por hora a 50 Pa (TAH50) número de vezes em que o volume total de uma casa é trocado com o ar externo quando a casa é despressurizada ou pressurizada a 50 Pa.

tubo de cerâmica vitrificada tubulação produzida a partir de solo argiloso, barro, que foi submetido à fusão até a vitrificação, um processo que funde as partículas de argila em estado como do vidro, inertes e muito duras. No Brasil, identificadas como manilhas. (S.H.O.)

tubulação processo de instalar sistemas de distribuição de tubos durante a construção para atender às futuras necessidades tecnológicas.

U

umidade relativa (RH) taxa de quantidade de água no ar em determinada temperatura para a quantidade máxima em que ele pode ser mantido nessa temperatura; expressa em porcentagem.

unidade condensadora parte de um sistema de refrigeração em que a compressão e a condensação do fluido refrigerante são obtidas.

unidades eletricamente isoladas (IC) luminárias embutidas que dissipam o calor no ambiente, permitindo que o isolante térmico esteja em contato com a fiação elétrica sem risco de causar incêndios ou falhas no envelope térmico.

unidades térmicas britânicas (Btu) quantidade de calor necessária para elevar uma libra de água a 1°F, ou seja, aproximadamente 1 quartilho, ou aproximados 454 gramas aquecidos de 20°C a 20,56°C.

ureia-formaldeído (UF) produto químico potencialmente tóxico comumente usado como aglutinante ou adesivo em materiais de construção.

V

valor R medida quantitativa da resistência ao fluxo de calor ou à condutividade; valor recíproco do indicador U.

valor U transmitância térmica do valor U ou condutividade térmica de um material; recíproco do valor R.

válvula de enchimento refere-se às partes internas de um sanitário que medem a quantidade de água que enche o reservatório e o vaso.

válvula de equilíbrio de pressão controle que mantém uma temperatura segura do chuveiro, de modo a evitar queimaduras causadas por alterações na temperatura ou pressão da água.

válvula de redução de pressão dispositivo que mantém a pressão da água no interior da casa em um nível consistente.

válvula termostática válvula que mantém uma temperatura segura do chuveiro, de modo a evitar queimaduras causadas por ajuste da mistura de água quente e fria; também conhecida como *válvula de compensação termostática*.

válvulas de admissão de ar válvulas unidirecionais que permitem a entrada de ar no sistema de ventilação da tubulação conforme a necessidade.

válvulas de controle de volume controlam a vazão da água para os acessórios.

varanda estrutura aberta não condicionada com telhado vinculado ao exterior de uma construção que, muitas vezes, forma uma entrada coberta ou um espaço externo de convívio.

vazamento para a parte externa vazamento do duto que não está dentro do envelope da construção.

vazamento total do duto quantidade de vazamento do duto tanto dentro como fora do envelope da construção.

vedação de ar processo de confinar e vedar o envelope/fechamento da construção para reduzir a permeabilidade de ar para dentro e fora de uma casa.

ventilação de radônio sistemas que impedem a entrada de radônio e outros gases do solo na casa com ventilação para o exterior.

ventilação equilibrada sistema que fornece partes iguais de insuflamento e exaustão por meio de ventiladores ou trocadores de calor do tipo ar-ar, referidos como ventiladores de recuperação de calor (HRVs) ou ventiladores de recuperação de energia (ERVs).

ventilação pontual processo mecânico para remover umidade, odores e poluentes diretamente da fonte.

ventilação somente de exaustão sistema que remove o ar da casa com partes iguais, de modo que o ar entre na abertura não controlada (por exemplo, vazamentos do envelope).

ventilação somente de insuflamento fornece ar externo para a casa sem exaustão.

vidro de espectro seletivo revestimento de vidro cromatizado com propriedades óticas que são transparentes para alguns comprimentos de onda de energia e refletivas para outros.

vidro insulado unidade de janela feita de pelo menos duas vidraças separadas por um espaço vedado que é preenchido com ar e outros gases. No Brasil, o vidro insulado também é conhecido como vidro duplo, pois apresentam vantagens técnicas e estéticas de pelo menos dois tipos de vidro e, dependendo de sua composição, tem função termoacústica. Entre os dois vidros há uma camada interna de ar ou de gás desidratado, caracterizando dupla selagem. A primeira evita a troca gasosa, enquanto a segunda garante a estabilidade do conjunto. Os vidros podem ser de qualquer tipo (temperado, laminado, colorido, incolor, metalizado e baixo emissivo), destacando-se as qualidades entre eles e as possíveis combinações de propriedades, como a resistência (externa) dos temperados com a proteção térmica (interna) dos laminados. O vidro duplo também pode conter uma persiana interna (entre vidros). Este sistema reúne todas as vantagens resultantes do vidro duplo, como o controle de luminosidade e privacidade. (Disponível em: <http://www.abravidro.org.br/vidro_insulado.asp>. Acesso em: 12 maio 2015.)

viga baldrame ou de arrasamento primeiro elemento de madeira horizontal apoiado sobre a fundação que sustenta a estrutura de um edifício; refere-se também ao peitoril, elemento horizontal mais baixo em uma janela ou porta.

viga de travamento apoio no perímetro de uma estrutura que suporta carga e se estende entre pilares sem apoiar-se no solo abaixo.

viga treliçada para piso conjunto estrutural de madeira com placas conectoras de metal cujo dimensionamento substitui um elemento estrutural único maior, como uma viga maciça, por outro usando menos material, ao mesmo tempo em que propicia resistência equivalente.

vigota em I componente estrutural de construção composto por uma placa de madeira engenheirada com uma complexa malha laminada de madeira, OSB, disposta no sentido vertical; nas partes superiores e inferiores são dispostas flanges de madeira, ou seja, abas da viga. A vigota em I pode ser utilizada para estruturas de pisos, tetos e paredes.

vigota membro de armação horizontal utilizado em um espaçamento padrão que fornece suporte para o piso ou teto.

W

WaterSense programa estabelecido pela EPA, Agência de Proteção Ambiental dos Estados Unidos, que fornece orientações para instalação de sistemas de irrigação eficientes e certificação de profissionais de irrigação.

X

xeriscape técnica que utiliza plantas tolerantes à seca para minimizar a necessidade de água, fertilizantes e manutenção.

Índice remissivo

A

Abajures. *Ver* Lâmpadas
Abordagem de sistema, para construção e reforma, 39
Abordagem *drywall* hermético (ADA – *Airtight drywall approach*), 121, 124
Acabamentos da parede, exterior, 313-339
    considerações sobre reformas, 337
    controle de umidade, 328-333
    cornijas e, 314
    cortinas ventiladas, 333
    detalhes da instalação, 333-336
    erros frequentes na aplicação, 336
    estuque, 321, 323-325, 335
    evitar armadilhas, 327
    impactos ambientais dos, 339
    mantendo a água longe, 314-318
    materiais e métodos, 317-329. *Ver também* Revestimento
    pedra, 320, 322, 336
    pinturas e acabamentos, 326
    revestimento, 331-333
    revestimento de madeira, 318-319, 335
    revestimento de metal, 325-326, 335
    revestimento em PVC, 324-325, 335
    revestimentos de fibrocimento, 319-321, 339
    selecionar, 327
    selecionar acabamentos, 314, 318
    tijolo, 320-321, 335-336
Acabamentos de paredes, internos, 388, 400-404
    argamassa, 404
    azulejo, pedra e tijolo, 404
    drywall, 404
    gesso acartonado, 402
    painéis, 404-406
    papel de parede, 404-405
Acabamentos interiores
    armários, 407
    balcões, 388, 408-410
    considerações sobre reformas, 412
    guarnição, 406-407
    paredes, 388, 400-405
    pinturas, vernizes e filmes/película de revestimentos, 388, 411-413
    pisos, 388, 395-400
    portas, 404, 406
    selecionar, 391-395
    tetos, 389, 400-404
A Casa Não Tão Grande, 96
Acrilonitrila butadieno estireno (*acrylonitrile butadiene styrene* - ABS), 550
Adaptadores de mangueira, definição, 557
Adesivos
    Produtos engenheirados de madeira, 195
Administração Atmosférica e Oceânica Nacional (NOAA), 342
Adobe, 220

Aeradores, definição, 555
Agência de Proteção Ambiental (EPA)
    águas pluviais, 86
    avaliação do ciclo de vida (LCA), 393
    ENERGY STAR, 16
    tratamento de água, 528
Agência Federal de Gerenciamrnto de Emergências (FEMA), terrenos dentro de áreas de várzea, 79-80
Água
    dureza, 564
    fluxo volumoso, 52-53, 315-317
    negra, 548
    recursos mundiais, 528-529
    residuais, 379, 528
    suprimento de água doce, 529
    tratamento e transporte, 528
Água cinza, 529, 547
    definição, 380
    em residenciais, 555-556
    manutenção, 555
    recuperação, 551-553
Água da primeira chuva, 554
Água negra, 547
Água pluviais, 85
Água pluvial
    definição, 85
    manutenção, 85-87
Água quente, 531-538
    aquecedores, 535-538. *Ver também* Aquecedores de água
    distribuidor instantâneo, 545
    isolamento das tubulações, 535
    sistemas de circulação, 534-535
Águas-furtadas, definição, 235
Água volumosa, acabamentos de paredes exteriores como proteção de, 314-317
Albedo, 250-252
Alcatrão, 261
alta qualidade do ar interior, 104-109, 180, 431
Alteração de encosta
    definição, 86
    minimizando, 86-88
Alvenaria. *Ver também* Tijolo
    blocos de concreto (*concrete masonry units* – CMUs), 217
    concreto celular autoclavado (*autoclaved aerated concrete* - AAC), 218
    em construção, 217-219
Amianto, 110
Analisador de combustão, 467
Análise de fluxo de caixa, 33
Aparelhos inteligentes, 498
Aquecedor de ambiente, 459
    combustível, 460, 476
    eficiência, 476-477
    equipamento, 477
    prós e contras de, 460

Aquecedores, 420-421
    condensação, 464
    definição, 420
    elétricos, 420-421
Aquecedores, condensação, 542-544
Aquecedores de água, 536, 540-544
    bomba de calor, 541-542
    bombas e, 535-536
    capacidade, 537, 540-541
    condensação, de, 543-544
    definição de temperatura, 544
    de passagem, 536, 540-541
    eficiência, 541-545
    elétrica, 540-542
    ENERGY STAR, 544
    gás, 540-542
    isolamento do tanque, 543-544
    manutenção, 544
    padrões federais americanos mínimos de conservação de energia para, 543
    reservatório, 537
    retenção de calor, 545
    sistemas solares térmicos, 582
Aquecedores de água a gás, 540-542
Aquecedores de alvenaria, 477
Aquecedores de condensação, 542-544
Aquecedores de passagem, 536, 540-541
Aquecedores de resistência, 455
Aquecedores elétricos, 420-421
Aquecimento de ambientes, solar, 589
Aquecimento de ar interno por energia solar, 590-591
Aquecimento hidrônico, 453-455
    distribuição, 453
    materiais para, 453
    piso, 453, 459
    prós e contras de, 459
    radiadores, 453, 458
    zoneamento, 453
Aquecimento radiante
    definição, 429
    piso, 458
    piso elétrico, 455-456, 462
    piso hidrônico, 453, 459
Ar-condicionado
    ar pressurizado, 470
    ciclo curto e, 472
    coleta de condensação, 555
    definição, 426
    desumidificação e, 468
    eficiência, 470
    equipamentos de ar-condicionado terminais (PTACs), 478
    não distribuído, 478
    umidade relativa e, 66
Ar-condicionado, definição, 422
Área de superfície de um envelope da construção (Asec), 144-148
Área de várzea, 79-80

Índice remissivo

Área de vazamento efetiva (AVE), 148
Argamassa
    como acabamento interno, 404
    definição, 388
Argônio, definição, 286
Armários, 407
Arquitetura solar passiva, 88, 597-603
Arquitetura solar passiva, 90-91
Arseniato de cobre cromatado (*chromated copper arsenate* – CCA), 169
Árvores
    colocação da fundação e, 176
    como *softscape*, 372-373
Asfalto, 261
    permeável, 369
Asfalto permeável, 369
Associação dos Empreiteiros de Ar-Condicionado (Air Conditioning Contractors Association – ACCA)
    Manual D, 447, 451
    Manual J, 446, 449, 472
    Manual S, 446-447
    Manual T, 447
Associação Nacional de Construtores de Casas (NAHB)
Associação Nacional de Construtores de Casas (NAHB), 19
    Conselho dos Remodeladores, 101
    Model Green Home Building Guidelines, 19
    resíduos de construção, 7-9
    sistemas de água quente, 540
    sistemas elétricos, 505
Atividade iluminação, -505
Ato de Conservação de Energia de Aplicação Nacional (National Appliance Energy Conservation Act – Naeca), 472
Auditorias de água, 568
Austin Energy Green Building, 15-16
Avaliação do ciclo de vida (ACV)
    definição, 5
    energia incorporada e, 6-8
    fases de, 392
    pela Organização Internacional de Padronização (ISO), 392
Avaliadores HERS, 24
    Formulário do Avaliador do Sistema de Isolamento Térmico, 24-26
Avaliador verde, USGBC, 30
Azulejo
    balcões, 410
    paredes internas, 404
    pisos, 399-400

B

Baixa emissividade (baixa-E), 47
Baixo ciclo, e ar-condicionado, 472
Balcões, 388, 408-410
    aço inoxidável, 410
    azulejo, 410
    laminado, 408
    pedra, 408
    superfície sólida, 408-409
    vidro reciclado, 408
Balcões de aço inoxidável, 410
Balcões de superfície sólida, 408-409
Balcões laminados, 408

Balcões PaperStone, 408
Banheiras, 400, 557
Banheiros
    torneiras, 555
    ventilação, 483-486
barreira capilar, 172
Barreira de ar
    definição, 66
    seleção de, 121-124
Barreira de vapor, 172
Barreiras de gelo, 248-250
Barreiras radiantes, 49, 247-249
barreira térmica, 118
Barreira térmica, definição, 66
Barrilete e ramal, 531-533
Bases de paredes
    definição, 157-159
    fachada acima do solo, 165-166
    para espaços de serviço e porões, 158, 164
    valores R para, 164
Beirais, 102
Beiral
    definição, 91
    janela, 91-94
    telhado, 102
Betume
    modificado, 261
    modificado aplicado com maçarico, 261
Betume modificado aplicado com maçarico, 261
Biocombustíveis, 577
Bloco de *Hebel*, 218
Bloco de vidro, 288
blocos de concreto (*concrete masonry units* – CMUs), 163, 217
Boilers, 420-422
Bomba de demanda, 534-536
Bombas contínuas, 534
Bombas de calor, 421-426, 461-465
    aquecedor de água, 541-542
    bombas ou trocadores, 425-428, 461
    combustível, 464-465
    definição, 420
    eficiência, 462-465
    equipamento para, 462
    fonte de ar, 422-425, 462-464
    fonte de calor a água, 425-427, 461
    mini-*slips*, 478
    não distribuído, 478
    prós e contras de, 460
Bombas de demanda
    aplicação líquida, 330
    aquecedores de água, 535-536
    Barreira resistente à água – WRB, 121, 328-331
    considerações sobre reformas, 337
    housewrap, 328-330
    instalação, 335-337
    revestimento de espuma, 330-331
    Sistema Huber's ZIP, 330
    tipos de, 533-536
Bombas de temperatura, 534
Bombas geotérmicas, 425-428
Bombas operadas por *time*, 534
Bombas ou trocadores de ar, 425-427
Bombas térmicas, 534
Borato, 196-198
Brainstorm, 77

Braumgart, Michael, 98, 100
Brise, 91
Brooks, Stephen, 378
Bypass térmico, definição, 24

C

Calha de ventilação positiva, 243-245
Calhas, 233, 263-266
California title 24, 499
Calor
    latente, 468
    medida de, 39
    sensível, 468
Caloria, 40
Calor latente, 468
Calor sensível, definição, 468
Campo de drenagem, séptico, 547-551
Campo de drenagem séptico, 551
Campos eletromagnéticos (EMFs), 498
Canaleta, definição, 335
Capps, Laura, 39
Captação, água pluvial, 553, 555
Captação da água de chuva, 264
Carbono ativado, 563
Cargas fantasmas, 495
Carpetes, 399
Casa como uma abordagem, para construção e reforma, 39
casas com energia zero ou próxima de zero, 579
Casas de energia eficiente. *Ver também* Construção verde
    esquadria e, 272-273
    umidade dinâmica em, 52
Casas fabricadas
    definição, 211
    vs. construção modular, 211-212
Casas feitas de toras de madeira, 217
Células de combustível, 578
    prós e contras de, 577
    sistemas, 595-603
Cercas, 371
Certificação da madeira, 191
Certificação de produtos, 389-391
Certificação de terceiros, 391, 580
Certificação secundária, 394
Certificações, 19-31
    atribuições individuais, 26, 29
    casas verdes, 19-31
    construção, 19-31
    energia renovável, 580-582
    ENERGY STAR, 23-29
    Instituto de Desempenho da Construção (BPI – Building Performance Institute), 29
    níveis de, 19
    novas residências, 19
    produtos, 30-31
    produtos verdes, 30-31, 389-395
    Rede de Serviços de Energia Residencial (Rede de Serviços de Energia Residencial (RESNET - Residential Energy Services Network), 29
    reformas, 19
Certificações de casas verdes, 19-31. *Ver também* Certificações
Certificações de produto
    certificação de terceiros, 391

certificação secundária, 394
solar, 581
tipos de, 392
Certificados de energia renovável (RECs), 497
CFM₅₀, 144-148
Chandler, Michael, 129
Chuveiro, 557
acabamentos para, 400
cortinas e portas, do, 557
janelas em, 293
Chuveiros, padrões de eficiência e especificação para, 555-558
Ciência da construção, 38
Cimento Portland, definição, 163
Cinzas volantes, 163
Cinzas volantes de carvão, 163
Circuitos de termossifão, 534
Cisternas, água pluvial, 554-555
Claraboia
classificação para, 277
iluminação natural com, 307
substituição, 309
vedação de ar em torno, 296, 307
Classificação perm, 53
Cloreto de polivinilo clorado (CPVC – Chlorinated polyvinyl chloride), 529
Cobertura de ardósia, 253
Cobertura de ardósia, 254
Cobertura de plástico e borracha, 255
Coberturas
ardósia, 254
fibrocimento, 255
madeira, 254
metálicos, 253-254
plástico e borracha, 255
Coberturas de fibrocimento, 255
Coberturas de fibrocimento, 261
Coberturas de gotejamento, 317
Coberturas refletivas, 250-251
Código Internacional de Conservação de Energia (International Energy Conservation Code – IECC), 133-135, 275-276
Código Internacional de Conservação de Energia (International Energy Conservation Code – IECC), 275-276
Coeficiente de desempenho (*coefficient of performance* – COP), 462
Coeficiente de ganho de calor solar (SHGC), 275, 277
Cogeração, 465
Coleta de água da chuva, 529, 553-555
captação, 553, 555
cisternas, 554-555
distribuição, 555-557
transporte, 553
Coletores de placas planas, 585
Coletores tubo a vácuo, 586-587
Combustão
completo, 465, 467
incompleto, 465, 467
intoxicação por monóxido de carbono e, 466-468
Combustão completa, 465, 467
Combustão incompleta, 465, 467
Combustíveis, 47
aquecimento, 458
biocombustíveis, 577

conteúdo de energia comum, 47-48
custo, 458
tipos de, 47-48
Combustível, bombas de aquecimento, 461-465
Combustível pellet
aquecimento, 477
custo de, 458
prós e contras de, 460
Comissão Federal de Comércio (FTC), classificações de iluminação, 513
Comissionamento, 474
Compensado, 206
definição, 193
Componentes manufaturados, 210-217
construção modular, 211-217
construções em painéis, 211-212
painéis estruturados isolantes (*structural insulated panels* - SIP), 210-211
Compostagem, 376
banheiros, 559
eletrônico, 566
resíduos da cozinha, 566
Compostos orgânicos voláteis (COVs), 389
definição, 3, 391
manchas, 410
revestimento de madeira, 389
tintas, 412
Compressor, definição, 423
Comprimento efetivo da tubulação, 447
Comprimento equivalente, 447
Concentração parabólica, definição, 586
Concreto
autoclave aerada, 164
balcões, 408-410
definição, 158
paredes pré-moldadas, 218
permeável, 367-369
pisos, 400-401
pré-moldado, 168
concreto aerado autoclavado (CAA), 163, 217-219
Concreto permeável, 367-369
Concreto pré-moldado, 168
Condensação
coleta de, 555
definição, 555
Condensação, ponto de condensação e, 55-67
Condensador, definição, 422
Condicionado
espaço subterrâneo, 172-174
sótãos, 236-237
Condução, 41-46
definição, 41
esquadrias na, 272-273
Condutor, definição, 261
configurações de treliças, 236-238
Conforto
efeito das esquadrias na eficiência e no, 272-273
faixa nos EUA, 423
interior, 71
massa térmica e, 113
tamanho de uma casa é, 96
Conforto interior, 69-71
Conselho Americano para Classificação de Esquadrias (National Fenestration Rating Council – NFRC)

classificações, 273-277
classificações exigidas, 276
definição, 273
Conselho de Avaliação Solar e Certificação (SRCC), 581
Conselho de Construção Verde dos Estados Unidos (U. S. Green Building Council – USGBC), 16-17
Avaliador verde, 30
Conselho de Manejo Florestal (FSC), 191
Conselho Norte-americano de Profissionais de Energia Certificados (North American Board of Certified Energy Practitioners – NABCEP), 581
Conselho para Avaliação Térmica de Telhados (Cool Roof Rating Council – CRRC), 251
Considerações sobre reforma
acabamentos de paredes exteriores, 337
acabamentos interiores, 413
desenvolvimento local, 180
energia renovável, 603
envelope térmico, 150
espaços de convívio exteriores, 360
esquadrias, 306-310
fundações, 176, 180
isolamento, 149-150
paisagismo, 380
pisos de madeira, 398
porões, 180
qualidade de ar interno, 180
sistemas HVAC, 488-490
telhado ou sótão, 264
verde, 222
Construção
alvenaria, 217-219
casas feitas de toras de madeira, 217
com painéis, 211-212
componentes manufaturados, 210-217
considerações da remodelação, 222
estruturação com madeira, 214
estrutura de, 184-185, 199-205
(ICF) placas de concreto isolantes, 218
madeira, 189-199
materiais alternativos, 219-226
modular, 187, 212-213
piso do pavimento, 209-210
pisos de lajes de concreto, 219
planejamento, 102
revestimento de parede, 205-209
Construção aberta, 98
Construção com painéis, 211-212
Construção com paredes duplas, 129
Construção modular, 211-217
como estratégia verde, 213-217
definição, 187
vs. casas fabricadas, 211-212
Construção verde
definição, 3
eficácia dos custos de, 33
e sistemas elétricos, 504
futuro do, 19
história da, 15-16, 19
mercado para, 30
Construções com fardos de feno, 118-120, 218-221
Conteúdo reciclado
definição, 391

Índice remissivo

pós-consumidor, 388
pós-industrial, 388
Conteúdo reciclado pós-consumidor, 391
Conteúdo reciclado pós-industrial, 391
Controle de cupins, 102
    estruturas de madeira e, 195-197
    fundações e, 176, 179-180
Controles de Iluminação externa, 501
Controles por zonas, 446
Convecção, 41, 46
    definição, 46
    esquadria e, 272-273
Coque, definição, 550
Cornijas, 314
Cortinas ventiladas, 316, 332-334, 336
    com estuque, 333
    com tijolo, 332-334
Cozinhas, externas, 360
Cradle to Cradle (C2C), 101
Crescimento antigo, 189
Criptônio, definição, 286

D

Deck do telhado, 239-243
Decks, 343
    acima do nível, 347
    definição, 341
    forração e guarnição, 351-354
    piso, 347-354
Declarações ambientais do produto (*environmental product declarations* – EPDs), 389
Decreto para Norte-Americanos com Deficiências (Americans with Disabilities Act – ADA), padrões para projetos, 100
Defletores do beiral, 243-245
Delta de temperatura, definição, 540-541
Densidade, seleção do local e, 79
Departamento de Energia dos Estados Unidos (DOE), 4
Descarga
    energia, de, 563
    gravidade, 558
    pressão, por, 558
Desempenho da Casa com ENERGY STAR (HPwES), 24, 27, 29-30
Desenvolvimento
    brownfield, 79-80
    edge, 79
    grayfiled, 79
    greenfield, 79, 82
    infill, 79
    local, 82-88
    orientado pelo trânsito, 15
    sustentável, 13-15
Desenvolvimento *Brownfield*, 79, 82
Desenvolvimento de borda, 79
Desenvolvimento do local, 82-88
Desenvolvimento *grayfield*, 79
Desenvolvimento *greenfield*, 79, 82
Desenvolvimento *infill* (de revitalização), 79, 82
Desenvolvimento orientado pelo trânsito (DOT), 12
Desenvolvimento sustentável, 11-15
Dessecante, definição, 590
Dessuperaquecedor, 542

Destilação, definição, 563
Desumidificação
    sistemas de resfriamento e, 468-470
    sistemas HVAC e, 431-433
    solar, 590
Desumidificação solar, 590
Detector de monóxido de carbono, 466-467
Dimmers, 499
Dispositivos tubulares de iluminação natural (*tubular daylighting devices* – TDD), 274, 280
Distribuição da primeira hora, 537
Drenagem da fundação, 171
Drenos internos, 259
Durabilidade, 101-102
Dureza da água, 564
Dutos, 263-264
Dutos-aranha, 435, 439
Dutos de tronco e ramificação, 436, 438
Dutos do tipo *bypass*, 436-437

E

Ecos, 378
Efeito *chaminé*, 48, 51
Efeito de ilha de calor, 12, 369
Efeito estufa, 4, 90-92
Eficácia dos Custos
    análise de fluxo de caixa, 33
    de construção verde, 33
    retorno simples, 33
Eficiência
    definição, 510
    tipos de lâmpadas, 513
Eficiência de utilização do combustível anual (*annual fuel utilization efficiency* – AFUE), 463-465
Efluente, definição, 548
Eletricidade
    baixa potência, 497
    custo, 458
    energia e calor combinados (CHP – *combined heat and power*), 466
    energia eólica, 594-595
    energia verde, 497
    por combustível fóssil, 420-421
    rede inteligente, 498
    sistemas fotovoltaicos de energia solar, 593-594
    uso em residências, 495-497, 522
Eletricidade gerada no local, 590-592
Eletrodomésticos, 516-520
    classificação do ENERGY STAR, 517-520
    de cozinhas, 518
    inteligente, 498
    lavadoras de roupas, 516-518
    Lava-louças, 518-519
    pequenos, 518
    refrigeradores, 516
    secadoras de roupas, 518
Eletrodomésticos de cozinhas, 518
Eletrônicos, 519-521
Emendas da Lei da Água Limpa (1987), 86
Emissão térmica, 251
Emissões, fichas de Dados de Segurança do Material, 392
Energia
    cinética, 40

definição, 39
geração e uso, 3-5
incorporada, 6-12
líquido e próximo de zero, 581
medida de, 39
potencial, 40
princípios de, 40
renovável, 4-5. *Ver também* Energia renovável
teor de combustíveis comuns, 47
Energia cinética, 40
Energia e calor combinados (CHP – *combined heat and power*), 466
Energia elétrica, geração de, 4-5
Energia eólica, 574, 594-595
    potencial eólico, 582
    prós e contras de, 577
Energia incorporada, 6-8
    acabamentos interiores e, 391
    avaliação do ciclo de vida e, 6-8
    definição, 5
    de isolamentos comuns, 119
    de materiais comuns da construção, 7
    de vários materiais para telhados, 250
    dos acabamentos de paredes exteriores, 318
Energia nuclear, geração de, 4
Energia potencial, 40
Energia renovável, 4-5
    biocombustíveis, 577
    células de combustível, 578, 595-603
    dimensionamento, 591-593
    eletricidade gerada no local, 590-592
    energia eólica, 574, 582, 594-595
    energia solar, 574-575, 581-582
    fontes de, 575
    hidrelétrica, 575-578, 582
    micro-hídrica, 578, 595-603
    origens das, 574
    projeto da casa de energia solar passiva, 596-603
    projeto para, 582
    prós e contras, 577
    recursos financeiros, 579
    seleção de, 577-580
    selecionar, 578-583
    sistemas fotovoltaicos de energia solar, 593-594
    sistemas solares térmicos, 582-594
Energia solar
    como determinar, 581
    passiva, 574
    potencial solar, 581-582
    prós e contras de, 577
    requisitos para, 578
    solar térmico, 574-575
Energia verde, 497
EnergyGuide, 516-518, 540-541
ENERGY STAR, 16, 23-29
    Categorias de Produto da casa, 18
    classificações de materiais dos telhados, 252
    controle de umidade, 328
    definição, 16
    Desempenho da Casa com, 24, 26, 28-30
    janelas, portas e claraboias, 273, 276-277
    processo de certificação, 24
    Sam Rashkin de, 17

Engenharia de otimização de valores (*optimum value engineering* – OVE), 199
Envelope/fechamento da construção, 66-67. *Veja também* Envelope térmico
  área de superfície do, 144-148
  definição, 66
  fundações e, 172-176
  isolamento e, 110
  sistemas HVAC e, 419-421
Envelope térmico. *Ver também* Envelope da construção
  casa hermética demais, 143, 149
  completar, 141
  fundações e, 122-125
  paredes e, 122
  Posicionamento, 122-125
  tetos e, 122, 125
  vedação de ar e, 121-125
  verificação de infiltrações, 142-148
Envenenamento grave por CO, 467
Envidraçamento decorativo, 287
Envidraçamentos resistentes a tempestades, 287
Equilíbrio de pressão, definição, 557
Equipamentos de ar-condicionado terminais Self cointained (*package terminal air conditioners* – Ptacs), 478
Erosão
  controle, 85-87
  definição, 85
Escolha do local, 79-82
  densidade e, 79
  tipos de, 79-83
Escória granulada de alto-fornos, 163
Espaços externos de convívio, 94, 98, 341-361
  colunas, pilares, grades e vigas treliçadas, 354
  considerações sobre reformas, 360
  cozinhas e lareiras, 360
  escadas e patamares, 353
  materiais e métodos, 343-361
  tipos de, 342-343
Espaços subterrâneo
  bases de paredes para, 158, 164
  condicionados, 173-174
  não condicionado, 173-174
  semicondicionado, 173-174
Espaço subterrâneo condicionado, 172-174
Espaço subterrâneo não condicionado, 172-174
Espaço subterrâneo semicondicionado, 172-174
Especialista em Envelhecimento na Própria Casa – Certified Aging-in Place Specialist (CAPS), 101
Espécies invasoras, 364, 372
Espuma de célula aberta, 130, 153
Espuma de célula fechada, 130, 153
espuma em *spray* de poliuretano de isolamento (SPF), 111, 130-131
espuma isolante em *spray*, 130-131
Esquadrias, 271-310
Esquadrias, 289
  como estratégia de controle de som, 299
  Conselho Americano para Classificação de Esquadrias (National Fenestration Rating Council – NFRC), 273-277
  considerações sobre reformas, 306-310
  definição, 271
  efeito das esquadrias na eficiência e no conforto, o, 272-273
  ferragens, 290-293
  fixas e operáveis, 290-293
  instalação, 297-306
  localização, 278-281
  manejo, 299
  reciclagem, 306, 309
  seleção da, 271
  sistemas de classificação e construção verde programas, 275-278
  sombreamento, 280-286
  tamanho, 277
  tipos de, 271-310
  uso de material sustentável, 296, 305
  vedação da umidade, 293-297, 300-306
  vedações, 290-293
Esquadrias de janelas, 288-289
Estimativa de déficit, para calibragem cisterna, 554-555
Estimativa de demanda, para cisternas dimensionadas, 554
Estratégia de controle de som, esquadrias como, 296
Estruturados com ripas, 184. *Ver também* Estrutura moderna; Estrutura de madeira
  pisos e, 189
Estrutura em malha, 184-185
Estrutura moderna, 199-205
  acabamentos de paredes exteriores, 327-328
  benefícios da, 200, 202-204
  definição, 199
  desvantagem da, 205
  planejamento para, 200
  técnicas, 201, 204
Estruturas. *Ver também* Estrutura moderna; Estruturas de madeira
  aço, 205
  com madeira, 214
  madeira, 199-205
  painéis, 184
  paredes com estruturadas reticuladas, 184
  pavimento, 185-186
Estruturas de madeira, 214
Estruturas de madeira, 199-205
  convencional, 199
  desvantagem das, 205
  moderna, 199-206
  revestimento de parede, 205-209
Estruturas em aço, 205
Estruturas em painéis, 184
Estuque
  cortinas ventiladas, 333
  de acabamento com isolamento externo, 321, 323-325, 335
  impactos ambientais de, 339
Evaporador, definição, 422
Evapotranspiração, 92-94
Exaustão de banheiro, 484-486
Exaustores de banheiros, 515
Exfiltração
  definição, 46
  fluxo de calor e, 46-47
Expansão urbana
  desenvolvimento tradicional de bairro e, 12

saúde, 83
Extração da madeira, 189-191
  tratamento da, 197-198

F

Fachada, definição, 315
Fachadas de pedra, 320, 322
Fan coil, 453, 458
Fator de desempenho sazonal de aquecimento (*heating seasonal performance factor* - HSPF), 462-463
Fator de desempenho sazonal de aquecimento (*heating seasonal performance factor* - HSPF), definição, 39
Fator de energia (EF), 541-542
Fator de energia modificado (MEF), 517
Fator U, 42-44, 276
  cálculos com, 42-46
  definição, 42
  esquadria e, 276-277
Federação Americana para a Vida Selvagem Nacional (National Wildlife Federation – NWF), 383
Federação Americana para a Vida Selvagem Nacional (National Wildlife Federation – NWF), certificação Federação Americana para a Vida Selvagem Nacional (National Wildlife Federation – NWF), 383
Fenol formaldeído, 125
Ferragens, para esquadrias, 290-293
Fiação
  alta potência, 497-498
  baixa potência, 498
  botões e tubos, 523
Fiação botões e tubos, 523
Fibras de vidro, 289
Fichas de dados de segurança do Material (MSDSs), 389-391
Filtragem, água, 563
Filtros
  carbono ativado, 492
  com pregas, 433, 487
  eficiência, 488-492
  fibra de vidro, 488
  HEPA de pregas, 487
  localização, 488
  mecânicos, 433
  purificadores de ar eletrônicos, 488
Filtros de ar
  carbono ativado, 492
  com pregas, 433, 487
  fibra de vidro, 488
  HEPA com pregas, 487
  mecânicos, 433
  purificadores de ar eletrônicos, 488
Filtros de ar com pregas, 431
Filtros de ar mecânicos, 431
Filtros de carbono ativado, 488
Filtros de linha, 500
Financiamentos de eficiência energética, 31
Financiamentos de eficiência energética (*energy-efficient mortgages* – EEMs), 31
Financiamentos de melhoria energética (*energy improvement mortgages* – EIMs), 30
Financiamentos, energia, 31

Índice remissivo

Fluxo de ar, 48-51
Fluxo de calor, 41-47
   condução, 41-46
   convecção, 41, 46
   radiação, 41, 46-47
Fluxo de umidade, 52-60
   condensação e ponto de condensação, 55-67
   massa, 52-53
   nas casas com eficiência de energia, 52
   vapor transportado por difusão, 53-54
Fluxo de umidade em massa, 52-53
Fluxo no ventilador, 144
Fontes de ar de bombas de aquecimento, 422-425
Foot-candles, definição, 513
Formulário do Avaliador do Sistema de Isolamento Térmico, 24-27
Forração, 351-354
   alumínio, 353
   do pavimento, 209-210
   madeira para, 353-354
   planejamento para reforma, 353
   plástico, 353
Forração de alumínio, 353
Forração de plástico, 353
Fotovoltaico, definição, 575
Fração de calor sensível (SHF), 468
Frumkin, Howard, M.D., 83
Fundações
   concreto, 163
   considerações sobre reformas, 175-176, 180
   controle de pragas e, 176, 180
   controle de umidade, 171-172
   envelope térmico e, 121-125
   Escolha da, 158
   Fechamento da construção, 172-176
   isolamento para, 173-176
   laje sobre o solo, 158, 165, 168, 176
   madeira permanentes, 168-169
   materiais e métodos, 158-168
   painéis estruturais isolantes e, 169-171
   pilar, 158, 165-168
   pré-fabricadas, 168-169
   rasas protegidas contra congelamento, 163
   tipos de, 157-159
Fundações de concreto, 158-163
Fundações de madeira permanentes (*permanent wood foundantios* – PWF), 169
Fundações laje sobre o solo/Radier, 158, 165, 168, 176
Fundações pré-fabricadas, 168-169
Fundações rasas protegidas contra congelamento, 158

G

Ganho solar, 272
Gás de solo, definição, 176
Gaseificação, 126
Gases do efeito estufa (GHG), definição, 4
Gás natural
   aquecedores de água, 540-542
   como energia, 4
   custo de, 458

Gerenciamento de umidade
   casas com estrutura de madeira e, 195-198
   fundações e, 169-172
   paredes externas e, 328-334
   permeabilidade à umidade, para materiais comuns de construção, 54
Gerenciamento integrado das pragas
Gerenciamento integrado das pragas, 376
   casas com estrutura de madeira e, 195-198
   fundações e, 176, 179-180
   integrado, 376
   isolamento e, 115
Gesso acartonado
   como acabamento interno, 401-404
   definição, 388
   gesso em, 402-404
Gesso, em gesso acartonado, 402-404
GoodCents, 496
Grades entre vidros (*grilles between glass* – GBG), 297
Grades, para janelas, 293, 296
Gráfico psicrométrico, 55, 60-65
Gramados, 373
Grão, definição, 60
Graus-dia de refrigeração (*cooling degree days* – CDD), definição, 40
Green Builder Media, 15
Guarnição, 406-407
   e *decks*, 351-354
   fibras de vidro, 325
   PVC, 324-325
Guarnição de fibras de vidro, 325
Guertin, Mike, 246

H

Hardscape, 363
Harley, Bruce, 52
Hidrelétrica, 575-578
   micro-hídrica, 578, 595-603
   potencial hídrico, 582
   prós e contras de, 577
Hidrônicos, definição, 431
Housewrap, 121, 328-330
Huber ZIP System, 255, 330

I

(ICF) placas de concreto isolantes, 165, 189, 218
Iluminação
Iluminação, 515
   ambiente, 505
   atividade, para, 505
   Comissão Federal de Comércio (FTC) etiquetagem, 516
   definição, 514
   de instalações de lâmpadas, 515
   de realce, -505
   escolha das luminárias, 510-516
   fibra ótica, 515
   iluminação natural, 272
   natural, 272
Iluminação ambiente, 505
Iluminação de fibra ótica, 515
Iluminação natural
   definição, 272

Impacto local, reduzir o, 86-88
Impermeabilização, 171
Impermeável, definição, 113
Inclinação do telhado
   definição, 232
   inclinação baixa, de, 232, 259-263
   íngrimes, para, 232, 251-259
Índice de eficiência energética sazonal (*seasonal energy efficienty ratio* – Seer), 470
Índice de Refletância Solar (Solar Reflectance Index - SRI), 252
Índice de reprodução de cores (IRC), 513
Índide de calor sensível (SHR), 468
Infiltração
   definição, 46, 121
   fluxo de calor e, 46-47
Iniciativa de Manejo Florestal Sustentável (Sustainable Forestry Initiative – SFI), 191
Início frio, definição, 533
Inícios quentes, definição, 533
Instalação de baixa potência, 498
Instalações de alta potência, 497-498
Instalações hidráulicas
   coleta de água da chuva, 529
   considerações sobre reformas, 566
   distribuição de água quente, 531-538
   esgoto, 529-531
   instalação em laje, 534
   lavadoras de roupas, 564-568
   remoção de águas residuais, 544-557
   sistema de recirculação, 531-533
   tratamento de água, 563
   trituradores de lixo, 565-566
Instituto Americano para Residências Passivas (Passive House Institute US PHIUS), 436
Instituto Athena de Materiais Sustentáveis, 95
Instituto de Ar-condicionado, Aquecimento e Refrigeração (AHRI -Air Conditioning, Heating, and Refrigeration Institute), certificados, 470-471
Instituto de Carpetes e Tapetes – Carpet and Rug Institute (CRI), 399
Instituto de Ventilação de Casa (Home Ventilating Institute – HVI), 481
Interruptores
   eliminar, 519
Interruptores conectados por fios, 499-504
Intoxicação crônica por monóxido de carbono, 467
Intoxicação de monóxido de carbono, 466-468, 476
   crônico, 467
   fontes de, 467
   grave, 467
   sintomas, 466-467
Intoxicação, monóxido de carbono, 466-468
Inversores, definição, 591
Isolamento
   algodão, 128, 153
   aplicado, 111, 125-133
   biológico, 111
   características do desempenho, 111-115

características do material, 111, 119, 126-133
cavidade, 115, 137
celulose, 127-128, 136, 153
cimentício, 133, 154
comparação de vários, 153-154
considerações sobre reformas, 148-150
contínuo, 118
custo de, 111, 119
enchimento solto, 135
energia incorporada e, 119
envelope térmico e, 125-133
espuma, 130-131
espuma de poliuretano em *spray* (SPF), 111, 130-131, 153
espuma rígida, 131-132
fibra de vidro, 111, 125-129, 135, 153
fundação, 172-176
futuro do, 111
gerenciamento de pragas, 115
história do, 110
integrado à estrutura, 111, 118-120, 137
jateado, 115-116, 120
lã, 128
lã mineral, 126-127, 136, 153
manta, 111, 114-116, 120
métodos de instalação, 111, 115-120, 125-133
para sistemas de dutos, 437-438
parede, 135, 137
permeabilidade ao vapor em, 113-114
permeabilidade do ar de, 112-113
piso, 134, 137
poliestireno, 118, 131-133, 153-154
requisitos de quantidade, 133, 137
resistência ao fogo de, 113-115
seleção de, 133
Sistema de isolamento híbrido manta com espuma, 131
sistema de retenção de calor, 543-544
teto, 134, 137
tipos diferentes de instalação para, 115-118
tubulação de água quente, 535
valores R de, 112, 134, 137
Isolamento aplicado
definição, 112
materiais para, 126-133
Isolamento biológico, 111
Isolamento cimentício, 133, 154
Isolamento com algodão, 128, 153
Isolamento com espuma, 130-131
rígida, 131-132
Isolamento com fibra de vidro, 110, 125-128, 135, 153
Isolamento com lã mineral, 126-127, 136, 153
Isolamento com poliestireno, 118, 131-133, 153-154
Isolamento contínuo, 118-119
Isolamento de cavidades, 115, 137
Isolamento de madeira, 128
Isolamento de preenchimento frouxo, 135
Isolamento integrado à estrutura, 111, 118-120, 137
Isolamento jateado, 115-116, 120
Isolamento por celulose, 127-128, 136, 153

J

Janela com dupla esquadria, 289
Janelas
báscula-dupla, 289
considerações sobre reformas, 306-310
de abrir, 290
elevado desempenho, 277
em banheiros, 296
ferragens para, 290-293
fibra de vidro, 289
grades, 296-297
instalação, 297-306
madeira, 288
operadas eletricamente, 293
operável, 294
reciclagem, 306, 309
revestimento, 288-290
revestimento de baixa E, 47, 285-287
telas para, 294
tempestades, 307
toldo, 289
unidades articuladas, 289-294
vedação de ar em torno, 296, 307
vidraças, 280, 286-288
Janelas a prova de tempestades, 308
Janelas *de abrir*, 289
Janelas de madeira, 288
Janelas e portas revestidas, 289
Jardins de retenção de chuva, 367
Jones, Ron, 15
Joule, 40

K

King, Bruce, 225
Klein, Gary, 540
Klingenberg, Katrin, 435

L

Lã de escória, 126
Lã de rocha, 126
Laje, 288-289
Laminados de madeira, 404-406
Lâmpadas
definição, 505
descarga de alta intensidade (HID), 510
fluorescente, 506
halogênio, 505
incandescente, 505
indução magnética, 510
lâmpadas fluorescentes compactas (CFLs), 507
luminárias do tipo LED (*light-emitting diodes* – LEDs), 508-511
Lâmpadas de descarga de alta intensidade (HID), 510
Lâmpadas de halogênio, 505
vida útil da lâmpada, 513
Lâmpadas de indução magnética, 510, 513
Lâmpadas fluorescentes, 506-508
eficiência de, 511
vida útil da lâmpada de, 513
Lâmpadas fluorescentes compactas (CFLs), 507
vida útil da lâmpada de, 513
vs. incandescente, 508
Lâmpadas incandescentes, 505
eficiência de, 511
vida útil da lâmpada, 513
vs. lâmpadas fluorescentes compactas (CFLs), 508
Lâmpada, vida útil, 513
Lareiras
alvenaria, 460
aquecimento, 477
combustível, 460
externas, 360
inserções, 477
prós e os contras da, 460
Lareiras russas, 477
Lavadoras
lava-louças, 518-519
roupas, de, 516-518
Lavadoras de roupas, 516-518
padrões de eficiência e especificação para, 555
válvulas, 564-566
vávulas de drenagem, 564, 568
Lava-louças, 517-519
LEED. *Ver* Liderança em Energia e Projeto Ambiental (LEED)
Lei Norte-Americana de Recuperação e Reinvestimento de 2009 (American Recovery and Reinvestment Act – Arra, ou "Lei de Recuperação"), 121
Lenha
aquecimento, 477
custo, 458
prós e contras de, 460
Liderança em Energia e Projeto Ambiental (LEED), 16
Linóleo
definição, 394
pisos, 396
Locais ambientalmente sensíveis, tipos de, 79
Loop convectivo, 46
Louças, 557-558
banheiras, 557
chuveiros, 557
pias, 557
sanitários, 558
sanitários, 558-564
Luminárias. *Ver também* Instalações de luz
definição, 510
Luminárias do tipo LED (*light-emitting diodes* – LEDs), 508-511
eficiência de, 511
eficiência de vários, 511
iluminação, 514
temperatura de cor, 513-514
vida útil da lâmpada de, 513
Luz simulada dividida (*simulated divided light* – SDL), 297
Luz verdadeira dividida (*true divided light* – TDL), 297

M

Madeira
condensada, 352
engenheirado, 193
maciça cortada/serrada, 195
naturalmente resistentes à deterioração, 353

Índice remissivo

para forração, 353-354
problemas de toxicidade com madeira tratada, 169
tratada termicamente, 353
Madeira composta, para forração, 353
Madeira engenheirada, 193
Madeira maciça cortada/serrada, 195-198
Madeira naturalmente resistente à deterioração, 353
Madeira tratada sob pressão, 353
Madeira tratada termicamente, 353
Manchas
  exterior, 326
  interior, 389, 409-413
Manejo florestal sustentável, 191
Manômetro, 466
manta com espuma, *flash and batt* (FAB), 131
Manta de cobertura, 255
Mantas de drenagem, 171
Mantas isolantes, 111, 115-116, 120
Mantas sem revestimento, 125
Mapa da zona climática, 133
Mapa de probabilidade de infestação por cupins, 103
Mapas de solo, 79, 81-82
Marcenaria, 388, 404
Mason, Robert, 496
Massa térmica, 113
Materiais alternativos, 219-226
  Adobe, 220
  fardos de palha, 219-220
  paredes de taipa, 220-222
Materiais da construção
  energia incorporada de materiais comuns, 7
  para casa de 185,8 metros quadrados, 11
  permeabilidade para materiais comuns, 54
  qualidade do ar e, 11
  resíduos da construção e, 7-11
  valores R de materiais comuns, 42
Materiais de cobertura
Materiais de cobertura, 254
  energia incorporada de, 250
  para telhados de baixa inclinação, 259-261
  para telhados íngrimes, 251-256
  propriedades de, 250-253
  refletância solar, 250
Materiais higroscópicos, 314
Material de cobertura COM policloreto de vinila (*polyvinyl chloride* – PVC), 261
Material de telhado de poliolefina termoplástica (TPO), 261
Maxim-ar, 289
McDonough, William, 98, 100
Medida de Kelvin, 515
Medidores inteligentes, 496-498
Megajoules (Mj), 8
melhores práticas de gerenciamento (MPG), definição, 86
Membrana de camada única, 261
Membrana de dissociação, 399
Membrana de revestimento de borracha, 255
Membranas betuminosas, para impermeabilização, 256
Metais sanitários, definição, 557

Micro-hídrico
  componentes de, 595
  prós e contras de, 577
Mictórios, 559-564
Mini-*slip* sem dutos, 425, 460
  alta velocidade, 489
  comprimento efetivo da tubulação, 447
  comprimento equivalente, 447
  considerações sobre reformas, 489
  dutos-aranha, 435, 439
  dutos de tronco e ramificação, 436, 438
  dutos do tipo *bypass*, 436-437
  isolamento, 437-438
  localização de registros, 440-443
  pressão estática, 435
  projeto, 435-440
  radial, 438
  sistemas de dutos, 435-436
  teste de vazamento, 442-445
  vazamentos, 440
  vedação, 438-440
  zoneamento, 445-448
Minisseparações
  bombas de calor, 478
  sem dutos, 425, 460
Monitores de energia, 501-504
Monóxido de carbono (CO), 141
Mouzon, Steve, 422
Muros independentes, 371

N

NAHB. *Ver* Associação Nacional de Construtores de Casas (NAHB)
Nivelamento, em paisagismo, 376
Novo urbanismo, definição, 12
Núcleo de tubulação, 531

O

Óleo combustível, custo de, 457
Organização Internacional de Normalização (ISO)
  avaliação do ciclo de vida (LCA), 393
  declarações ambientais (EPDs), 391
Orientação da casa
  economia de custos e, 77
  projeto e, 88
Orientação das janelas, 88-94
  arquitetura solar passiva, 90-91
  efeito estufa, 90-92
Orientação solar, definição, 74
Osmose reversa (*reverse osmosis* – RO), 563

P

Pacote de iluminação avançada (ALP), 505
Padrão 62.2 da Ashare, 480-482
Padrões Nacionais de Construção Verde (NGBS)
  classificações de esquadrias, 274-277
Painéis, 404-406
Painéis estruturados isolantes (*structural insulated panels* - SIP), 119, 137
  benefícios de, 210
  considerações estruturais, 210
  construção com, 210
  definição, 118
  desafios, 211

fundações e, 169-171
pisos e, 189
telhados e, 237
Painel de fibra de média densidade moldado (MDF),
  acabamentos interiores e, 404, 406-408
Painel estrutural de tiras de madeira orientadas perpendicularmente (OSB), 205-206
Paisagem, definição, 364
Paisagismo, 363-381
  cercas e muros independentes, 371
  componentes do, 366
  Federação Americana para a Vida Selvagem Nacional (National Wildlife Federation – NWF), 383
  gerenciamento integrado das pragas, 376
  muros de arrimo, 370-373
  nivelamento, 376
  para oferecer sombra, 94
  pavimento impermeável, 367
  recursos de água, 379-380
  Reestruturação ou reforma, 379
  softscape, 371-380
  xeriscape, 372-376
Pântanos construídos, 547-548
Papel de alcatrão, 255
Papel de parede, 404-405
Paredes
  envelope térmico e, 122
  independentes, 371
  isolamento, 134, 137
  muros de arrimo, 370-373
  não hidráulico, 313
  paredes hidráulicas, 313
  pré-moldadas, 221
  paredes baixas do sótão, 122, 125-126
  paredes da fundação, 158, 370-373
Paredes de taipa, 220-222
Paredes hidráulicas, 313, 336
Paredes hidráulicas, definição, 313
Paredes não hidráulicas, 313, 335
Paredes pré-moldadas, 218
Partnership for Advanced Technology in Housing (Path), 541
Pascal (Pa), definição, 113
Pátios, 345
  definição, 341
  em nível, 345-347
Pavimentação
  efeitos de ilhas de calor, 369
  impermeável, 367
  permeável, 367-369
Pavimentação permeável, 367-370
Pavimento estrutural, 184, 186
Pavimento impermeável, 367
Pavimentos permeáveis, 369-371
Pedra
  balcões, 408
  como acabamento de parede exterior, 320, 322, 335-336
  filetado, 317, 320, 334-336
  paredes internas, 404
  revestimento, 399-400
  revestimentos de banheiras, 400
Pedra filetada, 318, 322, 336, 339
Películas para janelas, 287-288, 308
Pensamento sistêmico e a fase do, projeto, 75

Permeabilidade ao ar, do isolamento, 112-113
Permeabilidade, definição, 112
Permeabilidade do vapor
   acabamentos de paredes exteriores, 331
   de isolamento, 113-115
Permeável, definição, 113
Pias, 557
Pilotis, 158, 165-167
Pinázios, 293
Pingadeira, 316
Pingadeira, 256-258
Pinturas
   exterior, 326
   interiores, 388, 413
Piscina, 521
Piso, 388, 395-400
   azulejo, tijolo e pedra, 399-400
   bambu, 395-396
   carpete, 399
   cobertura para, 209-210
   concreto, 400, 402
   cortiça, 396
   cortiça, 396
   engenheirada, 395
   isolamento, 134, 137
   laje de concreto, 219
   linóleo, 396
   materiais alternativos para, 189
   varandas, 345-347
   vinil, 396
Piso de madeira engenheirada, 395
Piso flutuante, 394
Pisos de bambu e cortiça, 396
Pisos de lajes de concreto, 219, 400, 402
Pisos de madeira, 395-396
   flutuantes, 394
   restauração de, 398
   sólido, 392
Placa cerâmica, definição, 388
Placa de fibra
   definição, 208
   revestimento estrutural, 208-209
Placa, definição, 200
Placas de carpete, 399
Placas de composição ou compósitas, 253
Placas de concreto isolantes (ICF), 165, 189, 218
Placas isolantes, 118-119
Planejamento
   construção, 102
   reformas, 108
Planejamento de reformas, 108. *Ver também* Considerações sobre reforma
Plano de gerenciamento de resíduos, local da construção, 104
Plantações de árvores, 190
Plantas
   como *softscape*, 373
   espécies invasoras, 364, 372
   nativas, 372
   resistentes à estiagem, 371-372
Plantas nativas, 372
Plantas resistentes à estiagem, 371-372
Platibandas, definição, 259
Plenuns, 437
Poliestireno expandido (*expanded polystyrene* – EPS), 118, 131-133, 153

Poliestireno extrudado (*extruded polystyrene* - XPS), 118, 131-133, 154
Polietileno reticulado (PEX), 531
Polipropileno (PP), 531
Poluição luminosa, 515
Polyiso, 132, 154
Ponte térmica, 118
Ponto de condensação
   condensação e, 55-66
   gráfico psicrométrico, 55, 60-65
Porões
   acabamento, 181
   condicionados, 173-174
   muros de arrimo para, 158, 163
   não condicionados, 173-174
   semicondicionados, 173-174
Portas
   considerações sobre reformas, 306-310
   em torno da vedação de ar, 296, 307
   ferragens para, 290-293
   interior, 404, 406
   vidro, 277
Portas basculantes, 289
Portas basculantes, 289
Portas de vidro, sistemas de classificação para, 277
Portas para garagens, 289
Postes, espaços externos de convívio, 353-355
Potencial eólico, 582
Potencial solar, 581-582
Pozolana, definição, 163
Prateleiras, 407
Prateleiras de guarda-roupas, 401
Precipitadores eletrostáticos, 487
Pressão estática, 435
Pressão hidrostática, 171
Problemas de umidade, com o isolamento nas cavidades, 137
Produtos de envidraçamento dinâmico (*dynamic glazing* - DG), 275-276, 278
Produtos de madeira, 189-199
   certificação da madeira, 191
   certificações do produto para, 392
   engenheirado, 192-196
   madeira maciça cortada/serrada, 195-198
   pragas, 195-198
   problemas de umidade, 195-198
Produtos de madeira de engenheirada, 192-196
   portas, 404, 406
Produtos preferíveis ambientalmente (EPP), 30
Profissionais Qualificados (AP), 29,
   classificação de esquadrias, 274-277
   definição, 16
   sistemas de água quente, 540
Programas Norte-americanos de Construção Verde, 18
Projeto. *Ver também* Projeto da casa
   flexível, 98, 100
   integrado, 73-77
   para sistemas mecânicos, 98-102
   universal, 100-101
Projeto da casa, 88-102. *Ver também* Projeto
   orientação da casa, 88

orientação das janelas, 88-94
Projeto flexível, 98, 100
Projeto integrado, 73-79
   brainstorm, 77
   definição, 73
   vs. tradicional, 74
Projeto para desmontagem (DfD), 98, 100
Projetos de *uso misto*, 79
Projetos *multifamiliares*, 79
Projeto solar, passivo, 88, 596-603
Projeto universal, 100-101
Proliferação de algas, 86
Propano, custo de, 458
Purificadores elétricos de ar, 488
Purser, Michael, 398
PVC
   material de cobertura, 261
   revestimento e guarnição, 324-325, 335
Qualidade ambiental, interior, 104-109, 180, 433
Qualidade ambiental interna, 104-109
Qualidade do ar
   incorporada na produção de materiais, 9
   interior, 104-109, 179
   reforma e, 180
Querosene, custo de, 458

R

Radiação, 41, 46-47
   definição, 46
   esquadria e, 272-273
Radiadores
   elétricos, 459
   hidrônico, 453, 458
Radiadores elétricos, 459
Radônio, definição, 176
Rashkin, Sam, 17
Reator, definição, 506
Reciclagem
   acabamentos interiores, 389
   de acabamentos de paredes exteriores, 318
   janelas, 306, 309
Recuperação, águas pluviais, 553
Recuperação de calor de drenos de água (*drain-water heat recovery* – DHR), 552
Recursos de água, 379-380
Rede de Serviços Residenciais de Energia (Residential Energy Services Network – Resnet), 29, 116-119
Rede, em, 578-580, 591
Redes inteligentes, 498
Refletância solar, 250-252
Refletividade, de coberturas, 250-252
Refluxo de lareiras, 477
Reforços acabados, 125
Reformas, 104-108
   certificações para, 19
   mercado para, 104
Refrigeradores, 516
Refrigerante, 422, 471
Remoção de águas residuais, 544-557
   água da primeira chuva, 553-557
   água negra, 547
   água residual, 547
   pântanos construídos, 547-548
   recuperação da águas residuais, 552-553

Índice remissivo

recuperação de calor de drenos de água (*drain-water heat recovery* – DHR), 552
tratamento no local, 547-550. Ver também Sistemas sépticos
tubulação, 551
Reservatório de aquecedores de água, 537
Reservatório de carbono, 190
Reservatórios montados no telhado, 584
Resfriadores de pântano, 427-428
Resfriador evaporativo indireto, 427-429
Resfriamento, evaporação, 427-429
Resfriamento evaporativo
direto, 428
indireto, 427-428
Resfriamento evaporativo direto, 427-429
Resfriamento radiante hidrônico, 471
Residência, ciclo de vida de uma, 6-7
Residências Confortáveis e Meio Ambiente para Moradia (EFL), 28
Residências Passivas, 431
Resíduos da cozinha
compostagem, 568
trituradores de lixo, 565-566
Resíduos de construção, 7-11, 101-104
estratégias de redução, 104
plano de gerenciamento de resíduos, 104
projeto do telhado para, 234-235
Resistência à condensação (*condensation resistance* – CR), 276
Resistência ao fogo, o isolamento, 113-115
Retardadores de chama brominados, definição, 399
Retorno simples, 33
Revestimento
fibrocimento, 318-321, 339
madeira, 318-319, 336, 339
metal, 325-326, 333
PVC, 324-325, 333
Revestimento. Ver também Revestimento de parede
definição, 197
vinil, 340
Revestimento de bambu, 391, 396
Revestimento de madeira, 318-319, 335, 339
Revestimento de metal, 325-326, 335
Revestimento de parede, 205-209
definição, 197
estrutural, 205-209
isolante, 207
isolante e estrutural, 207-209
placa de fibra, 209
Revestimento estrutural, 205-207
Revestimento estrutural isolante (SIS), 131-132
Revestimento isolante, 205, 207-209
Revestimentos de baixa E, 285-287
entre vidros, 285-287
variações de VT, 287
Revestimentos de fibrocimento, 318-321, 339
Revestimento superior, 331
Rosebud Co., 398
Rudd, Armin, 482
Rufo
beiral da tesoura, 256-258
chaminé, 257-258
claraboia, da, 257-258
encosto, de, 256-257
externos de, 331-333
interno, 256
painel solar, 258-259
para acabamentos de paredes exteriores, 328
para telhados íngremes, 256-259
pingadeira, 256-258
revestimento superior, 331
rufo, 256-258
Rufo da chaminé, 257-258
Rufo de colarinho, definição, 257
Rufo "L", 256-258
Rufo "L" e do beiral, 256-258
Rufos de painel solar, 258-260
Rufos interno e de encosto, 256-257

S

Sacada
Francesa, 342
nível superior, 343-346
Sacada francesa, 342
Sanitário de descarga pela gravidade, 558-559
Sanitários, 558-564
alta eficiência, 558
classificações de eficiência, 558-560
composição, 563
descarga dupla, 558
descarga motorizada, 559
descarga pela gravidade, 558-559
descarga por pressão, 559
padrões de eficiência e especificação para, 555
válvulas de enchimento, 559
Sanitários de alta eficiência (*high-efficiency toilets* – HETs), 558
Sanitários de descarga dupla, 558
Sapatas, definição, 159
Saúde, expansão urbana e, 83
Secadora de roupas, 518
Segundo crescimento, 189
Sela, definição, 257
Semipermeável, definição, 113
Sensores de movimento, 500
Serviços de Conservação de Recursos Naturais, mapa de solo, 79, 81-82
Servidyne, 521
SIPs. Ver Painéis estruturais isolados (SIPs)
Sistema americano de unidades, 40
Sistema de acabamento com isolamento externo (EIFS), 321, 323-325, 335
Sistema de Avaliação de Energia de Casas (HERS), definição, 19
Sistema de duto radial, 437, 439
Sistema Internacional de Unidades (SI ou métrica), 40
Sistema múltiplo, 531-533
Sistema Nacional de Eliminação de Descarga Poluente (NPDES), águas pluviais, 85
Sistemas de aquecimento, 420-426, 458-468
bombas de calor, 462-465
energia e calor combinados (CHP – *combined heat and power*), 466
equipamento para, 459-460
fornos, 420-422
localização, 460
radiante, 429. Ver também Aquecimento radiante
segurança de combustão, 465-467
tipos de combustível, 458
Sistemas de aquecimento, ventilação e ar-condicionador (HVAC)
aquecimento, 420-425, 458-468
aquecimento hidrônico, 453-455
calor radiante elétrico, 455-456
capacidade de distribuição, 474
casa toda, 420
comissionamento, 474
considerações sobre reformas, 488-492
controles avançados, 475
desumidificação e umidificação, 431-432
distribuição de ar, 429-432
distribuição radiante, 432
eficiência da bomba, 472
eficiência mínima dos equipamentos, 472-473
energia e calor combinados (CHP – *combined heat and power*), 466
Envelope da construção, 420
equipamento, 422
filtragem, 433, 487-488
Manual D ACCA, 447, 451
Manual J ACCA, 446, 449, 472
Manual S ACCA, 446-447
Manual T ACCA, 447
manutenção, 488
não distribuído, 420, 456, 474-479
projeto, 98, 446-452
prós e contras de vários, 459-460
segurança de combustão, 465-467
seleção de, 456-465
sistemas de distribuição, 429-432, 459-460
sistemas de refrigeração, 426-429, 468-474. Ver também Ar-condicionamento
sistemas de tubulação, 435-436
termostatos, 474
ventilação, 433, 478-486
Sistemas de ar forçado
prós e contras de, 459
zoneamento, 445-448
Sistemas de controle automático, 501
Sistemas de filtragem, ar, 431, 487-488
Sistemas de purificação ultravioleta (UV), 488
Sistemas de resfriamento, 426-429, 468-474. Ver também Ar-condicionado
alternativas, 427-428
desumidificação e, 468
direto, 428
equipamento para, 470
hidrônico radiante, 471
indireto, 427-428
resfriamento evaporativo, 427-429
ventiladores de teto, 473
Sistemas de retenção de calor, definição, 545
Sistemas de tarifa de alimentação (*feed-in-tariff* – FIT), definição, 591
Sistemas de ventilação
da casa toda, 433
local, 433

641

Sistemas elétricos
   classificação ENERGY STAR, 50-
   considerações sobre reformas, 521, 523
   construção verde e, 504
   controles, 500-504
   educação do morador, 521
   eletrodomésticos, 516-520
   eletrônicos, 520-521
   fiação, 497-501
   iluminação, -515
   Pacote de Iluminação Avançada (ALP), 505
   piscina, 521
   projeto, 98
   spa, 520
   ventiladores, 515-516
Sistemas fotovoltaicos, 593-594
   casas existentes, 594
   fotovoltaico, 594
   painéis, 593-594
   prós e contras de, 577
Sistemas fotovoltaicos de energia solar, 593-594
   casas existentes, 594
   impacto ambiental da produção de painéis solares fotovoltaicos, 594
   painéis, 593-594
Sistemas impermeabilizados, 171
Sistemas mecânicos, projetos para, 98-102
Sistemas medidos em rede, definição, 591
Sistemas sépticos, 547-550
   aeróbicos, 548
   anaeróbicos, 547
   campo de drenagem, 547-551
   tanque de retenção, 547-548
Sistemas sépticos aeróbicos, 547
Sistemas sépticos anaeróbicos, 547
Sistemas solares térmicos, 582-594
   ativos, 584
   bombas e controladores, 590
   casas existentes, 589
   coletores, 585-589
   diretos, 583-585
   indiretos, 582-585
   manutenção, 588
   passivos, 584
   reservatório, 587
Sistemas térmicos, solares, 582-594
   ativos, 584
   bombas e controladores, 590
   casas existentes, 589
   coletores, 585-589
   diretos, 583-585
   indireto, 582-585
   manutenção, 588
   passivos, 584
   reservatório, 587
Sofito, definição, 314
Softscape, 363, 371-380
Solar térmico, definição, 574-575
Solos, 371
Sombreamento
   esquadria, 280-282
   paisagismo para, 94
Sótãos
   climatizado, 236-237
   considerações para reformas, 264
   equipamento de combustão em, 247
   papel dos telhados e sótãos nas casas verdes, 231-232
Spa, 520
Strang, William L., 555-556
Subcobertura de telhado, para telhados íngrimes, 255
Sunspace, definição, 596
Superfícies porosas, 369-370
Susanka, Sarah, 96
Sustentável, como o desenvolvimento tradicional de bairro (DTB), 12
Sustentável, definição, 13

T

Tamanho da casa
   A Casa Não Tão Grande, 96
   conforto e, 96
   moradias verdes e, 95
Tanque de retenção, séptico, 547-548
Tapete de entrada, 401
Tela
   para janelas, 294
   para varandas, 356-360
Telas solares, 308
Telhado de inclinação íngreme
   classificação de maeriais para, 252-255
   definição, 232
   subcobertura de telhado para, 256
Telhado inclinado, definição, 233
Telhado quente, 245
Telhados
   barreiras de gelo, 248-250
   barreiras radiantes, 247-249
   calhas, 263-266
   Considerações para reformas, 264
   considerações regionais, 250
   dutos, 264
   espigão, 234, 236
   metal, 263
   quentes, 245
   refletividade de, 250-252
   sem ventilação, 245
   sistemas estruturais, 237-239
   tipos de, 233
   uma água, de, 233
   varanda, 354-356
   vegetado, 261
Telhados de duas águas, definição, 233, 236
Telhados de inclinação baixa
   definição, 232
   materiais para telhados de, 259-263
Telhados de membrana de TPO, 261
Telhados de quatro águas, definição, 233, 236
Telhado sem ventilação, 245
Telhados e sótãos nas casas verdes, Os efeitos dos, 234-237
Telhados metálicos, 253-254, 263
Telhados vegetados, 261
Telhados vegetados intensivos, 261
Telhados verdes, 261
Telhas, composição, 253
Temperatura, 40
   bulbo seco, 60
   bulbo úmido, 60
   limites de conforto para, 69-71
Temperatura da cor, 513-514
Temperatura de bulbo seco, 60
Temperatura de bulbo úmido, 60
Termodinâmica, leis da, 40
Termômetro, *stack*, 466
Termômetro *stack*, 466
Termostatos, 474
teste com ventilador de porta em um único ponto, 144
Teste com ventilador de porta em um único ponto, 144-149
   definição, 19
   em vários pontos, 144
   medidas para, 144-148
   um único ponto, 144
Teste de desempenho máximo (*maximum performance* – MaP), 558
Teste de estanqueidade com ventilador de porta em vários pontos, 144
Teste de gás investigador, 143, 149
Teste de vazamento
   com cobertura do fluxo, 445-447
   duto, 442-445
   porcentagem de vazamento, 445
Teste de vazamento em dutos de ar, 23
Testes de percolação, 550
Tetos
   acabamentos, 388-389, 400-404
   envelope térmico e, 122, 125
   isolamento, 134, 137
Tetos inclinados, 140
Tijolo
   como acabamento de parede externa, 320, 322, 335-336
   cortinas ventiladas, 332-334
   impactos ambientais dos, 339
   paredes internas, 404
   pisos, 399-400
Timers, para eletricidade, 502
Tinta intumescente, definição, 114
Torneiras
   controles, 557-558
   extenas, 557
   lavatórios, de, 555
Torneiras de lavatórios, definição, 555
Toto, 555
Toxicidade, acabamentos interiores e, 389
Transferência de calor, 589
   ar, 590-592
   ativo, 589
Transmitância visível (VT), 276, 287
Transporte, água pluvial, 553
Tratamento da madeira, 197-199
Treliça plana, 238
Treliças
Treliças, 354
   engenheirados de madeira, 193
   planas, 238-239
   treliçadas para piso, 193
Treliças planas, 238-239
Trituradores de lixo, 565-566
Trocador de calor *gravity-film* (*gravity-film heat exchanger* - GHX), 551
Trocas de ar natural por hora (TAH$_{Natural}$), 144
Trocas de ar por hora a 50 Pa (TAH$_{50}$), 144-148
Tubo de cerâmica vitrificada, 550
Tubo de cobre, em encanamento, 529

Índice remissivo

tubos de quedas, definição, 260
Tubulação
    acrilonitrila butadieno estireno (*acrylonitrile butadiene styrene* – ABS), 550
    cerâmica vitrificada, 550
Tubulações para fornecimento de água, 531-533
    barrilete e ramal, 531-533
    isolamento, 533
    múltiplo, 531-533
    residencial, 531
Turbinas, eólicas, 595

U

Umidade relativa, 54
    condicionamento de ar, 66
    definição, 54
    gráficos psicrométricos, 55, 60-65
    limites de conforto para, 69-71
Umidificação, sistemas HVAC e, 433
Unidades eletricamente isoladas (*insulation contact* – IC), 140
Unidades inglesas, 40
Unidades métricas, 40
Unidades operadas eletricamente, 290
Unidades térmicas britânicas (Unidades térmicas britânicas (Btu)), 40
Urbanismo, novo, 12
Ureia-formaldeído (UF), 111
Usinas movidas a carvão, 4
Uso de água
    no mundo, 14
    nos Estados Unidos, 9, 527
Uso de recursos, na construção de uma casa, 7-9

V

Valores R
    cálculos com, 42-46
    definição, 41
    de isolamento, 112, 134, 137
    de materiais comuns da construção, 42
    de paredes de fundações, 164
    fluxo de calor e, 41-42
Válvula de controle de volume, definição, 557
Válvula de redução de pressão, definição, 528
Válvulas de admissão de ar, 550
Válvulas de enchimento, descarga, 559
Válvulas de expansão termostática (TXVs), 471
Válvulas termostáticas, definição, 557
Vapor transportado por difusão, 53-54
Varais, 518
Varandas, 342-346
    acima do nível, 347
    definição, 341
    forração e guarnição, 351-354
    nível superior, 343-346
    sacadas em nível, 345-347
    tela, 356-360
    telhados, 354-356
Vazamento CFM25, 445-447
Vazamento de ar
    definição, 275
    esquadrias na, 272-273
Vazamento para fora, 444-445
Vazamento total da tubulação, 444-445
Vedação da umidade, 293-297, 300-306
Vedação de ar, 55
    Barreira de ar para, 121-124
    considerações sobre reformas, 150
    envelope térmico e, 121-125
    escolha de materiais, 141, 143
    instalação de janelas, portas e claraboias, 296, 307
    materiais e métodos, 126-133, 137-140
    sistemas de tubulação, 438-440
Ventilação, 68, 478-486
    balanceado, 479
    banheiro, 483-485
    cozinha, 481-485
    da casa toda, 68-69, 478-482
    local, 67, 482
    padrão ASHRAE 62.2 da ASHRAE, 480-483
    pontual, 478-480, 487
    radônio, 176, 178-179
    suprimentos apenas, 479-480
    telhado, 240-248
    tipos de, 68
Ventilação da casa. *Ver* Ventilação
Ventilação da casa toda, 68-69, 478-482
    cálculos, 482
Ventilação da cozinha, 481-485
Ventilação de apenas exaustão, 479
Ventilação de radônio, 176, 178-179
Ventilação de suprimentos apenas, 479-480
Ventilação do telhado, 240-248
    ao longo do perfil do telhado, 245
    defletores do beiral, 243-245
    penetração de água, 246
    respiros elétricos, 244-245
    telhados sem ventilação, 245
Ventilação equilibrada, 479
Ventilação natural, 478-480, 486
Ventilação pontual, 68, 433, 481
Ventiladores
    teto, 516
Ventiladores da casa toda, 486-488
Ventiladores de recuperação de energia, 69, 479
Ventiladores de teto, 473, 516
Vergas, 199, 203-204
Vidraça
    decorativo, 287
    definição, 88
    janelas, 280-288
    resistente a tempestades, 287
    sistemas superinsulados, 287
Vidro
    espectro seletivo, 287
    isolado, 280-281
Vidro insulado, 278, 286
Vidros de espectro seletivo, 285
Viga de travamento, 167
Vigas treliçadas para piso, 193
Vigotas, 193
    vigotas em I, 206
Vigotas em I, 206
Vinil
    desafios ambientais do, 288, 339
    janelas, 288
    pisos, 396
    revestimento, 339
viver sem barreiras, 100-101
VOCs. *Ver* Compostos orgânicos voláteis (COVs)

W

Wasserman, David, 521
WaterSense para casas, 540
Wilson, Alex, 455
WRB. *Ver* Barreira impermeabilizadora (WRB) Wright, Dr. John, 467

X

Xeriscape, 372-376
XPS (poliestireno extrudado), 91-118, 131-133

Y

Yost, Peter, 337

Z

Zipado, 254
Zoneamento, aquecimento hidrônico, 455

Este livro foi impresso na
LIS GRÁFICA E EDITORA LTDA.
Rua Felício Antônio Alves, 370 – Bonsucesso
CEP 07175-450 – Guarulhos – SP
Fone: (11) 3382-0777 – Fax: (11) 3382-0778
lisgrafica@lisgrafica.com.br – www.lisgrafica.com.br